Llyfr Natur Iolo

Paul Sterry

addasiad
Iolo Williams
a Bethan Wyn Jones

Gwasg Carreg Gwalch

DIOLCHIADAU

Rydym yn ddiolchgar iawn i dîm o arbenigwyr sydd wedi bod yn gweithio'n galed i fathu enwau Cymraeg newydd ar rai o'r creaduriaid a'r planhigion sydd wedi eu cynnwys yn y llyfr hwn. Yn eu plith, mae Duncan Brown, Elinor Gwynn, Delyth Phillipps ac Ann Jones, Croesor; ond mae'r diolch mwyaf yn mynd i Twm Elias a thîm arbenigwyr Cymdeithas Edward Llwyd sydd wedi edrych dros bron bob un o'r enwau i sicrhau eu bod yn safonol. Does dim dwywaith y bydd rhai o'r enwau yn cael eu newid eto yn y dyfodol ond, am nawr, hon yw'r rhestr safonol.

Diolch i Myrddin ap Dafydd am ei barodrwydd i ysgwyddo'r baich o gyhoeddi llyfr natur Cymraeg ac i'r tîm yng Ngwasg Carreg Gwalch am eu gwaith caled. Diolch i'n teuluoedd: heb eu cymorth nhw, ni fuasai'r llyfr erioed wedi gweld golau dydd. Diolch hefyd i'r cenedlaethau o naturiaethwyr ac anturiaethwyr di-enw sy'n gyfrifol am gasglu'r wybodaeth ar y gwahanol rywogaethau a'u dosbarthiad yng Nghymru a Phrydain. Mae ein dyled iddynt yn fawr.

Argraffiad cyntaf: 2007

Hawlfraint y testun Saesneg: Paul Sterry, 1997
Hawlfraint y testun Cymraeg: Iolo Williams, Bethan Wyn Jones

Cedwir pob hawl. Ni chaniateir atgynhyrchu unrhyw ran/rannau o'r gyfrol hon mewn unrhyw ddull na modd heb drefniant ymlaen llaw gyda'r cyhoeddwyr.

Rhif rhyngwladol: 1-84527-131-9
978-1-84527-131-2

Mae'r cyhoeddwyr yn cydnabod cefnogaeth ariannol Cyngor Llyfrau Cymru.

Cyhoeddwyd gan
Wasg Carreg Gwalch,
12 Iard yr Orsaf, Llanrwst, Conwy, LL26 0EH.
Ffôn: 01492 642031 Ffacs: 01492 641502
e-bost: llyfrau@carreg-galch.co.uk
lle ar y we: www.carreg-gwalch.co.uk

Cyhoeddwyd yn wreiddiol yn Saesneg yn 1997 gan
HarperCollins*Publishers*.

Argraffwyd yn yr Eidal.

Cyflwynedig

i
Mam, Dad,
Ceri, Dewi a Tomos

i
Elwyn, Branwen,
Geraint, Bryn a Lois

CYNNWYS

CYFLWYNIAD 5
CYMDEITHASAU NATUR YNG NGHYMRU 6
GRWPIAU ANIFEILIAID A PHLANHIGION 11
CYNEFINOEDD 14
MAMALIAID 46
ADAR 58
YMLUSGIAID 130
AMFFIBIAID 132
PYSGOD 134
TRYCHFILOD • GLÖYNNOD BYW A GWYFYNOD 142
TRYCHFILOD 168
PRYFED COP/CORYNNOD 198
MOLYSGIAID 202
CRAMENOGION Y TIR A DŴR CROYW 218
CRAMENOGION GLAN Y MÔR 214
CREADURIAID DI-ASGWRN-CEFN Y TIR A DŴR CROYW ..218
CREADURIAID DI-ASGWRN-CEFN GLAN Y MÔR 220
COED A PHRYSGLWYNI 224
BLODAU GWYLLT 236
GLASWELLT, BRWYN A HESG 322
PLANHIGION IS 332
FFYNGAU 344
RHESTR TERMAU 354
LLYFRAU ERAILL O DDIDDORDEB 357
MYNEGAI CYMRAEG 358
MYNEGAI SAESNEG 372

CYFLWYNIAD

Dros y chwarter canrif ddiwethaf, mae llawer o lyfrau natur Cymraeg wedi gweld golau dydd ond mae'r rhan fwyaf ohonynt yn canolbwyntio ar un cynefin neu un grŵp o anifeiliaid neu blanhigion. Ysgrifennwyd nifer ohonynt gan rai o fawrion byd natur Cymru megis T. G. Walker, Ted Breeze Jones a Peter Hope Jones ac, er eu bod yn llyfrau ardderchog, does dim un llyfr ar gael sy'n helpu'r naturiaethwr i adnabod holl amrywiaeth cyfoethog bywyd gwyllt ein gwlad. Dyma'r bwlch y mae'r llyfr hwn yn ceisio ei lenwi.

Er bod Prydain yn fychan o ran maint, mae'n glytwaith eang o gynefinoedd bywyd gwyllt. Mae Cymru'n llai eto ond mae'n anhygoel o gyfoethog o safbwynt byd natur. Go brin bod yr un wlad arall yn y byd i gyd yn gallu cystadlu gan gynnig y fath amrywiaeth mewn gwlad mor fechan. Yr amrywiaeth yma sydd wedi ysbrydoli rhai o'n naturiaethwyr amlycaf a'r gobaith yw y bydd y llyfr hwn yn helpu i greu cenedlaethau newydd o naturiaethwyr Cymreig.

Clustog Fair yn tonni dros glogwyn ar orllewin Ynys Wair (Lundy), Môr Hafren

CYMDEITHAS EDWARD LLWYD

CYMDEITHAS GENEDLAETHOL NATURIAETHWYR CYMRU
www.cymdeithasedwardllwyd.org.uk
Prif weithgaredd y Gymdeithas, a ffurfiwyd yng Ngorffennaf 1978, yw'r rhaglen gynhwysfawr o deithiau cerdded a gynhelir ledled Cymru bron bob dydd Sadwrn o'r flwyddyn. Trefnir dros 100 o deithiau'r flwyddyn, bob un dan ofal arweinydd sydd â diddordeb arbennig mewn gwahanol agweddau ar fyd natur a hanes Cymru.

ENW'R GYMDEITHAS
Enwyd y Gymdeithas ar ôl Edward Llwyd, a anwyd ym 1660 ac a alwyd yn ei gyfnod "y naturiaethwr gorau yn awr yn Ewrop".

Ym 1699, cyhoeddodd gatalog enwog o ffosilau a mwynau sef *Lithophylacii Britannici Ichnographia*. Yn ogystal ag ymddiddori mewn botaneg a daeareg, roedd Edward Llwyd hefyd yn hynafiaethydd ac yn ieithydd o fri. Ar ei daith bedair blynedd o gwmpas Cymru, Iwerddon, yr Alban, Cernyw a Llydaw, rhwng Mai 1697 ac Ebrill 1701, aeth ati i ddysgu'r ieithoedd Celtaidd a chasglu gwybodaeth am lên, arferion, hynafiaethau a phlanhigion y gwledydd y teithiai trwyddynt.

Pan nad oedd yn pererindota, trigai Edward Llwyd yn Rhydychen. Wedi cyfnod byr yn y brifysgol, ymunodd â staff Amgueddfa Ashmole. Fe'i penodwyd yn Is-geidwad yr amgueddfa ym 1687 ac yna'n Geidwad ym 1691.

Rhoddodd Edward Llwyd ei fryd ar gyhoeddi ffrwyth ei waith ymchwil ond *Vol. 1: Glossography* (1707) oedd yr unig gyfrol o'i *Archaeologia Britannica* y llwyddodd i'w chwblhau cyn marw ym 1708, flwyddyn wedi iddo gael ei ethol yn Gymrawd y Gymdeithas Frenhinol.

TEITHIAU CERDDED CYMDEITHAS EDWARD LLWYD
Trefnir teithiau o dan arweiniad naturiaethwyr mewn tri rhanbarth. Cychwynnir pob taith am 10:30 fel rheol. Dim cŵn ar y teithiau os gwelwch yn dda.

Gwynedd a Môn yng ngofal Tom Jones
(01766) 530672 Symudol: 0771 386 92 89
e-bost: tomacarfona@btinternet.com
Y Gogledd Ddwyrain yng ngofal Iwan Roberts
(01824) 703906
Y De a'r Canolbarth yng ngofal Mal James
(01269) 870085 Symudol: 07817 627978 e-bost: mal@hafod2.f9.co.uk

CANLLAWIAU I'R CERDDWYR
Mae pob aelod yn gyfrifol am ei ddiogelwch ei hun ac ni ddylai ymddygiad unrhyw un amharu ar fwynhad a diogelwch eraill yn y grŵp. Gyda hyn mewn golwg mae'n rhaid:
1. Gwisgo dillad ac esgidiau sy'n addas i'r dirwedd a'r tywydd a chludo dillad wrth gefn, deunydd cymorth cyntaf, chwiban a thortsh.
2. Cario cyflenwad o fwyd a diod.
3. Cymryd i ystyriaeth hyd y daith, y dirwedd a'r tywydd tebygol ac ystyried eich ffitrwydd i gwrdd â gofynion y daith.
4. Hysbysu'r arweinydd os byddwch yn gadael cyn diwedd y daith.

5. Cadw at y côd sy'n berthnasol i'r daith e.e. Côd Cefn Gwlad.
6. Dilyn yr arweinydd os na cheir cyfarwyddyd gwahanol.
7. Peidio â dod â chŵn.
8. Cymryd cyfrifoldeb am rai dan 18 oed sydd yn eich gofal.
9. Parcio'ch cerbyd yn gyfrifol.

Yn ogystal â'r teithiau poblogaidd mae'r Gymdeithas yn:
- trefnu cyfarfodydd cymdeithasol a darlithoedd fin nos
- cynnal pabell ar faes yr Eisteddfod Genedlaethol
- cynnal cyfarfod blynyddol, a gynhelir yn yr hydref
- cyhoeddi Y Naturiaethwr ddwywaith y flwyddyn
- cyhoeddi Cylchlythyr ddwywaith y flwyddyn
- cyhoeddi llyfrau ar enwau Cymraeg creaduriaid a phlanhigion
- lleisio barn gyhoeddus ar faterion amgylcheddol
- trefnu prisiau gostyngol mewn nifer o siopau dillad ac offer awyr-agored
- cynnig grantiau bob blwyddyn am waith gwreiddiol ym myd natur
- cynnal cyfarfodydd gwaith cadwraethol

LLYFRAU CYMDEITHAS EDWARD LLWYD

Anifeiliaid Asgwrn-cefn
Rhestr enwau safonol, Cymraeg, Lladin a Saesneg.
Pris £3 a p.a.p.
Planhigion Blodeuol, Conwydd a Rhedyn
Pris £3 a p.a.p.
Neu'r ddau am bris gostyngol o £5 a p.a.p.
Cysylltwch â Tom Jones, Swyddog Cyhoeddiadau, os hoffech archebu,
01766 530672 neu tomacarfona@btinternet.com
neu Tŷ Capel Bethel, Golan, Garndolbenmaen, Gwynedd LL51 9YU.

TÂL AELODAETH

Mae'r flwyddyn aelodaeth yn rhedeg o 1 Gorffennaf hyd 30 Mehefin. Gall unigolyn, teulu, pensiynwr neu fyfyiwr ymaelodi.
Dyma'r ffioedd blynyddol yn 2007
Unigolyn – £12.00
Teulu – £18.00
Ysgrifennydd aelodaeth:
Richard O. Jones, Pentre Cwm, Cwm, Diserth, Rhyl, Sir Ddinbych LL18 5SD.

Criciedyn penfain adain hir

CYMDEITHAS TED BREEZE JONES
– er budd adar a byd natur

Prif weithgaredd y Gymdeithas, a ffurfiwyd yn 2003, yw hyrwyddo diddordeb mewn adar a byd natur trwy raglen o ddarlithoedd a theithiau maes yn bennaf. Cyhoeddir y cylchgrawn 'Llygad Barcud' dair gwaith y flwyddyn.

Sefydlwyd y Gymdeithas i anrhydeddu bywyd a gwaith Ted Breeze Jones (1929 - 1997). Ted oedd un o naturiaethwyr amlycaf Cymru yn hanner olaf yr 20fed ganrif – adarydd heb ei ail; athro brwdfrydig; naturiaethwr penigamp; ffotograffydd nodedig; awdur toreithiog a darlledwr adnabyddus ar radio a theledu. Fe'i magwyd ym Mlaenau Ffestiniog a daeth yn athro yn ysgol Maenofferen. Symudodd i fyw i Landecwyn ym 1974. Cyhoeddodd 31 o gyfrolau, rhai ar y cyd â'r bardd Gwyn Thomas, a dros 500 o erthyglau i wahanol gylchgronau a bu'n aelod o banel y rhaglen radio boblogaidd 'Seiat Byd Natur' am 27 mlynedd.

Cysylltu â'r Gymdeithas:
Rhodri Dafydd (Ysgrifennydd), 2 Ty'n Ddôl, Llanuwchllyn, Gwynedd LL23 7TN

RSPB CYMRU
www.rspb.org.uk/wales

Mae'r Gymdeithas Gwarchod Adar yn weithgar iawn o ran edrych ar ôl mannau gwylio a gwarchod adar yng Nghymru. Mae timau ymroddgar o weithwyr a gwirfoddolwyr mewn 18 gwarchodfa natur yng Nghymru, yn y brif swyddfa yng Nghaerdydd a'r is-swyddfa ym Mangor. Mae nifer o safleoedd eithriadol o bwysig i adar a rhywogaethau eraill yn ein gwlad a nifer o adar prin yn gynhenid i'n tiriogaethau, megis y barcud coch, sydd â'i boblogaeth bellach wedi cynyddu o un iâr i 500 o barau.

Prif swyddfa Cymru:
Sutherland House, Castlebridge, Cowbridge Road East, Caerdydd CF11 9AB.
Ffôn: 029 2035 3000

Dryw penfflamgoch mudol

Ymddiriedolaethau Natur
www.wildlifetrusts.org

Mae 47 o Ymddiriedolaethau Natur ledled y DU yn cynnwys chwech yma yng Nghymru. Mae pob un yn elusen gofrestredig sy'n dibynnu ar roddion ac ar gefnogaeth ei haelodau. Partneriaethau Ymddiriedolaethau Natur Cymru yw'r corff mwyaf sy'n gweithio'n gyfan gwbl dros fywyd gwyllt Cymru gan helpu i ddiogelu cynefinoedd a rhywogaethau gwerthfawr. Mae ymddiriedolaethau Cymru'n gofalu am 225 gwarchodfa natur sy'n cynnwys coetiroedd, gwlyptiroedd, mynyddoedd a dolydd, tir trefol ac ynysoedd pellennig.

Aelodaeth
Gellir ymaelodi ag un o'r ymddiriedolaethau lleol gan dderbyn copi o'r cylchgrawn *Natural World Wales* deirgwaith y flwyddyn. Cewch y newyddion diweddaraf am brosiectau a byd natur ar garreg eich drws. Cewch wybod am ddigwyddiadau a chyfle i gynorthwyo'n lleol gan gyfrannu'n uniongyrchol at ddiogelu bywyd gwyllt Cymru.

Ymddiriedolaeth Natur Gogledd Cymru
376 Stryd Fawr, Bangor, Gwynedd
LL57 1YE
Ffôn: 01248 351541
Ffacs: 01248 353192

Ymddiriedolaeth Natur Maldwyn
Collot House, 20 Severn Street,
Y Trallwng, Powys SY21 7AD
Ffôn: 01938 555654
Ffacs: 01938 556161

Pathew: ei gynefin dan fygythiad

Ymddiriedolaeth Natur Maesyfed
Warwick House, Stryd Fawr,
Llandrindod, Powys LD1 6AG
Ffôn: 01597 823298
Ffacs: 01597 823274

Ymddiriedolaeth Natur Brycheiniog
Lion House, Bethal Square, Aberhonddu, Powys LD3 7AY
Ffôn: 01874 625 708
Ffacs: 01874 610 552

Ymddiriedolaeth Natur De-orllewin Cymru
Nature Centre, Parc Slip, Fountain Road, Ton-du, Pen-y-bont ar Ogwr,
Morgannwg Ganol CF32 0EH
Ffôn: 01656 724100
Ffacs: 01656 726980

Ymddiriedolaeth Natur Gwent
Seddon House, Llanddingad, Trefynwy NP25 4DY
Ffôn: 01600 740600
Ffacs: 01600 740299

CYNGOR CEFN GWLAD CYMRU
www.ccw.gov.uk
Y Cyngor Cefn Gwlad yw'r corff sy'n annog a rheoli mynediad y cyhoedd i gefn gwlad ac at arfordiroedd Cymru. Mae'n adran swyddogol o'r llywodraeth sy'n cynnig llawer o wasanaethau a gwybodaeth.
Tim swyddfa CCGC
d/o Ymholiadau, Cyngor Cefn Gwlad Cymru, Maes y Ffynnon, Penrhosgarnedd, Bangor, Gwynedd LL57 2DW
Ffôn: 0845 1306229

BUTTERFLY CONSERVATION CYMRU
www.butterfly-conservation.org

Mae'r elusen hon yn amddiffyn glöynnod byw, gwyfynod a'u cynefinoedd drwy wledydd Prydain. Fe'i ffurfiwyd ym 1968 ac mae'n gweithredu i amddiffyn y llu o rywogaethau sydd o dan fygythiad ar hyn o bryd. Mae hynt a helynt y creaduriaid hyn gystal arwyddion â dim o iechyd yr amgylchedd gan eu bod mor sensitif i newidiadau mewn tywydd neu brinder planhigion addas.
Mae gan y Gymdeithas dîm o bedwar swyddog yng Nghymru a swyddfa yn Abertawe:
Butterfly Conservation Cymru, 10 Calvert Terrace, Abertawe SA1 6AR
Ffôn: 0870 7706153 Ffacs: 0870 7706154
e-bost: wales@butterfly-conservation.org

PLANTLIFE
Elusen Ryngwladol i Warchod Planhigion Gwyllt
www.plantlife.org.uk

Ffurfiwyd yr elusen hon ym 1989, dan lywyddiaeth David Bellamy, i amddiffyn planhigion gwyllt a'u cynefinoedd. Mae ei phencadlys yn Salisbury, Lloegr ac mae ganddi swyddfeydd cenedlaethol yng Nghymru a'r Alban. Mae'n trefnu cynadleddau ac yn noddi strategaethau ac adroddiadau ar gadwraeth planhigion ac yn ymgyrchu i ychwanegu rhagor o blanhigion at restr y rhai sy'n cael eu hamddiffyn gan gyfraith gwlad. Ym 1998, er enghraifft, llwyddodd i ychwanegu clychau'r gog at restr y planhigion sy'n cael eu gwarchod.

Ffurfiwyd Plantlife Cymru yn 2001 a bellach mae tîm o 180 o wirfoddolwyr yma yn gweithio yn y maes. Cysylltwch â:
Trevor Dines, Swyddog Cadwraeth Plantlife Cymru, d/o Cyngor Cefn Gwlad, Maes y Ffynnon, Ffordd Penrhos, Bangor LL57 2DW
Ffôn: 01248 385445
e-bost: trevor.dines@plantlife.org.uk

GRWPIAU ANIFEILIAID A PHLANHIGION

Mae gwyddonwyr yn rhannu anifeiliaid a phlanhigion i grwpiau gwahanol ac mae pob aelod o unrhyw grŵp yn rhannu nodweddion arbennig. Yn y llyfr hwn, mae'r gwahanol rywogaethau wedi eu dosbarthu i'r grwpiau sydd bellach yn cael eu derbyn ledled y byd ac mae'r nodiadau sydd gyferbyn â'r lluniau'n disgrifio rhai o nodweddion amlycaf pob rhywogaeth. Ar ochr chwith brig pob tudalen, ceir symbol lliw sy'n cyfeirio at y gwahanol grwpiau a nodir isod.

ANIFEILIAID ASGWRN-CEFN
Anifeiliad sydd ag asgwrn cefn, yn cynnwys:

 Mamaliaid: anifeiliaid gwaed cynnes sydd â blew ar y corff ac sy'n rhoi genedigaeth i epil byw a fydd yn sugno llaeth y fam.

 Adar: anifeiliaid gwaed cynnes â phlu ar y corff sy'n helpu'r creadur i gadw'n gynnes ac i hedfan; mae pob aderyn yn dodwy wyau.

 Ymlusgiaid: anifeiliaid gwaed oer â chen ar y croen. Maent yn anadlu awyr. Mae'r ifanc yn datblygu y tu mewn i ŵy sydd, mewn rhai rhywogaethau, yn deor y tu mewn i gorff y fam.

 Amffibiaid: anifeiliaid gwaed oer â chroen meddal, gwlyb sy'n galluogi'r anifail i amsugno ocsigen o'r dŵr. Mae ganddynt ysgyfaint hefyd a gallant anadlu aer. Er eu bod yn aml i'w gweld ar dir sych, maent wastad yn dodwy mewn dŵr a'r wyau'n troi'n benbyliaid ac yna'n oedolion bychan.

 Pysgod: anifeiliaid gwaed oer sy'n byw mewn dŵr trwy eu bywydau; mae'r rhywogaethau Prydeinig i gyd yn defnyddio tagellau i dynnu ocsigen o'r dŵr. Yn y rhan fwyaf o rywogaethau, mae'r croen wedi'i orchuddio â chennau ac mae esgyll yn helpu'r pysgodyn i nofio.

ANIFEILIAD DI-ASGWRN-CEFN
Anifeiliad heb asgwrn cefn, yn cynnwys:

 **Sbyngau:** anifeiliaid cyntefig y dŵr sydd ag awyrdyllau allanol a mandyllau ar hyd y corff.

 Selenteriaid: creaduriad â chyrff meddal, cymesur, yn cynnwys anemonïau'r môr a slefrod môr.

Llyngyr planaraidd: math o fwydod â chyrff fflat sy'n perthyn i lyngyr rhuban a ffliwcs.

 Molysgiaid: anifeiliaid â chyrff meddal sy'n byw ar dir sych, mewn dŵr croyw ac yn y môr. Bydd rhai yn amddiffyn y corff trwy greu cragen galed ond mae'r gragen yn llawer llai o faint neu'n absennol mewn gwlithod, gwlithod môr ac octopysau.

 Llyngyr cylchrannog: ceir engreifftiau o'r grŵp hwn yn y pridd, mewn dŵr croyw ac yn y môr. Mae'r corff cylchrannog yn feddal ac, yn aml, fel gyda'r pryf genwair a mwydyn y môr, ceir blew bach arno i'w helpu i symud. Mae gan y gele sugnwr amlwg.

 Arthropodau: y grŵp mwyaf niferus o anifeiliaid. Mae gan bob anifail ysgerbwd allanol a pharau o aelodau cymalog. Mae'r arthropodau'n cynnwys trychfilod, corynnod, cramenogion, nadroedd cantroed a nadroedd miltroed. Ymysg y trychfilod a ddisgrifir yn y llyfr hwn, ceir glöynnod byw a gwyfynod, pryfed Mai, gweision y neidr a mursennod, criciaid a cheiliogod rhedyn, pryfed clust, adenydd sidan, pycs, gwenyn, picwns, morgrug a chwilod. Mae'r cramenogion yn cynnwys gwrachod lludw, crancod, berdys, corgimychiaid, chwain traeth a chrachod môr; mathau o gorynnod yw medelwyr a ffug-sgorpionau.

 **Ecinodermiaid:** anifeiliaid â chyrff cymesur, fel rheol mewn pum rheidden. Mae gan rai ecinodermiaid gragen galed â phigau arni i amddiffyn eu cyrff. Mae sêr môr, sêr môr brau a draenogod môr wedi'u cynnwys yn y llyfr hwn.

PLANHIGION UWCH

Mae planhigion yn wahanol i anifeiliaid gan eu bod yn cynnwys y pigment gwyrdd, cloroffyl, sy'n cael ei ddefnyddio i greu bwyd allan o egni'r heulwen, dŵr a charbon deuocsid. Enw'r broses gemegol hon yw ffotosynthesis ac fe'i defnyddir i gynhyrchu ocsigen. Ceir planhigion uwch o bob lliw a llun mewn dau grŵp:

 Planhigion blodeuol: planhigion sydd â'u ffurfiannau atgynhyrchu mewn blodau a'u hadau mewn ffrwythau. Yn y llyfr hwn, mae'r planhigion blodeuol yn cynnwys coed collddail a rhai coed bythwyrdd, llwyni a blodau gwyllt. Er cyfleuster, mae rhai planhigion blodeuol dyfrol wedi'u cynnwys gyda'r planhigion is dyfrol. Cafodd gweiriau, brwyn a hesg, sydd oll yn blanhigion blodeuol, eu cynnwys ar wahân.

 **Conwydd:** planhigion mawr, bythwyrdd â'u ffurfiannau atgynhyrchu mewn conau neu foch daear; mae'r hadau'n noeth.

PLANHIGION IS
Nid oes gan y rhain ffurfiannau atgynhyrchu cymhleth fel y planhigion uwch ac, ar y cyfan, maent yn llai o faint ac yn llai solet. Mae'r rhai a ganlyn wedi eu cynnwys yn y llyfr hwn:

 **Algâu:** planhigion cyntefig y dyfroedd. Mae llawer yn rhy fach i'w gweld â'r llygad noeth ac nid ydynt wedi'u cynnwys yma. Rydym wedi cynnwys gwymonau mawr.

Mwsoglau: planhigion cyntefig y tir. Nid oes ganddynt wreiddiau ac mae dail syml ar y goes.

Llysiau'r afu: planhigion cyntefig y tir sydd, fel rheol, yn llydan a gwastad. Cânt eu hangori wrth y ddaear gan ffurfiannau tebyg i wreiddiau.

Cennau: organeb anghyffredin sy'n arwydd o berthynas symbiotig rhwng ffwng ac alga.

Cnwp-fwsoglau: planhigion bach, syml â llawer o ddail main ar goes syth. Maen nhw'n debyg i gonwydd bach.

Marchrawn: planhigion lluosflwydd â choes neu risom tanddaearol; allan o hwn, daw coesau syth a chylchoedd o ddail main.

Rhedyn: planhigion hawdd eu hadnabod pan fyddant yn cynhyrchu sborau; bryd hynny, maent yn fawr a grymus. Mae ganddynt system fasgwlaidd a gwreiddiau.

 **FFYNGAU**

Yn y gorffennol, roedd gwyddonwyr yn meddwl mai planhigion oedd y rhain ond, erbyn hyn, y gred yw eu bod mewn grŵp ar wahân. Nid yw'r pigment ffotosynthetig, cloroffyl, ganddynt fel sydd gan blanhigion ac felly ni allant wneud eu bwyd eu hunain. Maent yn cael maeth o sylweddau organaidd trwy ddefnyddio rhwydwaith o hyffâu, sef gwreiddiau arbennig sy'n cynnwys y rhan helaeth o gorff y ffwng. Dim ond ffurfiannau atgynhyrchu'r ffwng ydi'r caws llyffant a'r madarch.

CYNEFINOEDD

Mae naturiaethwyr yng Nghymru a gweddill yr ynysoedd hyn yn ffodus iawn i gael cynifer o wahanol gynefinoedd wrth drothwy'r drws. Mae llawer o wahanol ffactorau'n gyfrifol am hyn. Yn eu mysg mae daeareg, tywydd, botaneg a dylanwad dyn. Mae gan rai rhywogaethau ddosbarthiad eang ond mae eraill wedi eu cyfyngu i gynefinoedd neilltuol a rhai hyd yn oed i un lleoliad. Cafpdd dum ddylanwad manteisiol iawn ar y rhan fwyaf o anifeiliaid a phlanhigion am ganrifoedd lawer wrth iddo greu rhwydwaith o gynefinoedd newydd. Ond dros y ganrif ddiwethaf yn enwedig, mae dyn wedi dinistrio cymaint o'r wlad fel bod rhai rhywogaethau wedi diflannu'n gyfan gwbwl ac eraill yn brin iawn erbyn heddiw.

YR ARFORDIR

Efallai mai'r arfordir yw cynefin pwysicaf Prydain. Mae datblygiadau dyn wedi amharu ar ddarnau o'r arfordir, yn enwedig yn ne Lloegr, ond mae'r hyn sydd ar ôl yn cynnal bywyd gwyllt amrywiol iawn trwy'r flwyddyn. Mae cannoedd o blanhigion ac anifeiliaid yn ffynnu ger y môr ac mae'r llanw a'r trai yn creu sialens arbennig i'r creaduriaid sy'n byw yno.

Mae'r ddau lun uchod yn darlunio rhythm dyddiol y llanw. Ar benllanw (chwith), mae creaduriaid y glannau o dan yr heli; wyth awr yn ddiweddarach (dde), mae'r trai yn eu hamlygu i'r awyr.

CLOGWYNI A THIR ARFORDIROL
Does dim curo'r clogwyni am eu golygfeydd a, gan nad yw dyn wedi cael fawr o effaith arnynt, mae bywyd gwyllt yn parhau i ffynnu yma.

LLYSTYFIANT A NODWEDDION
Mae clustog Fair, gludlys arfor a throellig arfor y clogwyn gyda'r planhigion mwyaf nodweddiadol o'r clogwyni morol, yn enwedig yn y gorllewin lle caiff yr heli ei chwipio dros y tir gan wyntoedd cryfion. Ychydig o blanhigion a all fyw o dan y fath amodau. Mae'r pridd yn dylanwadu'n fawr ar y tyfiant hefyd. Er enghraifft, mae rhai planhigion yn ffynnu ar glogwyni calch mewn rhannau o dde Lloegr ond gwell gan y grug a'r eithin bridd asid y gorllewin.

ANIFEILIAID ALLWEDDOL
Ym Mhrydain, ceir rhai o'r clogwyni adar môr gorau yn Ewrop ac mae poblogaethau rhyngwladol-bwysig o adar fel huganod a llursod. Yr amser gorau i ymweld â'r fath lefydd yw rhwng mis Mai a dechrau Gorffennaf pan fydd y tymor nythu yn ei anterth. Nytha'r rhan fwyaf o'r adar mewn nythfeydd mawrion ond bydd ambell un, fel y llurs, yn hoff o nythu mewn parau. Yng Nghymru, yr arfordir yw'r lle gorau i weld gwiberod hefyd, wrth iddynt dorheulo ymysg y grug a'r eithin.

LLE I FYND
Mae'r clogwyni gorau, o ran golygfeydd a bywyd gwyllt, yn y gorllewin a'r gogledd. I weld blodau, mae'n werth ymweld â phenrhyn y Lizard yng Nghernyw, neu arfordir Sir Benfro a Phen Llŷn yn y gwanwyn. Er mwyn gweld adar môr, mae Ynys Sgomer yn Sir Benfro, Ynysoedd Farne yn Northumberland neu Hermaness ar Unst yn Ynysoedd Shetland yn llefydd gwych.

Nythfa adar môr ar Bass Rock

ABEROEDD A MORFEYDD

Gwlâu mwd a baw abwyd y môr yn Bundle Bay, Northumberland

I ambell un, mae aberoedd yn ymddangos yn llefydd gwastad, mwdlyd, di-fywyd; ond i naturiaethwr, mae'n gynefin cyffrous sy'n llawn bywyd gwyllt trwy'r flwyddyn. Bydd planhigion y morfa heli yn ymsefydlu yn rhannau uchaf yr aber a miloedd o adar mudol yn ymgasglu ar yr aber ei hun i chwilio am fwyd o'r hydref i'r gwanwyn. Y rheswm pam y caiff cynifer o adar eu denu yw bod mwd yr aber yn llawn maeth a bod molysgiaid a mwydod di-rif yn ffynnu yno.

LLYSTYFIANT A NODWEDDION
Mae'n rhaid i blanhigion yr aberoedd oddef cael eu trochi mewn dŵr croyw a dŵr hallt, a digon o awyr iach. Gallwch ddisgwyl gweld planhigion fel lafant y môr a chedowydd suddlon yn tyfu yn y fath gynefin, weithiau mewn niferoedd mawr.

ANIFEILIAID ALLWEDDOL
Nid yw bob amser yn hawdd gweld y miloedd o anifeiliaid sy'n byw mewn aberoedd ond bydd y carpedi o folysgiaid bach ar yr wyneb yn rhoi rhyw syniad o gyfoeth y lle. Efallai mai adar, yn enwedig y

rhydwyr a'r hwyaid, yw'r anifeiliaid mwyaf nodweddiadol o'r aberoedd. Mae pigau'r rhydwyr wedi eu haddasu'n berffaith i dynnu prae o'r mwd cyfoethog. Gan fod eu pigau o wahanol faint a'u bod yn bwyta gwahanol bethau, nid oes gormod o gystadleuaeth rhwng y gwahanol fathau o rydwyr. Creaduriaid bychan sy'n byw ar wyneb y mwd yw hoff fwyd rhai hwyaid, fel hwyaden yr eithin ac mae eraill, fel y chwiwell, yn pori ar y morfa. Mae rhan helaeth o'r adar yma'n nythu yn y gogledd pell ac yn ymweld â'n haberoedd ni dros yr hydref a'r gaeaf gan hel eu bwyd pan fydd y môr ar drai. Pan ddaw'r llanw i mewn, pysgod rheibus fel draenogiaid, hyrddod llwyd gweflog a lledod fydd yn hela'r creaduriaid bychan.

LLE I FYND

Mae aberoedd gwych i'w cael ar hyd a lled Prydain, ond yn enwedig aber Wysg yn Nyfnaint, Harbwr Pagham yn Sussex, y Wash yn ne-ddwyrain Lloegr, Bae Morecambe yng ngogledd-orllewin Lloegr ac, yng Nghymru, aberoedd Hafren a Dyfrdwy.

Morfa nodweddiadol

TRAETHAU CAREGOG

Mae'r ardal rhwng y ddau lanw ar draethau caregog yn lle gwych i fynd i chwilio am fywyd gwyllt. Pan fydd y môr ar drai, ceir pyllau'n llawn o wymon, pysgod bach a chrancod ond, os ydych am droi cerrig i chwilio am greaduriad, cofiwch eu troi nôl ar ôl gorffen.

LLYSTYFIANT A NODWEDDION
Mae arfordir gorllewin Prydain yn lle da i weld sut y mae gwahanol fathau o wymon yn tyfu ar wahanol rannau o'r traeth. Mae'r mathau o wymon a geir ar draeth yn dibynnu ar gryfder y tonnau ond, ar unrhyw draeth caregog, rhwng llinell penllanw a llinell y llanw isel, gallwch ddisgwyl gweld gwymon codog mân, gwymon codog bras a gwymon danheddog. Dim ond ar lanw isel iawn y gwelir môr-wiail byseddog.

ANIFEILIAID ALLWEDDOL
Mae llygaid maharen a chrachod môr ymysg yr anifeiliaid amlycaf ar ran uchaf y traeth a cheir llawer o wahanol rywogaethau ohonynt. Yn y pyllau, ceir corgimychiaid, anemonïau a chrancod y traeth ac, o dan y cerrig, gwelir gwahanol rywogaethau o grancod. Mae llawer o'r creaduriad yn byw ar ein traethau caregog trwy'r flwyddyn ond, dros yr haf, bydd rhai anifeiliaid annisgwyl yn cyrraedd o ddyfnderoedd y môr.

Traeth caregog dan wymon ar y trai

LLE I FYND
Mae unrhyw draeth caregog ar arfordir gorllewin Prydain yn lle gwych i chwilota, yn enwedig rhai o draethau Sir Benfro.

TRAETHAU A THWYNI TYWOD

Er eu bod yn boblogaidd iawn gyda thwristiaid, mae gan draethau tywodlyd ddigon i gynnig i'r naturiaethwr hefyd. Mae'r rhan fwyaf o'r bywyd gwyllt, fel mwydod môr a molysgiaid, yn byw o dan yr wyneb ac oni bai am ambell i gragen yn gorwedd ar y tywod neu adar yn chwilota am fwyd ar y traeth, gallai rhywun feddwl nad oes dim yn byw yno. Uwchlaw llinell y llanw uchel, mae planhigion gwydn yn tyfu ac yn helpu i greu twyni bregus sy'n gartref i blanhigion unigryw.

LLYSTYFIANT A NODWEDDION
Gan fod y tywod yn symud yn barhaus, nid yw gwymon yn gallu tyfu ar draethau tywodlyd. Serch hynny, uwchlaw'r llinell benllanw, gwelir planhigion megis moresg, tywodlys arfor, celyn y môr a glas yr heli yn ffynnu ac yn dechrau'r broses o sefydlu'r tywod a chreu twyni. Gyda rhai twyni, mae'n bosibl dilyn y newidiadau yn y tyfiant i gyfeiriad y tir mawr gan arwain, yn y pen draw, at goedwigoedd. Mewn llaciau, sef ardaloedd gwlyb o fewn y twyni, ceir amrywiaeth helaeth o blanhigion, yn cynnwys rhai tegeirianau a thafod y neidr.

ANIFEILIAID ALLWEDDOL
Mae dyn yn cadw adar fel morwenoliaid a'r cwtiad torchog draw o'r rhan fwyaf o draethau, yn enwedig yn ne Prydain ond, yn y gogledd, maent yn llawer mwy niferus. Y tu allan i'r tymor nythu, mae'r traethau'n gartref i wahanol fathau o wylanod a phibydd y tywod, sef aderyn bach sy'n dilyn

llinell y dŵr wrth iddo fynd i mewn ac allan, yn chwilio am greaduriaid di-asgwrn-cefn.

LLE I FYND
Os hoffech weld planhigion twyni tywod, gallech fynd i Dawlish Warren yn Nyfnaint neu dwyni Cynffig a Niwbwrch yng Nghymru. Gellir gwylio morwenoliaid yn nythu ym Mai a Mehefin yn Blakeney Point yn Swydd Norfolk neu Ronant ger Prestatyn.

DŴR CROYW

Mae dŵr croyw'n denu bywyd gwyllt a naturiaethwyr ac, ym Mhrydain, rydym yn ffodus bod gennym amrywiaeth o gynefinoedd fel pyllau, llynnoedd, nentydd ac afonydd. Does dim rhaid i neb deithio'n bell i fwynhau'r cynefin hwn.

AFONYDD A NENTYDD
Yn aml, ar lannau ein hafonydd, ceir toreth o dyfiant sy'n gynefin pwysig i bryfed ac adar. Os yw'r dŵr yn lân ac yn fas, bydd y tyfiant yn lloches i bysgod bach a mawr a bydd molysgiaid a phryfed yn byw ymysg y cerrig ar wely'r afon.

LLYSTYFIANT A NODWEDDION
Mae cynnwys cemegol y dŵr a'r pridd yn amrywio gymaint ar hyd a lled y wlad fel ei bod hi'n anodd rhoi rhestr o rywogaethau sy'n gyffredin i bob afon. Bydd planhigion fel helyglys pêr a llysiau'r

Nant yn llifo dros galchfaen, de Lloegr

milwr coch yn tyfu lle bynnag y mae'r pridd yn wlyb ond mae angen addasiadau arbennig ar blanhigion fel teulu crafanc y frân sy'n ffynnu yng nghanol ein hafonydd. Mae llecynnau mwdlyd, hyd yn oed lle mae defaid a gwartheg wedi bod yn sathru, yn llefydd gwych i chwilio am fintys y dŵr a'r llafnlys bach.

ANIFEILIAID ALLWEDDOL
Ceir cannoedd o greaduriaid di-asgwrn-cefn yn ein hafonydd a'n nentydd glân, yn enwedig larfâu pryfed fel gwybed Mai a phryfed gwellt. Y creaduriaid yma, ymysg eraill, yw bwyd y pysgod a cheir gwahanol rywogaethau yn dibynnu ar ddyfnder, llif a chyfansoddiad cemegol yr afon. Mae brithyllod yn gyffredin mewn afonydd bas â llif cryf, a physgod fel y rhufell a'r draenogyn dŵr croyw yn hoff o ddŵr sy'n llifo'n araf. Mae dyfroedd â digonedd o fywyd tanddwr yn denu adar amrywiol fel bronwen y dŵr, glas y dorlan a'r hwyaden ddanheddog.

LLE I FYND
Mae unrhyw nant neu afon lân, o gefn gwlad i ganol ein dinasoedd mawr, yn mynd i ddenu amrywiaeth eang o fywyd gwyllt ac mae'n werth ymweliad gan unrhyw naturiaethwr brwd.

Loch yn yr Alban gyda llystyfiant dŵr ac ymylol toreithiog

LLYNNOEDD A PHYLLAU

Bydd dŵr llonydd yn aml yn denu bywyd gwyllt hollol wahanol i ddŵr sy'n llifo. Mae llawer o fathau o ddŵr llonydd wedi cael eu creu gan ddyn, yn cynnwys camlesi yn ogystal â chronfeydd.

LLYSTYFIANT A NODWEDDION
Erbyn canol yr haf, bydd y dyfroedd yma'n llawn tyfiant amryliw. Y planhigyn amlycaf yw lili'r dŵr â'i blodau mawr gwyn a melyn. O dan wyneb y dŵr, mae'r planhigion cynhenid yn gorfod cystadlu â llawer o blanhigion estron fel ffugalaw Canada. Yn nyfroedd asid gogledd a gorllewin Prydain, bydd planhigion fel ffa'r gors yn ffynnu. Gall tyfiant fel hesg dagu glannau dyfroedd llonydd ond, mewn ardaloedd addas, bydd hefyd yn creu cynefin gwerthfawr.

ANIFEILIAID ALLWEDDOL
Mae'r tymhorau'n dylanwadu ar yr anifeiliaid a welir ar ein llynnoedd a'n pyllau. Mae'r cynefinoedd hyn yn denu brogaod a llyffantod ar ddechrau'r gwanwyn a madfallod y dŵr ychydig wythnosau'n ddiweddarach. Bydd pysgod yn claddu yn y dyfroedd bas ac adar y dŵr fel y gwtiar a'r wyach fawr gopog yn nythu ymysg y tyfiant tal ar yr ymylon. Mae aderyn y bwn a'r titw barfog, er enghraifft, yn nythu ymysg yr hesg. Dros y gaeaf, daw ymwelwyr fel yr hwyaden bengoch a'r hwyaden gopog i'r cynefinoedd yma.

LLE I FYND
Ceir pyllau a llynnoedd ar hyd a lled Prydain ond mae Pyllau Bosherston yn Sir Benfro a Loch Garten yn yr Alban yn arbennig o dda. Mae cronfeydd fel Llynnoedd Cwm Elan ym Mhowys a Rutland Water yng nghanolbarth Lloegr hefyd yn denu digonedd o fywyd gwyllt a cheir gwelyau hesg ar lawer o lynnoedd Ynys Môn yn ogystal â Leighton Moss yng ngogledd Lloegr.

CORSYDD

Dros amser, bydd tyfiant yn tyfu allan dros ddŵr agored fel pyllau a llynnoedd gan greu cors. Gall y tyfiant a'r bywyd gwyllt amrywio'n fawr, yn dibynnu'n bennaf ar y pridd.

LLYSTYFIANT A NODWEDDION
Gall dolydd gwlyb fod yn safle gwych i fotanegwyr gan fod yno amrywiaeth o flodau fel y gellesgen felen, gold y gors, carpiog y gors a gwahanol rywogaethau o frwyn. Gan fod corsydd yn cael eu ffurfio wrth i ddŵr agored droi'n dir sych, ceir toreth o hesg mewn corsydd, yn enwedig ar dir isel. Ar dir mawnoglyd, bydd migwyn yn gorchuddio ymylon y corsydd a cheir yno hefyd blu'r gweunydd a phlanhigion ysglyfaethus arbennig fel gwlithlys a thafod y gors.

ANIFEILIAID ALLWEDDOL
Mae llawer o wyfynod, mursennod a gweision y neidr yn byw ar gorstiroedd. Mae yno bryfed cop hefyd, er bod y rhan fwyaf

o'r rhain yn cuddio ymysg y tyfiant. Bydd adar fel y gïach a bras y cyrs yn nythu ymysg y tyfiant tal a chaiff hebog yr ehedydd ei ddenu i chwilio am weision y neidr.

LLE I FYND
Yn ne-ddwyrain Lloegr y mae llawer o'r corsydd enwocaf fel Hickling Broad a Wicken Fen ond ceir corsydd ym mhob sir yn y wlad. Yng Nghymru, mae ar Ynys Môn gyfoeth o wlyptiroedd a cheir corsydd di-rif yn yr ucheldir yn ogystal â'r iseldiroedd.

COETIROEDD

Mae'r fforestydd anferth a orchuddiai Brydain gyfan ers talwm wedi hen ddiflannu. Heddiw, dim ond canran fechan o'r wlad sy'n goediog, a'r rhan fwyaf o'r coedwigoedd yn rhai bythwyrdd estron. Serch hynny, mae nifer fawr o goedwigoedd collddail ar ôl ac maent yn gyfoeth o blanhigion ac anifeiliaid.

COEDWIGOEDD COLLDDAIL
Er nad ydynt yn gorchuddio darnau helaeth o Brydain mwyach, mae coetiroedd collddail i'w gweld ym mhob ardal. Fel yr awgryma'r enw, mae'r coed yn bwrw eu dail yn yr hydref ac yn tyfu dail newydd y gwanwyn canlynol. Mae dylanwad dyn ar bob coedwig, naill ai ddylanwad 'damweiniol' ymwelwyr yn cerdded ac ati neu ddylanwad bwriadol gwaith rheoli. Gall hyn fod o fudd i fywyd gwyllt, er enghraifft gall bôn-docio ddenu blodau gwyllt.

LLYSTYFIANT A NODWEDDION
Derw yw'r coed mwyaf cyffredin dros lawer o Gymru a Lloegr.

Coedlan dderw ar ddechrau'r haf (chwith) ac ym mherfedd gaeaf (de)

Y dderwen mes di-goes yw'r amlycaf yn y gorllewin a'r dderwen mes coesynnog sydd fwyaf cyffredin yn y dwyrain. Mae'r amrywiaeth o goed mewn gwahanol ardaloedd yn dibynnu ar lawer o ffactorau, yn cynnwys math o bridd, glawiad blynyddol ac uchder. Gwelir coed fel ffawydd, ynn a bedw ledled y wlad ac, o dan y coed talaf, yn aml ceir coed llai fel cyll, drain gwynion a masarn bach yn tyfu. Lle nad yw'r canopi'n rhy drwchus, bydd blodau fel clychau'r gog, blodau'r gwynt a chraf y geifr yn ffynnu. Mae'r coed ar eu gorau yn yr wythnosau cyn i'r dail gwympo a, bryd hynny, bydd dwsinau o wahanol fathau o ffwng yn amlwg ar lawr y goedwig.

ANIFEILIAID ALLWEDDOL
Mae ein coed collddail yn un o'r cynefinoedd gorau i weld adar, llawer ohonynt yn bwyta naill ai bryfetach neu hadau, neu'r ddau. Ceir titŵod di-rif, yn ogystal â'r ji-binc ac aml i fronfraith. Daw adar mudol fel y gwybedog brith a thelor y coed i ymuno â'r adar sefydlog dros y gwanwyn a'r haf ond bydd delor y cnau, y dringwr bach a'r cnocellod yn fwy amlwg yn y gaeaf ar ôl diflaniad y dail. Mae coed yn lloches bwysig i famaliaid bychan fel llygod, ystlumod a gwiwerod, yn ogystal ag anifeiliad mwy fel moch daear a llwynogod. Er nad yw'r glöynnod byw yn amlwg bob amser, mae llawer o wahanol rywogaethau'n byw naill ai ymysg y dail neu ar y blodau yn nes at y ddaear a gall dros 300 gwahanol math o wyfynod fyw mewn rhai o goedwigoedd de Prydain. Yr amrywiaeth eang o bryfed sy'n byw ar y dail a'r boncyffion neu o dan y dail sy'n denu'r dwsinau o adar ac ystlumod a, lle mae hen goed yn cael eu gadael i bydru'n dawel, mae'r amrywiaeth yn anhygoel o gyfoethog.

LLE I FYND
Mae bron bob coedlan gollddail yn mynd i ddenu amrywiaeth dda o fywyd gwyllt ond mewn hen goedwigoedd traddodiadol y ceir y cyfoeth mwyaf. Rhai o'r goreuon yw Coed Pengelli yn Sir Benfro a choedydd Maentwrog yng Ngwynedd ond mae'n werth ymweld â'r New Forest yn Hampshire a Fforest y Ddena yn Swydd Gaerloyw hefyd.

COETIROEDD CONWYDD

Mae'r rhan fwyaf o gonwydd yn fythwyrdd ac yn cadw eu dail trwy'r gaeaf. Mae'r dail yn fain, fel nodwyddau. Caiff y blodau a'r hadau eu cario mewn côn neu fochyn coed. Dim ond mewn ambell lecyn yn ucheldir yr Alban y gwelir coedwigoedd conwydd cynhenid bellach ond mae coed estron wedi cael eu plannu ar hyd a lled Prydain, yn enwedig

Coedwig binwydd yn Ucheldiroedd yr Alban

ar diroedd uchel. Er bod y coetiroedd conwydd cynhenid yn llawn bywyd gwyllt diddorol, nid yw'r planhigfeydd coed estron mor ddifyr. Serch hynny, mae digonedd o fywyd gwyllt yn gysylltiedig â'r coed hyn hefyd.

LLYSTYFIANT A NODWEDDION
Bu pinwydden yr Alban yn tyfu'n naturiol dros ardaloedd eang ond, erbyn heddiw, dim ond mewn rhannau o Ucheldiroedd yr Alban y gwelir nifer fawr ohoni. Mae'r hen goed yn drawiadol ac yn cynnal cannoedd o wahanol rywogaethau o fywyd gwyllt. Oddi tanynt, bydd llus, grug a choed bedw'n ffynnu, yn ogystal â phlanhigion prin fel y blodyn deuben. I'r gwrthwyneb, ychydig iawn o fywyd gwyllt sy'n gallu byw mewn planhigfeydd conwydd ond, os ceir llennyrch ynddynt, bydd planhigion fel mieri a rhedyn yn tyfu. Efallai mai'r math pwysicaf o fywyd gwyllt yn y planhigfeydd yw'r ffyngau sy'n ymddangos yn bennaf yn yr hydref. Mae llawer o'r rhywogaethau'n gyfyngedig i'r coed coniffer estron a gall yr amrywiaeth fod yn agoriad llygad i unrhyw naturiaethwr. Ymysg y coed estron mwyaf amlwg yng Nghymru mae sbriwsen sitca, sbriwsen Norwy a ffynidwydden Douglas.

ANIFEILIAID ALLWEDDOL
Yr unig aderyn sy'n unigryw i Brydain yw cambig yr Alban, aderyn sydd i'w weld yng nghoetiroedd pîn yr Alban. Yma hefyd ceir adar prin fel y titw copog a cheiliog y coed ac anifeiliaid fel y bele, y wiwer goch a'r gath wyllt. Gall planhigfeydd aeddfed yn yr Alban gynnal llawer o'r bywyd gwyllt a welir yn y coedwigoedd traddodiadol. Yng Nghymru, coetiroedd conwydd yw lloches olaf y wiwer goch a'r bele. Yma hefyd bydd adar fel y gylfin groes a gwalch Marth yn nythu.

LLE I FYND
I weld coedwigoedd pîn yr Alban ar eu gorau, mae'n rhaid ymweld â choedwigoedd Abernethy neu Rothiemurchus ger Aviemore yng ngogledd yr Alban. Mae digonedd o blanhigfeydd coniffer aeddfed yng Nghymru a gellir gweld amrywiaeth dda o fywyd gwyllt yn y coed o amgylch Betws-y-coed, Dolgellau a Chwm Nedd.

PERTHI AC YMYLON FFYRDD

Ers talwm, roedd perthi yn rhan bwysig o gefn gwlad Prydain ond, dros yr hanner canrif ddiwethaf, mae miloedd o gilometrau ohonynt wedi diflannu. Serch hynny, mae pethau wedi newid yn ddiweddar ac, rŵan, gwelir llawer o'n perthi'n cael eu hadfer a pherthi newydd yn cael eu plannu. Wrth i gynefinoedd ddirywio ar draws Prydain, daeth ymylon ffyrdd yn llecynnau pwysig iawn i bob math o fywyd gwyllt. Gan nad yw dyn yn ymyrryd llawer â nhw, maent yn gartref i amrywiaeth eang o rywogaethau.

LLYSTYFIANT A NODWEDDION
Gall perthi trwchus lle ceir gwahanol fathau o goed fod yn gynefin pwysig iawn i bryfed ac adar. Fel rheol, drain gwynion, drain duon, cyll a masarn bach yw'r coed amlycaf, ynghyd â derw, ffawydd, piswydd a choed afalau surion. Mae rhai o'n perthi yn hen iawn a dywedir y gellir cyfrif yn fras beth yw oed perth sydd wedi cael tyfu'n naturiol wrth nifer y rhywogaethau o brysglwyni sydd mewn darn can metr ohoni, gyda phob rhywogaeth yn cyfateb i ganrif. Bydd planhigion fel gwyddfid, rhosod gwyllt a mieri'n dringo dros lawer o'n

Clawdd yn yr haf, Wiltshire

perthi gan eu gwneud yn gynefin pwysicach fyth.

ANIFEILIAID ALLWEDDOL
Mae perthi aeddfed, trwchus yn gartref i ddwsinau o adar mân, yn cynnwys y robin goch, titw cynffon-hir, bronfraith a choch y berllan, yn ogystal ag adar mudol fel y telor penddu yn yr haf a'r coch-dan-aden yn y gaeaf. Bydd y ffrwythau a'r hadau yn denu nid yn unig yr adar ond anifeiliaid fel llygoden y coed a'r llygoden bengron goch hefyd. Y creaduriaid mwyaf amlwg yw'r pryfed, ac yn enwedig y glöynnod byw fel y fantell goch, gweirlöyn y perthi, gweirlöyn y glaw a'r glesyn cyffredin. Mae gwyfynod, chwilod a morgrug yn gyffredin iawn yma hefyd ac, ar ôl iddi nosi, gallech fod yn ddigon ffodus i ddarganfod llecynnau lle mae'r fagïen yn dal i oroesi.

LLE I FYND
Mae perthi ledled Prydain yn llawn bywyd gwyllt ond yn y gorllewin y mae llawer o'r enghreifftiau gorau. Fel rheol, y tawelaf y ffordd, y gorau fydd yr ochrau ar gyfer bywyd gwyllt ond mae ochrau ein priffyrdd yn dda iawn hefyd. Cofiwch fod yn ofalus wrth ymweld â'r cynefin hwn achos gall fod yn lle peryglus iawn.

PWYSIGRWYDD YMYLON FFYRDD

Bydd y llystyfiant ar ymylon ein ffyrdd yn amrywio yn ôl y lleoliad, y math o bridd a rheolaeth ddynol ond mae blodau fel llygad llo bach, blodyn taranau a glesyn y coed yn gyffredin iawn. Mae hefyd yn gynefin gwych i degeirianau fel y tegeirian brych a thegeirian y wenynen.

Er mai cwningod yw'r mamaliaid a welir amlaf ar ymylon ffyrdd fel rheol, mae anifeiliaid llai fel llygoden bengron y gwair yn aml yn fwy niferus. Un arwydd bod llawer o anifeiliaid bach yn byw ar ymyl ffordd yw presenoldeb y cudyll coch yn hofran uwchlaw. Mae ganddo 'lygad barcud' sy'n golygu ei fod yn gweld y symudiad lleiaf yn y tyfiant ac yn barod i ddisgyn yn ddirybudd ar ei brae.

Mae pobl yn ogystal ag anifeiliaid yn mwynhau ffrwythau'r perthi yn eu tymor – ffrwythau fel blodau ysgaw i wneud diodydd, mwyar duon, cnau ac egroes coch.

Mae ymylon lonydd prysur yn warchodfeydd natur answyddogol yn aml

GLASWELLTIR A FFERMDIR

Dôl doreithiog ei blodau yn niwedd yr haf

A hwythau'n llawn blodau o bob lliw a llun, mae glaswelltiroedd naturiol yn llefydd delfrydol i unrhyw naturiaethwr ond, gwaetha'r modd, mae caeau gwair traddodiadol yn gynefin prin iawn erbyn heddiw. Ers diwedd yr Ail Ryfel Byd, collwyd dros 98% o gaeau gwair llawn blodau, y rhan fwyaf ohonynt wedi diflannu o achos ein dulliau modern o amaethu. Mae'r caeau gwair sydd wedi cymryd eu lle yn dda ar gyfer defaid a gwartheg ond yn anialwch o safbwynt bywyd gwyllt.

LLYSTYFIANT A NODWEDDION

Ym Mhrydain, dyn sydd wedi creu glaswelltiroedd a dyn sy'n eu cynnal hefyd. Cawsant eu creu wrth i ddyn glirio'r goedwig anferthol a orchuddiai'r wlad filoedd o flynyddoedd yn ôl a chânt eu cynnal gan dorri neu bori parhaus. Mae'r math o rywogaethau sy'n tyfu mewn caeau naturiol yn dibynnu'n bennaf ar gyfansoddiad cemegol y pridd ac ar weithgareddau dyn. Bydd gwair fel rhonwellt a maswellt penwyn yn tyfu mewn caeau heb eu gwella, ynghyd â blodau fel llygad llo bach, cribell felen, meillion coch a gwyn, a throed yr iâr. Mewn caeau gwlyb, gwelir blodau fel gold y gors a charpiog y gors ond ar laswelltir calchog y gwelir yr amrywiaeth cyfoethocaf o flodau, blodau fel briallu Mair,

plucen felen, penrhudd a theim gwyllt. Heb reolaeth, buasai llwyni, mieri a choed yn tyfu yn y caeau ac yn gorchuddio'r glaswelltir yn gyfan gwbwl felly mae pori ysgafn neu thorri yn holl bwysig. Ers talwm, roedd digonedd o flodau fel bulwg yr ŷd a llygad y ffesant yn tyfu mewn cnydau fel ceirch ac ŷd ond, erbyn heddiw, mae chwynladdwyr wedi eu gwneud yn blanhigion prin.

ANIFEILIAID ALLWEDDOL
Mae caeau llawn blodau yn gynefin gwych i löynnod byw fel y copor bach a'r glesyn cyffredin yn ogystal â llawer rhywogaeth o sioncyn y gwair. Maent hefyd yn llefydd da i weld mamaliaid bychan fel llygod pengrwn y gwair ac mae'r rhain yn eu tro yn denu adar fel y dylluan wen a'r cudyll coch. Er bod caeau sydd wedi eu gwella ar gyfer amaethyddiaeth yn llefydd sâl ar gyfer bywyd gwyllt ar y cyfan, gall rhai gwlyb a rhai wedi eu haredig ddenu cornchwiglod. Ymysg cnydau, bydd adar prin fel bras yr ŷd yn nythu ac, yn neddwyrain Lloegr, dyma'r cynefin lle gwelir rhedwr y moelydd.

LLE I FYND

Mae caeau gwair traddodiadol yn gynefin prin iawn yng Nghymru ond yn parhau'n gyffredin mewn rhannau o ogledd Lloegr a gogledd yr Alban. Mae New Grove Meadows ger Trefynwy yn lle gwych i weld caeau llawn tegeirianau. Er mwyn gweld dolydd gwlyb o safon, rhaid mynd i Loegr i lefydd fel North Meadow yn Wiltshire a gwelir glaswelltir calchfaen gwych yn y Wye Downs yng Nghaint.

Tirlun traddodiadol, Wiltshire

RHOSTIROEDD YR ISELDIR

Mae rhostiroedd o dan fygythiad ar hyd a lled y wlad, a rhostiroedd yr iseldir wedi'u cyfyngu bellach i siroedd Surrey, Hampshire a Dorset yn ne Lloegr. Ffurfiwyd y cynefin hwn gan ddyn ar ôl iddo gwympo'r goedwig ac mae'n cael ei gynnal trwy bori'r tir yn rheolaidd a'i losgi'n achlysurol. Ceir rhostiroedd morol ar hyd llawer o arfordir gorllewinol Cymru, yn enwedig mewn ardaloedd fel Sir Benfro, Ynys Môn a Phen Llŷn. Mae gofyn rheoli'r cynefin hwn yn ofalus er mwyn cadw'r prysgoed draw ond y bygythiad mwyaf yw dyn wrth iddo wella'r tir, ei ddefnyddio i adeiladu tai neu ei reoli mewn dulliau anaddas fel gorlosgi a gorbori.

LLYSTYFIANT A NODWEDDION
Yn y cynefin hwn, gwelir grug, grug croesddail a grug y mêl yn tyfu ar bridd asidaidd, tywodlyd. Gwelir y rhostir ar ei orau ddiwedd yr haf pan fydd y grug yn garped o flodau porffor. Mae eithin hefyd yn blanhigyn pwysig yn y cynefin hwn. Yn aml, mae corsydd yn datblygu mewn pantiau yn y rhos ac yno mae llafn y bladur a'r

Rhostiroedd haf yn New Forest

helygen Fair yn tyfu. Mewn rhai mannau, gellir gweld tegeirian bach y gors ymysg y migwyn. Ar rhai o rostiroedd arfordirol Cymru, mae planhigion fel y cor-rosyn rhuddfannog yn blodeuo'n doreth o felyn yn y gwanwyn.

ANIFEILIAID ALLWEDDOL
Mae rhostiroedd iseldir de Lloegr yn denu adarwyr i chwilio am hebog yr ehedydd, telor Dartford ac ehedydd y coed, er bod y rhain i'w gweld bellach yng Nghymru hefyd. Fel rheol, bydd adar fel clochdar y cerrig a'r llinos yn gyffredin yn y cynefin hwn ond mae'r frân goesgoch yn unigryw i rostiroedd morol y gorllewin. Ceir y chwe math o ymlusgiaid cynhenid ar rai o rostiroedd de Lloegr, yn cynnwys y neidr lefn a madfall y tywod. Mae hefyd yn lle arbennig ar gyfer gwyfynod fel yr ymerawdwr, a gweision y neidr. Ymysg y creaduriaid di-asgwrn-cefn, mae copyn y gors, sef y pryf cop mwyaf ym Mhrydain.

LLE I FYND
Ceir rhostiroedd eang o amgylch y New Forest ac, yn Dorset, mae Studland Heath a gwarchodfa'r RSPB yn Arne yn fendigedig. I weld rhostir morol ar ei orau, mae gofyn mynd i dir yr Ymddiriedolaeth Genedlaethol ar Ben Llŷn neu Ynys Môn.

YR UCHELDIR

Er bod llawer o ucheldir Prydain yn ymddangos yn wyllt a naturiol, ychydig iawn ohono sy'n hollol rydd o ddylanwad dyn. Ers talwm, roedd yr ucheldir i gyd, heblaw am y copaon uchaf, wedi'i orchuddio â choed ond, yn raddol, torrwyd y rhain i lawr ac mae pori neu losgi'n eu cadw draw hyd heddiw. Rhostir gwair neu rug yw'r prif gynefin yn yr ucheldir ond ceir mynyddoedd uchel ac arnynt lystyfiant ac anifeiliaid unigryw mewn rhannau o ogledd Cymru, gogledd Lloegr a'r Alban. Mae'n eironig bod coedwigoedd yn gorchuddio llawer o'n hucheldiroedd eto heddiw ond coedwigoedd conwydd, nid rhai coed cynhenid yw'r rhain.

Rhostiroedd arfordirol ar lan môr Sir Benfro

LLYSTYFIANT A NODWEDDION

Mae planhigion yr ucheldir yn amrywio'n fawr, yn dibynnu ar ffactorau fel cyfansoddiad cemegol y graig a'r pridd, uchder, glaw a dylanwad dyn. Mewn llawer o lefydd, gwair fel glaswellt y gweunydd sydd drechaf mewn ardaloedd lle bydd defaid yn pori ond, mewn llefydd â phridd asid, grug yw'r planhigyn mwyaf amlwg. Yng ngogledd Lloegr a'r Alban, bydd rhostiroedd fel hyn yn cael eu rheoli ar gyfer grugieir. Mewn ardaloedd lle mae'r pridd yn fwy calchaidd, ceir amrywiaeth o flodau fel crwynllys y gwanwyn a thrilliw y mynydd yn tyfu. Fel rheol, ychydig sy'n tyfu ar fynyddoedd Eryri, gogledd Lloegr a'r Alban ond, yn dibynnu ar y pridd, gall fod yno doreth o flodau fel y tormaen porffor, y tormaen serennog ac, yn Eryri yn unig, brwynddail y mynydd. Mae mynyddoedd uchaf oll gogledd yr Alban yn debycach i dwndra â chennau a mwsoglau'n tyfu ar hyd y llawr.

ANIFEILIAID ALLWEDDOL

Mae'r ucheldiroedd yn ardaloedd anodd iawn byw ynddynt ar adegau ac mae gofyn i'r bywyd gwyllt allu gwrthsefyll tywydd a thymheredd eithafol. Yr adar mwyaf cyffredin yn y cynefin hwn fel rheol yw adar mân fel corhedydd y waun ond ceir hefyd rydwyr fel y cwtiad aur, y gylfinir a phibydd y mawn, yn enwedig ar rostiroedd grugog. Daw adar ysglyfaethus fel y cudyll bach, y bod tinwen a'r dylluan glustiog i hela rhai o'r adar a'r llygod sy'n gallu bod yn niferus iawn ymysg y tyfiant tal. Dim ond yn ucheldiroedd anghysbell yr Alban ac ambell le yng ngogledd Lloegr y gwelir adar arbennig y mynyddoedd uchel fel grugiar yr Alban, yr eryr aur a hutan y mynydd ac mae bras yr eira'n brinnach fyth. Yr unig famal gwyllt sy'n unigryw i'r ucheldir yw'r ysgyfarnog fynydd, anifail sydd, fel grugiar yr Alban, yn troi'n wyn dros fisoedd y gaeaf. Mae dau löyn byw wedi eu cyfyngu i ucheldiroedd gogledd Prydain, sef gweirlöyn yr Alban a gweirlöyn bach y mynydd.

LLE I FYND

Ceir llawer o blanhigion ac anifeiliaid yr ucheldir ar fynyddoedd Eryri ac yn Ardal y Llynnoedd ond, i weld amrywiaeth o greaduriaid unigryw'r ucheldir, mae'n rhaid ymweld â mynyddoedd yr Alban. Un o'r llefydd gorau i fynd a'r hawsaf i'w cyrraedd yw mynyddoedd Cairngorm.

Mawnog nodweddiadol yn yr ucheldir

Y Cairngorms: un o'r ardaloedd naturiol wyllt olaf yng ngwledydd Prydain

CYNEFINOEDD TREFOL

Mae'r rhan fwyaf o bobl Prydain, sy'n byw mewn trefi a dinasoedd, yn fwy cyfarwydd â bywyd gwyllt y dref na phlanhigion a chreaduriaid cefn gwlad. Camgymeriad mawr yw credu nad oes fawr o ddim yn byw yn ein trefi a'n dinasoedd. Yn wir, mae llawer o anifeiliaid a phlanhigion yn ffynnu wrth fyw'n agos at ddyn ac mae rhai cynefinoedd trefol yn od o debyg i gynefinoedd gwyllt. Mae gerddi aeddfed yn debyg i goedwig, ochrau adeiladau tal yn debyg i glogwyni a thyllau yn y to yn debyg i ogofâu. Mae hyn yn golygu nad oes raid i neb deithio'n bell i fwynhau ein bywyd gwyllt.

LLYSTYFIANT A NODWEDDION
Ar y cyfan, mae'r coed a'r llwyni sydd i'w gweld yn ein gerddi a'n parciau wedi cael eu plannu gan ddyn ac felly bydd yno gymysgedd o goed cynhenid a choed estron. Does fawr o amrywiaeth yn ein lawntiau ond, hyd yn oed yn y fan yma, mae'r pryfed genwair yn denu adar o bob lliw a llun. Mae blodau ein gerddi yn fwyd pwysig i bob math o bryfed a, gan fod garddio bywyd gwyllt wedi dod yn boblogaidd yn ddiweddar, bydd llawer o bobol yn plannu llwyni'n unswydd i ddenu a bwydo rhai o greaduriaid yr ardd. Bydd pyllau'n denu amrywiaeth o fywyd gwyllt, yn cynnwys llawer o anifeiliaid fel madfallod dŵr sy'n prinhau yng nghefn gwlad. Mae llawer o blanhigion estron a 'chwyn' yn ffynnu yn ein gerddi hefyd, er bod llawer o arddwyr yn gwneud eu gorau glas i gael gwared ohonynt.

ANIFEILIAID ALLWEDDOL
Os ewch i unrhyw barc neu ardd fawr, fe welwch lawer o wahanol rywogaethau o adar sy'n arfer cael eu cysylltu â choedwigoedd. Mewn gerddi, yn aml bydd yr adar hyn yn llawer mwy eofn ac yn barod i adael ichi agosáu i gael golwg well. Ymysg yr adar yma, mae sgrech y coed, cnocellod a delor y cnau yn enghreifftiau da. Mae rhai adar, fel aderyn y to, gwennol y bondo a'r wennol ddu yn hollol ddibynnol ar ddyn am eu llecyn nythu a bydd eraill, fel y ddrudwen a'r siglen fraith, hefyd yn gartrefol iawn mewn trefi mawrion. Daw llawer o adar i mewn i'n trefi a'n dinasoedd yn y gaeaf pan fydd y tywydd yn ddrwg ac aeron y coed yn brin yng nghefn gwlad. Un ymwelydd gaeaf a welir yn aml iawn mewn trefi yw'r gynffon sidan. Ceir mamaliaid fel llygod, llygod mawr, draenogod, llwynogod, moch daear a hyd yn oed ddwrgwn yn ein trefi erbyn heddiw ac mae ein tai cynnes yn lloches bwysig i wahanol fathau o ystlumod. Wrth inni blannu blodau a llwyni addas, bydd glöynnod byw fel y fantell baun, y fantell goch a'r trilliw bach yn cael eu denu i mewn, yn ogystal â dwsinau o wahanol fathau o wyfynod. Gelyn mwyaf llawer o adar ac anifeiliaid y trefi a'r dinasoedd yw'r gath. Amcangyfrir bod dros 100 miliwn o adar, mamaliaid ac ymlusgiaid yn cael eu lladd gan gathod bob blwyddyn!

LLE I FYND

Mae unrhyw barc neu ardd fawr yn mynd i ddenu niferoedd di-rif o greaduriaid a phlanhigion, yn enwedig os oes pwll dŵr yno. Mae'n werth gwneud ymdrech i greu gardd bywyd gwyllt fel y cewch fwynhau amrywiaeth eang o fywyd gwyllt ar drothwy'r drws.

Gwelir bywyd gwyllt yng nghanol dinas Llundain hyd yn oed: Camlas Regent

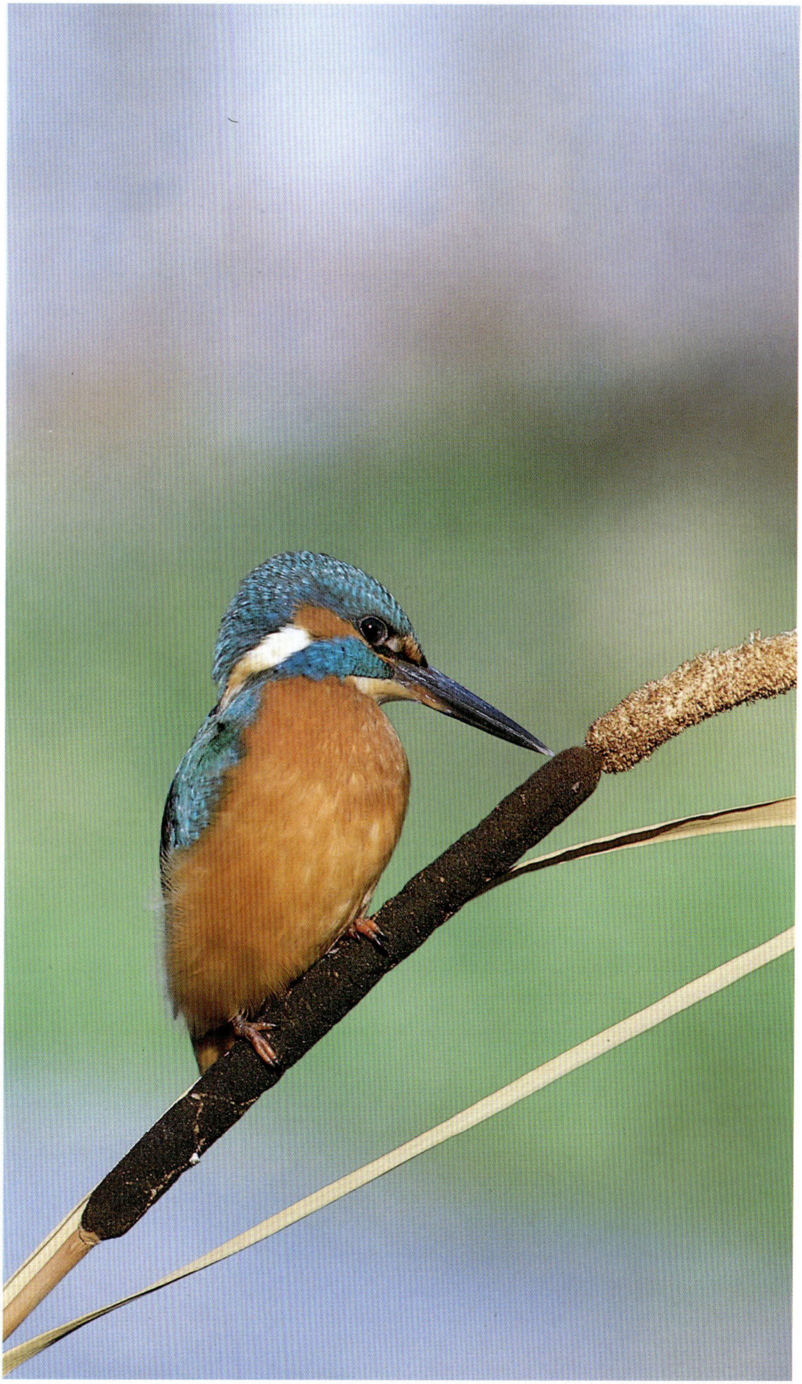

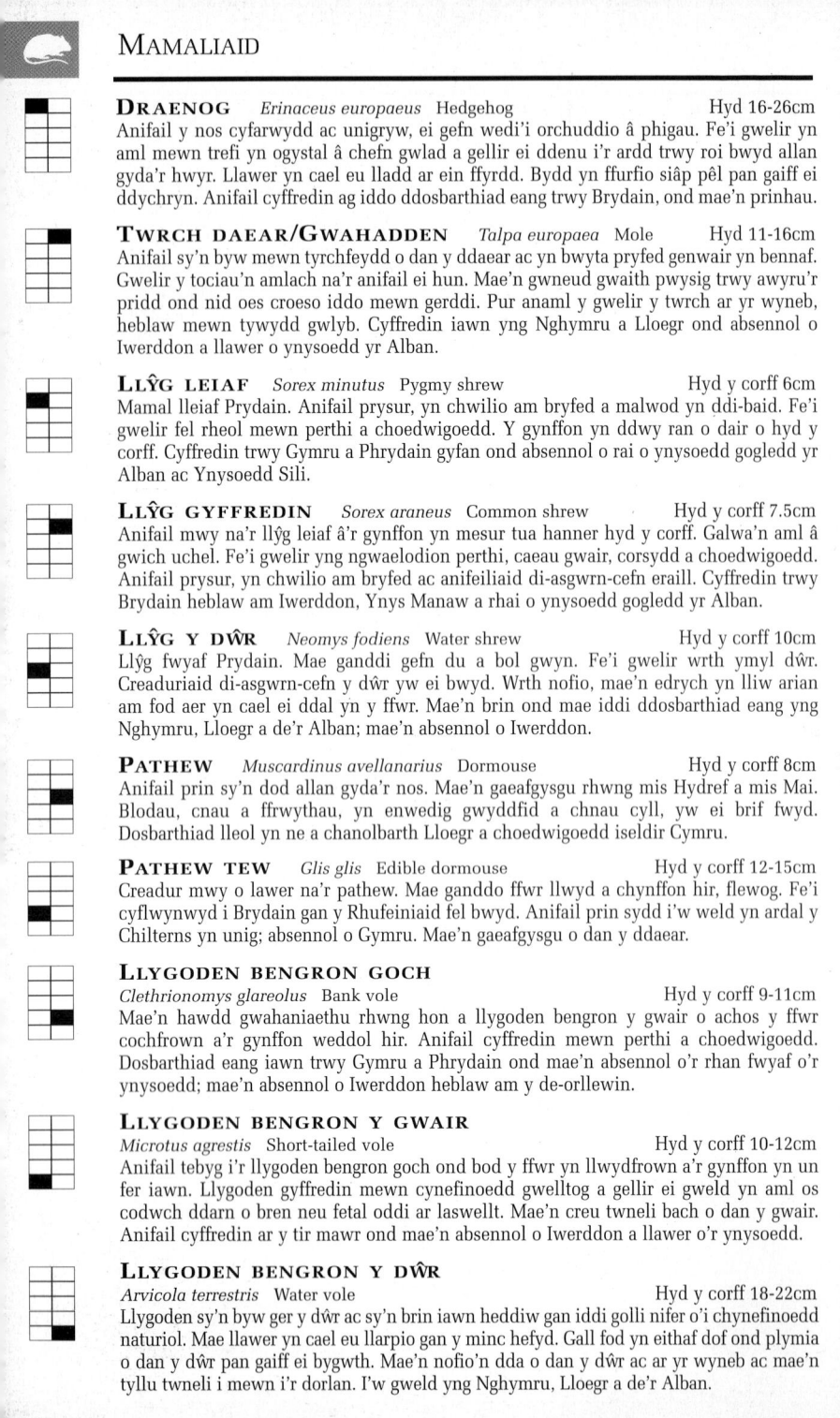

Mamaliaid

Draenog *Erinaceus europaeus* Hedgehog Hyd 16-26cm
Anifail y nos cyfarwydd ac unigryw, ei gefn wedi'i orchuddio â phigau. Fe'i gwelir yn aml mewn trefi yn ogystal â chefn gwlad a gellir ei ddenu i'r ardd trwy roi bwyd allan gyda'r hwyr. Llawer yn cael eu lladd ar ein ffyrdd. Bydd yn ffurfio siâp pêl pan gaiff ei ddychryn. Anifail cyffredin ag iddo ddosbarthiad eang trwy Brydain, ond mae'n prinhau.

Twrch Daear/Gwahadden *Talpa europaea* Mole Hyd 11-16cm
Anifail sy'n byw mewn tyrchfeydd o dan y ddaear ac yn bwyta pryfed genwair yn bennaf. Gwelir y tociau'n amlach na'r anifail ei hun. Mae'n gwneud gwaith pwysig trwy awyru'r pridd ond nid oes croeso iddo mewn gerddi. Pur anaml y gwelir y twrch ar yr wyneb, heblaw mewn tywydd gwlyb. Cyffredin iawn yng Nghymru a Lloegr ond absennol o Iwerddon a llawer o ynysoedd yr Alban.

Llŷg leiaf *Sorex minutus* Pygmy shrew Hyd y corff 6cm
Mamal lleiaf Prydain. Anifail prysur, yn chwilio am bryfed a malwod yn ddi-baid. Fe'i gwelir fel rheol mewn perthi a choedwigoedd. Y gynffon yn ddwy ran o dair o hyd y corff. Cyffredin trwy Gymru a Phrydain gyfan ond absennol o rai o ynysoedd gogledd yr Alban ac Ynysoedd Sili.

Llŷg gyffredin *Sorex araneus* Common shrew Hyd y corff 7.5cm
Anifail mwy na'r llŷg leiaf â'r gynffon yn mesur tua hanner hyd y corff. Galwa'n aml â gwich uchel. Fe'i gwelir yng ngwaelodion perthi, caeau gwair, corsydd a choedwigoedd. Anifail prysur, yn chwilio am bryfed ac anifeiliaid di-asgwrn-cefn eraill. Cyffredin trwy Brydain heblaw am Iwerddon, Ynys Manaw a rhai o ynysoedd gogledd yr Alban.

Llŷg y dŵr *Neomys fodiens* Water shrew Hyd y corff 10cm
Llŷg fwyaf Prydain. Mae ganddi gefn du a bol gwyn. Fe'i gwelir wrth ymyl dŵr. Creaduriaid di-asgwrn-cefn y dŵr yw ei bwyd. Wrth nofio, mae'n edrych yn lliw arian am fod aer yn cael ei ddal yn y ffwr. Mae'n brin ond mae iddi ddosbarthiad eang yng Nghymru, Lloegr a de'r Alban; mae'n absennol o Iwerddon.

Pathew *Muscardinus avellanarius* Dormouse Hyd y corff 8cm
Anifail prin sy'n dod allan gyda'r nos. Mae'n gaeafgysgu rhwng mis Hydref a mis Mai. Blodau, cnau a ffrwythau, yn enwedig gwyddfid a chnau cyll, yw ei brif fwyd. Dosbarthiad lleol yn ne a chanolbarth Lloegr a choedwigoedd iseldir Cymru.

Pathew tew *Glis glis* Edible dormouse Hyd y corff 12-15cm
Creadur mwy o lawer na'r pathew. Mae ganddo ffwr llwyd a chynffon hir, flewog. Fe'i cyflwynwyd i Brydain gan y Rhufeiniaid fel bwyd. Anifail prin sydd i'w weld yn ardal y Chilterns yn unig; absennol o Gymru. Mae'n gaeafgysgu o dan y ddaear.

Llygoden bengron goch
Clethrionomys glareolus Bank vole Hyd y corff 9-11cm
Mae'n hawdd gwahaniaethu rhwng hon a llygoden bengron y gwair o achos y ffwr cochfrown a'r gynffon weddol hir. Anifail cyffredin mewn perthi a choedwigoedd. Dosbarthiad eang iawn trwy Gymru a Phrydain ond mae'n absennol o'r rhan fwyaf o'r ynysoedd; mae'n absennol o Iwerddon heblaw am y de-orllewin.

Llygoden bengron y gwair
Microtus agrestis Short-tailed vole Hyd y corff 10-12cm
Anifail tebyg i'r llygoden bengron goch ond bod y ffwr yn llwydfrown a'r gynffon yn un fer iawn. Llygoden gyffredin mewn cynefinoedd gwelltog a gellir ei gweld yn aml os codwch ddarn o bren neu fetal oddi ar laswellt. Mae'n creu twneli bach o dan y gwair. Anifail cyffredin ar y tir mawr ond mae'n absennol o Iwerddon a llawer o'r ynysoedd.

Llygoden bengron y dŵr
Arvicola terrestris Water vole Hyd y corff 18-22cm
Llygoden sy'n byw ger y dŵr ac sy'n brin iawn heddiw gan iddi golli nifer o'i chynefinoedd naturiol. Mae llawer yn cael eu llarpio gan y minc hefyd. Gall fod yn eithaf dof ond plymia o dan y dŵr pan gaiff ei bygwth. Mae'n nofio'n dda o dan y dŵr ac ar yr wyneb ac mae'n tyllu twneli i mewn i'r dorlan. I'w gweld yng Nghymru, Lloegr a de'r Alban.

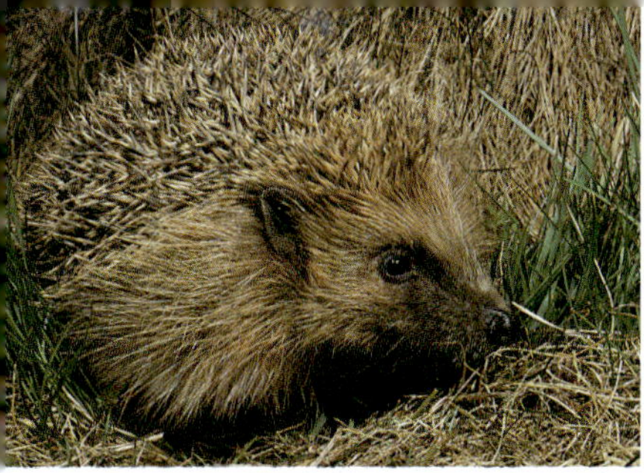
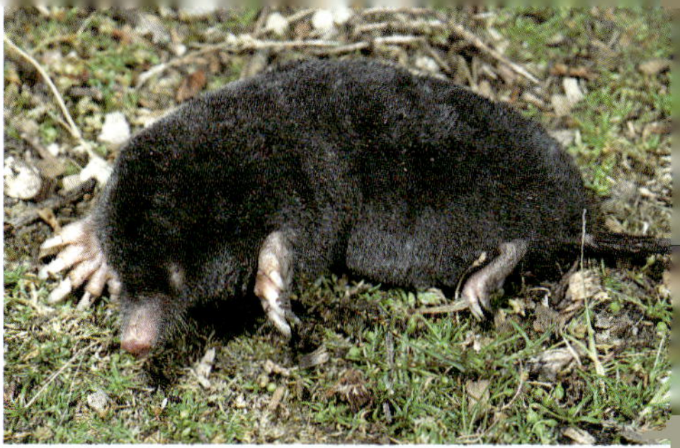
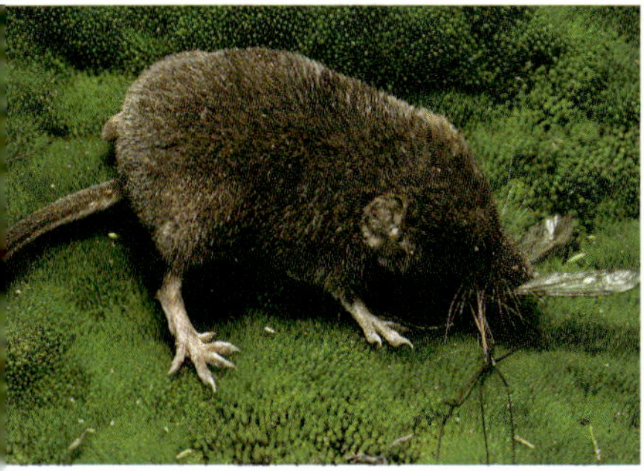
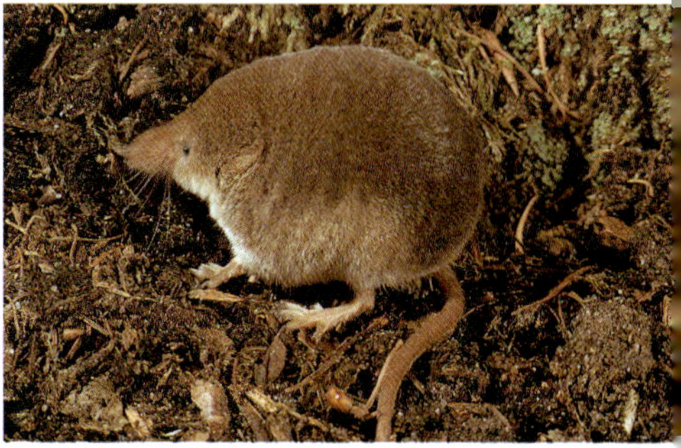
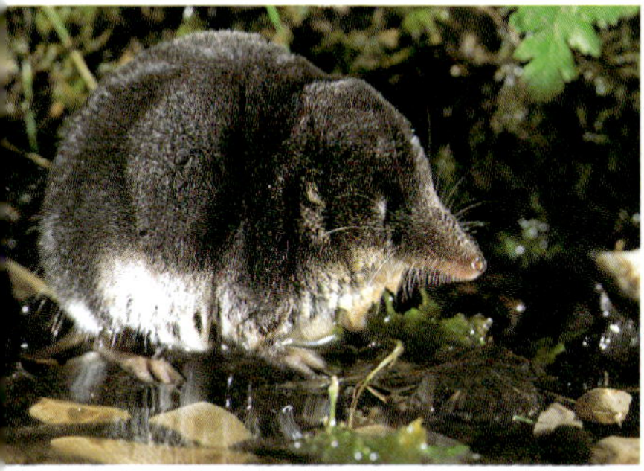
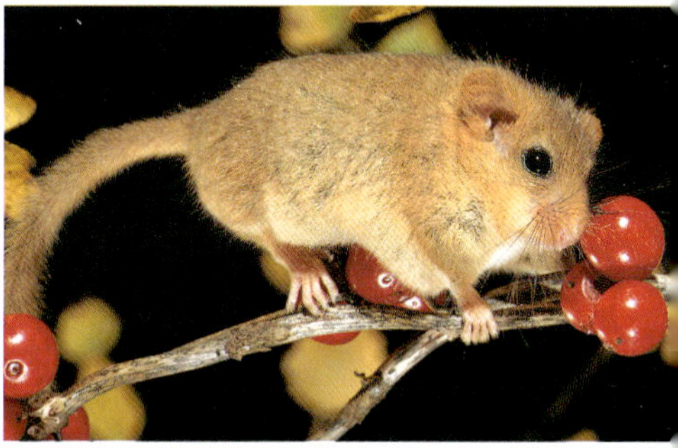
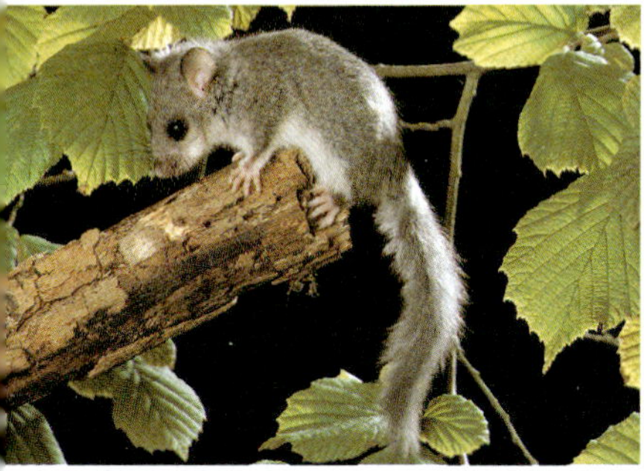
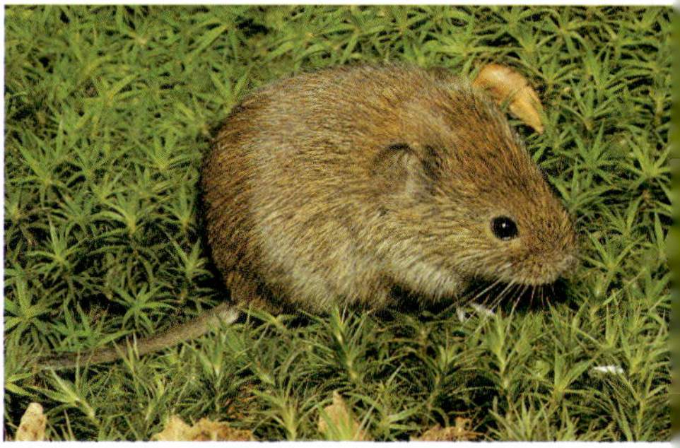
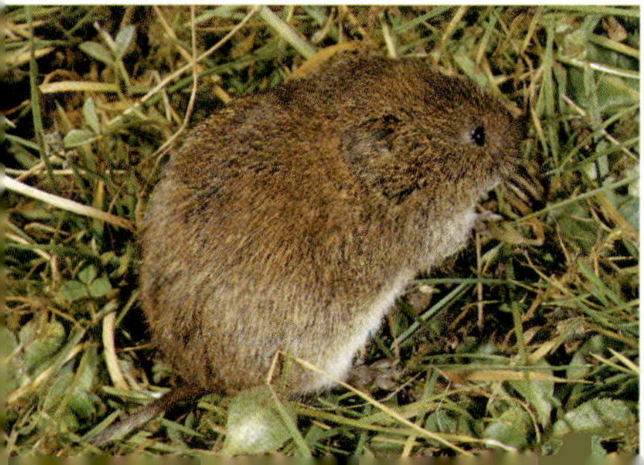
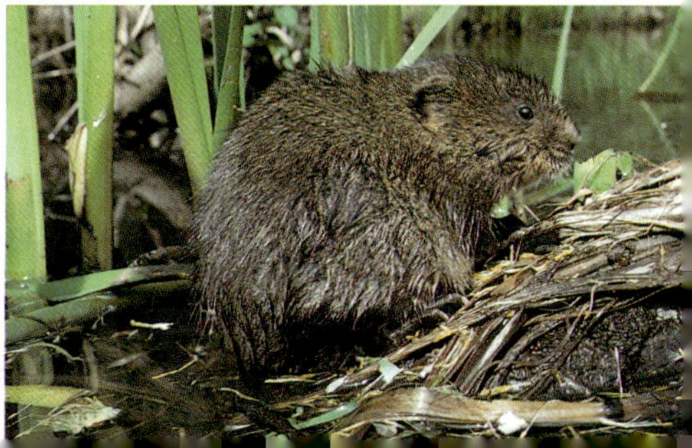

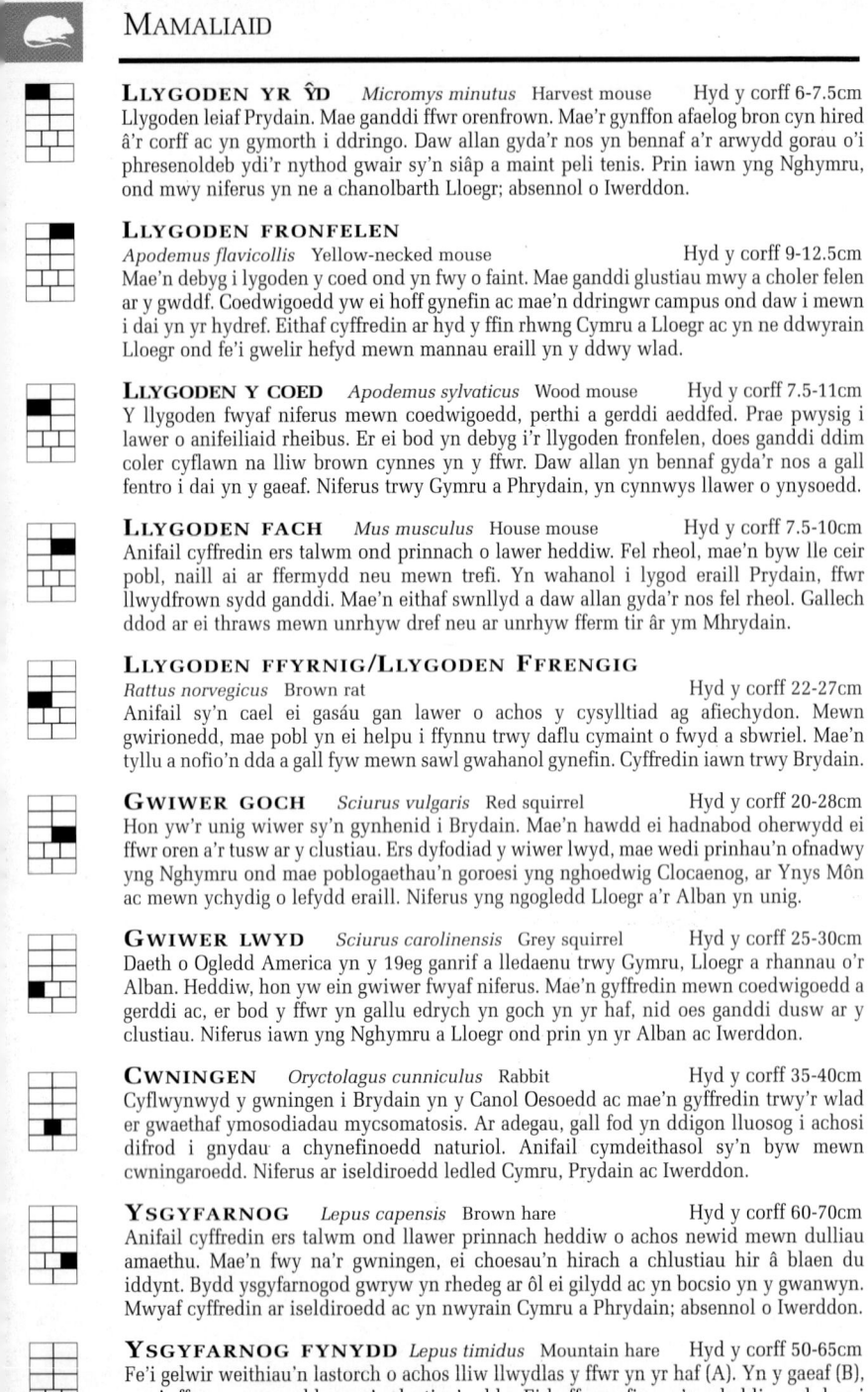

Mamaliaid

Llygoden yr Ŷd *Micromys minutus* Harvest mouse Hyd y corff 6-7.5cm
Llygoden leiaf Prydain. Mae ganddi ffwr orenfrown. Mae'r gynffon afaelog bron cyn hired â'r corff ac yn gymorth i ddringo. Daw allan gyda'r nos yn bennaf a'r arwydd gorau o'i phresenoldeb ydi'r nythod gwair sy'n siâp a maint peli tenis. Prin iawn yng Nghymru, ond mwy niferus yn ne a chanolbarth Lloegr; absennol o Iwerddon.

Llygoden Fronfelen
Apodemus flavicollis Yellow-necked mouse Hyd y corff 9-12.5cm
Mae'n debyg i lygoden y coed ond yn fwy o faint. Mae ganddi glustiau mwy a choler felen ar y gwddf. Coedwigoedd yw ei hoff gynefin ac mae'n ddringwr campus ond daw i mewn i dai yn yr hydref. Eithaf cyffredin ar hyd y ffin rhwng Cymru a Lloegr ac yn ne ddwyrain Lloegr ond fe'i gwelir hefyd mewn mannau eraill yn y ddwy wlad.

Llygoden y Coed *Apodemus sylvaticus* Wood mouse Hyd y corff 7.5-11cm
Y llygoden fwyaf niferus mewn coedwigoedd, perthi a gerddi aeddfed. Prae pwysig i lawer o anifeiliaid rheibus. Er ei bod yn debyg i'r llygoden fronfelen, does ganddi ddim coler cyflawn na lliw brown cynnes yn y ffwr. Daw allan yn bennaf gyda'r nos a gall fentro i dai yn y gaeaf. Niferus trwy Gymru a Phrydain, yn cynnwys llawer o ynysoedd.

Llygoden Fach *Mus musculus* House mouse Hyd y corff 7.5-10cm
Anifail cyffredin ers talwm ond prinnach o lawer heddiw. Fel rheol, mae'n byw lle ceir pobl, naill ai ar ffermydd neu mewn trefi. Yn wahanol i lygod eraill Prydain, ffwr llwydfrown sydd ganddi. Mae'n eithaf swnllyd a daw allan gyda'r nos fel rheol. Gallech ddod ar ei thraws mewn unrhyw dref neu ar unrhyw fferm tir âr ym Mhrydain.

Llygoden Ffyrnig/Llygoden Ffrengig
Rattus norvegicus Brown rat Hyd y corff 22-27cm
Anifail sy'n cael ei gasáu gan lawer o achos y cysylltiad ag afiechydon. Mewn gwirionedd, mae pobl yn ei helpu i ffynnu trwy daflu cymaint o fwyd a sbwriel. Mae'n tyllu a nofio'n dda a gall fyw mewn sawl gwahanol gynefin. Cyffredin iawn trwy Brydain.

Gwiwer Goch *Sciurus vulgaris* Red squirrel Hyd y corff 20-28cm
Hon yw'r unig wiwer sy'n gynhenid i Brydain. Mae'n hawdd ei hadnabod oherwydd ei ffwr oren a'r tusw ar y clustiau. Ers dyfodiad y wiwer lwyd, mae wedi prinhau'n ofnadwy yng Nghymru ond mae poblogaethau'n goroesi yng nghoedwig Clocaenog, ar Ynys Môn ac mewn ychydig o lefydd eraill. Niferus yng ngogledd Lloegr a'r Alban yn unig.

Gwiwer Lwyd *Sciurus carolinensis* Grey squirrel Hyd y corff 25-30cm
Daeth o Ogledd America yn y 19eg ganrif a lledaenu trwy Gymru, Lloegr a rhannau o'r Alban. Heddiw, hon yw ein gwiwer fwyaf niferus. Mae'n gyffredin mewn coedwigoedd a gerddi ac, er bod y ffwr yn gallu edrych yn goch yn yr haf, nid oes ganddi dusw ar y clustiau. Niferus iawn yng Nghymru a Lloegr ond prin yn yr Alban ac Iwerddon.

Cwningen *Oryctolagus cunniculus* Rabbit Hyd y corff 35-40cm
Cyflwynwyd y gwningen i Brydain yn y Canol Oesoedd ac mae'n gyffredin trwy'r wlad er gwaethaf ymosodiadau mycsomatosis. Ar adegau, gall fod yn ddigon lluosog i achosi difrod i gnydau a chynefinoedd naturiol. Anifail cymdeithasol sy'n byw mewn cwningaroedd. Niferus ar iseldiroedd ledled Cymru, Prydain ac Iwerddon.

Ysgyfarnog *Lepus capensis* Brown hare Hyd y corff 60-70cm
Anifail cyffredin ers talwm ond llawer prinnach heddiw o achos newid mewn dulliau amaethu. Mae'n fwy na'r gwningen, ei choesau'n hirach a chlustiau hir â blaen du iddynt. Bydd ysgyfarnogod gwryw yn rhedeg ar ôl ei gilydd ac yn bocsio yn y gwanwyn. Mwyaf cyffredin ar iseldiroedd ac yn nwyrain Cymru a Phrydain; absennol o Iwerddon.

Ysgyfarnog Fynydd *Lepus timidus* Mountain hare Hyd y corff 50-65cm
Fe'i gelwir weithiau'n lastorch o achos lliw llwydlas y ffwr yn yr haf (A). Yn y gaeaf (B), mae'r ffwr yn wyn a blaenau'r clustiau'n ddu. Ei hoff gynefin yw'r ucheldir ond daw i lawr i'r tir isel mewn gaeaf caled. Mae'n absennol o Gymru. Mae'n gyffredin yn ucheldir yr Alban ond yn brinnach yn y Pennines a de'r Alban; hon yw unig ysgyfarnog Iwerddon.

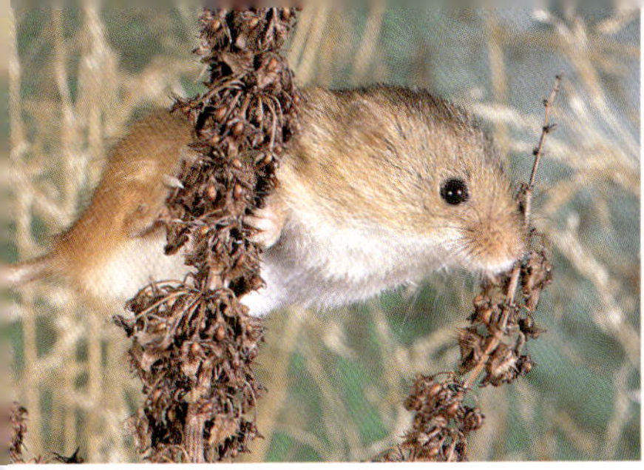
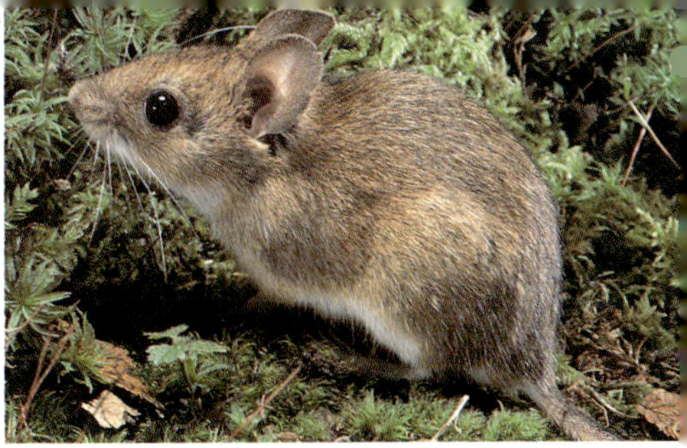
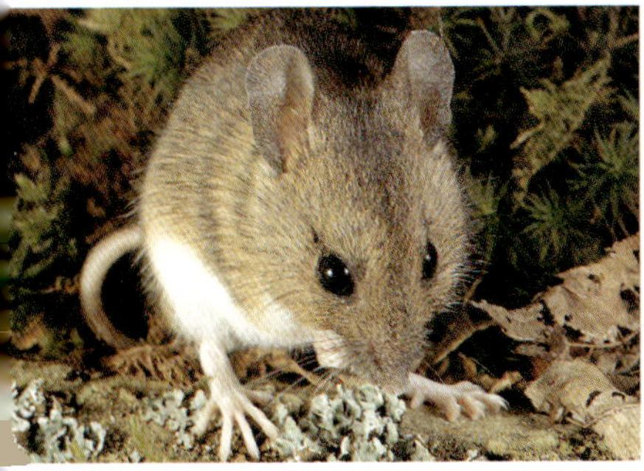
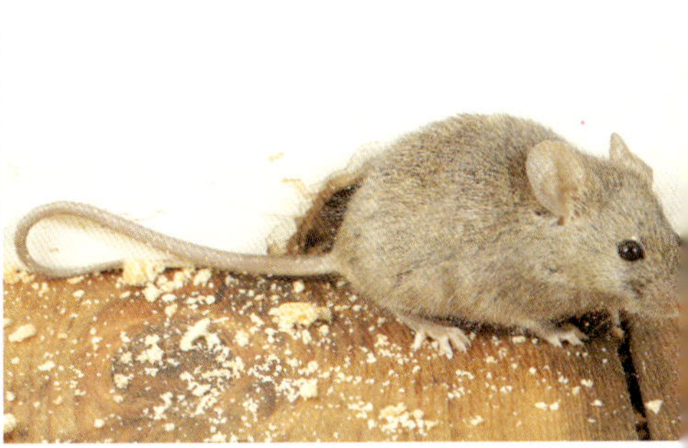
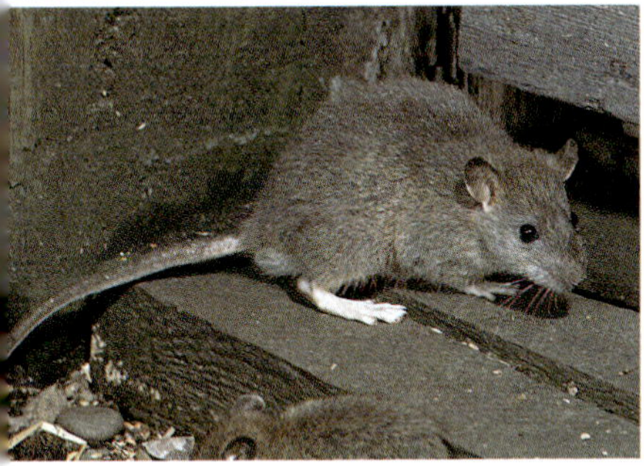
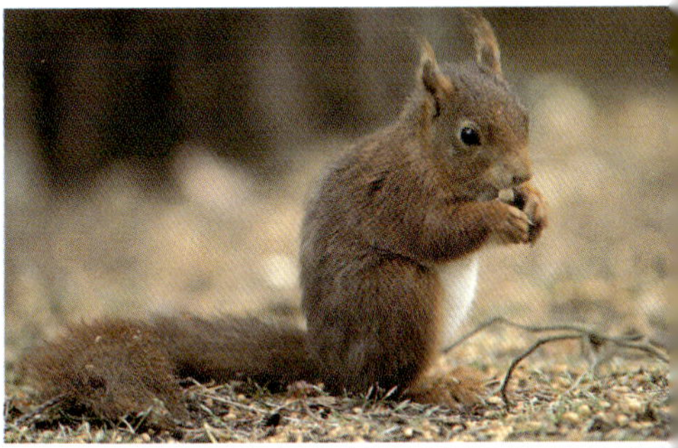
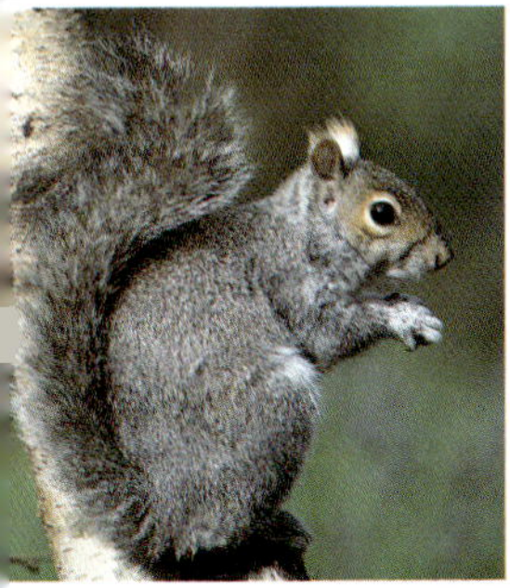
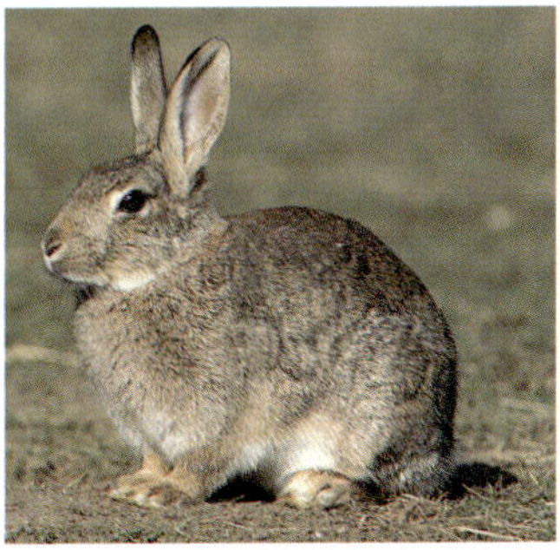
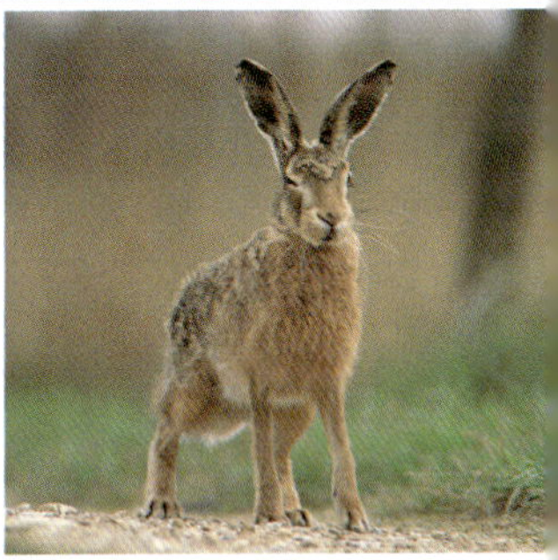
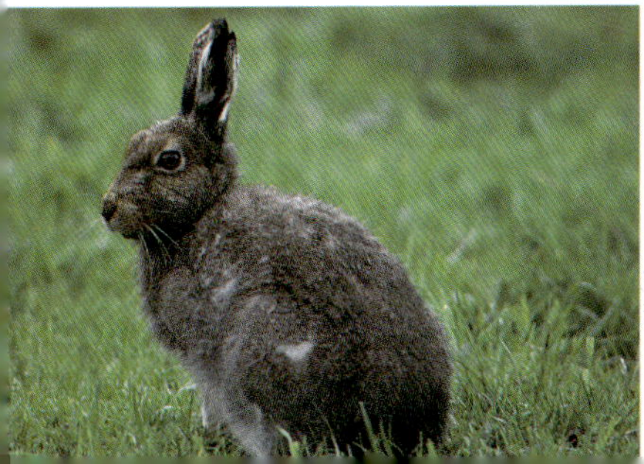
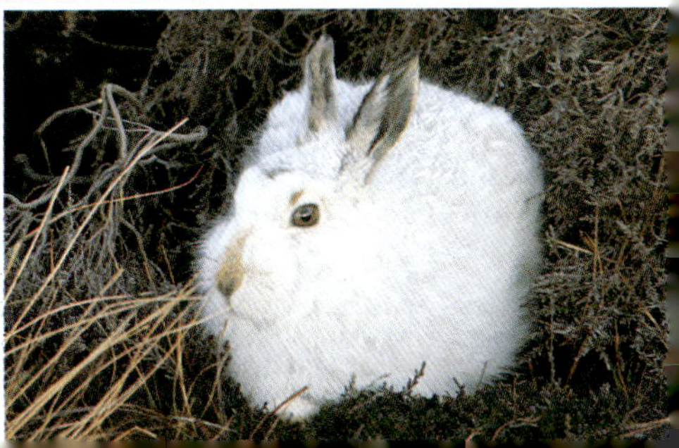

Mamaliaid

Carlwm   *Mustela erminea* Stoat   Hyd 35-40cm
Anifail tebyg i'r wenci ond mae'n llawer mwy ac mae blaen du i'r gynffon. Ffwr orenfrown ar y cefn a bol gwyn. Bydd rhai anifeiliaid yn yr ucheldir yn troi'n wyn yn y gaeaf ond yn cadw blaen du'r gynffon. Weithiau gellir dod o hyd iddo trwy ddilyn gwich cwningen, ei hoff brae. Anifail eithaf cyffredin ond swil ac iddo ddosbarthiad eang trwy Gymru, gweddill Prydain ac Iwerddon heblaw am rai o'r ynysoedd.

Bronwen/Gwenci   *Mustela nivalis* Weasel   Hyd 20-25cm
Llai o faint na'r carlwm a chanddi gynffon fer heb flaen du. Mae'r fronwen yn anifail prysur, yn hela'i phrif brae sef mamaliaid bychain yn ddidrugaredd. Mae i'w gweld mewn gwahanol gynefinoedd, yn enwedig coedwigoedd, perthi a glaswelltiroedd. Nid yw'n troi'n wyn yn y gaeaf. Mae'n eithaf cyffredin trwy Gymru a Phrydain ond yn anodd ei gweld. Mae'n absennol o Iwerddon a llawer o'r ynysoedd.

Ffwlbart   *Mustela putorius* Polecat   Hyd 45-55cm
Yn wahanol i'r ffured ddof, mae mwgwd tywyll ar wyneb y ffwlbart. Fel rheol, mae'r ffwr yn dywyll ond mae'r ystlysau ychydig yn oleuach a cheir patrwm gwyn o amgylch y geg. Anifail swil a ddaw allan yn y nos fel rheol. Yn y gorffennol, cafodd ei erlid gan giperiaid ond mae'n gyffredin ledled Cymru heblaw am ogledd Ynys Môn ac yn lledaenu ar draws canolbarth Lloegr. Ceir poblogaeth fechan yng ngogledd Lloegr a gorllewin yr Alban.

Minc   *Mustela vison* American mink   Hyd 42-65cm
Anifail estron sydd wedi sefydlu yma ar ôl dianc o ffermydd ffwr. Mae'r ffwr tywyll yn atgoffa rhywun o ddwrgi ond mae'r minc yn llai o lawer ac iddo gynffon fyrrach. Mae'n byw ger dŵr lle bydd yn hela adar, pysgod a mamaliaid bychan. Mae'n gyffredin trwy Gymru, gweddill Prydain ac Iwerddon heblaw am ambell ardal fel gogledd orllewin Cymru.

Bele   *Martes martes* Pine marten   Hyd 65-75cm
Anifail sy'n byw mewn coedwigoedd, yn enwedig mewn conwydd ac sy'n hynod o swil. Dringwr penigamp sy'n hela gwiwerod ymysg y brigau. Mae ganddo ffwr browngoch a darnau lliw hufen tywyll ar y fron a'r gwddf. Cyffredin yn yr Alban ond mae poblogaethau bychan yng ngogledd Lloegr ac yn rhai o ardaloedd gwyllt Cymru, yn enwedig Eryri.

Dyfrgi/Dwrgi   *Lutra lutra* Otter   Hyd 95-130cm
Anifail sydd wedi addasu'n wych i fyw yn y dŵr, naill ai ar afon neu lyn, neu yn y môr. Gall blymio o dan y dŵr am funudau lawer. Pysgod yw ei brif fwyd ond mae hefyd yn bwyta llyffantod, cimychiaid yr afon ac adar. Cafodd ei erlid am ddegawdau a dioddefodd oherwydd effeithiau cemegion gwenwynig a cholli cynefin ond erbyn heddiw mae poblogaeth y dwrgi'n cynyddu. Mae'n eithaf niferus ar lawer o afonydd Cymru, gogledd a gorllewin Lloegr, yr Alban ac Iwerddon.

Cath wyllt   *Felix sylvestris* Wild cat   Hyd 75-105cm
Mae'n debyg i gath ddof ond yn fwy o faint â chynffon drwchus heb flaen main. Mae marciau tywyll, amlwg ar y corff llwydfrown a chylchoedd tywyll ar y gynffon. Daw allan gyda'r nos yn bennaf. Mae i'w gweld yng ngogledd yr Alban yn unig lle mae'r boblogaeth dan fygythiad o achos y duedd i groesfridio â chathod dof.

Llwynog/Cadno   *Vulpes vulpes* Fox   Hyd 100-120cm
Anifail cyffredin sydd wedi cael ei erlid gan ddyn ers canrifoedd. Mae'n hawdd ei adnabod gan ei fod yn debyg i gi â ffwr oren-goch a chynffon drwchus ac iddi flaen gwyn. Mewn 'daear' danddaearol y mae'n geni ei rhai bach ac yn treulio llawer o'r dydd. Anifail cyffredin trwy Gymru, Prydain ac Iwerddon, yn cynnwys y trefi mawrion.

Mochyn daear   *Meles meles* Badger   Hyd 80-95cm
Mae wyneb du a gwyn trawiadol gan y mochyn daear neu'r pry llwyd. Daw allan yn y nos yn bennaf ac, os byddwch yn ofalus, gallwch ei wylio'n ymddangos o'i ddaear gyda'r hwyr. Mae'n bwyta amrywiaeth eang o fwydydd ond ei brif brae yw pryfed genwair a gwlithod. Mae'n anifail cyffredin trwy Gymru, gweddill Prydain ac Iwerddon.

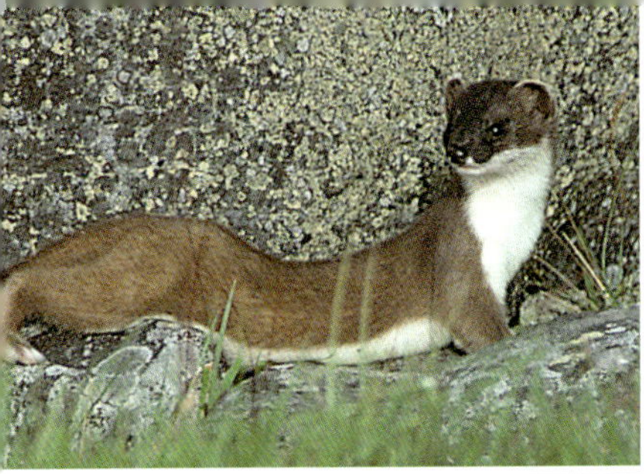
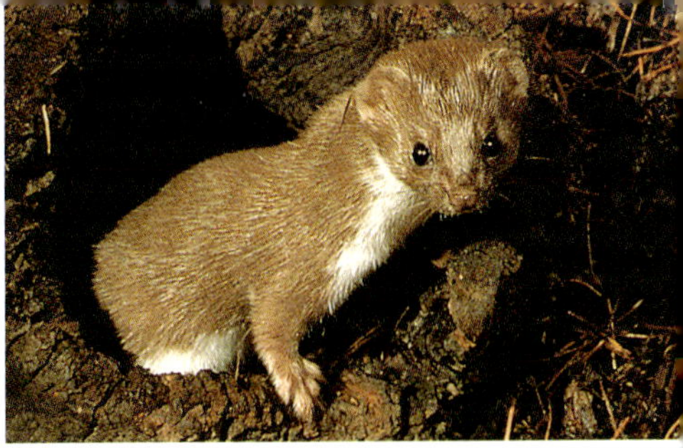
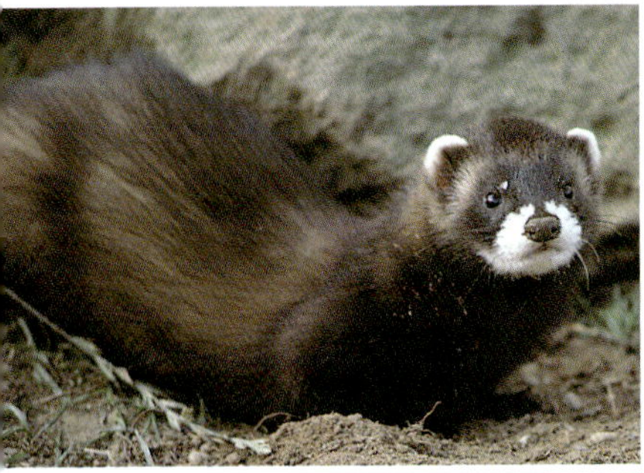
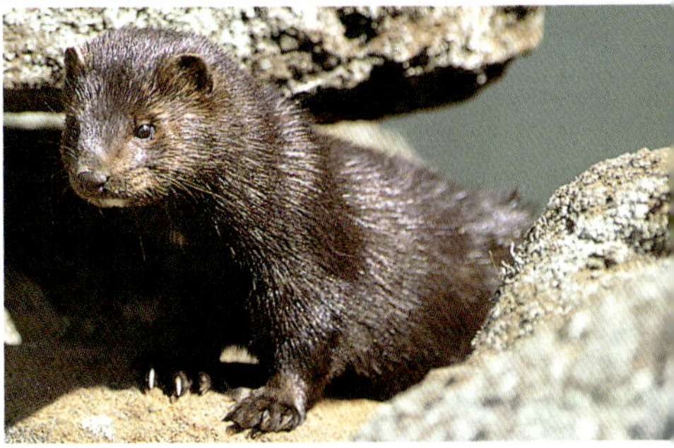
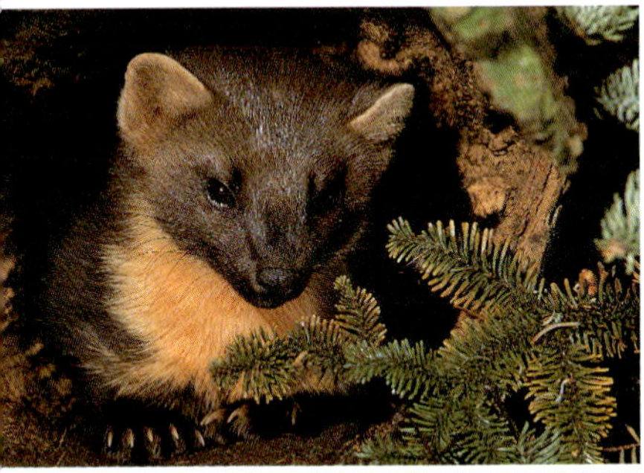
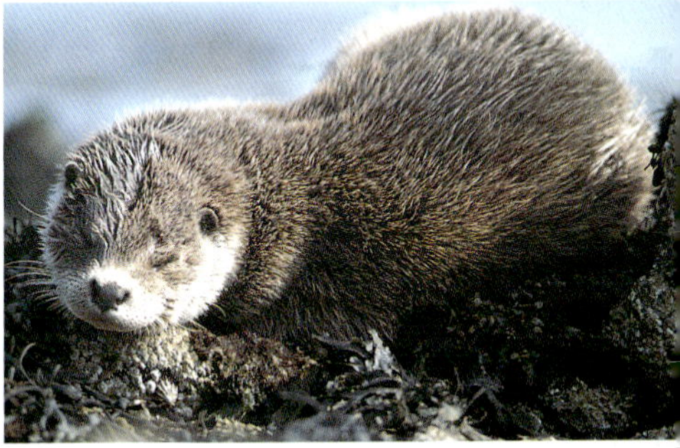
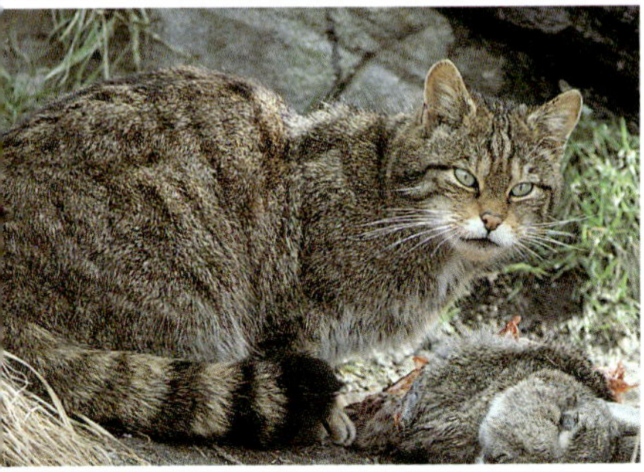
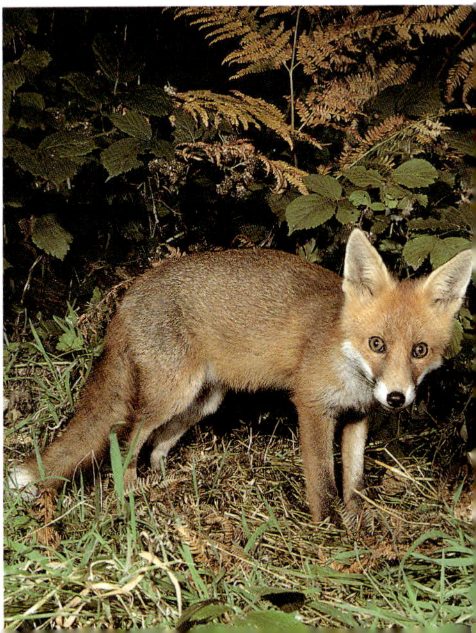
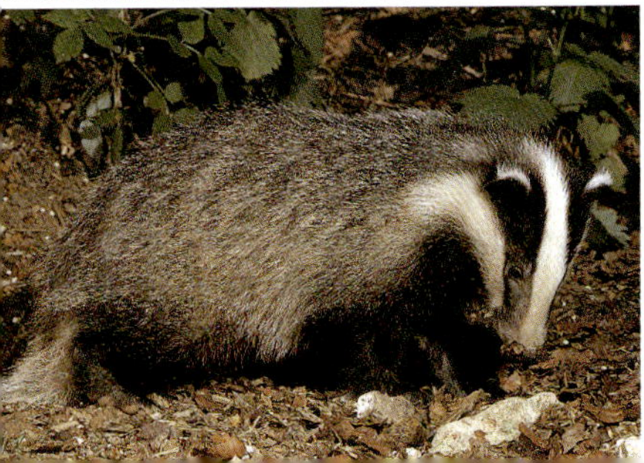

Mamaliaid

Ystlum Pedol Lleiaf
Rhinolophus hipposideros Lesser horseshoe bat Lled yr adenydd 22-25cm
Mae'n wahanol i bob ystlum arall (heblaw'r ystlum pedol mwyaf) am fod ganddo drwyn siâp pedol a dim tragws yn y glust. Trwy'r haf, bydd yn clwydo mewn ogofâu, selerydd a hen fwyngloddiau. Cura'i adenydd yn gyflym wrth hela gwyfynod yn y nos. Bydd yn gaeafgysgu'n ddwfn mewn ogofâu, weithiau mewn niferoedd mawrion. Fe'i gwelir yng Nghymru, gorllewin Lloegr a gorllewin Iwerddon

Ystlum Pedol Mwyaf
Rhinolophus ferrumequinum Greater horseshoe bat Lled yr adenydd 34-39cm
Ystlum prin iawn. Mae gan hwn hefyd drwyn siâp pedol a dim tragws yn y glust. Mae'n hoff o goedwigoedd ond bydd yn clwydo mewn ogofâu, selerydd a hen fwyngloddiau; yn yr haf, bydd yn agos at y fynedfa ond, dros y gaeaf, bydd i mewn yn ddyfnach lle mae'r tymheredd yn gyson. Nid yw'n hedfan nes ei bod hi'n dywyll iawn ac mae curiad yr adenydd yn araf a llafurus. Dosbarthiad cyfyng yn ne Cymru a de-orllewin Lloegr.

Ystlum y Dŵr
Myotis daubentoni Daubenton's bat Lled yr adenydd 23-27cm
Ystlum eithaf mawr â chlustiau byr. Yn y gwyll, fe'i gwelir yn hedfan yn isel dros afonydd, llynnoedd a chamlesi. Mae'n hela'i fwyd ar hyd ochrau coedwigoedd. Gallwch glywed ei wich os oes gennych glust fain. Yn yr haf, mae'n clwydo mewn twneli a boncyffion gwag. Mae'n gaeafgysgu mewn ogofâu, selerydd a hen fwyngloddiau. Eithaf cyffredin yng Nghymru, gweddill Prydain ac Iwerddon ond nid yng ngogledd yr Alban a de-orllewin Iwerddon.

Ystlum Adain-Lydan
Eptesicus serotinus Serotine bat Lled yr adenydd 36-38cm
Ystlum mawr â ffwr tywyll ar y cefn ond mae'n oleuach oddi tano. Clustiau eithaf mawr a thragws amlwg. Mae'n hedfan gyda'r hwyr â churiadau llafurus ac yn aml fe'i gwelir yn hela ar hyd llwybrau yn y coed, weithiau'n codi i uchder mawr. Yn yr haf, treulia'r dydd yn clwydo mewn boncyffion gwag, ysguboriau ac ati, fel rheol mewn grwpiau bychan. Bydd yn gaeafgysgu mewn lleoedd tebyg ond hefyd mewn ogofâu a mwyngloddiau. Ystlum prin sydd i'w weld yn ne a dwyrain Lloegr yn unig.

Ystlum Natterer
Myotis nattereri Natterer's bat Lled yr adenydd 25-30cm
Ystlum eithaf mawr sydd â chlustiau mawr a thragws amlwg. Wrth hedfan, mae'r adenydd yn edrych yn olau. Mae ganddo ffwr brown a rhes o flew ar groen yr aden rhwng y coesau. Coed yw ei brif gynefin ond fe'i ceir hefyd ger dŵr ac mewn trefi. Yn yr haf, mae'n clwydo trwy'r dydd mewn boncyffion gwag, ogofâu neu adeiladau, weithiau mewn niferoedd mawr. Mae'n gaeafgysgu mewn ogofâu, twneli a mwyngloddiau. Cyffredin yng Nghymru, Lloegr, Iwerddon a de'r Alban.

Ystlum Hirglust
Plecotus auritus Brown long-eared bat Lled yr adenydd 23-28cm
Mae gan hwn glustiau hir iawn a thragws amlwg. Hawdd nabod ei amlinell yn yr awyr. Fe'i gwelir mewn gerddi, coedwigoedd a ffermdir. Hedfana trwy'r nos ac weithiau yng ngolau dydd. Mae'n tynnu pryfed o'r tyfiant wrth hofran. Yn yr haf, clwyda mewn boncyffion gwag ac adeiladau amaethyddol ond treulia'r gaeaf mewn selerydd ac ogofâu. Ystlum cyffredin ym Mhrydain ac Iwerddon ond absennol o ogledd yr Alban.

Ystlum Mawr
Nyctalis noctua Noctule bat Lled yr adenydd 32-39cm
Gwelir yr ystlum mawr, sydd â ffwr cochfrown a chlustiau llydan, yn hedfan cyn machlud haul neu hyd yn oed yng ngolau dydd. Anifail y goedwig ydyw a bydd yn hela uwchben y canopi. Hedfana'n syth gan droi a throsi weithiau. Mae'n clwydo ac yn gaeafgysgu mewn boncyffion gwag. Dosbarthiad eang yng Nghymru, Lloegr a de'r Alban.

Ystlum Lleiaf
Pipistrellus pipistrellus Pipistrelle bat Lled yr adenydd 19-25cm
Rhannwyd yn ddwy rywogaeth (a dim ond y galwadau'n gwahaniaethu rhyngddynt). Ystlum lleiaf a mwyaf cyffredin Prydain. Ffwr o wahanol frowniau. Cyffredin mewn coed ac ar ffermdir ond fe'i gwelir hefyd mewn trefi lle mae'n clwydo mewn adeiladau. Mae'n hedfan mewn patrwm igam-ogam wedi'r machlud. Cyffredin trwy Brydain ac Iwerddon.

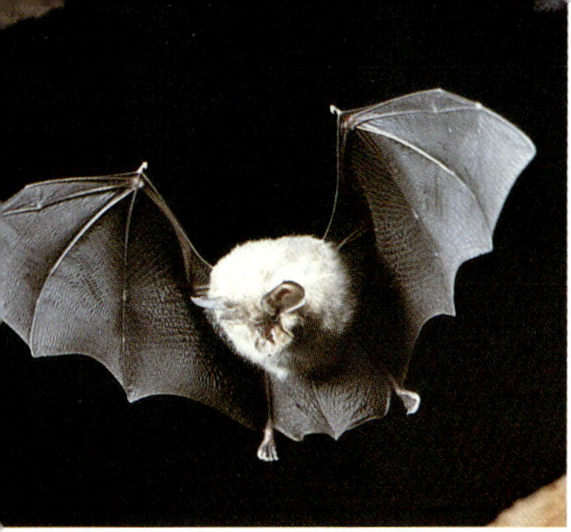
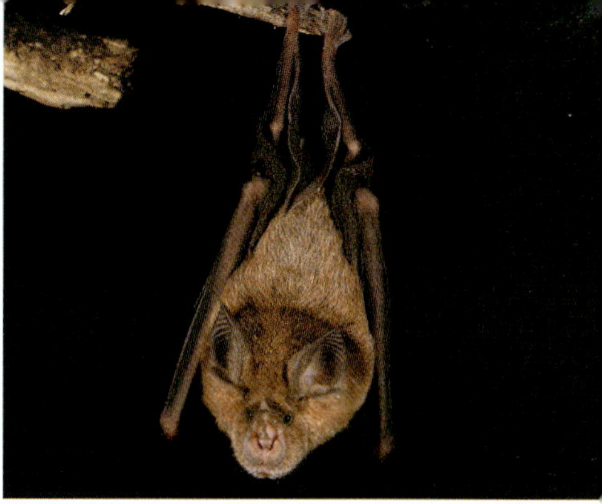
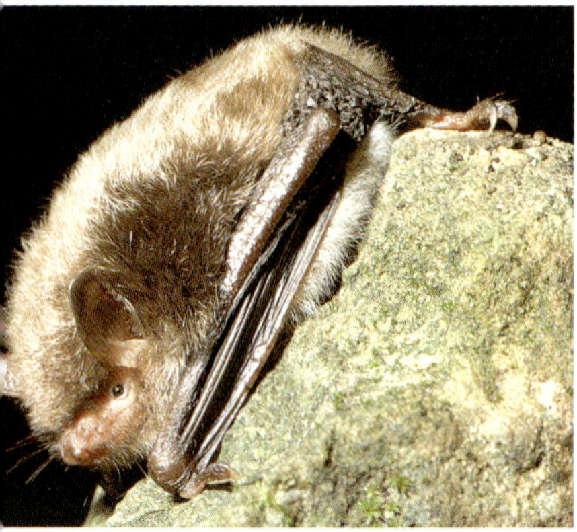
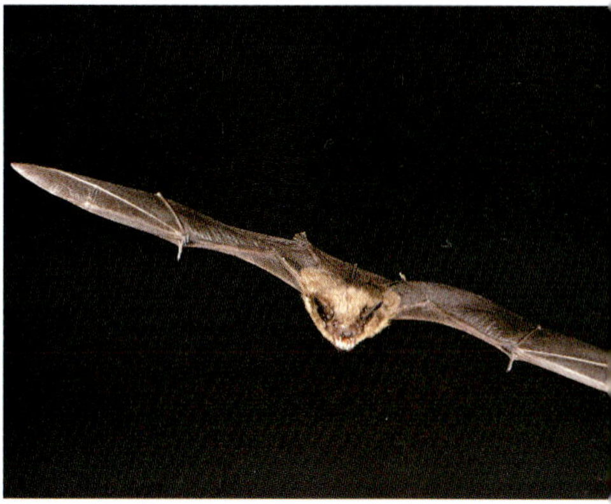
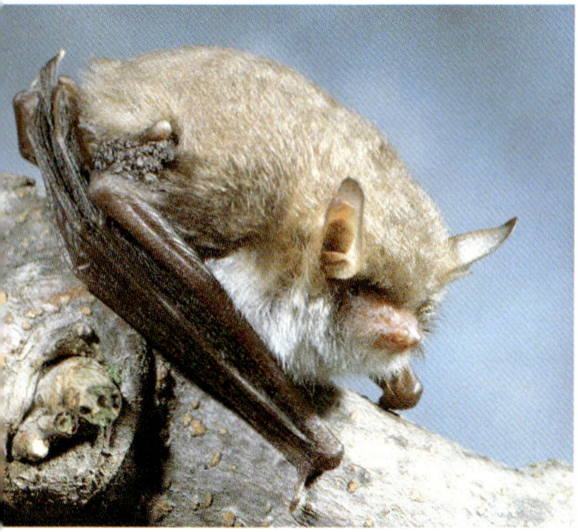
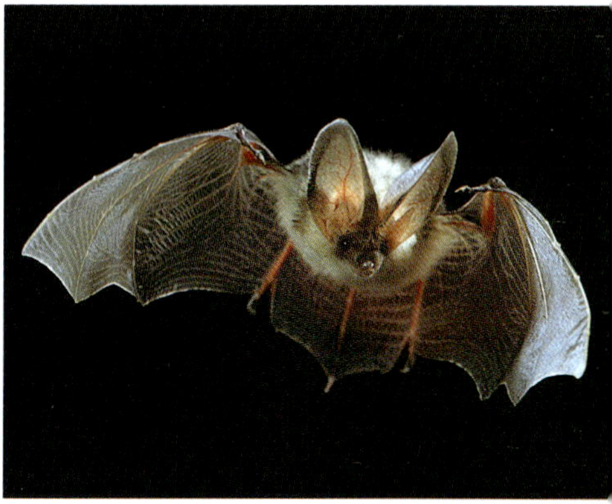
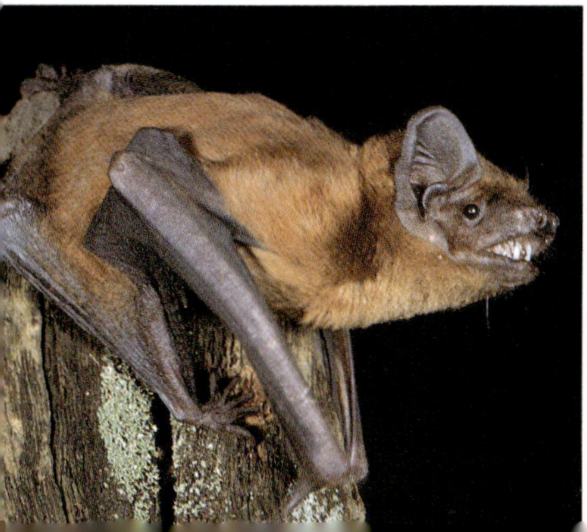
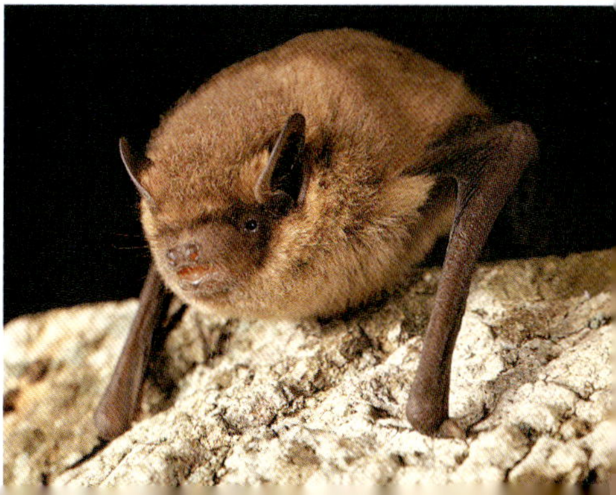

Mamaliaid

GAFR WYLLT *Capra hircus* Feral goat Uchder yr ysgwydd 50-60cm
Er nad ydynt yn gynhenid i Brydain, mae geifr dof wedi cael eu cadw yma ers dros fil o flynyddoedd am eu llaeth, eu cig a'u crwyn. Mewn llawer o ardaloedd mynyddig ym Mhrydain (Eryri, Ucheldiroedd yr Alban, Iwerddon ac Ynys Wair), mae geifr wedi dianc i'r gwyllt dros y canrifoedd ac wedi sefydlu poblogaethau hunangynhaliol. Maent wedi addasu i fyw ar glogwyni serth. Mae'r gôt fel arfer yn gymysgedd o liwiau llwyd, brown, hufen a du ond gall amrywio'n fawr. Mae cyrn gan y gwryw a'r fenyw ond mae rhai'r bwch yn fwy. Hen afr fenywaidd sy'n arwain y llwyth.

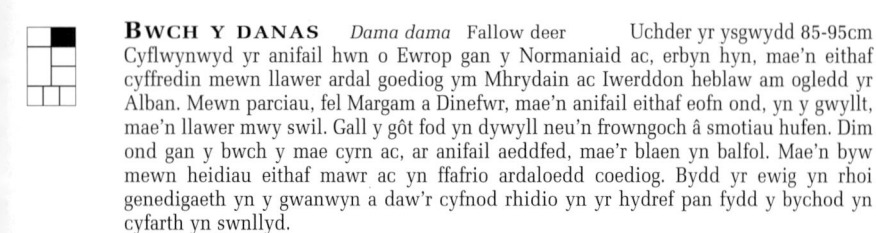

BWCH Y DANAS *Dama dama* Fallow deer Uchder yr ysgwydd 85-95cm
Cyflwynwyd yr anifail hwn o Ewrop gan y Normaniaid ac, erbyn hyn, mae'n eithaf cyffredin mewn llawer ardal goediog ym Mhrydain ac Iwerddon heblaw am ogledd yr Alban. Mewn parciau, fel Margam a Dinefwr, mae'n anifail eithaf eofn ond, yn y gwyllt, mae'n llawer mwy swil. Gall y gôt fod yn dywyll neu'n frowngoch â smotiau hufen. Dim ond gan y bwch y mae cyrn ac, ar anifail aeddfed, mae'r blaen yn balfol. Mae'n byw mewn heidiau eithaf mawr ac yn ffafrio ardaloedd coediog. Bydd yr ewig yn rhoi genedigaeth yn y gwanwyn a daw'r cyfnod rhidio yn yr hydref pan fydd y bychod yn cyfarth yn swnllyd.

CARW COCH *Cervus elaphus* Red deer Uchder yr ysgwydd 115-120cm
Yr anifail gwyllt mwyaf ar dir mawr Prydain. Mae'r bwch (A) yn fwy o faint na'r ewig (B) ac mae ganddo gyrn canghennog. Bydd yn bwrw ei gyrn bob mis Chwefror a byddant yn ailymddangos yn y gwanwyn gan dyfu'n fwy o faint bob blwyddyn. Mae'r gôt yn gochfrown yn yr haf ond yn fwy llwydaidd yn y gaeaf. Mae'r bychod a'r ewigod yn byw mewn heidiau ar wahân am y rhan fwyaf o'r flwyddyn ac yn treulio llawer o'u hamser yn gorffwyso neu'n trybola mewn mwd. Daw'r cyfnod rhidio yn yr hydref pan fydd y bychod yn rhuo a phesychu'n uchel. Mae'n anifail gweddol brin y tu allan i'r Alban ond fe'i gwelir yn Ardal y Llynnoedd, de-orllewin Lloegr ac Iwerddon. Mae'n cynyddu yng Nghymru, yn enwedig yn ardal y Bannau.

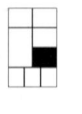

CARW SICA *Cervus nippon* Sika deer Uchder yr ysgwydd 75-80cm
Cyflwynwyd yr anifail hwn o Asia yn ail hanner y 19eg ganrif ond mae wedi ymgartrefu yn y gwyllt mewn llawer ardal erbyn heddiw. Mae'r gôt yn llwydfrown yn y gaeaf ond yn troi'n lliw browngoch â smotiau hufen dros yr haf. Mae'n debyg i'r carw coch ond bod ei wddf yn fyrrach a'i glustiau'n fwy crwn. Mae cyrn y bwch yn fain ac arnynt ychydig o ganghennau a chânt eu bwrw ym mis Ebrill. Does dim cyrn gan yr ewig. Mae'n ffafrio cynefinoedd coediog a ffermdir, ac mae ganddo ddosbarthiad eithaf cyfyng yn Lloegr, yr Alban, Iwerddon ac ar Ynys Wair. Mae heidiau bychain wedi dianc i'r gwyllt mewn rhai mannau coediog yng Nghymru, yn enwedig yn y de.

IWRCH *Capreolus capreolus* Roe deer Uchder yr ysgwydd 65-70cm
Carw bychan, hardd sydd i'w weld ar ei ben ei hun neu mewn grwpiau o ddau neu dri, yn dibynnu ar yr amser o'r flwyddyn a'r rhyw. Mae gan y bwch (A) gyrn bach sy'n cael eu bwrw ym mis Tachwedd; does dim cyrn gan yr ewig. Mae gan yr elain (B) guddliw perffaith. Fe'i gwelir yn bennaf mewn ardaloedd coediog lle ceir digonedd o fieri a llystyfiant tal, weithiau mewn ucheldiroedd. Mewn ardaloedd lle nad yw'n cael ei erlid, mae'n ddigon eofn ond bydd yn cyfarth a sboncio i ffwrdd pan gaiff ei ddychryn. Yn ne Lloegr, mae'n anifail digon cyffredin ac fe'i gwelir hefyd yng ngogledd Lloegr a'r Alban. Anifail prin iawn yng Nghymru, a welir yn bennaf yn y dwyrain.

CARW MWNTJAC
Muntiacus reevesi Muntjac deer Uchder yr ysgwydd 45-48cm
Carw lleiaf Prydain, tua'r un maint â chi mawr. Mae'n niferus yng nghanolbarth a de Lloegr ond mae'r anifeiliaid hyn i gyd yn tarddu o rai a ddihangodd o Barc Woburn. Mae'n hoff o dyfiant trwchus a, gan fod ei gôt yn gochfrown, gellir ei gamgymryd am lwynog. Mae gan y bwch gyrn byr ac ysgithrddanedd sy'n gwthio allan o'r geg; mae rhai'r ewig yn fyrrach na rhai'r bwch. Mae'n dawel fel rheol ond gall gyfarth fel ci.

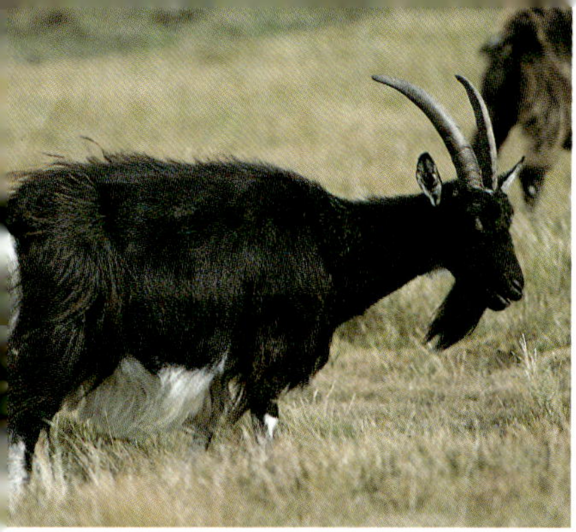
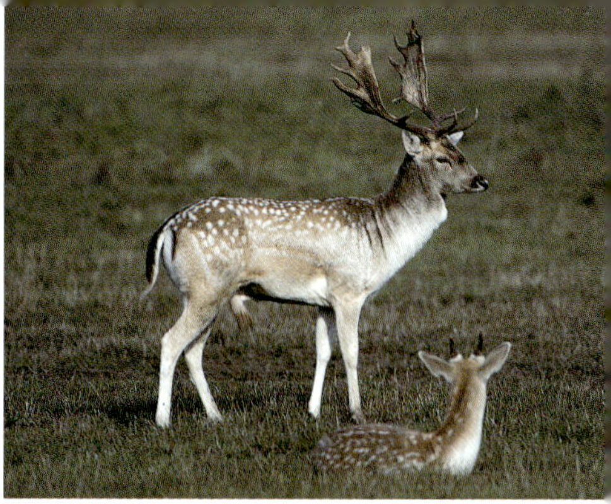
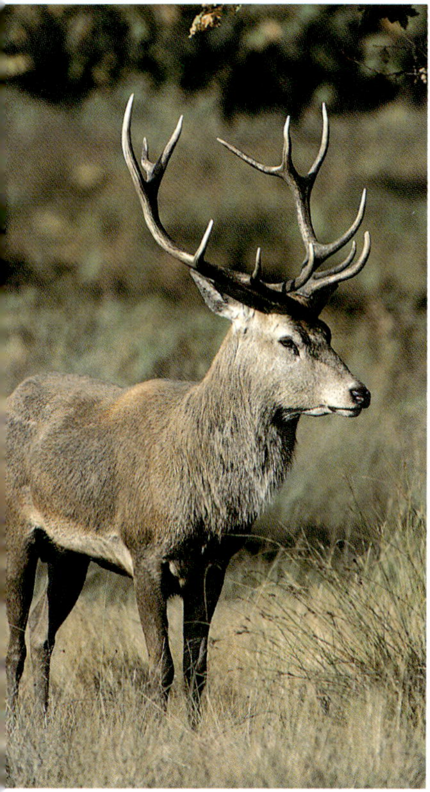
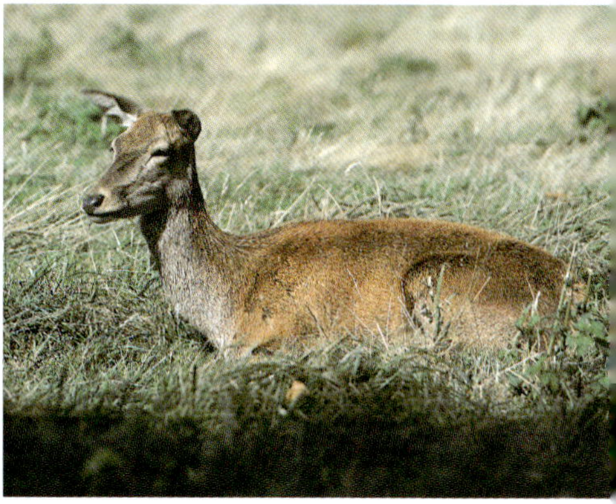
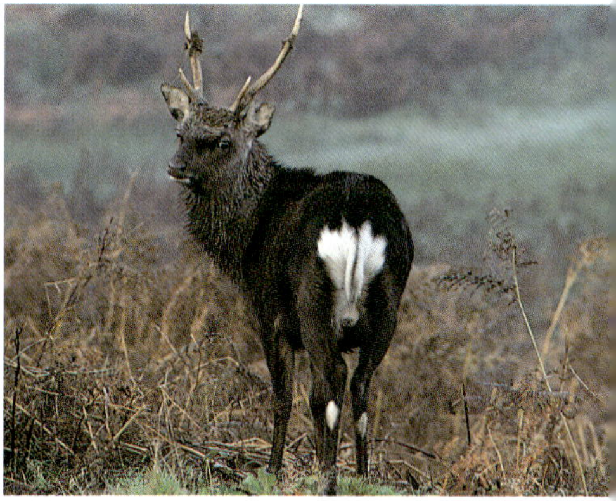
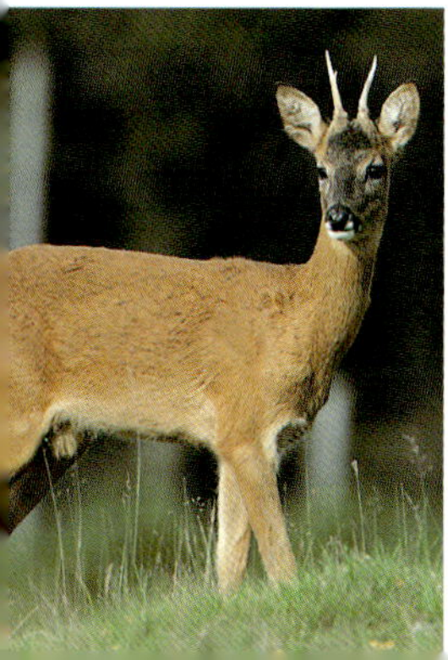
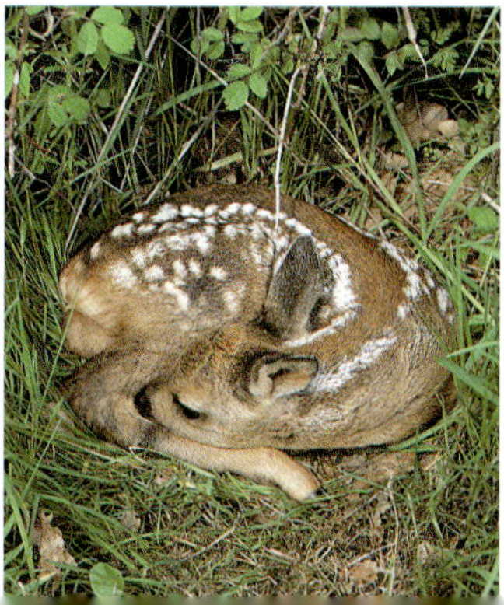
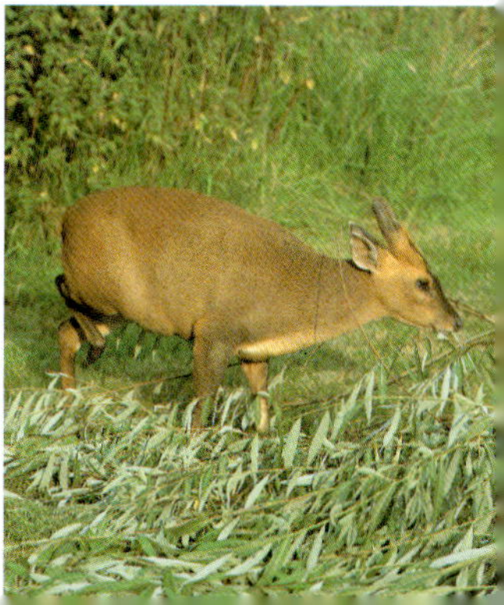

Mamaliaid

Morfil pigfain
Balaenoptera acutorostrata Minke whale Hyd 8-10m

Y lleiaf o'r morfilod walbon a'r unig un sydd i'w weld yn gyson oddi ar arfordir Cymru a gweddill Prydain, yn enwedig yn y moroedd o amgylch gorllewin yr Alban ac Iwerddon. Gellir ei weld o'r tir mawr ar adegau ond mae'n haws ei wylio o gychod. O agos, gellir gweld y smotyn gwyn ar ei esgyll. Nid yw byth bron yn llamu allan o'r dŵr ac fe'i gwelir fel arfer ar ei ben ei hun neu mewn grŵp bach o ddau neu dri. Mae ganddo ben siâp triongl a chrib o'r trwyn hyd at y twll chwythu. Asgell amlwg yn gwyro am yn ôl. Nid yw'n codi ei gynffon cyn plymio. Mae'r chwythiad yn wan ac yn anodd ei weld.

Dolffin cyffredin
Delphinus delphis Common dolphin Hyd 1.8-2.5m

Er gwaetha'r enw, nid yw'n gyffredin yn y moroedd o amgylch Prydain ac mae'n anodd ei weld o'r tir mawr ac eithrio o un neu ddau benrhyn yn y gorllewin fel Pen Dinas yn Sir Benfro. Mae'n hoff o ddilyn cychod a llongau allan ar y môr mawr a gwelir heigiau o rhwng 10 a 100 o ddolffiniaid ar adegau, rhai yn cyd-nofio â chychod. Un o'r ffyrdd gorau i'w gwylio yw oddi ar y llongau fferi sy'n croesi o Gymru i Iwerddon neu o'r Alban i ynysoedd y gogledd. Mae'n anifail hardd sydd â llinellau melyn, brown neu lwyd ar yr ystlys a phig hir, main.

Dolffin trwyn potel
Tursiops truncatus Bottle-nosed dolffin Hyd 2.8-4m

Mae hwn yn anifail mwy na'r dolffin cyffredin. Mae ganddo gefn ac ystlysau tywyll, bol golau, trwyn byr a thalcen serth. Mae'r asgell yn llydan yn y bôn ac yn gwyro am yn ôl. Fel rheol, fe'i gwelir mewn heigiau o rhwng 5 a 10, yn aml yn agos at y lan ac mewn dŵr bas. Bydd yn cyd-nofio â chychod ar adegau. Weithiau, fe neidith yn glir o'r dŵr fel petai'n chwarae. Fe'i gwelir yn gyson yn y moroedd bas o amgylch Cymru, yn enwedig ym Mae Ceredigion, ac oddi ar arfordiroedd de-orllewin Lloegr a gogledd yr Alban. Daw rhai unigolion yn ddof iawn yng nghwmni dyn. Hwn, a'r llamhidydd (harbour porpoise), ydi'r mamaliaid môr mwyaf cyffredin ar hyd arfordir Cymru.

Morlo cyffredin
Phoca vitulina Common seal Hyd 1.8-2m

Y lleiaf o'r ddau forlo cyffredin. Mae'r fuwch yn llawer llai na'r tarw. Mae ganddo wyneb crwn a thrwyn byr ac, er bod lliw y gôt yn amrywio'n fawr, mae fel rheol yn gymysgedd o lwyd a gwyn ac arni smotiau tywyll. Fe'i gwelir yn bennaf mewn dyfroedd bas, cysgodol ac aberoedd o Norfolk yn y de hyd at Ynysoedd Shetland yn y gogledd, er bod rhai i'w gweld hefyd yng ngogledd orllewin yr Alban a dwyrain Iwerddon. Bydd yn torheulo am oriau ar draethellau a, phan fydd yn plymio o dan y dŵr ar ôl pysgod, gall ddal ei wynt am hyd at 10 munud. Mae'r buchod yn rhoi genedigaeth ar y tir ond gall y lloi bach nofio'n syth.

Morlo llwyd
Halichoerus grypus Grey seal Hyd 2.5-3m

Anifail mawr sy'n nofio'n wych ond sy'n drwmsglwth ar y tir. Fe'i gwelir yn aml yn agos at y lan â'i ben a'i wddf allan o'r dŵr. Mae'r teirw (A) hanner metr yn hirach na'r buchod ac yn drymach o lawer. Mae pen y morlo llwyd yn debyg i ben ci ac mae gwddf trwchus gan y teirw. Er bod lliw y gôt yn amrywio'n fawr, mae fel rheol yn llwydlas ac mae côt y tarw'n dywyllach na chôt y fuwch. Mae'n geni'r lloi bach ar draethau unig ac ynysoedd, fel rheol yn yr hydref. Gwyn ydi lliw côt y lloi (B). Mae'r lloi'n aros ar y tir am ryw dair wythnos. Mae'r morlo llwyd yn anifail cyffredin ar arfordir gorllewinol Prydain ac Iwerddon ac yn hawdd ei weld yng Nghymru.

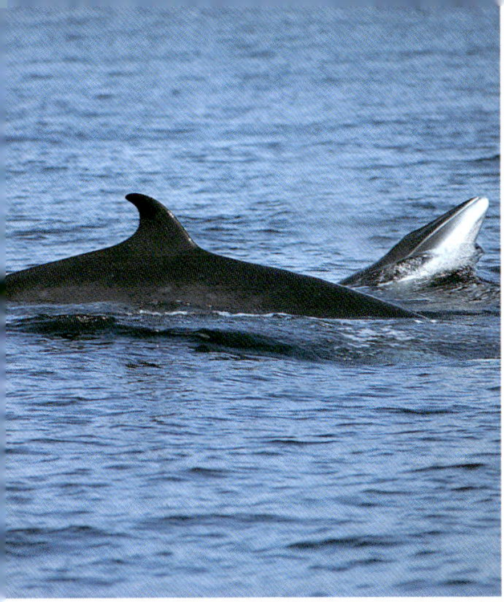
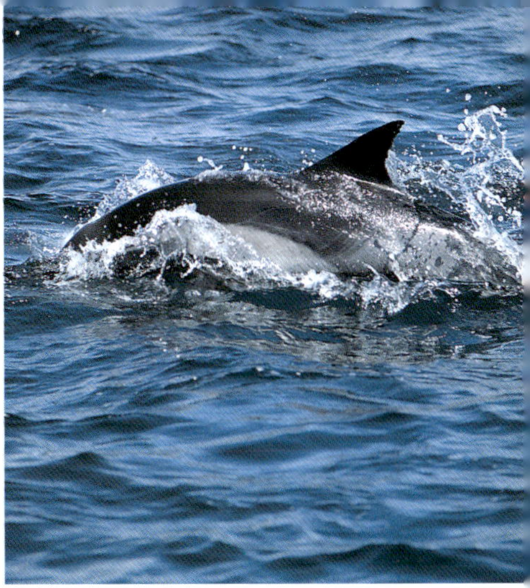
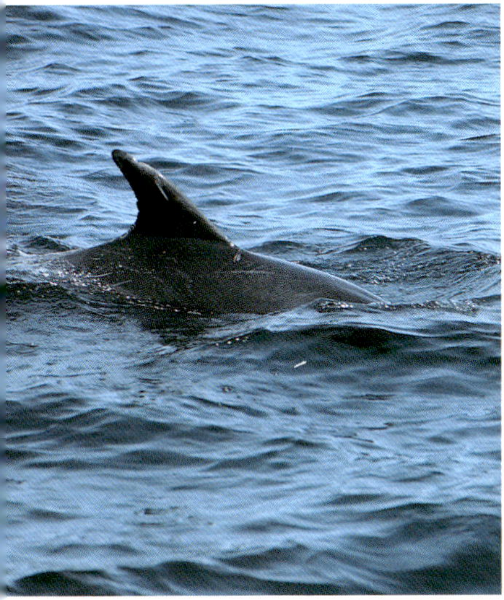
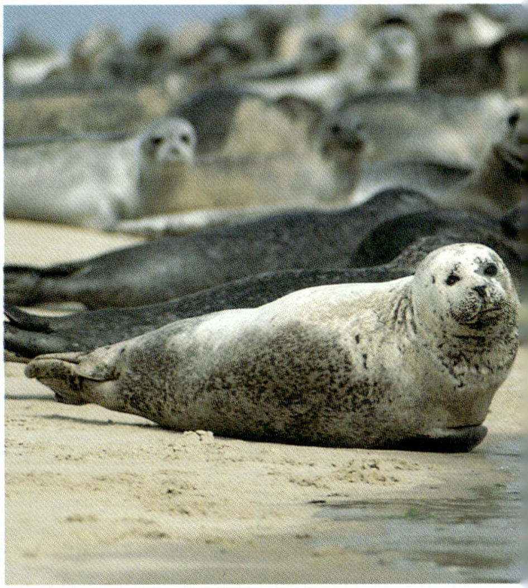
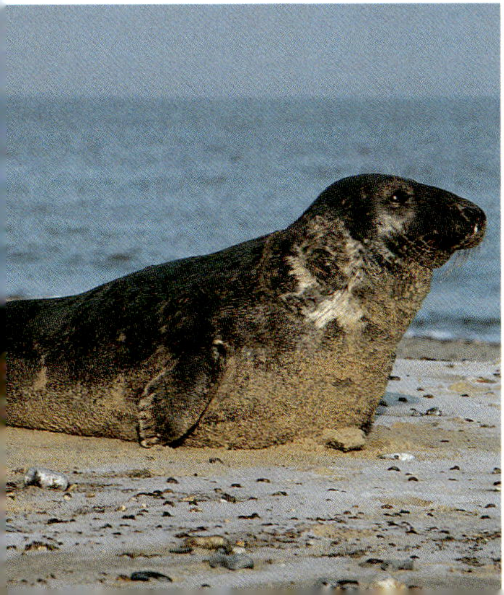
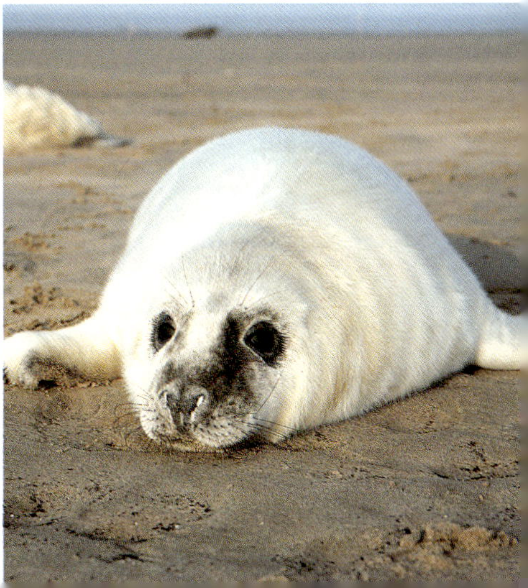

ADAR

TROCHYDD GYDDFDDU
Gavia arctica   Black-throated diver   Hyd 60-70cm
Aderyn mawr sy'n eistedd yn uchel ar y dŵr wrth nofio. Mae'n plymio'n gyson i ddal pysgod. Yn yr haf, mae'n aderyn hynod o hardd â gwar a phen llwyd, gwddf du a llinellau du a gwyn ar ochr ei wddf. Gwyn yw lliw ei fol ac mae ei gefn yn ddu â phatrwm du a gwyn wrth ei ysgwyddau. Yn y gaeaf, mae ei gefn yn ddu a'i fol yn wyn ac, o agos, gwelir darn gwyn amlwg ar ei glun. Mae'r ceiliog a'r iâr yn debyg i'w gilydd. Nythwr prin yng ngorllewin yr Alban ond fe'i gwelir mewn niferoedd bychan o amgylch arfordir Prydain, yn cynnwys Cymru, yn y gaeaf.

TROCHYDD GYDDFGOCH   *Gavia stellata*   Red-throated diver   Hyd 55-65cm
Mae'n aderyn llai na'r trochydd gyddfddu ac mae'n dal ei ben a'i big i fyny wrth nofio. Yn yr haf, mae ganddo ben llwydlas, gwddf coch a llinellau du a gwyn ar ei wegil. Yn y gaeaf, mae ei gefn yn llwyd a'i fol yn wyn, ac mae'r smotiau gwyn ar ei gefn yn amlwg o agos yn unig. Mae'n nythu ar lynnoedd bach yng ngogledd a gorllewin yr Alban a cheir ychydig yng ngogledd-orllewin Iwerddon. Yn y gaeaf, fe'i gwelir oddi ar arfordir de Prydain, yn enwedig ym Mae Ceredigion lle gwelir cannoedd ar y tro ar adegau.

GWYACH FAWR GOPOG
Podiceps cristatus   Great crested grebe   Hyd 46-51cm
Aderyn y dŵr. Gwyach fwyaf Prydain ac iddi wddf hir, main. Yn yr haf, mae'n drawiadol â thorch oren, pig pinc a chrib ar ei phen. Dros y gaeaf, mae'n colli'r dorch ond yn cadw'r cap du ar y pen a cheir streipen wen drwy'r llygad. Bydd parau'n gwneud dawns gymhleth ar wyneb y dŵr wrth gymharu yn y gwanwyn a byddant yn dodwy wyau mewn nyth sy'n nofio ar wyneb y dŵr ymysg tyfiant uchel. Nythwr cyffredin ar lynnoedd bas ar dir isel yng Nghymru, Lloegr a de'r Alban. Yn y gaeaf, fe'i gwelir yn nyfroedd bas yr arfordir, yn enwedig ym Mae Ceredigion a Thraeth Lafan.

GWYACH YDDFGOCH
Podiceps grisegena   Red-necked grebe   Hyd 40-45cm
Yn y gaeaf, mae'n debyg i'r wyach fawr gopog ond mae'n llai o faint, mae blaen du i'w phig melyn (mae pig yr wyach fawr gopog yn binc) a does dim streipen wen trwy'r llygad. Er nad yw'n nythu ym Mhrydain, gwelir yr wyach yddfgoch yma weithiau yn ei gwisg haf sef gwddf coch, bochau gwyn a chap du. Mae i'w gweld yn bennaf rhwng misoedd Hydref a Mawrth, mewn dyfroedd cysgodol ar yr arfordir dwyreiniol gan amlaf.

GWYACH GORNIOG   *Podiceps auritus*   Slavonian grebe   Hyd 31-38cm
Gwyach fach dew â phig syth. Yn y gwanwyn a'r haf, mae'n aderyn hardd (A) ag wyneb du, twffyn euraid, gwddf a bol browngoch a chefn du. Yn y gaeaf (B), mae'n ddu a gwyn â chap, gwar a chefn du a bol gwyn. Mae'n rhaid bod yn agos at yr wyach gorniog i weld y llygad fflamgoch. Nythwr prin ar lynnoedd yng ngogledd yr Alban yn unig. Yn y gaeaf, bydd llawer o adar yn cyrraedd arfordir Prydain o'r cyfandir a, bryd hynny, fe'u gwelir mewn niferoedd bychan ar foroedd bas, cysgodol fel gogledd Bae Ceredigion. Mae'n plymio'n aml ar ôl pysgod a chramenogion.

GWYACH YDDFDDU   *Podiceps nigricollis*   Black-necked grebe   Hyd 24-28cm
Gellir gwahaniaethu rhyngddi a'r wyach gorniog gan fod ganddi big sy'n troi am i fyny a thalcen serth. Yn y tymor nythu, mae ei phen, ei gwddf a'i chefn yn ddu ac mae ganddi dwffyn melyn. Yn y gaeaf, mae ganddi gap, bochau, gwar a chefn du a bol gwyn. Nythwr prin ar rai llynnoedd yn Lloegr a'r Alban ond, yn y gaeaf, bydd yn ymweld â dyfroedd arfordiroedd bas, cysgodol fel Bae Ceredigion.

GWYACH FACH   *Tachybaptus ruficollis*   Little grebe   Hyd 25-29cm
Mae'n gyffredin ar lynnoedd bach a mawr trwy Brydain ac Iwerddon, ac eithrio gogledd yr Alban. Trwy'r tymor nythu, mae ei gwddf a'i bochau'n gochfrown a cheir smotyn gwyrdd golau ym môn y pig. Heblaw am hynny, mae'n frown tywyll i gyd oni bai am gasgliad o blu golau ger y pen ôl. Yn y gaeaf, mae'r cefn yn frown tywyll a'r bol yn frown golau. Nytha ar byllau, afonydd sy'n llifo'n araf a chamlesi. Yn y gaeaf, mae nifer yn crynhoi ar gronfeydd dŵr ac ar ddyfroedd bas, cysgodol ar hyd yr arfordir.

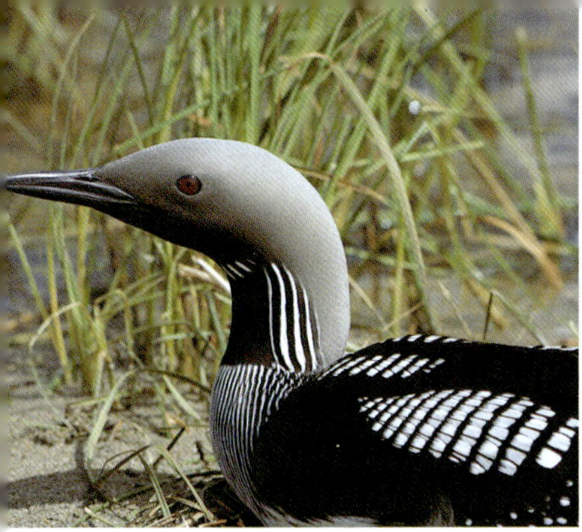
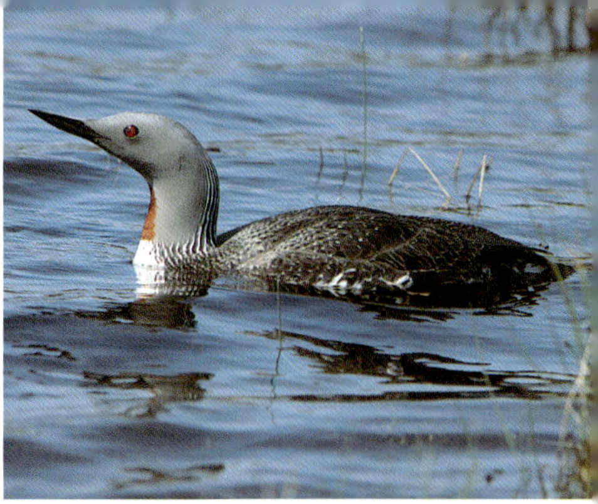
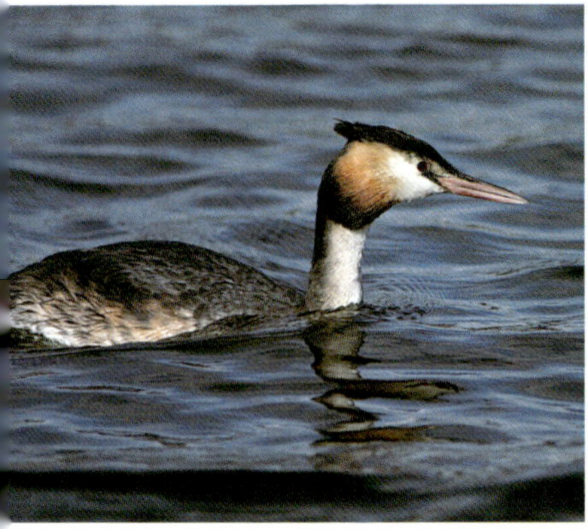
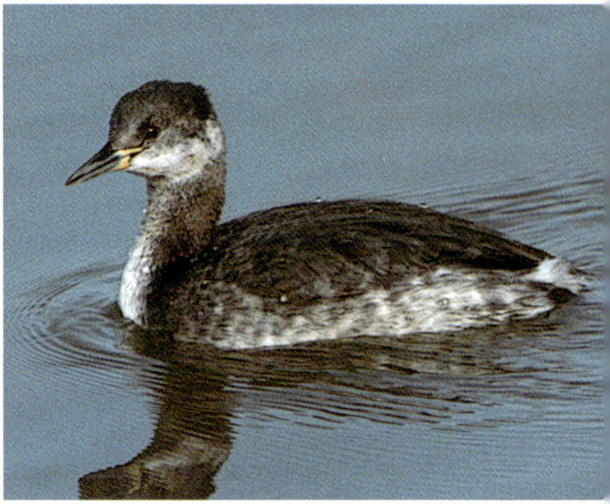
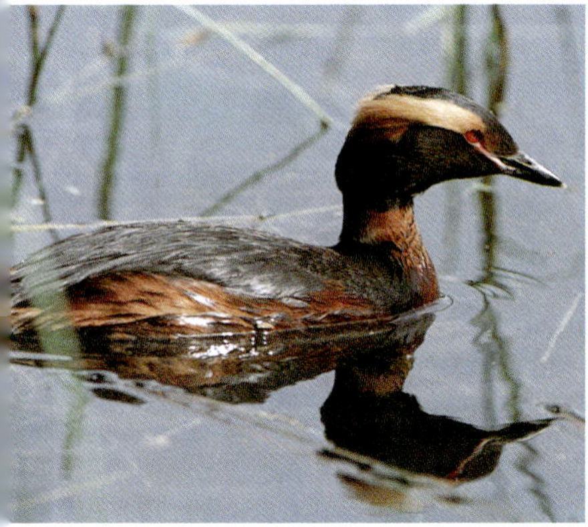
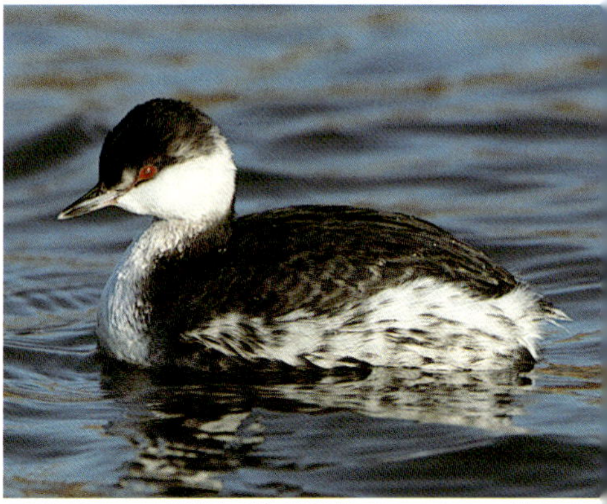
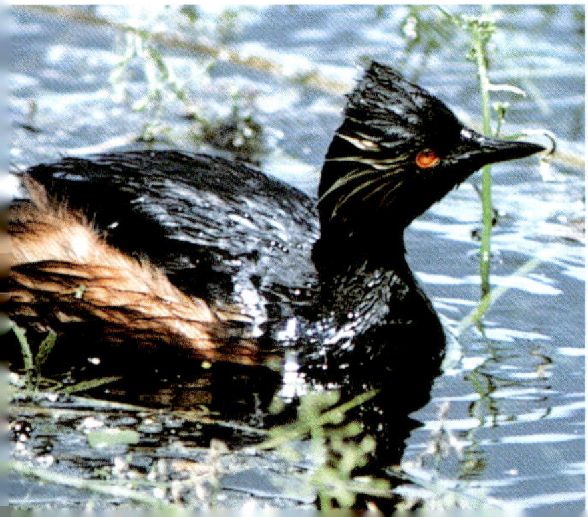
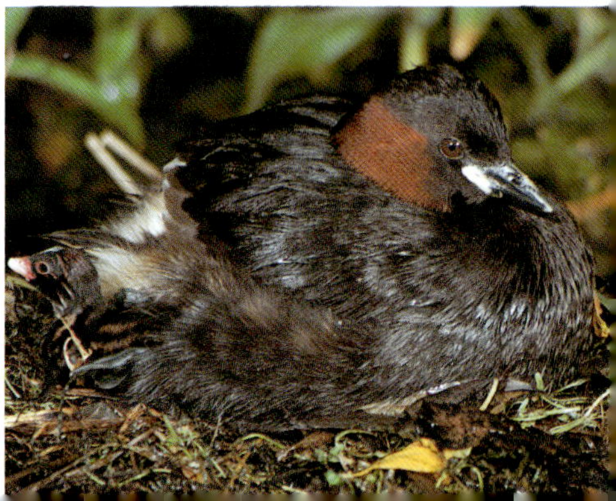

Adar

Aderyn drycin y graig
Fulmarus glacialis   Fulmar   Lled yr adenydd 105-110cm
Aderyn tebyg i wylan ond ei fod yn hedfan ar adenydd syth. Hedfanwr gwych, yn aml i'w weld yn gleidio ar wyntoedd sy'n taro clogwyni'r môr neu uwchben y tonnau. Mae ganddo gefn llwydlas ond mae gweddill y corff yn wyn heblaw am smotyn tywyll y tu ôl i'r llygad. Fe'i gwelir yn gorwedd ar glogwyni adeg nythu. O agos, mae'r trwyn pibellog yn amlwg. Dros y ganrif ddiwethaf, bu cynnydd mawr yn ei niferoedd a, heddiw, mae i'w weld ar glogwyni ar arfordiroedd Prydain ac Iwerddon. Mae'n nythwr cymdeithasol.

Aderyn drycin Manaw
Puffinus puffinus   Manx shearwater   Hyd 30-38cm
Aderyn sy'n hedfan yn isel dros y dŵr ac yn dangos cefn tywyll a bol gwyn wrth iddo droi. Fel rheol, bydd i'w weld mewn heidiau mawr, yn aml mewn un llinell syth. Daw i'r tir mawr i nythu mewn tyllau tanddaearol ar ôl iddi dywyllu. Mae'n nythu ar rai o ynysoedd gorllewin a gogledd Prydain rhwng mis Mai a mis Medi lle clywir ei sŵn arallfydol gyda'r nos. Mae hanner poblogaeth y byd yn nythu ar Ynysoedd Sgomer, Sgogwm ac Enlli.

Pedryn drycin
Hydrobates pelagicus   Storm petrel   Hyd 14-18cm
Aderyn môr lleiaf Prydain. Corff tywyll a chrwmp gwyn, tebyg i wennol y bondo. Mae'n hedfan ym mhob tywydd hyd yn oed y stormydd gwaethaf ac yn troedio'r môr wrth hela trychfilod bychain. Mae'n nythu ar rai o ynysoedd gorllewin a gogledd Prydain, gan ddod i'r lan i nythu wedi iddi dywyllu. Treulia oriau golau dydd allan ar y môr mawr. Mae poblogaeth dda ar Ynys Sgogwm a phoblogaeth fechan ar Ynys Sgomer ac Ynys Enlli.

Hugan
Morus bassanus   Gannet   Lled yr adenydd 165-180cm
Aderyn môr mwyaf Prydain. Mae'r adenydd hir, main a'r corff siâp sigâr yn unigryw. Gwyn yw lliw corff yr oedolyn ond mae'r pen yn felyn a blaen yr adenydd yn ddu. Mae gan yr adar ifanc gorff brown a smotiau gwyn arno a, dros gyfnod o bedair blynedd, bydd yn troi'n wynnach. Mewn gwyntoedd cryfion, bydd yr hugan yn gleidio ar adenydd syth ond mewn tywydd llonydd hedfana gyda churiadau dwfn a chryf. Lle ceir nifer dda o bysgod fel mecryll, bydd dwsinau'n plymio i'r môr fel saethau gwyn. Mae heidiau o huganod yn nythu ar ynysoedd unig a chlogwyni serth o amgylch arfordir gogledd a gorllewin Prydain. Nytha dros 30,000 o barau ar Ynys Gwales, Sir Benfro.

Mulfran
Phalacrocorax carbo   Cormorant   Hyd 80-100cm
Aderyn môr mawr, tywyll sydd â blaen bachog i'r pig. Yn yr haf, mae gan yr oedolion ddarn gwyn ar yr wyneb a'r ystlys. Mae cefn yr adar ifanc yn frown a'u boliau'n wyn. Defnyddir y traed mawr gweog i nofio'n gyflym ar yr wyneb ac o dan y dŵr ar ôl pysgod fel llysywod a lledod. Nid yw'r plu'n hollol ddwrglos ac felly gwelir y fulfran yn aml yn gorffwys â'i hadenydd yn lledagored er mwyn eu sychu. Mae'n nythwr cyffredin ar glogwyni ac ynysoedd o amgylch arfordir Prydain ac, yn y gaeaf, fe'i gwelir ar afonydd, aberoedd a llynnoedd.

Mulfran werdd
Phalacrocorax aristotelis   Shag   Hyd 65-80cm
Aderyn tebyg i'r fulfran ond mae'n llai o faint. Mae ganddi blu gwyrdd, pig main a thalcen serth. Mae gan yr oedolyn grib amlwg ac mae llinell felen fain ym môn y pig yn y tymor nythu. Cefn brown sydd gan yr adar ifanc a bol golau sy'n dywyllach na bol mulfran ifanc. Fe'i gwelir trwy gydol y flwyddyn ar arfordiroedd caregog o amgylch gorllewin a gogledd Prydain ac Iwerddon. Bydd yn neidio allan o'r dŵr wrth blymio ac, yn aml, fe'i gwelir yn gorffwys ar greigiau gan ddal ei hadenydd allan yn syth i'w sychu.

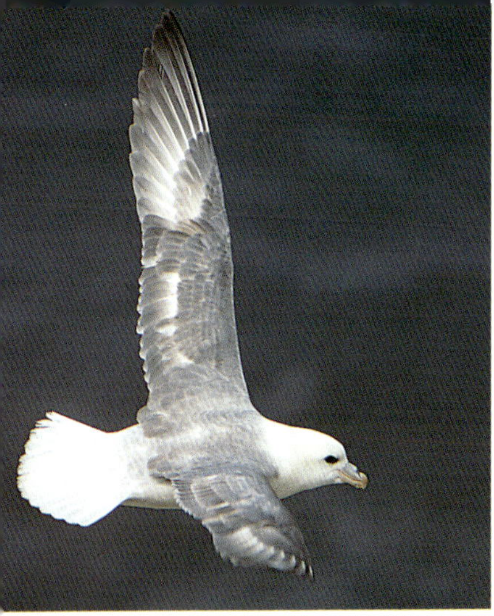
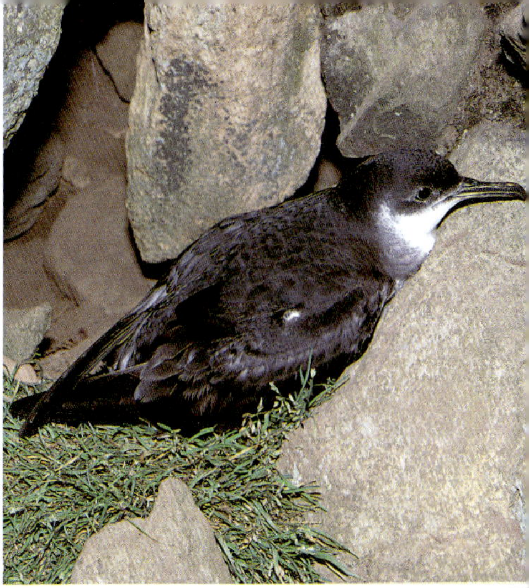
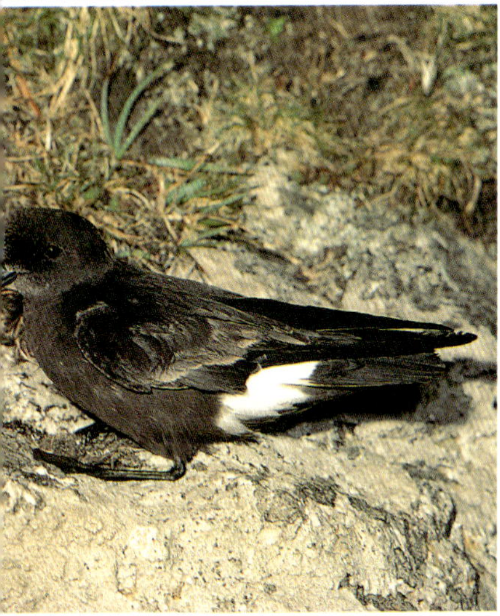
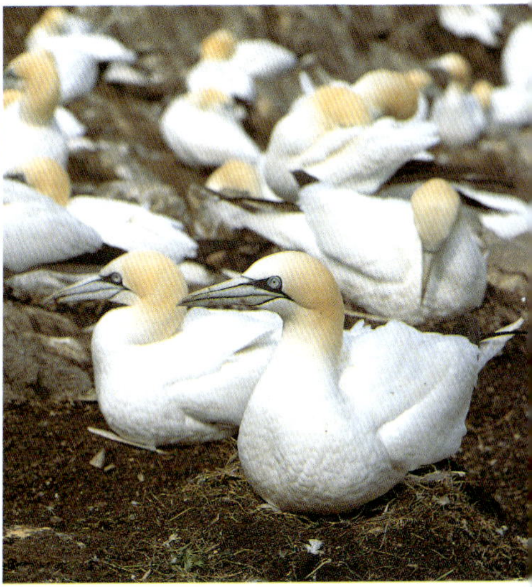
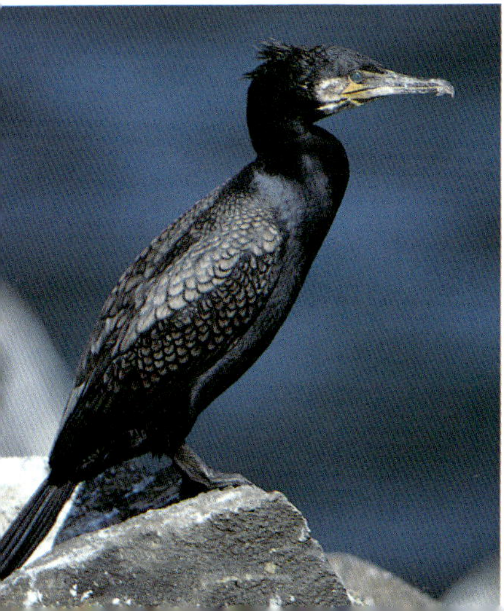
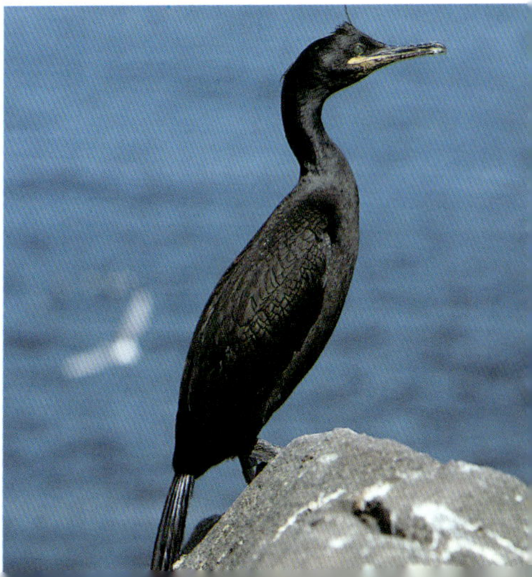

ADAR

CRËYR GLAS   *Ardea cinerea*   Grey heron   Hyd 90-98cm
Aderyn mawr iawn â choesau hirion sydd i'w weld fel rheol yn agos at ddŵr. Mae gan yr oedolion big hir, melyn a chrib o blu duon. Mae'r pen, y gwddf a'r bol yn wyn heblaw am y patrwm du ar flaen y gwddf a'r fron. Llwydlas yw lliw'r cefn a'r adenydd. Wrth hedfan, mae'n curo'i adenydd mawr, llydan yn araf gan ddal y gwddf hir mewn siâp 'S'. Mae'r coesau'n llusgo y tu ôl i'r gynffon. Mae'r adar ifanc yn debyg i'r oedolion ond nid yw'r marciau mor eglur. Fel rheol, bydd i'w weld yn sefyll yn stond am amser ar goesau hir, melyn. Nytha mewn haid ymysg brigau uchaf coed tal. Bydd yn hela pysgod, amffibiaid a hyd yn oed lygod ac adar mân mewn afonydd, llynnoedd, aberoedd a chaeau. Mae'n aderyn cyffredin iawn yn yr iseldiroedd trwy Brydain i gyd ac eithrio Ynysoedd Shetland.

ADERYN Y BWN   *Botaurus stellaris*   Bittern   Hyd 70-80cm
Aderyn swil sy'n cuddio ymysg yr hesg. Mae'r plu brown, melyn, hufen a du yn rhoi cuddliw perffaith iddo. Yn y gwanwyn, bydd y ceiliog yn galw fel corn niwl o ganol cors ar ôl iddi dywyllu. Dim ond weithiau y daw allan i'r tir agored ac ni fydd byth yn bell o dyfiant tal. Mae'n llawer llai na'r crëyr glas a golwg wargrwm arno pan fydd yn gorffwys. Pan fydd rhywbeth yn aflonyddu arno, bydd yn sefyll yn stond a'i ben yn syth i fyny. Fe'i gwelir gan amlaf yn hedfan dros gors fin nos. Mae'n nythwr prin iawn yn Lloegr a de'r Alban, mewn corsydd eang. Yn y gaeaf, bydd nifer yn ymweld â rhai o gorsydd Cymru, yn enwedig Corsydd Teifi, Penclacwydd, Cynffig, Lefelau Gwent a chorsydd Ynys Môn. Pysgod ac amffibiaid yw ei brif fwyd ond mae hefyd yn bwyta mamaliaid ac adar y dŵr.

LLWYBIG   *Platalea leucorodia*   Spoonbill   Hyd 80-90cm
Ymwelydd prin ond cyson â'r arfordir a llynnoedd bas, yn enwedig yn ne a de-ddwyrain Lloegr. Aderyn unigryw â phig hir, llydan, siap llwy a choesau du, hirion. Mae'r plu'n glaerwyn ond, adeg nythu, mae ychydig o felyn ar fron ac ym môn pig yr oedolyn. Mae ganddo grib amlwg ar ei ben. Bydd yn sefyll am amser hir â'i big o dan ei adain ond, wrth bysgota, bydd yn chwifio'r pig o ochr i ochr wrth gerdded trwy ddŵr bas. Yn yr awyr, mae'n cadw'i ben a'i wddf allan yn syth a'i goesau'n llusgo y tu ôl i'r gynffon. Hedfana â churiadau dwfn ond bydd yn gleidio'n aml. Gwyn yw lliw plu adenydd yr oedolion ond mae blaen du i adenydd adar ifanc. Mae'n bwyta pysgod, penbyliaid ac unrhyw greaduriaid bychan eraill sydd i'w cael ar y mwd o dan y dŵr. Mae'n nythu ar y cyfandir ond nid ym Mhrydain.

CRËYR BACH   *Egretta garzetta*   Little egret   Hyd 55-65cm
Aderyn sydd wedi cynyddu'n gyflym yn ne Prydain dros y chwarter canrif ddiwethaf ac sydd heddiw'n nythu yn ne Lloegr, de Iwerddon a Chymru. Mae'n debyg i grëyr glas bach ond bod ei blu'n hollol wyn a'i big yn ddu. Mae'r coesau hefyd yn ddu ond y traed yn felyn llachar. Adeg nythu, mae crib gwyn amlwg ar y pen. Mae'n bysgotwr prysur, yn aml yn rhedeg ar ôl pysgod trwy ddŵr bas cyn eu trywanu â'i big miniog. Mae'n clwydo mewn heidiau mawr ac yn nythu'n gymdeithasol, weithiau ymysg nythod crehyrod glas. Mae'n aderyn cyffredin ar lawer o aberoedd Cymru.

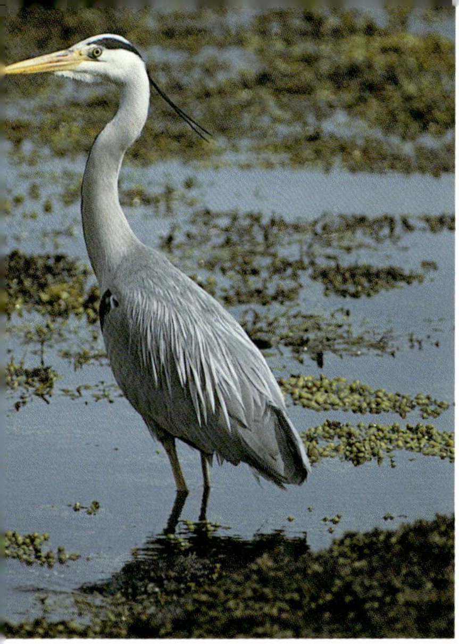
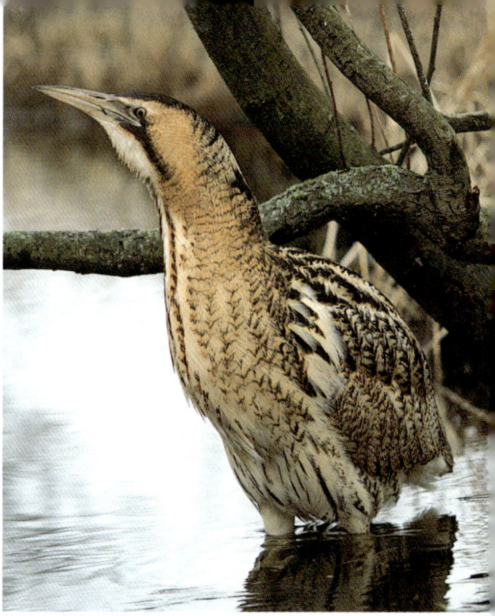
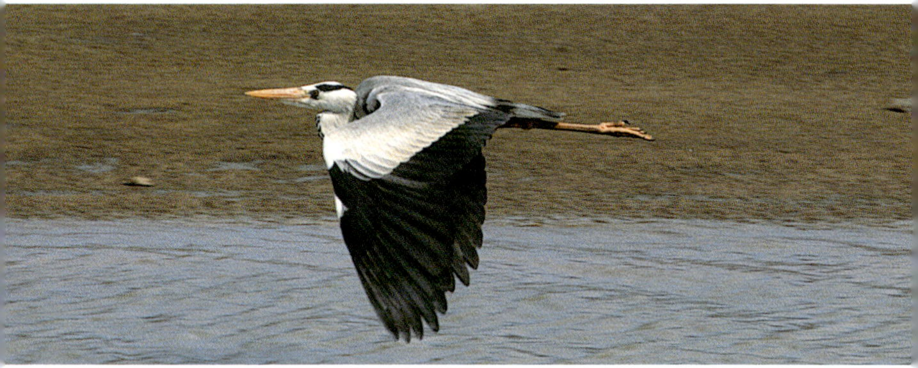
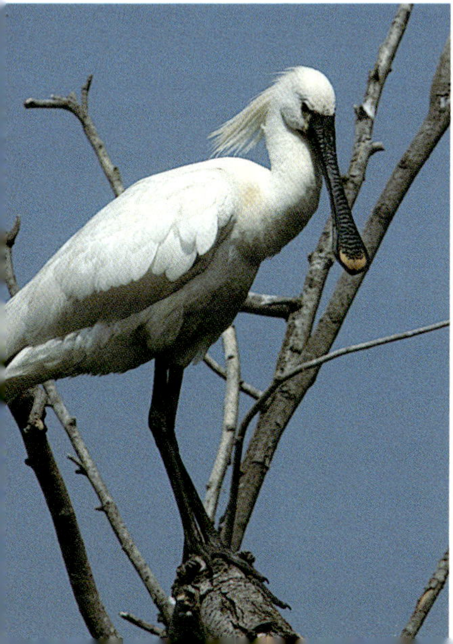
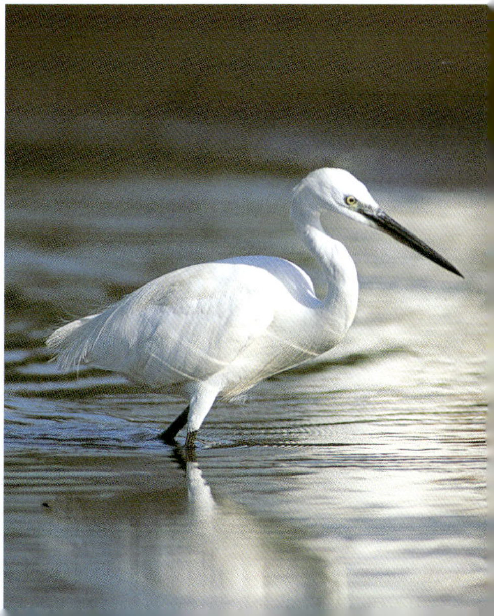

Adar

Alarch ddof *Cygnus olor* Mute swan   Hyd 150cm
Aderyn dŵr mawr gwyn; yr alarch fwyaf ym Mhrydain a'r unig un sy'n nythu yng Nghymru. Mae gan yr oedolyn blu gwyn, coesau duon a phig oren; mae'r nobyn du ym môn y pig yn fwy o faint ar y ceiliog. Bydd y cywion yn nofio'n agos at y fam am fisoedd. Plu brown golau a phig pinc sydd gan adar ifanc. Nofia'r alarch â'i gwddf ar siâp bwa. Mae'n aderyn tawel ar y cyfan ond mae'r adenydd mawr, llydan yn gwneud sŵn wrth hedfan â churiadau pwerus, swnllyd. Mae'n adeiladu nyth anferth o lystyfiant ger afonydd, llynnoedd a chamlesi. Yn y gaeaf, bydd yn ymweld â'r arfordir ac aberoedd. Aderyn cyffredin yn yr iseldir ym Mhrydain ac Iwerddon.

Alarch y gogledd *Cygnus cygnus* Whooper swan   Hyd 150cm
Ymwelydd gaeaf â Phrydain ac Iwerddon o'i hardaloedd nythu yng Ngwlad yr Iâ. Fe'i gwelir yn bennaf rhwng mis Hydref a mis Mawrth ond mae rhai parau wedi nythu yng ngogledd yr Alban. Mae'n debyg i'r alarch ddof ond bod ganddi big melyn a du, siâp triongl a'r melyn yn ymestyn islaw'r ffroenau. Bydd yn dal ei gwddf yn syth. Fe'i gwelir mewn heidiau o rhwng 12 a 60 fel rheol, yn aml mewn grwpiau teuluol. Llwydfrown yw lliw plu'r adar ifanc ac mae'r pig yn binc. Bydd yn ymweld â chaeau traddodiadol yn yr iseldir. Mae'n gyffredin mewn rhai ardaloedd yn yr Alban, Iwerddon a gogledd Lloegr ond yn brinnach yng Nghymru.

Alarch Bewick *Cygnus columbarius* Bewick's swan   Hyd 115-125cm
Yr alarch Brydeinig leiaf a'r brinnaf yng Nghymru. Ymwelydd gaeaf rhwng misoedd Hydref a Mawrth o'i hardaloedd nythu yn Siberia. Mae'r oedolion yn wyn â phig siâp triongl melyn a du; nid yw'r melyn yn ymestyn ymhell i lawr y pig a dros y ffroenau. Llwydfrown yw'r adar ifanc ac mae eu pig yn binc. Gwelir elyrch Bewick mewn grwpiau teuluol ymysg heidiau mawr, yn bennaf yn ne-ddwyrain Lloegr. Mae'n ymwelydd prin â Chymru, y de-ddwyrain yn bennaf.

Gŵydd ddu *Branta bernicla* Brent goose   Hyd 56-61cm
Gŵydd fechan sydd fawr mwy na hwyaden wyllt. Ymwelydd gaeaf â Phrydain ac Iwerddon, rhwng misoedd Hydref a Mawrth, o'i hardaloedd nythu yn yr Arctig. Mae gan yr oedolion ben a gwddf du a choler wen; does dim coler gan adar ifanc ar ddechrau'r gaeaf. Mae'r hil bol du o Siberia yn gaeafu'n bennaf yn ne a dwyrain Lloegr a'r hil bol golau o Spitzbergen a'r Ynys Las yn gaeafu'n bennaf yng ngogledd-ddwyrain Lloegr ac Iwerddon. Fe'i gwelir fel rheol ar aberoedd neu arfordiroedd cysgodol. Yr hil bol du yw'r ymwelydd mwyaf cyffredin â Chymru a gwelir dros fil yn gyson ar aber Llwchwr.

Gŵydd wyran *Branta leucopsis* Barnacle goose   Hyd 58-69cm
Gŵydd fechan a chanddi wyneb gwyn, gwddf du a chefn llwyd tywyll ac arno linellau du a gwyn. Mae ei bol yn fwy golau ac arno linellau du a gwyn. Mae'r adar ifanc yn debyg i'r oedolion ond bod y llinellau'n llai eglur. Ymwelydd gaeaf, rhwng misoedd Hydref a Mawrth. Fe'u gwelir mewn heidiau mawr swnllyd, yn cyfarth fel cŵn. Yn aml, bydd yr heidiau'n pori ar laswelltir arfordirol ac yn clwydo ar draethellau lleidiog. Mae'r adar sy'n nythu yn Svalbard yn gaeafu ar aber Solway a phoblogaeth yr Ynys Las yn gaeafu'n bennaf ar ynys Islay ac yn Iwerddon. Mae poblogaeth o dros gant o adar i'w gweld bob gaeaf yng ngwarchodfa Ynys-hir ar aber Dyfi.

Gŵydd Canada *Branta canadensis* Canada goose   Hyd 95-105cm
Gŵydd fawr â gwddf hir, tebyg i wddf alarch. Daw'n wreiddiol o ogledd America ond, erbyn heddiw, mae llawer yn nythu trwy Loegr, Cymru, de'r Alban a rhannau o Iwerddon. Mae ganddi ben a gwddf du a bochau gwyn, corff brown a phen ôl gwyn. Mae'r adar ifanc yn debyg i'r oedolion ond bod y lliwiau'n llai eglur. Nytha ger afonydd, llynnoedd a chamlesi. Yn y gaeaf bydd yn ffurfio heidiau mawr, swnllyd. Pur anaml y bydd yn ymweld â'r arfordir ond mae'n fodlon byw ar lynnoedd yng nghanol trefi a dinasoedd.

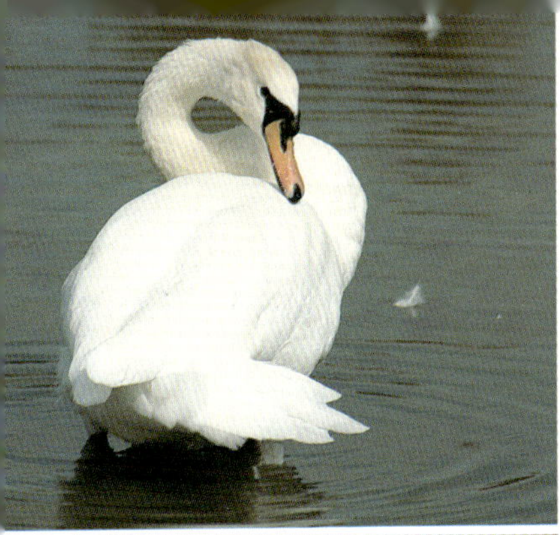
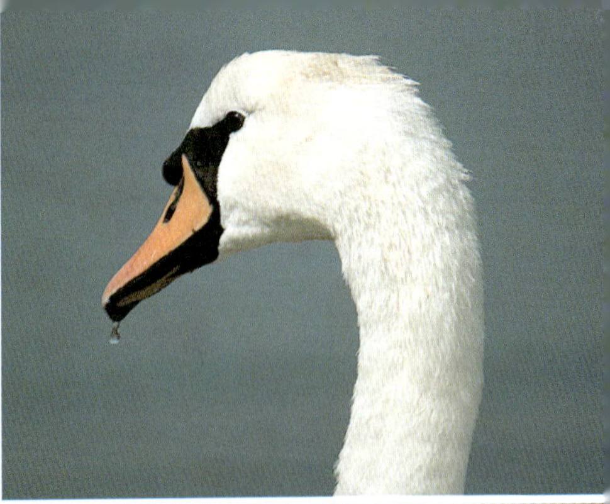
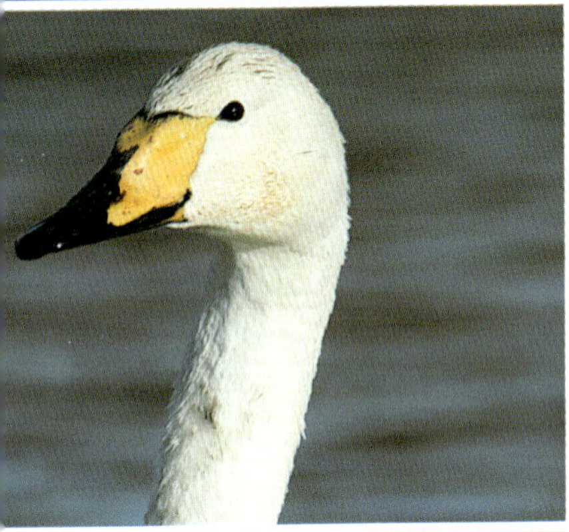
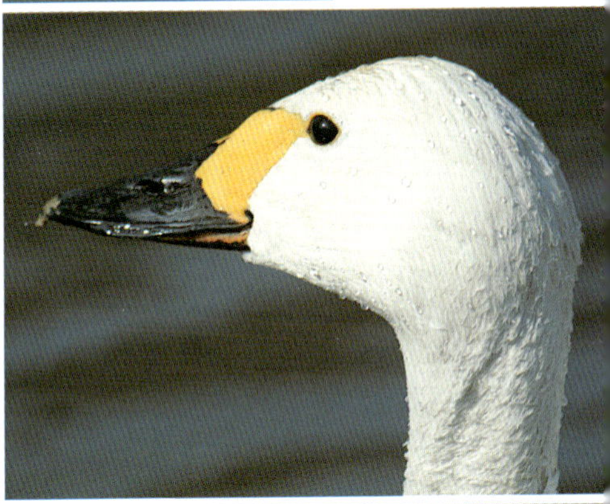
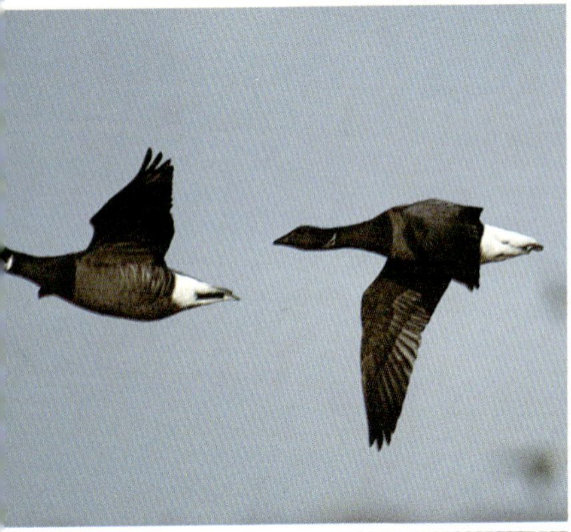
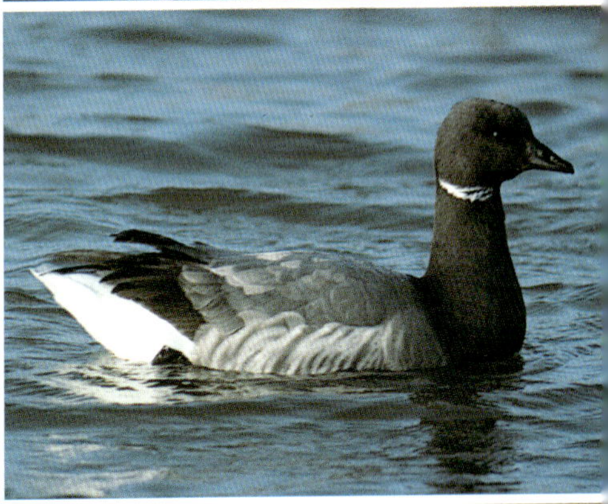
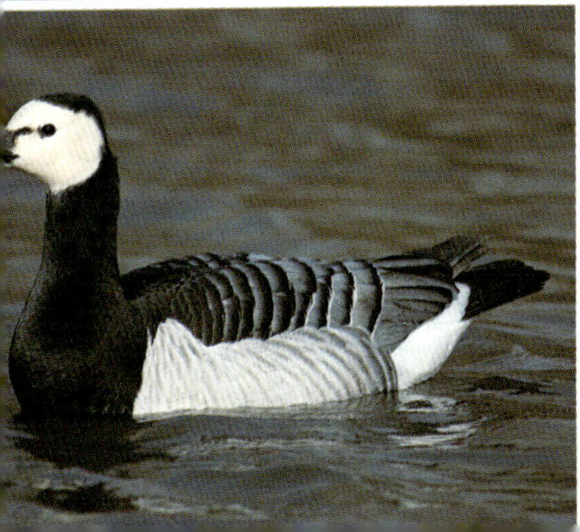
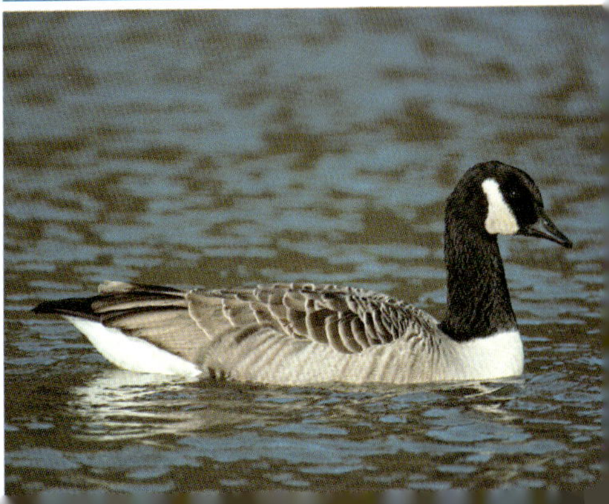

ADAR

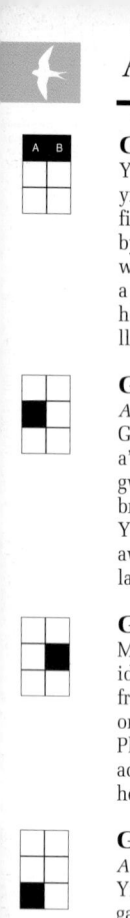

GŴYDD WYLLT   *Anser anser*   Greylag goose   Hyd 75-90cm
Y fwyaf o'r gwyddau llwyd a'r unig un sy'n nythu ym Mhrydain. Mae poblogaeth wyllt yn yr Alban ond adar wedi eu cyflwyno i'r gwyllt sy'n nythu yng Nghymru a Lloegr. Dros fisoedd y gaeaf, bydd adar mudol yn cyrraedd Prydain ac Iwerddon o Wlad yr Iâ a byddant i'w gweld yn pori ar dir amaethyddol a glaswelltir arfordirol. Mae gan yr ŵydd wyllt blu llwydfrown, llinellau golau ar draws y cefn a'r bol, a phen ôl gwyn. Coesau pinc a phig oren sydd gan yr adar Prydeinig; mae gan adar dwyrain Ewrop big pinc. Maent yn hedfan mewn heidiau swnllyd ac yn galw fel gwyddau fferm. Yn yr awyr, gwelir panelau llwydlas ar yr adenydd. Nythwr cyffredin iawn ar lynnoedd ac aberoedd trwy Gymru.

GŴYDD DROEDBINC
Anser brachyrhynchus   Pink-footed goose   Hyd 60-75cm
Gŵydd fechan sydd â phig bach ac iddo flaen pinc. Mae'r pen a'r gwddf yn frown tywyll a'r fron a'r bol yn frown goleuach. Llwyd yw lliw y cefn a'r adenydd. Mae ganddi ben ôl gwyn ac, fel yr awgryma'r enw, coesau a thraed pinc. Ymwelydd gaeaf o'r Arctig sy'n bresennol ym Mhrydain rhwng misoedd Hydref a Mawrth. Daw adar o Wlad yr Iâ a'r Ynys Las i ddwyrain yr Alban yn bennaf. I ddwyrain Lloegr daw adar Svalbard. Yn yr awyr, mae'r adenydd yn ymddangos yn olau. Gwelir yr adar yma mewn heidiau mawr ar laswelltir neu dir llafur fel rheol. Mae'n ymwelydd prin â Chymru.

GŴYDD Y LLAFUR   *Anser fabilis*   Bean goose   Hyd 65-85cm
Mae'n debyg i'r ŵydd droedbinc ond ei bod yn fwy o faint. Mae'r pig yn fwy swmpus ac iddo flaen oren, nid pinc. Mae'r pen, y gwddf, y cefn a'r adenydd yn frown tywyll, a'r fron a'r bol ychydig yn oleuach; mae darn gwyn, amlwg ar y pen ôl ac mae'r coesau'n oren. Weithiau, ceir llinell wen, fain ym môn y pig. Mae'n ymwelydd gaeaf prin â Phrydain ac Iwerddon o Siberia a gogledd Sgandinafia. Pan fydd yn hedfan, mae'r adenydd i'w gweld yn dywyllach na rhai unrhyw ŵydd lwyd arall. Fel rheol, gwelir heidiau bychan ohonynt ar laswelltir neu dir llafur. Ymwelydd prin iawn â Chymru.

GŴYDD DALCENWYN
Anser albifrons   White-fronted goose   Hyd 65-75cm
Ymwelydd gaeaf, rhwng misoedd Hydref a Mawrth, o ardaloedd nythu yn yr Arctig. Mae ganddi blu brown, llinellau tywyll ar y bol a llinellau golau ar y cefn. Oren yw lliw'r coesau ac mae darn gwyn ger y pen ôl. Ceir fflach amlwg o wyn ar dalcen yr oedolion ond nid ar adar ifanc. Mae pig pinc gan adar Siberia a bydd y rhain yn gaeafu'n bennaf yn ne Lloegr; pig oren sydd gan adar yr Ynys Las a byddant yn gaeafu yn Iwerddon, gorllewin yr Alban ac ar aber Dyfi yng ngorllewin Cymru. Bydd yn hedfan ac yn pori mewn heidiau o gannoedd ond, o dro i dro, bydd heidiau bychan o'r ddau fath i'w gweld ger afonydd, llynnoedd neu aberoedd yng Nghymru.

HWYADEN YR EITHIN   *Tadorna tadorna*   Shelduck   Hyd 58-65cm
Hwyaden fawr, yr un maint â gŵydd ac arni batrwm unigryw o liwiau. Mae gan yr oedolion ben a gwddf gwyrdd tywyll, pig coch a choesau pinc. Gwyn yw lliw'r corff heblaw am linell oren ar draws y fron a du ar yr adenydd. Ceir nobyn coch ym môn pig y ceiliog. Yn yr awyr, mae'n edrych yn ddu a gwyn. Mae'r adar ifanc yn llai lliwgar a'r patrwm yn llai eglur. Bydd yn nythu mewn tyllau tanddaearol ger yr arfordir ac yn hela creaduriaid di-asgwrn-cefn ar aberoedd ac arfordiroedd cysgodol lle ceir dŵr bas. Mae'n aderyn digon cyffredin yng Nghymru lle ceir digonedd o dywod a mwd, a gwelir oedolion gyda dwsinau o gywion mewn mannau cysgodol yn yr haf.

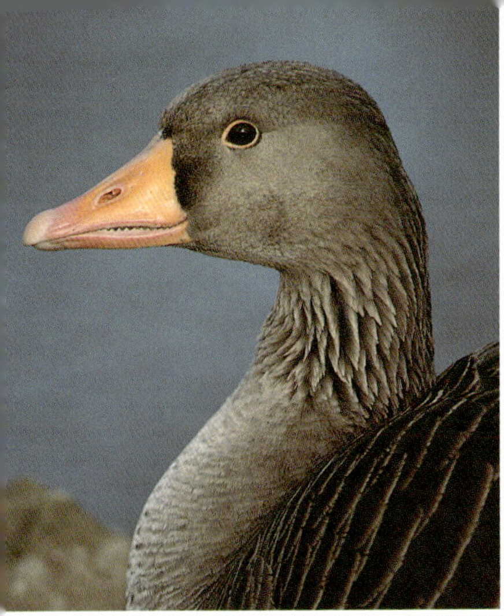
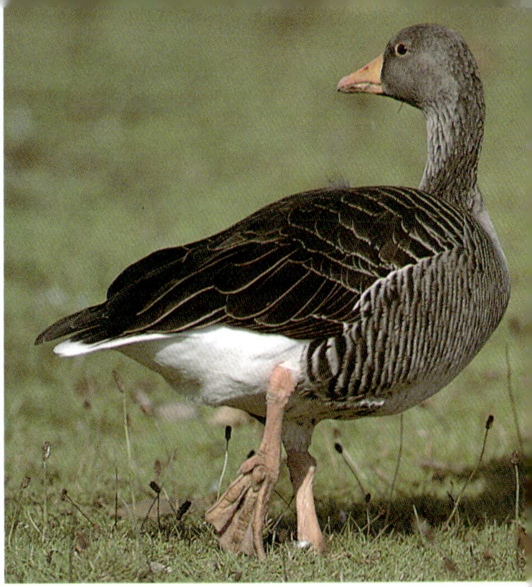
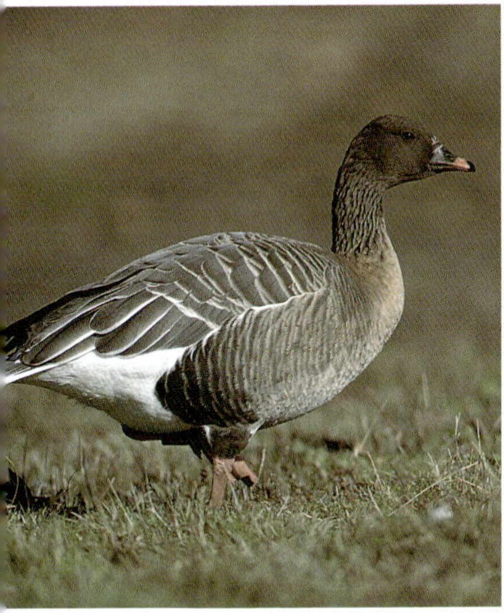
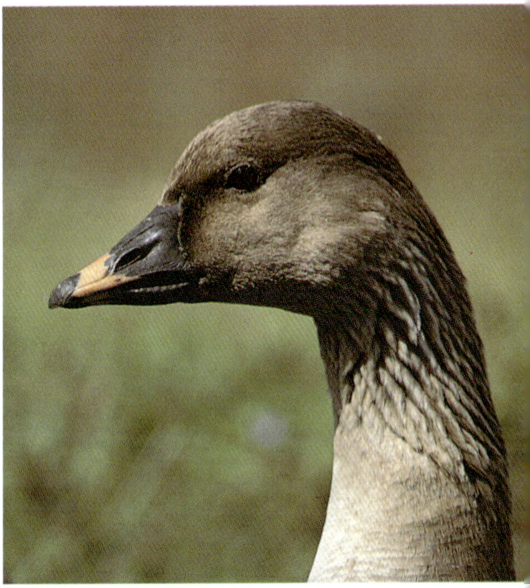
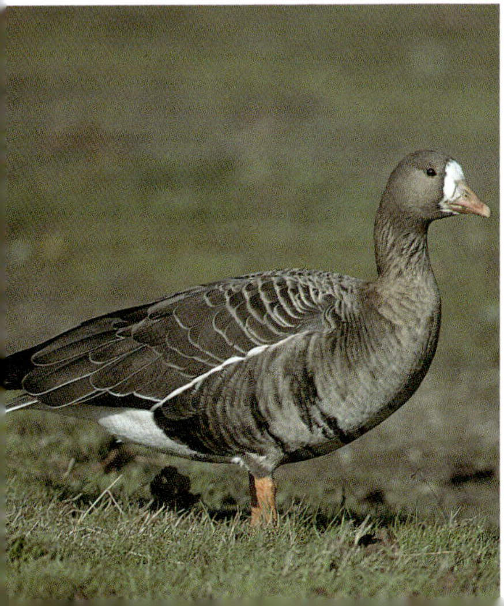
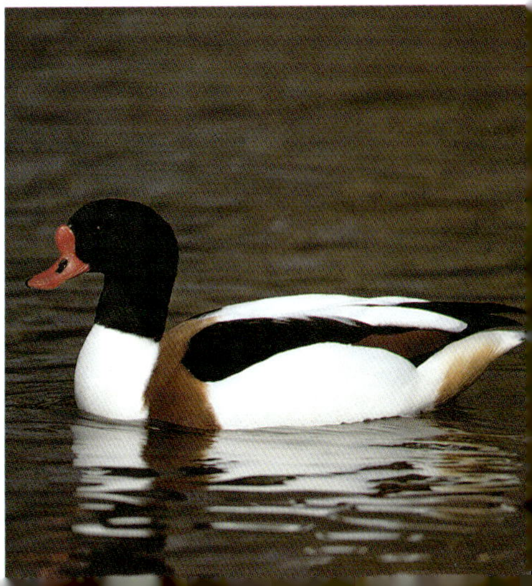

ADAR

HWYADEN WYLLT *Anas platyrhynchos* Mallard Hyd 50-65cm
Hwyaden gyffredin, gyfarwydd ac iddi ddosbarthiad eang yng Nghymru, gweddill Prydain ac Iwerddon. Mae'r ceiliog yn aderyn lliwgar (A) â phig melyn, pen gwyrdd, coler wen a bron browngoch. Llwyd yw'r corff ac mae ganddo ben ôl du a chynffon wen. Mae'r iâr (B) yn llawer mwy di-nod, fel iâr pob hwyaden. Oren yw lliw ei phig ac mae'r corff yn gyfuniad o frown tywyll a golau. Wrth hedfan, mae gan y ceiliog a'r iâr fflach o las yn yr adain.

HWYADEN LWYD *Anas strepera* Gadwall Hyd 46-56cm
Hwyaden brin yng Nghymru. Mae'n nythu ar rai llynnoedd bas o amgylch Prydain, yn enwedig yn ne-ddwyrain Lloegr. Mae fflach wen ar adain y ceiliog a'r iâr wrth hedfan. Mae corff y ceiliog yn llwyd heblaw am ben ôl du, pig tywyll a phen brown golau. Mae'r iâr yn debyg i iâr hwyaden wyllt heblaw am ddarn oren yn y pig a'r fflach wen yn yr adain. Ei hoff gynefin yw llynnoedd bas lle ceir digonedd o dyfiant.

CHWIWELL *Anas penelope* Wigeon Hyd 45-57cm
Ymwelydd gaeaf cyffredin â Phrydain ac Iwerddon. Mae'n nythu'n achlysurol yn Lloegr a'r Alban. Mae gan y ceiliog ben oren-goch, talcen lliw hufen, bron binc, pen ôl du a gwyn, a chorff llwyd. Mae darn gwyn amlwg yn adain y ceiliog wrth hedfan. Mae'r iâr yn fwy browngoch na iâr hwyaden wyllt a'i phen yn fwy crwn. Yn y gaeaf, mae heidiau mawr ohonynt yn ymweld ag aberoedd Cymru lle byddant yn pori ar laswelltir. Fe'i gwelir hefyd ar lynnoedd lle mae galwad *whîw* y ceiliog i'w glywed yn glir.

CORHWYADEN *Anas crecca* Teal Hyd 34-38cm
Hwyaden leiaf Prydain. Nythwr prin, yn bennaf yn yr ucheldir, ond ymwelydd gaeaf cyffredin o fis Medi hyd at fis Ebrill. Mae gan y ceiliog (A) ben browngoch a llinell werdd drwchus trwy'r llygad, corff llwyd a phen ôl melyn a du. Llwydfrown yw lliw'r iâr (B) ac mae gan y ceiliog a'r iâr fflach o wyrdd yn yr adain. Mae'n hoff o aberoedd, corsydd a llynnoedd bas lle ceir digonedd o dyfiant. Neidia'r gorhwyaden yn syth i fyny allan o'r dŵr pan fydd rhywbeth yn aflonyddu arni.

HWYADEN LYDANBIG *Anas clypeata* Shoveler Hyd 44-52cm
Gellir nabod yr hwyaden lydanbig wrth ei phig hir, llydan. Mae'r ceiliog yn aderyn hardd â phen gwyrdd, corff du a gwyn ac ystlys frowngoch. Mae'r iâr yn debyg iawn i hwyaden wyllt heblaw am y pig mawr. Gwelir fflach o wyrdd a darn glas yn adain y ceiliog a'r iâr pan fyddant yn hedfan. Nythwr prin iawn ym Mhrydain ond ymwelydd gaeaf cyffredin, yn enwedig â llynnoedd, aberoedd a glaswelltir lle bydd dŵr yn gorlifo'n gyson.

HWYADEN ADDFAIN *Anas querquedula* Garganey Hyd 37-41cm
Yr unig hwyaden sy'n ymwelydd haf â Phrydain. Bydd yn cyrraedd o'r Affrig ym mis Mawrth ac yn dychwelyd ym mis Awst. Mae gan y ceiliog ben a bron brown a llinell wen trwy'r llygad, pen ôl brown golau a chorff llwyd. Mae'r iâr yn debyg i iâr corhwyaden ond bod ganddi hi, a'r ceiliog, fflach o las yn yr adain. Nythwr prin, yn bennaf yn Lloegr. Ymwelydd prin iawn â Chymru.

HWYADEN LOSTFAIN *Anas acuta* Pintail Hyd 51-66cm
Nythwr prin ond ymwelydd gaeaf cyffredin â Phrydain ac Iwerddon. Mae'r ceiliog yn aderyn hardd â phen brown, gwddf gwyn a llinell wen yn mynd i fyny hyd at dop y gwegil. Mae'r corff a'r adenydd yn llwyd, y pen ôl yn ddu, hufen a gwyn, a'r gynffon yn hir a main. Mae'r iâr yn frown ac yn fwy na iâr hwyaden wyllt ac mae ganddi gynffon hir. Mae'n hoff o lynnoedd ac aberoedd ac, mewn mannau fel aber Dyfrdwy, gellir gweld cannoedd gyda'i gilydd.

HWYADEN GRIBOG *Aix galericulata* Mandarin duck Hyd 41-49cm
Daw'n wreiddiol o ddwyrain Asia ond mae'r hwyaden hon wedi dechrau nythu ym Mhrydain ger afonydd a llynnoedd sydd â digon o goed aeddfed gerllaw. Mae'r ceiliog amryliw'n drawiadol. Mae ganddo 'hwyliau' oren ar ei gefn, pig coch a phen efydd, hufen a gwyrdd. Mae'r iâr yn llwydfrown â chylch gwyn o amgylch y llygad a smotiau gwyn ar ei bron a'i hystlys. Nytha mewn tyllau mewn coed. Aderyn prin yng Nghymru ond mae'n nythu ar rai o afonydd y gogledd a'r canolbarth. Llawer mwy cyffredin yn ne Lloegr.

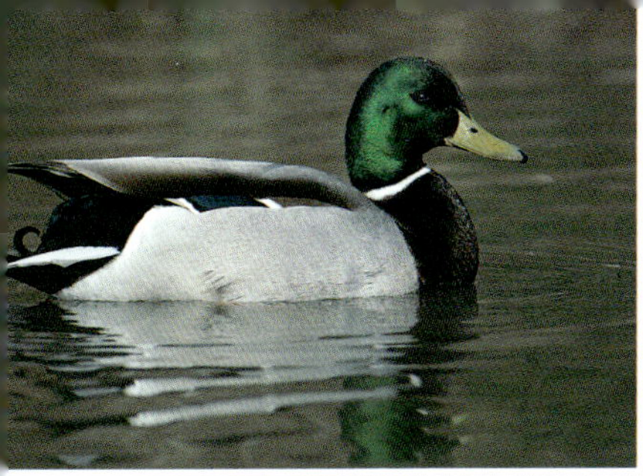
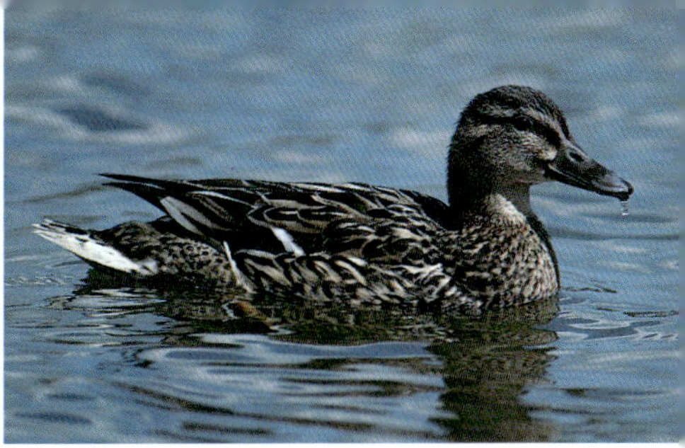
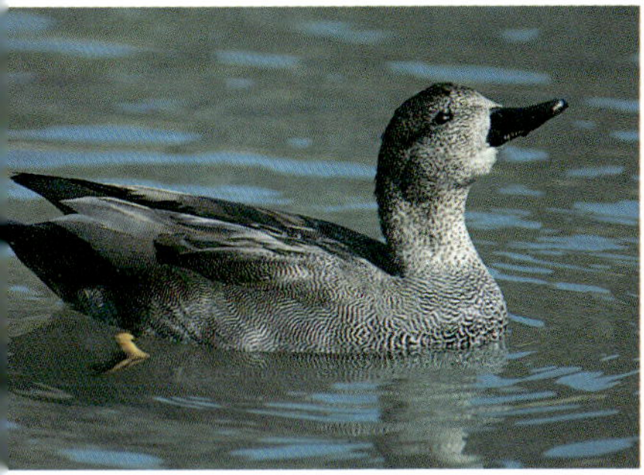
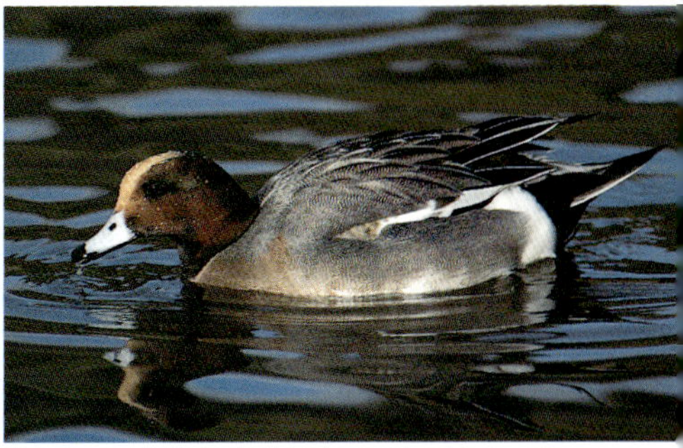
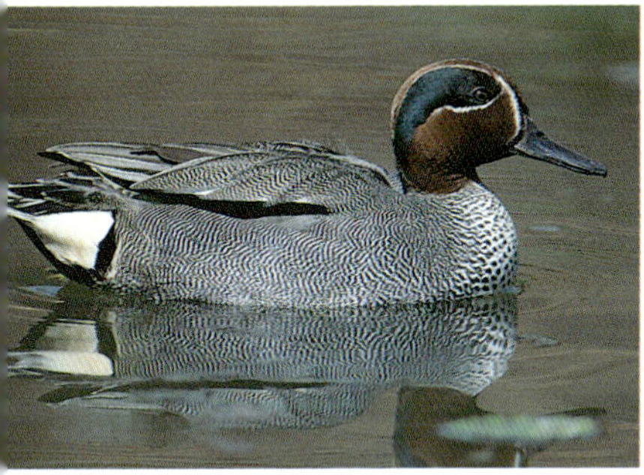
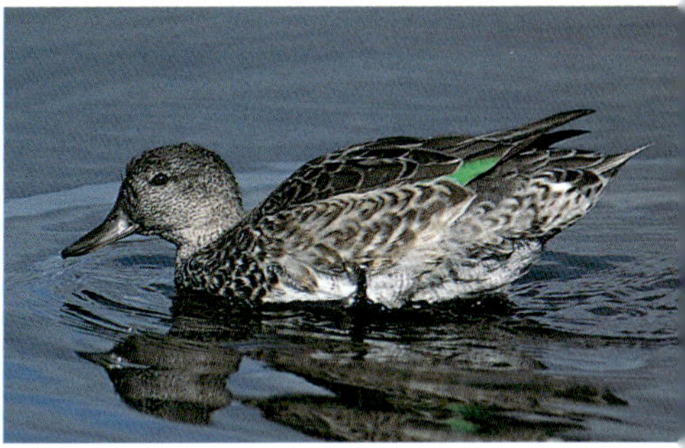
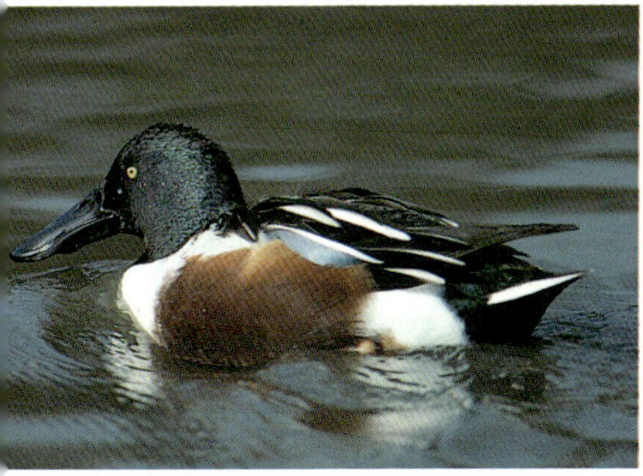
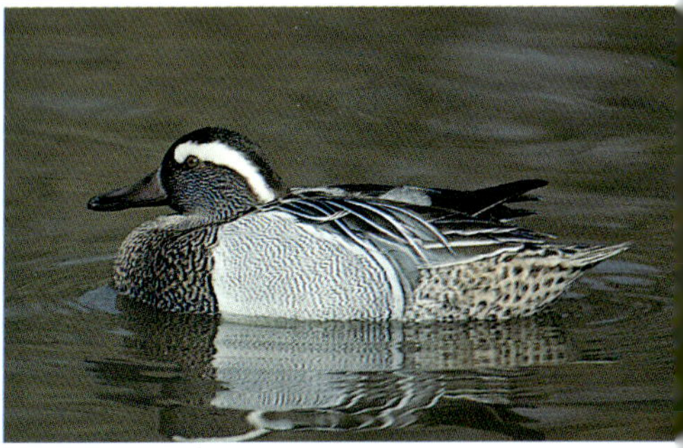
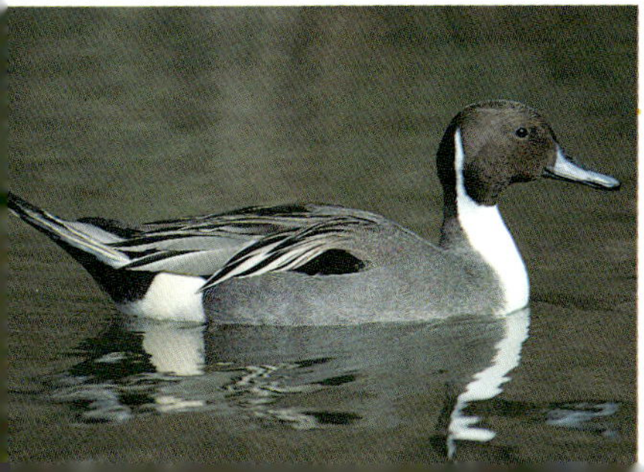
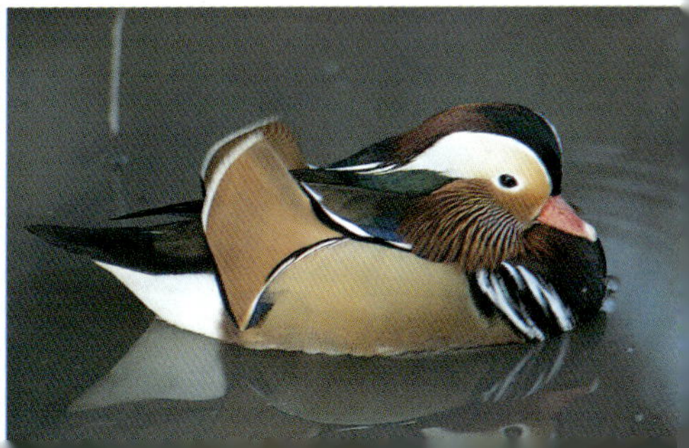

ADAR

HWYADEN GOPOG *Aythya fuligula* Tufted duck Hyd 40-47cm
Hwyaden sy'n plymio o dan y dŵr i chwilio am fwyd. Mae'n gyffredin trwy'r flwyddyn ym Mhrydain ac Iwerddon ac mae nifer fawr o adar y cyfandir yn dod yma dros fisoedd y gaeaf. Mae'r ceiliog yn ddu a gwyn a chanddo grib amlwg. Brown yw lliw'r iâr. Mae ganddi grib bychan ac, weithiau, ychydig o wyn ym môn y pig ond byth gymaint â'r hwyaden benddu. Mae llygaid melyn a phig llwydlas â blaen du gan y ceiliog a'r iâr. Fe'i gwelir fel rheol ar lynnoedd a bydd yn nythu ymysg tyfiant tal ger y lan.

HWYADEN BENDDU *Aythya marila* Scaup Hyd 42-51cm
Ymwelydd gaeaf eithaf cyffredin â'r arfordir ond nythwr prin iawn yn yr Alban ac Iwerddon. Mae'n debyg i'r hwyaden gopog ond yn fwy o faint. Pen gwyrdd tywyll heb grib sydd gan y ceiliog (A), a bron dywyll, bol gwyn, cefn llwyd a phen ôl du. Brown yw lliw'r iâr, ond mae ganddi ddarn gwyn amlwg ym môn y pig. Fe'i gwelir yn bennaf mewn heidiau ar y môr oddi ar arfordir gogledd a dwyrain Prydain ac arfordir Iwerddon. Yng Nghymru, mae heidiau bychan i'w gweld yng ngogledd Bae Ceredigion a Bae Lerpwl. Weithiau, ceir unigolion ar lynnoedd yn y mewndir, yn enwedig mewn tywydd stormus.

HWYADEN BENGOCH *Aythya ferina* Pochard Hyd 42-49cm
Ymwelydd gaeaf cyffredin â Phrydain ac Iwerddon, ond nythwr prin. Fe'i gwelir yn bennaf yn Lloegr a de'r Alban, ond hefyd ar lynnoedd bas yn yr iseldir yng Nghymru, yn enwedig ar Ynys Môn. Mae gan y ceiliog ben browngoch, llygaid coch, bron ddu, corff llwyd a phen ôl du. Brown yw lliw pen a bron yr iâr ac mae ganddi gefn ac ystlys llwydfrown. Fel rheol, mae ganddi 'sbectol' olau o amgylch y llygaid. Mae gan y ceiliog a'r iâr big du â blaen llwydlas ac, wrth hedfan, mae adenydd y ddau yn llwydfrown. Fe'i gwelir fel rheol ar lynnoedd a chronfeydd dŵr, mewn heidiau bychan, yn aml yng nghwmni hwyaid copog. Bydd yn plymio'n aml am ei bwyd.

HWYADEN FWYTHBLU *Somateria mollissima* Eider Hyd 50-70cm
Hwyaden y môr â phig mawr, siâp triongl. Mae gan y ceiliog (A) fol a phen ôl du, cefn a gwddf gwyn, du ar dop y pen, gwegil gwyrdd a bron binc golau. Brown yw lliw'r iâr (B), ac mae llinellau tywyll ar hyd y corff. Mae oedolion sy'n bwrw eu plu ac adar ifanc yn ddu a gwyn. Gwelir yr hwyaden fwythblu yn bennaf yn agos at arfordiroedd caregog lle mae cregyn gleision, ei phrif fwyd, yn gyffredin. Bydd yn iâr yn cadw llygad ar ddwsinau o gywion mewn 'meithrinfa'. Nytha'n bennaf yn yr Alban, gogledd Iwerddon a gogledd ddwyrain Lloegr ond mae nifer fechan yn nythu ar Ynys Seiriol yng ngogledd Cymru. Yn y gaeaf, fe'i gwelir mewn mannau cysgodol o amgylch arfordir Cymru.

MÔR-HWYADEN DDU *Melanitta nigra* Common scoter Hyd 44-54cm
Ymwelydd gaeaf cyffredin â moroedd cysgodol o amgylch yr Alban, Iwerddon a Chymru. Mae'n nythu'n achlysurol yng ngogledd yr Alban ac Iwerddon. Y ceiliog yw'r unig hwyaden ddu ym Mhrydain. O agos, gellir gweld darn melyn ar y pig. Mae'r iâr yn frown tywyll a'i bochau'n olau. Fe'i gwelir mewn heidiau, o bum mil a mwy weithiau, allan ar y môr, yn enwedig ym Mae Caerfyrddin a Bae Ceredigion. Bydd yn plymio'n aml ar ôl pysgod, cregyn a malwod. Yn aml, gwelir heidiau'n hedfan mewn llinellau hir uwchben y dŵr. Bydd heidiau'n glanio ar lynnoedd wrth fudo, yn enwedig yn y gwanwyn.

MÔR-HWYADEN Y GOGLEDD *Melanitta fusca* Velvet scoter Hyd 51-58cm
Aderyn mwy na'r fôr-hwyaden ddu. Mae gan y ceiliog lygaid gwyn a darn gwyn o dan y llygaid a gwelir y darn melyn ar y pig o bell. Brown yw lliw'r iâr â darn golau ym môn ei phig ac ar ei bochau. Gwelir fflach o wyn ar adain y ceiliog a'r iâr, yn enwedig wrth hedfan. Ymwelydd gaeaf prin â Phrydain ac Iwerddon, yn bennaf â gogledd-ddwyrain yr Alban a Lloegr. Ceir unigolion yn gaeafu oddi ar arfordir Cymru ymysg heidiau o fôr-hwyaid du.

HWYADEN LYGAD AUR *Bucephala clangula* Goldeneye Hyd 42-50cm
Hwyaden sy'n hoffi plymio o dan y dŵr. Du a gwyn yw plu'r ceiliog (A) yn bennaf ond mae ganddo ben gwyrdd tywyll, llygaid melyn a darn gwyn amlwg ym môn y pig. Llwyd yw corff yr iâr, mae ganddi ben brown a darn golau rhwng y gwddf a'r fron. Gwelir cryn dipyn o wyn yn adain y ceiliog a'r iâr wrth hedfan. Mae'n ymwelydd gaeaf cyffredin â llynnoedd ac arfordiroedd Prydain ac Iwerddon. Nytha poblogaeth fechan yng ngogledd yr Alban.

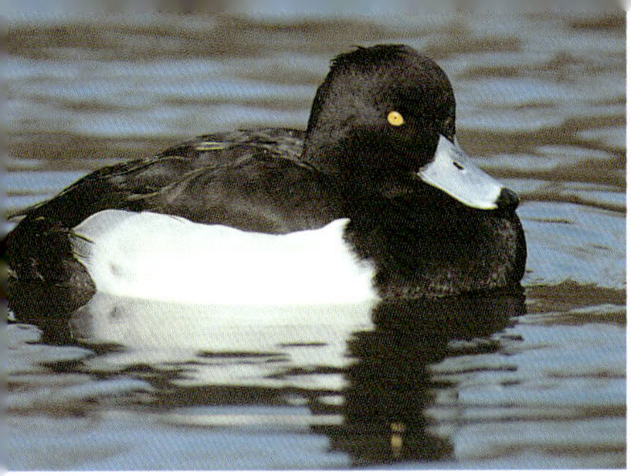
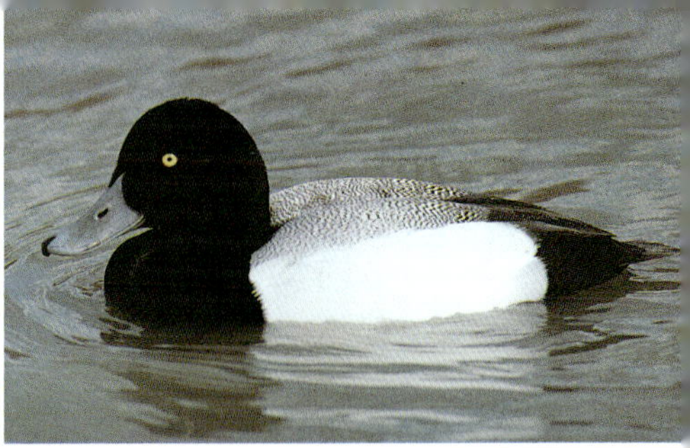
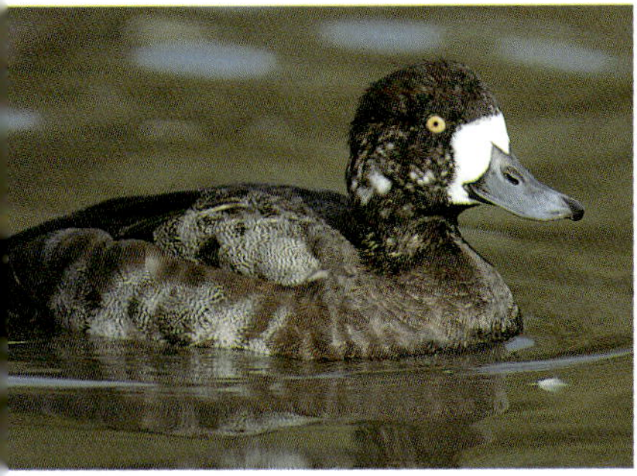
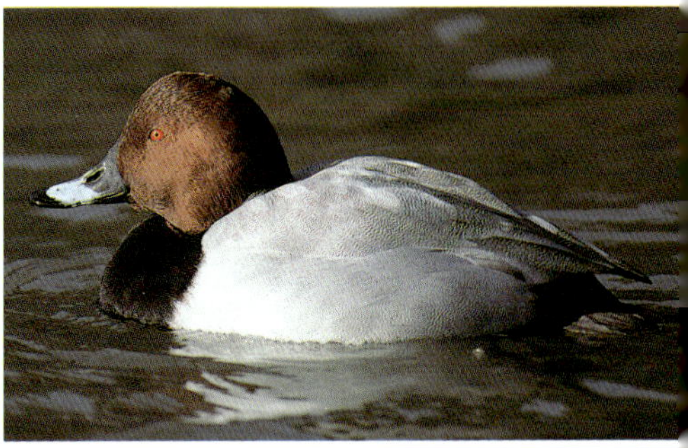
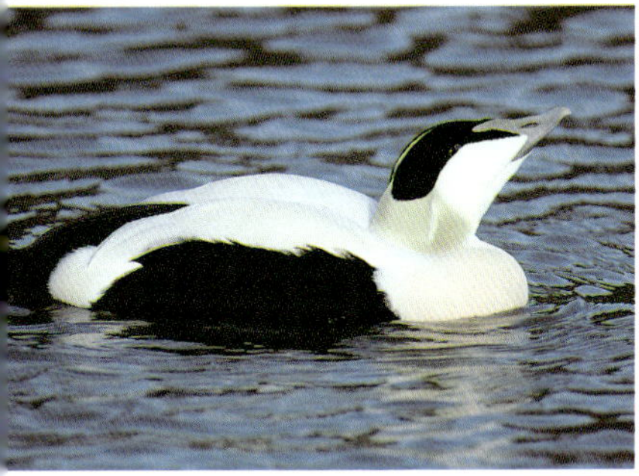
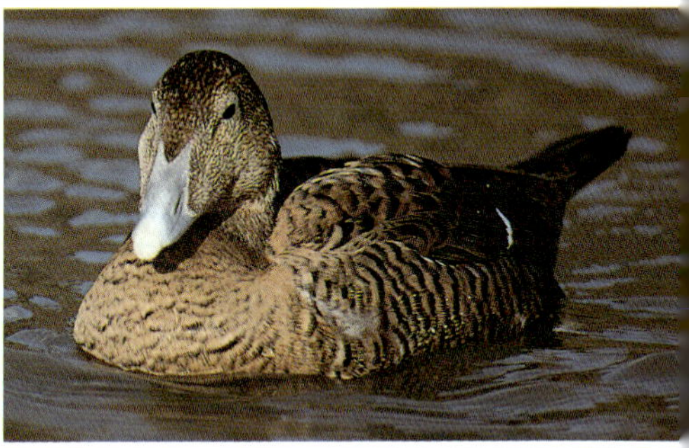
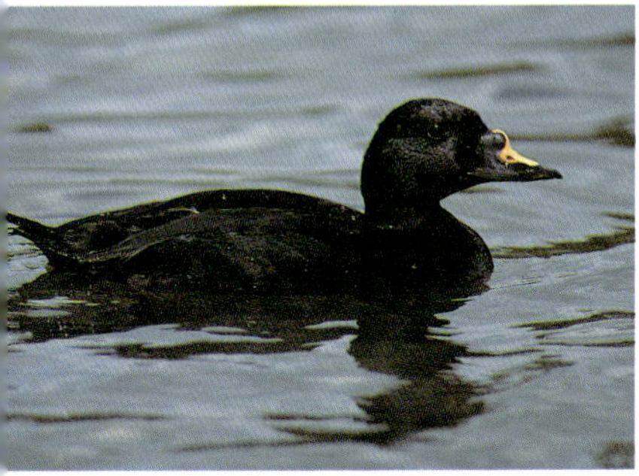
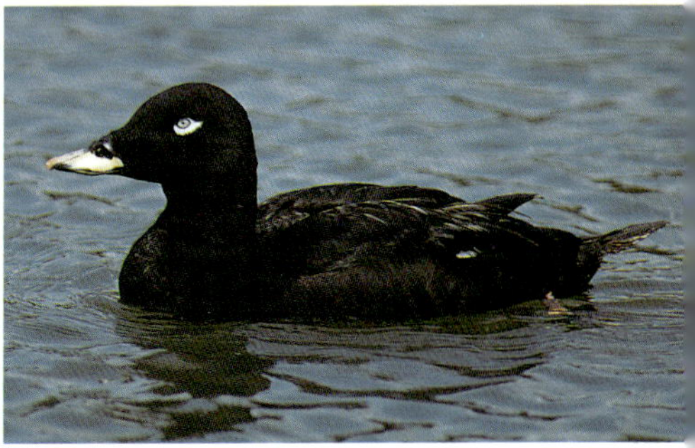
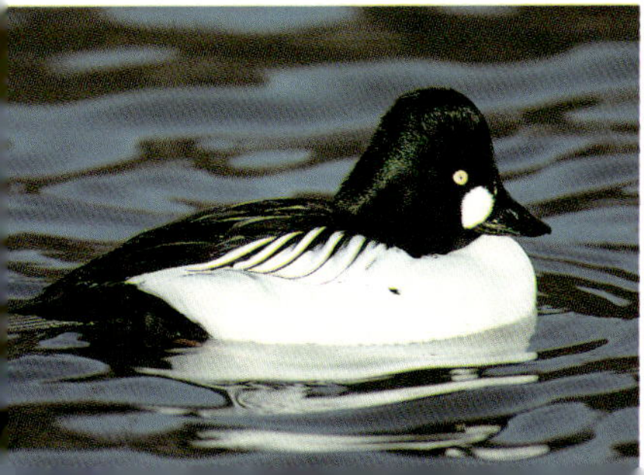
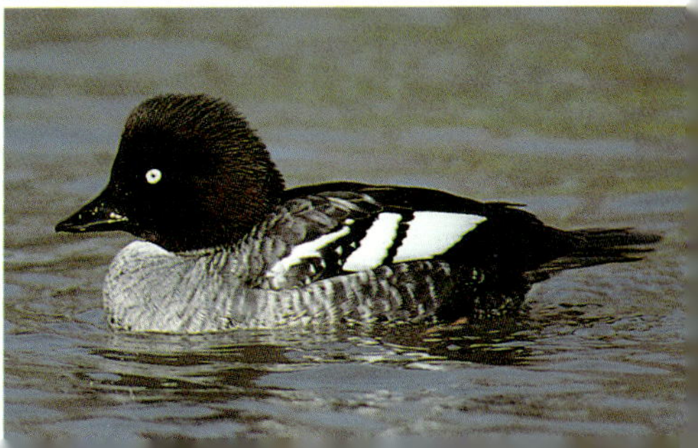

ADAR

HWYADEN GYNFFON-HIR
Clangula hyemalis Long-tailed duck   Hyd 40-47cm
Hwyaden hardd sy'n plymio o dan y dŵr i chwilio am fwyd. Ymwelydd gaeaf a welir o amgylch yr arfordir rhwng misoedd Hydref a Mawrth. Mae gan y ceiliog gynffon hir, corff du a gwyn, darn brown o amgylch y llygaid a smotyn pinc ar y pig (A). Weithiau, fe'i gwelir yn ei wisg haf (B) a, bryd hynny, mae'r pen, y gwddf a'r fron yn ddu i gyd heblaw am ddarn golau ar yr wyneb. Brown a gwyn yw lliw'r iâr, a'i chynffon yn fyrrach nag un y ceiliog. Mae ei phen a'i gwddf yn dywyllach yn yr haf. Yn aml, bydd heidiau i'w gweld yn plymio am fwyd allan ar y môr mewn stormydd. Mae'n aderyn cyffredin ar arfordir yr Alban, gogledd Lloegr a gogledd Iwerddon ond yn brinnach yng Nghymru.

HWYADEN DDANHEDDOG
Mergus merganser Goosander   Hyd 58-66cm
Hwyaden fawr lif-big. Fe'i gwelir ar afonydd a llynnoedd. Mae'r ceiliog yn aderyn hardd â phen gwyrdd tywyll, pig coch, hir, corff gwyn a chefn du. Yn y gwanwyn, mae'r gwyn yn edrych yn binc golau. Brown yw lliw pen cribog yr iâr, mae ei chorff yn llwydfrown a'i bron yn olau. Bydd y ceiliog a'r iâr yn dangos llawer o wyn yn yr adenydd wrth hedfan. Mae ceiliog ifanc yn debyg i'r iâr. Bydd yn plymio am gyfnodau hir ar ôl pysgod. Mae'n nythu mewn tyllau mewn coed ar hyd ochrau afonydd a llynnoedd yr Alban, gogledd a gorllewin Lloegr a Chymru. Yn y gaeaf, daw heidiau at ei gilydd ar lynnoedd a chronfeydd dŵr.

HWYADEN FRONGOCH
Mergus serrator Red-breasted merganser   Hyd 52-58cm
Mae'n debyg i'r hwyaden ddanheddog ond ei bod yn llai o faint a bod crib ar ben y ceiliog a'r iâr. Mae gan y ceiliog ben gwyrdd, pig coch main, gwddf gwyn, bron frowngoch, ystlys lwyd a chefn du. Pen brown sydd gan yr iâr, bron olau a chorff llwydfrown. Mae ceiliogod ifanc yn debyg i'r iâr. Wrth hedfan, gwelir llinell wen, fain ar ran ôl adenydd y ddau ryw a darn mawr gwyn ar ran flaen adenydd y ceiliog. Nytha ymysg tyfiant tal yn ymyl afonydd, llynnoedd a'r môr yng ngogledd Lloegr, yr Alban, Iwerddon, gogledd a chanolbarth Cymru.

LLEIAN WEN   *Mergus albellus* Smew   Hyd 38-44cm
Hwyaden lif-big fach ond hardd sy'n ymwelydd gaeaf prin â Phrydain rhwng misoedd Tachwedd a Chwefror. Nytha yn yr Arctig pell, yng ngwledydd Sgandinafia a Siberia a bydd heidiau'n dod drosodd i Brydain pan fydd tywydd oer, garw ar y cyfandir. O bell, mae'r ceiliog yn edrych yn wyn i gyd ond, o agos, gwelir llinellau du ar y cefn a'r fron a darn du dros y llygaid (A). Mae adar ifanc a'r iâr yn llwydfrown a chanddynt ben browngoch, bochau a gwddf gwyn. Nifer fechan sy'n dod i Brydain bob gaeaf, fel rheol i lynnoedd a chronfeydd mawr.

HWYADEN GOCH   *Oxyura jamaicensis* Ruddy duck   Hyd 35-43cm
Yn wreiddiol o ogledd America, mae'r hwyaden hon wedi dianc i'r gwyllt o gasgliad yn Slimbridge ac mae'n nythu yn ne a chanolbarth Lloegr a Chymru. Mae'n aderyn cadarn yr olwg a nofia'n aml â'i gynffon i fyny. Mae'r ceiliog yn aderyn hardd â chorff cochfrown, pen ôl gwyn, pen du, bochau gwyn a phig glas llachar. Llwydfrown yw lliw'r iâr. Mae ei bochau'n olau ac mae llinell dywyll o fôn y pig. Treulia'r rhan helaeth o'i hamser ar lynnoedd lle ceir digonedd o dyfiant tal o'i hamgylch. Yn y gwanwyn, bydd y ceiliog yn arddangos wrth guro'i fron â'i big. Mae llywodraeth Prydain yn ceisio difa'r adar estron hyn gan eu bod yn croesfridio â pherthynas prin, yr hwyaden benwen, yn Sbaen. O achos hyn, mae'r hwyaden goch yn prinhau'n arw ym Mhrydain.

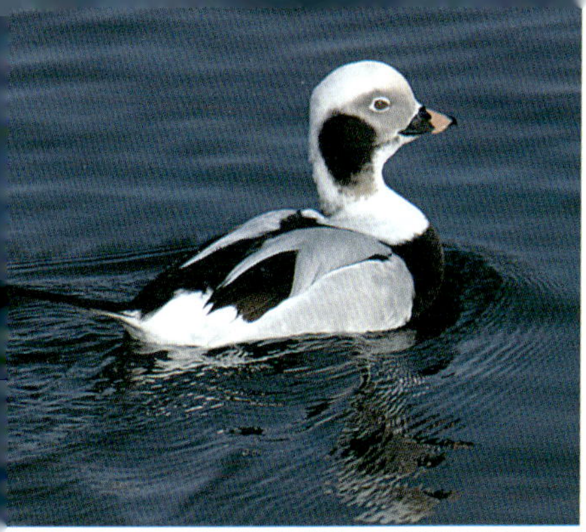
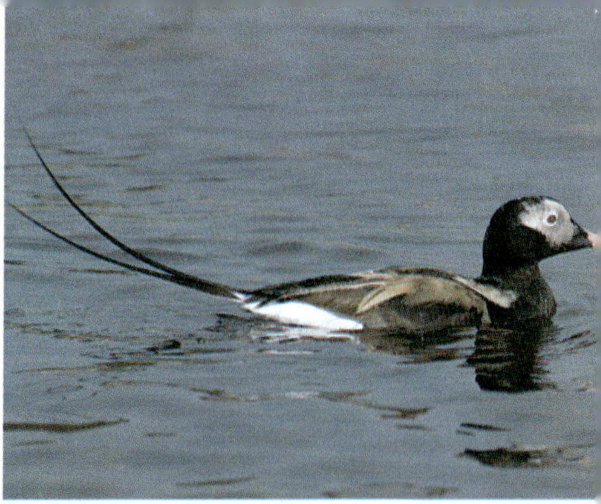
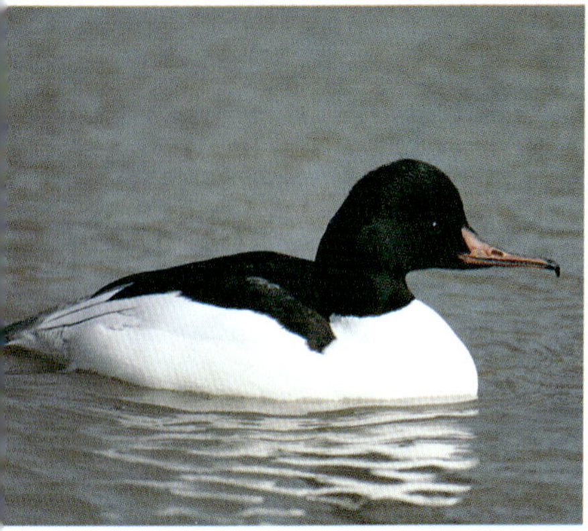
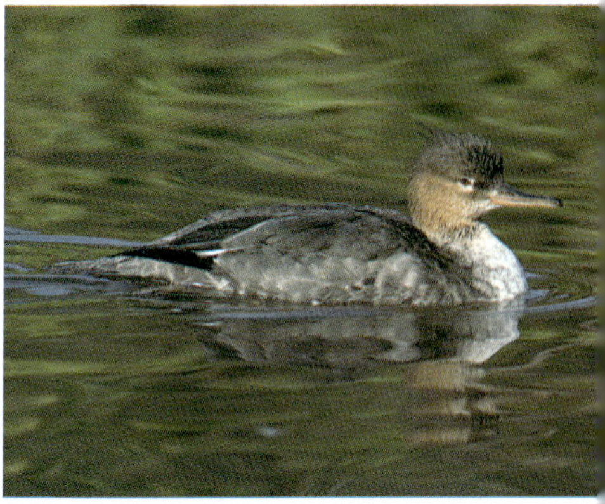
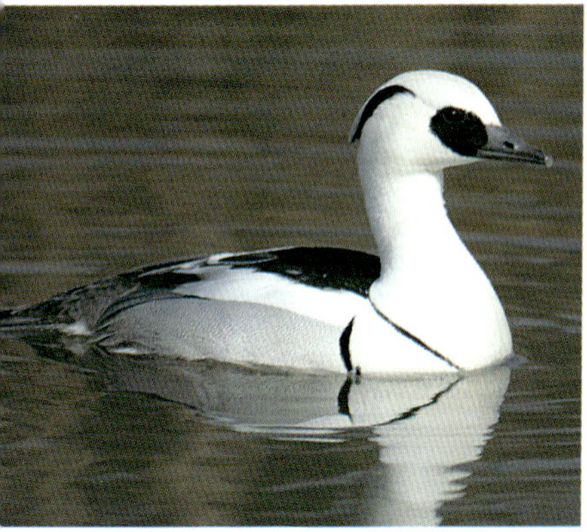
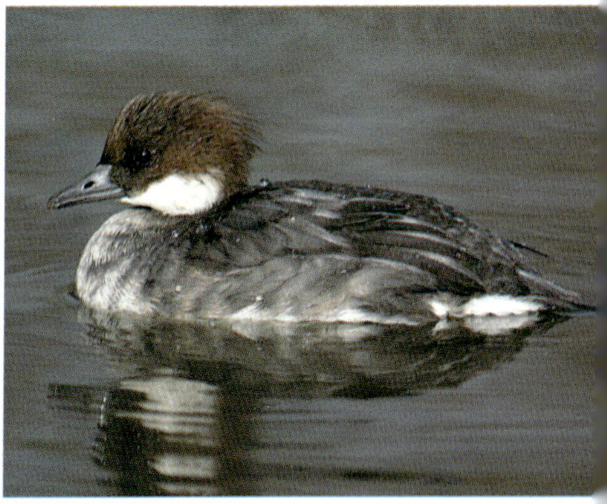
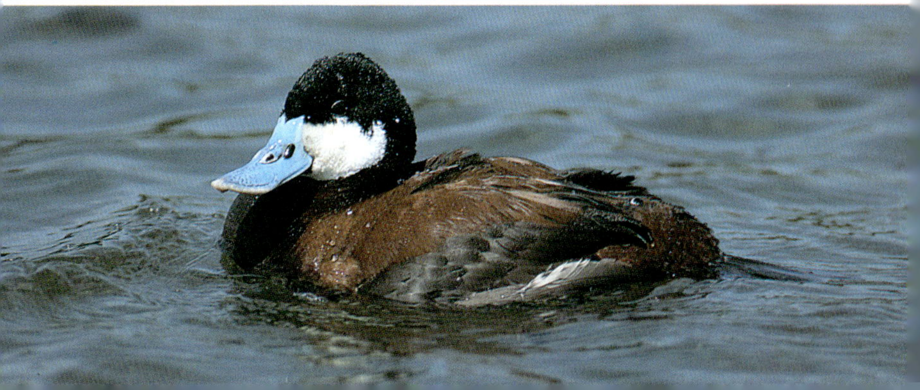

Adar

Gwalch y Pysgod
Pandion haliaetus Osprey Lled yr adenydd 145-160cm
Aderyn ysglyfaethus mawr sy'n bwyta pysgod. Ymwelydd haf o'r Affrig, rhwng misoedd Mawrth a Medi. Nytha'n bennaf yn yr Alban, ond mae nifer fechan yn nythu hefyd yn Lloegr a gogledd Cymru. Wrth hedfan, mae'n debyg i wylan fawr â bol a than-adain golau ac adenydd hir. Mae blaen yr adain yn ddu a cheir darn du ar y benelin. Mae'r cefn yn frown, heblaw am gorun gwyn a cheir llinell frown trwy'r llygad a smotiau brown ar y fron. Bydd yn dal pysgod trwy blymio i'r dŵr â'i grafangau allan o'i flaen. Bydd nifer yn mudo trwy Gymru yn y gwanwyn a diwedd yr haf.

Barcud Coch
Milvus milvus Red kite Lled yr adenydd 145-165cm
Aderyn cenedlaethol Cymru. Mae'n hawdd ei adnabod yn yr awyr wrth y gynffon hir, fforchog sy'n troi a throelli'n ddi-baid. Pan fydd yn eistedd (A), mae'n ymddangos yn gochfrown ac iddo ben golau. Wrth hedfan (B), mae'r gynffon fforchog, frown-goch a darnau gwyn ar yr adenydd yn amlwg iawn. Erbyn heddiw, mae dros 500 o barau'n nythu yng Nghymru o gymoedd y de hyd at Sir Gaernarfon a chyflwynwyd cannoedd i Loegr a'r Alban. Bydd yn adeiladu nyth fawr o frigau a gwlân mewn fforch mewn coeden.

Gwalch Glas
Accipiter nisus Sparrowhawk Lled yr adenydd 60-75cm
Aderyn ysglyfaethus cyffredin trwy Brydain ac Iwerddon. Mae ganddo adenydd byr â blaen crwn a chynffon hir. Mae'r ceiliog yn llai o faint na'r iâr. Mae ganddo gefn glas, llinellau orenfrown ar ei fol a bron wen. Llwydfrown yw lliw cefn yr iâr, mae llinellau brown ar ei bol ac mae ei bron yn wyn. Bydd yn hela adar bach trwy gudd-ymosod arnynt mewn coedwigoedd, gerddi a pherthi. Mae'n gyffredin iawn trwy gydol y flwyddyn mewn ardaloedd coediog ac ar ffermdir.

Gwalch Marth
Accipiter gentilis Goshawk Lled yr adenydd 100-115cm
Aderyn tebyg i'r gwalch glas ond ei fod yn llawer mwy o faint. Mae'r ceiliog yn llai na'r iâr ond mae gan y ddau ohonynt gefn llwydfrown a llinellau tywyll ar fron a bol gwyn. Ceir llinell wen, amlwg dros y llygaid melyn llachar ond dyw'r coesau melyn ddim ond yn amlwg o agos. Mae'n aderyn swil ond fe'i gwelir yn cylchu uwchben coedwigoedd, yn enwedig ar ddechrau'r gwanwyn. Erbyn heddiw, mae'n nythu'n eithaf cyffredin yn fforestydd mwyaf Cymru ond mae'n llawer prinnach yn Lloegr, yr Alban ac Iwerddon.

Bwncath
Buteo buteo Buzzard Lled yr adenydd 115-125cm
Yr aderyn ysglyfaethus mwyaf cyffredin yng Nghymru, yr Alban, gogledd a gorllewin Lloegr. Pryfed genwair, chwilod a chyrff anifeiliaid marw yw ei hoff fwyd ac fe'i gwelir gan amlaf naill ai'n gorffwys ar bostyn neu'n cylchu uwchben ar adenydd llydan sy'n cael eu dal mewn siap 'V'. Mae lliw'r corff yn amrywio ond mae'n gymysgedd o frown, hufen a gwyn, ac mae llinellau tywyll ar y gynffon. Nytha mewn coed neu ar glogwyni a bydd yn hela dros dir agored yn bennaf.

Boda Mêl
Pernis apivorus Honey buzzard Lled yr adenydd 135-150cm
Mae'n edrych yn debyg i'r bwncath wrth hedfan ond bod darnau tywyll o dan ei benelin. Mae ei ben yn llai a'i gynffon yn hirach â dwy linell dywyll ar draws y bôn. Bydd yn cylchu â'i adenydd yn syth. Mae'n ymwelydd haf prin iawn, rhwng misoedd Mai a Medi ac fe'i gwelir yn bennaf yn ne Lloegr, ond hefyd yng Nghymru, gogledd Lloegr a'r Alban. Larfâu gwenyn meirch a gwenyn yw ei brif fwyd ond mae hefyd yn bwyta llyffantod ac ambell aderyn bach. Mae'n nythu mewn coed bythwyrdd a choed collddail.

Eryr Euraid
Aquila chrysaetos Golden eagle Lled yr adenydd 190-225cm
Aderyn ysglyfaethus mawr sydd i'w weld yn yr Alban yn unig heblaw am un pâr yn Ardal y Llynnoedd. Bydd yr eryr yma'n cylchu ar adenydd hirsgwar a chynffon hir. Yn yr awyr, mae'r oedolion i'w gweld yn frown tywyll ond mae darnau gwyn ar adenydd ac ym môn cynffon adar ifanc. Rhaid mynd yn agos ato i weld y plu brown a'r gwar euraid. Dim ond yng ngogledd a gorllewin yr Alban y mae'n eithaf niferus.

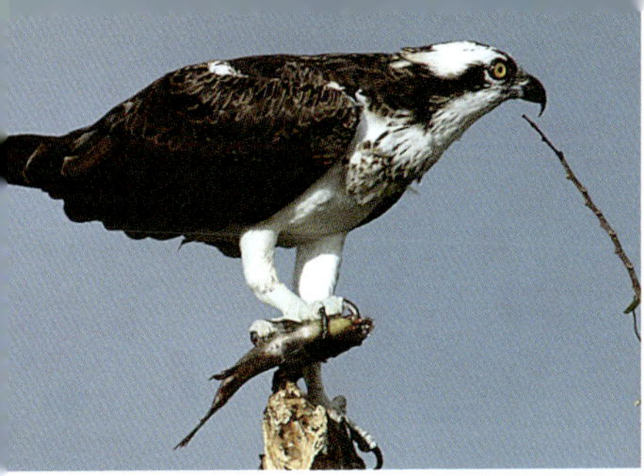
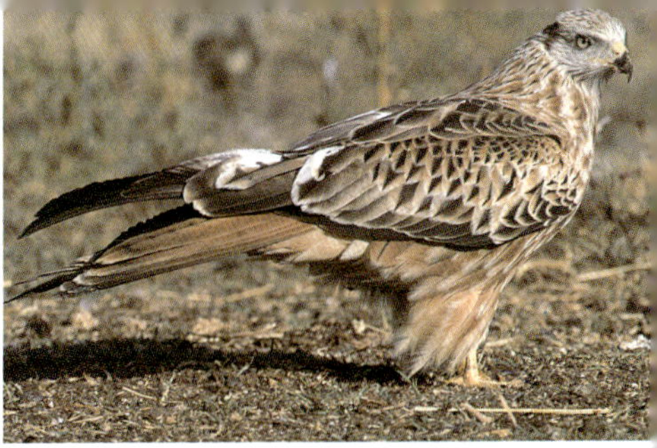
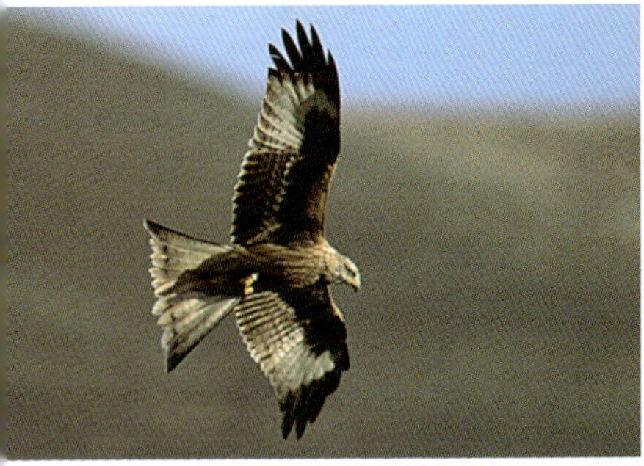
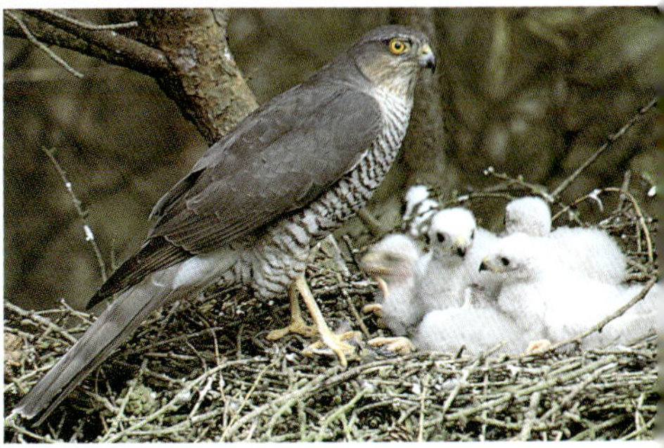
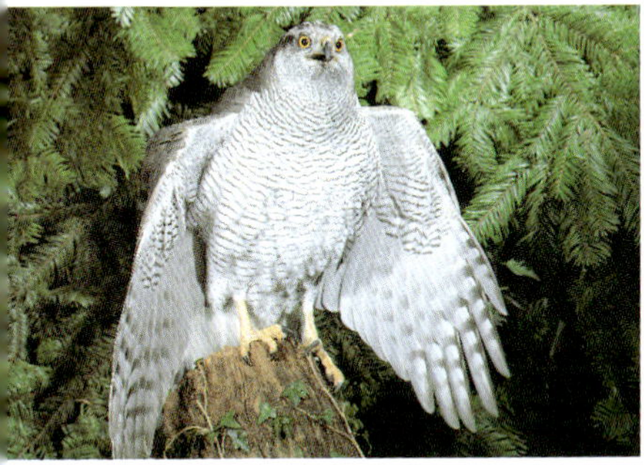
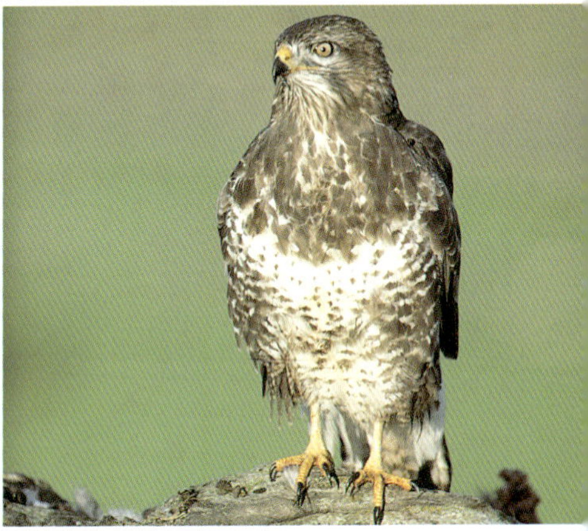
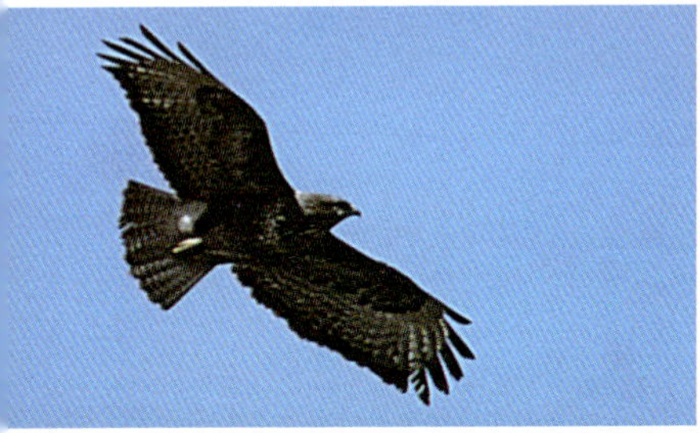
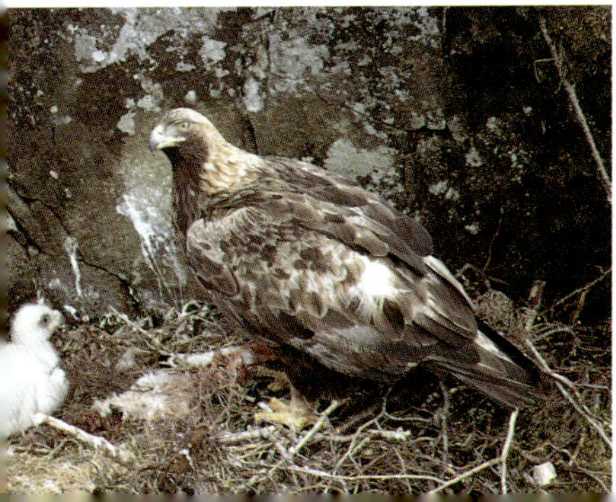
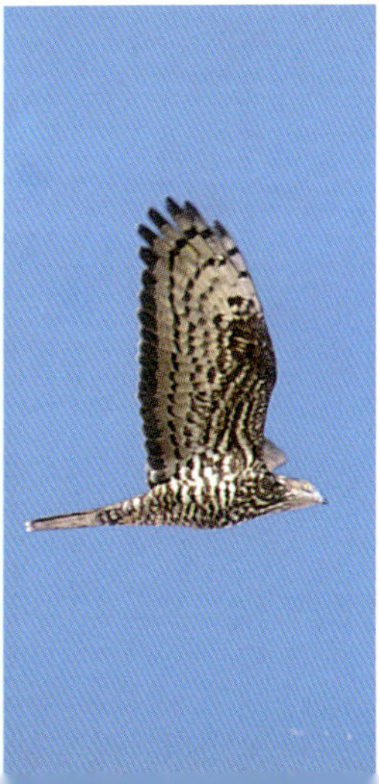
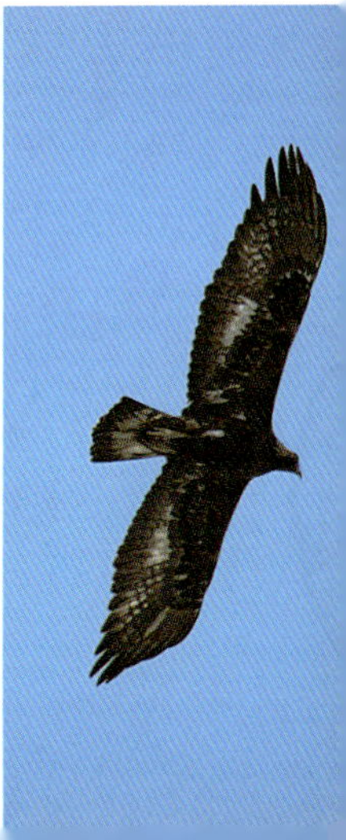

ADAR

BOD Y GWERNI *Circus aeruginosus* Marsh harrier   Lled yr adenydd 100-125cm
Aderyn sy'n gysylltiedig â gwlyptiroedd, yn enwedig gorsydd. Bydd yn hedfan yn isel dros yr hesg ac weithiau'n cwympo i'r ddaear i ddal ei brae. Mae ganddo gynffon ac adenydd hir. Cochfrown yw lliw'r ceiliog heblaw am ei ben llwydlas a'i gynffon lwyd. Wrth hedfan, gwelir darnau llwyd a chochfrown ar ei adenydd sydd â blaen du. Mae'r iâr yn frown ond am flaen golau'r adenydd a chorun a gwddf golau. Mae'n nythwr prin yng nghorsydd Lloegr a'r Alban, yn bennaf yn y de-ddwyrain. Fe'i gwelir o dro i dro ar rai o gorsydd Cymru ond nid yw'n nythu yma eto.

BOD TINWEN   *Circus cyaneus*   Hen harrier   Lled yr adenydd 100-120cm
Aderyn prin sy'n nythu yn yr ucheldiroedd. Llwydlas yw'r ceiliog heblaw am grwmp a bol gwyn, a blaen du i'r adenydd. Mae'r iâr a'r adar ifanc yn frown ond mae ganddynt grwmp gwyn a llinellau tywyll ar draws y gynffon ac o dan yr adenydd. Bydd yn hela wrth hedfan yn isel dros y grug a'r brwyn ar ôl llygod ac adar bach. Nytha'r rhan fwyaf o'r boblogaeth yn yr Alban, ond hefyd ar dir uchel yng Nghymru, gogledd Lloegr, Ynys Manaw ac Iwerddon. Treulia fisoedd y gaeaf ar aberoedd a chorsydd yn yr iseldir. Ar adegau, bydd nifer fawr yn clwydo gyda'i gilydd.

BOD MONTAGU
Circus pygargus   Montagu's harrier   Lled yr adenydd 100-120cm
Mae'r ceiliog a'r iâr yn debyg i geiliog a iâr bod tinwen. Mae gan y ceiliog (A) llwydlas adenydd meinach a chrwmp gwyn llai amlwg na'r bod tinwen. Hefyd, ceir llinell dywyll ar yr uwchadain a dwy linell dywyll o dan yr adain. Brown yw lliw'r iâr (B), mwy cochfrown na iâr bod tinwen, â llinellau tywyll ar y gynffon a'r adenydd. Mae'n ymwelydd haf prin iawn â de Lloegr lle nytha llai na dwsin o barau, yn bennaf mewn caeau ŷd.

HEBOG TRAMOR   *Falco peregrinus*   Peregrine   Lled yr adenydd 95-115cm
Aderyn cyflyma'r byd sy'n gallu plymio ar gyflymdra o dros 200 cilomedr yr awr. Cefn llwydlas sydd gan yr oedolyn. Mae ganddo linellau tywyll ar gynffon fer a bol golau â llinellau mân arno. O agos, mae'r mwgwd du'n amlwg iawn. Mae cefn adar ifanc yn fwy brown. Fe'i gwelir yn eistedd ar glogwyni neu'n hedfan ar adenydd llydan â blaen miniog. Cylcha'n gyson ond bydd hefyd yn plymio ar ôl adar fel colomennod â'i adenydd am yn ôl, ar ffurf blaen saeth. Hanner canrif yn ôl, roedd yn brin iawn ond heddiw mae'n nythu ar glogwyni ac mewn chwareli ledled Cymru, yng ngorllewin a gogledd Lloegr, yr Alban ac Iwerddon. Mae rhai parau'n nythu yng nghanol trefi mawrion.

HEBOG YR EHEDYDD   *Falco subbuteo*   Hobby   Lled yr adenydd 70-85cm
Hebog bach ag adenydd hir, siâp wennol. Mae'n ymwelydd haf â de Prydain, yn cynnwys Cymru, rhwng misoedd Mai ac Awst. Cefn llwydlas tywyll sydd gan yr oedolion a llinellau trwchus ar fol golau, pen a mwstash du, bochau golau a chluniau cochfrown. Yn yr awyr, mae ar siâp angor ag adenydd hir, main a chynffon hir. Fe'i gwelir yn hela gweision y neidr a gwenoliaid yn yr awyr dros lynnoedd ac afonydd. Nytha mewn hen nythod brain.

CUDYLL BACH   *Falco columbarius*   Merlin   Lled yr adenydd 60-65cm
Aderyn ysglyfaethus lleiaf Prydain. Mae gan y ceiliog (A) gefn glas a bol lliw hufen â marciau tywyll arno. Brown yw cefn yr iâr (B). Mae ganddi fol golau a smotiau mawr brown arno. Mae'r iâr yn fwy o lawer na'r ceiliog. Fe'i gwelir naill ai'n eistedd ar bostyn neu graig, neu'n hedfan yn isel ac yn gyflym ar ôl adar bach fel corhedydd y waun. Nytha yn yr ucheldir yng Nghymru, gogledd Lloegr, yr Alban ac Iwerddon. Bydd yr aderyn ysglyfaethus hwn yn gaeafu ar yr iseldir, yn aml ar aberoedd.

CUDYLL COCH   *Falco tinnunculus*   Kestrel   Lled yr adenydd 65-80cm
Dyma un o'n hadar ysglyfaethus mwyaf cyfarwydd gan ei fod yn aml i'w weld yn hofran uwchben ochrau'r traffyrdd. Cefn browngoch smotiog sydd gan y ceiliog; pen a chynffon llwydlas a llinell dywyll ar draws pen y gynffon. Mae'r iâr yn fwy brown â smotiau tywyll ar hyd y corff. Nytha mewn tyllau mewn coed, hen adeiladau, hen nythod brain a hyd yn oed yng nghanol trefi mawrion. Llygod yw ei brif fwyd ond mae hefyd yn bwyta pryfed ac adar bach. Mae'n aderyn eithaf cyffredin, ond yn prinhau trwy Gymru a gweddill Prydain.

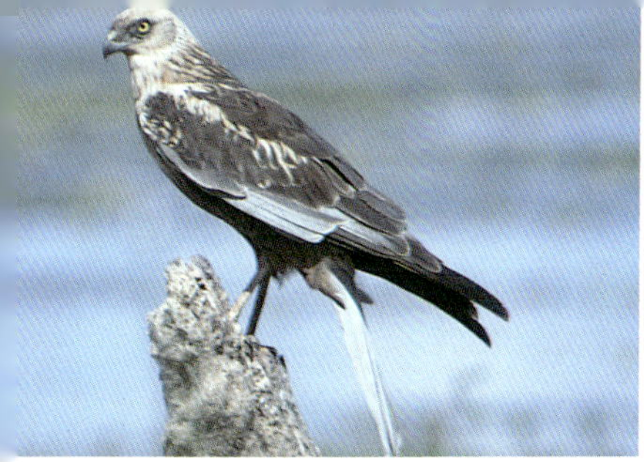
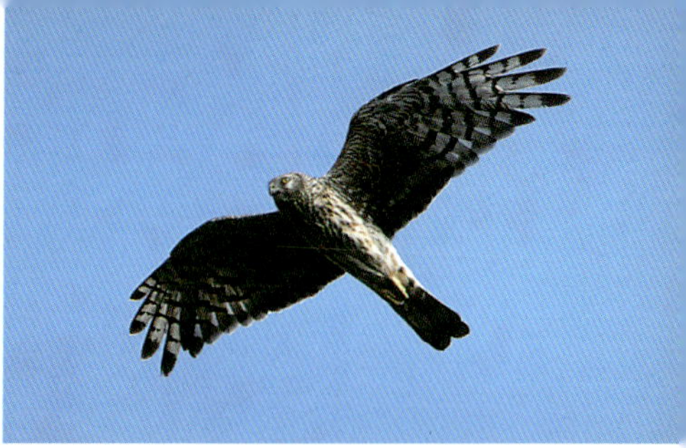
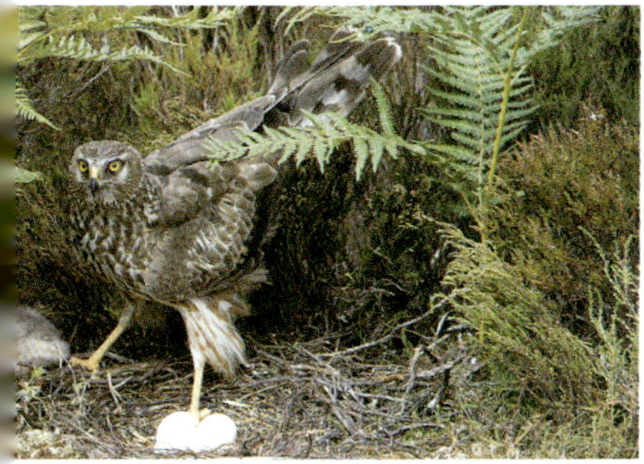
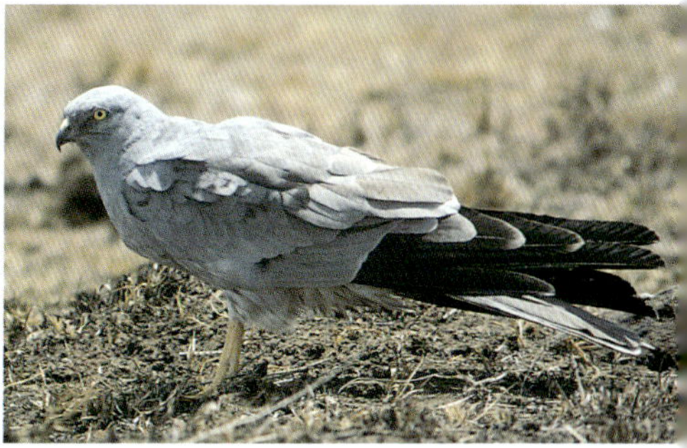
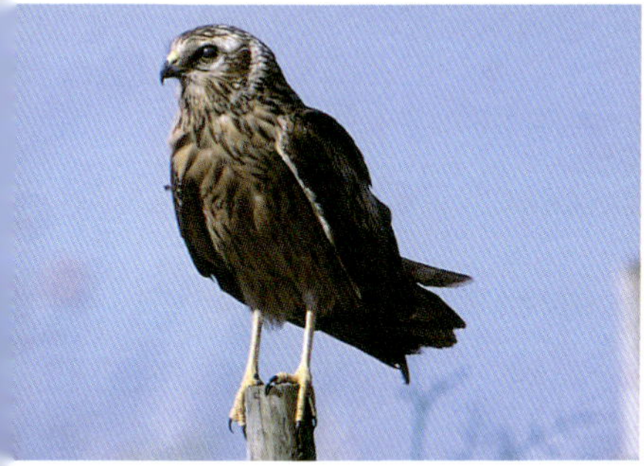
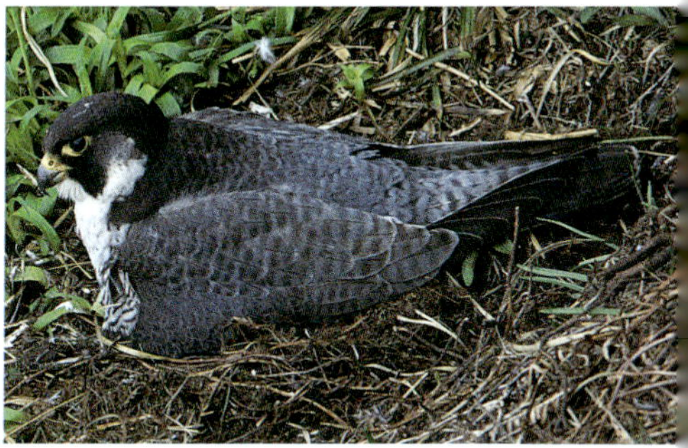
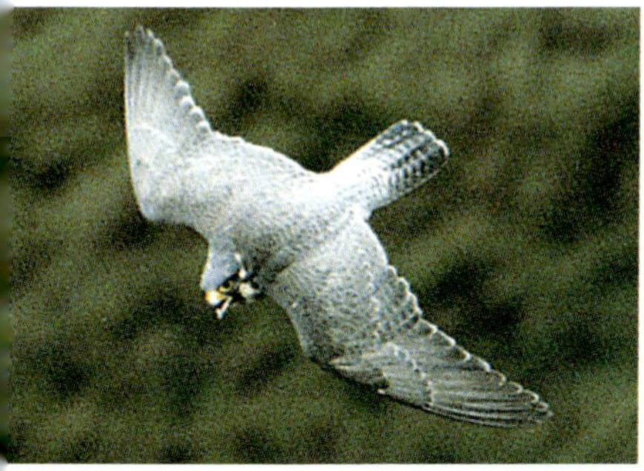
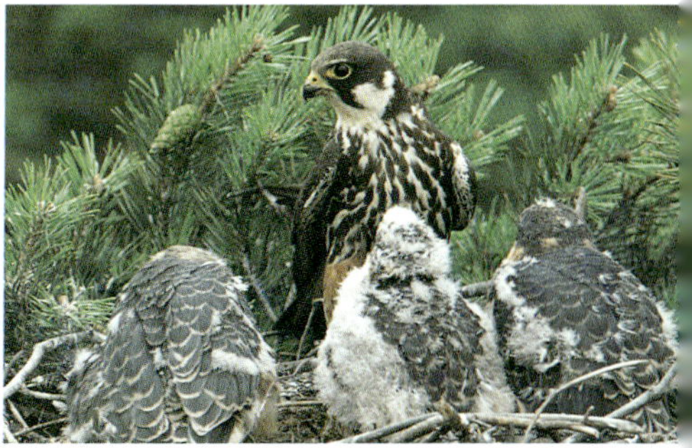
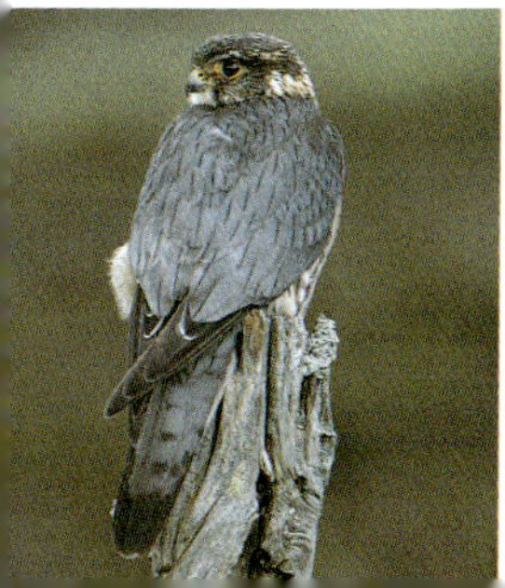
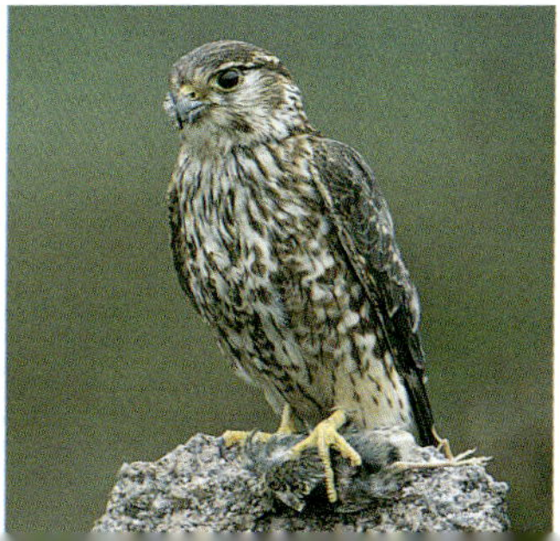
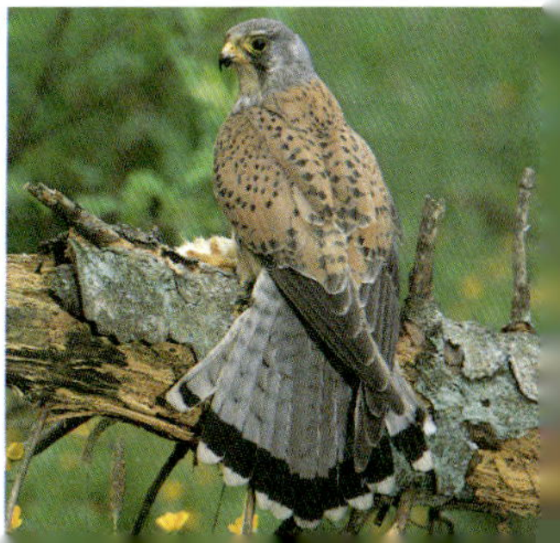

ADAR

GRUGIAR   *Lagopus lagopus ssp scoticus*   Red grouse   Hyd 37-42cm
Aderyn cyfarwydd ar rostiroedd grugog ond mae'n prinhau yng Nghymru. Cochfrown yw lliw corff y ceiliog ac mae ganddo dagell goch dros y llygad. Mae plu'r iâr yn fwy llwydfrown ac mae hynny'n guddliw perffaith pan fydd hi'n eistedd ar y nyth ymysg y grug. Hedfana'n gyflym ar adenydd tywyll, siâp bwa, yn aml gan alw *go-bac-go-bac*. Ym Mhrydain, fe'i gwelir yn bennaf yn y gorllewin a'r gogledd ond mae'n eithaf cyffredin mewn mannau addas ar draws Iwerddon.

GRUGIAR YR ALBAN   *Lagopus mutus*   Ptarmigan   Hyd 34-36cm
Grugiar y mynydd a welir ar fynyddoedd uchaf yr Alban yn unig. Yn yr haf (A), mae plu'r ceiliog yn gymysgedd o lwydfrown a gwyn ac mae tagell goch uwchben y llygad. Mae'r iâr yn frown a gwyn. Wrth hedfan, mae'r gynffon wen yn amlwg. Dros y gaeaf, mae'r ceiliog a'r iâr yn wyn i gyd heblaw am ychydig o ddu ar y gynffon a du ym môn pig y ceiliog. Pur anaml y daw'n is na 700 metr uwch lefel y môr, hyd yn oed yn y gaeaf. Mae'n aderyn eithaf hawdd ei weld ar fynyddoedd y Cairngorms ac yn aml yn eithaf eofn.

GRUGIAR DDU   *Tetrao tetrix*   Black grouse   Hyd 40-55cm
Rhywogaeth eithaf prin a welir lle mae rhostir grugog yn ffinio â choedydd bythwyrdd. Mae'r ceiliog (A) yn fwy na'r iâr (B) ac yn edrych yn ddu o bellter; o agos, daw'r dagell goch a'r gynffon wen, siâp telyn, yn amlwg. Bydd y ceiliogod yn hel at ei gilydd yn gynnar yn y bore i arddangos wrth ledaenu'r gynffon yn llydan a galw fel twrcïod. Brown yw lliw'r iâr ond, wrth iddi hedfan, daw'r llinell wen yn yr adenydd yn amlwg. Mae'n aderyn eithaf prin sydd i'w weld yng ngogledd Cymru, gogledd Lloegr a'r Alban.

CEILIOG Y COED   *Tetrao urogallus*   Capercaillie   Hyd 60-90cm
Aderyn mawr a'r ceiliog yn llawer mwy na'r iâr. Cafodd ei ail-gyflwyno i ucheldir yr Alban yn y 19eg ganrif ac, erbyn heddiw, mae'n aderyn prin yn y coedydd pîn cynhenid a'r coedydd bythwyrdd aeddfed. O bell, mae'r ceiliog (A) yn edrych yn ddu ond, o agos, daw'r adenydd brown a'r dagell goch uwchben y llygad yn amlwg. Bydd yn agor ei gynffon wrth arddangos. Llwydfrown yw lliw'r iâr (B), â darn mwy oren ar y fron. Bydd yr adar yn bwyta egin llus a grug ar y ddaear ac egin coed pinwydd ar y brigau.

FFESANT   *Phasianus colchicus*   Pheasant   Hyd 53-59cm
Aderyn a gafodd ei gyflwyno o Asia'n wreiddiol ond sydd nawr yn gyffredin trwy Gymru a gweddill Prydain, yn bennaf yn yr iseldir. Mae'r ceiliog (A) yn aderyn unigryw â phen gwyrdd, tagell goch, corff browngoch a chynffon hir, oren; mae gan rai ceiliogod goler wen. Mae'r iâr (B) yn frown golau â smotiau tywyll ac mae ei chynffon yn fyrrach o lawer na chynffon y ceiliog. Mae'r ffesant yn bwyta blagur, hadau a phryfed a does dim dwywaith ei fod yn cael effaith andwyol ar blanhigion a phryfetach cynhenid mewn ardaloedd lle mae'n aderyn niferus.

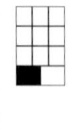

PETRISEN GOESGOCH   *Alectoris rufa*   Red-legged partridge   Hyd 32-34cm
Yn wreiddiol, daw'r betrisen hon o dde-orllewin Ewrop ond cafodd ei chyflwyno i iseldir Prydain ac, erbyn heddiw, mae iddi ddosbarthiad eang, yn bennaf yn ne-ddwyrain Lloegr. Mae ganddi big a choesau coch, llinell ddu o amgylch gwddf gwyn, cefn llwydlas a llinellau du, browngoch a gwyn ar yr ystlys. Mae'r ceiliog a'r iâr yr un lliw yn union ac fe'u gwelir fel rheol mewn heidiau bychan ar dir âr. Weithiau, bydd y ceiliog yn galw *tshwca-tshwca-tshwca* o lecyn amlwg. Mae'r betrisen goesgoch yn eithaf cyffredin yn iseldir de a dwyrain Cymru a chaiff ei rhyddhau i'r gwyllt yn aml.

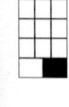

PETRISEN   *Perdix perdix*   Grey partridge   Hyd 29-31cm
Aderyn a fu unwaith yn gyffredin trwy iseldir Cymru ond sydd heddiw'n brin iawn. Mae'r ceiliog yn aderyn llwyd ond mae ganddo wyneb oren, smotyn mawr brown ar ei fol, llinellau browngoch ar ei ystlys a llinellau tywyll ar ei gefn. Ceir yr un patrwm ar yr iâr ond mae'n llai eglur. Gwelir y betrisen fel rheol mewn heidiau bychan ar dir âr a bydd yn hedfan gan guro'i hadenydd yn gyflym a swnllyd. Mae'n aderyn eithaf cyffredin yn ne-ddwyrain Lloegr lle bydd miloedd yn cael eu saethu'n flynyddol.

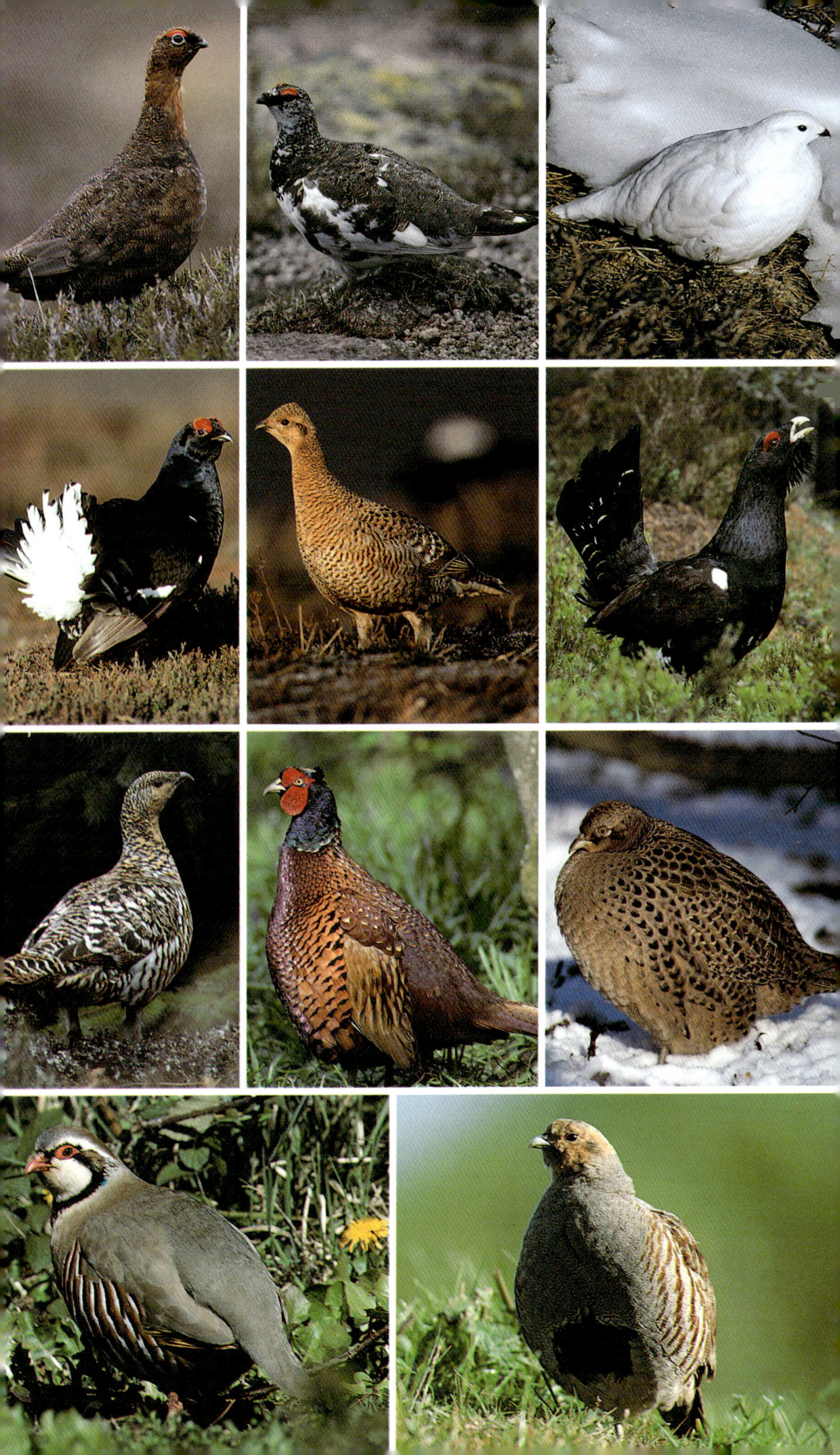

ADAR

RHEGEN Y DŴR *Rallus aquaticus* Water rail Hyd 21-28cm

Aderyn swil corstiroedd yr iseldir. Clywir yr alwad, fel gwich mochyn, yn amlach nag y gwelir yr aderyn ei hun. Mae gan regen y dŵr goesau a chrymanbig coch, bol llwydlas, cefn cochfrown a llinellau du a gwyn ar yr ystlys. Gan fod ei chorff mor fain, gall gerdded trwy dyfiant trwchus yn ddidrafferth. Mae'n nythwr prin mewn corstiroedd hesg ym Mhrydain ond bydd adar mudol yn cyrraedd o'r cyfandir dros fisoedd y gaeaf. Mae gan regen y dŵr ddosbarthiad eang.

RHEGEN YR ŶD *Crex crex* Corncrake Hyd 27-30cm

Ers talwm, bu'n nythu'n gyffredin ledled Prydain ond, erbyn heddiw, mae'n brin iawn ac yn gyfyngedig i ogledd a gorllewin yr Alban a gorllewin Iwerddon. Ymwelydd haf o'r Affrig rhwng mis Mai a mis Medi. Corff brown, gwddf ac wyneb llwyd, a smotiau mawr tywyll ar y cefn. Wrth hedfan, mae'r coesau'n hongian o dan y corff a gwelir lliw cochfrown ar yr adenydd. Mae'n aderyn swil iawn sy'n hoff o gaeau gwair a chlywir galwad *crec-crec* y ceiliog yn y nos. Diflannodd o Gymru yn y 1970au cynnar wrth i gaeau silwair ddisodli caeau gwair a, heddiw, mae'n ymwelydd prin iawn.

IÂR DDŴR *Gallinula chloropus* Moorhen Hyd 36-38cm

Aderyn dŵr cyffredin iawn ledled Prydain ac Iwerddon. Mewn ardaloedd trefol, gall fod yn hollol eofn. Llwyd-ddu yw lliw'r oedolyn ond mae'r adenydd yn fwy brown. Ceir tarian goch ar y talcen a blaen melyn i big coch. Mae'r coesau a'r traed hir yn felyn a cheir rhes o blu gwyn ar hyd yr ystlys ac o dan y gynffon. Mae plu'r adar ifanc yn llwydfrown. Bydd yr iâr ddŵr yn fflicio'i chynffon wrth nofio ac yn hongian ei choesau o dan ei chorff wrth hedfan. Fe'i gwelir ar hyd a lled iseldir Cymru ar afonydd, llynnoedd a chamlesi.

CWTIAR *Fulica atra* Coot Hyd 36-38cm

Yn aml, fe'i gwelir yn yr un cynefinoedd â'r iâr ddŵr ond mae'n hawdd ei hadnabod wrth y corff du, y darian wen ar y talcen a'r pig gwyn. Bydd yn hela'i bwyd trwy blymio o dan wyneb y dŵr neu wrth bori ar wair gerllaw. Adeilada nyth ar dyfiant neu frigau coed sy'n ymestyn allan dros wyneb y dŵr. Mae'n aderyn cyffredin ar lynnoedd, cronfeydd a phyllau mawr yn iseldir Cymru a Phrydain. Dros y gaeaf, bydd miloedd o gwtieir y cyfandir yn mudo i Brydain.

PIODEN Y MÔR *Haematopus ostralegus* Oystercatcher Hyd 43cm

Mae pioden y môr yn aderyn swnllyd iawn sy'n gyffredin o amgylch yr arfordir ond yn brinnach yn y mewndir. Gwell ganddi nythu ar arfordiroedd tawel ond bydd rhai parau'n nythu ar raean ar lannau rhai o afonydd yr Alban, gogledd Lloegr a Chymru. Daw miloedd o adar i Brydain dros y gaeaf, bryd hynny, fe'u gwelir mewn heidiau mawr, yn enwedig ar ein haberoedd. Mae'n lliw du a gwyn unigryw a gwelir llinellau gwyn, amlwg yn yr adain wrth hedfan. Pinc yw lliw'r coesau a defnyddir y pig hir, coch i bigo cregyn a phryfed genwair. Aderyn cyffredin ar hyd arfordir Cymru.

CAMBIG *Recurvirostra avosetta* Avocet Hyd 43cm

Aderyn sy'n hawdd ei adnabod wrth y patrwm du a gwyn ar y plu, y coesau hir, glas a'r pig hir, du sydd sy'n troi am i fyny. Mae'n symud y pig o ochr i ochr trwy'r dŵr wrth chwilio am fwyd. Mae'n aderyn prin sy'n nythu mewn pyllau o ddŵr bas, yn ne-ddwyrain Lloegr yn bennaf ond hefyd yn ne-ddwyrain Cymru a gogledd-orllewin Lloegr. Treulia fisoedd y gaeaf ar rai o aberoedd de-orllewin Lloegr.

CORNCHWIGLEN *Vanellus vanellus* Lapwing Hyd 30cm

Bu'n nythu'n gyffredin iawn trwy Brydain i gyd ers talwm ond, erbyn heddiw, ychydig sy'n nythu a hynny yng Nghymru a de Lloegr. O bell, mae'n edrych yn ddu a gwyn ond, o agos, gwelir y cefn gwyrdd a'r grib ddu sy'n hirach yn y ceiliog na'r iâr. Nytha'n bennaf ar dir amaethyddol sydd wedi ei aredig neu borfa wlyb a daw miloedd o adar o'r cyfandir i dreulio'r gaeaf ym Mhrydain. Yn yr awyr, mae gan y gornchwiglen adenydd crwm, du a gwyn ac, wrth arddangos, hedfana'n gyflym, igam-ogam, gan alw *pî-wit*.

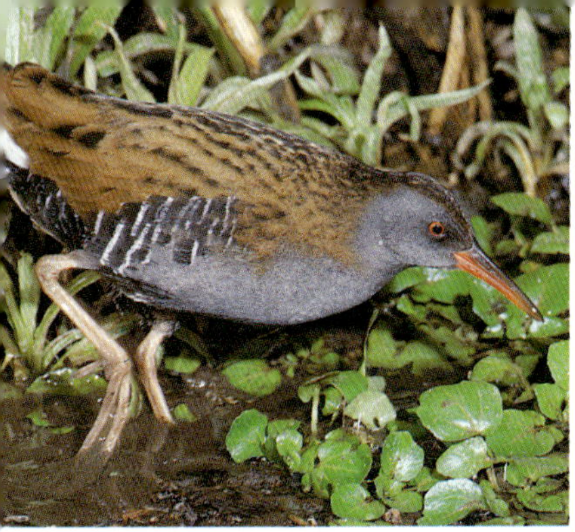
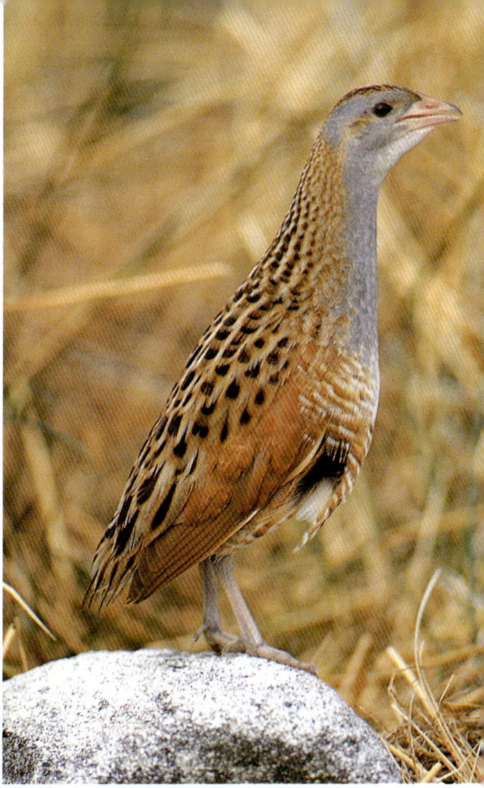
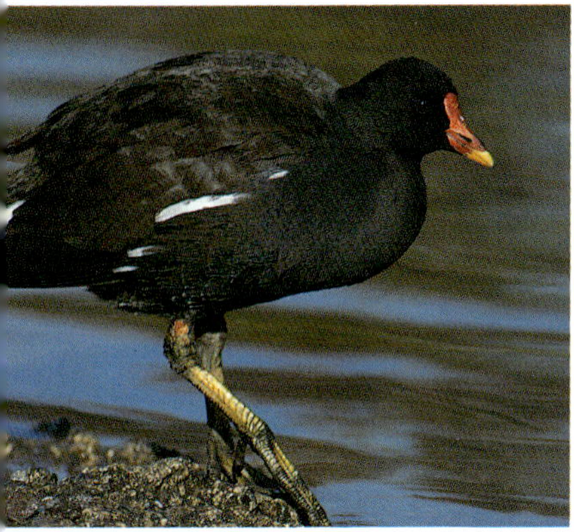
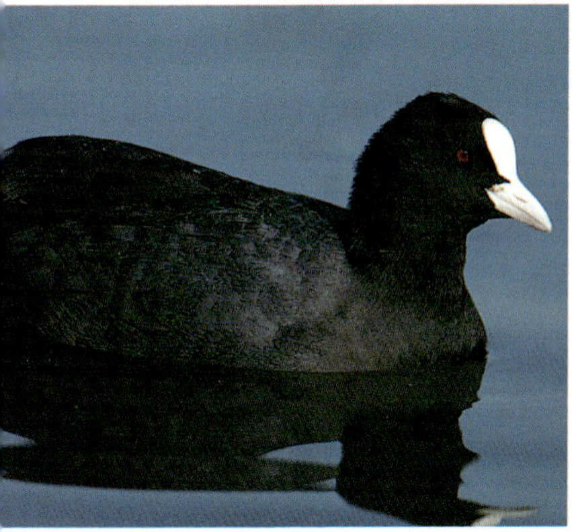
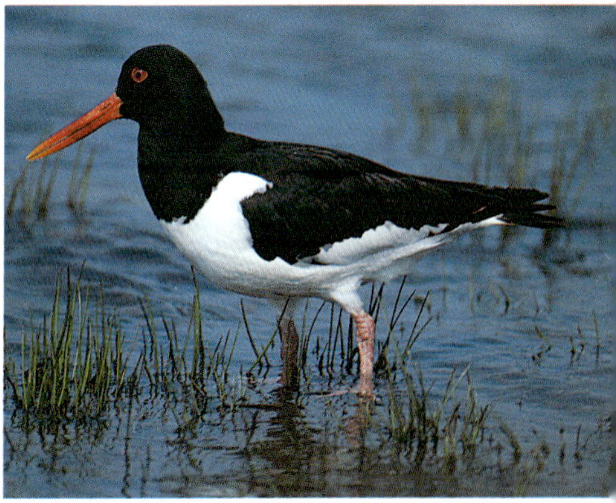
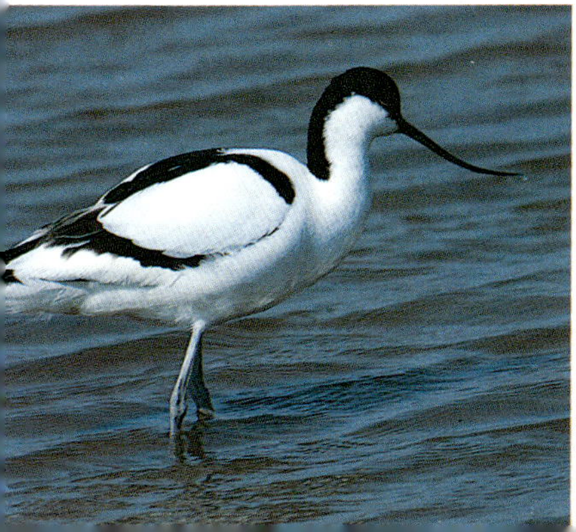
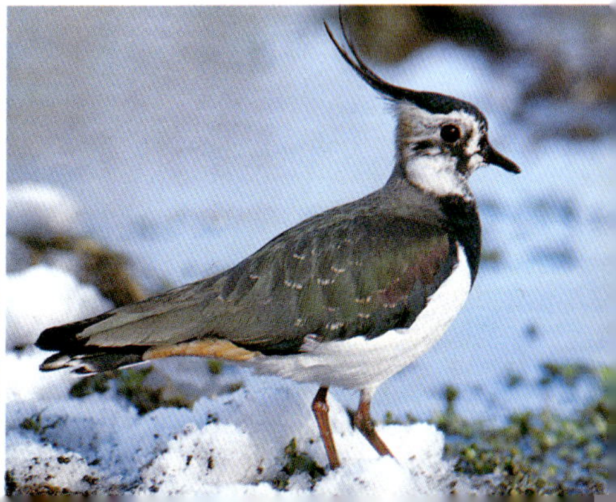

Adar

Cwtiad Torchog *Charadrius hiaticula* Ringed plover Hyd 19cm
Aderyn bychan sy'n byw ar yr arfordir yn bennaf. Nytha ar draethau tywodlyd a charegog ond bydd yn osgoi traethau lle ceir llawer o ymwelwyr. Y tu allan i'r tymor nythu, fe'i gwelir ar draethau ac aberoedd. Mae gan yr oedolion gefn brown, bol gwyn, coler ddu a phatrwm du a gwyn ar yr wyneb. Oren yw lliw'r coesau a cheir blaen du ar big oren. Mae coesau a phig yr adar ifanc yn dywyllach ac nid yw'r llinellau duon o amgylch yr wyneb mor eglur. Wrth hedfan, mae gan yr oedolion a'r adar ifanc linell wen ar hyd yr adain. Maent yn hel eu bwyd wrth redeg ar hyd y traeth cyn sefyll yn stond am ychydig eiliadau i godi bwyd o'r tywod a rhedeg ymlaen unwaith eto.

Cwtiad Torchog Lleiaf
Charadrius dubius Little ringed plover Hyd 15cm
Aderyn ychydig yn llai na'r cwtiad torchog a'i gorff yn feinach. Mae ganddo gefn brown, bol gwyn a phatrwm du a gwyn o amgylch y pen. O agos, gwelir pig du, coesau melyn a chylch melyn o amgylch y llygad. Does dim llinell wen yn yr adain ac, o bell, dyma'r ffordd orau i wahaniaethu rhyngddo a'r cwtiad torchog. Mae'n ymwelydd haf, rhwng diwedd Mawrth ac Awst, sy'n nythu ar raean ar lannau llawer o afonydd mwyaf Cymru. Yn Lloegr, nytha ar draethau caregog llynnoedd a phyllau mawrion.

Cwtiad Aur *Pluvialis apricaria* Golden plover Hyd 28cm
Nythwr prin iawn ar fawndir ucheldiroedd Cymru ond mae'n fwy cyffredin yng ngogledd Lloegr a'r Alban. Yn y tymor nythu, mae gan y ceiliog (A) smotiau aur, du a gwyn ar ei gefn, ac wyneb, gwddf a bol du. Ceir mwy o ddu ar adar gwledydd y gogledd nag adar Prydain. Mae lliw cefn yr iâr yn debyg i gefn y ceiliog ond mae llawer llai o ddu ar y bol. Yn y gaeaf (B), bydd y lliw du ar y bol yn diflannu'n gyfan gwbwl. Wrth hedfan, mae'r gesail wen yn amlwg. Nytha yn yr ucheldir grugog ond treulia'r gaeaf ar ffermdir yn bennaf. Yn aml, fe'i gwelir yn heidio gyda cornchwiglod. Daw miloedd o adar o'r cyfandir i dreulio'r gaeaf ym Mhrydain.

Cwtiad Llwyd *Pluvialis squatarola* Grey plover Hyd 28cm
Aderyn sy'n nythu yn yr Arctig ac yn ymweld â Phrydain rhwng mis Medi a mis Ebrill lle'i gwelir ar aberoedd a thraethau mwdlyd. Yn y gaeaf (A), mae'n debyg i gwtiad aur, â'i gefn du a gwyn brith ond mae'n fwy cadarn yr olwg ac, wrth hedfan, mae'r ceseiliau du yn amlwg iawn. Weithiau, fe welir adar yn eu gwisg nythu ym Mhrydain ar ddechrau'r gwanwyn neu ddiwedd yr haf a, bryd hynny, mae ganddynt fol ac wyneb du, a chefn du a gwyn trawiadol (B). Fel rheol, gwelir y cwtiad llwyd ar ei ben ei hun.

Hutan Y Mynydd *Charadrius morinellus* Dotterel Hyd 22cm
Aderyn prin y mynyddoedd mawr sy'n nythu yn ucheldiroedd yr Alban yn bennaf. Ceir nifer fechan yng ngogledd Lloegr ac, o dro i dro, bydd pâr yn ceisio nythu ar gopaon uchaf rhai o fynyddoedd Eryri. Ymwelydd haf sydd i'w weld yn ei gynefin nythu rhwng misoedd Mai ac Awst ond gwelir grwpiau'n aml mewn llefydd traddodiadol megis y Mynydd Du a'r Carneddau wrth fynd a dod i'r Alban. Aderyn tew yr olwg a'r iâr yn fwy llachar na'r ceiliog. Mae ganddi fol cochfrown, gwddf llwydlas a llinell wen rhwng y ddau. Ceir llinell wen, amlwg, dros y llygad, cap tywyll, cefn brown a darn gwyn dan y gynffon. Mae patrwm lliwiau'r ceiliog a'r adar ifanc yn debyg i'r iâr ond yn llai llachar. Y ceiliog, nid yr iâr, sy'n gori ar yr wyau ac yn magu'r cywion.

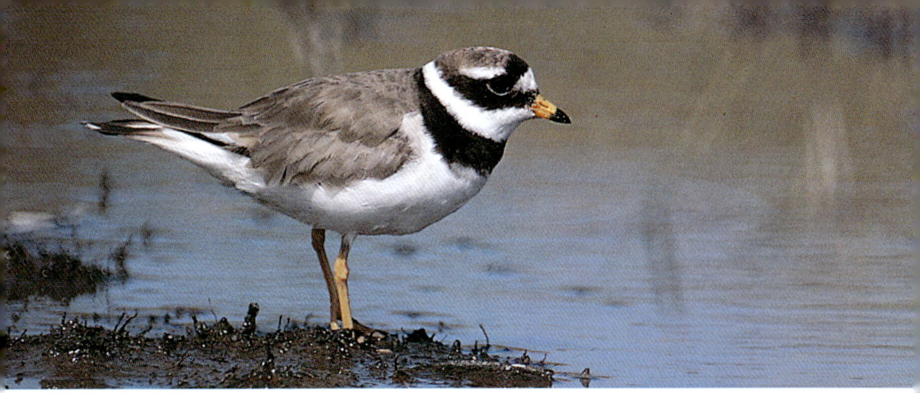
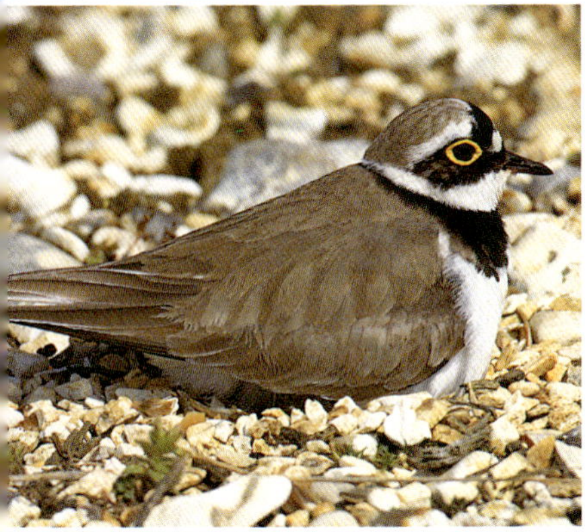
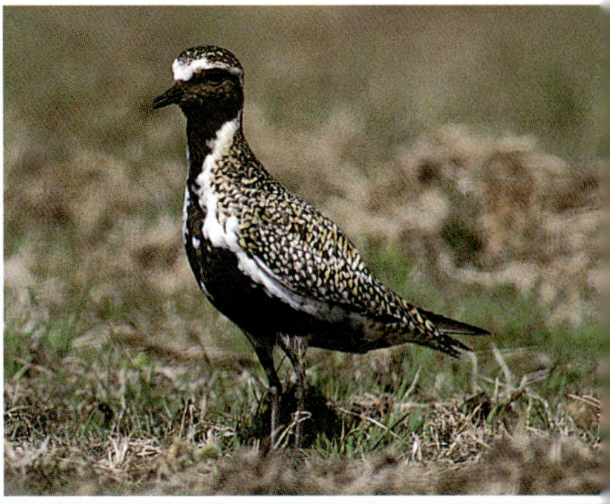
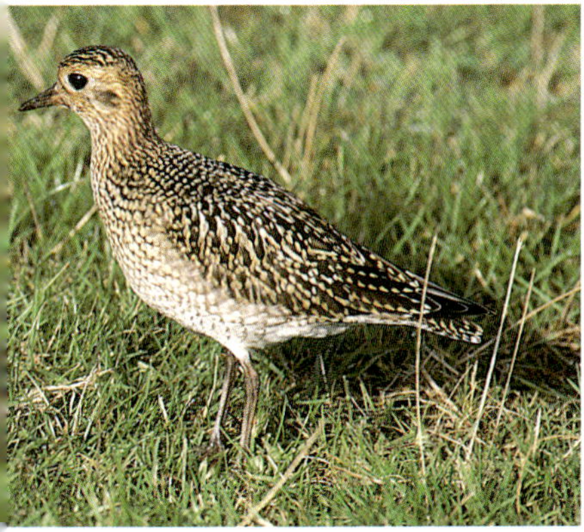
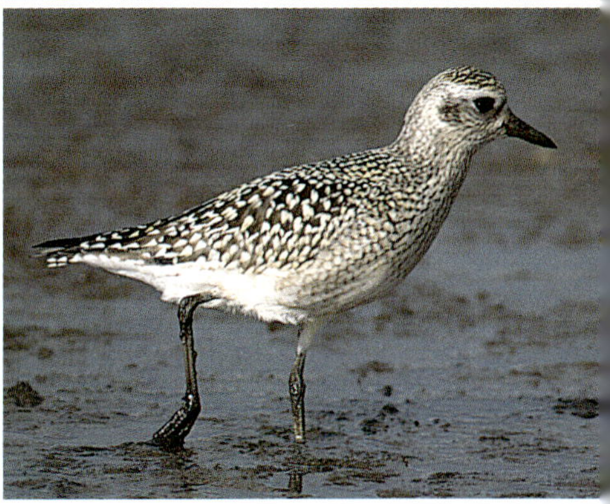
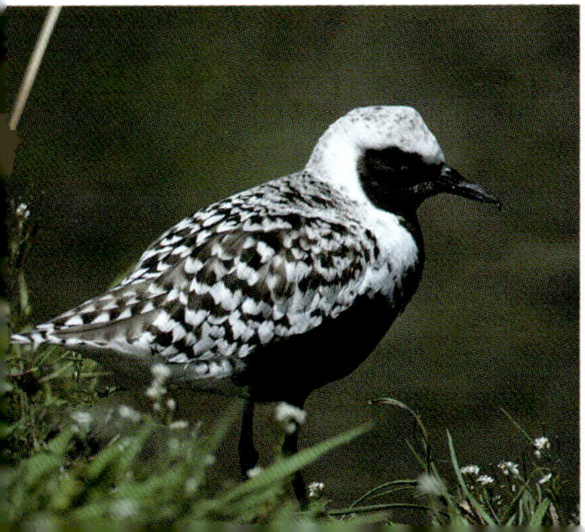
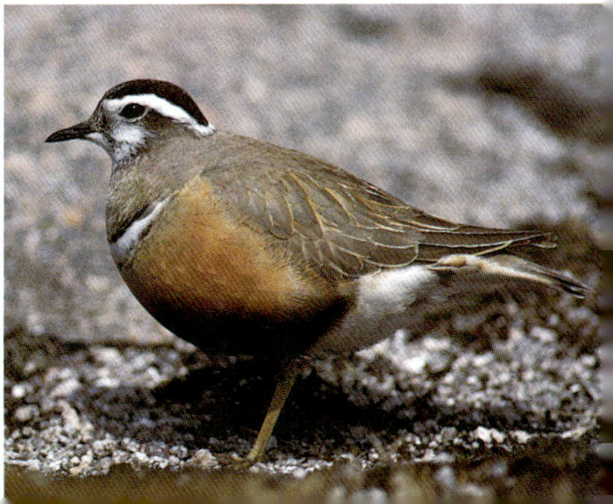

ADAR

PIBYDD Y MAWN *Calidris alpina* Dunlin   Hyd 17-19cm
Nythwr eithaf prin yn yr ucheldir, yng Ngogledd Prydain fwyaf, ond ymwelydd gaeaf cyffredin iawn â'n haberoedd a'n traethau. Mae maint y corff a'r pig yn amrywio cryn dipyn ond mae'r pig yn eithaf hir ac yn gwyro am i lawr. Dros y gaeaf (A), mae cefn yr aderyn yn llwydfrown a'r bol yn wyn ond dros y gwanwyn a'r haf (B), mae smotiau cochfrown, du a gwyn ar y cefn, mae'r bol yn ddu a gwyn a'r pen yn frith. Ceir smotiau tywyll ar ystlys yr adar ifanc. Mae'n nythwr prin iawn ar rai o rhostiroedd ucheldir Cymru.

PIBYDD CAMBIG *Calidris ferruginea* Curlew sandpiper   Hyd 19cm
Aderyn tebyg i bibydd y mawn ond bod ganddo grymanbig mwy amlwg a chrwmp gwyn. Ym Mhrydain, fe'i gwelir yn bennaf yn yr hydref wrth iddo basio heibio ar ei ffordd o'r cynefin nythu yn yr Arctig i'r ardaloedd lle bydd yn gaeafu yn yr Affrig. Adar ifanc yw rhan helaeth o'r rhai a welir yma. Mae ganddynt flaen golau i blu'r cefn, bol gwyn a bron lwydfelyn. Yn y tymor nythu, mae plu'r pen, y gwddf a'r bol yn troi'n oren-goch.

PIBYDD BACH *Calidris pusilla* Little stint   Hyd 13cm
Mae'n debyg i bibydd y mawn bychan â phig byr. Ymwelydd prin, i'w weld yn bennaf yn yr hydref ac, fel rheol, ar ymylon pyllau o ddŵr croyw ger yr arfordir, yn enwedig yn ne Lloegr. Aderyn prysur iawn. Mae gan yr adar ifanc gefn a chap cochfrown, bol gwyn, darn llwydfelyn ar yr ysgwydd a gwelir 'V' gwyn ar y cefn. Pur anaml y gwelir oedolion ym Mhrydain. Dros y gaeaf, mae'r cefn yn llwyd a'r bol yn wyn; dim ond yn y tymor nythu y mae'r pen a'r gwddf yn troi'n gochfrown golau.

PIBYDD TEMMINCK *Calidris temminckii* Temminck's stint   Hyd 14cm
Aderyn mudol prin, a nythwr prin iawn yn yr Alban yn unig. Gwelir yr oedolion yn y gwanwyn yn bennaf, a'r adar ifanc yn yr hydref. Aderyn tebyg i bibydd y dorlan bach â phig byr, du a choesau melyn. Cefn llwydfrown sydd gan yr oedolyn a bol gwyn a cheir ffin glir rhwng y fron dywyll a'r bol golau. Dros yr haf, bydd smotiau tywyll ar lawer o blu'r cefn. Mae plu allanol gwyn y gynffon i'w gweld yn glir wrth hedfan.

PIBYDD YR ABER *Calidris canutus* Knot   Hyd 25cm
Ymwelydd gaeaf ag aberoedd a thraethau Prydain, rhwng misoedd Medi ac Ebrill. Cefn llwyd a bol gwyn sydd ganddo yn y gaeaf a phig du, byr a choesau melyn. Mae'r adar ifanc yn debyg i'r oedolion ond yn fwy llwydfrown ac mae ymylon golau i rai o blu'r cefn. Weithiau, gwelir adar yn eu gwisg haf oren-goch yn y gwanwyn a'r hydref. Yn y gaeaf, byddant yn ffurfio heidiau mawr sy'n hedfan yn agos at ei gilydd.

PIBYDD Y TYWOD *Calidris alba* Sanderling   Hyd 20cm
Ymwelydd gaeaf cyffredin â thraethau tywod Prydain, rhwng Medi ac Ebrill. O bell, mae adar y gaeaf yn edrych yn wyn ond, o agos, gwelir cefn llwyd, bol gwyn ac ysgwyddau, pig a choesau du. Fe'u gwelir fel rheol mewn heidiau bach yn rhedeg yn gyflym ar hyd llinell y tonnau. Weithiau, gwelir adar yn eu gwisg haf gochfrown yn y gwanwyn a'r hydref.

PIBYDD DU *Calidris maritima* Purple sandpiper   Hyd 21cm
Nythwr prin iawn yng ngogledd yr Alban yn unig ond ymwelydd gaeaf eithaf cyffredin â Phrydain rhwng Medi ac Ebrill. Aderyn tywyll â lliw melyn ym môn y pig, coesau melyn, cefn llwydlas a bol gwyn. Mae'n ffafrio traethau caregog a gwelir heidiau bach yn hela'u bwyd yn dawel yn lle mae'r tonnau'n torri. Yn y gwanwyn, mae'r plu'n troi'n lliw porffor tywyll.

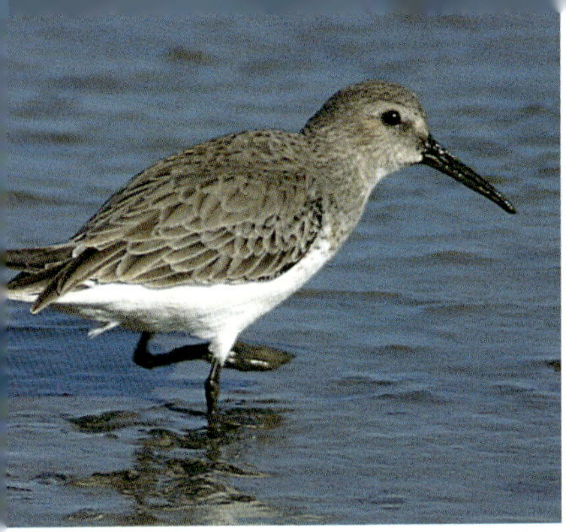
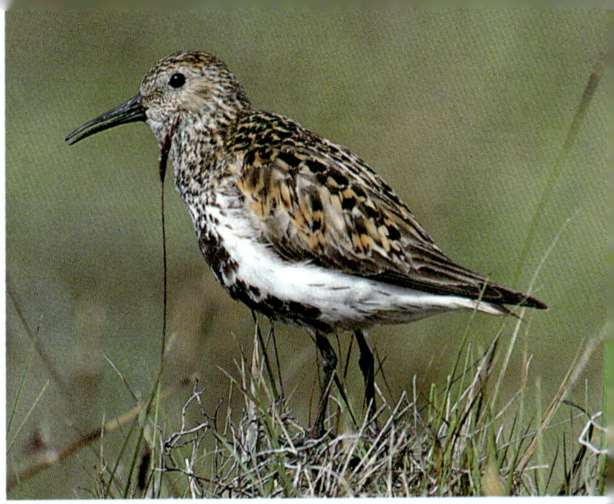
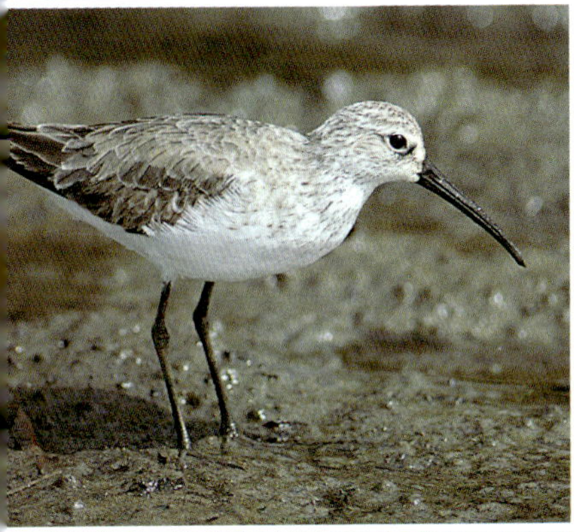
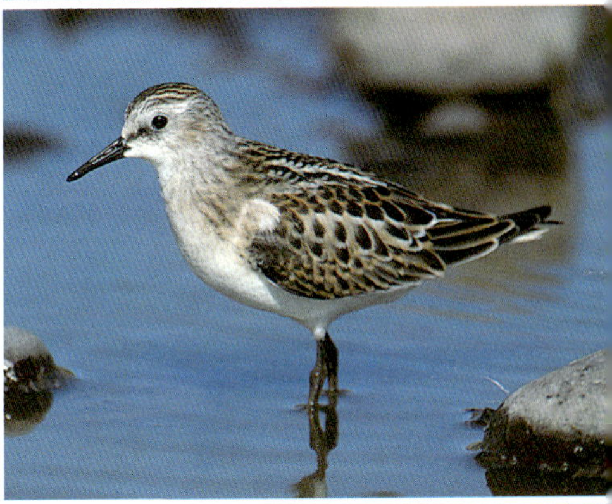
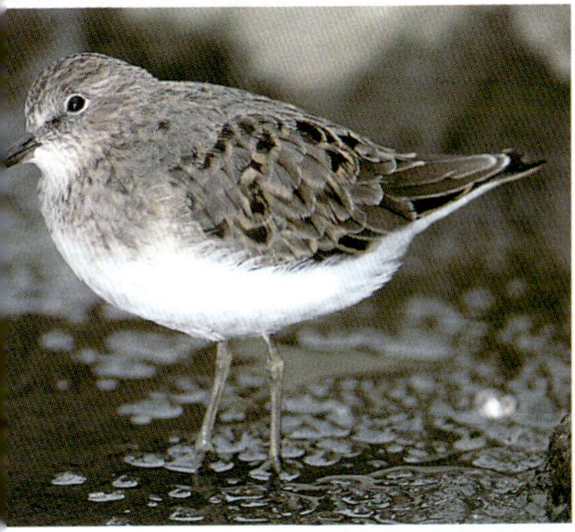
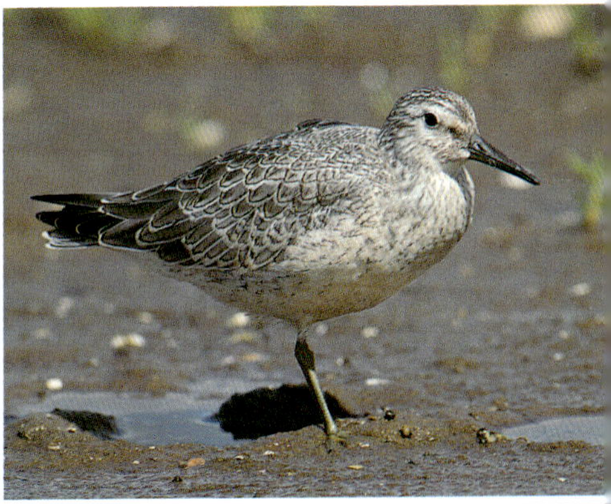
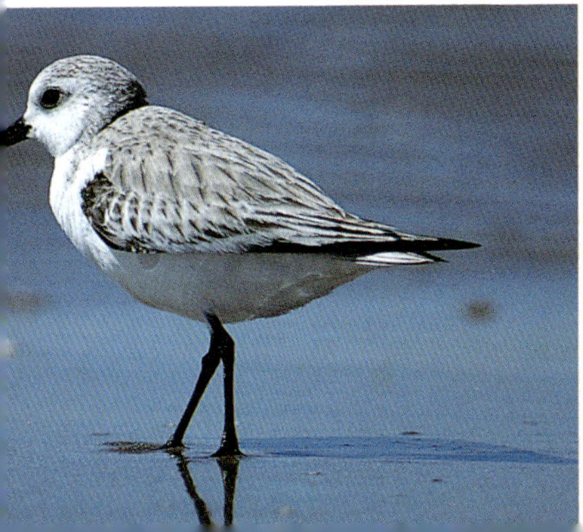
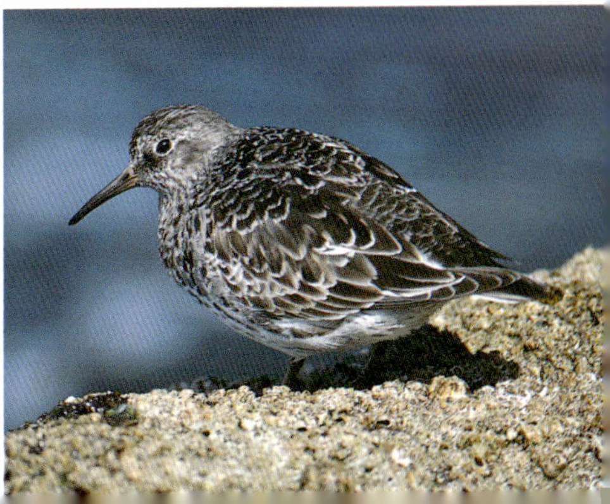

ADAR

PIBYDD COESGOCH   *Tringa totanus*   Redshank   Hyd 28cm
Nythwr eithaf cyffredin yng ngogledd Lloegr a'r Alban ond nythwr prin erbyn heddiw yng Nghymru. Ymwelydd gaeaf cyffredin iawn ag aberoedd a thraethau Prydain. Mae'n aderyn nerfus sy'n hawdd ei adnabod wrth y traed coch a'r pig coch â'i flaen du. Mae'r cefn yn frown a'r bol yn olau ac, wrth hedfan, gwelir llinell wen amlwg ar ymyl ôl yr adain. Bydd mwy o linellau a smotiau tywyll ar yr ystlys a'r fron yn y tymor nythu. Nytha mewn llecynnau gwlyb fel corsydd, aberoedd a rhostiroedd.

PIBYDD COESGOCH MANNOG
Tringa erythropus   Spotted redshank   Hyd 30cm
Yn y gaeaf, mae'n debyg i'r pibydd coesgoch ond mae'n fwy o faint a'i big a'i draed yn hirach. Nytha yn Sgandinafia ac fe'i gwelir yn pasio trwy Brydain yn y gwanwyn a'r hydref ac weithiau yn y gaeaf. Dros y gaeaf, mae plu'r cefn yn llwyd golau a'r bol yn wyn (A); mae adar ifanc yn dywyllach (B), ac arnynt fwy o smotiau. Weithiau, gwelir adar yng ngwisg y tymor nythu'n pasio trwodd â'u plu bron yn ddu. Yn yr awyr, mae'r adenydd yn llwydaidd heb ddim gwyn arnynt. Galwad *tshiwit* unigryw wrth hedfan.

PIBYDD COESWERDD   *Tringa nebularia*   Greenshank   Hyd 30-31cm
Aderyn hardd â choesau hir sy'n edrych yn wyn o bellter. Mae'n nythwr prin iawn ar rostiroedd gogledd yr Alban yn unig ond fe'i gwelir yng ngweddill Prydain y tu allan i'r tymor nythu. Melynwyrdd yw lliw'r coesau hirion ac mae'r pig hir, llwyd yn troi am i fyny. Yn y gaeaf, bydd cefn yr oedolion yn llwyd a'r bol yn wyn ond, adeg nythu, bydd y cefn yn dywyllach. Mae cefn adar ifanc yn fwy brown. Wrth hedfan, gwelir crwmp gwyn sy'n ymestyn i fyny'r cefn. Galwad *tshw-tshw-tshw* wrth hedfan.

PIBYDD GWYRDD   *Tringa ochropus*   Green sandpiper   Hyd 23cm
Aderyn mudol sy'n pasio trwy Brydain yn y gwanwyn a'r hydref. Mae ychydig yn gaeafu yng Nghymru a Lloegr rhwng Medi ac Ebrill. Aderyn sydd wastad i'w weld ger dŵr. Wrth hedfan, mae'n edrych fel pe bai'n ddu a gwyn â chrwmp gwyn, amlwg. Dim ond o agos y gwelir y pig syth a'r coesau gwyrdd golau. Bydd yn bobian i fyny ac i lawr wrth gerdded. Mae'r cefn yn dywyll, y bol yn olau, a cheir tair llinell lydan ar draws blaen y gynffon.

PIBYDD Y GRAEAN   *Tringa glareola*   Wood sandpiper   Hyd 20cm
Mae'n debyg i'r pibydd gwyrdd ond yn oleuach â choesau melyn hirach. Fe'i gwelir fel rheol yn pasio trwy rai o wlyptiroedd bas Prydain ym mis Awst neu Fedi. Nythwr prin iawn yng ngogledd yr Alban. Mae ganddo gefn brown a llawer o smotiau golau arno a bol golau. Mae'r crwmp gwyn yn amlwg wrth hedfan. Ceir llinellau tywyll main ar y gynffon a phlu golau o dan yr adain, nid plu tywyll fel sydd gan y pibydd gwyrdd. Galwad *tshiff-tshiff-tshiff* wrth hedfan.

PIBYDD Y DORLAN
Actitis hypoleucos   Common sandpiper   Hyd 20cm
Nythwr cyffredin yn y gogledd a'r gorllewin ar lannau llynnoedd ac afonydd. Ymwelydd haf sydd i'w weld rhwng Ebrill ac Awst ond bydd nifer fechan yn aros ym Mhrydain dros y gaeaf, yn bennaf yn y de. Aderyn bach, tew â phen ôl hir sy'n bobian i fyny ac i lawr. Cefn brown cynnes a bol gwyn. Mae ffin amlwg rhwng y fron dywyll a'r bol golau. Bydd yr adenydd yn crynu wrth hedfan yn isel dros y dŵr. Pan fydd yn yr awyr, mae llinell wen amlwg i'w gweld yn yr adain.

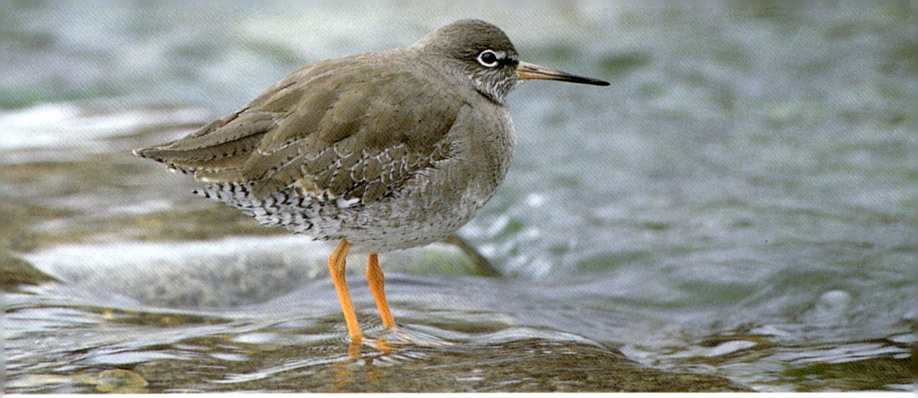

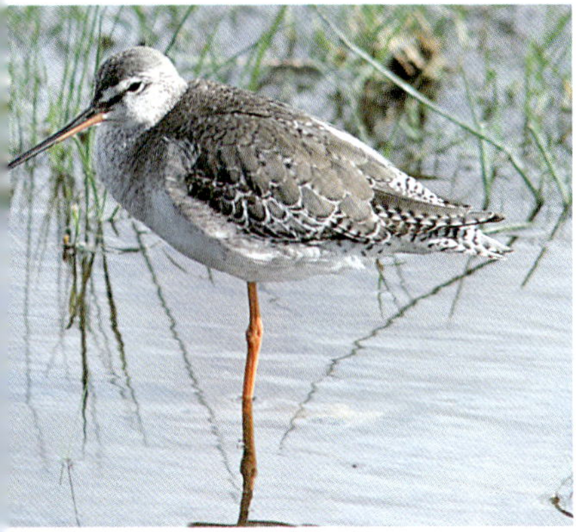

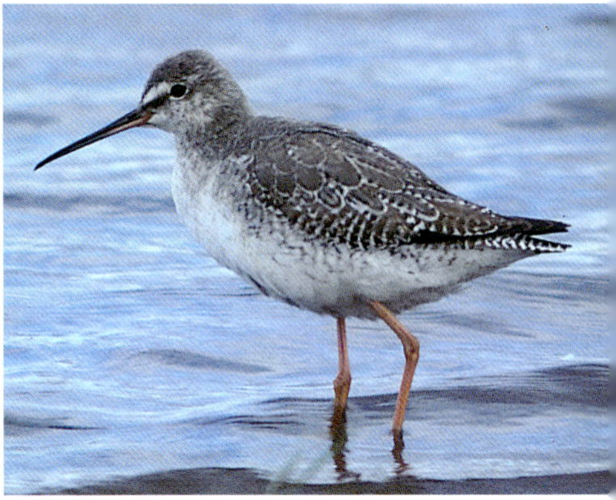

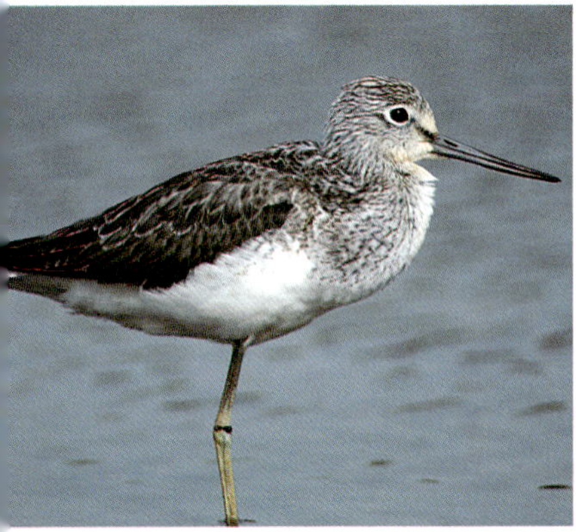

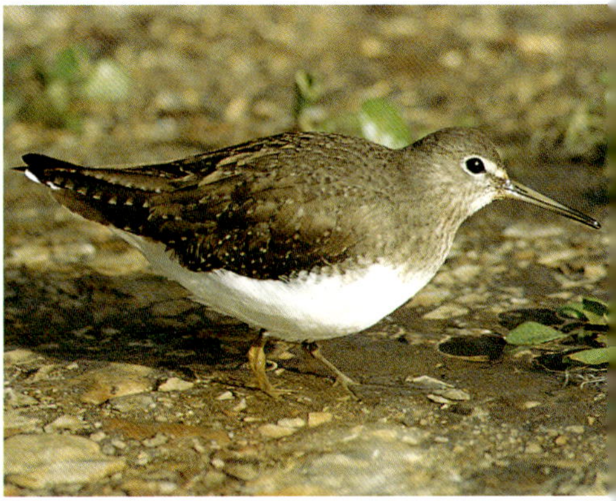

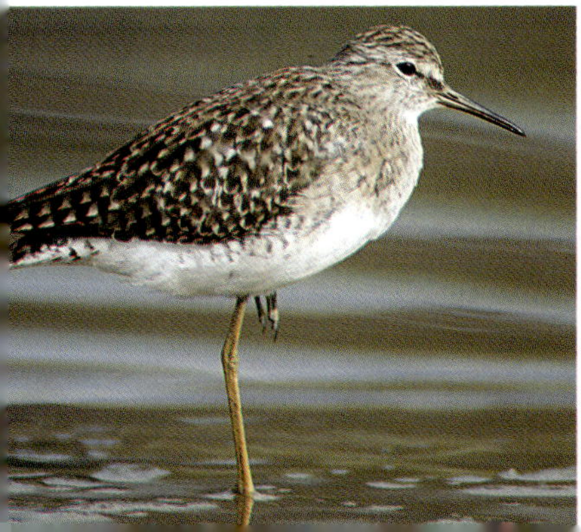

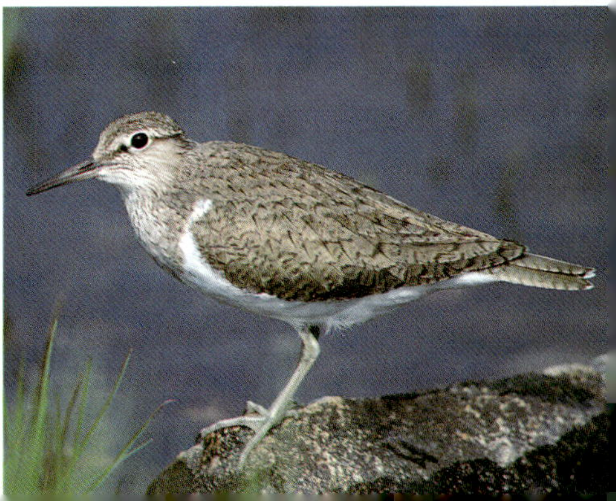

Adar

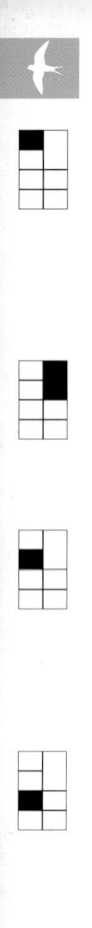

Gylfinir Numenius arquata Curlew Hyd 53-58cm
Nythwr eithaf prin erbyn heddiw ond bydd miloedd o adar mudol yn treulio'r gaeaf ar aberoedd a thraethau Prydain. Rhydiwr mawr llwydfrown â phig hir cam sy'n troi am i lawr. Mae ganddo gorff llwydfrown a smotiau ar hyd y pen a'r cefn, bol golau a llinellau main, tywyll ar y gynffon. Wrth hedfan, mae'r adenydd yn frown ond bydd y crwmp gwyn yn amlwg. Nytha mewn caeau gwair, gweunydd a rhostiroedd, yn bennaf yn y gogledd. Defnyddia'r coesau llwydlas hir i gerdded trwy'r dŵr a bydd yn gwthio'r pig hir i'r mwd i chwilio am fwydod. Galwad *cyrliw*.

Coegylfinir Numenius phaeopus Whimbrel Hyd 41cm
Aderyn tebyg i'r gylfinir ond llai. Mae ganddo linell dywyll trwy'r llygad ac ar dop y pen. Mae'r alwad yn wahanol hefyd ac iddi saith nodyn fel rheol. Aderyn mudol, rhwng Mai ac Awst, sy'n nythu ar rai o ynysoedd gogledd yr Alban. Yng ngweddill Prydain, fe'i gwelir wrth iddo basio trwodd yn y gwanwyn a diwedd yr haf, ar yr arfordir fel rheol. Mae wedi nythu o leiaf unwaith yn ddiweddar ar ynys yng ngogledd Cymru.

Rhostog gynffonddu
Limosa limosa Black-tailed godwit Hyd 41cm
Rhydiwr mawr sydd â choesau hir a phig hir â bôn pinc sy'n troi mymryn am i fyny. Gellir ei adnabod wrth y gynffon ddu, y crwmp gwyn a'r llinellau gwyn yn yr adain. Yn y gaeaf, mae plu'r cefn yn llwydaidd a'r bol yn olau ond yn y tymor nythu, mae'r pen a'r cefn yn troi'n gochfrown golau. Mae pen a gwddf adar ifanc yn llwydfrown. Nythwr prin, yn bennaf mewn caeau gwlyb yn iseldiroedd de-ddwyrain Lloegr, ond mae'n ymwelydd gaeaf eithaf cyffredin â rhai aberoedd a thraethau mwdlyd.

Rhostog gynffonfraith
Limosa lapponica Bar-tailed godwit Hyd 38-42cm
Aderyn tebyg i'r rhostog gynffonddu ond mae'n fwy cadarn yr olwg. Pan fydd yn hedfan, gellir ei adnabod yn hawdd wrth y llinellau mân ar y gynffon, yr adenydd brown a'r crwmp gwyn. Nytha yn yr Arctig pell ond bydd llawer o'r adar yn pasio trwy Brydain ac yn gaeafu yma. Yn y gaeaf, mae'r cefn llwydfrown a'r bol golau yn gwneud iddo edrych fel y gylfinir ond yn y tymor nythu bydd lliw oren-goch i'r pen, y gwddf a'r bol. Mae'n eithaf cyffredin ar aberoedd a chaeau arfordirol rhwng Medi ac Ebrill.

Cwtiad y traeth Arenaria interpres Turnstone Hyd 23cm
Ymwelydd cyffredin â'r arfordir o amgylch Prydain ac Iwerddon. Er nad yw'n nythu yma, mae i'w weld trwy gydol y flwyddyn. Bydd y rhan fwyaf yma rhwng Awst ac Ebrill. Mae ganddo guddliw perffaith a gall fod yn anodd ei weld. Yn y gaeaf, mae'r cefn yn gymysgedd o ddu, brown a gwyn a cheir ffin amlwg rhwng y fron dywyll a'r bol gwyn. Yn yr haf, mae ganddo gefn orenfrown a phen du a gwyn. Mae ganddo goesau oren-goch a phig du, byr sy'n cael ei ddefnyddio i droi cerrig ar y traeth.

Pibydd torchog Philomachus pugnax Ruff Hyd 23-29cm
Aderyn â phlu amrywiol iawn ond mae'r pen wastad yn ymddangos yn fach o'i gymharu â maint y corff. Yn y tymor nythu, mae gan y ceiliog (A) dorch a phlu hir ar y pen er mwyn arddangos i ddenu iâr. Mae pob ceiliog yn wahanol ond bydd plu'r dorch naill ai'n ddu, yn wyn neu'n gochfrown. Llwydfrown yw cefn yr iâr, ac mae ganddi fol golau, pig tywyll a choesau orenfrown. Y tu allan i'r tymor nythu, mae'r ceiliog yn debyg i'r iâr. Ceir ychydig o wyn ar hyd ymylon plu cefn adar ifanc sy'n fwy llwydfrown na'r oedolion. Mae'n nythwr prin iawn yn ne-ddwyrain Lloegr yn unig ond yn pasio trwy Brydain yn y gwanwyn a'r hydref. Bydd nifer fechan yn gaeafu ar arfordir de Lloegr.

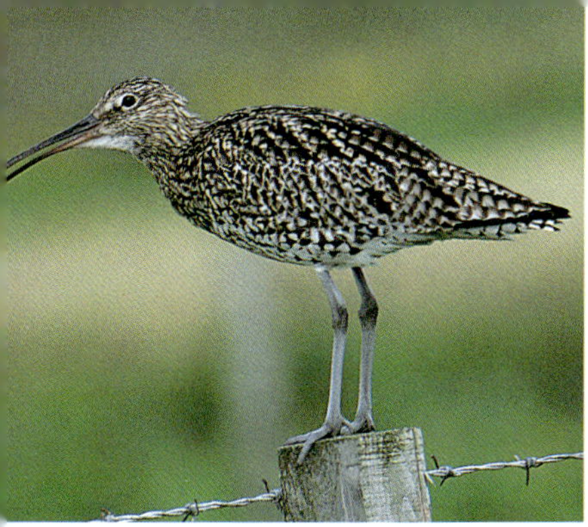
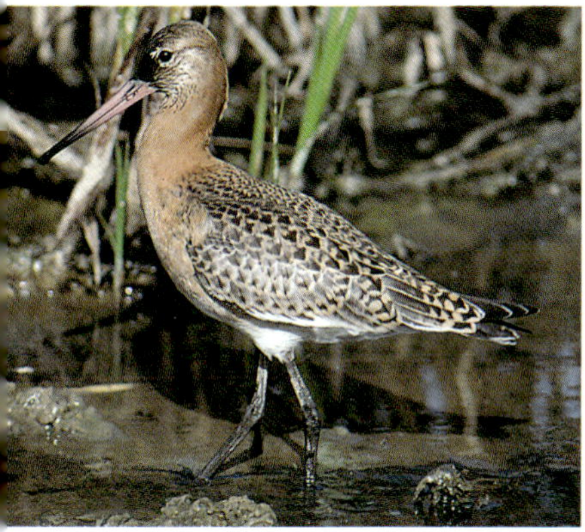
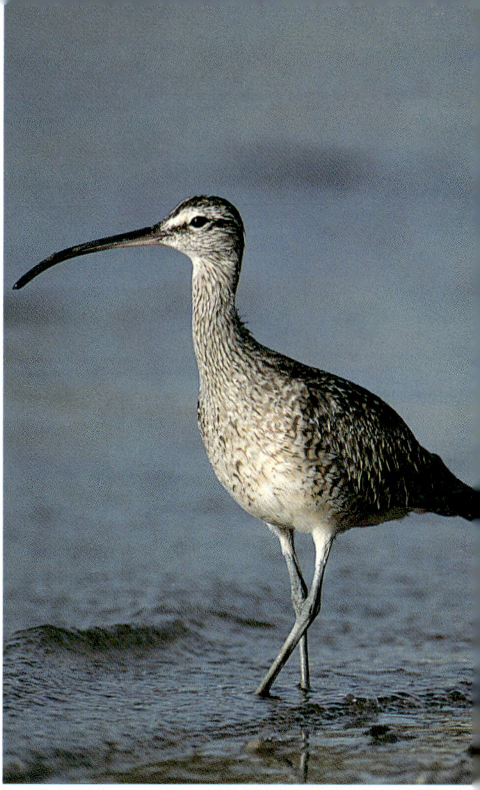
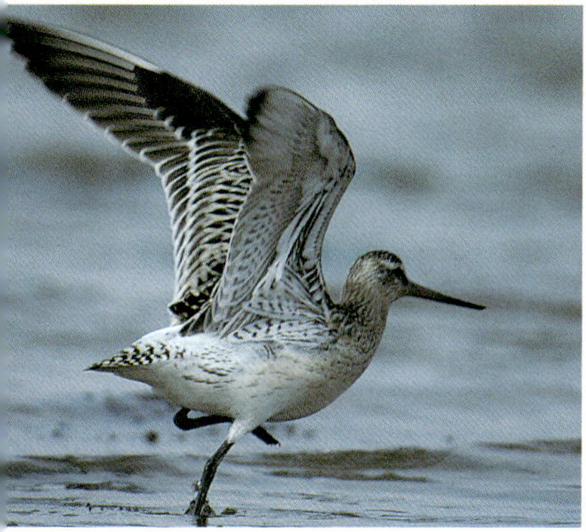
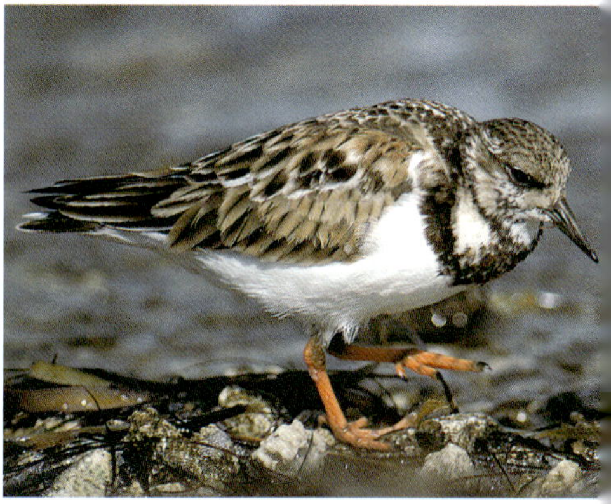
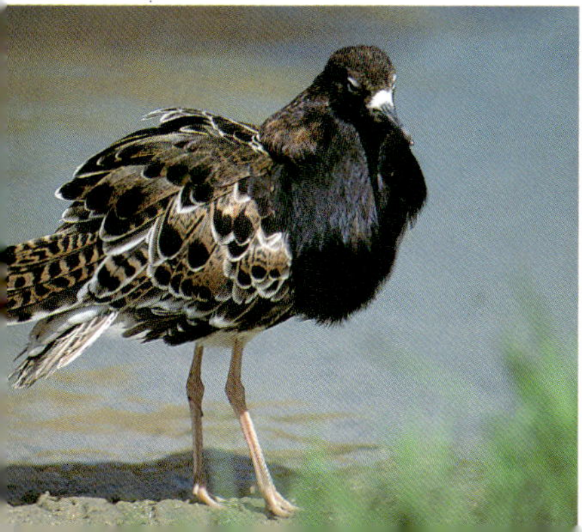
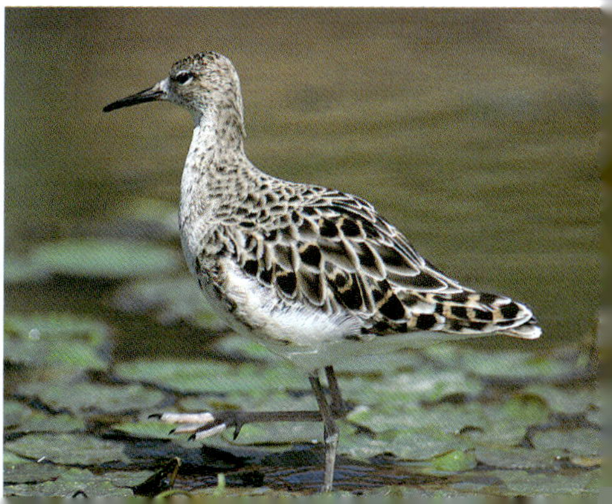

ADAR

LLYDANDROED LLWYD
Phalaropus fulicarius Grey phalarope Hyd 20-21cm
Fe'i gwelir fel rheol yn nofio, yn aml yn troi yn ei unfan ac yn pigo pryfed o wyneb y dŵr. Ymwelydd prin sy'n pasio trwodd yn yr hydref yn bennaf. Treulia fisoedd y gaeaf allan ar y môr mawr. Felly, fel rheol, fe'i gwelir ym Mhrydain ar hyd yr arfordir ar ôl stormydd mawr. Dyma adar eofn a welir yn aml yn hel eu bwyd ar byllau bas arfordirol. Bydd bron pob aderyn a welir ym Mhrydain yn ei wisg aeaf, sef cefn llwyd, bol gwyn a smotyn du dros y llygad. Pur anaml y gwelir adar yma yn eu gwisg haf gochfrown.

LLYDANDROED GYDDFGOCH
Phalaropus lobatus Red-necked phalarope Hyd 18cm
Yn y gaeaf, mae'n debyg i'r llydandroed llwyd heblaw am y pig main a'r ffaith ei fod yn ymddangos yn fwy du a gwyn ei liw. Yn y tymor nythu, mae gan yr iâr wddf gwyn, coler goch, pen llwyd, bol gwyn a chefn llwyd â llinellau melyn arno. Mae'r ceiliog yn debyg i'r iâr ond yn fwy di-liw. Mae ychydig yn nythu ar byllau mawndir gogledd a gorllewin yr Alban. Y ceiliog sy'n gori ar yr wyau a magu'r cywion. Mae'n aderyn eithaf dof ac yn nofio trwy'r amser. Treulia fisoedd y gaeaf allan ar y môr mawr ond fe'i gwelir ar adegau yn pasio trwy weddill Prydain, ar yr arfordir fel rheol.

CYFFYLOG
Scolopax rusticola Woodcock Hyd 34cm
Rhydiwr tew sydd â choesau byr a phig hir. Mae'r plu lliw cochfrown, du, brown a gwyn yn rhoi cuddliw perffaith i aderyn sy'n nythu ar y llawr ymysg dail marw. Erbyn heddiw, mae'n nythwr eithaf prin yng Nghymru ond mae'n fwy cyffredin yn y dwyrain. Bydd yn eistedd yn stond ar y nyth ac felly mae'n anodd ei weld. Mae'n fwyaf amlwg pan fydd y ceiliog yn arddangos uwchben y coed gyda'r hwyr yn y gwanwyn. Bydd yn hel ei fwyd yn bennaf gyda'r nos gan ddefnyddio'i big hir i chwilio am fwydod mewn pridd meddal. Dros y gaeaf, mae adar o'r cyfandir yn dod draw i ymuno â'r rhai Prydeinig.

GÏACH
Gallinago gallinago Snipe Hyd 27cm
Aderyn hawdd ei adnabod, hyd yn oed o bell, o achos y corff bach cadarn, y coesau byr a'r pig syth, hir. Mae'n gwthio'r pig yn syth i lawr i fwd meddal i chwilio am fwyd. Mae'r corff yn batrwm cymhleth o liwiau browngoch, brown, du a gwyn â llinellau melyn ar y pen a'r cefn. Mae'n nythwr eithaf cyffredin mewn corsydd a chaeau gwlyb, yn enwedig yng ngogledd Prydain ond mae wedi prinhau yng Nghymru ac yn ne Lloegr. Bydd adar o ogledd Ewrop yn treulio misoedd y gaeaf ym Mhrydain. Galwa *gïach* wrth hedfan a phan fydd yn arddangos yn y gwanwyn, bydd yn gwneud sŵn fel gweryru ceffyl â phlu allanol y gynffon.

GÏACH BACH
Lymnocryptes minimus Jack snipe Hyd 19cm
Aderyn tebyg i'r gïach ond llawer llai o faint, ei big yn fyrrach a llinellau mwy amlwg ar y pen. Mae'n ymwelydd gaeaf eithaf cyffredin â gwlyptiroedd Prydain rhwng Hydref a Mawrth. Mae'n anodd ei weld oherwydd, os oes rhywbeth yn tarfu arno, mae'n swatio'n dawel tan y funud olaf, yna'n codi'n dawel ac yn cwympo 'nôl i'r ddaear yn sydyn iawn. Mae'n symud ei gorff i fyny ac i lawr wrth gerdded.

RHEDWR Y MOELYDD
Burhinus oedicnemus Stone curlew Hyd 41cm
Aderyn swil a phrin iawn sy'n nythu yn ne ddwyrain Lloegr yn unig. Ymwelydd haf â rhannau o Loegr rhwng Mawrth a Medi, ac ymwelydd prin iawn â Chymru. Bydd yn hel ei fwyd gyda'r nos ac yn gwneud sŵn tebyg i'r gylfinir i berchnogi ei diriogaeth nythu. Mae'n ffafrio caeau mawr heb wrychoedd lle gall weld unrhyw greadur rheibus o bell. Melynfrown yw lliw'r corff ac mae ganddo goesau melyn, blaen du i big melyn a llygaid mawr melyn. Mae'r llinellau gwyn ar yr adenydd tywyll i'w gweld yn glir pan fydd yn hedfan. Mae hwn yn aderyn anodd iawn i'w weld, hyd yn oed ymysg tyfiant byr.

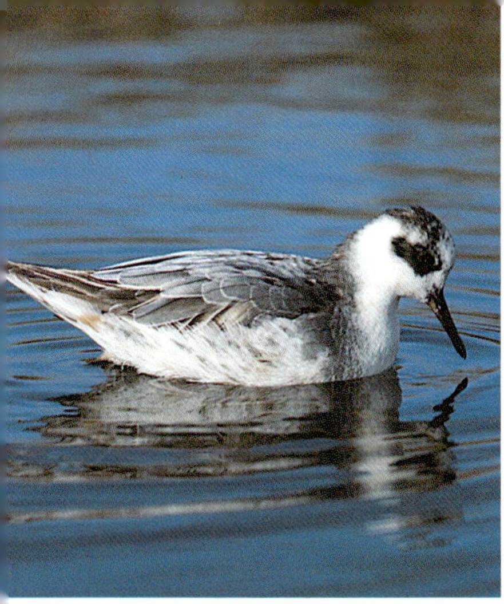
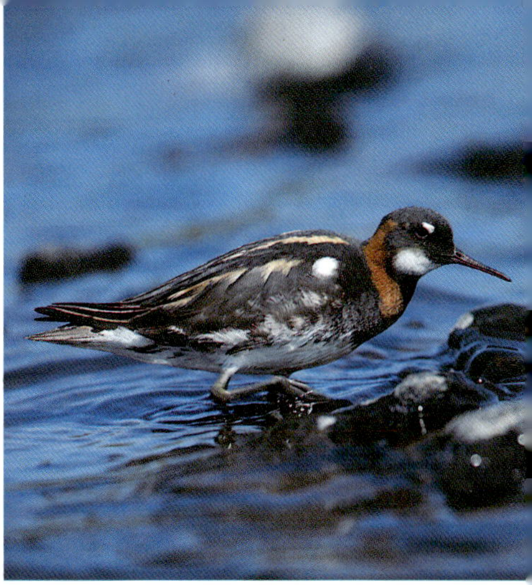
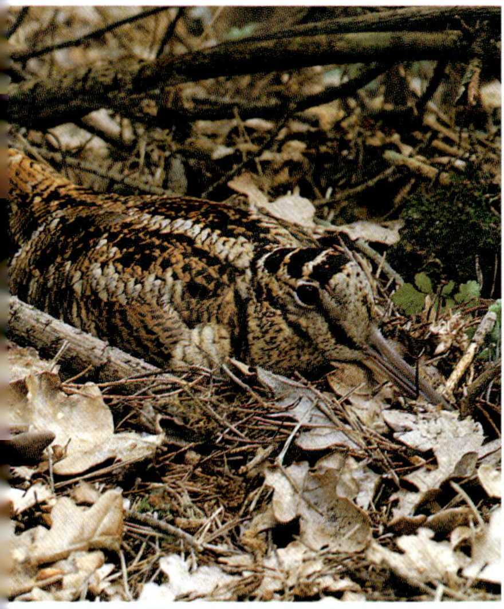
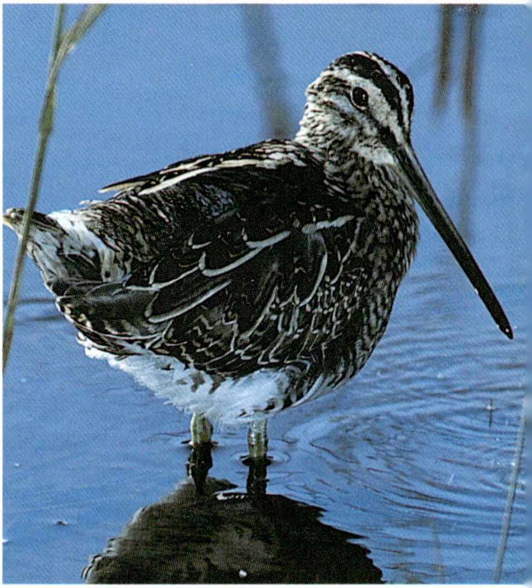
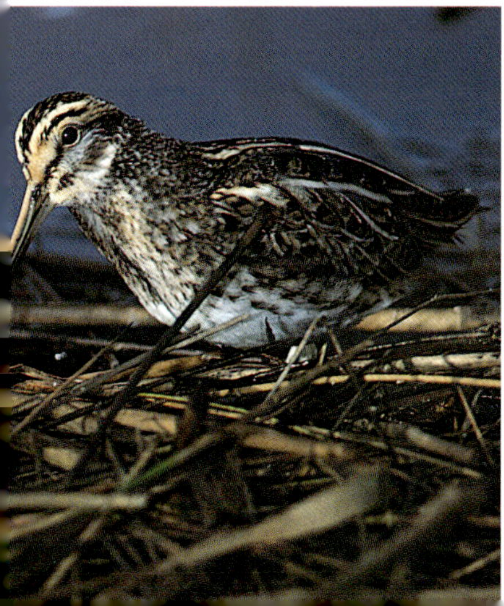
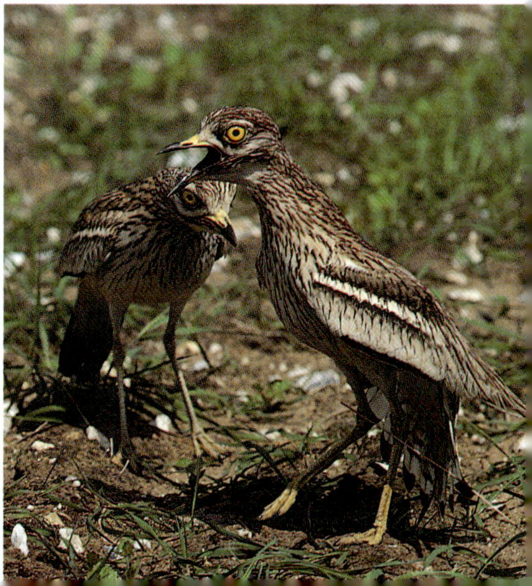

ADAR

GWYLAN BENDDU *Larus ridibundus* Black-headed gull Hyd 35-38cm
Yr wylan fach fwyaf niferus ym Mhrydain. Mae'r plu'n amrywio yn ôl yr oedran a'r tymor ond mae ymyl flaen wen i'r adain bob amser. Mae gan yr oedolion gefn llwyd, bol gwyn a choesau a phig coch. Yn y gaeaf (A), ceir smotyn tywyll y tu ôl i'r llygad ond yn yr haf (B) mae ganddynt ben brown tywyll (nid du). Mae gan yr adar ifanc, a welir yn hwyr yn yr haf, batrwm brown a llwyd ar y cefn. Nytha ar lynnoedd yr ucheldir neu gorsydd. Y tu allan i'r tymor nythu, fe'i gwelir mewn nifer o wahanol gynefinoedd.

GWYLAN MÔR Y CANOLDIR
Larus melanocephalus Mediterranean gull Hyd 36-38cm
Ymwelydd prin â Phrydain ac Iwerddon ond un sydd ar gynnydd ac sydd erbyn heddiw'n nythu mewn nythfeydd ymysg gwylanod penddu yn ne Lloegr. Mae'n debyg i'r wylan benddu o ran maint a lliw ond gellir gwahaniaethau rhyngddynt â gofal. Mae gan yr oedolion adenydd gwyn ac, yn y gaeaf, mae smotyn tywyll i'w weld o amgylch y llygad (A). Erbyn y gwanwyn, mae'r pen yn ddu ac mae cylch gwyn o amgylch y llygad (B). Mae llinell ddu yn agos at flaen y pig coch a'r coesau'n goch i gyd. Yn y gaeaf cyntaf, mae'n debyg iawn i wylan benddu ifanc ond bod ganddi linellau tywyll ar y pen ac amrannau gwyn. Yn yr ail aeaf, ceir blaen du i'r prif blu yn yr adain.

GWYLAN FECHAN *Larus minutus* Little gull Hyd 28cm
Yr wylan leiaf yn y byd. Hedfana'n debyg i forwennol ac mae i'w gweld yn agos at yr arfordir. Nid yw'n nythu yma ond mae'n pasio trwodd yn y gwanwyn a'r hydref ac mae nifer fechan yn treulio'r gaeaf yn ne Lloegr a de Iwerddon. Gellir ei hadnabod wrth y corff bach a thanadain ddu yr oedolion. Mae llinell wen ar ran ôl yr adain ac mae blaen yr adain yn ymddangos yn grwn. Yn y gaeaf, ceir smotiau du ar y pen ond mae'r rhain yn troi'n gapan tywyll yn y gwanwyn. Mae llinell ddu lydan ar hyd cefn adenydd yr adar ifanc, a llinell ddu ar flaen y gynffon, yn debyg i wylan goesddu ifanc.

GWYLAN Y GWEUNYDD *Larus canus* Common gull Hyd 41cm
Mae'n debyg i wylan y penwaig ond ei bod yn llai a'r cefn yn fwy glas. Mae'r pen a'r bol yn wyn ond ceir llinellau tywyll ar gefn y pen yn y gaeaf. Pan fydd yn hedfan, gwelir smotiau gwyn ar flaenau duon yr adenydd. Mae'r coesau'n felynwyrdd a'r pig yn felyn yn yr haf ond yn llai lliwgar yn y gaeaf a cheir llinell ddu yn agos at y blaen. Mae gan adar yn eu gaeaf cyntaf linellau llwyd, brown a du ar ran uchaf yr adain. Nytha yng ngogledd yr Alban a gogledd Iwerddon, yn bennaf wrth yr arfordir ond hefyd ger llynnoedd yn y mewndir. Y tu allan i'r tymor nythu, mae i'w gweld yn bennaf o amgylch yr arfordir ac, yn y gaeaf, bydd adar mudol o ogledd Ewrop yn dod draw i Brydain.

GWYLAN GOESDDU *Rissa tridactyla* Kittiwake Hyd 41cm
Gwylan gyffredin ar glogwyni gorllewin a gogledd Prydain a'r alwad *citî-wêc citî-wêc* yn amlwg iawn. Mae'r oedolion (A) yn hawdd eu hadnabod wrth eu cefn llwydlas, eu corff gwyn, eu pig melyn a'u coesau duon. Yn yr awyr, mae'r wylan goesddu'n debyg i oedolyn gwylan y gweunydd ond bod blaen yr adenydd yn ddu. Mae'r adar ifanc (B) yn drawiadol â llinell igam-ogam ddu ar y cefn, gwar du a blaen du i'r gynffon. Hon yw'r wylan fôr go iawn gan ei bod yn treulio'i holl amser ar y môr mawr a dim ond yn dod i glogwyni serth i nythu.

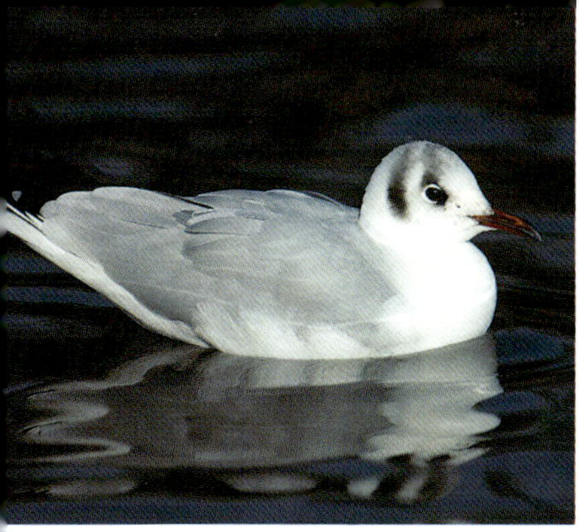
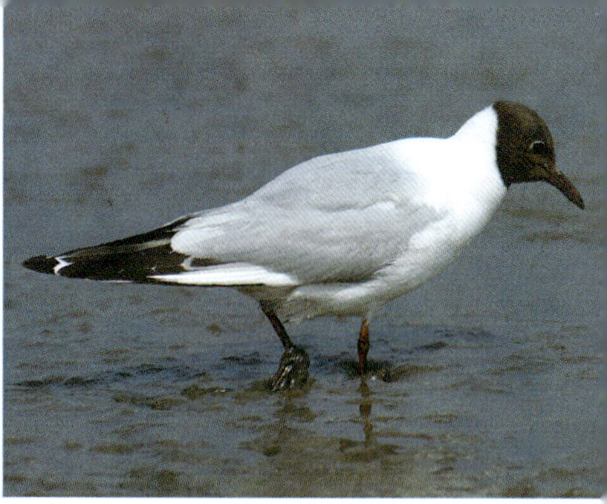
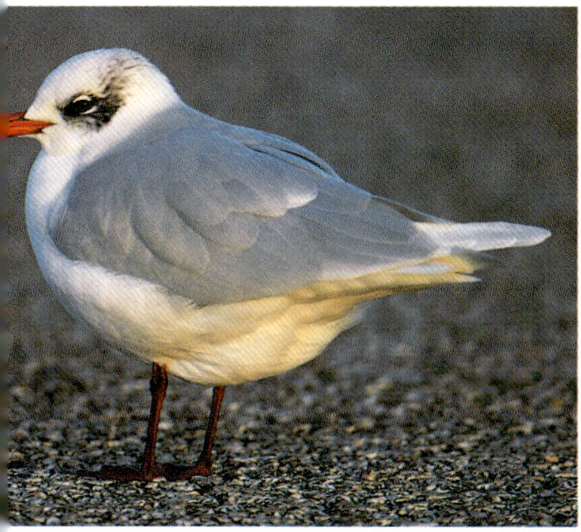
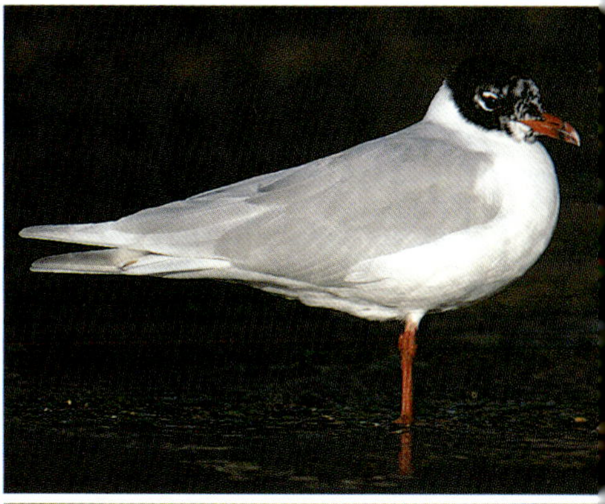
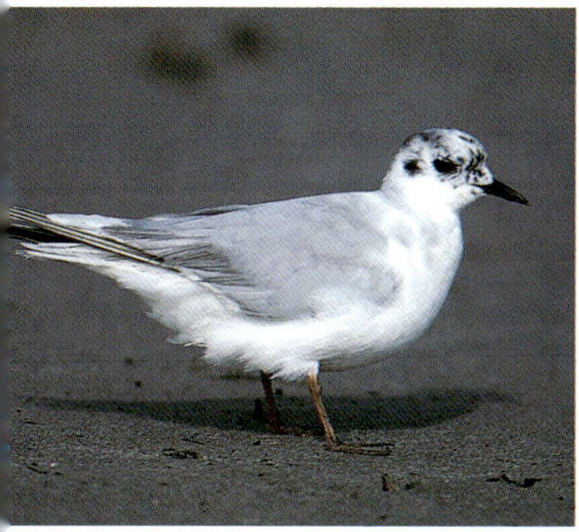
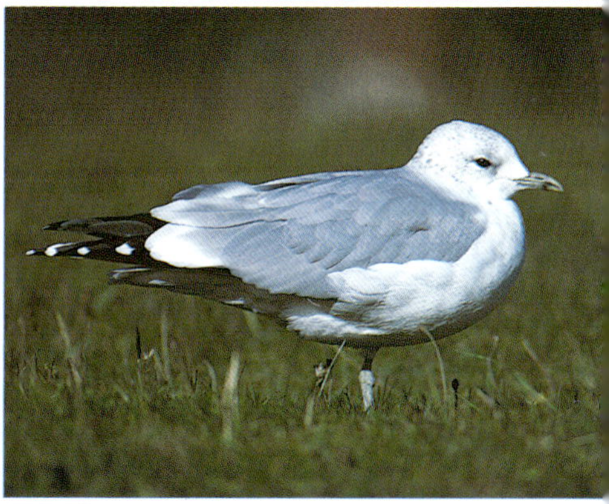
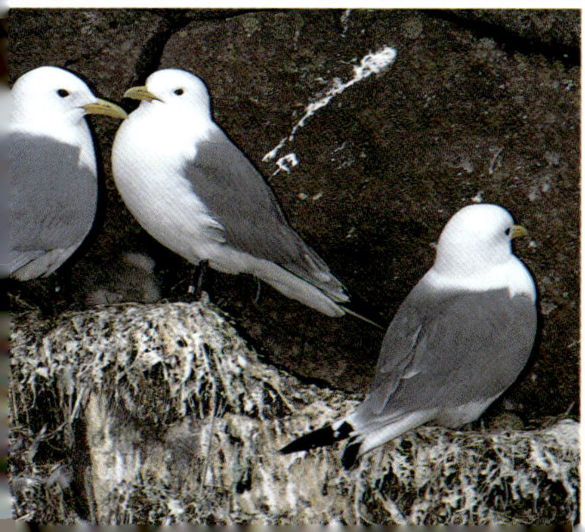
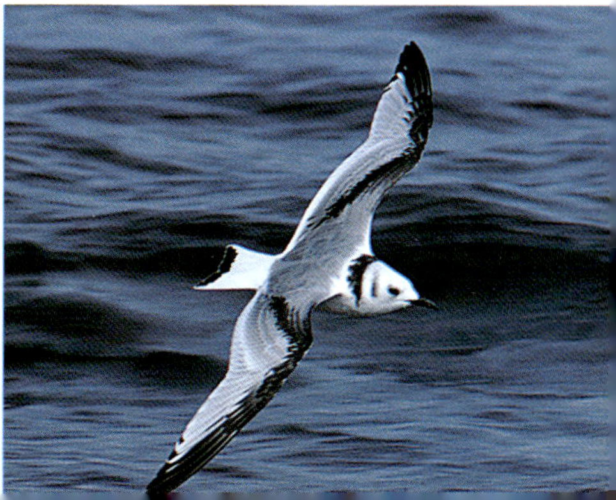

Adar

Gwylan y penwaig
Larus argentatus Herring gull   Hyd 56-66cm

Gwylan swnllyd, gyfarwydd ac, ar y cyfan, yr wylan fawr fwyaf niferus. Mae'n gyffredin ar hyd yr arfordir, ar domenni sbwriel ac mewn trefi mawr. Nytha ar glogwyni arfordirol neu ar doeau adeiladau mewn trefi glan-môr, fel arfer mewn nythfeydd bychan. Mae gan oedolion gefn llwydlas golau ac mae smotiau gwyn ar flaenau du'r adenydd. Mae'r pen a'r bol yn wyn ond weithiau ceir llinellau mân, tywyll ar y gwegil yn y gaeaf. Pinc yw lliw y coesau ac mae'r pig yn felyn â smotyn oren ger y blaen. Mae'r adar ifanc yn lliw brown brith ond byddant yn magu plu'r oedolyn dros ddwy flynedd. Gall yr wylan hon fod yn hollol eofn pan gaiff ei bwydo'n rheolaidd.

Gwylan gefnddu leiaf
Larus fuscus Lesser black-backed gull   Hyd 53-56cm

Gwylan debyg o ran maint i wylan y penwaig ond bod y cefn a'r uwchadenydd yn lliw llwyd tywyll. Mae'r coesau'n felyn a'r pig yn felyn â smotyn oren ger y pen. Mae'r adar ifanc yn debyg iawn i wylanod mawr ifanc eraill ond bydd y plu'n troi'n blu oedolyn ar ôl dwy flynedd. Nytha ar glogwyni ac ynysoedd o amgylch arfordir Prydain, yn bennaf yn y gorllewin a'r gogledd, a bydd hefyd yn nythu ar lynnoedd yn y mewndir ac ar adeiladau mewn trefi glan-môr. Bydd adar o ogledd Ewrop yn mudo i Brydain dros y gaeaf. Fe'i gwelir fel rheol ger yr arfordir ond hefyd, ar adegau, yn y mewndir.

Gwylan gefnddu fwyaf
Larus marinus Great black-backed gull   Hyd 64-79cm

Yr wylan Brydeinig fwyaf. Tebyg i'r wylan gefnddu leiaf ond ei bod yn llawer mwy o faint a'i choesau'n binc, nid melyn. Mae'r pig yn anferth a'r cefn a'r uwchadain yn ymddangos yn hollol ddu. Er bod adar ifanc yr un lliw ag adar ifanc gwylanod mawr eraill, gellir eu hadnabod wrth eu maint. Nytha mewn niferoedd bychan o amgylch arfordir Prydain yn agos at nythfeydd adar môr lle bydd yn bwyta adar eraill, eu cywion a'u hwyau. Dros y gaeaf, bydd yn aros yn agos at yr arfordir yn bennaf ond mae hefyd i'w gweld ar domenni sbwriel.

Gwylan y gogledd
Larus hyperboreus Glaucous gull   Hyd 62-68cm

Ymwelydd prin â Phrydain ac Iwerddon o'r Arctig pell. Bydd i'w weld rhwng Tachwedd a Chwefror, yn bennaf yn yr Alban a gogledd Lloegr. Mae bron mor fawr â'r wylan gefnddu fwyaf ond yn debyg ei lliw i wylan y penwaig heblaw am flaenau gwyn yr adenydd. Mae'r pig mawr yn oren â smotyn oren a'r coesau'n binc. Mae'n eithaf hawdd adnabod yr adar ifanc wrth y plu llwydaidd ar hyd y corff, blaenau golau'r adenydd a'r pig pinc â'r blaen du. Fel rheol, fe'i gwelir ar hyd ein glannau ond weithiau daw i ymweld â thomenni sbwriel. Mae gwylan yr Arctig yn debyg i hon ond yn llai o faint a'i phig yn fwy main.

Sgiwen fawr
Stercorarius skua Great skua   Hyd 58cm

Mae'r plu brown ar hyd y corff yn debyg i liw gwylan ifanc ond gellir ei hadnabod wrth y pen mawr, y corff cadarn a'r traed a'r pig du. Yn yr awyr, mae'n debyg i fwncath tywyll a gwelir darnau golau amlwg wrth flaenau'r adenydd. O agos, gwelir bod yn euraid ar y gwegil. Mae'n ymwelydd haf, rhwng Mai ac Awst, â'i chynefin nythu yng ngogledd yr Alban. Y tu allan i'r tymor nythu, fe'i gwelir allan ar y môr, ac yn agos i'r lan yn ystod stormydd. Bydd yn bwyta adar môr, palod er enghraifft, ond mae hefyd yn hedfan ar ôl adar mor fawr â huganod er mwyn gwneud iddynt chwydu eu pysgod.

Sgiwen yr Arctig
Stercorarius parasiticus Arctic skua   Hyd 46cm

Hedfanwr gwych. Gellir adnabod yr oedolion wrth guriadau dwfn eu hadenydd main sydd â darn gwyn ger eu blaen. Mae plu hir yn ymestyn y tu draw i gynffon siâp diamwnt. Mae gan yr oedolion ddwy 'wisg'; cyfnod pryd y mae'r plu'n frown tywyll a chyfnod pryd y maent yn olau heblaw am gap, cefn ac adenydd tywyll. Mae'r adar ifanc yn lliw brown siocled â chynffon finiog. Nytha sgiwen yr Arctig yng ngogledd yr Alban rhwng Mai ac Awst. Y tu allan i'r tymor nythu, fe'i gwelir yn mudo heibio i'n glannau, yn aml yn hedfan ar ôl adar môr fel eu bod yn chwydu'r pysgod o'u stumog er mwyn iddi hi eu bwyta.

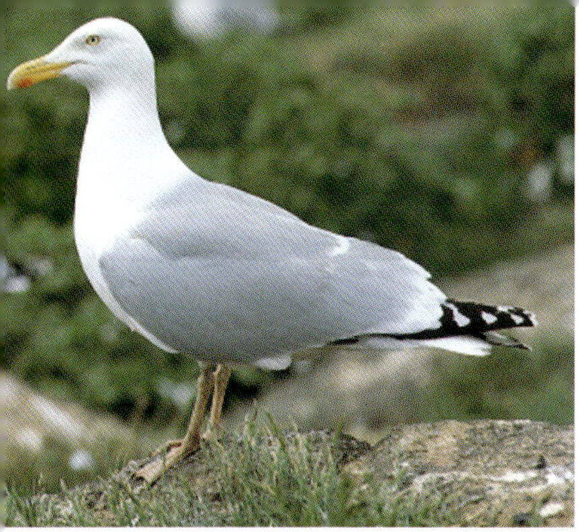
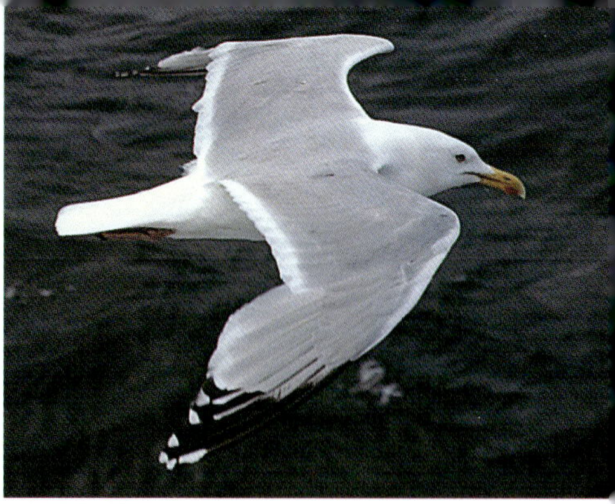
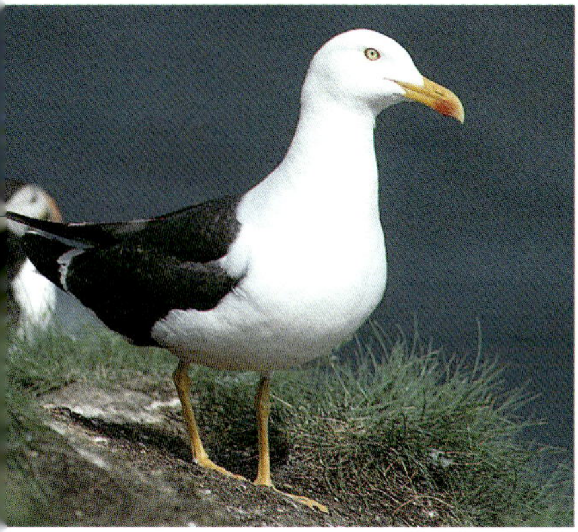
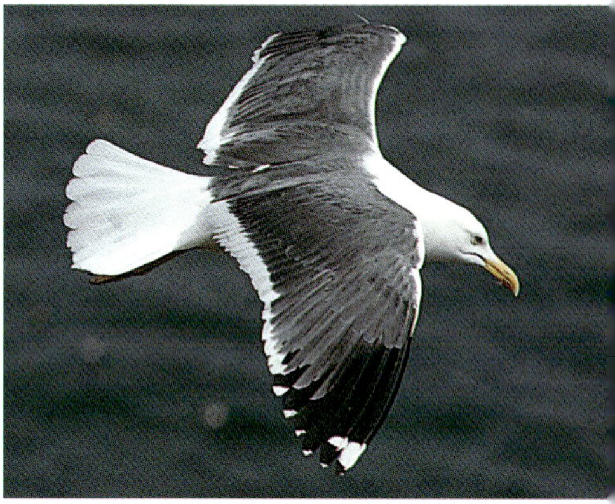
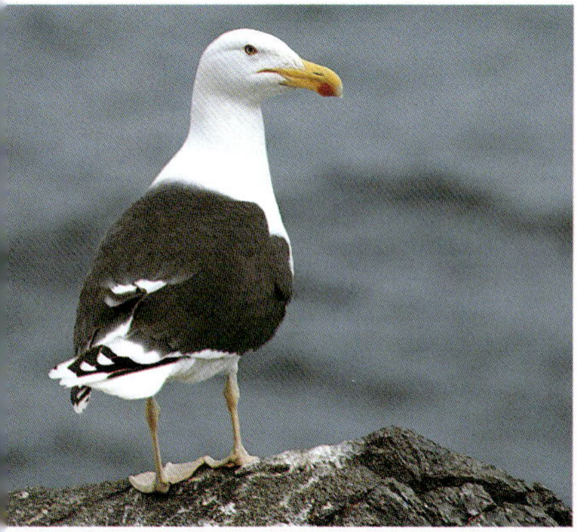
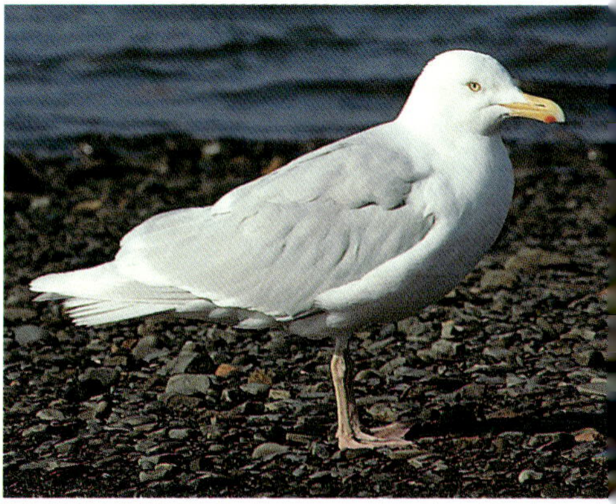
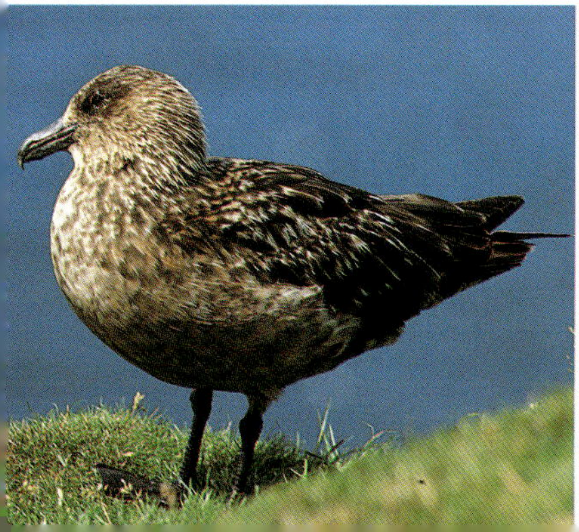
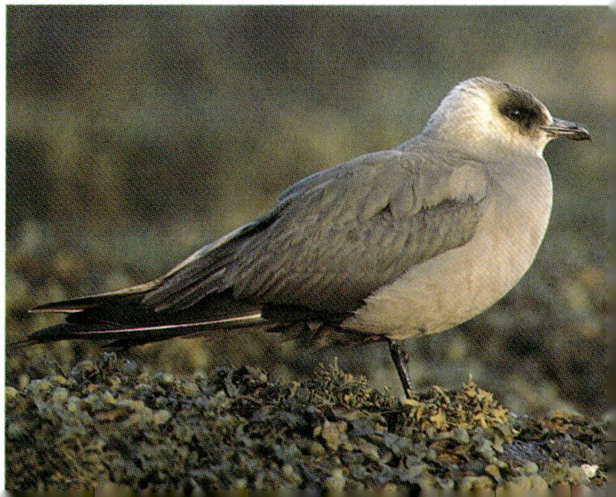

ADAR

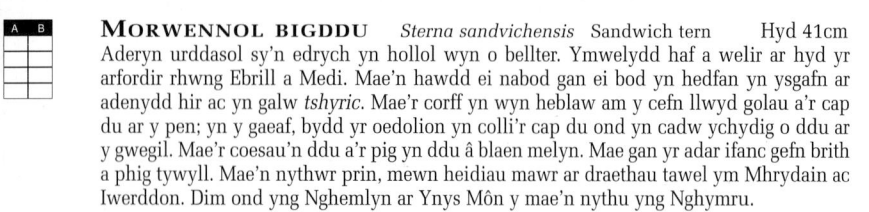

MORWENNOL BIGDDU *Sterna sandvichensis* Sandwich tern Hyd 41cm
Aderyn urddasol sy'n edrych yn hollol wyn o bellter. Ymwelydd haf a welir ar hyd yr arfordir rhwng Ebrill a Medi. Mae'n hawdd ei nabod gan ei bod yn hedfan yn ysgafn ar adenydd hir ac yn galw *tshyric*. Mae'r corff yn wyn heblaw am y cefn llwyd golau a'r cap du ar y pen; yn y gaeaf, bydd yr oedolion yn colli'r cap du ond yn cadw ychydig o ddu ar y gwegil. Mae'r coesau'n ddu a'r pig yn ddu â blaen melyn. Mae gan yr adar ifanc gefn brith a phig tywyll. Mae'n nythwr prin, mewn heidiau mawr ar draethau tawel ym Mhrydain ac Iwerddon. Dim ond yng Nghemlyn ar Ynys Môn y mae'n nythu yng Nghymru.

MORWENNOL GYFFREDIN *Sterna hirundo* Common tern Hyd 35cm
Ymwelydd haf eithaf cyffredin ag arfordir Prydain ac Iwerddon rhwng Ebrill ac Awst. Fe ddaw hefyd i lynnoedd mawr yn y mewndir. Corff gwyn â chefn llwyd golau a choesau coch, gweddol hir. Ceir blaen du i'r pig oren-goch ac mae'r cap du yn llai amlwg y tu allan i'r tymor nythu. Yn yr awyr, mae'r prif blu allanol yn edrych yn dywyll. Mae gan yr adar ifanc gefn brith. Nytha mewn heidiau ar draethau tawel ac fe'i gwelir yn aml yn plymio i'r môr ar ôl pysgod bach. Nytha ar rai o'r ynysoedd o amgylch Ynys Môn ac ar aber Dyfrdwy.

MORWENNOL Y GOGLEDD *Sterna paradisea* Arctic tern Hyd 35cm
Tebyg i'r forwennol gyffredin ond, o agos, mae'r pig coch a'r coesau byr yn amlwg. O bell, gellir ei nabod wrth ei adenydd lled dryloyw a'i gynffon hir. Mae'r bol a'r fron yn llwyd golau a'r gwddf a'r bochau'n oleuach. Ymwelydd haf, rhwng Ebrill a Medi, ag arfordir Prydain ac Iwerddon o foroedd yr Antarctig. Mae'n fwyaf niferus yn y gorllewin a'r gogledd ac, yng Nghymru, bydd yn nythu ar rai o ynysoedd Ynys Môn. Plymia i'r môr ar ôl pysgod ger yr wyneb a galwa *crt-crt-crt* pan fydd y nyth o dan fygythiad.

MORWENNOL WRIDOG *Sterna dougallii* Roseate tern Hyd 38cm
Morwennol brin iawn, yn enwedig yng Nghymru lle mae llond dwrn o barau'n unig yn nythu ar arfordir Ynys Môn. Tebyg i'r forwennol gyffredin a morwennol y gogledd ond bod gan yr oedolion fôn coch i big du, cynffon hir iawn a lliw pinc ar y fron a'r bol yn yr haf. Mae'r gynffon yn fyrrach yn yr hydref. Wrth hedfan, mae'r adenydd yn edrych yn fyr o'u cymharu â'r morwenoliaid eraill. Ymwelydd haf, rhwng Mai ac Awst, yn bennaf ag Iwerddon, rhannau o'r Alban a gogledd Cymru.

MORWENNOL FECHAN *Sterna albifrons* Little tern Hyd 24cm
Y forwennol leiaf ac mae'n hawdd ei hadnabod wrth ei maint. O agos, mae'r pig melyn â blaen du, y coesau melyn a'r talcen gwyn yn amlwg ond mae gan adar ifanc gefn brith a choesau a phig di-liw. Ymwelydd haf â'r arfordir rhwng Ebrill ac Awst, yn bennaf â de-ddwyrain Lloegr, yr Alban, Iwerddon a gogledd-ddwyrain Cymru. Mae'n hoff o nythu ar draethau caregog, tawel. Bydd yn hofran cyn plymio i'r môr ar ôl pysgod. Yng Nghymru, nytha mewn un llecyn yn unig, ger Prestatyn.

CORSWENNOL DDU *Chlidonias niger* Black tern Hyd 24cm
Ymwelydd mudol prin, yn bennaf ym mis Mai ac Awst. Gwelir adar unigol yn bennaf, ond weithiau, ceir heidiau bychan. Adeg nythu, mae gan yr oedolion gorff du, adenydd llwyd tywyll, pen ôl a chynffon gwyn. O ganol yr haf ymlaen, bydd corff yr oedolion yn wyn onibai am ychydig o ddu ar y gwegil a'r corun. Mae'r aderyn ifanc yn debyg i'r oedolyn gaeafol heblaw am flaenau golau plu'r cefn a'r crwmp a'r gynffon lwyd. Fe'i gwelir dros lynnoedd a chronfeydd, yn aml yn hela pryfed dros y dŵr. Gall ymddangos mewn unrhyw ran o Brydain ac Iwerddon ond fel rheol, fe'i gwelir yn ne ddwyrain Lloegr.

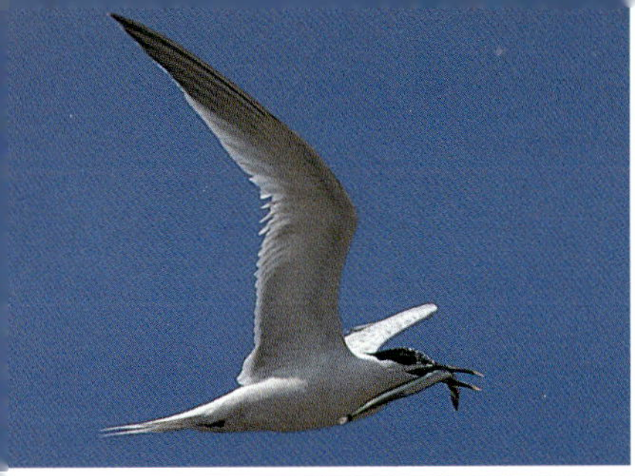
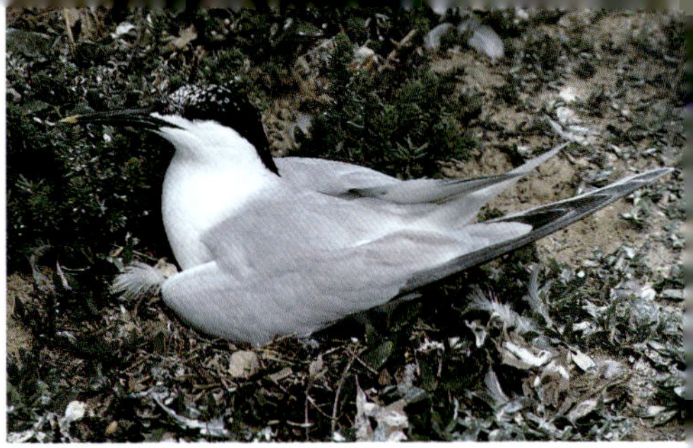
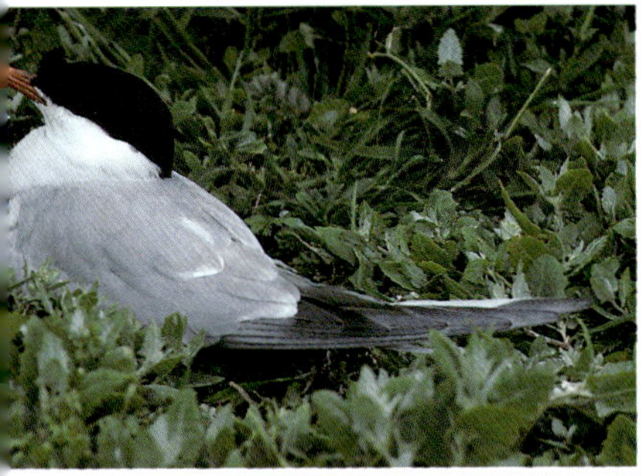
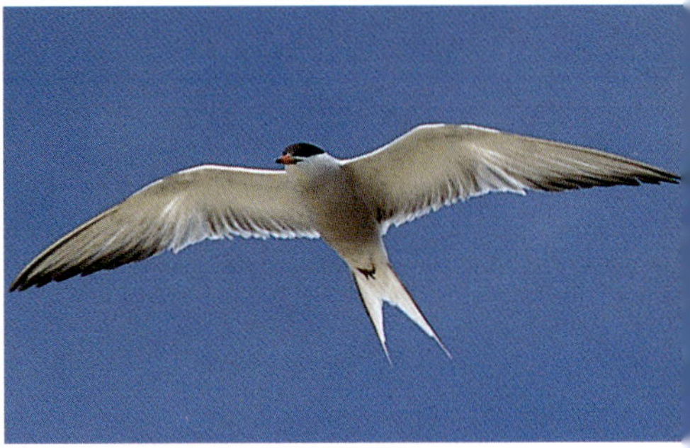
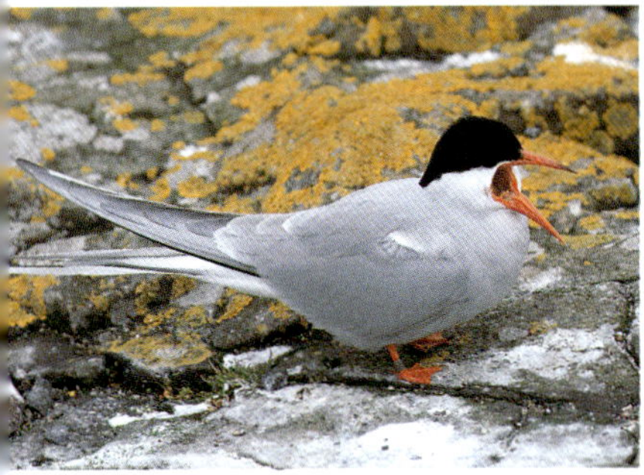
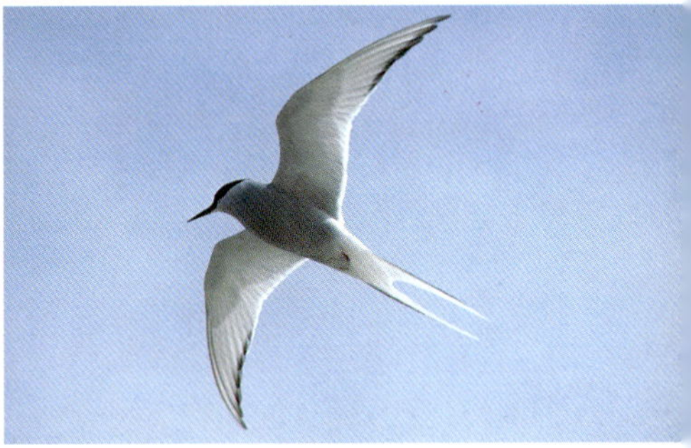
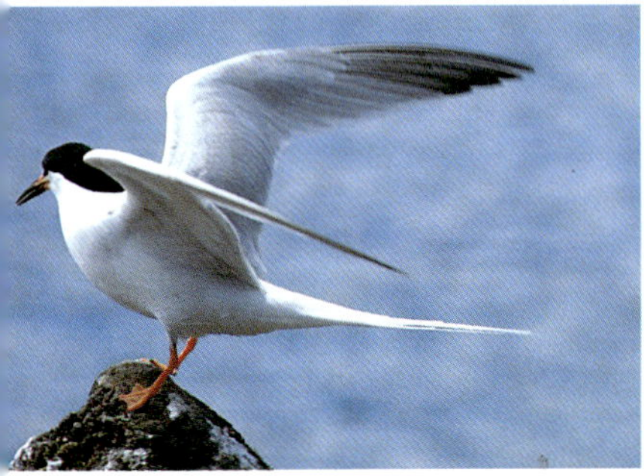
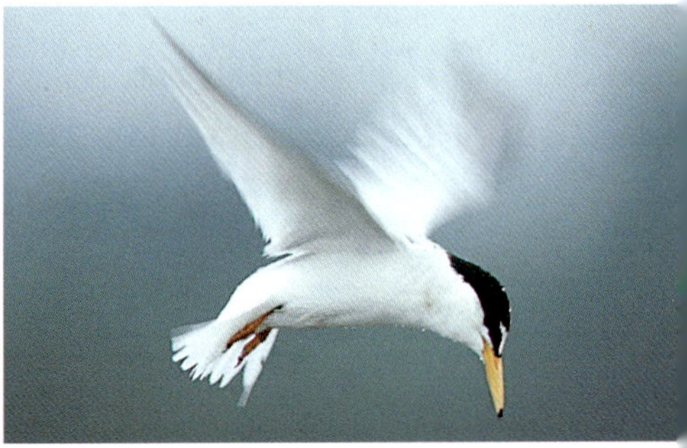
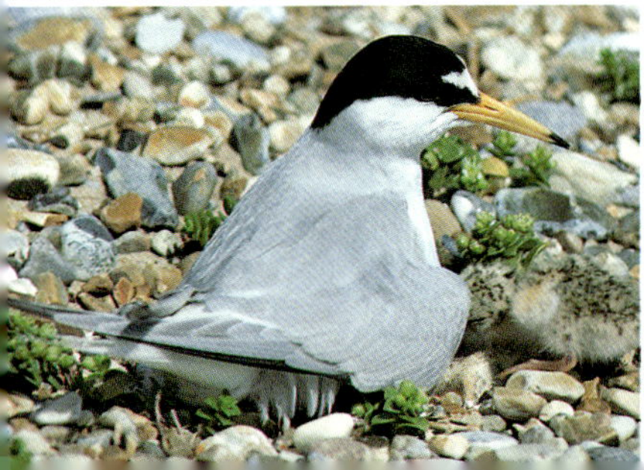
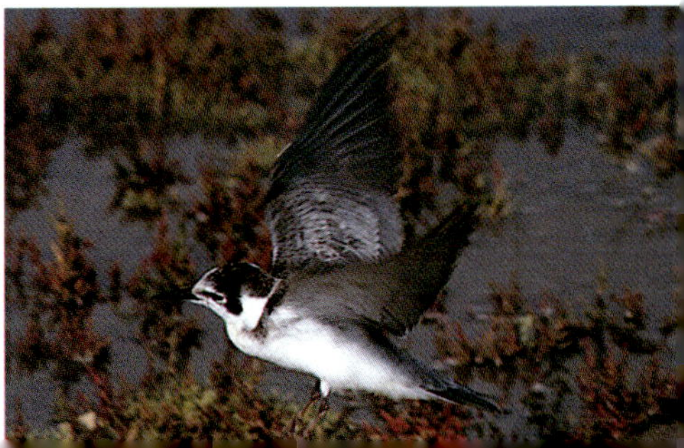

ADAR

LLURS *Alca torda* Razorbill   Hyd 41cm
Aderyn sy'n hawdd ei weld mewn nythfeydd mawrion ar glogwyni morol rhwng Ebrill a Gorffennaf. Yn yr haf, mae ganddo ben a chefn du a bol gwyn. Mae'r pig du yn fawr a thrwchus ac, o agos, gwelir llinellau gwyn arno. Y tu allan i'r tymor nythu, mae'n colli llawer o'r du a bydd yn treulio misoedd y gaeaf allan ar y môr mawr. Cura'i adenydd bach yn gyflym iawn er mwyn hedfan. Mae'n bwyta pysgod bychan ac yn eu cario 'nôl i'r cyw yn ei big. Nytha mewn parau ar glogwyni serth, yn bennaf yng ngorllewin a gogledd Prydain, ond nid yw byth mor niferus â'r pâl na'r gwylog. Yng Nghymru, gellir ei weld ar hyd yr arfordir lle ceir clogwyni serth.

GWYLOG *Uria aalge* Guillemot   Hyd 42cm
Carfil cyffredin iawn sy'n nythu mewn nythfeydd anferth o gannoedd, weithiau filoedd, o adar. Treulia'r gaeaf allan ar y môr a daw i'r lan i nythu ar glogwyni serth rhwng Ebrill a Gorffennaf. Yn yr haf, mae ganddo ben a chefn brown lliw siocled a bol gwyn. Mae'r pig du fel siâp cyllell syth. Mae cylch gwyn o amgylch llygaid rhai adar, yn enwedig yn y gogledd. Yn y gaeaf, mae'n pen yn wyn a cheir llinell ddu trwy'r llygad. Bydd yn dodwy un ŵy ar silff gul, fel rheol ymysg cannoedd o wylogod eraill. Mae'n gyffredin iawn o amgylch yr arfordir, yn enwedig lle ceir clogwyni serth.

PÂL *Fratercula arctica* Puffin   Hyd 30cm
Aderyn môr unigryw sy'n aml yn hollol eofn yn ei gynefin nythu. Mae ganddo gefn a gwddf du, bochau llwyd golau a bol gwyn. Mae'r coesau'n oren llachar a'r pig anferth yn felyn, glas a choch. Mae gan oedolion y gaeaf a'r adar ifanc fochau budur a phig llawer llai lliwgar. Daw i'r tir i nythu rhwng Ebrill a Gorffennaf mewn tyllau o dan y ddaear - hen dyllau cwningod yn aml. Bydd cannoedd os nad miloedd o balod yn nythu ar lethrau gwelltog, fel rheol ar ynysoedd, lle byddant yn dodwy un ŵy. Pysgod bach ydi eu prif fwyd a byddant yn eu cludo nôl i'r nyth yn eu pig anferth. Mae'r pâl yn aderyn cyffredin mewn llecynnau arbennig yng ngogledd a gorllewin Pryain. Yng Nghymru, mae Ynys Sgomer, Ynys Gwylan ac Ynys Lawd yn llefydd da i weld y pâl.

CARFIL BACH *Alle alle* Little auk   Hyd 20cm
Y carfil lleiaf yn Ewrop. Nytha yn yr Arctig pell ac mae'n ymwelydd gaeaf prin â Phrydain ac Iwerddon. Fel rheol, bydd yn gaeafu allan ar y môr mawr ond fe'i gwelir yn agos at y lan yn dilyn stormydd. Mae'n edrych fel pe na bai ganddo wddf ac mae ei big yn fach iawn. Wrth hedfan, mae'r corff fel pelen gron ar adenydd bach. Yn y gaeaf, mae gan y carfil bach gap, gwegil a chefn du a bol gwyn. Dim ond o agos y mae'r llinellau gwyn ar yr adenydd a'r hanner cylch uwch y llygad yn amlwg. Bydd yn plymio'n aml ac am amser hir.

GWYLOG DU *Cepphus grylle* Black guillemot   Hyd 34cm
Yn y tymor nythu, mae'n ddu i gyd heblaw am fflach o wyn ar yr adain. Yn y gaeaf, mae'r cefn yn llwydaidd a'r bol yn wyn ac, er bod y fflach wen i'w gweld, dim ond ar flaen yr adenydd ac ar y gynffon mae'r plu'n parhau'n ddu. O agos, gellir gweld y coesau coch a'r lliw oren-goch y tu mewn i'r pig. Bydd yn plymio'n ddwfn i ddal pysgod ac yn nythu mewn nythfeydd bach ymysg creigiau ar glogwyni. Mae'n eithaf cyffredin yng ngogledd yr Alban ond mae nifer fach yn nythu ar Fedw Fawr, Ynys Môn.

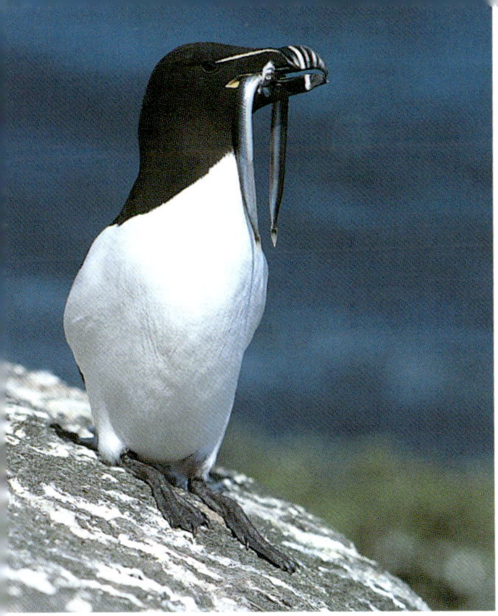
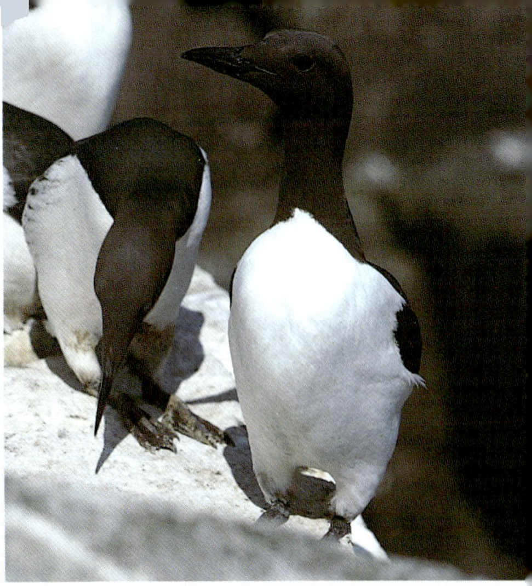
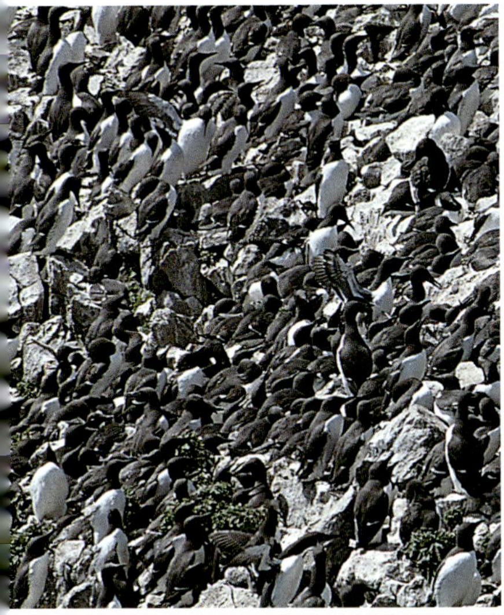
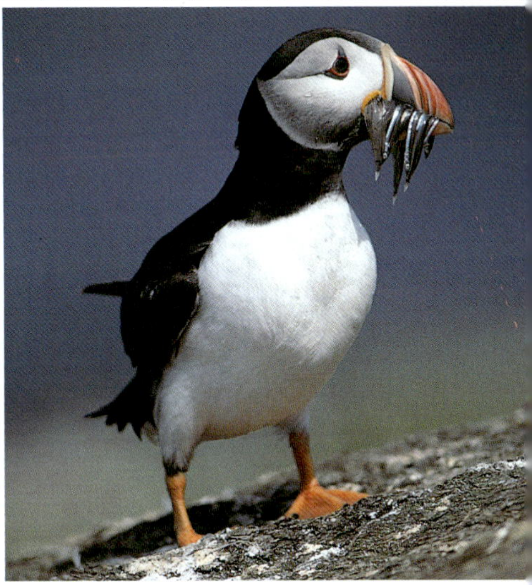
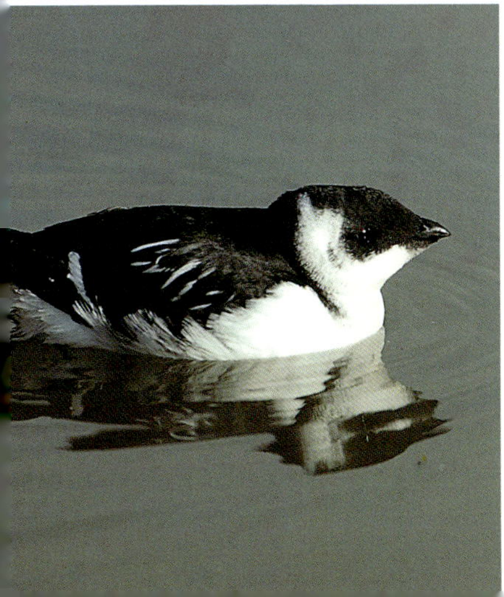
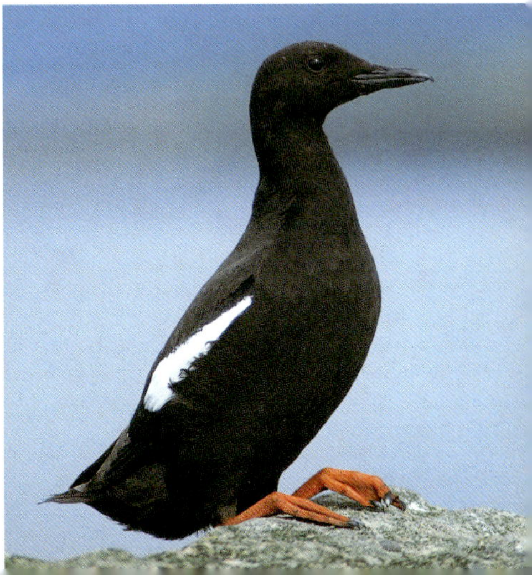

ADAR

COLOMEN Y GRAIG *Columba livia* Feral pigeon/Rock dove Hyd 33cm
Erbyn heddiw, mae colomen y graig wyllt yn aderyn prin a welir yn bennaf ar glogwyni arfordirol gorllewin yr Alban a rhannau o Iwerddon. Ers talwm, roedd yn gyffredin iawn ond mae colomennod dof wedi dianc i'r gwyllt a chymryd lle'r rhai gwyllt. Gellir adnabod colomen y graig wyllt wrth ei phlu llwydlas, dwy linell lydan, ddu ar yr adain, crwmp gwyn a chynffon lwyd ag iddi flaen du. Mae rhai o'r colomennod dof sydd wedi ymgartrefu yn y gwyllt yn debyg i golomen y graig ond mae'r rhan fwyaf yn dangos lliwiau amrywiol iawn. Y rhain yw colomennod y trefi mawrion.

COLOMEN WYLLT *Columba oenas* Stock dove Hyd 33cm
Aderyn y ffermdir sy'n hoff o dir agored ac ychydig o goed. Mae'n fwyaf niferus lle bo cnydau'n tyfu. Mae'n aderyn digon di-nod. Mae'r corff yn llwydlas a does dim gwyn ar y crwmp na'r goler. Ceir dwy linell ddu, fain ar yr adain. Nytha mewn tyllau mewn coed a galwa *ŵŵ-lwc* yn y tymor nythu. Gwelir heidiau ohonynt yn pori cnydau, yn aml ymysg ysguthanod.

YSGUTHAN *Columba livia* Woodpigeon Hyd 41cm
Colomen fawr, dew sy'n gyfarwydd iawn yn y wlad ac mewn trefi. Mae ganddi gefn llwyd a bron binc, coler wen a llinell wen amlwg yn yr adain. Pan aflonyddir arni, bydd yn curo'i hadenydd yn swnllyd iawn. Yn y tymor nythu, mae'n hawdd adnabod yr alwad *ww-WW-ww, ww-WW-ww*. Mae'n adeiladu nyth flêr o frigau mân ac, os yw'r tywydd yn fwyn, gall fridio trwy'r flwyddyn. Mae'n bwyta hadau ac egin.

TURTUR DORCHOG *Steptopelia decaocto* Collared dove Hyd 32cm
Nythodd ym Mhrydain am y tro cyntaf yn y 1950au ond, erbyn heddiw, mae'n aderyn cyffredin iawn, yn enwedig yn agos at drefi a phentrefi. Mae parau o'r durtur dorchog yn aml i'w gweld mewn gerddi. Mae ganddi gorff brown golau, ychydig yn fwy pinc ar y bol a'r wyneb, a choler ddu ar y gwegil. Wrth hedfan, mae blaenau du'r adenydd a phlu allanol gwyn y gynffon yn amlwg. Wrth arddangos, bydd yn gleidio ar adenydd siâp bwa. Mae'n galw *ww-ww-ww* yn ddi-baid.

TURTUR *Streptopelia turtur* Turtle dove Hyd 27cm
Ymwelydd haf hardd sydd, erbyn heddiw, yn brin iawn. Fe'i gwelir yn bennaf rhwng Mai ac Awst yn ne-ddwyrain Lloegr. Mae'n aderyn llai o faint na'r durtur dorchog. Mae patrwm brown a melynfrown ar y cefn ac mae'r corff yn llwyd golau a phinc. Du yw'r gynffon hir, ac arni gorneli gwyn. O agos, gellir gweld patrwm du a gwyn ar y gwddf. Mae ei galwad yn swnio fel cath yn canu grwndi. Mae'n hoff o dir âr lle ceir perthi tal, trwchus.

COG *Cuculus canorus* Cuckoo Hyd 33cm
Mae cân *cw-cw* y ceiliog yn gyfarwydd am ryw chwe wythnos ar ôl iddo gyrraedd yn ôl o'r Affrig ganol Ebrill. Fel rheol, mae'n aderyn swil ond weithiau fe'i gwelir yn eistedd ar bostyn neu'n hedfan heibio'n gyflym. Yn yr awyr, mae'n debyg i walch glas. Mae gan y ceiliogod a'r rhan fwyaf o'r ieir gefn llwydlas a bol gwyn â llinellau llwydlas. Mae gan yr adar ifanc a rhai ieir gefn brown, bol gwyn a llinellau tywyll ar hyd y corff. Mae gan adar ifanc ddarn golau ar y gwegil. Er bod gan y gog ddosbarthiad eang trwy Brydain, mae'n prinhau'n arw.

TROELLWR MAWR *Caprimulgus europaeus* Nightjar Hyd 27cm
Ymwelydd haf rhwng diwedd Mai a Medi. Mae'n aderyn anodd ei weld gan ei fod yn gorffwys yn ystod y dydd ac am fod ganddo guddliw brown a llwyd. Nytha ar y ddaear ac, os bydd rhywbeth yn tarfu arno, bydd yn eistedd yn stond tan yr eiliad olaf cyn hedfan. Bydd yn hela pryfed gyda'r hwyr. Yn yr awyr, mae'r adenydd a'r gynffon yn ymddangos yn hir; ceir smotiau gwyn ar adenydd a chynffon y ceiliog. Gyda'r hwyr, bydd y ceiliog yn gwneud sŵn fel tröell yn troi'n gyflym. Yng Nghymru, mae'n nythu'n bennaf lle mae coed bythwyrdd wedi cael eu cwympo'n ddiweddar.

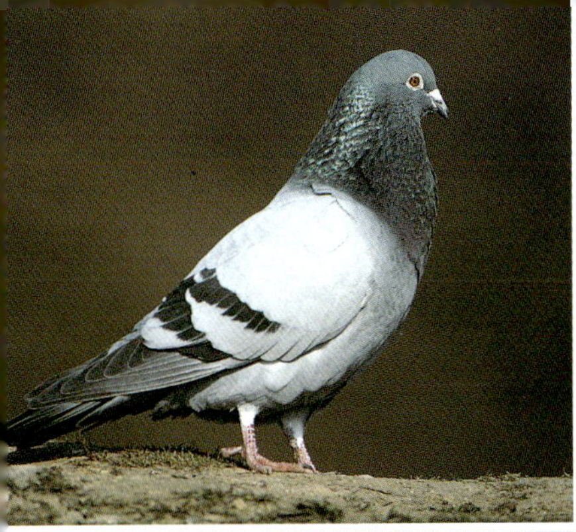
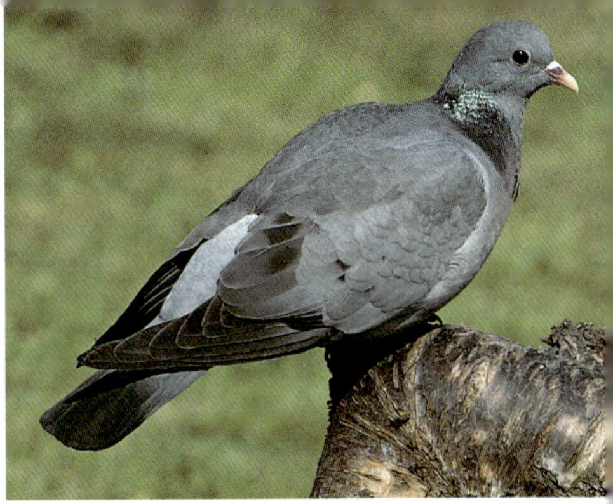
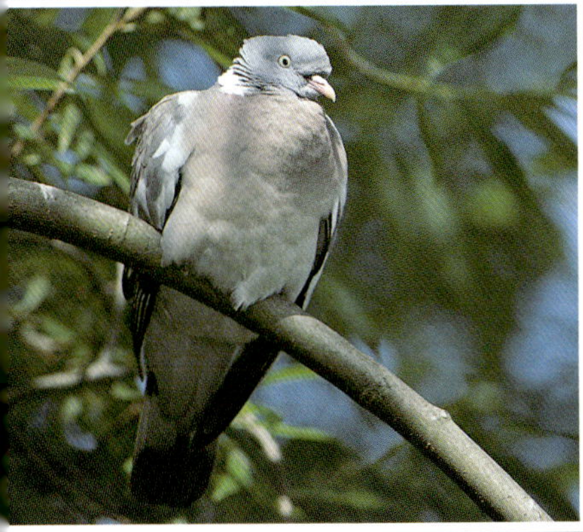
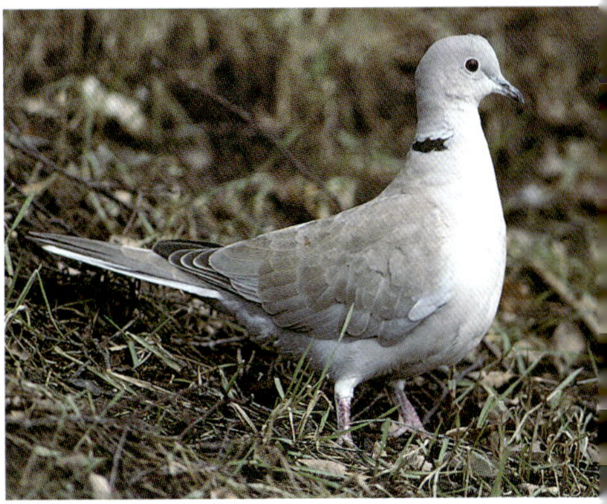
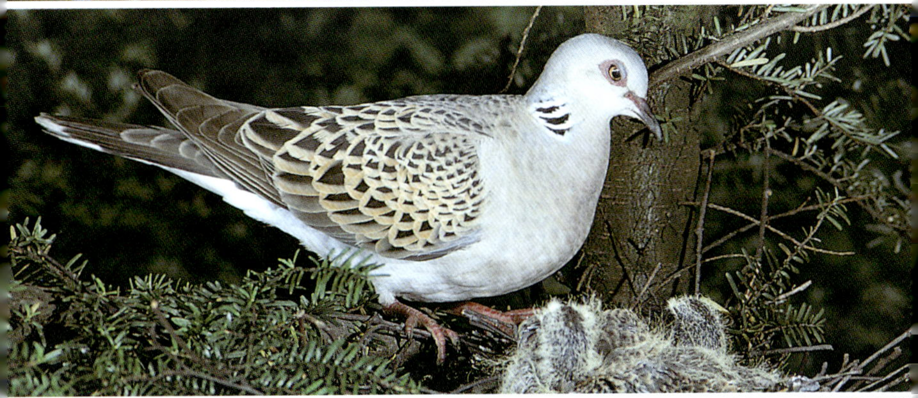
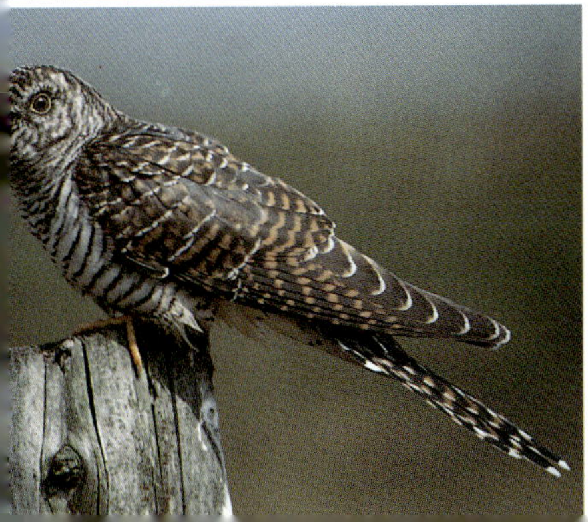
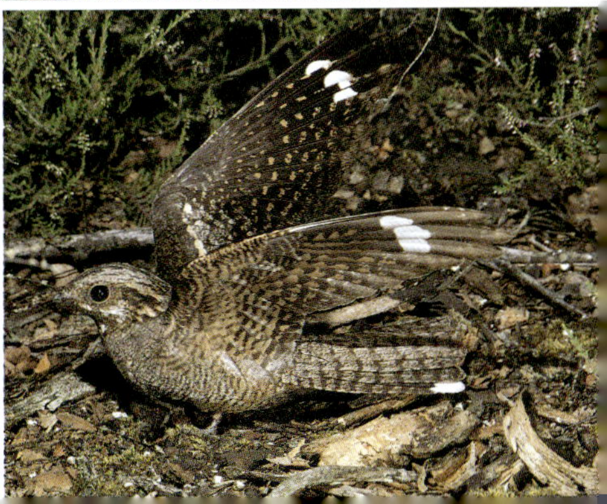

Adar

Tylluan wen *Tyto alba* Barn owl Hyd 34cm
Tylluan hardd sy'n ymddangos fel ysbryd gyda'r hwyr. Hedfana'n araf ar adenydd hir ond dim ond o agos y gwelir y cefn melynllwyd smotiog. Wyneb gwyn, siâp calon sydd ganddi. Bydd yn hedfan yn isel dros gaeau gwair, corsydd ac ochrau ffyrdd yn chwilio am lygod ac, ar adegau, gwelir un wedi'i lladd ar y ffordd. Nytha mewn twll mewn coeden neu mewn hen adeilad. Gyda'r hwyr, bydd yn gwneud sŵn gwichian a rhygnu arall-fydol. Mae'n eithaf cyffredin mewn mannau addas yn iseldir Cymru.

Tylluan gorniog *Asio otus* Long-eared owl Hyd 36cm
Dyma dylluan sy'n hela yn y tywyllwch yn unig ond weithiau, yn y gaeaf, gellir ei gweld yn clwydo mewn mannau amlwg. Mae ganddi gefn brown tywyll a bol mwy golau ond ceir llinellau a smotiau tywyll ar hyd y corff. Mae'r danadain yn olau ac, o agos, gellir gweld y llygaid mawr oren a'r plu 'clustiau' amlwg. Pan aflonyddir arni, bydd y dylluan hon yn sefyll yn syth. Nytha mewn hen nythod brain mewn coed bythwyrdd trwchus fel rheol ac er bod gan y dylluan gorniog ddosbarthiad eang, mae'n aderyn prin yng Nghymru.

Tylluan glustiog *Asio flammeus* Short-eared owl Hyd 38cm
Tylluan fawr sydd â llinellau tywyll ar hyd y corff ac sy'n aml i'w gweld yn hela liw dydd. Mae'n ffafrio ardaloedd o laswelltir a rhostir agored lle bydd yn hela llygod ac, yn aml, yn sefyll yn hir ar bostyn. Mae'r corff yn frown golau a llwydfrown ac arno linellau a smotiau tywyll ac, o agos, gwelir yr wyneb crwn a'r llygaid mawr, melyn yn glir. Hedfana'n araf ac yn isel ar adenydd hir ond, wrth arddangos, gall godi'n uchel a chlapio'i adenydd. Er ei fod yn aderyn tawel, gall gyfarth fel ci. Nytha ar y ddaear ymysg gwair a grug, yn bennaf yn yr ucheldir ond mae llawer pâr yn nythu ar Ynys Sgomer yn Sir Benfro. Yn y gaeaf, mae'n gadael y tir uchel i hela corsydd ac aberoedd.

Tylluan frech *Strix aluco* Tawny owl Hyd 38cm
Y dylluan fwyaf cyffredin a chyfarwydd ym Mhrydain. Fe'i gwelir yn bennaf mewn coedwigoedd ond hefyd mewn parciau a gerddi. Mae lliw y plu'n amrywio'n fawr ond fel rheol maent yn gochfrown. O agos, gwelir y smotiau a'r llinellau'n amlwg ar y cefn tywyll a'r bol golau. Yng ngolau'r car, gall yr aderyn ymddangos bron yn wyn. Llygaid du. Treulia'r dydd yn clwydo ac, yn y nos, bydd yn hela llygod ac adar bach. Mae'r galwadau *ww-ww-ww* a *cî-wic* yn gyfarwydd iawn, yn enwedig tua diwedd y gaeaf wrth geisio perchnogi tiriogaeth.

Tylluan fach *Athene noctua* Little owl Hyd 22cm
Tylluan fach sy'n aml i'w gweld yng ngolau dydd. Cafodd ei chyflwyno o Ewrop yn y 19eg ganrif ond mae nawr yn gyffredin yn yr iseldir trwy Brydain hyd at dde'r Alban. Aderyn bach, tew sydd â chorff llwydfrown a smotiau mawr gwyn, a llygaid melyn. Eistedda ar byst a brigau marw, yn aml yn ysgwyd ei phen i fyny ac i lawr. Bydd yn hela pryfed a mwydod ar ffermdir yn bennaf a nytha mewn tyllau, naill ai mewn coed neu mewn waliau cerrig. Mae ganddi lawer o alwadau yn cynnwys *cî-ŵ* a sŵn fel cath.

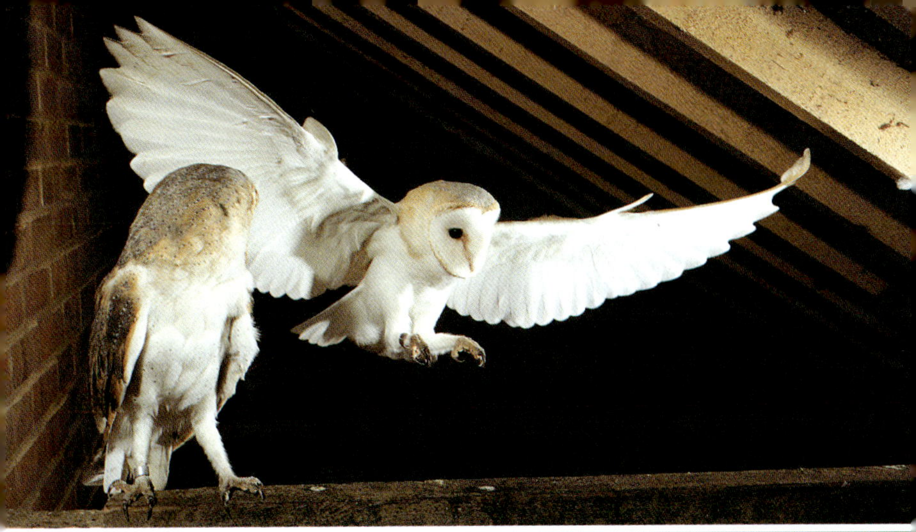

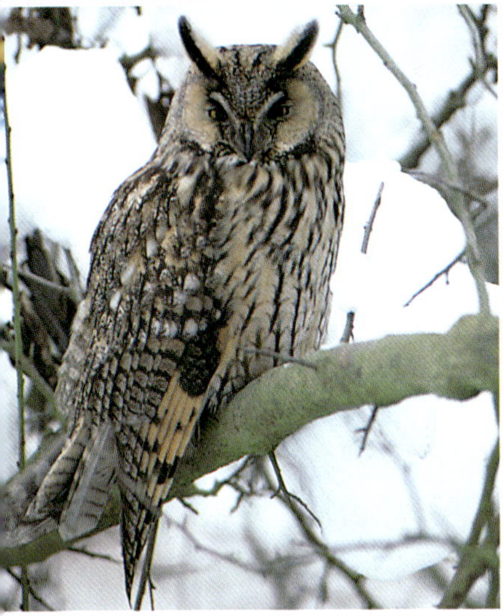

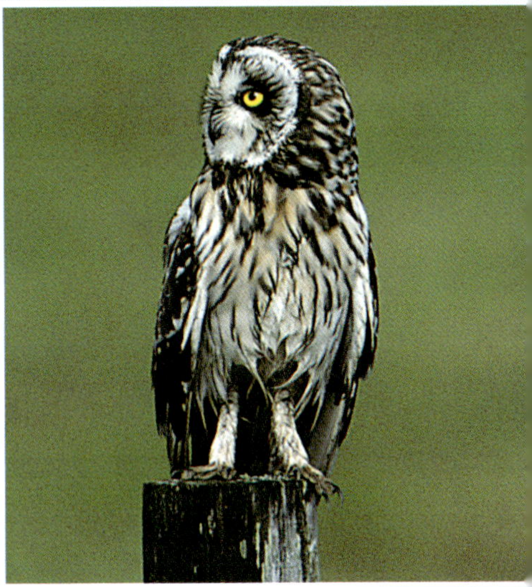

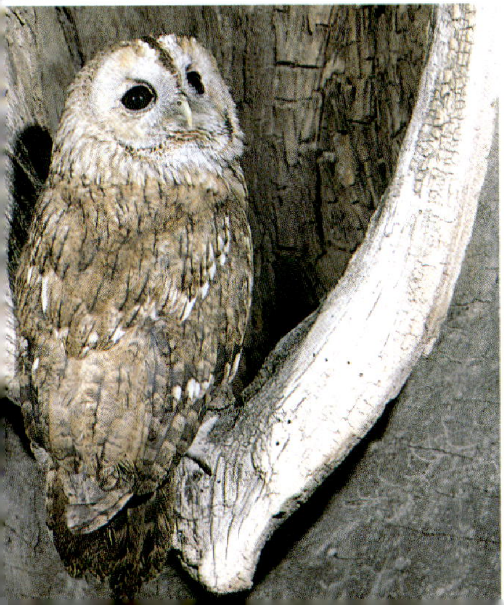

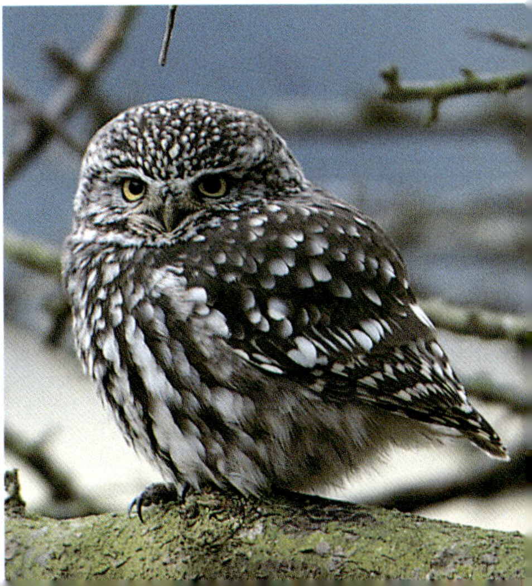

Adar

Glas y Dorlan *Alcedo atthis* Kingfisher Hyd 16-17cm
Aderyn hardd iawn sydd i'w weld gan amlaf yn hedfan yn gyflym ar hyd yr afon. Mae ganddo gefn glaswyrdd a bol oren, llinell wen dan y glust a gwddf gwyn. Bydd yn pysgota wrth blymio i mewn i'r dŵr o ben brigyn neu bostyn i ddal ei brae. Nytha mewn twll yn y dorlan. Aderyn cyffredin yn agos at afonydd, llynnoedd a chamlesi trwy Gymru a Lloegr ac, yn y gaeaf, gellir ei weld ar draethau caregog, cysgodol. Bydd yn dioddef yn arw os ceir gaeaf caled.

Cnocell Werdd *Picus viridis* Green woodpecker Hyd 32cm
Er gwaetha'i maint a'i phlu lliwgar, gall y gnocell werdd fod yn anodd iawn ei gweld. Treulia fwy o amser ar y ddaear na chnocellod eraill, yn aml yn defnyddio'i thafod hir i hel a bwyta morgrug. Mae ganddi gefn gwyrdd, bol gwyrdd golau a phatrwm du a choch ar y pen. Mae gan y ceiliog linell goch o dan ei big. Llinell ddu sydd gan yr iâr. Wrth hedfan i ffwrdd, mae'r crwmp melynwyrdd llachar yn amlwg. Defnyddia'r pig cadarn i dyllu nyth ac i chwilio am gynrhon yn y coed. Galwa *iyc-iyc-iyc*, fel pe bai'n chwerthin. Mae'n hoff o goed collddail ac er ei fod yn eithaf cyffredin yng Nghymru a Lloegr, mae'n prinhau yn y gorllewin.

Cnocell Fraith Fwyaf
Dendrocopus major Great spotted woodpecker Hyd 23cm
Y mwyaf a'r mwyaf niferus o'r ddau fath o gnocell ddu a gwyn Brydeinig. Mae'r cefn yn ddu â smotiau mawr gwyn, a'r wyneb yn wyn. Mae'r bol yn wyn heblaw am liw coch o dan y gynffon. Mae gan y ceiliog (A) ddarn bach coch ar y gwegil ac mae cap coch gan adar ifanc (B). Wrth hedfan, mae'r adenydd yn ddu a gwyn a gwelir darn gwyn amlwg ar yr ysgwydd. Defnyddia'r pig cryf i dyllu twll er mwyn nythu ac i chwilio am bryfed yn y coed. Yn y gwanwyn, bydd y ceiliog yn curo coed yn gyflym â'i big er mwyn cyhoeddi ei diriogaeth. Aderyn cyffredin iawn ym Mhrydain. Daw i'n gerddi i chwilio am fwyd.

Cnocell Fraith Leiaf
Dendrocopus minor Lesser spotted woodpecker Hyd 14-15cm
Cnocell fach, swil sy'n prinhau ledled Prydain. Mae ganddi gefn llwyd ac arno smotiau bach gwyn, bol gwyn a phatrwm du a gwyn ar yr wyneb. Mae gan y ceiliog gap coch. Mae'r gnocell fraith leiaf yn hel ei bwyd ymysg y dail yng nghopaon y coed ac felly mae'n anodd ei gweld. Nytha mewn twll mewn coeden ac, am gyfnod yn y gwanwyn, galwa *ci-ci-ci*, fel hebog. Dros y gaeaf, gall ymuno â heidiau o adar y coed eraill a bydd yn aml i'w gweld ymysg coed gwern a helyg ar hyd ein hafonydd.

Pengam *Jynx torquilla* Wryneck Hyd 16-17cm
Aderyn mudol unigryw sy'n aelod o deulu'r gnocell. Mae'r lliwiau llwyd, brown, hufen a du ar y corff yn gwneud iddo edrych yn union fel rhisgl coeden. Cafodd ei enw gan ei fod yn gallu troi ei ben ar ongl anhygoel. Mae'n chwilio am fwyd ar y ddaear yn bennaf, yn enwedig forgrug, a nytha mewn twll mewn coeden. Ers talwm, roedd yn nythu'n eithaf cyffredin yn ne Lloegr ond, erbyn heddiw, mae'n nythwr prin, afreolaidd. Mae rhai adar o Sgandinafia wedi dechrau nythu yng ngogledd yr Alban yn ddiweddar ond yng ngweddill Prydain, mae'n ymwelydd prin rhwng Mai ac Awst.

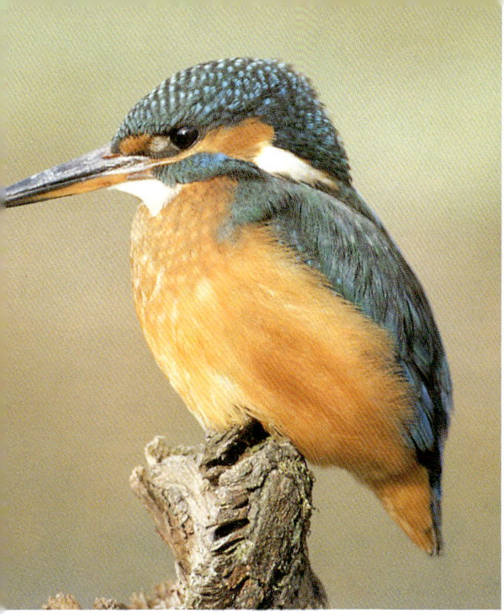
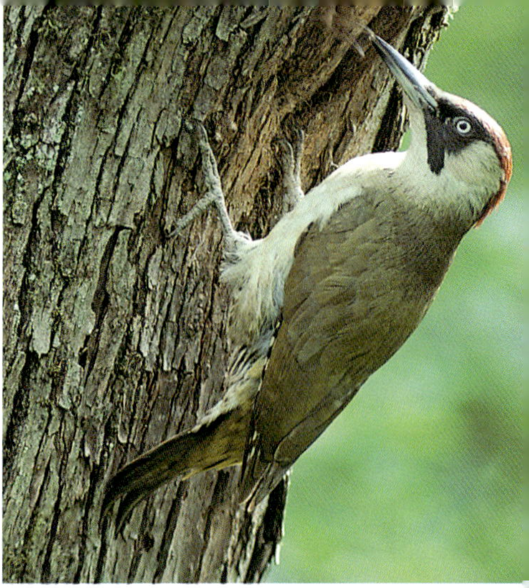
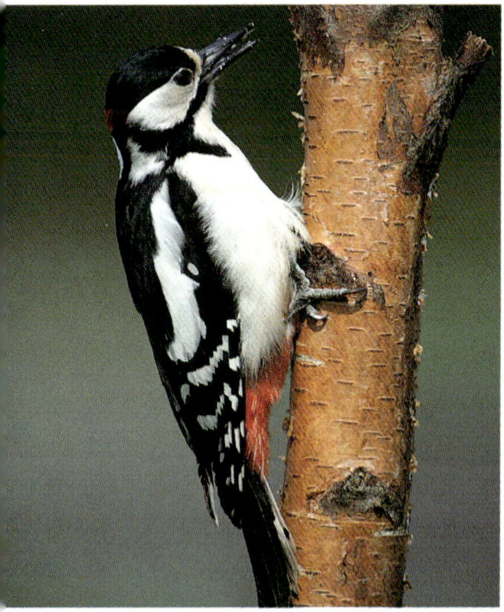
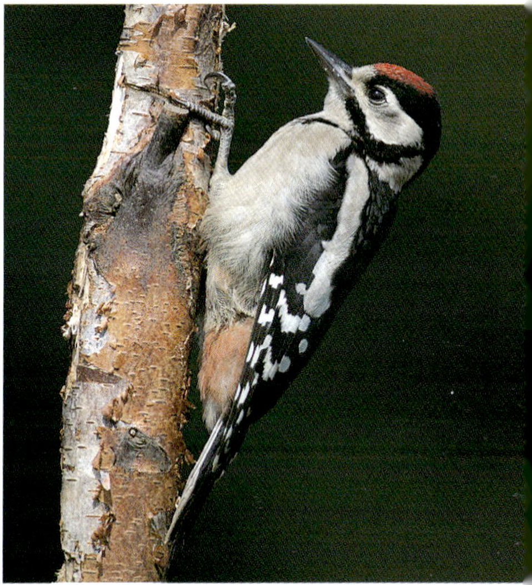
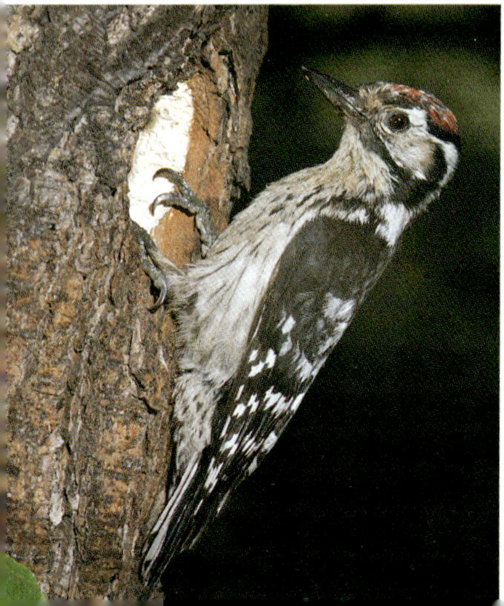
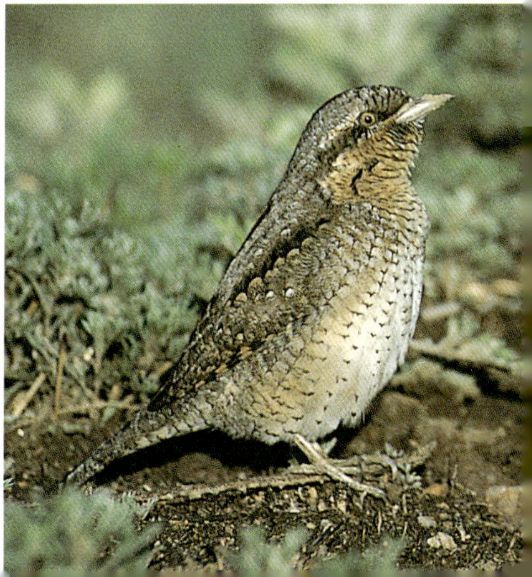

Adar

Gwennol ddu *Apus apus* Swift Hyd 16-17cm
Ymwelydd haf, rhwng Mai ac Awst, â Phrydain gyfan, heblaw am ogledd yr Alban. Treulia'r gaeaf yn yr Affrig, i'r de o'r Sahara. Nytha mewn tyllau o dan y bondo ar dai ac adeiladau addas eraill ond, heblaw am fridio, treulia'i holl fywyd ar yr adain. Mae'n hawdd ei hadnabod yn yr awyr wrth ei siâp angor a'i lliw tywyll. Dim ond o agos y gwelir y gwddf golau a'r fforch yn y gynffon. Yn aml, bydd heidiau'n cylchu yn yr awyr i hel pryfed neu'n sgrechian wrth hedfan ar ôl ei gilydd uwchben strydoedd. Mae'r crafangau ar y traed bychan yn ei galluogi i ddringo i fyny waliau ond, unwaith y bydd ar y ddaear, does dim gobaith iddi hedfan eto heb gymorth.

Gwennol *Hirundo rustica* Swallow Hyd 19cm
Ymwelydd haf cyffredin â Phrydain rhwng Ebrill a Hydref, ond bydd rhai adar yn aros hyd at ddechrau'r gaeaf. Hawdd ei hadnabod wrth ei hadenydd hir, main a'i chynffon hir, fforchog. Mae cynffon yr iâr a'r adar ifanc yn fyrrach na chynffon y ceiliog. Mae'r cefn yn las tywyll a'r bol yn wyn a cheir lliw coch ar y bochau a'r talcen. Bydd y ceiliog yn aml yn canu wrth orffwys ar wifrau. Adeilada nyth siâp hanner cwpan wedi'i wneud o fwd mewn beudai, cytiau neu o dan y bondo. Cyn mudo'n ôl i'r Affrig, bydd heidiau mawrion yn ymgasglu i hel eu bwyd o amgylch llynnoedd ac i glwydo mewn gwelyau hesg neu gaeau cnydau. Fe'u gwelir hefyd yn eistedd ar wifrau gyda gwenoliaid y bondo.

Gwennol y glennydd *Riparia riparia* Sand martin Hyd 12cm
Ymwelydd haf cyffredin â Phrydain, heblaw am ogledd a gorllewin yr Alban, rhwng Mawrth a Hydref. Gellir ei hadnabod yn yr awyr wrth ei chefn brown, ei bol gwyn a'r llinell frown lydan ar draws y fron. Ceir fforch fas yn y gynffon fer. Mae blaenau golau blu cefn adar ifanc. Nytha mewn nythfeydd o ddwsinau o barau mewn tyllau yn norlannau tywodlyd afonydd a llynnoedd. Mae'n dal pryfed trwy hedfan yn isel dros y dŵr uwchben llynnoedd ac afonydd a, chyn gadael am yr Affrig, bydd cannoedd yn ymgasglu dros lynnoedd dŵr croyw.

Gwennol y bondo *Delichon urbica* House martin Hyd 12-13cm
Ymwelydd haf cyffredin, rhwng Ebrill ac Awst, â Phrydain gyfan ond mae'n brin yng ngogledd yr Alban. Nytha o dan y bondo, yn aml yng nghanol trefi a phentrefi. Wrth hedfan, mae'n hawdd ei hadnabod wrth ei chefn glas tywyll, ei bol gwyn a'i chrwmp gwyn, amlwg. Bydd yn adeiladu nyth hanner crwn o fwd, wedi ei ludo i'r wal o dan y bondo. Mae nifer fechan yn dal i nythu mewn safleoedd traddodiadol fel clogwyni serth ac ogofâu. Yn fuan wedi cyrraedd yn ôl o'r Affrig, gwelir adar yn casglu pelenni o fwd i'w cymysgu â phoer a'u defnyddio naill ai i adnewyddu hen nyth neu i adeiladu nyth newydd. Fel y gwenoliaid eraill, fe'u gwelir yn aml yn dal pryfed uwchben llynnoedd.

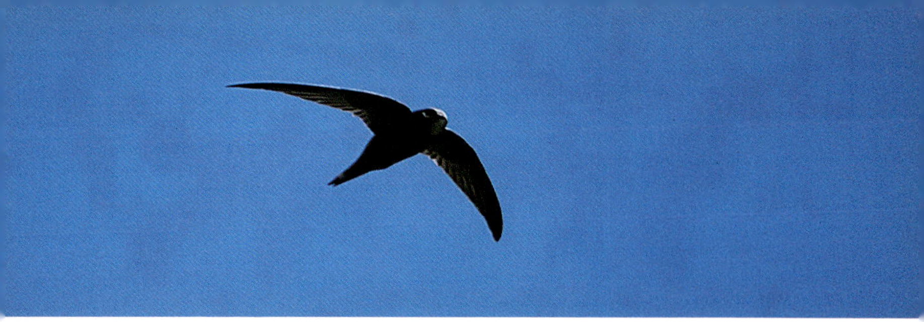
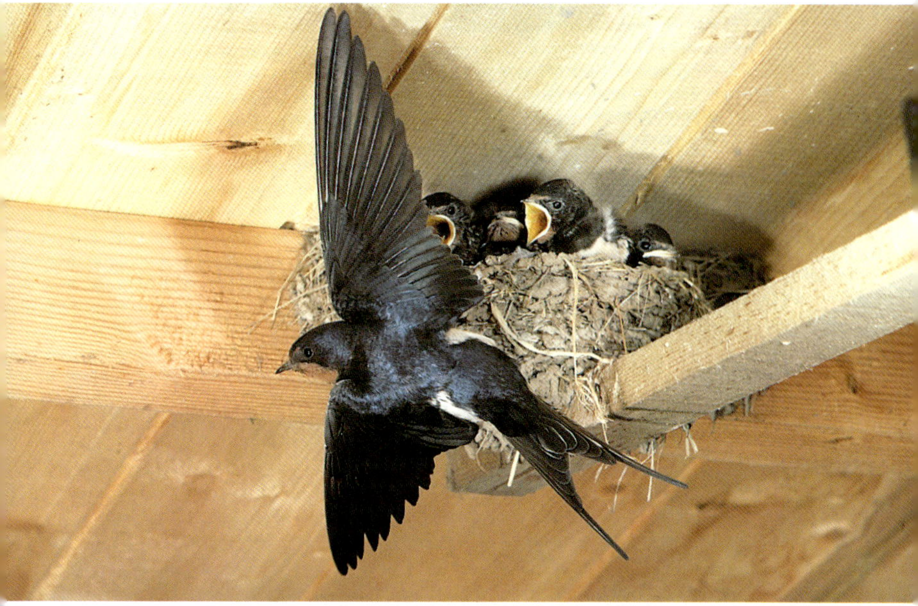
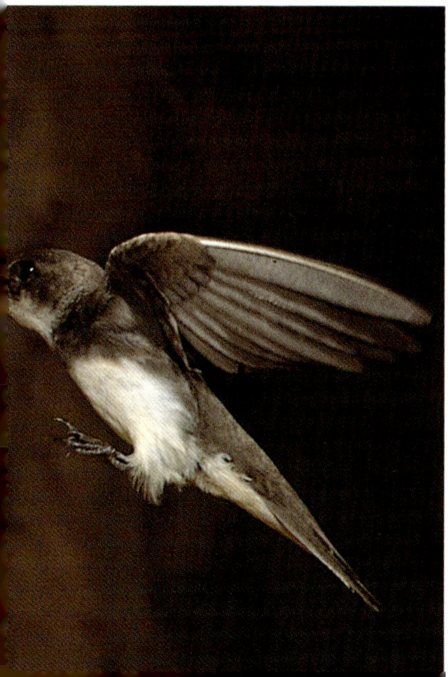
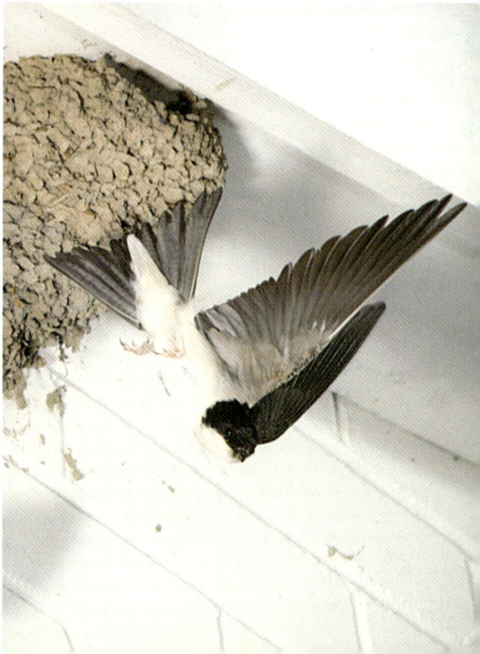

Adar

EHEDYDD Y TRAETH *Eremophila alpestris* Shorelark Hyd 16-17cm
Ymwelydd gaeaf prin iawn, yn bennaf â thraethau caregog a chaeau ar arfordir dwyrain Lloegr. Mae ganddo gorff llwydfrown, bol golau a phatrwm unigryw, melyn a du, ar yr wyneb. Mae'r lliwiau'n llawer mwy llachar yn yr haf ac, yn y tymor nythu, ceir dau 'gorn' du ar y pen. Galwa *tsî-tsî* wrth hedfan. Ymwelydd gaeaf prin iawn â Chymru.

EHEDYDD Y COED *Lullula arborea* Woodlark Hyd 15cm
Ehedydd bach â chynffon fer sy'n adnabyddus am ei gân iodlan wrth hedfan. Mae'n nythwr prin, yn bennaf ar rostiroedd ac ymysg coed pinwydd ifanc yn ne Lloegr ond mae wedi ymsefydlu yn ne Cymru'n ddiweddar ar ôl bod yn absennol ers dros ugain mlynedd. Mae ganddo gorff tywodfrown rhesog, llinell wen uwchben y llygad, clustiau cochfrown a darn du a gwyn ar benelin yr adain. Mae'n debygol o gynyddu yng Nghymru dros y blynyddoedd nesaf, yn enwedig lle mae coed pinwydd wedi cael eu cwympo'n ddiweddar.

EHEDYDD *Alauda arvensis* Skylark Hyd 18cm
Clywir ei gân swynol ar laswelltir trwy Brydain, ond mae wedi prinhau yn yr iseldir dros y deugain mlynedd diwethaf. Corff digon di-nod - cefn brown golau, rhesog a bol goleuach. Mae ganddo grib amlwg. Yng Nghymru, nytha'n bennaf yn yr ucheldir ac ar dwyni tywod ond fe'i gwelir mewn cnydau ac ar gaeau arfordirol trwy'r flwyddyn.

CORHEDYDD Y COED *Anthus trivialis* Tree pipit Hyd 15cm
Ymwelydd haf â choedwigoedd ifanc a ffriddoedd trwy Brydain ond mae'n brinnach yn y dwyrain ac yn absennol o Iwerddon. Aderyn tebyg i gorhedydd y waun ond ei fod yn fwy llwydfrown, yn enwedig ar y gwddf a'r fron. Bydd yn canu wrth gwympo fel parasiwt i lanio ar frigyn coeden. Aderyn eithaf cyffredin ar ffriddoedd Cymru.

CORHEDYDD Y WAUN *Anthus pratensis* Meadow pipit Hyd 14-15cm
Aderyn di-nod sydd â chefn brown, rhesog a bol golau, rhesog. Mae'n nythwr cyffredin iawn yn ucheldiroedd Prydain ac ar laswelltir gwyllt yn yr iseldir. Dros y gaeaf, bydd adar yr ucheldir yn heidio i'r arfordir ac yn ymuno ag ymwelwyr o'r cyfandir. Galwa *psît psît psît*, a bydd hefyd yn parasiwtio i lawr o'r awyr dan ganu. Yn wahanol i gorhedydd y coed, fodd bynnag, bydd yn cychwyn o'r ddaear neu o bostyn fel rheol ac nid o goeden.

CORHEDYDD Y GRAIG *Anthus petrosus* Rock pipit Hyd 16-17cm
Aderyn sy'n cadw at yr arfordir. Mae'n nythwr cyffredin yng ngogledd, de a gorllewin Prydain ond yn ymwelydd prin ag arfordir y dwyrain. Aderyn llwydaidd sy'n fwy o faint na'r corhedyddion eraill ac mae plu allanol y gynffon yn llwyd, nid yn wyn. Galwa *psît* a bydd yn parasiwtio i lawr o'r awyr wrth ganu, fel y corhedyddion eraill. Nytha ar glogwyni ond bydd yn chwilio am fwyd ar hyd ein traethau yn y gaeaf.

SIGLEN FRAITH *Motacilla alba ssp yarellii* Pied wagtail Hyd 18cm
Aderyn cyfarwydd ar gaeau chwarae, ffermdir a chaeau arfordirol. Cafodd y siglen fraith ei henw oherwydd ei phlu du a gwyn a'r arfer o siglo'i chynffon i fyny ac i lawr yn ddibaid. Galwa *tshisic* wrth hedfan. Cefn llwyd, nid du, sydd gan yr iâr; a llwyd a gwyn, nid du a gwyn, yw'r adar ifanc. Aderyn cyffredin ledled Prydain.

SIGLEN LWYD *Motacilla cinerea* Grey wagtail Hyd 18cm
Er gwaetha'r enw a'r cefn llwyd, y bol melyn yw'r darn mwyaf amlwg o'r aderyn hardd hwn. Yn y gwanwyn yn unig, mae gan y ceiliog wddf du. Mae'n nythu'n gyffredin ar afonydd a nentydd, yn yr ucheldir yn bennaf, yn enwedig yn y gorllewin a'r gogledd. Fe'i gwelir yn aml yn eistedd ar gerrig yng nghanol afon yn siglo'i chynffon i fyny ac i lawr. Galwa *tshsî-tsit* wrth hedfan.

SIGLEN FELEN *Motacilla flava* Yellow wagtail Hyd 16-17cm
Ymwelydd haf, rhwng Ebrill ac Awst, yn bennaf â chaeau corsiog de a dwyrain Lloegr. Nythwr prin ar hyd rhai o afonydd dwyrain Cymru. Mae gan y ceiliog gefn melynwyrdd a bol melyn llachar. Nid yw'r iâr na'r adar ifanc mor lliwgar. Fe'i gwelir yn aml ymysg gwartheg neu'n eistedd ar dyfiant uchel neu weiren bigog. Galwa *tsî-î* wrth hedfan.

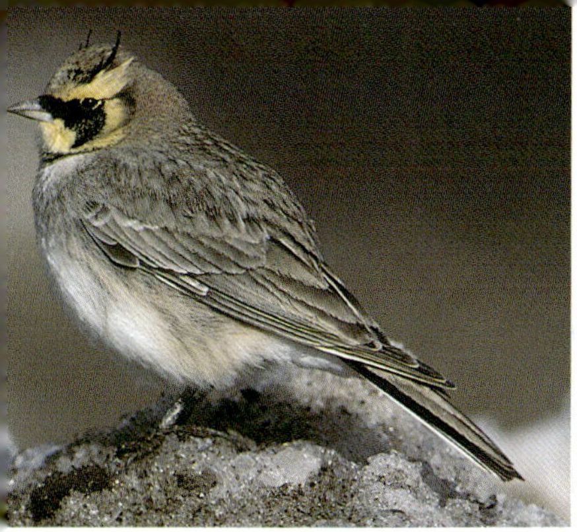
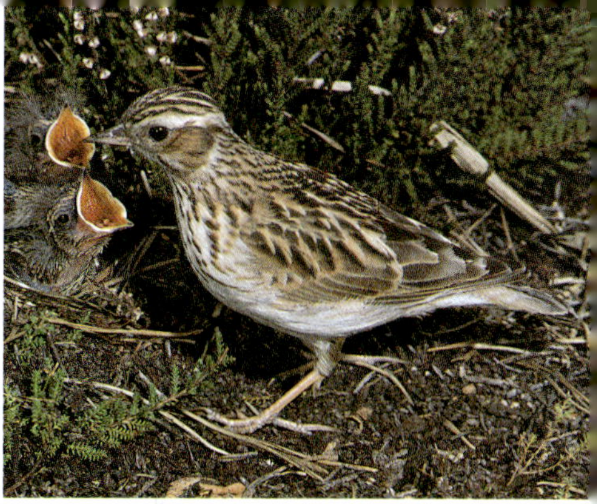
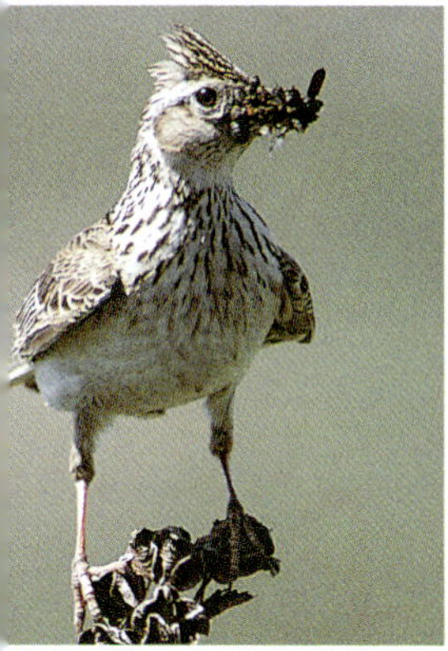
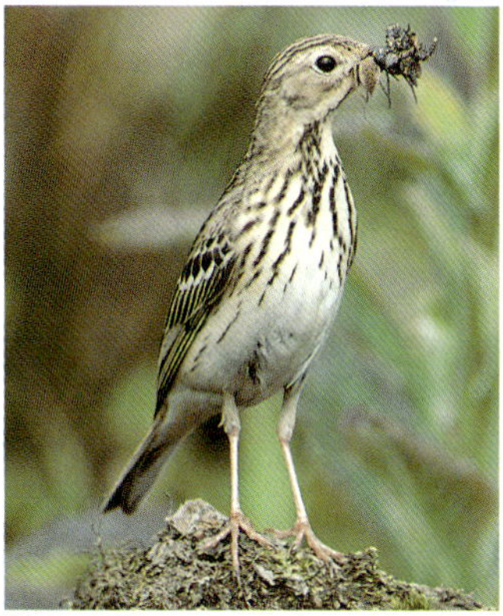
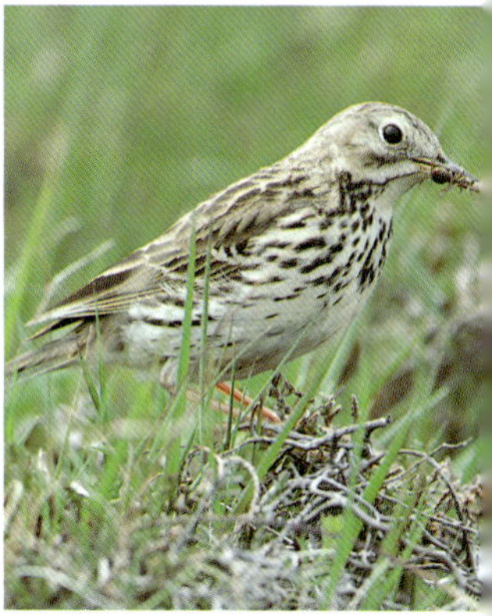
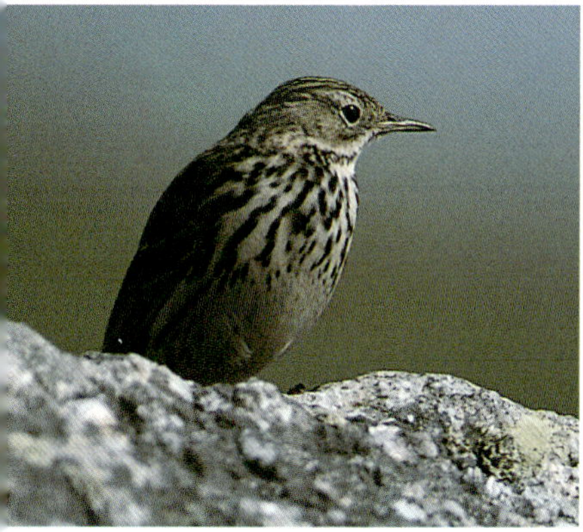
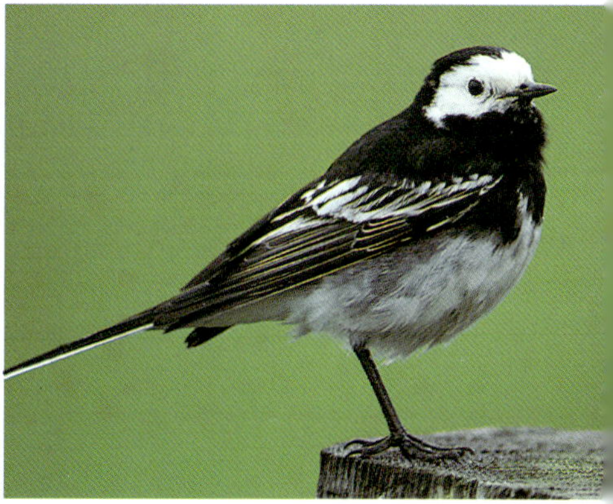
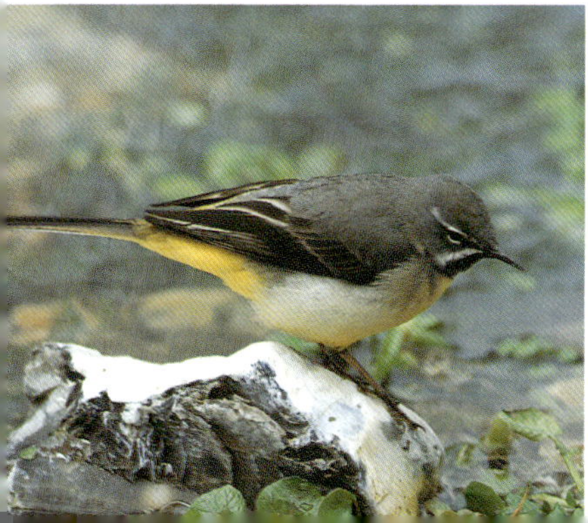
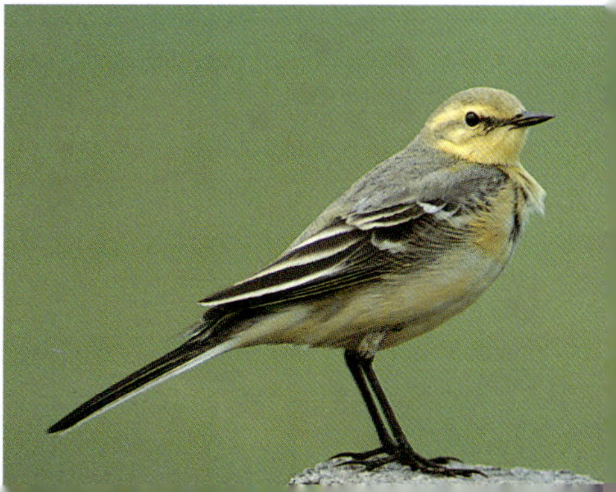

ADAR

CYNFFON SIDAN   *Bombycilla garrulus*   Waxwing   Hyd 18cm
Ymwelydd gaeaf, yn bennaf â dwyrain Lloegr, rhwng Hydref a Mawrth. Daw niferoedd mawr draw o ogledd-ddwyrain Ewrop pan fydd y cnwd aeron yn un sâl a, bryd hynny, gellir gweld y gynffon sidan yn unrhyw le. Yn aml, fe'i gwelir ar lwyni llawn aeron mewn gerddi yng nghanol trefi. Mae ganddi gorff orenbinc a chrib amlwg, mwgwd a gwddf du, a lliw cochfrown o dan y gynffon sydd â blaen melyn. Ceir ymylon gwyn a melyn i'r adenydd, yn ogystal â darn sy'n debyg i gwyr coch. Mae'n edrych yn debyg i ddrudwen wrth hedfan.

CIGYDD CEFNGOCH   *Lanius collurio*   Red-backed shrike   Hyd 17cm
Nythwr prin iawn ond mae nifer fechan yn galw heibio yn y gwanwyn a'r hydref, yn bennaf i dde-ddwyrain Lloegr. Bu'n nythu'n rheolaidd yng Nghymru hyd at ddechrau'r 1980au ac mae o leiaf un pâr wedi nythu yng Ngwent yn ddiweddar. Mae'r ceiliog yn aderyn hardd sydd â chefn cochfrown, bol golau, cap llwydlas a mwgwd du. Mae'r gynffon yn ddu a darnau gwyn ar ochrau ei bôn. Mae'r iâr yn llawer mwy di-nod â chorff brown a marciau chwarter lleuad tywyll ar y bol. Mae'n bwyta pryfed mawr ac adar bach.

CIGYDD MAWR   *Lanius excubitor*   Great grey shrike   Hyd 24cm
Ymwelydd gaeaf prin, rhwng Hydref a Mawrth, yn bennaf â dwyrain a de Lloegr. Fe'i gwelir mewn mannau agored a bydd yn eistedd mewn ambell lwyn fel aderyn ysglyfaethus. Mae'n edrych yn wyn o bell ond, o agos, gellir gweld y cap llwyd, y mwgwd du a'r darnau du a gwyn ar yr adenydd. Mae'n dal adar a mamaliaid bach ac yn eu trywanu ar ddrain. Mae'n ymwelydd prin, ond blynyddol, â Chymru.

DRUDWEN   *Sturnus vulgaris*   Starling   Hyd 22cm
Aderyn cyfarwydd a chyffredin yng nghefn gwlad a threfi Prydain. Dros y gaeaf, bydd adar o'r cyfandir yn ymuno â'r adar Prydeinig i ffurfio heidiau anferth sy'n clwydo mewn corsydd a choed neu ar adeiladau. Dros y tymor nythu, mae corff yr oedolion yn laswyrdd symudliw (A) ond dros y gaeaf, mae'n fwy di-nod, a smotiau gwyn arno (B). Mae'r pig yn felyn yn yr haf ond yn troi'n ddu dros y gaeaf. Brown yw lliw corff yr adar ifanc. Mae gan ddrudwy gân amrywiol iawn a gallant ddynwared synau eraill, yn cynnwys synau pobl.

EURYN   *Oriolus oriolus*   Golden oriole   Hyd 24cm
Nythwr prin, rhwng Mai ac Awst, yn East Anglia ac ymwelydd prin, yn bennaf ag ardaloedd arfordirol, yng ngweddill Prydain. Mae gan y ceiliog gorff melyn llachar a du, a phig coch. Mae corff yr iâr yn wyrdd a du. Er gwaetha'r lliwiau llachar, mae'n aderyn anodd iawn ei weld ymysg dail y coed. Mae gan y ceiliog gân nodedig, *'wî-lo-wîow'*. Mae'n hoff o goed poplys.

LLWYD Y GWRYCH   *Prunella modularis*   Dunnock   Hyd 14-15cm
Nythwr cyffredin ledled Prydain heblaw am Ynysoedd Shetland, ond aderyn eithaf swil. Mae gan yr oedolyn gefn brown rhesog, bol llwydlas, ystlys resog a phig main. Bwyda'n dawel, yn aml ar y ddaear, gan chwilio am bryfed a hadau. Mae'n fwyaf amlwg yn y gwanwyn pan fydd y ceiliog yn canu'n swynol o frigyn amlwg. Galwad *tsîr* main. Cyffredin mewn gerddi, perthi a choedwigoedd.

DRYW   *Troglodytes troglodytes*   Wren   Hyd 9-10cm
Aderyn bach, tew. Mae ganddo gorff brown ac mae'n dal ei gynffon i fyny. Nythwr cyffredin iawn trwy Brydain gyfan ac fe'i gwelir o gopaon y mynyddoedd hyd at y traethau. Mae'n edrych yn debyg i lygoden wrth gropian trwy'r llwyni'n chwilio am bryfed. Mae'r gân yn anhygoel o gryf i aderyn mor fach.

BRONWEN Y DŴR   *Cinclus cinclus*   Dipper   Hyd 18cm
Aderyn tywyll, tew ac iddo fol gwyn. Fe'i gwelir yn aml yn sefyll ar gerrig yng nghanol afonydd. Mae'n bobian i fyny ac i lawr ac yn plymio o dan y dŵr ar ôl pryfed. Dim ond o agos y mae'r lliw cochfrown ar y fron yn amlwg. Hedfana'n gyflym ac yn isel dros y dŵr. Mae'n gyffredin ar afonydd Iwerddon ac yng ngorllewin a gogledd Prydain.

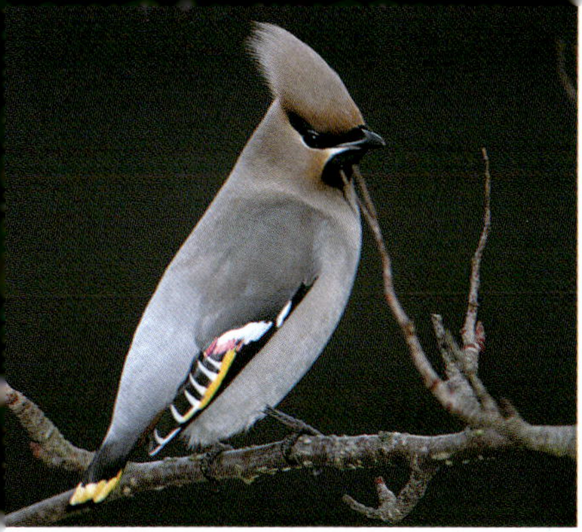
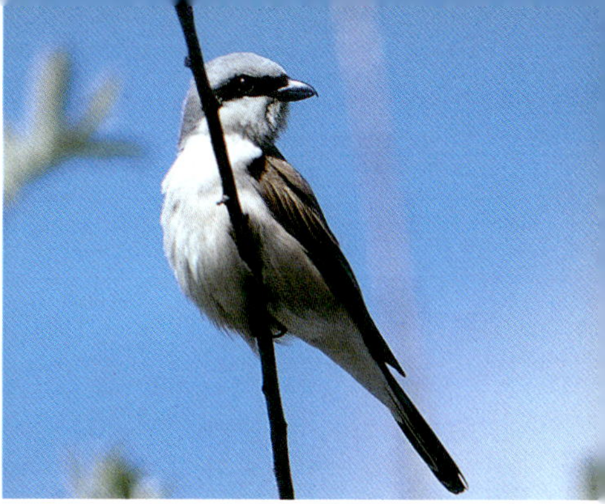
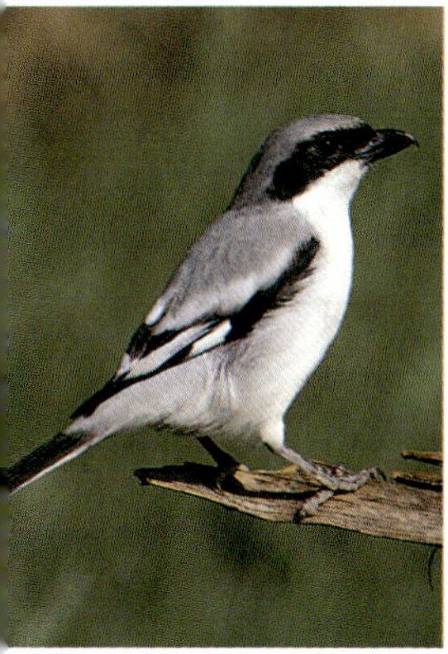
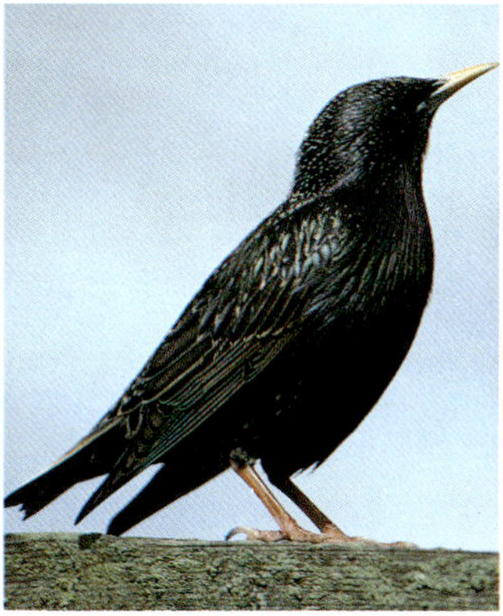
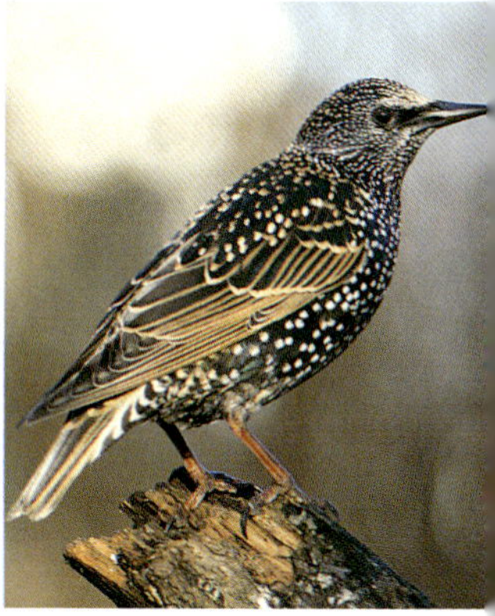
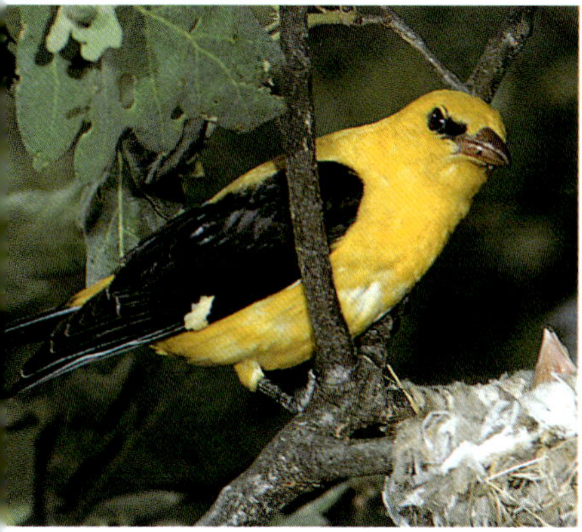
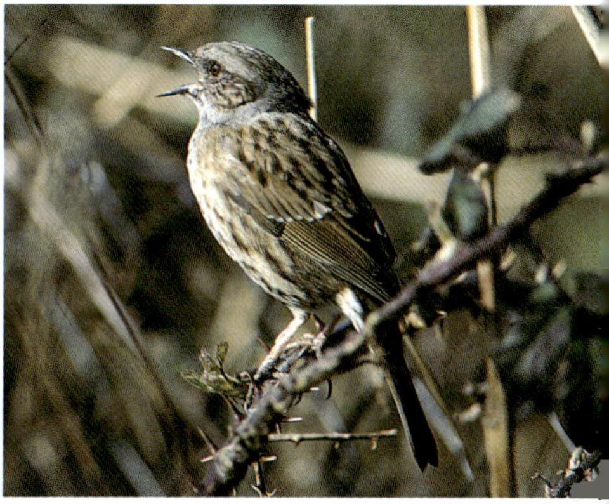
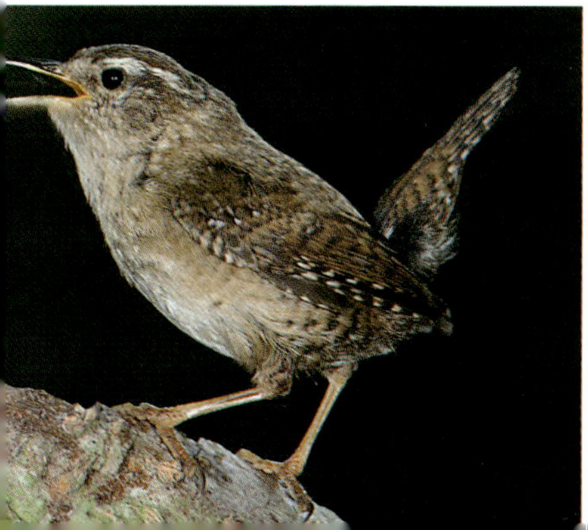
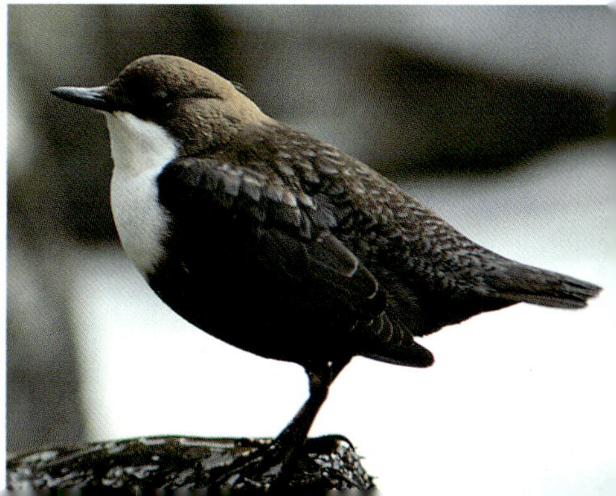

Adar

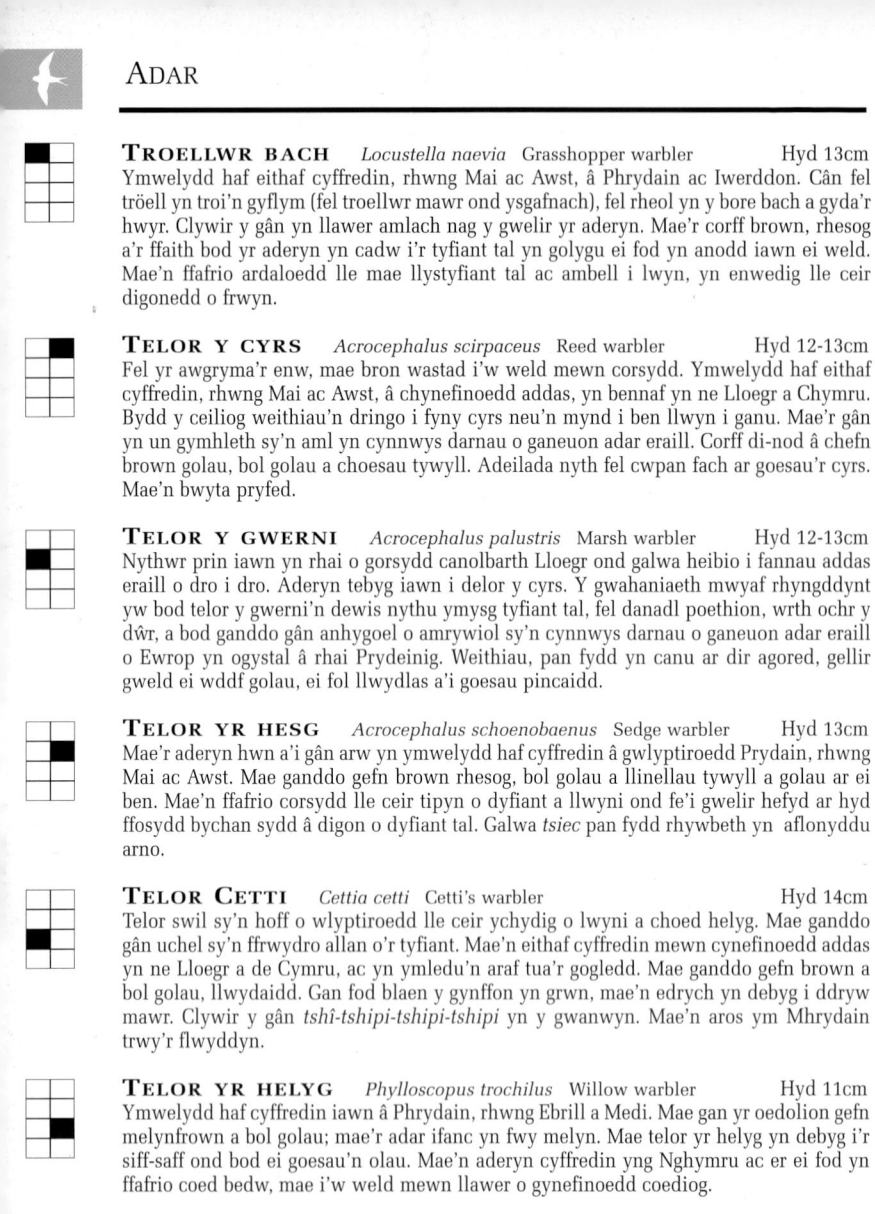

TROELLWR BACH *Locustella naevia* Grasshopper warbler Hyd 13cm
Ymwelydd haf eithaf cyffredin, rhwng Mai ac Awst, â Phrydain ac Iwerddon. Cân fel tröell yn troi'n gyflym (fel troellwr mawr ond ysgafnach), fel rheol yn y bore bach a gyda'r hwyr. Clywir y gân yn llawer amlach nag y gwelir yr aderyn. Mae'r corff brown, rhesog a'r ffaith bod yr aderyn yn cadw i'r tyfiant tal yn golygu ei fod yn anodd iawn ei weld. Mae'n ffafrio ardaloedd lle mae llystyfiant tal ac ambell i lwyn, yn enwedig lle ceir digonedd o frwyn.

TELOR Y CYRS *Acrocephalus scirpaceus* Reed warbler Hyd 12-13cm
Fel yr awgryma'r enw, mae bron wastad i'w weld mewn corsydd. Ymwelydd haf eithaf cyffredin, rhwng Mai ac Awst, â chynefinoedd addas, yn bennaf yn ne Lloegr a Chymru. Bydd y ceiliog weithiau'n dringo i fyny cyrs neu'n mynd i ben llwyn i ganu. Mae'r gân yn un gymhleth sy'n aml yn cynnwys darnau o ganeuon adar eraill. Corff di-nod â chefn brown golau, bol golau a choesau tywyll. Adeilada nyth fel cwpan fach ar goesau'r cyrs. Mae'n bwyta pryfed.

TELOR Y GWERNI *Acrocephalus palustris* Marsh warbler Hyd 12-13cm
Nythwr prin iawn yn rhai o gorsydd canolbarth Lloegr ond galwa heibio i fannau addas eraill o dro i dro. Aderyn tebyg iawn i delor y cyrs. Y gwahaniaeth mwyaf rhyngddynt yw bod telor y gwerni'n dewis nythu ymysg tyfiant tal, fel danadl poethion, wrth ochr y dŵr, a bod ganddo gân anhygoel o amrywiol sy'n cynnwys darnau o ganeuon adar eraill o Ewrop yn ogystal â rhai Prydeinig. Weithiau, pan fydd yn canu ar dir agored, gellir gweld ei wddf golau, ei fol llwydlas a'i goesau pincaidd.

TELOR YR HESG *Acrocephalus schoenobaenus* Sedge warbler Hyd 13cm
Mae'r aderyn hwn a'i gân arw yn ymwelydd haf cyffredin â gwlyptiroedd Prydain, rhwng Mai ac Awst. Mae ganddo gefn brown rhesog, bol golau a llinellau tywyll a golau ar ei ben. Mae'n ffafrio corsydd lle ceir tipyn o dyfiant a llwyni ond fe'i gwelir hefyd ar hyd ffosydd bychan sydd â digon o dyfiant tal. Galwa *tsiec* pan fydd rhywbeth yn aflonyddu arno.

TELOR CETTI *Cettia cetti* Cetti's warbler Hyd 14cm
Telor swil sy'n hoff o wlyptiroedd lle ceir ychydig o lwyni a choed helyg. Mae ganddo gân uchel sy'n ffrwydro allan o'r tyfiant. Mae'n eithaf cyffredin mewn cynefinoedd addas yn ne Lloegr a de Cymru, ac yn ymledu'n araf tua'r gogledd. Mae ganddo gefn brown a bol golau, llwydaidd. Gan fod blaen y gynffon yn grwn, mae'n edrych yn debyg i ddryw mawr. Clywir y gân *tshî-tshipi-tshipi-tshipi* yn y gwanwyn. Mae'n aros ym Mhrydain trwy'r flwyddyn.

TELOR YR HELYG *Phylloscopus trochilus* Willow warbler Hyd 11cm
Ymwelydd haf cyffredin iawn â Phrydain, rhwng Ebrill a Medi. Mae gan yr oedolion gefn melynfrown a bol golau; mae'r adar ifanc yn fwy melyn. Mae telor yr helyg yn debyg i'r siff-saff ond bod ei goesau'n olau. Mae'n aderyn cyffredin yng Nghymru ac er ei fod yn ffafrio coed bedw, mae i'w weld mewn llawer o gynefinoedd coediog.

SIFF-SAFF *Phylloscopus collybita* Chiffchaff Hyd 11cm
Aderyn tebyg i delor yr helyg ond gellir ei adnabod wrth y gân *siff-saff*, y coesau tywyll a'r lliw mwy brown, di-nod ar blu'r corff. Mae'n ymwelydd haf cyffredin â Phrydain ac Iwerddon ac mae'r adar cynharaf yn cyrraedd ym mis Mawrth. Bydd y rhan fwyaf o'r adar yn mudo'n ôl i'r Affrig yn yr hydref ond mae rhai yn gaeafu yma, yn enwedig yn ne Lloegr a de Cymru. Fe'i gwelir mewn coedwigoedd a llwyni.

TELOR Y COED *Phylloscopus sibilatrix* Wood warbler Hyd 12-13cm
Aderyn mwy na'r siff-saff a thelor yr helyg, ac iddo gorff mwy lliwgar. Mae ganddo gefn melynwyrdd, bol gwyn a gwddf melyn. Mae ei gân yn debyg i arian yn troi ar blât. Mae'n ffafrio coed aeddfed, yn enwedig ffawydd, lle nad oes fawr ddim tyfiant ar y ddaear. Mae'n aderyn eithaf cyffredin ym Mhrydain ond yn absennol o Iwerddon.

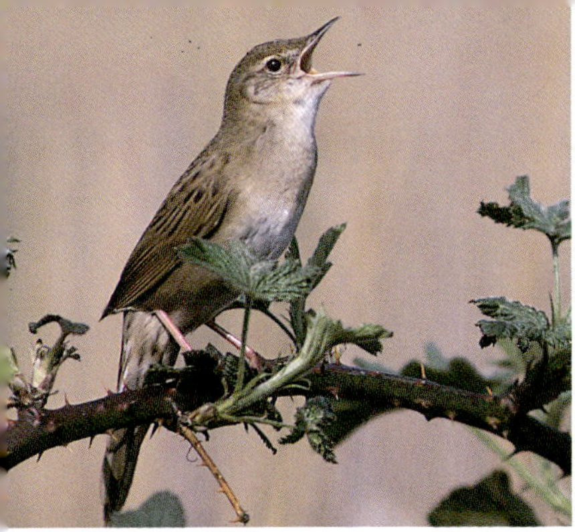
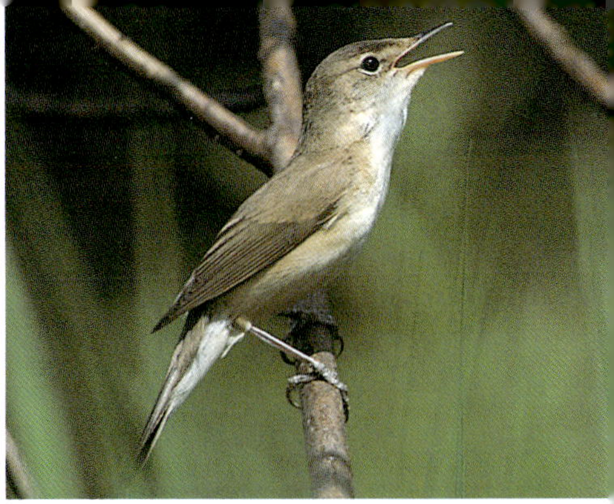
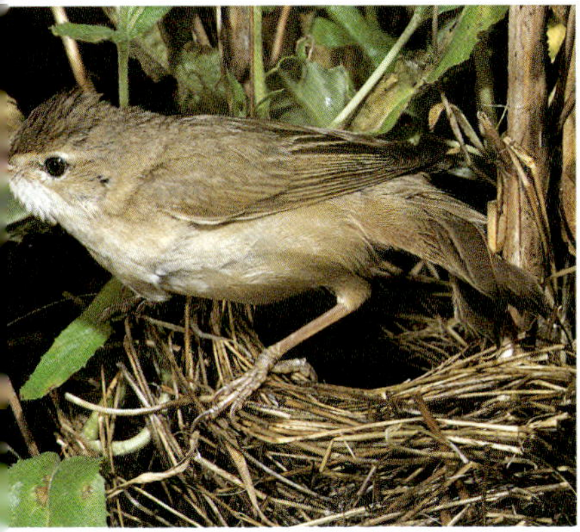
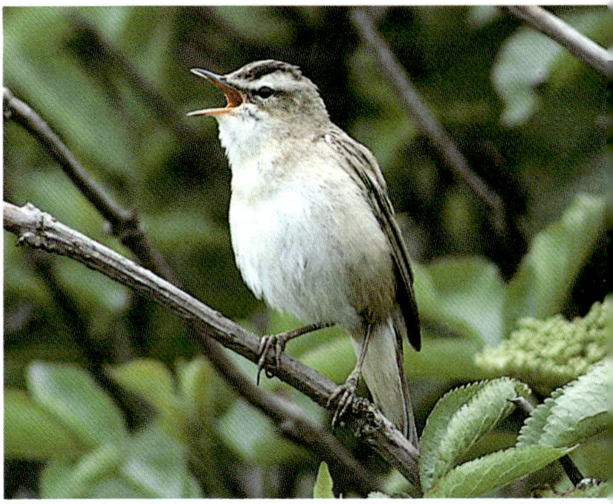
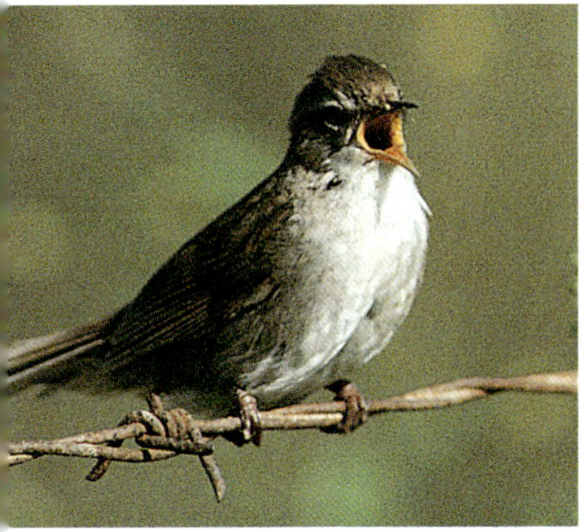
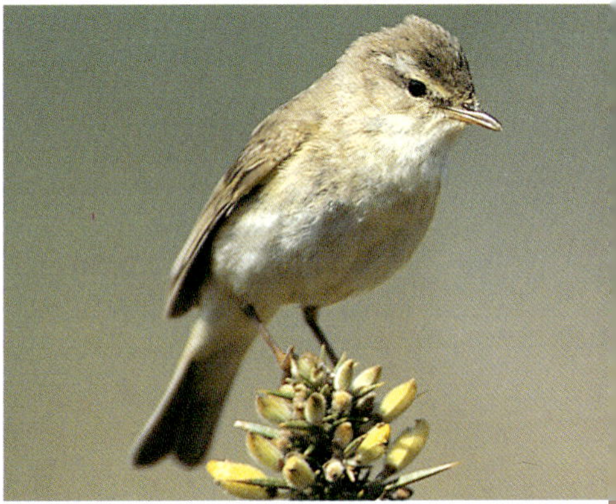
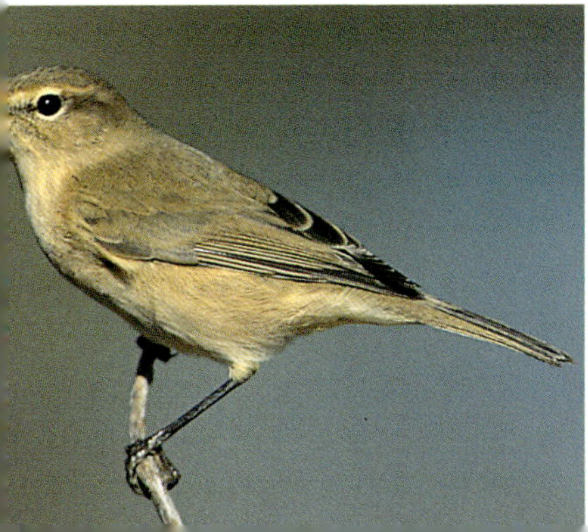
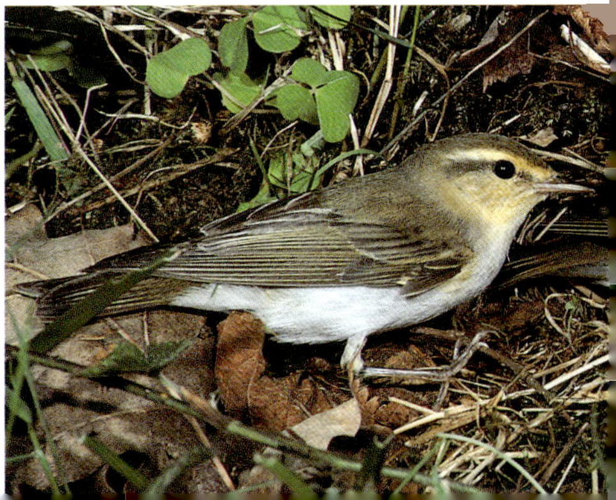

ADAR

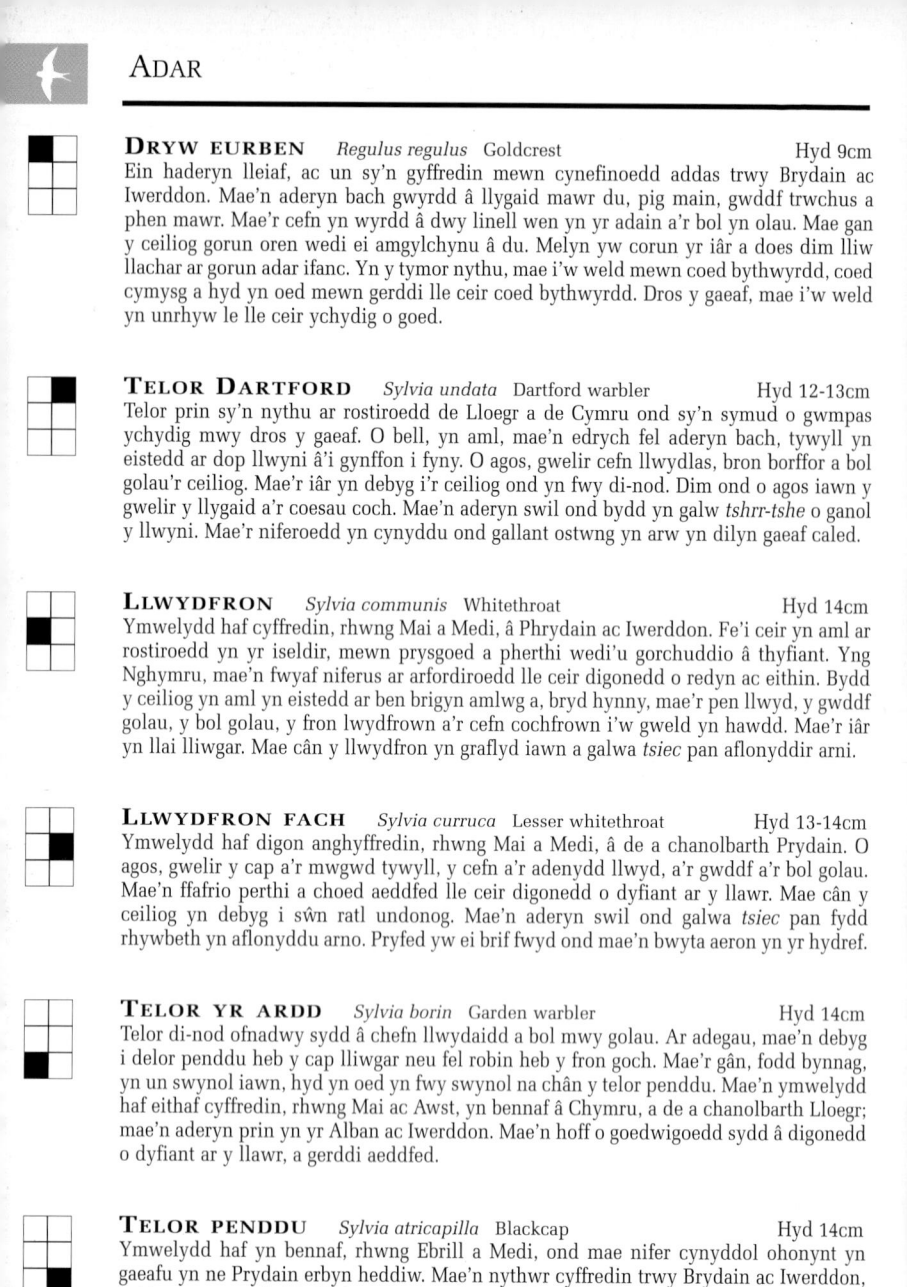

DRYW EURBEN *Regulus regulus* Goldcrest Hyd 9cm
Ein haderyn lleiaf, ac un sy'n gyffredin mewn cynefinoedd addas trwy Brydain ac Iwerddon. Mae'n aderyn bach gwyrdd â llygaid mawr du, pig main, gwddf trwchus a phen mawr. Mae'r cefn yn wyrdd â dwy linell wen yn yr adain a'r bol yn olau. Mae gan y ceiliog gorun oren wedi ei amgylchynu â du. Melyn yw corun yr iâr a does dim lliw llachar ar gorun adar ifanc. Yn y tymor nythu, mae i'w weld mewn coed bythwyrdd, coed cymysg a hyd yn oed mewn gerddi lle ceir coed bythwyrdd. Dros y gaeaf, mae i'w weld yn unrhyw le lle ceir ychydig o goed.

TELOR DARTFORD *Sylvia undata* Dartford warbler Hyd 12-13cm
Telor prin sy'n nythu ar rostiroedd de Lloegr a de Cymru ond sy'n symud o gwmpas ychydig mwy dros y gaeaf. O bell, yn aml, mae'n edrych fel aderyn bach, tywyll yn eistedd ar dop llwyni â'i gynffon i fyny. O agos, gwelir cefn llwydlas, bron borffor a bol golau'r ceiliog. Mae'r iâr yn debyg i'r ceiliog ond yn fwy di-nod. Dim ond o agos iawn y gwelir y llygaid a'r coesau coch. Mae'n aderyn swil ond bydd yn galw *tshrr-tshe* o ganol y llwyni. Mae'r niferoedd yn cynyddu ond gallant ostwng yn arw yn dilyn gaeaf caled.

LLWYDFRON *Sylvia communis* Whitethroat Hyd 14cm
Ymwelydd haf cyffredin, rhwng Mai a Medi, â Phrydain ac Iwerddon. Fe'i ceir yn aml ar rostiroedd yn yr iseldir, mewn prysgoed a pherthi wedi'u gorchuddio â thyfiant. Yng Nghymru, mae'n fwyaf niferus ar affordiroedd lle ceir digonedd o redyn ac eithin. Bydd y ceiliog yn aml yn eistedd ar ben brigyn amlwg a, bryd hynny, mae'r pen llwyd, y gwddf golau, y bol golau, y fron lwydfrown a'r cefn cochfrown i'w weld yn hawdd. Mae'r iâr yn llai lliwgar. Mae cân y llwydfron yn graflyd iawn a galwa *tsiec* pan aflonyddir arni.

LLWYDFRON FACH *Sylvia curruca* Lesser whitethroat Hyd 13-14cm
Ymwelydd haf digon anghyffredin, rhwng Mai a Medi, â de a chanolbarth Prydain. O agos, gwelir y cap a'r mwgwd tywyll, y cefn a'r adenydd llwyd, a'r gwddf a'r bol golau. Mae'n ffafrio perthi a choed aeddfed lle ceir digonedd o dyfiant ar y llawr. Mae cân y ceiliog yn debyg i sŵn ratl undonog. Mae'n aderyn swil ond galwa *tsiec* pan fydd rhywbeth yn aflonyddu arno. Pryfed yw ei brif fwyd ond mae'n bwyta aeron yn yr hydref.

TELOR YR ARDD *Sylvia borin* Garden warbler Hyd 14cm
Telor di-nod ofnadwy sydd â chefn llwydaidd a bol mwy golau. Ar adegau, mae'n debyg i delor penddu heb y cap lliwgar neu fel robin heb y fron goch. Mae'r gân, fodd bynnag, yn un swynol iawn, hyd yn oed yn fwy swynol na chân y telor penddu. Mae'n ymwelydd haf eithaf cyffredin, rhwng Mai ac Awst, yn bennaf â Chymru, a de a chanolbarth Lloegr; mae'n aderyn prin yn yr Alban ac Iwerddon. Mae'n hoff o goedwigoedd sydd â digonedd o dyfiant ar y llawr, a gerddi aeddfed.

TELOR PENDDU *Sylvia atricapilla* Blackcap Hyd 14cm
Ymwelydd haf yn bennaf, rhwng Ebrill a Medi, ond mae nifer cynyddol ohonynt yn gaeafu yn ne Prydain erbyn heddiw. Mae'n nythwr cyffredin trwy Brydain ac Iwerddon, heblaw am y gogledd. Nytha mewn coedwigoedd collddail, prysgoed a llwyni trwchus. Mae gan y ceiliog gefn llwydfrown, bol golau a chap du; mae'r iâr yn debyg i'r ceiliog ond bod ganddi gap cochfrown. Mae cân y ceiliog yn debyg i gân swynol telor yr ardd ond yn tueddu i fod yn fyrrach ac yn gryfach.

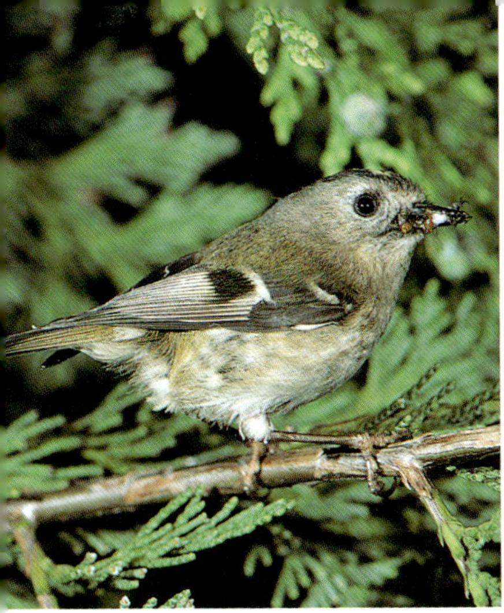
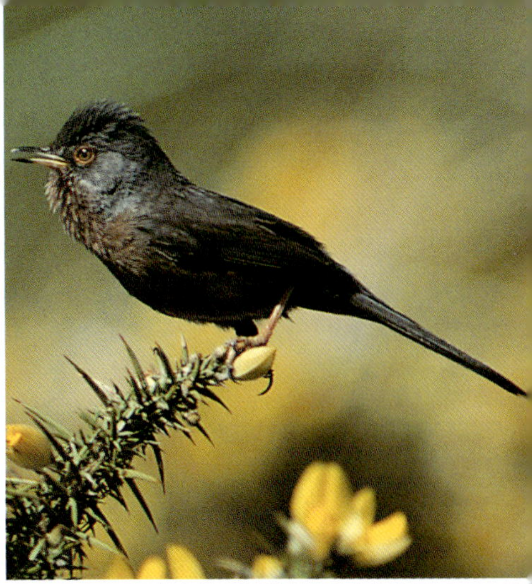
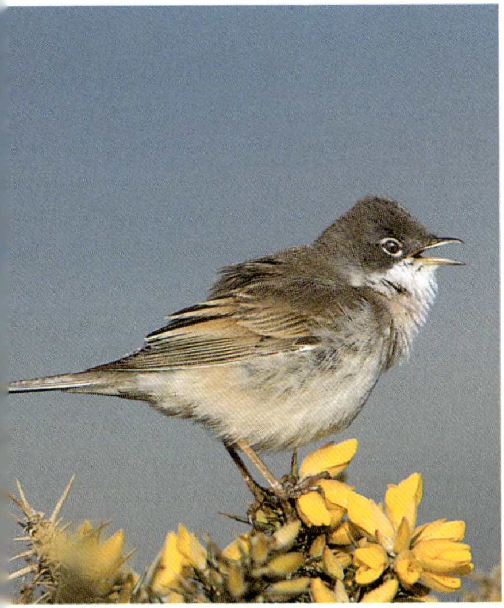
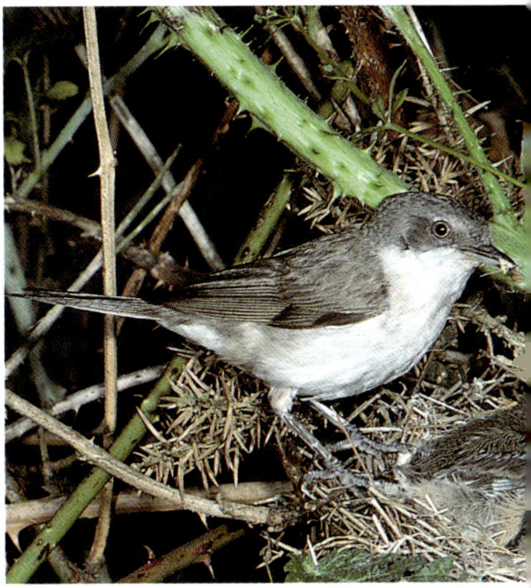
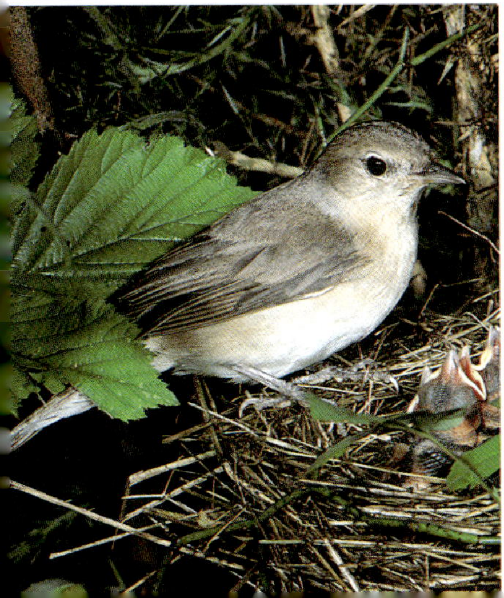
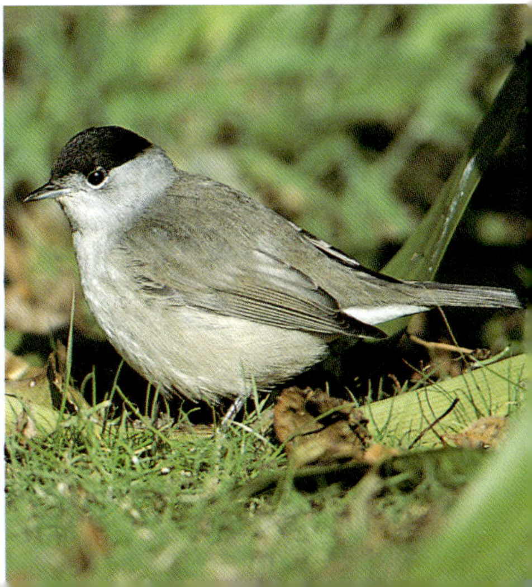

ADAR

GWYBEDOG MANNOG *Muscicapa striata* Spotted flycatcher Hyd 14cm
Ymwelydd haf eithaf cyffredin â Phrydain ac Iwerddon, rhwng Mai ac Awst, ond un sy'n prinhau'n arw. Mae'n aderyn digon di-nod ac iddo gefn llwydfrown, corun rhesog a bol golau â llinellau tywyll ar y fron. Mae'r aderyn ifanc yn debyg i'r oedolyn ond bod smotiau tywyll ar y fron. Mae'n hawdd ei adnabod oherwydd ei arferiad o eistedd yn stond ar frigyn a hedfan allan i ddal pryfed cyn dychwelyd i'r un lle.

GWYBEDOG BRITH *Ficedula hypoleuca* Pied flycatcher Hyd 13cm
Mae'r ceiliog (A) yn drawiadol â'i gefn du, bol gwyn a llinell wen, lydan ar adain ddu. Mae'r iâr (B) ar yr un patrwm â'r ceiliog ond ei bod hi'n frown a gwyn. Ymwelydd haf eithaf cyffredin rhwng Mai ac Awst, yn enwedig â choed derw Cymru, gogledd a gorllewin Lloegr a de'r Alban. Nytha mewn tyllau ac mae'n hollol fodlon nythu mewn blychau. Mae'n bwyta pryfed ymysg dail y coed.

CLOCHDAR Y CERRIG *Saxicola torquata* Stonechat Hyd 12-13cm
Aderyn bach, cadarn sy'n hoff o dir comin, rhostiroedd ac ardaloedd o redyn, mieri ac eithin ger yr arfordir. Yn y tymor nythu, mae'r ceiliog (A) yn aderyn hardd â phen du, coler wen, cefn tywyll, bron oren-goch a bol golau. Mae'r iâr (B), a'r ceiliog yn ei wisg aeaf, yn llai lliwgar. Yn aml, fe'i gwelir yn eistedd ar ben llwyni, yn fflicio'i gynffon a galw *tsiac*, sŵn fel dwy garreg yn taro yn erbyn ei gilydd. Mae'r gân yn debyg i gân y llwydfron.

CREC YR EITHIN *Saxicola rubetra* Whinchat Hyd 12-13cm
Aderyn tebyg i glochdar y cerrig ond bod gan y ceiliog gefn brown, rhesog a llinell wen, amlwg uwchben y llygad. Mae'r iâr yn debyg i iâr clochdar y cerrig a chanddi linell wen uwchben y llygad. Ymwelydd haf, rhwng Mai a Medi, sy'n gyffredin ddim ond yng Nghymru, a gorllewin a de'r Alban; mae'n brin iawn yn Iwerddon a de Lloegr. Mae'n hoff o ardaloedd fel ffriddoedd lle ceir digonedd o dyfiant ac ambell lwyn neu goeden isel. Mae'n galw *tic-tic* pan fydd rhywbeth yn aflonyddu arno.

TINWEN Y GARN *Oenanthe oenanthe* Wheatear Hyd 14-15cm
Ymwelydd haf, rhwng Mawrth a Medi, sy'n nythu ar laswelltir arfordirol a rhostiroedd. Mae'n gyffredin yng ngogledd a gorllewin Prydain, yn cynnwys Cymru, ond yn brin yn ne-ddwyrain Lloegr. Mae gan y ceiliog (A) gorun a chefn llwydlas, mwgwd ac adenydd du, bol gwyn a lliw oren golau ar y fron. Mae cefn yr iâr (B) yn frown a'i bol yn olau. Mae gan y ceiliog a'r iâr grwmp gwyn sy'n amlwg wrth hedfan. Mae'n nythu mewn tyllau mewn waliau neu yn y ddaear ac yn cadw'n isel bob amser. Galwa *tsiac*, yn debyg i alwad clochdar y cerrig.

TINGOCH *Phoenicurus phoenicurus* Redstart Hyd 14cm
Mae'r ceiliog yn aderyn hardd iawn â chefn llwydlas, corun llwyd golau, wyneb a gwddf du a bol oren. Mae'r iâr yn fwy di-nod â chefn brown a bol mwy golau. Mae gan y ceiliog a'r iâr gynffon oren sy'n cael ei hysgwyd i fyny ac i lawr. Ymwelydd haf, rhwng Ebrill a Medi, yn bennaf â gorllewin a gogledd Prydain, yn cynnwys Cymru; mae'n absennol o Iwerddon. Fe'i gwelir mewn coed collddail ac ar ffriddoedd a rhostiroedd coediog. Nytha mewn tyllau mewn coed neu waliau. Mae ganddo gân swynol a bydd yn tician wrth ddwrdio.

TINGOCH DU *Phoenicurus ochrurus* Black redstart Hyd 14cm
Nythwr prin iawn yn rhai o ddinasoedd a threfi mawrion de Lloegr yn unig. Yn y tymor nythu, mae corff y ceiliog yn ddu a llwydlas a'i gynffon yn oren. Fe'i gwelir yn amlach, yn enwedig yng Nghymru, y tu allan i'r tymor nythu. Bryd hynny, mae'r ceiliog a'r iâr yn llwydfrown a'u cynffon yn oren. Yn y gaeaf, fe'i gwelir ar hyd yr arfordir yn y gorllewin a'r de. Ymwelydd gaeaf prin â Chymru.

ROBIN GOCH *Erithacus rubecula* Robin Hyd 14cm
Mae'r oedolyn (A) yn aderyn brongoch cyfarwydd mewn gerddi a choedwigoedd. Mae'r adar ifanc (B) yn frown ac mae smotiau golau ar hyd y corff. Aderyn cyffredin iawn trwy Brydain ac Iwerddon. Galwa *tic* pan aflonyddir arno a bydd y ceiliog yn canu ei gân felancolaidd trwy'r flwyddyn. Mae'n awyddus iawn i warchod ei diriogaeth.

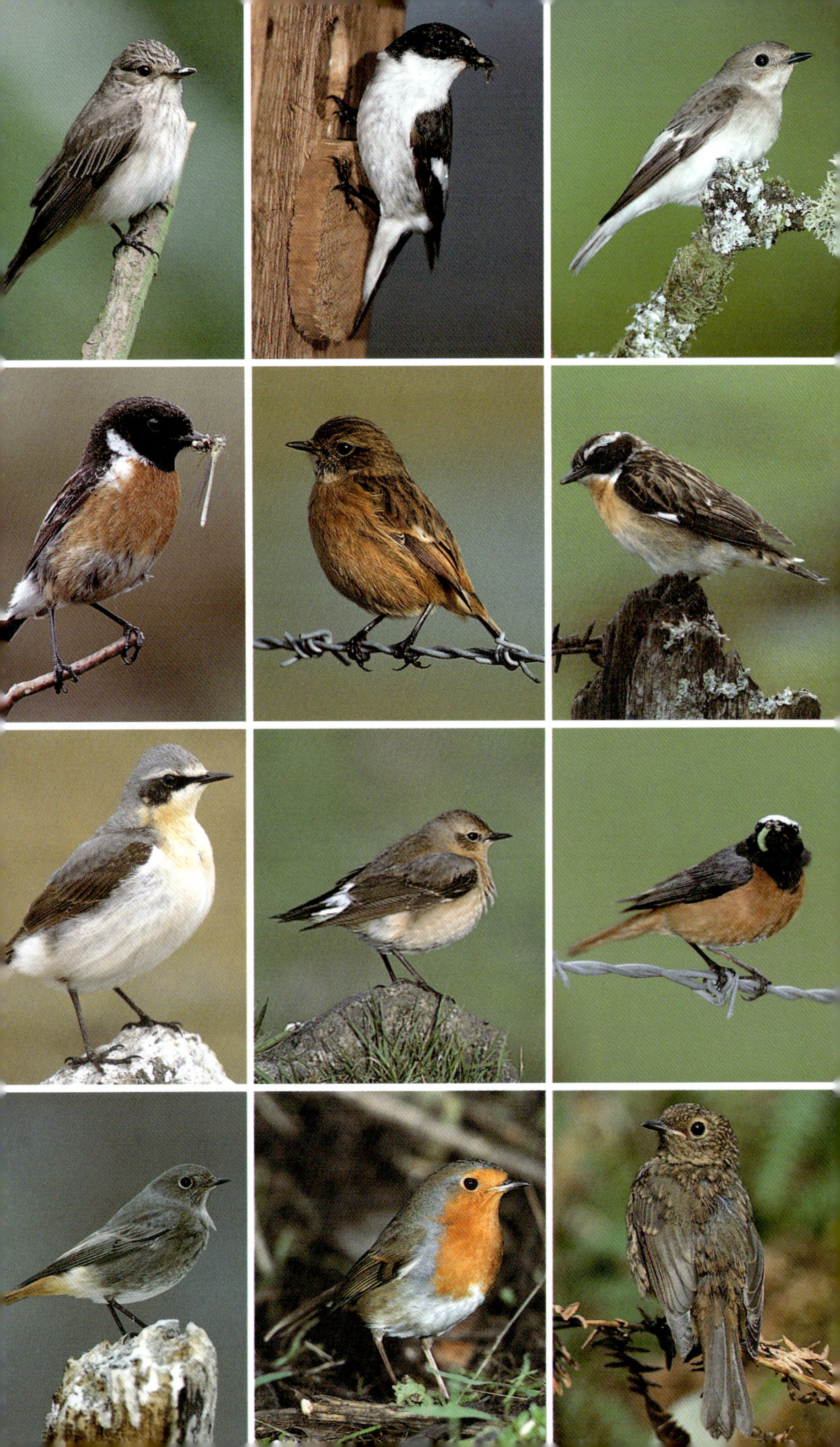

ADAR

EOS *Luscinia megarhynchos* Nightingale Hyd 16-17cm
Ymwelydd haf, rhwng Ebrill ac Awst, â de Lloegr. Mae ganddi gân swynol, adnabyddus sydd i'w chlywed ddydd a nos. Mae'n aderyn swil sy'n cadw at fieri a llwyni trwchus. Mae gan yr eos gorun a chefn brown sy'n cyferbynnu â'r gynffon a'r crwmp cochfrown. Mae'r bol yn llwydfrown a cheir ychydig o lwyd ar yr wyneb. Fe'i gwelir mewn coedwigoedd lle ceir digonedd o ddrysni neu mewn coed cyll wedi eu bôn-docio. Ceir llawer o barau'n agos at ei gilydd mewn llecynnau addas.

ADERYN DU *Turdus merula* Blackbird Hyd 25cm
Aderyn gardd cyfarwydd ledled Prydain sydd hefyd yn gyffredin mewn coedwigoedd ac ar ffermdir. Bydd adar o ogledd Ewrop yn ymuno ag adar Prydain dros y gaeaf. Mae gan y ceiliog (A) gorff du, pig oren a chylch melyn o amgylch y llygad. Mae gan yr iâr (B) ac adar ifanc gorff brown. Galwa *tsiac* pan fydd rhywbeth yn tarfu arno, yn enwedig os oes cath neu aderyn ysglyfaethus yn agos. Bydd y ceiliog yn canu o bostyn amlwg yn y gwanwyn. Mae'n bwyta mwydod, pryfed, aeron a ffrwythau.

MWYALCHEN Y MYNYDD *Turdus torquatus* Ring ouzel Hyd 24cm
Ymwelydd haf, rhwng Mawrth a Medi, ag ucheldir gogledd a gorllewin Prydain; aderyn prin yn Iwerddon. Aderyn tebyg i'r aderyn du ond mae gan y ceiliog goler wen ac ymylon golau i'r plu. Mae'r iâr yn frown ag ymylon golau i'r plu ac mae ei choler wen yn llai amlwg nag un y ceiliog. Mae'n aderyn swil sydd i'w weld ar ucheldir caregog lle ceir digon o rug. Mae ganddo gân swynol a galwa *tyc* pan fydd rhywbeth yn tarfu arno.

SOCAN EIRA *Turdus pilaris* Fieldfare Hyd 25-26cm
Aderyn mawr sy'n ymwelydd gaeaf cyffredin rhwng Hydref a Mawrth. Mae llond llaw o barau'n nythu yn yr Alban. Fe'i gwelir mewn heidiau mawr, gyda'r coch dan-aden yn aml. Mae gan y socan eira ben llwydlas, cefn cochfrown, bol golau, brith a lliw hufen ar y fron. Mae'r crwmp a'r danadain golau'n amlwg wrth hedfan. Mae'n hoff o gaeau agored a pherthi lle ceir digonedd o aeron. Galwa *tshyc-tshyc-tshyc* wrth hedfan.

COCH DAN-ADEN *Turdus iliacus* Redwing Hyd 21cm
Bronfraith fach, hardd â chefn brown, llinell olau dros y llygad, bol golau, brith a lliw coch ar yr ystlys ac o dan yr adenydd. Mae'n ymwelydd gaeaf cyffredin â Phrydain rhwng Hydref ac Ebrill ac mae nifer fechan yn nythu yng ngogledd yr Alban. Mae'r niferoedd yn amrywio o flwyddyn i flwyddyn a bydd yr heidiau'n symud o le i le i chwilio am fwyd. Mae'n bwyta mwydod a phryfed ar ffermdir ond mae'n hoff iawn o afalau wedi cwympo ac aeron hefyd. Galwa *tsîp* wrth hedfan.

BRONFRAITH *Turdus philomelos* Song thrush Hyd 23cm
Aderyn cyfarwydd mewn gerddi a pherthi ond mae'r niferoedd wedi gostwng yn ddiweddar. Mae'n llai na brych y coed. Mae ganddi liw oren-goch o dan yr adain, cefn brown, bol golau a smotiau tywyll a lliw hufen ar y fron a'r ystlys. Mae'r gân yn swynol a bydd yn ail-adrodd darnau ddwy neu dair gwaith. Galwa *tic* wrth hedfan. Aderyn cyffredin trwy Brydain ac Iwerddon.

BRYCH Y COED *Turdus viscivorus* Mistle thrush Hyd 27cm
Aderyn mwy o faint na'r fronfraith, a gwyn, nid oren-goch, sydd o dan yr adain. Cefn llwyd-frown, bol golau â smotiau mawr tywyll. Pan fydd yn hedfan, mae blaen gwyn plu allanol y gynffon yn amlwg. Ceir smotiau gwyn ar gefn adar ifanc. Mae'n aderyn eithaf cyffredin ym Mhrydain ac Iwerddon ond nid yw byth yn niferus iawn. Dros y gaeaf, weithiau bydd un aderyn yn amddiffyn coeden â digonedd o aeron arni oddi wrth fronfreithod eraill. Mae ganddo alwad fel ratl uchel ac, yn aml, bydd yn canu yn y glaw.

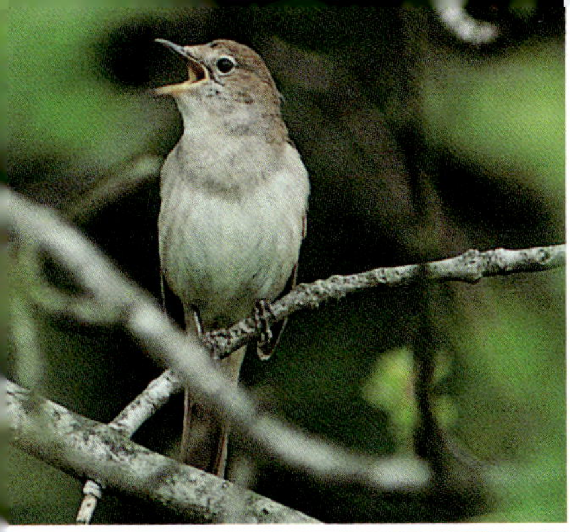
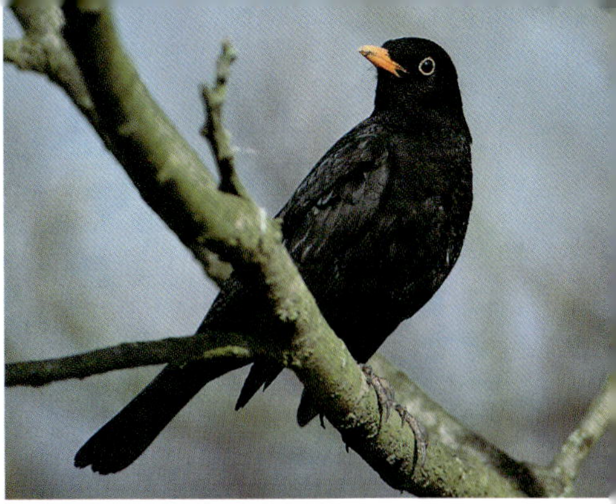
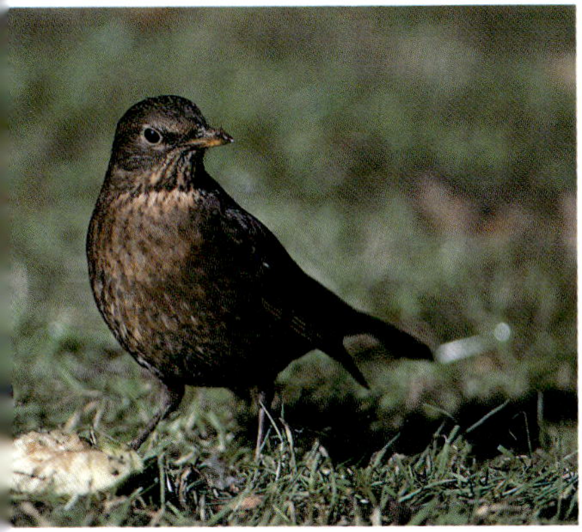
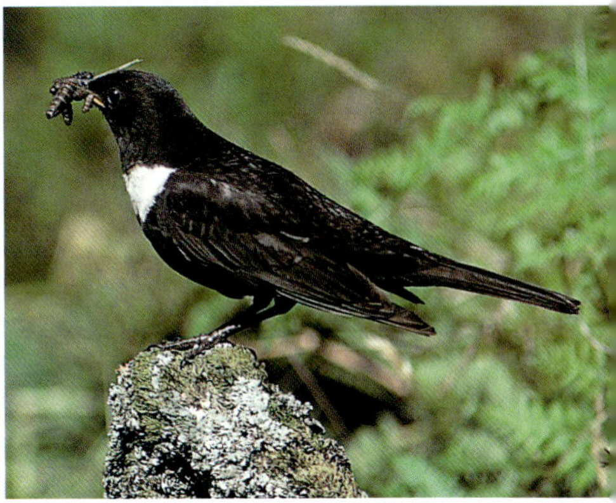
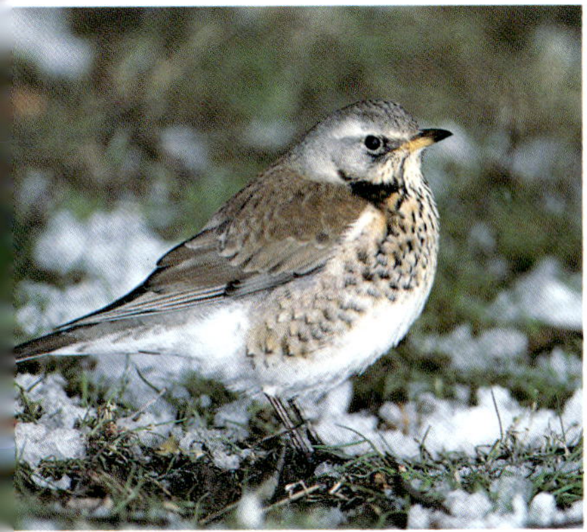
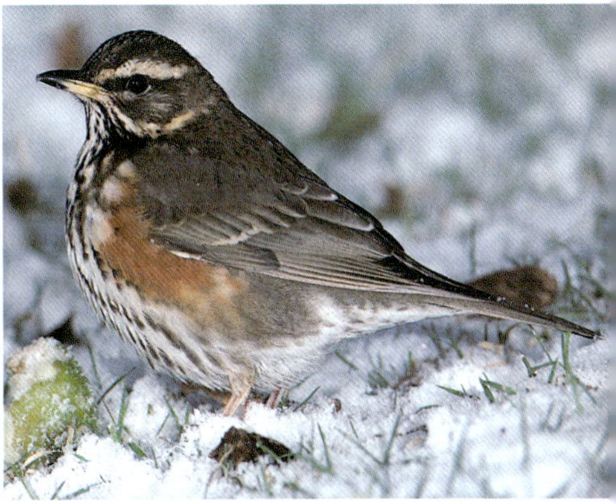
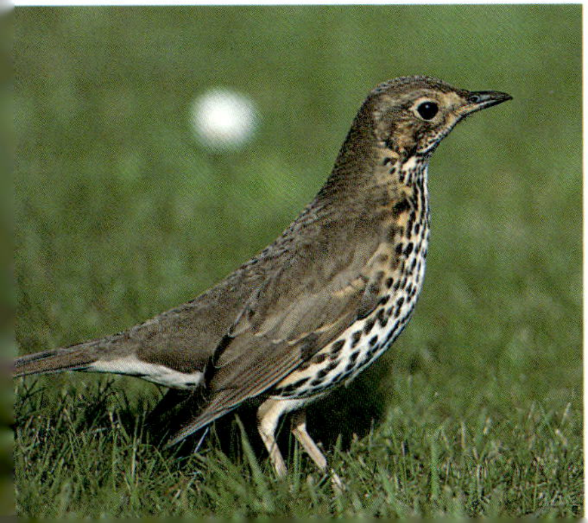
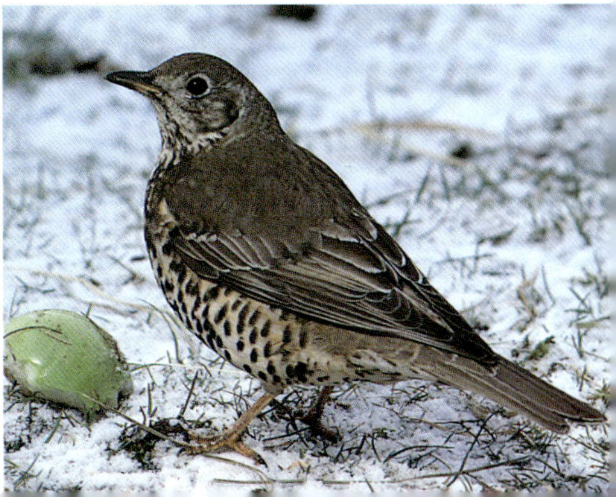

ADAR

TITW TOMOS LAS *Parus caeruleus* Blue tit Hyd 11-12cm
Aderyn cyfarwydd a chyffredin mewn gerddi a choedwigoedd ledled Prydain ac Iwerddon. Mae'n gartrefol iawn ar fyrddau adar yn y gaeaf. Mae ganddo blu glas, melyn a gwyrdd ar ei gorff a phatrwm unigryw ar ei ben. Does dim glas ar gorff adar ifanc. Mae'r alwad *tserr-err-err-err* yn un gyfarwydd. Nytha mewn tyllau ac mae'n fodlon defnyddio blwch nythu. Yn y tymor nythu, pryfed fydd ei brif fwyd.

TITW MAWR *Parus major* Great tit Hyd 14cm
Aderyn cyffredin iawn mewn coedwigoedd a gerddi. Mae'n fwy o faint na'r titw tomos las. Mae ganddo batrwm du a gwyn ar yr wyneb a llinell ddu, sy'n lletach ar geiliogod, yn rhedeg o'r gwddf du i lawr canol y fron. Mae'r cefn yn wyrdd, yr adenydd yn ddu a glas a'r bol yn felyn. Mae corff adar ifanc yn llai lliwgar a does dim gwyn ar y pen. Mae'r gân yn amrywiol iawn a'r alwad *tî-tsier tî-tsier tî-tsier* yn un gyffredin mewn gerddi a choedwigoedd ar hyd y wlad. Pryfed yw ei brif fwyd yn ystod yr haf.

TITW PENDDU *Parus ater* Coal tit Hyd 11-12cm
Titw bach, cyffredin sy'n gallu edrych yn debyg i delor wrth chwilio am fwyd ymysg brigau'r coed. Mae ganddo ben du a gwyn a darn gwyn amlwg ar y gwegil. Mae'r cefn a'r adenydd yn llwyd a cheir dwy linell wen yn yr adain. Orenbinc golau yw lliw'r bol a'r fron. Fe'i gwelir mewn coed bythwyrdd a choed collddail a daw at fwrdd adar yn yr ardd dros y gaeaf. Mae'r gân *tî-tsia tî-tsia tî-tsia* yn fwy main ac yn wannach na chân y titw mawr.

TITW'R WERN *Parus palustris* Marsh tit Hyd 11-12cm
Gellir ei adnabod wrth y cap a'r bib du, y cefn brown golau a'r bol gwyn. Mae'n debyg i ditw'r helyg ond mae'r cap du yn llai ac yn fwy llachar ac mae'r galwad *pitshŵ* yn unigryw. Mae ganddo ddosbarthiad eang yn Lloegr a Chymru ond mae'n brin yn ne'r Alban ac yn absennol o Iwerddon. Nytha mewn tyllau yn y coed a fe'i gwelir mewn coed collddail a choed cymysg. Weithiau, daw i'n gerddi yn y gaeaf.

TITW'R HELYG *Parus montanus* Willow tit Hyd 11-12cm
Mae ganddo ddosbarthiad tebyg i ditw'r wern ond bydd i'w weld yn bellach i'r gogledd yn yr Alban. Mae'n ffafrio coedlannau gwlyb. Gellir gwahaniaethu rhyngddo a thitw'r wern o achos y cap du afloyw a'r darn golau ar yr adain, ond yr alwad *tshei-tshei-tshei* drwynol yw'r ffordd sicraf o wneud hynny. Fel titw'r wern, mae ganddo ddosbarthiad eang ond mae'r ddwy rywogaeth wedi prinhau'n ddiweddar.

TITW COPOG *Parus cristatus* Crested tit Hyd 11-12cm
Nythwr prin yng nghoedwigoedd pinwydd gogledd yr Alban. Mae'n hawdd ei adnabod wrth y crib du a gwyn amlwg. Ceir llinellau du ar wyneb gwyn, cefn brown a bol golau. Fel rheol, bydd yn chwilio am fwyd, pryfed yn bennaf, yn uchel ymysg brigau'r coed ac yn nythu mewn tyllau yn y coed.

TITW CYNFFON-HIR *Aegithalos caudatus* Long-tailed tit Hyd 14cm
Aderyn hardd du, gwyn a phinc sydd i'w weld mewn coedwigoedd, perthi a gerddi mawrion, yn aml mewn heidiau bach. Mae'r corff bron yn grwn, y pig yn fach a'r gynffon yn anhygoel o hir. Adeilada nyth crwn mewn llwyni a mieri. Mae'n aderyn cyffredin iawn ym Mhrydain ac Iwerddon.

TITW BARFOG *Panurus biarmicus* Bearded tit Hyd 16-17cm
Nythwr prin iawn yng nghorsleoedd de ddwyrain Lloegr, ambell i gors yng ngogledd Lloegr ac un lleoliad yn ne ddwyrain Cymru. Mae ganddo gynffon hir a chorff cochfrown; mae gan y ceiliog yn unig ben llwydlas a mwstash du. Fel rheol, fe'i gwelir mewn heidiau bach, yn dringo trwy'r hesg neu'n hedfan, y naill ar ôl y llall. Mae'r alwad *ping* yn ei wneud yn hawdd ei adnabod.

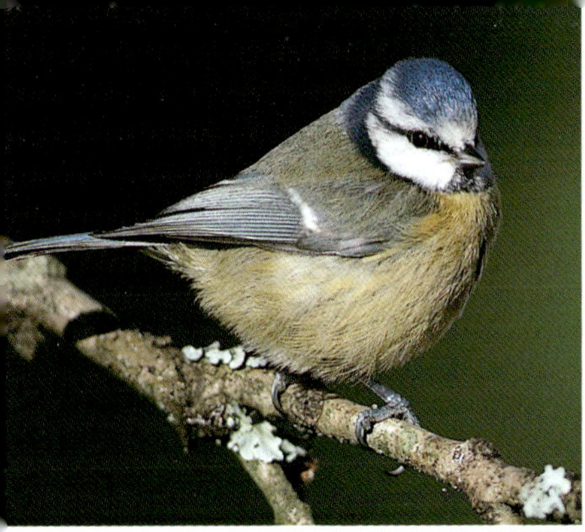
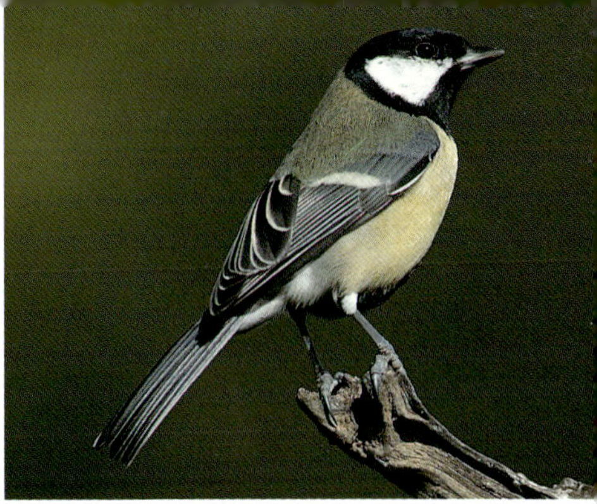
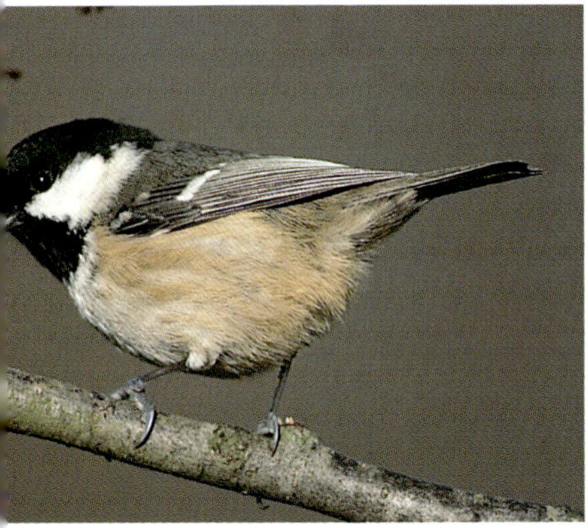
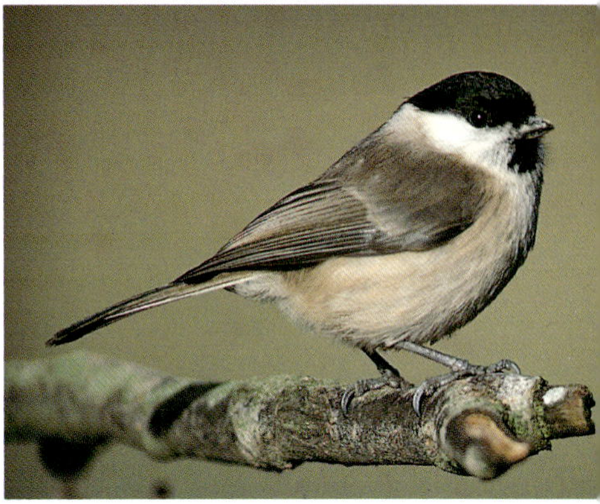
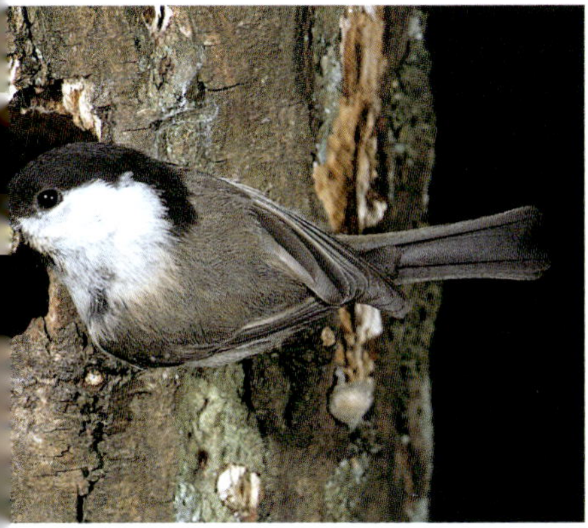
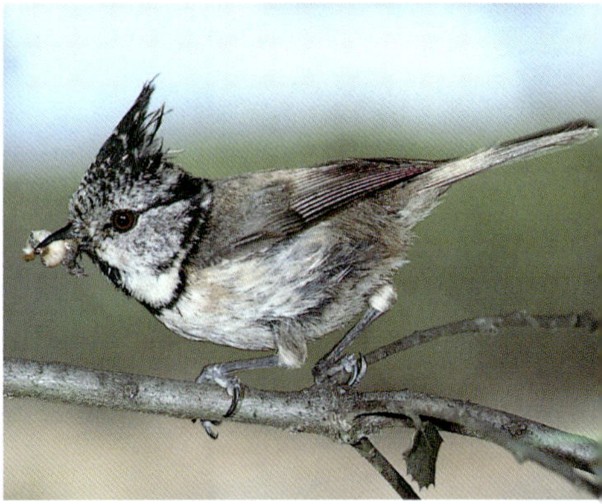
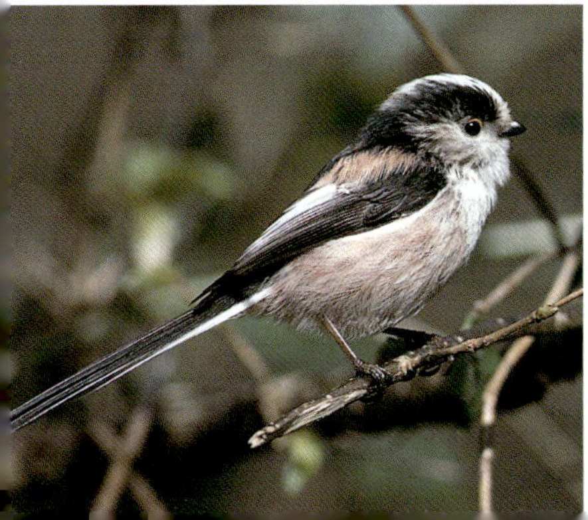
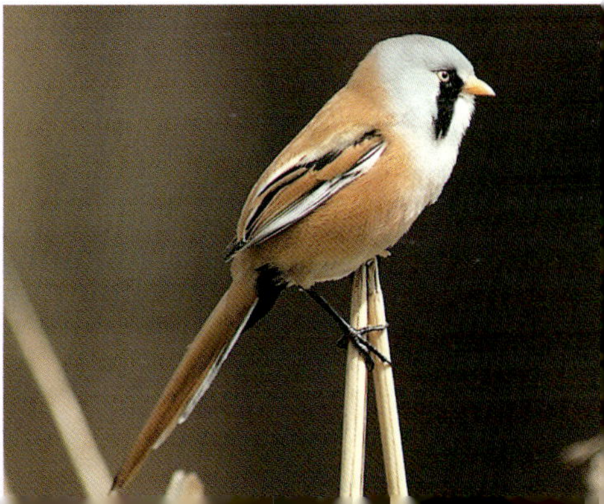

ADAR

DELOR Y CNAU *Sitta europaea* Nuthatch Hyd 14cm
Mae ganddo gorff tew, cynffon fer, cefn llwydlas, bol orenbinc, bochau gwyn a llinell ddu trwy'r llygaid. Gall ddringo i fyny ac i lawr boncyffion coed, yn wahanol i'r cnocellod a'r dringwr bach. Defnyddia'r pig siâp cyllell i dynnu pryfed allan o risgl coeden neu fel morthwyl i agor mes y mae wedi eu rhoi mewn holltau yn y rhisgl. Mae'n aderyn cyffredin iawn yng Nghymru a Lloegr ond yn brin yn ne'r Alban ac yn absennol o'r gogledd ac o Iwerddon. Nytha mewn tyllau yn y coed ac fel rheol bydd yn rhoi mwd o amgylch y fynedfa er mwyn ei chael y maint perffaith. Mae ganddo alwad fel hebog.

DRINGWR BACH *Certhia familiaris* Treecreeper Hyd 12-13cm
Aderyn cyffredin yng nghoedwigoedd Prydain ac Iwerddon ond gan ei fod yn lliw di-nod ac yn eithaf tawel, mae'n anodd ei weld. Mae'n debyg i lygoden wrth iddo ddringo i fyny rhisgl y coed. Mae ganddo gefn brown, brith, bol gwyn a phig hir, main, siâp cryman. Defnyddia'r gynffon gadarn i'w helpu i ddringo. Mae ganddo alwad fain *tsîrt*. Mae'n dal pryfed i'w bwyta yn y rhisgl a bydd yn hedfan o un goeden i waelod y nesaf cyn dringo'n araf o amgylch y boncyff ar ôl ei brae. Fel rheol, mae'n nythu y tu ôl i ddarn o risgl.

BRAS YR ŶD *Miliaria calandra* Corn bunting Hyd 18cm
Bras mawr ond di-nod sydd â chorff brown rhesog a phig byr, cadarn. Mae'r gân yn hawdd ei hadnabod ac yn swnio fel bwnsiaid o oriadau'n cael eu hysgwyd. Bydd y ceiliog yn canu o dop postyn neu wifren. Mae'n hongian ei goesau wrth hedfan. Mae'n aderyn prin a welir weithiau lle ceir cnydau fel ŷd a barlys. Mae'n weddol gyffredin yn ne ddwyrain Lloegr ond yn brin iawn yn yr Alban ac Iwerddon, a dim ond llond llaw o barau sydd i'w cael yn nwyrain Cymru. Heidiant at ei gilydd yn y gaeaf, yn aml gydag adar bach eraill.

BRAS MELYN *Emberiza citrinella* Yellowhammer Hyd 16-17cm
Aderyn cyfarwydd, ond un sy'n prinhau, ar ffermdir a ffriddoedd trwy Brydain ac Iwerddon. Mae'r ceiliog yn hardd iawn â phen a bron melyn, a chefn a chynffon browngoch; mae'r iâr yn fwy di-liw a'r adar ifanc yn frown golau, rhesog. Yn y gwanwyn, bydd y ceiliog yn canu '*a little-bit-of-bread-and-no-cheeeese*' o bostyn neu frigyn amlwg. Mae'n bwyta pryfed a hadau, gan amlaf ar y ddaear, ac yn y gaeaf bydd yn heidio gydag adar bach eraill.

BRAS FFRAINC *Emberiza cirlus* Cirl bunting Hyd 16-17cm
Er ei fod yn eithaf cyffredin yn ne Prydain ar un adeg, erbyn heddiw mae'n aderyn prin iawn sy'n nythu yn ne swydd Dyfnaint yn unig. Mae'n debyg i'r bras melyn ond bod gan y ceiliog gap a gwddf du, llinell ddu trwy'r llygad, a gwar a bron melynwyrdd. Mae'r iâr yn debyg i iâr bras melyn heblaw am y crwmp melynwyrdd, nid cochfrown fel sydd gan ei pherthynas agos. Yn y gwanwyn, mae'r ceiliog yn canu fel ratl, tebyg i gân y llwydfron fach. Dros y gaeaf, byddant yn heidio at ei gilydd i hel eu bwyd ar dir âr yr arfordir.

BRAS Y CYRS *Emberiza schoeniclus* Reed bunting Hyd 15cm
Fe'i ceir yn aml ar wlyptiroedd ond hefyd ar ffermdir lle ceir digon o dyfiant tal. Yn y tymor nythu, mae pen y ceiliog yn ddu onibai am fwstash gwyn, y cefn yn gochfrown a'r bol yn olau. Does fawr o ddu ar ben y ceiliog yn y gaeaf a cheir mwstash du ar yr iâr trwy'r flwyddyn. Mae lliw corff yr iâr yn debyg i'r ceiliog ond y cefn yn llai lliwgar. Pan fydd yn hedfan, mae plu allanol gwyn y gynffon yn amlwg. Galwa *tshinc* yn gyson.

BRAS YR EIRA *Plectrophenax nivalis* Snow bunting Hyd 16-17cm
Nythwr prin yn ucheldir gogledd yr Alban ac ymwelydd gaeaf prin â'n harfordiroedd. Mae lliw du a gwyn y ceiliog yn ei wisg nythu yn unigryw. Dros y gaeaf, mae gan yr adar i gyd liw orenfrown ar yr wyneb a'r fron, cefn brown golau a bol gwyn. Mae'n aderyn sy'n anodd ei weld wrth iddo gasglu bwyd ar y ddaear ond unwaith y mae yn yr awyr, mae'r adenydd du a gwyn yn amlwg iawn.

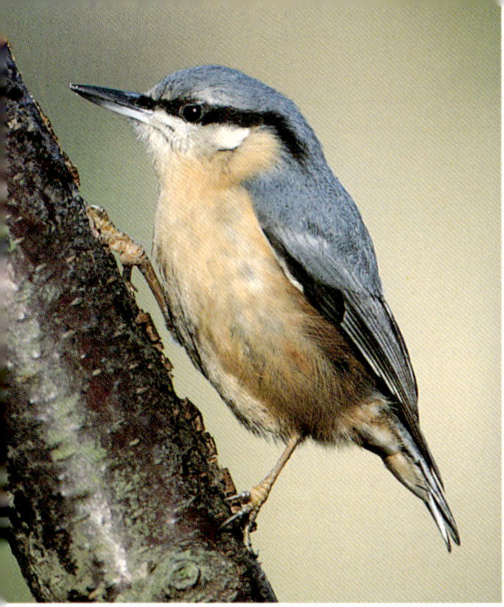
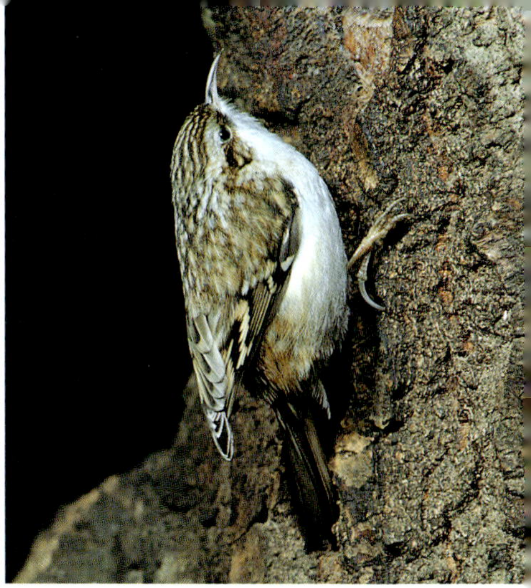
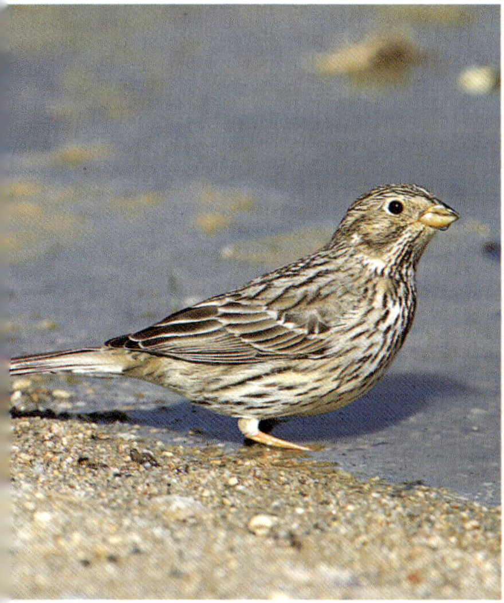
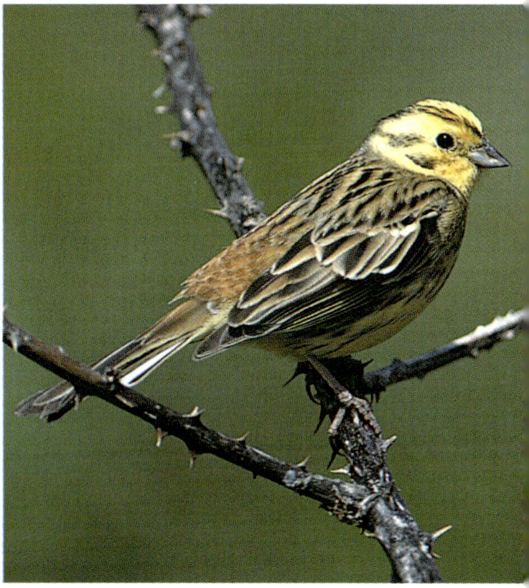
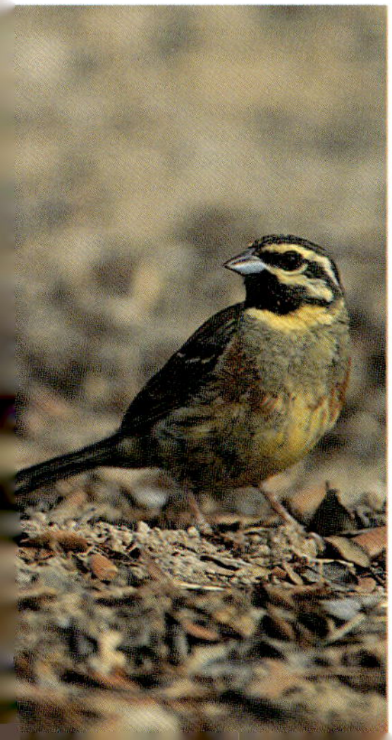
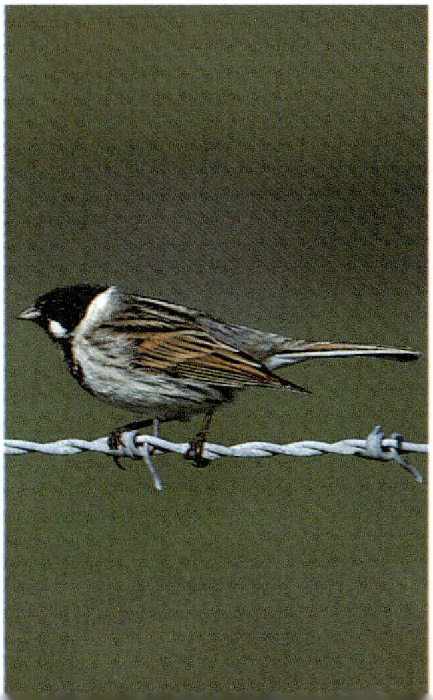
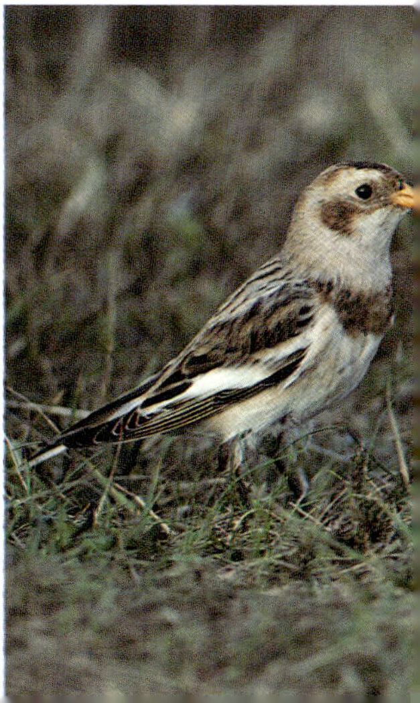

Adar

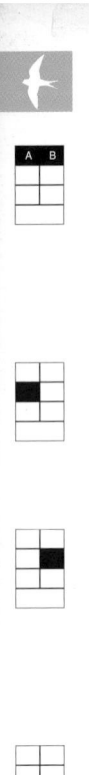

Ji-binc *Fringilla coelebs* Chaffinch Hyd 15cm
Aderyn cyffredin a chyfarwydd trwy Brydain ac Iwerddon sy'n hoff o amrywiaeth o gynefinoedd, yn cynnwys gerddi, coedwigoedd a pherthi. Dros y gaeaf, daw nifer fawr o adar o ogledd Ewrop i ymuno â'r adar sydd ym Mhrydain. Mae'r ceiliog (A) yn aderyn lliwgar ag wyneb a bol orenbinc, corun llwydlas a chefn cochfrown; mae corff yr iâr (B) yn fwy brown ond, fel y ceiliog, mae ganddi wyn amlwg ar ei hysgwydd a llinell wen yn yr adain. Gellir ei nabod wrth ei alwad *pinc pinc*. Pryfed yw ei brif fwyd yn y gwanwyn a hadau yn y gaeaf pan fydd yn ffurfio heidiau mawr.

Pinc y Mynydd *Fringilla montifringilla* Brambling Hyd 14-15cm
Nythwr prin iawn yn yr Alban ond ymwelydd gaeaf eithaf cyffredin â Phrydain ac Iwerddon. Yn y gaeaf, mae'n ddigon tebyg i'r ji-binc ond bod ganddo oren ar yr ysgwydd a'r fron a chrwmp gwyn. Mae gan yr iâr ac adar ifanc wyneb llwyd a llinellau tywyll i lawr y gwegil. Adeg nythu, mae pen brown y ceiliog yn troi'n ddu. Fe'i gwelir mewn heidiau, yn aml gyda ji-bincod ac mae'n hoff iawn o fwyta hadau coed ffawydd.

Nico *Carduelis carduelis* Goldfinch Hyd 12cm
Un o'n hadar mwyaf lliwgar a'r unig un sydd â llinellau melyn yn yr adain a chrwmp gwyn. Mae gan yr oedolion wyneb coch a gwyn, cap du sy'n ymestyn i lawr y tu ôl i'r glust, cefn brown golau, bol gwyn ac ystlys dywodfrown. Brown rhesog yw lliw adar ifanc ond mae'r llinell felyn yn yr adain yn amlwg. Aderyn cyffredin iawn ym Mhrydain ac Iwerddon heblaw am ogledd yr Alban. Mae'n hoff o ardaloedd lle ceir digonedd o ysgall a chribau'r pannwr, a bydd yn tynnu'r hadau o'r planhigion hyn â'i big main. Fel rheol, fe'i gwelir mewn heidiau bychan sy'n galw'n barhaol wrth hedfan.

Pila Gwyrdd *Carduelis spinus* Siskin Hyd 12cm
Aderyn bach hardd sy'n gyffredin mewn coedwigoedd bythwyrdd yng ngogledd a gorllewin Prydain, yn enwedig yn y gaeaf pan ddaw adar o'r cyfandir draw i Brydain. Yn y tymor nythu, mae gan y ceiliog ben a bib du, cefn a bron melynwyrdd a bol golau rhesog. Yn y gaeaf, mae'r ceiliog yn debycach i'r iâr - yn llai lliwgar a llai o ddu, ond mae llinellau melyn yn yr adain ac mae gan y ddau grwmp melyn. Nytha'n bennaf mewn coed bythwyrdd ond dros y gaeaf bydd i'w weld yn hel ei fwyd ar goed gwern a bedw, yn aml gyda llinosiaid pengoch. Ymwelydd cyson â'n gerddi.

Llinos Werdd *Carduelis chloris* Greenfinch Hyd 14-15cm
Nythwr cyffredin mewn gerddi a pharciau ac ar ffermdir trwy Brydain ac Iwerddon, ond mae'n brin yng ngogledd yr Alban. Yn y tymor nythu, mae'r ceiliog yn felynwyrdd llachar ond dros y gaeaf mae'n fwy di-liw; mae'r iâr yn llwydwyrdd a'r adar ifanc yn rhesog. Mae darnau melyn yn adenydd pob llinos werdd; mae ganddi grwmp melyn a lliw melyn ar ochrau allanol y gynffon. Defnyddia'r pig mawr pinc i fwyta hadau ac fe'i gwelir yn hel ei bwyd ar dir âr neu mewn gerddi. Galwa *wî-ish*.

Coch y Berllan *Pyrrhula pyrrhula* Bullfinch Hyd 14-16cm
Aderyn hardd ond swil sy'n aml i'w weld mewn parau mewn gerddi, perthi a choedwigoedd trwy Brydain ac Iwerddon. Mae'n anodd ei weld mewn llwyni trwchus nes bod rhywun yn dod i nabod ei sŵn pipian main. Mae gan y ceiliog wyneb a chap du, bochau a bol cochbinc a chefn llwydlas. Mae'r iâr yn debyg ond bod ei bol yn frown golau a'i chefn yn llwydfrown. Mae'r crwmp gwyn yn amlwg wrth i'r adar hedfan i ffwrdd. Defnyddia'r pig byr, cryf i fwyta hadau, pryfed ac aeron ac, yn y gwanwyn, bydd yn bwyta blagur dail coed ffrwythau mewn perllannau.

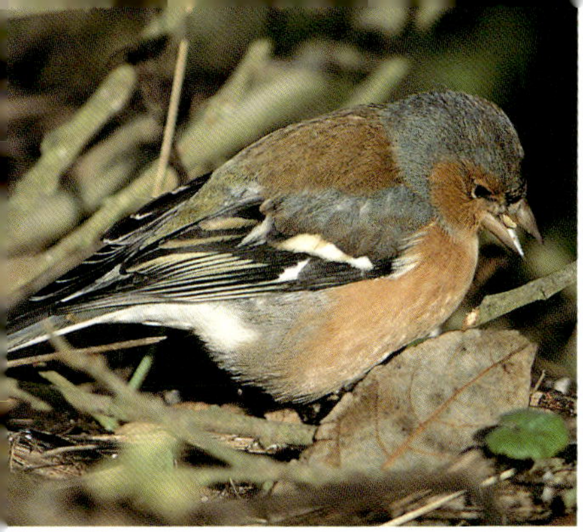
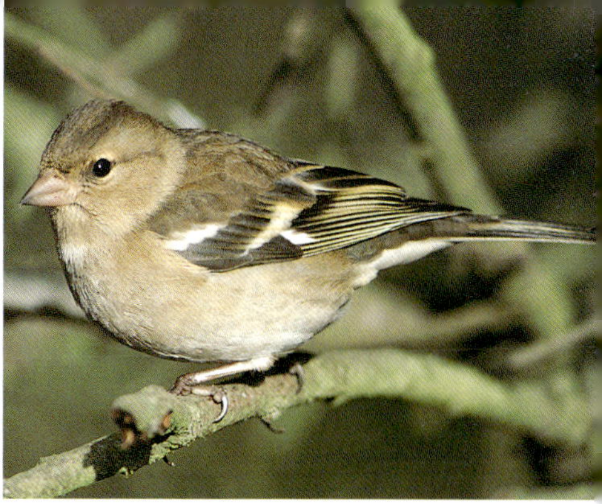
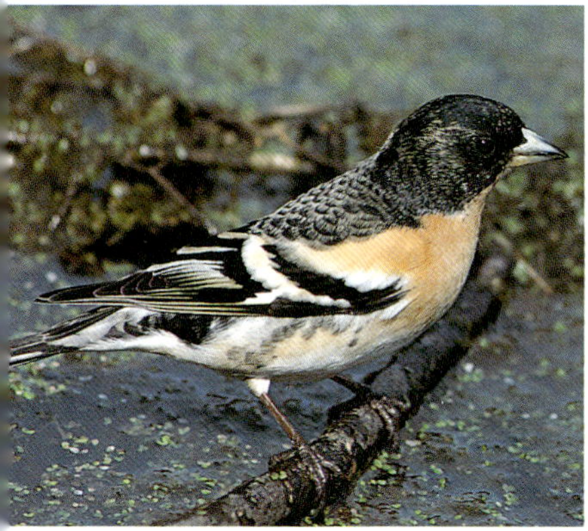
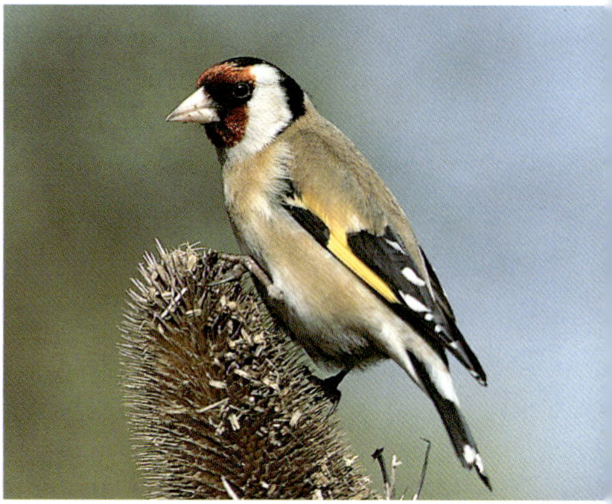
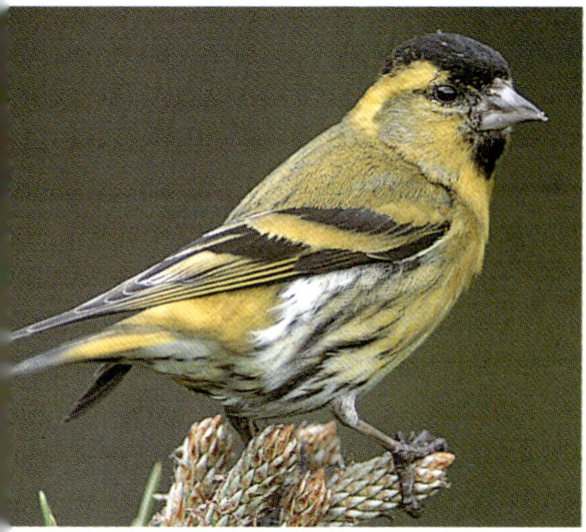
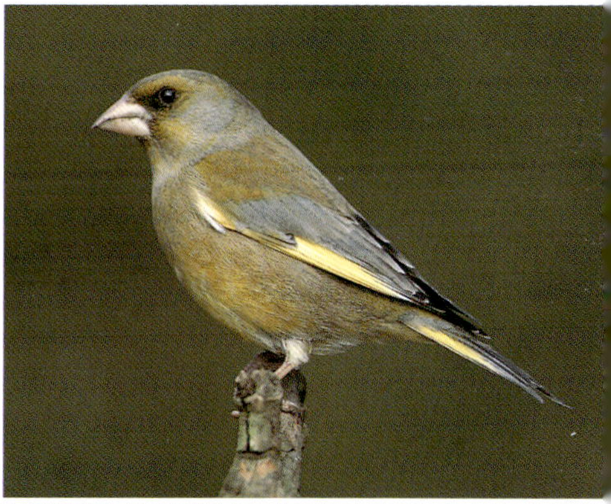
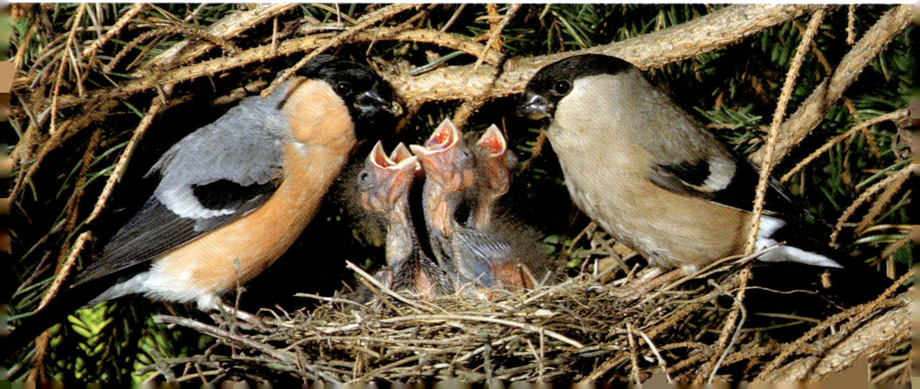

Adar

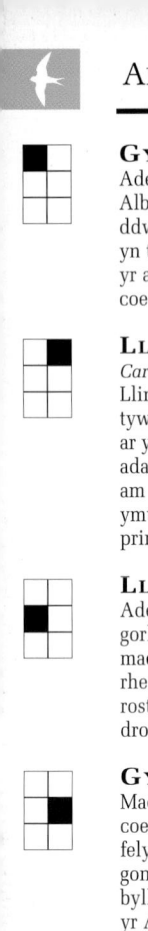

Gylfinbraff *Coccothraustes coccothraustes* Hawfinch Hyd 18cm
Aderyn swil, prin sydd i'w weld mewn rhai coedwigoedd o dde Lloegr hyd at dde'r Alban, yn cynnwys Cymru; mae'n absennol o Iwerddon. Mae'n fwyaf cyffredin yn ne ddwyrain Lloegr mewn coedwigoedd lle ceir oestrwydd neu barciau lle mae coed ceirios yn tyfu. Aderyn unigryw â phig anferth, pen a bol orenbinc, cefn brown a llinell wen yn yr adain. Mae'r iâr yn fwy di-nod na'r ceiliog. Galwa *tic*, fel robin goch, o frigau uchaf y coed.

Llinos bengoch leiaf
Carduelis cabaret Lesser redpoll Hyd 13-15cm
Llinos fechan â lliwiau amrywiol ar y corff. Mae ganddi big main, golau, corun coch tywyll a bib du. Llwydfrown rhesog yw'r cefn, y bol yn olau a cheir llinellau mân, tywyll ar yr ystlys. Yn y tymor nythu, bydd lliw pinc ar fron y ceiliog. Does dim coch ar gyrff y'r adar ifanc. Nytha mewn coed bythwyrdd ond yn y gaeaf fe'i gwelir gan amlaf yn chwilio am hadau coed bedw a gwern. Y tu allan i'r tymor nythu, bydd adar o ogledd Ewrop yn ymuno â'r adar Prydeinig. Mae perthynas agos iddi, y llinos bengoch, yn ymwelydd gaeaf prin â Chymru a Phrydain.

Llinos *Carduelis cannabina* Linnet Hyd 13-14cm
Aderyn cyffredin yn iseldir Prydain ac Iwerddon ond mae'n brin yng ngogledd a gorllewin yr Alban. Mae gan y ceiliog ben llwyd a chefn cochfrown ac, yn y tymor nythu, mae ganddo dalcen coch a bron binc. Yn y gaeaf, mae gwisg y ceiliog, fel yr iâr, yn frown rhesog, di-nod. Nytha mewn ardaloedd lle ceir digon o eithin, rhedyn a mieri ac ar rostiroedd. Bydd y ceiliog yn eistedd mewn llefydd amlwg i ganu. Heidiant at ei gilydd dros y gaeaf.

Gylfingroes *Loxia recurvirostra* Common crossbill Hyd 16-17cm
Mae hanner ucha'r pig yn troi i'r ochr i'w gwneud yn haws iddo dynnu hadau o gonau coed bythwyrdd, ei hoff gynefin. Mae corff y ceiliog yn goch a chorff yr iâr yn felynwyrdd. Yn aml, nytha'n gynnar yn y flwyddyn er mwyn manteisio ar gnwd da o gonau. Mae'n chwilio am fwyd yn uchel yn y coed ond daw i lawr i'r ddaear i yfed o byllau dŵr. Yn aml, fe welir heidiau'n hedfan dros y coed yn galw *jip-jip* wrth fynd. Yn yr Alban, mae aderyn tebyg iawn, cambig yr Alban, yn nythu.

Aderyn y to *Passer domesticus* House sparrow Hyd 14-15cm
Aderyn cyfarwydd a chyffredin trwy Brydain ac Iwerddon ond o achos ei hoffter o fyw ochr yn ochr â dyn, nid yw'n gyffredin ymhobman. Mae gan y ceiliog gorun, bochau a chrwmp llwyd, gwegil, cefn ac adenydd cochfrown, gwddf du a bol golau. Mae'r iâr yn fwy di-nod a chanddi gorff llwydfrown a brown golau rhesog. Fe'i gwelir yn aml o amgylch ffermydd, ar ben y to neu'n ymolchi mewn llwch. Nytha fel rheol mewn tyllau yn y wal, o dan y bondo neu, ar adegau, bydd yn adeiladu nyth fawr, flêr mewn llwyni trwchus. Gall fod yn ddigon eofn.

Golfan y mynydd *Passer montanus* Tree sparrow Hyd 14cm
Aderyn prin ond mae iddo ddosbarthiad eang ym Mhrydain ac Iwerddon. Fe'i gwelir weithiau ar gyrion pentrefi ond, fel rheol, mae'n ffafrio ffermydd âr blêr lle bydd yn bwyta hadau yng nghwmni breision a llinosiaid. Mae'r ceiliog a'r iâr yn debyg i'w gilydd a gellir gwahaniaethu rhyngddynt ag adar y to o achos y gwegil a'r cap cochfrown a'r darn du ar y bochau gwyn. Mae'r cefn yn frown rhesog a'r bol yn olau. Does dim du ar fochau adar ifanc. Mae'r alwad fel galwad adar y to ond bydd hefyd yn galw *tic-tic* wrth hedfan. Byddant yn heidio at ei gilydd dros y gaeaf ac weithiau fe'u gwelir mewn caeau sofl.

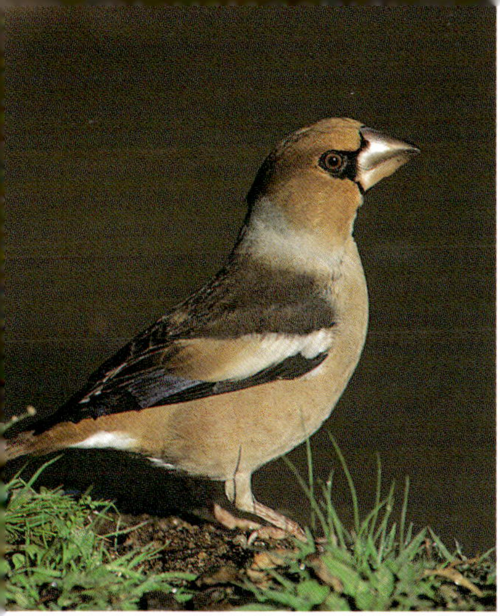
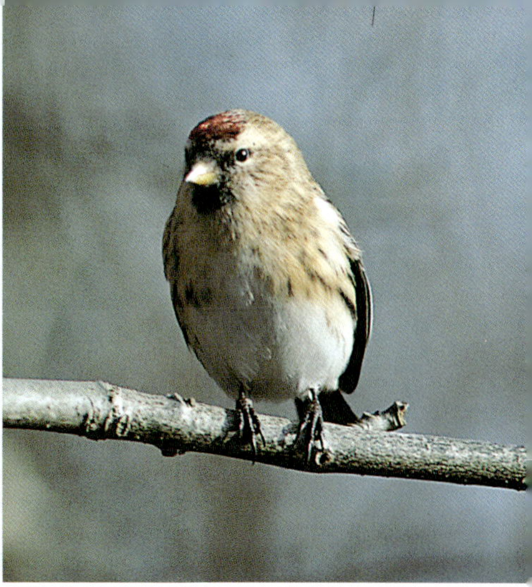
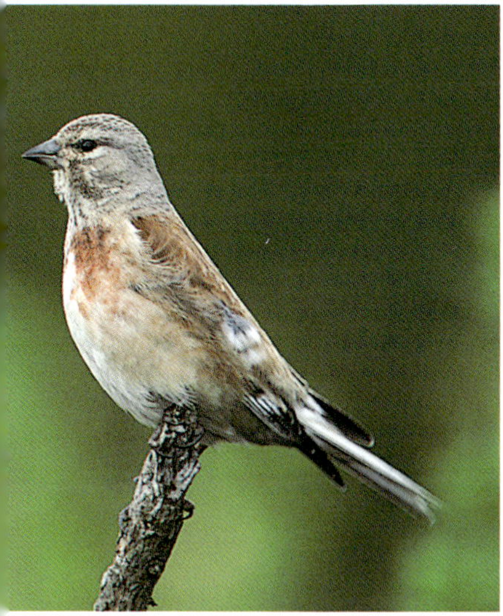
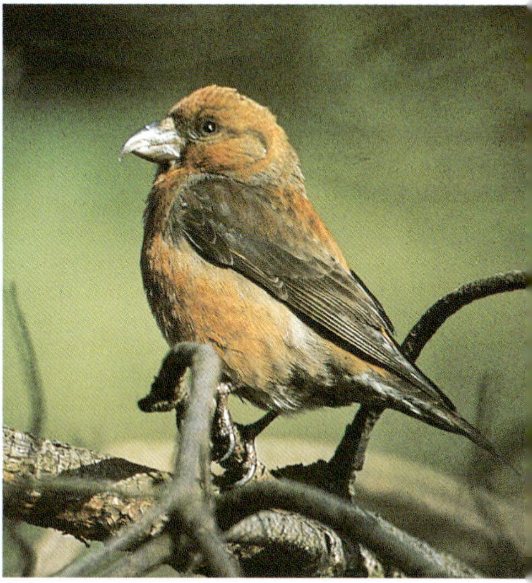
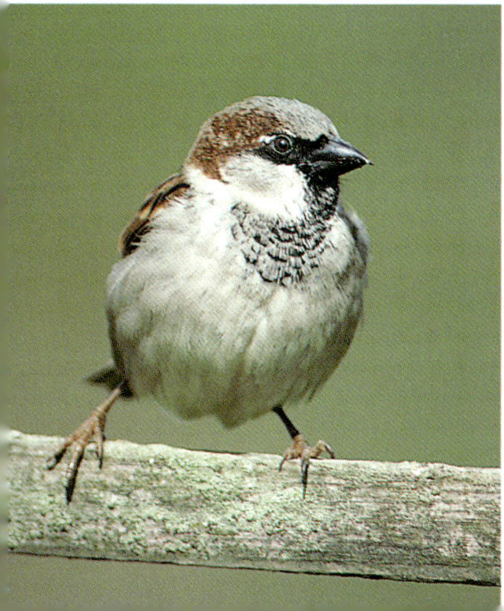
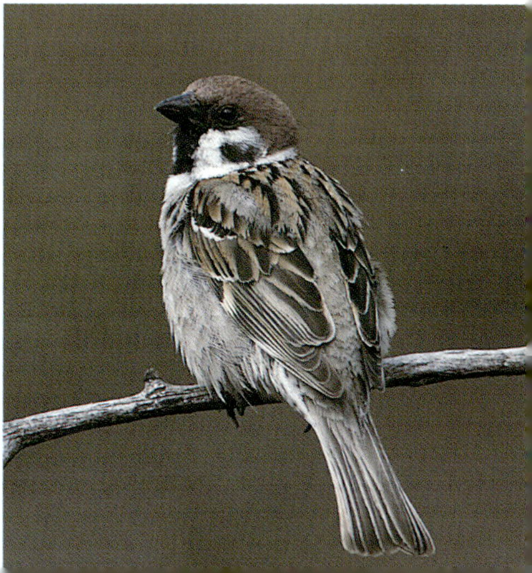

ADAR

SGRECH Y COED   *Garrulus glandarius*   Jay   Hyd 34cm
Aderyn hardd ond swil, sy'n cuddio ymysg brigau'r coed. Mae'n aderyn cyffredin yng Nghymru a Lloegr ond yn brin yn yr Alban ac Iwerddon. Mae'r corff yn orenbinc ac mae ganddo gap du a gwyn, darn gwyn dan y gynffon a chrwmp gwyn. Ceir patrwm du a gwyn ar yr adenydd yn ogystal â darn glas a du godidog. Yr alwad *craa* uchel a roddodd iddo ei enw Cymraeg.

PIODEN   *Pica pica*   Magpie   Hyd 46cm
Aderyn du a gwyn cyfarwydd a chyffredin. Mewn golau da, gellir gweld y lliwiau glas a phorffor ar blu tywyll yr adenydd blaen crwm a'r gynffon hir. Er bod y bioden yn gyffredin trwy Gymru, Lloegr ac Iwerddon, mae'n absenol o lawer o ucheldiroedd yr Alban. Adeilada nyth fawr o frigau mewn llwyni, perthi a choed byr. Y tu allan i'r tymor nythu, fe'i gwelir mewn grwpiau yn chwilio am fwyd. Bydd yn bwyta unrhyw beth o adar bach ac wyau i sgerbydau, mwydod a phryfed.

BRÂN GOESGOCH   *Pyrrhocorax pyrrhocorax*   Chough   Hyd 40cm
Aderyn maint jac-y-do â chorff tywyll, coesau coch a chrymanbig coch. Nytha ar hyd glogwyni arfordirol Cymru, Ynys Manaw, Ynys Isla ac Iwerddon. Yng Nghymru ac Iwerddon, mae rhai parau'n nythu yn y mewndir mewn chwareli, hen fwyngloddiau neu hen adeiladau. Gellir ei hadnabod yn yr awyr o achos y 'bysedd' amlwg ar flaen yr adenydd a'r alwad *tshîa*. Mae'n bwyta pryfed o'r pridd.

JAC-Y-DO   *Corvus monedula*   Jackdaw   Hyd 33cm
Brân fechan, gyfarwydd â chorff tywyll, gwegil llwyd a llygaid golau. Mae'n aderyn cyffredin trwy Brydain ac Iwerddon onibai am ogledd-orllewin yr Alban. Mae'n gartrefol ar ffermdir a chlogwyni arfordirol lle bydd yn ffurfio heidiau mawr. Mae'r alwad *tshac* i'w chlywed yn gyson. Nytha mewn tyllau mewn creigiau a choed, ac mewn adeiladau. Fel llawer o'r brain, bydd yn bwyta bron unrhyw beth.

CIGFRAN   *Corvus corax*   Raven   Hyd 64cm
Aderyn mawr, yr un maint â bwncath, ag iddo big mawr a chynffon siâp diamwnt. Yn yr awyr, fe'i gwelir yn aml yn troi ar ei gefn ar amrantiad a galw *cronc* fel ffordd o warchod ei diriogaeth a denu cymar. Mae'n defnyddio'i big cryf i agor sgerbydau anifeiliaid fel defaid sydd wedi marw ar yr ucheldir, ond mae hefyd yn bwyta mwydod a phryfed. Mae'n nythwr cyffredin yn y gogledd a'r gorllewin ac yn lledaenu i'r dwyrain.

BRÂN DYDDYN   *Corvus corone corone*   Carrion crow   Hyd 47cm
Aderyn mawr du â phig cadarn; mae'n llawer llai cymdeithasol na'r ydfran a does dim lliw gwyn ar y pig. Mae'n gyffredin iawn yng Nghymru, Lloegr a dwyrain yr Alban ond, yn y gorllewin ac Iwerddon, mae'r frân lwyd yn cymeryd ei le. Fe'i gwelir ar ffermdir, uchelder ac ar yr arfordir lle bydd yn bwyta sgerbydau, wyau, adar bach, pryfed ac unrhyw wastraff sy'n cael ei adael gan ddyn. Adeilada nyth fawr o frigau.

BRÂN LWYD   *Corvus corone cornix*   Hooded crow   Hyd 47cm
Mae'r frân lwyd yn debyg iawn i'w pherthynas agos, y frân dyddyn, ond bod ei chorff yn llwyd a'i hadenydd yn dywyll. Fe'i gwelir yn bennaf yng ngorllewin yr Alban, Ynys Manaw ac Iwerddon ond, o dro i dro, daw ambell i aderyn drosodd i Gymru. Yn y mannau lle mae'r frân lwyd yn rhannu tiriogaeth â'r frân dyddyn, maent yn croesfridio.

YDFRAN   *Corvus frugilegus*   Rook   Hyd 46cm
Aderyn cyfarwydd a chyffredin ar ffermdir iseldir Prydain ac Iwerddon. Yn aml, gwelir yr ydfran yn hel ei bwyd ar gaeau mewn heidiau mawr neu mewn nythfeydd ar gopaon coed uchel. Mae ei chorff yn ddu â sglein porffor a cheir darn gwyn ym môn y pig, ond nid mewn adar ifanc. Mae plu'r coesau yn ymddangos yn flêr.

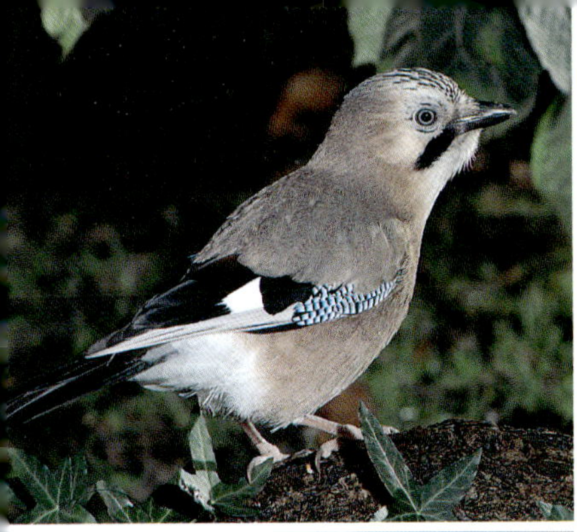
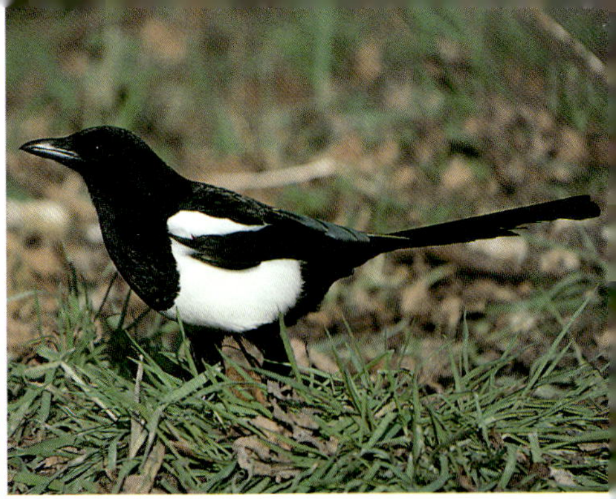
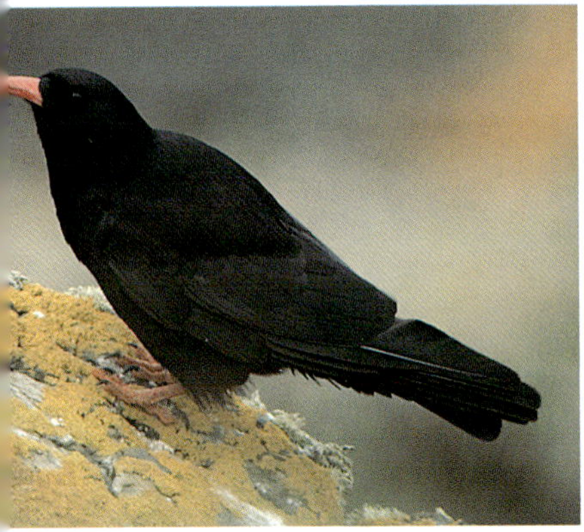
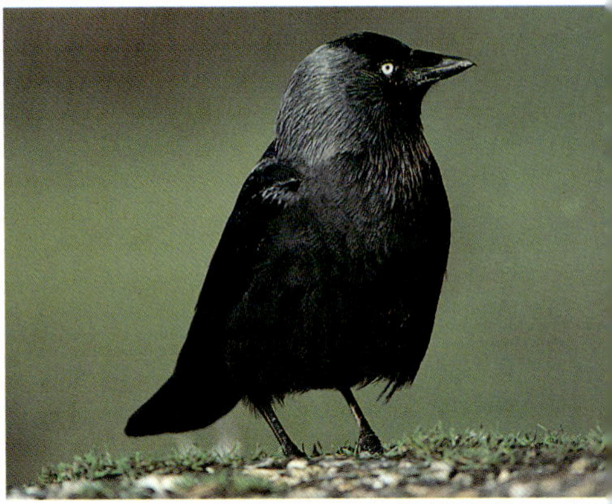
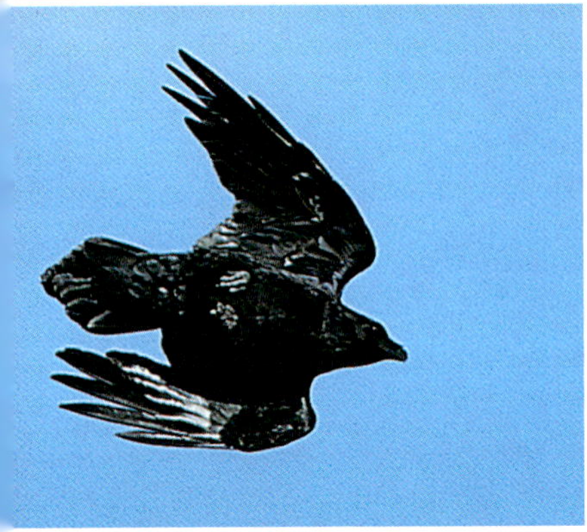
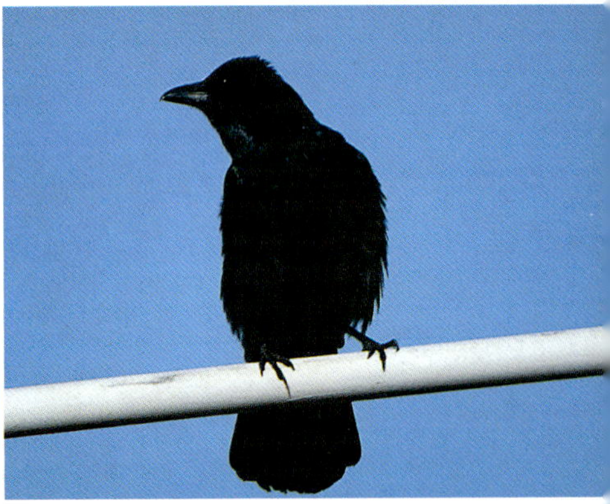
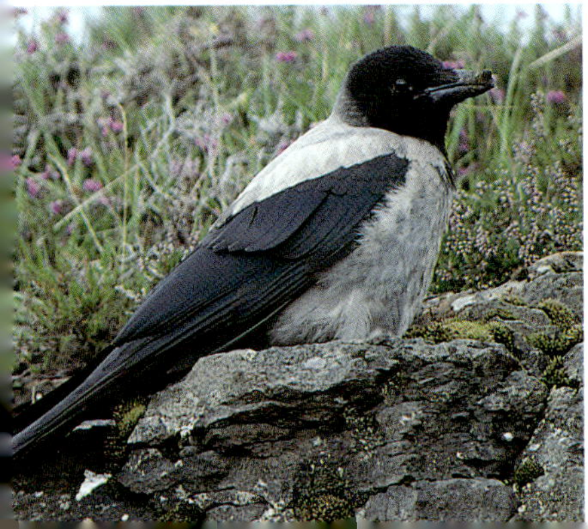
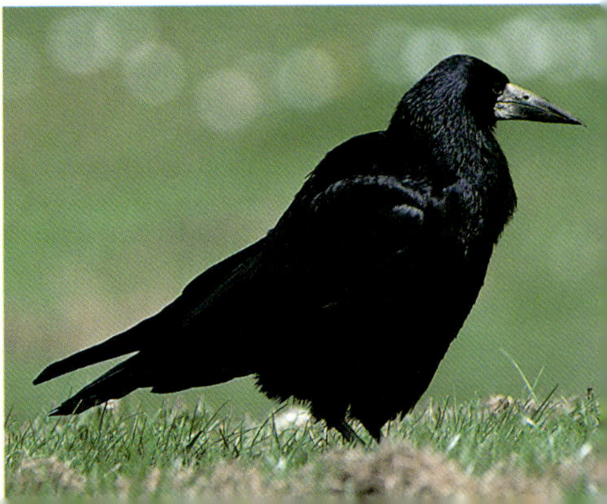

Ymlusgiaid

Madfall *Lacerta vivipara* Common lizard Hyd 10-15cm
Fe'i gwelir yn aml yn torheulo mewn llecynnau heulog fel cloddiau a waliau. Mae'r lliwiau a'r marciau ar y corff yn amrywio'n fawr ond fel rheol mae'r fadfall yn frown neu'n llwydfrown â smotiau golau a thywyll a llinellau melyn yn rhedeg o'r pen i'r gynffon. Mae'r bol a'r gwddf fel arfer yn olau neu'n goch. Anifail cyffredin trwy Brydain ac Iwerddon, yn ffafrio glaswelltir byr, clogwyni'r arfordir a rhostiroedd. Mae'r iâr yn cynhyrchu wyau y tu mewn i'r corff ac yn rhoi genedigaeth i fadfallod bach, gan amlaf yn yr haf. Pryfed yw prif fwyd y fadfall a gall fwrw ei chynffon er mwyn dianc rhag anifeiliaid rheibus. Mae'n gaeafgysgu rhwng Hydref a Mawrth.

Madfall y Tywod *Lacerta agilis* Sand lizard Hyd 15-20cm
Ychydig yn fwy na'r fadfall ac mae ganddi ben cadarn. Mae'n brin iawn ac fe'i gwelir ddim ond ar rostiroedd de Lloegr yn ardal Dorset ac ar dwyni tywod de Swydd Caerhirfryn. Yn ddiweddar, cafodd rhai anifeiliaid eu hailgyflwyno'n llwyddiannus i dwyni tywod yng ngogledd Cymru. Mae'r fenyw'n frown golau â rhesi o smotiau tywyll ar hyd y corff. Yn ystod y tymor bridio, mae ystlysau'r gwryw'n wyrdd llachar. Yn aml, fe'i gwelir yn torheulo ar ddarn o dywod moel. Mae'n bwyta pryfed a phryfed cop yn bennaf a bydd yn gaeafgysgu rhwng Hydref ac Ebrill. Mae'r fenyw'n dodwy wyau mewn tyllau yn y tywod sych a bydd y rhai bach i'w gweld rhwng Mehefin ac Awst.

Neidr Ddefaid *Anguis fragilis* Slow worm Hyd 30-50cm
Er ei bod yn debyg i neidr, madfall heb goesau yw hon. Mae blaen y gynffon yn ddi-fin, yn enwedig ar ôl iddi ei bwrw er mwyn dianc rhag anifeiliaid rheibus. Mae'r rhan fwyaf ohonynt yn liw euraidd ond mae eraill yn debycach i liw arian a cheir rhai, hyd yn oed, â smotiau glas. Mae'n gyffredin ym Mhrydain ond yn absennol o Iwerddon, ac yn ffafrio gwaelodion perthi, glaswelltir, cloddiau ac ymylon coedwigoedd; mae'n hoff o erddi addas hefyd ond mae'r gath yn elyn mawr iddi. Mae'n bwyta creaduriaid fel gwlithod a phryfed a bydd yn gaeafgysgu rhwng Hydref a Mawrth.

Neidr y Gwair *Natrix natrix* Grass snake Hyd 70-150cm
Neidr hardd, hir sy'n aml i'w gweld yn agos at ddŵr. Mae ganddi ddosbarthiad eang yng Nghymru a Lloegr ond mae wedi prinhau'n arw yn ddiweddar. Mae'r corff yn wyrdd tywyll fel rheol, mae ganddi goler melyn a cheir cannwyll crwn i'r llygad. Mae'n nofio'n dda ac fe'i gwelir yn aml ger camlesi a phyllau, mewn glaswelltir ac ar rostiroedd. Mae'n bwyta llyffantod, pysgod, llygod ac adar bach. Nid yw'n wenwynig ond mae'n drewi ac yn actio'n farw pan gaiff ei dal. Bydd yn dodwy wyau mewn tyfiant marw sy'n pydru, yn aml mewn tomenni compost, a bydd y nadroedd ifanc yn deor yn yr haf. Mae'n gaeafgysgu rhwng Hydref a Mawrth.

Gwiber *Vipera berus* Adder Hyd 50-60cm
Neidr dew, fer â llinell ddu, igam-ogam i lawr y cefn. Mae'r fenyw'n lliw efydd fel rheol a'r gwryw'n lliw arian ond mae unigolion oren-goch neu ddu yn gyffredin mewn rhai ardaloedd. Mae'n neidr wenwynig sy'n bwyta mamaliaid bychan, adar a madfallod ond nid yw'n beryglus i oedolion iach. Fe'i gwelir ym Mhrydain ar rostiroedd yn bennaf, yn enwedig ar yr arfordir; mae'n absennol o Iwerddon. Mae'n gaeafgysgu rhwng Hydref a Mawrth ac, ar ddechrau'r gwanwyn, gellir gweld llawer yn torheulo gyda'i gilydd. Ceir cannwyll unionsyth yn y llygad.

Neidr Lefn *Coronella austriaca* Smooth snake Hyd 55-75cm
Rhywogaeth brin iawn sy'n gyfyngedig i rostiroedd tywodlyd, sych yn ardal Swydd Dorset a Hampshire. Mae'n aml i'w gweld yn yr un lleoedd â madfallod y tywod, ei phrif brae, er ei bod hefyd yn bwyta'r neidr ddefaid, pryfed ac adar bach. Mae'n eu lladd trwy eu gwasgu i farwolaeth. Er ei bod yn debyg i'r wiber, does dim llinell igam-ogam ddu i lawr y cefn, mae'n deneuach ac mae cannwyll y llygad yn grwn. Fel rheol, mae'r corff yn llwydaidd. Fe'i gwelir yn torheulo ar y tywod ymysg y tyfiant neu o dan ddarnau o haearn rhychog. Bydd yn gaeafgysgu rhwng Hydref ac Ebrill.

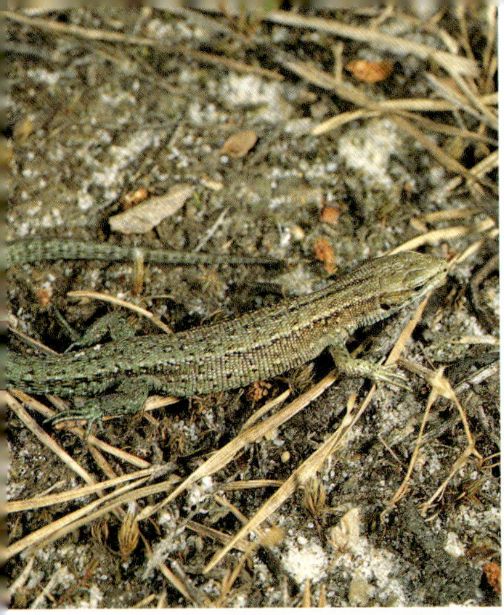
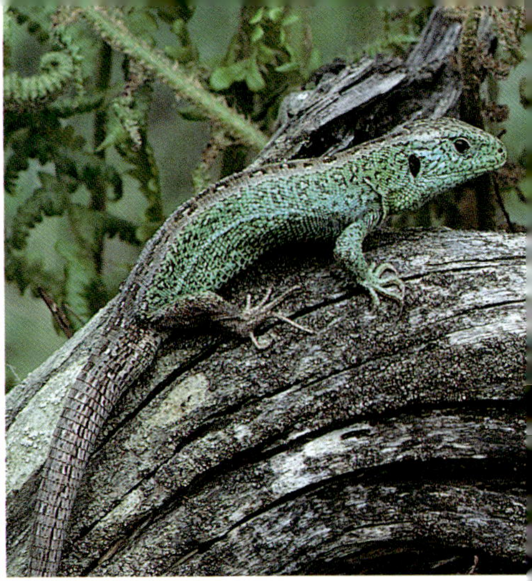
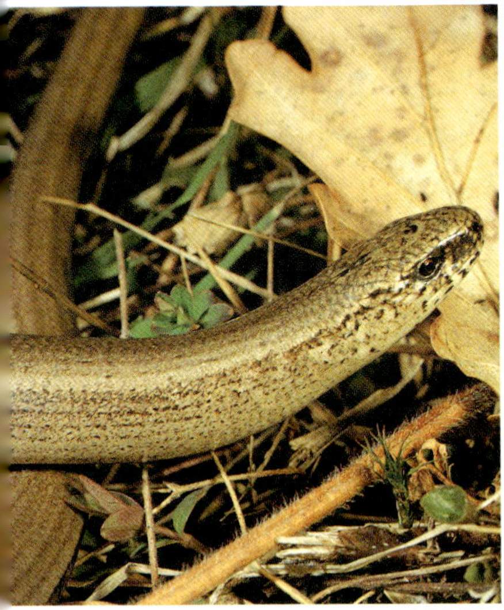
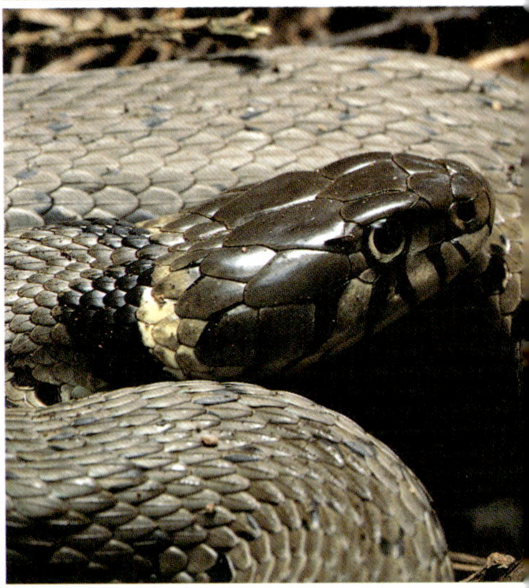
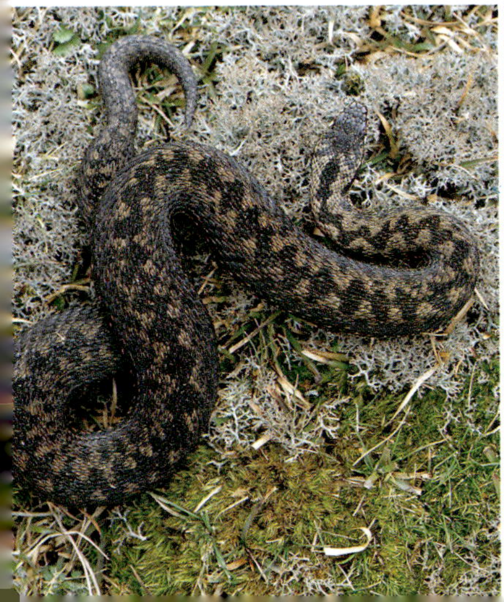
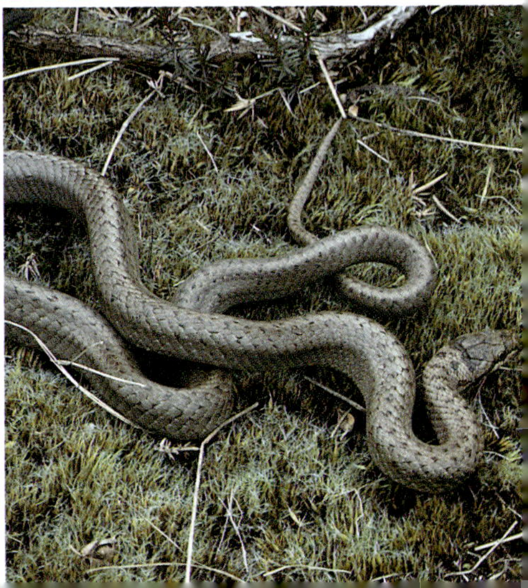

Amffibiaid

Madfall ddŵr gyffredin
Triturus vulgaris Smooth newt Hyd 8-10cm
Mae'r gwryw'n lliwgar a'r fenyw'n eithaf di-nod. Yn y gwanwyn, mae gan y gwryw smotiau ar hyd yr ystlys, crib ar hyd y cefn, bol oren a gwddf golau smotiog. Mae'r fenyw'n frown, heb grib, ac mae'n debyg i fenyw madfall ddŵr balfog ond bod smotiau ar y gwddf golau. Anifail cyffredin ar draws Prydain a'r unig fadfall yn Iwerddon, ond mae'n eithaf prin yno. Fe'i gwelir mewn ffosydd, pyllau a llynnoedd rhwng Mawrth a Medi ond wedyn bydd yn gadael y dŵr i aeafgysgu, yn aml o dan foncyffion.

Madfall ddŵr balfog *Triturus helvetica* Palmate newt Hyd 9cm
Ac eithrio yn y gwanwyn, mae'n hawdd cymysgu rhwng y fadfall ddŵr balfog a'r un gyffredin heblaw nad oes smotiau ar ei gwddf. Yn y tymor bridio, mae gan y gwryw draed ôl palfog ac edefyn main ar flaen y gynffon. Mae'r bol yn fwy melyn nag oren. Mae'r fenyw'n debyg iawn i fadfall ddŵr gyffredin ond does dim smotiau ar y gwddf. Mae'n gyffredin iawn mewn pyllau, llynnoedd a chamlesi ym Mhrydain a bydd hyd yn oed yn byw mewn pyllau mawn yn yr ucheldir. Treulia'r rhan fwyaf o'i hamser yn y dŵr ond bydd yn gaeafgysgu rhwng Tachwedd a Mawrth o dan foncyffion neu gerrig. Mae'n bwyta creaduriaid di-asgwrn-cefn a phenbyliaid.

Madfall ddŵr gribog
Triturus cristatus Great crested newt Hyd 14cm
Y fadfall fwyaf a'r brinnaf ac fe'i diogelir gan y gyfraith. Mae ganddi ddosbarthiad eithaf eang yn iseldir Prydain ond mae'n absennol o Iwerddon. Mae'n ffafrio pyllau a llynnoedd mawr, bas lle ceir digonedd o dyfiant. Mae'r gwryw'n drawiadol yn y gwanwyn â chrib fawr, ystlysau tywyll ac arnynt smotiau mawr a bol oren llachar â smotiau tywyll. Heblaw am y grib, mae'r fenyw'n debyg i'r gwryw. Yn aml, bydd yn aros yn y dŵr trwy'r flwyddyn.

Broga/Llyffant melyn *Rana temporaria* Common frog Hyd 6-9cm
Anifail cyffredin trwy Brydain. Cafodd ei gyflwyno i Iwerddon lle mae'n eithaf prin. Mae ei liw'n amrywio'n fawr ond fel arfer mae'n wyrdd, brown neu dywodfrown â smotiau tywyll ar hyd y corff a mwgwd tywyll. Bydd chwydd amlwg ar fys cynta'r gwryw adeg bridio a defnyddir hwn i afael yn y fenyw. Bydd yn dodwy'r grifft rhwng Ionawr a Mawrth mewn pyllau a llynnoedd o bob maint.

Broga'r gors/Llyffant y gors
Rana ridibunda Marsh frog Hyd 6-10cm
Anifail a gyflwynwyd i Swydd Caint ym 1935 ac sydd wedi lledaenu i siroedd cyfagos. Mae'n debyg i'r llyffant melyn ond ei fod yn wyrdd, mae ei wyneb yn fwy main a does dim mwgwd ganddo. Treulia'r rhan fwyaf o'r flwyddyn yn y dŵr, fel rheol mewn ffosydd, ac yn y gwanwyn bydd y gwrywod yn canu trwy lenwi eu sachau lleisiol â gwynt.

Llyffant dafadennog *Bufo bufo* Common toad Hyd 8-12cm
Mae'n hawdd gwahaniaethu rhyngddo a'r llyffant melyn am fod ganddo groen dafadennog brown a'i fod yn tueddu i gerdded, nid hopian. Mae'n ymweld â phyllau a llynnoedd i fridio yn y gwanwyn ond, ar adegau eraill, gellir ei weld mewn mannau eithaf sych ymhell o'r dŵr agosaf. Anifail cyffredin trwy Brydain ond absennol o Iwerddon. Yn aml, bydd yn dodwy yn yr un pyllau â'r llyffant melyn ond rai wythnosau'n ddiweddarach ac mae'n cynhyrchu grifft sy'n debyg i gortyn dwbwl. Ar y tir, mae'n bwyta gwahanol greaduriaid bychan yn cynnwys gwlithod a phryfed. Bydd yn gaeafgysgu o dan foncyffion a cherrig.

Llyffant y twyni *Bufo calamita* Natterjack toad Hyd 6-8cm
Anifail prin iawn sydd i'w weld mewn rhai safleoedd arfordirol, yn enwedig twyni tywod. Mae rhai wedi cael eu hailgyflwyno i dwyni tywod yng Nghymru'n ddiweddar. Yn ne Lloegr, fe'i gwelir ar rostiroedd tywodlyd. Mae'r corff yn eithaf gwastad ac mae llinell felen i lawr canol y cefn. Bydd llyffantod y twyni'n casglu mewn pyllau bas i fridio, yn aml ar ôl glawogydd trymion. Fel rheol, byddant yn dod allan yn ystod y nos pan all y gwrywod fod yn swnllyd iawn.

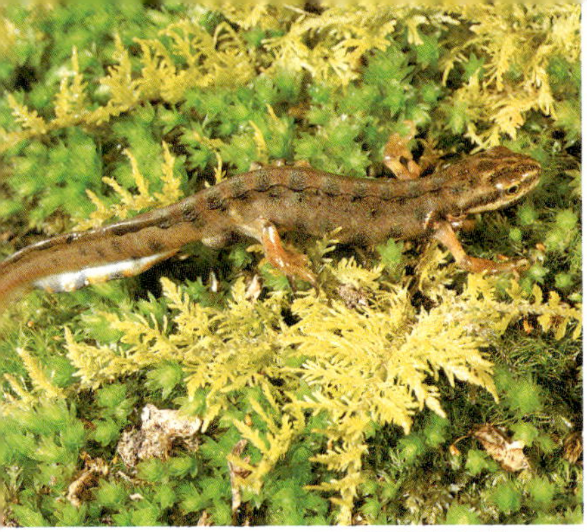
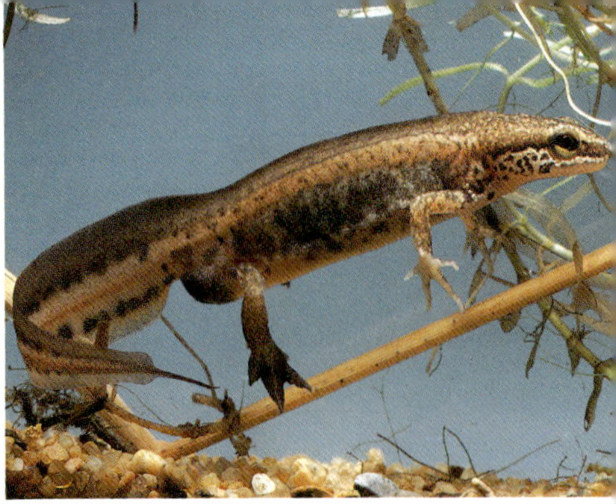
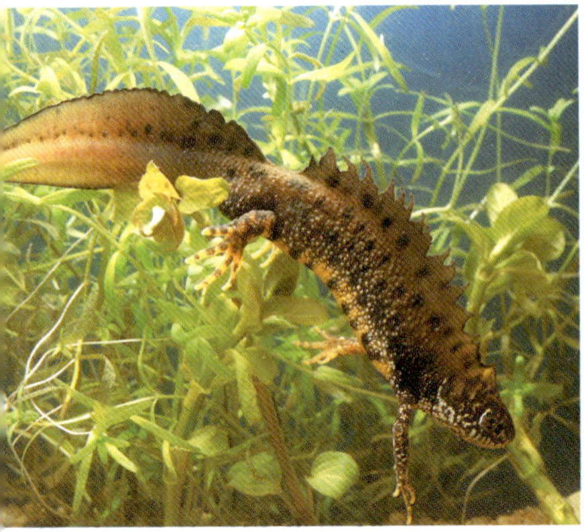
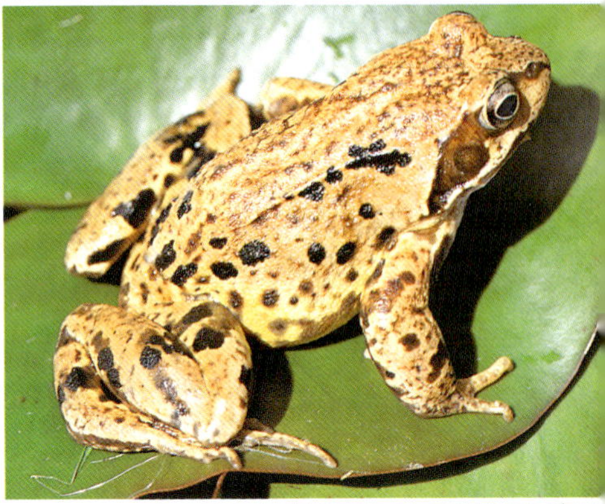
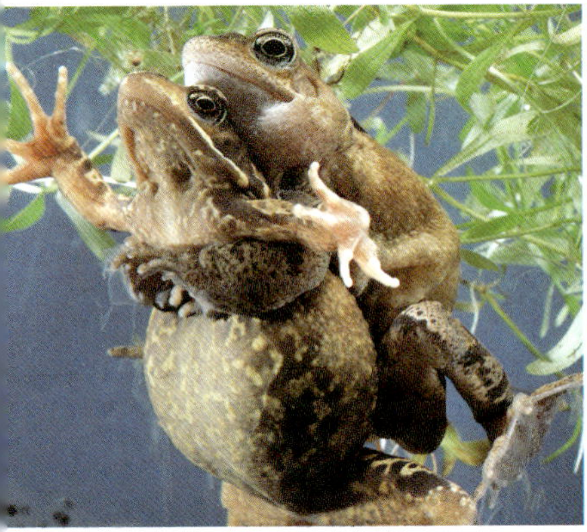
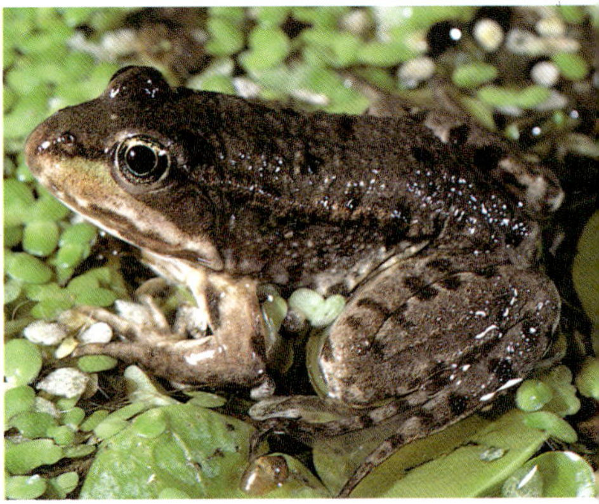
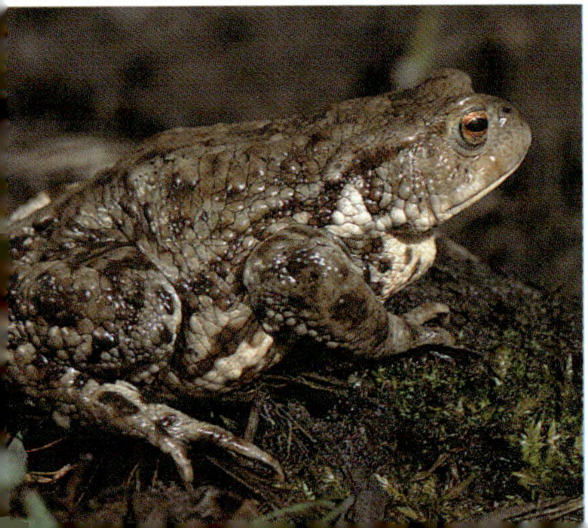
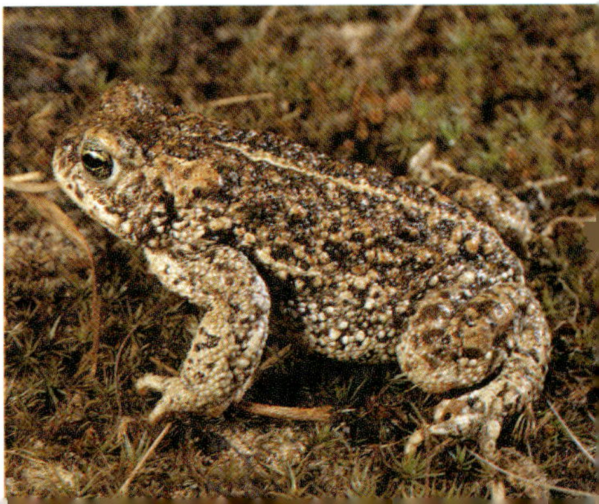

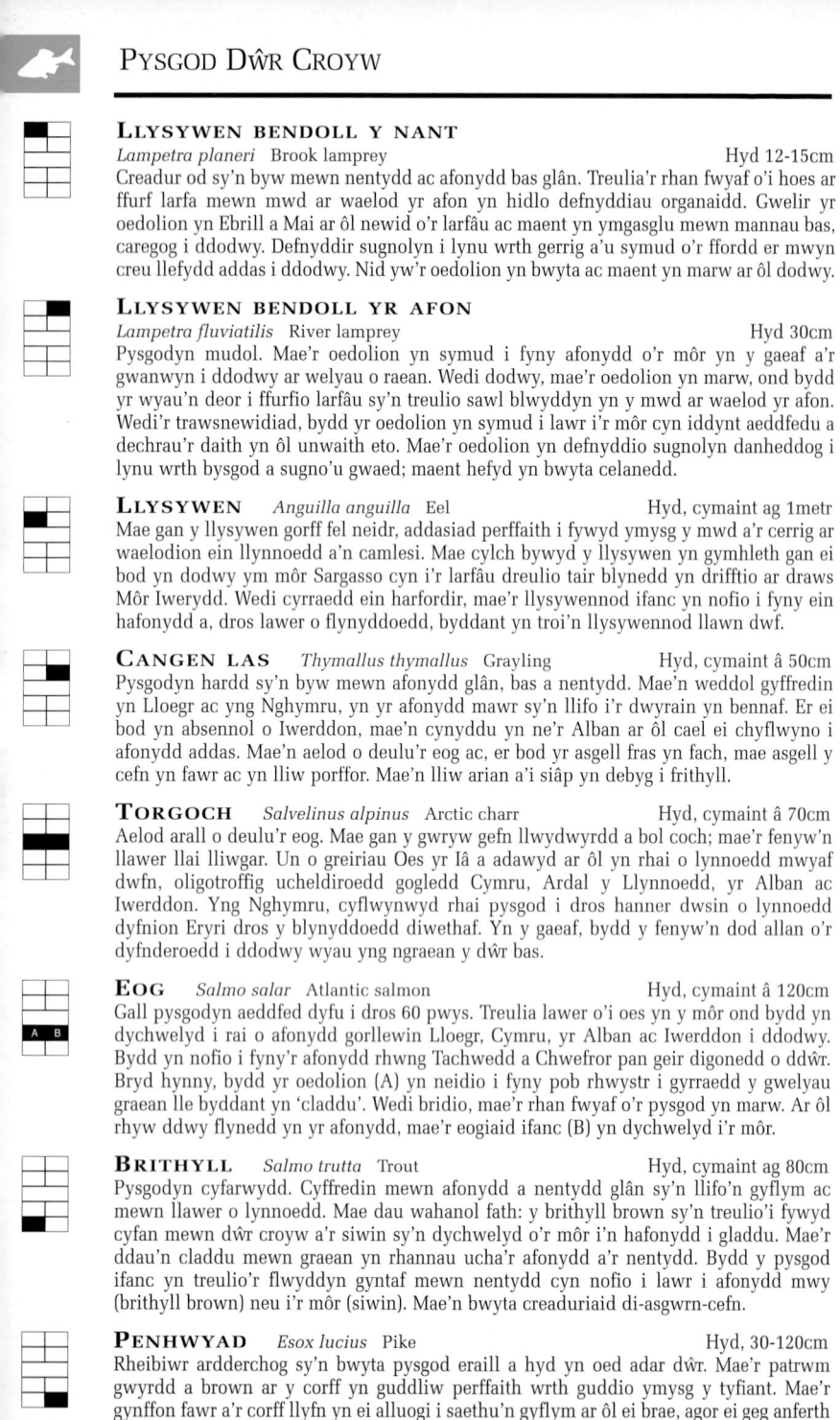

Pysgod Dŵr Croyw

Llysywen Bendoll y Nant
Lampetra planeri Brook lamprey   Hyd 12-15cm
Creadur od sy'n byw mewn nentydd ac afonydd bas glân. Treulia'r rhan fwyaf o'i hoes ar ffurf larfa mewn mwd ar waelod yr afon yn hidlo defnyddiau organaidd. Gwelir yr oedolion yn Ebrill a Mai ar ôl newid o'r larfâu ac maent yn ymgasglu mewn mannau bas, caregog i ddodwy. Defnyddir sugnolyn i lynu wrth gerrig a'u symud o'r ffordd er mwyn creu llefydd addas i ddodwy. Nid yw'r oedolion yn bwyta ac maent yn marw ar ôl dodwy.

Llysywen Bendoll yr Afon
Lampetra fluviatilis River lamprey   Hyd 30cm
Pysgodyn mudol. Mae'r oedolion yn symud i fyny afonydd o'r môr yn y gaeaf a'r gwanwyn i ddodwy ar welyau o raean. Wedi dodwy, mae'r oedolion yn marw, ond bydd yr wyau'n deor i ffurfio larfâu sy'n treulio sawl blwyddyn yn y mwd ar waelod yr afon. Wedi'r trawsnewidiad, bydd yr oedolion yn symud i lawr i'r môr cyn iddynt aeddfedu a dechrau'r daith yn ôl unwaith eto. Mae'r oedolion yn defnyddio sugnolyn danheddog i lynu wrth bysgod a sugno'u gwaed; maent hefyd yn bwyta celanedd.

Llysywen   *Anguilla anguilla* Eel   Hyd, cymaint ag 1metr
Mae gan y llysywen gorff fel neidr, addasiad perffaith i fywyd ymysg y mwd a'r cerrig ar waelodion ein llynnoedd a'n camlesi. Mae cylch bywyd y llysywen yn gymhleth gan ei bod yn dodwy ym môr Sargasso cyn i'r larfâu dreulio tair blynedd yn driffitio ar draws Môr Iwerydd. Wedi cyrraedd ein harfordir, mae'r llysywennod ifanc yn nofio i fyny ein hafonydd a, dros lawer o flynyddoedd, byddant yn troi'n llysywennod llawn dwf.

Cangen Las   *Thymallus thymallus* Grayling   Hyd, cymaint â 50cm
Pysgodyn hardd sy'n byw mewn afonydd glân, bas a nentydd. Mae'n weddol gyffredin yn Lloegr ac yng Nghymru, yn yr afonydd mawr sy'n llifo i'r dwyrain yn bennaf. Er ei bod yn absennol o Iwerddon, mae'n cynyddu yn ne'r Alban ar ôl cael ei chyflwyno i afonydd addas. Mae'n aelod o deulu'r eog ac, er bod yr asgell fras yn fach, mae asgell y cefn yn fawr ac yn lliw porffor. Mae'n lliw arian a'i siâp yn debyg i frithyll.

Torgoch   *Salvelinus alpinus* Arctic charr   Hyd, cymaint â 70cm
Aelod arall o deulu'r eog. Mae gan y gwryw gefn llwydwyrdd a bol coch; mae'r fenyw'n llawer llai lliwgar. Un o greiriau Oes yr Iâ a adawyd ar ôl yn rhai o lynnoedd mwyaf dwfn, oligotroffig ucheldiroedd gogledd Cymru, Ardal y Llynnoedd, yr Alban ac Iwerddon. Yng Nghymru, cyflwynwyd rhai pysgod i dros hanner dwsin o lynnoedd dyfnion Eryri dros y blynyddoedd diwethaf. Yn y gaeaf, bydd y fenyw'n dod allan o'r dyfnderoedd i ddodwy wyau yng ngraean y dŵr bas.

Eog   *Salmo salar* Atlantic salmon   Hyd, cymaint â 120cm
Gall pysgodyn aeddfed dyfu i dros 60 pwys. Treulia lawer o'i oes yn y môr ond bydd yn dychwelyd i rai o afonydd gorllewin Lloegr, Cymru, yr Alban ac Iwerddon i ddodwy. Bydd yn nofio i fyny'r afonydd rhwng Tachwedd a Chwefror pan geir digonedd o ddŵr. Bryd hynny, bydd yr oedolion (A) yn neidio i fyny pob rhwystr i gyrraedd y gwelyau graean lle byddant yn 'claddu'. Wedi bridio, mae'r rhan fwyaf o'r pysgod yn marw. Ar ôl rhyw ddwy flynedd yn yr afonydd, mae'r eogiaid ifanc (B) yn dychwelyd i'r môr.

Brithyll   *Salmo trutta* Trout   Hyd, cymaint ag 80cm
Pysgodyn cyfarwydd. Cyffredin mewn afonydd a nentydd glân sy'n llifo'n gyflym ac mewn llawer o lynnoedd. Mae dau wahanol fath: y brithyll brown sy'n treulio'i fywyd cyfan mewn dŵr croyw a'r siwin sy'n dychwelyd o'r môr i'n hafonydd i gladdu. Mae'r ddau'n claddu mewn graean yn rhannau ucha'r afonydd a'r nentydd. Bydd y pysgod ifanc yn treulio'r flwyddyn gyntaf mewn nentydd cyn nofio i lawr i afonydd mwy (brithyll brown) neu i'r môr (siwin). Mae'n bwyta creaduriaid di-asgwrn-cefn.

Penhwyad   *Esox lucius* Pike   Hyd, 30-120cm
Rheibiwr ardderchog sy'n bwyta pysgod eraill a hyd yn oed adar dŵr. Mae'r patrwm gwyrdd a brown ar y corff yn guddliw perffaith wrth guddio ymysg y tyfiant. Mae'n gynffon fawr a'r corff llyfn yn ei alluogi i saethu'n gyflym ar ôl ei brae, agor ei geg anferth a'i lyncu. Fe'i gwelir yn llynnoedd yr iseldir lle ceir digon o dyfiant ac mewn afonydd mawr sy'n llifo'n araf. Mae'n bysgodyn cyffredin trwy Brydain ac Iwerddon.

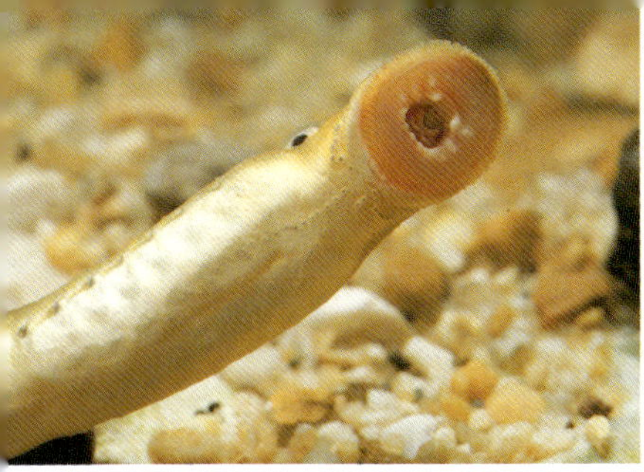
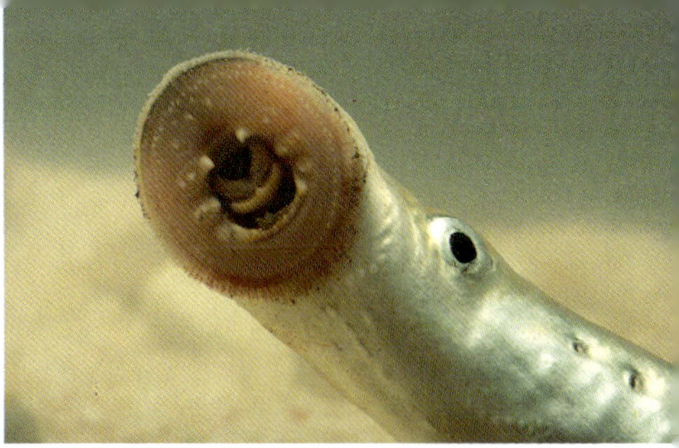
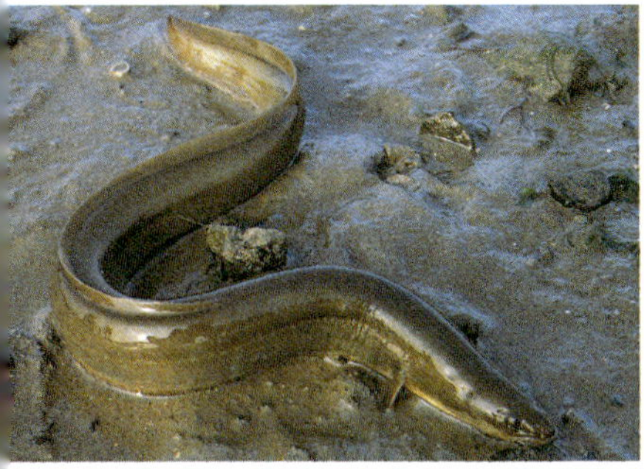
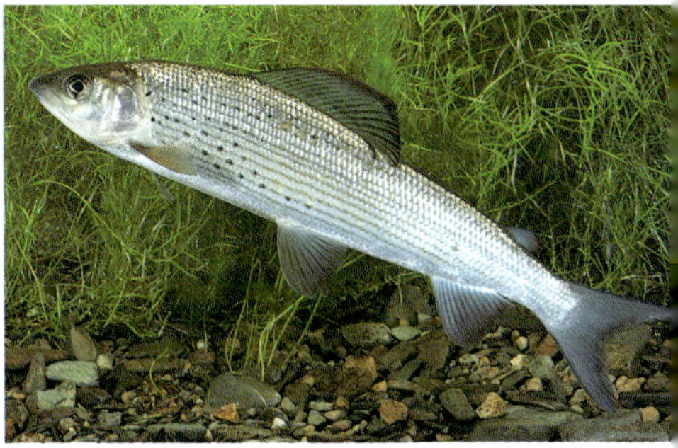
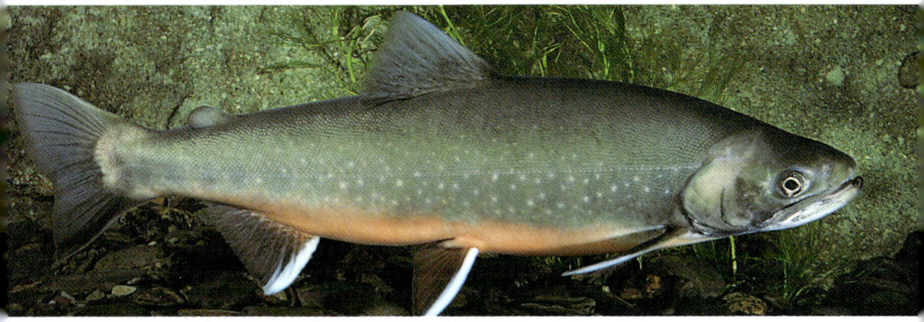
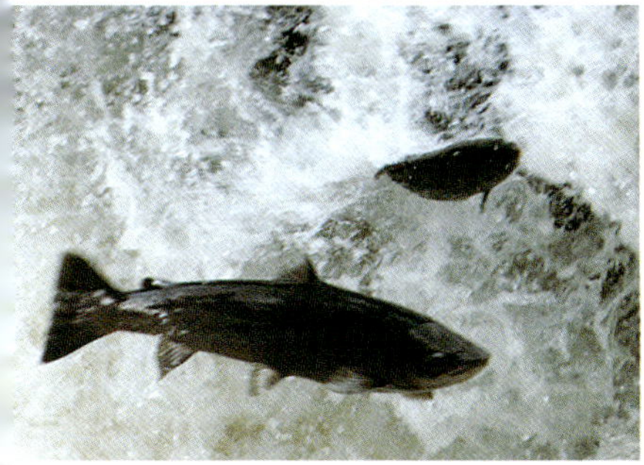
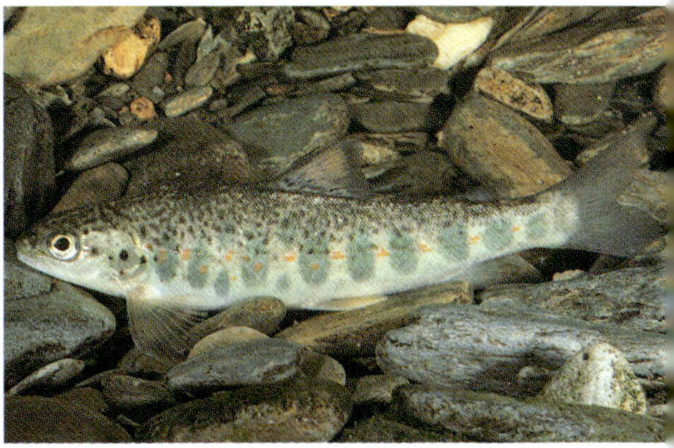
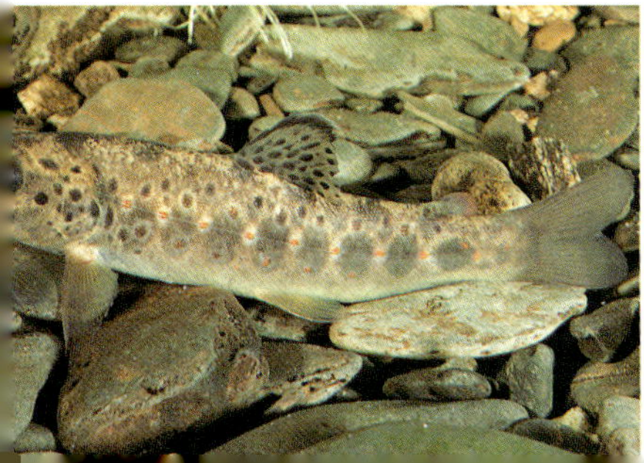
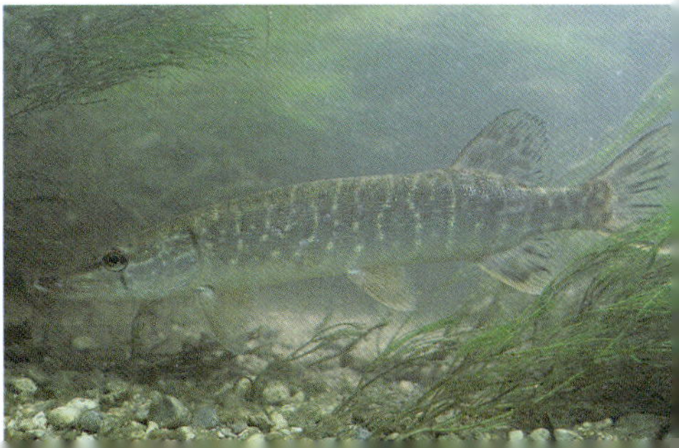

Pysgod Dŵr Croyw

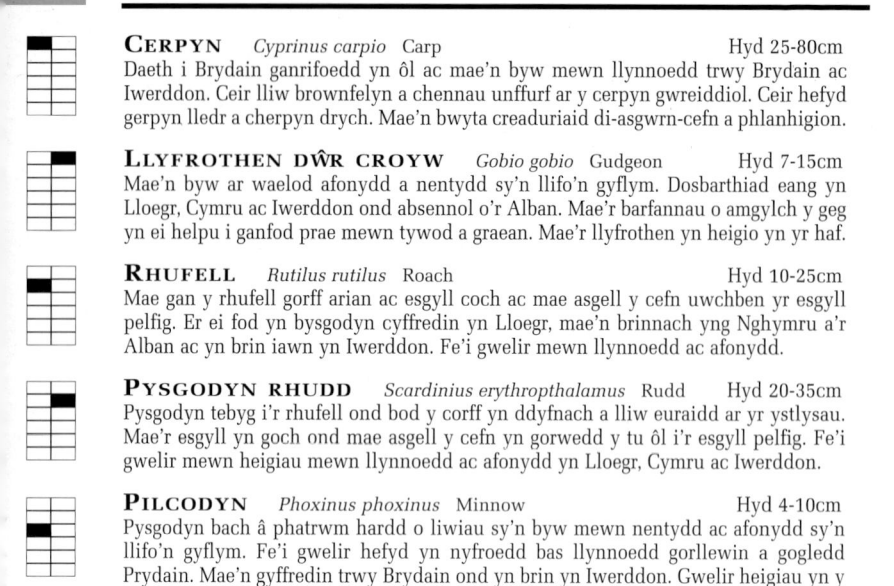

Cerpyn *Cyprinus carpio* Carp Hyd 25-80cm
Daeth i Brydain ganrifoedd yn ôl ac mae'n byw mewn llynnoedd trwy Brydain ac Iwerddon. Ceir lliw brownfelyn a chennau unffurf ar y cerpyn gwreiddiol. Ceir hefyd gerpyn lledr a cherpyn drych. Mae'n bwyta creaduriaid di-asgwrn-cefn a phlanhigion.

Llyfrothen dŵr croyw *Gobio gobio* Gudgeon Hyd 7-15cm
Mae'n byw ar waelod afonydd a nentydd sy'n llifo'n gyflym. Dosbarthiad eang yn Lloegr, Cymru ac Iwerddon ond absennol o'r Alban. Mae'r barfannau o amgylch y geg yn ei helpu i ganfod prae mewn tywod a graean. Mae'r llyfrothen yn heigio yn yr haf.

Rhufell *Rutilus rutilus* Roach Hyd 10-25cm
Mae gan y rhufell gorff arian ac esgyll coch ac mae asgell y cefn uwchben yr esgyll pelfig. Er ei fod yn bysgodyn cyffredin yn Lloegr, mae'n brinnach yng Nghymru a'r Alban ac yn brin iawn yn Iwerddon. Fe'i gwelir mewn llynnoedd ac afonydd.

Pysgodyn rhudd *Scardinius erythropthalamus* Rudd Hyd 20-35cm
Pysgodyn tebyg i'r rhufell ond bod y corff yn ddyfnach a lliw euraidd ar yr ystlysau. Mae'n esgyll yn goch ond mae asgell y cefn yn gorwedd y tu ôl i'r esgyll pelfig. Fe'i gwelir mewn heigiau mewn llynnoedd ac afonydd yn Lloegr, Cymru ac Iwerddon.

Pilcodyn *Phoxinus phoxinus* Minnow Hyd 4-10cm
Pysgodyn bach â phatrwm hardd o liwiau sy'n byw mewn nentydd ac afonydd sy'n llifo'n gyflym. Fe'i gwelir hefyd yn nyfroedd bas llynnoedd gorllewin a gogledd Prydain. Mae'n gyffredin trwy Brydain ond yn brin yn Iwerddon. Gwelir heigiau yn y dyfroedd bas dros yr haf ond, yn y gaeaf, bydd yn symud i ddŵr dwfn.

Darsen *Leuciscus leuciscus* Dace Hyd 15-25cm
Pysgodyn llyfn sy'n heigio mewn nentydd ac afonydd sy'n llifo'n gyflym. Cyffredin yn Lloegr a Chymru, prin yn yr Alban ac Iwerddon. Fe'i gwelir ger wyneb y dŵr.

Twb y dail *Squalius cephalus* Chub Hyd 30-40cm
Pysgodyn tebyg i'r ddarsen ond mae'n tyfu'n llawer mwy. Mae'n eithaf tew ac iddo liw euraidd ac asgell refrol gron. Mae'n gyffredin yn afonydd Lloegr a de'r Alban ond yn brin yng Nghymru ac yn absennol o Iwerddon.

Gwrachen farfog *Nemacheilus barbatus* Stone loach Hyd 5-10cm
Pysgodyn unigryw â barfannau o amgylch y geg. Mae'n ddigon cyffredin ar waelodion graeanog nentydd ac afonydd glân ledled Prydain ac Iwerddon heblaw am ogledd yr Alban. Gan ei fod yn cuddio ymysg y cerrig, nid yw'n cael ei weld yn aml.

Draenogyn dŵr croyw *Perca fluviatilis* Perch Hyd 25-40cm
Pysgodyn hawdd ei adnabod gan fod llinellau llydan, tywyll ar y corff gwyrdd. Mae ganddo ddwy asgell ar y cefn, y gyntaf yn fwy o faint ac yn bigog; mae'r esgyll eraill yn goch fel rheol. Byddant yn heigio at ei gilydd pan fyddant yn fach. Mae'n bysgodyn cyffredin trwy Brydain ac Iwerddon heblaw am ogledd yr Alban.

Penlletwad *Cottus gobio* Bullhead/Miller's thumb Hyd 8-15cm
Pysgodyn sy'n byw ar welyau afonydd a nentydd bas, caregog. Yn aml, bydd yn cuddio o dan gerrig mawr. Mae'r pen yn fawr a llydan ac mae blaenau pigog ar esgyll y corff. Absennol o'r Alban ac Iwerddon ond cyffredin yng Nghymru a Lloegr.

Crothell dri phigyn
Gasterosteus aculeatus Three-spined stickleback Hyd 4-7cm
Pysgodyn cyffredin mewn nentydd, llynnoedd a dŵr lled hallt. Hawdd ei adnabod o achos y tri phigyn ar ei gefn. Er ei fod yn lliw arian trwy'r rhan fwyaf o'r flwyddyn, adeg bridio mae bol y gwryw yn troi'n goch a'i gefn yn las.

Crothell naw pigyn
Pungitius pungitius Nine-spined stickleback Hyd 2-4cm
Mae ganddo naw (neu ddeg) pigyn ar y cefn a bôn main i'r gynffon. Mae'n byw mewn dŵr croyw a dŵr lled hallt ar yr arfordir. Cyffredin ym Mhrydain ac Iwerddon.

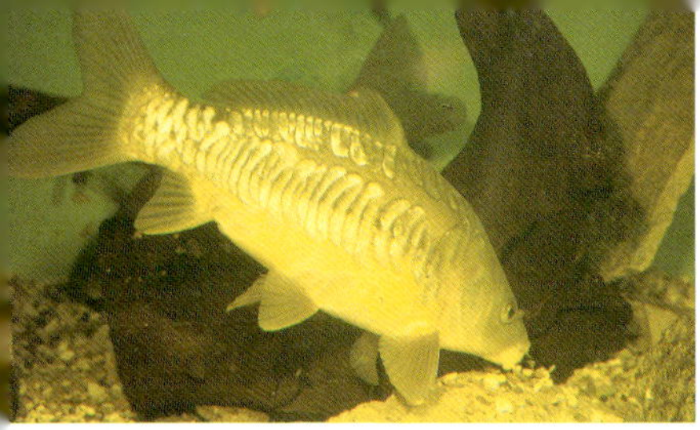
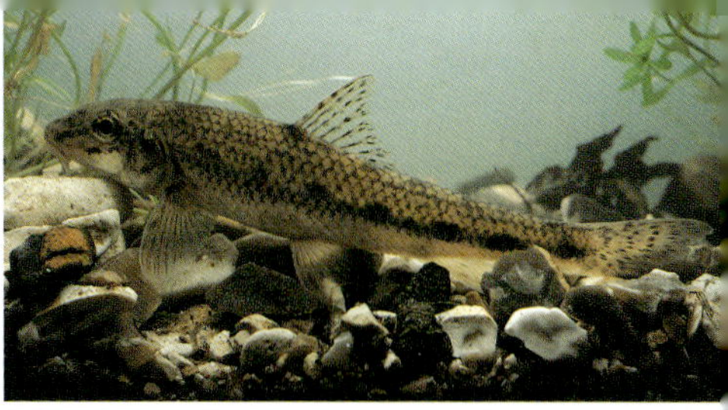
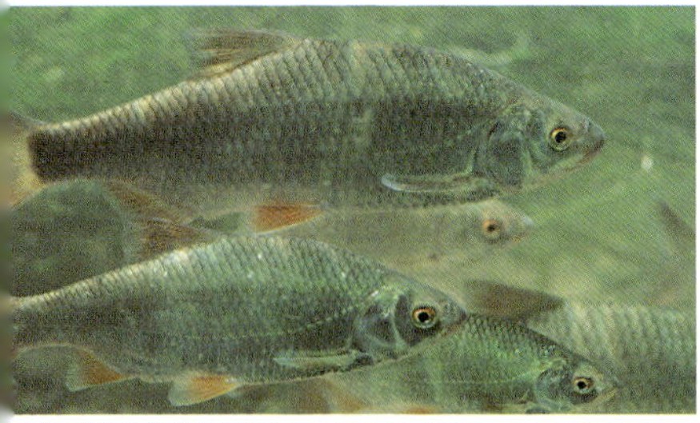
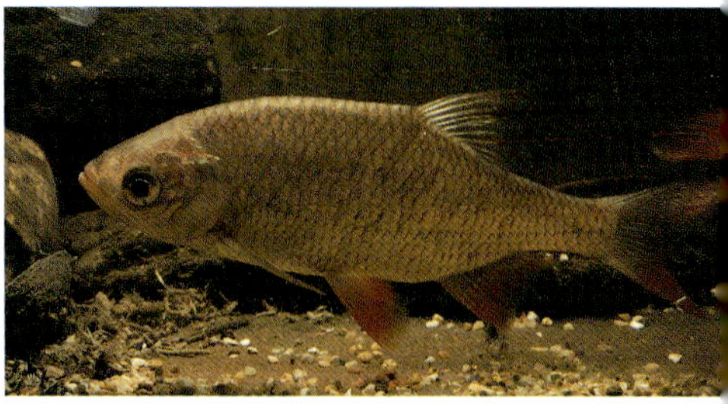
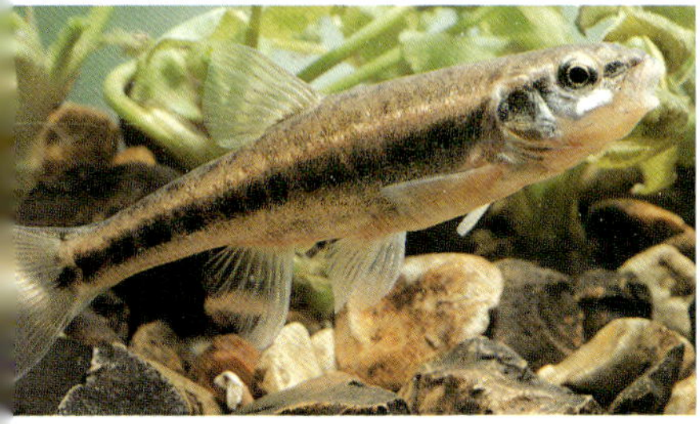
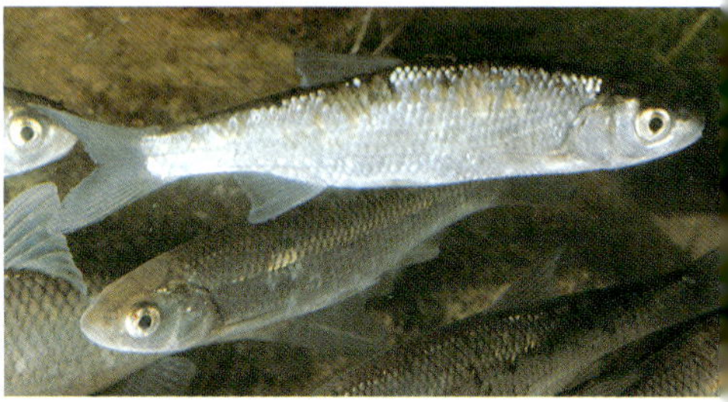
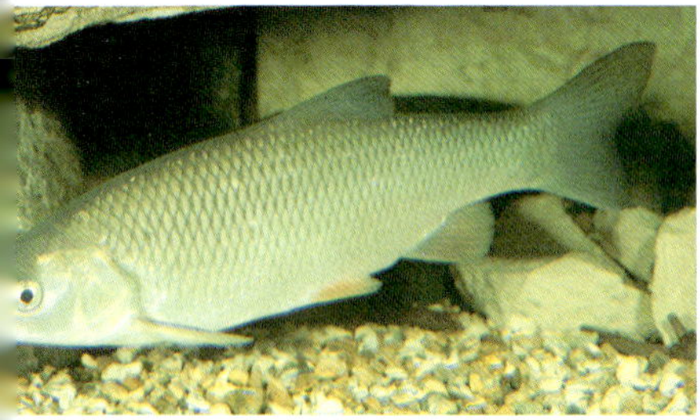
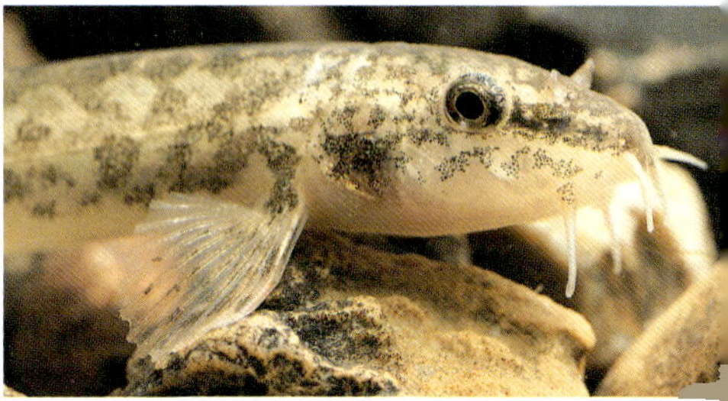
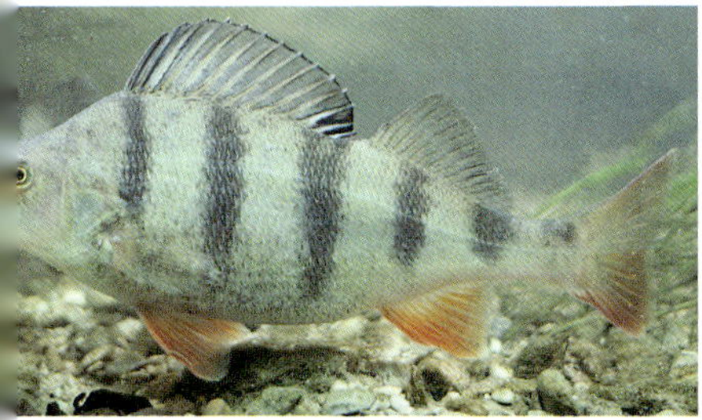
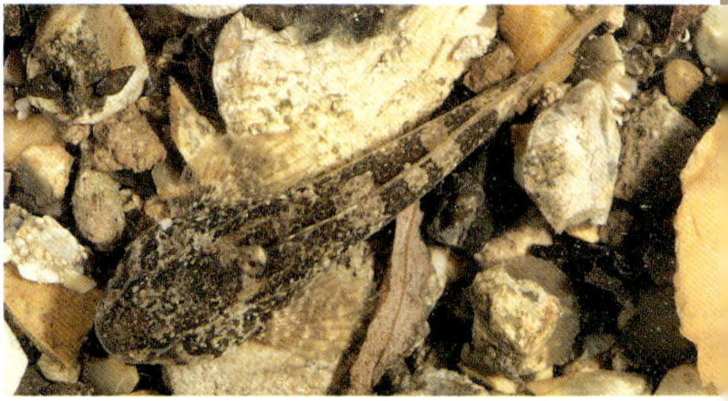
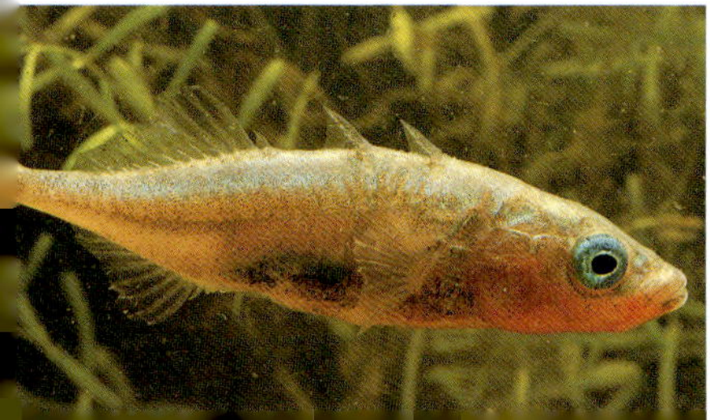
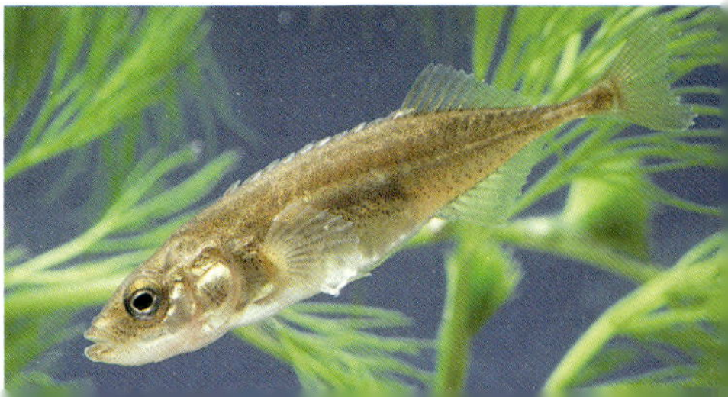

Pysgod yr Arfordir

Morgi   *Scyliorhinus canicula*   Lesser spotted dogfish   Hyd, cymaint â 60cm
Pysgodyn cyffredin o amgylch arfordir de Prydain ac Iwerddon. Er ei fod i'w weld fel rheol mewn dŵr dwfn, fe ddaw'n agos at y traeth os oes yno wely mwd ac fe'i gwelir weithiau ger aberoedd. Mae'r corff yn frownfelyn â smotiau duon; mae ganddo groen garw. Gwelir ei wyau (pwrs y fôr-forwyn) wedi eu golchi i'r lan ar ein traethau.

Morgath Styds   *Raja clavata*   Thornback ray   Hyd, cymaint â 50cm
Mae siâp diamwnt y corff yn anghyffredin. Mae'r croen yn arw a cheir pigau amlwg i lawr canol y cefn a'r gynffon gyhyrog. Pysgodyn cyffredin ond yn prinhau'n arw ar hyd arfordir Iwerddon a de Prydain. Fe'i gwelir yn bennaf ar welyau môr tywodlyd a mwdlyd ac, ar adegau, bydd rhai'n cael eu dal mewn pyllau ar lanw isel iawn.

Llysywen Fôr   *Conger conger*   Conger eel   Hyd, cymaint â 2m, neu lai
Pysgodyn mawr, cyhyrog â chorff fel neidr a lliw amrywiol. Mae'n hoff o arfordiroedd caregog Prydain ac Iwerddon. Fe'i gwelir fel rheol mewn dŵr dwfn ond weithiau fe'i gwelir ymysg y creigiau ar lanw isel iawn. Mae'i ên uchaf ychydig yn hirach na'r ên isaf.

Gwyniad Môr   *Merlangius merlangus*   Whiting   Hyd, cymaint â 50cm
Aelod o deulu'r penfras. Mae'n bysgodyn cyffredin ger y lan lle ceir tywod a mwd ar wely'r môr. Mae'r corff yn denau a'r ên uchaf yn hirach na'r isaf. Mae'r cyntaf o ddwy asgell refrol yn hir, yn dechrau hanner ffordd ar hyd asgell gyntaf y cefn ac yn gorffen ger pen yr ail. Fe ddaw i ddŵr eithaf bas ond fe'i gwelir yn amlach mewn dŵr dwfn.

Morlas   *Pollachius pollachius*   Pollack   Hyd, cymaint ag 1m
Pysgodyn cyffredin o amgylch arfordir Prydain ac Iwerddon. Daw i ddyfroedd bas mewn ardaloedd addas yn ystod yr haf. Mae'n debyg i'r penfras a cheir llinell amlwg ar ei ochr sy'n crymu dros y fronasgell.

Brithyll Mair pum-barf
Ciliata mustela   Five-bearded rockling   Hyd, cymaint â 20cm
Fel yr awgryma'r enw, ceir pum barfogyn o amgylch y geg. Mae'r corff yn hir ag iddo esgyll cefn a rhefrol hir. Pysgodyn cyffredin o amgylch arfordir Prydain ac Iwerddon. Mae'n byw mewn dŵr bas ar hyd traethau tywodlyd a mwdlyd. Gellir ei weld wrth edrych o dan gerrig ar aberoedd pan fydd y môr ar drai.

Pibell Fôr Fawr   *Syngnathus acus*   Greater pipefish   Hyd, cymaint â 50cm
Pysgodyn bach unigryw ag iddo gorff fel pryf genwair a cheg hir, fel pig. Mae'n rhan o deulu mawr o rywogaethau tebyg ond gellir ei adnabod wrth ei faint a'r ffaith bod y trwyn yn hirach na'r pen. Pysgodyn cyffredin yng nghanol gwymon mewn dŵr bas o amgylch arfordir Prydain ac Iwerddon.

Hyrddyn llwyd gweflog
Chelon labrosus   Thick-lipped grey mullet   Hyd, cymaint â 50cm
Un o lawer o hyrddiaid llwyd sy'n perthyn yn agos i'w gilydd. Mae'r corff yn lliw llwydarian a'r wefus uchaf yn drwchus iawn. Pysgodyn cyffredin ar hyd arfordiroedd cysgodol bas ac aberoedd; fe'i gwelir yn aml lle bydd pibellau'n arllwys carthion i'r môr. Mae'n niferus o amgylch arfordir Prydain ac Iwerddon heblaw am y gogledd.

Draenogiad   *Dicentrachus labrus*   Bass   Hyd, cymaint â 60cm, neu lai
Pysgodyn cyffredin o amgylch arfordir Prydain ac Iwerddon. Pan fydd yn fach, fe'i gwelir mewn heigiau wrth geg aberoedd neu mewn dŵr bas, cysgodol. Bydd pysgod mawr i'w gweld mewn dŵr dwfn oddi ar arfordiroedd creigiog, fel rheol ar eu pen eu hunain. Mae'r pysgod bach yn ymddangos yn binc ond pan fyddant yn hŷn, maent yn troi'n lliw arian.

Gwrachen Eurben
Crenilabrus melops   Corkwing wrasse   Hyd, cymaint ag 15cm
Pysgodyn hardd. Mae ei liw'n amrywio'n fawr ond, fel rheol, mae'n las â phatrymau pinc. Fe'i gwelir yn aml mewn dyfroedd glân oddi ar arfordiroedd caregog ac weithiau mewn pyllau uwchlaw'r llanw isel. Mae'n gyffredin o amgylch arfordir Prydain ac Iwerddon, ond nid yn y gogledd.

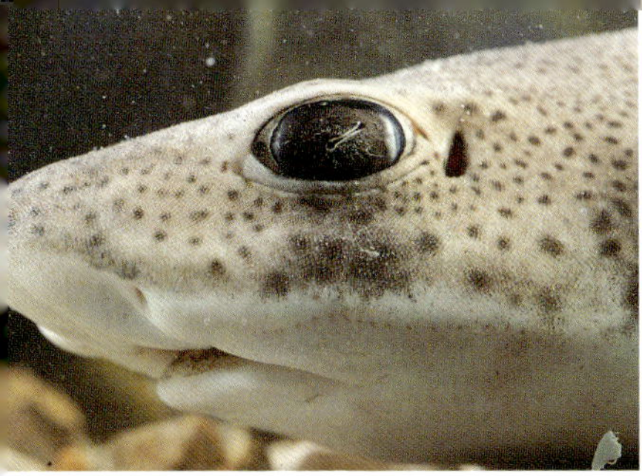
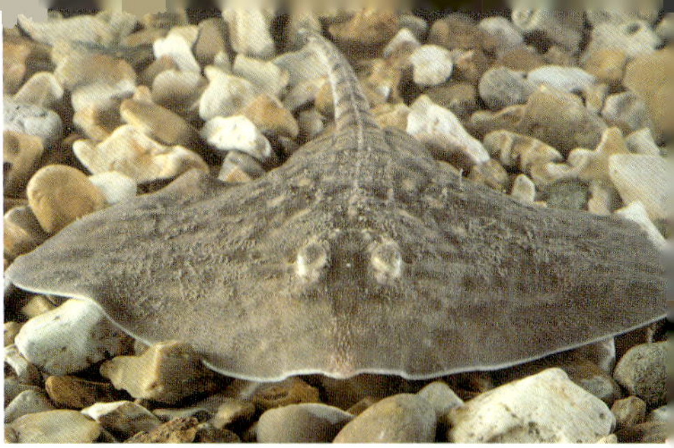
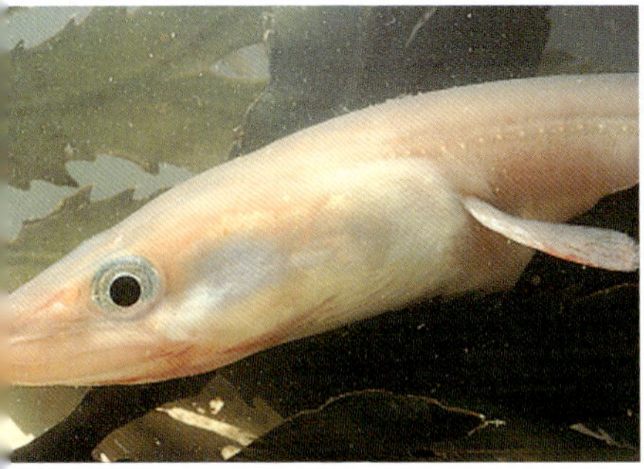
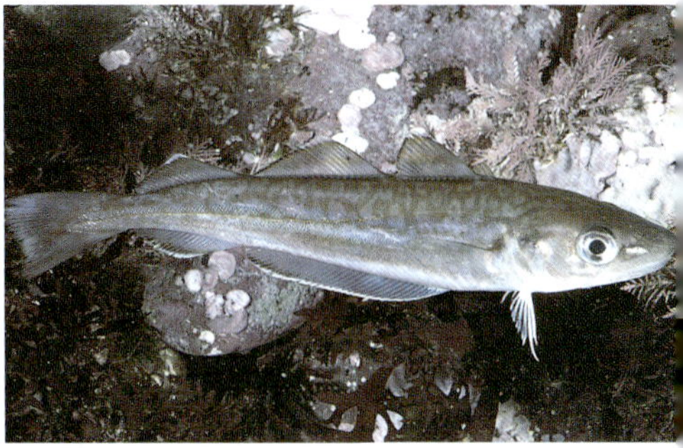
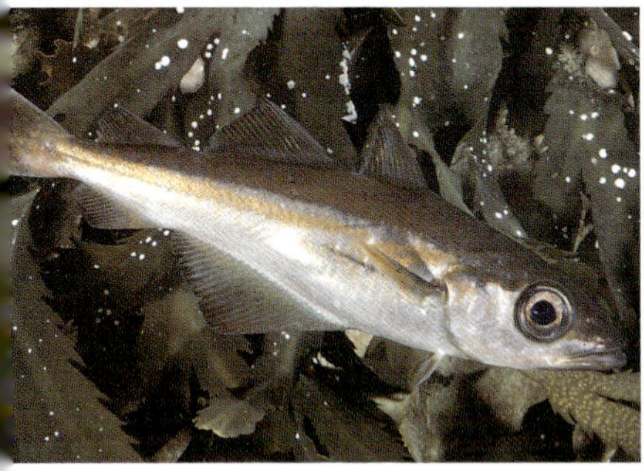
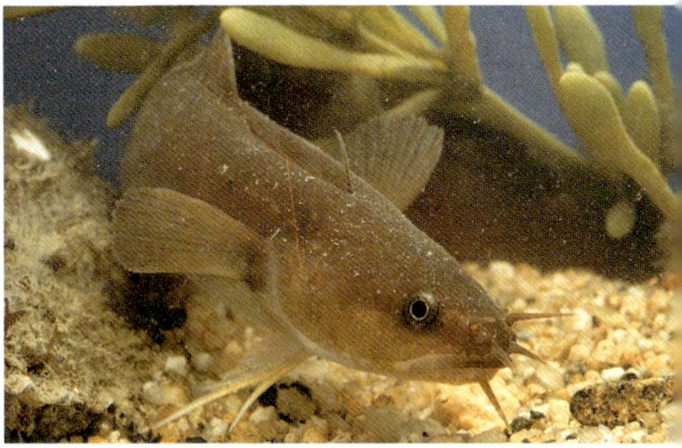
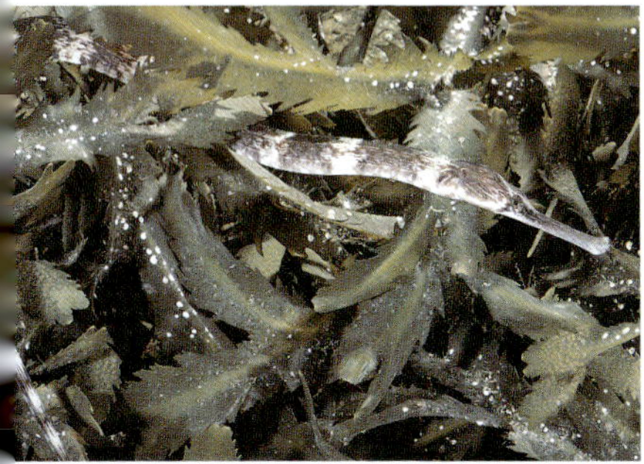
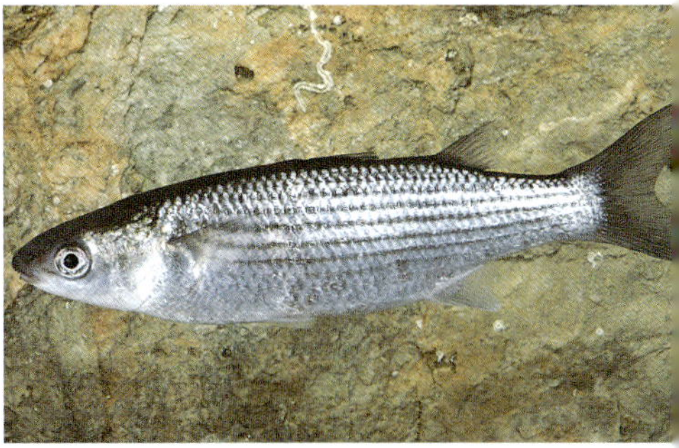
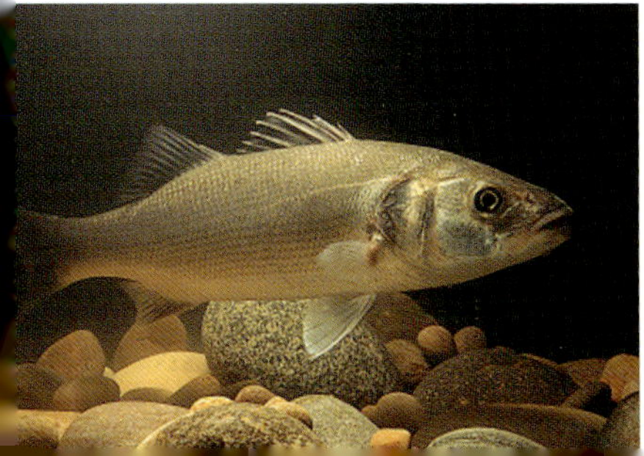
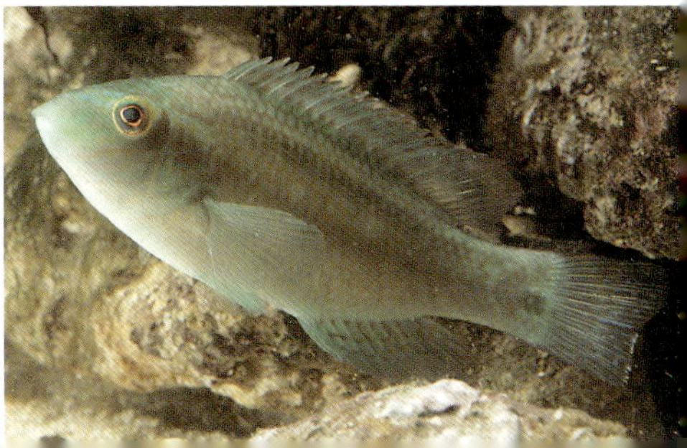

Pysgod yr Arfordir

Llyfrothen *Pholis gunnellus* Butterfish Hyd, cymaint ag 15cm
Pysgodyn cyffredin o amgylch arfordir Prydain ac Iwerddon. Mae'n fwy niferus yn y gogledd. Mae'n hoffi byw ar waelod y môr ymysg creigiau a gwymon mewn ardaloedd tywodlyd a mwdlyd. Corff fel llysywen ac esgyll cefn ac esgyll rhefrol hir iawn. Fe'i gwelir weithiau mewn pyllau ar drai. Mae'n fwyd pwysig i'r wylog ddu.

Llyfrothen benddu
Blennius pholis Shanny/Common blenny Hyd, cymaint â 10cm
Pysgodyn bach cyffredin sy'n byw ar draethau caregog o amgylch arfordir Prydain ac Iwerddon, yn enwedig yn y gorllewin. Fe'i gwelir ymysg gwymon a cherrig mewn ceunentydd caregog ac weithiau mewn pyllau yn y creigiau ar drai. Mae ei lliw'n amrywio ond, fel rheol, mae'n gymysgedd o smotiau brown golau a gwyrdd.

Bili bigog *Gobius paganellus* Rock goby Hyd, cymaint ag 19cm
Pysgodyn â phen mawr a welir ymysg gwymon a cherrig ac weithiau mewn pyllau ar draethau caregog ar arfordir Prydain ac Iwerddon. Mae ganddo linellau llydan, tywyll ar gorff brown golau. Gall fod yn anodd iawn ei weld ymysg y creigiau nes iddo symud.

Chwyrnwr llwyd *Eutrigla gurnardus* Grey gurnard Hyd, cymaint â 30cm
Pysgodyn unigryw â chorff sy'n meinhau tua'r gynffon. Mae blaen y bronesgyll wedi'u rhannu'n dri theimlydd. Fel rheol, fe'i gwelir ger creigiau brig ar wely môr tywodlyd neu fwdlyd ac weithiau o dan lanfa neu bier ar drai. Mae ganddo ddosbarthiad eang o amgylch arfordir Prydain ac Iwerddon ond mae'n fwyaf niferus yn y de.

Llyffant môr
Myoxocephalus scorpius Bull rout/Father lasher Hyd, cymaint ag 15cm
Pysgodyn bach cadarn ag iddo ben mawr, pigog a chorff sy'n meinhau tuag at y gynffon. Fel rheol, ceir arno guddliw llwydfrown brith ond gall fod yn dywyllach. Mae'r geg yn fawr a cheir pigau o amgylch agoriad y tagellau. Fe'i gwelir o amgylch cerrig a gwymon ar wely môr tywodlyd neu fwdlyd. Mae'n byw ar waelod y môr ac yn ddigon cyffredin mewn mannau addas ar hyd arfordir Prydain ac Iwerddon.

Iâr fôr *Cyclopterus lumpus* Lumpsucker Hyd, cymaint â 40cm
Pysgodyn od ag iddo gorff crwn. Melynhufen yw lliw'r pysgodyn ifanc ond mae'n troi'n llwyd ar y cefn a choch ar y bol wrth aeddfedu. Fe'i gwelir ar hyd arfordiroedd creigiog, yn aml mewn dŵr aflonydd, yn glynu at y graig â sugnolyn a ffurfiwyd o esgyll pelfig sydd wedi'u haddasu. Anifail cyffredin sy'n fwyaf niferus ar hyd arfordir y de.

Iâr fôr lysnafeddog *Liparis liparis* Sea snail Hyd, cymaint â 10cm
Pysgodyn od sy'n debyg i benbwl cochlwyd. Mae ei groen yn llyfn a'i asgell refrol wedi'i huno ag asgell y gynffon. Fe'i gwelir ar draethau mwdlyd a thywodlyd, yn aml ar greigiau brig. Mae'n gyffredin ar hyd arfordir Prydain ac Iwerddon, yn enwedig yn y de-orllewin.

Sugnwr Cernyw
Lepadogaster lepadogaster Cornish sucker Hyd, cymaint ag 8cm
Pysgodyn od arall ag iddo gorff fel penbwl cochfrown a thrwyn main. Mae ganddo ddau smotyn glas, fel dau lygad, ar gefn y pen, y tu ôl i'r gwir lygaid. Fe'i gwelir ar draethau creigiog, yn aml mewn dŵr bas, lle bydd yn glynu at y graig drwy ddefnyddio esgyll pelfig sydd wedi'u haddasu i ffurfio sugnolyn. Mae'n fwyaf cyffredin yn y de-orllewin.

Lleden chwithig *Solea solea* Sole Hyd, cymaint â 25cm
Mae'r lleden chwithig yn hawdd ei hadnabod o achos yr amlinelliad hirgrwn a'r gynffon fer sydd wedi heb fôn rhyngddi a'r esgyll cefnol a rhefrol. Fe'i gwelir ar welyau môr mwdlyd a thywodlyd, yn aml mewn dŵr bas ac ar aberoedd. Mae'n bysgodyn cyffredin o amgylch arfordir Prydain ac Iwerddon.

Lleden fwd *Platichthys flesus* Flounder Hyd, cymaint ag 17cm
Lleden ag iddi amlinelliad crwn a chynffon sydd ar wahân i'r esgyll cefnol a rhefrol. Mae asgell y cefn yn dechrau ger y llygad. Er bod y lliwiau'n amrywio'n fawr, fel arfer mae'r cefn yn llwydfrown â smotiau tywyll, a'r bol yn olau. Mae'n bysgodyn cyffredin ar welyau môr tywodlyd a mwdlyd o amgylch arfordir Prydain ac Iwerddon.

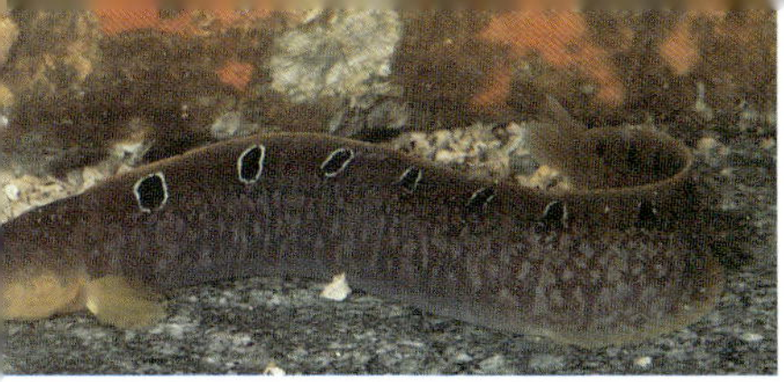
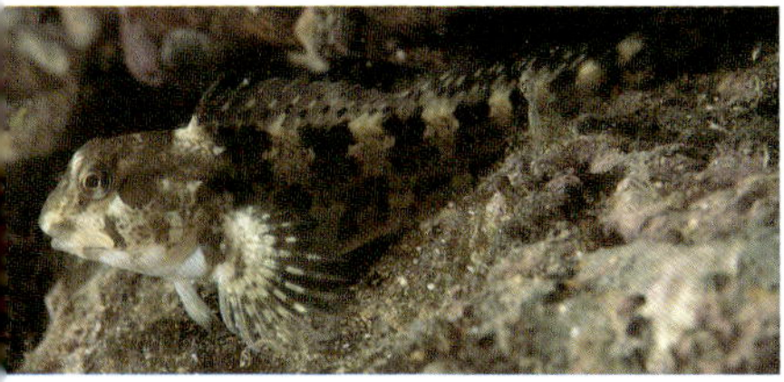
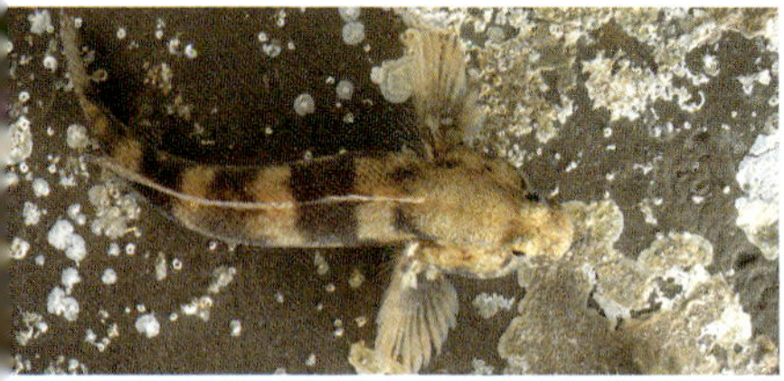
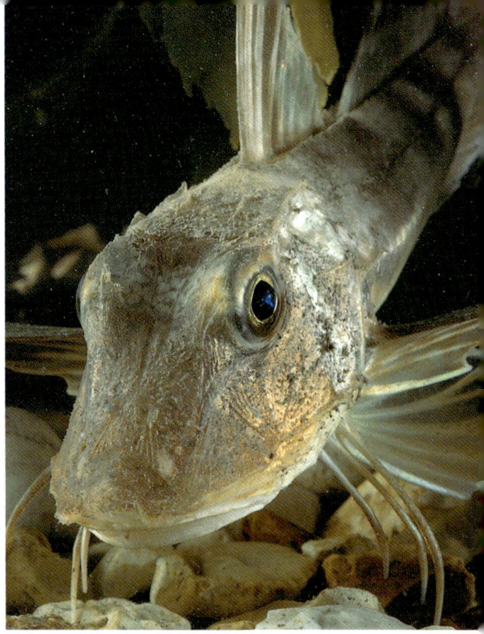
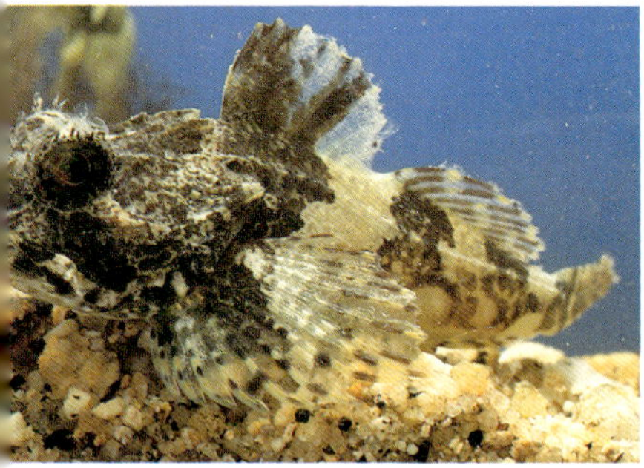
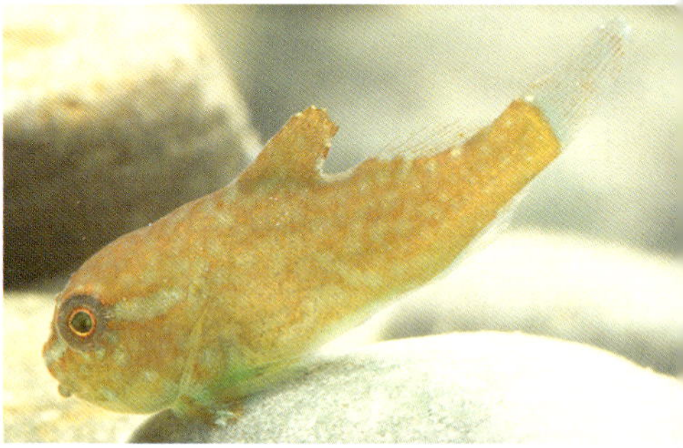
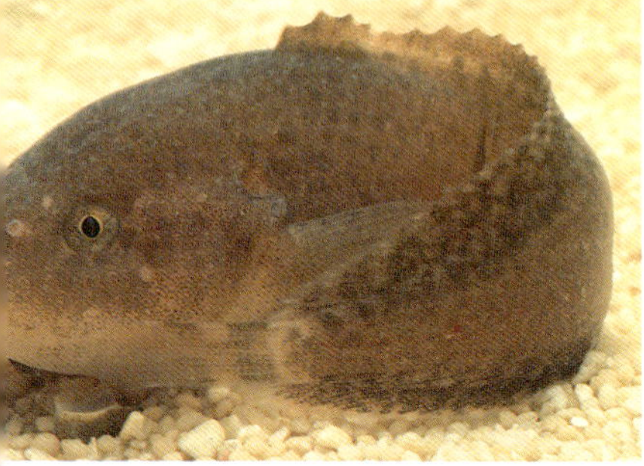
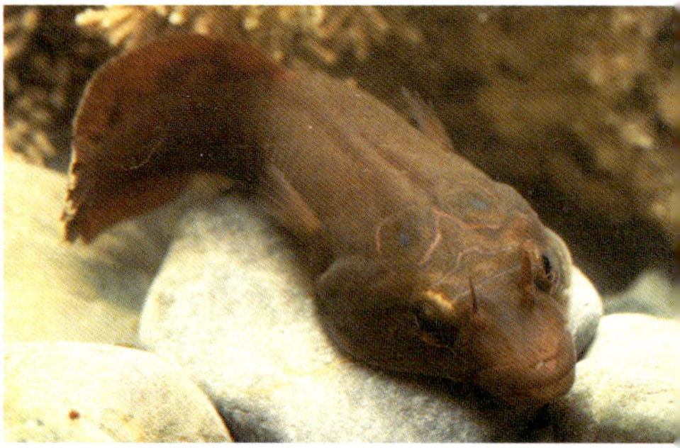
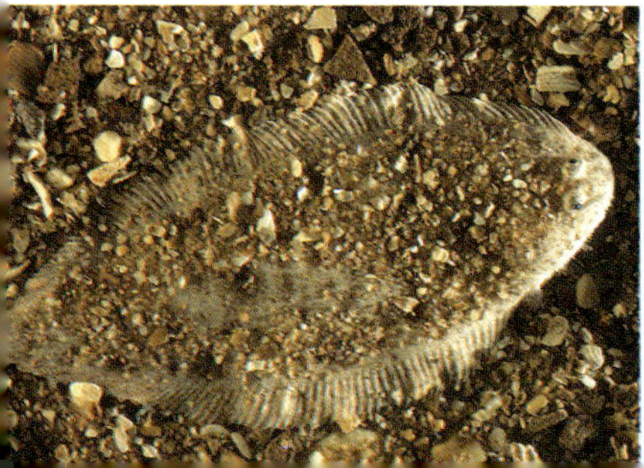
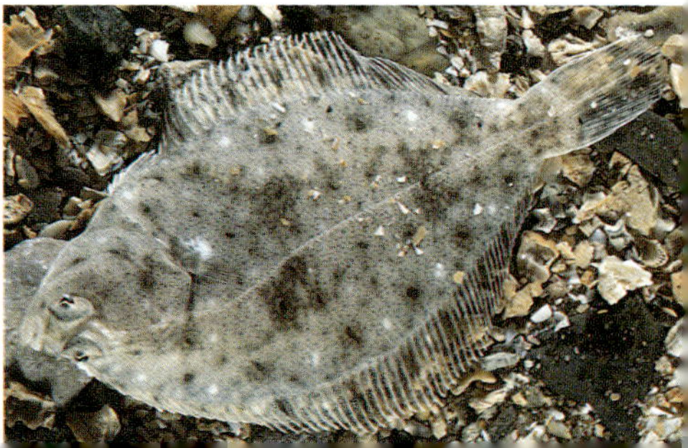

Trychfilod • Glöynnod Byw

Glöyn Cynffon Gwennol
Papilio machaon ssp britannicus Swallowtail Lled yr adenydd 70mm
Glöyn mawr, hardd sy'n brin iawn erbyn hyn ac i'w weld yn unig yn rhai o gorsydd East Anglia. Y lle gorau i'w weld yw Hickling Broad. Mae'n hedfan ym Mai a Mehefin, ac eto yn Awst. Mae'r lindys lliwgar yn bwyta'r planhigyn prin ffenigl-y-moch llaethog.

Gwyn Mawr *Pieris brassicae* Large white Lled yr adenydd 60mm
Dan yr adain yn felyn golau; uwchadain wyn-hufen; blaen du i'r adain flaen; dau smotyn du ar adain flaen yr iâr. Hedfan rhwng Mai a Medi. Mae'r lindys du a melyn yn bwyta nifer o blanhigion, yn cynnwys mathau o fresych. Cyffredin mewn gerddi a chaeau llawn blodau.

Gwyn Bach *Pieris rapae* Small white Lled yr adenydd 45mm
Llai o faint a mwy cyffredin na'r gwyn mawr. Dan yr adain yn felyn a'r uwchadain yn wyn-hufen. Llai o ddu ar yr adain flaen na'r gwyn mawr; dau smotyn du ar adain flaen yr iâr. Hedfana yn Ebrill, Mai, Gorffennaf ac Awst. Mae'r lindys yn bwyta bresych. Gwelir mewn gerddi a chaeau llawn blodau.

Gwyn Gwythiennau Gwyrddion
Pieris napi Green-veined white Lled yr adenydd 45-50mm
Cyffredin ar ochrau ffyrdd ac mewn caeau llawn blodau. Tebyg i'r gwyn bach ond bod gwythiennau tywyll ar yr uwchadain a rhai llwydwyrdd o dan yr adain. Mae'r lindys yn bwyta dail garlleg y berth ac ati.

Gwyn Blaen Oren *Anthocharis cardamines* Orange-tip Lled yr adenydd 40mm
Glöyn byw hardd sy'n hedfan yn y gwanwyn, rhwng Ebrill a Mehefin. Dim ond y ceiliog sydd â darn oren a blaen du ar yr adain flaen. Mae patrwm tywyll o dan adain ôl y ceiliog a'r iâr. Blodyn llefrith yw prif fwyd y lindys. Cyffredin yn ne Prydain ac Iwerddon.

Gwyn y Coed *Leptidea sinapis* Wood white Lled yr adenydd 40mm
Glöyn byw prin yn ne a de-orllewin Lloegr a de Iwerddon. Hedfana'n wan ar adenydd hirgrwn rhwng Mai a Gorffennaf. Mae blaen du'r adain flaen yn fwyaf amlwg ar yr uwchadain. Bydd y lindys yn bwyta aelodau o deulu'r pys.

Melyn y Rhafnwydd *Gonepteryx rhamni* Brimstone Lled yr adenydd 60mm
Ar yr adain ddechrau'r gwanwyn; un deoriad yn unig. Ar ôl gaeafgysgu, daw'r oedolion i'r golwg ar ddyddiau teg o fis Chwefror ymlaen. Adenydd siâp deilen. Gellir nabod y ceiliog wrth ei liw melyn ond mae'r iâr yn fwy golau ac yn debyg i'r gwyn mawr wrth hedfan.

Glöyn Llwydfelyn *Colias croceus* Clouded yellow Lled yr adenydd 50mm
Niferoedd amrywiol yn ymweld yn yr haf. Gall fridio yma ond ni all oroesi'r gaeaf. Mae'n hedfan yn gyflym. Mae uwchadain y ceilog yn orenfelyn ac un yr iâr yn felyn; blaen du ar uwchadain y ddau. Lliw melyn, rhai smotiau tywyll a smotyn gwyn amlwg dan yr adain.

Trilliw Bach *Aglais urticae* Small tortoiseshell Lled yr adenydd 42mm
Cyffredin mewn gerddi a chefn gwlad. Hoff o haul. Ceir dau neu dri deoriad. Ar yr adain Mawrth-Hydref. Patrwm oren, du a melyn ar yr uwchadain a smotiau porffor ar yr ymyl; brown tywyll dan yr adain. Gwelir dwsinau o lindys duon yn bwyta danadl poethion.

Mantell Dramor *Vanessa cardui* Painted lady Lled yr adenydd 60mm
Ymwelydd haf â chaeau gwair. Nifer amrywiol. Gall fridio yma ond ni all oroesi'r gaeaf. Patrwm oren-binc, du a gwyn ar yr uwchadain; yr un patrwm dan yr adain ond y lliwiau'n wannach.

Mantell Goch *Vanessa atalanta* Red admiral Lled yr adenydd 60mm
Mae rhai oedolion yn gaeafgysgu yma ond ymwelydd haf ydyw'n bennaf. Uwchadain ddu ac arni linell goch a smotiau gwyn; lliw llwyd-ddu â phatrwm golau dan yr adain. Gwelir y nifer fwyaf yng Ngorffennaf ac Awst. Mae'r lindys yn bwyta danadl poethion.

Mantell Paun *Inachis io* Peacock Lled yr adenydd 60mm
Cyffredin yng ngerddi Prydain ac Iwerddon ac eithrio'r gogledd. Oedolion yn hedfan rhwng Gorffennaf a Medi, ac yn y gwanwyn ar ôl gaeafgysgu. Lliw brown tywyll dan yr adain a phedwar 'llygad' ar uwchadenydd browngoch. Mae'r lindys yn bwyta danadl poethion.

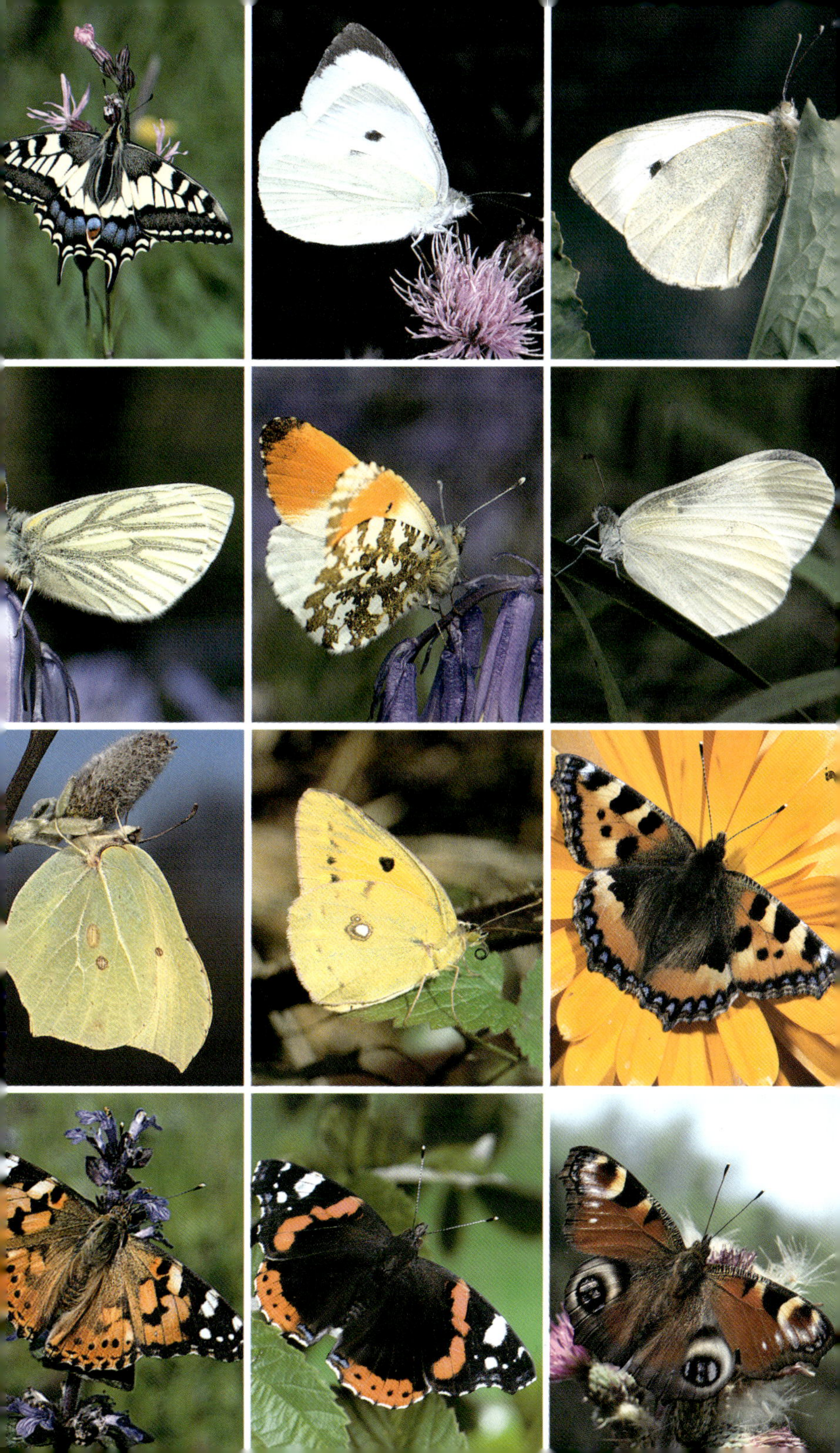

Trychfilod • Glöynnod Byw

Mantell wen *Limenitis camilla* White admiral   Lled yr adenydd 50mm
Eithaf cyffredin yng nghoedwigoedd de Lloegr ym Mehefin a Gorffennaf. Gall hedfan yn dda. Mae'r uwchadain yn ddu ac arni linell wen a dan yr adain yn gochfrown â llinell wen. Mae'n ymweld â blodau mieri mewn llennyrch ac mae'r lindys yn bwyta gwyddfid.

Mantell borffor *Apatura iris* Purple emperor   Lled yr adenydd 65mm
Glöyn mawr, prin a welir yn ne canolbarth Lloegr. Mae'n hoff o goedydd derw lle ceir helyg, bwyd y lindys, hefyd. Mae'n hedfan yng Ngorffennaf ac Awst ond gan fod y fantell borffor yn treulio'i hamser yn y canopi, ni chaiff ei gweld yn aml. Mae gan y gwryw sglein borffor i'w adenydd; mae dan yr adain yn gochfrown.

Mantell garpiog *Polygonia c-album* Comma   Lled yr adenydd 45mm
Adenydd carpiog anarferol. Lliw brown â siâp 'c' gwyn o dan yr adain; yr uwchadain yn orenfrown â marciau tywyll. Mae'r oedolion yn gaeafgysgu a cheir dau ddeoriad. Fe'i gwelir rhwng Mawrth a Medi. Danadl poethion, coed llwyfen a hopys yw bwyd y lindys.

Britheg berlog
Clossiana euphrosyne Pearl-bordered fritillary   Lled yr adenydd 42mm
Mae'n byw mewn coedwigoedd sych a ffriddoedd ac yn hoff o'r haul. Prin ym Mhrydain erbyn hyn ond mae iddi ddosbarthiad eang. Hedfana rhwng Mai a Mehefin. O dan yr ôl-adain, mae saith smotyn arian ar yr ymylon a dau yn y canol. Mae'r lindys yn bwyta fioledau.

Britheg berlog fach
Clossiana selene Small pearl-bordered fritillary   Lled yr adenydd 40mm
Glöyn tebyg i'r fritheg berlog â saith smotyn arian dan ymylon yr ôl-adain a llu o smotiau arian yn y canol. Hedfana ym Mehefin mewn coedwigoedd agored, ffriddoedd a glaswelltir lle ceir digon o fioledau. Glöyn prin ond mae iddo ddosbarthiad eang yng Nghymru a'r Alban.

Britheg werdd *Argynnis aglaia* Dark green fritillary   Lled yr adenydd 60mm
Glöyn ac iddo ddosbarthiad eang ar dwyni tywod, glaswelltir garw a ffriddoedd ym Mhrydain ac Iwerddon. Hedfanwr cryf a welir yng Ngorffennaf ac Awst. Mae'n hoff o'r bengaled ac ysgall. Mae'r lindys yn bwyta fioledau. Ceir lliw gwyrdd o dan yr ôl-adain.

Britheg frown *Argynnis adippe* High brown fritillary   Lled yr adenydd 60mm
Glöyn prin iawn a welir yn bennaf yng ngorllewin a gogledd orllewin Lloegr. Hedfana yng Ngorffennaf ac Awst ac fe'i gwelir ar laswelltir, mewn coedwigoedd agored ac, yng Nghymru, ar ffriddoedd. Ceir lliw brown o dan yr ôl-adain. Mae'r lindys yn bwyta fioledau.

Britheg arian *Argynnis paphia* Silver-washed fritillary   Lled yr adenydd 60mm
Glöyn pur gyffredin yng nghoetiroedd agored de a de-orllewin Lloegr, de Cymru ac Iwerddon. Mae llinellau a smotiau tywyll ar yr uwchadain oren a lliw arian dan yr ôl-adain. Mae'r oedolion yn hoff o flodau mieri ac yn torheulo'n aml. Hedfana rhwng Mehefin ac Awst ac mae'r lindys yn bwyta fioledau.

Britheg y gors *Euphydryas aurinia* Marsh fritillary   Lled yr adenydd 40-50mm
Glöyn prin â dosbarthiad eang ar rosydd gwlyb a glaswelltiroedd garw Cymru, rhannau o Loegr a'r Alban ac Iwerddon. Patrwm oren, brown a melyn ar yr uwchadain. Hedfana ar dywydd teg, Mai-Mehefin. Lindys yn bwyta tamaid y cythraul a llyriadau.

Britheg y waun *Melitaea athalia* Heath fritillary   Lled yr adenydd 45mm
Glöyn prin a welir mewn llennyrch yn ne Lloegr. Mae'r lindys yn bwyta cliniogai, llyriadau a chwerwlys yr eithin. Hedfana ym Mehefin a Gorffennaf. Mwy o frown ar yr uwchadain nag sydd gan y rhan fwyaf o frithegau eraill. Lliw hufen a chochfrown dan yr adain.

Britheg Glanville *Melitaea cinxia* Glanville fritillary   Lled yr adenydd 40mm
Glöyn prin iawn a welir yn unig ar laswelltir morol llethrau o Ynys Wyth. Hedfana yn yr haul ym Mai a Mehefin. Mae'r lindys yn hel at ei gilydd i fwydo ar lyriad arfor.

Coegfritheg
Hamearis lucina Duke of Burgundy fritillary   Lled yr adenydd 25mm
Er gwaetha'r enw, nid yw'n perthyn i deulu'r britheg. Glöyn prin ar laswelltir de Lloegr lle bydd briallu a briallu Mair, bwyd y lindys, yn tyfu. Hedfana ym Mai a Mehefin.

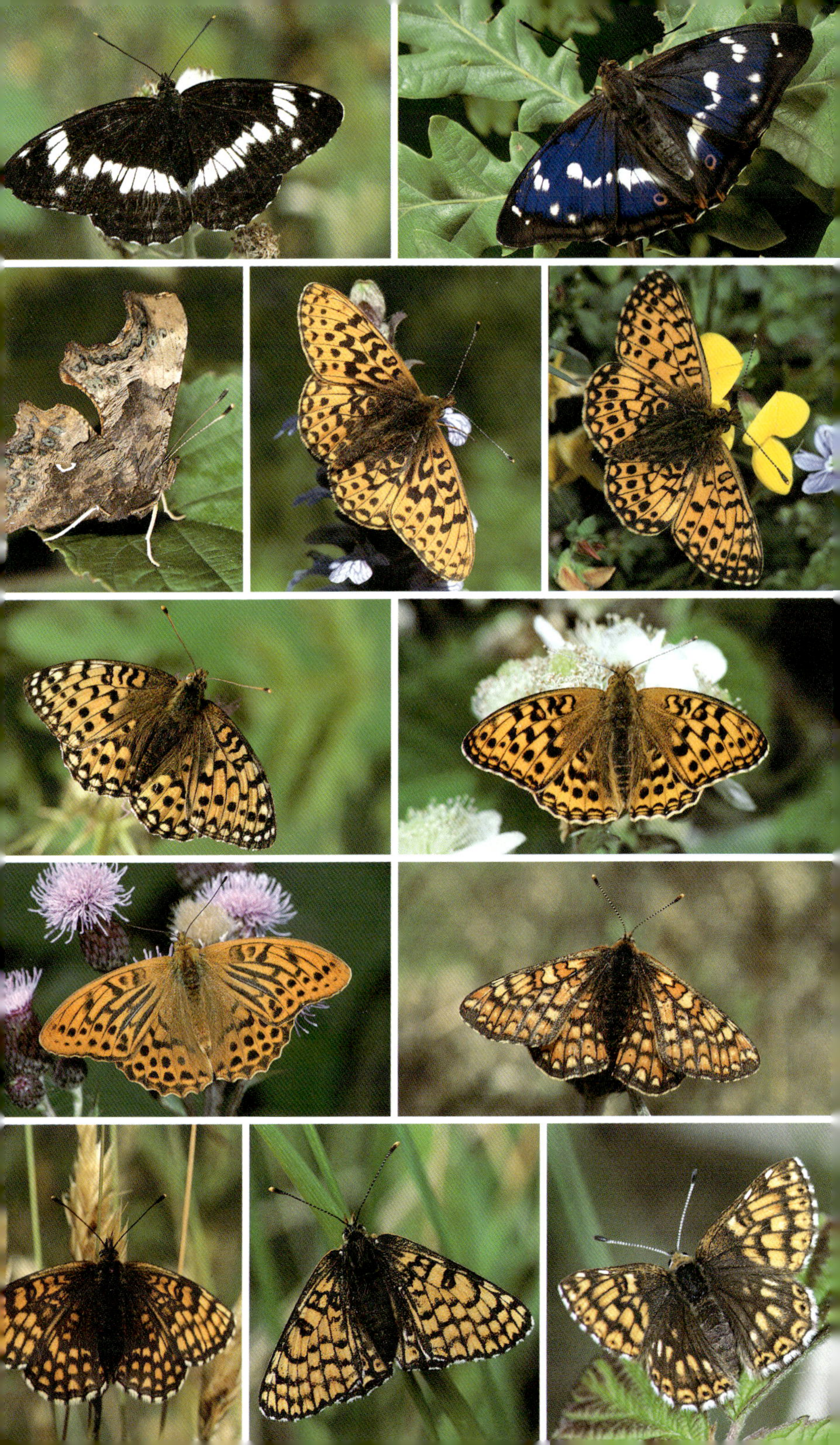

Trychfilod • Glöynnod Byw

Gweirlöyn Brych *Pararge aegeria* Speckled wood Lled yr adenydd 45cm
Cyffredin yn y de, yn lledaenu tua'r gogledd. Hoff o goedwigoedd collddail agored. Ceir dau ddeoriad. Ar yr adain Ebrill-Mehefin, a Gorffennaf-Medi. Mae'n hoffi torheulo mewn llennyrch ac mae'n amddiffyn ei dir rhag gloynnod byw eraill. Uwchadain frown tywyll â smotiau melyn a 'llygaid' duon. Cochfrown dan yr adain. Y lindys yn bwyta gwair.

Gweirlöyn y Clawdd *Lasiommata megera* Wall brown Lled yr adenydd 45cm
Dosbarthiad eang yn ne Prydain ac Iwerddon, ar laswelltir garw, tir gwastraff a'r arfordir yn bennaf. Lliwiau tebyg i'r brithegau ond bod 'llygaid' ar yr adenydd. Dau ddeoriad. Mae'n hedfan yn Ebrill, Mai, Gorffennaf, Awst a Medi. Y lindys yn bwyta gwair.

Gweirlöyn yr Alban *Erebia aethiops* Scotch argus Lled yr adenydd 40mm
Glöyn yr ucheldir. Dosbarthiad eang yn yr Alban; prin iawn yng ngogledd Lloegr. Fe'i gwelir ar rostiroedd ac ymylon coetiroedd lle mae bwyd y lindys, glaswellt y gweunydd, yn gyffredin. Hedfana rhwng Gorffennaf a Medi mewn tywydd heulog. Mae'r uwchadenydd yn gochfrown â rhes o smotiau oren a 'llygaid' ynddynt.

Gweirlöyn Bach y Mynydd
Erebia epiphron Mountain ringlet Lled yr adenydd 32mm
Glöyn bach prin sy'n byw ar rostiroedd a llethrau'r ucheldir. Hedfana ym Mehefin a Gorffennaf mewn tywydd heulog; cuddia ymysg y tyfiant pan nad yw'r haul yn tywynnu. Fe'i gwelir yn Ardal y Llynnoedd ac ucheldir yr Alban yn unig. Mae'r lindys yn bwyta gwair.

Gweirlöyn Cleisiog *Melanargia galathea* Marbled white Lled yr adenydd 50mm
Bu cynnydd yn nifer y glöyn byw yma dros y chwarter canrif diwethaf ac fe'i gwelir yn ne Lloegr, Swydd Efrog a de-ddwyrain Cymru. Mae'n ffafrio glaswelltir naturiol â digonedd o flodau fel ysgall a'r bengaled. Hawdd ei adnabod wrth y patrwm unigryw du a gwyn ar yr adenydd. Hedfana yng Ngorffennaf ac Awst. Gwair yw bwyd y lindys.

Gweirlöyn Llwyd *Hipparchia semele* Grayling Lled yr adenydd 50mm
Glöyn sy'n ffafrio llecynnau cynnes a sych fel clogwyni morol, twyni tywod a rhostiroedd. Mae'n gyffredin ym Mhrydain hyd at dde'r Alban, ac yn Iwerddon, ond mae'n fwyaf niferus ger y glannau. Fel rheol, bydd yn eistedd ar y ddaear â'i adenydd ar gau. Hedfana rhwng Mehefin ac Awst a bydd y lindys yn bwyta gwair.

Gweirlöyn y Glaw *Aphantopus hyperantus* Ringlet Lled yr adenydd 48mm
Glöyn cyffredin yn Iwerddon a de Prydain hyd at yr Alban. Fe'i gwelir mewn llecynnau glaswelltog lle bydd yn hedfan ym Mehefin a Gorffennaf. Mae'r adenydd brown yn dywyllach ar y gwryw a nifer y 'llygaid' yn amrywio'n fawr. Mae'r lindys yn bwyta gwair.

Gweirlöyn y Perthi *Pyronia tithonus* Gatekeeper Lled yr adenydd 40mm
Glöyn perthi a chloddiau de a chanolbarth Lloegr, Cymru a de Iwerddon. Hedfana yng Ngorffennaf ac Awst ac fe'i gwelir yn aml ar flodau mieri. Mae'r uwchadenydd yn frown a darnau oren arnynt a phâr o 'lygaid' bach ar yr adain flaen. Mae'r lindys yn bwyta gwair.

Gweirlöyn y Ddôl *Maniola jurtina* Meadow brown Lled yr adenydd 50mm
Glöyn cyffredin sy'n llai niferus yng ngogledd yr Alban ac Iwerddon. Fe'i gwelir yn hedfan ar laswelltir ym Mehefin-Awst. Uwchadain frown a darn oren a phâr o 'lygaid' ar yr adain flaen; ceir mwy o oren ar adain y fenyw (A). Gwelir y chwiler (B) ymysg y gwair.

Gweirlöyn Mawr y Waun
Coenonympha tullia Large heath Lled yr adenydd 38mm
Fe'i gwelir ar rostiroedd asid lle ceir bwyd y lindys, y gorsfrwynen wen. Fe'i ceir o ganolbarth Cymru i ogledd yr Alban; llai yn Iwerddon. Hedfana yn yr haul ym Mehefin a Gorffennaf. Llwydfrown o dan yr adenydd ôl a 'llygad' ar liw oren dan yr adain flaen.

Gweirlöyn Bach y Waun
Coenonympha pamphilus Small heath Lled yr adenydd 30mm
Glöyn cyffredin ym Mhrydain ac Iwerddon ond mae fwyaf niferus yn ne Cymru a de Lloegr. Mae'r lindys yn bwyta gwair a gwelir yr oedolion mewn dolydd, twyni tywod a gweundir. Ceir dau ddeoriad a bydd yn hedfan ym Mai a Mehefin, ac yn Awst a Medi.

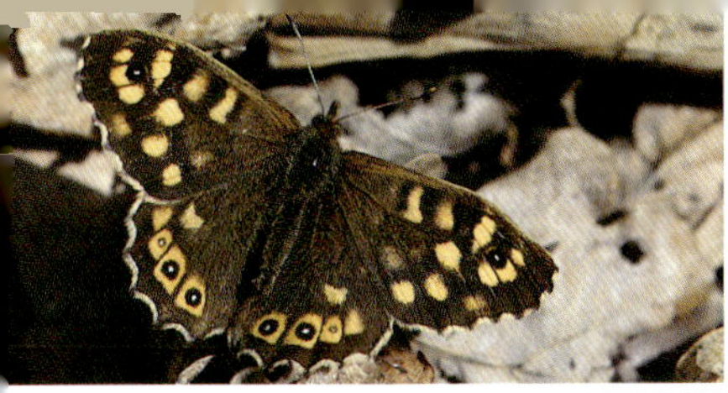
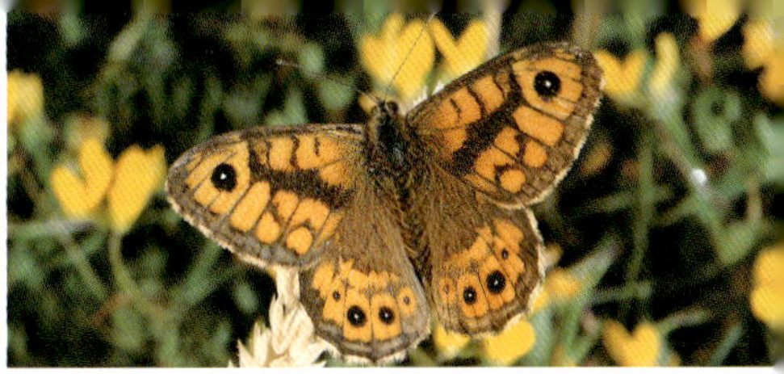
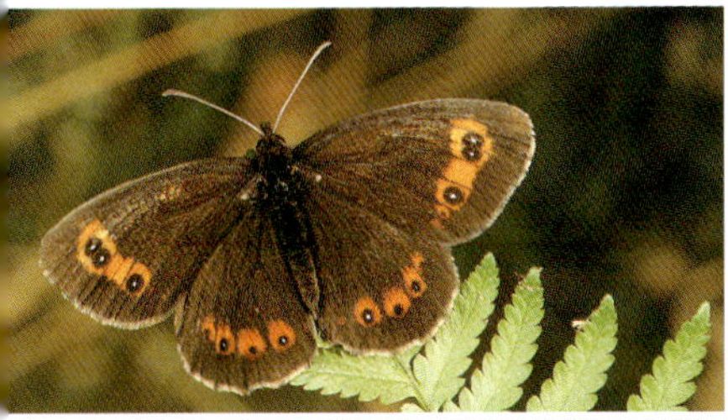
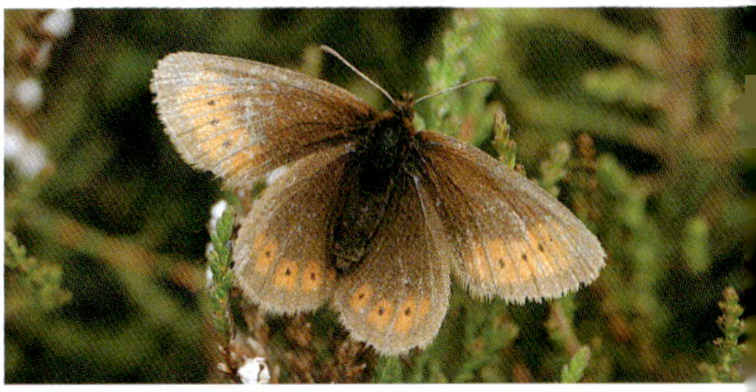
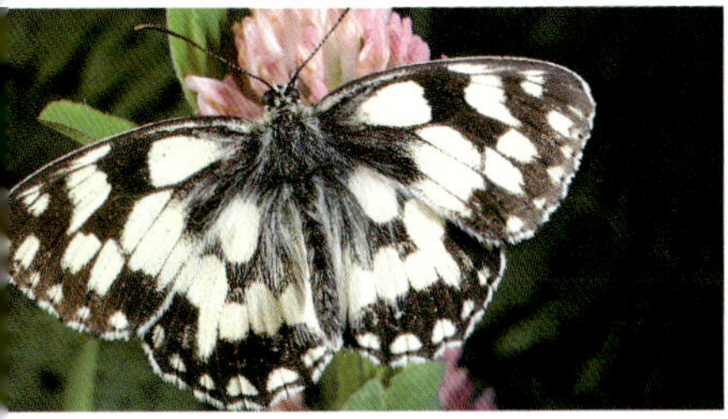
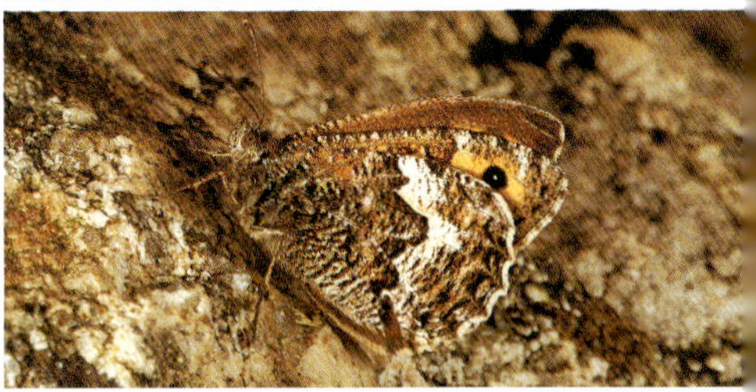
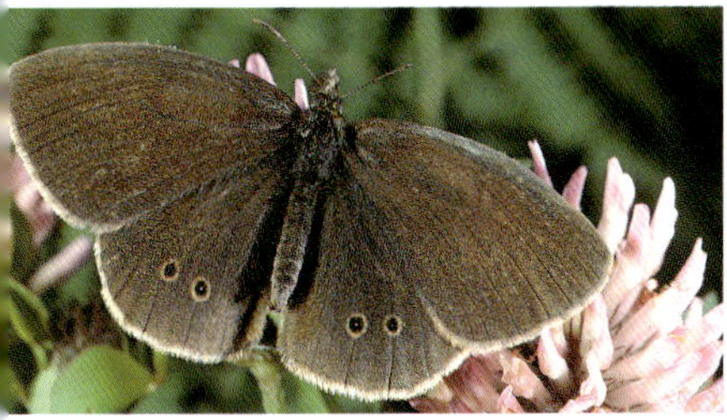
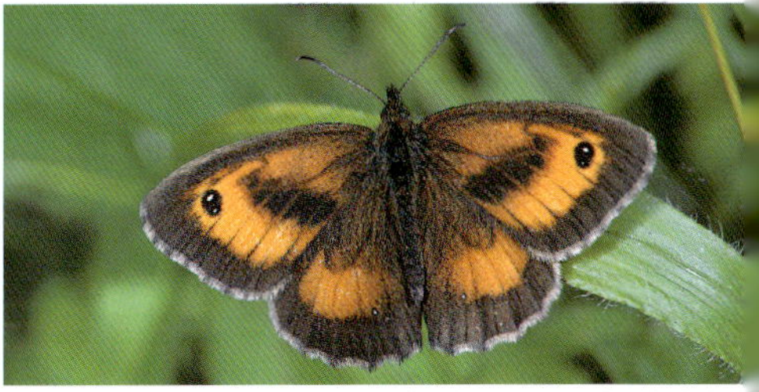
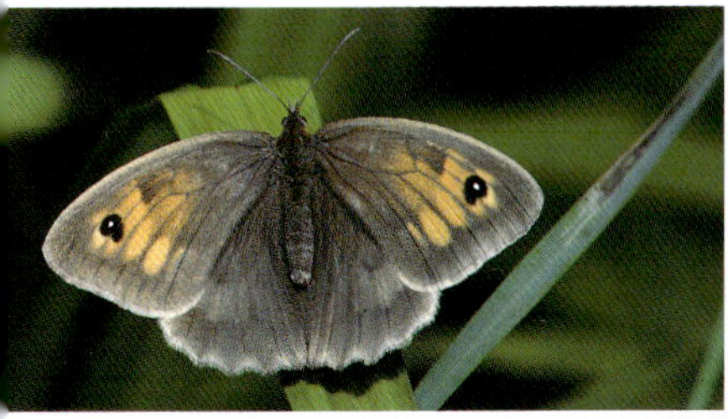
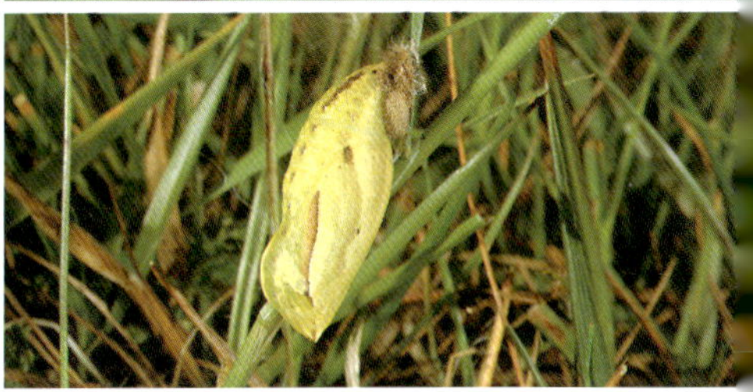
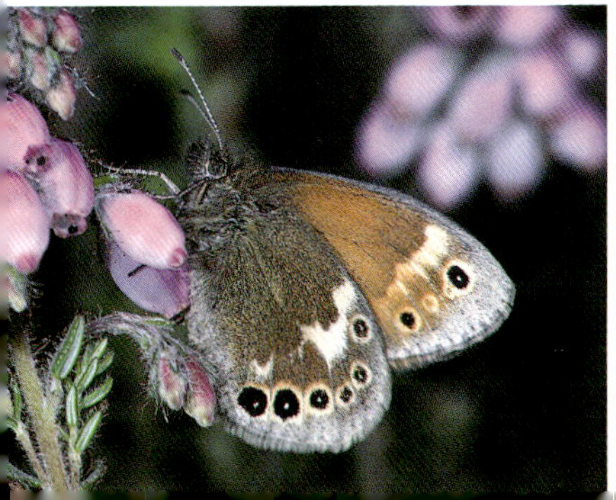
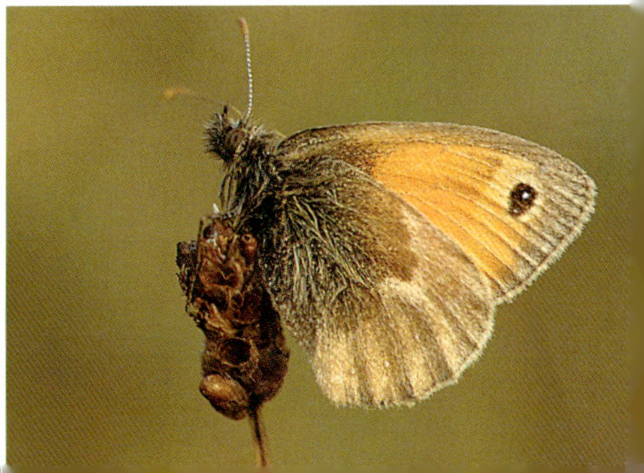

Trychfilod · Glöynnod Byw

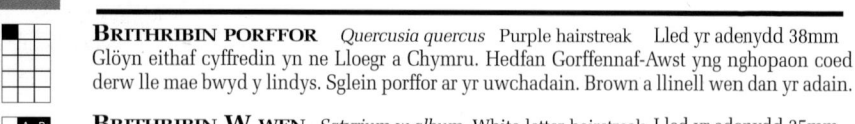

Brithribin Porffor *Quercusia quercus* Purple hairstreak Lled yr adenydd 38mm
Glöyn eithaf cyffredin yn ne Lloegr a Chymru. Hedfan Gorffennaf-Awst yng nghopaon coed derw lle mae bwyd y lindys. Sglein porffor ar yr uwchadain. Brown a llinell wen dan yr adain.

Brithribin W wen *Satyrium w-album* White-letter hairstreak Lled yr adenydd 35mm
Mae wedi prinhau wrth i'r llwyfen ddiflannu o gefn gwlad. Prin iawn yn ne a chanolbarth Lloegr. Hedfana yng Ngorffennaf ac Awst, fel rheol ymysg copaon y coed ond daw i lawr i fwydo ar flodau mieri. Ceir 'w' wen o dan yr adain ôl (A). Mae'r larfa (B) yn eithaf fflat.

Brithribin Du *Satyrium pruni* Black hairstreak Lled yr adenydd 35mm
Glöyn prin a welir yn Swyddi Rhydychen a Buckingham yn bennaf. Mae'n ffafrio coedydd ger draenen ddu, sef bwyd y lindys. Gwelir yr oedolyn (A) yng Ngorffennaf. Mae'n ymweld â blodau prifet neu'n bwyta mêl-gawod ar y dail. Mae'r chwiler (B) yn debyg i faw aderyn.

Brithribin Brown *Thecla betulae* Brown hairstreak Lled yr adenydd 40-50mm
Glöyn eithaf prin a welir yng Nghymru a de a chanolbarth Lloegr. Mae'n hoff o ardaloedd lle ceir digonedd o ddrain duon, sef bwyd y lindys. Gwelir yr oedolion ym mis Awst. Mae'n ddiog a bydd yn cerdded ymysg y dail. Brown tywyll yw'r uwchadain ac mae darn oren ar adain flaen y gwryw (A). Lliw browngoch sydd o dan yr adain (B).

Brithribin Gwyrdd *Callophrys rubi* Green hairstreak Lled yr adenydd 25mm
Glöyn bach, prysur yn hedfan ym Mai a Mehefin. Wrth orffwys, mae'n dal ei adenydd ar gau gan ddangos y lliw gwyrdd. Anaml y gwelir yr uwchadenydd brown. Mae'n hoff o rostiroedd, clogwyni a phrysgoed. Mae'r lindys yn bwyta grug, eithin a phys y ceirw. Glöyn eithaf cyffredin ym Mhrydain ond llai niferus yn Iwerddon.

Copor Bach *Lycaena phlaeas* Small copper Lled yr adenydd 25mm
Glöyn cyffredin a welir ar rostiroedd, twyni tywod, llennyrch a glaswelltiroedd garw. Hedfana rhwng Mai a Medi mewn dau neu dri deoriad. Ceir lliw oren a smotiau du ar yr uwchadain flaen a brown â llinell oren ar yr uwchadain ôl. Mae'r patrwm o dan yr adain yr un fath ond ei fod yn llwydaidd, nid brown. Mae'r lindys yn bwyta suran yr ŷd.

Glesyn Cyffredin *Polyommatus icarus* Common blue Lled yr adenydd 32mm
Glöyn cyffredin mewn glaswelltir garw ym Mhrydain ac Iwerddon. Sawl deoriad yn hedfan rhwng Ebrill a Medi. Mae uwchadenydd y gwryw'n las a rhai'r fenyw'n frown ond y ddau'n llwydfrown dan yr adain gyda smotiau du ac oren. Lindys yn hoffi meillion.

Glesyn y Sialc *Lysandra coridon* Chalkhill blue Lled yr adenydd 40mm
Mae uwchadenydd y gwryw'n las golau a rhai'r iâr yn frown tywyll a smotiau oren ar yr ymylon. Lliw llwydfrown smotiog sydd o dan yr adain. Glöyn prin a welir ar laswelltir calchfaen de Lloegr yn unig. Hedfana yng Ngorffennaf ac Awst. Ffacbys pedol yw bwyd y lindys.

Glesyn Adonis *Lysandra bellargus* Adonis blue Lled yr adenydd 32mm
Lliw glas sgleiniog ac ymylon du a gwyn ar uwchadain y gwryw; uwchadain frown gan y fenyw a smotiau oren ar yr ymyl. Dau ddeoriad yn hedfan ym Mai-Mehefin, a Gorffennaf-Awst. Glöyn prin yn ne Lloegr ar laswelltir calchfaen. Lindys yn bwyta ffacbys pedol.

Glesyn y Celyn *Celastrina argiolus* Holly blue Lled yr adenydd 30mm
Mae'n edrych yn lliw arian wrth hedfan ac anaml y gwelir yr uwchadenydd glas tywyll. Wrth orffwys, gwelir lliw gwyn a smotiau du dan yr adain. I'w gael yn bennaf yng Nghymru, de Lloegr a de Iwerddon. Ceir dau ddeoriad, y naill yn hedfan yn Ebrill a Mai ac yn dodwy ar goed celyn, a'r llall yn hedfan yn Awst a Medi ac yn dodwy ar eiddew.

Glesyn Bach *Cupido minimus* Small blue Lled yr adenydd 25mm
Glöyn bach, prysur a welir yn bennaf yn ne Cymru, de Lloegr a gorllewin Iwerddon lle mae bwyd y lindys, y blucen felen yn gyffredin. Hedfana ym Mehefin-Gorffennaf. Uwchadain yn frown tywyll; sglein las ar adain y gwryw; lliw llwyd dan yr adain.

Glesyn Serennog *Plebejus argus* Silver-studded blue Lled yr adenydd 25-30mm
Glöyn prin ar rostiroedd isel, twyni tywod a glaswelltir calchfaen de Lloegr a rhannau o Gymru. Hedfan ym Mehefin-Gorffennaf. Uwchadenydd y gwryw'n las llachar a rhai'r fenyw'n frown. Smotiau oren a du ar gefndir llwyd dan yr adain. Lindys yn bwyta eithin a grug.

148

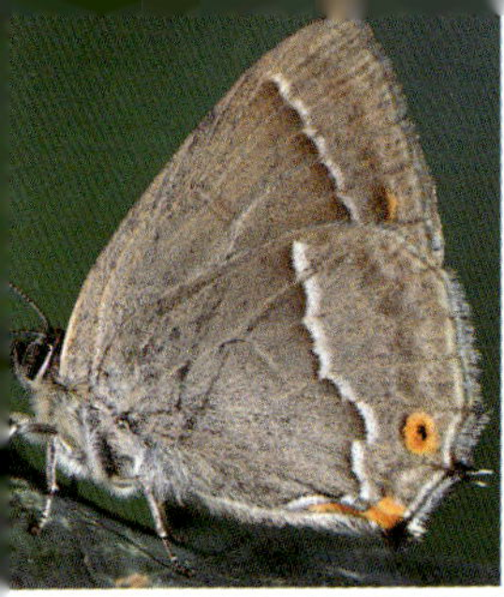
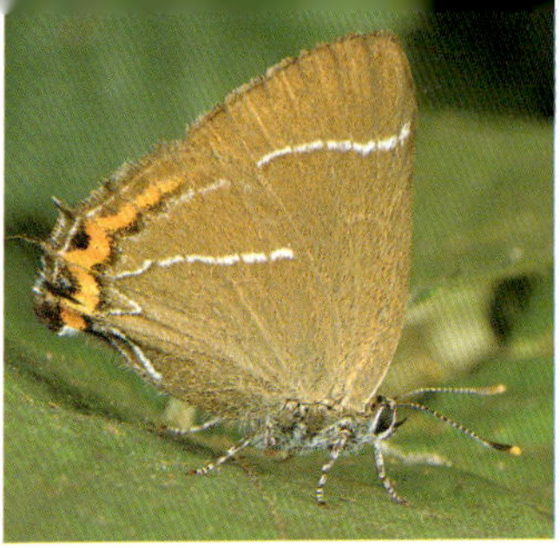
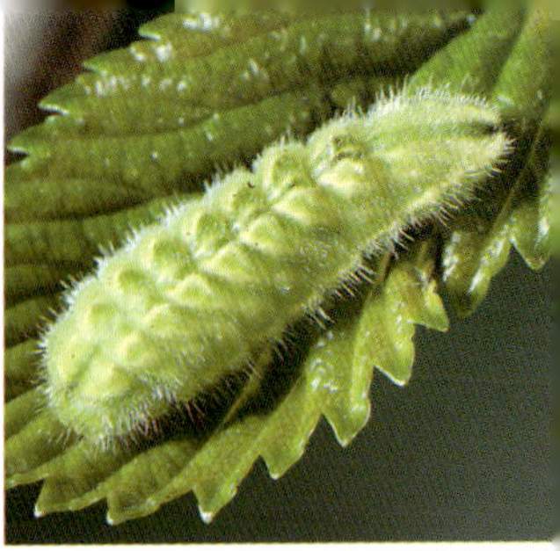
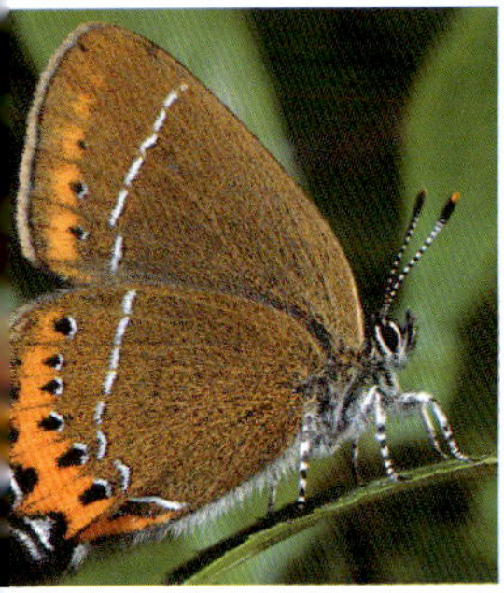
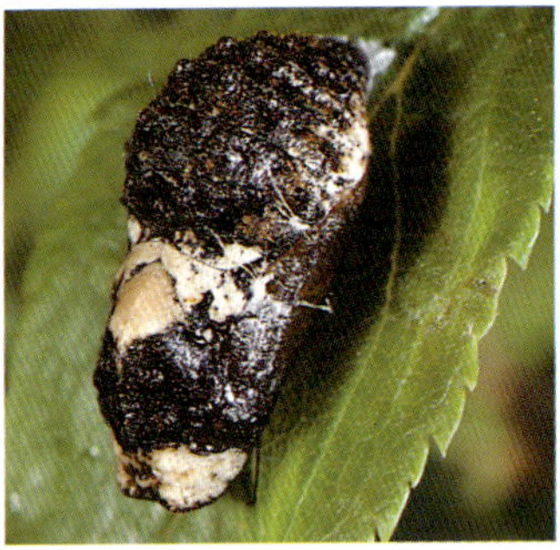
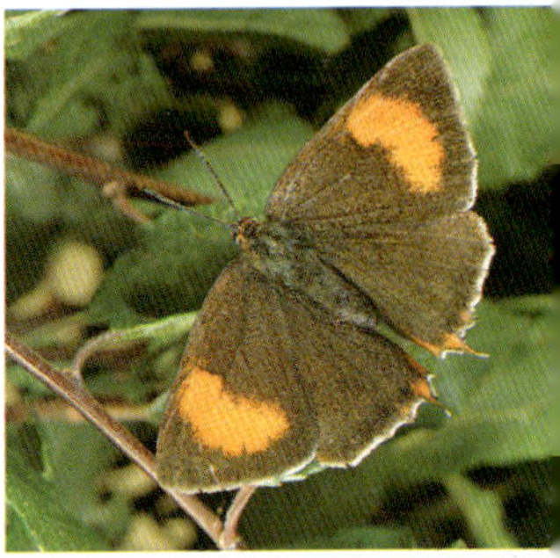
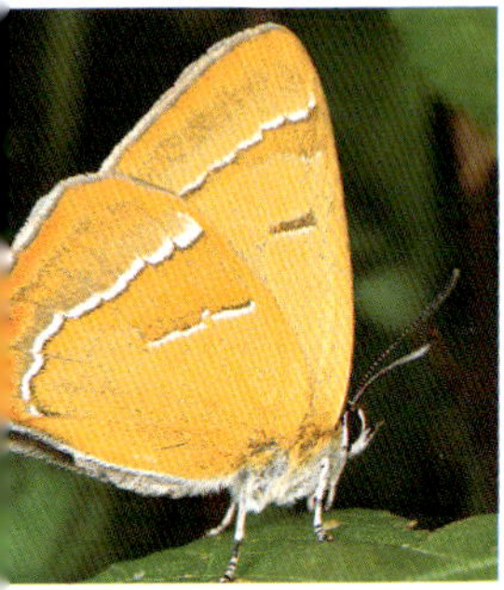
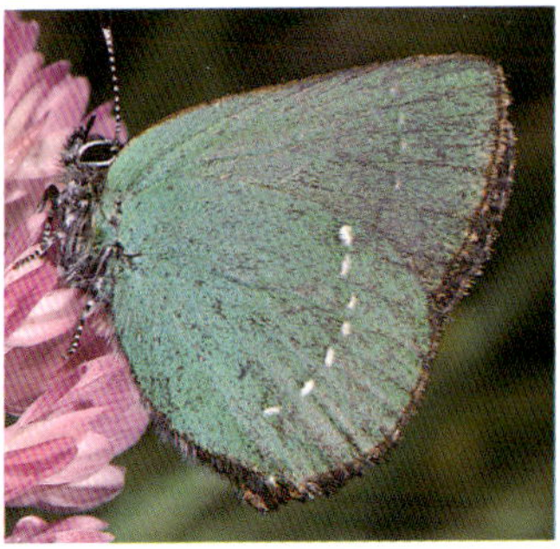
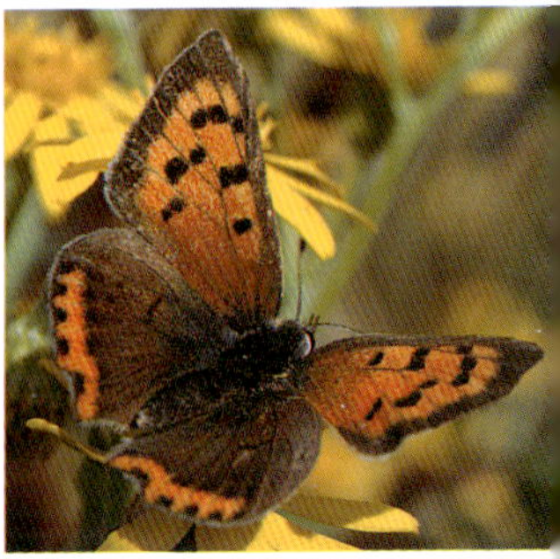
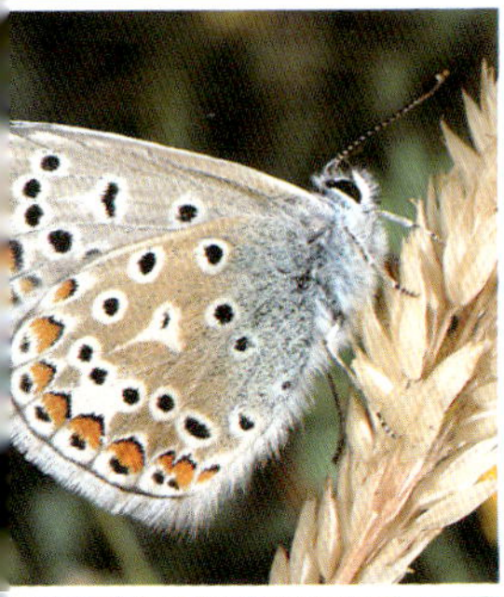
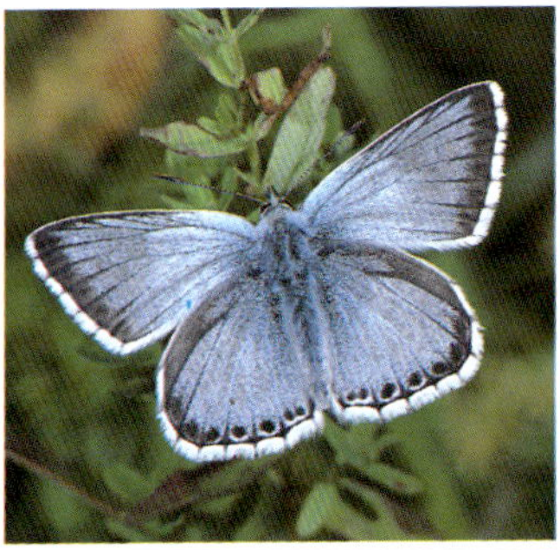
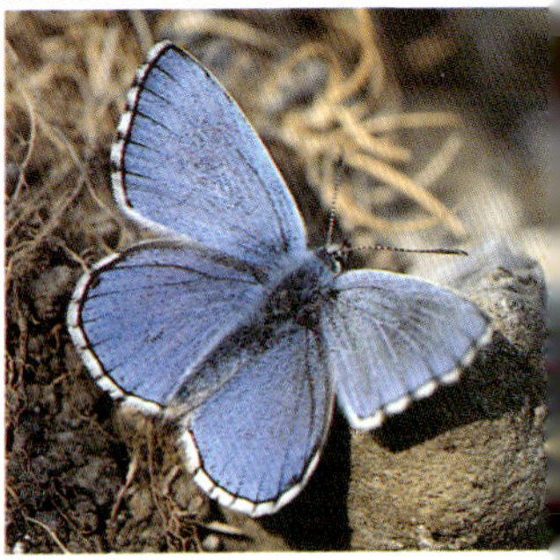
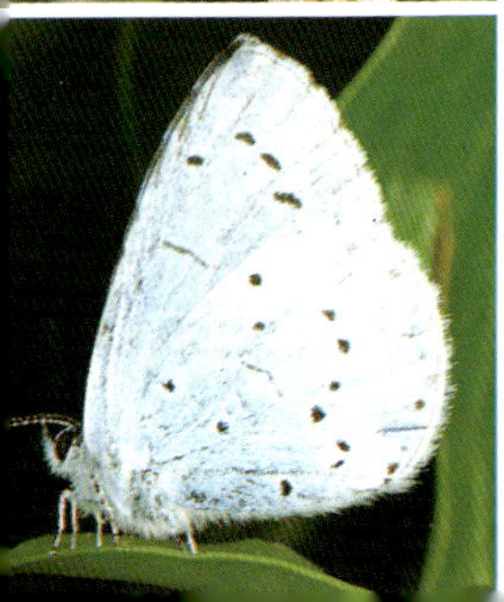
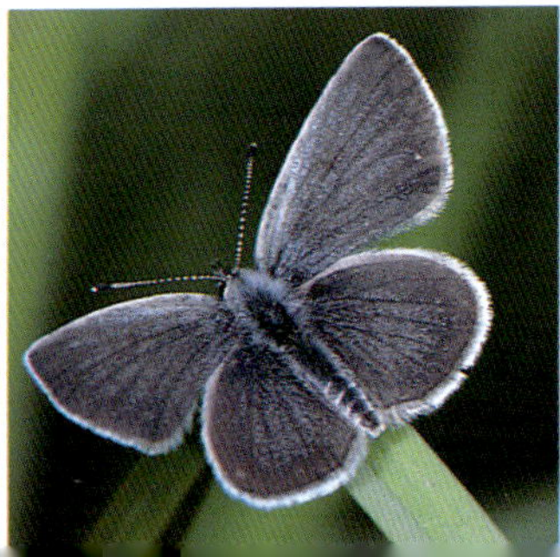
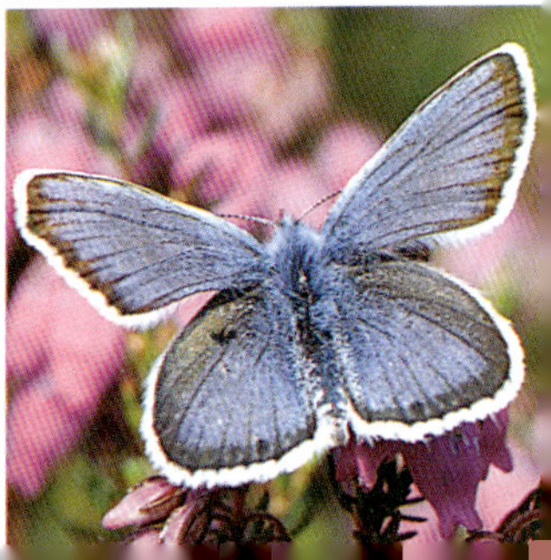

Trychfilod · Glöynnod Byw

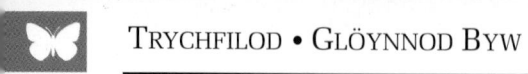

Argws brown *Aricia agestis* Brown argus Lled yr adenydd 25mm
Glöyn tebyg i'r glesyn cyffredin benywaidd ond bod smotiau oren mwy amlwg ar ymylon yr uwchadenydd brown (A). Fe'i gwelir yn ne a chanolbarth Lloegr. Y cor-rosyn cyffredin a phig y crëyr yw bwyd y lindys. Ceir perthynas agos iddo, argws brown y gogledd, yng ngogledd Lloegr a'r Alban, ond mae gan hwnnw smotyn gwyn ar yr adain flaen.

Gwibiwr bach *Thymelicus sylvestris* Small skipper Lled yr adenydd 25mm
Glöyn y dolydd sy'n hedfan yng Ngorffennaf ac Awst. Mae'n uwchadain yn orenfrown a lliw orenhufen o dan yr adain. Y lliw brown o dan flaen yr antenae yw'r ffordd hawsaf i wahaniaethu rhyngddo a'r gwibiwr bach cornddu. Mae'n gyffredin yng Nghymru a de Lloegr. Wrth orffwys, mae'n dal ei adenydd ar ongl. Fe'i gwelir yn aml yn hedfan yn gyflym at flodau ysgall a llygad y dydd. Gwair yw bwyd y lindys.

Gwibiwr bach cornddu *Thymelicus lineola* Essex skipper Lled yr adenydd 25mm
Tebyg iawn i'r gwibiwr bach ond bod o dan flaen yr antenae'n ddu, nid brown. Fe'i gwelir ym Mehefin a Gorffennaf ar ddolydd yn ne a de-ddwyrain Lloegr. Mae'n hedfanwr cyflym ac yn hoff o flodau ysgall a'r bengaled. Gwair yw bwyd y lindys.

Gwibiwr Lulworth *Thymelicus acteon* Lulworth skipper Lled yr adenydd 28mm
Glöyn prin sydd i'w weld ar laswelltir arfordirol yn Dorset a Dyfnaint yn unig. Mae'r uwchadenydd yn frown â smotiau golau ar yr adain flaen, fel pawen ci. Mae'r marciau'n fwy llachar ar adenydd y fenyw. Mae'n hedfanwr prysur a bydd yr oedolion ar yr adain ym Mehefin a Gorffennaf. Gwair yw bwyd y lindys.

Gwibiwr mawr *Ochlodes venatus* Large skipper Lled yr adenydd 34mm
Glöyn cyffredin iawn yng Nghymru a Lloegr ond yn absennol o'r Alban ac Iwerddon. Mae'n hoff o bob math o laswelltir ac yn hedfan ym Mehefin a Gorffennaf. Mae'r uwchadain yn frown ac orenfrown a phatrymau golau arni. Ceir lliw orenhufen dan yr adain a smotiau goleuach. Wrth orffwys, mae'n dal ei adenydd ar ongl a gall edrych yn debyg i wyfyn. Gwair yw bwyd y lindys.

Gwibiwr arian *Hesperia comma* Silver-spotted skipper Lled yr adenydd 34mm
Glöyn tebyg i'r gwibiwr mawr ond bod smotiau golau ar yr uwchadain frown a smotiau arian ar gefndir gwyrdd o dan yr adain. Mae'n brin iawn ac fe'i gwelir ar laswelltir calchaidd yn ne Lloegr yn unig. Hedfana'n hwyr yn y flwyddyn, yn Awst a Medi. Gwair yw bwyd y lindys.

Gwibiwr llwyd *Erynnis tages* Dingy skipper Lled yr adenydd 25mm
Glöyn tebycach i wyfyn. Mae ganddo uwchadenydd llwydfrown a lliw cochfrown o dan yr adain. Hedfana ym Mai a Mehefin ac fe'i gwelir ar laswelltir ac ar hyd llwybrau mewn coedwigoedd. Mae'n weddol gyffredin yng Nghymru a Lloegr ond yn brin yn yr Alban ac Iwerddon. Prif fwyd y lindys yw troed yr iâr.

Gwibiwr brith *Pyrgus malvae* Grizzled skipper Lled yr adenydd 20mm
Glöyn hardd sydd ag uwchadenydd llwydfrown a smotiau gwyn, a lliw cochfrown a smotiau golau o dan yr adain. Fe'i gwelir yn ne Cymru a de Lloegr ac mae'n hedfan ym Mai a Mehefin. Mae'n hoff o laswelltir garw a llwybrau mewn coedwigoedd lle bydd y lindys yn gwledda'n bennaf ar bumnalenni a mefus gwyllt.

Gwibiwr y llennyrch
Carterocephalus palaemon Chequered skipper Lled yr adenydd 25mm
Glöyn prin iawn sydd i'w weld mewn coed bedw yng ngogledd-orllewin yr Alban. Hedfana ym Mai a Mehefin. Mae'r uwchadain yn frown llachar â smotiau orenfelyn. Mae'r lliw o dan yr adain yn oleuach a smotiau golau arno. Gwair yw bwyd y lindys. Mae'n hoff o dywydd heulog ac yn anodd dod o hyd iddo ar dywydd cymylog.

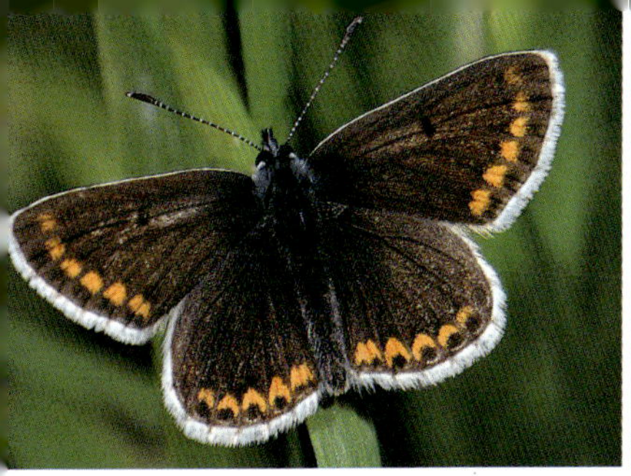
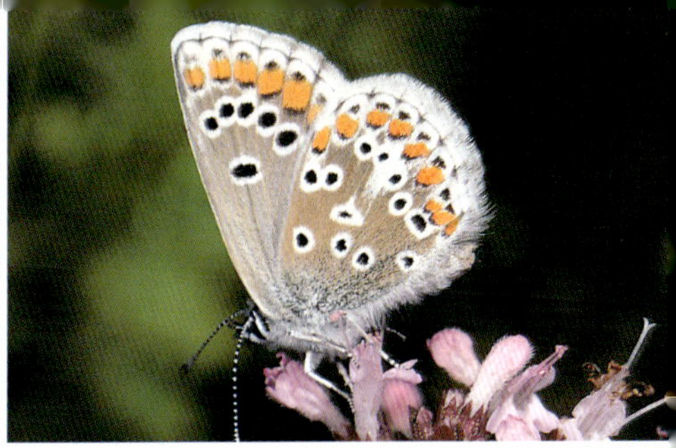
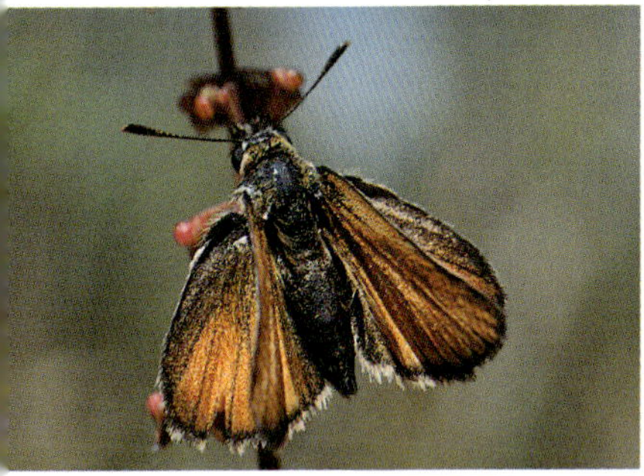
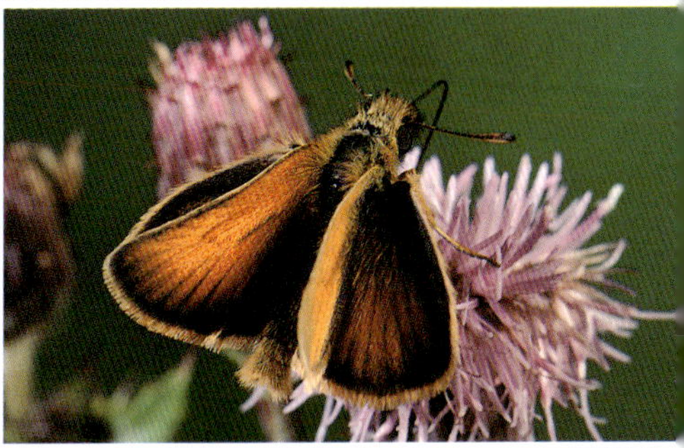
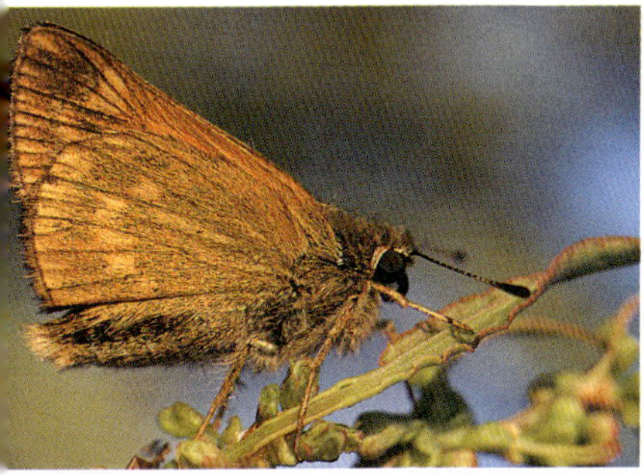
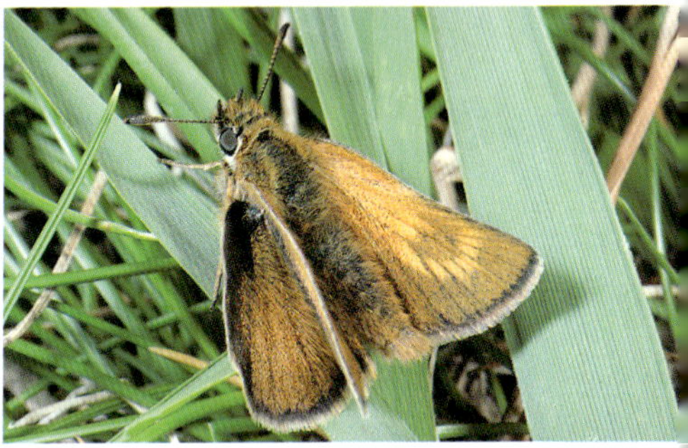
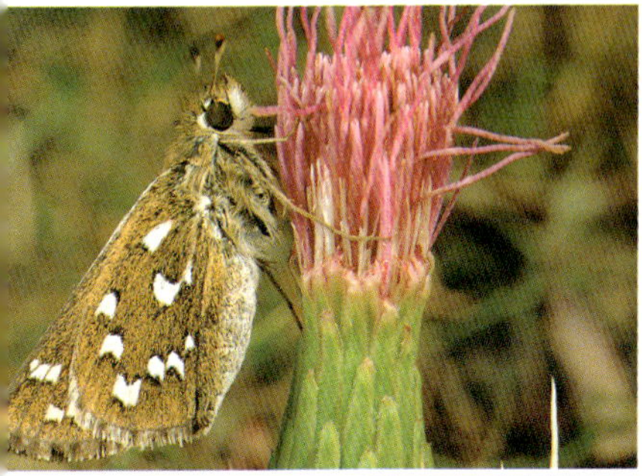
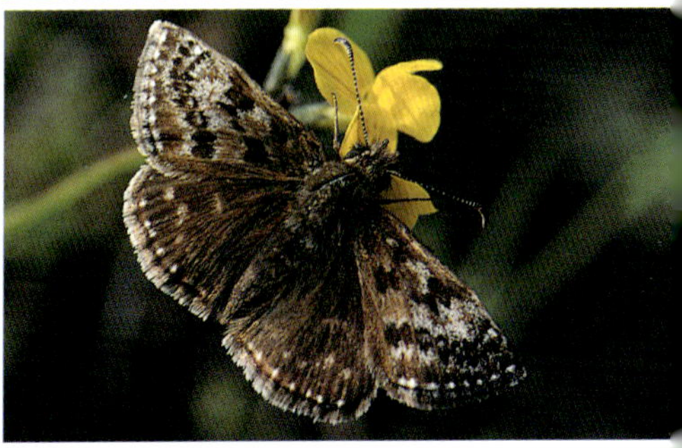
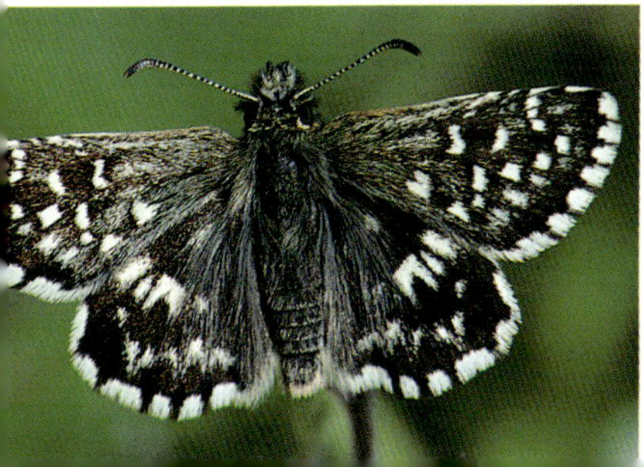
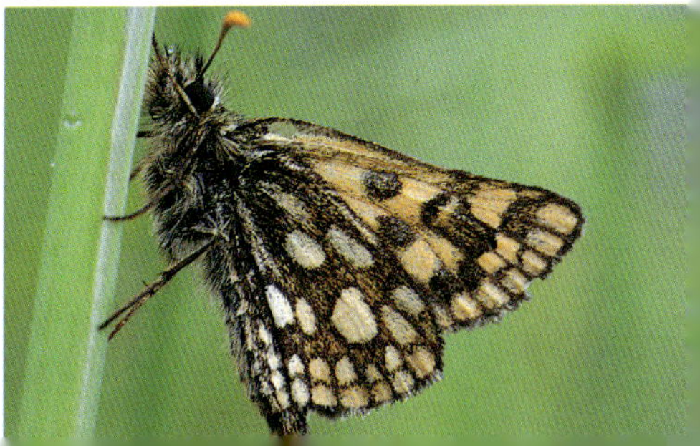

Trychfilod • Gwyfynod

Gwyfyn dillad
Hofmannophila pseudospretella   Brown house moth   Hyd yn gorffwys 10mm
Ymwelydd cyson ond digroeso â thai trwy'r flwyddyn. Gwelir yr oedolion ger dillad neu fwyd. Byddant yn dodwy eu hwyau arnynt a bydd y lindys yn eu bwyta. Gall achosi difrod mawr. Nid yw'n hedfan yn aml ond yn cropian ar hyd y llawr i guddio mewn cornel dywyll.

Gwyfyn perlog
Pleuroptya ruralis   Mother of pearl   Lled yr adenydd 35mm
Hedfan Mehefin-Awst. Caiff ei ddenu at oleuadau. Hedfanwr gwan. Lliw fel perl ar ei adenydd mewn golau arbennig. I'w weld mewn dolydd a pherthi trwchus ac ar dir gwastraff ym Mhrydain ac Iwerddon. Lindys yn bwyta danadl poethion ac yn byw mewn dail wedi'u rholio.

Pluwyfyn gwyn
Pterophorus pentadactyla   White plume moth   Lled yr adenydd 28mm
Gwyfyn unigryw, hardd sydd ag adenydd tebyg i blu. Fe'i gwelir yn gorffwys ymysg llystyfiant isel yng ngolau dydd. Hedfana gyda'r hwyr a daw at oleuadau ac weithiau i mewn i dai. Mae ar yr adain rhwng Mai ac Awst. Mae'r lindys yn bwyta taglys y perthi ac yn byw mewn dail wedi eu rholio. Gwyfyn cyffredin ledled Prydain ac Iwerddon.

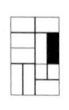

Chwimwyfyn rhithiol
Hepialus humuli   Ghost moth   Hyd yn gorffwys 25mm
Gwyfyn sy'n hoff o ddolau a pherthi glaswelltog lle bydd y lindys yn byw o dan y ddaear ac yn bwyta gwreiddiau amryw o blanhigion. Bydd y gwrywod gwyn yn ymgasglu i arddangos fin nos. Lliw melynhufen sydd i'r fenyw a llinellau oren ar yr adenydd. Hedfana rhwng Mehefin ac Awst ac mae'n gyffredin trwy Brydain ac Iwerddon.

Bwrned pum smotyn
Zygaena trifolii   5-spot burnet   Lled yr adenydd 35mm
Gwyfyn trawiadol sy'n hedfan yn y dydd. Adain ôl goch a phum smotyn coch ar adain flaen lasddu. Mae'n hoff o ddolydd gwlyb ac yn gyffredin trwy Brydain ac Iwerddon. Hedfana yng Ngorffennaf ac Awst. Mae'r lindys yn bwyta troed yr iâr fwyaf. Mae'r bwrned chwe smotyn yn debyg iawn ond bod chwe smotyn ar yr adain flaen a'i fod i'w weld ar dir sychach.

Llabed
Gastropacha quercifolia   Lappet moth   Hyd yn gorffwys 40cm
Mae'r cuddliw'n berffaith wrth iddo orffwys ar y llawr ymysg dail crin. Ceir marciau danheddog ar yr adenydd cochfrown a 'thrwyn' amlwg ar y pen. Hedfana rhwng Mehefin ac Awst a daw at oleuadau. Y ddraenen wen yw bwyd y lindys sydd hefyd â chuddliw perffaith wrth orffwys ar y brigau. Mae'n fwyaf cyffredin yng Nghymru a de Lloegr.

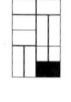

Gwaswyfyn
Malacosoma neustria   The lackey   Hyd yn gorffwys 17mm
Gwyfyn cyffredin yn ne Lloegr a de Iwerddon ond mae'n eithaf cyffredin yng Nghymru hefyd. Fe'i gwelir fel rheol ar hyd perthi ond hefyd mewn mannau lle ceir bwyd y lindys, planhigion fel y ddraenen wen a'r ddraenen ddu. Hedfana rhwng Mehefin ac Awst, a bydd y lindys lliwgar yn byw mewn 'pebyll' o we sidan, sy'n amlwg ar frigau'r llwyni.

Cathwyfyn
Cerura vinula   Puss moth   Hyd yn gorffwys 35mm
Gwyfyn hardd ag adenydd llwyd golau a gwyn (A). Mae'n ymddangos yn flewog. Hedfana Mai-Gorffennaf; gorffwys ar frigau weithiau. Mae'r lindys cadarn, gwyrdd a du (B) yn unigryw, â dwy 'gynffon' fel chwipiau ar y pen ôl. Mae'n bwyta planhigion fel coed helyg a phoplys. Mae'n gyffredin trwy'r rhan fwyaf o Brydain ac Iwerddon.

Cathan yr helyg
Furcula furcula   Sallow kitten   Hyd yn gorffwys 20mm
Gwyfyn bach hardd sy'n hedfan rhwng Mai ac Awst mewn dau ddeoriad. Caiff ei ddenu at oleuadau ac, weithiau, mae'n gorffwys ar waliau yn y dydd. Ceir llinell lwyd ar draws adain flaen wen. Mae'r lindys yn debyg i lindys cathwyfyn bach â dau chwip ar y pen ôl. Helyg yw prif fwyd y lindys. Mae'n wyfyn cyffredin trwy Brydain ac Iwerddon.

Llwyd y ffawydd
Stauropus fagi   Lobster moth   Hyd yn gorffwys 32mm
Mae gan yr oedolion adenydd cochlwyd â sglein binc sy'n rhoi cuddliw perffaith wrth orffwys ar risgl coed. Hedfana rhwng Mai a Gorffennaf, yn bennaf mewn coed derw a ffawydd gan fod y ddau yn fwyd pwysig i'r lindys sy'n edrych yn eithaf tebyg i gimwch.

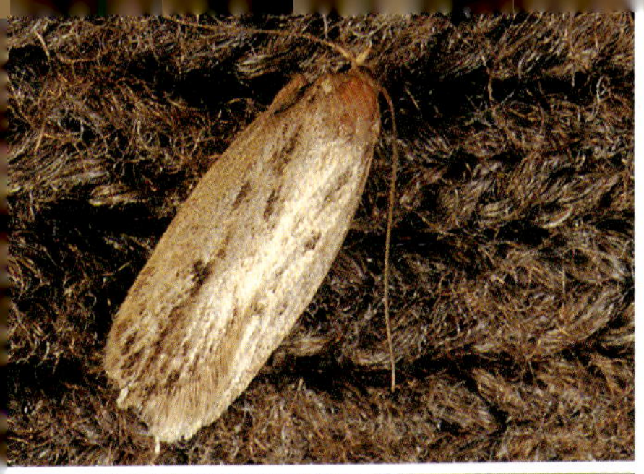
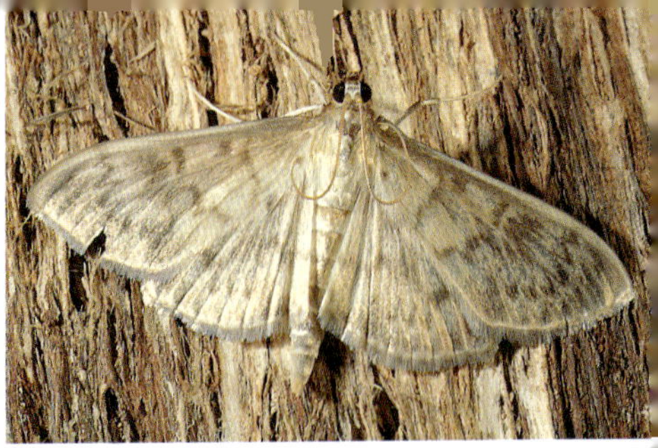
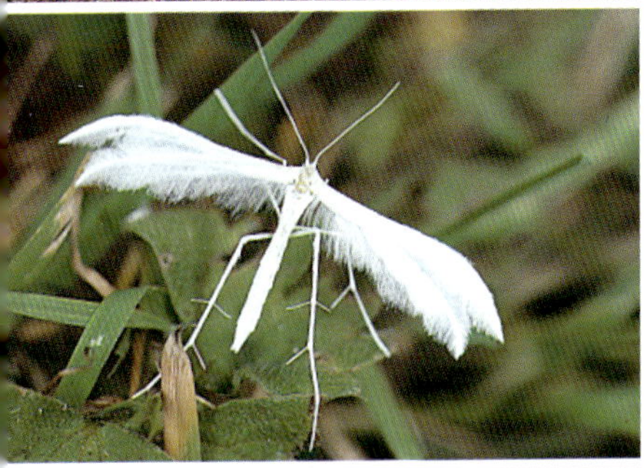
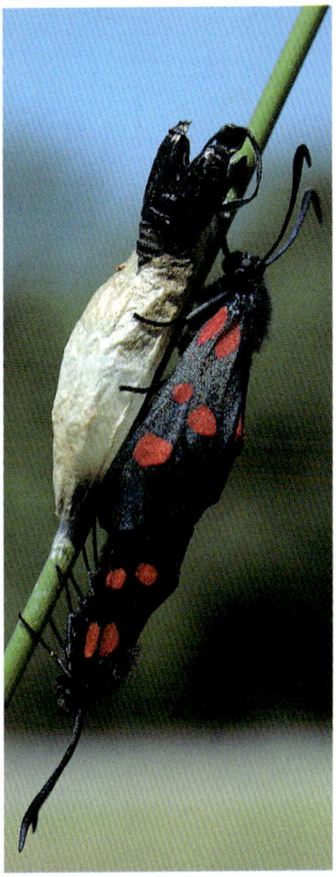
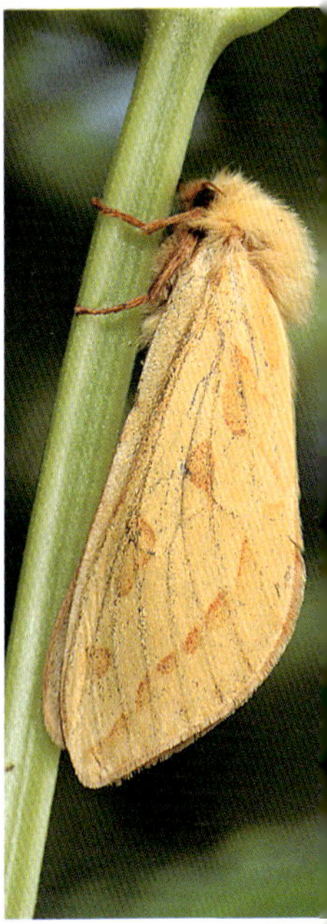
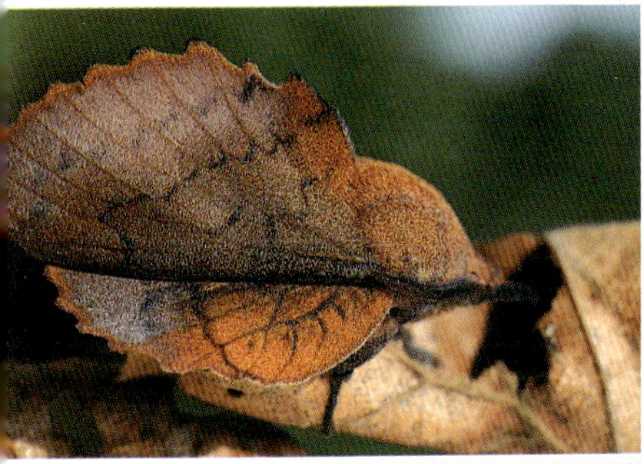
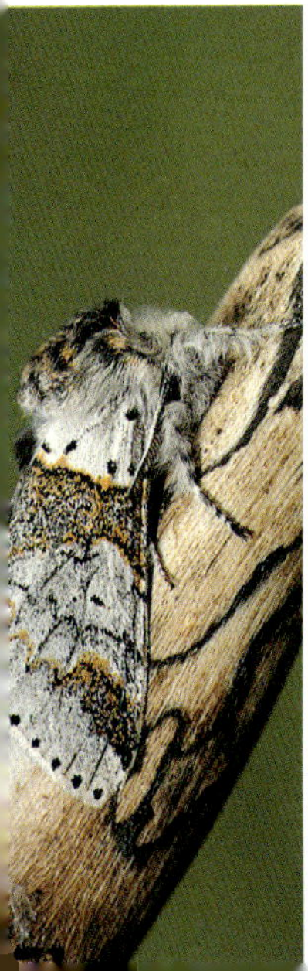
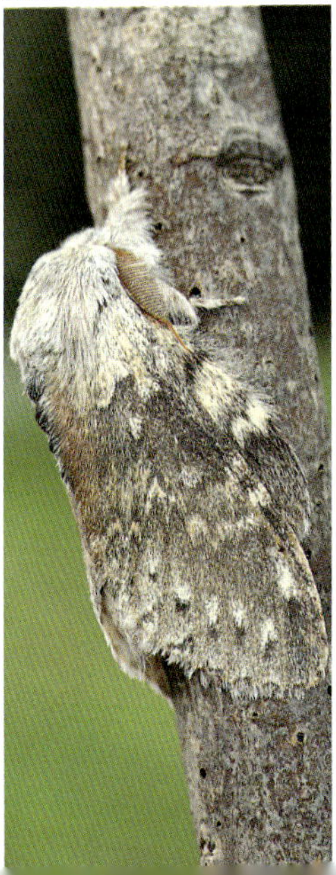
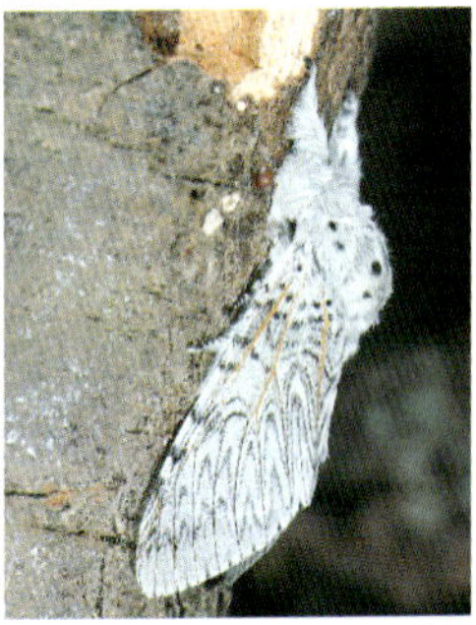
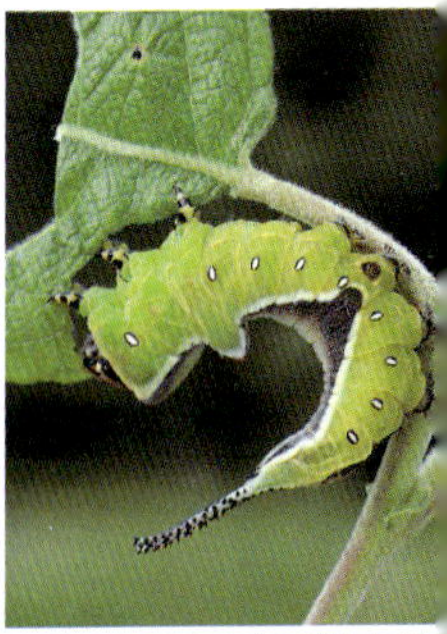
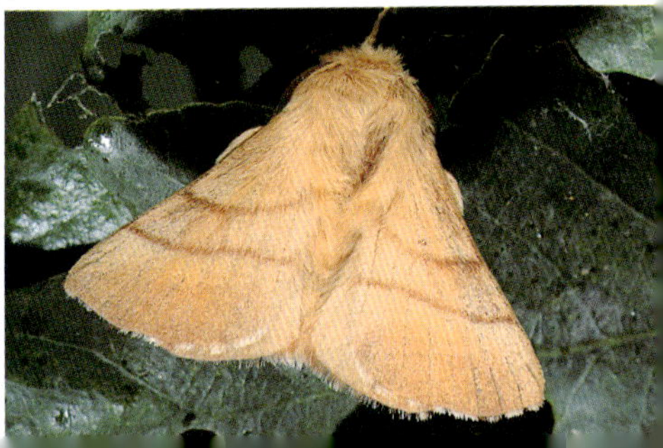

Trychfilod • Gwyfynod

YMERAWDWR   *Saturnia pavonia*   Emperor moth   Lled yr adenydd 50-60mm
Gwyfyn mawr hardd sy'n hedfan yn gryf yng ngolau dydd, yn bennaf ar rostiroedd lle ceir grug, bwyd y lindys. Mae'r oedolion ar yr adain yn Ebrill a Mai. Mae'r lindys, sy'n wyrdd ac yn flewog â marciau du ar hyd y corff, hefyd yn bwyta mieri. Mae'n gweu cocŵn sidan, hirgrwn lle mae'n troi'n chwiler. Cyffredin trwy Brydain ac Iwerddon.

GWALCHWYFYN Y PISGWYDD
Mimas tiliae   Lime hawkmoth   Lled yr adenydd 65mm
Anodd gweld yr oedolyn ar ddail. Mae lliw'r adenydd yn amrywio; melynwyrdd â marciau tywyll yn aml. Hedfana ym Mai-Mehefin. Ceir llinellau lletraws a smotiau gwyn ar y lindys gwyrdd golau. Daw i erddi at ddail pisgwydd. Cyffredin yn ne Lloegr. Prinhau tua'r gogledd.

GWALCHWYFYN Y POPLYS
Laothoe populi   Poplar hawkmoth   Lled yr adenydd 70mm
Wrth orffwys, mae'r adenydd blaen llwydfrown yn cuddio'r darn coch ar yr adenydd ôl; os caiff ei fygwth, bydd yn dangos y coch. Anodd ei weld yn gorffwys ar ddail yn y dydd. Hedfana ym Mai-Awst mewn dau ddeoriad. Mae 'corn' ar ben ôl y larfa gwyrdd llachar a llinellau lletraws ar y corff. Mae'n bwyta dail poplys a helyg. Gwyfyn cyffredin â dosbarthiad eang.

GWALCHWYFYN LLYGEIDIOG
Smerinthus ocellata   Eyed hawkmoth   Lled yr adenydd 80mm
Mae adenydd blaen llwydfrown yn cuddio'r adenydd ôl wrth orffwys ond, os aflonyddir arno, mae'n dangos yr adenydd ôl llachar â dau lygad mawr arnynt. Mae corn ar ben ôl y lindys gwyrdd llachar a llinellau lletraws ar y corff. Coed afalau a helyg yw ei fwyd. Mae'n hedfan rhwng Mai ac Awst mewn dau ddeoriad. Gwyfyn cyffredin yn ne Lloegr ond prin yn y gogledd.

GWALCHWYFYN Y PINWYDD
Hyloicus pinastri   Pine hawkmoth   Lled yr adenydd 80mm
Mae llinellau tywyll yr adenydd blaen llwydfrown yn guddliw yn erbyn rhisgl coed pîn. Dim ond wrth hedfan y gwelir yr adenydd ôl oren. Mae llinellau tywyll ar gorff y lindys gwyrdd a 'chorn' ar y pen ôl; mae'n bwyta nodwyddau pinwydd. Fe'i gwelir yn bennaf yn ne Lloegr ond mae'n cynyddu ac yn lledaenu. Hedfana ym Mehefin a Gorffennaf.

GWALCHWYFYN YR YSWYDD
Sphinx ligustri   Privet hawkmoth   Lled yr adenydd 100mm
Wrth orffwys, mae gan yr oedolyn (A) guddliw da ond, os aflonyddir arno, gwelir llinellau pinc ar y corff a'r adain ôl. Hedfana ym Mehefin a Gorffennaf. Mae gan y lindys gwyrdd (B) linellau du a gwyn ar y corff a blaen du i 'gorn' y pen ôl; coed prifet a lelog yw ei fwyd. Er bod iddo ddosbarthiad eang, dim ond yn ne Lloegr y mae'n gyffredin.

GWALCHWYFYN YR HELYGLYS
Dielephila elpenor   Elephant hawkmoth   Lled yr adenydd 70mm
Gwyfyn hardd iawn â phatrwm pinc a melynwyrdd ar y corff a'r adenydd. Hedfana ym Mai a Mehefin gan ymweld â blodau fel gwyddfid. Mae pen blaen y lindys yn debyg i drwnc eliffant ac mae'n defnyddio'i 'lygaid' mawr i ddychryn ei elynion; mae'n bwyta helyglysiau. Mae'n gyffredin yng Nghymru a de Lloegr ond yn brinnach yn y gogledd.

GWALCHWYFYN BACH YR HELYGLYS
Dielephila porcellus   Small elephant hawkmoth   Lled yr adenydd 50mm
Gwyfyn hardd ag adenydd a chorff pinc a melynwyrdd. Mae'n hedfan ym Mehefin a Gorffennaf, yn aml yn y gwyll. Fe'i gwelir yn bennaf ar rostiroedd a glaswelltir lle mae bwyd y lindys, y briwydd, yn gyffredin. Mae'r lindys yn llwydfrown â 'llygaid' ger y pen blaen; does dim 'corn' ganddo. Mae'n eithaf prin er fod ganddo ddosbarthiad eang.

GWALCHWYFYN GWENYNAIDD YMYL LYDAN
Hemaris fuciformis   Broad-bordered bee hawkmoth   Lled yr adenydd 43mm
Ceir cennau ar yr adenydd pan ddaw o'r chwiler ond maent yn diflannu'n gyflym ac yna mae'n debyg i gachgi bwm. Hedfana Mai-Mehefin yn y dydd. I'w weld yn aml ar flodau glesyn y coed. Hoff o lecynnau heulog yn y coed. Gwyddfid yw prif fwyd y lindys. Prin ac eithrio yn ne Lloegr.

GWALCHWYFYN HOFRAN
Macroglossum stellatarum   Hummingbird hawkmoth   Lled yr adenydd 45mm
Ymwelydd haf prin o Ewrop, â'r de fwyaf. Niferus ambell flwyddyn. Hedfana yn y dydd a hymian wrth sugno neithdar blodau fel triaglog coch a ffiwsia â thafod hir. Lindys yn bwyta briwydd.

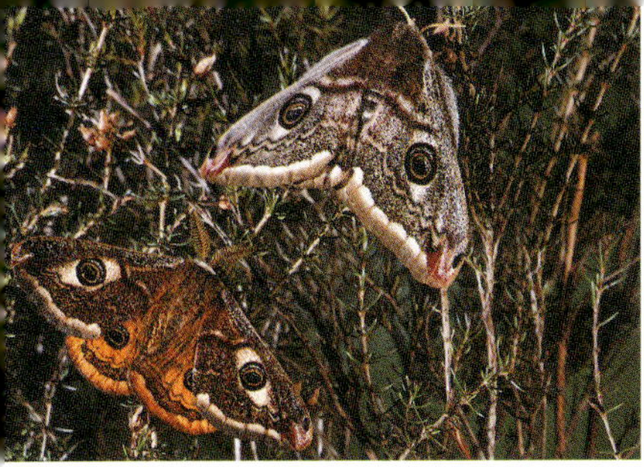
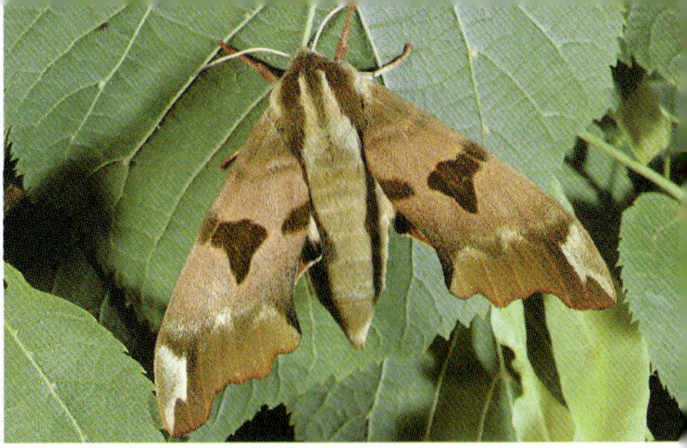
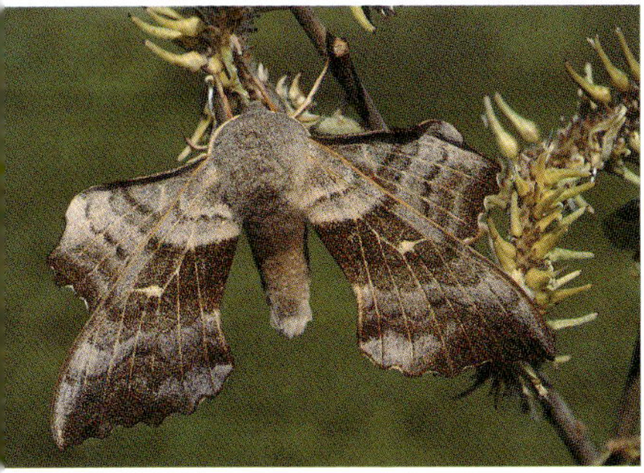
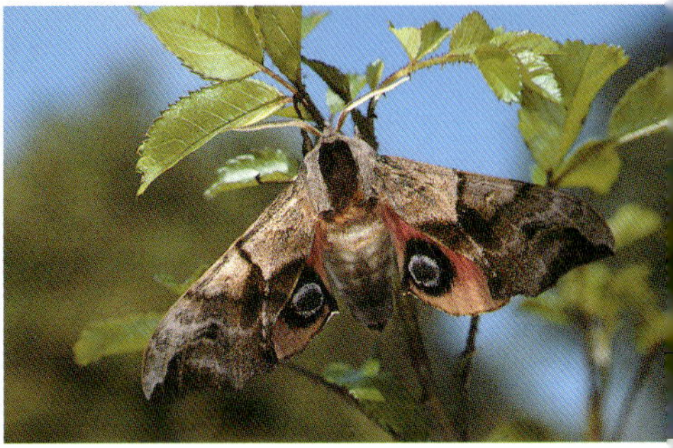
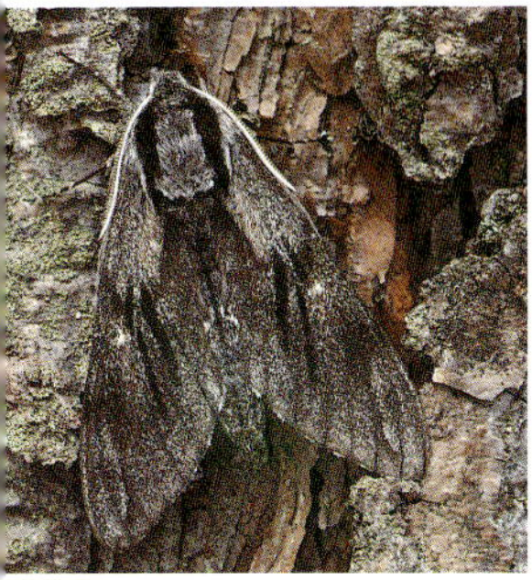
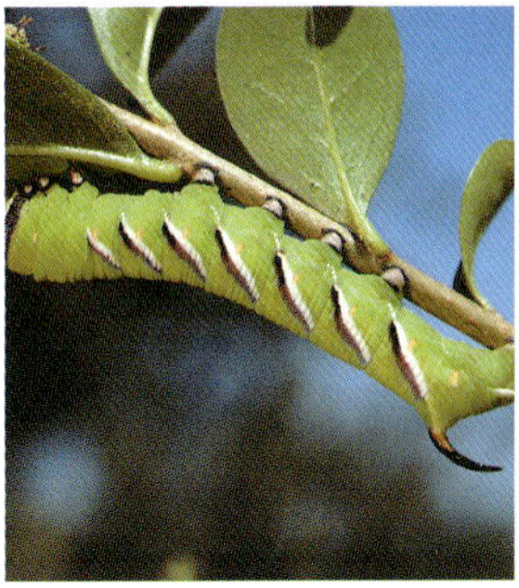
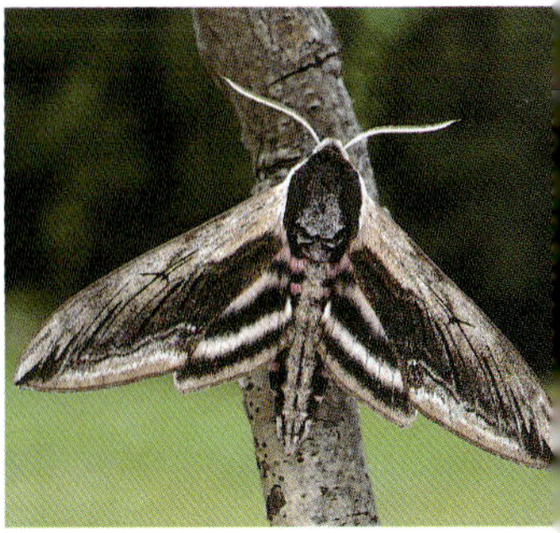
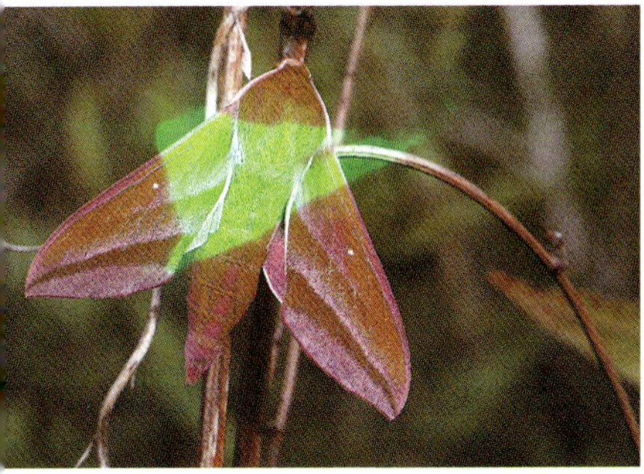
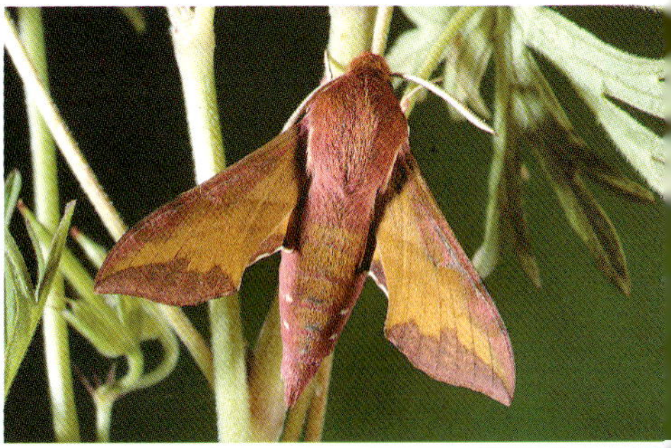
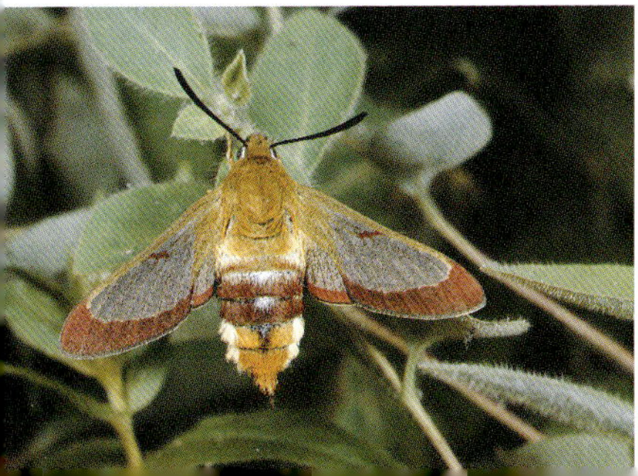
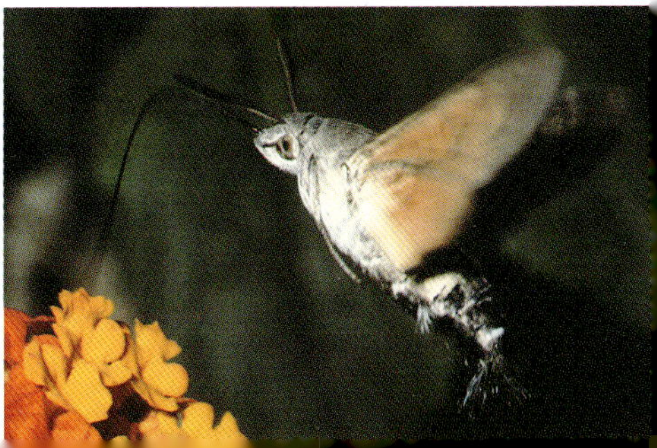

Trychfilod • Gwyfynod

Blaen Brigyn *Phalera bucephala* Buff-tip Hyd yn gorffwys 30mm
Mae'r pen llwydfelyn a'r adenydd arianlwyd â'u blaen llwydfelyn yn gwneud i'r gwyfyn edrych fel brigyn wedi ei dorri wrth iddo orffwys. Hedfana rhwng Mai a Gorffennaf mewn ardaloedd coediog a gerddi aeddfed. Mae'r lindys melyn a du yn hel at ei gilydd i fwydo ar ddail coed collddail, yn cynnwys derw a phisgwydd. Gwyfyn cyffredin iawn.

Blaen Brown *Clostera curtula* Chocolate-tip Hyd yn gorffwys 17mm
Gwyfyn hardd a welir rhwng Mai a Medi mewn dau ddeoriad neu fwy. Ceir blaen lliw siocled i'r adenydd blaen llwydfrown. Pan aflonyddir arno, mae'n codi blaen brown yr abdomen. Fe'i gwelir fel rheol mewn ardaloedd coediog. Dosbarthiad eang ond eithaf prin. Daw at oleuadau a bydd y lindys yn bwyta dail coed aethnen, poplys a helyg.

Crwbach Haearn *Notodonta dromedarius* Iron prominent Hyd yn gorffwys 26mm
Mae ganddo adenydd blaen llwydfrown â marciau cochfrown a melyn a cheir blewiach ar ymyl ôl yr adain flaen. Fe'i gwelir mewn coedwigoedd lle bydd y lindys yn bwydo ar goed derw, bedw, gwern a chyll. Bydd yr oedolion yn hedfan rhwng Mai ac Awst a cheir dau ddeoriad yn y de. Mae'n wyfyn cyffredin ac yn hawdd ei ddenu at oleuadau.

Crwbach y Masarn
Ptilodonta cuculina Maple prominent Hyd yn gorffwys 22mm
Gwyfyn hardd ag iddo siâp unigryw. Ceir patrymau brown ar yr adenydd blaen a darn golau ar yr ymyl ôl. Fel yr awgryma'r enw, prif fwyd y lindys yw masarn bach felly gwelir y gwyfyn mewn hen berthi ac ar hyd ymylon coedwigoedd. Mae'n gyffredin yn ne Lloegr yn unig a bydd yn hedfan rhwng Mai a Gorffennaf.

Crwbach Mawr *Peridea anceps* Great prominent Hyd yn gorffwys 30mm
Mae'r patrwm brown a llwydfrown ar yr adenydd ynghyd â'r coesau a'r pen blewog yn ei wneud yn anodd ei weld wrth orffwys ar risgl coed derw, sef bwyd y lindys. Hedfana Mai-Gorffennaf ac fe'i gwelir amlaf mewn coed derw aeddfed. Llinellau lletraws ar gorff y lindys gwyrdd.

Crwbach Arian y Bedw
Pheosia gnoma Lesser swallow prominent Hyd yn gorffwys 27mm
Mae ganddo adenydd llwydhufen â llinellau tywyll; yn wahanol i'w berthynas agos, crwbach arian yr aethnen, mae darn gwyn ar ochr allanol yr adain flaen. Hedfana ym Mai a Mehefin, ac eto yn Awst mewn dau ddeoriad. Cyffredin lle ceir coed bedw, bwyd y lindys.

Crwbach Llygeidiog *Notodonta ziczac* Pebble prominent Hyd yn gorffwys 25mm
Ceir marc ewin llwydfrown ar yr adenydd blaen llwydfelyn, a darn gwyn ar yr ymyl flaen. Coed helyg ac aethnenni yw bwyd y lindys. Hedfana'r oedolion rhwng Mai a Mehefin, gydag ail ddeoriad yn Awst ar adegau. Gwyfyn cyffredin mewn coedwigoedd.

Crwbach Gwelw *Pterostoma palpina* Pale prominent Hyd yn gorffwys 30mm
Gwyfyn ag adenydd llwydfrown. Ceir 'copogau' ar y cefn, y pen a'r pen ôl. Hedfana rhwng Mai ac Awst. Cyffredin mewn coetiroedd a pherthi lle ceir bwyd y lindys, coed helyg ac aethnenni.

Siobyn Gwelw *Calliteara pudibunda* Pale tussock Hyd yn gorffwys 30mm
Gwyfyn blewog hardd (A) ag adenydd llwyd neu lwydhufen. Fe'i gwelir mewn coedwigoedd lle ceir bwyd i'r lindys blewog melyn a du (B) - coed bedw, derw, pisgwydd a choed collddail eraill. Hedfana ym Mai a Mehefin. Cyffredin yn Lloegr, Cymru a de Iwerddon.

Siobyn *Orgyia antiqua* The vapourer Hyd y gwryw yn gorffwys 16mm
Mae gan y gwyfyn gwryw adenydd blaen cochfrown a smotyn gwyn amlwg ger yr ymyl ôl. Hedfana rhwng Gorffennaf a Medi. Gwelir y fenyw ddi-adain weithiau wrth glystyrau o wyau ar risgl coed collddail. Mae gan y lindys flew melyn a du ar y corff.

Siobyn Cynffon Felen *Euproctis similis* Yellow-tail Hyd yn gorffwys 24mm
Gwyfyn gwyn sy'n dangos abdomen melyn pan aflonyddir arno. I'w gael mewn coedydd a pherthi lle ceir llwyni collddail, bwyd y lindys. Hedfana Mehefin-Awst. Ceir marciau coch a du ar y lindys blewog a gall blew'r oedolyn a'r lindys achosi dolur i'r croen os cyffyrddir â nhw.

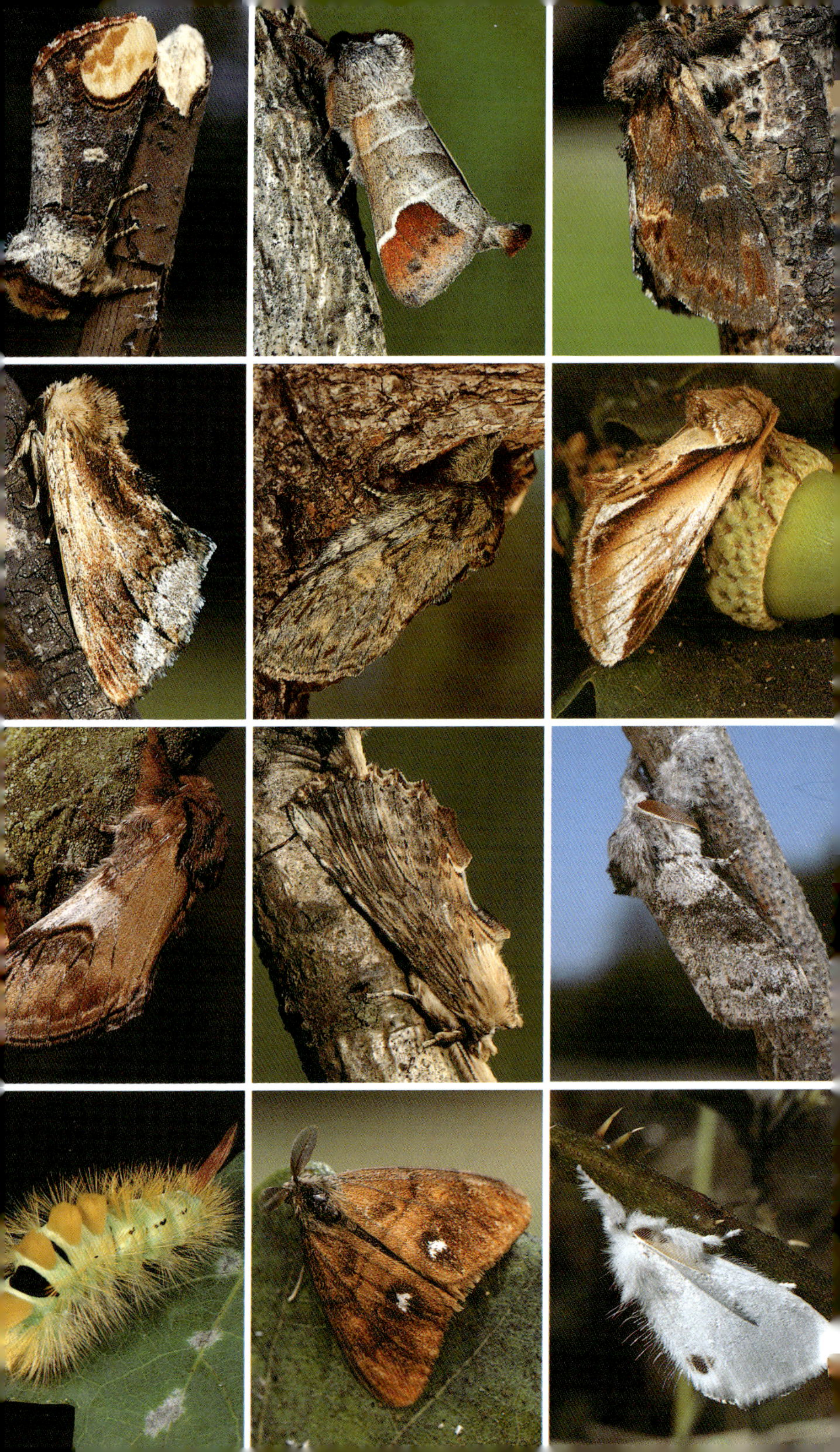

Trychfilod • Gwyfynod

Teigr yr ardd *Arctia caja* Garden tiger Lled yr adenydd 65mm
Gwyfyn hardd, cyffredin mewn sawl cynefin. Hedfan Gorffennaf-Awst. Daw at oleuadau yn y nos. Wrth orffwys, mae'r adenydd blaen yn cuddio'r adenydd ôl oren sydd â smotiau duon arnynt. Mae'r lindys blewog yn bwyta nifer o blanhigion.

Teigr cochddu *Phragmatobia fuliginosa* Ruby tiger Hyd yn gorffwys 22mm
Adenydd blaen coch yn cuddio rhai ôl pinc/llwyd wrth orffwys. Hedfan ym Mai-Mehefin ac weithiau Awst. Ceir mewn dolydd a pherthi glaswelltog. Lindys yn hoffi dant y llew, dail tafol etc.

Ermin meinweog *Diaphora mendica* Muslin moth Hyd yn gorffwys 23mm
Ceir smotiau du ar adenydd y gwryw llwydgoch a'r iâr wen. Daw'r gwryw at oleuadau yn y nos; yn aml, mae'r iâr yn hedfan liw dydd. Hedfana ym Mai a Mehefin. Cyffredin mewn dolydd lle ceir amryw o blanhigion yn fwyd i'r lindys, fel dant y llew a llyriad.

Ermin gwyn *Spilosoma lubricipeda* White ermine Hyd yn gorffwys 28mm
Gwyfyn hardd. Smotiau duon ar adenydd gwyn sy'n cuddio abdomen melyn a du wrth orffwys. Hedfana rhwng Mai a Gorffennaf a daw at oleuadau. Mae'n gyffredin iawn mewn pob math o gynefinoedd ac mae'r lindys yn bwyta llawer o wahanol blanhigion.

Teigr y benfelen *Tyria jacobaeae* The cinnabar Hyd yn gorffwys 22mm
Adenydd coch a llwyd tywyll (A). Hedfan, Mai-Gorffennaf, yn bennaf yn y nos. Cyffredin mewn dolydd a ger y môr. Gwelir grwpiau bach o'r lindys oren a du (B) yn bwyta creulys.

Troedwas cyffredin *Eilema lurideola* Common footman Hyd yn gorffwys 25mm
Gwyfyn cyffredin trwy Brydain ac Iwerddon. Hedfana Gorffennaf-Awst mewn coetiroedd. Lindys yn bwyta cen ar risgl coed a llwyni. Mae'r oedolyn yn rholio'i adenydd am ei gefn i orffwys.

Troedwas gwridog
Miltochrista miniata Rosy footman Hyd yn gorffwys 14mm
Gwyfyn bach hardd â marciau duon ar adenydd blaen oren-goch. Mae'n gorffwys â'i adenydd yn wastad yn erbyn wyneb deilen. Mae'r lindys yn bwyta cen sy'n tyfu ar risgl coed. Hedfan rhwng Mehefin ac Awst. Gwyfyn eithaf prin heblaw am Gymru a de Lloegr.

Dart calon a saeth
Agrotis exclamationis Heart and dart Hyd yn gorffwys 20mm
Cafodd yr enw o achos y marciau tywyll ar yr adenydd blaen. Gwyfyn cyffredin iawn, yn aml y mwyaf cyffredin mewn trapiau golau. Hedfana rhwng Mai a Gorffennaf a bydd y lindys yn bwyta llu o wahanol blanhigion mewn gerddi, dolydd a choedwigoedd.

Cwlwm cariad *Lycophotia porphyrea* True lover's knot Hyd yn gorffwys 16mm
Gwyfyn bach â phatrwm cymhleth, amrywiol ar yr adenydd. Hedfana rhwng Mehefin ac Awst, yn bennaf ar rostiroedd ac mewn coedwigoedd agored lle ceir grug, prif fwyd y lindys. Mae ganddo ddosbarthiad eang trwy Brydain ac Iwerddon ond nid yw'n gyffredin.

Isadain felen amryliw
Noctua fimbriata Broad-bordered yellow underwing Hyd yn gorffwys 25mm
Wrth orffwys, mae'r adenydd blaen yn cuddio'r adenydd ôl melyn a du. Hedfana'n hawdd, hyd yn oed yn y dydd ac mae'r oedolion ar yr adain rhwng Gorffennaf a Medi. Mae'r lindys yn bwyta llu o wahanol blanhigion. Cyffredin trwy Brydain ac Iwerddon.

Isadain felen fawr
Noctua pronuba Large yellow underwing Hyd yn gorffwys 25mm
Gwyfyn tebyg i *N. fimbriata* ond bod mwy o batrwm ar yr adenydd blaen a llai o ddu ar ymyl yr adenydd ôl. Hedfana rhwng Mehefin a Medi. Cyffredin trwy Brydain ac Iwerddon mewn gerddi, dolydd a choetiroedd. Mae'r lindys yn bwyta bron unrhyw beth gwyrdd!

Gwyfyn y banadl *Ceramica pisi* Broom moth Hyd yn gorffwys 22mm
Mae prif liw'r adenydd blaen yn amrywio ond ceir smotyn ar yr ymyl ôl a bydd y ddau smotyn yn cwrdd wrth iddo orffwys a chau'r adenydd. Hedfana Mai-Mehefin. Gwyfyn eithaf cyffredin â dosbarthiad eang. Lindys yn bwyta amrywiaeth o blanhigion, yn cynnwys banadl.

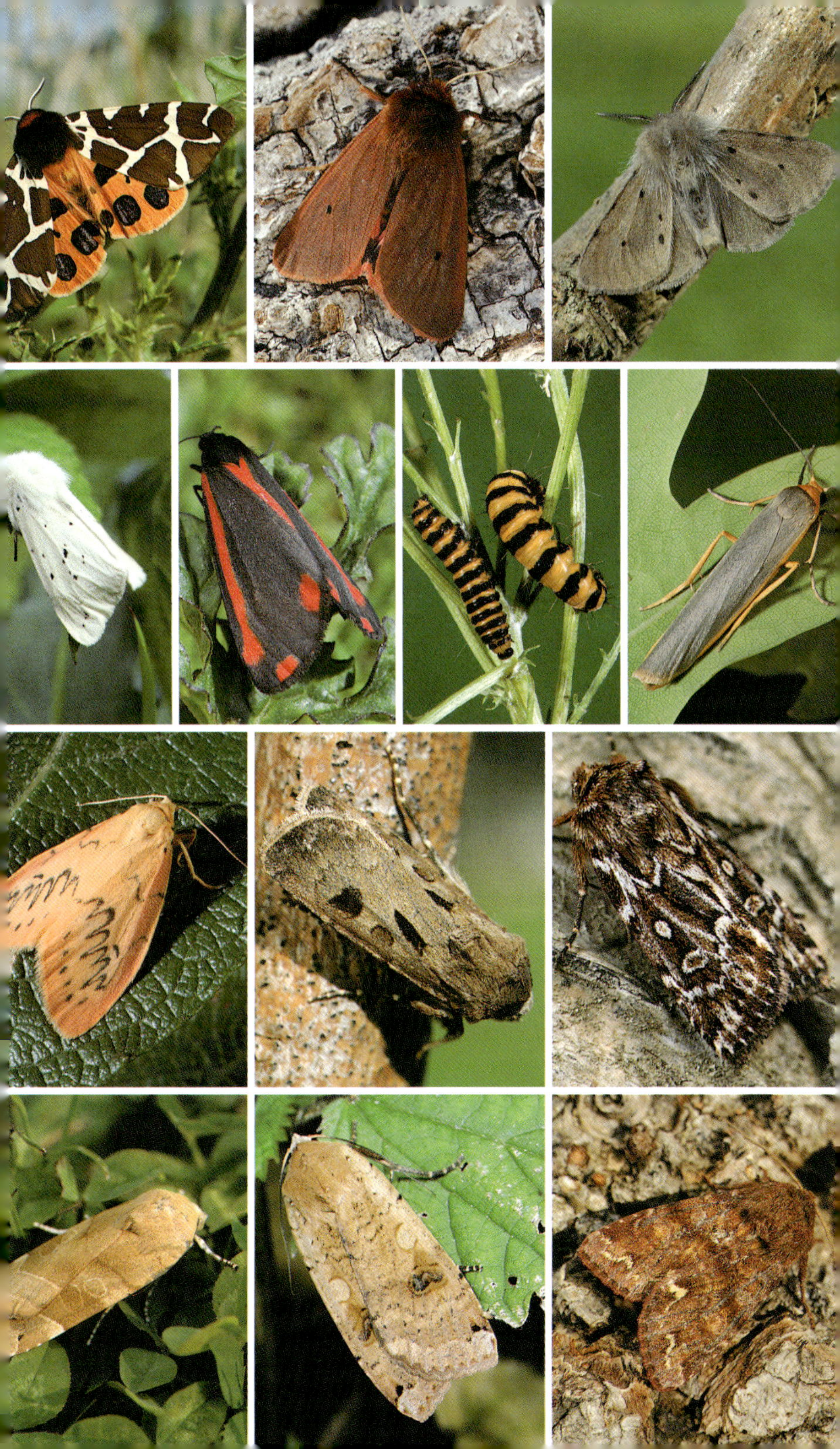

Trychfilod • Gwyfynod

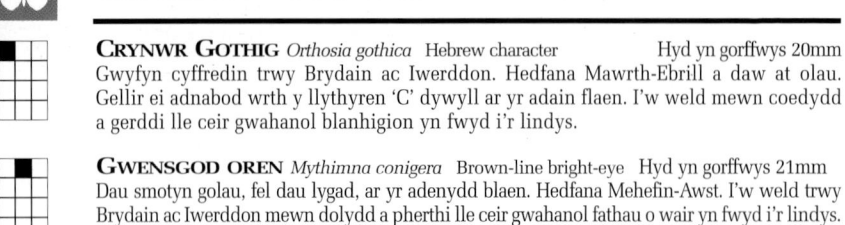

Crynwr Gothig *Orthosia gothica* Hebrew character Hyd yn gorffwys 20mm
Gwyfyn cyffredin trwy Brydain ac Iwerddon. Hedfana Mawrth-Ebrill a daw at olau. Gellir ei adnabod wrth y llythyren 'C' dywyll ar yr adain flaen. I'w weld mewn coedydd a gerddi lle ceir gwahanol blanhigion yn fwyd i'r lindys.

Gwensgod Oren *Mythimna conigera* Brown-line bright-eye Hyd yn gorffwys 21mm
Dau smotyn golau, fel dau lygad, ar yr adenydd blaen. Hedfana Mehefin-Awst. I'w weld trwy Brydain ac Iwerddon mewn dolydd a pherthi lle ceir gwahanol fathau o wair yn fwyd i'r lindys.

Gwyfyn wensgot *Mythimna pallens* Common wainscot Hyd yn gorffwys 20mm
Gwythiennau gwyn ar adenydd blaen hufen; ni welir yr adenydd ôl gwyn wrth orffwys. Gwyfyn cyffredin; hedfan Mehefin-Hydref mewn dau ddeoriad. I'w weld amlaf mewn dolydd a pherthi lle ceir gwair yn fwyd i'r lindys.

Cwcwll y llaethysgall *Cuculia umbratica* The shark Hyd yn gorffwys 32mm
Gwyfyn â siâp digon od a welir yng ngolau dydd yn gorffwys ar ddarnau o bren. Mae'n eithaf cyffredin yng Nghymru, de Lloegr a de Iwerddon a bydd yn hedfan rhwng Mai a Gorffennaf. Mae'n hoff o laswelltir tal a thir gwastraff lle ceir llaethysgall yn fwyd i'r lindys.

Bidog y poplys *Acronicta megacephala* Poplar grey Hyd yn gorffwys 20mm
Ceir patrwm tywyll a chylch golau ar yr adenydd blaen llwyd sy'n cuddio'r rhai ôl wrth orffwys. Hedfana rhwng Mai ac Awst ac fe'i gwelir mewn gerddi, parciau a choetiroedd. Coed poplys a helyg yw bwyd y lindys. Gwyfyn cyffredin yng Nghymru a de Lloegr.

Bidog llwyd *Acronicta psi* Grey dagger Hyd yn gorffwys 23mm
Gwyfyn hawdd ei adnabod gan fod marciau fel cyllyll dagr duon ar yr adenydd blaen llwyd. Cyffredin mewn coetiroedd yng Nghymru, Lloegr ac Iwerddon. Mae'r oedolion yn hedfan rhwng Mehefin ac Awst. Mae'r lindys lliwgar yn bwyta dail amryw o goed a llwyni.

Bidog blodiog *Acronicta leporina* The miller Hyd yn gorffwys 20mm
Gall prif liw'r adenydd blaen amrywio o lwyd golau i lwyd tywyll a cheir llinellau du ar draws yr adenydd o'r ymyl flaen. Fe'i gwelir mewn coedwigoedd a bydd yn hedfan rhwng Ebrill a Mehefin. Coed bedw yw prif fwyd y lindys blewog.

Tusw'r cyll *Colocasia coryli* Nut-tree tussock Hyd yn gorffwys 18mm
Mae lliw'r adenydd blaen yn amrywio ond ceir llinell gochrwyn a 'llygad' ag iddo amlinell ddu ar draws yr adain. Hedfana rhwng Mai a Gorffennaf mewn coedwigoedd yng Nghymru, de Lloegr ac Iwerddon. Coed cyll yw bwyd y lindys.

Yr ethiop *Mormo maura* Old lady Hyd yn gorffwys 32mm
Ceir patrwm brown ar yr adenydd blaen ac, o'u dal yn wastad yn erbyn rhisgl coeden neu bostyn, ceir cuddliw perffaith. Fe'i gwelir yng Ngorffennaf ac Awst yn hedfan mewn gerddi, parciau a choetiroedd. Mae nifer o goed a llwyni, yn cynnwys bedw, yn fwyd i'r lindys.

Llwyfwyfyn lloerol
Cosmia pyralina Lunar-spotted pinion Hyd yn gorffwys 15mm
Gwyfyn cochfrown hardd sy'n dal ei adenydd i fyny, fel pabell, wrth orffwys. Fe'i gwelir yn hedfan yng Ngorffennaf ac Awst ar ymylon coedwigoedd ac ar hyd perthi. Drain duon a drain gwynion yw prif fwyd y lindys. Dim ond yn ne Lloegr mae'n gyffredin bellach.

Ôl-adain wellt *Thalpophila matura* Straw underwing Hyd yn gorffwys 22cm
Wrth orffwys, mae'r adenydd blaen tywyll yn cuddio'r adenydd ôl sy'n olau ag ymylon du. Hedfana yng Ngorffennaf ac Awst a fe'i gwelir yn bennaf ar ddolydd a thir gwastraff lle ceir gwair yn fwyd i'r lindys. Gwyfyn cyffredin yn y rhan fwyaf o Brydain ac Iwerddon.

Gwyfyn llenni crychlyd
Phlogophora meticulosa Angle shades Hyd yn gorffwys 27mm
Mae ymyl ôl yr adain flaen yn garpiog a'r ymyl flaen wedi ei rholio i mewn wrth orffwys. Mae'n amrywio o frown golau i wyrdd-olewydd ond ceir marc pinc, siâp triongl hanner ffordd ar hyd yr adenydd. Gwyfyn cyffredin iawn a welir yn bennaf rhwng Mai a Hydref.

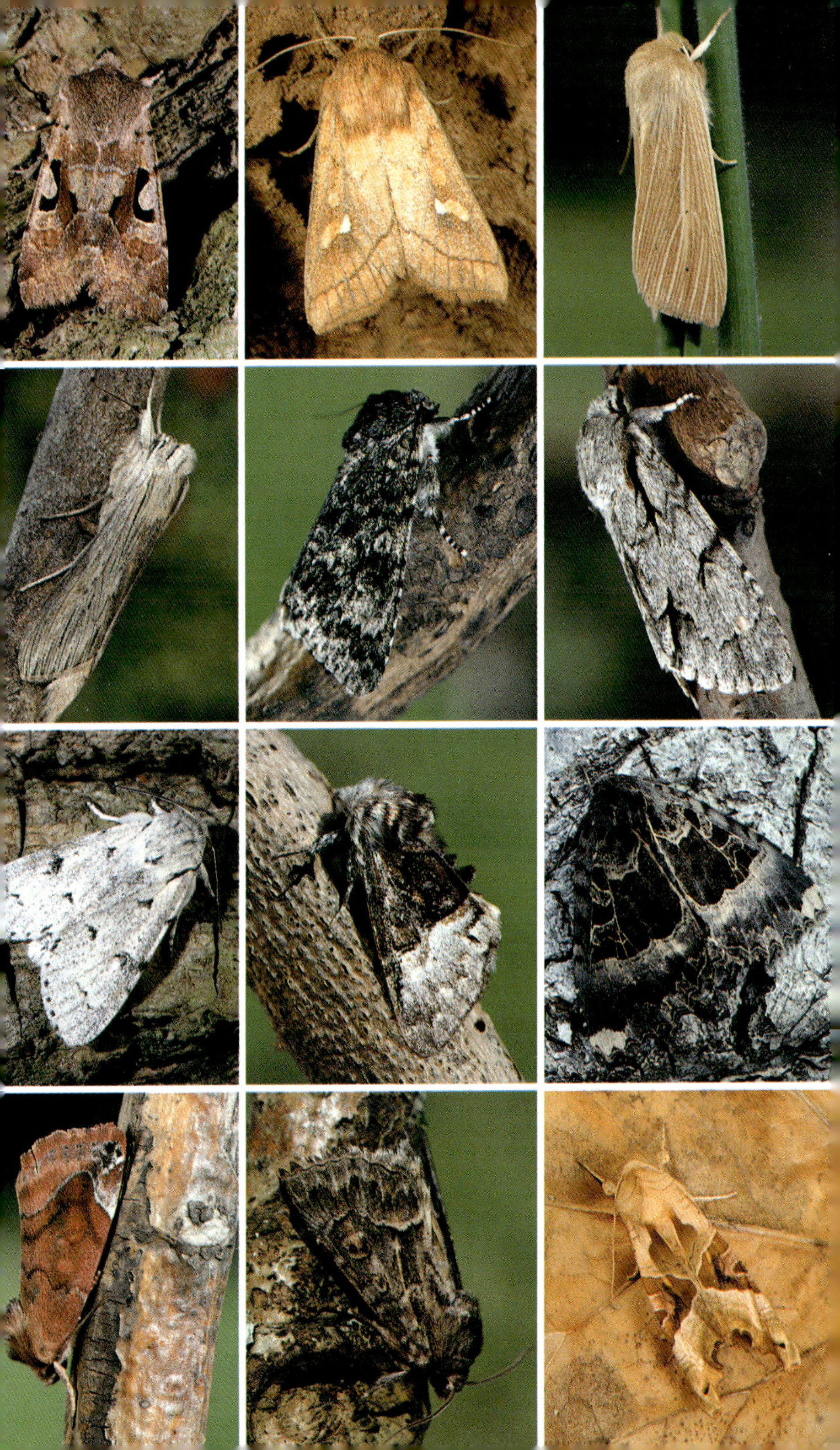

Trychfilod • Gwyfynod

Gwyrdd Godre Pinc
Pseudoips prasinana   Green silver lines   Hyd yn gorffwys 17mm
Adenydd blaen gwyrdd llachar a llinellau golau arnynt; adenydd ôl y gwryw'n wyn a rhai'r fenyw'n felyn. Pur gyffredin yng Nghymru a Lloegr, prin yn Iwerddon a'r Alban. Hedfana ym Mehefin a Gorffennaf mewn coedwigoedd. Coed derw a chyll yw prif fwyd y lindys.

Gwyrdd Mawr   *Bena bicolorana*   Scarce silver lines   Hyd yn gorffwys 22mm
Er gwaetha'r enw Saesneg, nid yw'n brin yng Nghymru a Lloegr. Mae dwy linell wen ar draws yr adenydd gwyrdd sy'n cael eu dal i fyny, fel pabell, wrth orffwys. Hedfana yng Ngorffennaf ac Awst mewn coedwigoedd aeddfed lle ceir deri'n fwyd i'r lindys.

Gem Bres Loyw   *Diachrisia chrysitis*   Burnished brass   Hyd yn gorffwys 21mm
Gwyfyn hynod o hardd â marciau euraidd ar yr adenydd blaen. Hedfana ym Mehefin a Gorffennaf gydag ail ddeoriad yn ne Prydain. Fe'i gwelir mewn gerddi, tir garw a pherthi ledled Prydain. Mae danadl poethion a phlanhigion eraill yn fwyd i'r lindys.

Swrcod   *Scoliopteryx libatrix*   The herald   Hyd yn gorffwys 20mm
Ceir ymyl ôl garpiog i'r adenydd blaen ac mae llinellau golau arnynt. Hedfana rhwng Awst a Thachwedd ac eto rhwng Mawrth a Mehefin ar ôl gaeafgysgu. Fe'i gwelir mewn gerddi, perthi a choetiroedd yng Nghymru, Lloegr ac Iwerddon. Gwahanol lwyni yw bwyd y lindys.

Gem Fforch Arian   *Autographa gamma*   Silver Y   Hyd yn gorffwys 21mm
Ymwelydd haf o Ewrop, rhwng Mai a Hydref. Niferoedd amrywiol. Ceir marc 'Y' gwyn clir ar yr adain flaen. Mae'n hedfan yn y dydd mewn tywydd cynnes gan ymweld â blodau'r ardd fin nos. Weithiau ceir ail ddeoriad ond nid yw'n gallu goroesi'r gaeaf yng Nghymru.

Gem Fforch Aur Hardd
Autographa pulchrina   Beautiful golden Y   Hyd yn gorffwys 21mm
Mae'n eithaf tebyg i *A. gamma* ond bod yr adain flaen yn frown, nid yn llwyd, ac nad yw'r marc 'Y' mor glir. Fe'i gwelir yn hedfan ym Mehefin a Gorffennaf mewn gerddi a pherthi trwy Brydain ac Iwerddon. Mae'r lindys yn bwyta marddanadl a phlanhigion eraill.

Hen Wrach   *Callistege mi*   Mother Shipton   Lled yr adenydd 23mm
Ceir amlinelliad o 'wrach' ar yr adenydd blaen brown. Hedfana rhwng Mai a Gorffennaf. Er ei fod yn wyfyn cyffredin yng Nghymru, Lloegr ac Iwerddon, mae'n brin yn yr Alban. Fe'i gwelir mewn dolydd, llennyrch ac ar dir garw lle ceir meillion yn fwyd i'r lindys.

Gwyfyn Sbectolog   *Abrostola tripartita*   The spectacle   Hyd yn gorffwys 18mm
O'r tu blaen, gwelir marciau 'sbectol' ar y gwyfyn yma. Mae'r adenydd blaen yn llwyd â llinell lydan, dywyll trwy'r canol. Hedfana rhwng Mai ac Awst. Mae'n gyffredin mewn llennyrch ac ar dir comin, tir garw ac ymylon ffyrdd. Mae'r lindys yn bwyta danadl poethion.

Ôl-adain Goch   *Catocala nupta*   Red underwing   Lled yr adenydd 65mm
Adenydd blaen llwyd a brown yn cuddio rhai ôl coch a du wrth orffwys. I'w gweld yn glir wrth hedfan. Oedolion yn hedfan Awst-Medi mewn coedydd agored yn bennaf, yn ne Lloegr fwyaf. Poplys a helyg yw prif fwyd y lindys.

Bachadain y Cen   *Laspeyria flexula*   Beautiful hooktip   Hyd yn gorffwys 14mm
Ceir 'bachau' ar fin yr adenydd blaen llwyd-borffor a dwy linell olau ar eu traws. Mae'n weddol gyffredin yng Nghymru a de Lloegr ac mae'n hedfan yng Ngorffennaf ac Awst. Fe'i gwelir mewn coedwigoedd a pherthi lle ceir llwyni a choed yn fwyd i'r lindys.

Bachadain Raeanog   *Drepana falcataria*   Pebble hooktip   Lled yr adenydd 28mm
Nid yw'n perthyn yn agos i Lasypeyria flexula. Mae lliw'r adenydd blaen yn amrywio ond ceir blaen bachog, dau smotyn du a dwy linell dywyll, igam-ogam arnynt. Mae'n hedfan mewn coedwigoedd ac ar rostiroedd ym Mai a Mehefin. Coed bedw yw prif fwyd y lindys.

Peli Pinc   *Thyatira batis*   Peach blossom   Hyd yn gorffwys 17mm
Gwyfyn hardd â smotiau mawr pinc ar adenydd blaen brown. I'w weld mewn llennyrch a pherthi Mehefin-Gorffennaf. Pur gyffredin. Mieri yw bwyd y lindys. Daw at oleuadau.

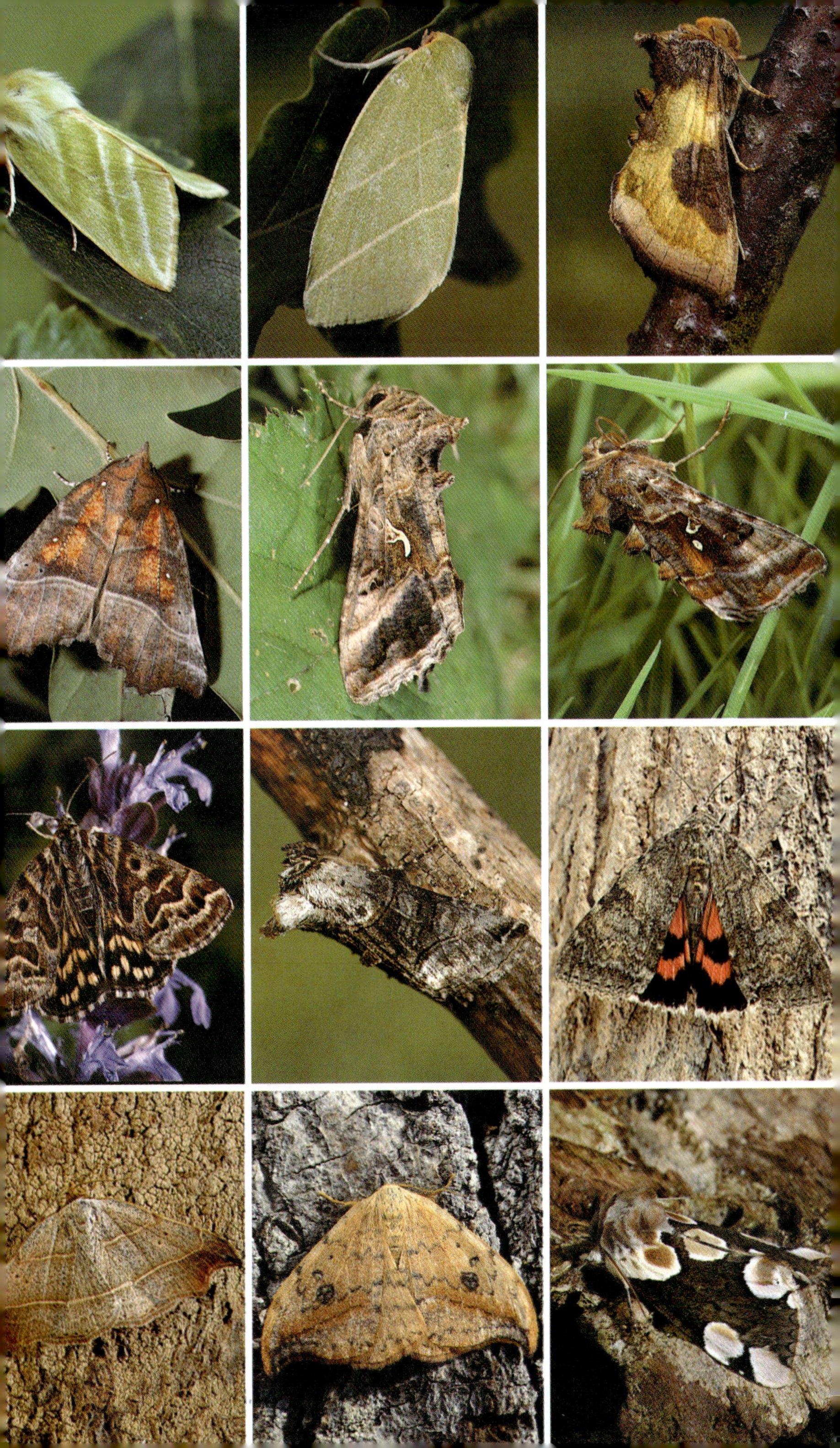

Trychfilod • Gwyfynod

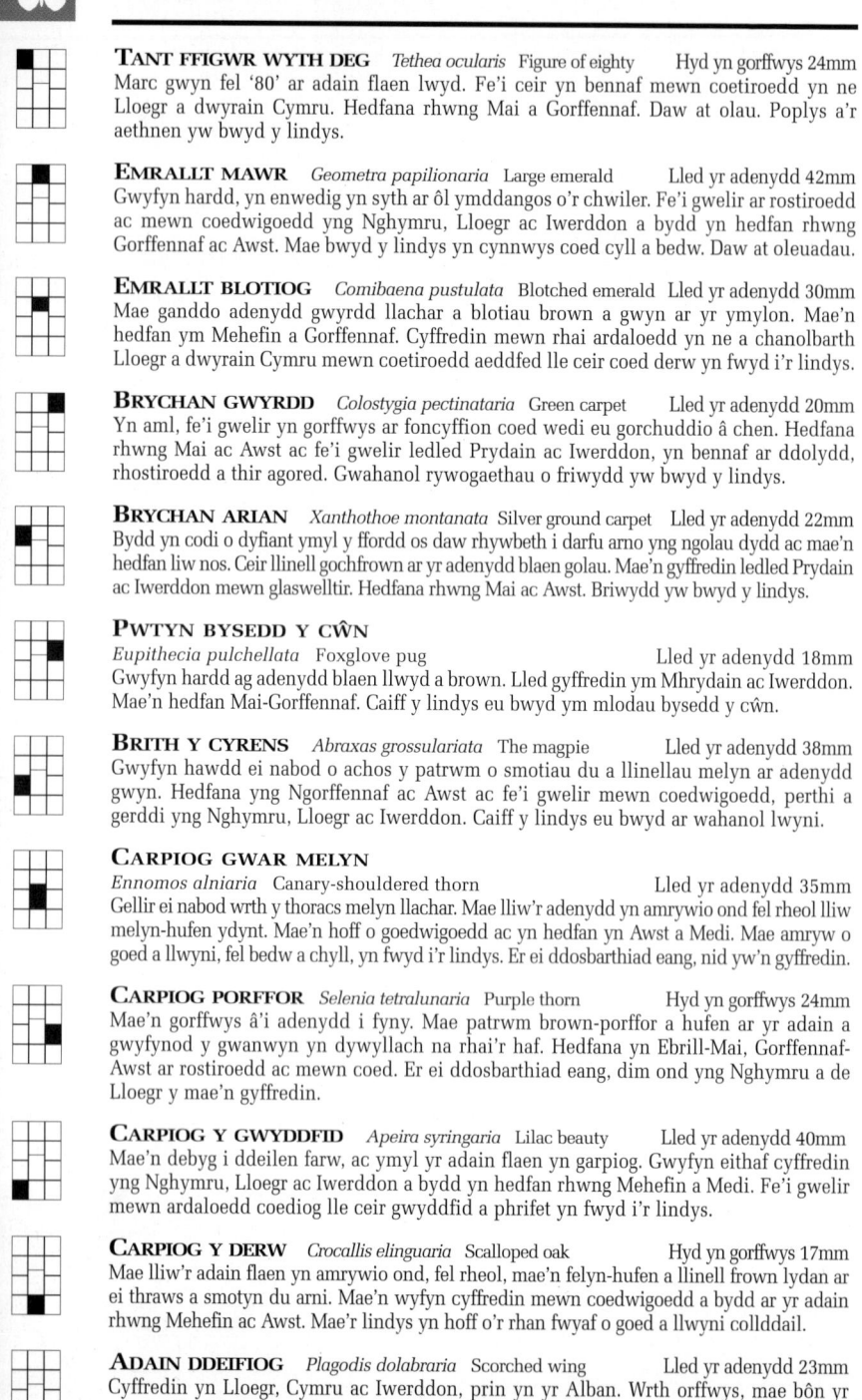

Tant ffigwr wyth deg *Tethea ocularis* Figure of eighty   Hyd yn gorffwys 24mm
Marc gwyn fel '80' ar adain flaen lwyd. Fe'i ceir yn bennaf mewn coetiroedd yn ne Lloegr a dwyrain Cymru. Hedfana rhwng Mai a Gorffennaf. Daw at olau. Poplys a'r aethnen yw bwyd y lindys.

Emrallt mawr *Geometra papilionaria* Large emerald   Lled yr adenydd 42mm
Gwyfyn hardd, yn enwedig yn syth ar ôl ymddangos o'r chwiler. Fe'i gwelir ar rostiroedd ac mewn coedwigoedd yng Nghymru, Lloegr ac Iwerddon a bydd yn hedfan rhwng Gorffennaf ac Awst. Mae bwyd y lindys yn cynnwys coed cyll a bedw. Daw at oleuadau.

Emrallt blotiog *Comibaena pustulata* Blotched emerald Lled yr adenydd 30mm
Mae ganddo adenydd gwyrdd llachar a blotiau brown a gwyn ar yr ymylon. Mae'n hedfan ym Mehefin a Gorffennaf. Cyffredin mewn rhai ardaloedd yn ne a chanolbarth Lloegr a dwyrain Cymru mewn coetiroedd aeddfed lle ceir coed derw yn fwyd i'r lindys.

Brychan gwyrdd *Colostygia pectinataria* Green carpet   Lled yr adenydd 20mm
Yn aml, fe'i gwelir yn gorffwys ar foncyffion coed wedi eu gorchuddio â chen. Hedfana rhwng Mai ac Awst ac fe'i gwelir ledled Prydain ac Iwerddon, yn bennaf ar ddolydd, rhostiroedd a thir agored. Gwahanol rywogaethau o friwydd yw bwyd y lindys.

Brychan arian *Xanthothoe montanata* Silver ground carpet   Lled yr adenydd 22mm
Bydd yn codi o dyfiant ymyl y ffordd os daw rhywbeth i darfu arno yng ngolau dydd ac mae'n hedfan liw nos. Ceir llinell gochfrown ar yr adenydd blaen golau. Mae'n gyffredin ledled Prydain ac Iwerddon mewn glaswelltir. Hedfana rhwng Mai ac Awst. Briwydd yw bwyd y lindys.

Pwtyn bysedd y cŵn
Eupithecia pulchellata Foxglove pug   Lled yr adenydd 18mm
Gwyfyn hardd ag adenydd blaen llwyd a brown. Lled gyffredin ym Mhrydain ac Iwerddon. Mae'n hedfan Mai-Gorffennaf. Caiff y lindys eu bwyd ym mlodau bysedd y cŵn.

Brith y cyrens *Abraxas grossulariata* The magpie   Lled yr adenydd 38mm
Gwyfyn hawdd ei nabod o achos y patrwm o smotiau du a llinellau melyn ar adenydd gwyn. Hedfana yng Ngorffennaf ac Awst ac fe'i gwelir mewn coedwigoedd, perthi a gerddi yng Nghymru, Lloegr ac Iwerddon. Caiff y lindys eu bwyd ar wahanol lwyni.

Carpiog gwar melyn
Ennomos alniaria Canary-shouldered thorn   Lled yr adenydd 35mm
Gellir ei nabod wrth y thoracs melyn llachar. Mae lliw'r adenydd yn amrywio ond fel rheol lliw melyn-hufen ydynt. Mae'n hoff o goedwigoedd ac yn hedfan yn Awst a Medi. Mae amryw o goed a llwyni, fel bedw a chyll, yn fwyd i'r lindys. Er ei ddosbarthiad eang, nid yw'n gyffredin.

Carpiog porffor *Selenia tetralunaria* Purple thorn   Hyd yn gorffwys 24mm
Mae'n gorffwys â'i adenydd i fyny. Mae patrwm brown-porffor a hufen ar yr adain a gwyfynod y gwanwyn yn dywyllach na rhai'r haf. Hedfana yn Ebrill-Mai, Gorffennaf-Awst ar rostiroedd ac mewn coed. Er ei ddosbarthiad eang, dim ond yng Nghymru a de Lloegr y mae'n gyffredin.

Carpiog y gwyddfid *Apeira syringaria* Lilac beauty   Lled yr adenydd 40mm
Mae'n debyg i ddeilen farw, ac ymyl yr adain flaen yn garpiog. Gwyfyn eithaf cyffredin yng Nghymru, Lloegr ac Iwerddon a bydd yn hedfan rhwng Mehefin a Medi. Fe'i gwelir mewn ardaloedd coediog lle ceir gwyddfid a phrifet yn fwyd i'r lindys.

Carpiog y derw *Crocallis elinguaria* Scalloped oak   Hyd yn gorffwys 17mm
Mae lliw'r adain flaen yn amrywio ond, fel rheol, mae'n felyn-hufen a llinell frown lydan ar ei thraws a smotyn du arni. Mae'n wyfyn cyffredin mewn coedwigoedd a bydd ar yr adain rhwng Mehefin ac Awst. Mae'r lindys yn hoff o'r rhan fwyaf o goed a llwyni collddail.

Adain ddeifiog *Plagodis dolabraria* Scorched wing   Lled yr adenydd 23mm
Cyffredin yn Lloegr, Cymru ac Iwerddon, prin yn yr Alban. Wrth orffwys, mae bôn yr adenydd a blaen yr abdomen yn edrych fel petaent wedi'u llosgi. Hedfana ym Mai-Mehefin mewn coetiroedd. Coed collddail fel derw a bedw yw bwyd y lindys.

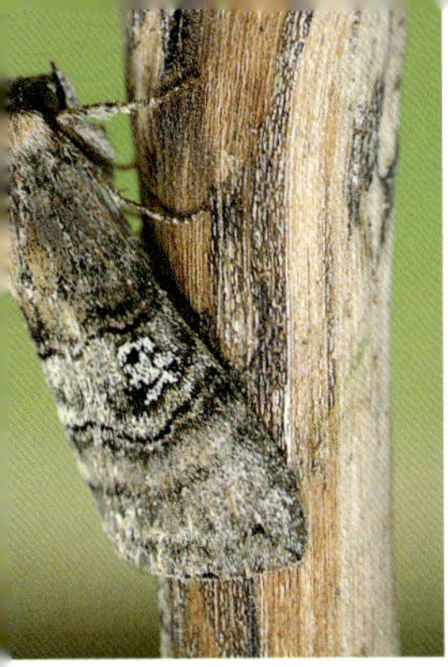
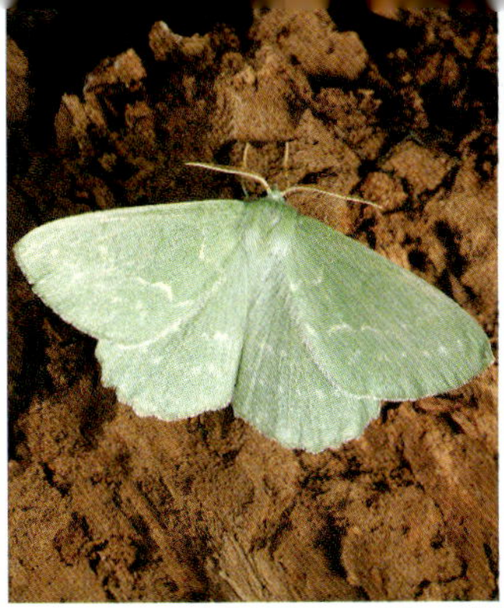
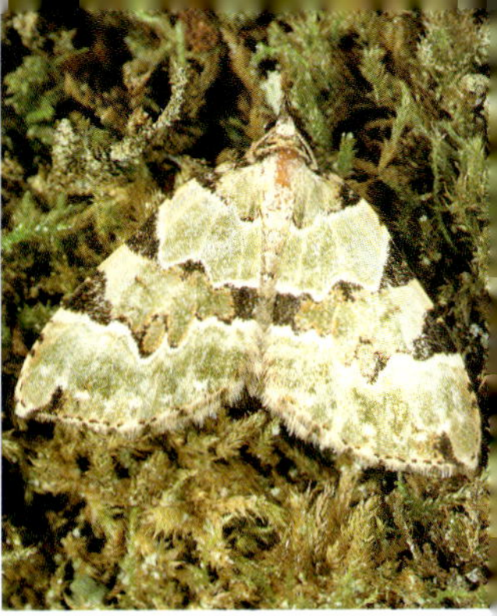
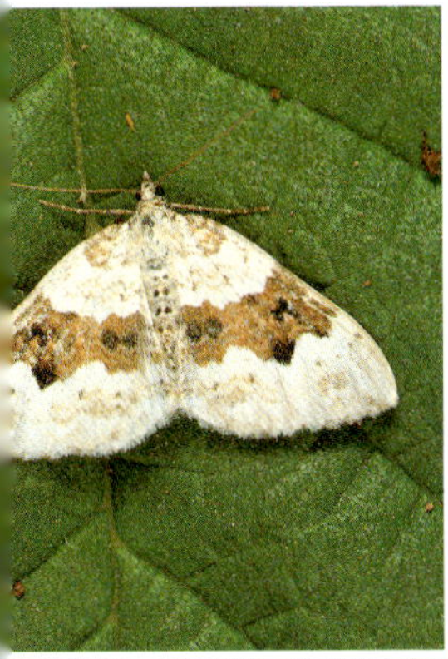
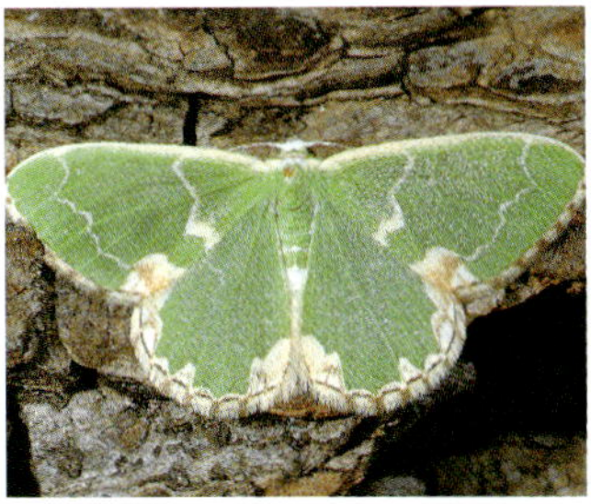
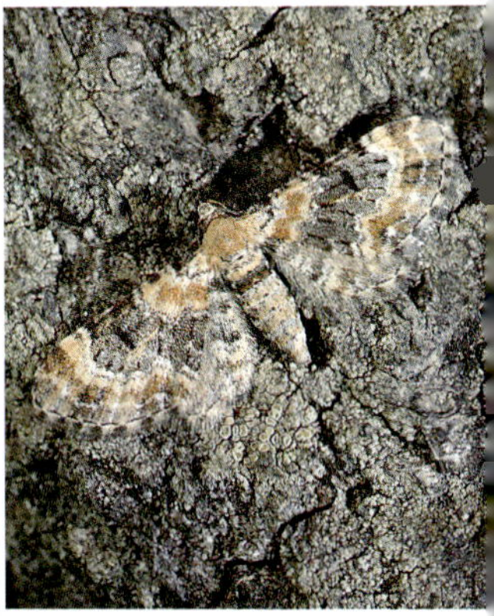
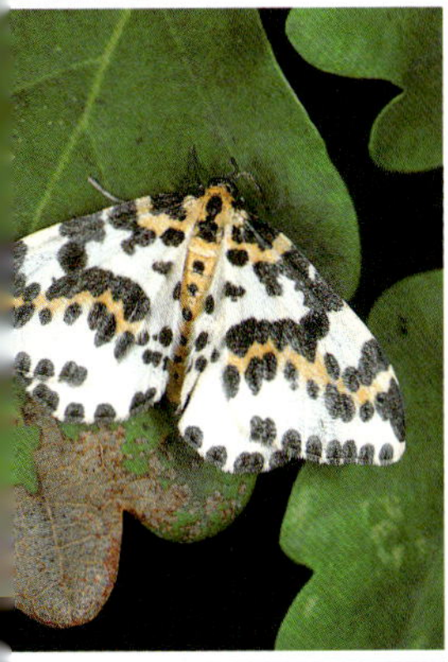
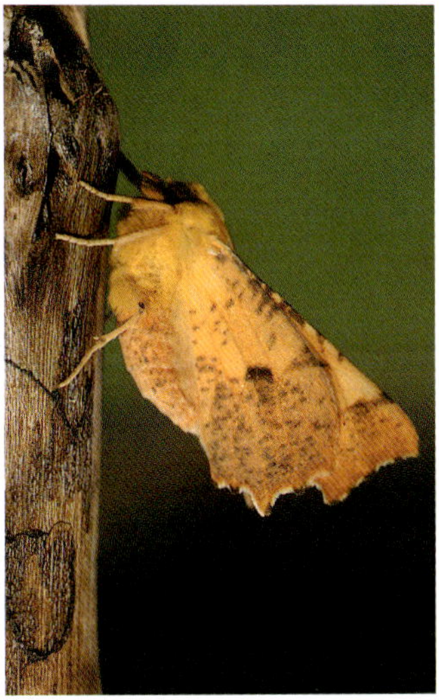
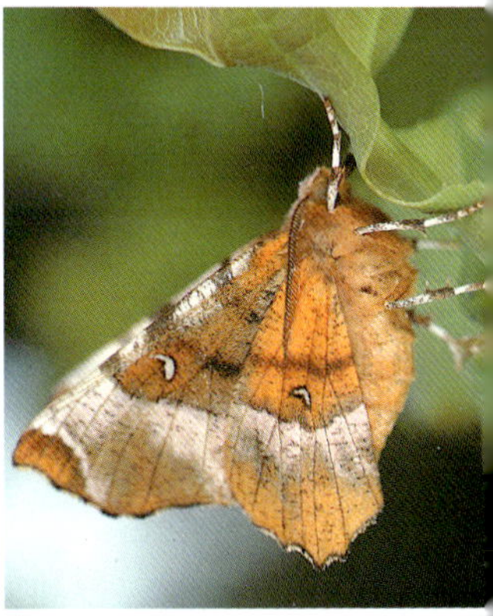
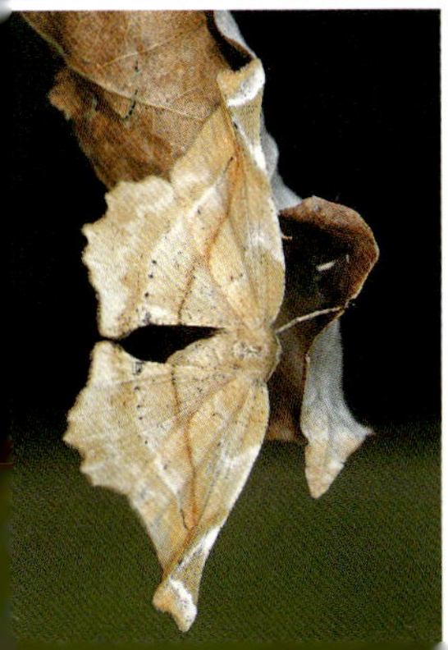
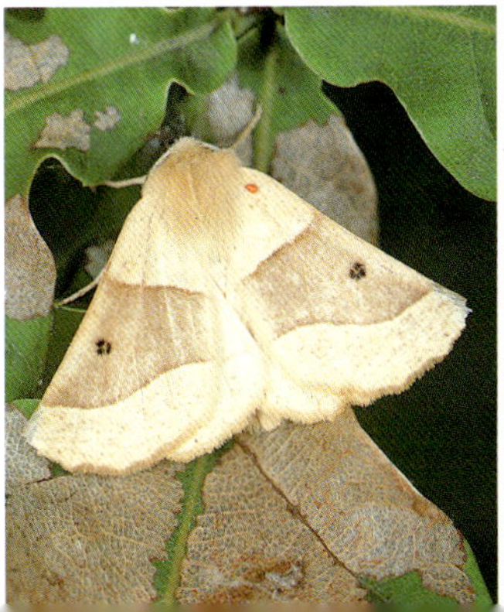
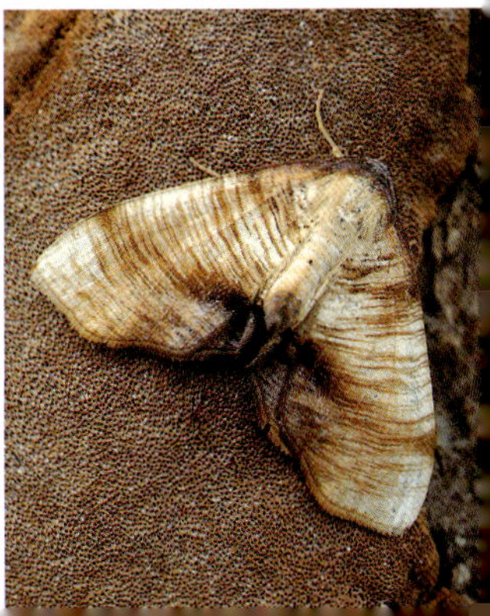

Trychfilod • Gwyfynod

Melyn y Drain *Opisthographis luteolata* Brimstone moth Lled yr adenydd 28mm
Adenydd melyn llachar a marciau cochfrown arnynt. Gwyfyn cyffredin yn hedfan rhwng Ebrill a Hydref mewn llawer deoriad. Fe'i gwelir yn bennaf mewn coedwigoedd, perthi a gerddi aeddfed. Gall godi o dyfiant yn ystod y dydd os bydd rhywbeth yn tarfu arno. Mae'r lindys yn hoff o wahanol lwyni, yn cynnwys y ddraenen wen a'r ddu.

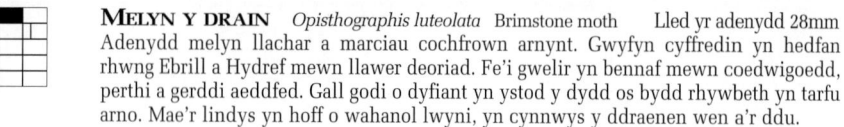

Gwyfyn Oren *Angerona prunaria* Orange moth Lled yr adenydd 40mm
Gwyfyn hardd; adenydd y gwryw'n orenfrown a rhai'r fenyw'n felyn. Llinellau mân ar adenydd blaen y ddau. Hedfan ym Mehefin-Gorffennaf mewn coed ac ar rostiroedd yng Nghymru, de Lloegr a de Iwerddon. Mae amryw o blanhigion, fel grug, bedw a'r ddraenen wen yn fwyd i'r lindys.

Melyn Brych *Pseudopanthera macularia* Speckled yellow Lled yr adenydd 30mm
Ceir smotiau mawr cochfrown ar adenydd melyn. Gwyfyn cyfarwydd sy'n codi o dyfiant wrth ymyl y ffordd os bydd rhywbeth yn tarfu arno. Hedfan ym Mai a Mehefin. Cyffredin yng Nghymru, de Lloegr ac Iwerddon. Hoff o lennyrch, tir garw a pherthi lle ceir planhigion fel chwerwlys yr eithin a'r farddanhadlen felen yn fwyd i'r lindys.

Cynffon Gwennol
Ourapteryx sambucaria Swallowtailed moth Lled yr adenydd 52mm
Gwyfyn hardd (B) ag adenydd melyn golau, blaen miniog i'r adenydd blaen a dwy 'gynffon' amlwg. Cyffredin yng Nghymru, Lloegr, de'r Alban ac Iwerddon. Hedfan ym Mehefin a Gorffennaf mewn coedwigoedd, gerddi a pherthi lle ceir gwahanol blanhigion fel eiddew a'r ddraenen wen yn fwyd i'r lindys (A). Daw at oleuadau.

Brychan y Gaeaf
Operophtera brumata Winter moth Lled adenydd y gwryw 28mm
Mae'n hedfan rhwng Hydref a Chwefror ac fe'i gwelir yn aml yng ngolau car a noson fwyn o aeaf. Gall fod yn gyffredin iawn mewn perthi, gerddi a choedwigoedd ac mae'r rhan fwyaf o goed a llwyni collddail yn fwyd i'r lindys. Gellir darganfod y fenyw ddi-adain, weithiau'n paru â'r gwryw, wrth chwilio'r brigau wedi iddi nosi.

Y Dad-ddeiliwr
Erannis defoliaria Mottled umber Lled adenydd y gwryw 40mm
Gall adenydd blaen y gwryw amrywio o hufen i frown tywyll; gwelir llinell olau yn y canol a smotyn du ynddi. Mae'r fenyw'n ddi-adain. Hedfana rhwng Hydref a Rhagfyr, a daw at oleuadau. Gwyfyn cyffredin mewn coedwigoedd, perthi a gerddi lle ceir llwyni a choed collddail yn fwyd i'r lindys.

Gwyfyn Brith *Biston betularia* Peppered moth Lled yr adenydd 48mm
Mae'r lliw'n amrywio'n fawr ond mae fel rheol naill ai'n ddu i gyd neu'n wyn â smotiau duon. Mae'n gyffredin yng Nghymru, Lloegr ac Iwerddon ac ar yr adain rhwng Mai ac Awst. Fe'i gwelir mewn coedwigoedd a gerddi lle ceir gwahanol blanhigion yn fwyd i'r lindys.

Rhisglyn y Derw *Biston stratiaria* Oak beauty Hyd yn gorffwys 23mm
Gwyfyn hardd â chuddliw brown, llwyd a du perffaith i orffwys ar risgl coed. Mae'n gyffredin yng Nghymru a Lloegr ond yn brin yn yr Alban ac Iwerddon. Mae'n hedfan ym Mawrth ac Ebrill ac fe'i gwelir yn bennaf mewn coetiroedd, perthi a gerddi. Mae bwyd y lindys yn cynnwys coed collddail fel derw, cyll, gwern a llwyfenni. Daw at oleuadau.

Rhisglyn Brith *Lycia hirtaria* Brindled beauty Lled yr adenydd 40mm
Gall y lliw amrywio ond fel rheol mae'n llwyd-frown. Ceir llinellau duon ar yr adenydd blaen. Hedfana ym Mawrth ac Ebrill a daw'r gwryw at oleuadau. Gwyfyn cyffredin yng Nghymru a de Lloegr ond prin iawn yn yr Alban ac Iwerddon. Fe'i gwelir mewn coedwigoedd lle ceir gwahanol goed collddail yn fwyd i'r lindys.

Rhisglyn Brych *Boarmia repandata* Mottled beauty Lled yr adenydd 38mm
Fel rheol, mae'r adenydd yn llwydfrown ond gallant fod yn dywyll. Ceir llinellau a smotiau tywyll ar yr adenydd, sy'n rhoi cuddliw gwych wrth orffwys ar risgl coed. Fe'i gwelir mewn coedwigoedd a gerddi trwy Brydain ac Iwerddon a bydd ar yr adain rhwng Mehefin a Gorffennaf. Mae bwyd y lindys yn cynnwys coed bedw, derw a mieri.

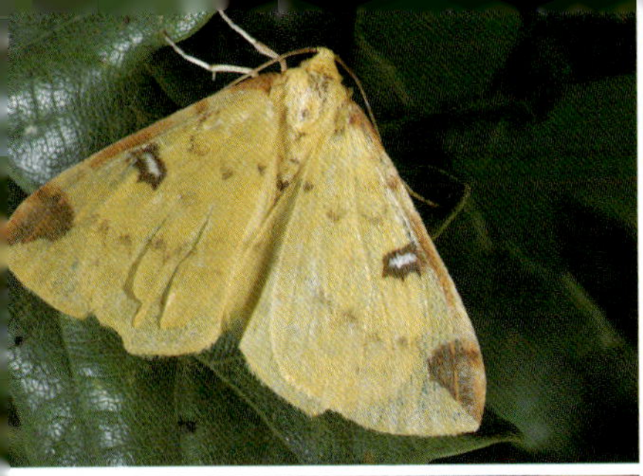
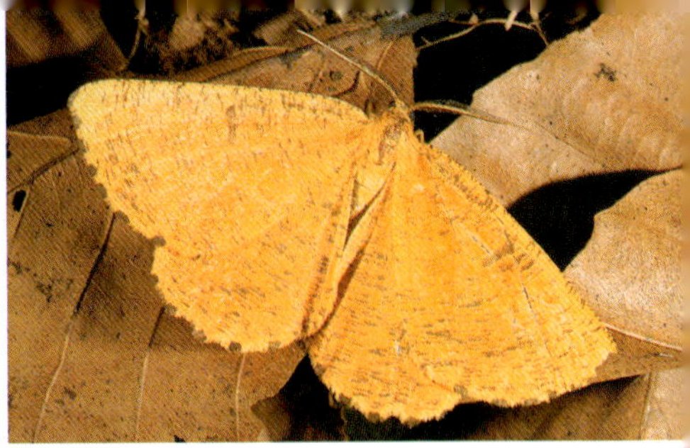
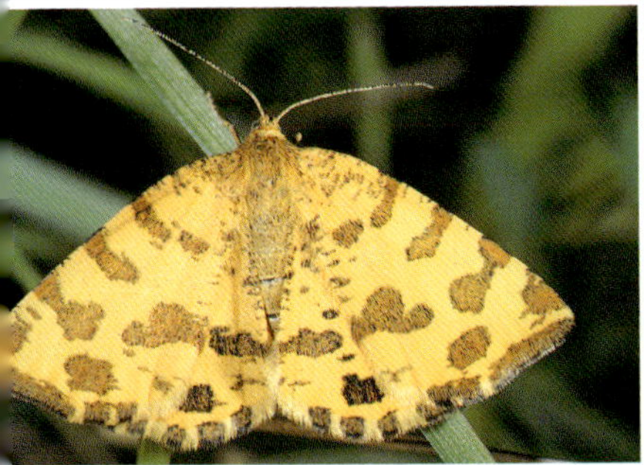
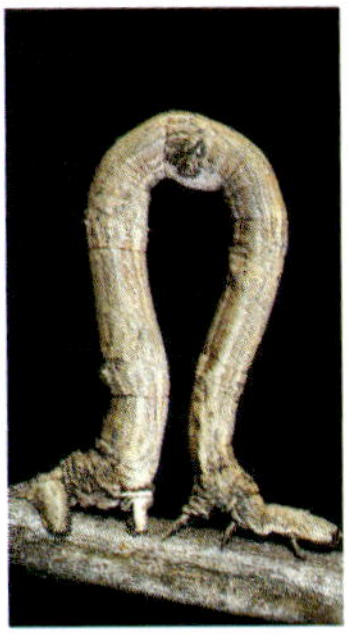
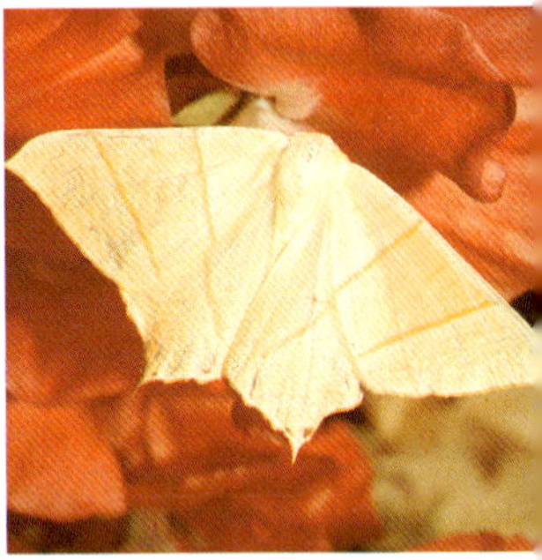
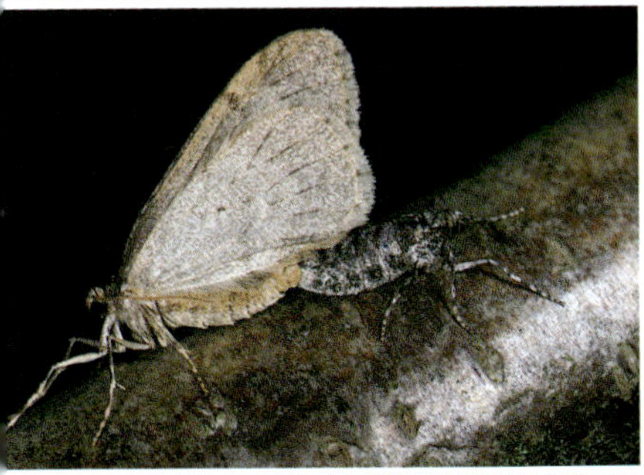
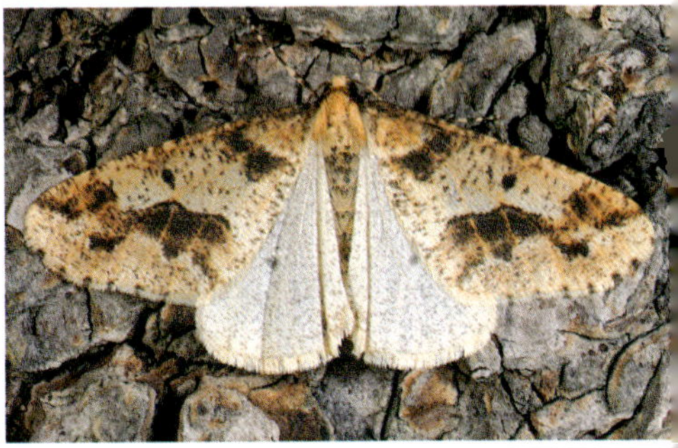
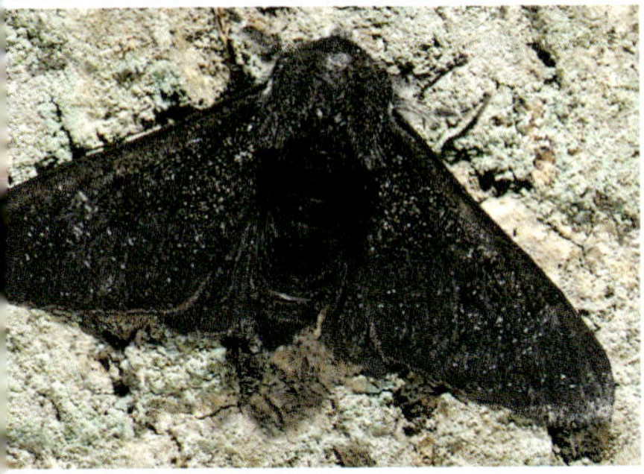
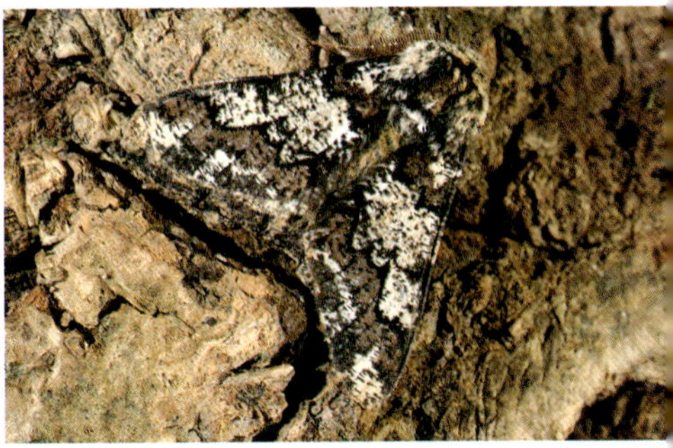
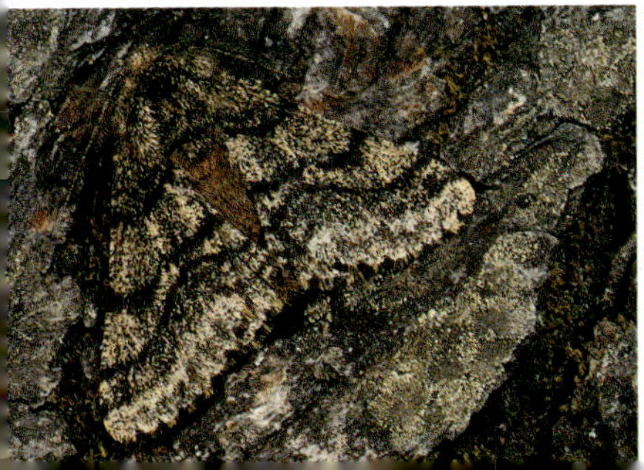
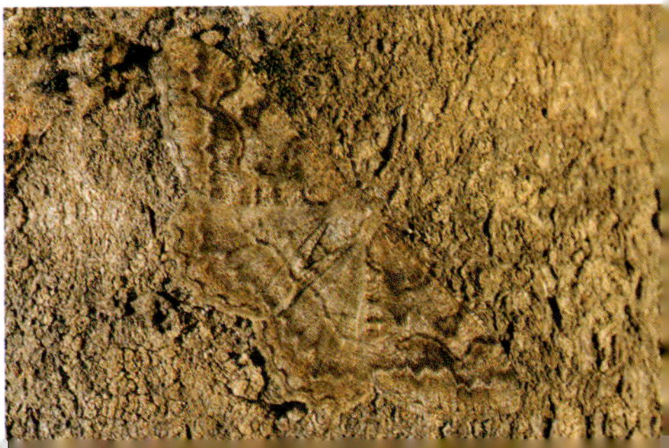

TRYCHFILOD • GWYBED MAI A PHRYFED Y CERRIG

SBONCIWR GWRYCHOG Y TRAETH
Petrobius maritimus Bristletail — Hyd y corff 10mm
Creadur bach od a welir ar draethau caregog uwchlaw llinell penllanw neu mewn ogofâu arfordirol. Mae'r corff yn hir, heb adenydd. Ceir dau deimlydd mawr ar y pen a thri ffilament ar y pen ôl. Mae'n sgrialu o'r ffordd pan aflonyddir arno. Detritws yw ei fwyd.

CYNFFON SBONC
Is-ddosbarth Collembola Springtail — Hyd 2-3mm
Un o lawer o rywogaethau cyffredin, pob un heb adenydd. Gall neidio'n uchel trwy ddefnyddio teflyn arbennig sydd wedi ei guddio o dan yr abdomen. Fe'i ceir mewn mannau tamp fel dail sy'n pydru a thomenni compost lle bydd yn bwyta detritws.

GWYBEDYN MAI
Ephemera danica Mayfly spp — Hyd y corff 20mm
Gwybedyn Mai cyfarwydd sy'n niferus ledled Prydain ac Iwerddon. Mae gan y nymff orenfrown 'big' hir a thair 'cynffon'. Mae'n byw yn y llaid a'r tywod ar waelod afonydd a llynnoedd calchog. Fel y gwybed Mai i gyd, mae is-oedolyn adeiniog yn ymddangos o groen y nymff yn y gwanwyn ac, ymhen ychydig wedyn, mae'n bwrw ei groen i ffurfio oedolyn llawn â smotiau tywyll ar yr adenydd. Bydd pysgotwyr yn creu pluen bysgota i ddynwared y gwybedyn Mai ar wyneb y dŵr i ddal brithyll.

GWYBEDYN MAI
Ephemera vulgata Mayfly spp — Hyd y corff 20mm
Pryf tebyg i *E. danica*. Mae gan yr oedolyn abdomen melyn ond bod marciau du siâp triongl, nid hirsgwar, arno. Er nad yw'r oedolyn yn byw yn hir, gall ymddangos unrhyw bryd rhwng Mai ac Awst. Mae'r nymff orenfrown yn byw mewn twneli yn y tywod ar welyau afonydd sy'n llifo'n araf. Dim ond yn ne Lloegr y mae'n gyffredin.

GWYBEDYN MAI BYCHAN
Chloeon dipterum Mayfly spp — Hyd y corff 5mm
Gwybedyn cyffredin iawn trwy Brydain ac Iwerddon. Gwelir y nymff mewn gwahanol fathau o ddyfroedd, yn cynnwys pyllau, nentydd a chamlesi; mae ganddo ddau atodyn blewog ar y pen ôl a gall nofio'n dda. Bydd yr oedolyn ar yr adain yn y gwanwyn a'r haf. Does dim adenydd ôl ganddo a gellir gweld yr adenydd blaen clir yn sgleinio pan fydd cyfeiriad y golau'n iawn. Melynfrown yw lliw'r corff.

NYMFF GWYBEDYN MAI
Is-ddosbarth: Ephemeroptera Mayfly nymph — Hyd y corff 8mm
Fel pob nymff gwybedyn Mai, mae tri atodyn ar ben ôl y nymff yn y llun. Ceir nymffau mewn pob math o ddŵr croyw: nentydd, afonydd, llynnoedd a chamlesi. Gall rhai mathau nofio'n gyflym ond mae eraill yn blino'n hawdd. Maent yn sensitif iawn i lygredd.

PRYF CERRIG
Perla bipunctata Stonefly spp — Hyd y corff 16mm
Mae nymff y pryf cerrig yma'n dangos y ddau atodyn ar y pen ôl sy'n gyffredin i aelodau'r grŵp i gyd. Fe'i gwelir mewn nentydd ac afonydd caregog, yn bennaf yng ngorllewin a gogledd Prydain. Yn aml, gwelir y nymff o dan gerrig a bydd crwyn gwag yn amlwg ymysg tyfiant y glannau ar ôl i'r oedolion ymddangos rhwng Mai a Gorffennaf. Wrth orffwys, bydd corff melyn yr oedolyn yn cael ei guddio gan yr adenydd llwydfrown ond bydd y ddau atodyn yn ymestyn y tu hwnt i'r adenydd.

PRYF CERRIG
Nemoura cinerea Stonefly spp — Hyd y corff 10mm
Pryf cerrig cyffredin iawn sydd i'w weld rhwng Mai a Gorffennaf. Yn aml, gwelir yr oedolion ymysg tyfiant tal ar hyd ochrau nentydd ac afonydd glân sy'n llifo'n gyflym. Nid yw'n hedfan yn dda a gwell ganddo gerdded i ffwrdd os oes perygl. Mae'r adenydd yn frown ac yn ymddangos fel pe baent wedi cael eu rhowlio o amgylch y corff. Atodion byr sydd ganddo ac nid ydynt yn ymestyn y tu hwnt i'r adenydd wrth orffwys.

PRYF CERRIG
Dinocras cephalotes Stonefly spp — Hyd y corff 22mm
Pryf cerrig mawr sy'n gyffredin yng ngogledd a gorllewin Prydain. Mae'r nymff yn byw mewn nentydd ac afonydd sy'n llifo'n gyflym yn yr ucheldir a bydd yr oedolion i'w gweld yn y tyfiant ar y glannau rhwng Mai a Gorffennaf. Mae corff yr oedolion yn frown tywyll a bydd y ddau atodyn hir yn ymestyn y tu hwnt i'r adenydd llwyd wrth orffwys.

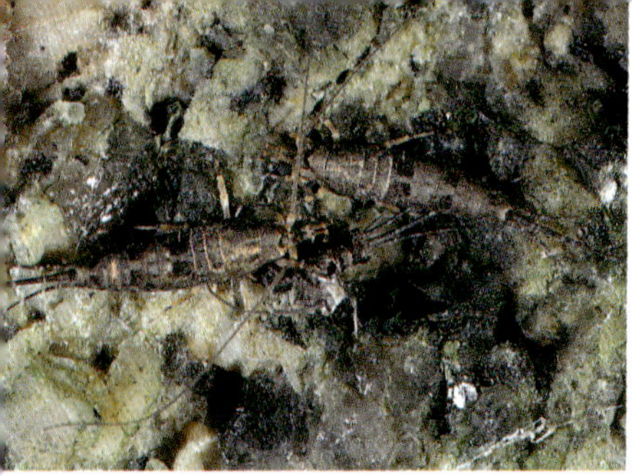
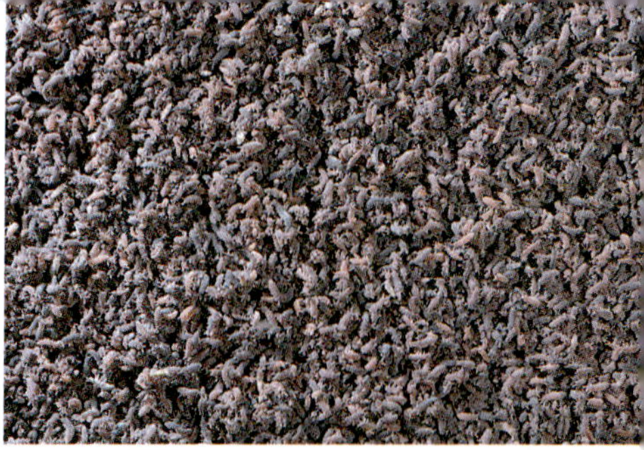
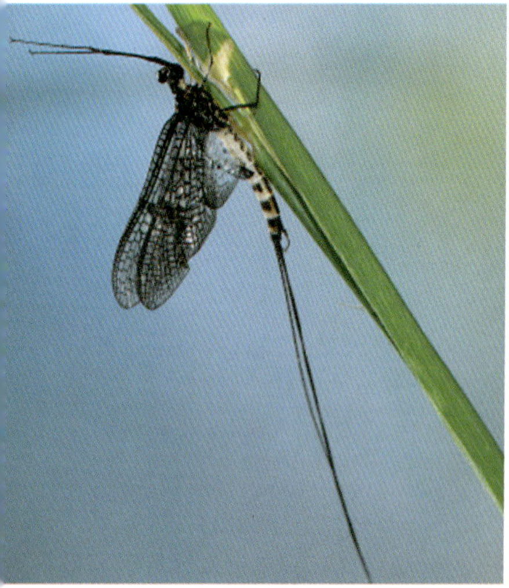
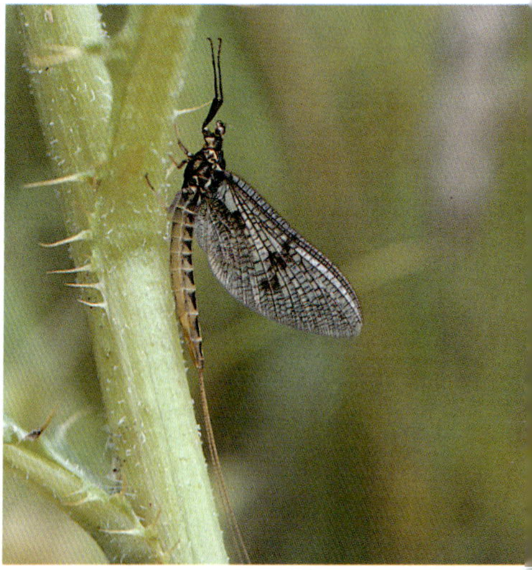
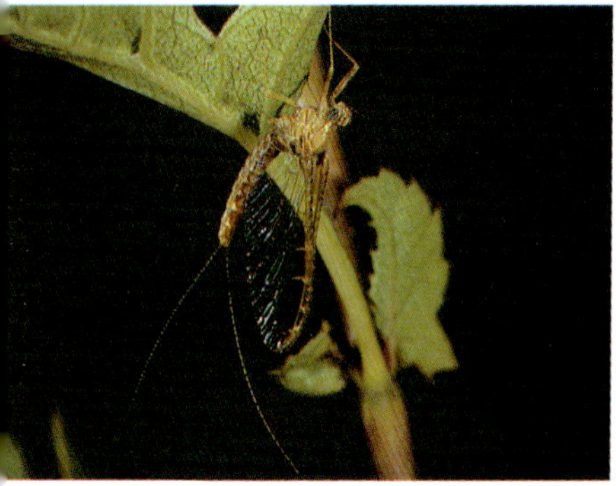
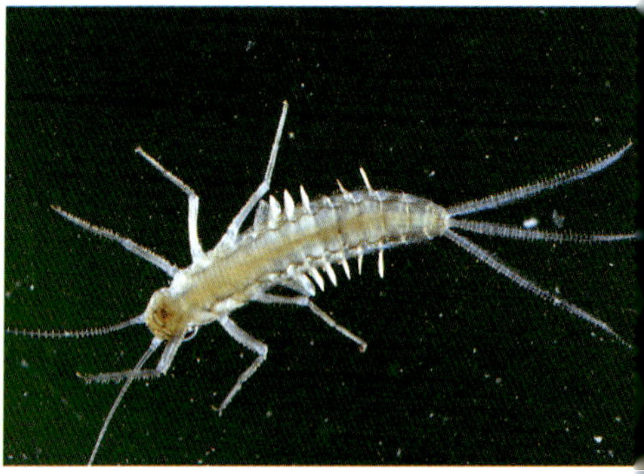
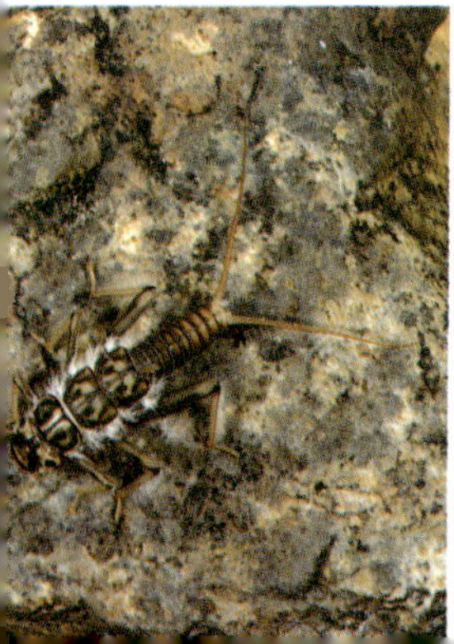
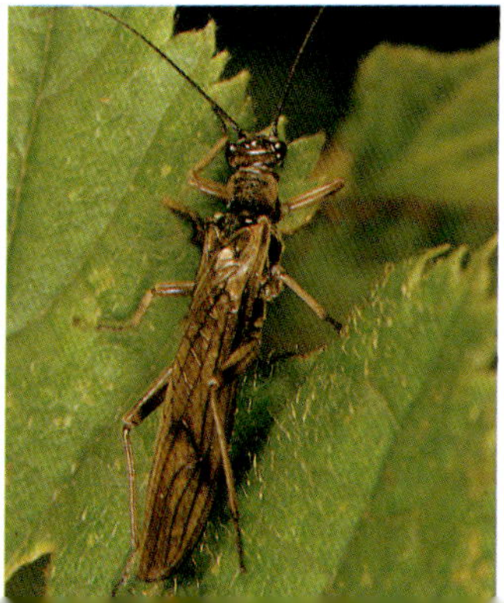
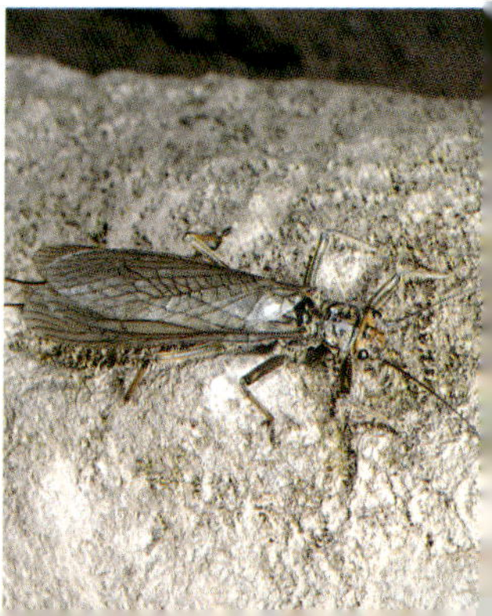

Trychfilod · Criciaid a Cheiliogod Rhedyn

Criciedyn y Maes   *Gryllus campestris*   Field cricket   Hyd y corff 24mm
Criciedyn mawr, prin iawn heddiw; lleol yn ne Lloegr. Hoff o wellt byr; byw mewn tyllau. Gwelir oedolion Mai-Mehefin, nymffiaid Gorffennaf-Ebrill. Gwryw'n canu o geg twll mewn hindda.

Criciedyn y Coed
Nemobius sylvestris   Wood cricket   Hyd y corff 7mm
Prin; lleol yn ne Lloegr e.e. y New Forest. Llawer yn byw ymysg dail marw. Cylch oes dwy flynedd, felly gwelir yr oedolyn neu'r nymff trwy'r flwyddyn. Cân feddal grynedig gan y gwryw.

Sioncyn Brith
Myrmeleotettix maculatus   Mottled grasshopper   Hyd y corff 16mm
Gwyrdd neu frown a phatrwm brith ar y corff. Blaenau teimlyddion y gwryw fel peli bach a blaenau rhai'r fenyw wedi chwyddo. Hoffi tir agored, sych fel twyni tywod a rhostiroedd.

Sioncyn Gwair Cyffredin/Ceiliog Rhedyn
Chorthippus brunneus   Common field grasshopper   Hyd y corff 18-24mm
Cyffredin ym Mhrydain ac Iwerddon ond am ogledd yr Alban a Gogledd Iwerddon. Mae'n hoffi pob math o laswellt sych. Ceir chwydd ym môn yr adain flaen. Mae'r fenyw'n fwy na'r gwryw.

Sioncyn y Ddôl   *Chorthippus parallelus*   Meadow grasshopper   Hyd y corff 17-23mm
Cyffredin mewn dolydd ym Mhrydain; absennol o Iwerddon. Gellir ei adnabod gan nad yw'r adenydd blaen byr yn cyrraedd pen yr abdomen; adenydd y fenyw'n fyrrach. Dim adenydd ôl.

Sioncyn y Rhos   *Chorthippus vagans*   Heath grasshopper   Hyd y corff 15-18mm
Fe'i gwelir yn unig ar rostiroedd y New Forest a swydd Dorset. Tebyg i *C. brunneus* ond bod y corff yn llwyd smotiog. Yn aml, aiff i guddio ymysg y grug os aflonyddir arno.

Sioncyn y Gors Bychan
Chorthippus albomarginatus   Lesser marsh grasshopper   Hyd y corff 21mm
Creadur prin sydd i'w weld ger arfordir de Lloegr, gorllewin Cymru a de-orllewin Iwerddon. Mae'r adain flaen yn hir ond nid yw'n cyrraedd pen yr abdomen; ceir chwydd ar yr ymyl flaen ger y bôn. Mae'n hoff o laswelltir arfordirol a thwyni tywod.

Sioncyn Gwyrdd Cyffredin
Omocestus viridulus   Common green grasshopper   Hyd y corff 17-20mm
Cyffredin mewn glaswelltir trwy Brydain ac Iwerddon. Mae'r corff yn unlliw gwyrdd fel rheol. Does dim chwydd ym môn yr adenydd blaen a cheir crib ar dop y pen.

Sioncyn Du Bolgoch
Omocestus rufipes   Woodland grasshopper   Hyd y corff 15-18mm
Pen mawr, blaen gwyn i'r palpau a bol coch. Y pen a'r thoracs bron yn ddu fel rheol. Creadur prin a welir mewn coedwigoedd agored a rhostiroedd glaswelltog yn ne Cymru a de Lloegr.

Sioncyn Adain Resog
Stenobothrus lineatus   Stripe-winged grasshopper   Hyd y corff 17-19mm
Corff a choesau gwyrdd fel rheol. Ceir marc gwyn fel coma ar yr adain flaen a llinell wen ar yr ymyl flaen yn ymestyn o amgylch y pen. Fe'i gwelir ar laswelltir calchog sych.

Sioncyn Mawr y Fignen
Stethophyma grossum   Large marsh grasshopper   Hyd y corff 28-32mm
Ein sioncyn gwair mwyaf. Prin iawn. Fe'i ceir ar gorsydd asid yn ne Lloegr a gorllewin Iwerddon. Patrwm gwyrdd golau, melyn a du ar hyd y corff a llinellau du a melyn ar y coesau ôl.

Sioncyn y Calchdir
Gomphocerippus rufus   Rufous grasshopper   Hyd y corff 16-18mm
Hawdd ei adnabod o achos y lliw cochfrown a'r teimlyddion blaen gwyn. Fe'i gwelir ar laswelltir calchaidd yn ne Cymru a de Lloegr lle bydd yn ffafrio llethrau sy'n wynebu'r de. Bydd yr oedolion yn ymddangos yn hwyr yn y tymor, rhwng Awst a Medi.

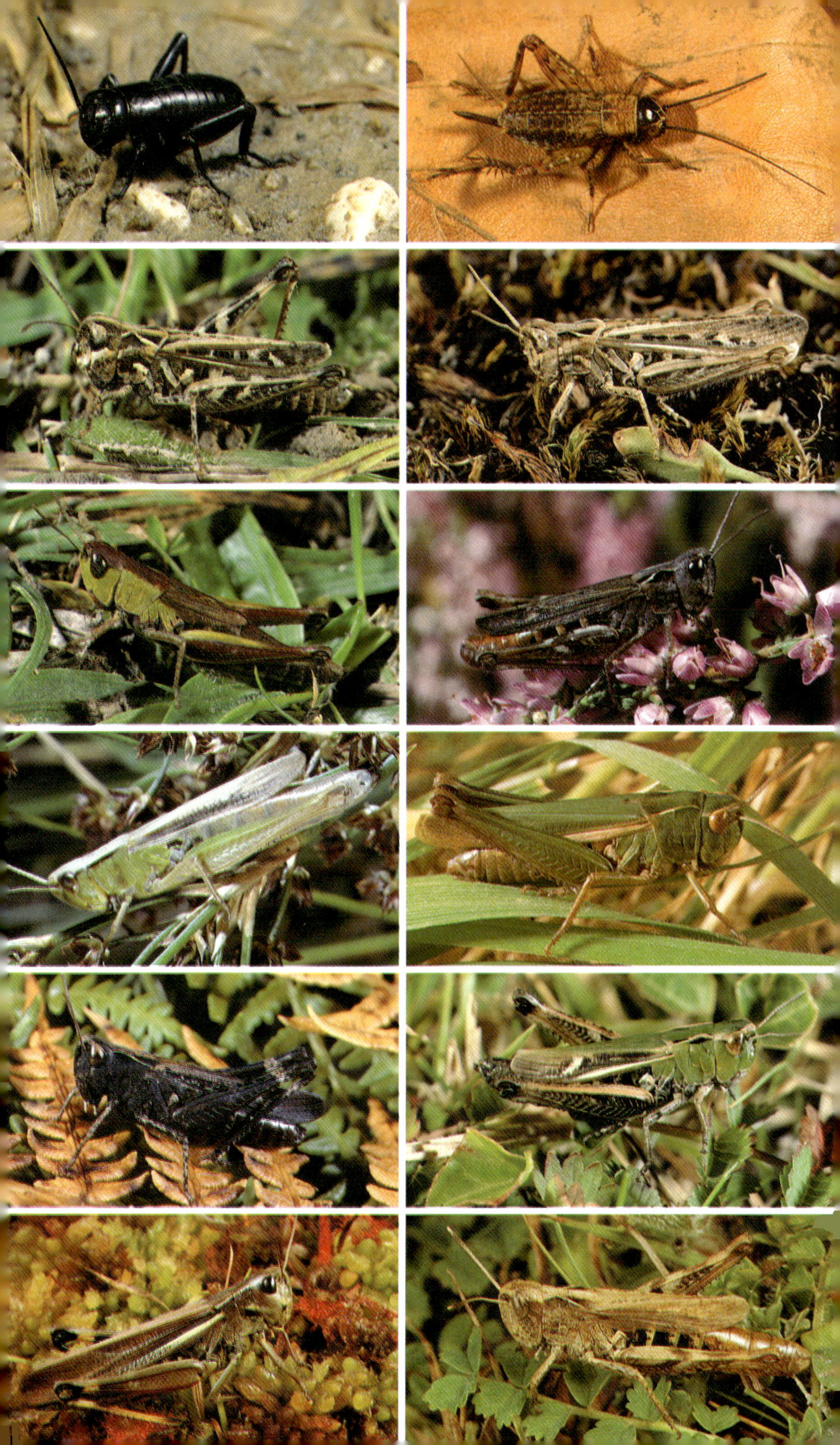

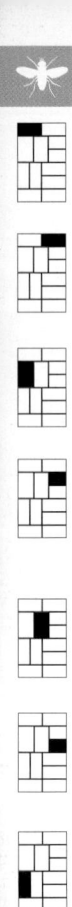

Trychfilod • Criciaid a Cheiliogod Rhedyn

Criciedyn Hirgorn Brith
Leptophyes punctatissima Speckled bush-cricket Hyd y corff 14mm
Corff gwyrdd, tew a smotiau tywyll. Wyddodydd siâp cryman ar ben ôl y fenyw. Coesau hir, main. Fe'i gwelir mewn perthi a phrysgoed, yn bennaf yn ne Cymru a de Lloegr. Hoff o ddail mieri.

Criciedyn Hirgorn y Dderwen
Meconema thallasiniuim Oak bush-cricket Hyd y corff 15mm
Corff gwyrdd a choesau hir, tenau. Wyddodydd main yn troi i fyny dipyn. I'w weld yn bennaf gyda'r nos; daw at olau tai. Cyffredin mewn coed a gerddi yng Nghymru, canolbarth a de Lloegr.

Criciedyn Hirgorn Tywyll
Pholidoptera griseoaptera Dark bush-cricket Hyd y corff 15-17mm
Corff brown a phatrwm tywyll. Wyddodydd y fenyw yn troi i fyny. Defnyddia'i adenydd blaen bychan iawn i gynhyrchu ei gân. Cyffredin yng Nghymru, canolbarth a de Lloegr.

Criciedyn Hirgorn Llwyd
Platycleis denticulata Grey bush-cricket Hyd y corff 24mm
Corff llwydfrown brith; melyn o dan yr abdomen; wyddodydd yr iâr yn troi i fyny. Hoff o laswelltir calchog yn wynebu'r de, yn aml ger y môr. Fe'i gwelir yn ne Lloegr, de a gorllewin Cymru ond mae'n anodd ei ganfod yng ngolau dydd.

Criciedyn Hirgorn y Gors
Metrioptera brachyptera Bog bush-cricket Hyd y corff 17mm
Hoff o gorsydd a rhostiroedd gwlyb. Corff brown; darn melyn o dan yr abdomen. Top yr adenydd a'r pen yn frown neu'n wyrdd llachar. Llinell olau ar yr ystlys. Prin yng Nghymru a Lloegr.

Criciedyn Hirgorn Roesel
Metrioptera roeselii Roesel's bush-cricket Hyd y corff 15-18mm
Tan yn ddiweddar, roedd i'w weld ar arfordir de a de-ddwyrain Lloegr yn unig ond mae wedi lledaenu i'r mewndir. Corff brown brith a llinell olau ar yr ystlys. Mae'r adenydd blaen yn ymestyn hanner ffordd ar hyd yr abdomen. Mae'n hoff o ddolydd gwlyb.

Criciedyn Penfain Adain Hir
Conocephalus discolor Long-winged conehead Hyd y corff 17-19mm
Corff tenau gwyrdd llachar a llinell frown yn rhedeg nôl o dop y pen. Adenydd brown yn ymestyn ar hyd yr abdomen. Wyddodydd y fenyw'n troi i fyny. I'w weld mewn gwair a brwyn yn ne Lloegr yn bennaf ar yr arfordir ond mae'n lledaenu i'r mewndir.

Criciedyn Penfain Adain Fer
Conocephalus dorsalis Short-winged conehead Hyd y corff 16-18mm
Corff gwyrdd, llinell frown i lawr y cefn ac adenydd blaen bychan. Wyddodydd syth gan y fenyw. Mae'n hoffi brwyn a gwair ac, os aflonyddir arno, mae'n sythu i orwedd ar hyd coes y planhigyn. Dim ond yn ne Cymru a de Lloegr y mae'n gyffredin, ar yr arfordir yn bennaf.

Dafad-frathwr
Decticus verrucivorus Wartbiter Hyd y corff 35mm
Criciedyn hirgorn mawr; corff brith gwyrdd a brown. Wyddodydd hir yn troi i fyny. Prin ar laswelltir calchaidd de Lloegr. Er ei faint, mae'n anodd ei weld. Cân y gwryw'n uchel.

Criciedyn Hirgorn Gwyrdd Mawr
Tettigonia viridissima Great green bush-cricket Hyd y corff 46mm
Ein criciedyn hirgorn mwyaf. Mae'n byw mewn prysgoed yn ne Cymru a de Lloegr, yn enwedig ar yr arfordir o Dorset i Gernyw. Corff gwyrdd a llinell frown ar hyd y cefn. Wyddodydd y fenyw'n hir a syth. Er bod cân y gwryw'n uchel, mae'n anodd ei weld.

Sboncyn Daear Cyffredin
Tetrix undulata Common groundhopper Hyd y corff 10mm
Anodd ei weld o achos ei faint a'i guddliw. Cyffredin trwy Brydain ac Iwerddon. Mae'n lliw'n amrywio ond fel rheol mae'n frown a marciau tywyll. Mae'r adenydd yn fyrrach na'r abdomen.

Sboncyn Daear Cepero
Tetrix ceperoi Cepero's groundhopper Hyd y corff 10mm
Tebyg i *T. undulata* ond yr adenydd yn hirach. I'w weld ar dir gwlyb ger dŵr. Gall hedfan ychydig a nofio ar y dŵr ac o dan yr wyneb. Prin; i'w weld ar arfordir de Cymru a de Lloegr.

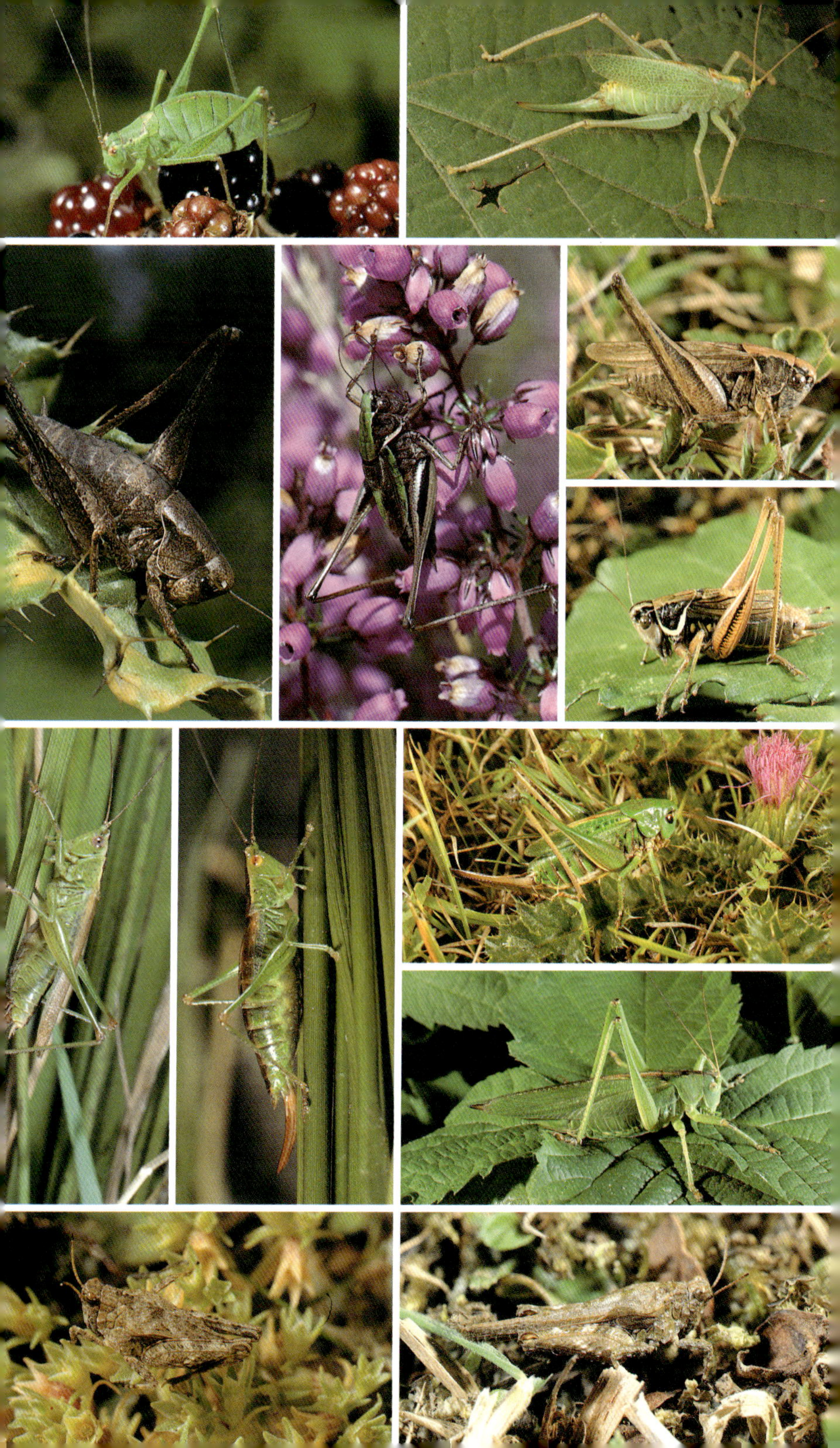

Trychfilod • Gweision y Neidr a Mursennod

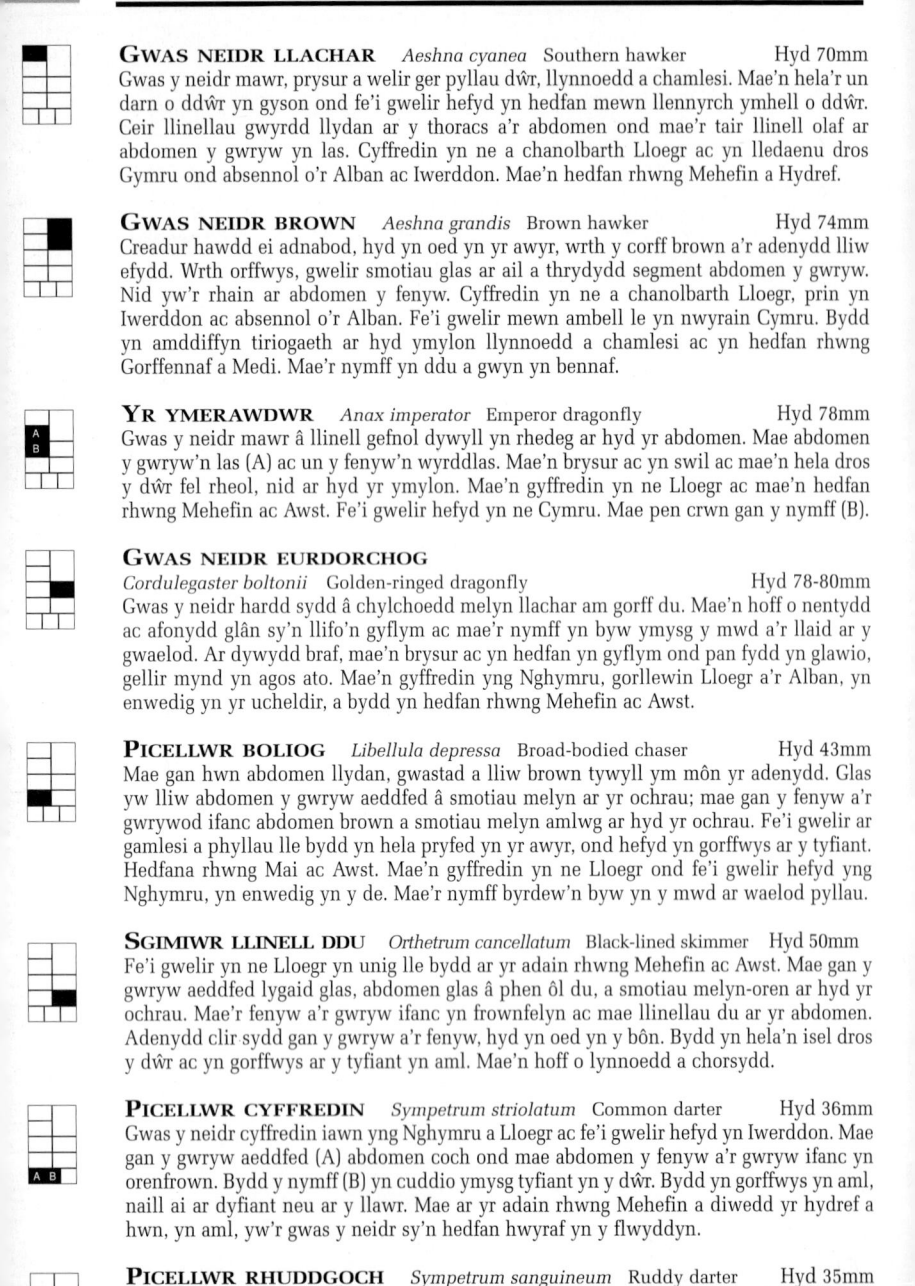

Gwas neidr llachar   *Aeshna cyanea*   Southern hawker   Hyd 70mm
Gwas y neidr mawr, prysur a welir ger pyllau dŵr, llynnoedd a chamlesi. Mae'n hela'r un darn o ddŵr yn gyson ond fe'i gwelir hefyd yn hedfan mewn llennyrch ymhell o ddŵr. Ceir llinellau gwyrdd llydan ar y thoracs a'r abdomen ond mae'r tair llinell olaf ar abdomen y gwryw yn las. Cyffredin yn ne a chanolbarth Lloegr ac yn lledaenu dros Gymru ond absennol o'r Alban ac Iwerddon. Mae'n hedfan rhwng Mehefin a Hydref.

Gwas neidr brown   *Aeshna grandis*   Brown hawker   Hyd 74mm
Creadur hawdd ei adnabod, hyd yn oed yn yr awyr, wrth y corff brown a'r adenydd lliw efydd. Wrth orffwys, gwelir smotiau glas ar ail a thrydydd segment abdomen y gwryw. Nid yw'r rhain ar abdomen y fenyw. Cyffredin yn ne a chanolbarth Lloegr, prin yn Iwerddon ac absennol o'r Alban. Fe'i gwelir mewn ambell le yn nwyrain Cymru. Bydd yn amddiffyn tiriogaeth ar hyd ymylon llynnoedd a chamlesi ac yn hedfan rhwng Gorffennaf a Medi. Mae'r nymff yn ddu a gwyn yn bennaf.

Yr ymerawdwr   *Anax imperator*   Emperor dragonfly   Hyd 78mm
Gwas y neidr mawr â llinell gefnol dywyll yn rhedeg ar hyd yr abdomen. Mae abdomen y gwryw'n las (A) ac un y fenyw'n wyrddlas. Mae'n brysur ac yn swil ac mae'n hela dros y dŵr fel rheol, nid ar hyd yr ymylon. Mae'n gyffredin yn ne Lloegr ac mae'n hedfan rhwng Mehefin ac Awst. Fe'i gwelir hefyd yn ne Cymru. Mae pen crwn gan y nymff (B).

Gwas neidr eurdorchog
Cordulegaster boltonii   Golden-ringed dragonfly   Hyd 78-80mm
Gwas y neidr hardd sydd â chylchoedd melyn llachar am gorff du. Mae'n hoff o nentydd ac afonydd glân sy'n llifo'n gyflym ac mae'r nymff yn byw ymysg y mwd a'r llaid ar y gwaelod. Ar dywydd braf, mae'n brysur ac yn hedfan yn gyflym ond pan fydd yn glawio, gellir mynd yn agos ato. Mae'n gyffredin yng Nghymru, gorllewin Lloegr a'r Alban, yn enwedig yn yr ucheldir, a bydd yn hedfan rhwng Mehefin ac Awst.

Picellwr boliog   *Libellula depressa*   Broad-bodied chaser   Hyd 43mm
Mae gan hwn abdomen llydan, gwastad a lliw brown tywyll ym môn yr adenydd. Glas yw lliw abdomen y gwryw aeddfed â smotiau melyn ar yr ochrau; mae gan y fenyw a'r gwrywod ifanc abdomen brown a smotiau melyn amlwg ar hyd yr ochrau. Fe'i gwelir ar gamlesi a phyllau lle bydd yn hela pryfed yn yr awyr, ond hefyd yn gorffwys ar y tyfiant. Hedfana rhwng Mai ac Awst. Mae'n gyffredin yn ne Lloegr ond fe'i gwelir hefyd yng Nghymru, yn enwedig yn y de. Mae'r nymff byrdew'n byw yn y mwd ar waelod pyllau.

Sgimiwr llinell ddu   *Orthetrum cancellatum*   Black-lined skimmer   Hyd 50mm
Fe'i gwelir yn ne Lloegr yn unig lle bydd ar yr adain rhwng Mehefin ac Awst. Mae gan y gwryw aeddfed lygaid glas, abdomen glas â phen ôl du, a smotiau melyn-oren ar hyd yr ochrau. Mae'r fenyw a'r gwryw ifanc yn frownfelyn ac mae llinellau du ar yr abdomen. Adenydd clir sydd gan y gwryw a'r fenyw, hyd yn oed yn y bôn. Bydd yn hela'n isel dros y dŵr ac yn gorffwys ar y tyfiant yn aml. Mae'n hoff o lynnoedd a chorsydd.

Picellwr cyffredin   *Sympetrum striolatum*   Common darter   Hyd 36mm
Gwas y neidr cyffredin iawn yng Nghymru a Lloegr ac fe'i gwelir hefyd yn Iwerddon. Mae gan y gwryw aeddfed (A) abdomen coch ond mae abdomen y fenyw a'r gwryw ifanc yn orenfrown. Bydd y nymff (B) yn cuddio ymysg tyfiant yn y dŵr. Bydd yn gorffwys yn aml, naill ai ar dyfiant neu ar y llawr. Mae ar yr adain rhwng Mehefin a diwedd yr hydref a hwn, yn aml, yw'r gwas y neidr sy'n hedfan hwyraf yn y flwyddyn.

Picellwr rhuddgoch   *Sympetrum sanguineum*   Ruddy darter   Hyd 35mm
Mae'r gwryw, y fenyw a'r rhai ifanc, yn debyg i wryw aeddfed *S. striolatum*. Gellir adnabod y gwryw, fodd bynnag, gan fod blaen yr abdomen yn feinach na'r pen ôl. Fe'i gwelir ar byllau, corsydd a llynnoedd yn ne Lloegr a de-ddwyrain Iwerddon. Bydd yn hedfan yng Ngorffennaf ac Awst ac yn gorffwys â'i adenydd am i lawr.

174

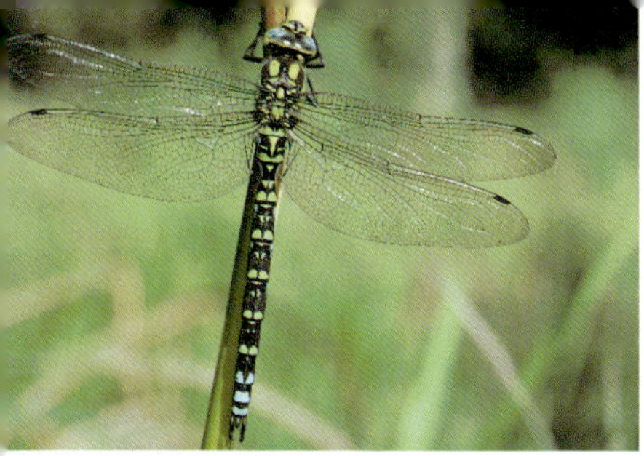
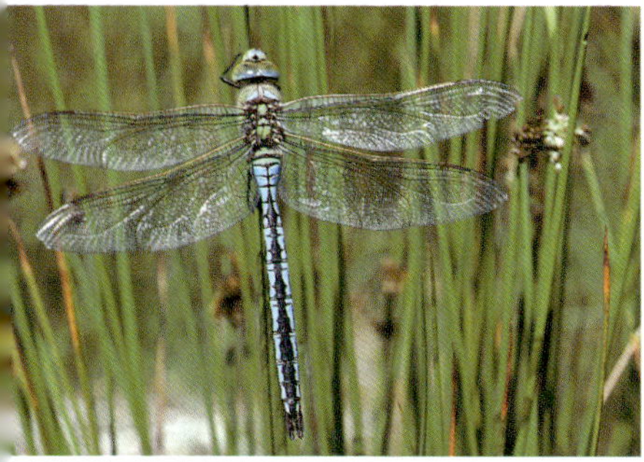
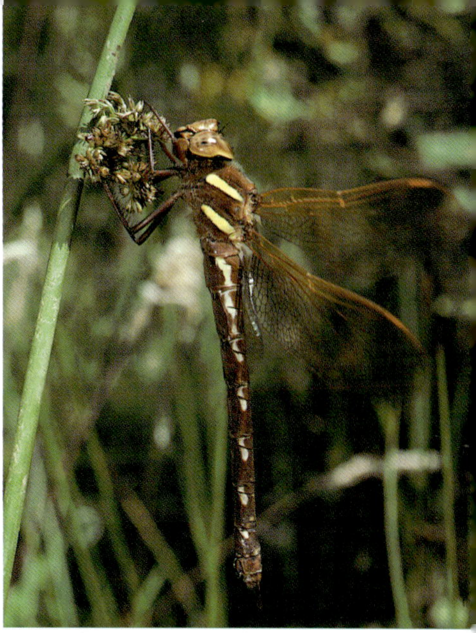
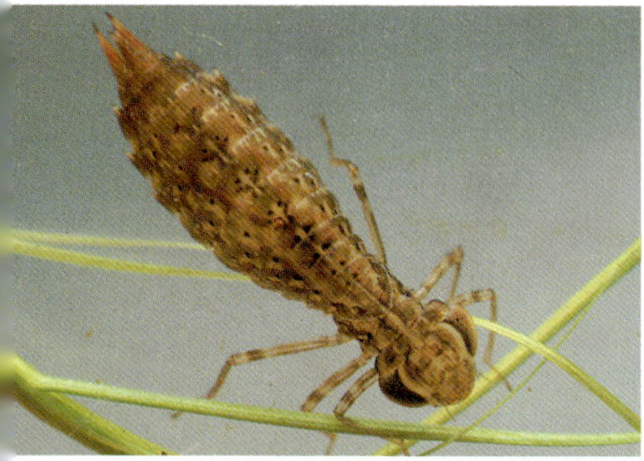
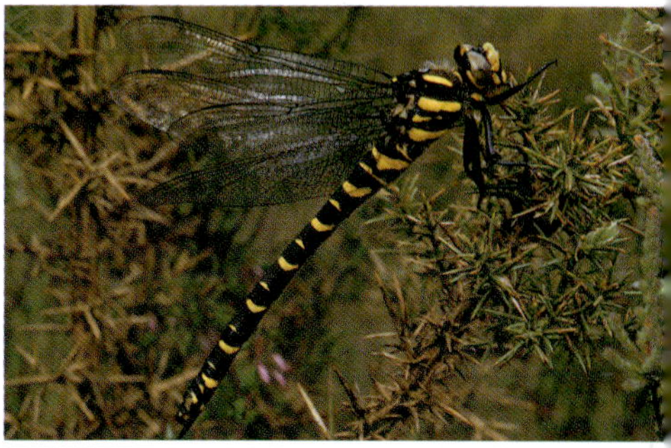
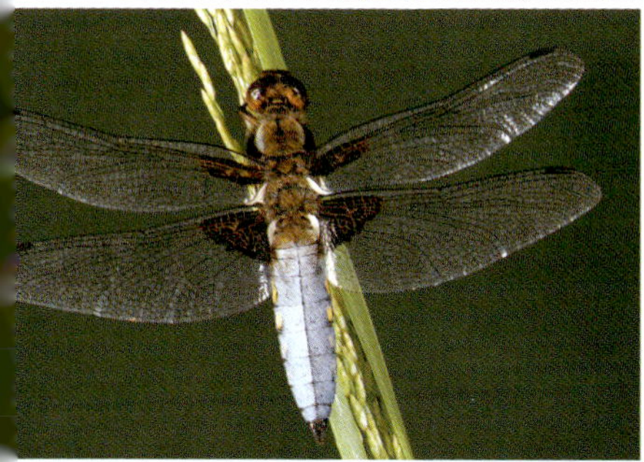
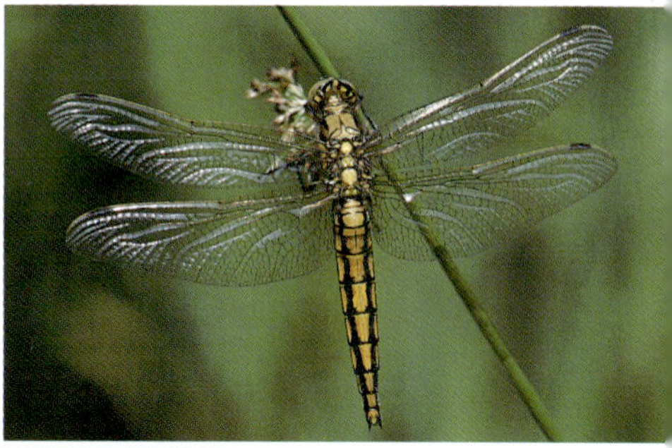
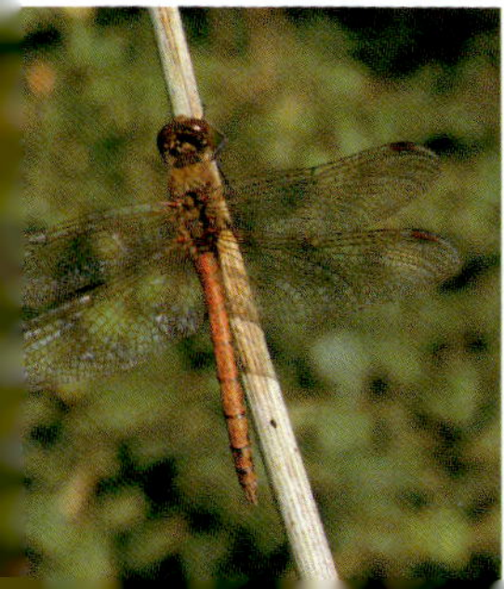
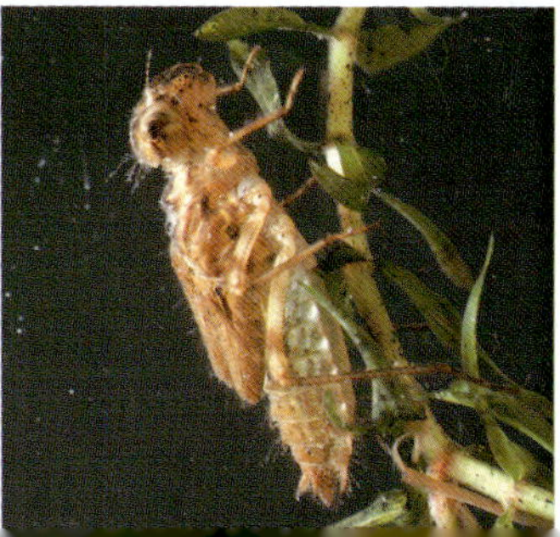
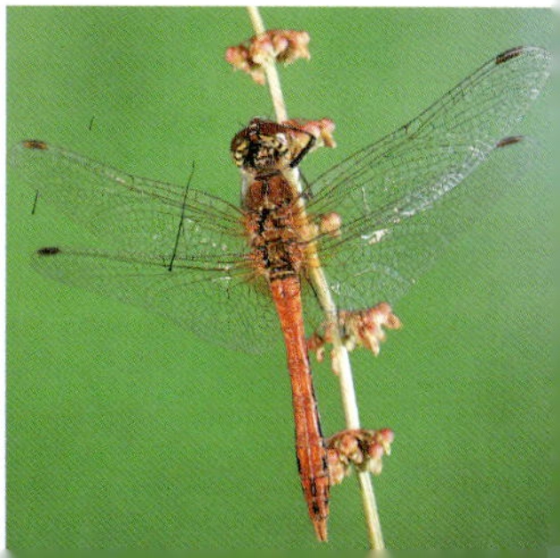

Trychfilod • Gweision y Neidr a Mursennod

Gwas neidr gwyrdd blewog　*Cordulia aenea*　Downy emerald　Hyd 48mm
Gwas y neidr hardd (A) â hen a thoracs gwyrdd ac abdomen gwyrdd-efydd. Ceir blew ar hyd y thoracs a lliw melyn ym môn yr adenydd. Blaen abdomen y gwryw'n feinach na'r pen ôl. Hedfan ym Mehefin a Gorffennaf, yn ne a gogledd-orllewin Lloegr a de-ddwyrain Cymru. Hedfana'n gyflym ac yn isel uwchben y dŵr ond bydd hefyd yn gorffwys yn uchel ar lwyni a choed. Gwelir y nymff (B) mewn pyllau, llynnoedd a chamlesi.

Gwas neidr clwbgwt
Gomphus vulgatissimus　Club-tailed dragonfly　Hyd 50mm
Mae dau lygad hwn yn bell oddi wrth ei gilydd a cheir chwydd ar ben ôl abdomen y gwryw. Llinellau gwyrdd ar gorff du yr oedolion ond mae'r rhain yn felyn yn y pryfed ifanc. Gwas y neidr prin iawn a geir mewn rhai ardaloedd yn ne Lloegr a Chymru, yn enwedig ar afonydd Hafren a Thafwys. Er bod y nymff yn byw yn y llaid ar waelod yr afon, bydd y crwyn sych i'w gweld ar y tyfiant ar hyd y dorlannau. Bydd yr oedolyn yn ymddangos ddiwedd Mai ac yn hedfan tan ddiwedd Mehefin.

Mursen fawr wych　*Calopteryx splendens*　Banded demoiselle　Hyd 45mm
Mursen hardd sy'n aml yn gorffwys ar dyfiant yn ymyl y dŵr. Bydd y gwrywod i'w gweld yn hedfan gyda'i gilydd uwchben y dŵr; mae ehediad y fenyw yn wan iawn. Fe'i gwelir ar hyd nentydd glân yn bennaf, a'r nymff yn byw yn y llaid ar y gwaelod. Mae gan y gwryw gorff glas ac adenydd llwydaidd â 'marc bawd' glas arnynt. Gwyrdd yw corff y fenyw a'i hadenydd yn wyrddfrown. Bydd yn hedfan rhwng Mai ac Awst a fe'i gwelir yng Nghymru, Iwerddon, canolbarth a de Lloegr.

Mursen fawr dywyll　*Calopteryx virgo*　Beautiful demoiselle　Hyd 45mm
Mursen debyg i *C. splendens* ond bod adenydd y gwryw'n las i gyd ac adenydd y fenyw'n llai lliwgar. Corff y gwryw'n las a chorff y fenyw'n wyrdd. Fe'i gwelir ar hyd nentydd clir sy'n llifo'n gyflym. Mae'r nymff yn byw yn y tywod a'r graean ar y gwaelod. Hedfan rhwng Mai ac Awst ac fe'i gwelir yng Nghymru a de Lloegr yn bennaf, ond hefyd yn Iwerddon.

Senagrion cyffredin　*Coenagrion puella*　Common coenagrion　Hyd 33mm
Mae'r gwryw'n lliw glas golau â llinellau du ar draws yr abdomen i gyd a marc 'u' du ar yr ail segment. Du yw'r fenyw yn bennaf a phen ôl yr abdomen yn las. Fe'i gwelir ar gorsydd, camlesi a phyllau ac mae'r nymff (B) yn byw mewn dyfroedd tawel. Mursen gyffredin yn Lloegr ac Iwerddon ond yn brinnach yng Nghymru a phrin iawn yn yr Alban. Mae'n hedfan rhwng Mai ac Awst a fe'i gwelir yn aml yn gorffwys ar dyfiant ar lan y dŵr.

Mursen las gyffredin
Enallagma cyathigerum　Common blue damselfly　Hyd 32mm
Tebyg iawn i *C. puella* uchod. Mae'r marc du ar ail segment y gwryw yn debyg i ddot ar goesyn fel arfer, ond gall amrywio. Mae'r fenyw werdd a du'n debyg i fenywod mursennod eraill ac ceir llinell ddu o dan wythfed segment yr abdomen. Mae'n gyffredin ar lynnoedd, pyllau a chamlesi ledled Prydain. Bydd yn hedfan rhwng Mai a dechrau Medi ac fe'i gwelir yn aml yn gorffwys ar blanhigion sy'n codi o'r dŵr.

Mursen gynffon las　*Ischnura elegans*　Blue-tailed damselfly　Hyd 32mm
Mursen gyffredin yng Nghymru, Lloegr ac Iwerddon ond prin yn yr Alban. Mae corff y gwryw a'r fenyw'n ddu ac wythfed segment yr abdomen yn las. Mae'n hoff o byllau, llynnoedd, camlesi a ffosydd a gall wrthsefyll ychydig o lygredd. Bydd yn hedfan rhwng Mai ac Awst.

Mursen fawr goch　*Pyrrhosoma nymphula*　Large red damselfly　Hyd 35mm
Mursen goch lachar a mwy o ddu ar abdomen y fenyw na'r gwryw. Mae'n gyffredin ledled Prydain ac Iwerddon lle ceir pyllau, llynnoedd, nentydd, afonydd, camlesi a chorsydd. Hedfana'n wan a bydd yn aml yn glanio i orffwys ar dyfiant ger y dŵr. Yn aml, hon yw'r fursen gyntaf i ymddangos yn y gwanwyn ac mae'n hedfan rhwng Mai ac Awst.

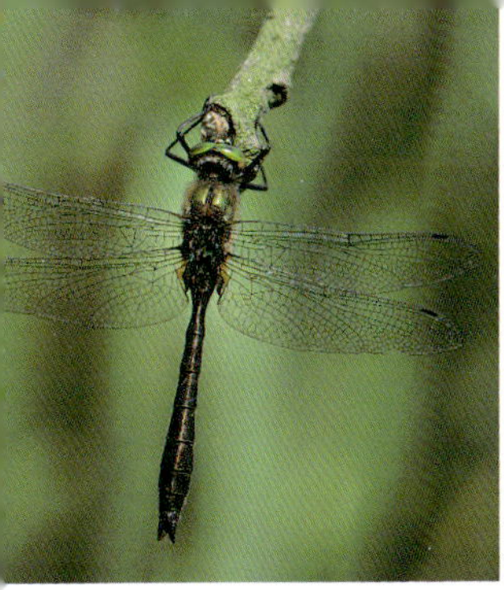
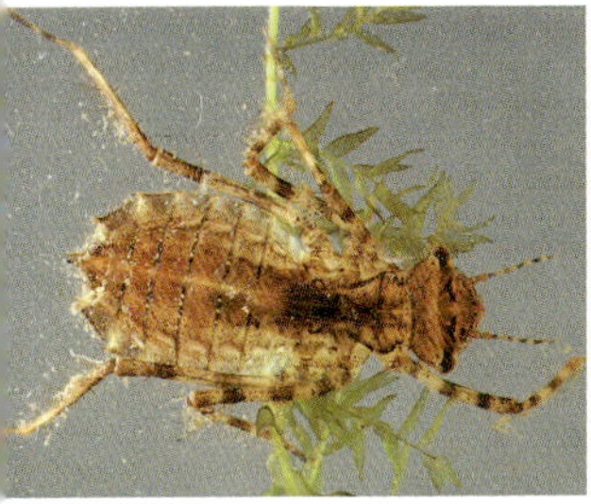
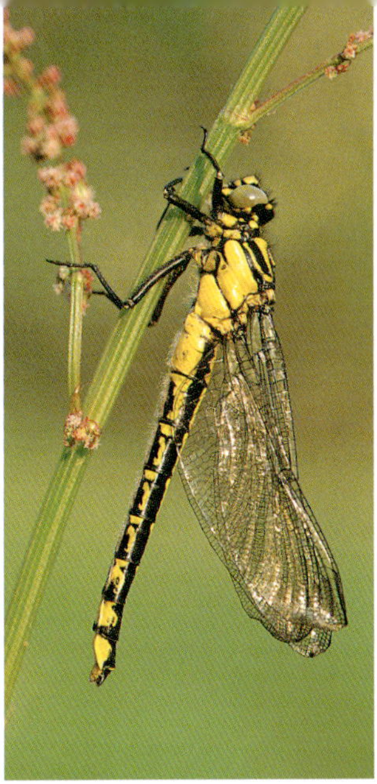
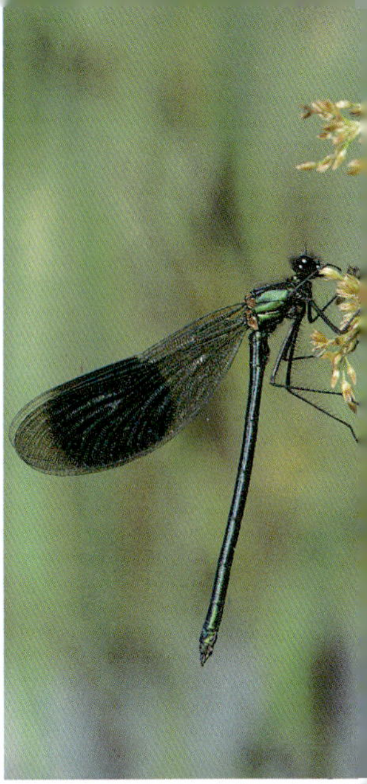
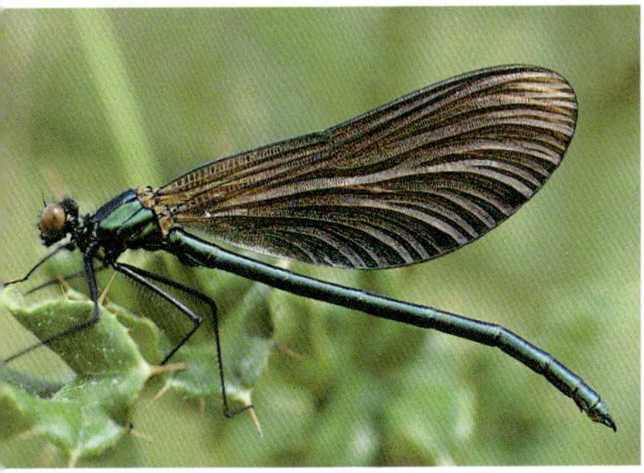
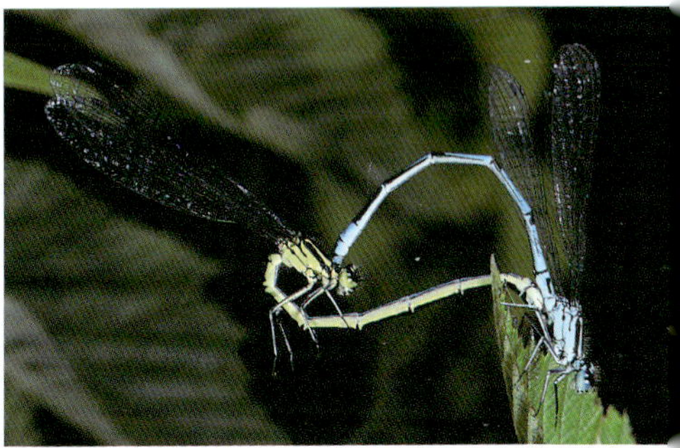
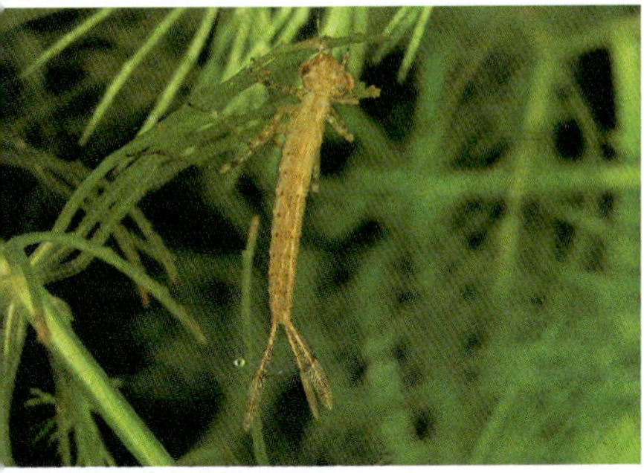
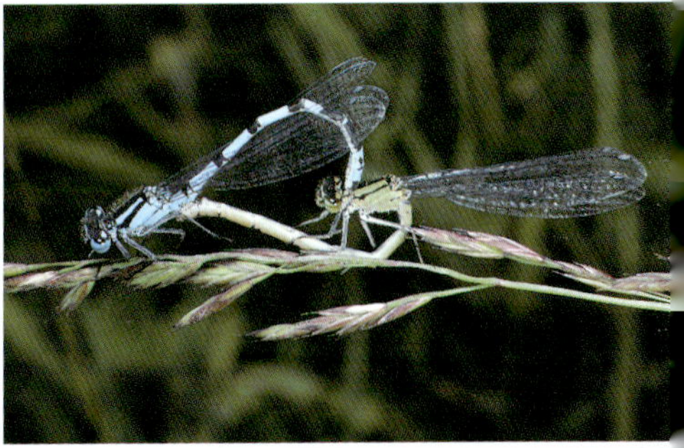
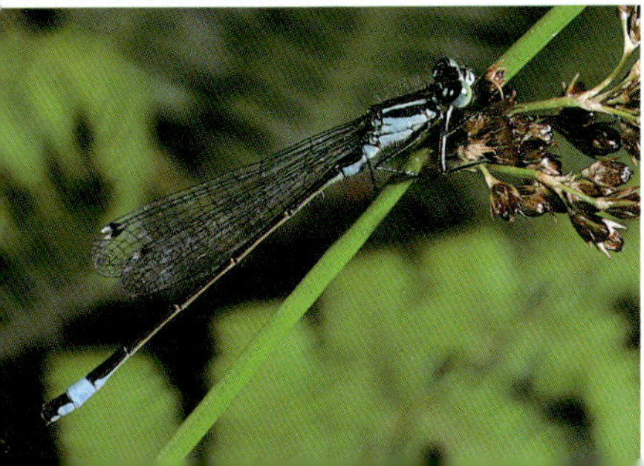
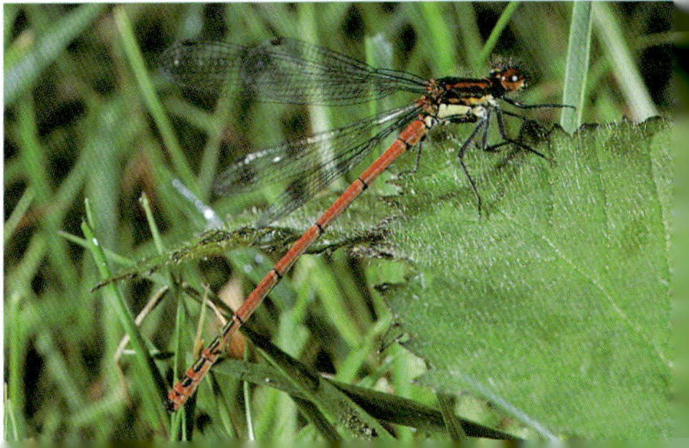

Trychfilod • Chwilod Duon, Pryfed Clust a Chlêr

COCROTSIEN DE LLOEGR *Ectobius lapponicus* Dusky cockroach Hyd 9mm
Cocrotsien fach gynhenid i Brydain. Mae'n byw ar y ddaear yn bennaf ac yn anodd ei gweld yn y coedwigoedd, y prysgoed a'r glaswelltiroedd y mae'n hoff ohonynt. Llwydfrown tywyll yw'r corff heblaw am ymylon golau'r adenydd blaen. Mae'r oedolion yn hedfan mewn tywydd cynnes yn yr haf. Fe'i gwelir yn ne Lloegr yn unig.

PRYF CLUSTIOG *Forficula auricularia* Common earwig Hyd 13mm
Pryf clustiog cyffredin iawn a welir ar y llawr ymysg dail neu o dan foncyffion a cherrig yn ystod y dydd. Daw allan gyda'r nos i fwyta deunydd organaidd marw. Mae'n hawdd adnabod y corff cochfrown sgleiniog a'r efail ar y pen ôl. Mae gefail y fenyw'n syth ac un y gwryw ar siâp cryman. Nid yw'n gallu hedfan ac fe'i gwelir trwy'r flwyddyn.

TARIANBRYF Y DDRAENEN WEN
Acanthosoma haemorrhoidale Hawthorn shield bug Hyd 13mm
Corff gwyrdd llachar ac arno farciau coch a du a blaenau clir i'r adenydd. Ei brif fwyd yw aeron y ddraenen wen felly nid yw'n crwydro'n bell o'r goeden hon. Bydd yn bwyta dail coed collddail eraill pan nad yw'r aeron ar gael. I'w weld mewn perthi a choedydd ac mae'n gyffredin trwy Gymru, Lloegr ac Iwerddon. Bydd oedolion yr hydref yn gaeafgysgu cyn ymddangos rhwng Ebrill a Gorffennaf a gwelir y larfâu rhwng Mehefin ac Awst.

TARIANBRYF EIRIN TAGU *Dolycoris baccarum* Sloe bug Hyd 12mm
Corff browngoch tywyll ac arno smotiau duon a llinellau melyn-goch a du ar hyd yr abdomen. Mae'n gyffredin ym Mhrydain ac Iwerddon ond yn brin yn y gogledd. Fe'i gwelir ar ddrain duon a choed eraill mewn perthi a bydd yn bwyta eirin tagu ac aeron eraill.

TARIANBRYF GWYRDD *Palomena prasina* Green shield bug Hyd 13mm
Corff gwyrdd hirgrwn â smotiau bach du; blaenau du i'r adenydd. Bydd yr oedolion sy'n byw dros y gaeaf yn ddigon di-nod ond mae'r rhai sy'n ymddangos ym mis Mai ar ôl gaeafgysgu yn llachar. Gwelir y larfâu yn yr haf a bydd oedolion newydd yn ymddangos ym mis Medi. Cyffredin yng Nghymru, Lloegr a de Iwerddon. Coed cyll yw ei brif fwyd.

TARIANBRYF BRITH *Sehirus bicolor* Pied shieldbug Hyd 7mm
Corff hirgrwn; marciau du a gwyn ar yr adenydd a'r abdomen. Mae'r larfa hefyd yn ddu a gwyn ond heb adenydd llawn. Ar ôl gaeafgysgu, bydd yr oedolion i'w gweld rhwng Mai a Gorffennaf. Planhigion byr fel y farddanhadlen wen a'r farddanhadlen ddu yw ei hoff fwyd. Mae'n gyffredin yng Nghymru a Lloegr ac fe'i gwelir yn bennaf mewn perthi.

TARIANBRYF Y GOEDWIG *Pentatoma rufipes* Forest bug Hyd 14mm
Corff siâp tarian a gwrymiau amlwg ar y cefn. Corff cochfrown sgleiniog ac mae'r coesau, y smotyn ar y cefn a blaenau'r adenydd yn oren-goch. Ceir llinellau oren-goch a du ar yr abdomen. Fe'i gwelir mewn coedwigoedd derw gan mai coed derw yw ei hoff fwyd, ond mae hefyd yn hoffi coed collddail eraill. Mae'n gaeafu fel larfa ac mae'r larfâu'n ymddangos ym mis Ebrill cyn troi'n oedolion rhwng Awst a Hydref. Creadur cyffredin iawn.

LLEUEN GAPSID *Deraeocoris ruber* Capsid bug spp Hyd 7mm
Lleuen gapsid gyffredin iawn yng Nghymru a de Lloegr. Mae'r lliw'n amrywio'n fawr ond, fel rheol, mae'n gochfrown tywyll â smotyn oren-goch ar flaen yr adenydd blaen. Bydd yn bwyta ffrwythau a hadau llawer o blanhigion wrth iddynt ddatblygu yn ogystal â llyslau a phryfed bach eraill. Gwelir yr oedolion yng Ngorffennaf ac Awst.

LLEUEN GAPSID *Campyloneura virgula* Capsid bug spp Hyd 5mm
Lleuen gapsid fechan iawn â chorff ac adenydd lliw hufen a brown tywyll. Mae darn orenfelyn ar y cefn ac ar flaen yr adain flaen. Cyffredin mewn coed a phrysgoed collddail. Ffrind i'r garddwr gan ei bod yn llarpio llyslau a phryfed dinistriol eraill.

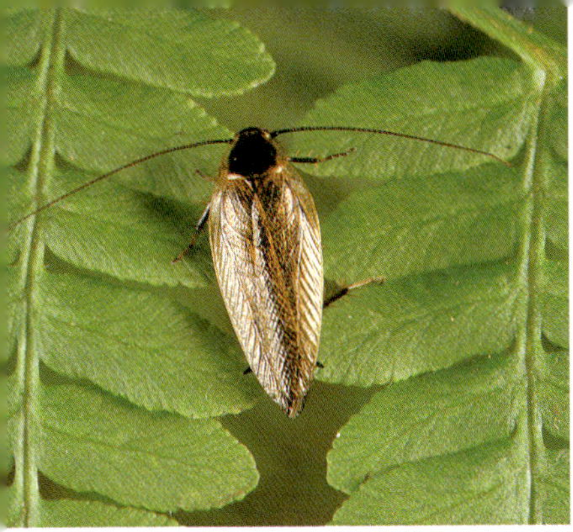
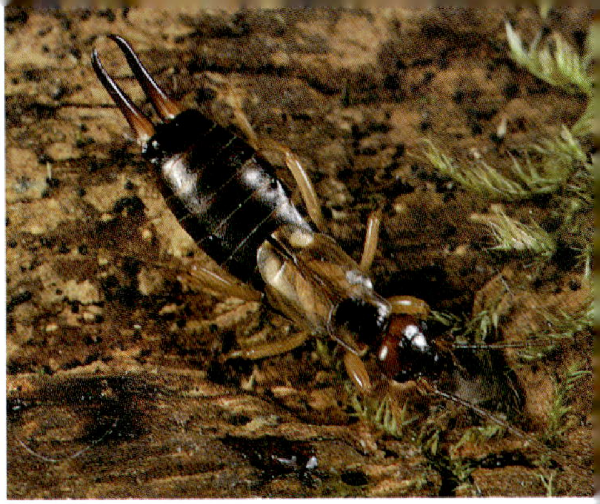
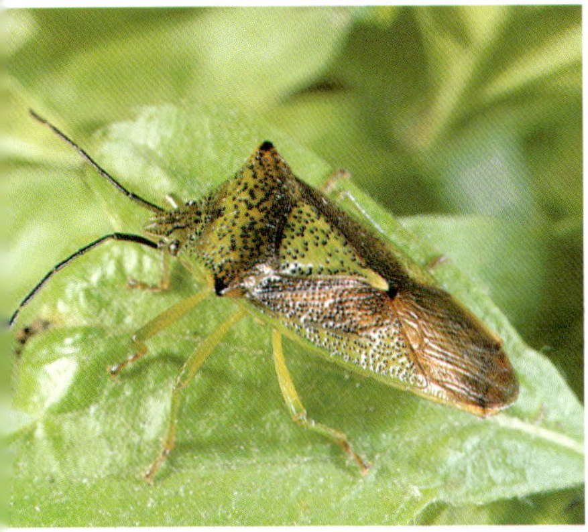
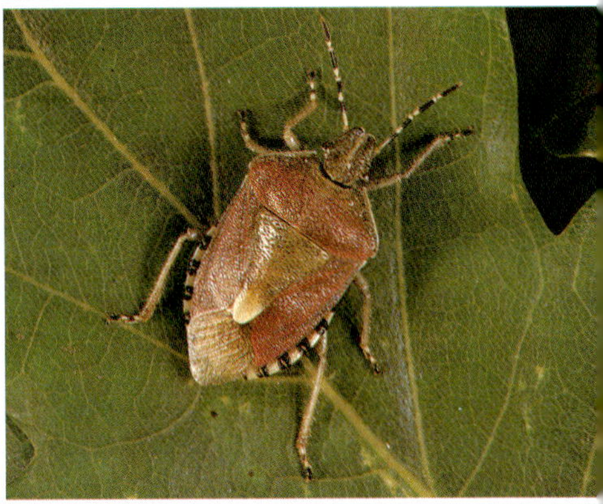
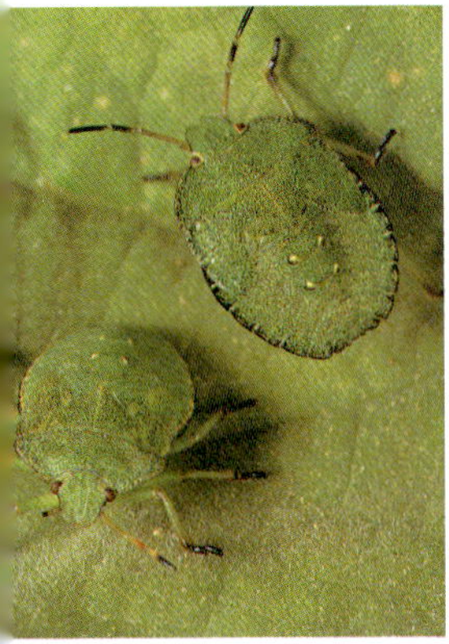
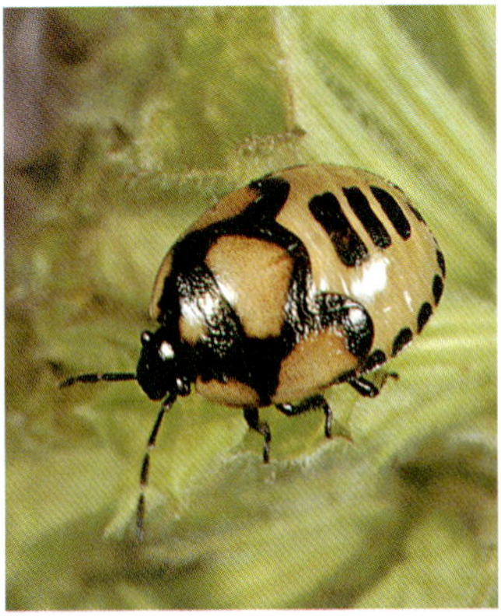
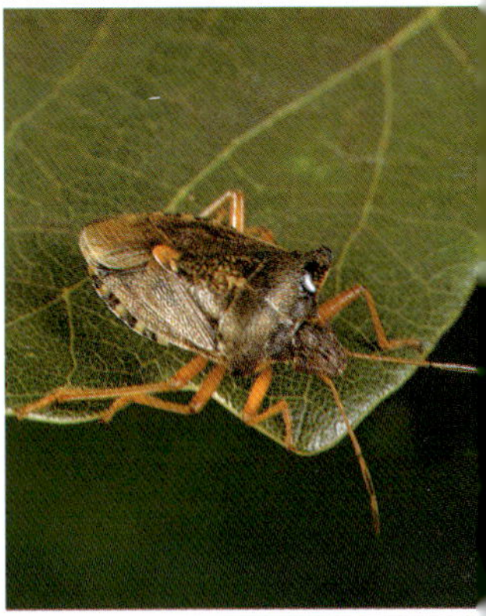
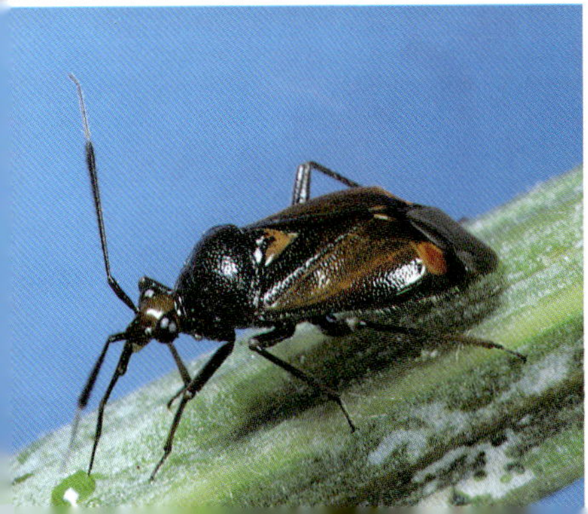
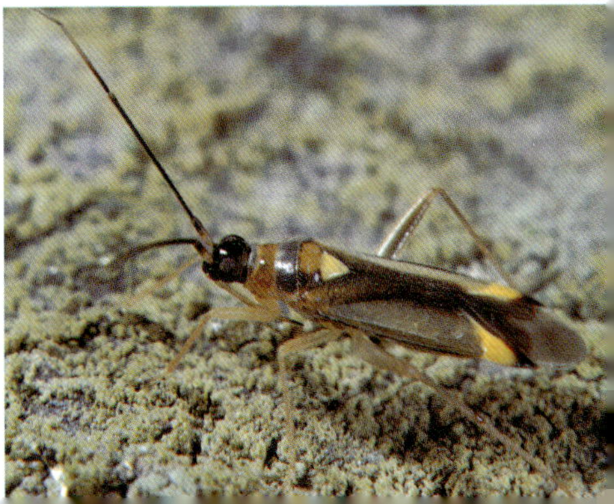

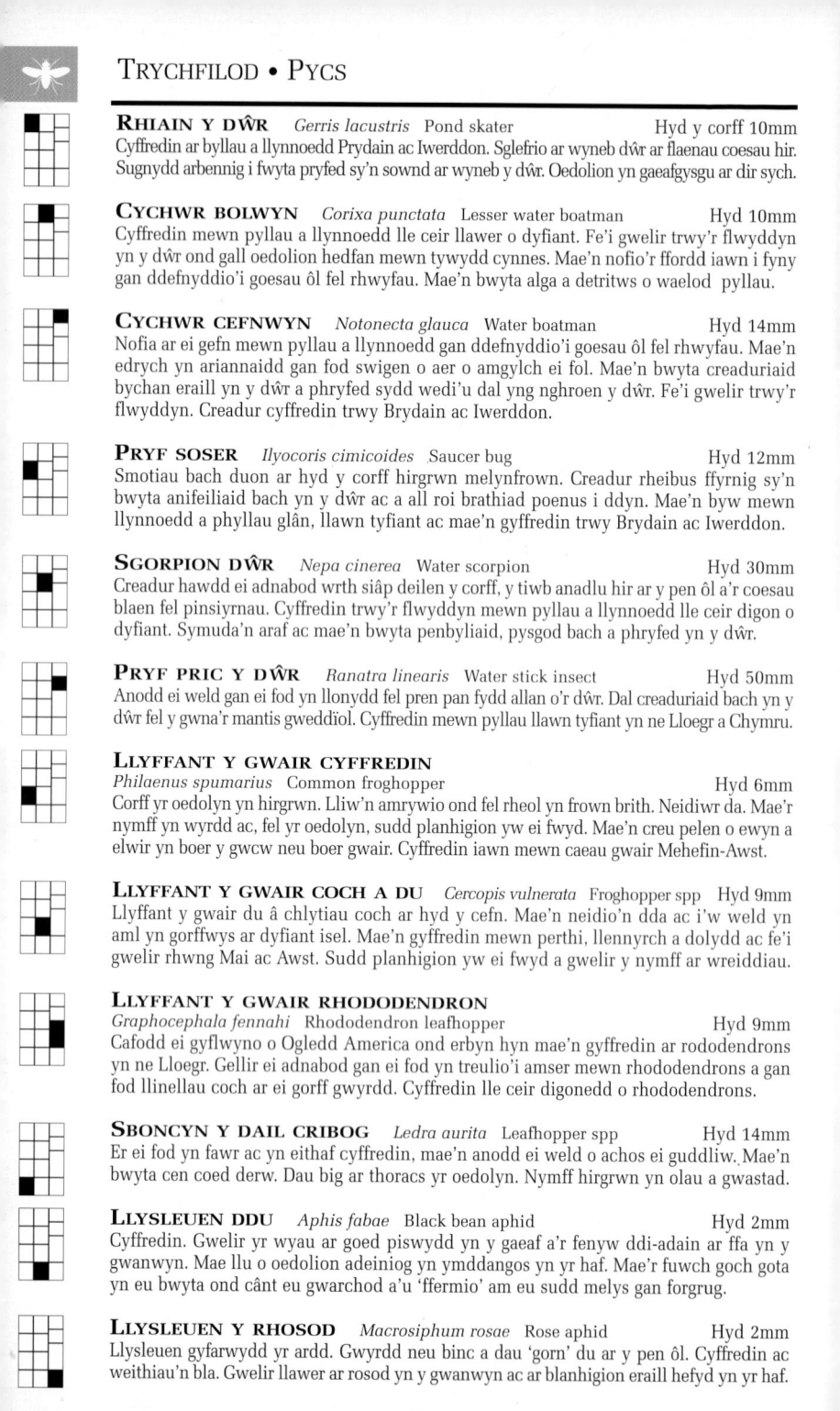

Trychfilod • Pycs

Rhiain y Dŵr   *Gerris lacustris*   Pond skater   Hyd y corff 10mm
Cyffredin ar byllau a llynnoedd Prydain ac Iwerddon. Sglefrio ar wyneb dŵr ar flaenau coesau hir. Sugnydd arbennig i fwyta pryfed sy'n sownd ar wyneb y dŵr. Oedolion yn gaeafgysgu ar dir sych.

Cychwr Bolwyn   *Corixa punctata*   Lesser water boatman   Hyd 10mm
Cyffredin mewn pyllau a llynnoedd lle ceir llawer o dyfiant. Fe'i gwelir trwy'r flwyddyn yn y dŵr ond gall oedolion hedfan mewn tywydd cynnes. Mae'n nofio'r ffordd iawn i fyny gan ddefnyddio'i goesau ôl fel rhwyfau. Mae'n bwyta alga a detritws o waelod pyllau.

Cychwr Cefnwyn   *Notonecta glauca*   Water boatman   Hyd 14mm
Nofia ar ei gefn mewn pyllau a llynnoedd gan ddefnyddio'i goesau ôl fel rhwyfau. Mae'n edrych yn ariannaidd gan fod swigen o aer o amgylch ei fol. Mae'n bwyta creaduriaid bychan eraill yn y dŵr a phryfed sydd wedi'u dal yng nghroen y dŵr. Fe'i gwelir trwy'r flwyddyn. Creadur cyffredin trwy Brydain ac Iwerddon.

Pryf Soser   *Ilyocoris cimicoides*   Saucer bug   Hyd 12mm
Smotiau bach duon ar hyd y corff hirgrwn melynfrown. Creadur rheibus ffyrnig sy'n bwyta anifeiliaid bach yn y dŵr ac a all roi brathiad poenus i ddyn. Mae'n byw mewn llynnoedd a phyllau glân, llawn tyfiant ac mae'n gyffredin trwy Brydain ac Iwerddon.

Sgorpion Dŵr   *Nepa cinerea*   Water scorpion   Hyd 30mm
Creadur hawdd ei adnabod wrth siâp deilen y corff, y tiwb anadlu hir ar y pen ôl a'r coesau blaen fel pinsiyrnau. Cyffredin trwy'r flwyddyn mewn pyllau a llynnoedd lle ceir digon o dyfiant. Symuda'n araf ac mae'n bwyta penbyliaid, pysgod bach a phryfed yn y dŵr.

Pryf Pric y Dŵr   *Ranatra linearis*   Water stick insect   Hyd 50mm
Anodd ei weld gan ei fod yn llonydd fel pren pan fydd allan o'r dŵr. Dal creaduriaid bach yn y dŵr fel y gwna'r mantis gweddïol. Cyffredin mewn pyllau llawn tyfiant yn ne Lloegr a Chymru.

Llyffant y Gwair Cyffredin
Philaenus spumarius   Common froghopper   Hyd 6mm
Corff yr oedolyn yn hirgrwn. Lliw'n amrywio ond fel rheol yn frown brith. Neidiwr da. Mae'r nymff yn wyrdd ac, fel yr oedolyn, sudd planhigion yw ei fwyd. Mae'n creu pelen o ewyn a elwir yn boer y gwcw neu boer gwair. Cyffredin iawn mewn caeau gwair Mehefin-Awst.

Llyffant y Gwair Coch a Du   *Cercopis vulnerata*   Froghopper spp   Hyd 9mm
Llyffant y gwair du â chlytiau coch ar hyd y cefn. Mae'n neidio'n dda ac i'w weld yn aml yn gorffwys ar dyfiant isel. Mae'n gyffredin mewn perthi, llennyrch a dolydd ac fe'i gwelir rhwng Mai ac Awst. Sudd planhigion yw ei fwyd a gwelir y nymff ar wreiddiau.

Llyffant y Gwair Rhododendron
Graphocephala fennahi   Rhododendron leafhopper   Hyd 9mm
Cafodd ei gyflwyno o Ogledd America ond erbyn hyn mae'n gyffredin ar rododendrons yn ne Lloegr. Gellir ei adnabod gan ei fod yn treulio'i amser mewn rhododendrons a gan fod llinellau coch ar ei gorff gwyrdd. Cyffredin lle ceir digonedd o rhododendrons.

Sboncyn y Dail Cribog   *Ledra aurita*   Leafhopper spp   Hyd 14mm
Er ei fod yn fawr ac yn eithaf cyffredin, mae'n anodd ei weld o achos ei guddliw. Mae'n bwyta cen coed derw. Dau big ar thoracs yr oedolyn. Nymff hirgrwn yn olau a gwastad.

Llysleuen Ddu   *Aphis fabae*   Black bean aphid   Hyd 2mm
Cyffredin. Gwelir yr wyau ar goed piswydd yn y gaeaf a'r fenyw ddi-adain ar ffa yn y gwanwyn. Mae llu o oedolion adeiniog yn ymddangos yn yr haf. Mae'r fuwch goch gota yn eu bwyta ond cânt eu gwarchod a'u 'ffermio' am eu sudd melys gan forgrug.

Llysleuen y Rhosod   *Macrosiphum rosae*   Rose aphid   Hyd 2mm
Llysleuen gyfarwydd yr ardd. Gwyrdd neu binc a dau 'gorn' du ar y pen ôl. Cyffredin ac weithiau'n bla. Gwelir llawer ar rosod yn y gwanwyn ac ar blanhigion eraill hefyd yn yr haf.

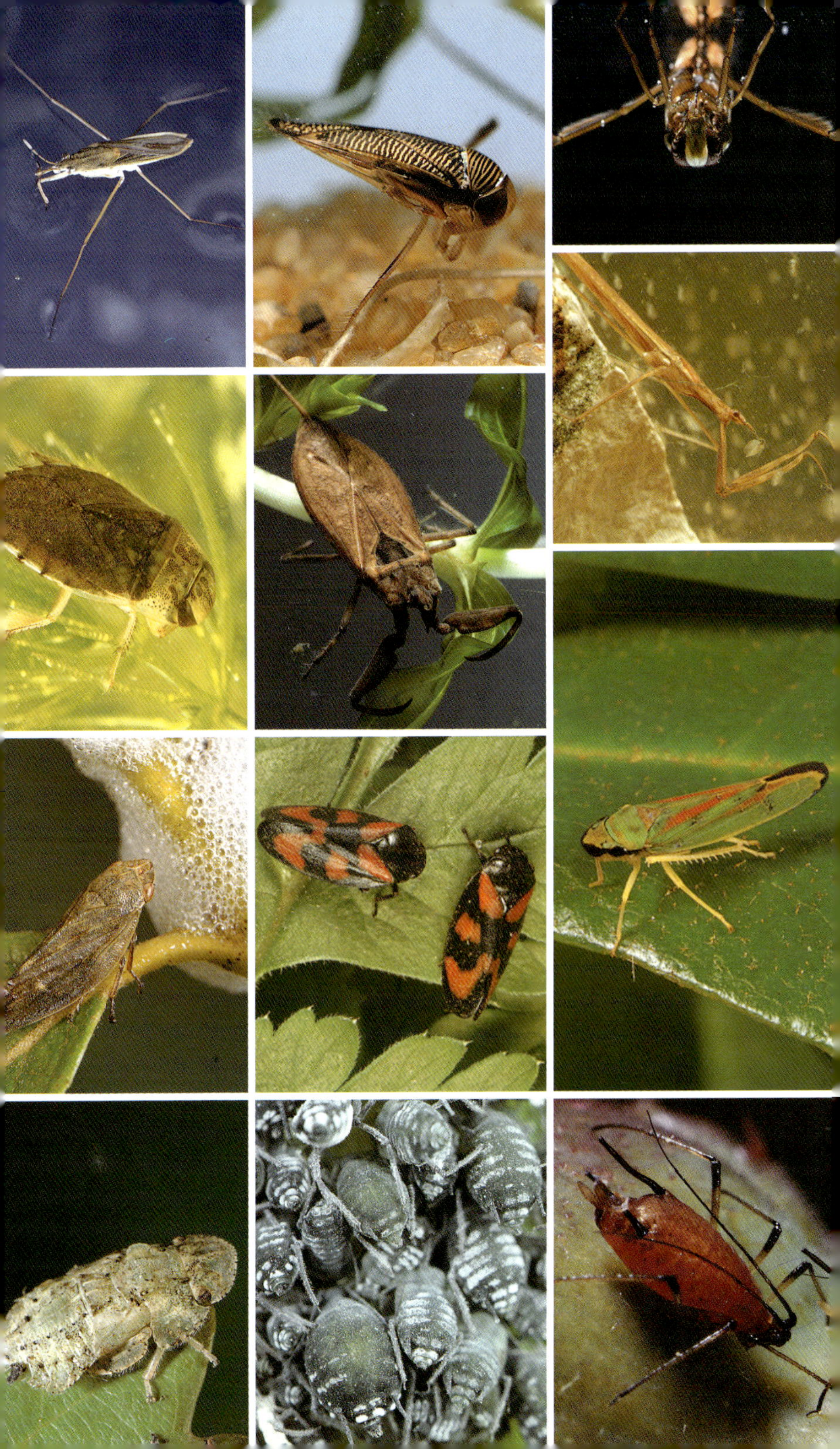

Trychfilod • Adenydd Sidan a'u Perthnasau, a Phryfed Gwellt

Brych y Gro *Sialis lutaria* Alder fly   Hyd 14mm
Mae'r oedolyn (A) yn debyg i adain sidan ond bod ganddo adenydd brown llydan a gwythiennau amlwg yn rhwydwaith syml drostynt. Wrth orffwys, mae'n dal ei adenydd fel pabell dros y corff. Hedfanwr gwael, yn aml yn gorffwys ar dyfiant ger y dŵr ym Mai a Mehefin. Mae'r larfa (B) dyfrol yn rheibus a cheir tagellau ar hyd ei abdomen brown.

Adain Sidan *Chrysoperla carnea* Lacewing   Hyd 15mm
Pryf cyfarwydd mewn tai a gerddi. Mae gan yr adain sidan adenydd clir a gwythiennau amlwg arnynt. Fe'i gwelir ymysg llystyfiant yn yr haf, a chaiff ei denu at oleuadau. Yn yr hydref, daw i dai i aeafgysgu a bydd ei lliw'n newid o wyrdd i binc. Mae'r larfa'n bwyta llyslau ac yn creu cartref â chuddliw perffaith o'u crwyn gwag. Ffrind y garddwr.

Pryf Sgorpion *Panorpa communis* Scorpion fly   Hyd 14mm
Pryf od yr olwg. Abdomen y gwryw'n debyg i sgorpion. Hedfanwr gwael sy'n dal ei adenydd yn wastad wrth orffwys. Mae'n sboriona ar gyrff anifeiliaid ac yn defnyddio'i 'big' arbennig i fwyta ffrwythau aeddfed. I'w weld Mai-Gorffennaf mewn perthi a mieri.

Pryf Gyddfog *Raphidia notata* Snake fly   Hyd 14mm
Mae'r thoracs hir yn galluogi'r pryf hwn i godi ei ben fel neidr. Ceir gwythiennau amlwg yn yr adenydd clir, yn debyg i'r adain sidan. Fe'i gwelir rhwng Mai a Gorffennaf, yn bennaf mewn coed derw aeddfed. Mae'r oedolion yn bwyta llyslau ac mae'r larfâu, sy'n byw mewn pren wedi pydru neu o dan risgl coed, yn bwyta pryfed bach.

Pryf Gwellt *Agapetes fuscipes* Caddis fly spp   Hyd 9mm
Pryf gwellt bychan sy'n gysylltiedig â nentydd sy'n llifo'n gyflym dros waelodion caregog. Cyffredin weithiau mewn nentydd calchog lle gwelir casys y larfâu ar lawer o gerrig. Mae gan yr oedolion adenydd brown golau, blewog a phan fyddant yn ymddangos yn y gwanwyn, bydd miloedd yn gorchuddio'r tyfiant ar hyd ymyl y dŵr.

Pryf Gwellt *Glyphotaelius pellucidus* Caddis fly spp   Hyd 16mm
Pryf gwellt cyffredin a welir mewn pyllau a llynnoedd llonydd. Mae'r larfa'n creu casyn o hen ddail ac mae'n anodd ei weld nes ei fod yn symud. Mae gan yr oedolyn adenydd brith brown a gwyn a bwlch ar ymyl allanol yr adain flaen. Oedolion yn hedfan Ebrill-Mehefin.

Pryf Gwellt *Limnephilus rhombicus* Caddis fly spp   Hyd casyn y larfa 18mm
Pryf gwellt cyffredin mewn amrywiaeth o ddyfroedd, o byllau i afonydd calchaidd sy'n llifo'n araf. Mae'r larfa'n adeiladu casyn allan o goesau planhigion y dŵr. Er bod y casyn yn fawr, gall y larfa symud yn gyflym. Mae gan yr oedolion adenydd blaenfain brown, smotiog.

Pryf Gwellt *Phryganea striata* Caddis fly spp   Hyd 12mm
Un o'n pryfed gwellt mwyaf. Daw at olau weithiau. Cyffredin iawn, yn enwedig yng ngogledd a gorllewin Prydain. Adenydd brith brown a hufen a llinell ddu doredig ar adain y fenyw. Larfa'n adeiladu casyn o ddail a choesau planhigion mewn tröell i greu silindr.

Pryf Gwellt *Limnephilus elegans* Caddis fly spp   Hyd 12mm
Pryf gwellt hardd ag adenydd blewog llwydfrown a llinellau du ar yr adenydd blaen. Wrth orffwys, fel pob pryf gwellt, mae'n dal y teimlyddion yn syth allan o flaen y pen. Gwneir casyn trwsgl y larfa o ddarnau o blanhigion. Mae'r oedolion yn ymddangos rhwng Mai a Gorffennaf ac fe'u gwelir ar byllau'r ucheldir ac afonydd sy'n llifo'n araf.

Pryf Gwellt *Limnephilus marmoratus* Caddis fly spp   Hyd 13mm
Pryf sy'n gysylltiedig â llynnoedd lle ceir digon o dyfiant yn ucheldiroedd a gogledd Prydain. Ceir patrymau brown a gwyn ar adenydd blaen yr oedolyn ac fe'i gwelir yn gorffwys ar blanhigion y dŵr rhwng Mai a Gorffennaf. Bydd y larfa'n adeiladu casyn o ddarnau o blanhigion ac, weithiau, fe'i gwelir yn symud o gwmpas mewn dŵr clir.

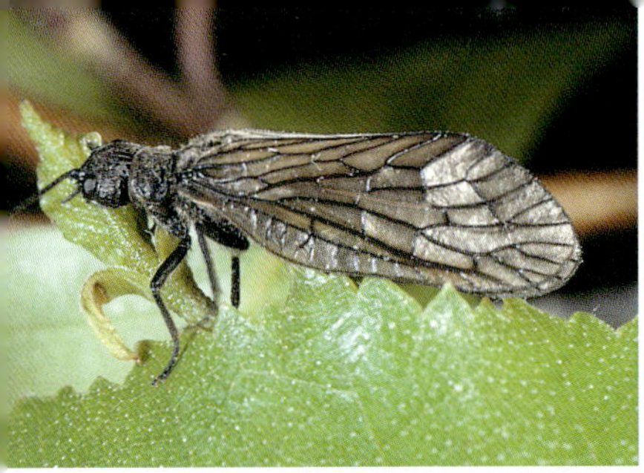
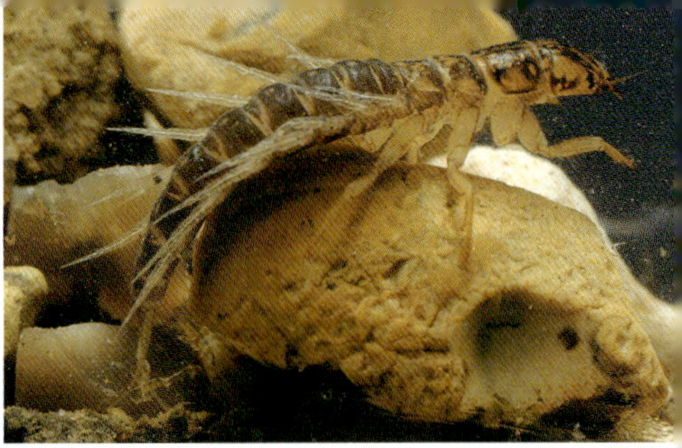
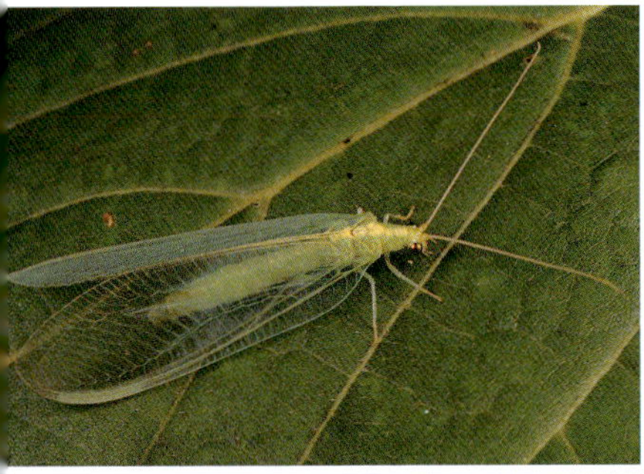
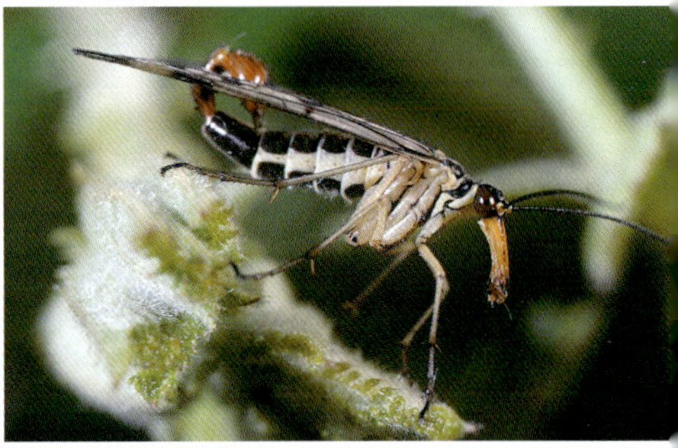
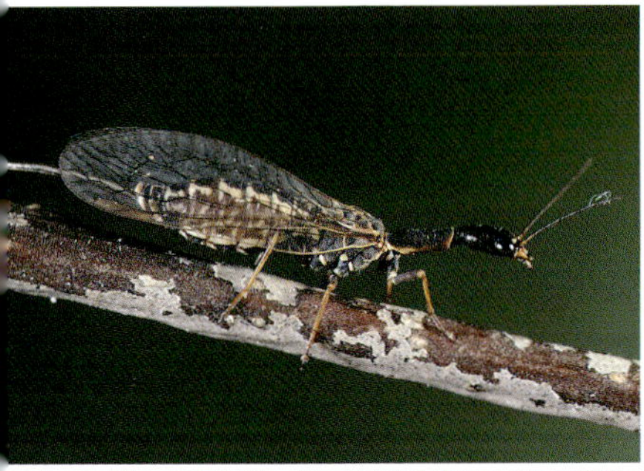
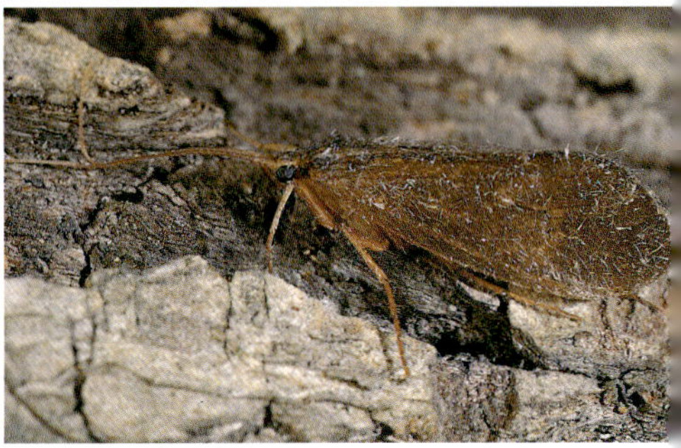
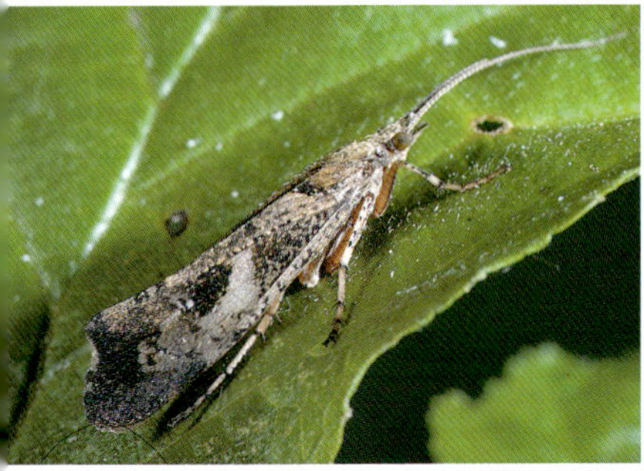
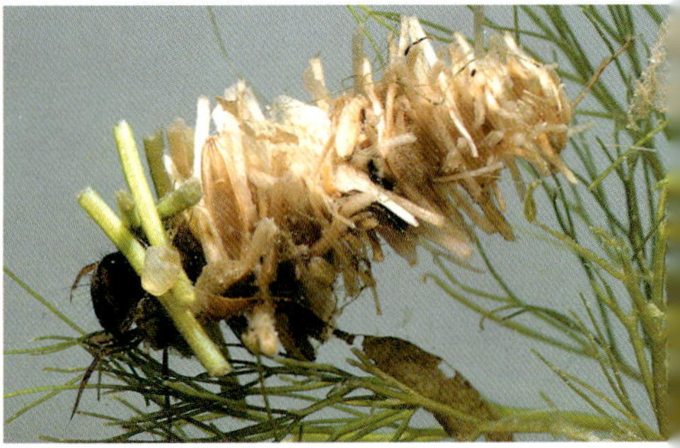
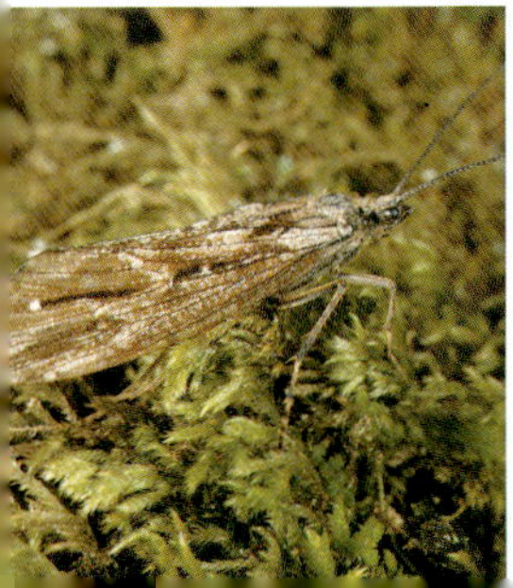
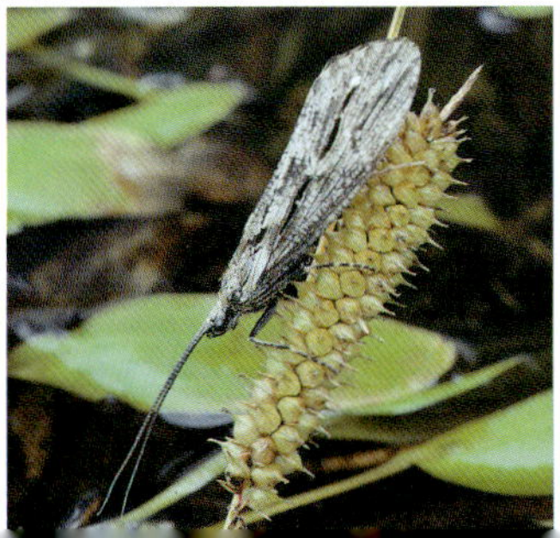
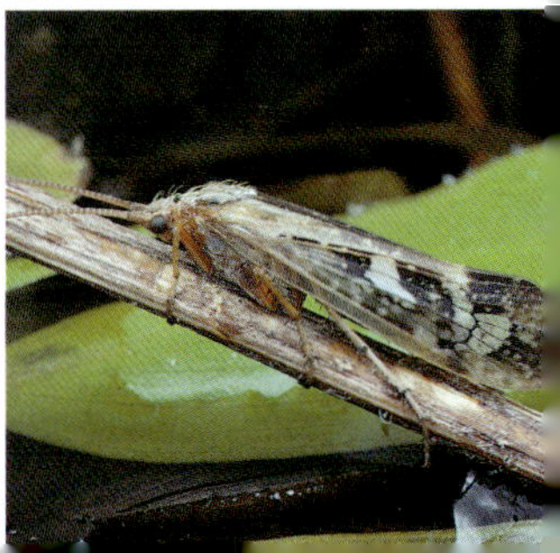

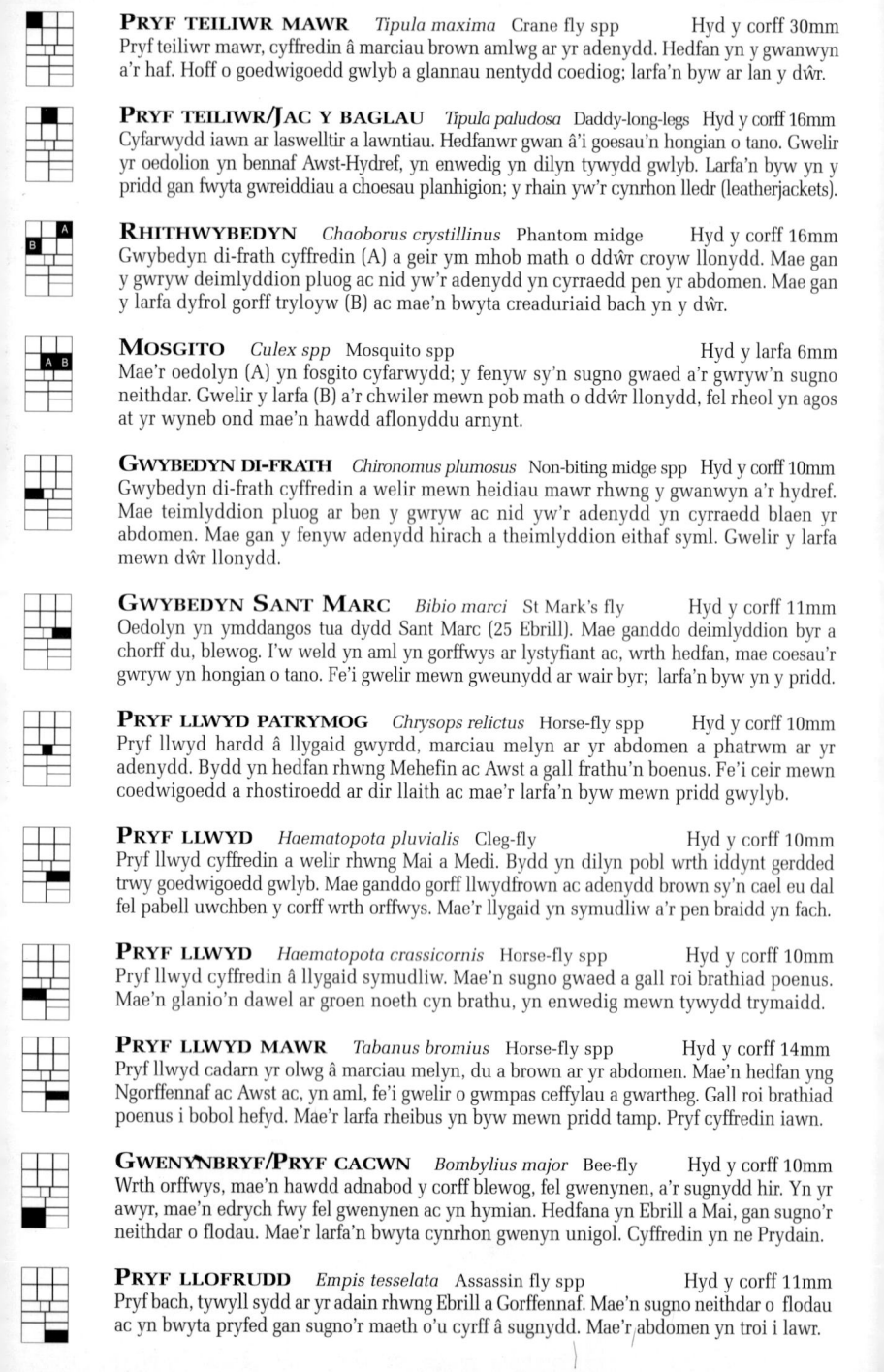

Trychfilod • Pryfed

Pryf teiliwr mawr   *Tipula maxima*   Crane fly spp   Hyd y corff 30mm
Pryf teiliwr mawr, cyffredin â marciau brown amlwg ar yr adenydd. Hedfan yn y gwanwyn a'r haf. Hoff o goedwigoedd gwlyb a glannau nentydd coediog; larfa'n byw ar lan y dŵr.

Pryf teiliwr/Jac y baglau   *Tipula paludosa*   Daddy-long-legs   Hyd y corff 16mm
Cyfarwydd iawn ar laswelltir a lawntiau. Hedfanwr gwan â'i goesau'n hongian o tano. Gwelir yr oedolion yn bennaf Awst-Hydref, yn enwedig yn dilyn tywydd gwlyb. Larfa'n byw yn y pridd gan fwyta gweiddiau a choesau planhigion; y rhain yw'r cynrhon lledr (leatherjackets).

Rhithwybedyn   *Chaoborus crystillinus*   Phantom midge   Hyd y corff 16mm
Gwybedyn di-frath cyffredin (A) a geir ym mhob math o ddŵr croyw llonydd. Mae gan y gwryw deimlyddion pluog ac nid yw'r adenydd yn cyrraedd pen yr abdomen. Mae gan y larfa dyfrol gorff tryloyw (B) ac mae'n bwyta creaduriaid bach yn y dŵr.

Mosgito   *Culex spp*   Mosquito spp   Hyd y larfa 6mm
Mae'r oedolyn (A) yn fosgito cyfarwydd; y fenyw sy'n sugno gwaed a'r gwryw'n sugno neithdar. Gwelir y larfa (B) a'r chwiler mewn pob math o ddŵr llonydd, fel rheol yn agos at yr wyneb ond mae'n hawdd aflonyddu arnynt.

Gwybedyn di-frath   *Chironomus plumosus*   Non-biting midge spp   Hyd y corff 10mm
Gwybedyn di-frath cyffredin a welir mewn heidiau mawr rhwng y gwanwyn a'r hydref. Mae teimlyddion pluog ar ben y gwryw ac nid yw'r adenydd yn cyrraedd blaen yr abdomen. Mae gan y fenyw adenydd hirach a theimlyddion eithaf syml. Gwelir y larfa mewn dŵr llonydd.

Gwybedyn Sant Marc   *Bibio marci*   St Mark's fly   Hyd y corff 11mm
Oedolyn yn ymddangos tua dydd Sant Marc (25 Ebrill). Mae ganddo deimlyddion byr a chorff du, blewog. I'w weld yn aml yn gorffwys ar lystyfiant ac, wrth hedfan, mae coesau'r gwryw yn hongian o tano. Fe'i gwelir mewn gweunydd ar wair byr; larfa'n byw yn y pridd.

Pryf llwyd patrymog   *Chrysops relictus*   Horse-fly spp   Hyd y corff 10mm
Pryf llwyd hardd â llygaid gwyrdd, marciau melyn ar yr abdomen a phatrwm ar yr adenydd. Bydd yn hedfan rhwng Mehefin ac Awst a gall frathu'n boenus. Fe'i ceir mewn coedwigoedd a rhostiroedd ar dir llaith ac mae'r larfa'n byw mewn pridd gwylyb.

Pryf llwyd   *Haematopota pluvialis*   Cleg-fly   Hyd y corff 10mm
Pryf llwyd cyffredin a welir rhwng Mai a Medi. Bydd yn dilyn pobl wrth iddynt gerdded trwy goedwigoedd gwlyb. Mae ganddo gorff llwydfrown ac adenydd brown sy'n cael eu dal fel pabell uwchben y corff wrth orffwys. Mae'r llygaid yn symudliw a'r pen braidd yn fach.

Pryf llwyd   *Haematopota crassicornis*   Horse-fly spp   Hyd y corff 10mm
Pryf llwyd cyffredin â llygaid symudliw. Mae'n sugno gwaed a gall roi brathiad poenus. Mae'n glanio'n dawel ar groen noeth cyn brathu, yn enwedig mewn tywydd trymaidd.

Pryf llwyd mawr   *Tabanus bromius*   Horse-fly spp   Hyd y corff 14mm
Pryf llwyd cadarn yr olwg â marciau melyn, du a brown ar yr abdomen. Mae'n hedfan yng Ngorffennaf ac Awst ac, yn aml, fe'i gwelir o gwmpas ceffylau a gwartheg. Gall roi brathiad poenus i bobol hefyd. Mae'r larfa rheibus yn byw mewn pridd tamp. Pryf cyffredin iawn.

Gwenynbryf/Pryf cacwn   *Bombylius major*   Bee-fly   Hyd y corff 10mm
Wrth orffwys, mae'n hawdd adnabod y corff blewog, fel gwenynen, a'r sugnydd hir. Yn yr awyr, mae'n edrych fwy fel gwenynen ac yn hymian. Hedfana yn Ebrill a Mai, gan sugno'r neithdar o flodau. Mae'r larfa'n bwyta cynrhon gwenyn unigol. Cyffredin yn ne Prydain.

Pryf llofrudd   *Empis tesselata*   Assassin fly spp   Hyd y corff 11mm
Pryf bach, tywyll sydd ar yr adain rhwng Ebrill a Gorffennaf. Mae'n sugno neithdar o flodau ac yn bwyta pryfed gan sugno'r maeth o'u cyrff â sugnydd. Mae'r abdomen yn troi i lawr.

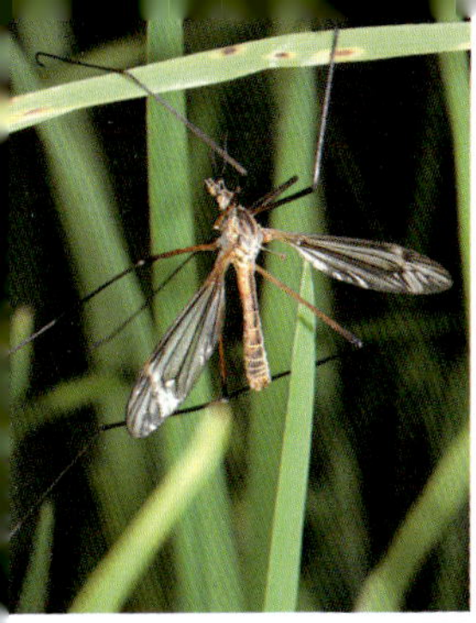
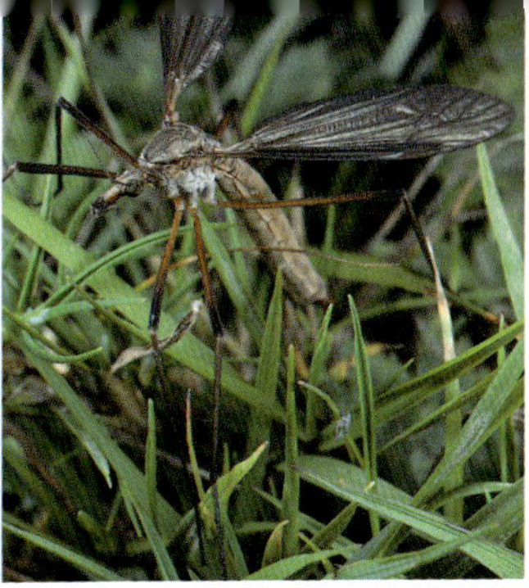
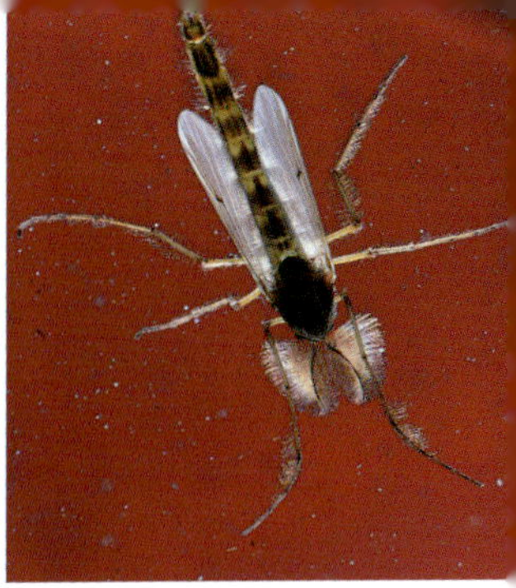
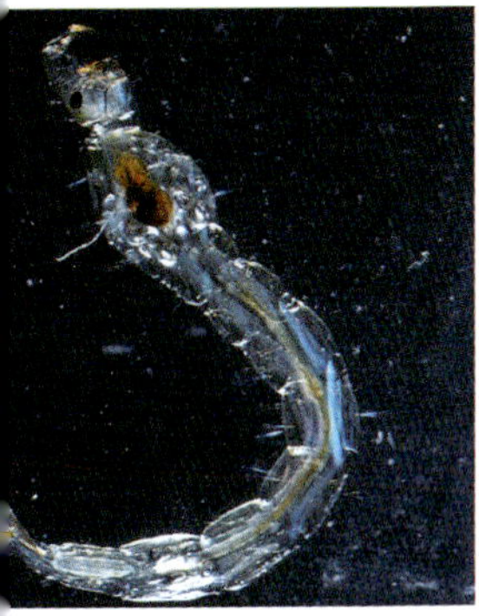
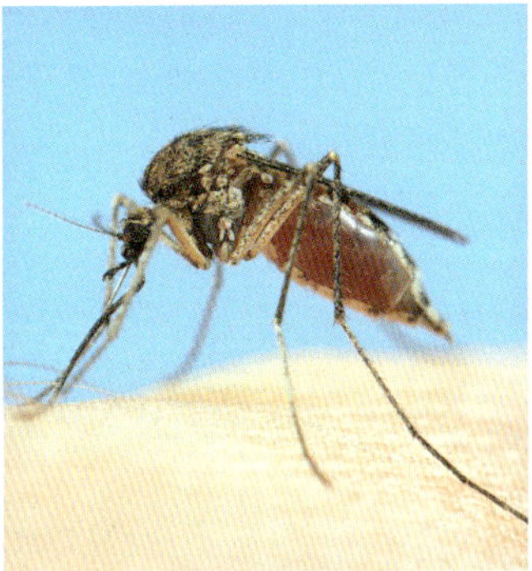
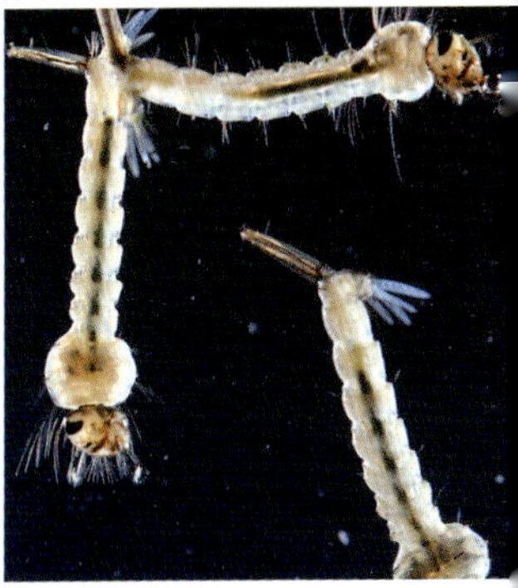
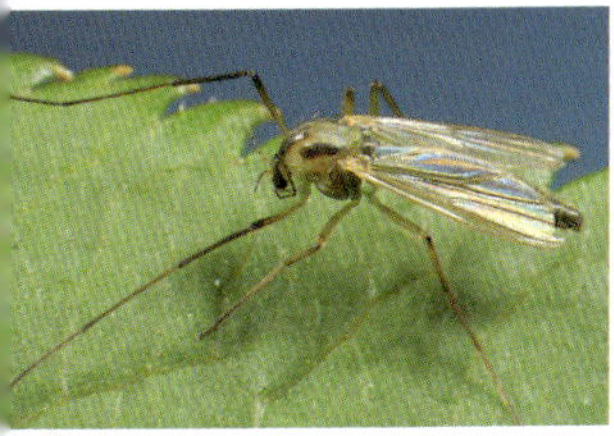
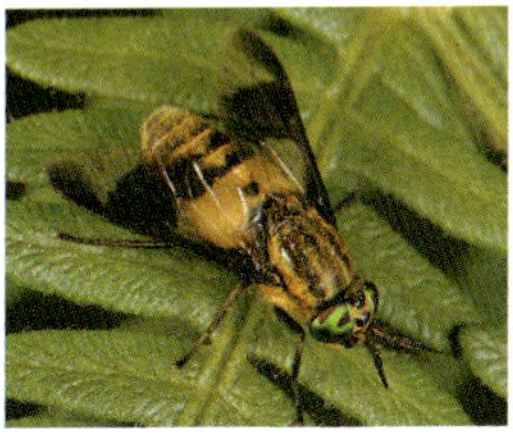
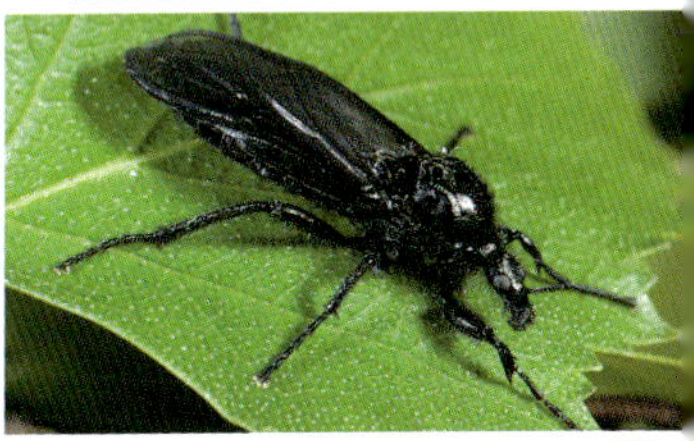
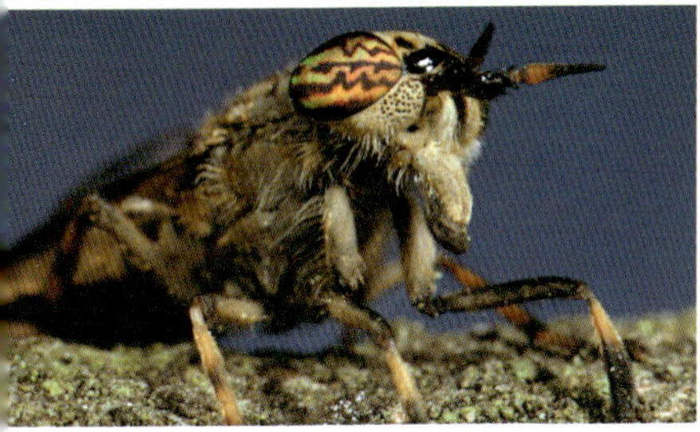
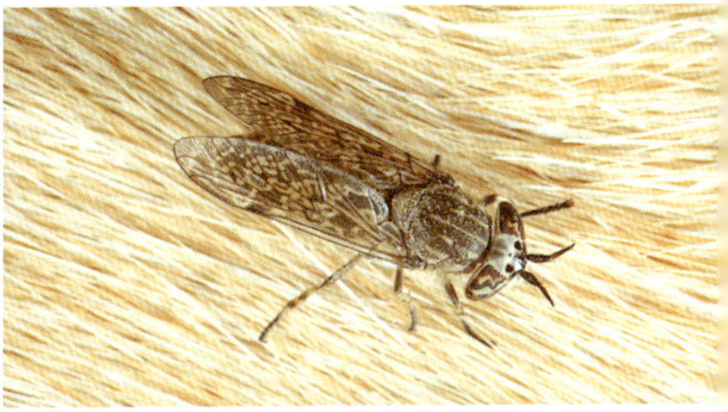
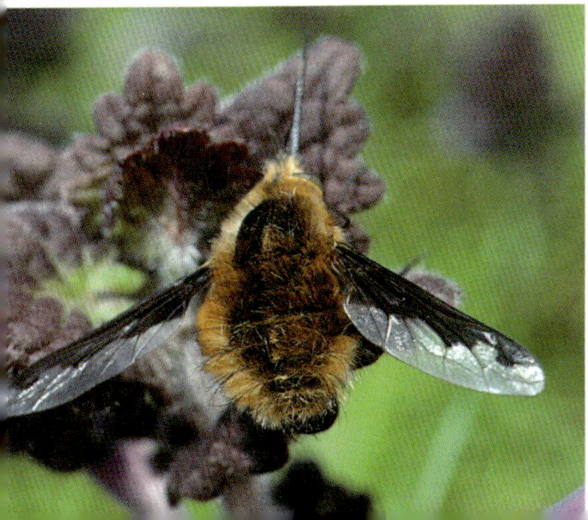
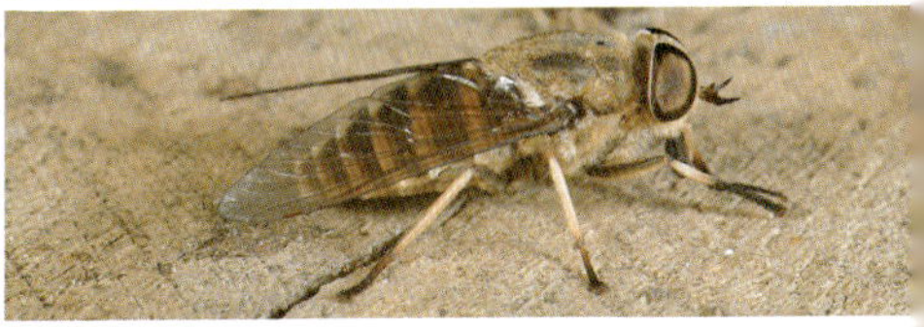
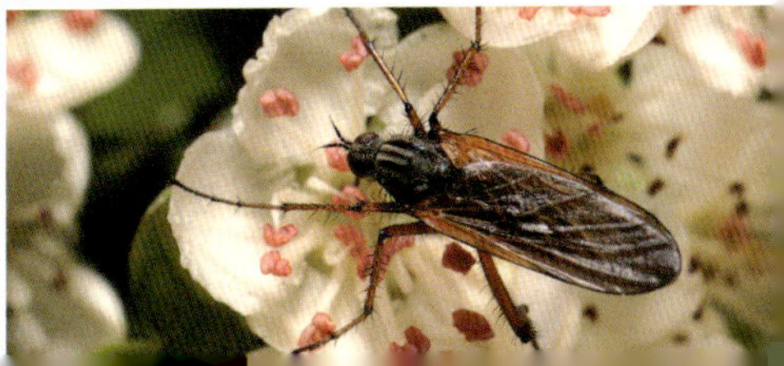

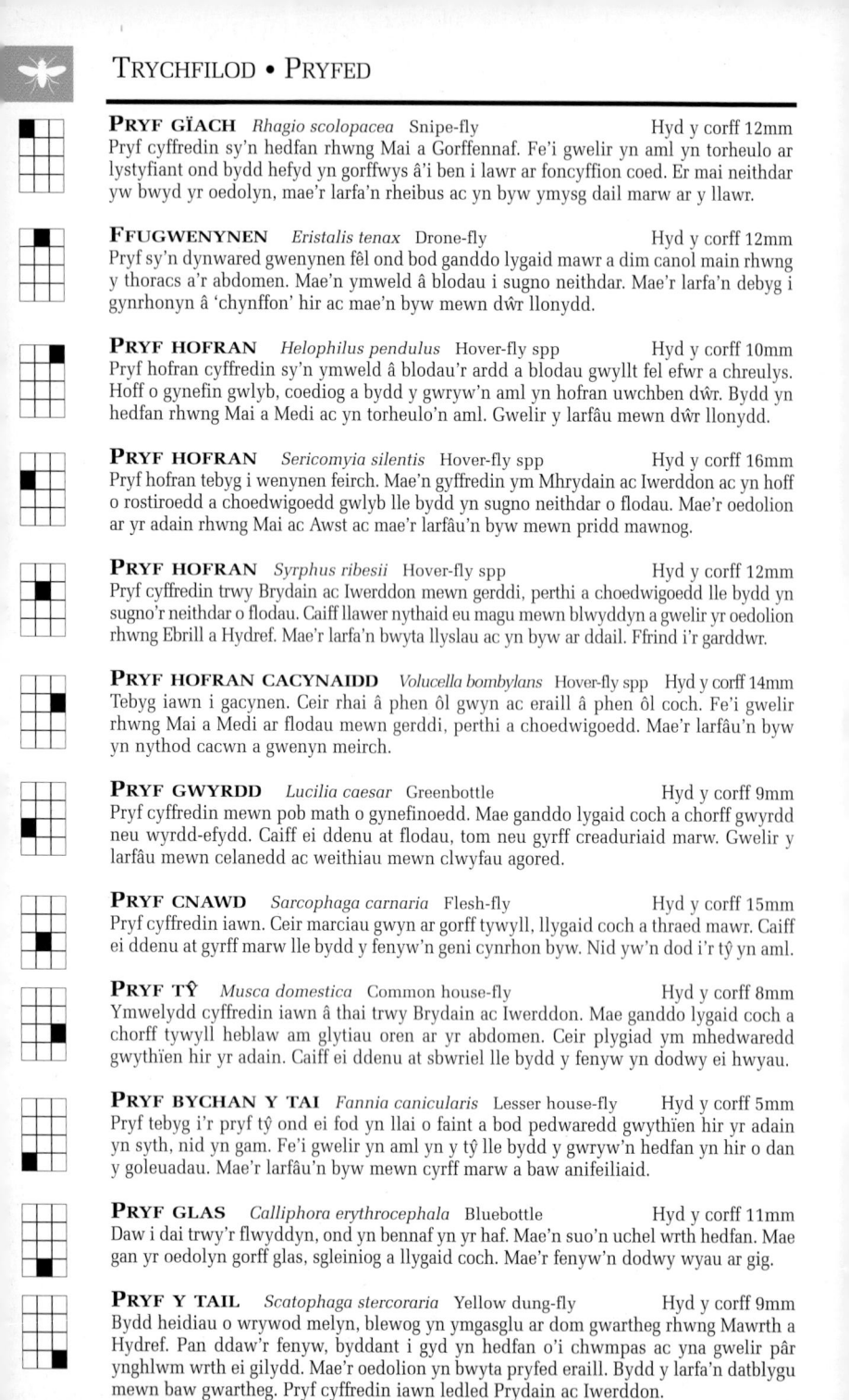

Trychfilod • Pryfed

Pryf Gïach *Rhagio scolopacea* Snipe-fly Hyd y corff 12mm
Pryf cyffredin sy'n hedfan rhwng Mai a Gorffennaf. Fe'i gwelir yn aml yn torheulo ar lystyfiant ond bydd hefyd yn gorffwys â'i ben i lawr ar foncyffion coed. Er mai neithdar yw bwyd yr oedolyn, mae'r larfa'n rheibus ac yn byw ymysg dail marw ar y llawr.

Ffugwenynen *Eristalis tenax* Drone-fly Hyd y corff 12mm
Pryf sy'n dynwared gwenynen fêl ond bod ganddo lygaid mawr a dim canol main rhwng y thoracs a'r abdomen. Mae'n ymweld â blodau i sugno neithdar. Mae'r larfa'n debyg i gynrhonyn â 'chynffon' hir ac mae'n byw mewn dŵr llonydd.

Pryf Hofran *Helophilus pendulus* Hover-fly spp Hyd y corff 10mm
Pryf hofran cyffredin sy'n ymweld â blodau'r ardd a blodau gwyllt fel efwr a chreulys. Hoff o gynefin gwlyb, coediog a bydd y gwryw'n aml yn hofran uwchben dŵr. Bydd yn hedfan rhwng Mai a Medi ac yn torheulo'n aml. Gwelir y larfâu mewn dŵr llonydd.

Pryf Hofran *Sericomyia silentis* Hover-fly spp Hyd y corff 16mm
Pryf hofran tebyg i wenynen feirch. Mae'n gyffredin ym Mhrydain ac Iwerddon ac yn hoff o rostiroedd a choedwigoedd gwlyb lle bydd yn sugno neithdar o flodau. Mae'r oedolion ar yr adain rhwng Mai ac Awst ac mae'r larfâu'n byw mewn pridd mawnog.

Pryf Hofran *Syrphus ribesii* Hover-fly spp Hyd y corff 12mm
Pryf cyffredin trwy Brydain ac Iwerddon mewn gerddi, perthi a choedwigoedd lle bydd yn sugno'r neithdar o flodau. Caiff llawer nythaid eu magu mewn blwyddyn a gwelir yr oedolion rhwng Ebrill a Hydref. Mae'r larfa'n bwyta llyslau ac yn byw ar ddail. Ffrind i'r garddwr.

Pryf Hofran Cacynaidd *Volucella bombylans* Hover-fly spp Hyd y corff 14mm
Tebyg iawn i gacynen. Ceir rhai â phen ôl gwyn ac eraill â phen ôl coch. Fe'i gwelir rhwng Mai a Medi ar flodau mewn gerddi, perthi a choedwigoedd. Mae'r larfâu'n byw yn nythod cacwn a gwenyn meirch.

Pryf Gwyrdd *Lucilia caesar* Greenbottle Hyd y corff 9mm
Pryf cyffredin mewn pob math o gynefinoedd. Mae ganddo lygaid coch a chorff gwyrdd neu wyrdd-efydd. Caiff ei ddenu at flodau, tom neu gyrff creaduriaid marw. Gwelir y larfâu mewn celanedd ac weithiau mewn clwyfau agored.

Pryf Cnawd *Sarcophaga carnaria* Flesh-fly Hyd y corff 15mm
Pryf cyffredin iawn. Ceir marciau gwyn ar gorff tywyll, llygaid coch a thraed mawr. Caiff ei ddenu at gyrff marw lle bydd y fenyw'n geni cynrhon byw. Nid yw'n dod i'r tŷ yn aml.

Pryf Tŷ *Musca domestica* Common house-fly Hyd y corff 8mm
Ymwelydd cyffredin iawn â thai trwy Brydain ac Iwerddon. Mae ganddo lygaid coch a chorff tywyll heblaw am glytiau oren ar yr abdomen. Ceir plygiad ym mhedwaredd gwythïen hir yr adain. Caiff ei ddenu at sbwriel lle bydd y fenyw'n dodwy ei hwyau.

Pryf Bychan y Tai *Fannia canicularis* Lesser house-fly Hyd y corff 5mm
Pryf tebyg i'r pryf tŷ ond ei fod yn llai o faint a bod pedwaredd gwythïen hir yr adain yn syth, nid yn gam. Fe'i gwelir yn aml yn y tŷ lle bydd y gwryw'n hedfan yn hir o dan y goleuadau. Mae'r larfâu'n byw mewn cyrff marw a baw anifeiliaid.

Pryf Glas *Calliphora erythrocephala* Bluebottle Hyd y corff 11mm
Daw i dai trwy'r flwyddyn, ond yn bennaf yn yr haf. Mae'n suo'n uchel wrth hedfan. Mae gan yr oedolyn gorff glas, sgleiniog a llygaid coch. Mae'r fenyw'n dodwy wyau ar gig.

Pryf y Tail *Scatophaga stercoraria* Yellow dung-fly Hyd y corff 9mm
Bydd heidiau o wrywod melyn, blewog yn ymgasglu ar dom gwartheg rhwng Mawrth a Hydref. Pan ddaw'r fenyw, byddant i gyd yn hedfan o'i chwmpas ac yna gwelir pâr ynghlwm wrth ei gilydd. Mae'r oedolion yn bwyta pryfed eraill. Bydd y larfa'n datblygu mewn baw gwartheg. Pryf cyffredin iawn ledled Prydain ac Iwerddon.

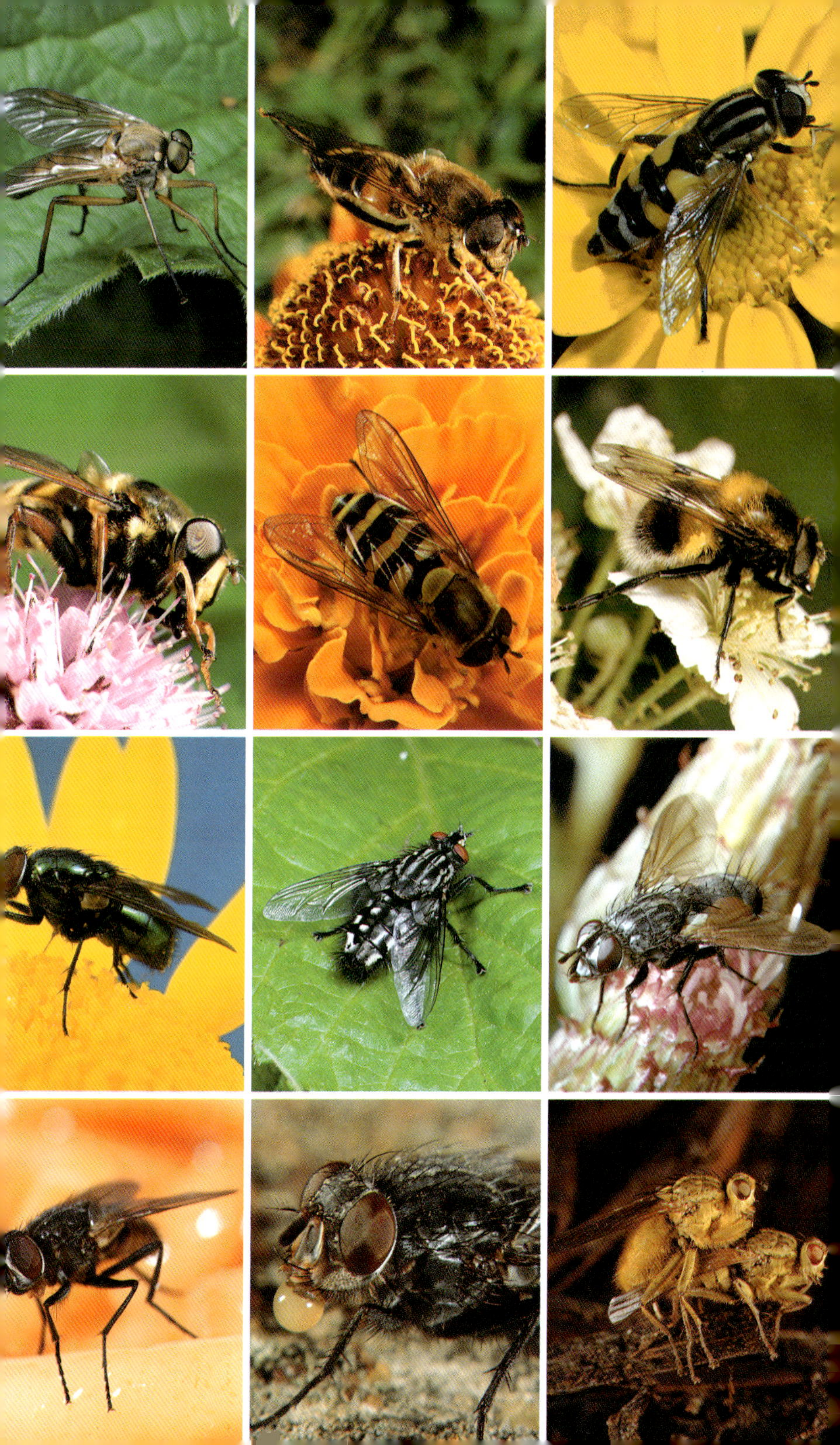

Trychfilod • Llifbryfed, Gwenyn y Derw ac ati

Llifbryf y Fedwen *Cimbex femoratus* Birch sawfly Hyd 21mm
Oedolyn mawr du â darn melyn ar ran ucha'r abdomen ac ar flaen y teimlyddion. Llinell ddu ar hyd ymylon yr adenydd. Hedfana Mai-Mehefin. Creadur eithaf prin sy'n hoff o goed bedw lle bydd y larfa'n bwyta'r dail.

Llifbryf Mawr y Goedwig *Uroceras gigas* Giant wood wasp Hyd y corff 30mm
Enw arall ar y llifbryf hwn yw 'corngynffon', gan fod y fenyw'n defnyddio wyddodydd hir i ddodwy wyau mewn boncyffion coed. Lliw melyn a du fel gwenynen feirch fawr. Fe'i gwelir yn bennaf mewn pinwydd lle bydd yr oedolion yn hedfan rhwng Mai ac Awst.

Marblen Goed *Andricus kollari* Marble gall Diamedr hyd at 20mm
Achosir marblis coed gan larfâu gwenyn derw. Maent yn wyrdd i ddechrau ond yn troi'n frown wrth aeddfedu. Bydd y pryf yn tyllu ei ffordd allan o'r hydref ymlaen. Mae'r benywod parthenogenetig yn gaeafu cyn dodwy wyau ar flagur coed derw yn y gwanwyn.

Chwydden Goronog *Andricus quercuscalicis* Knopper gall Hyd, cymaint â 28mm
Tyfiant ar fes derw. Bydd y genhedlaeth nesaf yn datblygu mewn cynffonnau ŵyn bach derwen Twrci cyn i'r cylch bywyd ddechrau eto ar y dderwen gyffredin.

Afal Derw *Biorhiza pallida* Oak apple Diamedr hyd at 25mm
Tyfiant crwn anghyson, brown golau a achosir gan larfâu gwenyn derw. Daw'r oedolion i'r golwg ym Mehefin-Gorffennaf. Datblyga'r genhedlaeth ddi-ryw nesaf mewn tyfiannau crwn ar wreiddiau coed derw.

Pincas Robin *Andricus quercuscalicis* Robin's pincushion Diamedr hyd at 25mm
Tyfiant unigryw 'blewog', coch a gwyrdd, ar rosod gwylltion. Bydd y larfa'n datblygu yng nghanol coediog y tyfiant. Mae'n eithaf cyffredin mewn perthi ar hyd a lled Prydain. Mae'n wyrdd i ddechrau ond bydd yn troi'n goch wrth aeddfedu.

Chwydden Geirios *Andricus quercuscalicis* Cherry gall Diamedr hyd at 10mm
Tyfiant crwn fel afal bychan sy'n glynu o dan ddail coed derw â'r lliw'n amrywio o goch llachar i wyrdd. Daw'r oedolion i'r golwg yn y gaeaf a gwelir y genhedlaeth nesaf ym mlagur y coed derw.

Soser Fach y Dderwen
Andricus quercuscalicis Spangle gall Diamedr hyd at 4mm
Tyfiant siâp soser sy'n glynu o dan ddail coed derw. Fe'u gwelir ar y ddaear yn yr hydref. Mae'r genhedlaeth nesa'n achosi chwydd gronynnog ar flodau derw yn y gwanwyn. Cyffredin iawn.

Offion Melyn *Ophion luteus* Yellow ophion Hyd 20mm
Mae ganddo gorff oren neu orenfelyn ac mae ei deimlyddion yn symud yn ddi-baid. Pryf cyffredin iawn rhwng Gorffennaf a Medi. Er nad oes wyddodydd gan y fenyw, mae'n gallu dodwy ei hwyau yn lindysod gwyfynod mawr lle bydd y larfâu'n datblygu.

Pryf Ichnewmon *Rhyssa persuasoria* Ichneumon fly Hyd y corff 35mm
Ein pryf ichnewmon mwyaf sy'n hedfan yng Ngorffennaf ac Awst lle ceir pinwydd. Mae'r fenyw'n defnyddio wyddodydd hir i ddodwy wyau yn larfa picwnen fawr y goedwig sy'n byw yn ddwfn yn y pren. Gall fod yn gyffredin mewn cynefinoedd addas.

Cacynen Gynffon Ruddem *Chrysis ignita* Ruby-tailed wasp Hyd 11mm
Pryf bach, hardd sydd â phen a thoracs gwyrdd sgleiniog ac abdomen lliw rhuddem. Hedfana rhwng Mehefin ac Awst a bydd y fenyw yn chwilio ar hyd waliau am nythod saergacwn lle bydd yn dodwy wyau yn y larfâu os nad yw'r rhieni'n bresennol.

Gwenynen Dorri Dail *Megachile centuncularis* Leaf-cutter bee Hyd 13mm
Mae'r fenyw'n torri hanner-cylchoedd o ddail rhosod (B) a phlanhigion eraill i adeiladu waliau ei nyth. Mae ochr isa'r abdomen yn oren. Pryf cyffredin ym Mehefin a Gorffennaf.

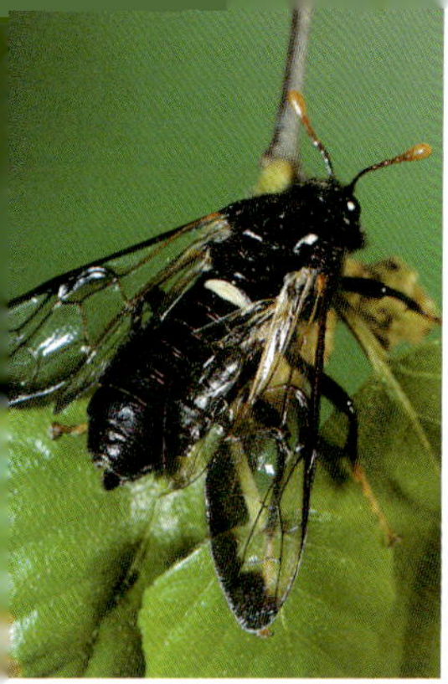
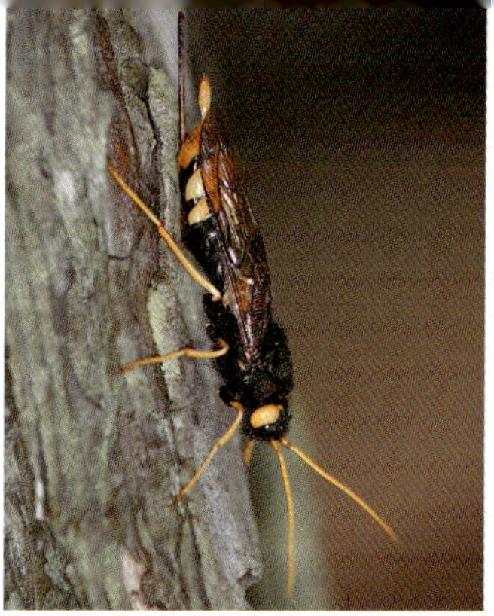
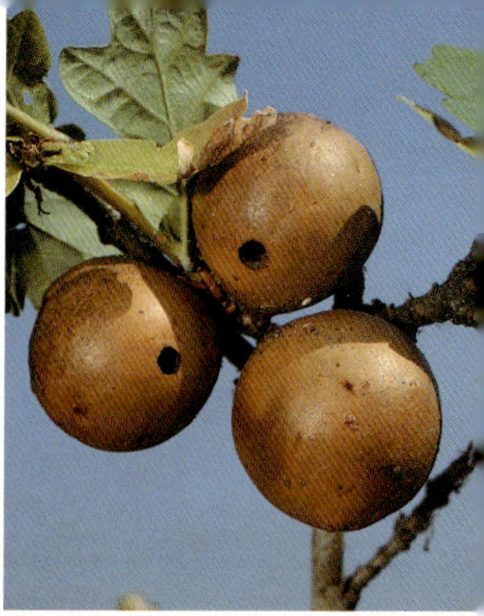
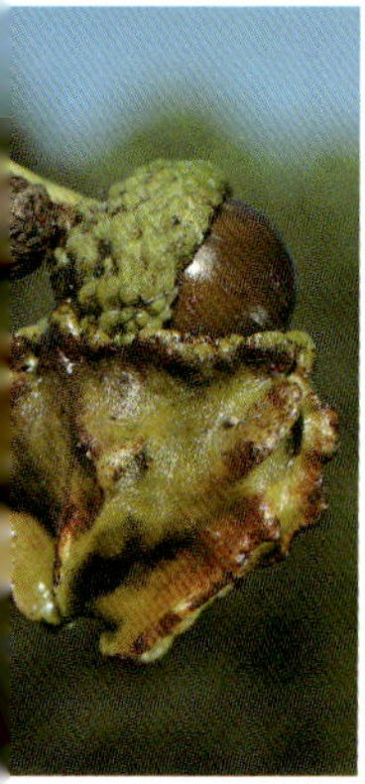
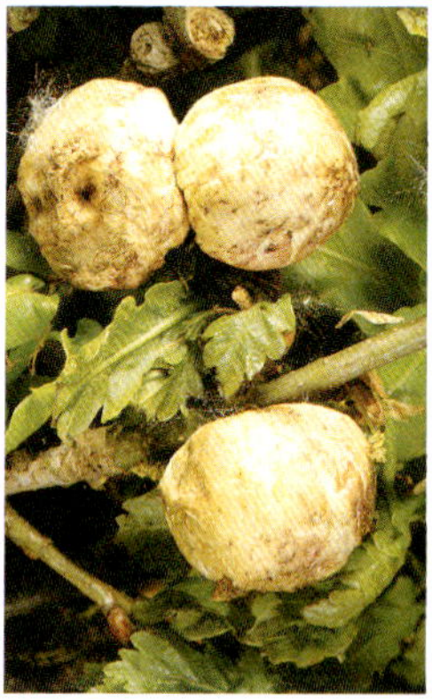
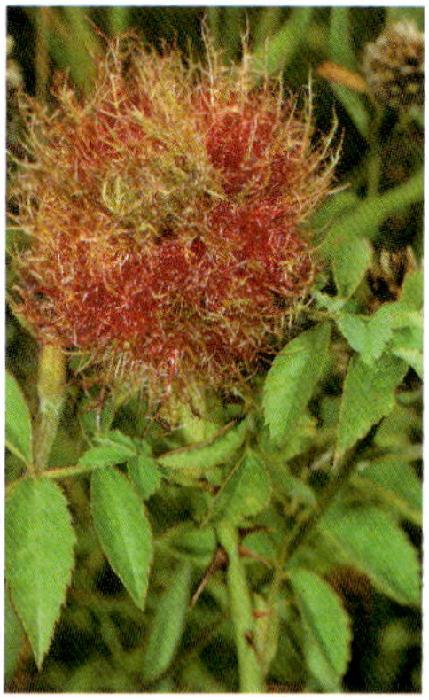
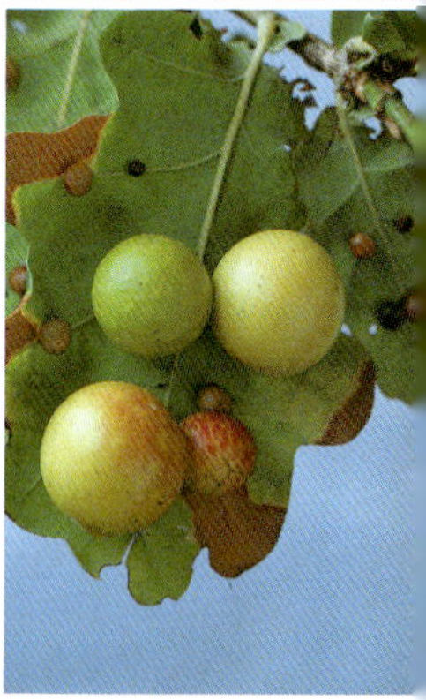
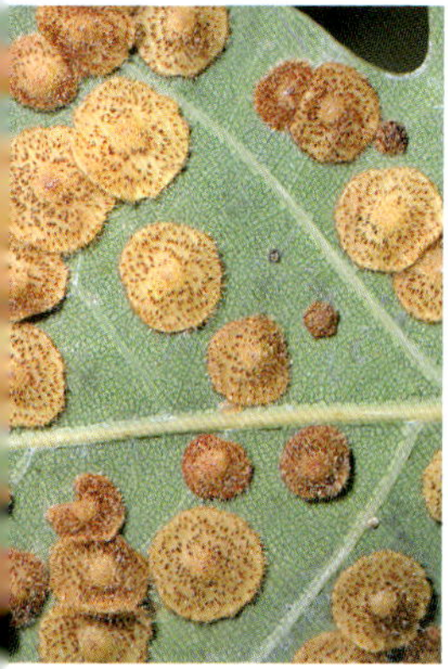
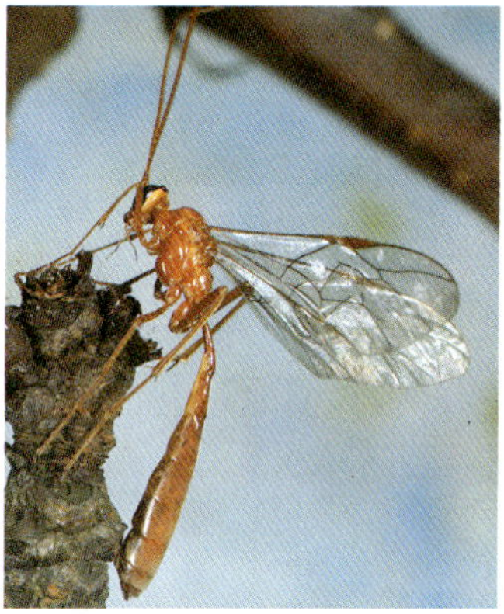
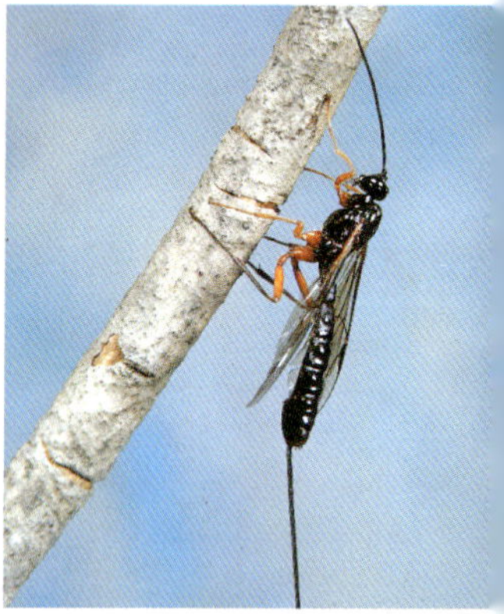
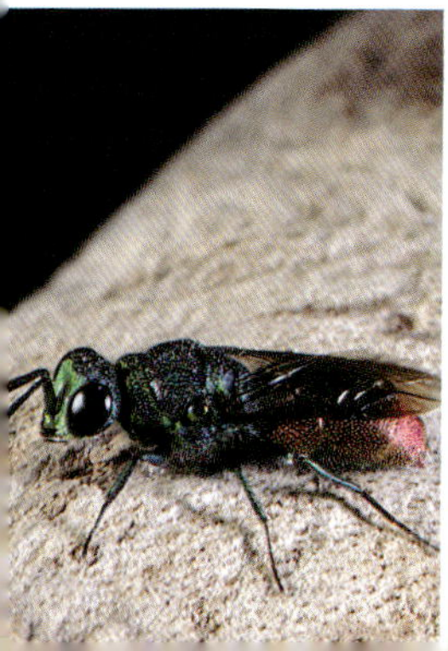
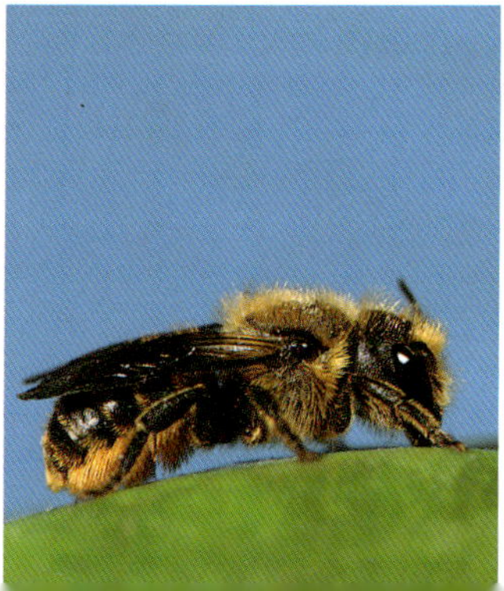
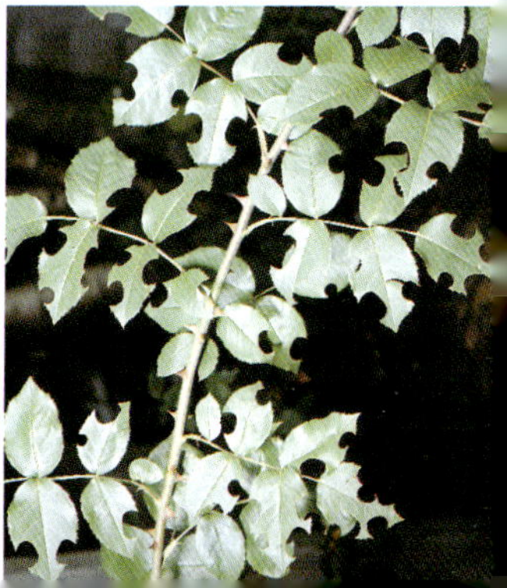

Trychfilod • Morgrug, Picwns a Gwenyn

Morgrugyn y coed *Formica rufa* Wood ant   Hyd 10mm
Morgrugyn mawr sy'n creu nythfeydd mawr o ddarnau planhigion mewn llennyrch. Gall y gweithwyr cochfrown sy'n hel lindys a phryfed chwistrellu asid fformig o'r pen ôl os bydd perygl.

Morgrugyn du yr ardd *Lasius niger* Black garden ant   Hyd 3mm
Cyffredin mewn sawl cynefin, yn enwedig erddi. Creu nythfeydd o dan gerrig. Mae'n bwyta llu o bethau ac yn 'ffermio' llyslau am sudd mêl-wlith. Miloedd yn hedfan mewn tywydd trymaidd.

Morgrugyn coch *Myrmica rubra* Red ant   Hyd 4mm
Hoff o bridd a lawntiau. Pigiad cas gan y gweithwyr melyn-goch. Prysur trwy'r flwyddyn. Ar ddyddiau trymaidd o haf, bydd miloedd yn hedfan. Bwyta creaduriaid bach sy'n bla i'r garddwr.

Picwnen-dyllu'r maes *Mellinus arvensis* Field digger wasp Hyd 12mm
Melyn a du fel gwenyn meirch eraill ond y canol yn fwy eglur. Tyllu twll hir mewn pridd tywodlyd a rhoi pryfed byw wedi'u parlysu mewn celloedd i fwydo'r lindys ifanc. Hedfan Mai-Awst.

Picwnen-dyllu'r tywod *Ammophila sabulosa* Sand digger wasp Hyd 20mm
Mae'n hoff o ardaloedd tywodlyd, yn enwedig ar hyd arfordiroedd y de. Fe'i gwelir weithiau'n tynnu lindys sy'n fwy na'i hun i mewn i dyllau lle bydd yn dodwy ei hwyau. Bydd yn cau agoriad y twll â phridd. Mae ganddi ganol main. Hedfan Mai-Awst.

Picwnen goch *Vespa crabro* Hornet   Hyd 30mm
Ein picwnen fwyaf. Cyffredin yn ne Lloegr yn unig ond fe'i gwelir hefyd yn ne-ddwyrain Cymru. Gellir ei hadnabod wrth ei maint a'i lliw brown golau a melyn. Hoff o goetiroedd ac, yn aml, mae'n nythu mewn coed marw. Mae'r nythfa ar ei phrysuraf rhwng Mehefin a Medi.

Picwnen/Gwenynen feirch yr Almaen
Vespula germanica German wasp   Hyd 18mm
Du a melyn fel llawer o bicwns; tri smotyn du ar yr wyneb. Cyffredin ledled Prydain. Adeiladu nyth llwyd, fel papur, o dan y ddaear neu mewn adeilad. Ffrind i arddwyr gan ei bod yn casglu cannoedd o bryfed i fwydo'r larfâu.

Picwnen/Gwenynen feirch gyffredin
Vespula vulgaris Common wasp   Hyd 17mm
Tebyg iawn i bicwnen yr Almaen ond bod siâp angor du ar ei hwyneb. Cyffredin iawn. Prysuraf rhwng Mehefin a Medi. Mae'n adeiladu nyth crwn, brown golau, tebyg i bapur, naill ai o dan y ddaear neu mewn adeilad. Fel picwns eraill mae ffrwythau aeddfed yn ei denu.

Gwenynen fêl *Apis mellifera* Honey bee   Hyd 12mm
Cânt eu cadw mewn cychod er mwyn casglu eu mêl. Mewn ardaloedd coediog, mae gwenyn mêl gwyllt yn nythu mewn tyllau yn y coed. Cedwir y mêl mewn celloedd cwyr ar gyfer y lindys ifanc. Gweithwyr benywaidd yw'r mwyafrif o'r nythfa a chânt eu rheoli gan frenhines.

Cardwenynen gyffredin/Gwenynen gribog
Bombus agrorum Common carder bee   Hyd 13mm
Rhywogaeth gyffredin sydd â blew orenfrown neu gochfrown ar y thoracs a'r abdomen. Ceir llinellau tywyll ar draws yr abdomen. Mae'n brysur o'r gwanwyn tan yr hydref a bydd yn nythu uwchben y ddaear, weithiau mewn hen nythod adar neu flychau nythu.

Cacynen dingoch *Bombus lapidarius* Red-tailed bumble bee Hyd 23mm
Cacynen fawr, gyfarwydd sydd â chorff du heblaw am y pen ôl oren-goch. Ar ôl gaeafgysgu, bydd y frenhines yn ymddangos ym mis Mai ac yn chwilio am dwll i adeiladu nyth. Cyffredin yng Nghymru a Lloegr ond prin yng ngogledd Prydain.

Cacynen gyffredin *Bombus terrestris* Buff-tailed bumble bee Hyd 24mm
Cyffredin trwy Brydain ond am y gogledd. Ar ôl gaeafgysgu, daw'r frenhines i'r golwg ym mis Ebrill i ymweld â blodau ar ddiwrnodau braf. Mae'n adeiladu nyth mewn twll, hen dwll llygoden yn aml. Llinell felen lydan ar flaen y thoracs ac ar yr abdomen; pen ôl lliw hufen.

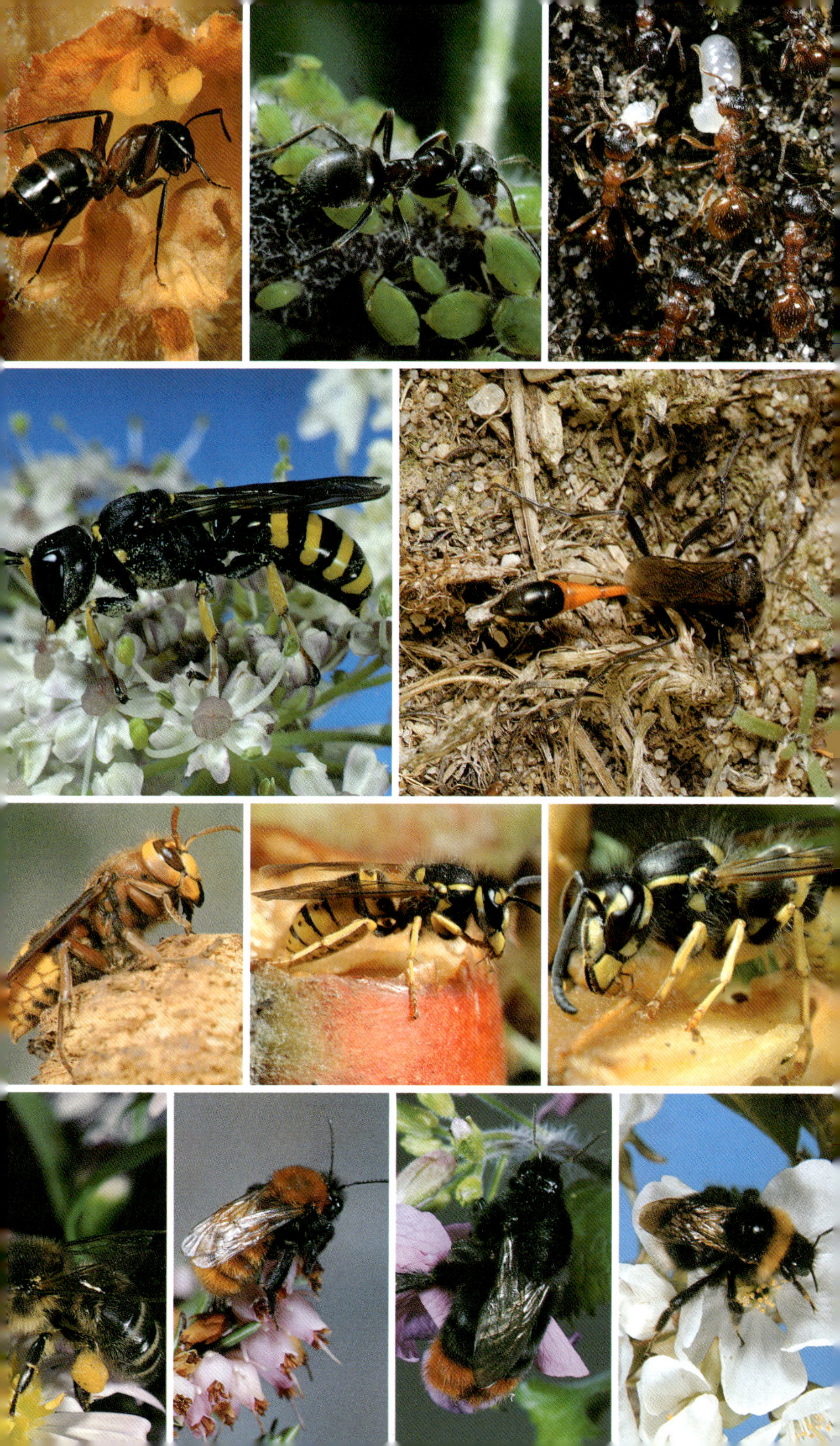

Trychfilod • Chwilod

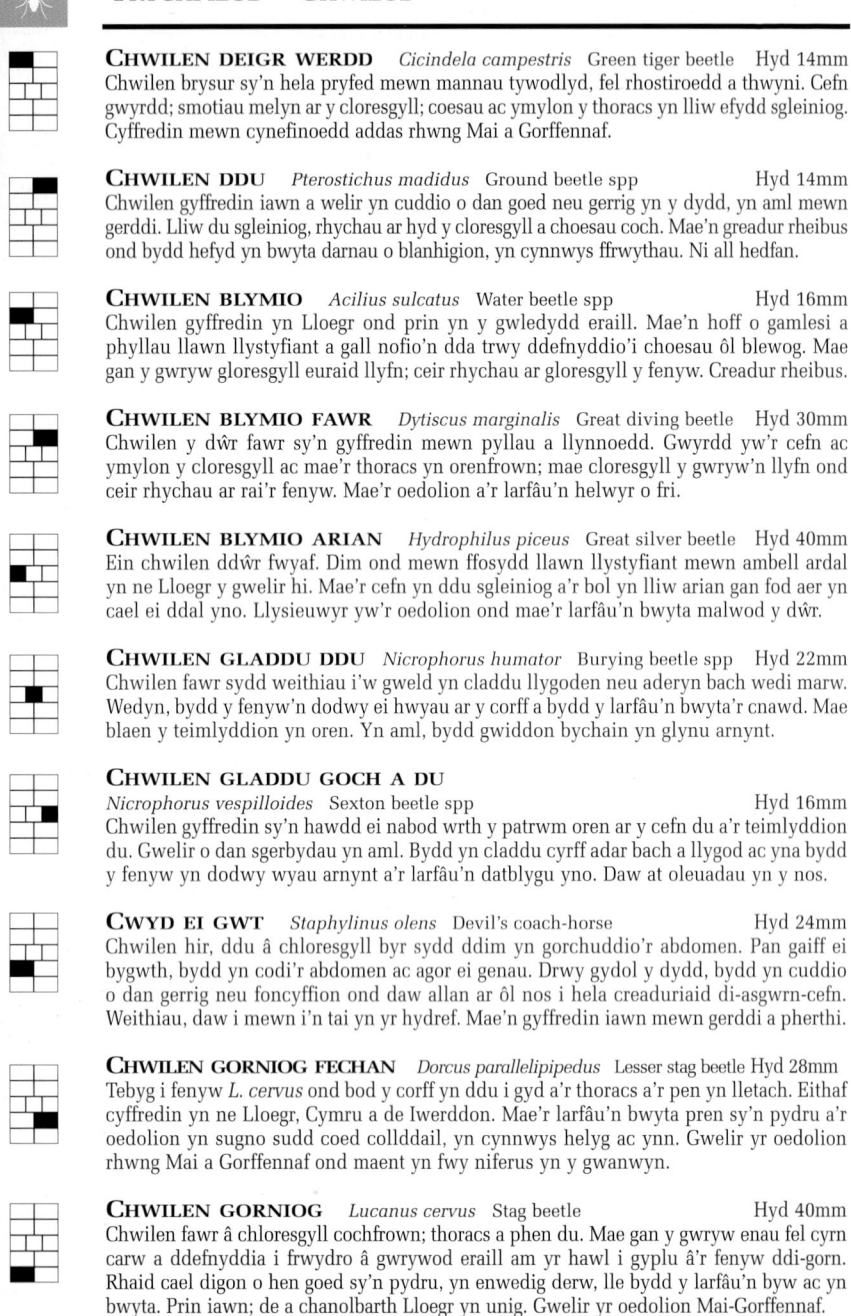

Chwilen deigr werdd *Cicindela campestris* Green tiger beetle Hyd 14mm
Chwilen brysur sy'n hela pryfed mewn mannau tywodlyd, fel rhostiroedd a thwyni. Cefn gwyrdd; smotiau melyn ar y cloresgyll; coesau ac ymylon y thoracs yn lliw efydd sgleiniog. Cyffredin mewn cynefinoedd addas rhwng Mai a Gorffennaf.

Chwilen ddu *Pterostichus madidus* Ground beetle spp Hyd 14mm
Chwilen gyffredin iawn a welir yn cuddio o dan goed neu gerrig yn y dydd, yn aml mewn gerddi. Lliw du sgleiniog, rhychau ar hyd y cloresgyll a choesau coch. Mae'n greadur rheibus ond bydd hefyd yn bwyta darnau o blanhigion, yn cynnwys ffrwythau. Ni all hedfan.

Chwilen blymio *Acilius sulcatus* Water beetle spp Hyd 16mm
Chwilen gyffredin yn Lloegr ond prin yn y gwledydd eraill. Mae'n hoff o gamlesi a phyllau llawn llystyfiant a gall nofio'n dda trwy ddefnyddio'i choesau ôl blewog. Mae gan y gwryw gloresgyll euraid llyfn; ceir rhychau ar gloresgyll y fenyw. Creadur rheibus.

Chwilen blymio fawr *Dytiscus marginalis* Great diving beetle Hyd 30mm
Chwilen y dŵr fawr sy'n gyffredin mewn pyllau a llynnoedd. Gwyrdd yw'r cefn ac ymylon y cloresgyll ac mae'r thoracs yn orenfrown; mae cloresgyll y gwryw'n llyfn ond ceir rhychau ar rai'r fenyw. Mae'r oedolion a'r larfâu'n helwyr o fri.

Chwilen blymio arian *Hydrophilus piceus* Great silver beetle Hyd 40mm
Ein chwilen ddŵr fwyaf. Dim ond mewn ffosydd llawn llystyfiant mewn ambell ardal yn ne Lloegr y gwelir hi. Mae'r cefn yn ddu sgleiniog a'r bol yn lliw arian gan fod aer yn cael ei ddal yno. Llysieuwyr yw'r oedolion ond mae'r larfâu'n bwyta malwod y dŵr.

Chwilen gladdu ddu *Nicrophorus humator* Burying beetle spp Hyd 22mm
Chwilen fawr sydd weithiau i'w gweld yn claddu llygoden neu aderyn bach wedi marw. Wedyn, bydd y fenyw'n dodwy ei hwyau ar y corff a bydd y larfâu'n bwyta'r cnawd. Mae blaen y teimlyddion yn oren. Yn aml, bydd gwiddon bychain yn glynu arnynt.

Chwilen gladdu goch a du
Nicrophorus vespilloides Sexton beetle spp Hyd 16mm
Chwilen gyffredin sy'n hawdd ei nabod wrth y patrwm oren ar y cefn du a'r teimlyddion du. Gwelir o dan sgerbydau yn aml. Bydd yn claddu cyrff adar bach a llygod ac yna bydd y fenyw yn dodwy wyau arnynt a'r larfâu'n datblygu yno. Daw at oleuadau yn y nos.

Cwyd ei gwt *Staphylinus olens* Devil's coach-horse Hyd 24mm
Chwilen hir, ddu â chloresgyll byr sydd ddim yn gorchuddio'r abdomen. Pan gaiff ei bygwth, bydd yn codi'r abdomen ac agor ei genau. Drwy gydol y dydd, bydd yn cuddio o dan gerrig neu foncyffion ond daw allan ar ôl nos i hela creaduriaid di-asgwrn-cefn. Weithiau, daw i mewn i'n tai yn yr hydref. Mae'n gyffredin iawn mewn gerddi a pherthi.

Chwilen gorniog fechan *Dorcus parallelipipedus* Lesser stag beetle Hyd 28mm
Tebyg i fenyw *L. cervus* ond bod y corff yn ddu i gyd a'r thoracs a'r pen yn lletach. Eithaf cyffredin yn ne Lloegr, Cymru a de Iwerddon. Mae'r larfâu'n bwyta pren sy'n pydru a'r oedolion yn sugno sudd coed collddail, yn cynnwys helyg ac ynn. Gwelir yr oedolion rhwng Mai a Gorffennaf ond maent yn fwy niferus yn y gwanwyn.

Chwilen gorniog *Lucanus cervus* Stag beetle Hyd 40mm
Chwilen fawr â chloresgyll cochfrown; thoracs a phen du. Mae gan y gwryw enau fel cyrn carw a ddefnyddia i frwydro â gwrywod eraill am yr hawl i gyplu â'r fenyw ddi-gorn. Rhaid cael digon o hen goed sy'n pydru, yn enwedig derw, lle bydd y larfâu'n byw ac yn bwyta. Prin iawn; de a chanolbarth Lloegr yn unig. Gwelir yr oedolion Mai-Gorffennaf.

Chwilen uncorn *Sinodendron cylindricum* Hyd 15mm
Mae'r gwryw'n debyg i chwilen rheinoseros fach, â chorn ar ei ben. Mae'n eithaf prin ond mae iddo ddosbarthiad eang mewn coed derw a ffawydd aeddfed. Gwelir oedolion a larfâu o dan bren marw.

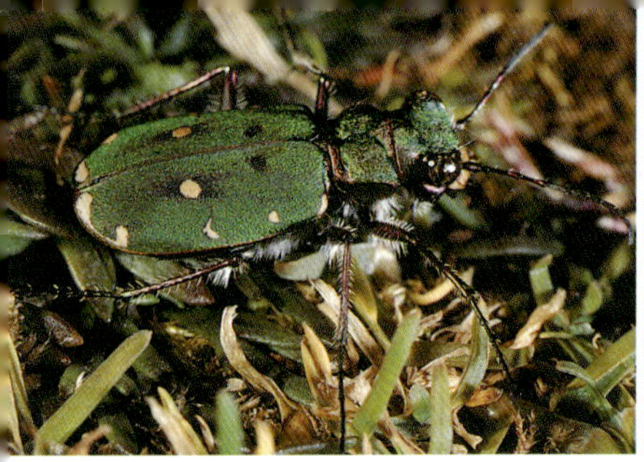
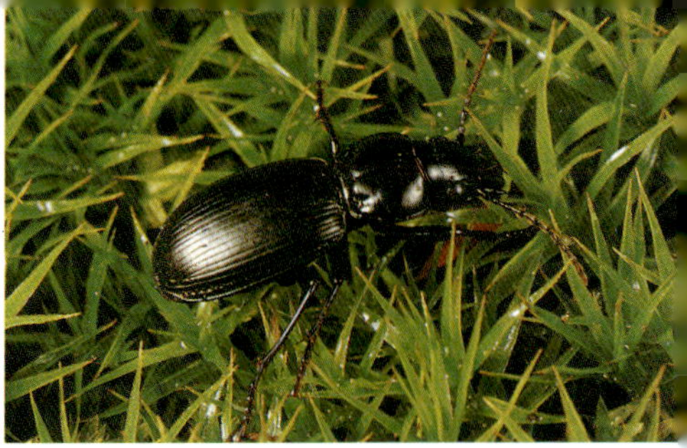
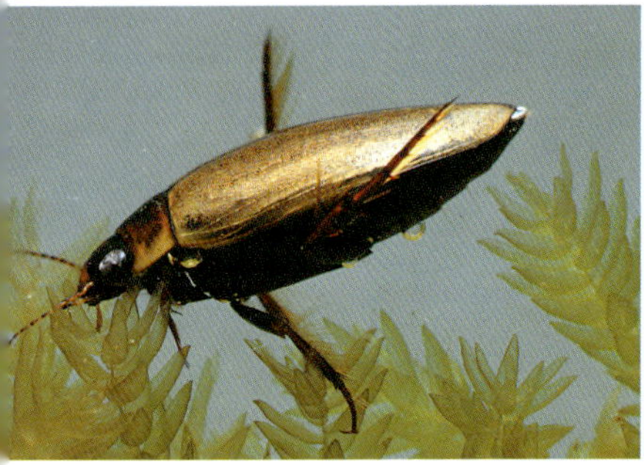
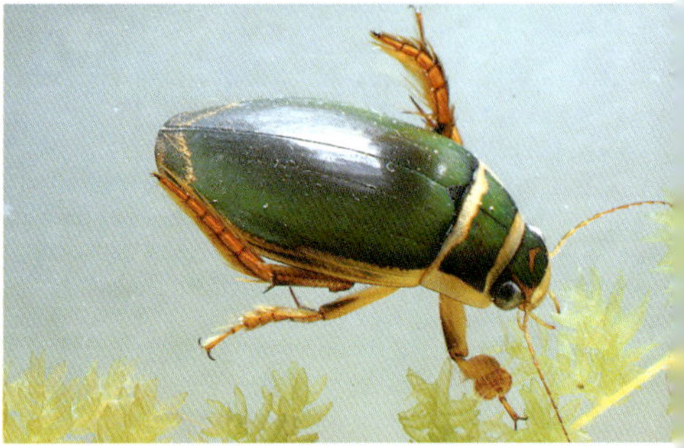
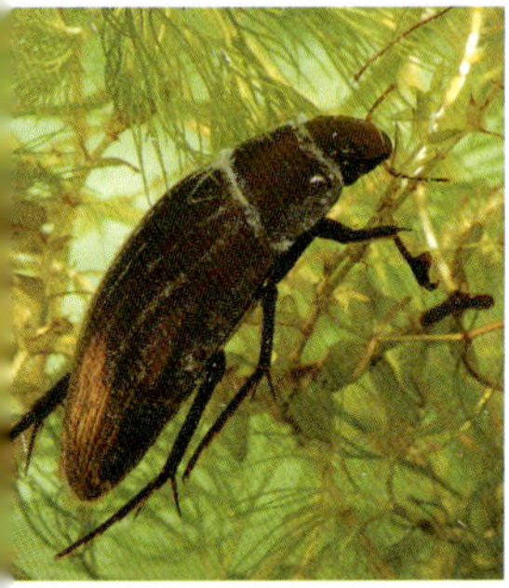
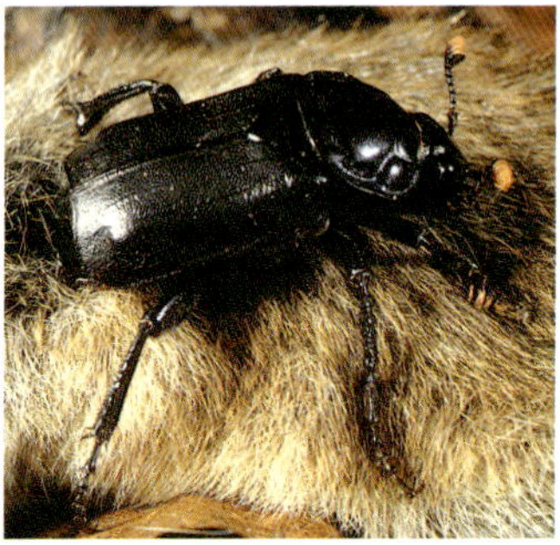
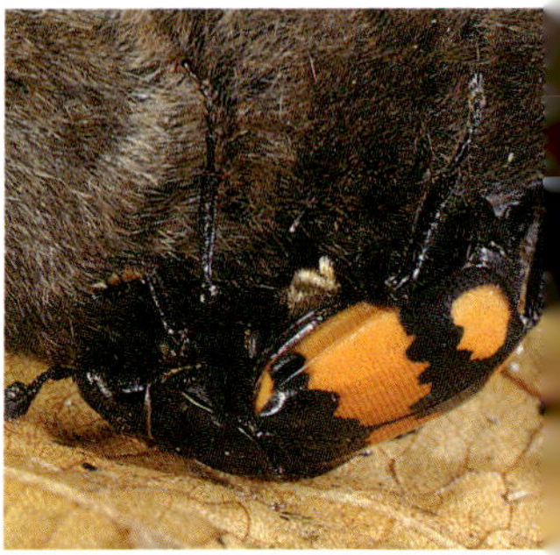
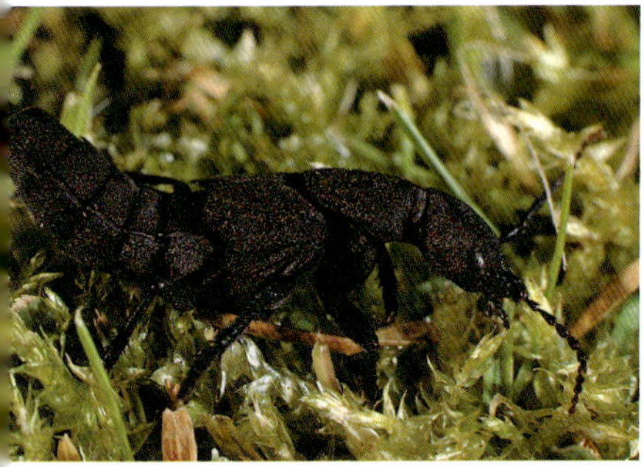
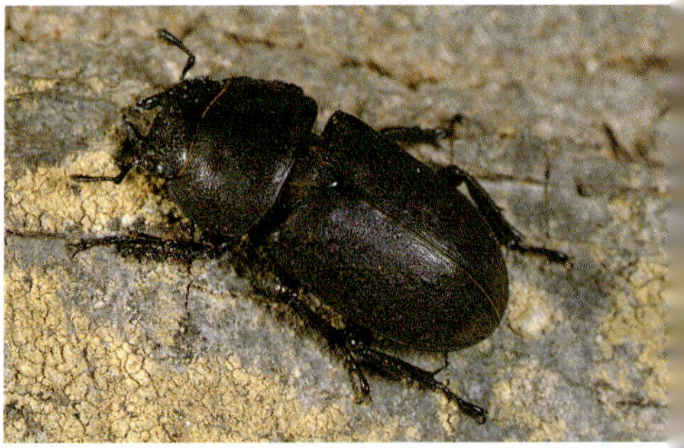
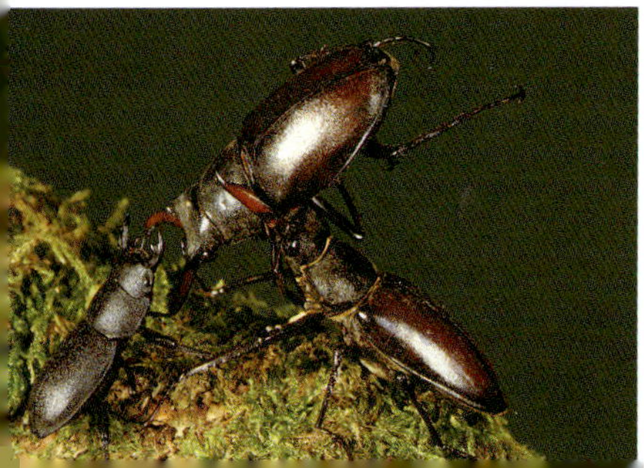
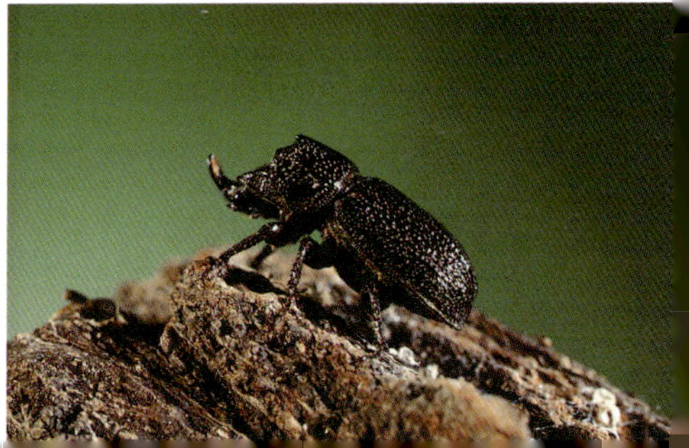

Trychfilod • Chwilod

Chwilen rosod *Cetonia aurata* Rose chafer Hyd 17mm
Chwilen fawr, hardd lliw efydd-gwyrdd â marciau gwyn ar y cloresgyll. Mae'r corff yn wastad a bydd yn symud yn drwmsglwth ar hyd planhigion. Fe'i gwelir yn aml ar flodau, yn cynnwys rhosod. Mae'n gyffredin trwy Brydain ac Iwerddon ac fe'i gwelir mewn tywydd heulog rhwng Mai a Medi. Mae'r larfâu'n byw mewn pren marw.

Chwilen y bwm *Melolontha melolontha* Cockchafer Hyd 35mm
Gwelir yr oedolion (A) ym Mai a Mehefin, a dyna darddiad enw arall y chwilen hon, sef chwilen Mai. Mae'n hawdd ei hadnabod wrth y cloresgyll cochfrown blewog a'r pen ôl main. Mewn rhai ardaloedd, mae'n gyffredin iawn a bydd heidiau'n ymgasglu o amgylch pennau'r coed i fwyta'r dail. Mae'r larfa (B) yn byw mewn pridd am flynyddoedd gan fwyta gwreiddiau gwair a phlanhigion eraill. Gall achosi difrod mawr.

Chwilen wenyn *Trichius fasciatus* Bee beetle Hyd 14mm
Chwilen flewog iawn â phatrwm du ac orenfelyn tebyg i wenynen neu gacynen ar y cloresgyll; mae'r thoracs a'r abdomen yn frown golau. Gwelir yr oedolion yn ymweld â blodau, yn cynnwys ysgall, rhwng Mehefin a Medi. Mae'n eithaf prin ac fe'i gwelir yn bennaf yn ucheldir gogledd Cymru, gogledd Lloegr a'r Alban.

Chwilen sowldiwr *Rhagonycha fulva* Soldier beetle spp Hyd 11mm
Chwilen gyffredin iawn. Corff hollol oren a dim ond blaen y teimlyddion yn dywyll. Hedfana'n dda, yn enwedig mewn tywydd heulog gan ymweld â blodau fel efwr a chreulys i hela pryfed. Yn aml, bydd paill yn gorchuddio'i chorff. Gwelir yr oedolion rhwng Mai ac Awst ac mae parau'n cyplu'n olygfa gyffredin iawn.

Magïen/Tân bach diniwed
Lampyris noctiluca Glow-worm Hyd y fenyw 14mm
Mae'n hawdd gweld y fenyw ddiadain (A) yn y tywyllwch gan fod golau gwyrdd yn dod o waelod yr abdomen; mae hyn yn denu'r gwrywod adeiniog. Mae'r fenyw'n dringo i fyny coesau gwair a gall ddiffodd y golau os aflonyddir arni. Nid yw'r oedolion yn bwyta ond mae'r larfâu (B), sydd hefyd yn gallu cynhyrchu golau, yn bwyta malwod. Gwelir magïod mewn dolydd, llennyrch ac ar hyd ochrau ffyrdd. Maent wedi prinhau'n ofnadwy a dim ond mewn ychydig leoedd addas yn ne Prydain y gwelir nhw bellach.

Chwilen glec *Athous haemorrhoidalis* Click beetle Hyd 14mm
Chwilen gyffredin iawn mewn perthi, coedwigoedd a phrysgoed. Mae'r corff blewog yn fain, y cloresgyll yn gochfrown a'r pen a'r thoracs yn ddu. Pan fydd ar ei chefn, gall daflu ei hun i'r awyr gyda chlec uchel. Gwelir yr oedolion rhwng Mai a Mehefin, yn aml ar ddail cyll. Mae'r larfâu'n byw mewn coed marw.

Chwilen ysgarlad *Pyrochroa serraticornis* Cardinal beetle spp Hyd 14mm
Chwilen ysgarlad hardd sy'n cuddio o dan risgl neu goed marw. Gwelir yr oedolion rhwng Mai a Gorffennaf, yn aml ar flodau mewn tywydd heulog lle byddant yn hela pryfed bach. Mae'r larfâu rheibus yn byw mewn coed marw. Chwilen brin yn Lloegr ac Iwerddon.

Chwilen goesdew *Oedemera nobilis* Hyd 10mm
Chwilen fach werdd â chorff main, gwyrdd sgleiniog. Mae'r elytra'n meinhau tuag at y pen ôl a cheir chwyddau ar goesau ôl y gwryw. Mae'n gyffredin yng Nghymru a de Lloegr mewn glaswelltir lle bydd yr oedolion yn bwyta paill blodau rhwng Mai ac Awst.

Chwilen olew *Meloe proscarabeus* Oil beetle spp Hyd 26mm
Cafodd ei henw gan ei bod yn cynhyrchu olew drewllyd pan gaiff ei chynhyrfu. Mae'n eithaf cyffredin mewn glaswelltir. Glasddu yw lliw'r corff ac nid yw'r elytra yn gorchuddio'r abdomen mawr. Gwelir yr oedolion rhwng Ebrill a Mehefin. Wedi deor o'r ŵy, bydd y larfa ifanc yn dringo i fyny at flodyn cyn glynu ar wenynen unigol. Bydd y wenynen yn ei chario yn ôl i'w nyth lle bydd y larfa'n datblygu.

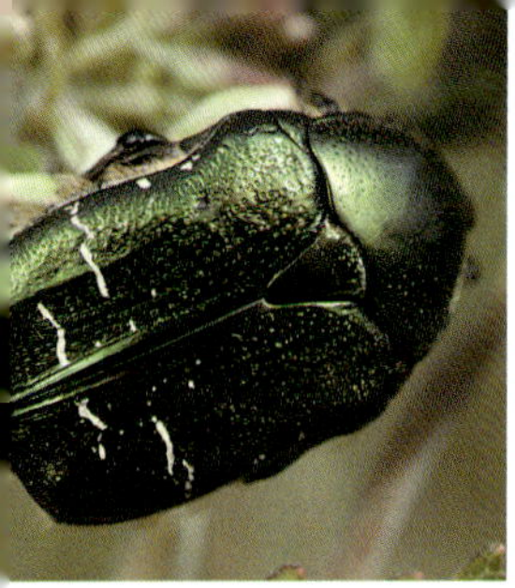
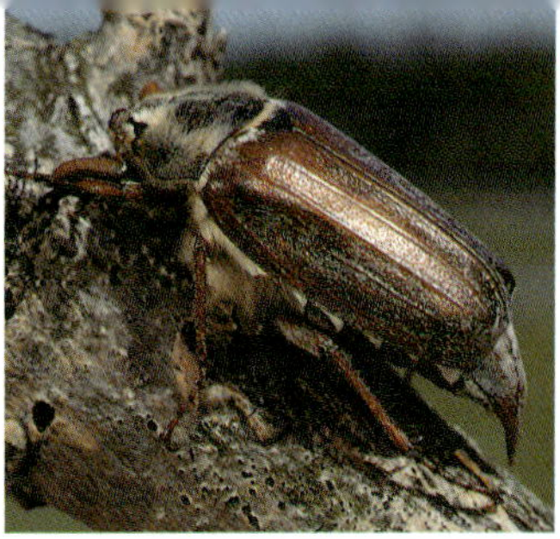
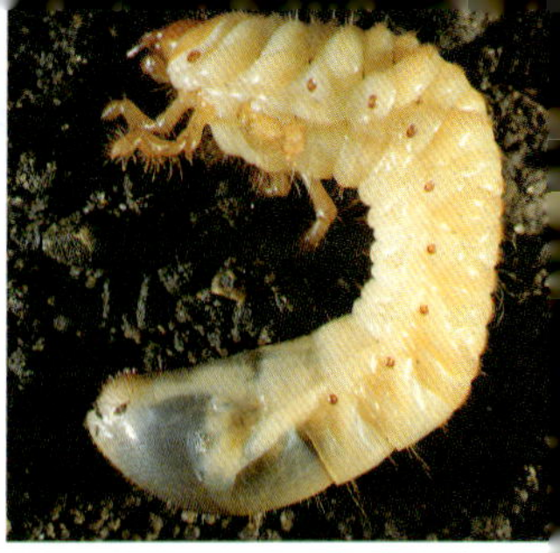
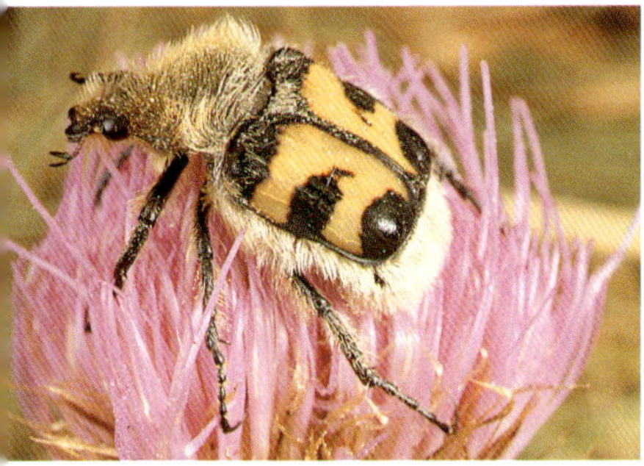
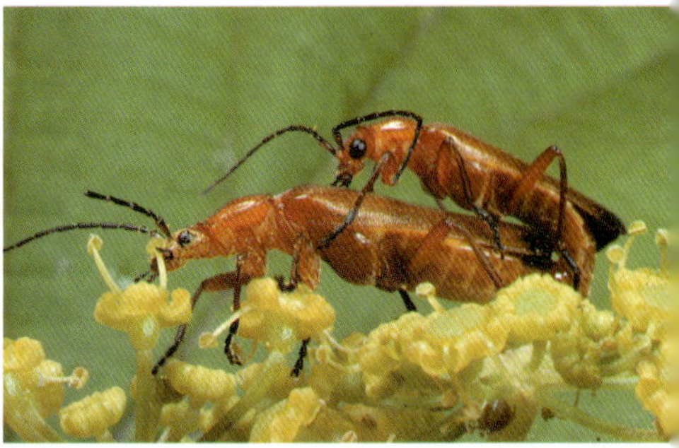
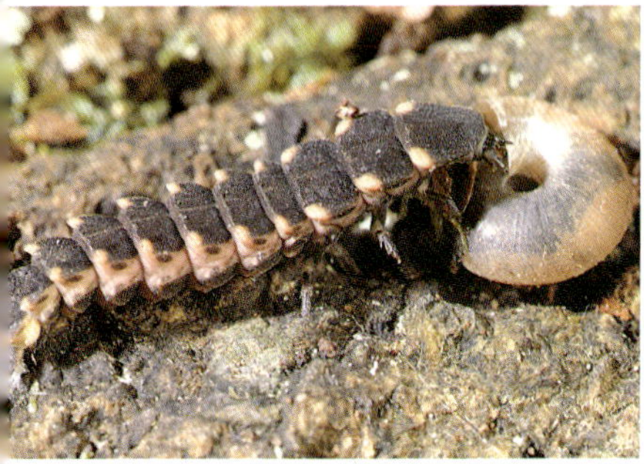
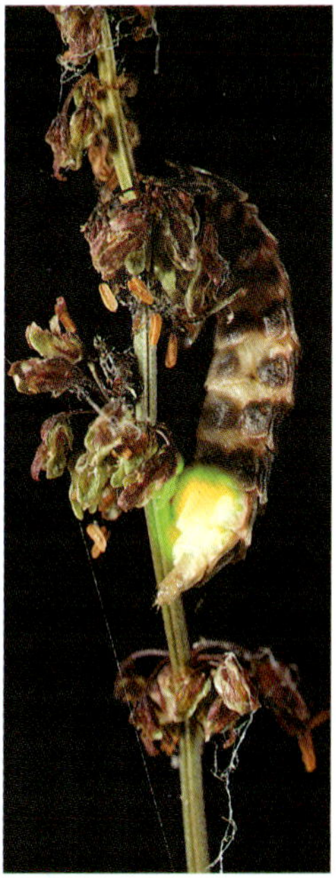
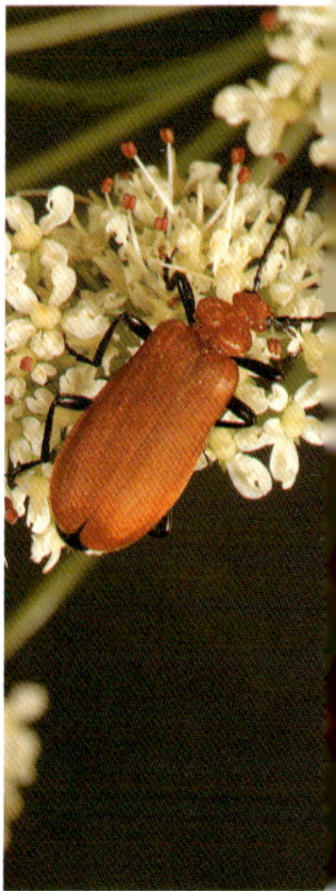
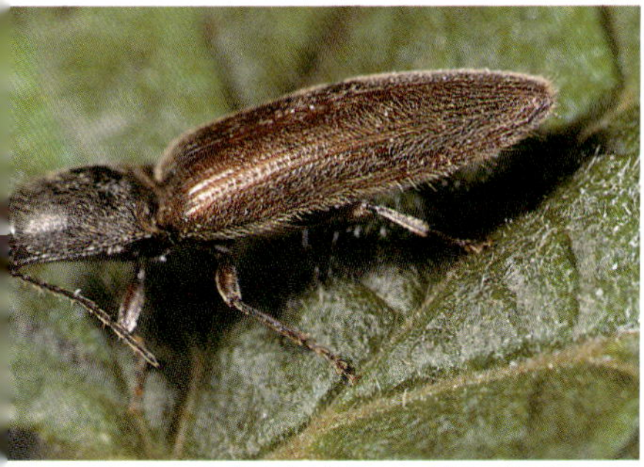
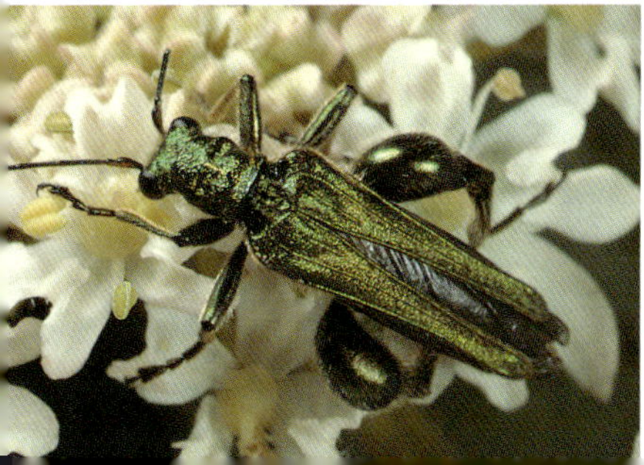
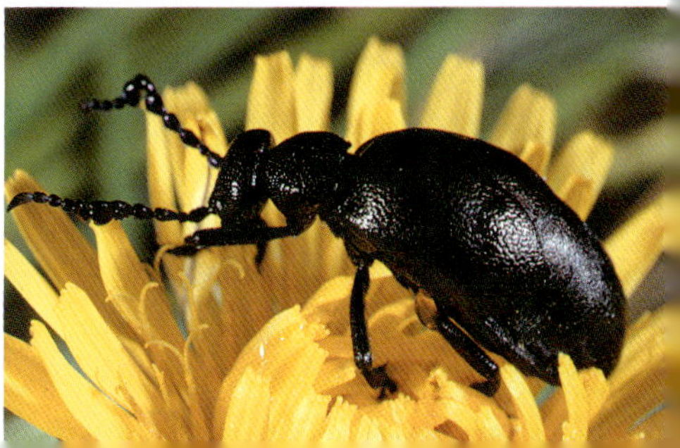

Trychfilod • Chwilod

Buwch goch lygeidiog   *Anatis ocellata*   Eyed ladybird   Hyd 8mm
Chwilen gyffredin a welir yn aml mewn conwydd. Cloresgyll oren-goch â smotiau duon a chylch golau o'u cwmpas. Gwelir yr oedolion Mehefin-Gorffennaf. Llyslau yw eu prif fwyd.

Buwch goch 7-smotyn   *Coccinella 7-punctata*   7-spot ladybird   Hyd 6mm
Buwch goch gota gyfarwydd a niferus. 7 smotyn du ar gloresgyll oren-goch. Smotyn blaen yn pontio'r ddau glorasgell. Oedolion a larfâu'n bwyta llyslau. Gwelir yr oedolion Mawrth-Hydref a byddant yn gaeafgysgu. Os bydd yn hedfan o'ch llaw, mae coel y daw hindda.

Buwch goch 14-smotyn   *Propylea 14-punctata*   14-spot ladybird   Hyd 5mm
Marciau du a melyn amrywiol a llinell ddu lle mae'r cloresgyll yn cwrdd. Cyffredin ar nifer o blanhigion yn ne Lloegr, Cymru ac Iwerddon. Gwelir yr oedolion rhwng Ebrill a Medi.

Chwilen bicwn   *Clytus arietus*   Wasp beetle   Hyd 16mm
Lliw du a melyn ac ymddygiad tebyg i gacynen feirch. Hedfana'n gryf mewn hindda gan ymweld â blodau mewn perthi a gerddi. Cyffredin ym Mhrydain ac Iwerddon; i'w gweld Mai-Gorffennaf.

Chwilen hirgorn ddu a melyn   *Strangalia maculata*   Hyd 16mm
Cloresgyll a choesau du aâ phatrwm melyn amrywiol. Corff hir, main a'r cloresgyll yn culhau tuag at y pen ôl. Hoff o baill blodau ac fe'i gwelir ymysg dail coed a llwyni ym Mehefin-Awst.

Chwilen hirgorn flewog   *Rhagium mordax*   Longhorn beetle spp   Hyd 21mm
Chwilen flewog â phatrwm du ac orenfelyn brith ar y corff. Cyffredin mewn coed aeddfed, yn enwedig goed derw. Oedolion yn amlwg Mai-Gorffennaf. Weithiau, fe'i gwelir gyda'r larfâu yn chwilio am fwyd ymysg blodau neu ddail neu mewn coed marw.

Chwilen grwban   *Cassida rubiginosa*   Tortoise beetle   Hyd 7mm
Chwilen fach ddifyr sydd â phen a chloresgyll llawer mwy na'r corff fel eu bod yn ei diogelu pan fydd yn gorwedd yn dynn yn erbyn deilen. Mae'r lliw gwyrdd yn guddliw da. Fe'i gwelir rhwng Mehefin ac Awst, yn aml ar ddail ysgall. Chwilen gyffredin.

Chwilen y poplys   *Chrysomela populi*   Poplar leaf beetle   Hyd 10mm
Chwilen gron â chloresgyll coch llachar a phen, thoracs a choesau duon. Tebyg i fuwch goch gota ond heb smotiau ar y cloresgyll. Digon cyffredin yn y cynefin iawn ac fe'i gwelir rhwng Ebrill ac Awst, fel rheol ar ddail coed poplys a helyg.

Chwilen y mintys   *Chrysolina menthastri*   Mint leaf beetle   Hyd 9mm
Chwilen gyffredin wyrdd-efydd sgleiniog â chorff crwn. Fe'i gwelir ar ddail mintys neu ddail y benboeth. Mae'n hoff o ddolydd gwlyb a pherthi ac fe'i gwelir rhwng Mai ac Awst.

Chwilen y gwaedlif/Ffeiriad du
Timarcha tenebricosa   Bloody-nosed beetle   Hyd 20mm
Chwilen ddail fawr, drwsgwl a welir yn cerdded yn araf ar draws llwybr neu drwy wair. Os aflonyddir arni, daw hylif coch fel gwaed o'i cheg. Cyffredin ym Mhrydain ac Iwerddon; i'w gweld Ebrill-Mehefin. Dywed plant Cwm Gwendraeth "Ffeiriad du, poera waed / Neu ddamsgela'i di dan draed."

Gwiddonyn llychlyd   *Phyllobius pomaceus*   Hyd 9mm
Gwiddonyn bach ag iddo gorff du wedi'i orchuddio â llwch gwyrdd sy'n dod i ffwrdd pan gaiff ei rwbio. Fel rheol, fe'i gwelir ar ddail danadl poethion. Mae'n gyffredin ym Mhrydain ac fe'i gwelir rhwng Ebrill ac Awst.

Gwiddonyn y gollen   *Curculio nucum*   Hazel weevil   Hyd 6mm
Gwiddonyn cyffredin lle ceir bwyd y larfa, sef coed cyll. Mae'r fenyw'n tyllu i gnau ifanc i ddodwy ŵy. Mae'r larfa'n datblygu yn y gneuen nes iddi gwympo i'r llawr ac yna mae'n tyllu i'r pridd i droi'n chwiler. Gwelir yr oedolion rhwng Ebrill a Mehefin.

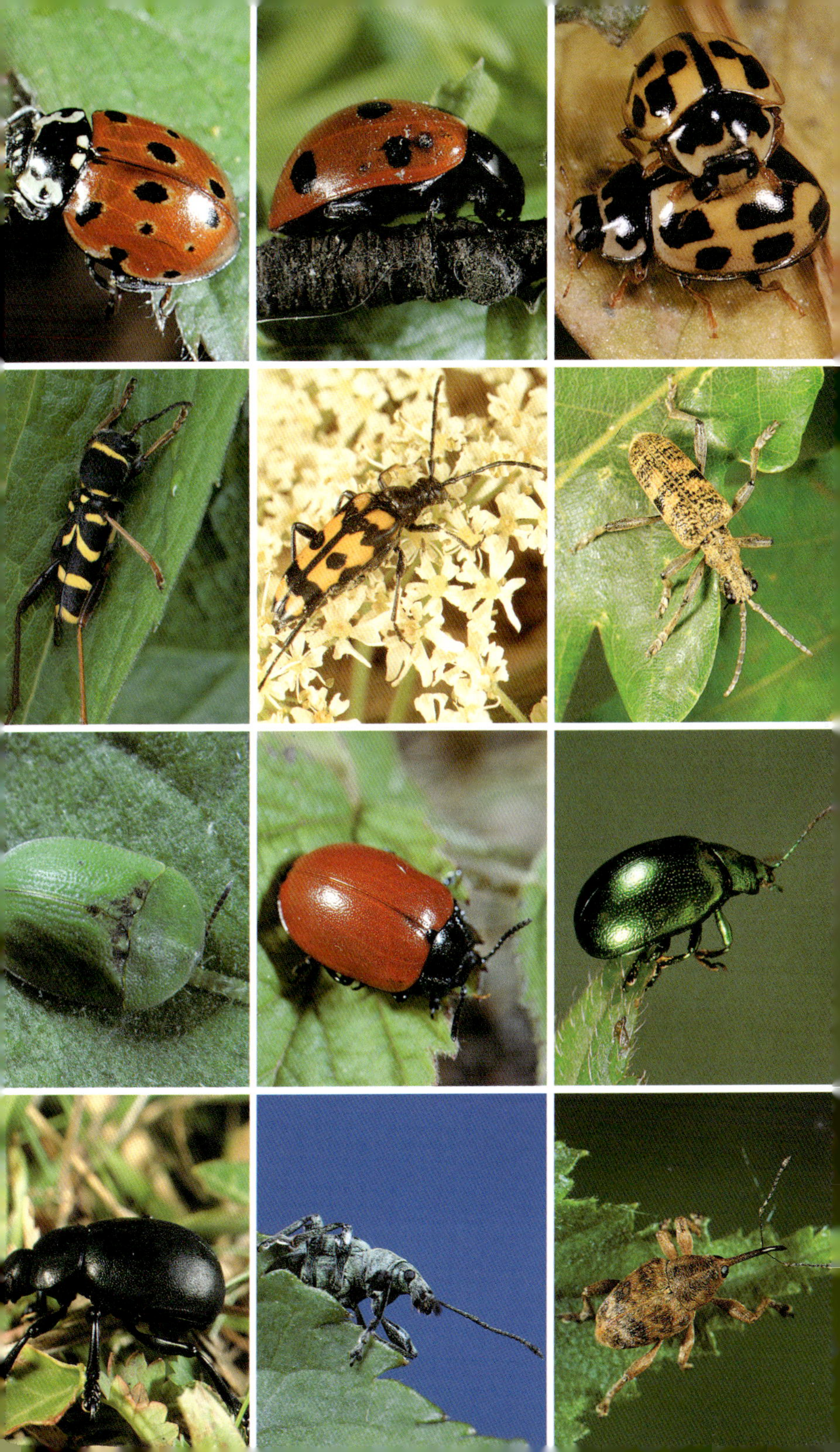

Pryfed cop / Corynnod

Copyn bol gwyrdd *Araniella curcurbitina* Hyd y corff 6mm
Pryf cop bach, hardd â llinellau melyn ar abdomen gwyrdd golau; mae'r ceffalothoracs a'r coesau'n gochfrown. Bydd yn gweu gwe gron, flêr ymysg tyfiant isel fel ysgall a mieri. Mae'n gyffredin mewn dolydd, perthi a gerddi rhwng Mai a Medi.

Copyn y groes *Araneus diadematus* Garden spider Hyd y corff 12mm
Math cyffredin iawn o gopyn yr ardd, â'r fenyw'n fwy o lawer na'r gwryw. Gwahanol liwiau ond, fel rheol, llwydfrown neu gochfrown. Rhes o smotiau gwyn ar yr abdomen a llinellau gwyn yn arwain ohonynt fel croes. Cyffredin iawn, Gorffennaf- Hydref, mewn gwahanol gynefinoedd fel gerddi, perthi, dolydd a llennyrch. Bydd yn gweu gwe fawr a chymhleth.

Copyn yr ardd 4-smotyn *Araneus quadratus* Hyd y corff 20mm
Tebyg iawn i gopyn y groes ond bod ganddo bedwar smotyn gwyn ar yr abdomen yn ffurfio siâp sgwâr, a llinell wen ar y pen blaen. Lliw'r abdomen yn amrywio o frown golau i goch a gall abdomen y fenyw aeddfed fod yn grwn. Cyffredin iawn, rhwng Gorffennaf a Hydref, mewn amryw o gynefinoedd, yn cynnwys gerddi, prysgoed, perthi a dolydd. Mae'r fenyw'n llawer mwy o faint na'r gwryw a bydd yn gweu gwe gymhleth iawn.

Copyn y dŵr *Argyroneta aquatica* Water spider Hyd y corff 14mm
Yr unig bryf cop sy'n gallu byw o dan y dŵr. Cyffredin mewn pyllau a llynnoedd llawn tyfiant a hyd yn oed mewn afonydd sy'n llifo'n araf. O dan y dŵr, mae'n edrych yn lliw arian gan fod aer yn cael ei ddal o amgylch yr abdomen llwydfrown. Mae'r ceffalothoracs a'r coesau'n gochfrown. Mae'n creu gwe siâp to crwn i ddal swigod aer ymysg y tyfiant tanddwr, lle mae'n byw yn ystod y dydd. Darnau o sidan mân yn ymestyn o'r we i rybuddio'r pryf cop bod prae yn pasio. Gwelir yr oedolion trwy'r flwyddyn.

Copyn gwe pwrs *Atypus affinis* Purse-web spider Hyd y corff 12mm
Pryf cop sy'n byw mewn tiwb sidan tanddaearol. Mae rhan o'r tiwb yn gorwedd ar wyneb y pridd fel bys maneg a phan fydd pryf yn cerdded arno, bydd y pryf cop yn gafael ynddo ac yn ei dynnu i mewn. Ar ôl gorffen ei fwyd, mae'n trwsio'r twll yn y we. Er ei fod yn eithaf cyffredin mewn ardaloedd â phridd sych, mae'n anodd dod o hyd i'r we.

Copyn y wal *Amaurobius similis* Hyd y corff 12mm
Pryf cop cyffredin iawn sydd i'w weld fel rheol ar waliau, y tu ôl i risgl neu ar ffensys lle bydd yn adeiladu gwe flêr o sidan glaswyn yn arwain yn ôl i dwll. Yma, mae'r pryf cop yn cuddio nes daw prae i'r we. Mae ganddo abdomen brown golau a pharau o farciau tywyll ar y cefn a thua'r pen ôl. Fel rheol, mae'r ceffalothoracs a'r coesau'n orenfrown.

Copyn y gors *Dolomedes fimbriatus* Swamp spider Hyd y corff 25mm
Pryf cop mawr sydd â chorff brown tywyll a llinell felen o amgylch ymylon y ceffalothoracs a'r abdomen. Mae'n brin iawn ac i'w weld yn bennaf ar rostiroedd gwlyb yn ne Lloegr mewn ardaloedd fel y New Forest. Mae ychydig i'w weld ar gamlas ger Abertawe hefyd. Mae'n eistedd â'i goesau blaen ar wyneb y dŵr i synhwyro unrhyw greadur bach sy'n cael ei ddal yng nghroen y dŵr. Gall sglefrio ar wyneb y dŵr neu blymio pan fydd mewn perygl. Fe'i gwelir rhwng Mai ac Awst.

Copyn y gwrachod *Dysdera crocata* Hyd y corff 12mm
Pryf cop hardd sydd â choesau a ceffalothoracs coch ac abdomen brown golau. Mae ganddo 'ddannedd' anferth a ddefnyddir i ddal gwrachod lludw. Bydd yn cuddio o dan gerrig yng ngolau dydd ac fe'i gwelir lle bynnag y ceir gwrachod lludw. Gall frathu trwy groen pobol.

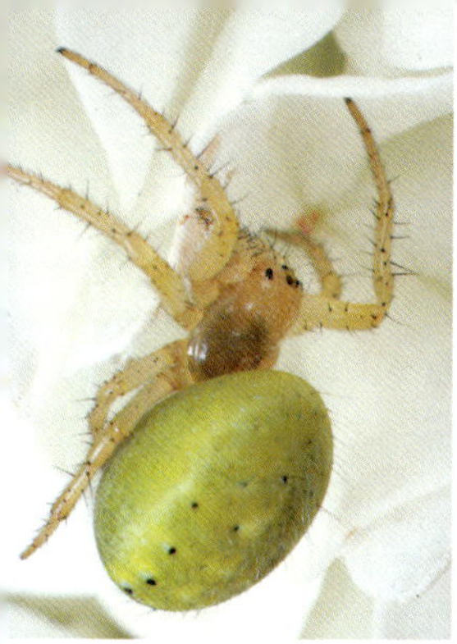
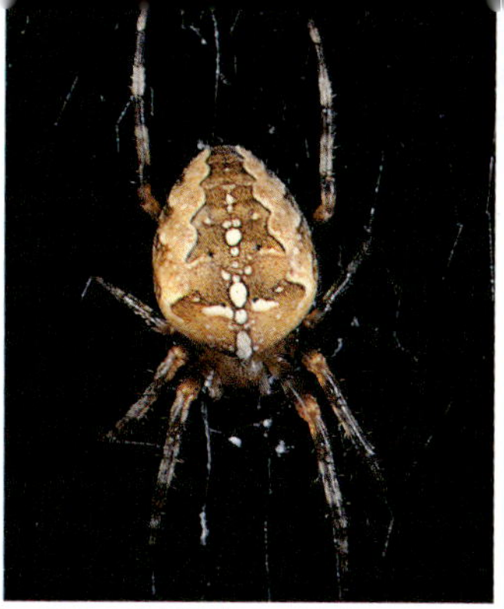
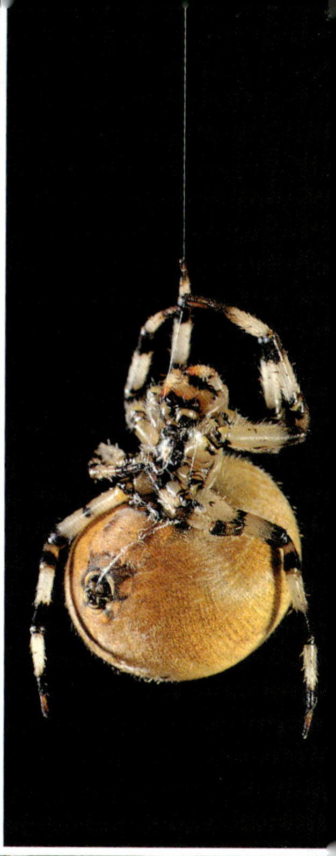
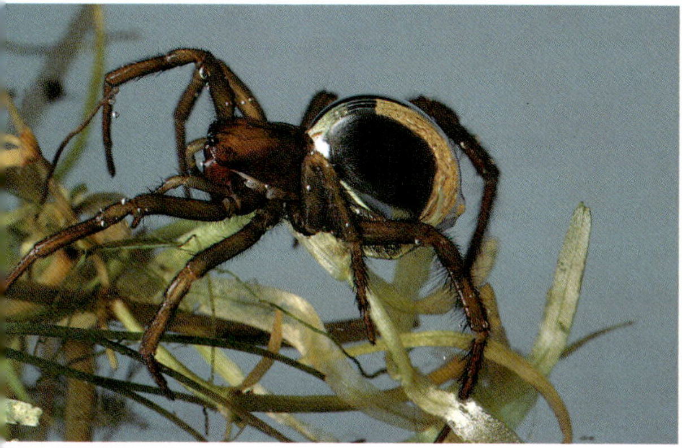
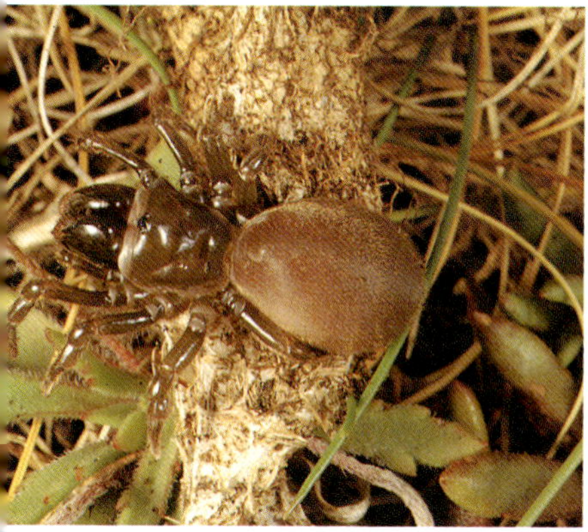
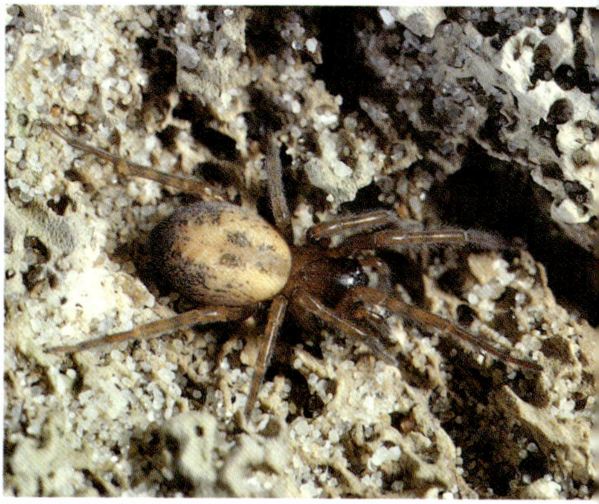
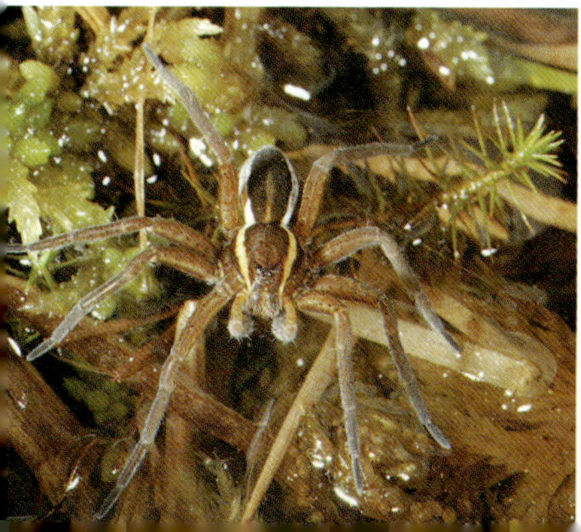
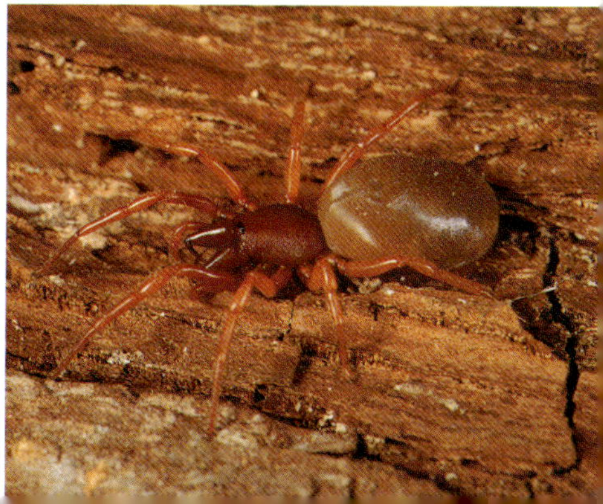

Pryfed cop / Corynnod

Copyn y blaidd/Yr heliwr
Pardosa lugubris Wolf spider spp   Hyd y corff 6mm
Pryf cop cyffredin sydd i'w weld ymysg dail marw ar lawr coedwigoedd. Ceir llinell lwydfrown olau i lawr cefn yr oedolyn. Mae'n fwyaf amlwg rhwng Ebrill a Mehefin pan fydd y fenyw'n cario sach wyau o gwmpas; ar ôl i'r wyau ddeor, bydd y rhai bach yn cael eu cario ar gefn y fam am rai wythnosau. Nid yw'n adeiladu gwe ond yn hela ei brae.

Copyn yr ogof   *Metellina merianae* Cave spider   Hyd y corff 9mm
Cafodd ei enw am ei fod yn hoff o ogofâu, twneli, selerydd a llefydd tamp, tywyll sydd â digonedd o dyllau i lochesu ynddynt. Ceir patrwm brown a du ar yr abdomen a llinellau cochfrown a du ar y coesau sgleiniog. Mae'n eithaf cyffredin mewn cynefinoedd addas ac fe'i gwelir rhwng Mai a Gorffennaf.

Copyn cranc   *Misumena vatia*   Crab spider spp   Hyd y corff 10mm
Pryf cop cyffredin sydd i'w weld rhwng Mai ac Awst. Mae lliw'r fenyw'n amrywio ac yn newid ond fel rheol mae'n wyn, melynhufen neu wyrdd golau ac, weithiau, ceir llinell goch ar hyd ochr yr abdomen; mae'r gwryw'n dywyllach ac yn llai o faint na'r fenyw. Fel rheol, bydd y fenyw'n eistedd ar flodau yr un lliw â'i chorff, fel llygad llo bach neu eithin, ac yn dal unrhyw bryf sy'n glanio o fewn cyrraedd.

Copyn hirgoes   *Pholcus phalangioides* Daddy-long-legs spider   Hyd y corff 8mm
Pryf cop sydd â chorff bach, tenau a choesau hirion. Mae'n byw mewn tai ac adeiladau. Ni all fyw os yw'r tymheredd yn cwympo dan 50 gradd ffarenheit, felly mae'n gyffredin mewn tai â gwres canolog yn ne Prydain. Fe'i gwelir trwy'r flwyddyn ond mae'n fwyaf amlwg yn yr haf yn hongian o'r nenfwd ar we flêr.

Copyn hela   *Pisaura mirabilis*   Hyd y corff 14mm
Pryf cop cyffredin sydd i'w weld rhwng Mai a Gorffennaf mewn perthi, llennyrch a glaswelltir. Mae'r corff yn frown golau ac mae llinell felen ag ymylon tywyll ar ei gefn. Mae'n hela ei brae ac felly nid yw'n adeiladu gwe. Bydd y fenyw'n cario sach wyau o dan ei chorff ac yn adeiladu gwe siâp pabell i'r rhai bach cyn i'r wyau ddeor.

Copyn sebra   *Salticus scenicus* Zebra spider   Hyd y corff 7mm
Pryf cop sy'n gallu neidio'n bell. Llinellau du a gwyn fel sebra ar hyd y corff blewog. Fel rheol, fe'i gwelir yn symud ar hyd pyst ffensys a waliau yn yr haul. Defnyddia'i lygaid mawr i ddod o hyd i'w brae, wedyn neidia arno'n sydyn. Daw i mewn i dai weithiau ar dywydd cynnes. Cyffredin trwy Brydain rhwng Mai a Medi.

Copyn y tŷ   *Tegenaria domestica* House spider   Hyd y corff 10mm
Pryf cop mawr â choesau hirion, blewog sy'n aml i'w weld mewn tai. Gall lliw'r corff amrywio o frown tywyll i frown golau. Mae'n edrych yn frawychus yn y bath neu'n rhedeg ar draws y carped. Mae'n adeiladu gwe flêr yng nghornel ystafell â thiwb fel lloches. Gall y fenyw fyw am lawer o flynyddoedd.

Copyn cranc bychan   *Xysticus cristatus*   Crab spider spp   Hyd y corff 6mm
Pryf cop cyffredin sydd i'w weld yn bennaf rhwng Mai a Gorffennaf. Mae ganddo linellau ar y thoracs a phatrwm brown golau a brown tywyll ar yr abdomen sy'n creu cyfres o drionglau. Fe'i gwelir mewn perthi a dolydd, fel rheol yn gorwedd yn llonydd ar goes planhigyn â'i goesau allan, yn aros i bryf basio heibio.

Copyn estynnol   *Tetragnatha extensa*   Hyd y corff 10mm
Pryf cop â choesau hir a chorff main, siâp selsig. Mae'r coesau a'r ceffalothoracs yn frowngoch a cheir patrwm melyn, brown a gwyn ar yr abdomen. Fe'i gwelir mewn perthi a dolydd gwlyb a, phan aflonyddir arno, bydd yn gorwedd yn wastad ar hyd coes planhigyn â'i goesau'n syth ymlaen ac yn ôl. Cyffredin iawn rhwng Mehefin ac Awst.

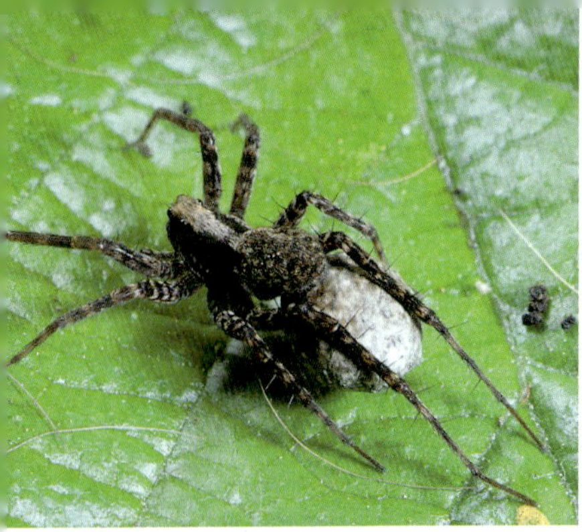
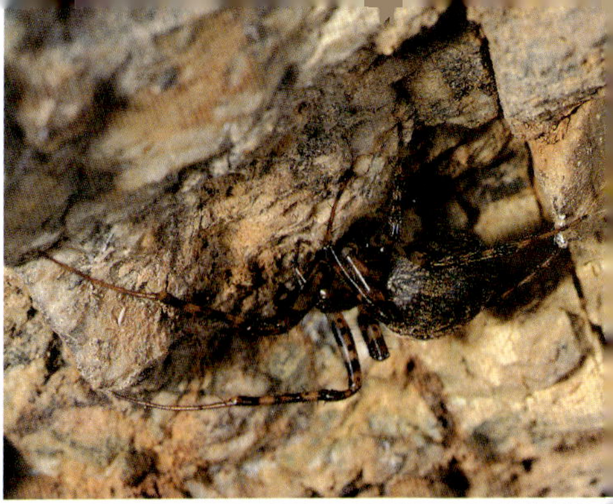
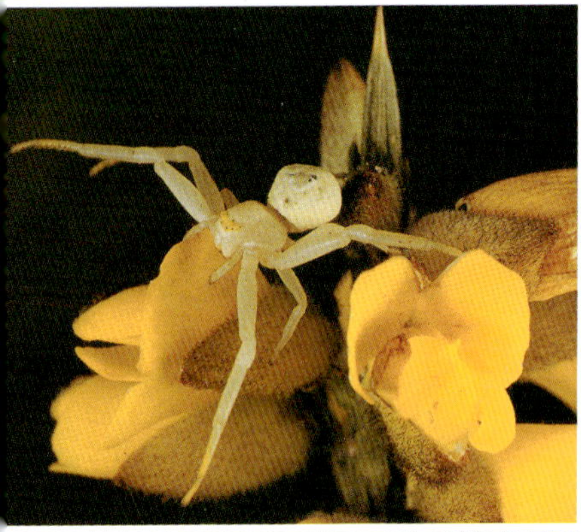
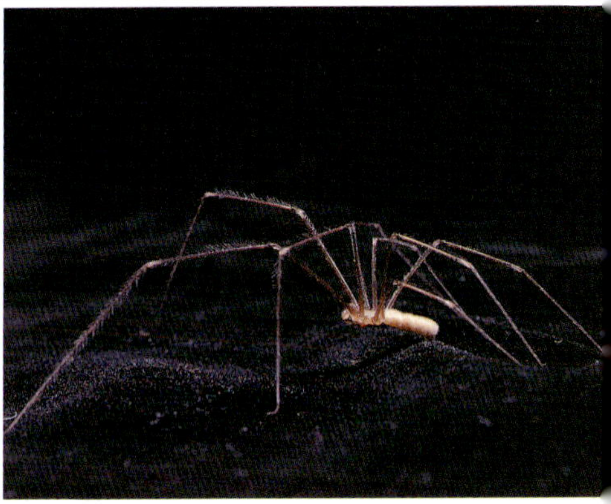
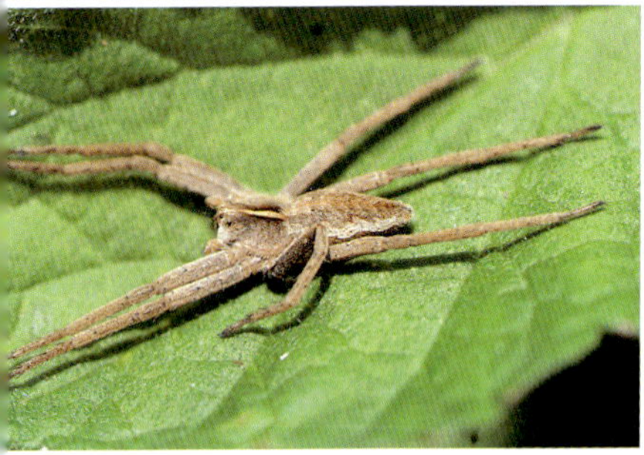
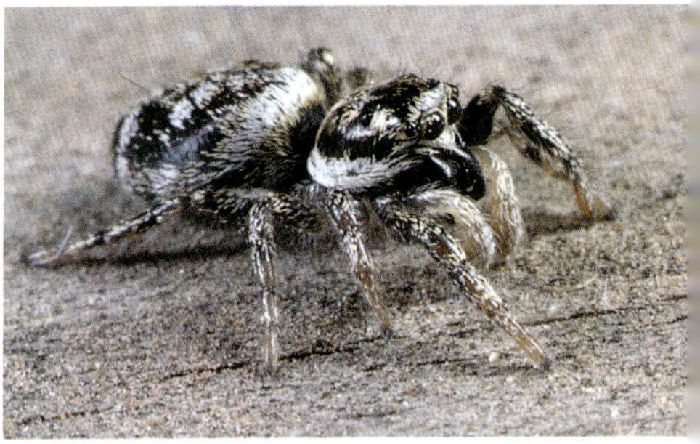
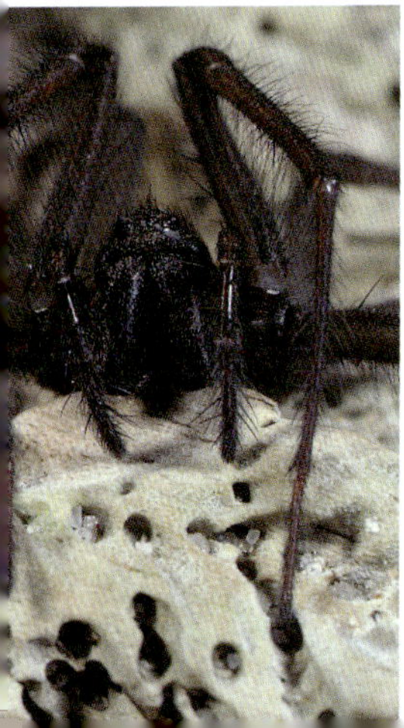
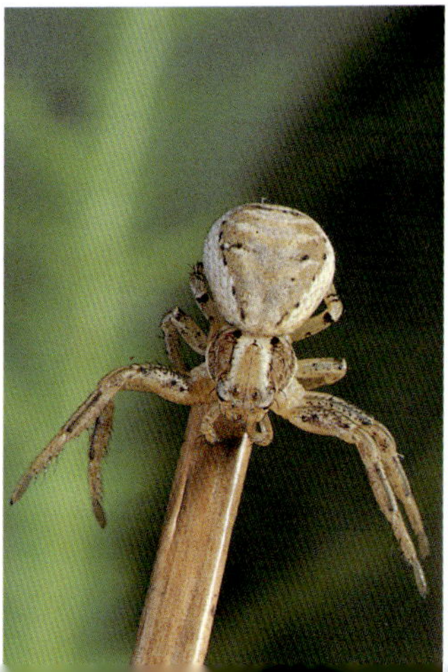
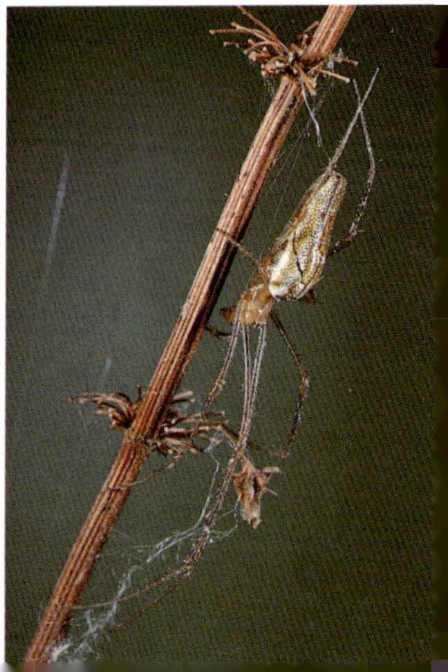

Molysgiaid y Tir • Gwlithod

Gwlithen Fawr Ddu   *Arion ater*   Large black slug   Hyd 12cm
Gwlithen gyffredin iawn trwy Brydain ac Iwerddon ymhob cynefin ar dir sych. Mae ganddi gorff unlliw ond ceir dwy ffurf wahanol ohoni; gwelir y ffurf goch (fel sydd yn y llun) yn bennaf yn y de ac mewn gerddi ond y ffurf ddu yw'r fwyaf niferus yn y gogledd a'r ucheldir. Pan fydd rhywbeth yn tarfu arni, gall grebachu i siâp pêl. Bydd yn dodwy clwstwr o wyau golau o dan ddarnau o bren. Mae'r mwcws yn glir.

Gwlithen Gyffredin yr Ardd
Arion distinctus   Common garden slug   Hyd 3cm
Gwlithen fach sy'n fwyaf cyffredin yng ngogledd Lloegr, iseldir yr Alban a rhannau o Iwerddon. Fe'i gwelir mewn gerddi ac ar ffermdir a gall ddinistrio cnydau. Ceir llinellau ar hyd y corff a smotiau bach euraid. Mae'n oren oddi tani; oren yw lliw y mwcws hefyd.

Gwlithen Lwyd Resog   *Arion subfuscus*   Dusky slug   Hyd 7cm
Gwlithen gyffredin trwy Brydain ac Iwerddon heblaw am ddwyrain Lloegr. Fel rheol, fe'i gwelir mewn coedwigoedd a pherthi ond hefyd mewn gerddi. Mae'r corff yn frown golau a'r cefn yn dywyll a cheir llinell dywyll ar y ddwy ochr. Gall ymddangos yn euraid o achos y mwcws oren ar y corff. Er ei bod yn lliw oren oddi tani, mae'r mwcws yn glir.

Gwlithen Felen Fawr   *Limax flavus*   Yellow slug   Hyd 10cm
Gwlithen fawr felen a marciau brown brith ar hyd y corff. Mae'r tentaclau'n las a cheir marc fel ôl bawd ar dop y pen. Fe'i gwelir trwy Brydain ac Iwerddon, bron bob amser mewn gerddi a thai; daw i mewn i dai gyda'r nos ac i lawr i selerydd. Planhigion ifanc a llysiau yw ei bwyd.

Gwlithen Felen Fach   *Limax tenellus*   Lemon slug   Hyd 4cm
Gwlithen fach sy'n lliw melyn llachar a'i thentaclau'n ddu. Creadur prin a welir mewn hen goedwigoedd yng Nghymru, Lloegr a'r Alban. Mae'n anodd iawn dod o hyd iddi heblaw yn hwyr yn yr haf a'r hydref pan fydd yn ymborthi ar ffwng.

Gwlithen Fannog   *Limax maximus*   Leopard slug   Hyd 16cm
Gwlithen fawr, hardd. Fel rheol, mae smotiau a marciau tywyll ar y corff llwydbinc. Ceir crib amlwg ar hyd y cefn hyd at y gynffon. Er bod y wlithen yn wyn oddi tani, mae'r mwcws gludiog yn ddi-liw. Fe'i gwelir mewn gerddi a choedwigoedd trwy Brydain ac Iwerddon.

Gwlithen Lwyd Fawr   *Limax cinereoniger*   Ashy-grey slug   Hyd 25cm
Ein gwlithen fwyaf pan fydd yn aeddfed. Llwydfrown yw'r corff ond ceir crib golau'n rhedeg o gefn y pen hyd at y gynffon. Mae'n brin ond i'w gweld trwy Brydain ac Iwerddon mewn coedwigoedd hynafol. Yng ngolau dydd, mae'n cuddio o dan ddarnau o bren.

Gwlithen y Goeden   *Limax marginatus*   Tree slug   Hyd 7cm
Gwlithen lwydfrown â llinell dywyll ar hyd dwy ochr y corff o'r pen i'r gynffon. Fel mae'r enw'n ei awgrymu, mae'n dringo coed, fel rheol mewn tywydd gwlyb. Bydd yn cynhyrchu llawer o fwcws gwlyb pan aflonyddir arni. Mae'n gyffredin mewn coedwigoedd yng ngorllewin Prydain ac Iwerddon.

Gwlithen Rwyllog   *Deroceras reticulatum*   Netted slug   Hyd 5cm
Gwlithen gyffredin iawn yn iseldir Prydain ac Iwerddon mewn gerddi ac ar dir amaethyddol. Er bod lliw'r corff yn amrywio, fel arfer mae'n frown golau â rhwydwaith o linellau a marciau brown tywyll. Mae'n ymddangos bod lympiau ar hyd y corff. Bydd yn cynhyrchu llawer o fwcws clir pan aflonyddir arni.

Gwlithen Gragennog   *Testacella scutulum*   Shelled slug   Hyd 10cm
Gwlithen ryfedd â chragen fel ewin ger ei phen ôl. Treulia'r rhan fwyaf o'i bywyd o dan y ddaear lle bydd yn hela pryfed genwair. Gellir ei gweld mewn tomenni compost yn yr ardd. Fe'i gwelir yn ne a dwyrain Lloegr, a de-ddwyrain Iwerddon.

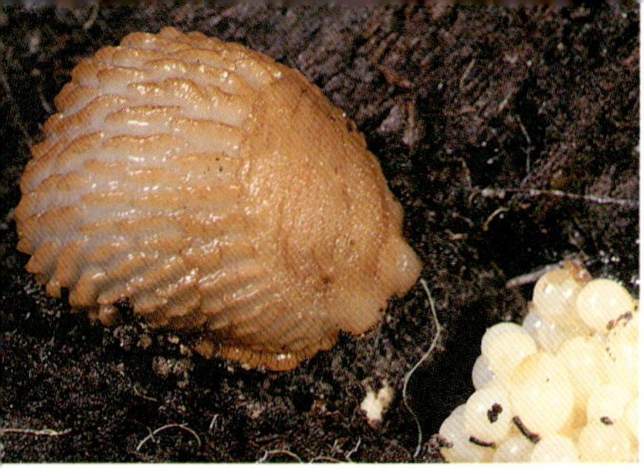
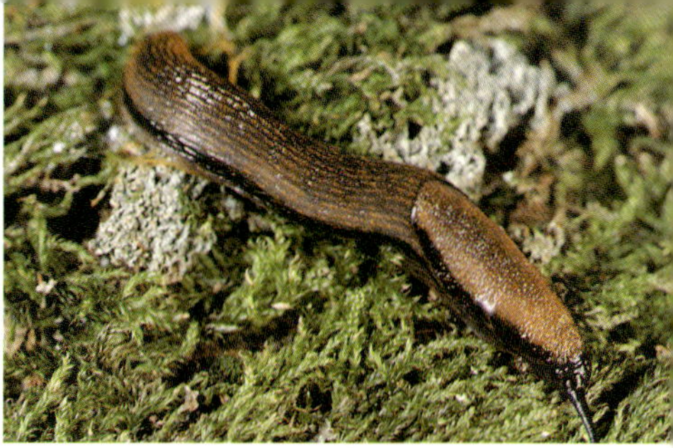
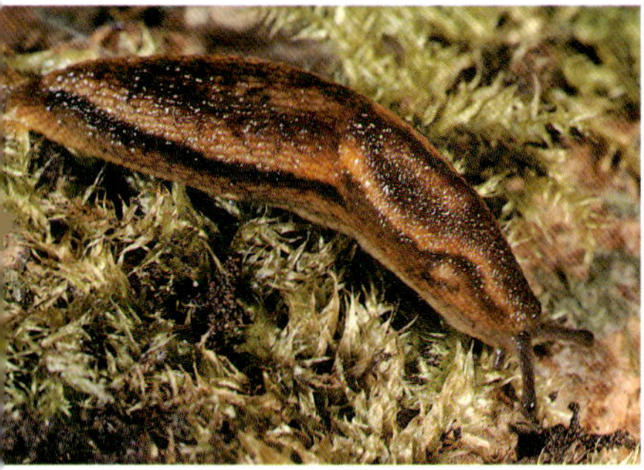
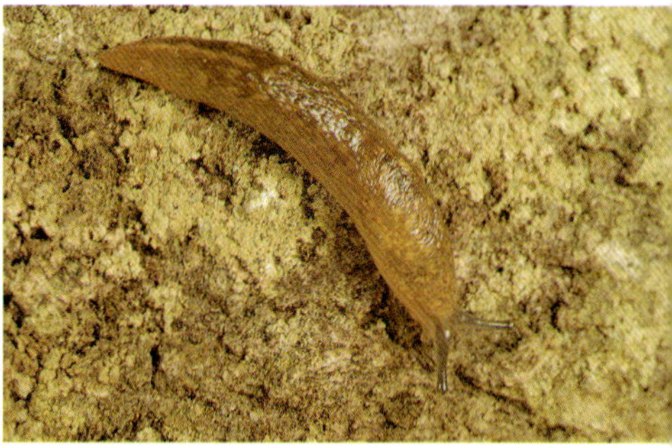
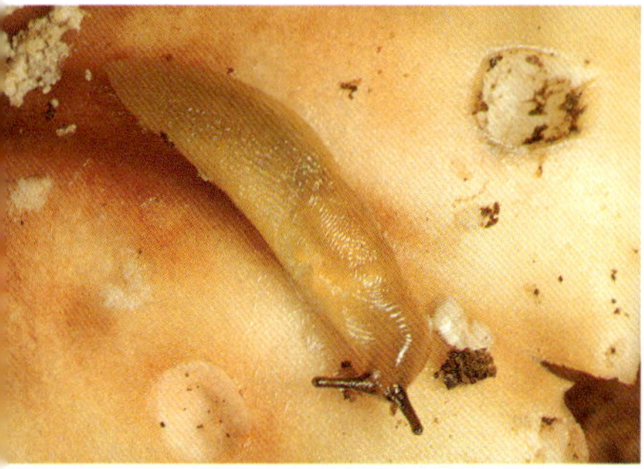
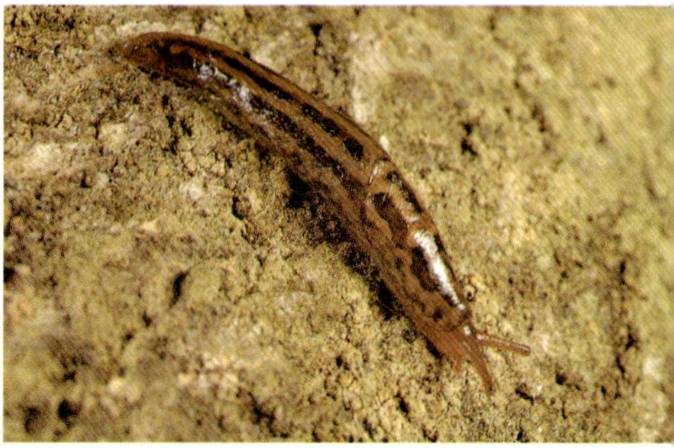
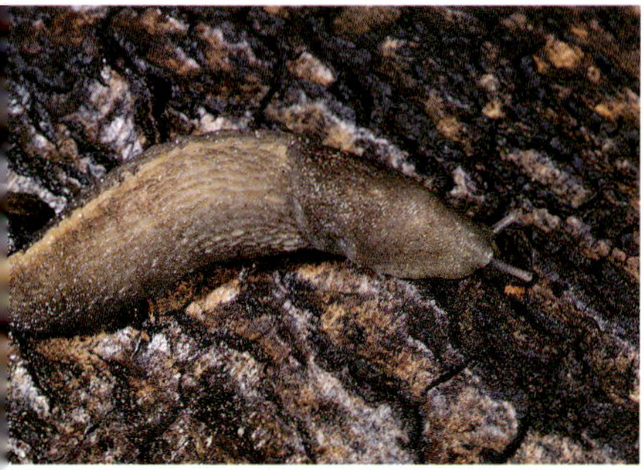
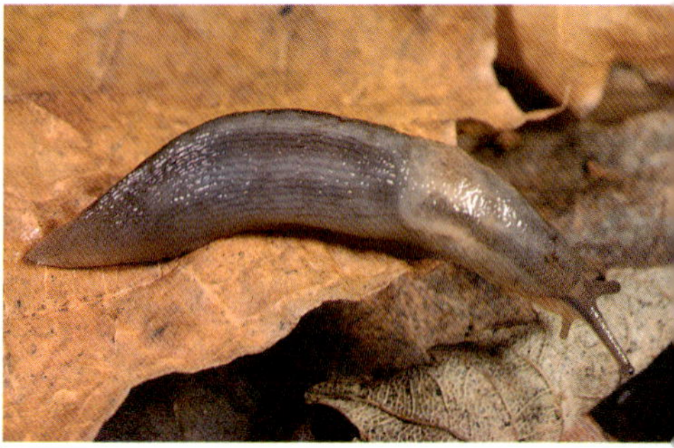
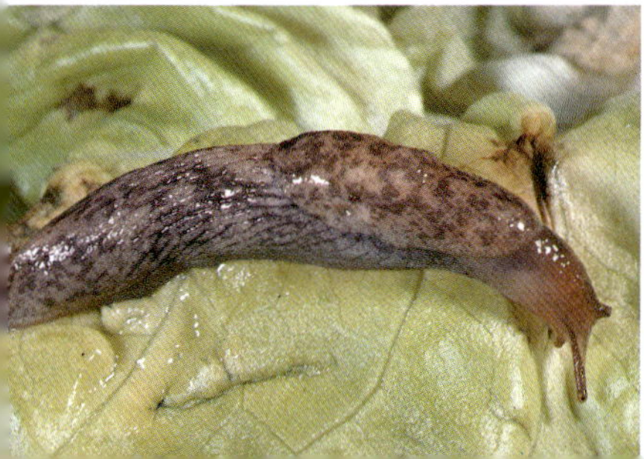
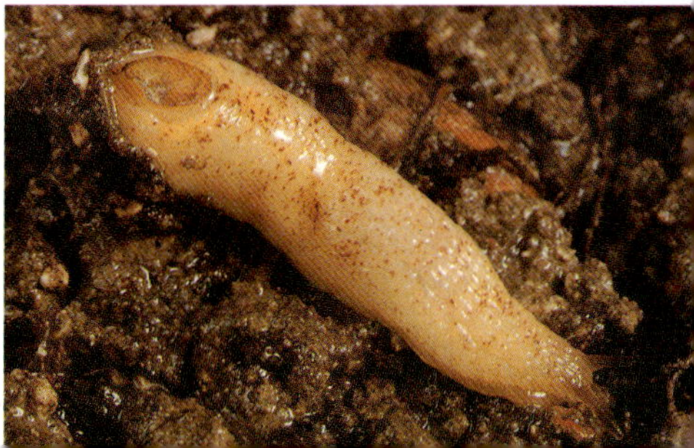

Molysgiaid y Tir • Malwod

Malwen y Perthi *Arianta arbustorum* Copse snail Diamedr y gragen 25mm
Malwen brin ond mae iddi ddosbarthiad eang yng Nghymru, Lloegr, yr Alban a Gogledd Iwerddon. Fe'i gwelir mewn ardaloedd gwlyb yn yr iseldir, yn cynnwys dolydd, perthi a choedwigoedd. Mae'r gragen bron yn gron ac yn lliw orenfrown â llinell dywyll arni.

Malwen Wefus Wen
Cepaea hortensis White-lipped snail Diamedr y gragen 18mm
Gall lliw'r gragen amrywio'n fawr o felyn unffurf i felyn â llinellau tywyll arni ond mae gwefus y gragen yn wyn bron bob amser. Mae'n gyffredin trwy Brydain ac Iwerddon mewn amrywiaeth eang o gynefinoedd, yn cynnwys coedwigoedd a pherthi.

Malwen Wefus Frown
Cepaea nemoralis Brown-lipped snail Diamedr y gragen 21mm
Gall lliw'r gragen amrywio a gall edrych yn debyg i *C. hortensis* ond bod gwefus y gragen yn frown bron bob amser. Mae'n gyffredin trwy Brydain ac Iwerddon heblaw am ogledd yr Alban mewn coedwigoedd, perthi a thwyni tywod.

Malwen Blethen *Cochlodina laminata* Plaited door snail Hyd y gragen 16mm
Hawdd ei nabod wrth ei chragen hir, fain ac, er ei bod fel rheol yn orenfrown, gall oleuo gydag amser. Mae'n hoffi coedwigoedd gwlyb, tywyll a bydd yn dringo coed mewn tywydd gwlyb ac yn y nos. Cyffredin yn Lloegr, prinnach yng Nghymru, yr Alban ac Iwerddon.

Malwen yr Ardd *Helix aspersa* Garden snail Diamedr y gragen 40mm
Creadur cyfarwydd mewn gerddi, coedwigoedd a pherthi. Cyffredin yn iseldir Cymru, Lloegr a de Iwerddon ond prin iawn yn yr Alban. Patrwm brown a du ar y gragen sy'n troi'n oleuach wrth i'r falwen heneiddio.

Malwen Rufeinig *Helix pomatia* Roman snail Diamedr y gragen 50mm
Mae hon yn fwy na malwen yr ardd. Mae ganddi gragen frown a llinellau tywyll arni. Cafodd ei chyflwyno i dde Lloegr ac mae wedi sefydlu mewn sawl coedwig, yn enwedig ar dir calchog. Gwelir y malwod yn cyplu weithiau ar dywydd gwlyb.

Malwen y Selar *Oxychilus cellarius* Cellar snail Diamedr y gragen 12mm
Cragen frown wastad; corff llwydlas. Malwen gyffredin trwy Brydain ac Iwerddon heblaw am ucheldir yr Alban. Fe'i gwelir mewn gerddi, coedwigoedd a pherthi.

Malwen Garlleg *Oxychilus alliarius* Garlic snail Diamedr y gragen 6mm
Tebyg i falwen y selar ond llai o faint, cragen mwy orenfrown a chorff tywyllach. Arogl garlleg arni os aflonyddir arni. I'w gweld mewn cynefinoedd amrywiol trwy Brydain ac Iwerddon.

Malwen Ambr *Succinea putris* Amber snail Hyd y gragen 15mm
Malwen fach fregus â chragen orenfrown. Mae'n gyffredin yng ngwlyptiroedd iseldir Cymru, Lloegr a de Iwerddon ac fe'i gwelir yn aml yn dringo'r tyfiant ar lan y dŵr.

Malwen Fefus *Trichia striolata* Strawberry snail Diamedr y gragen 12mm
Malwen gyffredin yng Nghymru, Lloegr ac Iwerddon ond prin yn yr Alban. Cragen frown golau bron yn wastad. I'w gweld ar dir isel mewn gerddi, perthi a choedwigoedd.

Malwen Gron *Discus rotundatus* Rounded snail Diamedr y gragen 7mm
Mae ganddi gragen wastad ac arni gylchoedd tynn a llinellau main ar ei hyd. Malwen gyffredin yn iseldir Prydain ac Iwerddon mewn gerddi, coedwigoedd a llecynnau caregog.

Malwen Bwlin *Ena obscura* Common bulin Hyd y gragen 8mm
Malwen sy'n byw mewn hen goedwigoedd, yn ne a de-ddwyrain Lloegr yn bennaf. Mae'n anodd ei gweld, yn enwedig y rhai ifanc, gan fod mwd dros y gragen yn aml. Fe'i gwelir ymysg dail marw ar y llawr ond bydd yn dringo coed mewn tywydd gwlyb.

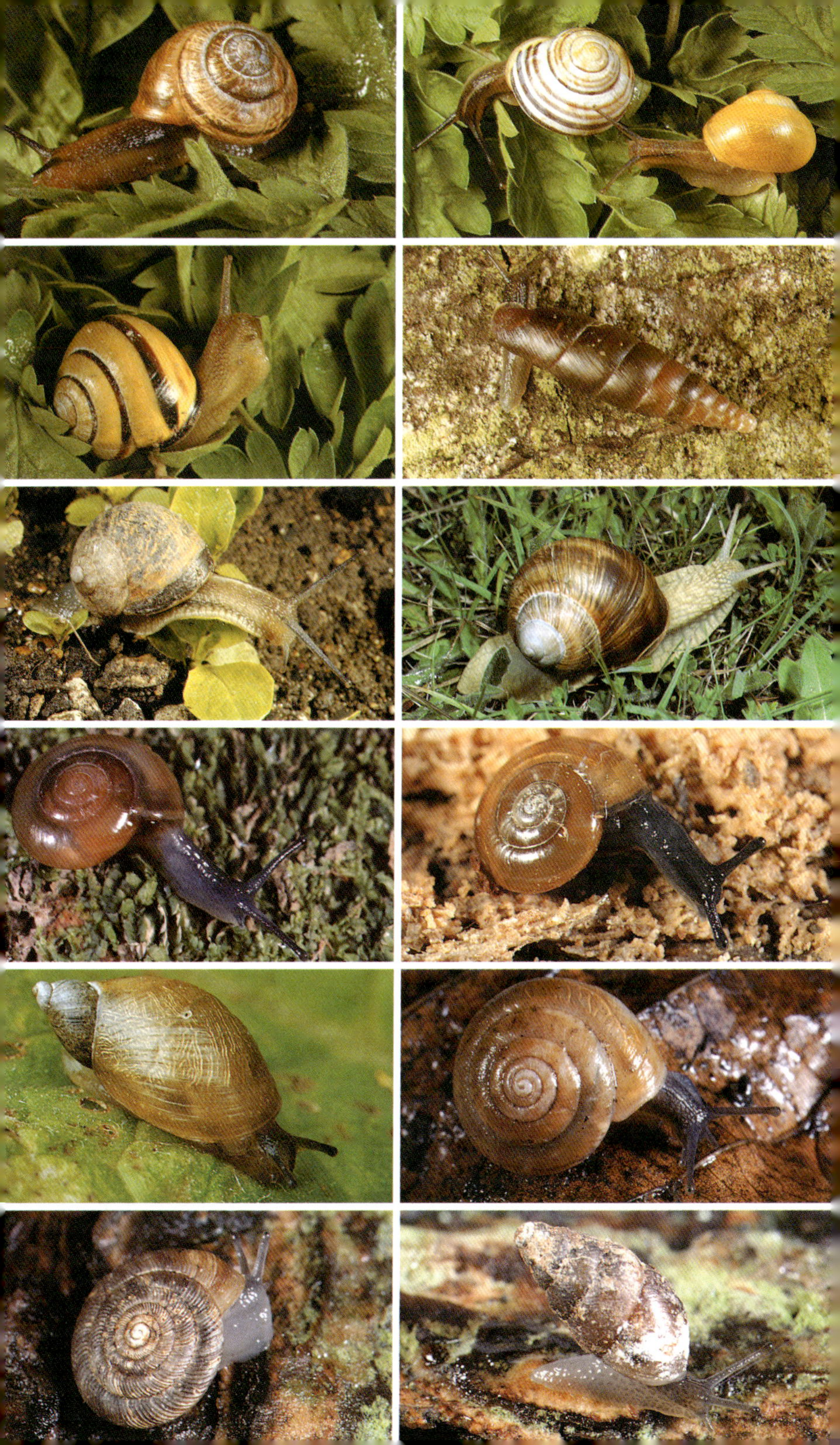

Molysgiaid Dŵr Croyw

Brenigen yr afon *Ancylus fluviatilis* River limpet Hyd y gragen 8mm
Gwelir brenigen yr afon yn aml mewn nentydd ac afonydd sy'n llifo'n gyflym ac mewn llynnoedd clir a phyllau yn yr ucheldir. Nid yw'n hoff o lygredd. Mae'n gyffredin trwy'r flwyddyn ac i'w gweld fel rheol yn sownd mewn cerrig yn y dŵr. Mae siâp y gragen yn gymorth iddi wrthsefyll y dŵr cyflym. Mae'n pori ar algâu.

Misglen yr alarch *Anodonta cygnea* Swan mussel Hyd y gragen 12cm
Cragen ddeuddarn fawr sy'n byw mewn llynnoedd, camlesi ac afonydd sy'n llifo'n araf. Mewn dyfroedd lle mae'n gyffredin, caiff cregyn gwag eu golchi i'r lan a gellir gweld cregyn byw mewn dŵr clir. Mae'n byw wedi ei lled-gladdu yn y mwd. Darnau organaidd mân yn y dŵr yw ei bwyd. Gall symud trwy ddefnyddio troed fawr, gyhyrog ond os bydd rhywbeth yn aflonyddu arni, bydd yn cau'r ddwy gragen yn dynn. Mae'n weddol brin, ond mae iddi ddosbarthiad eang yng Nghymru, Lloegr ac Iwerddon; prin iawn yn yr Alban. Mae'r tentaclau yn hir ac yn fain.

Malwen ddŵr dywyll
Bithynia tentaculata Common bithynia Hyd y gragen 15mm
Malwen ddŵr frown tywyll. Pan fydd yn symud ymysg planhigion tanddwr, gwelir plât bychan neu glawr o'r enw opercwlwm ar ochr ucha'r droed. Pan fydd rhywbeth yn tarfu arni, mae hwn fel drws yn cau'r corff yn y gragen. Mae'n gyffredin mewn pyllau, llynnoedd a chamlesi yng Nghymru, Lloegr ac Iwerddon; prin iawn yn yr Alban.

Malwen ddŵr fawr
Lymnaea stagnalis Great pond snail Hyd y gragen 45mm
Malwen ddŵr fawr â chragen frown golau. Fe'i gwelir yn symud ymysg planhigion tanddwr neu o dan wyneb y dŵr. O dro i dro, daw i'r wyneb i gael aer. Bydd yn defnyddio'i thafod arw i fwyta algâu. Yn aml, gwelir ei hwyau siâp selsig o dan ddail lili'r dŵr. Mae'n gyffredin iawn mewn pyllau, llynnoedd a chamlesi yng Nghymru, Lloegr ac Iwerddon ond yn brin iawn yn yr Alban.

Malwen ddŵr grwydrol
Lymnaea pereger Wandering snail Hyd y gragen 10mm
Malwen ddŵr gyffredin iawn mewn ffosydd, pyllau a llynnoedd ledled iseldir Prydain ac Iwerddon. Mae'r gragen frown golau yn gron â smotiau tywyll arni a'r tentaclau'n llydan a gwastad, fel clustiau. Bydd yn dodwy wyau mewn clwstwr hir gludiog.

Malwen gorn-maharen fwyaf
Planorbis corneus Great ramshorn Diamedr y gragen 25mm
Malwen ddŵr fawr (A) â chragen frown tywyll. Mae'n hoff o byllau, llynnoedd a chamlesi, yn enwedig yn ne a chanolbarth Lloegr. Gall fyw mewn dŵr sydd ag ychydig o ocsigen ynddo am fod ganddi haemoglobin yn y gwaed. Bydd yn dodwy ei hwyau mewn clwstwr (B).

Malwen gorn-maharen
Planorbis planorbis The ramshorn Diamedr y gragen 12mm
Malwen lai na *P. corneus* a throellau tynnach yn y gragen frown golau. Mae un ochr i'r gragen yn wastad. Creadur cyffredin iawn ym mhyllau, ffosydd a llynnoedd iseldiroedd Prydain ac Iwerddon. Mae'n pori algâu sy'n tyfu ar blanhigion tanddwr.

Cocosen yr afon *Sphaerium corneum* Pea mussel 6mm
Cragen ddeuddarn fechan sydd bron yn grwn pan fydd ar gau. Mae ei siâp a'i lliw brown golau'n ei gwneud yn anodd ei gweld ymysg y graean a'r tywod ar welyau llynnoedd, pyllau a chamlesi. Mae'n sugno tameidiau organaidd o'r dŵr trwy ddwy bibell a gall symud trwy ddefnyddio troed gyhyrog. Molwsg cyffredin ar diroedd isel.

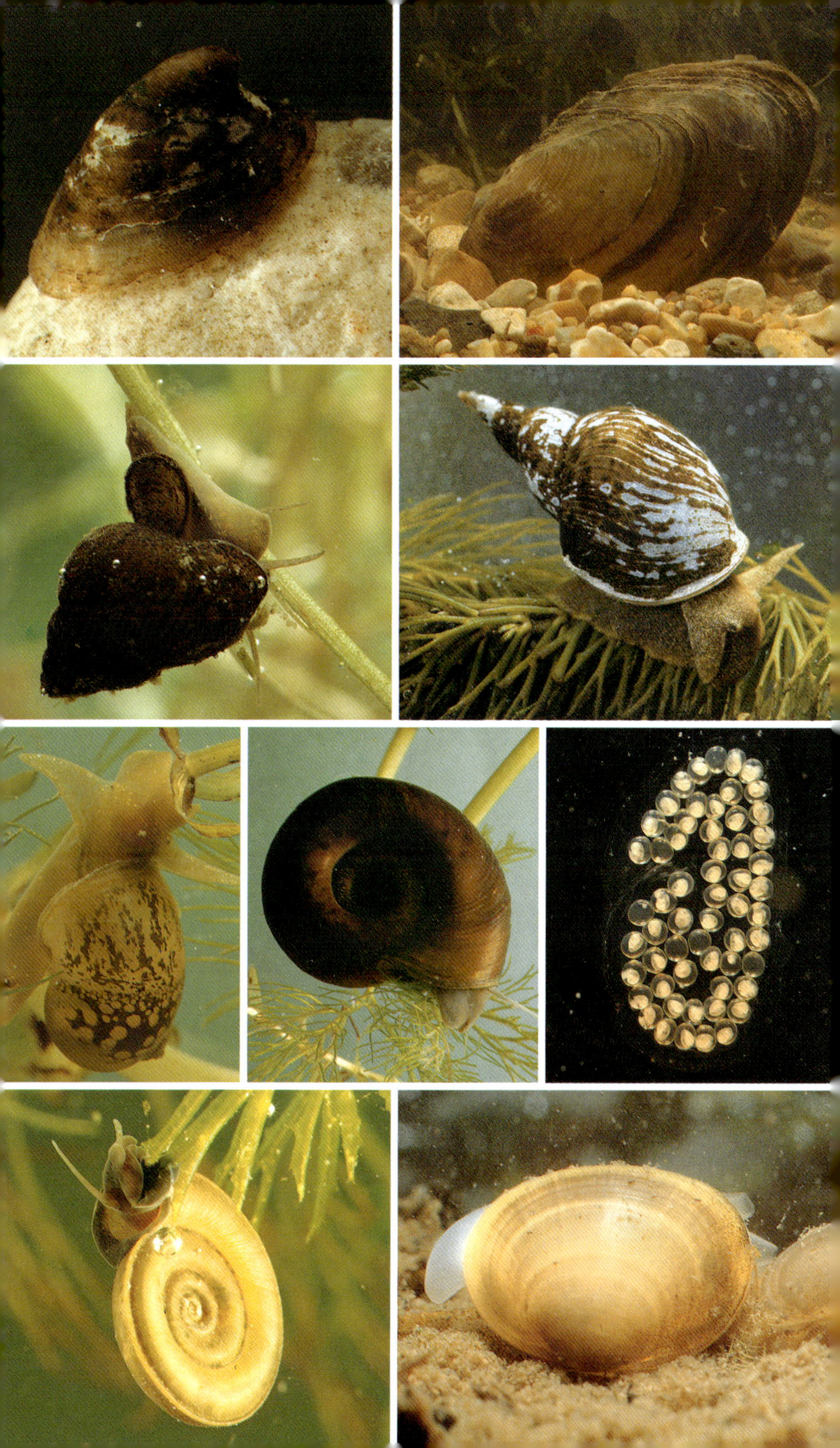

Molysgiaid Glan y Môr

Gwichiad *Littorina littorea* Edible periwinkle   Hyd y gragen 25mm
Cyffredin iawn ymysg gwymon, lle bydd yn hel ei fwyd. Mae'r gragen frown tywyll yn gron ag iddi wyneb garw, blaen main a gwefus drwchus. Fe'i gwelir ar draethau caregog, rhwng llinell y penllanw a'r distyll, trwy Brydain ac Iwerddon.

Gwichiad y Gwymon
Littorina littoralis Flat periwinkle   Diamedr y gragen 10mm
Molwsg â chragen gron, lefn, sgleiniog. Gall y lliw amrywio'n fawr ond, fel rheol, mae naill ai'n felyn neu'n gochfrown. Fe'i gwelir gan amlaf ar wymon codog mân a gwymon codog bras a gall fod yn niferus tua chanol lefel y llanw ar draethau caregog.

Cocosen y Gwylanod
Scrobicularia plana Peppery furrow shell   Hyd y gragen 50mm
Cragen ddeuddarn gyffredin. Mae'r gragen lwydfrown olau yn gron ond yn denau â cylchoedd oedran ar yr wyneb. Creadur cyffredin mewn tywod a mwd ar draethau ac aberoedd o amgylch Prydain ac Iwerddon.

Cogwrn y Lafwr *Hydrobia ulvae* Laver spire shell   Hyd y gragen 6mm
Gall fod yn niferus iawn ym mwd aberoedd o amgylch Prydain ac Iwerddon ac, weithiau, bydd yn dringo i fyny planhigion yr aber ar drai ar ddiwrnodau heulog. Fe'i gwelir yn bennaf rhwng llinell penllanw a distyll. Mae'r gragen hir yn frown tywyll ag iddi flaen di-fin; mae'n fwyd pwysig i lawer o adar fel hwyaden yr eithin.

Top Môr Danheddog
Monodonta lineata Toothed topshell   Diamedr y gragen 24mm
Ceir cylchoedd consentrig tynn a phatrwm porffor igam-ogam ar y gragen arw. Mae'r wefus yn ddanheddog. Molwsg cyffredin ar draethau caregog Cymru, Iwerddon a de-orllewin Lloegr, yn enwedig tua chanol lefel y llanw.

Octopws Cyffredin   *Octopus vulgaris* Common octopus   Hyd 50cm
Molwsg unigryw sydd weithiau i'w weld mewn pyllau ar drai ar arfordiroedd caregog de-orllewin Prydain ac Iwerddon. Mae'n hawdd ei adnabod â'i ben mawr fel balŵn, ei lygaid mawr a'i wyth coes ag arnynt sugnyddion pwerus. Gall newid ei liw'n gyflym iawn. Bydd yn hela crancod a chreaduriaid eraill ar wely'r môr.

Cragen Fair   *Trivia monacha* Common cowrie   Hyd y gragen 11mm
Molwsg bach, siap ffeuen â marciau pincborffor ar y gragen; ceir agoriad fel hollt ar ochr isa'r gragen. Mae llinellau prydferth ar hyd y goes a cheir seiffon amlwg ger y pen. Gweddol gyffredin ger y marc distyll. Dywedir bod canfod y gragen yn dod â lwc dda.

Llygad Maharen   *Patella vulgata* Common limpet   Diamedr y gragen 6cm
Molwsg cyffredin iawn rhwng y ddau lanw ar draethau caregog o amgylch Prydain ac Iwerddon. Yn aml, ceir algâu a chreaduriaid bychan eraill yn tyfu ar wyneb garw'r gragen. Bydd yn pori algâu o dan y dŵr ond yn dychwelyd i'r un lle yn union ar y graig cyn y trai.

Brenigen Wystrys/Ewin Mochyn
Crepidula fornicata Slipper limpet   Hyd y gragen 30mm
Cafodd ei gyflwyno'n ddamweiniol o ogledd America a nawr mae'n gyffredin o amgylch arfordir de Cymru a de Lloegr. Mae'r gragen lwyd yn debyg i glust a gall cregyn marw fod yn niferus iawn ar y traeth. Mae'n hoff o draethau cysgodol a bydd yn glynu wrth gregyn gleision neu wystrys. Gall fod yn bla arnynt.

Brenigen Resen Las
Patina pellucida Blue-rayed limpet   Hyd y gragen 15mm
Molwsg hardd iawn â llinellau glas ar hyd y gragen; yr anifeiliaid ifanc yw'r rhai mwyaf lliwgar. Bydd yn byw ar lafnau a choesau môr-wiail, yn aml mewn tyllau bach. Dim ond i'w weld ar lanw isel iawn.

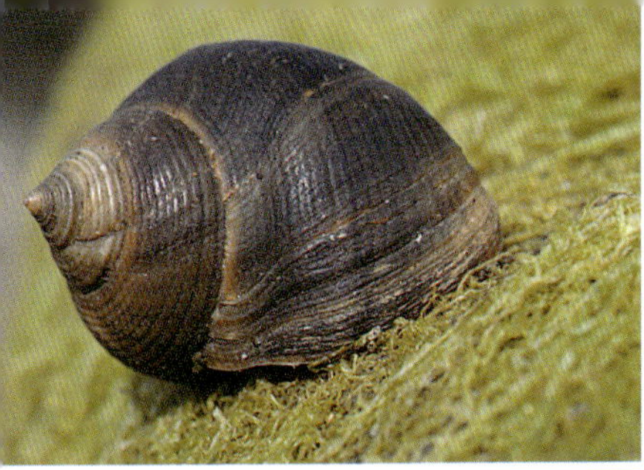
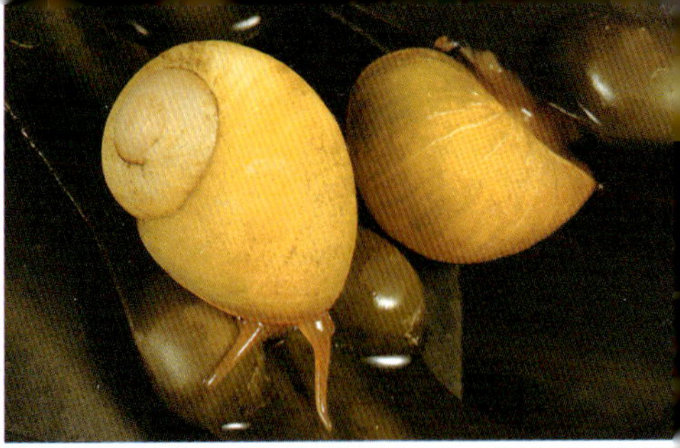
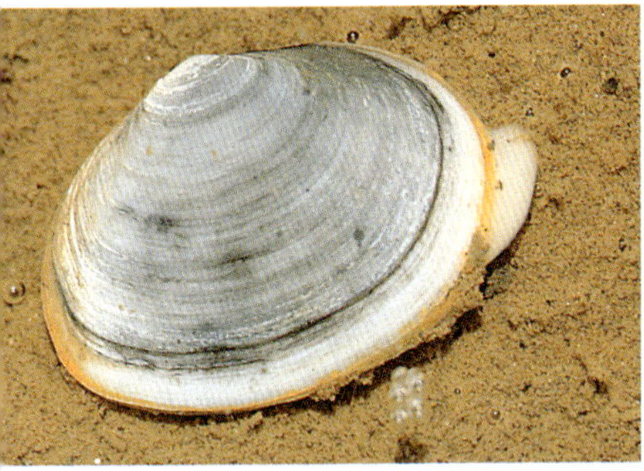
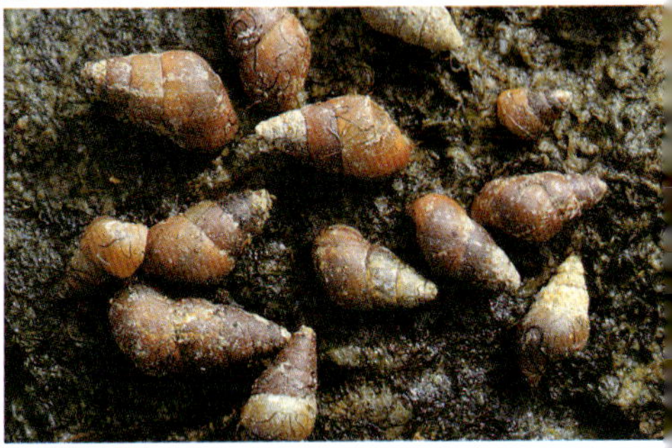
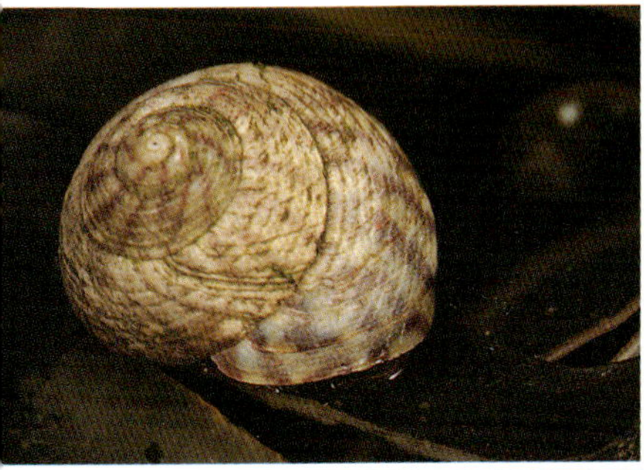
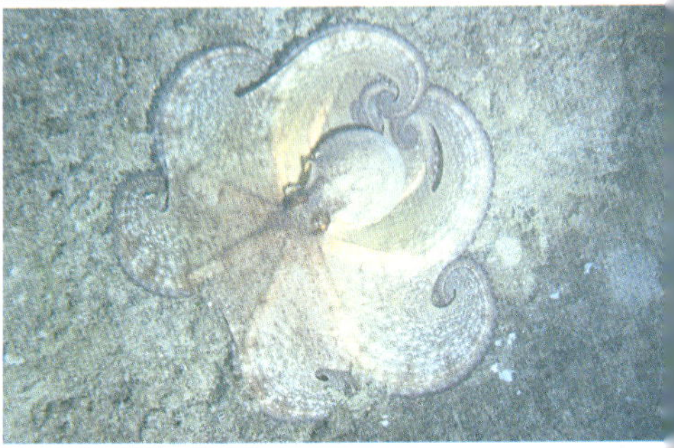
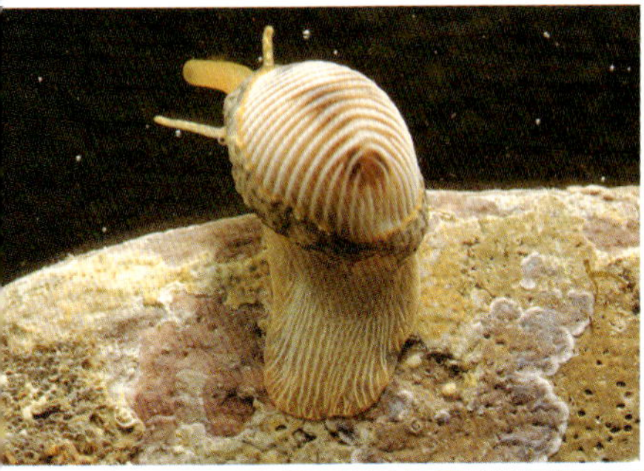
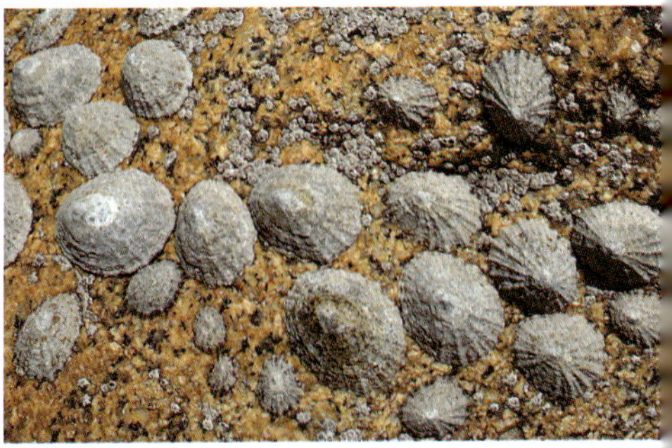
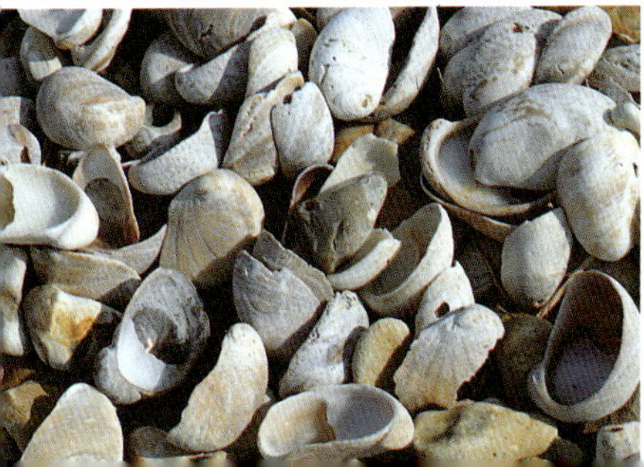
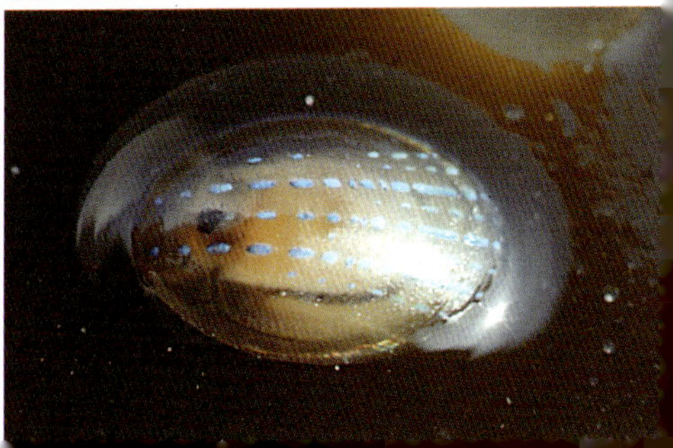

Molysgiaid Glan y Môr

Lemon Môr *Archidoris pseudargus* Sea lemon Hyd 6cm
Molwsg di-gragen sydd i'w weld mewn dŵr dwfn fel rheol ond yn dod i draethau caregog i ddodwy yn yr haf. Ceir smotiau brown golau ar y corff dafadenog, lliw lemwn. Mae'n debyg i sosej â dau deimlydd ar y pen blaen a thagellau ar y pen ôl. Fel pob gwlithen, gall grebachu pan fydd rhywbeth yn tarfu arno.

Gwlithen Fôr *Greilada elegans* Sea slug spp Hyd 3cm
Gwlithen fôr hardd â chorff oren llachar. Mae'r smotiau porffor yn rhybudd i greaduriaid ysglyfaethus fod blas chwerw arni. Nid yw'n hoff o ddŵr oer ac felly dim ond yn ne-orllewin Prydain ac Iwerddon y'i gwelir. Fel rheol, bydd mewn dŵr dwfn ond, yn yr haf, daw i ddŵr bas i ddodwy wyau. Weithiau, caiff ei hynysu mewn pyllau ar draethau caregog.

Morwlithen Glustiog *Aplysia punctata* Sea-hare Hyd 12cm
Creadur unigryw â chragen feddal y tu mewn i'r corff. Mae'n ymddangos bod chwyddau ar hyd y corff llwydfrown a cheir pedwar teimlydd yn y pen blaen. Molwsg sy'n symud yn araf ymysg gwymon. Weithiau, fe'i gwelir mewn pyllau ar draethau caregog pan fydd y môr ar drai. Os bydd rhywbeth yn tarfu arni, mae'n chwistrellu hylif lliw porffor. Mae'n gyffredin o amgylch arfordiroedd de a gorllewin Prydain ac Iwerddon.

Cocosen *Cardium edule* Common cockle Lled y gragen 5cm
Cragen ddeuddarn gyffredin sy'n ei chladdu ei hun mewn tywod a mwd ar draethau ac aberoedd o amgylch Prydain ac Iwerddon. Mae dwy hanner y gragen yr un maint ac mae'r lliw'n amrywio'n fawr. Mae'r gragen yn arw iawn. Mewn rhannau o Brydain, mae llawer o bobl yn bwyta cocos a chânt eu tyfu'n fasnachol.

Cragen Las *Mytilus edulis* Common mussel Lled y gragen 9cm
Cragen ddeuddarn gyfarwydd a chyffredin o amgylch arfordiroedd Prydain ac Iwerddon. Fe'i gwelir ar draethau caregog ac yn glynu wrth gerrig neu byst yng ngheg aberoedd. Mae'r ddwy gragen yr un maint. Mae'r tu allan yn las tywyll a'r tu mewn yn las golau. Yn aml, bydd grwpiau mawr ohonynt, pob un yn glynu wrth garreg ag edafedd cryf.

Wystrysen *Ostrea edulis* Common oyster Lled y gragen 10cm
Molwsg eithaf cyffredin mewn dŵr bas ar welyau sy'n cwympo'n araf i'r môr. Mae'r gragen isaf fel soser ac yn gorwedd ar y tywod a'r gragen uchaf yn hollol wastad. Mae ochr allan y ddwy gragen yn arw ac yn llwydfrown a'r tu mewn yn olau a llyfn. Caiff wystrys eu tyfu'n fasnachol.

Cyllell Fôr *Ensis siliqua* Pod razorshell Hyd y gragen 18cm
Cragen ddeuddarn hir sy'n byw o dan yr wyneb ar draethau tywodlyd ac yn defnyddio seiffon hir i dynnu darnau organaidd mân o'r dŵr. Yr hyn a welir amlaf yw'r cregyn wedi'u golchi i fyny ar y traeth ar ôl i'r anifail farw. Mae wyneb allanol y gragen yn frown golau a'r tu mewn yn wyn. Creadur cyffredin ar draethau addas ym Mhrydain ac Iwerddon.

Cragen Foch Fwyaf
Buccinium undatum Common whelk Hyd y gragen 8cm
Gwelir yr anifail byw ar dywod neu fwd mewn dŵr bas ar lanw uchel ond, yn amlach, gwelir cregyn gweigion ar y traeth; daw'r cranc meddal i fyw yn y rhain. Yn aml, bydd sbwng ac algâu yn tyfu ar gregyn mawr. Molwsg cyffredin ar arfordiroedd Prydain ac Iwerddon.

Gwichiad y Cŵn *Nucella lapillus* Dog whelk Hyd y gragen 3cm
Molwsg â blaen main i'w gragen. Mae'r lliw'n amrywio, yn dibynnu beth y mae'n ei fwyta. Gall fod yn wyn-hufen neu'n frown golau a cheir rhai â llinellau ar y gragen. Mae'n hoff o draethau caregog lle bydd yn bwyta cregyn eraill. Bydd yn dodwy clwstwr o wyau ar y graig. Creadur cyffredin iawn o amgylch arfordiroedd addas Prydain ac Iwerddon.

Y Bidog/Cragen Dyllu
Pholas dactylus Common piddock Hyd y gragen 12cm
Cragen ddeuddarn sy'n tyllu i mewn i greigiau meddal. Mae'r gragen yn frown golau ac yn hynod o fregus o feddwl ei bod yn tyllu i mewn i greigiau. Gall dyfu mewn clystyrau mawr yn isel ar draethau. Creadur cyffredin iawn yn ne-orllewin Prydain ac Iwerddon.

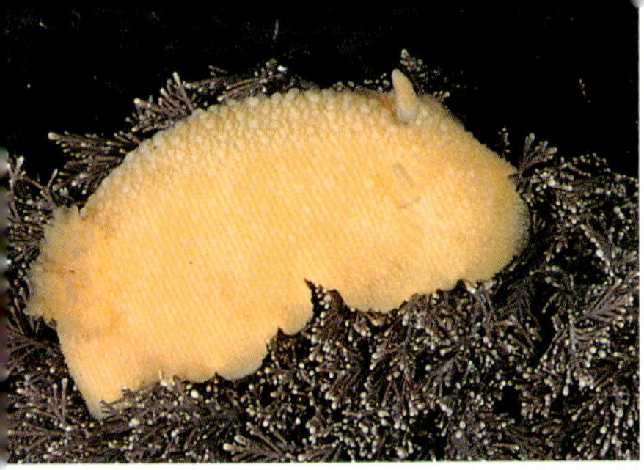
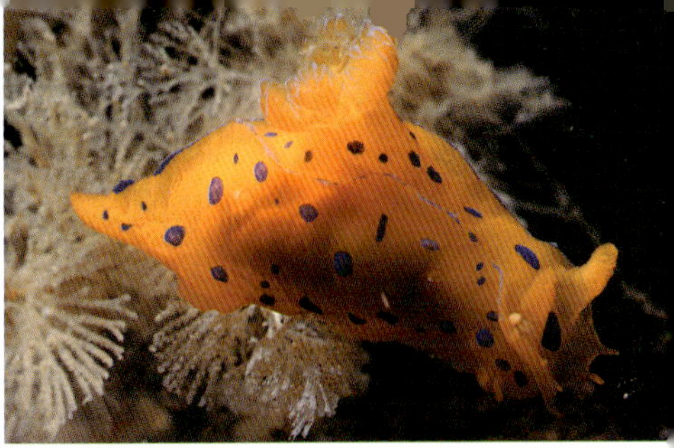
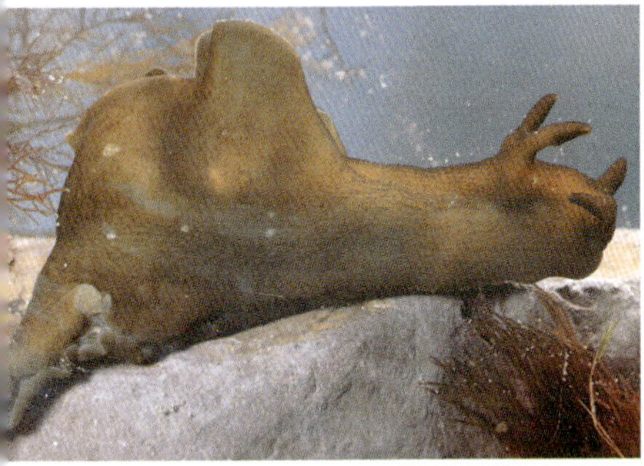
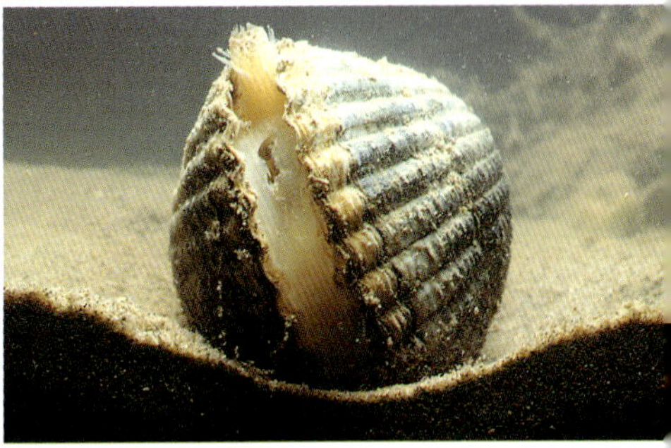
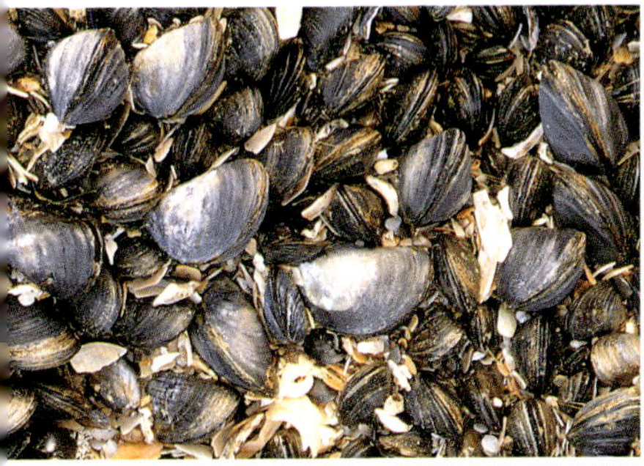
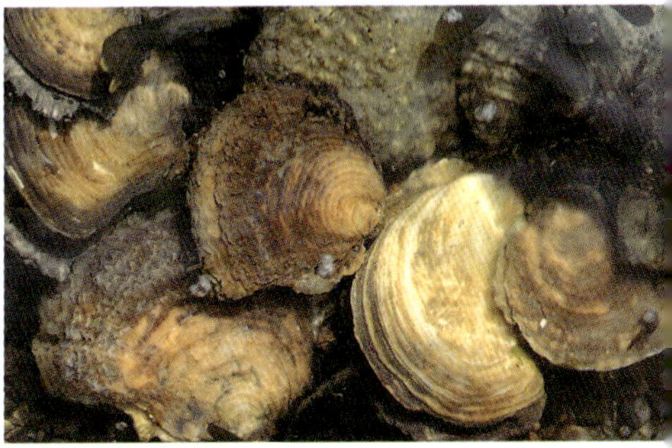
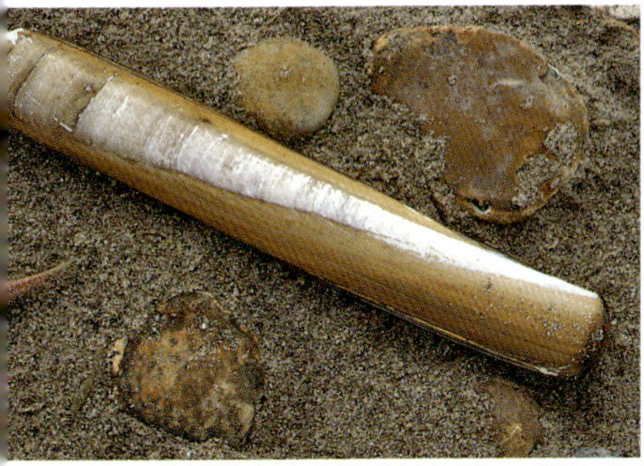
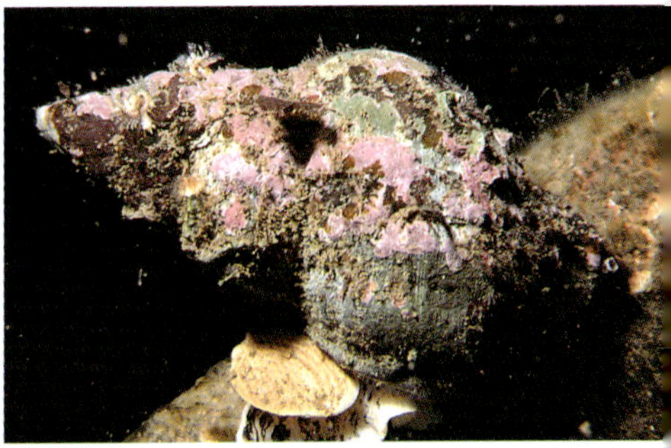
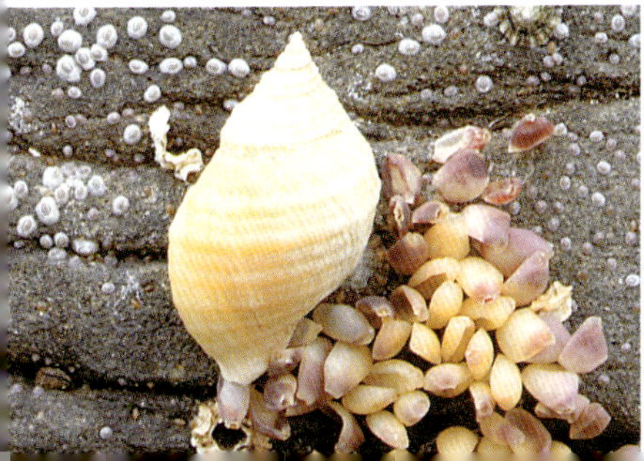
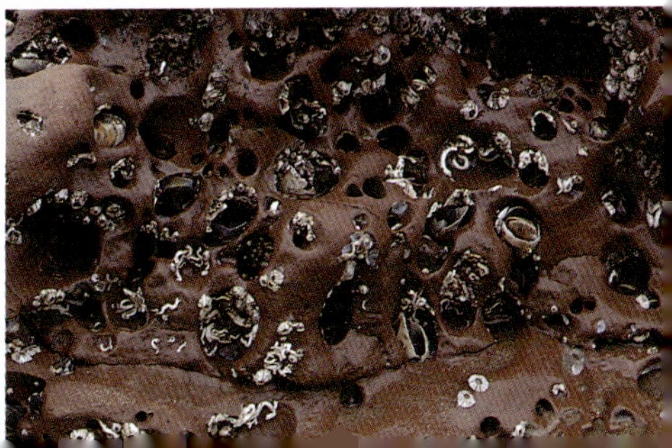

Cramenogion y Tir a Dŵr Croyw

Gwrachen ludw gyffredin
Oniscus asellus   Common woodlouse   Hyd 14mm
Creadur cyfarwydd trwy Brydain ac Iwerddon. Cyffredin mewn gerddi, perthi a choedwigoedd. Gall ei chorff sychu'n hawdd felly bydd yn cuddio o dan gerrig neu risgl coed yn y dydd ac yn mentro allan liw nos i chwilio am ddefnydd llysieuol i'w fwyta. Mochyn coed yw ei henw yn y de.

Gwrachen gron   *Armadillidium vulgare*   Pill woodlouse   Hyd 11mm
Bydd hon yn rhowlio fel pêl pan aflonyddir arni. Mae'r corff yn llwydlas ac fe'i gwelir mewn coedwigoedd aeddfed lle bydd yn cuddio liw dydd o dan goed neu bren sy'n pydru. Fe'i ceir hefyd mewn perthi a gerddi, yn enwedig yn ne Lloegr.

Gwrachen ludw   *Porcellio scaber*   Woodlouse spp   Hyd 10mm
Creadur cyffredin iawn yn iseldiroedd Prydain ac Iwerddon. Mae'n niferus iawn mewn gerddi lle bydd yn cuddio mewn waliau, o dan gerrig ac mewn tomenni compost. Fe'i gwelir hefyd mewn perthi, coedwigoedd a thwyni tywod. Daw allan ar ôl iddi nosi i fwydo ar algâu a defnydd llysieuol arall.

Gwrachen fach   *Trichoniscus pusillus*   Woodlouse spp   Hyd 5mm
Creadur bychan â chorff hir, eithaf crwn, pinc-porffor ei liw. Fe'i gwelir mewn mannau gwlyb, yn aml lle mae dail wedi cwympo ger pyllau neu ffosydd mewn coedwigoedd. Er bod y wrachen fach yn gyffredin, nid yw'n cael ei gweld yn aml.

Gwrachen y dŵr   *Asellus aquaticus*   Freshwater louse   Hyd 15mm
Anifail cyffredin a all fod yn niferus iawn mewn pyllau, llynnoedd a nentydd sy'n llifo'n araf. Mae'r corff brown wedi'i rannu'n segmentau a cheir teimlyddion hir ar y pen. Mae'n byw ymysg planhigion tanddwr ac yn bwyta defnydd organaidd yn y mwd ar y gwaelod. Yn y gwanwyn, bydd y fenyw'n cario wyau gwyn o dan ei chorff.

Cimwch yr afon   *Astacus pallipes*   Freshwater crayfish   Hyd 40mm
Creadur a fu unwaith yn gyffredin ond sy'n brin iawn erbyn hyn wedi i rywogaethau o ogledd America gael eu cyflwyno i'n hafonydd, ac o achos llygredd a cholli cynefinoedd. Mae angen dyfroedd glân, llawn ocsigen, sy'n llifo'n gyflym. Yn y dydd, bydd yn cuddio o dan y cerrig neu mewn tyllau yn y dorlan ac yn mentro allan liw nos i chwilio am fwyd.

Berdysyn gwisgi   *Chirocephalus diaphanus*   Fairy shrimp   Hyd 16mm
Anifail diddorol sydd i'w gael mewn pyllau tymhorol yn unig. Mae'r wyau'n goroesi yn y mwd sych ar ôl i'r pyllau sychu ac yn deor pan ddaw glaw'r hydref. Creadur prin iawn ond gall fod yn niferus mewn pyllau addas. Mae'n nofio â'i ben i lawr.

Berdysen penbwl   *Apus cancriformis*   Triops   Hyd 30mm
Caiff ei alw'n berdysyn penbwl o achos ei siâp. Mae ganddo gragen siâp tarian a dwy gynffon fain. Gall yr wyau oroesi am flynyddoedd lawer mewn mwd sych ar waelod pyllau. Anifail prin iawn sydd i'w gael yn unig mewn ambell bwll yn y New Forest.

Chwannen y dŵr   *Daphnia sp*   Water flea   Hyd 1mm
Creadur bychan iawn sy'n niferus tu hwnt mewn pyllau a llynnoedd ar rai adegau o'r flwyddyn. Gellir gweld ei organau mewnol trwy'r gragen ac mae'r llygaid mawr du'n amlwg ar y pen. Nofia'n herciog trwy guro'i deimlyddion.

Berdysyn yr afon   *Gammarus pulex*   Freshwater shrimp   Hyd 11mm
Creadur sy'n hoff o ddyfroedd glân, llawn ocsigen, yn enwedig nentydd ac afonydd sy'n llifo'n gyflym. Mae'r corff yn wastad ac mae'n nofio ar ei ochr. Creadur cyffredin sydd i'w weld o dan gerrig neu'n cuddio ymysg gwreiddiau o dan y dŵr.

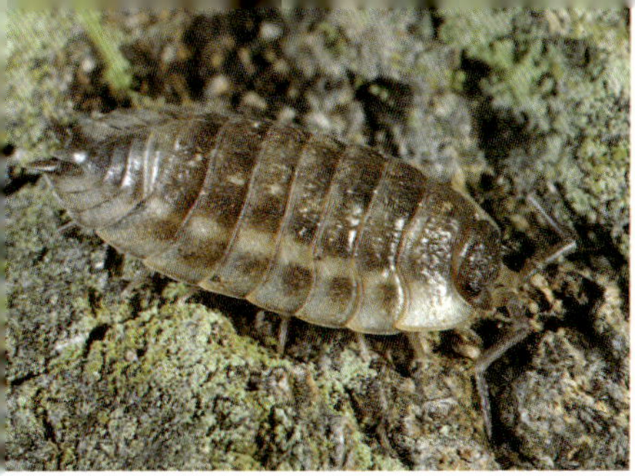
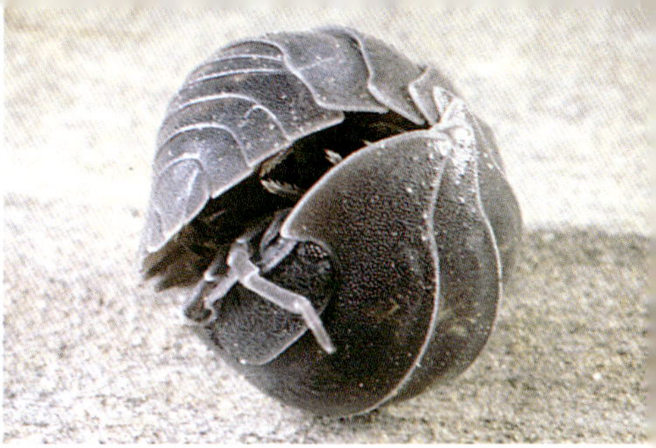
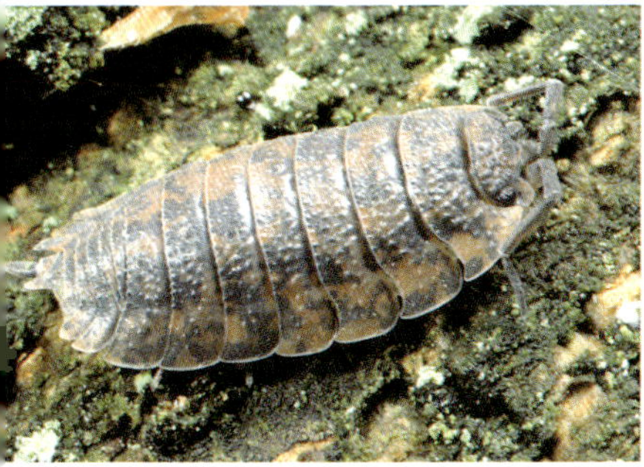
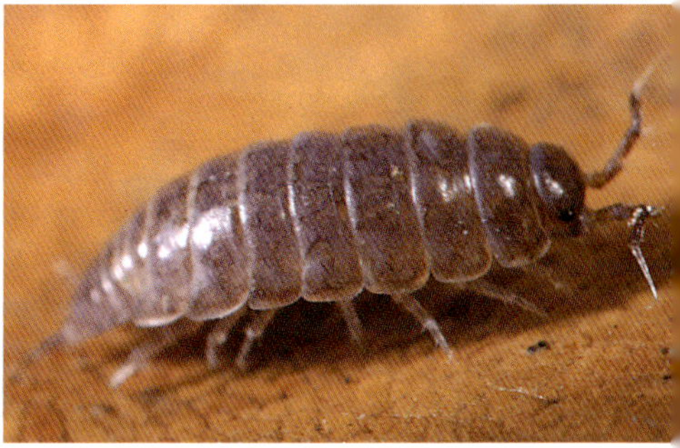
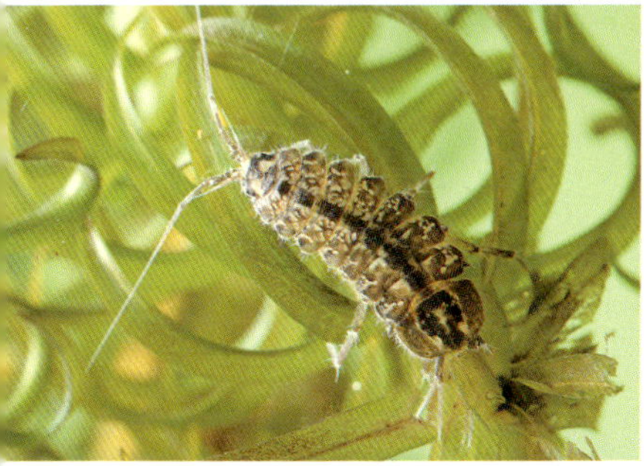
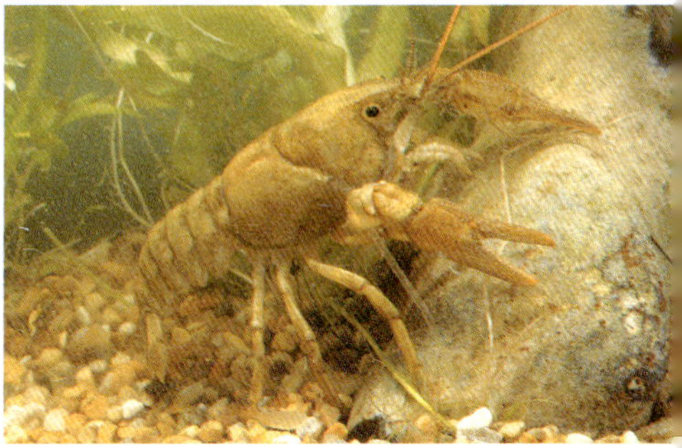
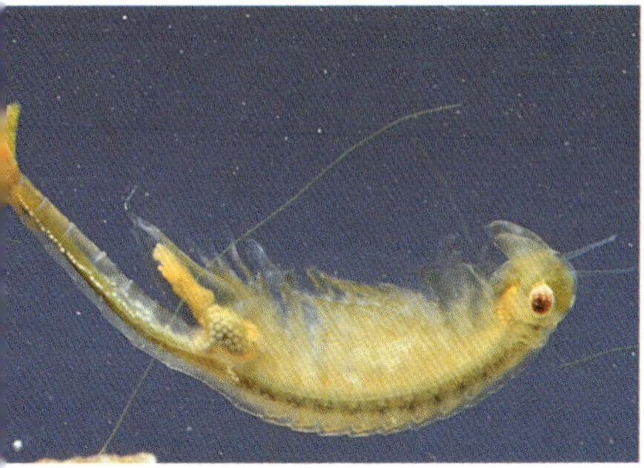
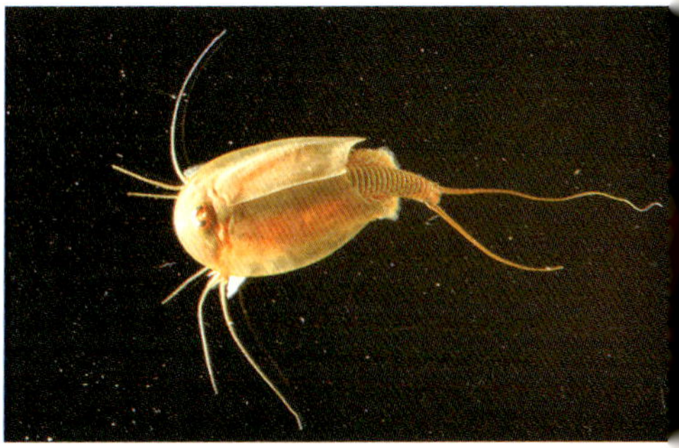
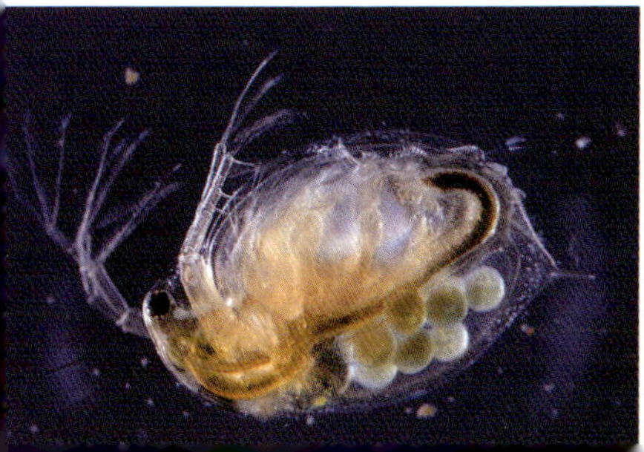
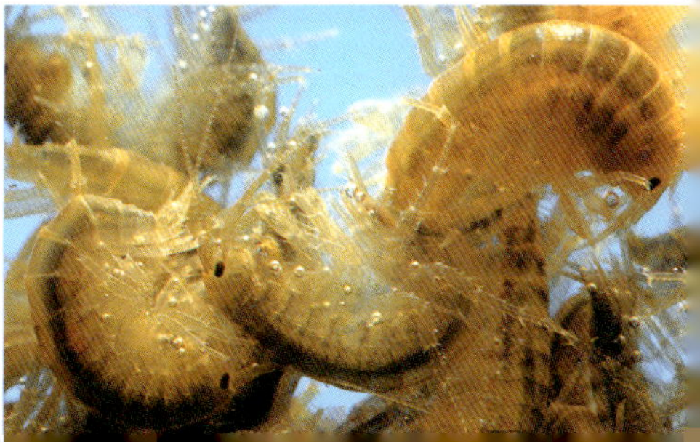

Cramenogion Glan y môr

Cranc coch *Cancer pagurus* Edible crab   Lled y gragen 15cm
Creadur cyfarwydd sy'n hawdd ei adnabod wrth ymyl danheddog y gragen a'r lliw orenbinc. Mae blaen y gefeiliau'n ddu. Mae'r rhai mawr yn byw ymysg y creigiau mewn dŵr dwfn ond ceir rhai llai o faint ymysg gwymon ac mewn pyllau ar draethau caregog. Mae'n byw ar weddillion creaduriaid marw ac yn gyffredin ar hyd arfordir Prydain ac Iwerddon trwy'r flwyddyn. Caiff ei ddal mewn cewyll i'w fwyta.

Cranc gwyrdd *Carcinus maenas* Shore crab   Lled y gragen 5cm
Y cranc mwyaf cyffredin ar hyd y rhan fwyaf o arfordir Prydain ac Iwerddon. Fe'i gwelir ar bob math o draethau. Gall fod yn ffyrnig pan gaiff ei gornelu ond mae'n well ganddo ffoi. Mae'r lliw'n amrywio ond fel rheol mae'n wyrddlas neu'n frown golau a cheir tri 'dant' di-fin rhwng y ddau lygad. Fe'i gwelir yn eithaf isel ar y traeth yn cuddio o dan wymon neu gerrig.

Cranc mygydog
Corystes cassivellaunus Masked crab   Hyd y gragen 4cm
Cranc od yr olwg sy'n byw ar draethau tywodlyd. Bydd yn tyllu i'r tywod ac yn creu llif o ddŵr môr i'w dagellau gan ddefnyddio'i deimlyddion. Gan amlaf, gwelir y cyrff marw wedi eu golchi ar y traeth. Mae'r gragen yn hirach na'i lled ac mae'r coesau blaen yn hir iawn. Mae'n gyffredin ar draethau addas o amgylch Prydain ac Iwerddon.

Cranc meddal/Cranc meudwy
Eupagurus bernhardus Hermit crab   Hyd y corff 9cm
Mae'n anodd gwybod maint y corff gan fod y cranc yma'n byw y tu mewn i gregyn gwag molysgiaid ac yn newid y gragen am un fwy o faint wrth iddo dyfu. Cochfrown yw lliw'r corff ac mae'r efail dde'n fwy na'r un chwith gan mai hon sy'n cau agoriad y gragen. Ar weddillion creaduriaid marw y mae'n byw yn bennaf. Anifail cyffredin ar draethau cysgodol ac mewn pyllau ar draethau caregog.

Cranc heglog *Macropodia rostrata* Spider crab   Hyd y gragen 10mm
Mae ganddo goesau hir fel pryf cop a chragen siâp triongl. Fel rheol, mae'n anodd gweld siâp y corff gan fod gwymon a sbyngau'n byw arno gan ei guddio'n berffaith. Fe'i gwelir yn bennaf yn isel ar y traeth ac weithiau mewn pyllau. Er ei fod yn gyffredin o amgylch arfordir Prydain ac Iwerddon, nid yw'n hawdd ei weld.

Cranc porslen blewog
Porcellana platycheles Broad-clawed porcelain crab   Lled y gragen 13mm
Cranc gwastad iawn â chragen gron a gefeiliau llydan. Mae'r cefn blewog yn felynfrown, â'r blew'n dal lliaid er mwyn ychwanegu at y cuddliw. Gwyn yw lliw'r bol. Fe'i gwelir yn y mwd a'r tywod o dan gerrig ar draethau cysgodol. Anifail cyffredin ar arfordiroedd addas Prydain ac Iwerddon.

Cranc llygatgoch
Macropipus puber Velvet swimming crab   Lled y gragen 7cm
Cranc â llygaid coch llachar a 8-10 o 'ddannedd' rhwng y ddwy lygad. Mae cefn y gragen yn flewog ac yn dal lliaid sy'n gwneud iddo edrych fel melfed. Pan gaiff ei gornelu, bydd yn codi ar ei goesau ac yn ymosod yn ffyrnig. Mae blaenau'r coesau ôl yn wastad er mwyn ei alluogi i nofio. Anifail cyffredin, yn enwedig ar draethau caregog.

Cimwch *Homarus vulgaris* Common lobster   Hyd y gragen 40cm
Mae'r oedolion yn byw mewn dŵr dwfn ond weithiau bydd rhai bach yn cael eu dal mewn pyllau yn isel iawn ar y traeth ar drai. Mae corff cimwch byw yn las ond mae'n troi'n goch pan gaiff ei ferwi. Fe'i gwelir mewn tyllau yn y graig a bydd yn amddiffyn ei hun yn ffyrnig. Mae'n bwyta creaduriaid marw. Anifail cyffredin o amgylch yr arfordir ond nid yw'n niferus lle mae'n cael ei or-bysgota.

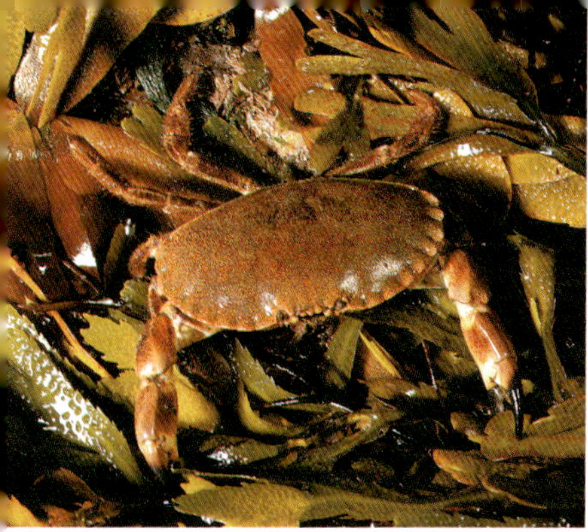
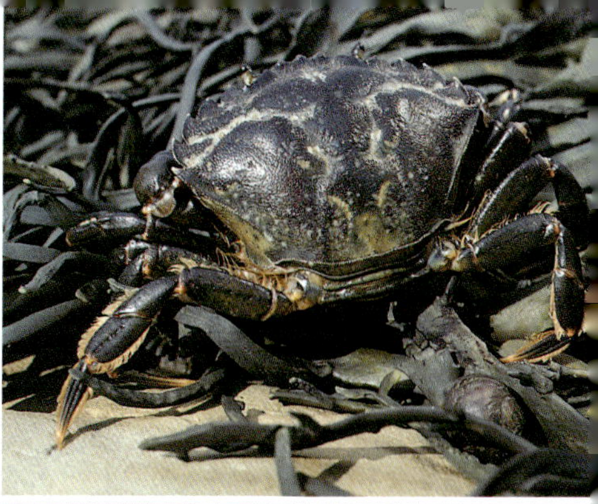
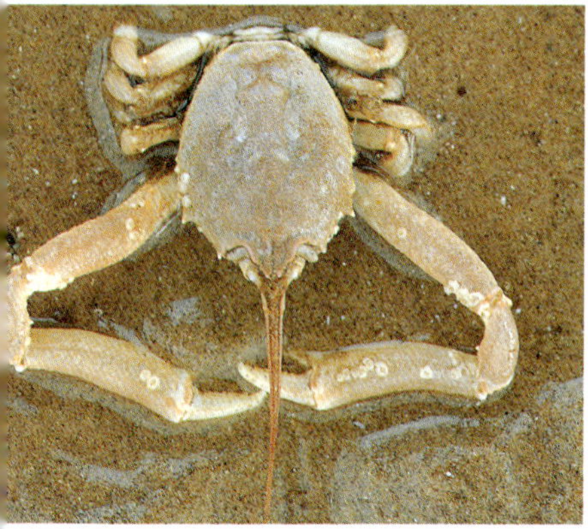
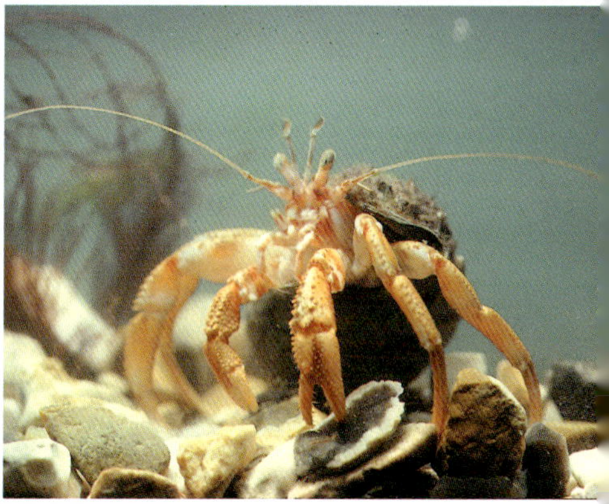
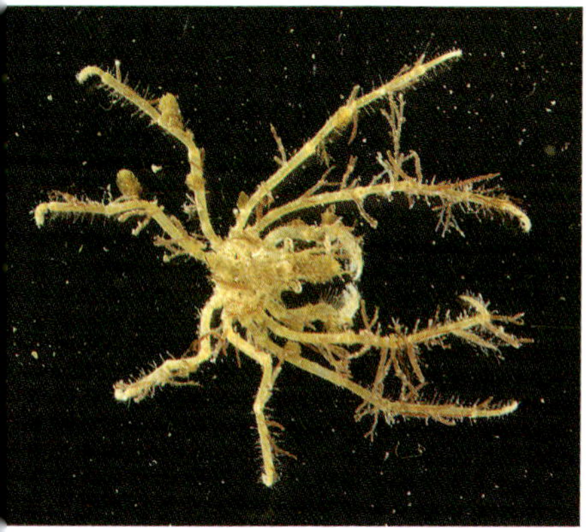
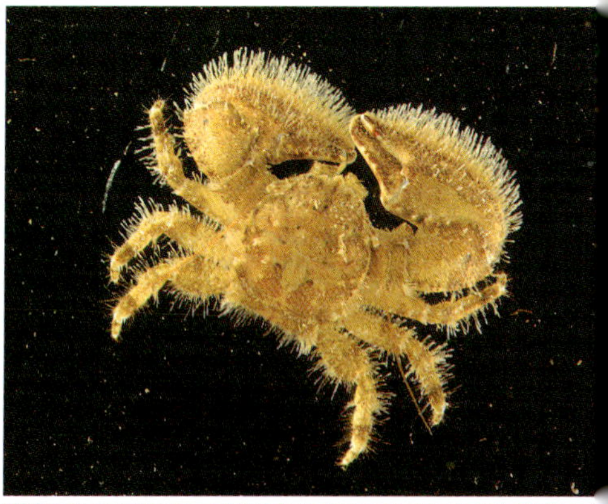
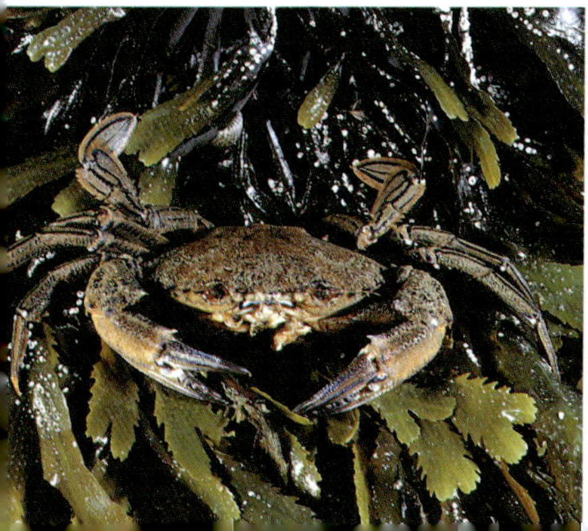
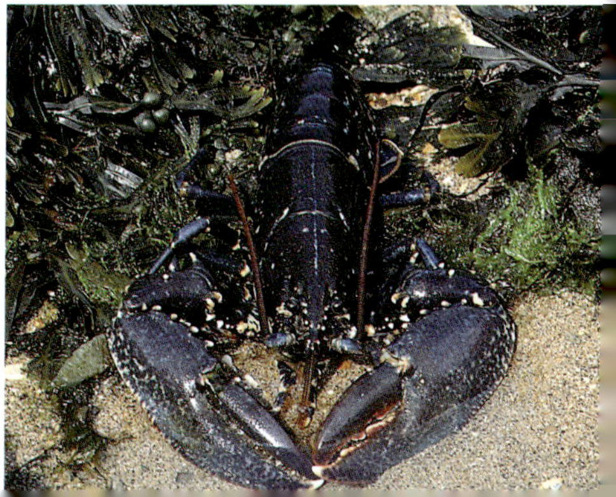

CRAMENOGION GLAN Y MÔR

CRACHEN FÔR   *Chthalamus stellatus*   Barnacle spp   Lled y gragen 10mm
Aelod cyfarwydd o gymuned traethau caregog Cymru, de-orllewin Lloegr a de Iwerddon. Mae'n byw yn weddol uchel ar y traeth, yn enwedig lle ceir tonnau cryfion, bob amser yn uwch na *S. balanoides*. Diogelir y corff gan gragen siâp llosgfynydd wedi'i gwneud o chwe gwahanol ddarn. Mae pedwar plât yn cau'r agoriad canolog hirgrwn pan nad yw o dan y dŵr. Pan ddaw'r llanw i mewn, bydd y twll yn agor a 'phluen' arbennig yn chwifio trwy'r dŵr i ddal bwyd.

CRACHEN Y GOGLEDD
Semibalanus balanoides   Acorn barnacle   Lled y gragen 12mm
Cyffredin yn isel ar draethau caregog. Gall fod mor niferus fel eu bod yn gorchuddio'r graig yn gyfan gwbwl. Mae chwe darn o gragen yn amddiffyn y corff a phedwar darn bach yn gorchuddio'r twll siâp diamwnt. Mae'n gyffredin ar hyd arfordir Prydain ac Iwerddon ond nid yn ne-orllewin Lloegr. Fe'i gelwir hefyd yn grachen long am ei bod yn tyfu ar waelod llongau gan wneud iddynt symud yn arafach.

CRACHEN AWSTRALIA
Elminius modestus   Barnacle spp   Lled y gragen 10mm
Cafodd hon ei chyflwyno o Awstralia i dde Lloegr adeg yr Ail Ryfel Byd. Ers hynny, mae wedi lledaenu ac, erbyn heddiw, fe'i gwelir yng Nghymru hefyd. Amgylchynir y corff gan bedwar darn llwydwyn, llyfn o gragen. Fel rheol, fe'i gwelir yng nghanol y traeth a gall ffynnu lle daw ychydig o ddŵr croyw i'r môr.

GWYRAN   *Lepas anatifera*   Goose barnacle   Hyd y gragen 4cm
Fel rheol, mae'n byw ar ddarnau o bren sy'n nofio yn y môr mawr ond caiff lawer eu golchi i'r lan mewn stormydd, yn enwedig yn y gorllewin. Mae'n glynu wrth y pren â 'choes' 15cm o hyd sy'n cael ei thynnu i mewn i'r gragen pan gaiff ei bygwth. Ceir cragen las wedi'i rhannu'n bedwar darn o gwmpas y corff. Ers talwm, y gred oedd bod yr anifail yma'n tyfu i fod yn ŵydd y môr a elwir hefyd yn wyran pan oedd yn aeddfed.

CORGIMWCH   *Leander serratus*   Common prawn   Hyd 6cm
Anifail cyffredin ar arfordiroedd caregog de-orllewin Prydain ac Iwerddon. Bydd llawer yn cael eu hynysu mewn pyllau ond mae'n anodd eu gweld tan iddynt symud. Mae gan y corgimwch deimlyddion hir iawn a smotiau a llinellau porffor a brown ar hyd y corff. Mae'n defnyddio'i gynffon lydan i nofio am yn ôl pan gaiff ei ddychryn. Mae'n hel sborion am ei fwyd.

BERDYSEN   *Crangon vulgaris*   Common shrimp   Hyd 5cm
Fe'i gwelir mewn dyfroedd bas, cysgodol, yn cynnwys aberoedd. Fel rheol, fe'i gwelir mewn tywod a bydd rhai'n cael eu hynysu mewn pyllau. Mae'r smotiau brown golau ar gorff lled dryloyw yn guddliw perffaith, yn enwedig pan fydd y berdysen yn gorwedd yn y tywod â'i theimlyddion hir allan. Cyffredin a niferus o amgylch arfordir Prydain.

CHWANNEN Y TRAETH   *Talitris saltator*   Sandhopper   Hyd 15mm
Anifail cyffredin ac un o lawer o rywogaethau tebyg sy'n byw o dan wymon a cherrig ar draethau tywodlyd. Pan godir y gwymon, bydd yn neidio allan ac yn cropian i guddio. Mae'r corff gwastad yn sgleiniog. Creadur cyffredin o amgylch arfordir Prydain ac Iwerddon.

GWRACHEN Y TRAETH   *Ligia oceanica*   Sea slater   Hyd 25mm
Math o wrachen ludw fawr sy'n gyffredin iawn o dan gerrig ac mewn waliau yn agos at y llinell benllanw. Mae'r corff yn wastad ac yn llwydfrown a cheir dau deimlydd hir ar y pen. Gall symud yn gyflym ac, yn y nos, bydd yn mentro allan i chwilio am fwyd, sef defnydd organaidd ymysg y creigiau a'r gwymon. Fe'i gwelir mewn cynefinoedd addas ar hyd arfordir Prydain ac Iwerddon.

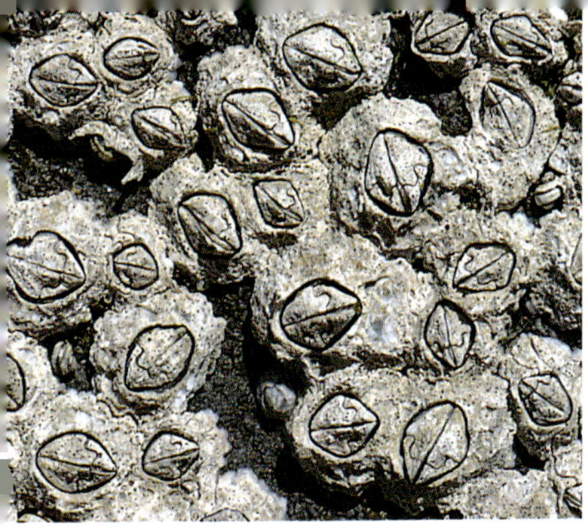
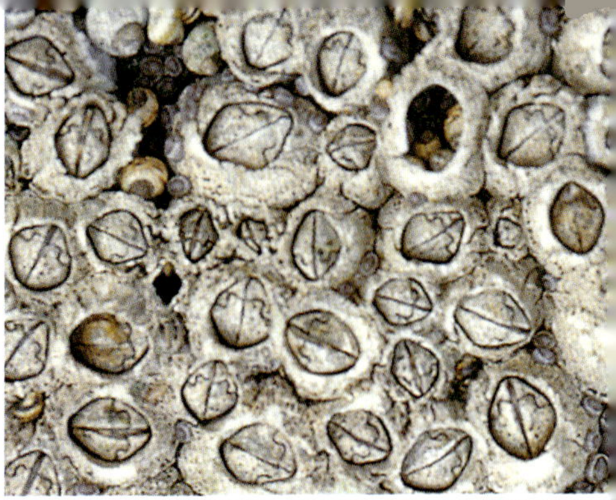
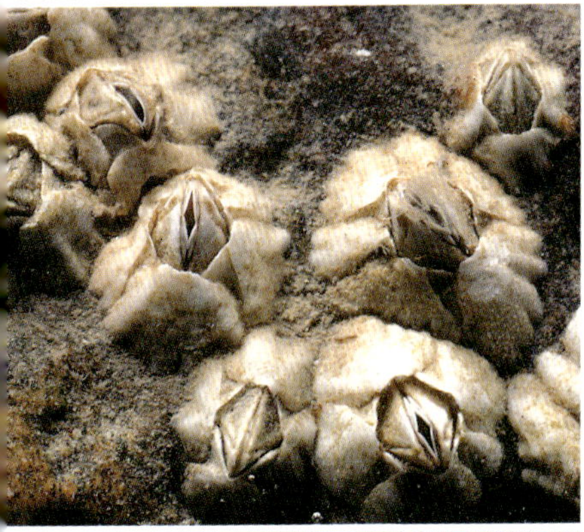
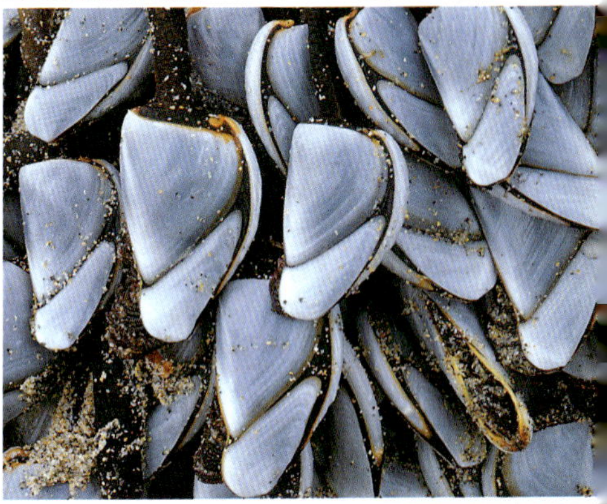
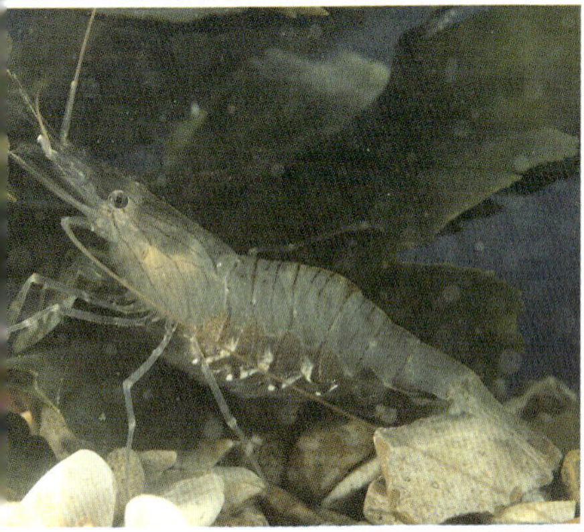
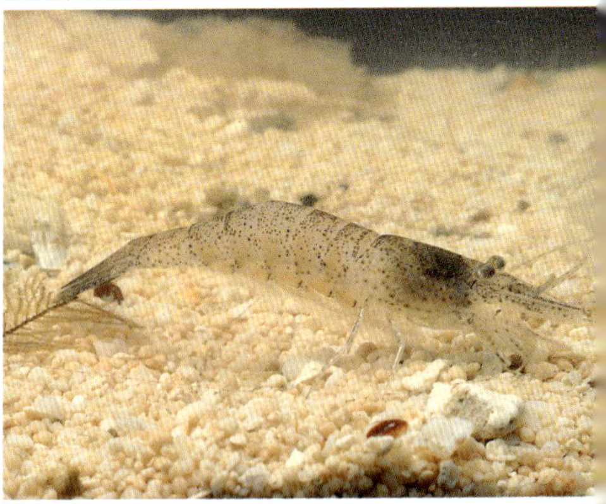
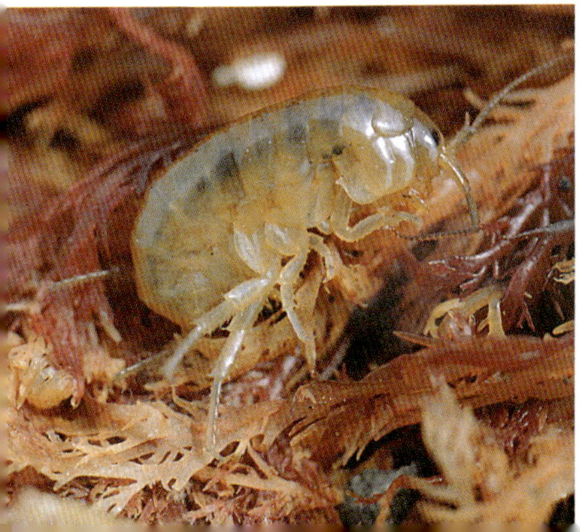
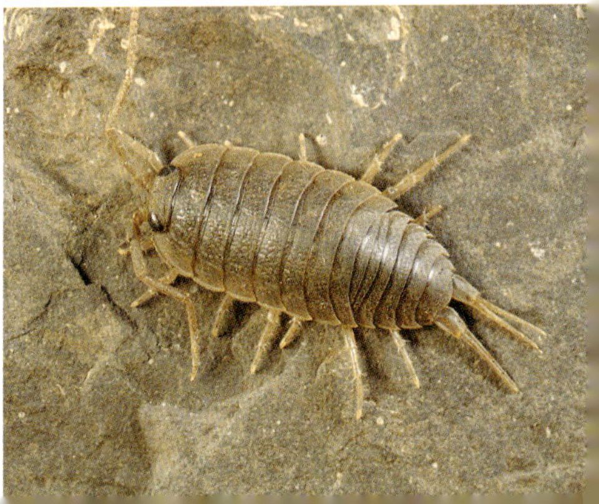

Creaduriaid Di-asgwrn-cefn y Tir a Dŵr Croyw

Neidr Filtroed Wastad
Polydesmus angustus Flat-backed millipede Hyd 24mm
Creadur cyffredin sydd i'w weld mewn tomenni compost, pridd bras ac o dan risgl coed sy'n pydru. Mae'r corff yn wastad ac yn debyg i neidr gantroed ond ceir dau bâr o goesau i bob rhan o'r corff.

Neidr Filtroed y Coed
Cylindrosulus punctatus Millipede spp Hyd 27mm
Creadur cyffredin mewn coedwigoedd. Fe'i gwelir yn aml o dan risgl coed sy'n pydru neu ymysg dail marw ar lawr. Mae'r corff cochfrown ar ffurf tiwb. Prif fwyd neidr filtroed y coed yw planhigion pydredig ond bydd hefyd yn bwyta gwreiddiau.

Neidr Filtroed Gron
Glomeris marginata Pill millipede Hyd 20mm
Mae ganddi gorff cryf, cochfrown. Pan aflonyddir arni, gall rolio'n bêl. Wedi gwneud hyn, mae'n gyndyn o agor unwaith eto. Creadur cyffredin mewn coedwigoedd aeddfed.

Neidr Gantroed Hir
Haplophilus subterraneus Centipede spp Hyd 35mm
Anifail sy'n tyllu o dan y ddaear ac sy'n gyffredin mewn pridd gerddi a thomenni compost. Ceir un pâr o goesau i bob darn o'r corff, fel nadroedd cantroed eraill. Mae'n hela creaduriaid bychan ac yn ffrind mawr i'r garddwr.

Neidr Gantroed
Lithobius variegatus Centipede spp Hyd 30mm
Anifail cyffredin a chyfarwydd mewn gerddi, perthi a choedwigoedd. Bydd yn cuddio o dan gerrig neu mewn tomenni compost liw dydd ac yn dod allan i hela creaduriaid bychan liw nos. Mae'r corff gwastad yn orenfrown sgleiniog.

Medelwyr
Order Opiliones Harvestmen Hyd y corff 4mm
Grŵp cyffredin o greaduriaid tebyg i bryfed cop â chyrff bychain a choesau hirion. Yn aml, fe'u gwelir ymysg mieri neu laswellt ar ochr y ffordd. Maent yn greaduriaid rheibus ac yn fwyaf cyffredin yn yr haf a'r hydref.

Pryf Genwair/Mwydyn
Lumbricus terrestris Common earthworm Hyd 8cm
Anifail niferus iawn a hynod bwysig sy'n helpu i ddod ag aer a phlanhigion marw i'r pridd. Daw i'r wyneb liw nos ac mewn tywydd gwlyb a gwelir ei faw yn bentyrrau pridd ar yr wyneb.

Pryfed Genwair y Dŵr
Lumbriculus sp Annelid worms Hyd 30mm
Grŵp niferus iawn o bryfed genwair sy'n byw mewn dŵr croyw. Maent yn debyg i *L. terrestris* bach ac yn byw yn y mwd a'r llaid ar waelod pyllau a llynnoedd. Gellir gweld llawer o'r organau trwy'r croen. Maent yn bwyta defnydd organaidd.

Gelen y Pysgod
Piscicola geometra Fish leech Hyd 10mm
Paraseit cyffredin sy'n byw ar bysgod bach dŵr croyw. Corff yn hir, main; llinellau ar ei draws a sugnydd ar bob pen. Mae'n glynu wrth dagellau neu ddarnau meddal o gorff y pysgodyn.

Llyngyren Fflat
Dugesia lugubris Planerian worm spp Hyd 20mm
Anifail cyffredin mewn pyllau a llynnoedd lle ceir digonedd o dyfiant a nentydd sy'n llifo'n araf. Mae'r corff yn lliw llwydfrown a cheir dau smotyn golau ar y pen blaen, ger y llygaid. Creaduriaid bach di-asgwrn-cefn yw ei fwyd.

Heidra
Hydra fusca Hydra Hyd 5mm
Anifail dŵr croyw sy'n perthyn i'r anemonïau a'r sglefrod môr. Fe'i gwelir mewn pyllau, llynnoedd a chamlesi, fel rheol ynghlwm wrth goesau planhigion tanddwr. Pan gaiff ei dynnu o'r dŵr, bydd yn ffurfio lwmp fel jeli. Mae'n egino anifeiliaid newydd yn yr haf.

Ffug-sgorpionau
Order Pseudoscopiones False scorpions Hyd 3mm
Grŵp niferus o anifeiliaid sy'n anodd eu gweld ond yn gyffredin mewn gerddi, coedwigoedd ac ar lan y môr. Mae'r corff yn grwn a cheir gefeiliau ar goesau blaen hir. Creaduriaid bychan yw eu bwyd.

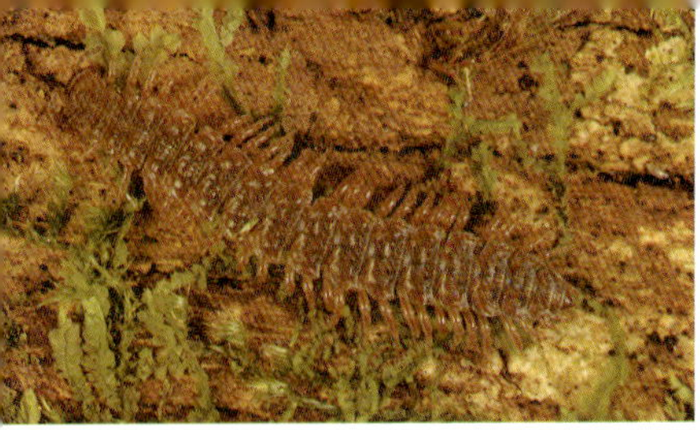
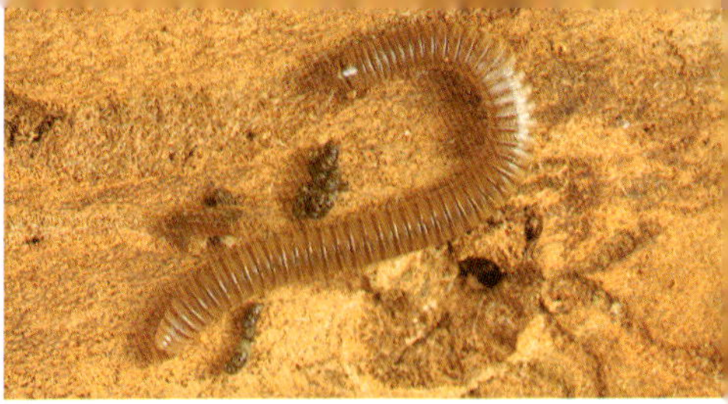
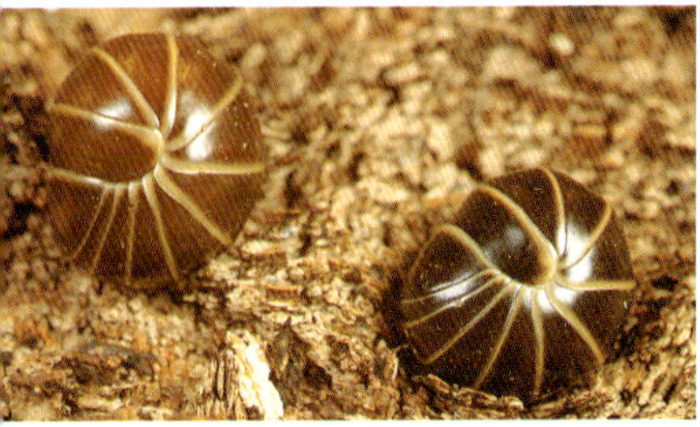
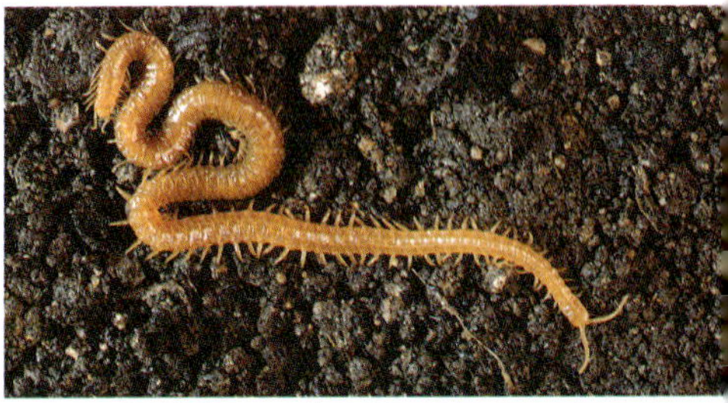
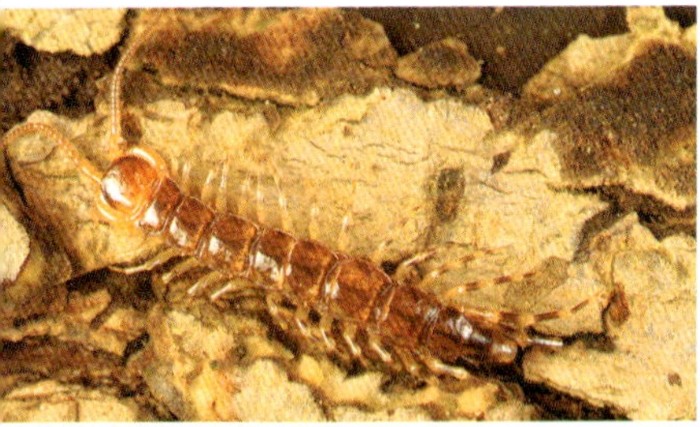
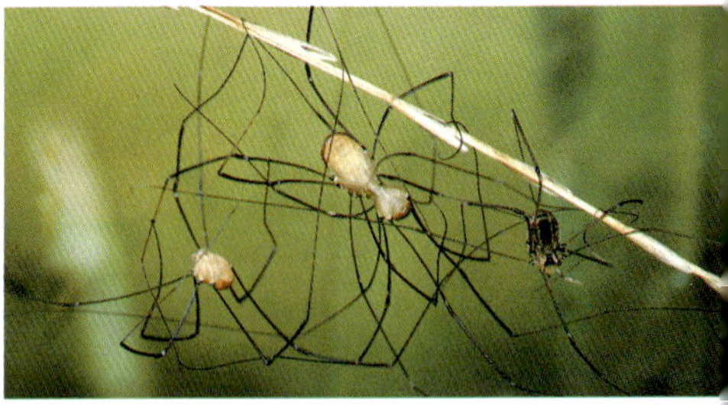
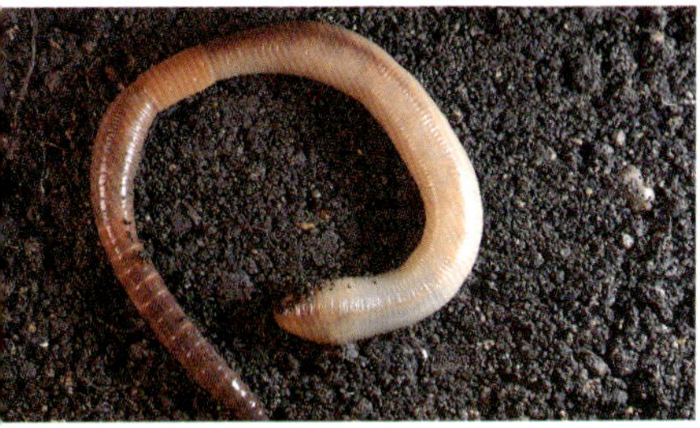
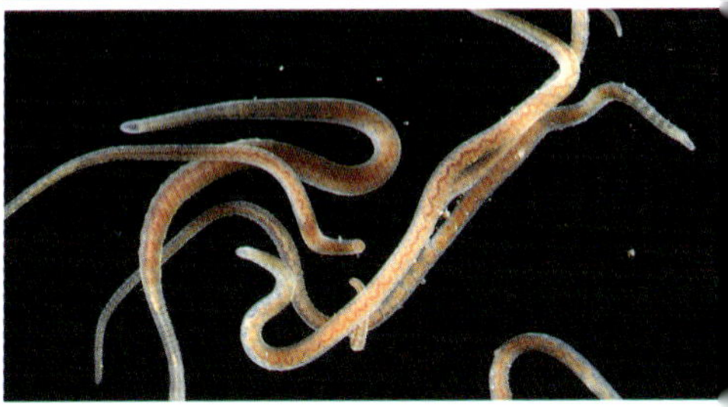
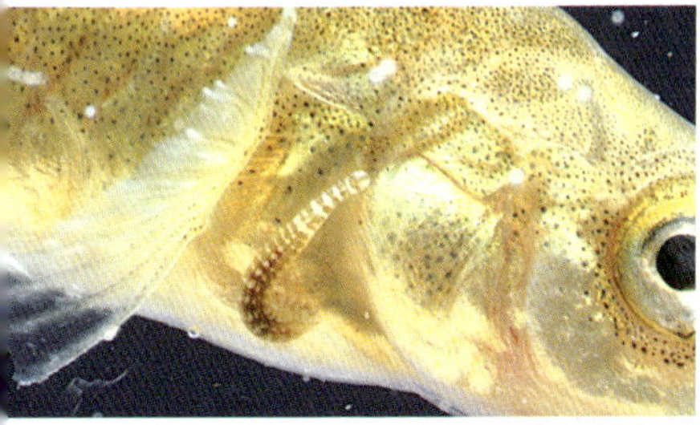
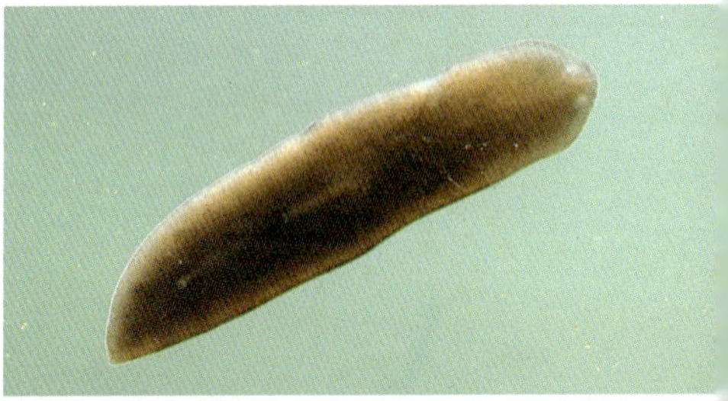
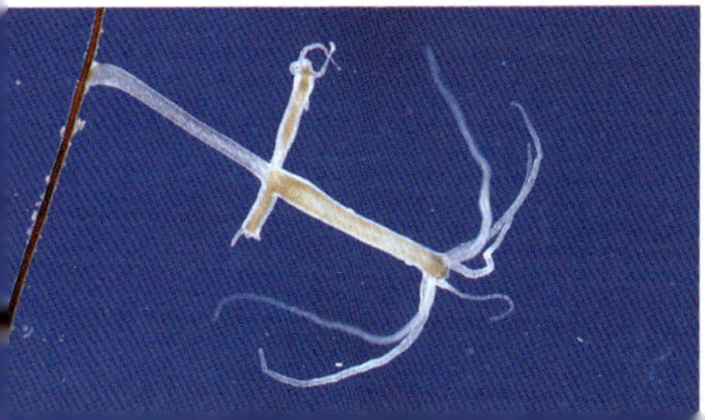
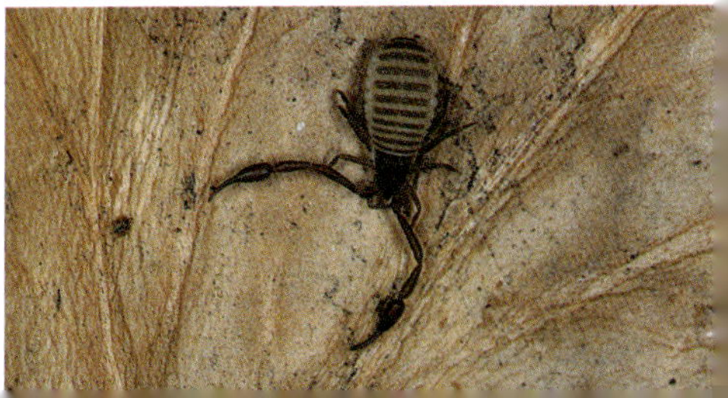

Creaduriaid Di-asgwrn-cefn Glan y Môr

Slefren Gwmpawd/Môr Ddanhadlen
Chrysaora isosceles   Compass jellyfish   Diamedr hyd at 25cm
Anifail y cefnfor sy'n dod at y glannau yn yr haf ac yn cael ei olchi i'r traeth mewn stormydd. Ceir smotyn mawr tywyll yng nghanol y corff siâp ymbarel a llinellau coch tywyll yn mynd allan ohono. Mae tentaclau hir yn crogi o ymyl y corff. Fe'i gwelir yn bennaf yn y moroedd o amgylch de a gorllewin Prydain ac Iwerddon.

Slefren Gylchog
Aurelia aurita   Common jellyfish   Diamedr hyd at 20cm
Anifail tryloyw sydd weithiau'n cael ei olchi i'r lan mewn stormydd. Hon yw'r slefren fôr fwyaf cyffredin ym moroedd Prydain. Mae'n hawdd ei hanabod wrth y cylchoedd porffor y tu mewn i'r corff wrth iddi symud trwy'r dŵr. O dan yr ymbarel, ceir nifer o dentaclau byr a phedair ceg ar freichiau arbennig.

Anemoni Gleiniog/Buwch Goch
Actinia equina   Beadlet anemone   Uchder hyd at 5cm
Anifail niferus ar ganol a rhan isaf traethau caregog o amgylch Prydain ac Iwerddon. Bydd yn glynu wrth greigiau gan ddefnyddio sugnydd cryf. Gall y lliw amrywio ond, fel rheol, mae naill ai'n goch neu'n wyrdd. Mae'r tentaclau'n amlwg pan fydd o dan ddŵr y môr (A) ond, yn yr awyr agored, mae'n debyg i lwmp o jeli (B).

Anemoni Nadreddog
Anemonia sulcata   Snakelocks anemone   Uchder, hyd at 10cm
Anifail cadarn, byr sy'n methu tynnu ei dentaclau i mewn i'w gorff. Fe'i gwelir ar rannau canol ac isaf traethau caregog ar arfordiroedd de-orllewinol a gorllewinol Prydain ac Iwerddon. Gall y lliw amrywio ond fel rheol mae naill ai'n llwydfrown neu'n wyrddborffor. Er bod y tentaclau yr un lliw â'r corff, ceir smotiau porffor ar eu blaen.

Anemoni Pengrwn
Corynactis viridis   Jewel anemone   Uchder 2cm
Mae'n perthyn yn nes i gwrel nag i wir anemoniau'r môr. Fe'i gwelir mewn grwpiau bach ar rannau isaf traethau caregog de-orllewin a gorllewin Prydain ac Iwerddon, yn aml mewn hollt yn y graig. Fel rheol, lliw hufen-wyn yw'r corff ond gall fod yn llwydwyrdd golau. Ceir lliw pincborffor ar flaen y tentaclau.

Môr-lyngyren
Amphitrite johnstoni   Annelid worm spp   Hyd 10cm, weithiau'n fwy
Anifail od yr olwg sy'n byw ar draethau mwd a thywod cysgodol. Mae'n byw mewn twnnel byr sy'n diogelu ei gorff meddal; yn aml bydd ceg y twnnel yng nghysgod carreg. Ar y pen blaen, ceir llawer o dentaclau hir a thagellau canghennog, coch.

Abwyd y Tywod/Lwgwn
Arenicola marina   Lugworm   Hyd 18cm
Anifail sy'n tyllu i fwd a thywod ar draethau ac aberoedd. Yr arwyddion gorau o'i bresenoldeb yw'r baw torchog a'r twll sy'n arwain at y twnnel siap 'U'. Creadur cyffredin iawn o amgylch Prydain ac Iwerddon, a bwyd pwysig i adar fel y gylfinir.

Siani Garpiog
Nereis diversicolor   Ragworm   Hyd 10cm
Anifail rheibus sy'n gyffredin iawn mewn aberoedd a thraethau tywodlyd neu fwdlyd. Gall frathu'n gas a cheir blew arbennig ar bob un o segmentau'r corff. Gall dyllu'n dda ac fe'i defnyddir fel abwyd i bysgota; fe'i gelwir yn 'abwyd melys'. Creadur cyffredin iawn o amgylch arfordir Prydain ac Iwerddon.

Tiwblyngyren Dorchog
Spirorbis borealis   Tubeworm   Diamedr y tiwb 3mm
Llyngyren fechan od sy'n byw mewn tiwb crwn, gwyn, calchog. Gwelir grwpiau o'r tiwbiau yma ar wymon neu greigiau yn isel ar y traeth. Mae'n gyffredin iawn ar hyd arfordir Prydain ac Iwerddon.

Paunlyngyren
Sabella pavonia   Peacock worm   Uchder 20cm
Anifail sy'n byw mewn tiwb wedi ei wneud o fwd, tywod a hylif arbennig. Gwelir llawer ohonynt yn isel ar draethau. O dan y dŵr, bydd tagellau fel plu yn dod allan o'r tiwb ac yn galluogi'r anifail i anadlu a chymryd bwyd.

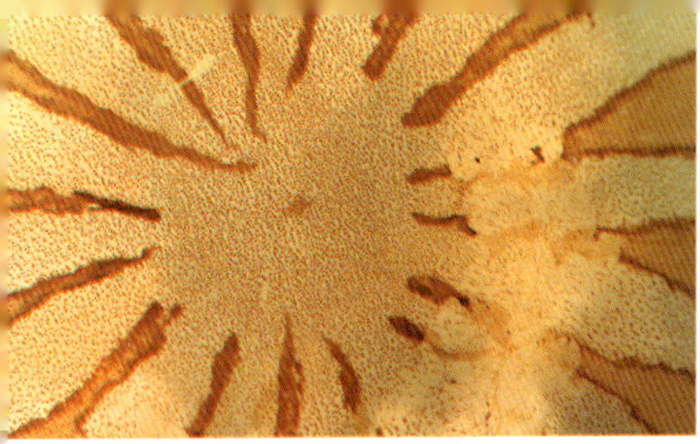
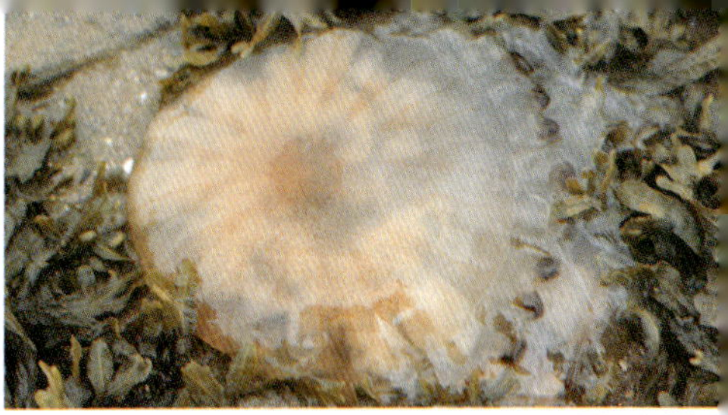
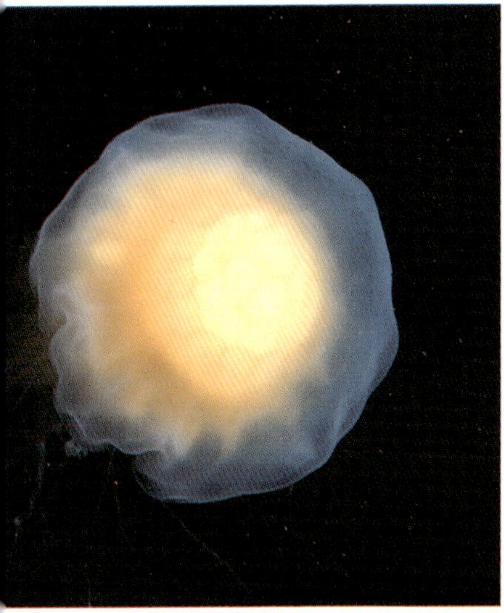
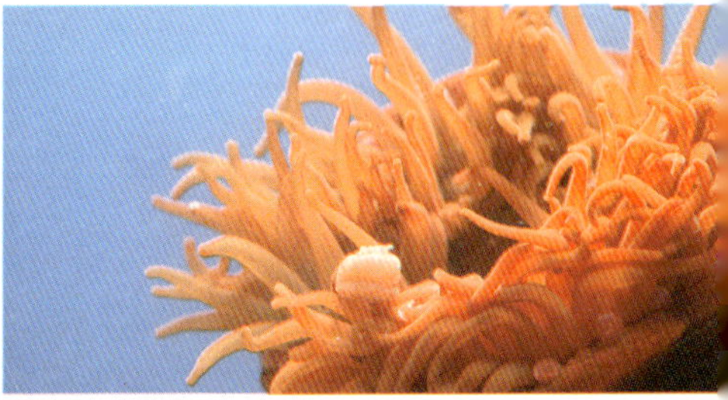
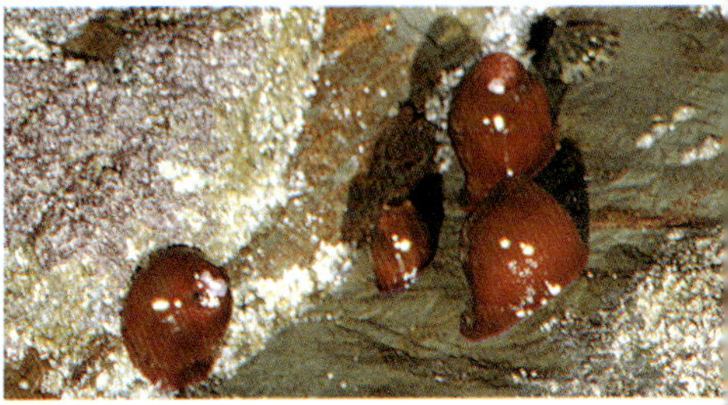
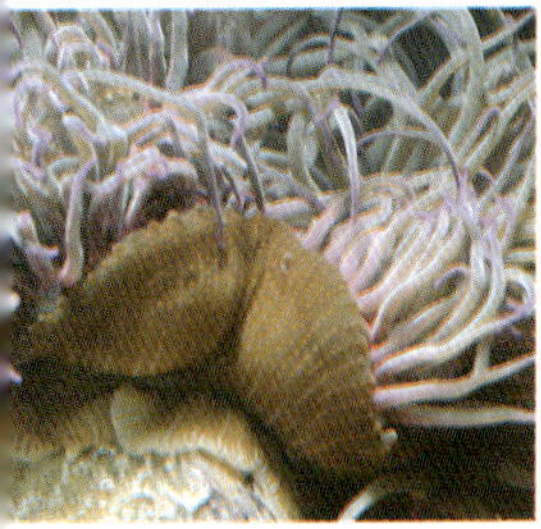
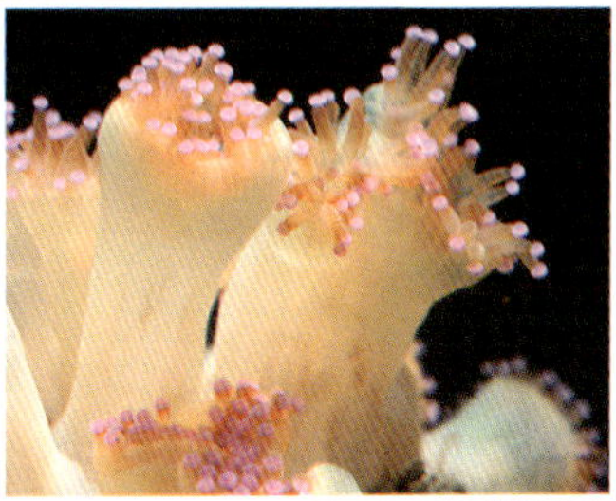
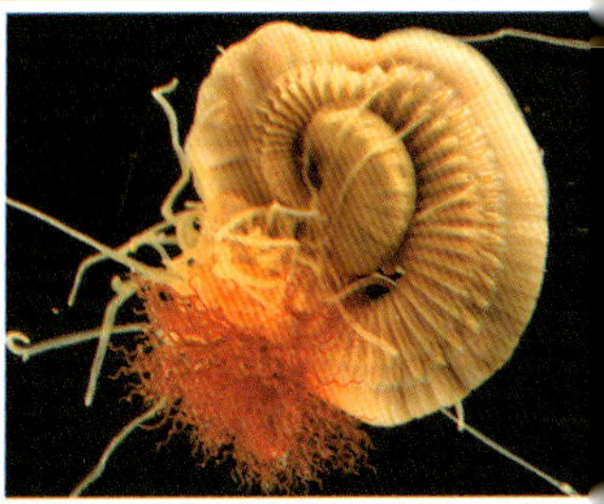
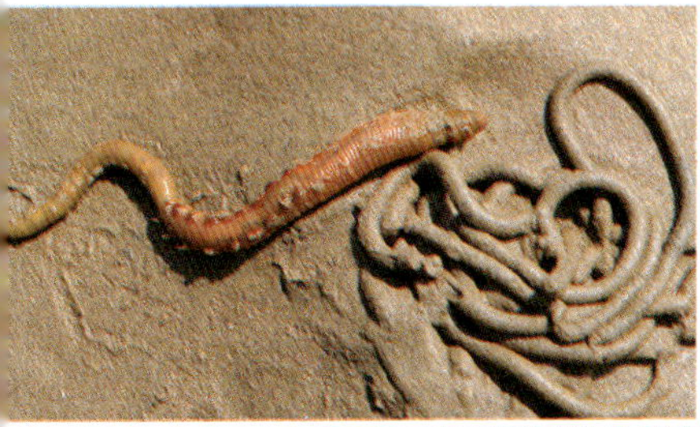
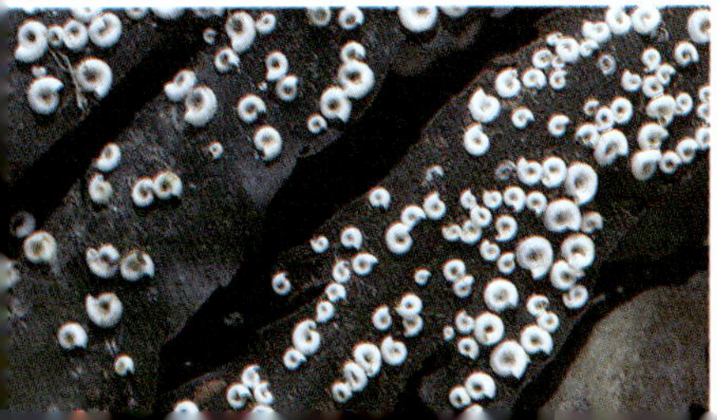
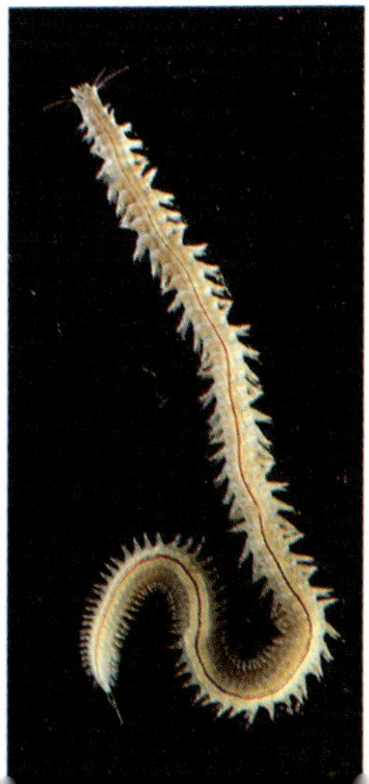
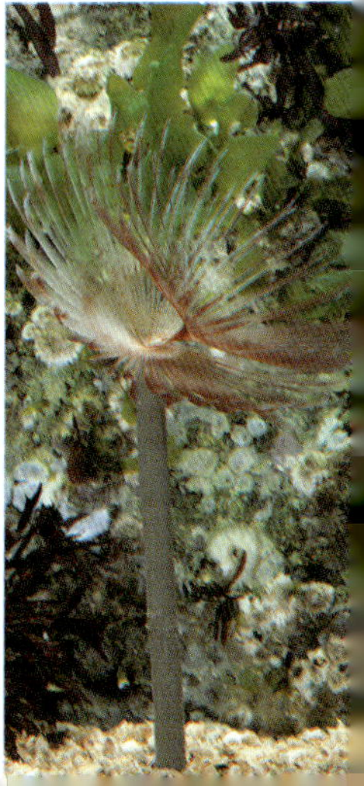

Creaduriaid Di-asgwrn-cefn Glan y môr

SEREN FRAU *Ophiothrix fragilis* Common brittle star Diamedr y disc 15mm
Fe'i gwelir fel rheol yn isel ar y traeth ymysg gwymon ac o dan gerrig, yn enwedig lle bydd mwd yn casglu. Disg gwastad yw'r corff, â phum braich denau'n dod ohono. Mae'r croen yn arw iawn. Gall y lliw amrywio'n fawr ond fel rheol, mae'n frownborffor â llinellau goleuach ar hyd y breichiau. Mae'r coesau'n fregus iawn. Anifail cyffredin.

SEREN GLUSTOG *Asterina gibbosa* Cushion star Diamedr 5cm
Seren fôr fechan â phum braich dew, fer. Ceir patrwm melynbinc a llwydfrown smotiog ar hyd y croen garw; gall fod yn wyrddfrown. Oddi tani, ceir cannoedd o draed tiwb llwydfelyn. Creadur cyffredin o dan gerrig yn isel ar draethau yn ne a gorllewin Prydain ac Iwerddon.

SEREN FÔR *Asterias rubens* Common starfish Diamedr 40cm
Mae'r seren fôr yn gyfarwydd ar lan y môr trwy Brydain ac Iwerddon. Mae'r croen dafadennog yn oren-goch ac mae'r traed tiwb oddi tani yn oleuach eu lliw. Creadur rheibus sy'n bwyta molysgiaid deuglawr fel cregyn gleision, ond bydd hefyd yn sboriona ar gyrff marw creaduriaid y môr, weithiau mewn niferoedd mawr.

SEREN BIGOG *Marthasterias glacialis* Spiny starfish Diamedr 30cm
Seren fôr lwydfrown â breichiau hir a phigau mawr, pinc ar eu hyd. Yn aml, bydd blaenau'r breichiau'n troi i fyny. Mae'n oleuach oddi tani. Fel rheol, fe'i gwelir mewn dŵr dwfn ond bydd rhai'n cael eu hynysu mewn pyllau ar drai. Mae'n hoff o draethau caregog a fe'i gwelir yn bennaf yng ngorllewin a de-orllewin Prydain ac Iwerddon.

DRAENOG MÔR *Echinus esculentus* Common sea-urchin Diamedr 10cm
Creadur cyffredin mewn dŵr dwfn o amgylch arfordir Prydain ac Iwerddon, yn enwedig yn y gogledd a'r gorllewin. Caiff rhai eu hynysu mewn pyllau ar drai. Mae'n lliw porfforfrown â phigau a thraed tiwb di-rif ar hyd y corff. Ar ôl i'r anifail farw, bydd y rhain yn cwympo oddi ar ei gorff i ddangos sgerbwd mewnol patrymog. Un o hoff fwydydd y dwrgi ar hyd arfordir gogledd-orllewin yr Alban.

GWELCHYN/TATEN FÔR *Echinocardium cordatum* Heart urchin Hyd 8cm
Mae'r anifail marw'n gyfarwydd iawn gan fod y sgerbwd mewnol, sy'n debyg i daten, yn cael ei olchi i'r lan yn aml. Pan fydd yn fyw, mae'r corff wedi'i orchuddio â phigau main sy'n gorwedd am yn ôl. Mae'n tyllu i mewn i'r tywod ac, weithiau, bydd i'w weld yn agos at yr wyneb pan fydd y môr ar drai. Creadur cyffredin o amgylch Prydain ac Iwerddon.

SBWNG BRIWSION *Halichondria panicea* Breadcrumb sponge Trwch 2cm
Sbwng sy'n aml yn gorchuddio creigiau, yn enwedig mewn llecynnau cysgodol yn isel ar y traeth. Gall y lliw amrywio'n fawr ond, fel rheol, mae'n oren llachar neu'n wyrddfrown. Bydd dŵr môr yn llifo trwy agoriadau ar hyd yr wyneb. Anifail cyffredin.

LLAW FARW *Alcyonium digitatum* Dead man's fingers Hyd 15cm
Grŵp o anifeiliaid, tebyg i gwrel, sy'n byw mewn sgerbwd canghennog, cryf. Gall y lliw amrywio ond fel rheol mae naill ai'n binc golau neu'n lliw melynhufen. Pan fydd yn bwyta, bydd cannoedd o bolypau'n ymddangos ar yr wyneb, yn debyg i law'n pydru. Creadur cyffredin ar waelod y traeth.

CHWISTRELL FÔR SERENNOG
Botryllus schlosseri Star ascidian Diamedr y seren 5mm
Grŵp o anifeiliaid sy'n gorchuddio creigiau yn isel ar draethau cysgodol. Mae nifer o anifeiliaid yn gorwedd ar ffurf seren o amgylch agoriad cymdeithasol. Gall eu lliwiau amrywio ond, fel rheol, maent yn ymddangos fel sêr gwyn ar gefndir brownborffor. Creaduriaid cyffredin, yn enwedig ar arfordiroedd y gorllewin.

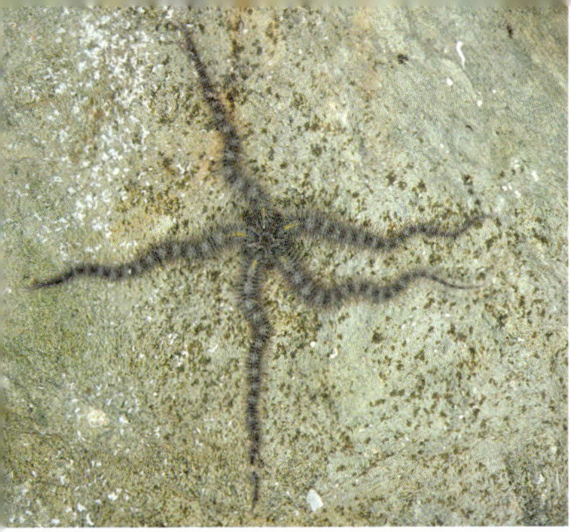
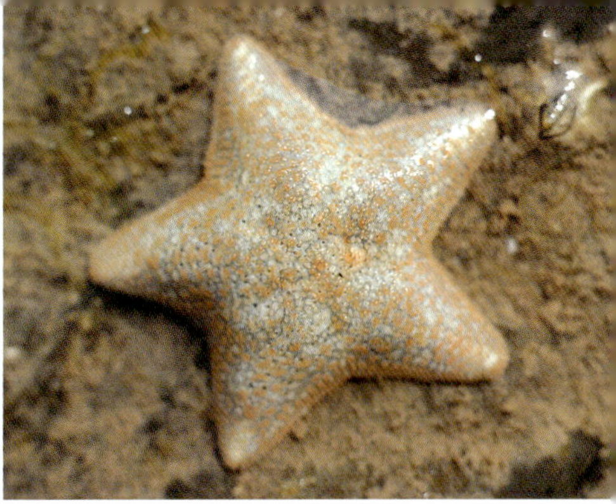
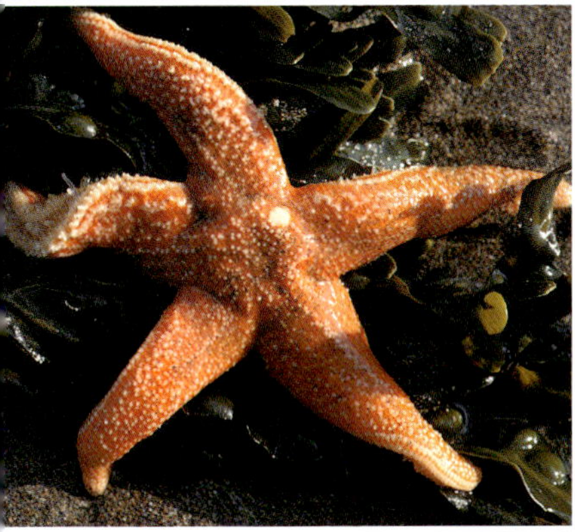
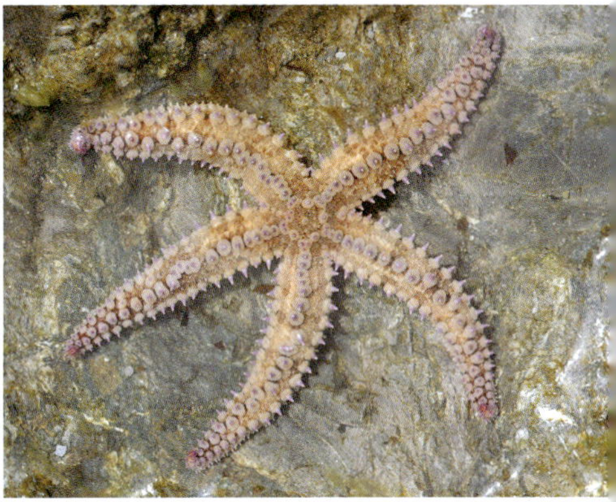
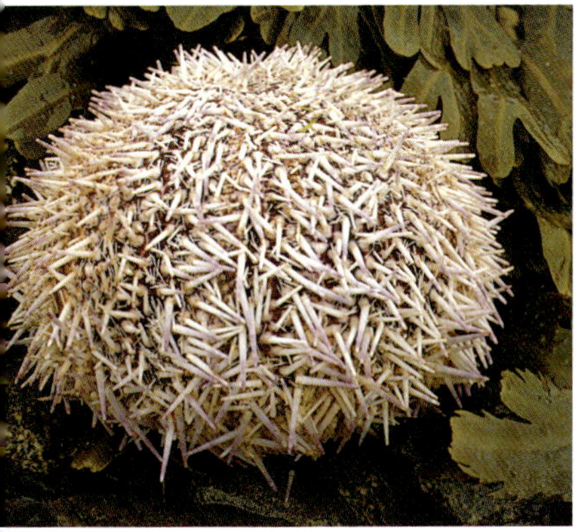
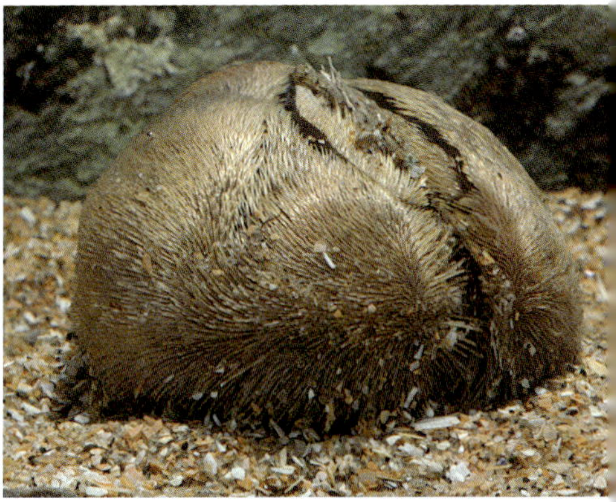
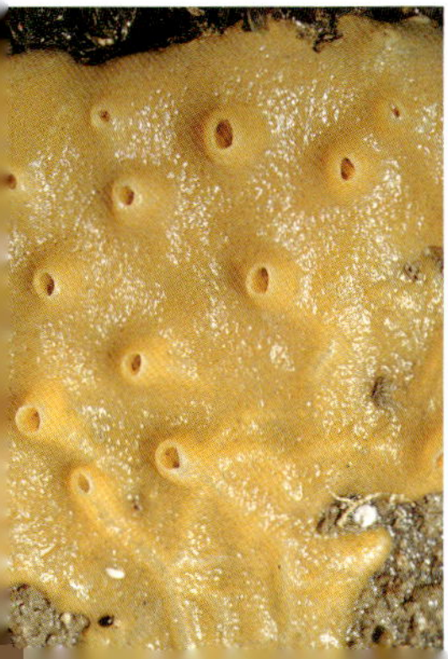
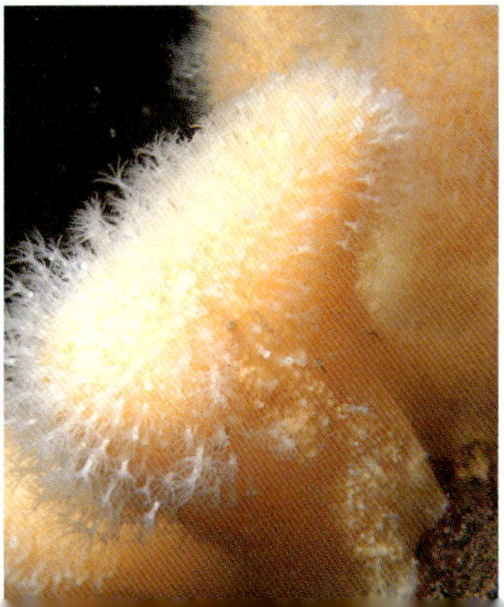
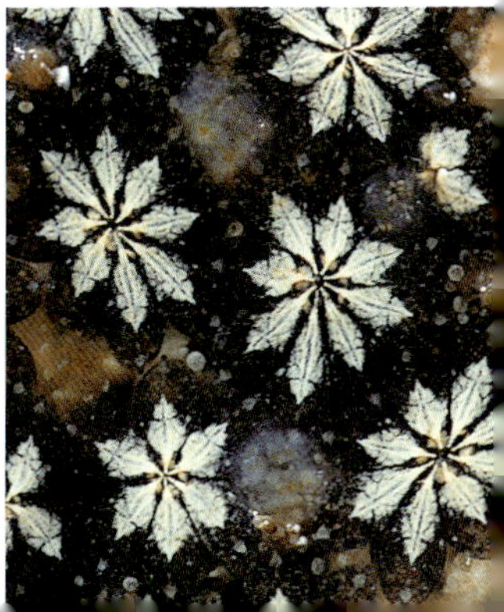

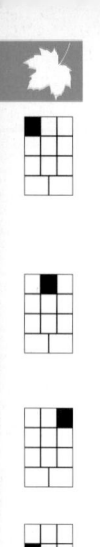

Coed a Phrysglwyni

Ffynidwydden Douglas
Pseudotsuga menziesii Douglas fir Taldra hyd at 50m neu fwy
Cynhenid i ogledd America ond wedi'i phlannu'n eang yn Ynysoedd Prydain. Corun ar ffurf côn a'r canghennau mewn sidelli. Rhisgl tew, fel corcyn, yn troi'n frownborffor a llawer o alga arno wrth heneiddio. Nodwyddau 25-30mm o hyd, meddal, gwyrdd tywyll, pigfain. Moch coed crog, 5-10cm o hyd, hirgrwn â bractiau tair fforch yn ymestyn allan.

Sbriwsen Norwy
Picea abies Norway spruce Taldra hyd at 60m
Y math mwyaf cyffredin o 'Goeden Nadolig'. Daeth o ogledd Ewrop a chaiff ei thyfu'n eang ym Mhrydain. Canghennau crwm, y rhai isaf yn gwyro. Nodwyddau 15-25mm, gwyrdd tywyll yn lledaenu gan adael peg ar y brigyn ar ôl disgyn. Moch coed gwrywaidd yn goch; moch coed benywaidd yn 15cm o hyd, crog, siâp sigâr, browngoch.

Sbriwsen Sitca
Picea sitchensis Sitka spruce Taldra hyd at 60m
Cynhenid i ogledd America ond wedi'i phlannu'n eang. Dail bytholwyrdd, glaswyrdd. Nodwyddau gwastad, anhyblyg, pigfain 20-30mm o hyd; yn gwyro allan i gychwyn ond yn pwyso yn erbyn y blagur wrth fynd yn hŷn. Moch coed crog, siâp sigâr, yn frowngoch wedi aeddfedu.

Llarwydden Ewrop
Larix decidua European larch Taldra hyd at 35m
Coniffer gollddail gynhenid. Yn y gwanwyn, mae'r nodwyddau'n wyrdd llachar ond yn troi'n felyn yn yr hydref cyn syrthio. Rhisgl llwydfrown yn hollti a'r brigau'n rhai crog. Nodwyddau 15-20mm mewn clystyrau o 30-40. Moch coed aeddfed fel ŵy 2-3cm o hyd.

Pinwydden yr Alban
Pinus sylvestris Scots pine Taldra hyd at 35m
Coeden gyffredin, gynhenid i'r Alban wedi'i phlannu'n eang trwy Brydain. Y goeden aeddfed yn gromennog, weithiau braidd yn unochrog â changhennau isel noeth; coed ifanc yn fwy conigol. Nodwyddau glaswyrdd wedi'u paru, 30-70mm o hyd. Moch coed gwrywaidd yn felyn; moch coed benywaidd ifanc yn wyrdd ond yn troi'n llwydfrown.

Pinwydden Corsica
Pinus nigra ssp laricio Corsican pine Taldra hyd at 40m
Coeden gynhenid i dde Ewrop ond fe'i tyfir yn aml mewn planhigfeydd ac ar yr arfordir; hoff o briddoedd gwael, ysgafn. Dail gwasgarog di-drefn a nodwyddau meddal, llwydwyrdd mewn sidelli, pob un hyd at 15cm o hyd. Moch coed hyd at 6-8cm o hyd mewn clystyrau.

Sbriwsen hemlog y Gorllewin
Tsuga heterophylla Western hemlock-spruce Taldra hyd at 65m
Coeden gynhenid i ogledd America ond fe'i tyfir yn eang mewn planhigfeydd er mwyn ei phren. Mae coed o faint canolig gan amlaf yn gonigol â blaguryn blaen yn hongian. Nodwyddau gan amlaf rhwng 7-18mm; gwyrdd tywyll uwchben a dwy res wen islaw. Moch coed gwrywaidd yn borfforgoch a'r rhai benywaidd yn rhai cochfrown, crog, siâp ŵy.

Cypreswydden Lawson
Chamaecyparis lawsoniana Lawson cypress Taldra hyd at 45m
Daeth o ogledd America a chaiff ei phlannu'n eang fel coeden addurniadol neu berth. Mae'r goeden aeddfed yn dal a chonigol ond pur anaml y caiff gyrraedd y cyflwr hwn gan amlaf mae wedi'i thocio'n drwm. Y blagur yn dusw gwastad sydd â dail fel cen. Moch coed gwrywaidd yn goch tywyll; y rhai benywaidd yn laswyrdd a sfferaidd.

Cypreswydden Leyland
x Cupressocyparis leylandi Leyland Cypress Taldra hyd at 35m
Cypreswydden groesryw boblogaidd i greu perthi gardd. Yn aml caiff ei thocio'n drwm cyn tyfu'n fawr. Sawl lliw ond gan amlaf ceir dail gwyrdd tywyll fel cen. Moch coed benywaidd crwn.

Merywen
Juniperus communis Juniper Taldra hyd at 5m
Yn amrywio mewn maint a siâp, weithiau fel corlwyn a bron yn llorweddol. Dail gwyrddlas fel nodwyddau mewn sidelli o dair. Mae'r blodau gwrywaidd a benywaidd ar blanhigion gwahanol. Y rhai benywaidd yn wyrdd a hirgrwn ac yn aeddfedu'n aeron glasddu.

Ywen
Taxus baccata Yew Taldra hyd at 25m
Coeden fytholwyrdd gyfarwydd, a ddefnyddir mewn perthi. Dail trwchus yn cynnwys nodwyddau gwyrdd tywyll pigfain, fflat. Rhisgl cochlyd, pluog. Blodau gwrywaidd yn felyn. Blodau gwyrdd benywaidd ar goeden ar wahân yn aeddfedu'n ffrwyth coch disglair.

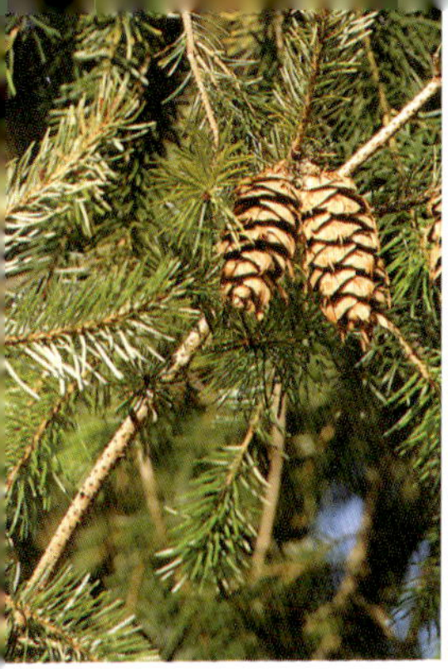
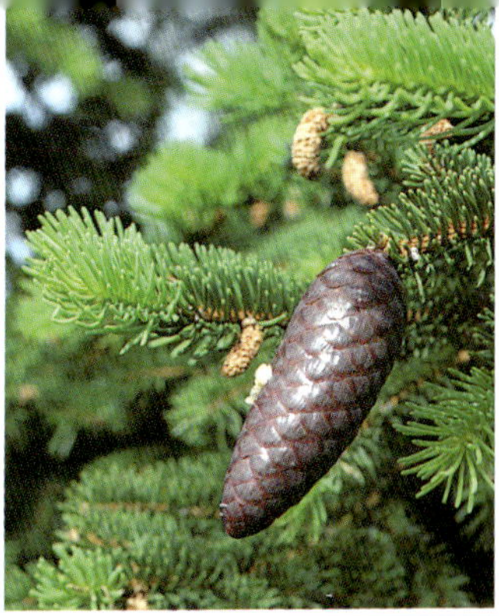
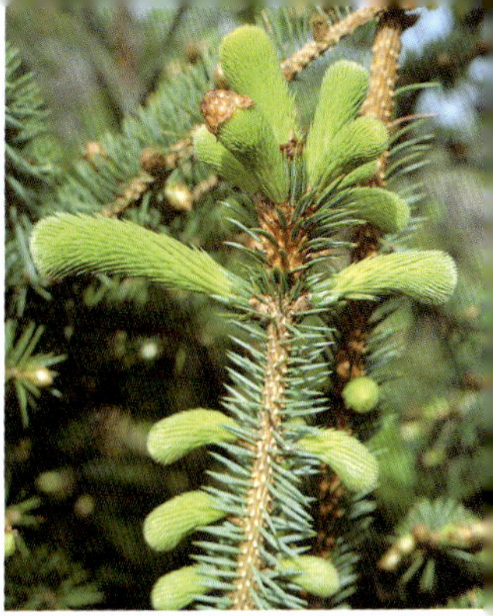
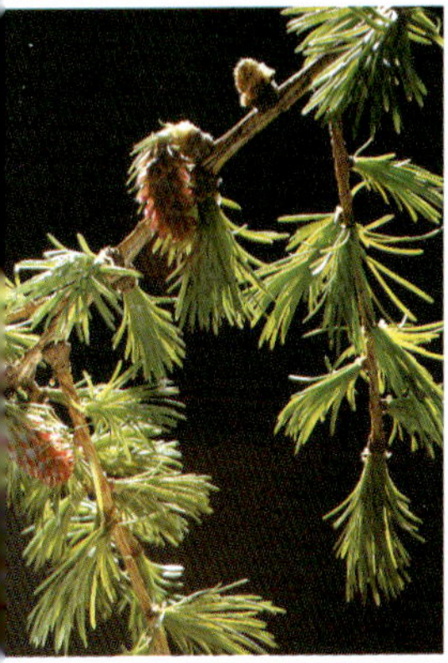
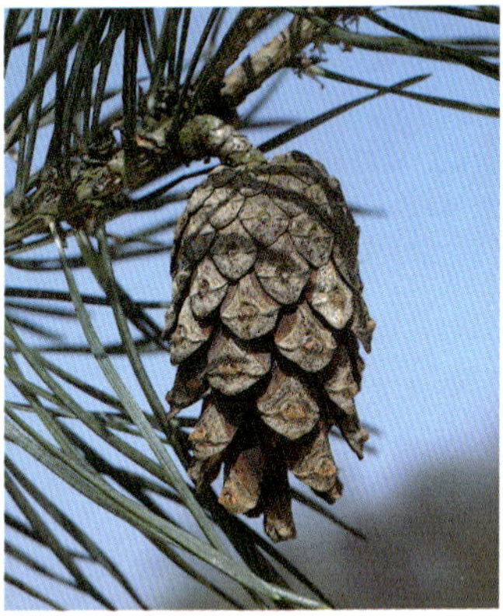
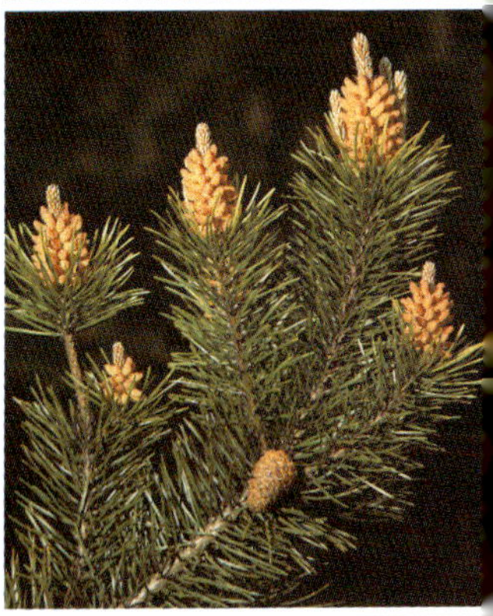
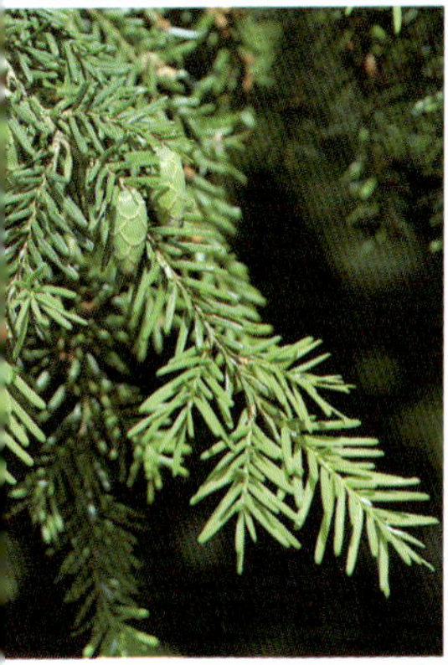
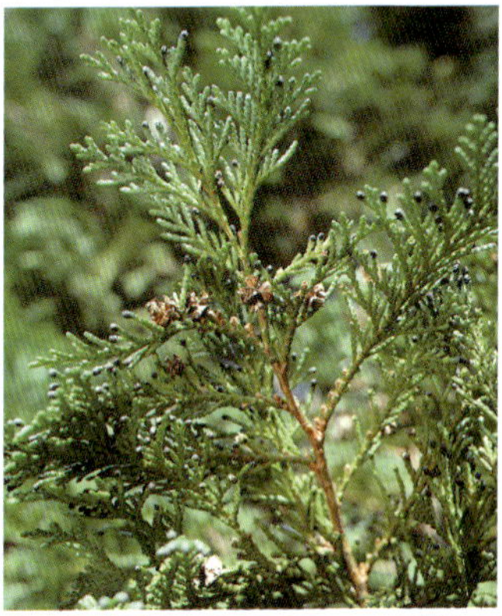
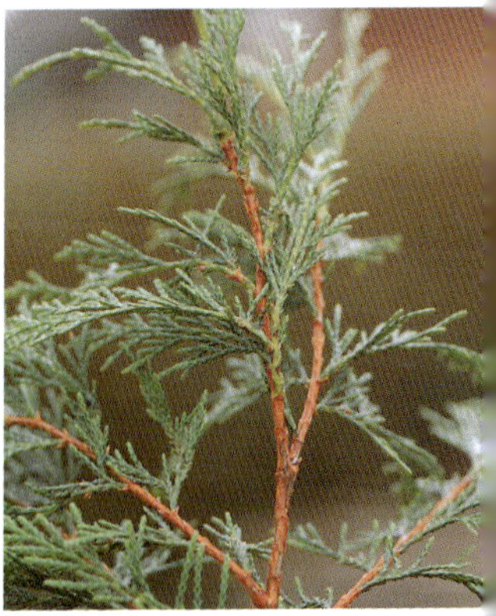
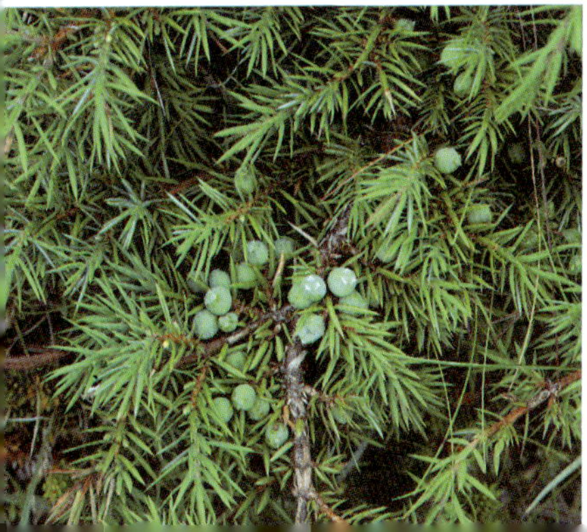
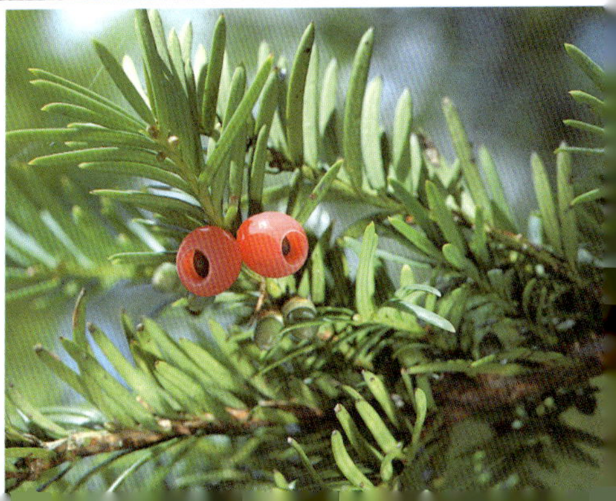

Coed a Phrysglwyni

Helygen bêr   *Salix pentandra*   Bay willow   Taldra hyd at 6m
Prysglwyn a welir yn aml yn ucheldir gogledd Cymru, gogledd Lloegr a'r Alban. Hoff o lannau afonydd a thir gwlyb. Dail llydan, sgleiniog, gwyrdd tywyll, tebyg i lawryf. Blodeuo Mai-Mehefin; gwyddau bach gwrywaidd melyn, sfferaidd; rhai benywaidd yn wyrdd.

Helygen frau   *Salix fragilis*   Crack willow   Taldra hyd at 25m
Gan amlaf mae ganddi gorun llydan crwn a boncyff sy'n gwyro er, yn aml, ei fod wedi'i docio. Brigau'n torri'n hawdd ac weithiau mae'r boncyff yn hollti. Dail bob yn ail, 10-15cm o hyd, cul, sgleiniog, gwyrdd tywyll uwchben. Daw'r gwyddau bach gyda'r dail, Ebrill-Mai.

Helygen wen   *Salix alba*   White willow   Taldra hyd at 20m
Coeden sy'n aml yn ymddangos yn wyn/lliw arian oherwydd lliw y dail sydd bob yn ail, yn gul, pigfain a sidanaidd pan fyddant yn ifanc. Mae canghennau troi i fyny a'r boncyff yn aml yn gwyro. Blodeuo Ebrill-Mai. Gwyddau bach sfferaidd 4-5cm o hyd.

Helygen wylofus   *Salix x chrysocoma*   Weeping willow   Taldra hyd at 12m
Coeden groesryw drawiadol. Coeden addurniadol boblogaidd yn aml ar lan dŵr. Canghennau hir, ymlusgol a brigau melyn hir. Dail hir a chul. Gwyddau bach gwrywaidd melyn ar goed gwahanol i'r blodau benywaidd. Blodeuo Ebrill-Mai, pan fo'r dail yn ymddangos.

Helygen lwyd   *Salix cinerea*   Grey willow   Taldra hyd at 10m
Cyffredin mewn gwlyptiroedd; corun eang gan goed aeddfed. Dail llydan, hirgrwn a brigau ifanc meddal, blewog; ymylon y dail yn rholio'n ôl wrth heneiddio. Blodeuo Mawrth-Ebrill. Gwyddau bach 2-3cm o hyd a'r blodau gwrywaidd a'r benywaidd ar goed gwahanol.

Helygen ddeilgron   *Salix caprea*   Sallow   Taldra hyd at 10m
Mae'n ffurfio llwyn crwn neu goeden fach. Dail yn grwn i hirgrwn; gwyrdd a blewog uwchben ond llwyd a gwlanog islaw. Blodeuo Mawrth-Ebrill, cyn i'r dail ymddangos. Gwyddau bach gwrywaidd melyn ar goed gwahanol i'r rhai benywaidd gwyrdd.

Helygen wiail   *Salix viminalis*   Osier   Taldra hyd at 5m
Os caiff lonydd, bydd yn amlganghennog; yn aml caiff ei bôn-docio a bydd yn cynhyrchu brigau hir syth cochfrown. Dail cul, pigfain; yn wyrdd uwchben ond yn lliw arian islaw. Blodeuo Chwefror-Ebrill. I'w gweld yn aml ar hyd glannau afon.

Poplysen wen   *Populus alba*   White poplar   Taldra hyd at 20m
Cynhenid i dde Ewrop ond yn cael ei thyfu'n eang fel coeden addurniadol. Coeden sy'n ymledu gyda'r boncyff yn aml yn gwyro. Y dail yn wyrdd tywyll uwchben ond yn wyn islaw gan wneud i'r goeden edrych fel lliw arian. Cynffonnau ŵyn bach yn ymddangos Chwefror-Mawrth, gyda'r rhai gwrywaidd a'r rhai benywaidd ar wahanol goed.

Poplysen ddu groesryw
Populus x canadensis   Hybrid black poplar   Taldra hyd at 30m
Rhywogaeth groesryw â rhisgl llwyd rhychiog a changhennau'n ymledu. Dail bob yn ail, siâp triongl i hirgrwn ag ymylon danheddog. Blodeuo Mawrth-Ebrill a chynffonnau ŵyn bach 3-5cm o hyd; y rhai gwrywaidd a'r rhai benywaidd ar wahanol goed. Coeden boblogaidd am ei phren.

Aethnen   *Populus tremula*   Aspen   Taldra hyd at 20m
Hawdd ei hadnabod hyd yn oed mewn coetir trwchus am fod y dail yn ysgwyd yn yr awel ysgafnaf ac yn dangos ochr isaf welw iawn. Dosbarthiad eang, gan ffafrio ardaloedd llaith. Blodeuo Chwefror-Mawrth; cynffonnau ŵyn bach gwrywaidd a benywaidd ar wahanol goed.

Bedwen arian   *Betula pendula*   Silver birch   Taldra hyd at 30m
Cyffredin trwy Brydain ac Iwerddon. Mae'r rhisgl arian/llwyd yn hollti'n blatiau petryal wrth fynd yn hŷn; y canghennau'n crogi tuag at y blaenau. Dail 4cm o hyd, siâp hirgrwn i driongl, yn melynu yn yr hydref. Cynffonnau ŵyn bach yn ymddangos Ebrill-Mai.

Bedwen lwyd   *Betula pubescens*   Downy birch   Taldra hyd at 25m
Cyffredin ar dir llaith ac yn yr ucheldir lle ceir llawer o law, yn enwedig y gogledd a'r gorllewin. Brigau ifanc melfedaidd 5cm o hyd, dail ag ymylon garw danheddog. Cynffonnau ŵyn bach, Chwefror-Ebrill. Yn aml, ceir cen a mwsoglau dros y rhisgl esmwyth, llwyd.

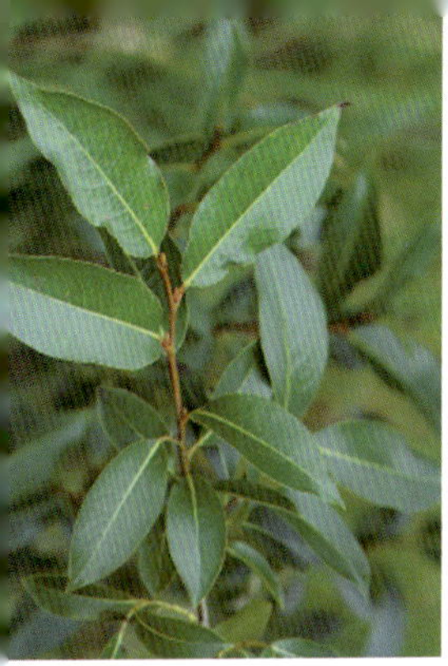
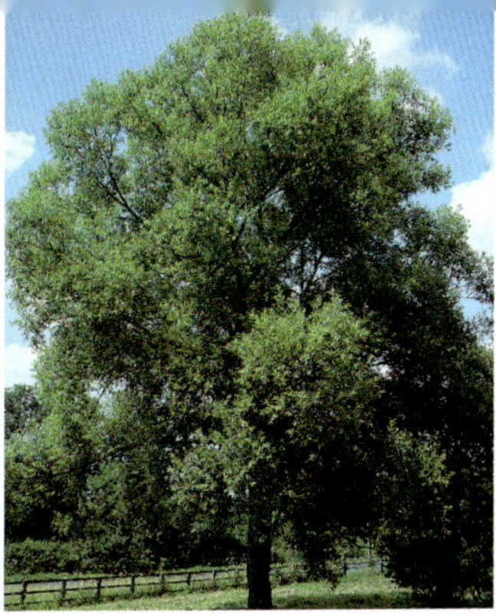
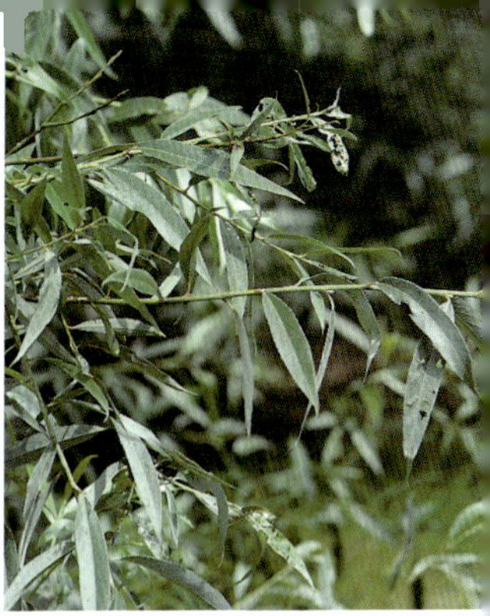
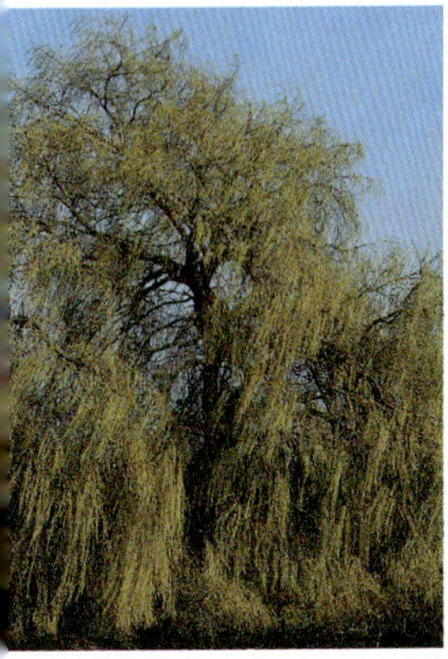
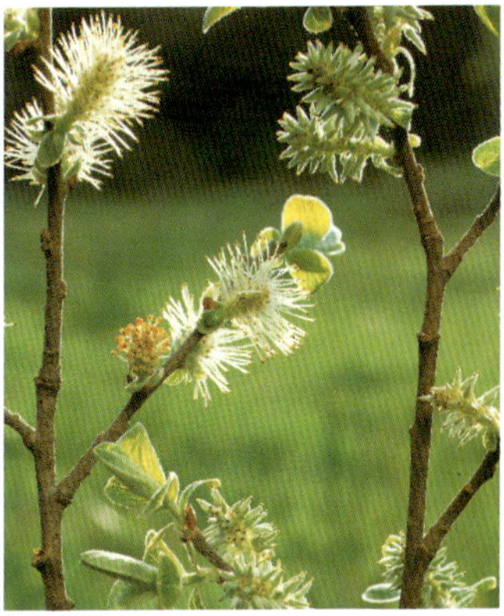
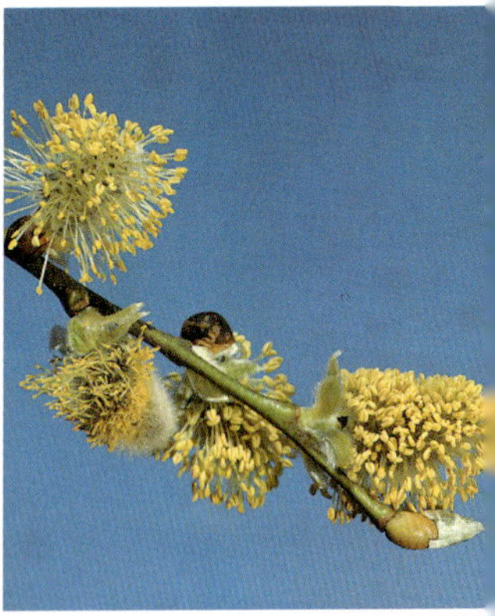
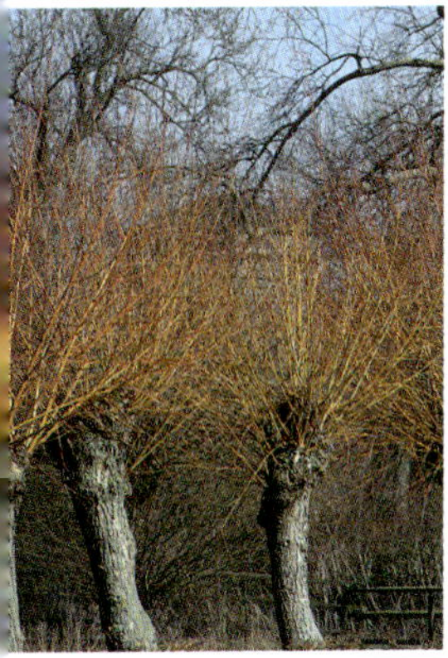
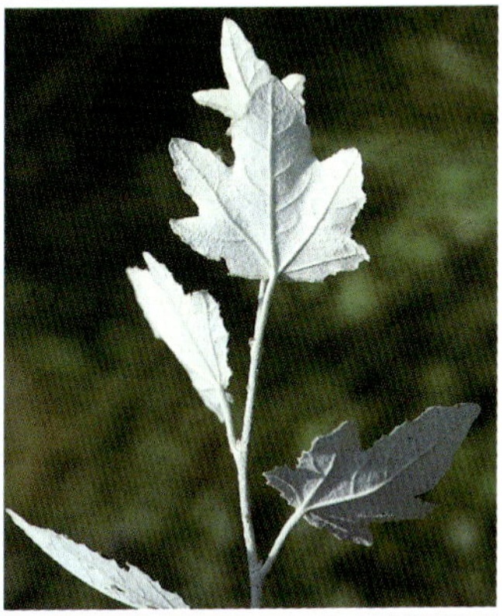
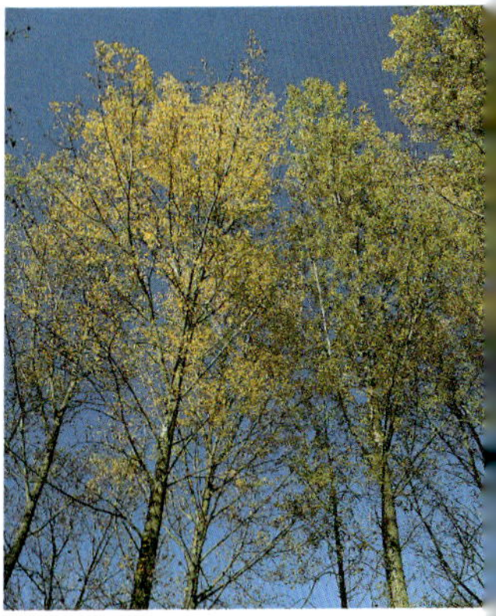
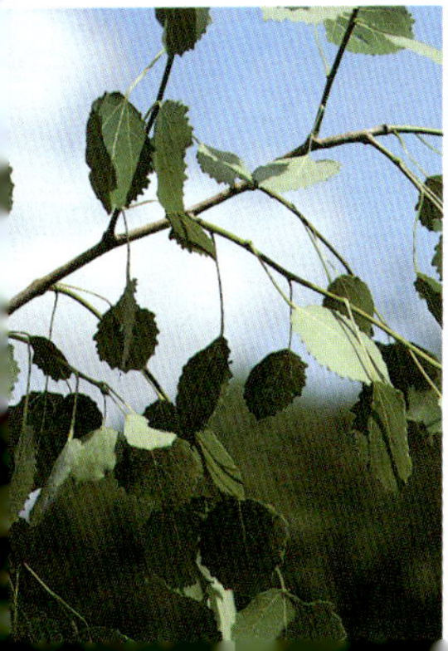
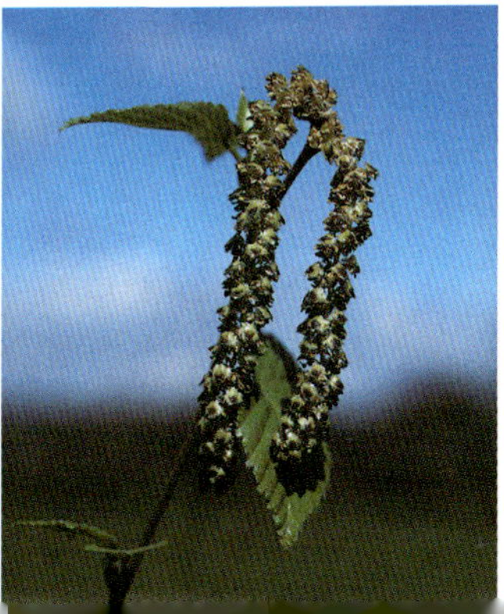
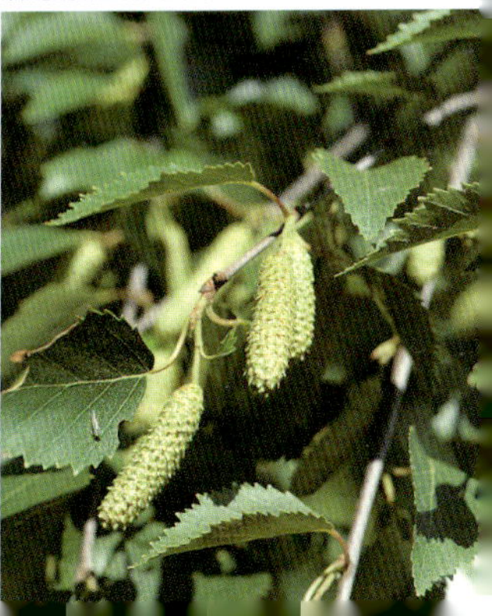

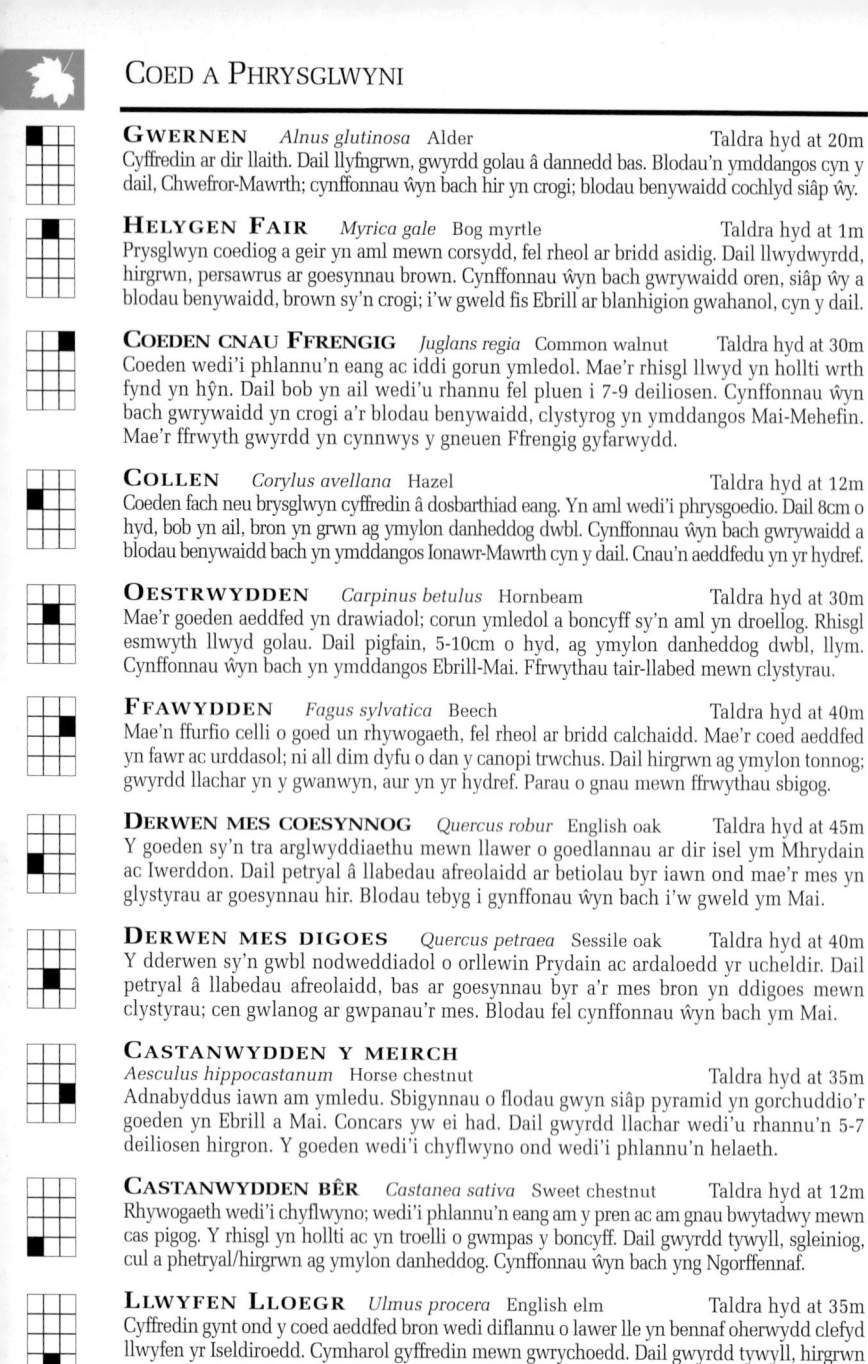

Coed a Phrysglwyni

Gwernen *Alnus glutinosa* Alder Taldra hyd at 20m
Cyffredin ar dir llaith. Dail llyfngrwn, gwyrdd golau â dannedd bas. Blodau'n ymddangos cyn y dail, Chwefror-Mawrth; cynffonnau ŵyn bach hir yn crogi; blodau benywaidd cochlyd siâp ŵy.

Helygen Fair *Myrica gale* Bog myrtle Taldra hyd at 1m
Prysglwyn coediog a geir yn aml mewn corsydd, fel rheol ar bridd asidig. Dail llwydwyrdd, hirgrwn, persawrus ar goesynnau brown. Cynffonnau ŵyn bach gwrywaidd oren, siâp ŵy a blodau benywaidd, brown sy'n crogi; i'w gweld fis Ebrill ar blanhigion gwahanol, cyn y dail.

Coeden cnau Ffrengig *Juglans regia* Common walnut Taldra hyd at 30m
Coeden wedi'i phlannu'n eang ac iddi gorun ymledol. Mae'r rhisgl llwyd yn hollti wrth fynd yn hŷn. Dail bob yn ail wedi'u rhannu fel pluen i 7-9 deiliosen. Cynffonnau ŵyn bach gwrywaidd yn crogi a'r blodau benywaidd, clystyrog yn ymddangos Mai-Mehefin. Mae'r ffrwyth gwyrdd yn cynnwys y gneuen Ffrengig gyfarwydd.

Collen *Corylus avellana* Hazel Taldra hyd at 12m
Coeden fach neu brysglwyn cyffredin â dosbarthiad eang. Yn aml wedi'i phrysgoedio. Dail 8cm o hyd, bob yn ail, bron yn grwn ag ymylon danheddog dwbl. Cynffonnau ŵyn bach gwrywaidd a blodau benywaidd bach yn ymddangos Ionawr-Mawrth cyn y dail. Cnau'n aeddfedu yn yr hydref.

Oestrwydden *Carpinus betulus* Hornbeam Taldra hyd at 30m
Mae'r goeden aeddfed yn drawiadol; corun ymledol a boncyff sy'n aml yn droellog. Rhisgl esmwyth llwyd golau. Dail pigfain, 5-10cm o hyd, ag ymylon danheddog dwbl, llym. Cynffonnau ŵyn bach yn ymddangos Ebrill-Mai. Ffrwythau tair-llabed mewn clystyrau.

Ffawydden *Fagus sylvatica* Beech Taldra hyd at 40m
Mae'n ffurfio celli o goed un rhywogaeth, fel rheol ar bridd calchaidd. Mae'r coed aeddfed yn fawr ac urddasol; ni all dim dyfu o dan y canopi trwchus. Dail hirgrwn ag ymylon tonnog; gwyrdd llachar yn y gwanwyn, aur yn yr hydref. Parau o gnau mewn ffrwythau sbigog.

Derwen mes coesynnog *Quercus robur* English oak Taldra hyd at 45m
Y goeden sy'n tra arglwyddiaethu mewn llawer o goedlannau ar dir isel ym Mhrydain ac Iwerddon. Dail petryal â llabedau afreolaidd ar betiolau byr iawn ond mae'r mes yn glystyrau ar goesynnau hir. Blodau tebyg i gynffonnau ŵyn bach i'w gweld ym Mai.

Derwen mes digoes *Quercus petraea* Sessile oak Taldra hyd at 40m
Y dderwen sy'n gwbl nodweddiadol o orllewin Prydain ac ardaloedd yr ucheldir. Dail petryal â llabedau afreolaidd, bas ar goesynnau byr a'r mes bron yn ddigoes mewn clystyrau; cen gwlanog ar gwpanau'r mes. Blodau fel cynffonnau ŵyn bach ym Mai.

Castanwydden y meirch
Aesculus hippocastanum Horse chestnut Taldra hyd at 35m
Adnabyddus iawn am ymledu. Sbigynnau o flodau gwyn siâp pyramid yn gorchuddio'r goeden yn Ebrill a Mai. Concars yw ei had. Dail gwyrdd llachar wedi'u rhannu'n 5-7 deiliosen hirgron. Y goeden wedi'i chyflwyno ond wedi'i phlannu'n helaeth.

Castanwydden bêr *Castanea sativa* Sweet chestnut Taldra hyd at 12m
Rhywogaeth wedi'i chyflwyno; wedi'i phlannu'n eang am y pren ac am gnau bwytadwy mewn cas pigog. Y rhisgl yn hollti ac yn troelli o gwmpas y boncyff. Dail gwyrdd tywyll, sgleiniog, cul a phetryal/hirgrwn ag ymylon danheddog. Cynffonnau ŵyn bach yng Ngorffennaf.

Llwyfen Lloegr *Ulmus procera* English elm Taldra hyd at 35m
Cyffredin gynt ond y coed aeddfed bron wedi diflannu o lawer lle yn bennaf oherwydd clefyd llwyfen yr Iseldiroedd. Cymharol gyffredin mewn gwrychoedd. Dail gwyrdd tywyll, hirgrwn ag ymylon danheddog a bonion amghymesur. Blodau coch cudynnog Chwefror-Mawrth.

Llwyfen lydanddail *Ulmus glabra* Wych elm Taldra hyd at 40m
Mae gan goed aeddfed gorun eang, ymledol. Dail gwyrdd tywyll, hirgrwn â 10-18 o wythiennau, bonion amghymesur; un ochr yn gorgyffwrdd â choesyn byr y ddeilen. Clystyrau o flodau coch Chwefror-Mawrth. Dal yn gyffredin yn y gogledd a'r gorllewin; gwrthsefyll haint yn weddol.

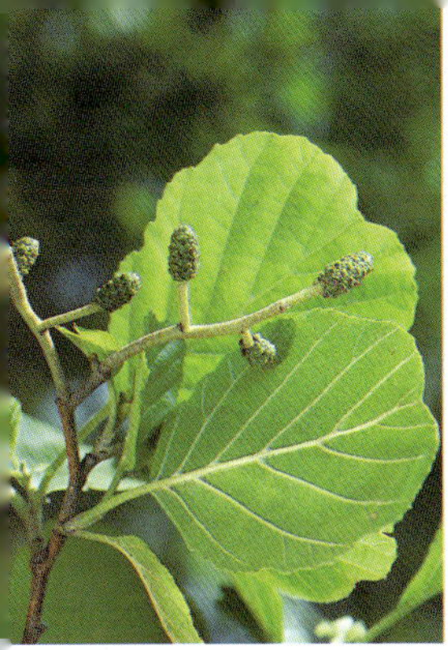
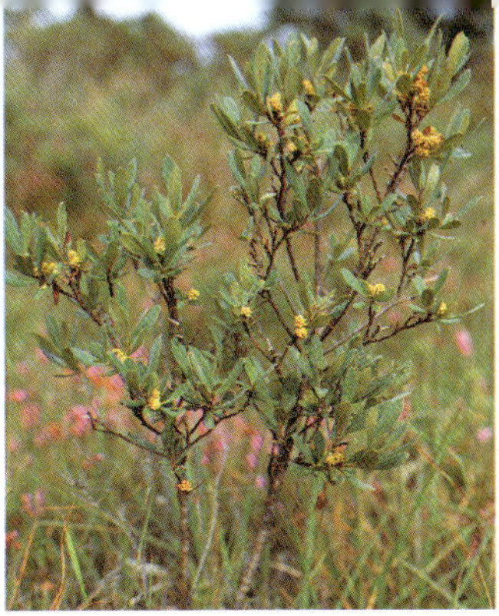
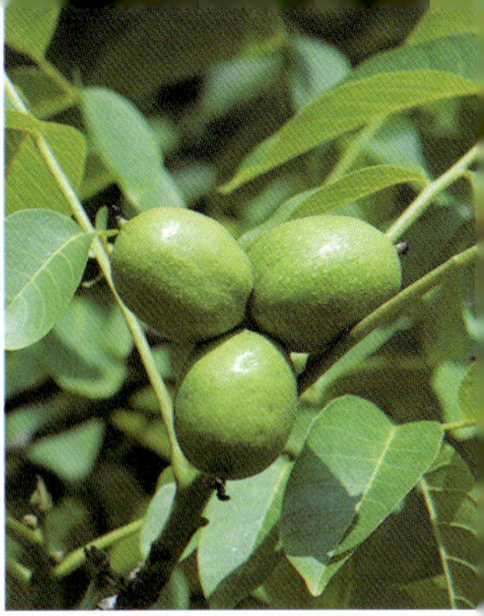
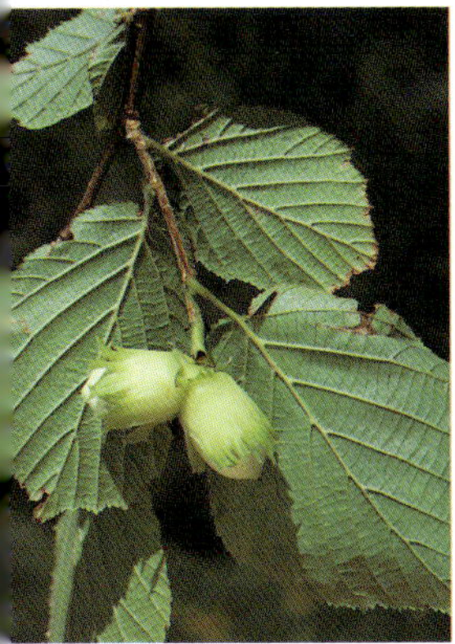
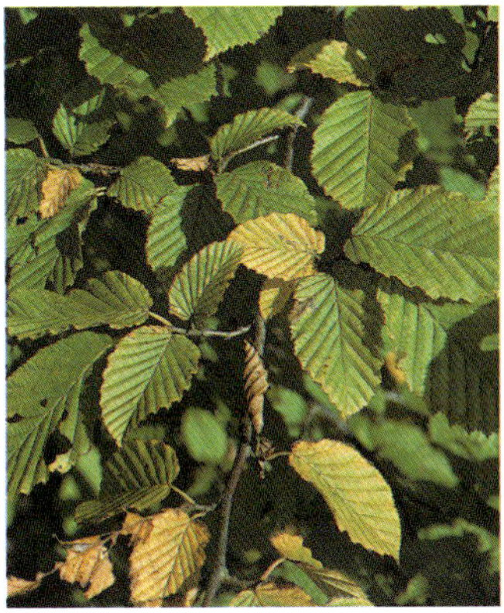
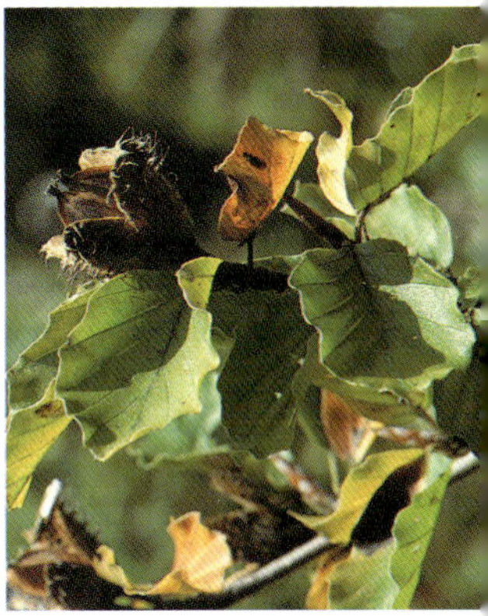
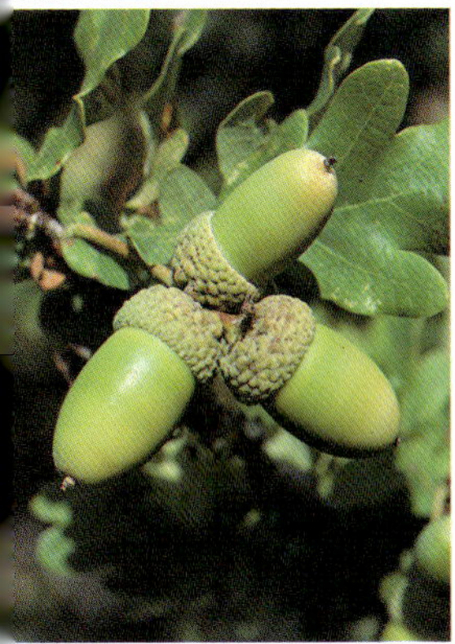
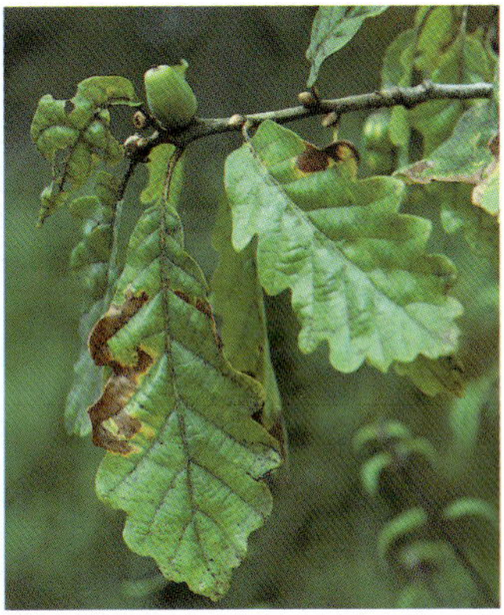
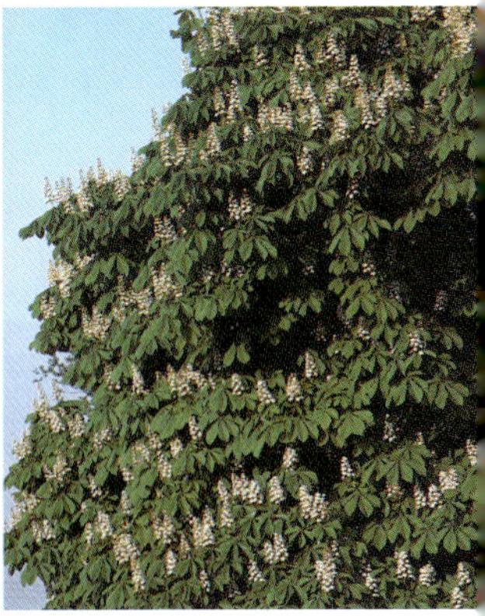
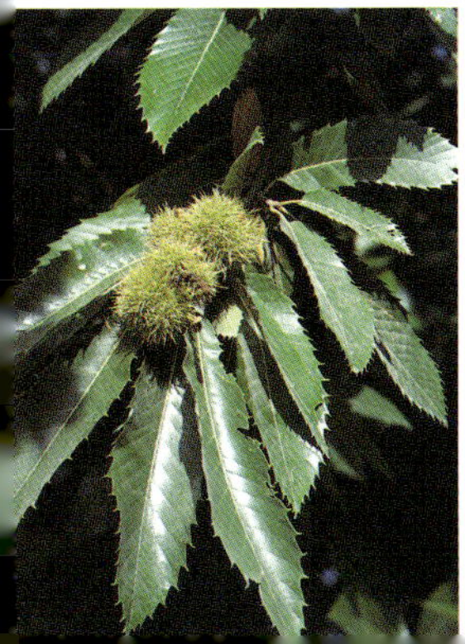
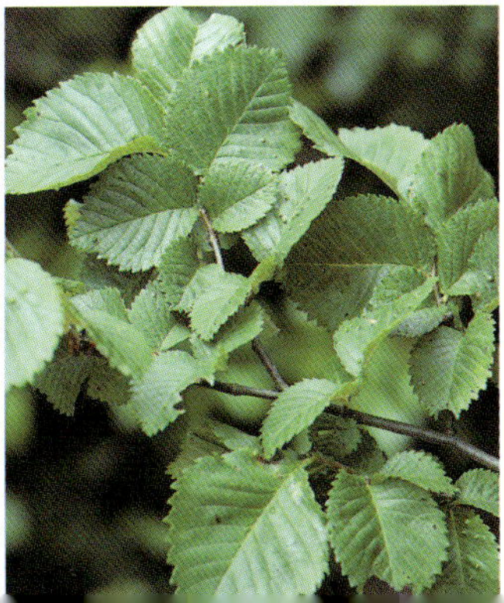
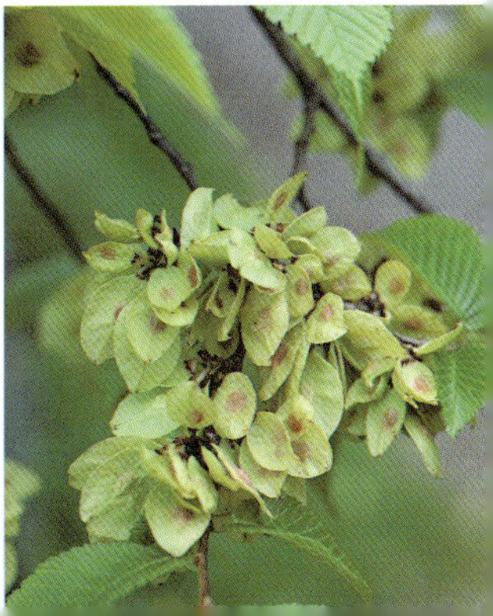

Coed a Phrysglwyni

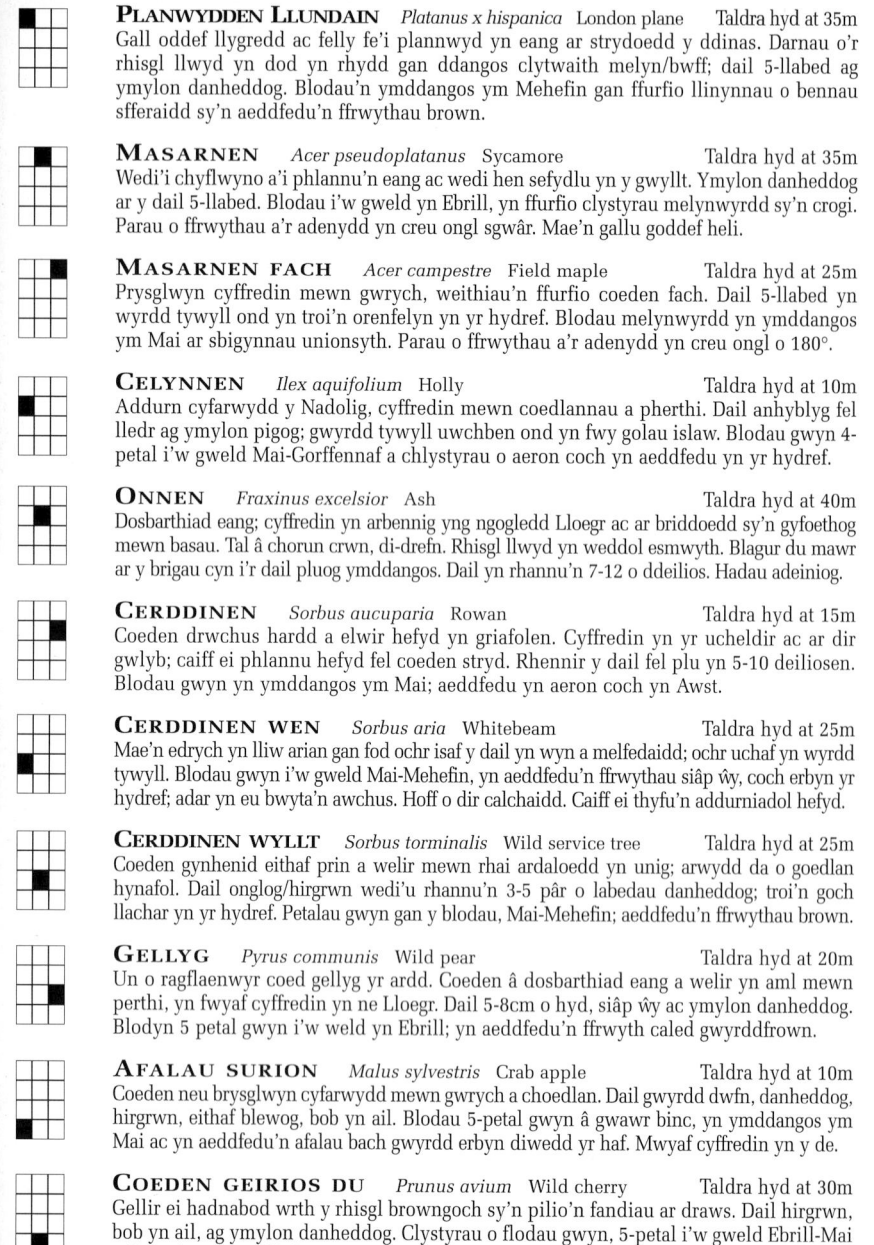

Planwydden Llundain *Platanus x hispanica* London plane   Taldra hyd at 35m
Gall oddef llygredd ac felly fe'i plannwyd yn eang ar strydoedd y ddinas. Darnau o'r rhisgl llwyd yn dod yn rhydd gan ddangos clytwaith melyn/bwff; dail 5-llabed ag ymylon danheddog. Blodau'n ymddangos ym Mehefin gan ffurfio llinynnau o bennau sfferaidd sy'n aeddfedu'n ffrwythau brown.

Masarnen *Acer pseudoplatanus* Sycamore   Taldra hyd at 35m
Wedi'i chyflwyno a'i phlannu'n eang ac wedi hen sefydlu yn y gwyllt. Ymylon danheddog ar y dail 5-llabed. Blodau i'w gweld yn Ebrill, yn ffurfio clystyrau melynwyrdd sy'n crogi. Parau o ffrwythau a'r adenydd yn creu ongl sgwâr. Mae'n gallu goddef heli.

Masarnen fach *Acer campestre* Field maple   Taldra hyd at 25m
Prysglwyn cyffredin mewn gwrych, weithiau'n ffurfio coeden fach. Dail 5-llabed yn wyrdd tywyll ond yn troi'n orenfelyn yn yr hydref. Blodau melynwyrdd yn ymddangos ym Mai ar sbigynnau unionsyth. Parau o ffrwythau a'r adenydd yn creu ongl o 180°.

Celynnen *Ilex aquifolium* Holly   Taldra hyd at 10m
Addurn cyfarwydd y Nadolig, cyffredin mewn coedlannau a pherthi. Dail anhyblyg fel lledr ag ymylon pigog; gwyrdd tywyll uwchben ond yn fwy golau islaw. Blodau gwyn 4-petal i'w gweld Mai-Gorffennaf a chlystyrau o aeron coch yn aeddfedu yn yr hydref.

Onnen *Fraxinus excelsior* Ash   Taldra hyd at 40m
Dosbarthiad eang; cyffredin yn arbennig yng ngogledd Lloegr ac ar briddoedd sy'n gyfoethog mewn basau. Tal â chorun crwn, di-drefn. Rhisgl llwyd yn weddol esmwyth. Blagur du mawr ar y brigau cyn i'r dail pluog ymddangos. Dail yn rhannu'n 7-12 o ddeilios. Hadau adeiniog.

Cerddinen *Sorbus aucuparia* Rowan   Taldra hyd at 15m
Coeden drwchus hardd a elwir hefyd yn griafolen. Cyffredin yn yr ucheldir ac ar dir gwlyb; caiff ei phlannu hefyd fel coeden stryd. Rhennir y dail fel plu yn 5-10 deiliosen. Blodau gwyn yn ymddangos ym Mai; aeddfedu'n aeron coch yn Awst.

Cerddinen wen *Sorbus aria* Whitebeam   Taldra hyd at 25m
Mae'n edrych yn lliw arian gan fod ochr isaf y dail yn wyn a melfedaidd; ochr uchaf yn wyrdd tywyll. Blodau gwyn i'w gweld Mai-Mehefin, yn aeddfedu'n ffrwythau siâp ŵy, coch erbyn yr hydref; adar yn eu bwyta'n awchus. Hoff o dir calchaidd. Caiff ei thyfu'n addurniadol hefyd.

Cerddinen wyllt *Sorbus torminalis* Wild service tree   Taldra hyd at 25m
Coeden gynhenid eithaf prin a welir mewn rhai ardaloedd yn unig; arwydd da o goedlan hynafol. Dail onglog/hirgrwn wedi'u rhannu'n 3-5 pâr o labedau danheddog; troi'n goch llachar yn yr hydref. Petalau gwyn gan y blodau, Mai-Mehefin; aeddfedu'n ffrwythau brown.

Gellyg *Pyrus communis* Wild pear   Taldra hyd at 20m
Un o ragflaenwyr coed gellyg yr ardd. Coeden â dosbarthiad eang a welir yn aml mewn perthi, yn fwyaf cyffredin yn ne Lloegr. Dail 5-8cm o hyd, siâp ŵy ac ymylon danheddog. Blodyn 5 petal gwyn i'w weld yn Ebrill; yn aeddfedu'n ffrwyth caled gwyrddfrown.

Afalau surion *Malus sylvestris* Crab apple   Taldra hyd at 10m
Coeden neu brysglwyn cyfarwydd mewn gwrych a choedlan. Dail gwyrdd dwfn, danheddog, hirgrwn, eithaf blewog, bob yn ail. Blodau 5-petal gwyn â gwawr binc, yn ymddangos ym Mai ac yn aeddfedu'n afalau bach gwyrdd erbyn diwedd yr haf. Mwyaf cyffredin yn y de.

Coeden geirios du *Prunus avium* Wild cherry   Taldra hyd at 30m
Gellir ei hadnabod wrth y rhisgl browngoch sy'n pilio'n fandiau ar draws. Dail hirgrwn, bob yn ail, ag ymylon danheddog. Clystyrau o flodau gwyn, 5-petal i'w gweld Ebrill-Mai a ffrwythau'n aeddfedu yn yr haf gan droi o wyrdd i goch tywyll.

Coeden geirios yr adar *Prunus padus* Bird cherry   Taldra hyd at 15m
Cynhenid i ucheldiroedd Prydain, yn aml ar y garreg galch. Arogl siarp ar y rhisgl llwyd. Dail gwyrdd, hirgrwn â choesynnau cochlyd ac ymylon mân-ddanheddog. Blodau gwyn, 5-petal yn ymddangos ar ôl y dail ym Mai. Y ffrwythau'n ddu sgleiniog.

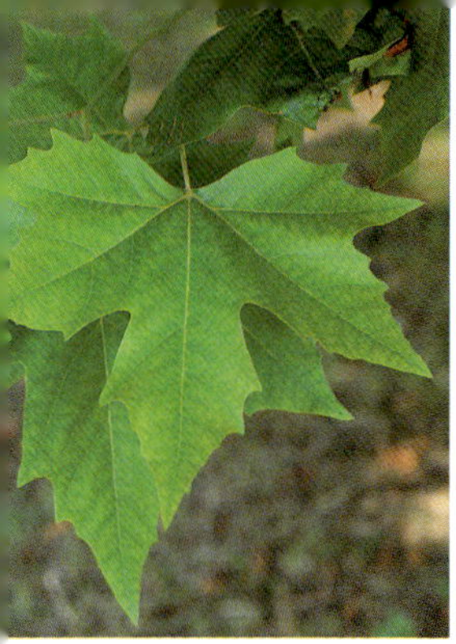
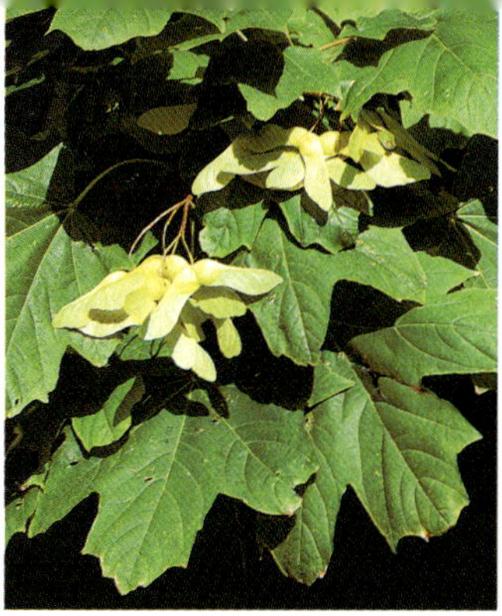
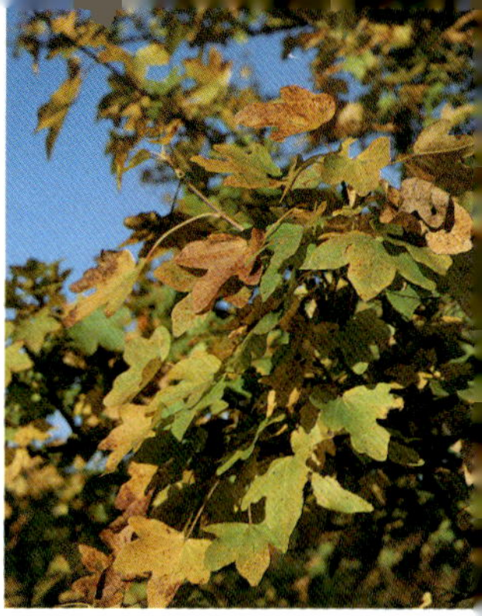
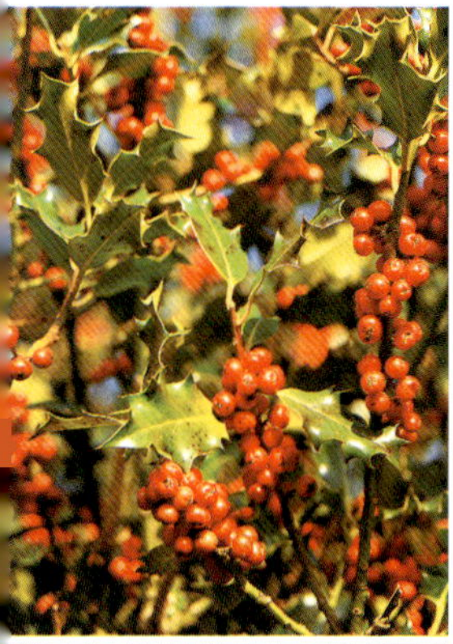
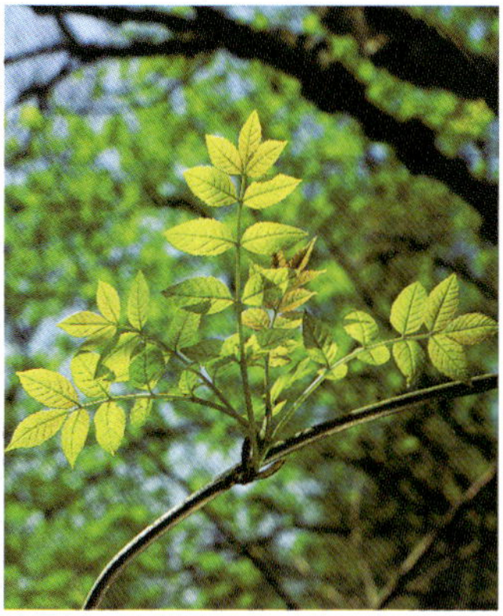
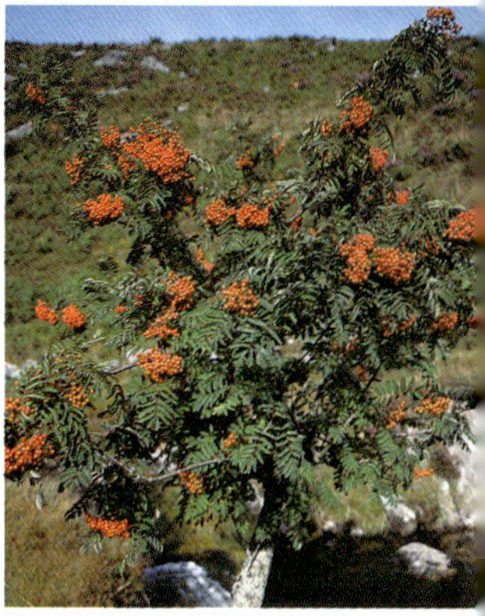
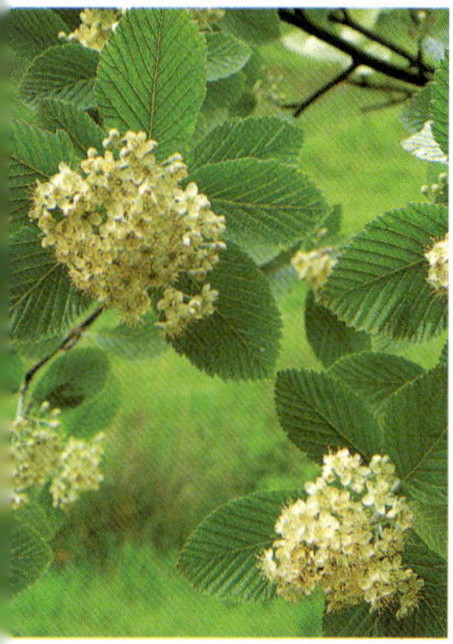
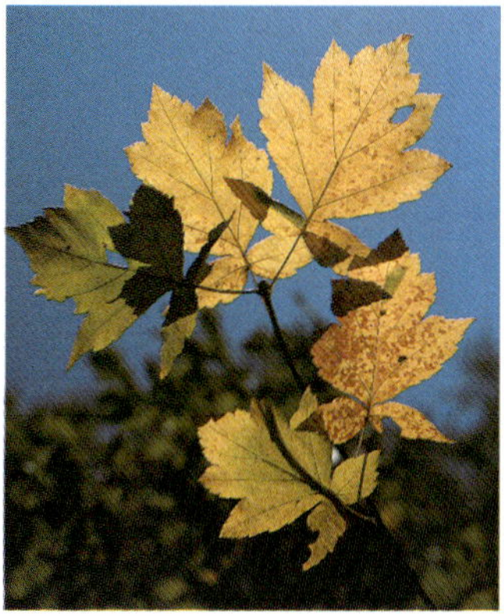
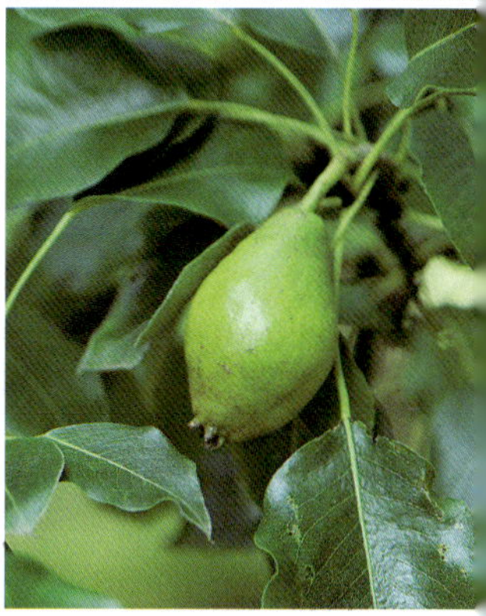
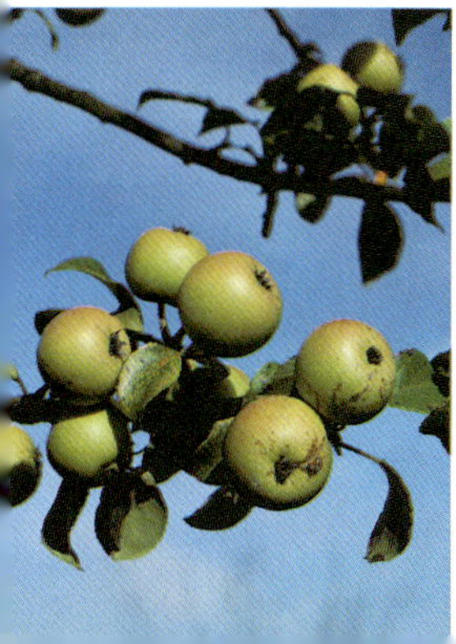
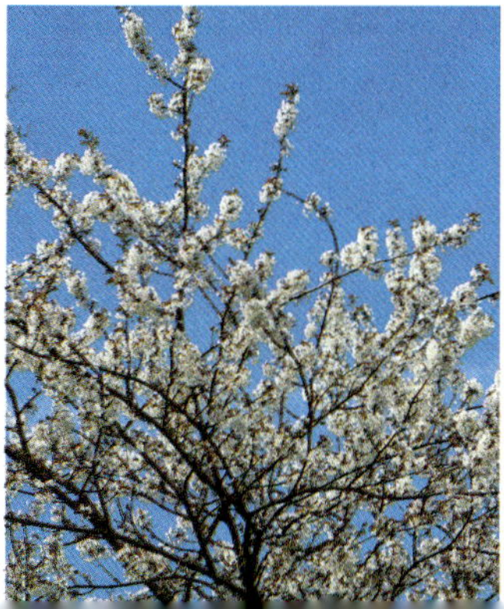
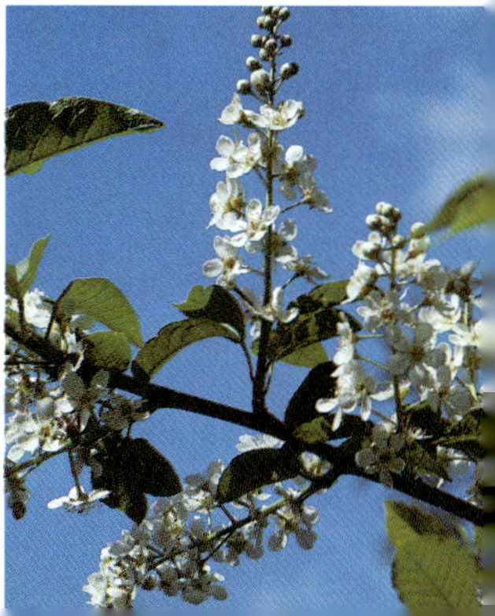

Coed a Phrysglwyni

Draenen ddu *Prunus spinosa* Blackthorn Taldra hyd at 5m
Llwyn cyffredin, pigog a welir mewn perthi ac sy'n aml yn ffurfio dryslwyn trwchus. Dail hirgrwn bob yn ail, 2-4cm o hyd ag ymylon danheddog. Blodau gwyn 5-petal (A) yn ymddangos Mawrth-Ebrill, cyn y dail. Ffrwythau (eirin tagu, B) porffor a gwawr lwyd arnynt.

Coeden Lawrgeirios *Prunus laurocerasus* Cherry laurel Taldra hyd at 8m
Prysglwyn bytholwyrdd addurniadol poblogaidd. Dail sgleiniog, hirgrwn tebyg i ddail llawryf ac aroglau almon arnynt pan gânt eu cleisio. Sbigynnau o flodau gwyn 5-petal yn ymddangos yn Ebrill. Ffrwythau 2cm o hyd yn aeddfedu o goch i ddu.

Draenen Wen *Crategus monogyna* Hawthorn Taldra hyd at 15m
Prysglwyn mwyaf cyffredin y gwrych, yn ffurfio dryslwyni pigog, trwchus. Dail sgleiniog, hirgrwn wedi'u rhannu'n 3-7 pâr o labedau. Blodau gwyn 5-petal, Mai-Mehefin, yn aeddfedu'n glystyrau o aeron coch a elwir yn eirin moch.

Pren Bocs *Buxus sempervirens* Box Taldra hyd at 5m
Planhigyn gardd cyffredin mewn gwrychoedd ac ar gyfer tocweithio Mae'n tyfu'n wyllt ar bridd calchaidd yn Lloegr ond braidd yn brin. Dail hirgrwn, lledraidd 1.5-3cm o hyd a'u hymylon yn troi nôl. Blodau bach melynwyrdd di-betal yn ymddangos Mawrth-Mai.

Piswydden *Euonymus europaeus* Spindle tree Taldra hyd at 6m
Prysglwyn neu goeden fach gynhenid hoff o bridd calchaidd, mewn rhannau o ganolbarth a gogledd Lloegr yn bennaf. Dail hirgrwn, cul, pigfain, ag ymylon danheddog; gwyrdd yn yr haf; coch yn yr hydref. Blodau bach gwyrdd Mai-Mehefin. Ffrwyth pinc.

Rhafnwydden *Rhamnus catharticus* Buckthorn Taldra hyd at 8m
Cynhenid i dir isel, yng nghanolbarth a dwyrain Lloegr yn bennaf. Mae'n ffurfio perth bigog neu goeden fach. Dail hirgrwn danheddog gyferbyn â'i gilydd, 3-6cm o hyd. Clystyrau o flodau melynwyrdd yn ymddangos ym Mai a chlymau o aeron du yn yr hydref.

Breuwydden *Frangula alnus* Alder buckthorn Taldra hyd at 5m
Perth eithaf agored, ddi-bigau, cynhenid i wrychoedd llaith a phrysgwydd yng Nghymru a Lloegr. Dail hirgrwn ag ymylon tonnog, gwyrdd tywyll yn troi'n felyn yn yr hydref. Blodau gwyrdd golau, 5-petal yn ymddangos ym Mai. Aeron yn aeddfedu o wyrdd i ddu.

Eirin Mair *Ribes uva-crispa* Gooseberry Taldra hyd at 1m
Perth gynhenid a geir mewn coedlannau mewn rhai mannau yn unig yn ne a chanolbarth Lloegr a Chymru. Dail crwn danheddog, afreolaidd ar goesynnau pigog. Blodau bach melynaidd ym Mawrth-Mai. Ffrwyth gwyrdd blewog yn chwyddo i ffurfio eirin Mair.

Rhafnwydden y môr
Hippophae rhamnoides Sea buckthorn Taldra hyd at 10m
Cynhenid i dwyni tywod sefydlog; caiff ei phlannu fel coeden addurnol hefyd. Prysglwyn trwchus â brigau pigog a dail llwydaidd, cul. Blodau bach gwyrdd; y rhai gwrywaidd a'r rhai benywaidd yn tyfu ar blanhigion gwahanol. Aeron oren ar lwyni benywaidd.

Pisgwydden *Tilia x vulgaris* Common lime Taldra hyd at 45m
Coeden gymysgryw a blennir yn aml fel addurn. Corun y coed aeddfed yn tueddu i fod yn dal a chul o'i gymharu â lled y gwaelod. Sudd yn diferu o'r dail siâp calon 6-10cm o hyd. Clystyrau o flodau'n sownd wrth fract fel adain. Cas caled o gwmpas hedyn siâp ŵy.

Pisgwydden Dail Bach *Tilia cordata* Small-leaved lime Taldra hyd at 30m
Coeden gynhenid a geir mewn rhai mannau, gan amlaf yn ardaloedd y garreg galch. Coeden braidd yn gul. Deilen ddanheddog, bigfain, siâp calon, 3-9cm o hyd. Clystyrau o flodau'n ymddangos yng Ngorffennaf yn cydio mewn bract siâp adain. Hedyn mewn cas caled.

Rhododendron Gwyllt
Rhododendron ponticum Rhododendron Taldra hyd at 5m
Prysglwyn addurnol boblogaidd. Wedi hen sefydlu; gall fod yn niwsans mewn rhai ardaloedd. Dail eliptaidd, gwyrdd tywyll, sgleiniog fel lledr, bytholwyrdd. Clystyrau o flodau coch porffor-binc ar goesynnau, Mai-Mehefin. Llu o hadau gwastad mewn capsiwl.

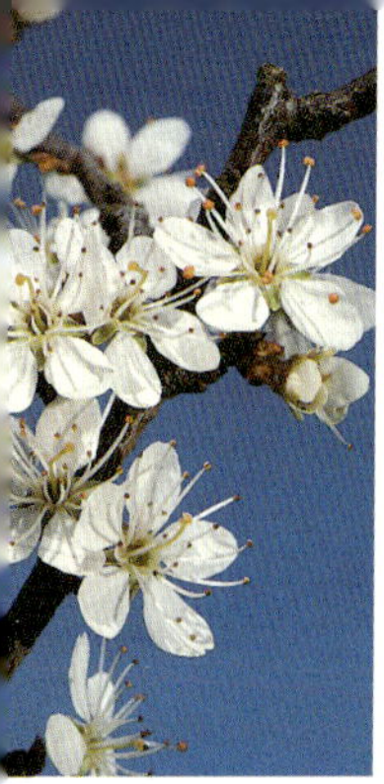
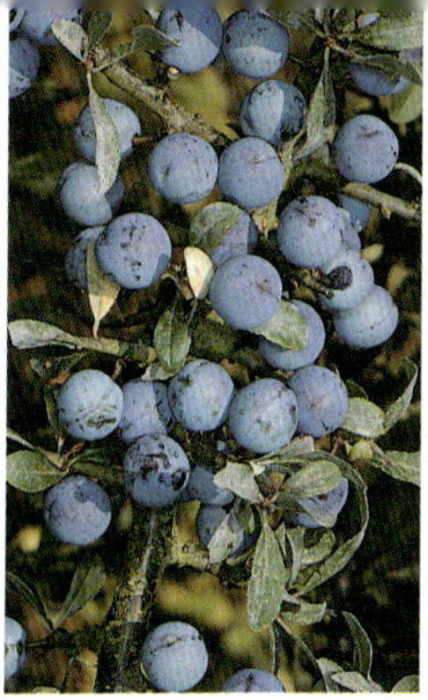
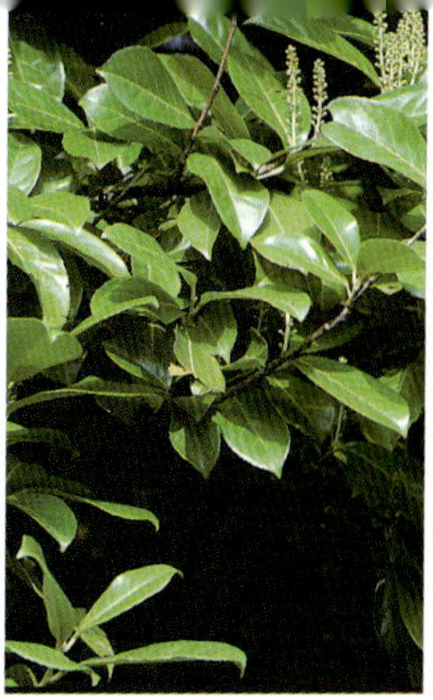
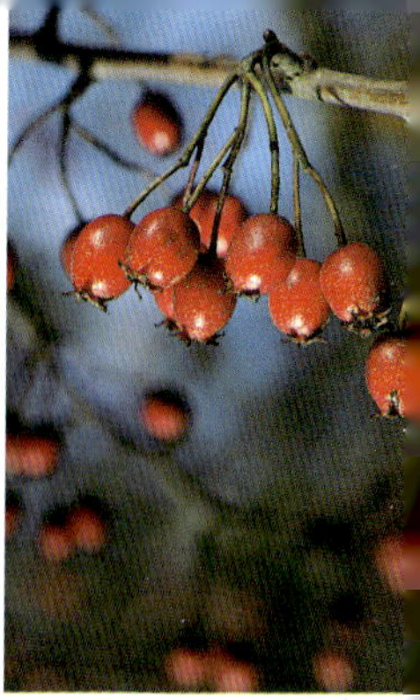
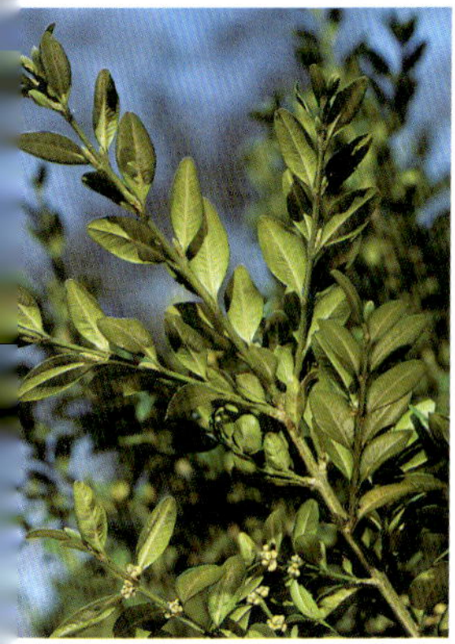
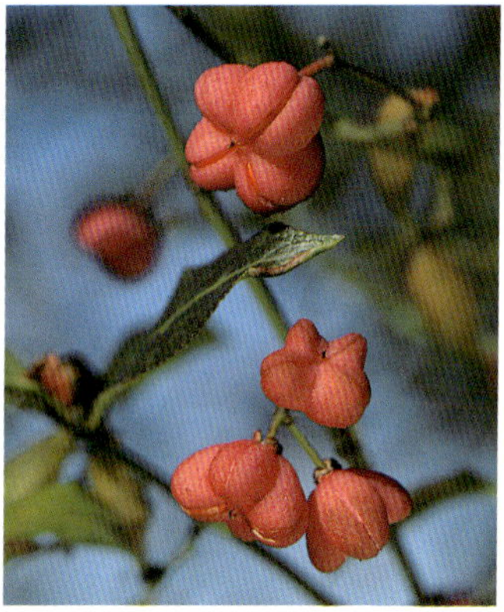
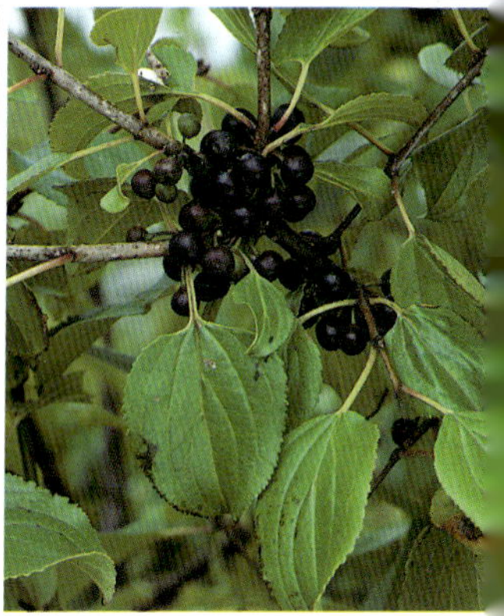
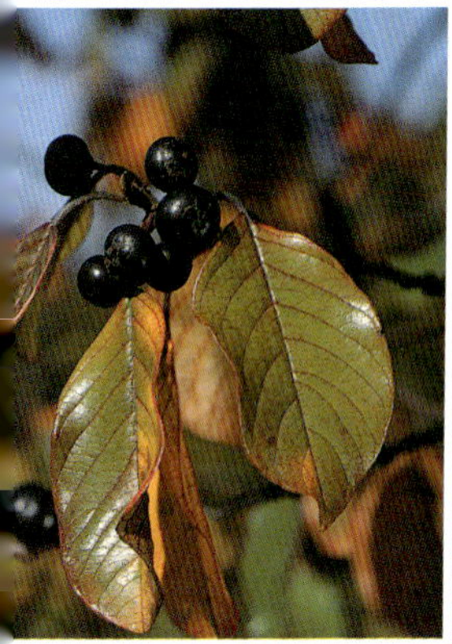
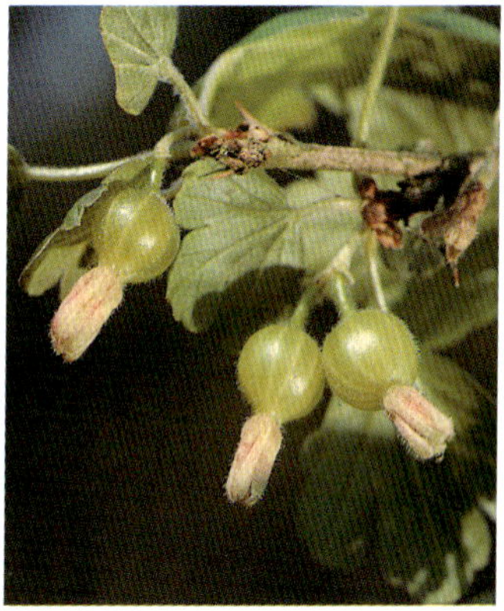
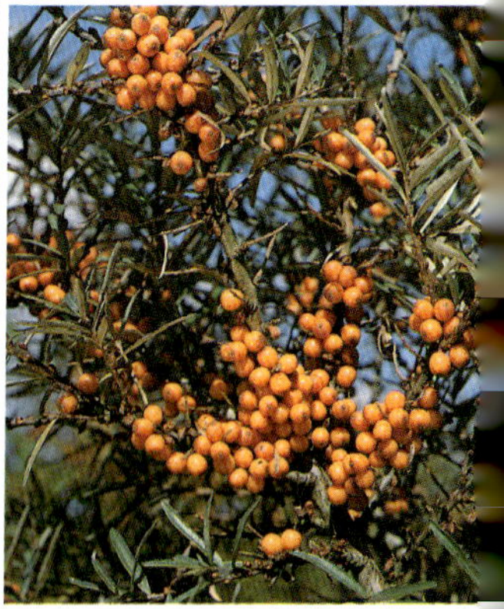
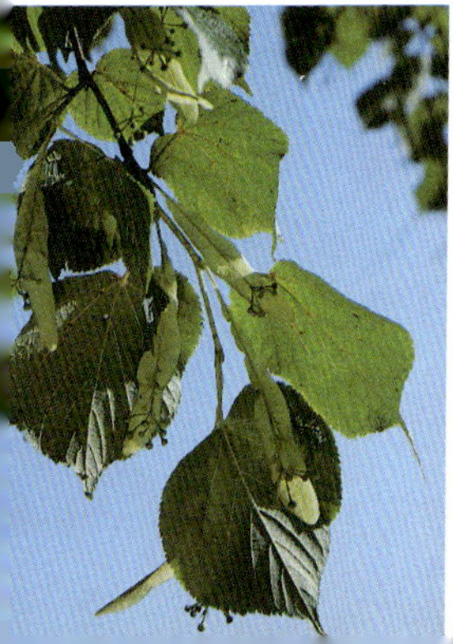
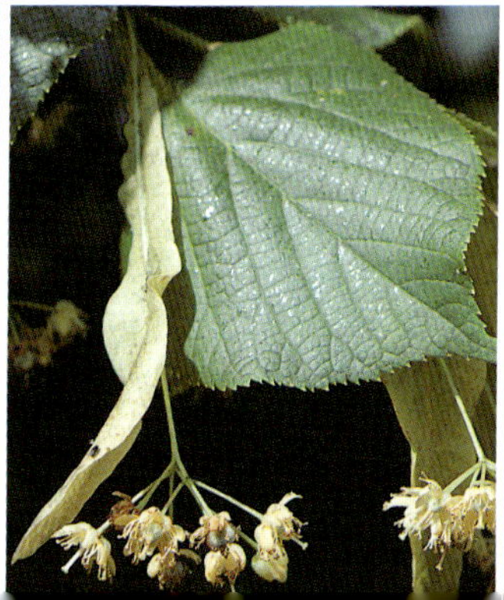
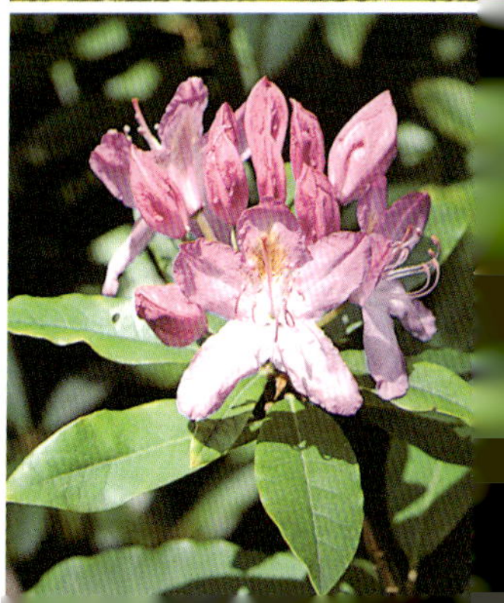

Coed a phrysglwyni

Y GYNFFON LAS *Buddleia davidii* Buddleia — Taldra hyd at 4m
Llwyn gardd cyffredin, wedi ymgartrefu'n eang ar dir diffaith a'r arfordir. Dail hir, cul, tywyllach uwchben nag islaw. Sbigynnau blodau porffor yn hongian, Mehefin-Medi. Denu glöynnod byw.

CWYROSYN *Cornus sanguinea* Dogwood — Taldra hyd at 4m
Llwyn cyffredin mewn gwrychoedd yn ne Lloegr, ar bridd calchaidd yn aml. Hawdd ei nabod wrth y coesau coch. Dail hirgrwn, gyferbyn â'i gilydd a 3-5 gwythïen ar goesynnau cochlyd. Clystyrau gwastad o flodau gwyn, Mai-Gorffennaf. Aeddfedu'n aeron duon.

YSWYDDEN (PRIFET) *Ligustrum vulgare* Privet — Taldra hyd at 10m
Llwyn cyffredin mewn gwrychoedd ac ar ymyl y ffordd, gan amlaf ar bridd calchaidd yn y de. Dail hirgrwn sgleiniog weithiau'n fytholwyrdd. Sbigynnau ar ben y brigau o flodau gwyn, 4-petal, Mai-Mehefin. Aeron du'n aeddfedu yn yr hydref.

YSGAWEN *Sambucus nigra* Elder — Taldra hyd at 10m
Llwyn cyffredin y gwrychoedd ac ymylon y ffyrdd. Y prif ganghennau'n troi allan gan amlaf a'r rhisgl fel corcyn. Dail ag arogl annifyr wedi'u rhannu'n 5-7 deiliosen. Tusw o flodau gwyn, persawrus yn creu pen gwastad Mehefin-Gorffennaf. Aeron du pêr.

GWIFWRNWYDDEN Y GORS *Viburnum opulus* Guelder rose — Taldra hyd at 4m
Llwyn mawr neu goeden fach a geir mewn gwrychoedd. Gweddol gyffredin ar wahân i ogledd Prydain. Dail wedi'u rhannu'n bum llabed ddanheddog afreolaidd. Blodau â phennau gwastad i'w gweld Mehefin-Gorffennaf, y rhai mewnol yn llawer llai na'r rhai allanol. Aeron coch.

GWIFWRNWYDDEN *Viburnum lantana* Wayfaring tree — Taldra hyd at 6m
Llwyn mawr neu goeden fach ymledol. Dail hirgrwn ag ymylon danheddog; gwyrdd tywyll uwchben ond goleuach islaw. Blodau â phennau gwastad i'w gweld yn Ebrill i Mehefin wedi'u creu o flodau bach un maint. Aeron yn aeddfedu o goch i ddu, ond nid yr un pryd.

GWYDDFID *Lonicera periclymenum* Honeysuckle — Taldra hyd at 5m
Dringwr cyffredin y gwrych a'r goedlan sy'n cordeddu o gwmpas llwyni a choed eraill. Dail llwydwyrdd, hirgrwn, gyferbyn â'i gilydd. Blodau persawrus ar siâp trwmped yn ymddangos Mehefin-Awst; pennau sidellog. Clystyrau o aeron cochion yn aeddfedu yn yr hydref.

HOPYS *Humulus lupulus* Hop — Taldra hyd at 6m
Dringwr troellog y gwrych. Cyffredin yng Nghymru a Lloegr; wedi'i gyflwyno a phrin yn Iwerddon a'r Alban. Dail wedi'u rhannu'n 3-5 llabed ddanheddog. Blodau gwrywaidd mewn clystyrau agored. Y blodau benywaidd yw'r hopys, sydd â siâp côn gwyrdd yn aeddfedu'n frown.

BARF YR HEN ŴR *Clematis vitalba* Old man's beard — Taldra hyd at 20m
Planhigyn lluosflwydd sy'n sgrafangu trwy berthi ar briddoedd calchaidd. Cyffredin yng nghanolbarth a de Lloegr a Chymru. Dail wedi'u rhannu'n 3-5 deiliosen. Clwstwr o flodau hufennog, Gorffennaf-Awst. Clystyrau o ffrwythau aeddfed wedi'u harddu gan blu blewog.

BLONEG Y DDAEAR *Bryonia cretica* White bryony — Taldra hyd at 4m
Planhigyn lluosflwydd a welir mewn gwrychoedd. Defnyddia dendrilau hir digangen i ddringo. Dail wedi'u rhannu'n 5 llabed. Clystyrau o flodau gwyrdd 5-petal yn codi o fôn y dail, Mai-Awst; blodau gwrywaidd a benywaidd ar wahanol blanhigion. Aeron coch sgleiniog.

EIDDEW NEU IORWG *Hedera helix* Ivy — Taldra hyd at 20m
Dringwr bytholwyrdd, hunangyiol sydd hefyd yn gorchuddio'r tir. Dail gwyrdd tywyll, sgleiniog â 3 neu 5 llabed a gwythiennau goleuach. Pennau o flodau melynwyrdd i'w gweld Medi-Tachwedd; yn aeddfedu'n aeron du. Cyffredin iawn.

CWLWM Y COED *Tamus communis* Black bryony — Taldra hyd at 3m
Dringwr sy'n troelli. Yn edrych yn debyg i floneg y ddaear ond heb dendrilau. Dail siâp calon, sgleiniog â gwythiennau fel rhwyd. Blodau melynwyrdd, 6-petal; blodau gwrywaidd a benywaidd ar blanhigion gwahanol, Mai-Awst. Aeron yn aeddfedu'n goch llachar.

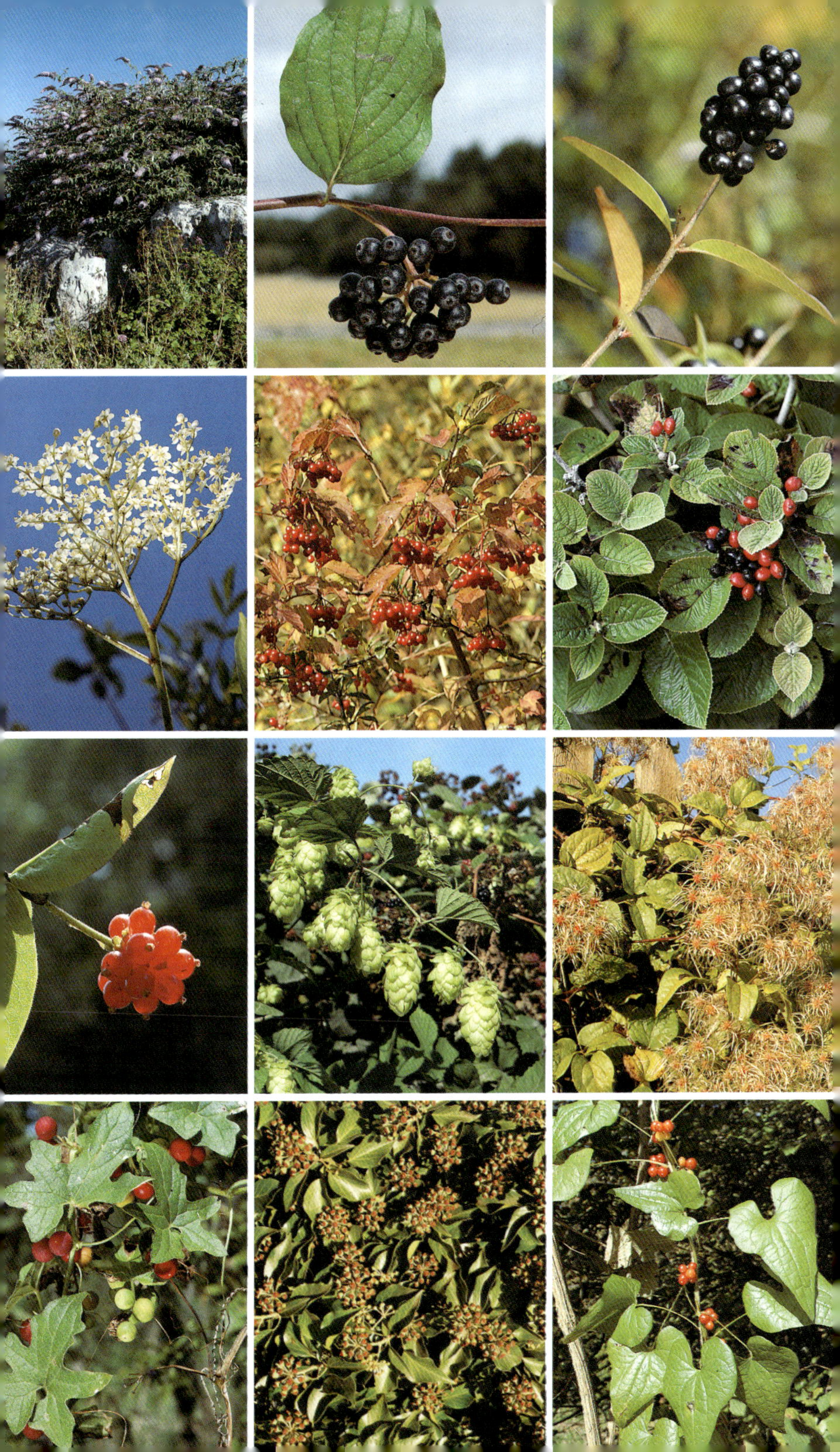

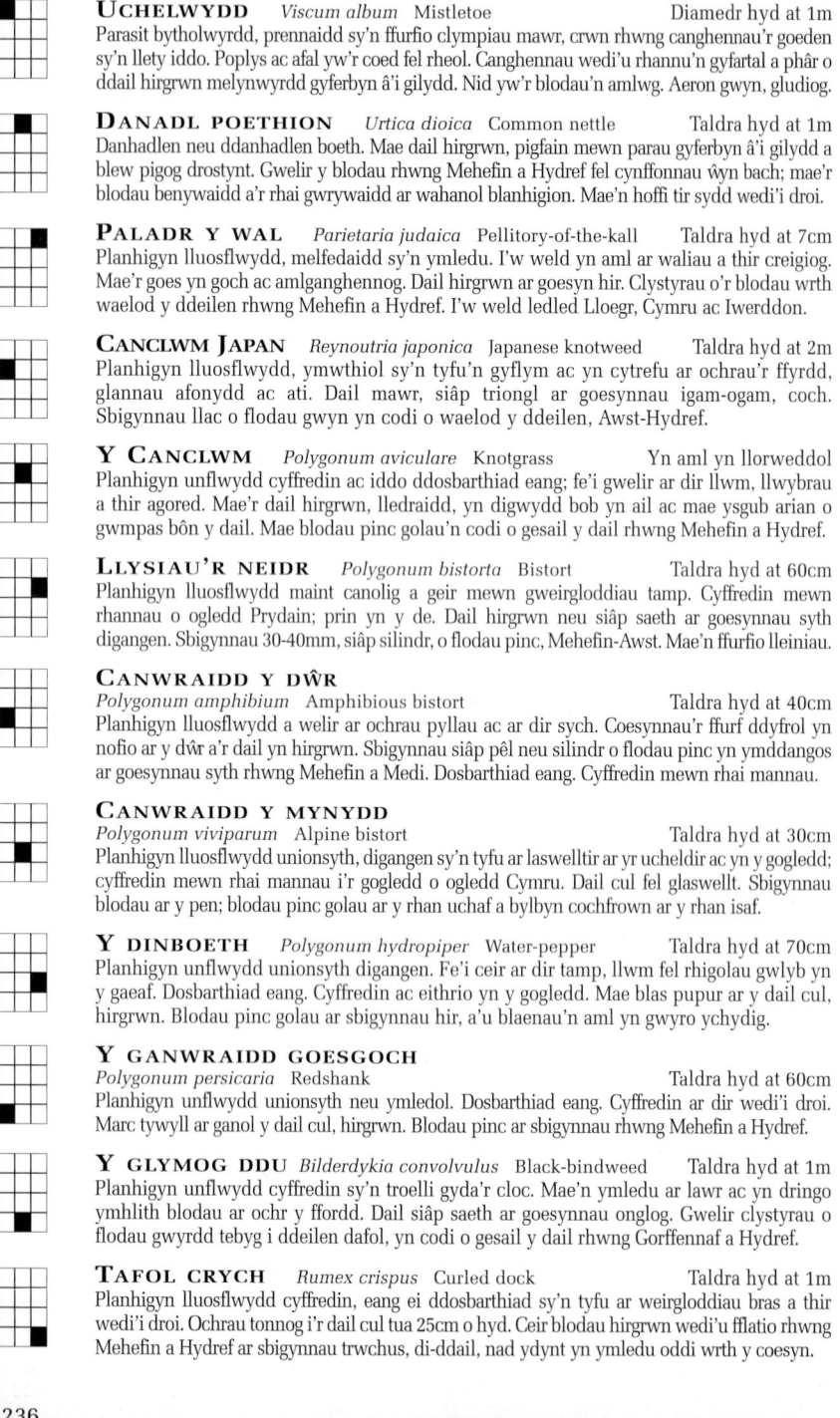

Blodau Gwyllt

Uchelwydd   *Viscum album*   Mistletoe   Diamedr hyd at 1m
Parasit bytholwyrdd, prennaidd sy'n ffurfio clympiau mawr, crwn rhwng canghennau'r goeden sy'n llety iddo. Poplys ac afal yw'r coed fel rheol. Canghennau wedi'u rhannu'n gyfartal a phâr o ddail hirgrwn melynwyrdd gyferbyn â'i gilydd. Nid yw'r blodau'n amlwg. Aeron gwyn, gludiog.

Danadl Poethion   *Urtica dioica*   Common nettle   Taldra hyd at 1m
Danhadlen neu ddanhadlen boeth. Mae dail hirgrwn, pigfain mewn parau gyferbyn â'i gilydd a blew pigog drostynt. Gwelir y blodau rhwng Mehefin a Hydref fel cynffonnau ŵyn bach; mae'r blodau benywaidd a'r rhai gwrywaidd ar wahanol blanhigion. Mae'n hoffi tir sydd wedi'i droi.

Paladr y Wal   *Parietaria judaica*   Pellitory-of-the-kall   Taldra hyd at 7cm
Planhigyn lluosflwydd, melfedaidd sy'n ymledu. I'w weld yn aml ar waliau a thir creigiog. Mae'r goes yn goch ac amlganghennog. Dail hirgrwn ar goesyn hir. Clystyrau o'r blodau wrth waelod y ddeilen rhwng Mehefin a Hydref. I'w weld ledled Lloegr, Cymru ac Iwerddon.

Canclwm Japan   *Reynoutria japonica*   Japanese knotweed   Taldra hyd at 2m
Planhigyn lluosflwydd, ymwthiol sy'n tyfu'n gyflym ac yn cytrefu ar ochrau'r ffyrdd, glannau afonydd ac ati. Dail mawr, siâp triongl ar goesynnau igam-ogam, coch. Sbigynnau llac o flodau gwyn yn codi o waelod y ddeilen, Awst-Hydref.

Y Canclwm   *Polygonum aviculare*   Knotgrass   Yn aml yn llorweddol
Planhigyn unflwydd cyffredin ac iddo ddosbarthiad eang; fe'i gwelir ar dir llwm, llwybrau a thir agored. Mae'r dail hirgrwn, lledraidd, yn digwydd bob yn ail ac mae ysgub arian o gwmpas bôn y dail. Mae blodau pinc golau'n codi o gesail y dail rhwng Mehefin a Hydref.

Llysiau'r Neidr   *Polygonum bistorta*   Bistort   Taldra hyd at 60cm
Planhigyn lluosflwydd maint canolig a geir mewn gweirgloddiau tamp. Cyffredin mewn rhannau o ogledd Prydain; prin yn y de. Dail hirgrwn neu siâp saeth ar goesynnau syth digangen. Sbigynnau 30-40mm, siâp silindr, o flodau pinc, Mehefin-Awst. Mae'n ffurfio lleiniau.

Canwraidd y Dŵr
Polygonum amphibium   Amphibious bistort   Taldra hyd at 40cm
Planhigyn lluosflwydd a welir ar ochrau pyllau ac ar dir sych. Coesynnau'r ffurf ddyfrol yn nofio ar y dŵr a'r dail yn hirgrwn. Sbigynnau siâp pêl neu silindr o flodau pinc yn ymddangos ar goesynnau syth rhwng Mehefin a Medi. Dosbarthiad eang. Cyffredin mewn rhai mannau.

Canwraidd y Mynydd
Polygonum viviparum   Alpine bistort   Taldra hyd at 30cm
Planhigyn lluosflwydd unionsyth, digangen sy'n tyfu ar laswelltir ar yr ucheldir ac yn y gogledd; cyffredin mewn rhai mannau i'r gogledd o ogledd Cymru. Dail cul fel glaswellt. Sbigynnau blodau ar y pen; blodau pinc golau ar y rhan uchaf a bylbyn cochfrown ar y rhan isaf.

Y Dinboeth   *Polygonum hydropiper*   Water-pepper   Taldra hyd at 70cm
Planhigyn unflwydd unionsyth digangen. Fe'i ceir ar dir tamp, llwm fel rhigolau gwlyb yn y gaeaf. Dosbarthiad eang. Cyffredin ac eithrio yn y gogledd. Mae blas pupur ar y dail cul, hirgrwn. Blodau pinc golau ar sbigynnau hir, a'u blaenau'n aml yn gwyro ychydig.

Y Ganwraidd Goesgoch
Polygonum persicaria   Redshank   Taldra hyd at 60cm
Planhigyn unflwydd unionsyth neu ymledol. Dosbarthiad eang. Cyffredin ar dir wedi'i droi. Marc tywyll ar ganol y dail cul, hirgrwn. Blodau pinc ar sbigynnau rhwng Mehefin a Hydref.

Y Glymog Ddu   *Bilderdykia convolvulus*   Black-bindweed   Taldra hyd at 1m
Planhigyn unflwydd cyffredin sy'n troelli gyda'r cloc. Mae'n ymledu ar lawr ac yn dringo ymhlith blodau ar ochr y ffordd. Dail siâp saeth ar goesynnau onglog. Gwelir clystyrau o flodau gwyrdd tebyg i ddeilen dafol, yn codi o gesail y dail rhwng Gorffennaf a Hydref.

Tafol Crych   *Rumex crispus*   Curled dock   Taldra hyd at 1m
Planhigyn lluosflwydd cyffredin, eang ei ddosbarthiad sy'n tyfu ar weirgloddiau bras a thir wedi'i droi. Ochrau tonnog i'r dail cul tua 25cm o hyd. Ceir blodau hirgrwn wedi'u fflatio rhwng Mehefin a Hydref ar sbigynnau trwchus, di-ddail, nad ydynt yn ymledu oddi wrth y coesyn.

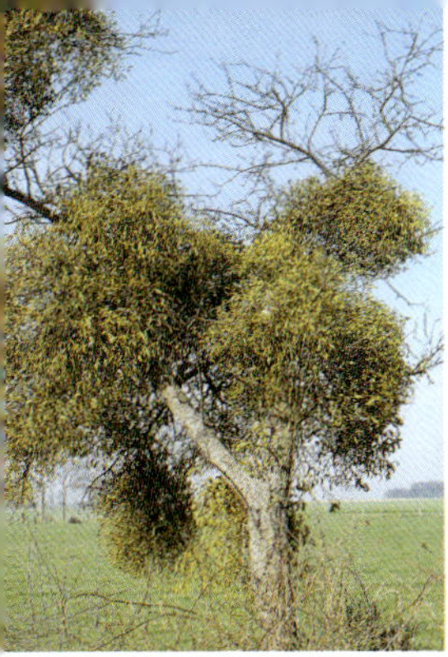
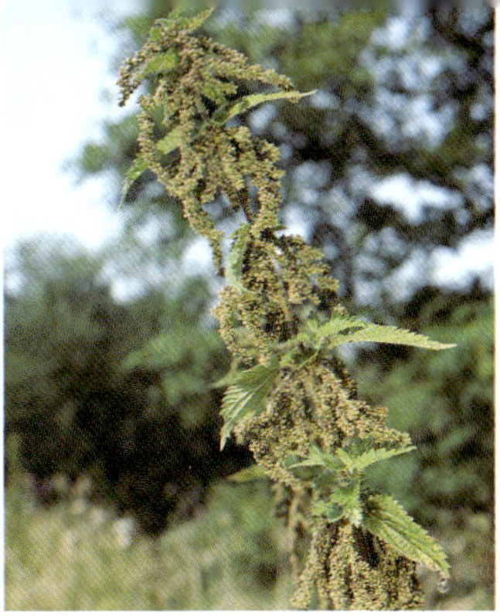
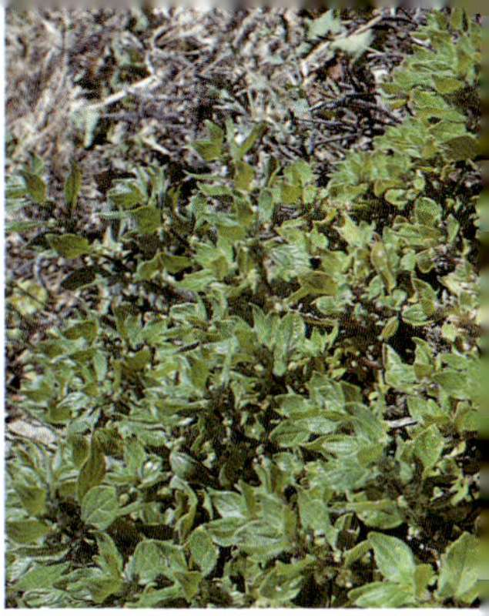
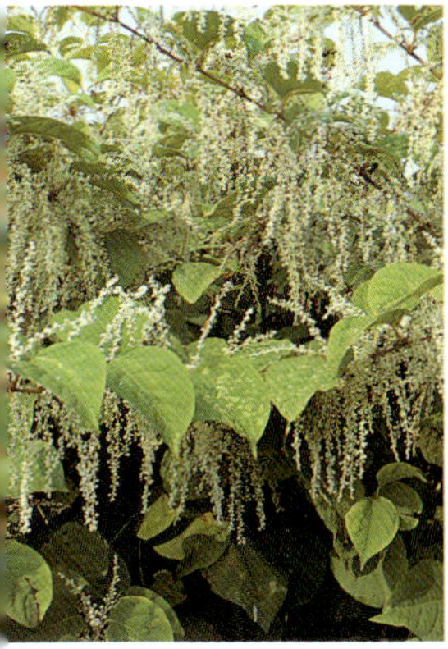
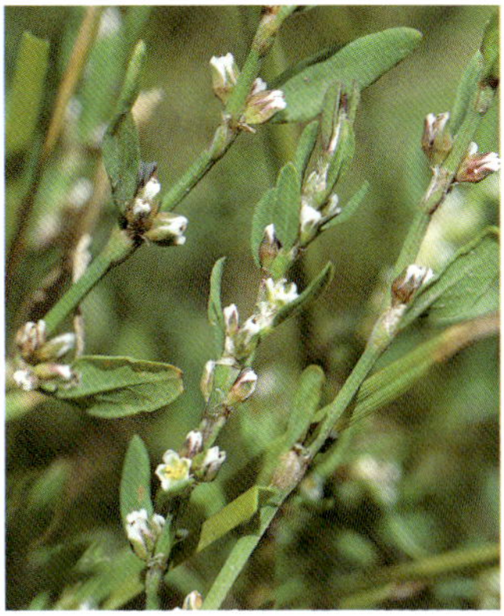
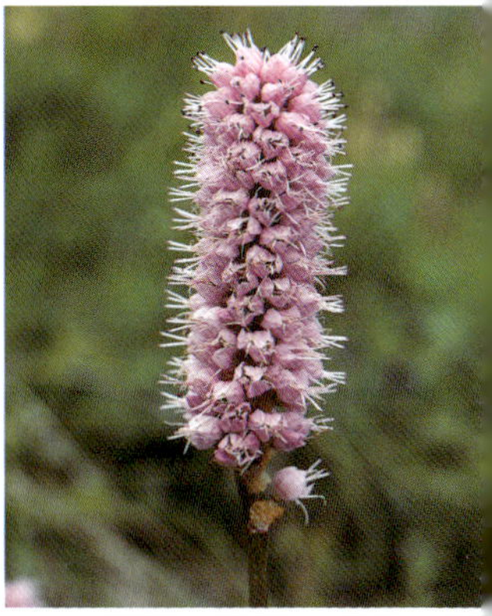
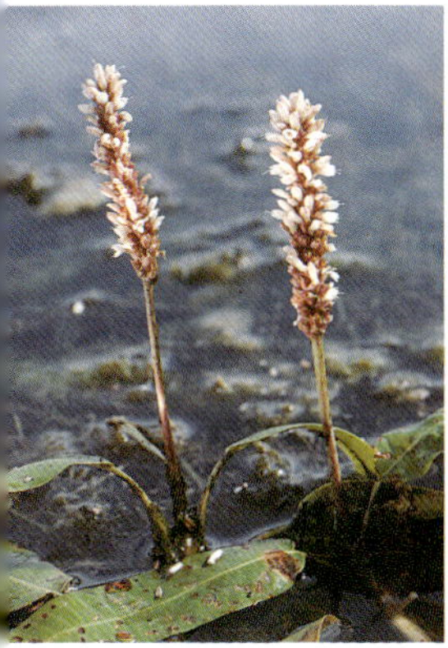
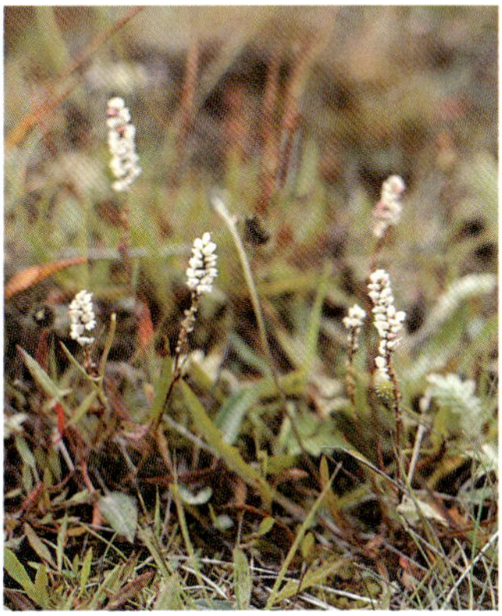
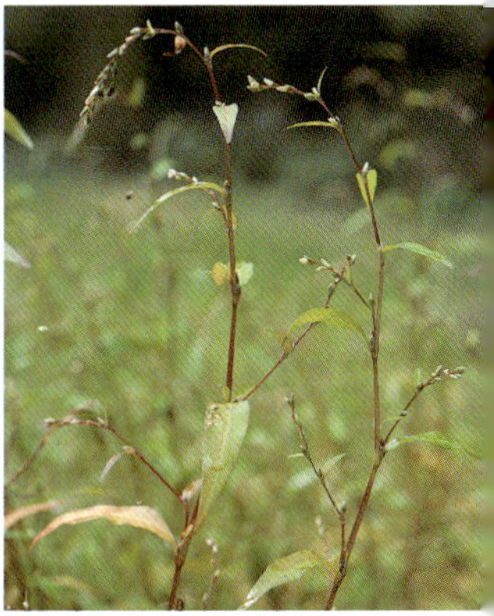
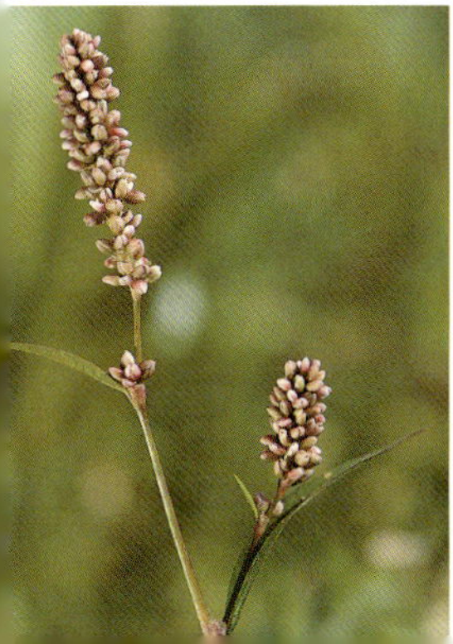
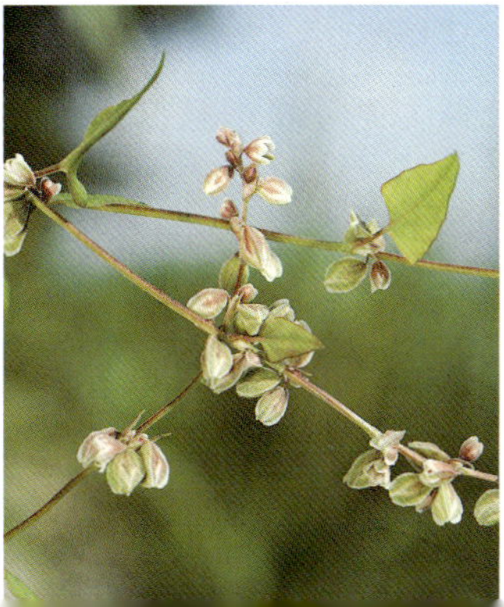
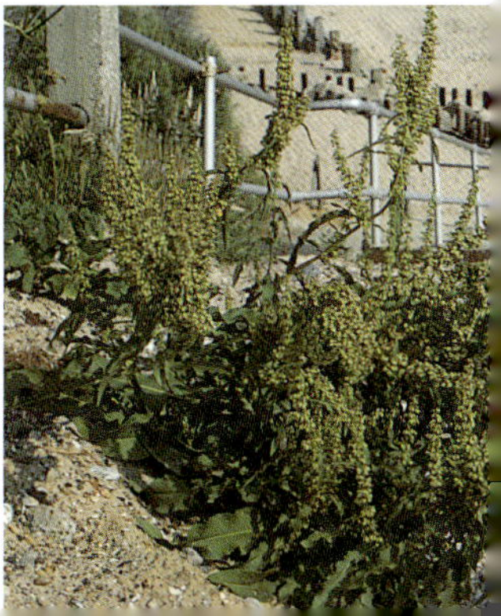

Blodau Gwyllt

Suran y Cŵn *Rumex acetosa* Common sorrel Taldra hyd at 60cm
Planhigyn lluosflwydd cyffredin; byr ac unionsyth yn aml. Dosbarthiad eang mewn glaswellt. Blas finegr ar ddail gwyrdd tywyll, siâp saeth. Blodau cochlyd Mai-Gorffennaf mewn sbigynnau main.

Suran yr Ŷd *Rumex acetosella* Sheep's sorrel Taldra hyd at 25cm
Planhigyn lluosflwydd byr, unionsyth sy'n tyfu ar bridd llwm, asidig sy'n draenio'n dda. Cyffredin ac eang ei ddosbarthiad mewn cynefinoedd agored. Dail siâp saeth â'r llabedau gwaelodol yn pwyntio ymlaen. Yn ei flodau rhwng Mai ac Awst ar sbigynnau llac, main.

Tafol y Dŵr *Rumex hydrolapathum* Water dock Taldra hyd at 1.5m
Planhigyn lluosflwydd mawr, canghennog a geir mewn mannau tamp fel ffosydd, glannau afonydd, camlesi a chorsydd. Dosbarthiad eang ond absennol o'r gogledd; gwelir amlaf yn ne a dwyrain Lloegr. Dail mawr hirgrwn. Blodau mewn sbigynnau trwchus rhwng Gorffennaf a Medi.

Dail Tafol *Rumex obtusifolius* Broad-leaved dock Taldra hyd at 1m
Planhigyn lluosflwydd, unionsyth cyffredin iawn ag iddo ddosbarthiad eang. Fe'i gwelir ar hyd ochrau caeau ac ar dir wedi'i droi. Dail mawr bron yn hirgrwn â siâp calon wrth eu bôn. Gwelir blodau rhwng Mehefin a Hydref mewn sbigynnau llac sy'n ddeiliog yn y bôn.

Tafol y Coed *Rumex sanguineus* Wood dock Taldra hyd at 1m
Planhigyn lluosflwydd unionsyth, ymledol. Dosbarthiad eang ac eithaf cyffredin ond absennol o'r rhan fwyaf o'r Alban. I'w weld ar lwybrau trwy goed ac ar weirgloddiau cysgodol. Hawdd ei nabod pan fydd yn ei flodau (Mehefin-Hydref), gwythiennau'r dail a'r coesynnau'n troi'n goch.

Porpin y Gwanwyn *Montia perfoliata* Spring beauty Taldra hyd at 30cm
Planhigyn unflwydd o ogledd America; wedi cynefino yma erbyn hyn. Dail y bôn yn hirgrwn, ar goesyn. Pâr o ddail tryddeiliog wedi'u huno ar goesynnau blodeuog. Blodau gwyn â phum petal, 5mm ar draws, mewn sbigynnau llac rhwng Ebrill a Gorffennaf. Hoffi pridd sych, tywodlyd.

Porpin Pinc *Montia sibirica* Pink purslane Taldra hyd at 30cm
Planhigyn unflwydd neu luosflwydd o ogledd America; wedi cynefino erbyn hyn. Pâr o ddail di-goes ar goesyn blodeuog. Rhwng Ebrill a Gorffennaf, ceir blodau pinc, 5 petal, 15-20mm ar draws.

Troed yr Ŵydd Gwyn *Chenopodium album* Fat hen Taldra hyd at 1m
Planhigyn cyffredin ac eang ei ddosbarthiad a welir ar dir a thir anial. Planhigyn unflwydd, unionsyth. Mae haen flodiog yn gwneud i'r dail gwyrdd edrych yn bŵl; mae'r dail yn amrywio o hirgrwn i siâp diemwnt. Gwelir sbigynnau o flodau gwyn rhwng Mehefin a Hydref.

Troed yr Ŵydd Coch *Chenopodium rubrum* Red goosefoot Taldra hyd at 60cm
Planhigyn unflwydd, unionsyth amrywiol. Dosbarthiad eang a chyffredin yn Lloegr; prin fel arall. Hoff o bridd llawn gwrtaith. Dail sgleiniog, danheddog, siâp diemwnt. Gwelir sbigynnau blodau deiliog rhwng Gorffennaf a Hydref. Coesynnau planhigion hen neu grin yn aml yn troi'n goch.

Llysiau'r Gwrda
Chenopodium bonus-henricus Good King Henry Taldra hyd at 50cm
Planhigyn lluosflwydd, unionsyth dieithr. Wedi ymsefydlu erbyn hyn ac iddo ddosbarthiad eang. Mae'n aml yn gyffredin ar dir âr wedi'i droi a thir anial. Mae'r dail isaf ar siâp triongl; blodiog pan fydd yn ifanc ond yn troi'n wyrdd. Llinellau coch ar y coesynnau weithiau. Sbigynnau blodau heb ddail yn ymddangos rhwng Mai ac Awst.

Llygwyn y Tywod
Atriplex glabriuscula Babington's orache Llorweddol ac ymledol
Fe'i gwelir ar yr arfordir yn unig o amgylch Prydain ac Iwerddon ar raean bras wedi'i sefydlogi a thir llwm. Dail siâp triongl neu ddiemwnt. Coesynnau'n gochlyd fel rheol a'r planhigyn cyfan yn aml yn troi'n goch yn yr hydref. Gwelir sbigynnau blodau rhwng Gorffennaf a Medi.

Betys Arfor *Beta vulgaris ssp maritima* Sea beet Taldra hyd at 1m
Planhigyn lluosflwydd, ymledol, yn ffurfio clystyrau ar glogwyni, traethau graean bras a mannau eraill ar yr arfordir. Dail sgleiniog, lledraidd, gwyrdd tywyll a choesynnau cochlyd; siâp y dail yn amrywio o hirgrwn i driongl. Sbigynnau o flodau gwyrdd rhwng Gorffennaf a Medi.

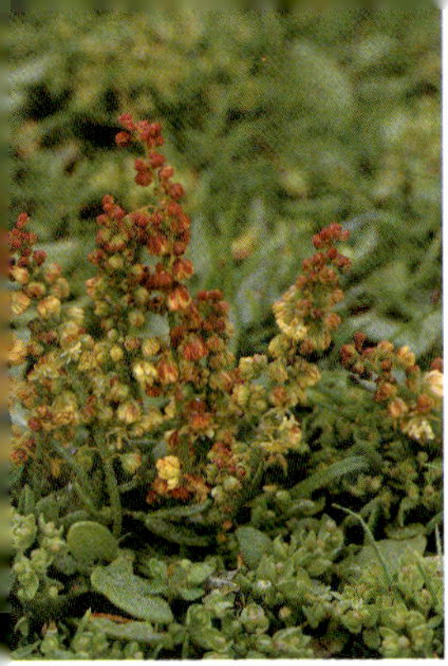
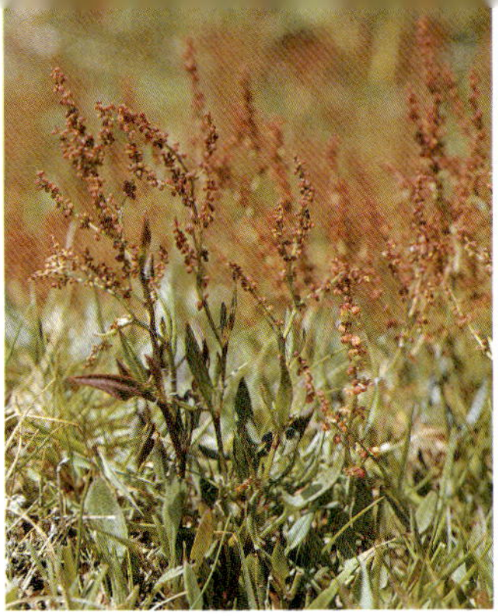
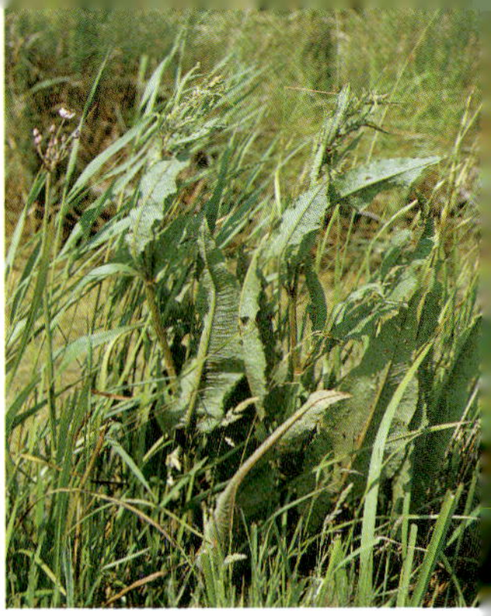
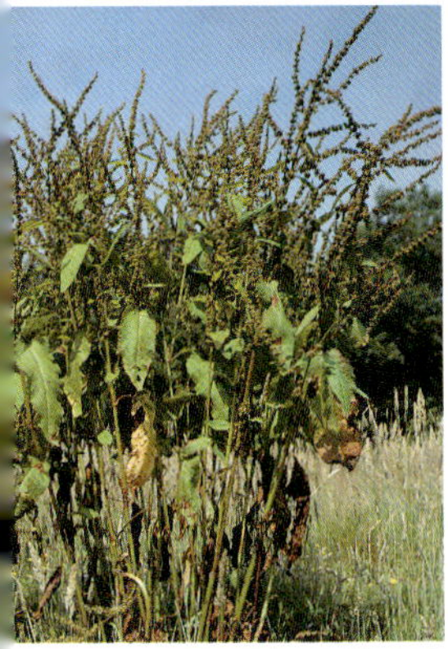
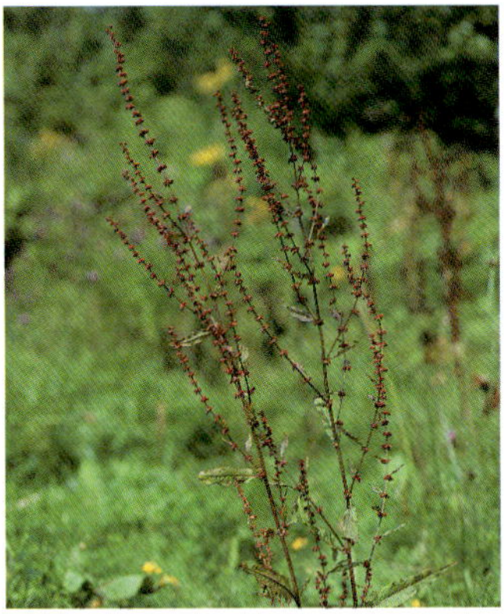
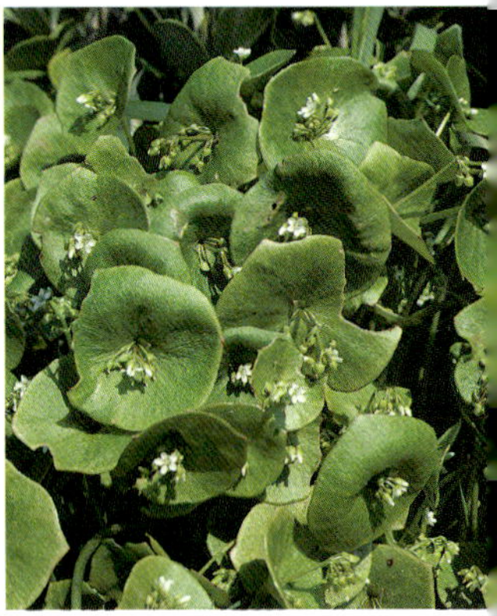
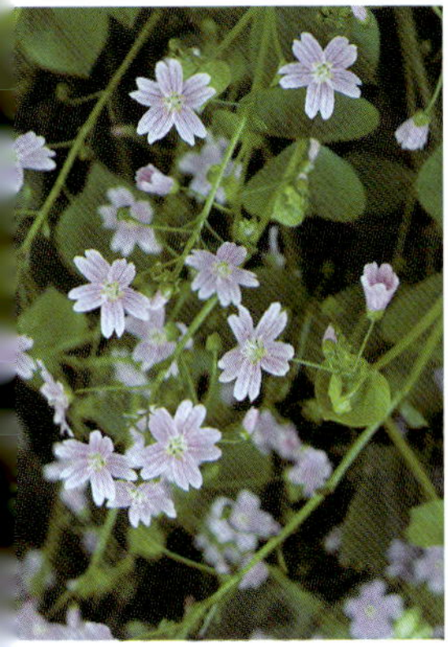
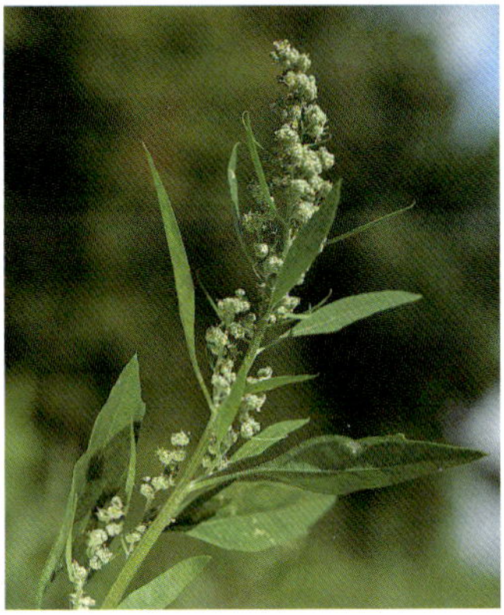
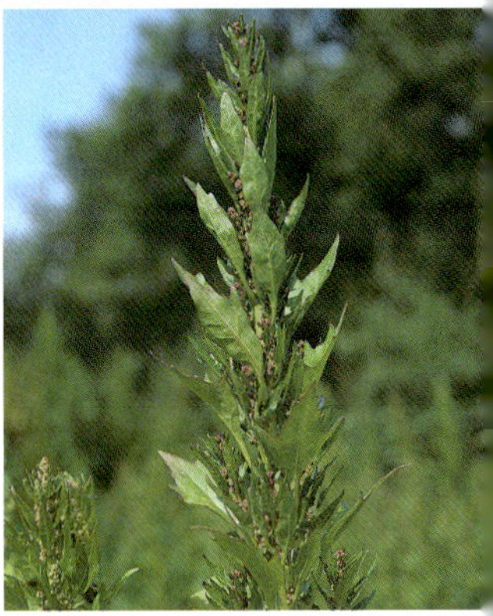
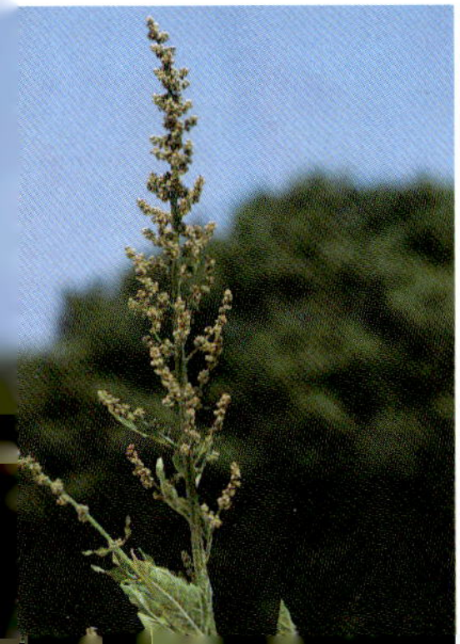
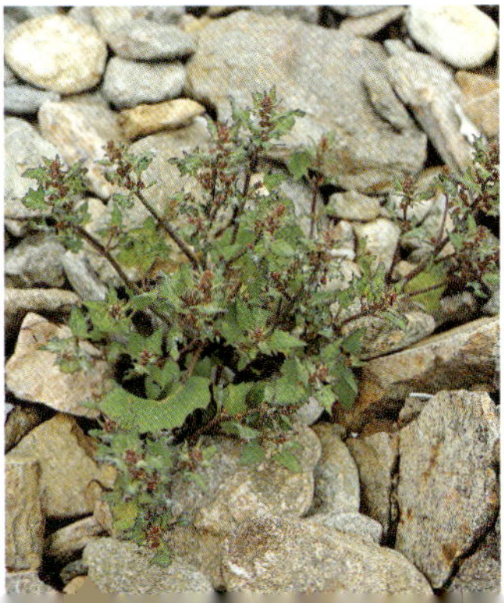
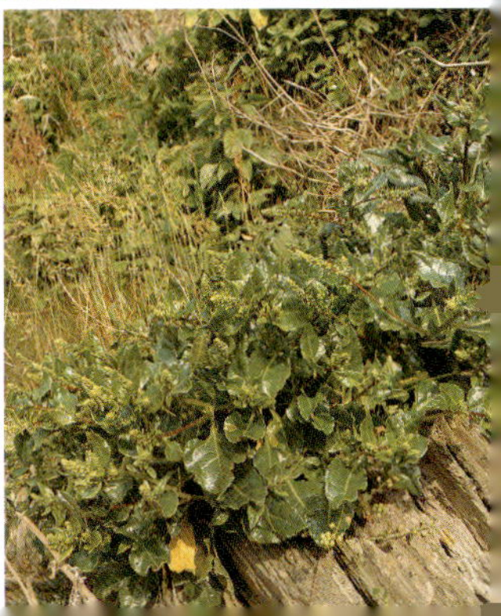

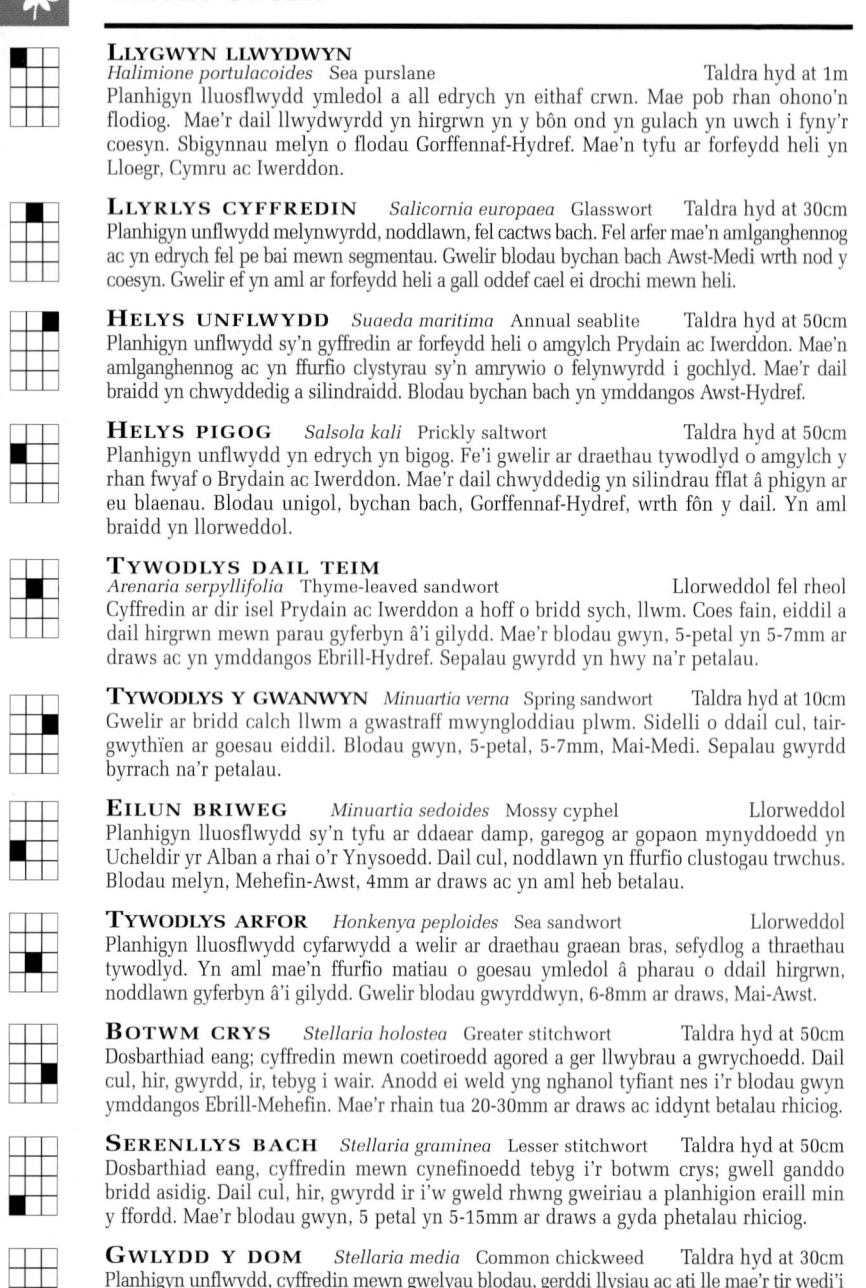

Blodau Gwyllt

Llygwyn llwydwyn
Halimione portulacoides Sea purslane Taldra hyd at 1m
Planhigyn lluosflwydd ymledol a all edrych yn eithaf crwn. Mae pob rhan ohono'n flodiog. Mae'i dail llwydwyrdd yn hirgrwn yn y bôn ond yn gulach yn uwch i fyny'r coesyn. Sbigynnau melyn o flodau Gorffennaf-Hydref. Mae'n tyfu ar forfeydd heli yn Lloegr, Cymru ac Iwerddon.

Llyrlys cyffredin
Salicornia europaea Glasswort Taldra hyd at 30cm
Planhigyn unflwydd melynwyrdd, noddlawn, fel cactws bach. Fel arfer mae'n amlganghennog ac yn edrych fel pe bai mewn segmentau. Gwelir blodau bychan bach Awst-Medi wrth nod y coesyn. Gwelir ef yn aml ar forfeydd heli a gall oddef cael ei drochi mewn heli.

Helys unflwydd
Suaeda maritima Annual seablite Taldra hyd at 50cm
Planhigyn unflwydd sy'n gyffredin ar forfeydd heli o amgylch Prydain ac Iwerddon. Mae'n amlganghennog ac yn ffurfio clystyrau sy'n amrywio o felynwyrdd i gochlyd. Mae'r dail braidd yn chwyddedig a silindraidd. Blodau bychan bach yn ymddangos Awst-Hydref.

Helys pigog
Salsola kali Prickly saltwort Taldra hyd at 50cm
Planhigyn unflwydd yn edrych yn bigog. Fe'i gwelir ar draethau tywodlyd o amgylch y rhan fwyaf o Brydain ac Iwerddon. Mae'r dail chwyddedig yn silindrau fflat â phigyn ar eu blaenau. Blodau unigol, bychan bach, Gorffennaf-Hydref, wrth fôn y dail. Yn aml braidd yn llorweddol.

Tywodlys dail teim
Arenaria serpyllifolia Thyme-leaved sandwort Llorweddol fel rheol
Cyffredin ar dir isel Prydain ac Iwerddon a hoff o bridd sych, llwm. Coes fain, eiddil a dail hirgrwn mewn parau gyferbyn â'i gilydd. Mae'r blodau gwyn, 5-petal yn 5-7mm ar draws ac yn ymddangos Ebrill-Hydref. Sepalau gwyrdd yn hwy na'r petalau.

Tywodlys y gwanwyn
Minuartia verna Spring sandwort Taldra hyd at 10cm
Gwelir ar bridd calch llwm a gwastraff mwyngloddiau plwm. Sidelli o ddail cul, tair-gwythïen ar goesau eiddil. Blodau gwyn, 5-petal, 5-7mm, Mai-Medi. Sepalau gwyrdd byrrach na'r petalau.

Eilun briweg
Minuartia sedoides Mossy cyphel Llorweddol
Planhigyn lluosflwydd sy'n tyfu ar ddaear damp, garegog ar gopaon mynyddoedd yn Ucheldir yr Alban a rhai o'r Ynysoedd. Dail cul, noddlawn yn ffurfio clustogau trwchus. Blodau melyn, Mehefin-Awst, 4mm ar draws ac yn aml heb betalau.

Tywodlys arfor
Honkenya peploides Sea sandwort Llorweddol
Planhigyn lluosflwydd cyfarwydd a welir ar draethau graean bras, sefydlog a thraethau tywodlyd. Yn aml mae'n ffurfio matiau o goesau ymledol â pharau o ddail hirgrwn, noddlawn gyferbyn â'i gilydd. Gwelir blodau gwyrddwyn, 6-8mm ar draws, Mai-Awst.

Botwm crys
Stellaria holostea Greater stitchwort Taldra hyd at 50cm
Dosbarthiad eang; cyffredin mewn coetiroedd agored a ger llwybrau a gwrychoedd. Dail cul, hir, gwyrdd, ir, tebyg i wair. Anodd ei weld yng nghanol tyfiant nes i'r blodau gwyn ymddangos Ebrill-Mehefin. Mae'r rhain tua 20-30mm ar draws ac iddynt betalau rhiciog.

Serenllys bach
Stellaria graminea Lesser stitchwort Taldra hyd at 50cm
Dosbarthiad eang, cyffredin mewn cynefinoedd tebyg i'r botwm crys; gwell ganddo bridd asidig. Dail cul, hir, gwyrdd ir i'w gweld rhwng gweiriau a planhigion eraill min y ffordd. Mae'r blodau gwyn, 5 petal yn 5-15mm ar draws a gyda phetalau rhiciog.

Gwlydd y dom
Stellaria media Common chickweed Taldra hyd at 30cm
Planhigyn unflwydd, cyffredin mewn gwelyau blodau, gerddi llysiau ac ati lle mae'n tir wedi'i droi. Llorweddol ac ymledol yn aml. Dail hirgrwn, gwyrdd, ir mewn parau gyferbyn â'i gilydd; y dail uchaf heb goesynnau. Blodau gwyn 5-10mm ar draws; i'w weld trwy'r flwyddyn.

Llinesg y dŵr
Myosoton aquaticum Water chickweed Taldra hyd at 1m
Planhigyn lluosflwydd sy'n tyfu ar ddaear damp, laswelltog a glannau afonydd. Dail siâp calon ag ochrau tonnog mewn parau gyferbyn â'i gilydd; mae'r dail uchaf heb goesynnau. Y coesau'n flewog. Blodau gwyn â 5 petal wedi'u rhannu'n ddwfn i'w gweld Mehefin-Hydref.

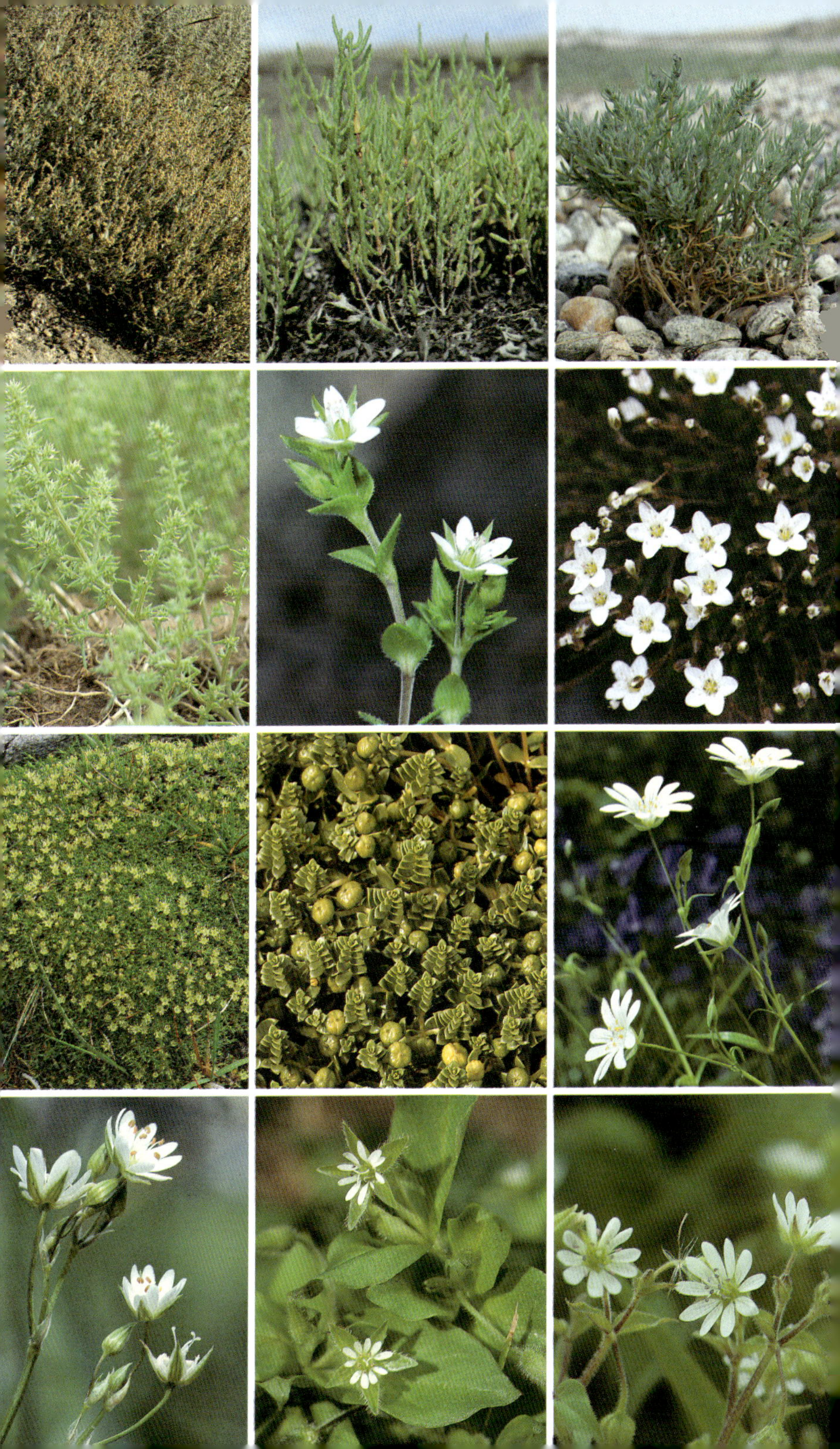

Blodau Gwyllt

Clust y Llygoden Gulddail
Cerastium fontanum Common mouse-ear   Taldra hyd at 30m, yn aml yn fyrrach
Planhigyn lluosflwydd; dosbarthiad eang; cyffredin mewn gerddi, glaswelltiroedd a thir wedi'i droi. Dail llwydwyrdd mewn parau gyferbyn â'i gilydd. Gwelir egin blodeuog ac egin heb flodau. Mae'r rhai â blodau gwyn, 5 petal, yn blodeuo rhwng Ebrill a Hydref.

Clust y Llygoden Llydanddail
Cerastium glomeratum Sticky mouse-ear   Taldra hyd at 40cm
Planhigyn unflwydd blewog, gludiog. Dosbarthiad eang; cyffredin ar dir sych, llwm. Dail hirgrwn blaen pigfain mewn parau gyferbyn â'i gilydd. Mae'r blodau gwyn, 5-petal yn 10-15mm ar draws ac ar bennau clystyrog; i'w gweld rhwng Ebrill a Hydref.

Troellig yr Ŷd *Spergula arvensis* Corn spurrey   Taldra hyd at 30cm
Chwynnyn unflwydd blewog, gludiog, â dosbarthiad eang; go gyffredin ar dir âr, tywodlyd. Dail cul mewn sidelli ar goesau ymledol. Blodau 5-petal eithaf gwyn, 4-7mm ar draws, Mai-Awst.

Troellig Arfor Bach
Spergularia marina Lesser sea-spurrey   Llorweddol fel rheol
Planhigyn unflwydd a welir ar ochrau uchaf glaswelltog morfeydd heli. Dosbarthiad eang; cyffredin mewn rhai ardaloedd. Dail cul, noddlawn, pigfain mewn parau gyferbyn â'i gilydd ar goesau sy'n llusgo. Gwelir blodau pinc dwfn, 6-8mm ar draws, Mehefin-Medi.

Troellig Arfor y Clogwyn
Spergularia rupicola Rock sea-spurrey   Taldra hyd at 20cm
Planhigyn lluosflwydd gludiog ar glogwyni a muriau ger y môr. Gall ffurfio clystyrau o goesau canghennog a sidelli o ddail noddlawn. Blodau pinc 8-10mm ar draws, Mehefin-Medi.

Corwlyddyn Gorweddol *Sagina procumbens* Procumbent pearlwort   Llorweddol
Planhigyn lluosflwydd ymlusgol a welir ar dir tamp, llwm; cyffredin ym Mhrydain ac Iwerddon. Mae'n ffurfio matiau â rosét yn y canol a dail cul ar goesynnau'n ymledu ohoni. Mae'r blodau gwyrdd dibetal ar goesynnau ochrol i'w gweld rhwng Mai a Medi.

Dinodd Unflwydd *Scleranthus annuus* Annual knawel   Taldra hyd at 10cm
Planhigyn unflwydd melynwyrdd. Cyffredin ar bridd sych, llwm a thir âr mewn rhai ardaloedd dros y rhan fwyaf o Brydain ac Iwerddon. Dail cul, main mewn parau gyferbyn â'i gilydd ar y coesynnau. Sepalau gwyrdd, main sydd i'r blodau dibetal a welir Mai-Awst.

Y Glymog Droellennog *Illecebrum verticillatum* Coral-necklace   Llorweddol
Planhigyn unflwydd deniadol sy'n tyfu ar dir tamp, tywodlyd ger pyllau sy'n sychu. Fe'i ceir yn ne Lloegr yn unig ac yn bennaf yn y New Forest. Mae dail gwyrdd, llachar gyferbyn â'i gilydd ar y coesynnau cochlyd a gwelir clystyrau o flodau gwyn yn yr haf.

Gludlys Codrwth *Silene vulgaris* Bladder campion   Taldra hyd at 80cm
Planhigyn lluosflwydd sy'n hoff o bridd â draeniad da, yn aml ar galch. Dosbarthiad eang, ond cyffredin yn y de yn unig. Coesau unionsyth a pharau o ddail llwydwyrdd gyferbyn â'i gilydd. Gwelir blodau gwyn â phum petal a thiwb sepalau chwyddedig Mai-Medi.

Gludlys Arfor *Silene uniflora* Sea campion   Taldra hyd at 20cm
Planhigyn lluosflwydd sy'n dwmpathau mewn cynefinoedd arfordirol fel graean bras a chlogwyni. Dosbarthiad eang; mae digonedd ohono mewn rhai ardaloedd. Dail llwydwyrdd, noddlawn. Blodau gwyn 20-25mm ar draws; gall y petalau orgyffwrdd; ymddangos Mehefin-Awst.

Gludlys Mwsoglyd *Silene acaulis* Moss campion   Taldra hyd at 20cm
Planhigyn lluosflwydd sy'n dwmpathau ar gopaon a silffoedd mynyddoedd o Gymru i Ucheldir yr Alban; fe'i ceir hefyd yn nes at lefel y môr ym mhellafion y gogledd ac ar rai o ynysoedd yr Alban. Dail cul, trwchus yn agos at ei gilydd. Blodau pinc Mehefin-Awst.

Blodyn Neidr/Blodyn Taranau
Silene dioica Red campion   Taldra hyd at 1m
Planhigyn eilflwydd neu luosflwydd blewog. Cyffredin mewn rhai ardaloedd ond nid dwyrain Lloegr, gogledd yr Alban nac Iwerddon. Dail blewog mewn parau gyferbyn â'i gilydd ar goesau unionsyth. Blodau cochbinc 5-petal, 20-25mm ar draws, Mawrth-Hydref.

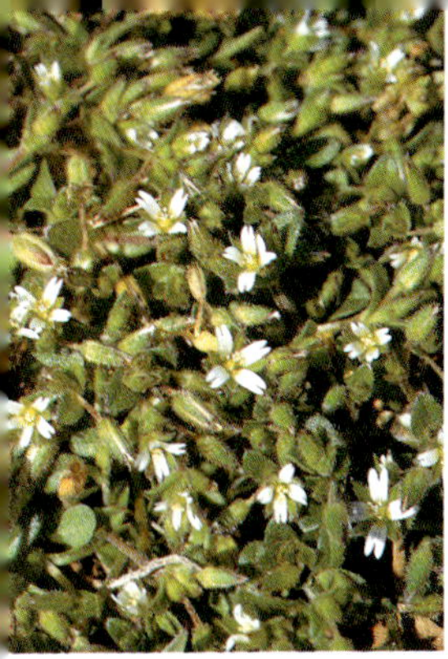
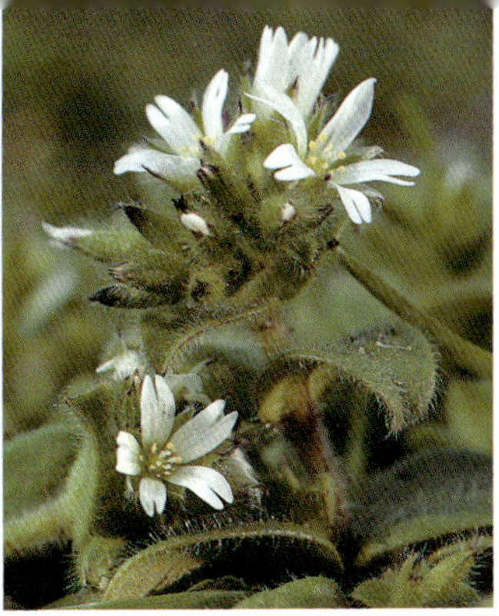
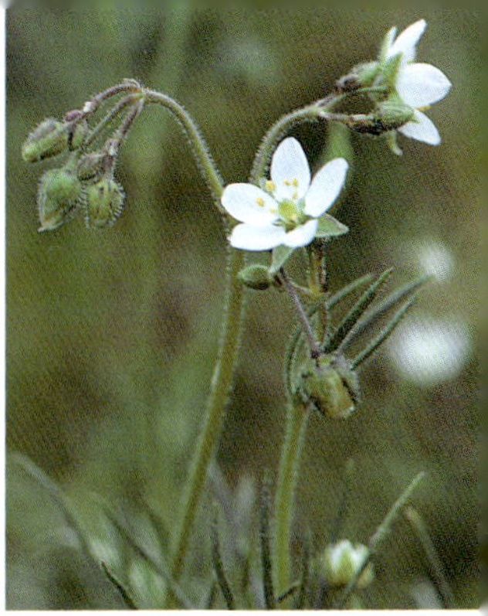
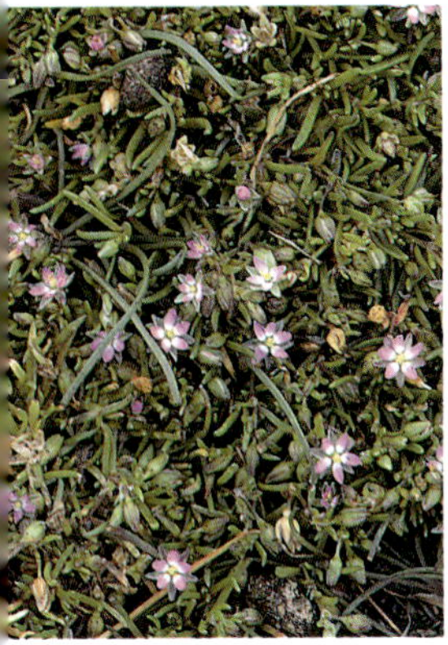
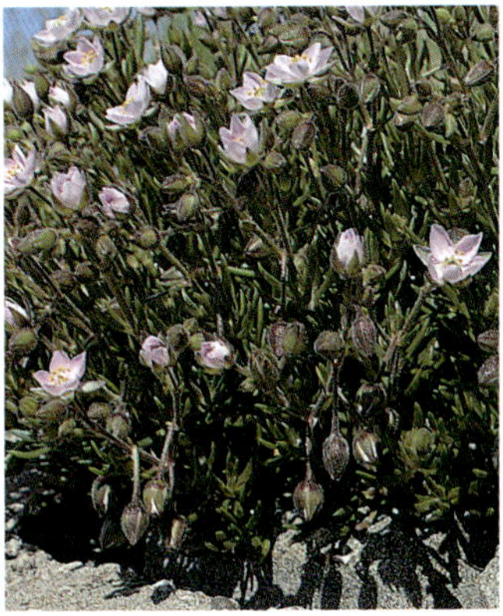
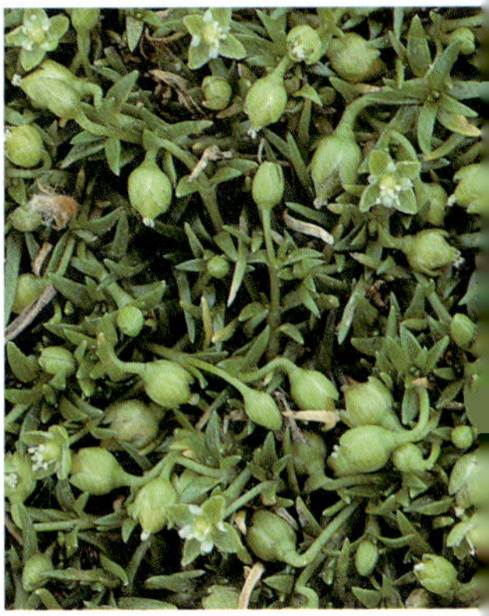
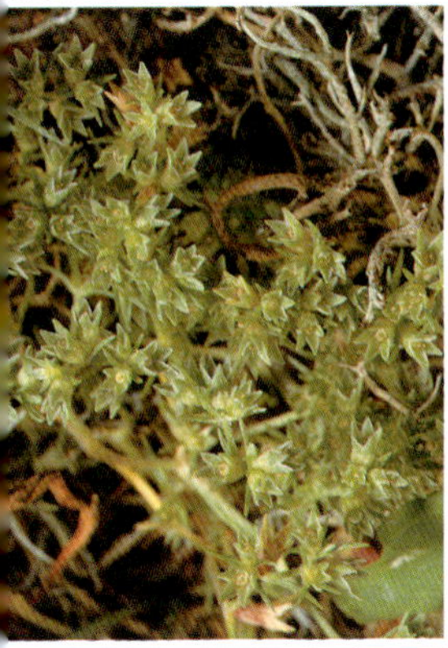
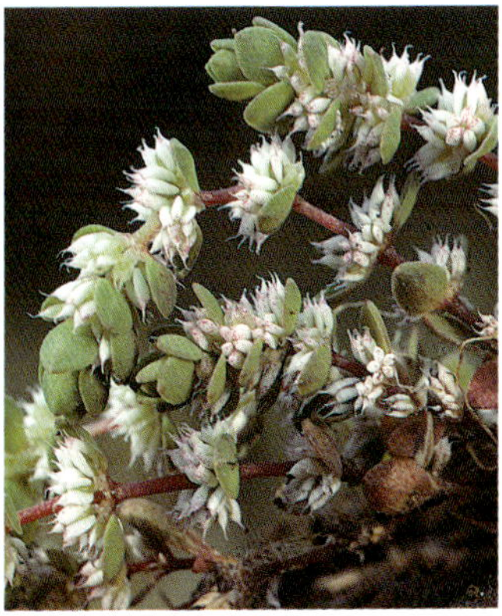
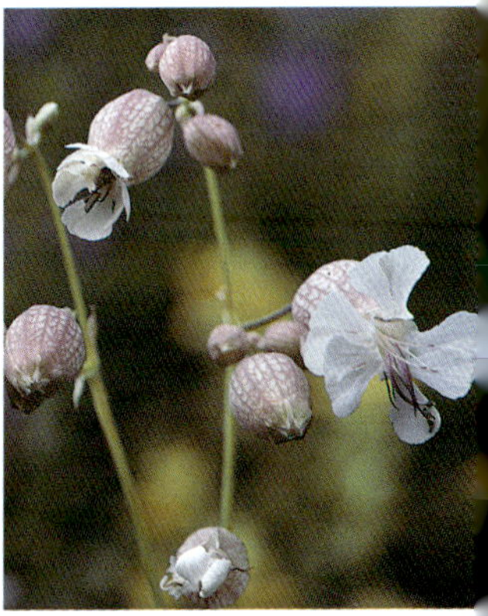
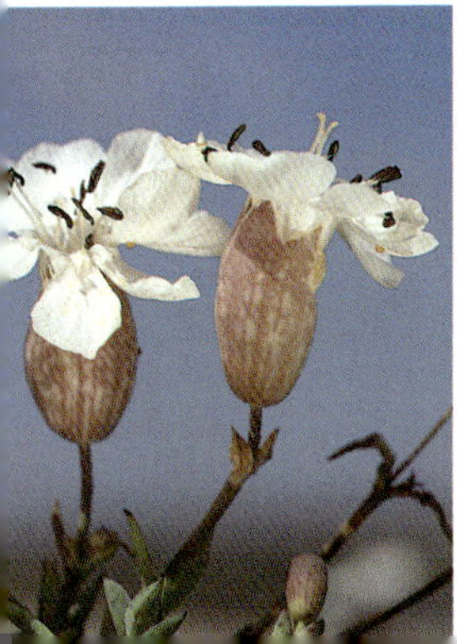
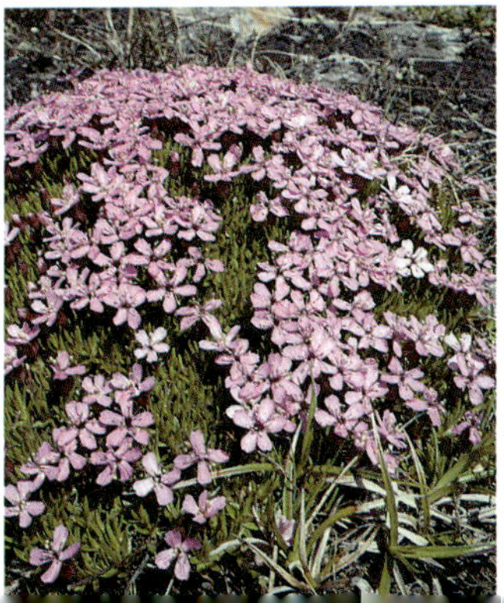
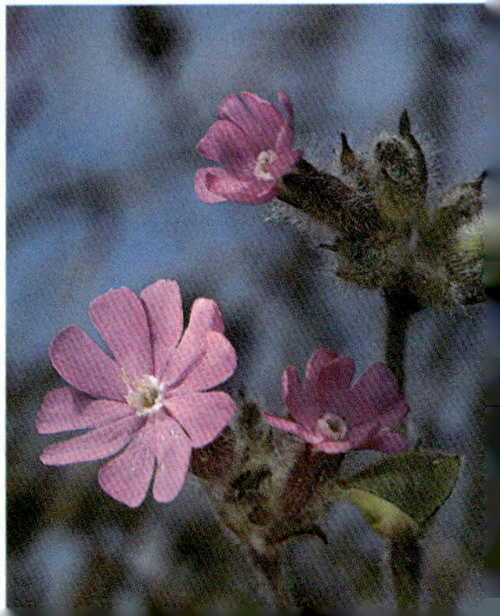

Blodau Gwyllt

Gludlys Gwyn *Silene alba* White campion Taldra hyd at 1m
Planhigyn eilflwydd neu luosflwydd blewog sy'n hoffi tir wedi'i droi a glaswelltir, gan gynnwys cloddiau ac ochrau ffyrdd. Dail hirgrwn mewn parau gyferbyn â'i gilydd ar y coesynnau. Blodau gwyn 5-petal, 25-30mm ar draws, Mawrth-Hydref.

Gludlys Gogwyddol *Silene nutans* Nottingham catchfly Taldra hyd at 50cm
Planhigyn lluosflwydd sydd â dosbarthiad cyfyngedig; i'w weld yn unig ar laswelltir calchaidd a thraethau graenan bras. Dail y goes yn hirgrwn a heb goesynnau. Blodau 17mm ar draws yn plygu'u pennau; petalau pinc golau'n rhowlio at i mewn yn ystod y dydd, ond yn rowlio'n ôl gyda'r hwyr; gwelir Mai-Gorffennaf.

Carpiog y Gors *Lychnis flos-cuculi* Ragged robin Taldra hyd at 65cm
Planhigyn lluosflwydd cyffredin ac iddo ddosbarthiad eang ar weirgloddiau gwlyb a chorsydd. Mae'r dail cul, garw yn debyg i wair ac mae'r rhai uchaf mewn parau gyferbyn â'i gilydd. Mae pum petal pinc a phob un wedi'i rhannu'n llabedau; gwelir Mai-Awst.

Penigan y Forwyn *Dianthus deltoides* Maiden pink Taldra hyd at 20cm
Planhigyn lluosflwydd sy'n tyfu mewn mannau sych, tywodlyd. Dosbarthiad eang; cyffredin mewn rhai rhannau o'r de. Dail cul, llwydwyrdd. Gwelir blodau 18-20mm ar draws Mehefin-Medi. Mae gan y pum petal pinc smotiau gwyn wrth y bôn ac ymylon danheddog.

Bulwg yr Ŷd *Agrostemma githago* Corncockle Taldra hyd at 70cm
Arferai fod yn chwyn cyffredin yn y caeau ŷd ac iddo ddosbarthiad eang. Mae bellach yn brin oherwydd y defnydd modern o chwynladdwyr. Dail cul tebyg i wair. Pum petal cochbinc â sepalau'n ymledu o'r canol; fe'i gwelir Mai-Awst.

Crafanc yr Arth Ddrewllyd
Helleborus foetidus Stinking hellebore Taldra hyd at 75cm
Planhigyn lluosflwydd drewllyd. Cyffredin mewn rhai lleoedd; cyfyngedig i goetiroedd tir calch canolbarth a de Lloegr a Chymru. Dail wedi'u rhannu'n llabedau danheddog; y rhai isaf i'w gweld gydol y gaeaf. Blodau gwyrdd, siâp cloch, 15-30mm ar draws, i'w gweld Ionawr-Mai.

Crafanc yr Arth Werdd *Helleborus viridis* Green hellebore Taldra hyd at 60cm
Planhigyn lluosflwydd prin. Fe'i ceir mewn coetiroedd tir calch yng nghanolbarth a de Lloegr a Chymru. Dail gwyrdd llachar wedi'u rhannu'n llabedau hir; nid ydynt yn fytholwyrdd. Blodau gwyrdd â sepalau pigfain ond dim petalau; fe'i gwelir Chwefror-Ebrill.

Bleidd-dag y Gaeaf *Eranthis hyemalis* Winter aconite Taldra hyd at 10cm
Planhigyn lluosflwydd deniadol, dieithr sydd wedi ymsefydlu'n eang mewn sawl ardal. Coesau unionsyth â thair deilen sy'n ymledu, pob un wedi'i rhannu'n dair llabed. Uwchben y rhain, gwelir y blodau â chwe sepal melyn rhwng Ionawr ac Ebrill.

Gold y Gors *Caltha palustris* Marsh marigold Taldra hyd at 25cm
Planhigyn lluosflwydd cyfarwydd, eang ei ddosbarthiad a welir mewn coetiroedd tamp, corsydd a gweirgloddiau gwlyb. Coesau nobl; dail sgleiniog, siâp aren. Blodau 20-50mm ar draws i'w gweld Mawrth-Gorffennaf. Pum sepal melyn ond dim petalau.

Cronnell *Trollius europaeus* Globeflower Taldra hyd at 60cm
Planhigyn deniadol; absennol o'r de; cyffredin mewn rhai ardaloedd o Ogledd Cymru i'r Alban a gogledd-orllewin Iwerddon. Y dail wedi'u rhannu'n balfaidd yn llabedau danheddog. Blodau bron fel pêl ar goesau hir; 10-15 sepal melyn; i'w gweld rhwng Mai ac Awst.

Blodyn Menyn *Ranunculus acris* Meadow buttercup Taldra hyd at 1m
Planhigyn lluosflwydd cyffredin; eang ei ddosbarthiad ar dir glaswelltog. Dail llyfngrwn wedi'u rhannu'n 3-7 llabed; y rhai uchaf heb goesyn; pum petal sgleiniog melyn a sepalau syth.

Blodyn Menyn Ymlusgol
Ranunculus repens Creeping buttercup Taldra hyd at 50cm, llai yn aml
Planhigyn lluosflwydd na chaiff groeso ar lawntiau ac ati. Mae'r ymledyddion hir sy'n gwreiddio yn ei helpu i ledaenu. Dail blewog wedi'u rhannu'n dair llabed; coesyn ar y llabed ganol. Blodau melyn 20-30mm ar draws gyda sepalau syth; fe'i gwelir Mai-Awst.

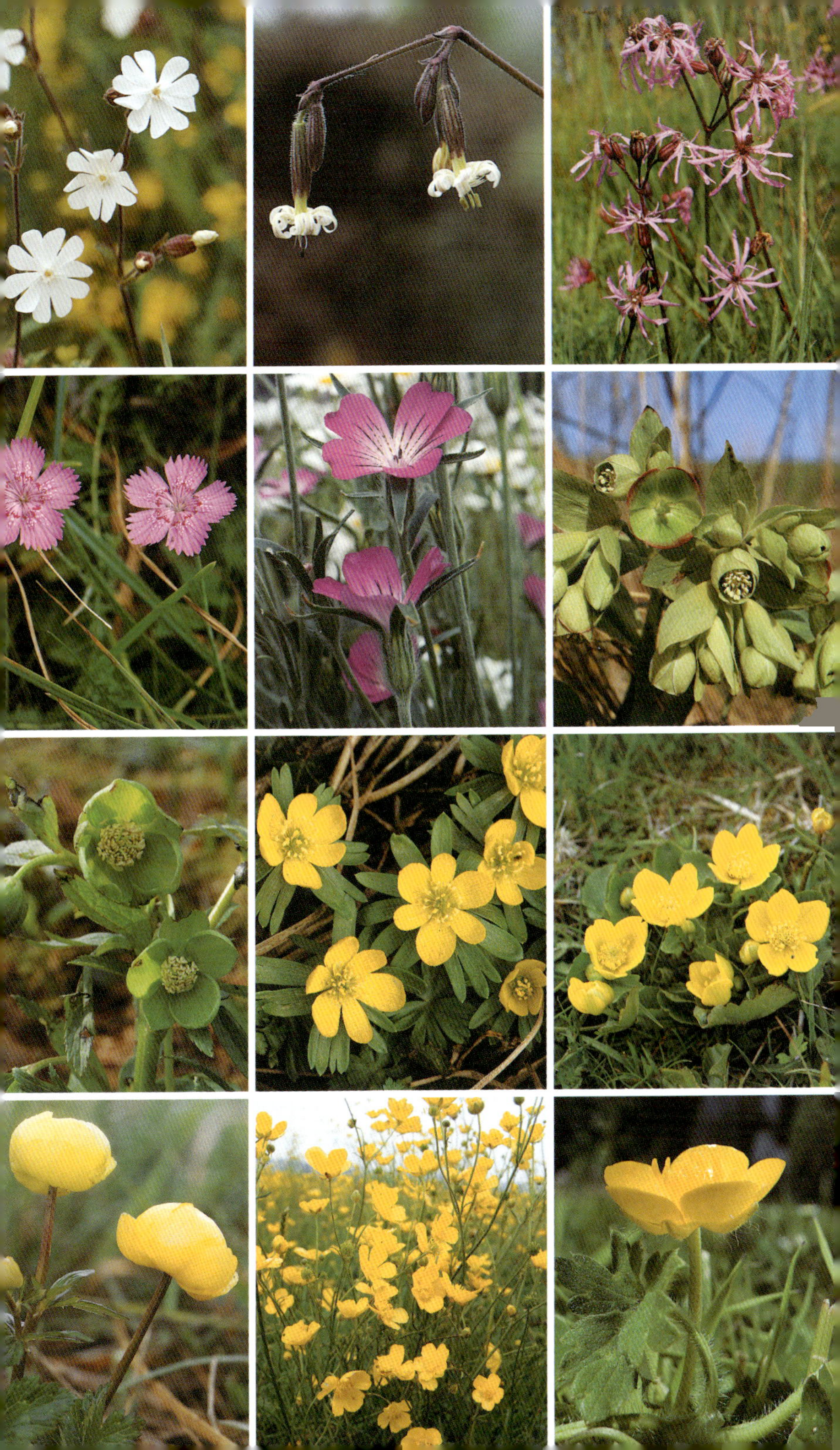

BLODAU GWYLLT

BLODYN MENYN BONDEW
Ranunculus bulbosus Bulbous buttercup   Taldra hyd at 40cm
Planhigyn lluosflwydd, blewog, cyffredin â dosbarthiad eang. Hoff o laswelltiroedd sych, yn cynnwys twyni tir calch. Dail wedi'u rhannu'n dair llabed, pob un ar goesyn. Blodau 20-30mm ar draws i'w gweld Mai-Awst. Sepalau wedi'u plygu'n ôl i lawr y coesyn.

BLODYN MENYN BLEWOG
Ranunculus sardous Hairy buttercup   Taldra hyd at 40cm
Planhigyn unflwydd blewog lleol ei ddosbarthiad. Cyfyngedig i Loegr, Cymru a de'r Alban. Fe'i gwelir yn aml ar laswelltir arfordirol. Y dail ar ffurf tair llabed. Mae'r blodau melyn golau yn 15-25mm ar draws ac i'w gweld Mai-Medi. Sepalau wedi'u plygu'n ôl.

BLODYN MENYN YR ŶD *Ranunculus arvensis* Corn buttercup   Taldra hyd at 40cm
Arferai fod yn chwynnyn cyffredin ar dir âr ond nawr yn anghyffredin a lleol; dim ond yn ne Lloegr y mae'n gyffredin. Dail wedi'u rhannu'n llabedau cul. Mae 5 petal gan y blodau melyn golau sy'n 10-12mm ar draws; fe'i gwelir Mai-Gorffennaf. Ffrwyth pigog.

LLAFNLYS MAWR *Ranunculus lingua* Greater spearwort   Taldra hyd at 1m
Planhigyn lluosflwydd â dosbarthiad eang ond lleol. Hoff o ymylon bas pyllau a llynnoedd. Ymledyddion hir a choesau unionsyth. Dail hir, cul, 25cm o hyd, weithiau'n ddanheddog. Blodau 20-40mm ar draws, i'w gweld Mehefin-Medi.

LLAFNLYS BACH *Ranunculus flammula* Lesser spearwort   Taldra hyd at 50cm
Planhigyn lluosflwydd unionsyth neu ymgripiol. Weithiau'n gwreiddio lle mae nod y ddeilen yn cyffwrdd y ddaear. Dail cul, hirgrwn. Blodau 5-15mm ar draws, yn unigol fel rheol; i'w gweld Mehefin-Hydref. Dosbarthiad eang, cyffredin ar dir gwlyb, yn aml ger afon.

CRAFANC YR ERYR
Ranunculus sceleratus Celery-leaved buttercup   Taldra hyd at 50cm
Planhigyn unflwydd gwyrdd ir, hoff o gorsydd a gweirgloddiau gwlyb lle mae anifeiliaid yn pori; yn aml ar dir lle caiff ei sathru. Mae'r dail isaf fel seleri, wedi'u rhannu'n dair llabed. Blodau 5-20mm ar draws, mewn clystyrau; fe'i gwelir Mai-Medi, yn bennaf yn y de.

LLYGAD EBRILL   *Ranunculus ficaria* Lesser celandine   Taldra hyd at 25cm
Planhigyn lluosflwydd cyffredin â dosbarthiad eang ar gloddiau, coetiroedd agored a thir llwm, weithiau'n ffurfio clystyrau neu leiniau. Dail gwyrdd tywyll, sgleiniog, siâp calon. Blodau 20-30mm ar draws i'w gweld Mawrth-Mai; petalau'n agor yn yr haul yn unig.

CRAFANC Y FRÂN Y DŴR   *Ranunculus aquatilis* Common water-crowfoot   Arnofiol
Planhigyn unflwydd neu luosflwydd cyffredin â dosbarthiad eang a geir mewn dŵr sy'n llifo'n araf a dŵr sy'n sefyll. Dail fel edau dan wyneb y dŵr a rhai cyfan â llabedau danheddog ar wyneb y dŵr. Blodau gwyn, 12-20mm ar draws, Ebrill-Awst.

CRAFANC Y FRÂN Y NANT
Ranunculus penicillatus Chalk stream water-crowfoot   Arnofiol
Unflwydd neu luosflwydd; hoff o nentydd calchog sy'n llifo'n gyflym. Dosbarthiad eang heblaw yn y gogledd. Dail llabedog, llyfngrwn yn nofio ar y dŵr a rhai hir, fel edau dan wyneb y dŵr; llipa allan o'r dŵr. Blodau 15-25mm ar draws, Mai-Gorffennaf.

CRAFANC Y FRÂN Y LLYN *Ranunculus peltatus* Pond water-crowfoot   Arnofiol
Planhigyn unflwydd neu luosflwydd cyffredin â dosbarthiad eang. Fe'i ceir mewn pyllau, llynnoedd ac ati. Dail llabedog, llyfngrwn yn nofio ar wyneb y dŵr a rhai byr, anhyblyg fel edau dan yr wyneb. Blodau gwyn, 15-30mm ar draws, i'w gweld Mai-Awst.

CRAFANC Y FRÂN Y RHOSTIR
Ranunculus omiophyllus Round-leaved water-crowfoot   Arnofiol
Planhigyn eilflwydd neu luosflwydd ymgripiol i'w weld ar dir mwdlyd yn ne a gorllewin Lloegr, Cymru a de Iwerddon yn bennaf. Dail llabedog, llyfngrwn. Blodau 8-12mm ar draws, Mai-Awst.

ARIANLLYS   *Thalictrum flavum* Common meadow-rue   Taldra hyd at 1m
Hoff o weirgloddiau, ffosydd a ffeniau ar bridd basig; cyffredin yn y dwyrain a'r de. Dail yn llabedau danheddog. Blodau ag antherau melyn mewn clystyrau trwchus, Mehefin-Awst.

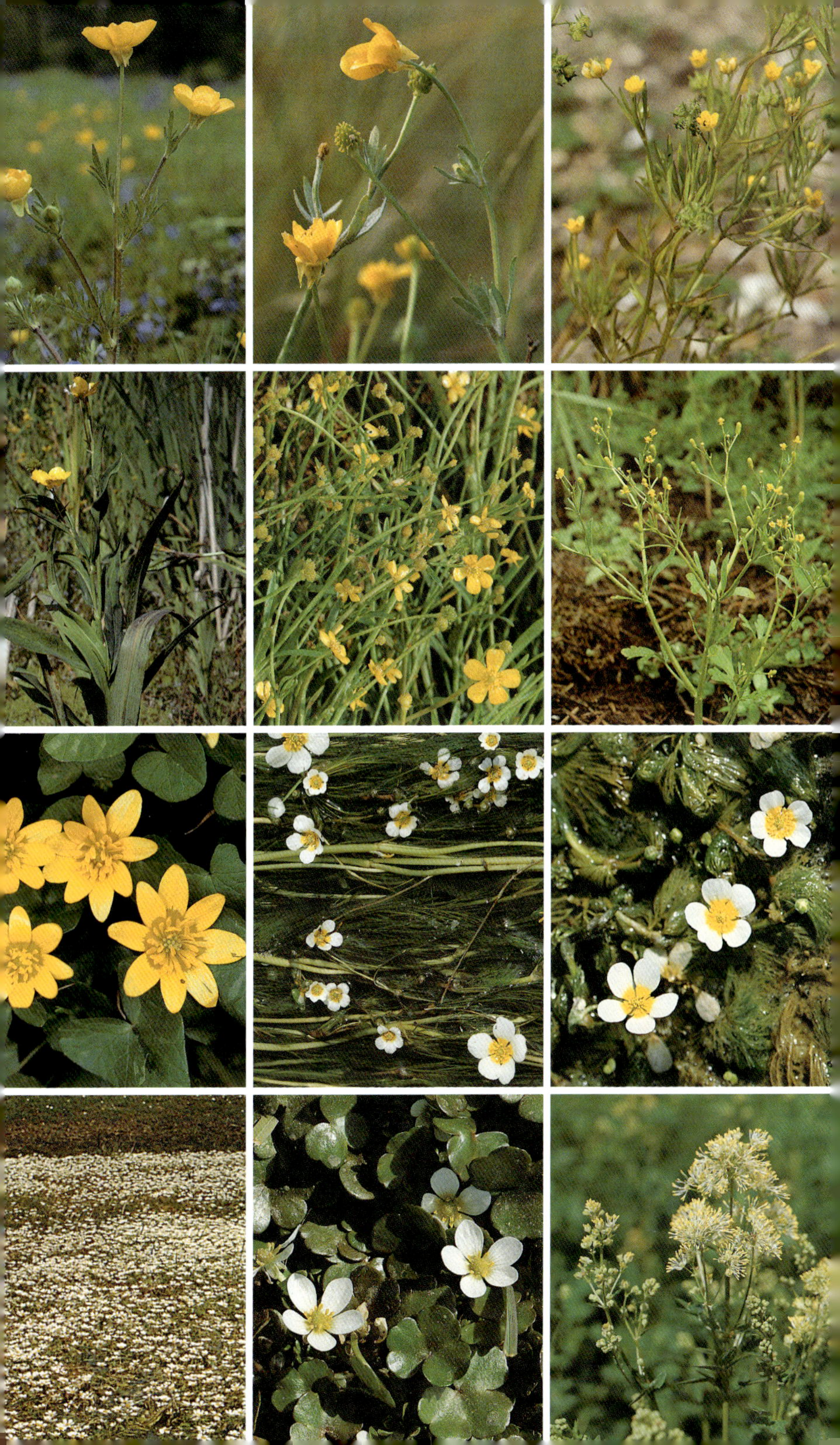

Blodau Gwyllt

Arianllys bach
Thalictrum minus　Lesser meadow-rue　　　　　　Taldra hyd at 1m, yn aml yn fyrrach
Cyffredin mewn rhai lleoedd ar lechweddau creigiog a thwyni ar bridd basig. Dosbarthiad eang; absennol o lawer o'r de a'r dwyrain. Dail yn rhannu fel plu dair neu bedair gwaith yn llabedau danheddog. Blodau melyn ar sbrigyn agored, heb fod yn glystyrau trwchus, Mehefin-Awst.

Bonet Nain　*Aquilegia vulgaris*　Columbine　　　　　　　Taldra hyd at 1m
Planhigyn lluosflwydd cyfarwydd yn yr ardd. Rhai cynhenid mewn rhai lleoedd. Dail llwydwyrdd â thair deiliosen dair-llabed. Blodau porffor 30-40mm yn plygu'u pennau; sbardun a bachyn ar flaen y petalau; i'w gweld Mai-Gorffennaf.

Blodyn y Gwynt　*Anemone nemorosa*　Wood anemone　　　Taldra hyd at 30cm
Planhigyn lluosflwydd; dosbarthiad eang; cyffredin mewn coedydd mewn rhai lleoedd. Weithiau'n garped eang. Dail ar goesyn hir, wedi'u rhannu'n dair llabed, a phob un wedi'u rhannu ymhellach. Blodau unigol â 5-10 sepal gwyn neu wawr binc i'w gweld Mawrth-Mai.

Blodyn y Pasg　*Pulsatilla vulgaris*　Pasque fower　　　Taldra hyd at 25cm
Planhigyn lluosflwydd â blew sidanaidd yn tyfu ar laswelltir sych calchaidd. I'w weld yn lleol yn ne a dwyrain Lloegr yn unig. Deilios cul wedi'u rhannu ddwywaith neu dair. Blodau porffor fel cloch 50-80mm ar draws, yn syth ac wedyn yn plygu'u pennau; Ebrill-Mai.

Lili'r Dŵr Felen　*Nuphar lutea*　Water-lily　　　　　　　Arnofiol
Planhigyn dŵr â dail hirgrwn sy'n arnofio, hyd at 40cm ar draws. Dosbarthiad eang; cyffredin mewn rhai mannau ond nid gogledd yr Alban. Hoff o ddŵr sy'n llonydd neu'n llifo'n araf; gwreiddio ym mwd dŵr bas. Blodau 50-60mm ar draws, ar goesynnau, Mehefin-Medi.

Alaw　*Nymphaea alba*　White water-lily　　　　　　　Arnofiol
Planhigyn dŵr â dail crwn sy'n arnofio, 20-30cm ar draws. Dosbarthiad eang; cyffredin mewn dŵr sy'n llonydd neu'n llifo'n araf. Blodau gwyn neu wyn â gwawr binc; 20-25 o betalau 15-20cm ar draws ac i'w gweld Mehefin-Awst; agor yn yr haul yn unig.

Mwg y Ddaear Cyffredin
Fumaria officinalis　Common fumitory　　　　　　　　Taldra hyd at 10cm
Chwyn unflwydd cyffredin yn ymledu neu'n sgrafangu ar dir âr â draeniad da. Dail wedi'u rhannu sawl gwaith, llabedau fflat i gyd ar yr un lefel. Blodau pinc â blaenau rhuddgoch 6-7mm, â sbardun a dwy wefus; fe'i gwelir Ebrill-Medi. Dosbarthiad eang.

Mwg y Ddaear Dringol
Corydalis claviculata　Climbing corydalis　　　　　　Taldra hyd at 70cm
Planhigyn dringol unflwydd cain. Tyfu mewn coetir a phrysgdir ar bridd asidig. Eang ei ddosbarthiad; cyffredin yng Nghymru, prin yn Iwerddon. Dail wedi'u rhannu sawl gwaith, gorffen mewn tendrilau sy'n help i ddringo. Blodau gwyn hufennog 5-6mm o hyd, Mehefin-Medi.

Pabi Coch　*Papaver rhoeas*　Common poppy　　　　　Taldra hyd at 60cm
Chwyn unflwydd blewog yn tyfu ar dir âr a thir wedi'i droi. Dosbarthiad eang; mwyaf cyffredin yn ne a dwyrain Lloegr. Dail amlganghennog. Blodau 70-100mm ar draws â phedair petal fel papur sidan, coch llachar; i'w gweld Mehefin-Awst. Capsiwl hadau ffurf ŵy.

Pabi Corniog Melyn
Glaucium flavum　Yellow horned-poppy　　　　　　　Taldra hyd at 50cm
Planhigyn lluosflwydd llwydlas, sy'n ffurfio clystyrau ar draethau graean bras; cyffredin ar arfordiroedd addas. Dail wedi'u rhannu fel plu, y rhai uchaf yn cau am y coesyn â llabedau bas, danheddog. Blodau 60-90mm ar draws; Mehefin-Medi. Codau hir, crwm.

Pabi Cymreig　*Meconopsis cambrica*　Welsh poppy　　　Taldra hyd at 50cm
Planhigyn lluosflwydd; tyfu mewn coed cysgodol. Cynhenid i Gymru, de orllewin Lloegr ac Iwerddon; wedi dianc o erddi. Dail wedi'u rhannu fel plu ar goesynnau. Blodau 50-80mm ar draws â phedair petal felen yn gorgyffwrddd; i'w gweld Mehefin-Awst.

Llysiau'r Wennol　*Chelidonium majus*　Greater celandine　Taldra hyd at 80cm
Planhigyn lluosflwydd tal; coesyn brau a dail llwydwyrdd wedi'u rhannu fel plu. Fe'i ceir ar gloddiau ac ar lwybrau'r goedwig; cynhenid gan amlaf, ond wedi'i gyflwyno hefyd. Blodau 20-30mm ar draws; pedair petal ar wahân, yn ymddangos Ebrill-Hydref.

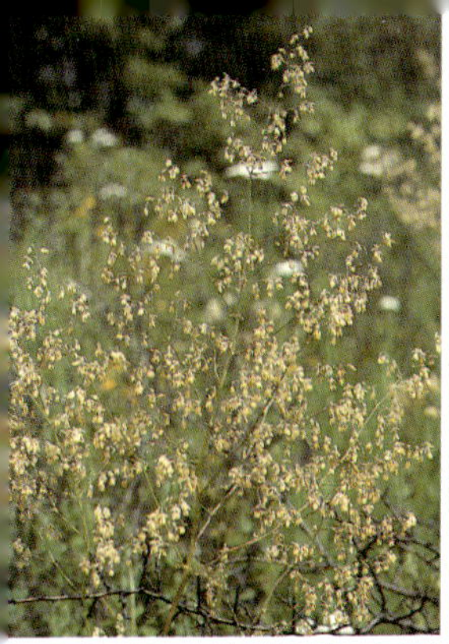
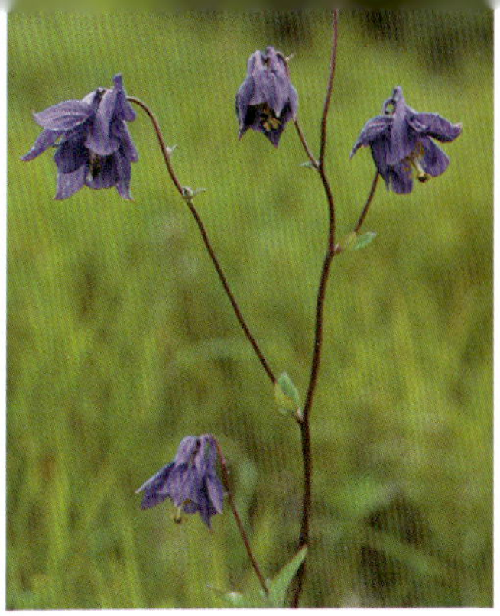
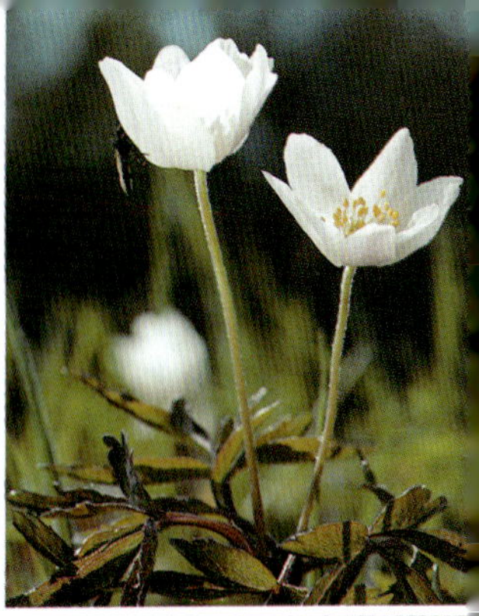
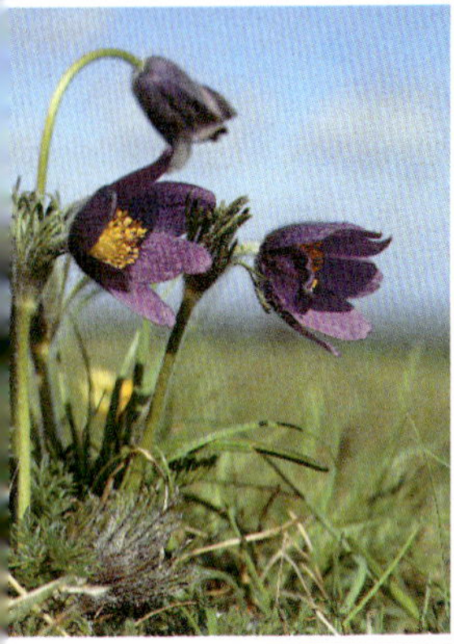
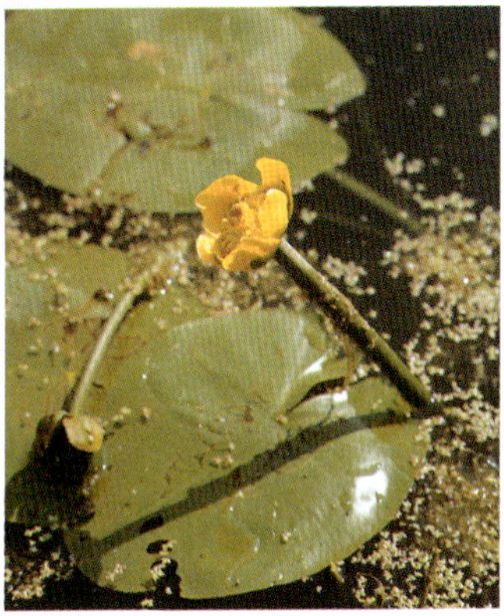
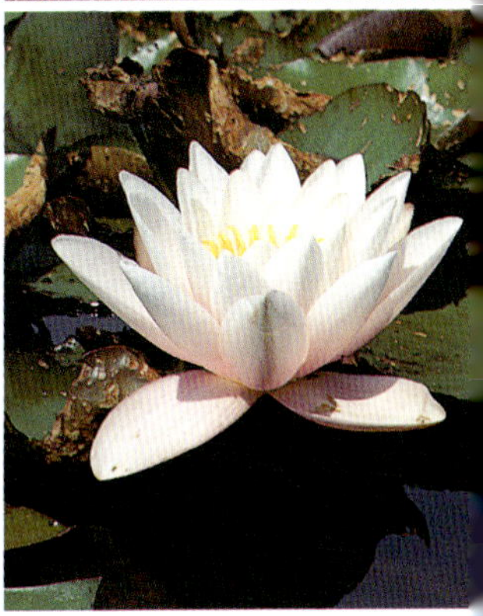
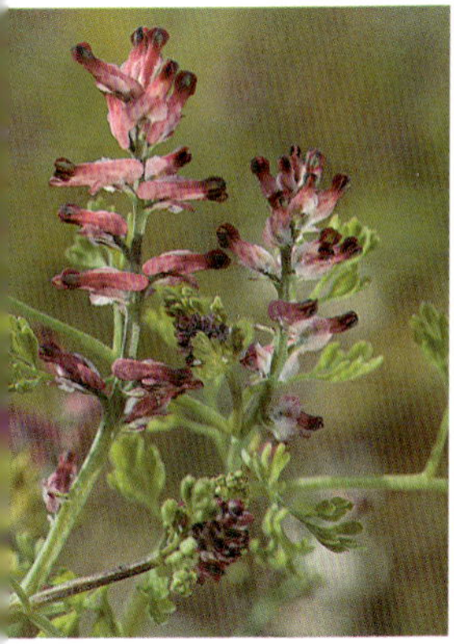
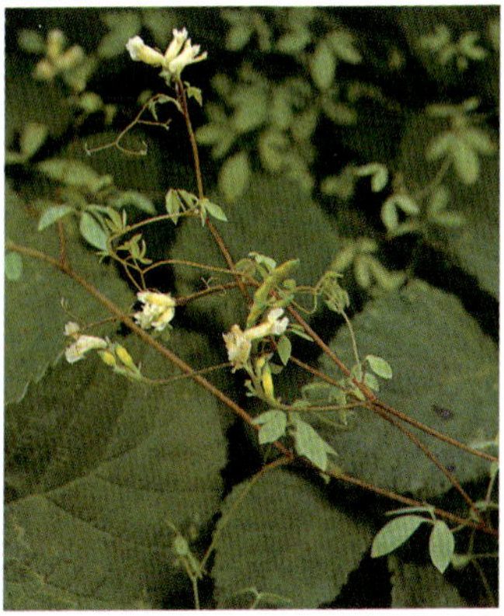
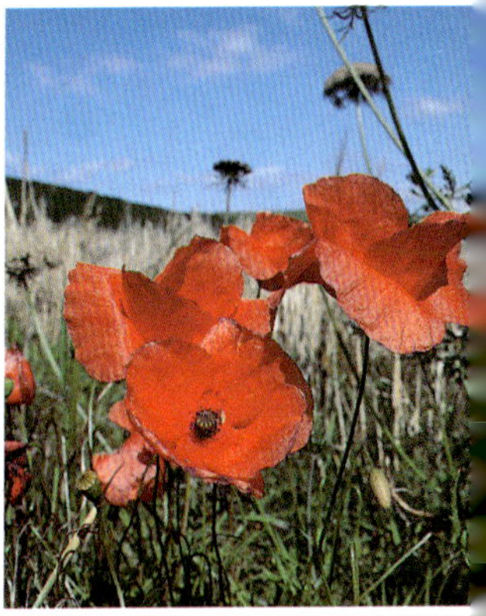
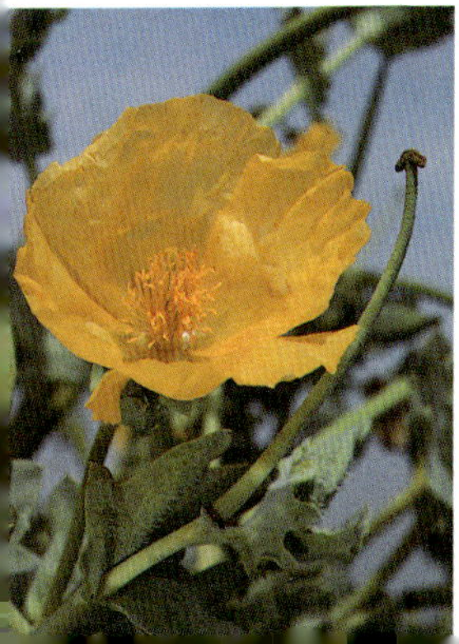
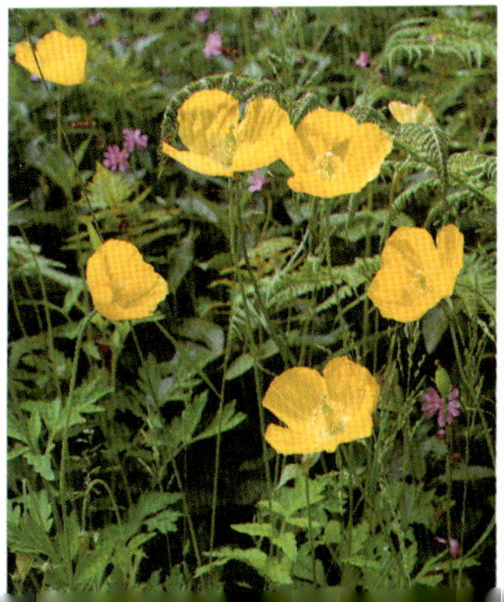
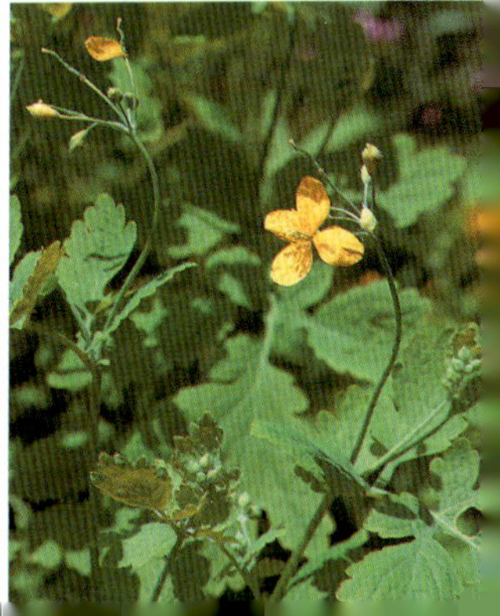

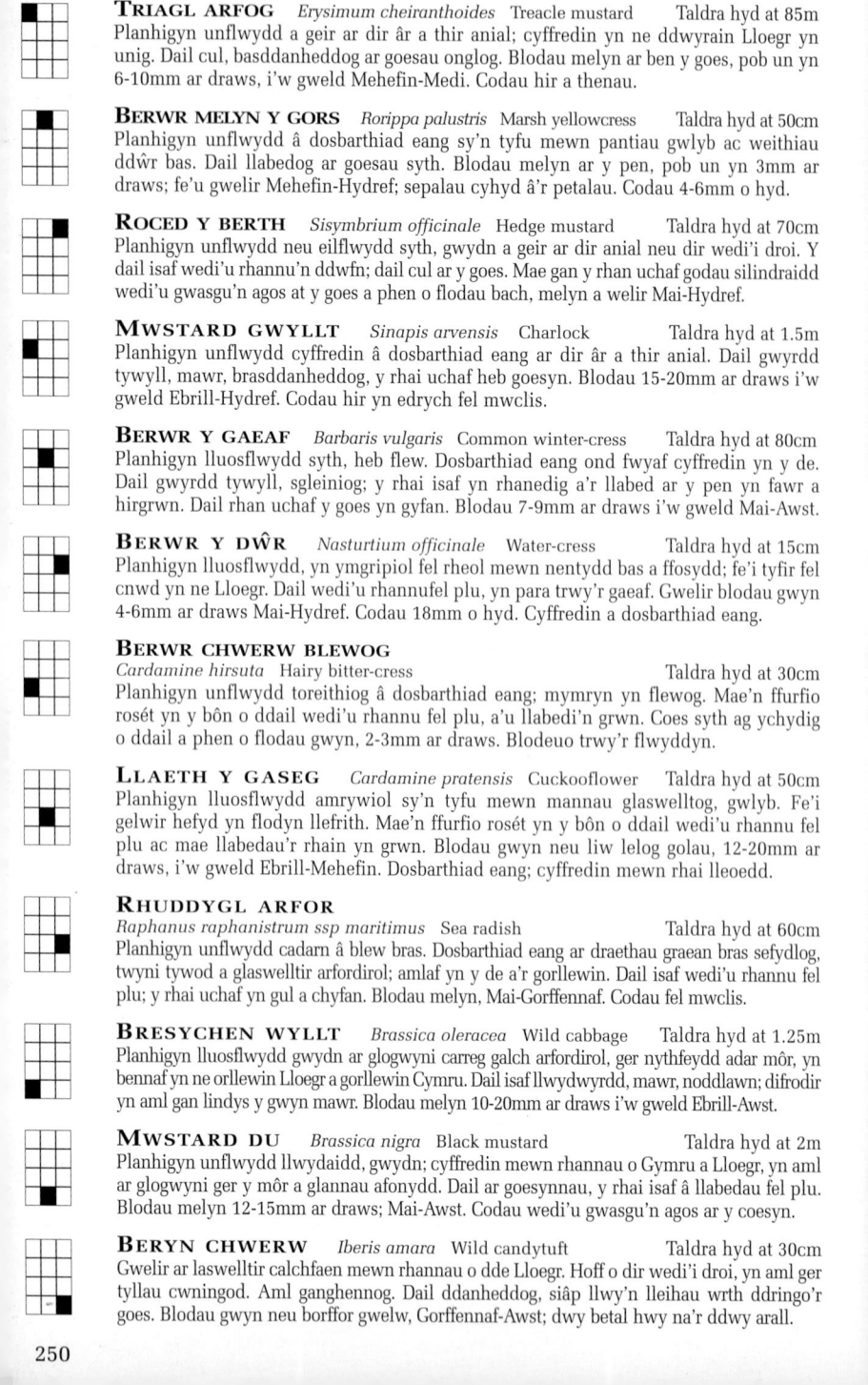

Blodau Gwyllt

Triagl Arfog *Erysimum cheiranthoides* Treacle mustard Taldra hyd at 85m
Planhigyn unflwydd a geir ar dir âr a thir anial; cyffredin yn ne ddwyrain Lloegr yn unig. Dail cul, basddanheddog ar goesau onglog. Blodau melyn ar ben y goes, pob un yn 6-10mm ar draws, i'w gweld Mehefin-Medi. Codau hir a thenau.

Berwr Melyn y Gors *Rorippa palustris* Marsh yellowcress Taldra hyd at 50cm
Planhigyn unflwydd â dosbarthiad eang sy'n tyfu mewn pantiau gwlyb ac weithiau ddŵr bas. Dail llabedog ar goesau syth. Blodau melyn ar y pen, pob un yn 3mm ar draws; fe'u gwelir Mehefin-Hydref; sepalau cyhyd â'r petalau. Codau 4-6mm o hyd.

Roced y Berth *Sisymbrium officinale* Hedge mustard Taldra hyd at 70cm
Planhigyn unflwydd neu eilflwydd syth, gwydn a geir ar dir anial neu dir wedi'i droi. Y dail isaf wedi'u rhannu'n ddwfn; dail cul ar y goes. Mae gan y rhan uchaf godau silindraidd wedi'u gwasgu'n agos at y goes a phen o flodau bach, melyn a welir Mai-Hydref.

Mwstard Gwyllt *Sinapis arvensis* Charlock Taldra hyd at 1.5m
Planhigyn unflwydd cyffredin â dosbarthiad eang ar dir âr a thir anial. Dail gwyrdd tywyll, mawr, brasddanheddog, y rhai uchaf heb goesyn. Blodau 15-20mm ar draws i'w gweld Ebrill-Hydref. Codau hir yn edrych fel mwclis.

Berwr y Gaeaf *Barbaris vulgaris* Common winter-cress Taldra hyd at 80cm
Planhigyn lluosflwydd syth, heb flew. Dosbarthiad eang ond fwyaf cyffredin yn y de. Dail gwyrdd tywyll, sgleiniog; y rhai isaf yn rhanedig a'r llabed ar y pen yn fawr a hirgrwn. Dail rhan uchaf y goes yn gyfan. Blodau 7-9mm ar draws i'w gweld Mai-Awst.

Berwr y Dŵr *Nasturtium officinale* Water-cress Taldra hyd at 15cm
Planhigyn lluosflwydd, yn ymgripiol fel rheol mewn nentydd bas a ffosydd; fe'i tyfir fel cnwd yn ne Lloegr. Dail wedi'u rhannufel plu, yn para trwy'r gaeaf. Gwelir blodau gwyn 4-6mm ar draws Mai-Hydref. Codau 18mm o hyd. Cyffredin a dosbarthiad eang.

Berwr Chwerw Blewog
Cardamine hirsuta Hairy bitter-cress Taldra hyd at 30cm
Planhigyn unflwydd toreithiog â dosbarthiad eang; mymryn yn flewog. Mae'n ffurfio rosét yn y bôn o ddail wedi'u rhannu fel plu, a'u llabedi'n grwn. Coes syth ag ychydig o ddail a phen o flodau gwyn, 2-3mm ar draws. Blodeuo trwy'r flwyddyn.

Llaeth y Gaseg *Cardamine pratensis* Cuckooflower Taldra hyd at 50cm
Planhigyn lluosflwydd amrywiol sy'n tyfu mewn mannau glaswelltog, gwlyb. Fe'i gelwir hefyd yn flodyn llefrith. Mae'n ffurfio rosét yn y bôn o ddail wedi'u rhannu fel plu ac mae llabedau'r rhain yn grwn. Blodau gwyn neu liw lelog golau, 12-20mm ar draws, i'w gweld Ebrill-Mehefin. Dosbarthiad eang; cyffredin mewn rhai lleoedd.

Rhuddygl Arfor
Raphanus raphanistrum ssp maritimus Sea radish Taldra hyd at 60cm
Planhigyn unflwydd cadarn â blew bras. Dosbarthiad eang ar draethau graean bras sefydlog, twyni tywod a glaswelltir arfordirol; amlaf yn y de a'r gorllewin. Dail isaf wedi'u rhannu fel plu; y rhai uchaf yn gul a chyfan. Blodau melyn, Mai-Gorffennaf. Codau fel mwclis.

Bresychen Wyllt *Brassica oleracea* Wild cabbage Taldra hyd at 1.25m
Planhigyn lluosflwydd gwydn ar glogwyni carreg galch arfordirol, ger nythfeydd adar môr, yn bennaf yn ne orllewin Lloegr a gorllewin Cymru. Dail isaf llwydwyrdd, mawr, noddlawn; difrodir yn aml gan lindys y gwyn mawr. Blodau melyn 10-20mm ar draws i'w gweld Ebrill-Awst.

Mwstard Du *Brassica nigra* Black mustard Taldra hyd at 2m
Planhigyn unflwydd llwydaidd, gwydn; cyffredin mewn rhannau o Gymru a Lloegr, yn aml ar glogwyni ger y môr a glannau afonydd. Dail ar goesynnau, y rhai isaf â llabedau fel plu. Blodau melyn 12-15mm ar draws; Mai-Awst. Codau wedi'u gwasgu'n agos ar y coesyn.

Beryn Chwerw *Iberis amara* Wild candytuft Taldra hyd at 30cm
Gwelir ar laswelltir calchfaen mewn rhannau o dde Lloegr. Hoff o dir wedi'i droi, yn aml ger tyllau cwningod. Aml ganghennog. Dail ddanheddog, siâp llwy'n lleihau wrth ddringo'r goes. Blodau gwyn neu borffor gwelw, Gorffennaf-Awst; dwy betal hwy na'r ddwy arall.

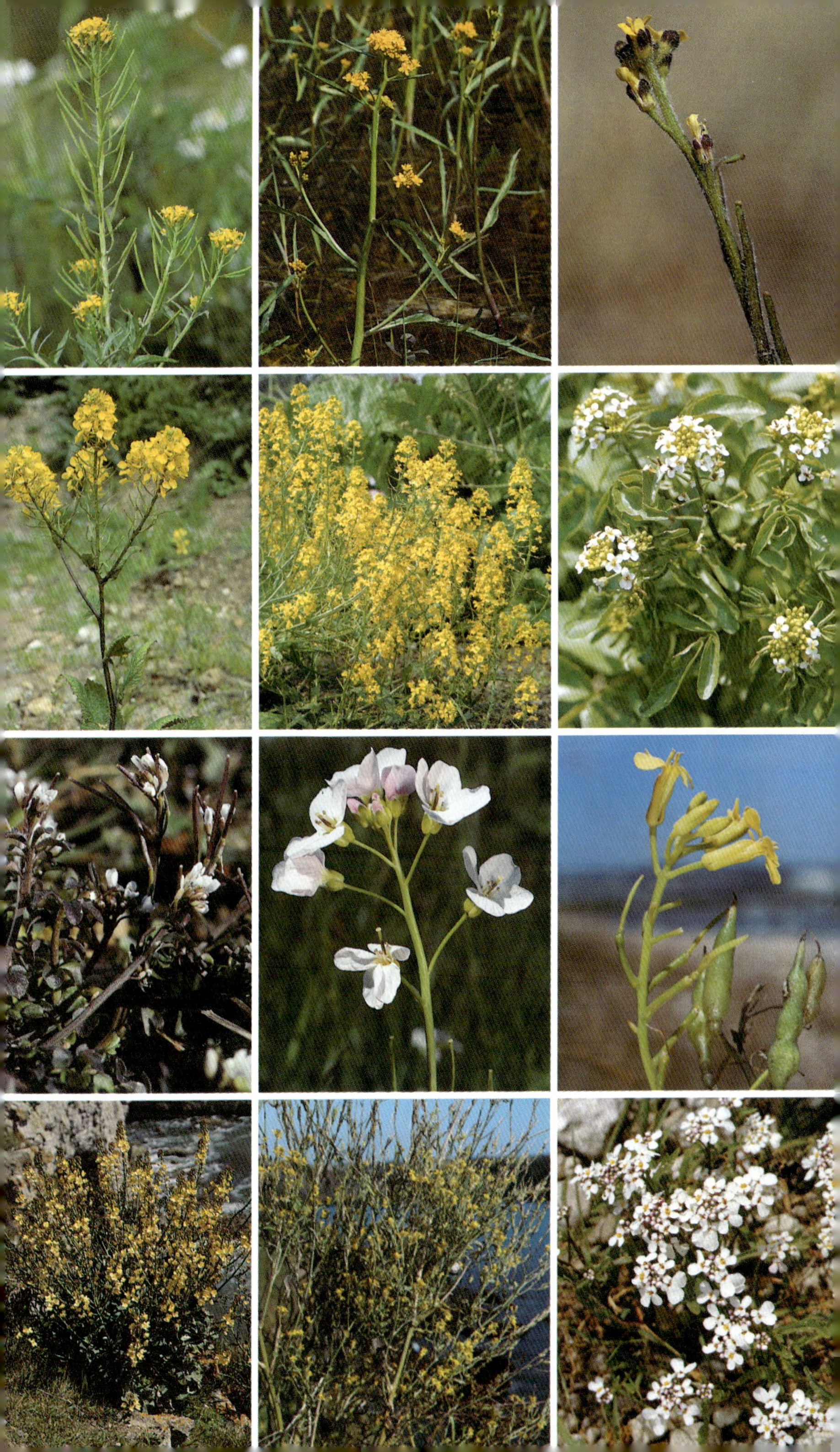

Blodau Gwyllt

Alyswm Pêr   *Lobularia maritima*   Sweet Alison   Taldra hyd at 20m
Planhigyn lluosflwydd, blewog sy'n gyfarwydd fel planhigyn gardd ond hefyd wedi ymgartrefu yn y gwyllt. Dail cul, cyfan, llwydwyrdd. Peraroglau ar y blodau gwyn sy'n 5-6mm ar draws ac i'w gweld Mehefin-Hydref. Codau bach, hirgrwn ar goesynnau hir.

Pwrs y Bugail   *Capsella bursa-pastoris*   Shepherd's-purse   Taldra hyd at 35cm
Planhigyn unflwydd, cyffredin ar dir âr, lonydd ac ochrau'r ffyrdd. Mae i'w weld ledled Prydain. Dail llabedog a rhai cyfan; y rhai uchaf yn ddanheddog. Blodau gwyn trwy'r flwyddyn; 2-3mm ar draws. Codau gwyrdd ar siâp triongl.

Llysiau'r Bystwn Cynnar
Erophila verna   Common whitlowgrass   Taldra hyd at 20cm
Planhigyn unflwydd. Cyffredin ledled y wlad mewn mannau sych, llwm. Dail cul, danheddog yn ffurfio rosét yn y bôn, a choesau blodeuog, heb ddail, yn codi o'r canol. Blodau gwyn 3-6mm ar draws â phedwar petal wedi'u rhicio'n ddwfn i'w gweld Mawrth-Mai.

Codywasg y Maes   *Thlaspi arvense*   Field penny-cress   Taldra hyd at 45cm
Planhigyn unflwydd. Cyffredin ledled y wlad ar dir âr. Arogl anhyfryd. Dail cul, siâp saeth yn cydio yn y goes; dim rosét yn y bôn. Blodau gwyn 4-6mm ar draws, Mai-Medi. Codau llyfngrwn â rhicyn ar y pen.

Pupurlys y Maes   *Lepidium campestre*   Field pepperwort   Taldra hyd at 50cm
Planhigyn unflwydd llwydwyrdd, blewog i'w weld ledled Prydain; cyffredin mewn mannau ar bridd sych, llwm, yn arbennig yn y de. Dail y bôn yn hirgrwn, heb ddannedd. Siâp saeth ar ddail y goes sy'n cydio ynddi. Blodau 2-3mm ar draws, Mai-Awst. Codau hirgrwn, rhiciog.

Llwylys Cyffredin
Cochleria officinalis   Common scurvygrass   Taldra hyd at 50cm
Planhigyn lluosflwydd. Cyffredin mewn mannau ar forfeydd heli, waliau a chlogwyni'r arfordir, ac ar fynyddoedd. Dail y bôn yn siâp aren; y rhai uchaf, siâp saeth, yn cydio yn y goes dywyll. Blodau gwyn 8-10mm ar draws; i'w gweld Ebrill-Hydref. Codau crwn.

Berwr y Fagwyr   *Arabidopsis thaliana*   Thale cress   Taldra hyd at 50cm
Planhigyn unflwydd sy'n tyfu ar bridd sych, tywodlyd, yn aml ar y llwybrau. Dail hirgrwn, brasddanheddog yn ffurfio rosét yn y bôn; coesau blodeuog syth ag ychydig ddail. Blodau gwyn 3mm ar draws; i'w gweld Mawrth-Hydref. Codau hir silindraidd.

Olbrain   *Coronopus squamatus*   Swine-cress   Llorweddol fel rheol
Planhigyn unflwydd neu eilflwydd ymgripiol. Cyffredin yn ne a dwyrain Lloegr ond prin fel arall. Dail danheddog wedi'u rhannu fel plu, weithiau'n ffurfio mat trwchus ar lawr. Clystyrau cryno o flodau gwyn 2-3mm ar draws i'w gweld Mehefin-Medi.

Olbrain Bach   *Coronopus didymus*   Lesser swine-cress   Llorweddol fel rheol
Tebyg i'r olbrain ond mae'r blodau hyd yn oed yn llai, weithiau heb betalau o gwbl a'r dail wedi'u rhannu'n fanach. Planhigyn unflwydd neu luosflwydd sy'n hoffi tir sych wedi'i droi a thir anial; cyffredin yn y de a'r de orllewin yn unig. Blodeuo Mehefin-Hydref.

Garlleg y Berth   *Alliaria petiolata*   Garlic mustard   Taldra hyd at 1m
Planhigyn cyfarwydd ger ffyrdd ledled y wlad. Dail gwyrdd, ir, siâp calon ddanheddog ar goes. Arogl garlleg pan gaiff ei falu. Clystyrau o flodau gwyn, 6mm ar draws, Ebrill-Mehefin.

Hegydd Arfor   *Cakile maritima*   Sea rocket   Taldra hyd at 25cm
Planhigyn unflwydd ymledol, noddlawn a welir ar draethau tywodlyd a thraethau graean bras. Cyffredin mewn mannau ar arfordir Ynysoedd Prydain ac Iwerddon. Dail sgleiniog, llabedog. Clystyrau o flodau lliw lelog gwelw, 6-12mm ar draws, Mehefin-Medi.

Ysgedd Arfor   *Crambe maritima*   Sea-kale   Taldra hyd at 50cm
Planhigyn lluosflwydd cadarn sy'n glympiau cromennog, eang ar draethau graean bras a thywodlyd. Dail noddlawn ag ochrau tonnog; y rhai isaf yn 25cm o hyd ac ar goesyn hir. Blodau gwyn i'w gweld Mehefin-Awst mewn clystyrau a'r pen yn wastad. Codau hirgrwn.

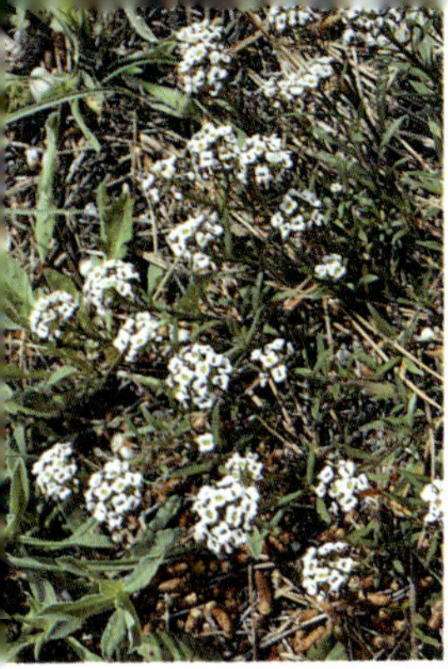
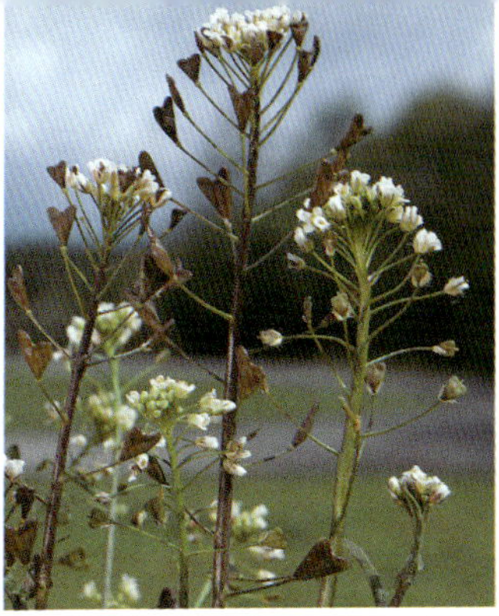
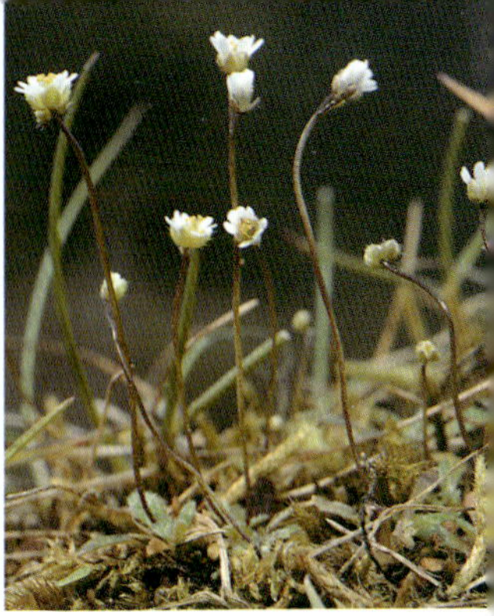
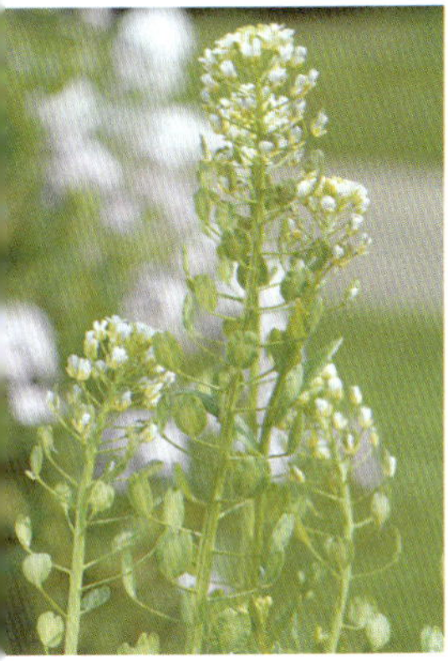
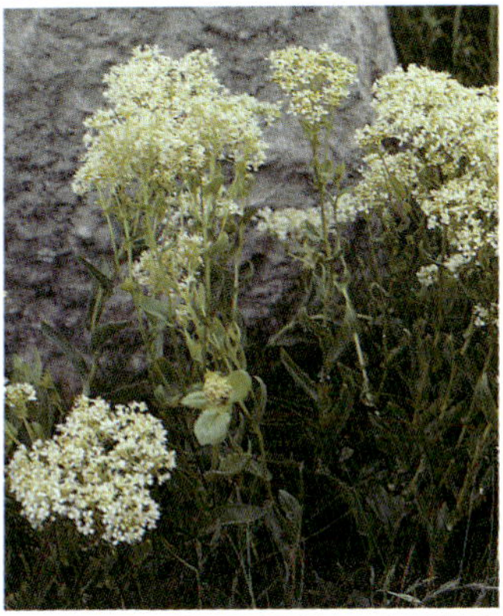
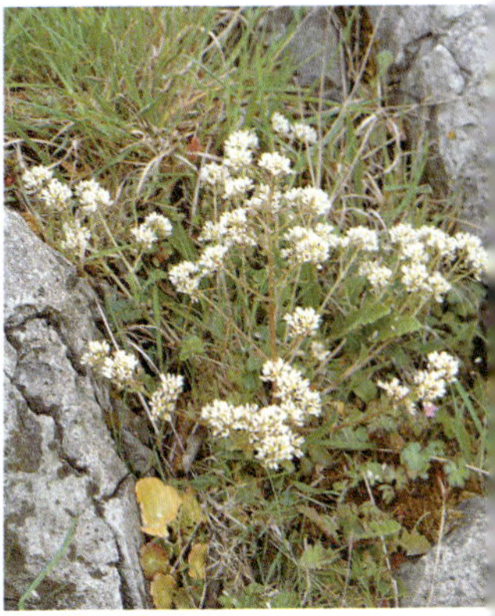
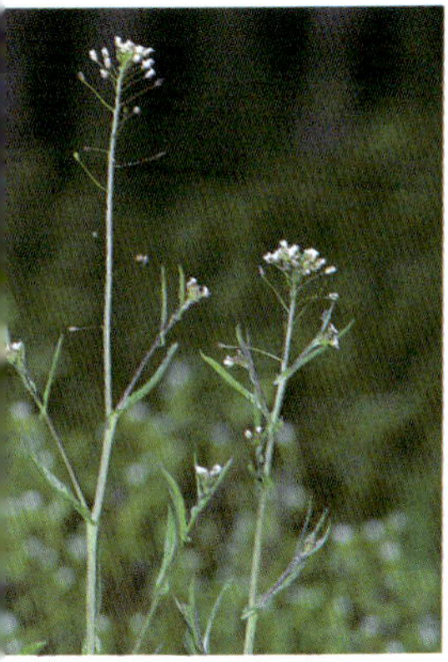
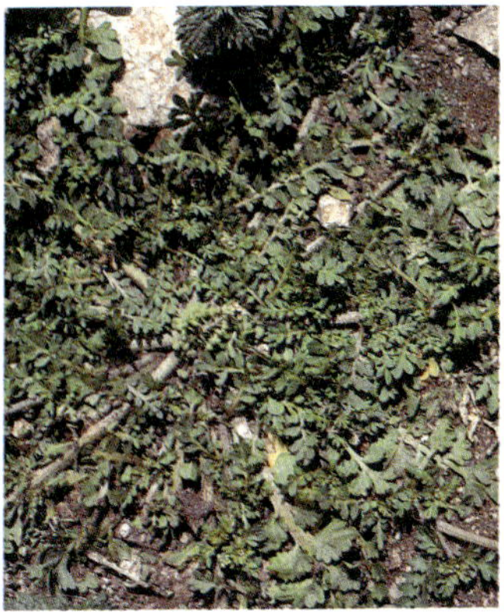
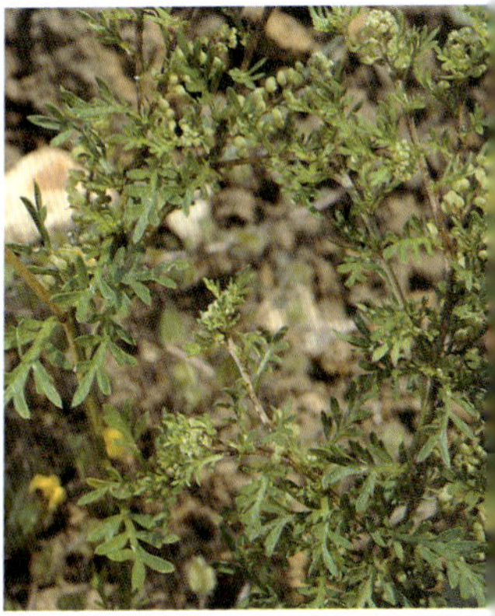
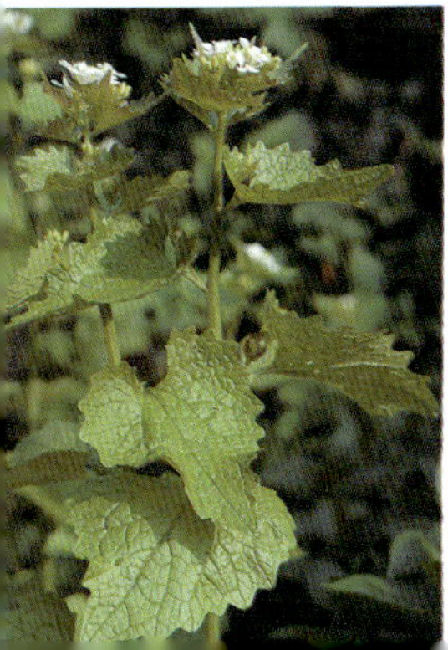
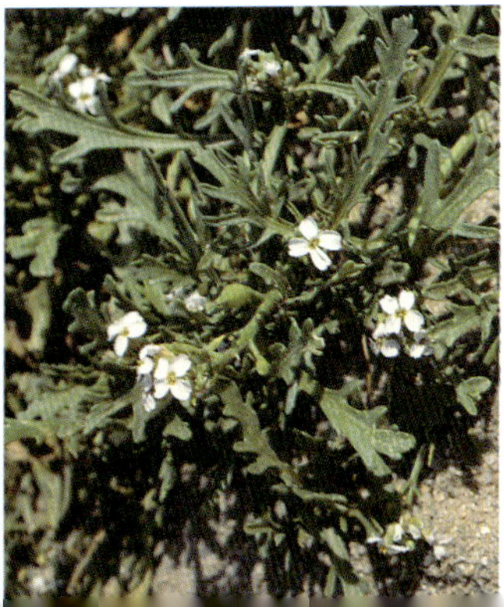
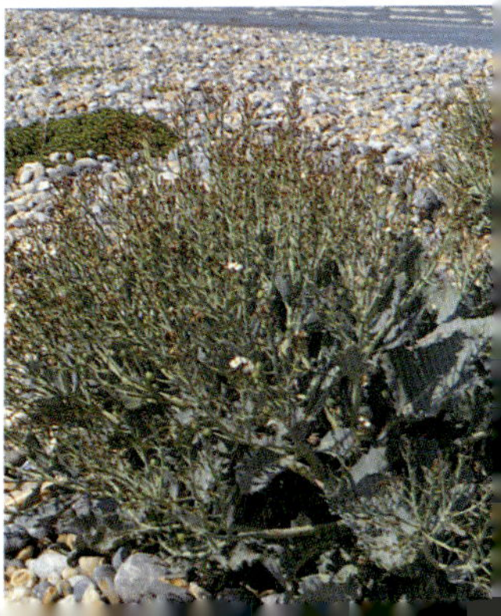

BLODAU GWYLLT

MELENGU   *Reseda luteola*   Weld   Taldra hyd at 1.2m
Planhigyn eilflwydd i'w weld ledled Prydain ar dir calchaidd wedi'i droi; mwyaf cyffredin yn y de a'r de ddwyrain. Dail cul mewn rosét yn y bôn yn y flwyddyn gyntaf yn unig. Sbigyn o flodau tal yn ymddangos yn yr ail flwyddyn a dail cul ar y goes; blodau melyn, 4-petal i'w gweld Mehefin-Awst.

MELENGU WYLLT DDI-SAWR   *Reseda lutea*   Wild mignonette   Taldra hyd at 70cm
Planhigyn eilflwydd a welir ar garreg galch ledled Prydain hebaw gogledd yr Alban. Tebyg i'r melengu ond byrrach a'r dail wedi'u rhannu fel plu. Blodau melynwyrdd 6-petal sbigynnau cryno, Mehefin-Awst. Coes solet.

GWLITHLYS   *Drosera rotundifolia*   Round-leaved sundew   Taldra hyd at 20cm
Planhigyn pryfysol i'w weld ledled y wlad ar weundir a rhos. Rosét o ddail llyfngrwn, cochlyd â blew hir, gludiog sy'n dal pryfed; mae'r dail yn troi i mewn i dreulio'r pryfed. Sbigynnau syth o flodau gwyn i'w gweld Mehefin-Awst.

GWLITHLYS HIRDDAIL
Drosera intermedia   Oblong-leaved sundew   Taldra hyd at 20cm
Dail cochlyd hirgul yn ffurfio rosét yn y bôn. Sbigynnau syth o flodau gwyn i'w gweld Mehefin-Awst yn codi o'r rosét islaw. Planhigyn pryfysol i'w weld ledled Prydain ar weunydd a rhosydd gwlyb. Cyffredin mewn rhai mannau drwy'r wlad.

DEILEN GRON   *Umbilicus rupestris*   Navelwort   Sbigyn y blodau hyd at 15cm
Planhigyn lluosflwydd trawiadol i'w weld yng ngorllewin Prydain ac Iwerddon. Dail crwn, noddlawn â'r canol wedi suddo, uwchben coesyn y ddeilen. Sbigynnau o flodau gwynhufen, Mehefin-Awst. Tyfu ar greigiau, waliau a chloddiau cerrig, yn aml yn rhannol yn y cysgod.

PREN Y DDANNOEDD   *Rhodiola rosea*   Rose-root   Taldra hyd at 30cm
Planhigyn silffoedd y mynyddoedd a chlogwyni'r arfordir. Cyffredin mewn rhai mannau yng ngorllewin Cymru, Gogledd Lloegr, yr Alban ac Iwerddon. Dail noddlawn, hirgrwn yn gorgyffwrdd â'i gilydd ar goesau cadarn. Pennau o flodau melyn ar ben y goes Mai-Gorffennaf.

CANEWIN   *Sedum telephium*   Orpine   Taldra hyd at 50cm
Planhigyn lluosflwydd a welir mewn coedydd a thir prysg cysgodol mewn rhannau o Gymru a Lloegr. Gwawr goch ar y goes; dail gwyrdd, noddlawn, hirgrwn ac afreolaidd ddanheddog. Pennau crwn o flodau cochborffor â 5 petal i'w gweld Gorffennaf-Awst.

BRIWEG Y CERRIG   *Sedum anglicum*   English stonecrop   Taldra hyd at 5cm
Planhigyn lluosflwydd fel mat a welir ledled y wlad; cyffredin ar dir creigiog, traethau graean bras a hen waliau. Dail noddlawn, 3-5mm o hyd, yn aml â gwawr goch arnynt ar goesau gwydn. Ar ben y coesau mae blodau gwyn, serennog 5-petal sy'n blodeuo Mehefin-Medi.

PUPUR Y FAGWYR   *Sedum acre*   Biting stonecrop   Taldra hyd at 10cm
Planhigyn lluosflwydd yn ffurfio mat. I'w gael ledled Prydain. Cyffredin mewn rhai mannau ar dir â draeniad da, fel twyni tywod. Dail noddlawn, agos at ei gilydd, wedi'u gwasgu at y goes. Blas poeth arnynt. Blodau melyn, serennog, 5-petal, 10-12mm ar draws, Mai-Gorffennaf.

BRIAL Y GORS   *Parnassia palustris*   Grass-of-Parnassus   Taldra hyd at 25cm
Planhigyn lluosflwydd yn tyfu ar laswelltir mawnoglyd, corsydd a gweunydd. Cyffredin mewn rhannau o ogledd Prydain ac Iwerddon. Dail siâp calon ar goesyn yn y bôn. Blodau gwyn, 5 petal, 15-30mm ar draws, Mehefin-Medi; ar goesynnau a'r dail yn cydio yn y goes.

TORMAEN Y GWEUNYDD
Saxifraga granulata   Meadow saxifrage   Taldra hyd at 45cm
Planhigyn lluosflwydd deniadol ar ddolydd glaswelltog. Mae'n fwyaf cyffredin yn nwyrain Lloegr. Dail siâp aren â dannedd pŵl; bylbynnau wrth fôn y dail yn yr hydref. Gwelir tusw o flodau gwyn, 5 petal, 20-30mm ar draws, Ebrill-Mehefin.

TORMAEN SERENNOG   *Saxifraga stellaris*   Starry saxifrage   Taldra hyd at 25m
Planhigyn lluosflwydd a welir ar dir gwlyb a glannau afonydd yn ucheldiroedd gogledd Cymru, gogledd Prydain ac Iwerddon. Dail hirgul, danheddog yn ffurfio rosét yn y bôn a choesyn y blodyn yn codi o'r fan hon. Blodau â phum petal gwyn ac antherau coch; Mehefin-Awst.

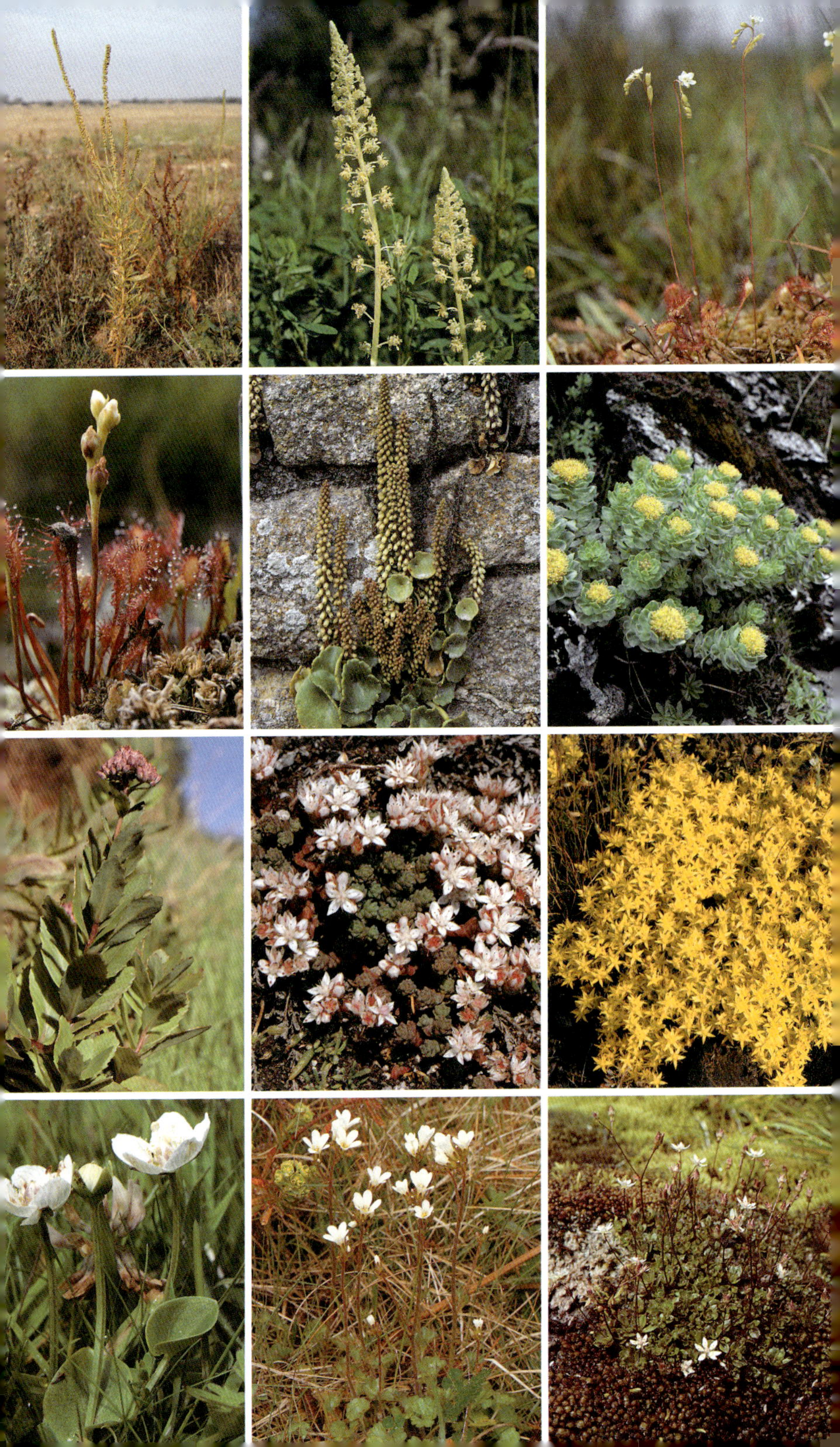

Blodau Gwyllt

Tormaen Llydandroed
Saxifraga hypnoides Mossy Saxifrage — Taldra hyd at 20m
Planhigyn lluosflwydd yr ucheldir, cyffredin yng ngogledd Lloegr a'r Alban; prin yng Nghymru ac Iwerddon. Dail pigfain, tair llabed yn gwneud i'r planhigyn edrych yn debyg i fwsogl. Blodau gwyn mewn clystyrau bach Mai-Gorffennaf. Mae fel mat ar greigiau a thir llwm.

Tormaen Melyn y Mynydd
Saxifraga aizoides Yellow Saxifrage — Taldra hyd at 20cm
Planhigyn lluosflwydd, lliwgar i'w weld ger glannau nentydd ac ar dir gwlyb mynyddig; cyffredin mewn rhai mannau yng ngogledd Lloegr, yr Alban a gogledd Iwerddon. Clystyrau o nifer o ddail cul, noddlawn. Blodau melyn, 10-15mm ar draws, Mehefin-Medi.

Tormaen Porffor
Saxifraga oppositifolia Purple Saxifrage — Ymgripiol
Planhigyn lluosflwydd yn ffurfio mat ar greigiau'r mynydd. Cyffredin mewn rhannau o'r Alban a gogledd Lloegr. Coesau ymlusgol a dail bach, gwyrdd mewn parau gyferbyn â'i gilydd. Blodau porffor, 10-15mm ar draws, i'w weld yn bennaf Mawrth-Ebrill.

Eglyn Cyferbynddail
Chrysosplenium oppositifolium Opposite-leaved golden-saxifrage — Taldra hyd at 12cm
Planhigyn lluosflwydd sy'n glystyrau ar lan nentydd cysgodol a dŵr agored mewn coetiroedd. Cyffredin yn bennaf yn y gogledd a'r gorllewin. Dail llyfngrwn ar goesynnau ac mewn parau gyferbyn â'i gilydd. Blodau melyn, heb betalau, 3-5mm ar draws, Mawrth-Gorffennaf.

Erwain
Filipendula ulmaria Meadowsweet — Taldra hyd at 1.25m
Planhigyn lluosflwydd trawiadol yn tyfu ar ddolydd gwlyb, corsydd ac ochrau nentydd. Dail gwyrdd tywyll â 3-5 pâr o ddeilios hirgrwn a deilios llai rhyngddynt. Tusw o flodau lliw hufen, pob un yn 4-6mm ar draws, i'w weld Mehefin-Medi. Cyffredin ledled y wlad.

Y Grogedau
Filipendula vulgaris Dropwort — Taldra hyd at 50cm
Tebyg i erwain ond llai; nodweddiadol o laswelltir carreg galch. Dail ag 8-20 pâr o ddeilios mawr â deilios llai rhyngddynt. Blodau mewn sbrigau pen gwastad i'w weld Mai-Awst.

Llysiau'r Dryw
Agrimonia eupatoria Agrimony — Taldra hyd at 50cm
Planhigyn lluosflwydd cyffredin ar laswellt ac ochrau ffyrdd. Sbigyn trawiadol o flodau melyn, 5 petal, Mehefin-Awst. 3-6 pâr o ddeilios danheddog, hirgrwn a deilios llai rhyngddynt.

Bwrned Mawr
Sanguisorba officinalis Great burnet — Taldra hyd at 1m
Planhigyn lluosflwydd sy'n prinhau. I'w weld weithiau ar laswelltydd gwlyb a glannau afonydd; cyffredin yng nghanolbarth a gogledd Lloegr yn unig. Hawdd ei nabod wrth y pennau rhuddgoch, hirgrwn o flodau, Mehefin-Medi. Dail wedi'u rhannu fel plu a 3-7 pâr o ddeilios hirgrwn.

Bwrned
Sanguisorba minor Salad burnet — Taldra hyd at 35cm
Planhigyn lluosflwydd sy'n gyffredin mewn mannau ar dir calchaidd; absennol o ogledd yr Alban. Mae'r dail fel plu â 4-12 pâr o ddeilios llyfngrwn, danheddog; dail y bôn yn ffurfio rosét. Pennau'r blodau'n grwn; i'w weld Mai-Medi; gwyrdd â cholofnig goch.

Mantell Fair
Alchemilla vulgaris agg Lady's-mantle — Taldra hyd at 30cm
Planhigyn lluosflwydd y glaswelltir, i'w weld amlaf yn yr ucheldir. Hawdd ei adnabod wrth ei ddail wedi'u rhannu'n llabedau palfog; gellir gwahaniaethu rhwng y rhywogaethau wrth siâp y ddeilen. Blodau gwyrddfelyn i'w weld Mai-Medi.

Troed y Dryw
Aphanes arvensis Parsley-piert — Ymgripiol
Planhigyn unflwydd melfedaidd a all fod yn anodd ei weld. Fe'i ceir ledled y wlad; cyffredin ar dir sych, llwm, yn aml ger llwybr troed. Dail siâp ffan wedi'u rhannu'n ddwfn yn dair llabed, tebyg i ddail persli. Clystyrau o flodau gwyrdd, pitw heb betalau, Ebrill-Hydref.

Derig
Dryas octopetala Mountain avens — Taldra hyd at 6cm
Cyffredin mewn rhai mannau ar bridd basig. Fe'i gwelir ar fynyddoedd yng ngogledd Cymru, gogledd Lloegr a'r Alban; a hyd at lefel y môr yng ngogledd yr Alban a gorllewin Iwerddon. Dail gwyrdd tywyll, hirgul, danheddog. Blodau gwyn ag wyth neu fwy o betalau, Mehefin-Gorffennaf.

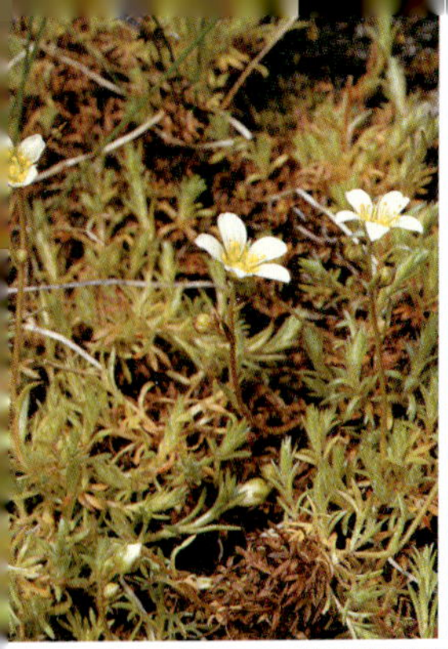
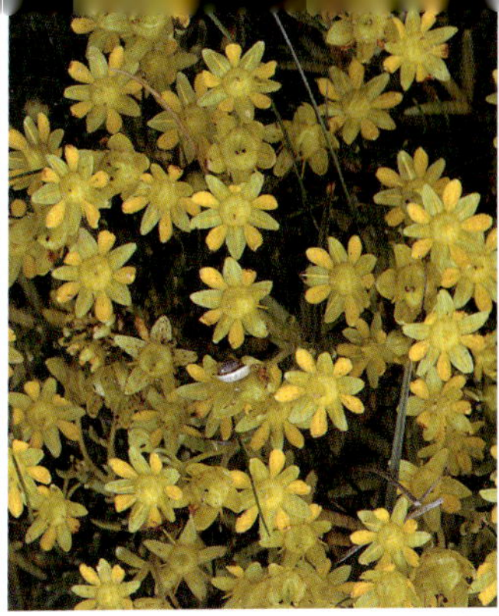
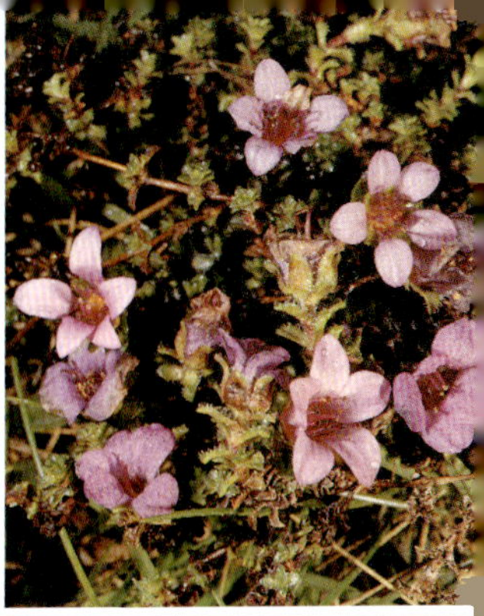
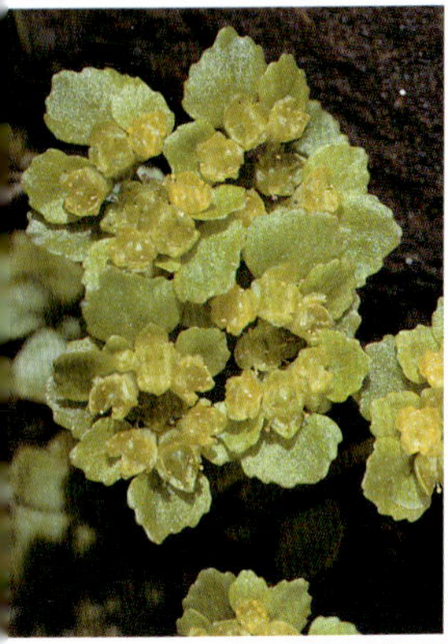
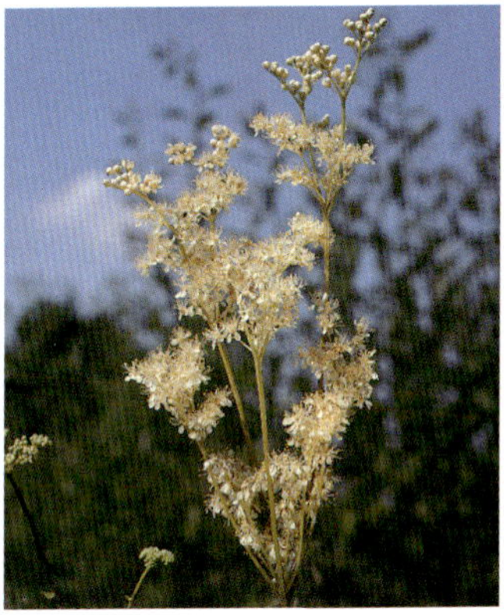
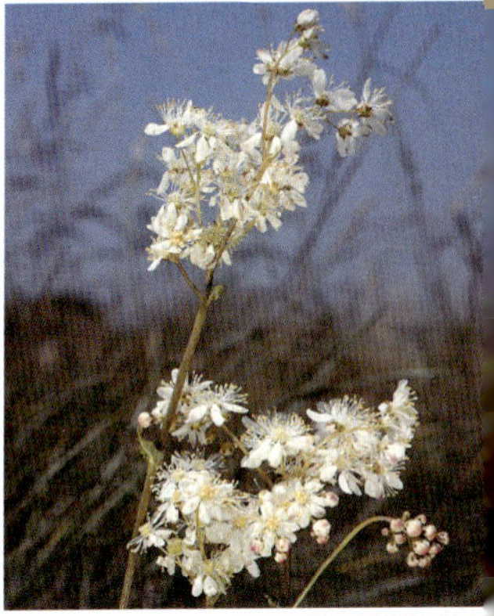
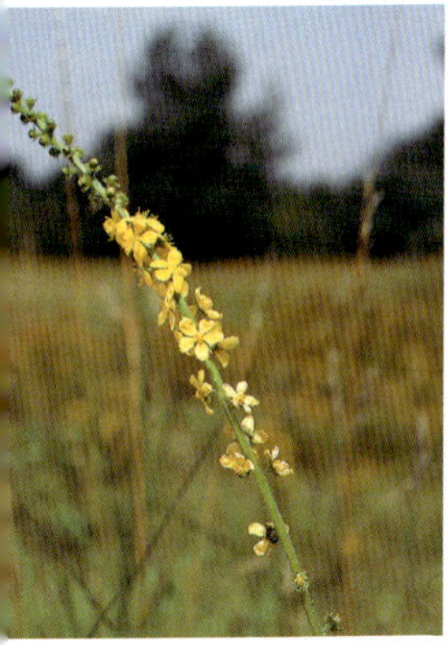
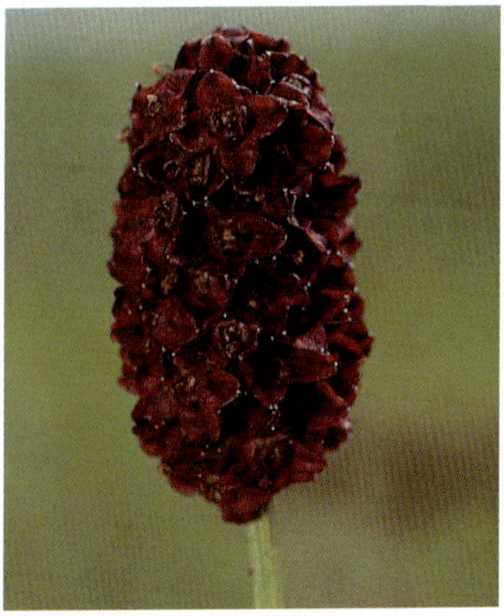
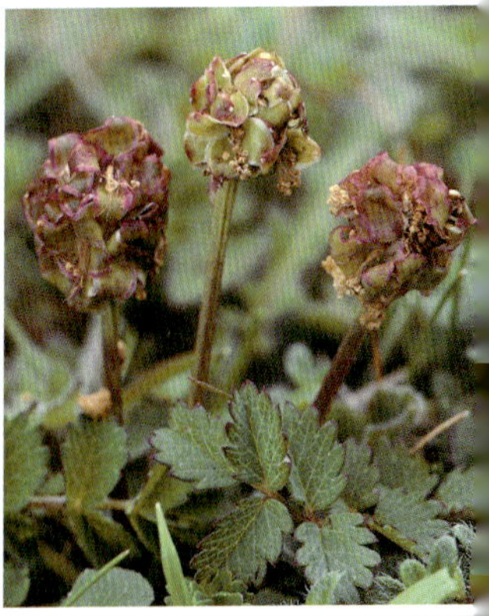
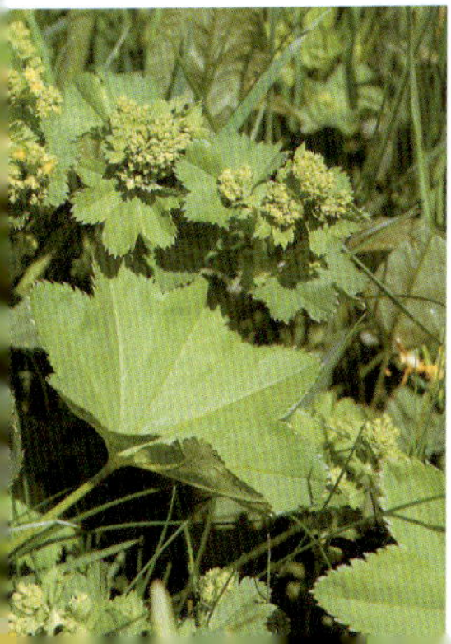
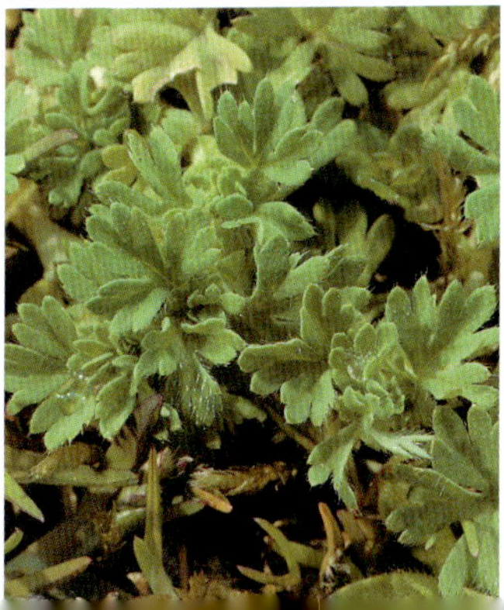
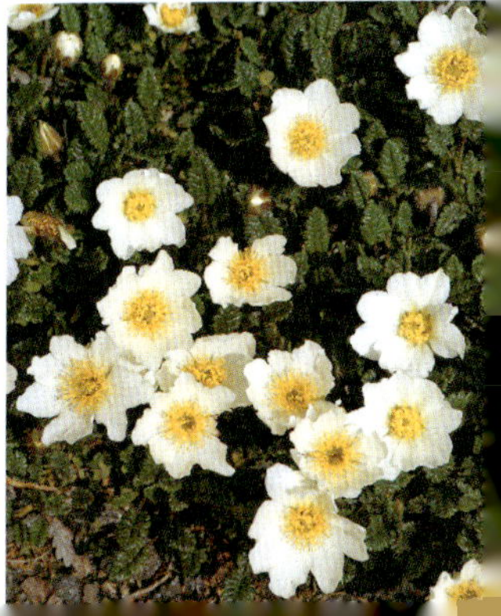

Blodau Gwyllt

Rhosyn Gwyllt   *Rosa canina*   Dog-rose   Taldra hyd at 3m
Llwyn sy'n sgrafangu ar draws gwrychoedd a thir prysg. Pigau crwm ar goes hir sy'n aml fel bwa. I'w weld yn y rhan fwyaf o leoedd, ond fwyaf cyffredin yn y de. Deilen yn cynnwys 5-7 deiliosen. Blodau pinc golau, Mehefin-Gorffennaf. Mwcog neu egroes coch yn yr hydref.

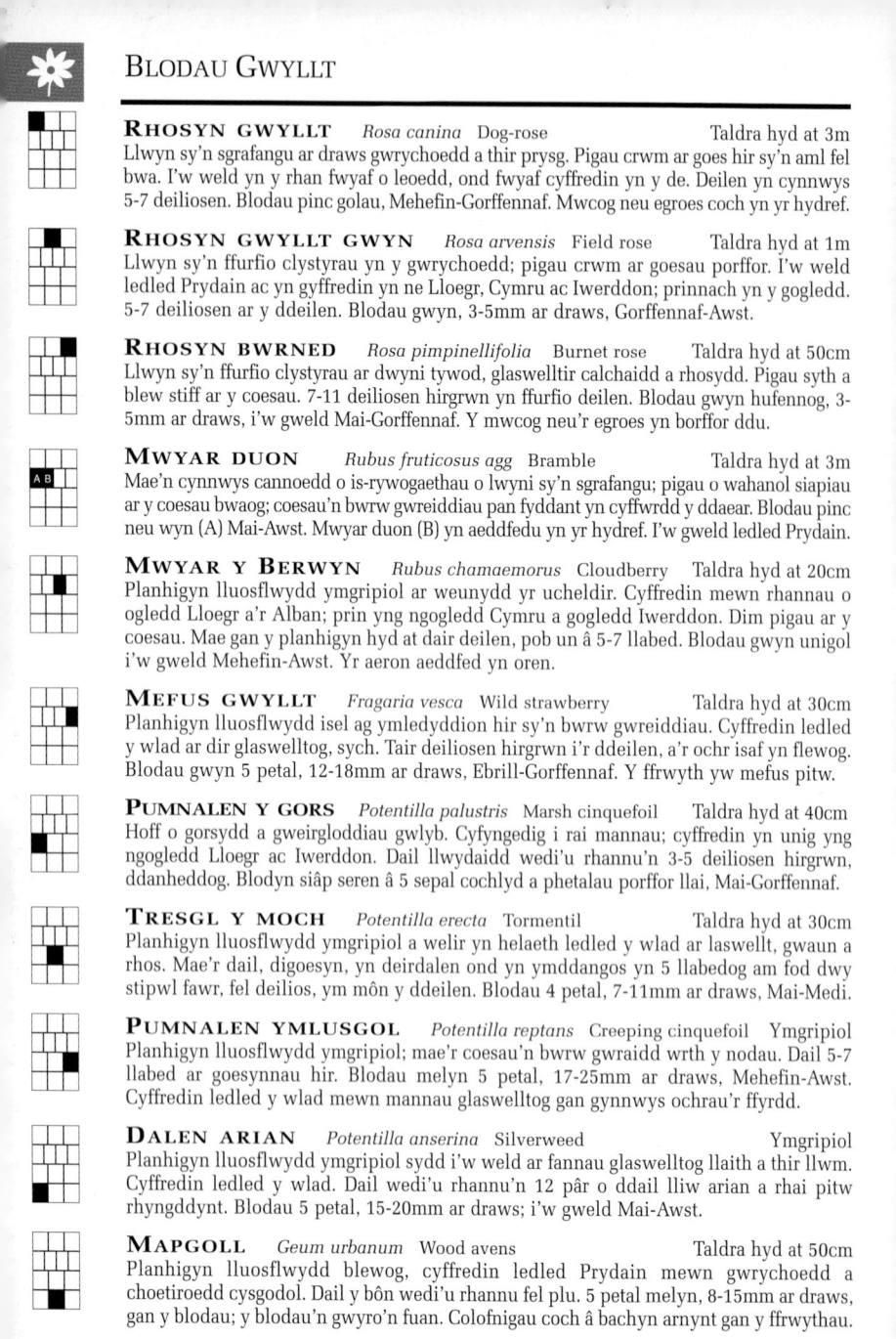

Rhosyn Gwyllt Gwyn   *Rosa arvensis*   Field rose   Taldra hyd at 1m
Llwyn sy'n ffurfio clystyrau yn y gwrychoedd; pigau crwm ar goesau porffor. I'w weld ledled Prydain ac yn gyffredin yn ne Lloegr, Cymru ac Iwerddon; prinnach yn y gogledd. 5-7 deiliosen ar y ddeilen. Blodau gwyn, 3-5mm ar draws, Gorffennaf-Awst.

Rhosyn Bwrned   *Rosa pimpinellifolia*   Burnet rose   Taldra hyd at 50cm
Llwyn sy'n ffurfio clystyrau ar dwyni tywod, glaswelltir calchaidd a rhosydd. Pigau syth a blew stiff ar y coesau. 7-11 deiliosen hirgrwn yn ffurfio deilen. Blodau gwyn hufennog, 3-5mm ar draws, i'w weld Mai-Gorffennaf. Y mwcog neu'r egroes yn borffor ddu.

Mwyar Duon   *Rubus fruticosus agg*   Bramble   Taldra hyd at 3m
Mae'n cynnwys cannoedd o is-rywogaethau o lwyni sy'n sgrafangu; pigau o wahanol siapiau ar y coesau bwaog; coesau'n bwrw gwreiddiau pan fyddant yn cyffwrdd y ddaear. Blodau pinc neu wyn (A) Mai-Awst. Mwyar duon (B) yn aeddfedu yn yr hydref. I'w weld ledled Prydain.

Mwyar y Berwyn   *Rubus chamaemorus*   Cloudberry   Taldra hyd at 20cm
Planhigyn lluosflwydd ymgripiol ar weunydd yr ucheldir. Cyffredin mewn rhannau o ogledd Lloegr a'r Alban; prin yng ngogledd Cymru a gogledd Iwerddon. Dim pigau ar y coesau. Mae gan y planhigyn hyd at dair deilen, pob un â 5-7 llabed. Blodau gwyn unigol i'w weld Mehefin-Awst. Yr aeron aeddfed yn oren.

Mefus Gwyllt   *Fragaria vesca*   Wild strawberry   Taldra hyd at 30cm
Planhigyn lluosflwydd isel ag ymledyddion hir sy'n bwrw gwreiddiau. Cyffredin ledled y wlad ar dir glaswelltog, sych. Tair deiliosen hirgrwn i'r ddeilen, a'r ochr isaf yn flewog. Blodau gwyn 5 petal, 12-18mm ar draws, Ebrill-Gorffennaf. Y ffrwyth yw mefus pitw.

Pumnalen y Gors   *Potentilla palustris*   Marsh cinquefoil   Taldra hyd at 40cm
Hoff o gorsydd a gweirgloddiau gwlyb. Cyfyngedig i rai mannau; cyffredin yn unig yng ngogledd Lloegr ac Iwerddon. Dail llwydaidd wedi'u rhannu'n 3-5 deiliosen hirgrwn, ddanheddog. Blodyn siâp seren â 5 sepal cochlyd a phetalau porffor llai, Mai-Gorffennaf.

Tresgl y Moch   *Potentilla erecta*   Tormentil   Taldra hyd at 30cm
Planhigyn lluosflwydd ymgripiol a welir yn helaeth ledled y wlad ar laswellt, gwaun a rhos. Mae'r dail, digoesyn, yn deirdalen ond yn ymddangos yn 5 llabedog am fod dwy stipwl fawr, fel deilios, ym môn y ddeilen. Blodau 4 petal, 7-11mm ar draws, Mai-Medi.

Pumnalen Ymlusgol   *Potentilla reptans*   Creeping cinquefoil   Ymgripiol
Planhigyn lluosflwydd ymgripiol; mae'r coesau'n bwrw gwraidd wrth y nodau. Dail 5-7 llabed ar goesynnau hir. Blodau melyn 5 petal, 17-25mm ar draws, Mehefin-Awst. Cyffredin ledled y wlad mewn mannau glaswelltog gan gynnwys ochrau'r ffyrdd.

Dalen Arian   *Potentilla anserina*   Silverweed   Ymgripiol
Planhigyn lluosflwydd ymgripiol sydd i'w weld ar fannau glaswelltog llaith a thir llwm. Cyffredin ledled y wlad. Dail wedi'u rhannu'n 12 pâr o ddail lliw arian a rhai pitw rhyngddynt. Blodau 5 petal, 15-20mm ar draws; i'w weld Mai-Awst.

Mapgoll   *Geum urbanum*   Wood avens   Taldra hyd at 50cm
Planhigyn lluosflwydd blewog, cyffredin ledled Prydain mewn gwrychoedd a choetiroedd cysgodol. Dail y bôn wedi'u rhannu fel plu. 5 petal melyn, 8-15mm ar draws, gan y blodau; y blodau'n gwyro'n fuan. Colofnigau coch â bachyn arnynt gan y ffrwythau.

Mapgoll Glan y Dŵr   *Geum rivale*   Water avens   Taldra hyd at 50cm
Planhigyn lluosflwydd a welir ar weirgloddiau llaith, yn bennaf ar bridd basig. Cyffredin ledled Prydain ac eithrio de Lloegr. Dail y bôn wedi'u rhannu fel plu ond dail y goes yn deirdalen. Blodau siâp cloch â sepalau coch tywyll a phetalau pinc; i'w weld Mai-Medi.

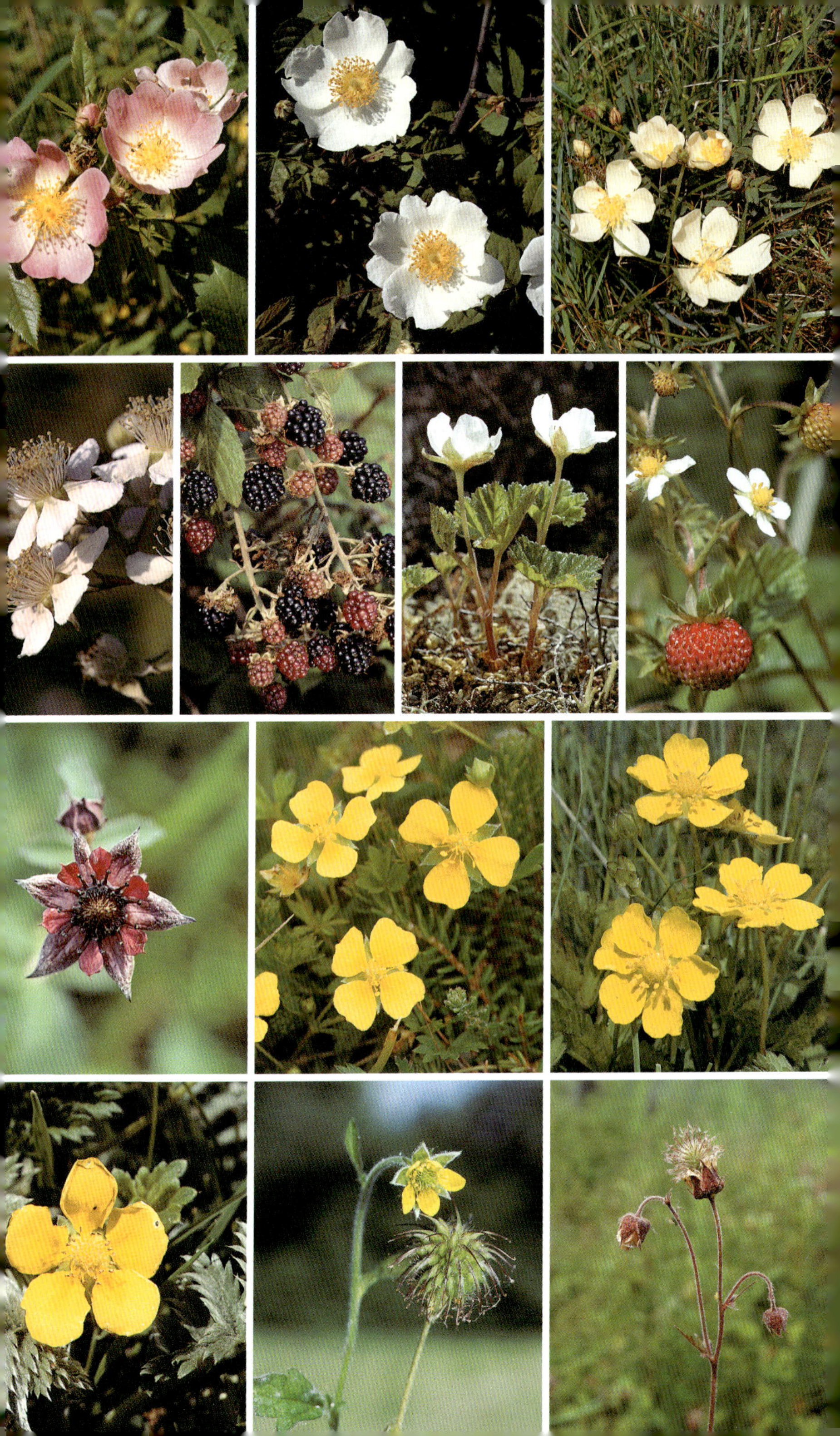

Blodau Gwyllt

Eithin *Ulex europaeus* Common gorse Taldra hyd at 2m
Llwyn bythwyrdd, pigog. Cyffredin ledled y wlad, fel rheol ar bridd asidig ar rostir. Dail ifanc yn deirdalen. Pigau syth 15-25mm o hyd a rhigol arnynt. Y blodau i'w gweld yn bennaf Chwefror-Mai ac arogl cnau coco arnynt.

Eithin Mân *Ulex gallii* Western gorse Taldra hyd at 1.5m
Llwyn bythwyrdd, pigog, trwchus. Tebyg i eithin cyffredin ond wedi'i gyfyngu'n bennaf i orllewin Prydain ac Iwerddon. Digonedd ohono mewn rhai mannau ar yr arfordir, ambell dro'n gorchuddio llethrau. Pigau 25mm o hyd bron yn llyfn. Blodau melyn Gorffennaf-Medi.

Coreithin *Ulex minor* Dwarf gorse Taldra hyd at 1m, yn aml yn llai
Llwyn bythwyrdd, ymledol â phigau 10mm o hyd sydd braidd yn feddal. Y dail yn deirdalen fel rheol. Blodau melyn i'w gweld Gorffennaf-Medi. Hoff o bridd asidig ac i'w weld fel rheol ar rostir. Wedi'i gyfyngu'n bennaf i dde ddwyrain a dwyrain Lloegr.

Banadl *Cytisus scoparius* Broom Taldra hyd at 2m
Llwyn llydanddail â brigau gwyrdd, 5 onglog, gwrymiog. Cyffredin ledled Prydain ar rostir ac ar wrychoedd; hoff o bridd asidig. Dail teirdalen fel rheol. Blodau 20mm o hyd i'w gweld Ebrill-Mehefin. Codau du, blewog yn ffrwydro ar ddyddiau sych, heulog.

Melynog y Waun *Genista tinctoria* Dyer's greenweed Taldra hyd at 1m
Llwyn heb bigau a welir ar laswelltir ledled Prydain; cyffredin yn Lloegr, Cymru a de'r Alban. Dail cul weithiau'n felfedaidd. Blodau 15mm o hyd yn debyg i flodau'r banadl; i'w gweld Mehefin-Gorffennaf ar sbigynnau deiliog ar goesynnau.

Cracheithin *Genista anglica* Petty whin Taldra hyd at 1m
Llwyn di-flew; coesynnau â phigynnau lled gryf. Fe'i gwelir mewn rhai mannau'n unig ar weundir a rhos; absennol o Iwerddon. Dail cul, cwyraidd, di-flew. Blodau 15mm o hyd mewn clystyrau ar y pen, i'w gweld Ebrill-Mehefin.

Llaethwyg Rhuddlas *Astragalus danicus* Purple milk-vetch Taldra hyd at 30cm
Planhigyn lluosflwydd ymledol sy'n tyfu ar laswelltir calchaidd. Lleol a braidd yn brin yn nwyrain Prydain; anghyffredin yn Iwerddon. Dail blewog fel plu â 6-12 pâr o ddeilios hirgrwn. Clystyrau o flodau porffor, pob un yn 15-18mm o hyd, Mai-Gorffennaf.

Pys Llygod *Vicia cracca* Tufted vetch Taldra hyd at 2m
Planhigyn sy'n sgrafangu. Cyffredin ym mhobman. Hoff o fannau glaswelltog, gwrychoedd a phrysgdir. 12 pâr o ddeilios hirgul yn ffurfio deilen sy'n gorffen mewn tendriliau canghennog. Sbigynnau o flodau glasborffor, hyd at 4cm o daldra, Mehefin-Awst.

Ffacbys y Coed *Vicia sylvatica* Wood vetch Taldra hyd at 1.5m
Planhigyn lluosflwydd crwydrol a welir mewn coedydd cysgodol ac ar lethrau serth yr arfordir. Dosbarthiad eang, yn fwyaf cyffredin mewn rhai mannau yn y gorllewin. 6-12 pâr o ddeilios cul yn ffurfio deilen sy'n gorffen mewn tendriliau canghennog. Sbigynnau o flodau gwyn â gwythiennau porffor i'w gweld Mehefin-Awst.

Ffacbys y Cloddiau *Vicia sepium* Bush vetch Taldra hyd at 1m
Planhigyn lluosflwydd sy'n sgrafangu. Fe'i gwelir ar dir garw, glaswelltog a phrysgdir. Cyffredin ledled y wlad. 2-6 pâr o ddeilios cul yn gorffen mewn tendriliau canghennog. Grwpiau o 2-6 o flodau, pob un yn 12-15mm o hyd, lliw lelog golau i'w gweld Ebrill-Hydref

Ffacbys *Vicia sativa* Common vetch Taldra hyd at 75cm
Planhigyn unflwydd, sy'n sgrafangu. Mae'n weddol gyffredin ledled y wlad ar dir glaswelltog a gwrychoedd. 3-8 pâr o ddeilios yn gorffen mewn tendriliau. Grwpiau o un neu ddau o flodau pincborffor i'w gweld Ebrill-Medi. Codau aeddfed yn ddu.

Ffacbys Llyfn *Vicia tetrasperma* Smooth tare Taldra hyd at 50cm
Planhigyn unflwydd sy'n sgrafangu. Anodd ei weld mewn mannau glaswelltog. Cyffredin yng Nghymru a Lloegr yn unig. 2-5 pâr o ddeilios yn gorffen mewn tendriliau. 1-2 o flodau pinclelog i'w gweld Mai-Awst. Codau llyfn yn cynnwys pedwar hedyn fel rheol.

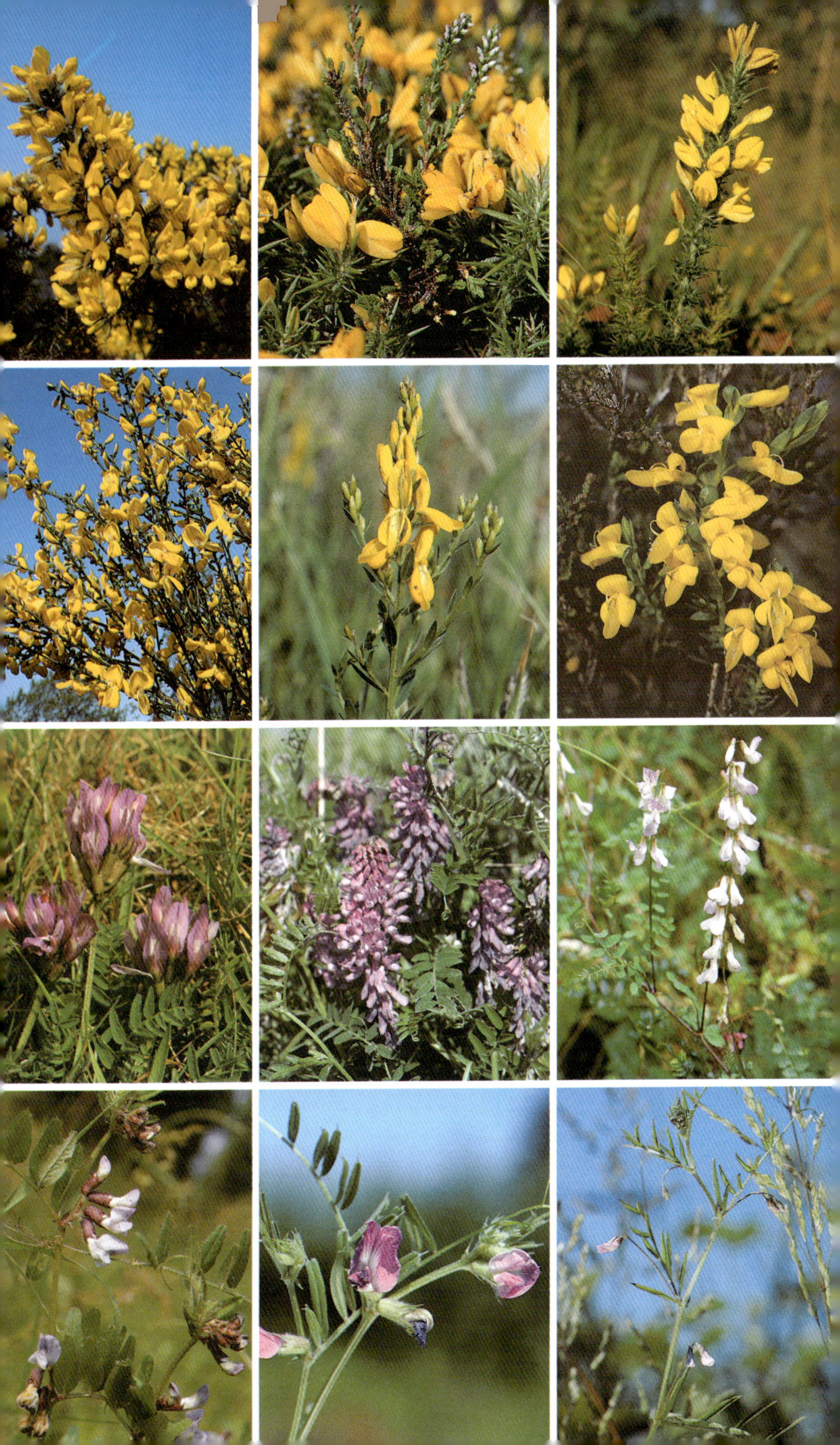

Blodau Gwyllt

Ffacbys blewog *Vicia hirsuta* Hairy tare Taldra hyd at 60cm
Planhigyn unflwydd, eiddil yn sgrafangu ar laswellt. Eithaf cyffredin ym mhobman ond prinnach yn y gogledd ac yn Iwerddon. 4-10 pâr o ddeilios yn gorffen mewn tendriliau canghennog. 1-9 o flodau lelog golau, Mai-Awst. Codau blewog yn cynnwys dau hedyn fel rheol.

Ytbys y ddôl *Lathyrus pratensis* Meadow vetchling Taldra hyd at 50cm
Planhigyn lluosflwydd â choesau hir, onglog sy'n sgrafangu rhwng a dros lystyfiant. Cyffredin ym mhobman. Hoff o fannau glaswelltog. Un pâr o ddeilios cul a thendrilau'n ffurfio'r ddeilen. Grwpiau o 4-12 o flodau, Mai-Awst.

Ytbys melyn *Lathyrus aphaca* Yellow vetchling Taldra hyd at 80cm
Planhigyn unflwydd sy'n sgrafangu. Cyfyngedig yn bennaf i laswelltir y garreg galch yn ne Lloegr. Coesau onglog a pharau o stipylau llwydwyrdd tebyg i ddail; y dail wedi'u troi'n dendriliau. Un blodyn melyn ar goesyn hir i'w weld Mehefin-Awst.

Ytbys arfor *Lathyrus japonicus* Sea pea Taldra hyd at 12cm
Planhigyn lluosflwydd ymledol llwydwyrdd â choesau hyd at 1m o hyd. I'w weld yn unig ar draethau graean bras a thywod; cyfyngedig i rannau o dde a dwyrain Lloegr. Dail â 2-5 pâr o ddeilios hirgrwn. Grwpiau o flodau porffor, Mehefin-Awst.

Y godog *Onobrychis viciifolia* Sainfoin Taldra hyd at 75cm
Planhigyn lluosflwydd a welir ar dir sych, glaswelltog calchaidd. O bosib yn gynhenid mewn rhannau o dde ddwyrain Lloegr. Dail â 6-14 pâr o ddeilios hirgrwn. Sbigau conigol o flodau pinc â gwythiennau coch i'w gweld Mehefin-Awst.

Tagaradr *Ononis repens* Common restharrow Taldra hyd at 70cm
Planhigyn lluosflwydd, cryf sy'n ymledu; coesau blewog. Cyffredin ar y garreg galch. Dail blewog a gludiog, fel rheol â deilios hirgrwn teirdalen. Clystyrau o flodau pinc i'w gweld Gorffennaf-Medi. Y codau aeddfed yn frown.

Yr wydro resog *Melilotus officinalis* Ribbed melilot Taldra hyd at 1.5m
Planhigyn eilflwydd a welir ar laswellt. Cyffredin mewn rhai mannau; cynhenid yng Nghymru a Lloegr ond prin ac wedi'i gyflwyno mewn mannau eraill. Tair deiliosen hirgul yn ffurfio deilen. Sbigynnau tal o flodau melyn, Mehefin-Medi. Codau aeddfed yn frown.

Yr wydro wen *Melilotus alba* White melilot Taldra hyd at 1m
Planhigyn eilflwydd trawiadol a welir mewn glaswellt a phridd wedi'i droi. Wedi'i gyflwyno, ond wedi ymsefydlu mewn rhannau o dde a dwyrain Lloegr. Tair deiliosen hirgul yn ffurfio deilen. Sbigynnau tal o flodau gwyn Mehefin-Awst. Codau aeddfed yn frown.

Plucen felen *Anthyllis vulneraria* Kidney vetch Taldra hyd at 30cm
Planhigyn lluosflwydd â blew sidanaidd. Cyffredin ar laswelltir calchaidd a llethrau'r arfordir. Deilios cul yn ffurfio deilen. Blodau melyn, oren neu goch mewn parau; pennau siâp arenau, 3cm ar draws; Mai-Medi.

Ffacbys pedol *Hippocrepis comosa* Horseshoe vetch Taldra hyd at 10cm
Planhigyn lluosflwydd ymledol a geir yn unig ar laswelltir calchaidd; cyffredin mewn rhannau o Loegr. 4-5 pâr o ddeilios cul a deiliosen ar y pen yn ffurfio deilen. Pennau blodau cylchog i'w gweld Mai-Gorffennaf. Codau aeddfed yn crychu i segmentau siâp pedol.

Troed yr iâr *Lotus corniculatus* Common bird's-foot-trefoil Ymgripiol fel rheol
Planhigyn lluosflwydd â choesau sy'n llusgo. Cyffredin ledled y wlad mewn mannau glaswelltog. Pum deiliosen yn ffurfio'r ddeilen ond yn ymddangos fel teirdalen am fod y pâr isaf wrth fôn y coesyn. Blodau melyn neu oren Mai-Medi. Codau wedi'u trefnu fel troed aderyn.

Troed yr iâr fwyaf
Lotus uliginosus Greater bird's-foot-trefoil Taldra hyd at 50cm
Planhigyn lluosflwydd ar laswelltir llaith a ffeniau. Cyffredin ledled y wlad mewn cynefinoedd addas. Dail llwydwyrdd, melfedaidd yn cynnwys pum deiliosen ond yn ymddangos fel teirdalen. Pennau o flodau melyn ar goesynnau hir, Mehefin-Awst.

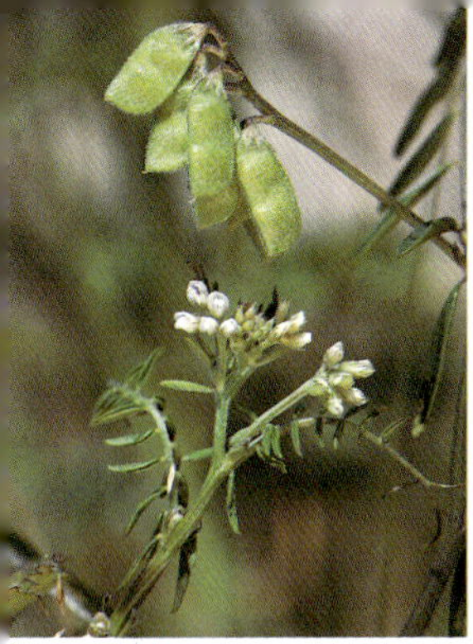
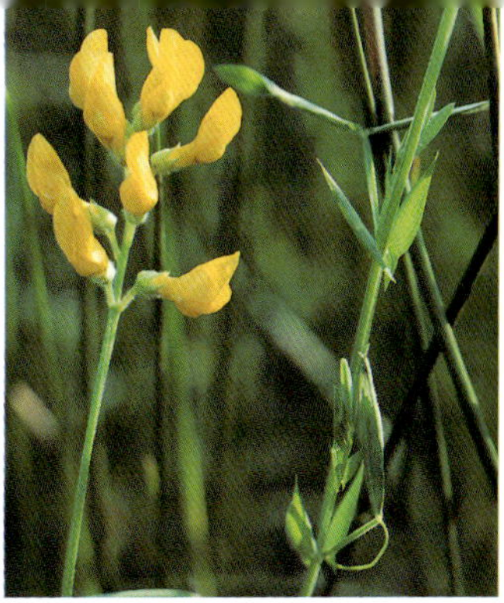
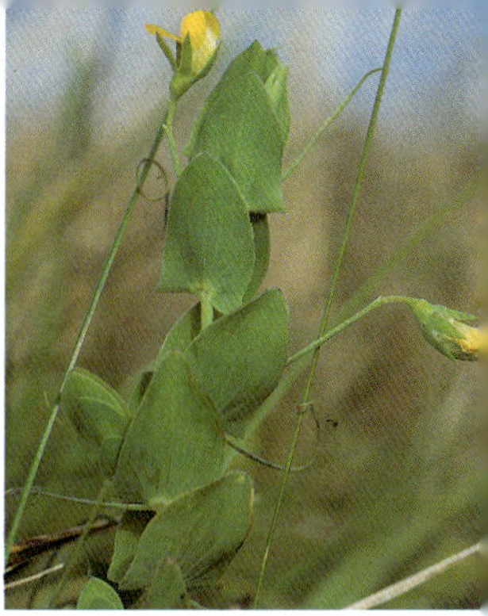
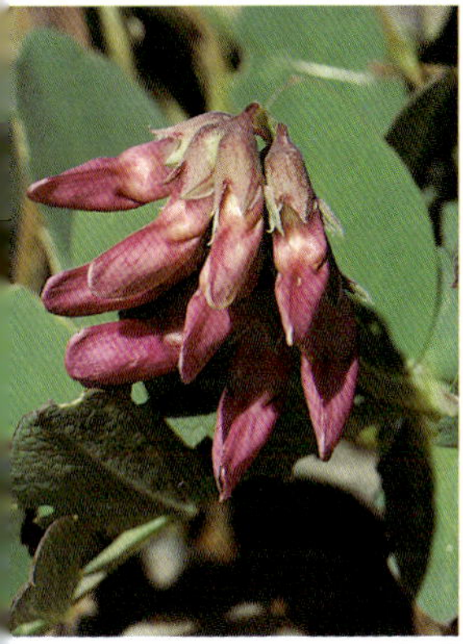
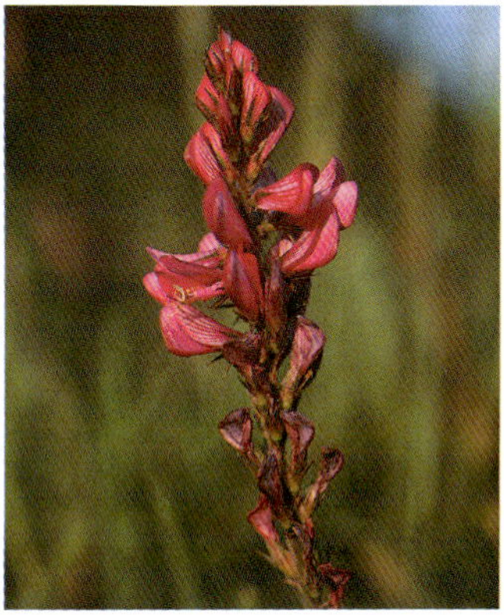
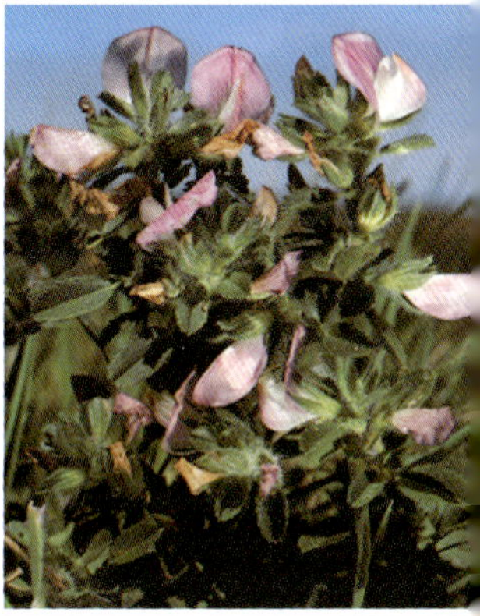
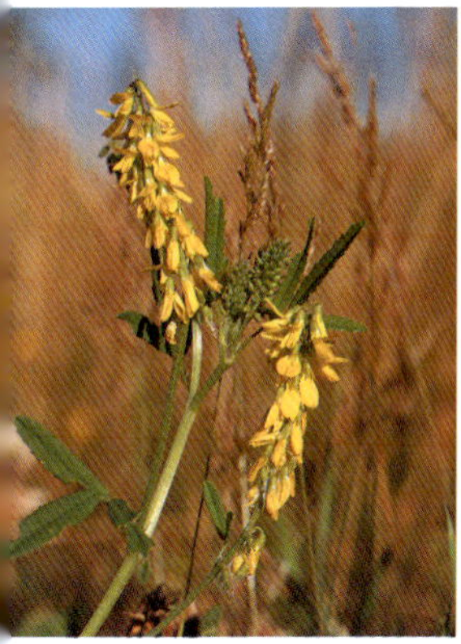
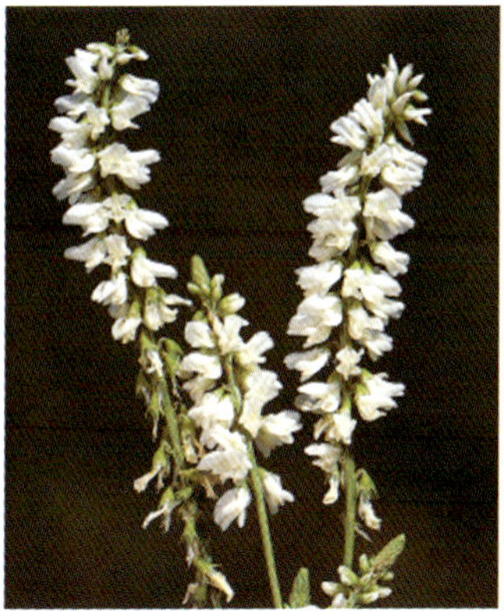
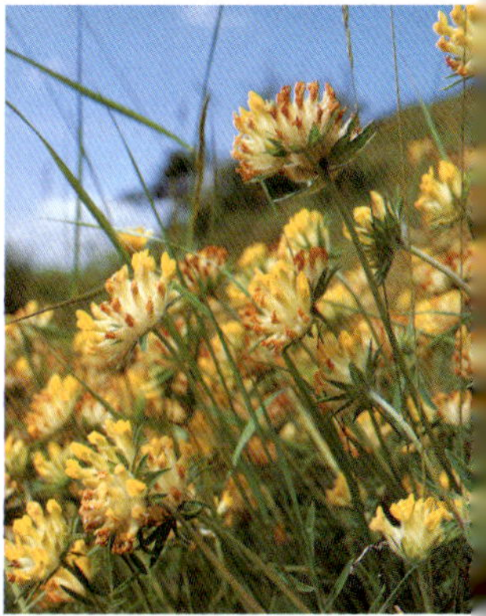
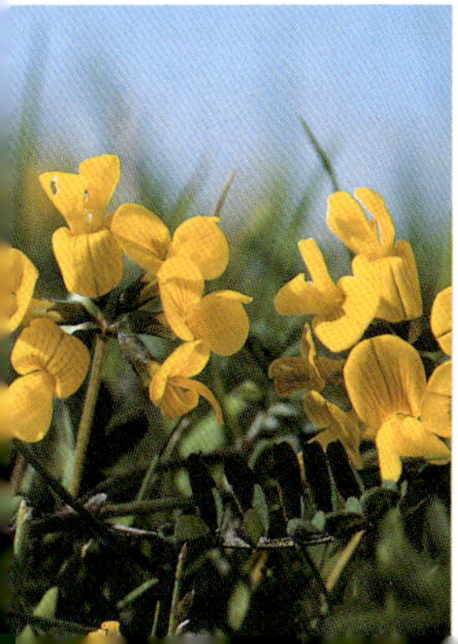
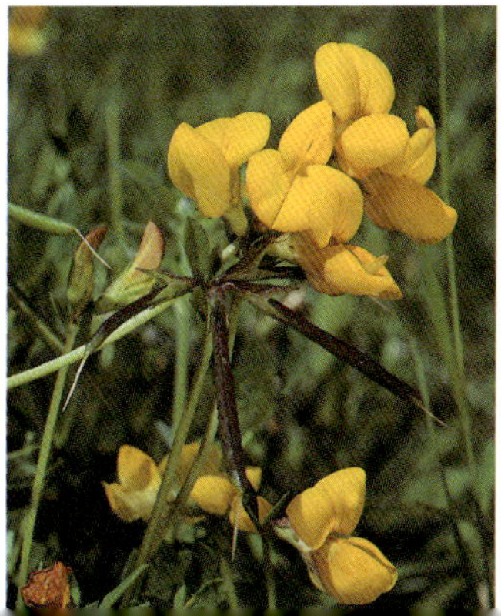
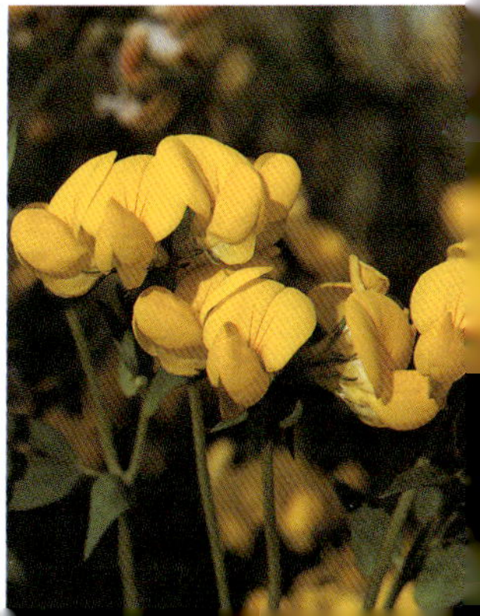

Blodau Gwyllt

Maglys rhuddlas *Medicago sativa ssp sativa* Lucerne Taldra hyd at 75m
Planhigyn lluosflwydd melfedaidd. Caiff ei dyfu fel cnwd yn aml ond erbyn hyn wedi ymgartrefu yn y gwyllt. Dail teirdalen â deilios cul, danheddog sy'n lledu at eu blaenau. Sbigynnau o flodau porffor, 7-8mm, i'w gweld Mehefin-Medi.

Maglys du *Medicago lupulina* Black medick Taldra hyd at 20cm
Cyffredin mewn glaswellt byr a thir anial. Dail teirdalen, pob deiliosen â phwynt ynghanol y pig. Pennau crwn, trwchus o flodau melyn, Ebrill-Hydref. Codau aeddfed yn ddu.

Troed yr aderyn *Ornithopus perpusillus* Bird's foot Taldra hyd at 30cm
Planhigyn unflwydd, melfedaidd yn aml yn llusgo. I'w weld ar dir sych, tywodlyd. Cyffredin mewn rhai mannau yng Nghymru a Lloegr; prin mewn lleoedd eraill. 5-13 pâr o ddeilios yn ffurfio'r dail. Blodau hufen â gwythiennau coch, Mai-Awst. Codau fel troed aderyn.

Meillionen hopysaidd *Trifolium campestre* Hop trefoil Taldra hyd at 25cm
Planhigyn unflwydd, blewog; cyffredin trwy'r wlad ar laswellt sych, ond lloel yn y gogledd ac Iwerddon. Y dail bob yn ail ac yn deirdalen. Pennau llyfngrwn, cywasgedig o flodau melyn, Mai-Hydref. Blodau marw'n frown golau ac yn debyg i hopys pitw.

Meillionen goch *Trifolium pratense* Red clover Taldra hyd at 40cm
Planhigyn lluosflwydd cyfarwydd ar laswelltir; cyffredin trwy'r wlad. Dail teirdalen, a marc gwyn siâp cilgant ar bob deiliosen hirgrwn. Blodau pincborffor, 3cm ar draws, ar bennau digoes; Mai-Hydref.

Meillionen wen *Trifolium repens* White clover Taldra hyd at 40cm
Planhigyn lluosflwydd cyfarwydd ar laswelltir; cyffredin trwy'r wlad. Dail teirdalen; marciau gwyn ar y deilios llyfngrwn yn aml. Blodau gwyn, hufennog yn aml yn troi'n frown wrth fynd yn hŷn; ar bennau crwn, 2cm ar draws, ac i'w gweld Mai-Hydref.

Meillionen gedennog *Trifolium arvense* Hare's-foot clover Taldra hyd at 25cm
Planhigyn unflwydd, wedi'i orchuddio â blew. Gwelir ar laswelltir sych ledled y wlad; cyffredin fel rheol ond absennol o ogledd yr Alban. Deilios cul yn ffurfio'r dail teirdalen. Blodau pinc golau ar bennau hirgrwn neu silindraidd, i'w gweld Mehefin-Medi.

Meillionen arw *Trifolium scabrum* Rough clover Taldra hyd at 15cm
Planhigyn unflwydd, melfedaidd a welir yn aml ar bridd graeanog. Cyffredin mewn rhannau o dde Lloegr a de Cymru, ar yr arfordir yn bennaf. Dail teirdalen â deilios hirgrwn a gwythiennau ochrol amlwg. Blodau gwyn ar bennau heb goesynnau, i'w gweld Mai-Gorffennaf.

Suran y coed *Oxalis acetosella* Wood sorrel Taldra hyd at 10cm
Planhigyn lluosflwydd hudolus, ymgripiol. I'w weld ledled y wlad; cyffredin mewn rhai mannau; arwydd o goetiroedd a gwrychoedd hynafol. Dail teirdalen sy'n plygu yn y nos, ar goesynnau hir. Blodau â gwythiennau lliw lelog ar goesynnau i'w gweld Ebrill-Mehefin.

Llin y tylwyth teg *Linum catharticum* Fairy flax Taldra hyd at 12cm
Planhigyn unflwydd eiddil a elwir hefyd yn llin y mynydd. Fe'i ceir ar laswelltir gwlyb a sych ac yn aml ar bridd calchaidd. Parau o ddail cul, un wythïen, gyferbyn â'i gilydd ar goesau main. Clystyrau o flodau bach gwyn ar y pen i'w gweld Mai-Medi.

Pig y crëyr *Erodium cicutarium* Common stork's-bill Taldra hyd at 25cm
Planhigyn unflwydd gludiog a blewog a geir ar dir glaswelltog, llwm. I'w weld ledled y wlad ac yn gyffredin mewn rhai mannau, yn arbennig de ddwyrain Lloegr a'r arfordir. Dail wedi'u rhannu fân ar ffurf pluen. Blodau pinc i'w gweld Mai-Awst; yn bwrw'r petalau'n rhwydd. Ffrwyth yn hir ac fel mynawyd.

Pig yr aran y weirglodd
Geranium pratense Meadow crane's-bill Taldra hyd at 75cm
Planhigyn lluosflwydd ar ochrau ffyrdd a gweirgloddiau, yn aml ar bridd basig. Gwelir ledled y wlad; cyffredin mewn mannau fel canolbarth a gogledd Lloegr a'r Alban. Y dail isaf wedi'u rhannu ddwfn i 5-7 llabed. Blodau glas/dulas 3-5cm ar draws, Mehefin-Awst.

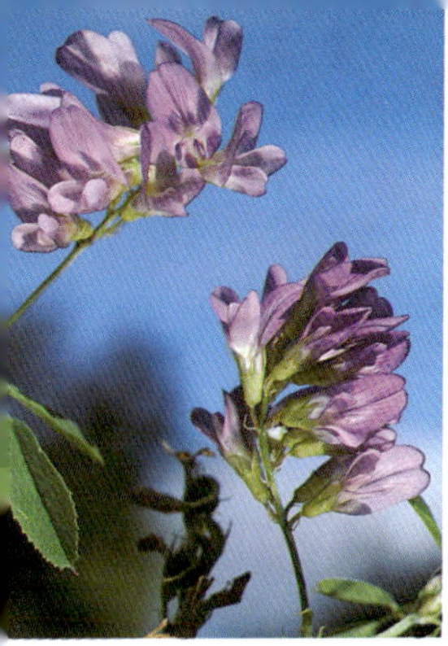
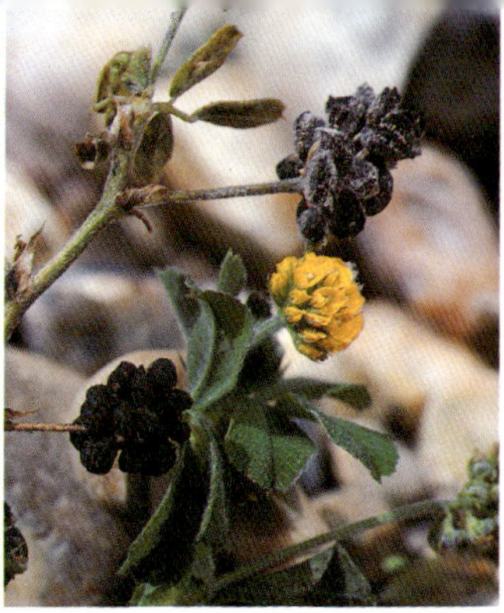
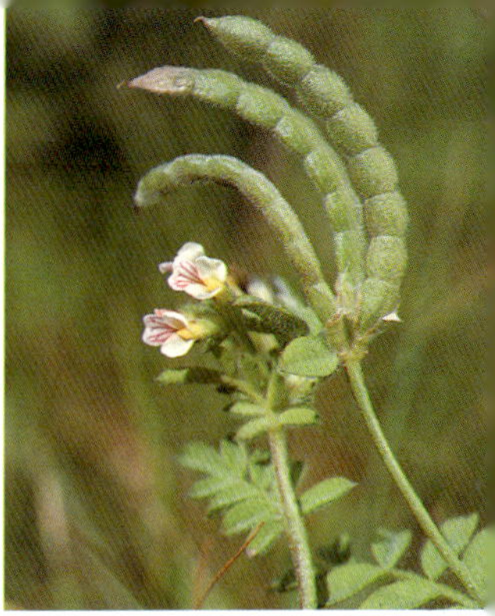
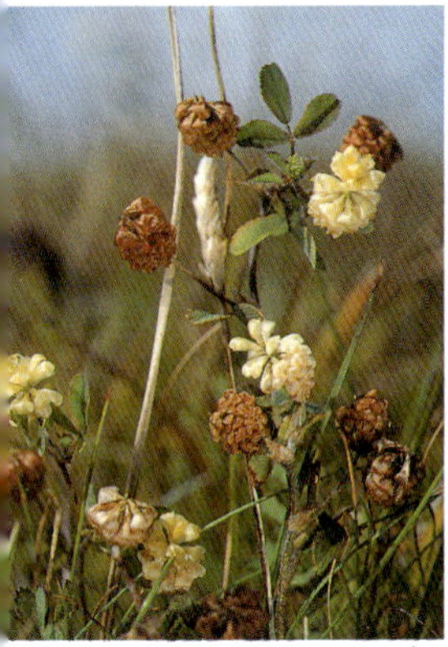
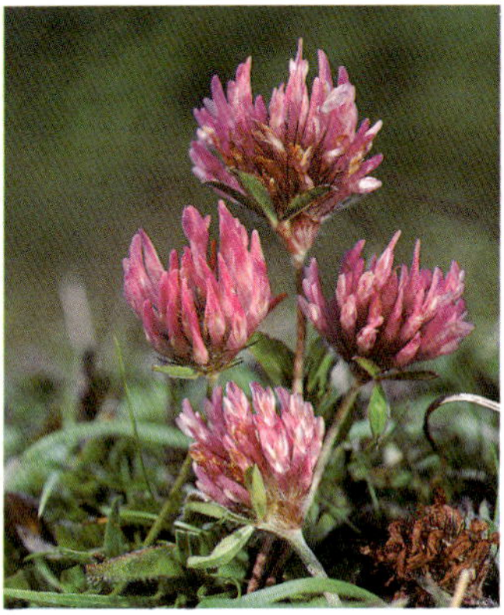
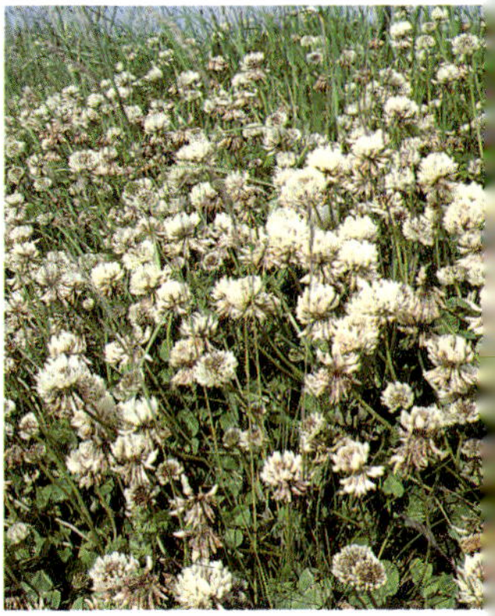
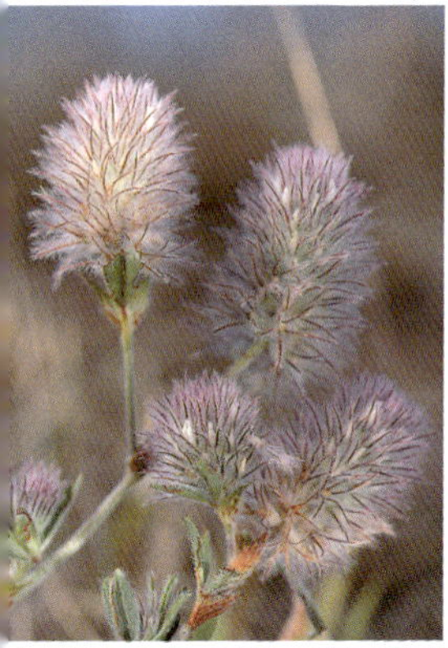
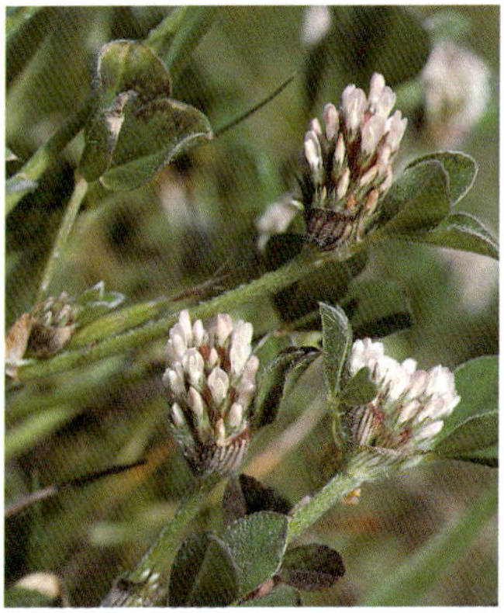
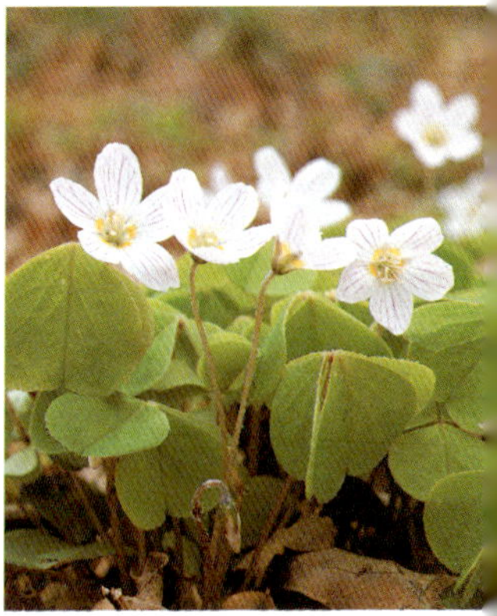
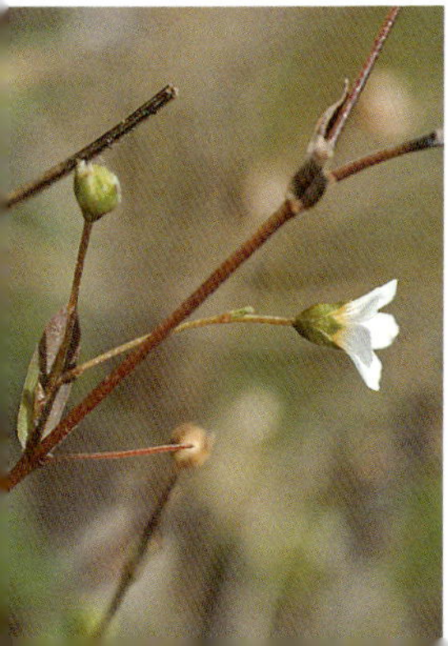
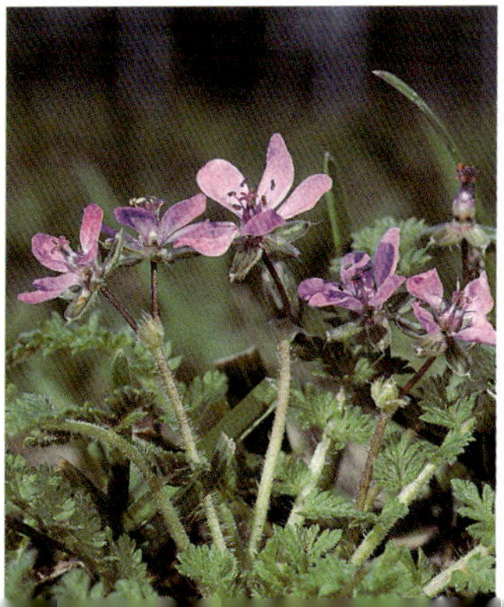
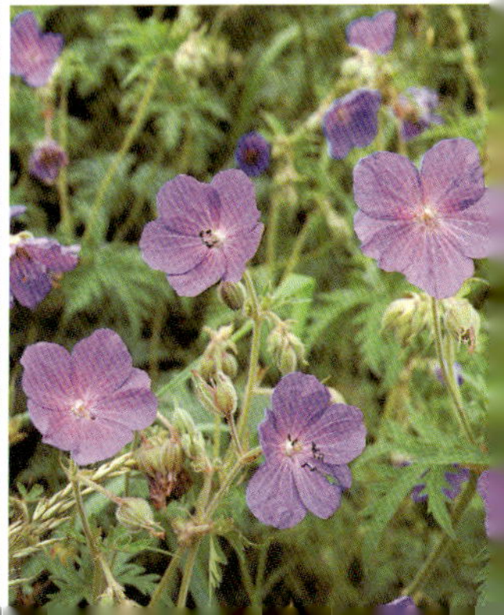

Blodau Gwyllt

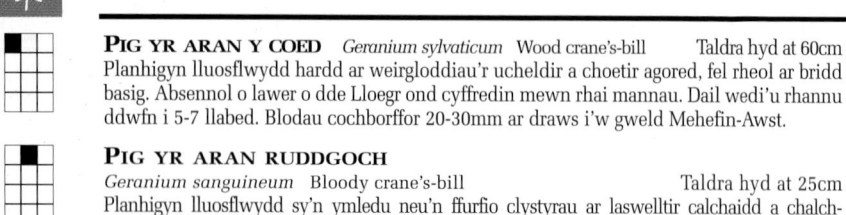

Pig yr Aran y Coed *Geranium sylvaticum* Wood crane's-bill Taldra hyd at 60cm
Planhigyn lluosflwydd hardd ar weirgloddiau'r ucheldir a choetir agored, fel rheol ar bridd basig. Absennol o lawer o dde Lloegr ond cyffredin mewn rhai mannau. Dail wedi'u rhannu ddwfn i 5-7 llabed. Blodau cochborffor 20-30mm ar draws i'w gweld Mehefin-Awst.

Pig yr Aran Ruddgoch
Geranium sanguineum Bloody crane's-bill Taldra hyd at 25cm
Planhigyn lluosflwydd sy'n ymledu neu'n ffurfio clystyrau ar laswelltir calchaidd a chalchbalmentydd. Cyffredin mewn rhannau o Brydain ond absennol o'r de-ddwyrain; hefyd yng ngorllewin Iwerddon. Dail wedi'u rhannu ddwfn i 5-7 llabed. Blodau cochborffor, Mehefin-Awst.

Y Goesgoch *Geranium robertianum* Herb Robert Taldra hyd at 30cm
Planhigyn unflwydd cyffredin, ymledol, blewog mewn gwrychoedd cysgodol, cloddiau creigiog a choed. Cyffredin ym mhobman. Dail wedi'u rhannu ddwfn i 3-5 llabed. Clystyrau llac o flodau pinc, 12-15mm ar draws, Ebrill-Hydref.

Pig yr Aran *Geranium molle* Dove's-foot crane's-bill Taldra hyd at 20cm
Planhigyn unflwydd blewog iawn sy'n lledaenu. Fe'i ceir mewn mannau glaswelltog, sych fel ochrau'r ffyrdd. Cyffredin trwy'r wlad, yn arbennig yn y de. Dail blewog, llyfngrwn â'r ymylon wedi'u rhannu'n 5-7 llabed. Parau o flodau pinc, 5-10mm ar draws, Ebrill-Awst.

Pig yr Aran Larpiog
Geranium dissectum Cut-leaved crane's-bill Taldra hyd at 45cm
Planhigyn unflwydd blewog sy'n gyffredin ledled y wlad ac sy'n hoffi tir wedi'i droi a phridd tyfu cnydau. Y dail wedi'u rhannu'n ddwfn i labedau cul iawn. Blodau pinc, 8-10mm ar draws, i'w gweld Mai-Medi; y petalau'n rhiciog ambell dro.

Pig yr Aran Loywddail
Geranium lucidum Shining crane's-bill Taldra hyd at 30cm
Planhigyn unflwydd, bron yn ddi-flew, yn tyfu ar gloddiau cysgodol a llethrau creigiog, yn bennaf ar garreg galch. I'w weld ledled y wlad ond yn gyffredin mewn rhai mannau. Dail gloyw, gwyrdd ag arlliw o goch weithiau; crwn â'r ymylon wedi'u rhannu'n 5-7 llabed. Blodau pinc, Ebrill-Awst.

Llaethlys y Coed *Euphorbia amygdaloides* Wood spurge Taldra hyd at 80cm
Planhigyn lluosflwydd melfedaidd a geir mewn coetir a phrysgdir. Cyffredin yn ne Lloegr a Chymru ond absennol o fannau eraill. Dail gwyrdd tywyll, heb goesynnau, 6cm o hyd ar goesau unionsyth. Wmbelau o flodau melyn, sydd heb betalau na sepalau, i'w gweld Mehefin-Hydref.

Llaethlys y Môr *Euphorbia paralias* Sea spurge Taldra hyd at 60cm
Planhigyn y twyni tywod. Fe'i gwelir ledled Prydain; cyffredin yn lleol ar arfordir de a gorllewin Lloegr, Cymru ac Iwerddon. Dail llwydwyrdd, noddlawn, clos at ei gilydd, 6cm o hyd, ar goesau unionsyth. Blodau melynaidd, heb betalau na sepalau, Mehefin-Hydref.

Llaethlys yr Ysgyfarnog
Euphorbia helioscopia Sun spurge Taldra hyd at 50cm
Planhigyn unflwydd di-flew; cyffredin ar dir cnydau a thir âr. Dail siâp llwy, lletaf ger y blaen, ar goesau unionsyth digangen. Blodau melyn, heb betalau na sepalau, Mai-Tachwedd.

Llaethlys Bach *Euphorbia peplus* Petty spurge Taldra hyd at 30cm
Planhigyn unflwydd di-flew; cyffredin ledled Prydain ar dir tyfu cnydau a thir âr. Dail hirgrwn, â blaenau pŵl ar goesau canghennog. Ar ben y coesynnau gwelir wmbelau o flodau lledwyrdd, wedi'u ffurfio o fractau hirgrwn, Mai-Tachwedd.

Llaethlys Iwerddon *Euphorbia hyberna* Irish spurge Taldra hyd at 55cm
Planhigyn lluosflwydd cudynnog, deniadol a welir yn unig ar lethrau coediog, cysgodol yn ne-orllewin Lloegr a de-orllewin Iwerddon. Dail pigfain, digoesyn, ar goesau unionsyth. Blodau melynaidd, trawiadol heb betalau na sepalau ar y pen; i'w gweld Mai-Gorffennaf.

Dail Cwlwm yr Asgwrn
Mercurialis perenne Dog's mercury Taldra hyd at 35cm
Planhigyn lluosflwydd eang ei ddosbarthiad; eithaf cyffredin mewn coetiroedd ond prin yng ngogledd yr Alban ac Iwerddon. Dail hirgrwn, danheddog ar goesau unionsyth. Clystyrau o flodau gwrywaidd a benywaidd, disylw ar blanhigion gwahanol, Chwefror-Ebrill.

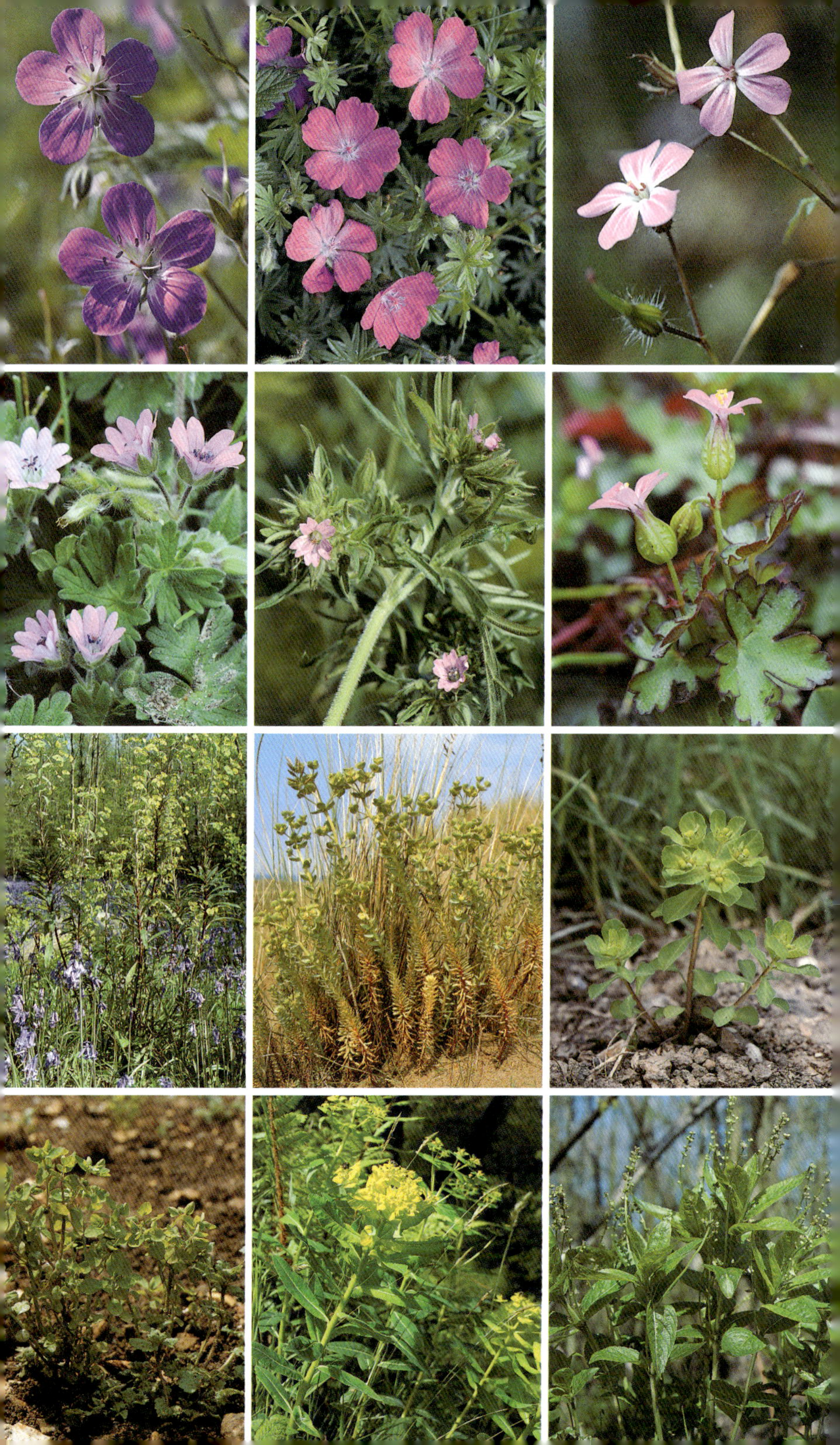

Blodau Gwyllt

Amlaethai Cyffredin *Polygala vulgaris* Common milkwort Taldra hyd at 30m
Planhigyn lluosflwydd, yn syth neu'n llusgo. Dosbarthiad eang ar laswelltiroedd, ac ar bob pridd ond y rhai mwyaf asidig. Dail bob yn ail, cul a phigfain. Gall y blodau fod yn las, pinc neu wyn; clystyrau ar y pen i'w gweld Mai-Medi.

Jac y Neidiwr *Impatiens balsamifera* Himalayan balsam Taldra hyd at 2m
Planhigyn sydd wedi'i gyflwyno o Fynyddoedd Himalaia ond wedi ymgartrefu yn y gwyllt ar hyd glannau afonydd neu dir anial, llaith. Y dail mewn sidelli o dair neu mewn parau gyferbyn â'i gilydd ar goesau unionsyth, cochlyd. Blodau pincborffor, 30-40mm ar draws i'w gweld Gorffennaf-Hydref. Yr hadau'n ffrwydrol.

Hocysen Fwsg *Malva moschata* Musk mallow Taldra hyd at 75cm
Planhigyn lluosflwydd a welir mewn mannau glaswelltog, sych. Cyffredin ledled Cymru a Lloegr ond prin mewn lleoedd eraill. Dail llyfngrwn â thri llabed yn y bôn; mwy rhanedig wrth ddringo'r goes. Blodau pinc golau, 30-60mm ar draws, i'w gweld Gorffennaf-Awst.

Hocysen *Malva sylvestris* Common mallow Taldra hyd at 1.5m
Planhigyn lluosflwydd unionsyth neu ymledol a welir ar ochrau glaswelltog a thir wedi'i droi. Y dail yn llyfngrwn yn y bôn ond â 5 llabed ar y goes. Blodau pinc â gwythiennau porffor, 25-40mm ar draws, Mehefin-Hydref. Cyffredin yn ne Prydain ond prin fel arall.

Hocyswydden *Lavatera arborea* Tree mallow Taldra hyd at 3m
Planhigyn eilflwydd mawreddog sy'n hoffi tir creigiog yr arfordir, yn aml ger nythfeydd adar môr. Cyffredin ar rannau o arfordir gorllewin Prydain a de a gorllewin Iwerddon. 5-7 llabed gan y dail. Blodau pincborffor â gwythiennau tywyll i'w gweld Mehefin-Medi.

Hocysen y Morfa *Althaea officinalis* Marsh mallow Taldra hyd at 2m
Planhigyn lluosflwydd, melfedaidd, deniadol a welir ar wlyptiroedd yr arfordir, yn aml ar rannau uchaf morfa heli. Cyffredin mewn rhai mannau ar arfordir de Prydain ac Iwerddon. Y dail siâp triongl fymryn yn llabedog. Blodau pinc golau i'w gweld Awst-Medi.

Dail y Beiblau *Hypericum androsaemum* Tutsan Taldra hyd at 80cm
Llwyn unionsyth, rhannol fytholwyrdd. Cyffredin mewn rhai coetiroedd a gwrychoedd cysgodol, yn bennaf yn ne a gorllewin Prydain ac Iwerddon. Dail hirgrwn mewn parau gyferbyn â'i gilydd. Blodau melyn, 15-25mm ar draws, Mehefin-Awst. Aeron yn aeddfedu o goch i ddu.

Eurinllys Trydwll
Hypericum perforatum Perforate St John's-wort Taldra hyd at 80cm
Planhigyn lluosflwydd unionsyth a welir ar laswelltir, prysgdir a choetir agored ar bridd y garreg galch yn aml. I'w gael trwy'r wlad ond yn fwyaf cyffredin yn y de. Dail cul, digoesyn, mewn parau â dotiau lled dryloyw; dwy linell ar y coesau. Blodau i'w gweld Mehefin-Medi.

Eurinllys Meinsyth
Hypericum pulchrum Slender St John's-wort Taldra hyd at 80cm
Planhigyn lluosflwydd unionsyth a welir ar lecynnau glaswelltog a rhostir, yn bennaf ar dir asidig. Cyffredin ym mhobman. Dail hirgrwn mewn parau ac arnynt ddotiau lled dryloyw. Pum petal melyn gan y blodau a dotiau du ar hyd eu hochrau; i'w gweld Gorffennaf-Awst.

Eurinllys y Gors *Hypericum elodes* Marsh St John's-wort Taldra hyd at 20cm
Planhigyn lluosflwydd, blewog, ymgripiol ar dir mawnog a chorsydd asidig. Wedi'i gyfyngu'n bennaf i dde orllewin Prydain a gorllewin Iwerddon. Mae'r dail llwydwyrdd yn tueddu i gydio yn y goes. Blodau melyn, 15mm ar draws, i'w gweld Mehefin-Awst.

Eurinllys Ymdaenol *Hypericum humifusum* Trailing St John's-wort Ymgripiol
Planhigyn lluosflwydd, di-flew hoff o ddaear anial gweundiroedd a rhosydd asidig. I'w gael trwy'r wlad ond fwyaf cyffredin yng ngorllewin Prydain a gorllewin Iwerddon. Dotiau lled dryloyw ar ddail sydd mewn parau gyferbyn â'i gilydd ar goesau sy'n llusgo. Blodeuo Mehefin-Medi.

Bliwlys *Daphne mezereum* Mezereon Taldra hyd at 2m
Llwyn llydanddail sy'n hoffi coedydd a thir prysg cysgodol ar bridd calchaidd. Prin a lleol, yn bennaf yng nghanolbarth a de Lloegr. Dail gwyrdd tywyll gloyw fel lledr. Blodau pinc i'w gweld Chwefror-Ebrill, yn union cyn y dail. Ffrwyth coch fel aeron.

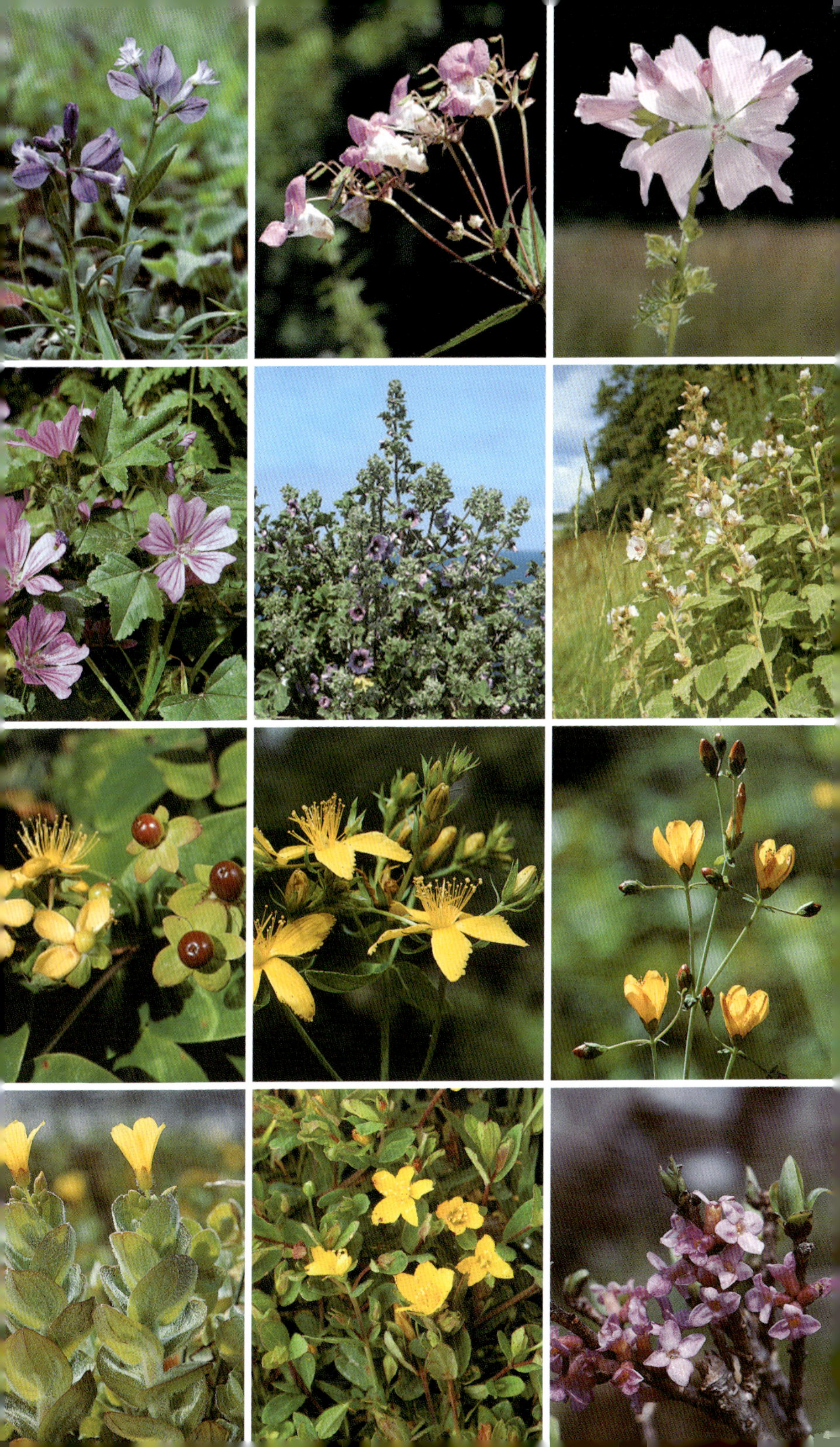

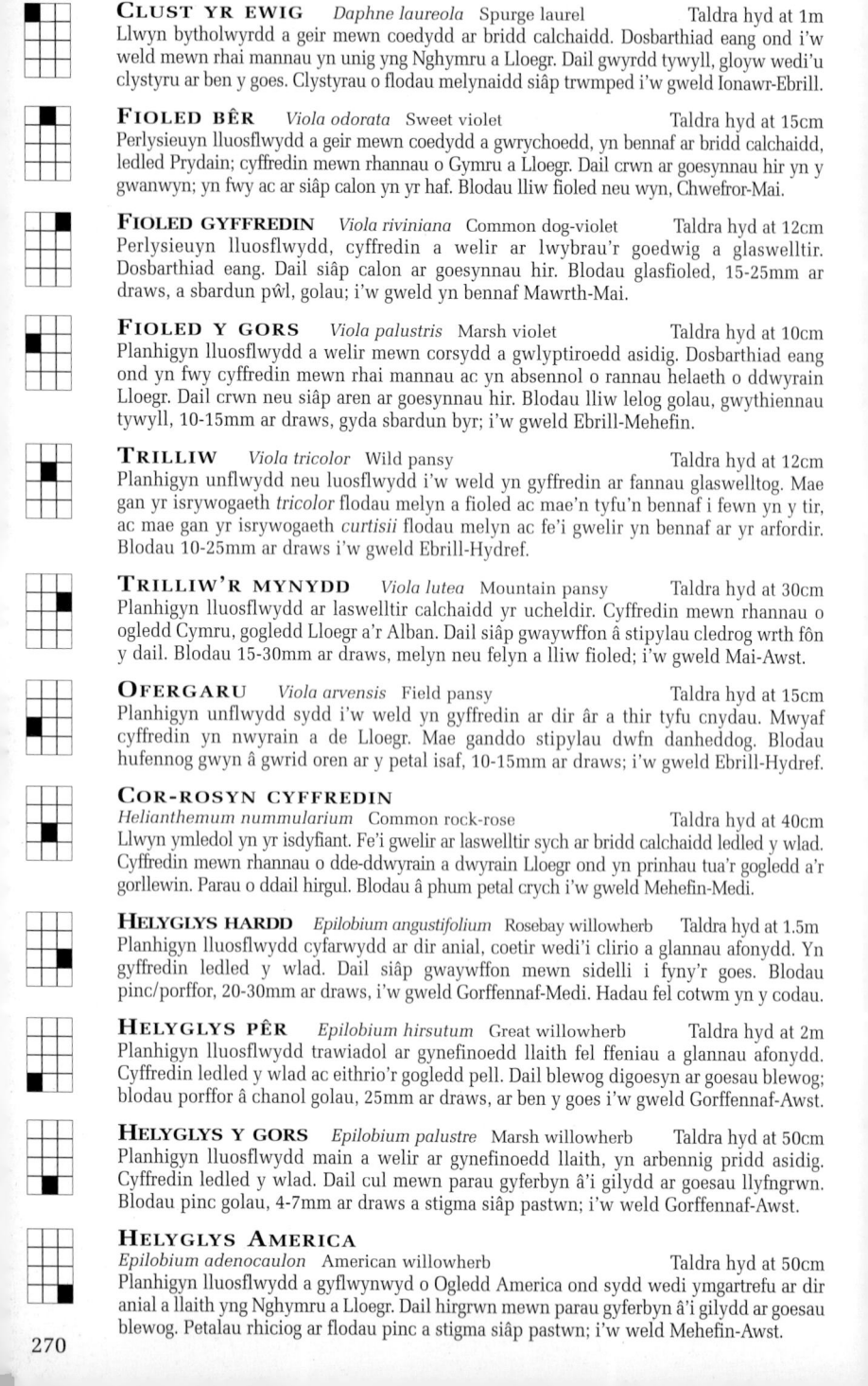

Blodau Gwyllt

Clust yr Ewig   *Daphne laureola*   Spurge laurel   Taldra hyd at 1m
Llwyn bytholwyrdd a geir mewn coedydd ar bridd calchaidd. Dosbarthiad eang ond i'w weld mewn rhai mannau yn unig yng Nghymru a Lloegr. Dail gwyrdd tywyll, gloyw wedi'u clystyru ar ben y goes. Clystyrau o flodau melynaidd siâp trwmped i'w weld Ionawr-Ebrill.

Fioled Bêr   *Viola odorata*   Sweet violet   Taldra hyd at 15cm
Perlysieuyn lluosflwydd a geir mewn coedydd a gwrychoedd, yn bennaf ar bridd calchaidd, ledled Prydain; cyffredin mewn rhannau o Gymru a Lloegr. Dail crwn ar goesynnau hir yn y gwanwyn; yn fwy ac ar siâp calon yn yr haf. Blodau lliw fioled neu wyn, Chwefror-Mai.

Fioled Gyffredin   *Viola riviniana*   Common dog-violet   Taldra hyd at 12cm
Perlysieuyn lluosflwydd, cyffredin a welir ar lwybrau'r goedwig a glaswelltir. Dosbarthiad eang. Dail siâp calon ar goesynnau hir. Blodau glasfioled, 15-25mm ar draws, a sbardun pŵl, golau; i'w gweld yn bennaf Mawrth-Mai.

Fioled y Gors   *Viola palustris*   Marsh violet   Taldra hyd at 10cm
Planhigyn lluosflwydd a welir mewn corsydd a gwlyptiroedd asidig. Dosbarthiad eang ond yn fwy cyffredin mewn rhai mannau ac yn absennol o rannau helaeth o ddwyrain Lloegr. Dail crwn neu siâp aren ar goesynnau hir. Blodau lliw lelog golau, gwythiennau tywyll, 10-15mm ar draws, gyda sbardun byr; i'w gweld Ebrill-Mehefin.

Trilliw   *Viola tricolor*   Wild pansy   Taldra hyd at 12cm
Planhigyn unflwydd neu luosflwydd i'w weld yn gyffredin ar fannau glaswelltog. Mae gan yr isrywogaeth *tricolor* flodau melyn a fioled ac mae'n tyfu'n bennaf i fewn yn y tir, ac mae gan yr isrywogaeth *curtisii* flodau melyn ac fe'i gwelir yn bennaf ar yr arfordir. Blodau 10-25mm ar draws i'w gweld Ebrill-Hydref.

Trilliw'r Mynydd   *Viola lutea*   Mountain pansy   Taldra hyd at 30cm
Planhigyn lluosflwydd ar laswelltir calchaidd yr ucheldir. Cyffredin mewn rhannau o ogledd Cymru, gogledd Lloegr a'r Alban. Dail siâp gwaywffon â stipylau cledrog wrth fôn y dail. Blodau 15-30mm ar draws, melyn neu felyn a lliw fioled; i'w gweld Mai-Awst.

Ofergaru   *Viola arvensis*   Field pansy   Taldra hyd at 15cm
Planhigyn unflwydd sydd i'w weld yn gyffredin ar dir âr a thir tyfu cnydau. Mwyaf cyffredin yn nwyrain a de Lloegr. Mae ganddo stipylau dwfn danheddog. Blodau hufennog gwyn â gwrid oren ar y petal isaf, 10-15mm ar draws; i'w gweld Ebrill-Hydref.

Cor-rosyn Cyffredin
Helianthemum nummularium   Common rock-rose   Taldra hyd at 40cm
Llwyn ymledol yn yr isdyfiant. Fe'i gwelir ar laswelltir sych ar bridd calchaidd ledled y wlad. Cyffredin mewn rhannau o dde-ddwyrain a dwyrain Lloegr ond yn prinhau tua'r gogledd a'r gorllewin. Parau o ddail hirgul. Blodau â phum petal crych i'w gweld Mehefin-Medi.

Helyglys Hardd   *Epilobium angustifolium*   Rosebay willowherb   Taldra hyd at 1.5m
Planhigyn lluosflwydd cyfarwydd ar dir anial, coetir wedi'i glirio a glannau afonydd. Yn gyffredin ledled y wlad. Dail siâp gwaywffon mewn sidelli i fyny'r goes. Blodau pinc/porffor, 20-30mm ar draws, i'w gweld Gorffennaf-Medi. Hadau fel cotwm yn y codau.

Helyglys Pêr   *Epilobium hirsutum*   Great willowherb   Taldra hyd at 2m
Planhigyn lluosflwydd trawiadol ar gynefinoedd llaith fel ffeniau a glannau afonydd. Cyffredin ledled y wlad ac eithrio'r gogledd pell. Dail blewog digoesyn ar goesau blewog; blodau porffor â chanol golau, 25mm ar draws, ar ben y goes i'w gweld Gorffennaf-Awst.

Helyglys y Gors   *Epilobium palustre*   Marsh willowherb   Taldra hyd at 50cm
Planhigyn lluosflwydd main a welir ar gynefinoedd llaith, yn arbennig pridd asidig. Cyffredin ledled y wlad. Dail cul mewn parau gyferbyn â'i gilydd ar goesau llyfngrwn. Blodau pinc golau, 4-7mm ar draws a stigma siâp pastwn; i'w weld Gorffennaf-Awst.

Helyglys America
Epilobium adenocaulon   American willowherb   Taldra hyd at 50cm
Planhigyn lluosflwydd a gyflwynwyd o Ogledd America sydd wedi ymgartrefu ar dir anial a llaith yng Nghymru a Lloegr. Dail hirgrwn mewn parau gyferbyn â'i gilydd ar goesau blewog. Petalau rhiciog ar flodau pinc a stigma siâp pastwn; i'w weld Mehefin-Awst.

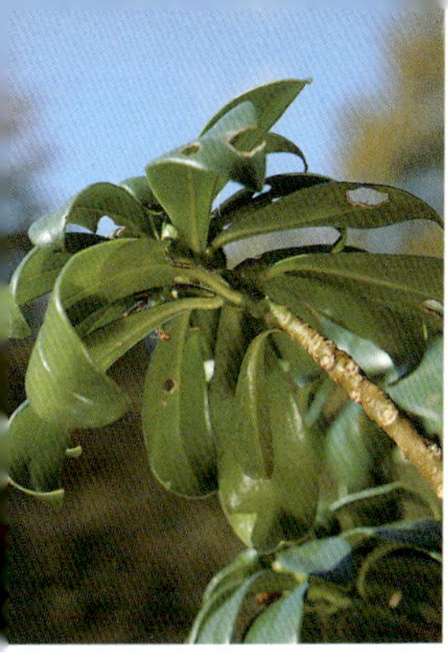
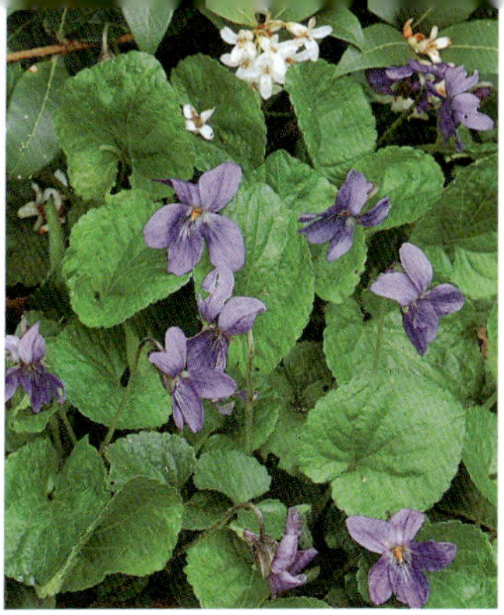
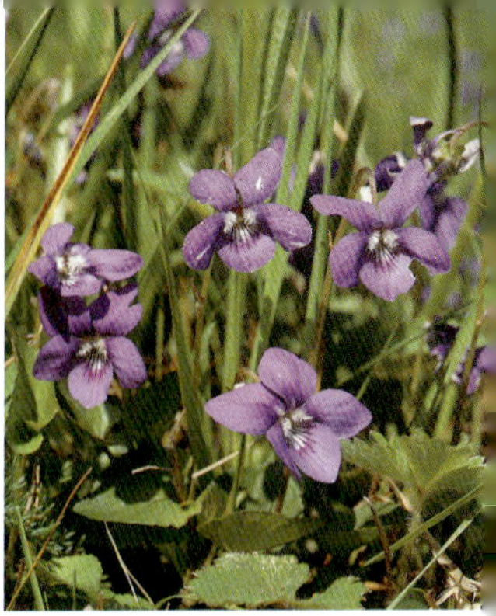
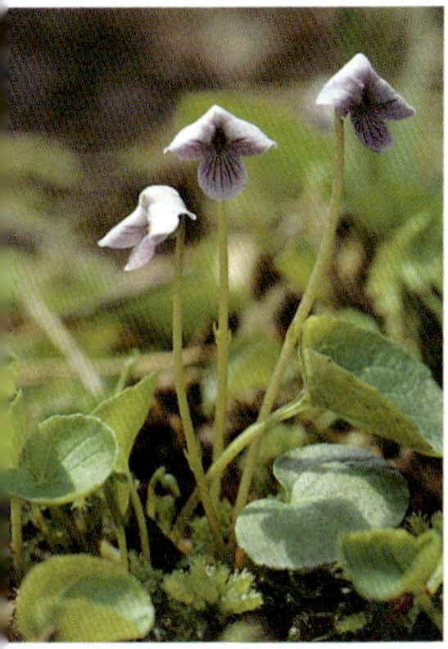
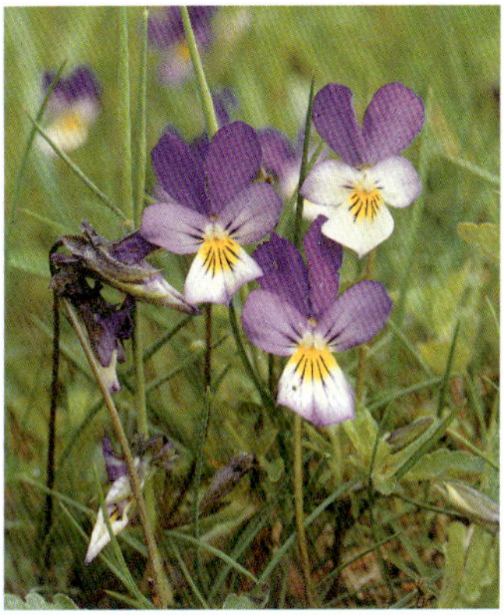
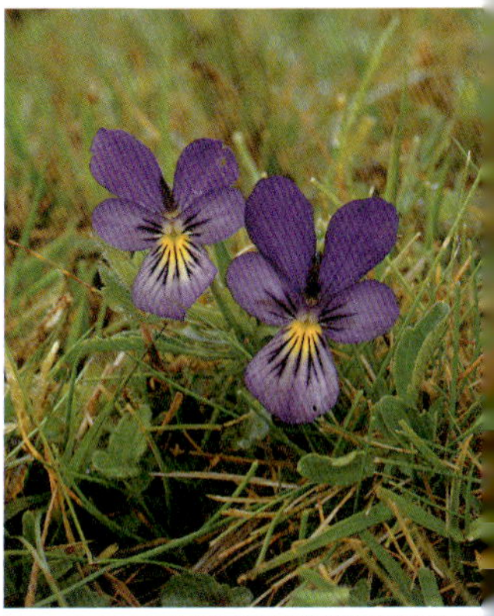
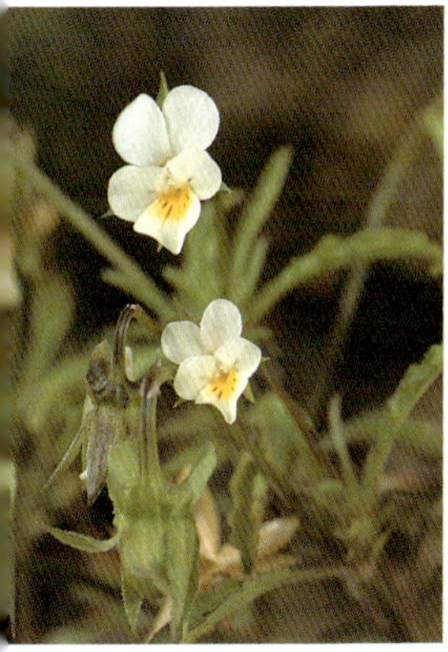
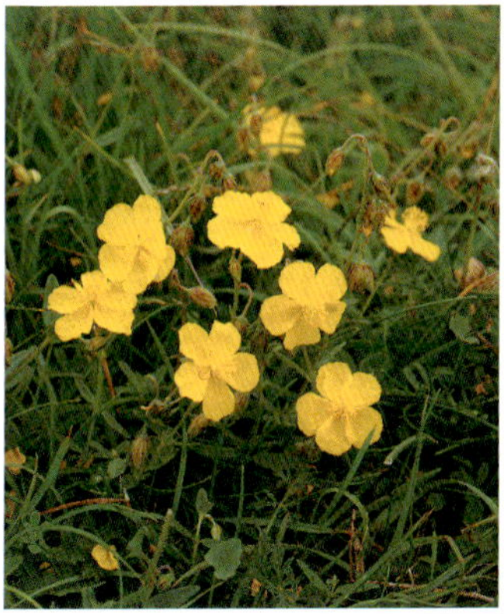
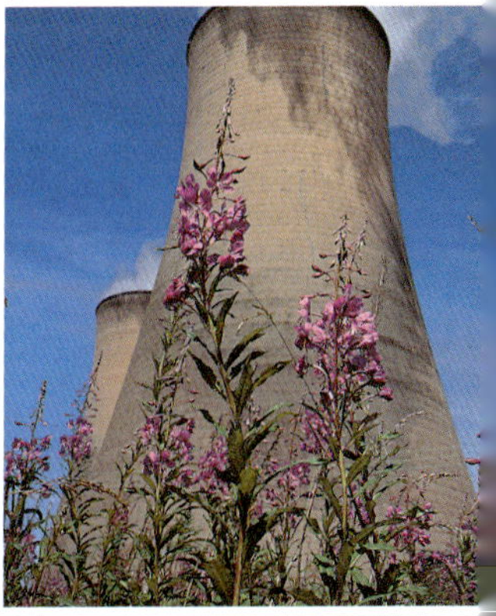
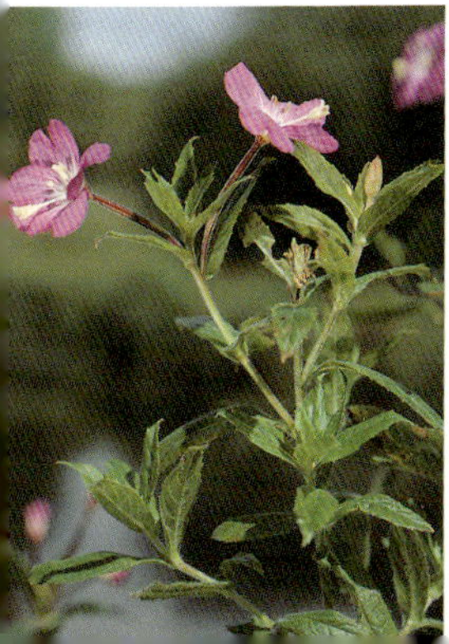
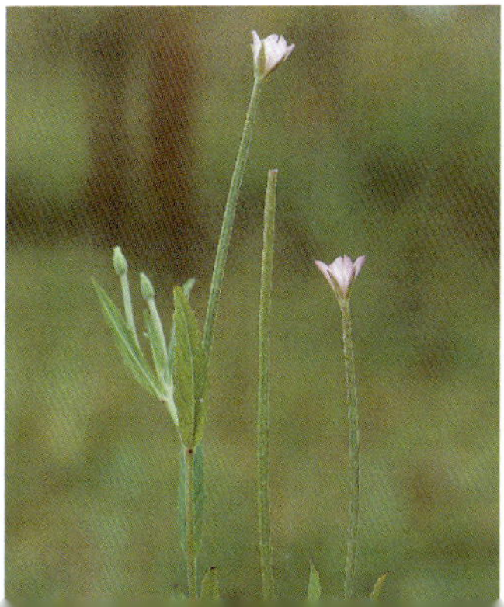
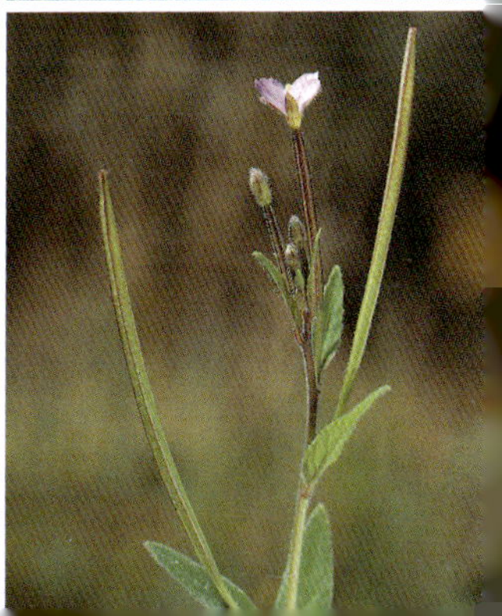

Blodau Gwyllt

Llysiau Steffan *Circaea lutetiana* Enchanter's-nightshade Taldra hyd at 65m
Planhigyn lluosflwydd eiddil a geir mewn coetiroedd cysgodol. Cyffredin ledled Prydain ac eithrio'r gogledd pell. Dail hirgul, pigfain mewn parau gyferbyn â'i gilydd ar goesau eithaf blewog. Blodau gwyn mewn sbigynnau llac uwchben y dail, Mehefin-Awst.

Melyn yr Hwyr
Oenothera biennis Common Evening-primrose Taldra hyd at 1.25m
Planhigyn eilflwydd melfedaidd, wedi'i gyflwyno o Ogledd America ac wedi ymsefydlu mewn rhai mannau sych fel twyni tywod a seidins rheilffyrdd. Mae gan y dail siâp gwaywffon wythiennau coch. Pedwar petal gan y blodau, 4-5cm ar draws; i'w gweld Mehefin-Medi.

Llysiau'r Milwr Coch
Lythrum salicaria Purple-loosestrife Taldra hyd at 1.5m
Planhigyn lluosflwydd, melfedaidd a geir mewn cynefinoedd llaith fel glannau afon a ffeniau. Cyffredin trwy'r wlad ac eithrio'r gogledd. Parau o ddail cul, digoesyn gyferbyn â'i gilydd ar goesau unionsyth. Blodau 6petal cochborffor mewn sbigynnau tal, Mehefin-Awst.

Corgwyros *Cornus suecica* Dwarf cornel Taldra hyd at 15cm
Planhigyn lluosflwydd ymgripiol ar rostiroedd uchel. Gwasgaredig yng ngogledd Lloegr; cyffredin mewn rhannau o'r Alban. Dail hirgrwn, pigfain â thair prif wythïen o boptu'r wythïen ganol. Pedwar bract gwyn ac wmbel o flodau tywyll uwchben; i'w weld Mehefin-Awst. Ffrwyth coch.

Dail Ceiniog y Gors *Hyrdrocotyle vulgaris* Marsh pennywort Ymgripiol
Wmbeliffer annodweddiadol ac iddo ddail crwn, panylog. Fe'i gwelir ledled y wlad mewn llystyfiant isel ar ddaear laith, asidig yn bennaf. Cyffredin mewn rhai lleoedd, yn y gorllewin yn bennaf. Blodau pinc, pitw'n cael eu cuddio gan y dail, i'w gweld Mehefin-Awst.

Paladr Trwyddo Eiddilddail
Bupleurum tenuissimum Slender hare's-ear Taldra hyd at 50cm
Wmbeliffer unflwydd eiddil a welir yn unig ar laswelltir arfordir de a dwyrain Lloegr. Dail cul, pigfain. Wmbel melyn yw'r blodyn 3-4mm ar draws sy'n codi o gesail y ddeilen, Gorffennaf-Medi.

Clust yr Arth *Sanicula europaea* Sanicle Taldra hyd at 50cm
Planhigyn lluosflwydd di-flew, eiddil a welir mewn coetiroedd llydanddail, yn bennaf ar bridd basig neu niwtral. Dosbarthiad eang ond yn dechrau prinhau yn y gogledd. 5-7 llabed ar ddail y bôn. Wmbelau bach pinc o flodau ar goesau coch, Mai-Awst.

Celyn y Môr *Eryngium maritimum* Sea-holly Taldra hyd at 60cm
Planhigyn lluosflwydd trawiadol ar draethau graean bras a thywod ar arfordir Lloegr, Cymru ac Iwerddon; absennol o'r gogledd a dwyrain yr Alban. Dail pigog, llwydwyrdd tebyg i ddail y gelynnen. Wmbelau amgrwn glas i'w gweld Gorffennaf-Medi

Dulys *Smyrnium olusatrum* Alexanders Taldra hyd at 1.25m
Planhigyn eilflwydd estron sydd wedi ymsefydlu ar dir diffaith ac ar ochrau'r ffyrdd. Cyffredin mewn rhai mannau ar hyd arfordir Cymru, Lloegr ac Iwerddon. Dail wedi'u rhannu deirgwaith yn llabedau gwyrdd tywyll, gloyw. Blodau melynaidd i'w gweld Mawrth-Mehefin.

Gorthyfail *Anthriscus sylvestris* Cow parsley Taldra hyd at 1m
Perlysieuyn lluosflwydd, melfedaidd. Cyffredin trwy'r wlad ar ochrau'r ffyrdd ac ar hyd lonydd. Dail wedi'u rhannu fel plu ddwywaith neu dair ar goesau unionsyth, gwag a gwrymiog. Wmbelau o flodau gwyn heb fractau isaf i'w gweld Ebrill-Mehefin.

Troed y Cyw Talsyth *Torilis japonica* Upright hedge-parsely Taldra hyd at 1m
Wmbeliffer gwyn cyfarwydd mewn gwrychoedd a chloddiau. Mae'n blodeuo Gorffennaf-Awst ar ôl i'r gorthyfail orffen blodeuo. Dail wedi'u rhannu fel plu ddwywaith neu dair ar goesau solet, blewog. Wmbelau o flodau gwyn â bractau uchaf ac isaf. Cyffredin ledled Prydain.

Cnau'r Ddaear *Conopodium majus* Pignut Taldra hyd at 25cm
Planhigyn lluosflwydd eiddil; cyffredin mewn rhai coetiroedd agored a glaswelltiroedd, yn bennaf ar bridd asidig, sych. Dail y bôn wedi'u rhannu'n fân ac yn gwywo'n fuan. Dail y goes wedi yn llabedau cul. Wmbelau bach, 30-60mm ar draws, o flodau gwyn, Ebrill-Mehefin.

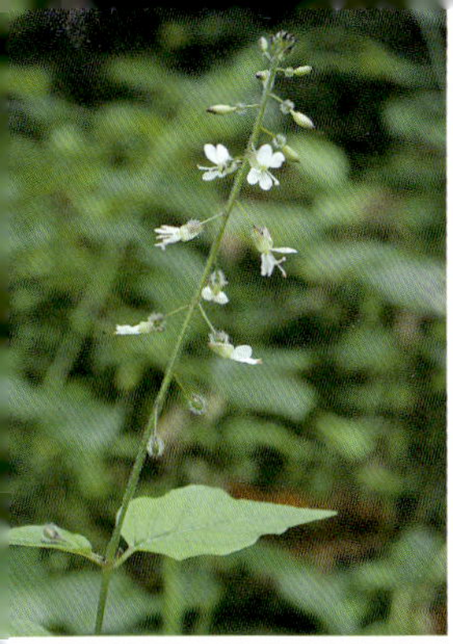
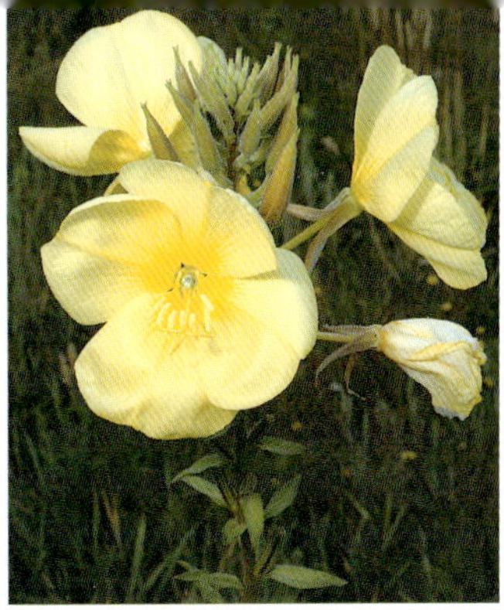
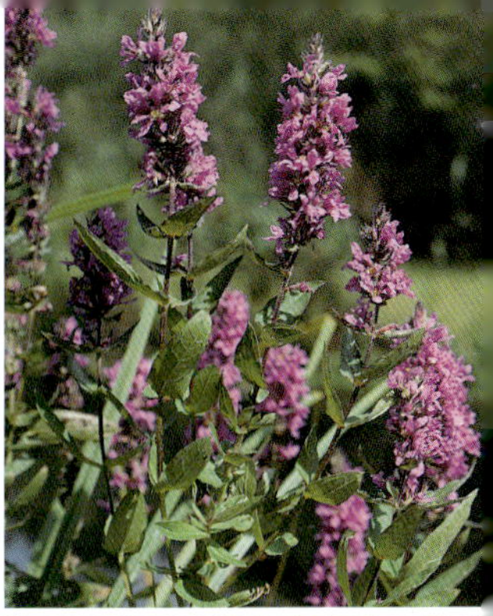
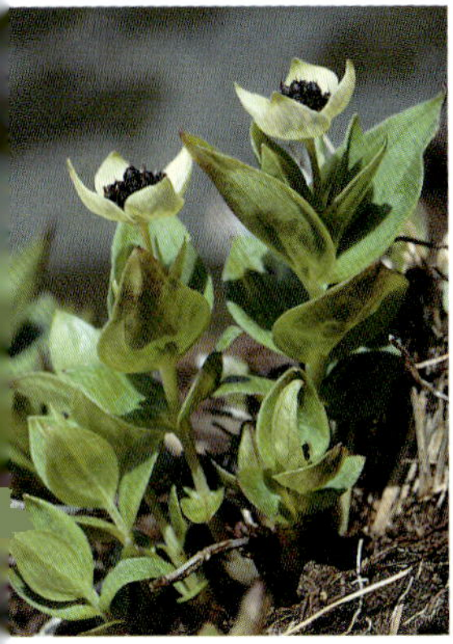
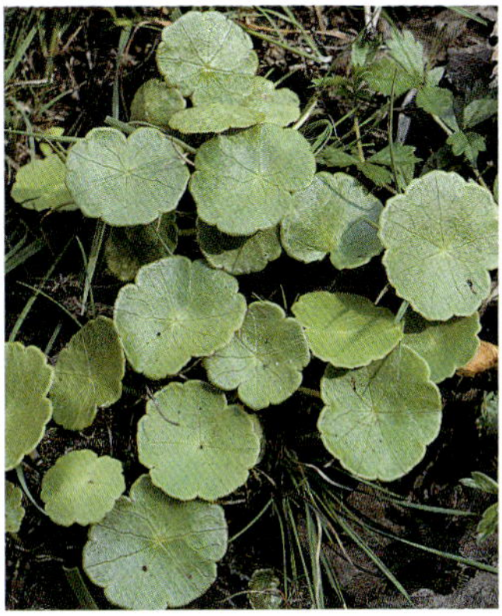
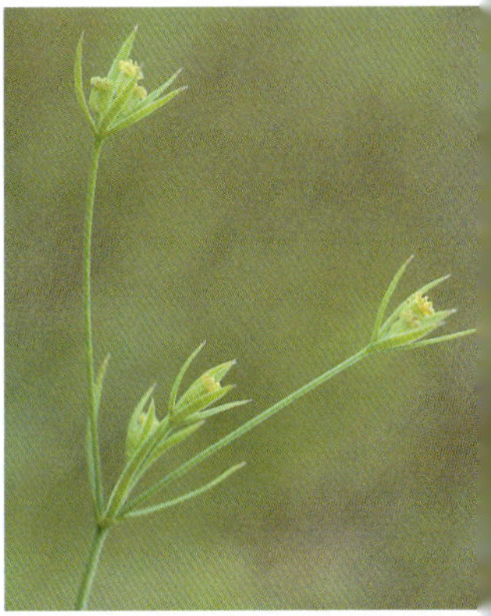
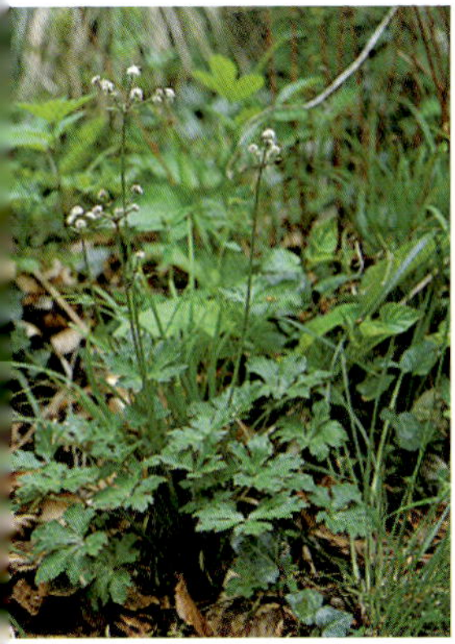
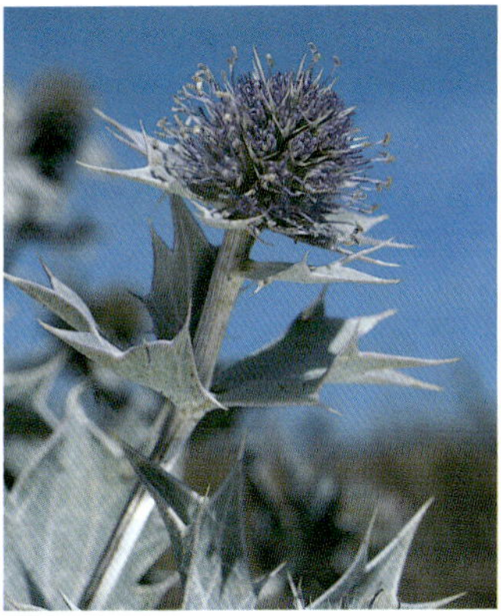
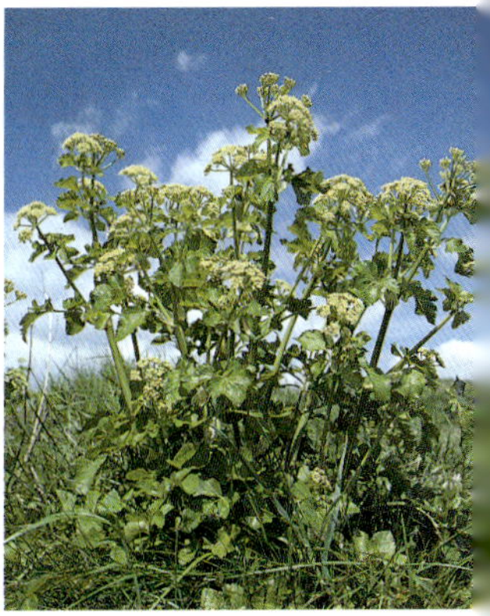
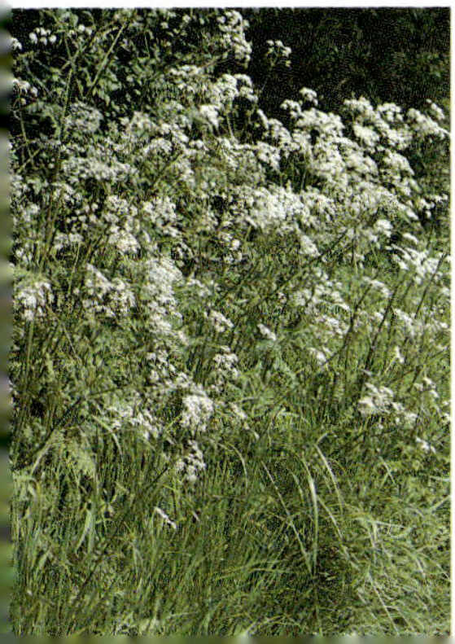
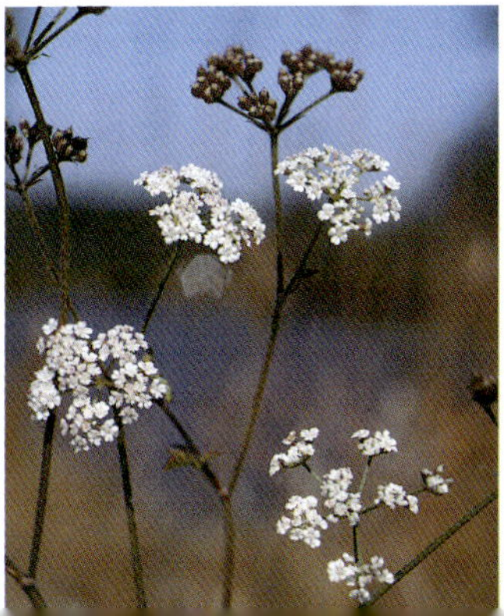
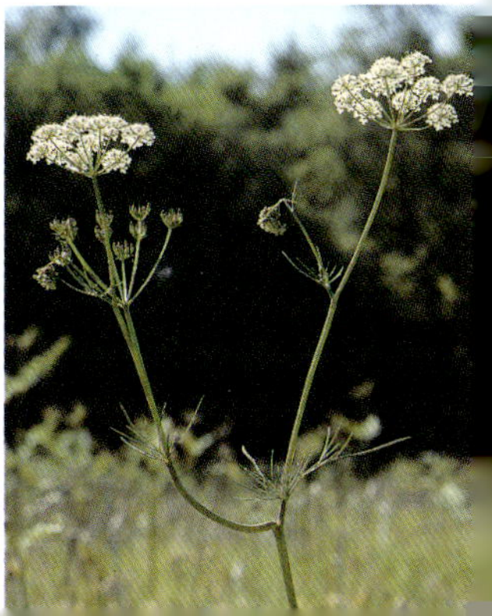

Blodau Gwyllt

Creithieg bêr *Myrrhis odorata* Sweet Cicely Taldra hyd at 1.5m
Planhigyn lluosflwydd, unionsyth ag aroglau anis pan gaiff ei gleisio. Wedi ymgartrefu yn y gwyllt; cyffredin mewn rhannau o ogledd Lloegr a de'r Alban. Dail tebyg i redyn wedi'u rhannu fel plu ddwywaith neu dair. Wmbelau o flodau gwyn â phetalau anghyfartal, Mai-Mehefin.

Efwr *Heracleum sphondylium* Hogweed Taldra hyd at 2m
Planhigyn lluosflwydd cadarn sy'n tyfu ar laswelltir agored gan gynnwys ochrau'r ffyrdd. Cyffredin ym mhobman. Dail, llydan, blewog, wedi'u rhannu fel plu ar goesau gwag, blewog. Wmbelau mawr o flodau sydd bron yn wyn â phetalau anghyfartal; Mai-Awst.

Efwr enfawr *Heracleum mantegazzianum* Giant hogweed Taldra hyd at 4m
Planhigyn eilflwydd neu luosflwydd anferth sy'n achosi pothelli os cyffyrddir ag ef yn yr haul. Estron ond wedi ymsefydlu yma ac acw. Gwrymiau a sbotiau porffor ar y goes wag. Dail mawr wedi'u rhannu fel plu. Wmbelau o flodau mawr, gwyn; Mehefin-Gorffennaf.

Buladd *Cicuta virosa* Cowbane Taldra hyd at 1m
Planhigyn lluosflwydd. Eithaf prin ond i'w weld mewn rhai cynefinoedd llaith fel ffeniau a chorsydd. Dail gwyrdd tywyll wedi'u rhannu fel plu ddwywaith neu dair i ddeilios cul ar goesau gwag, gwrymiog. Wmbelau cromennog o flodau gwyn, Gorffennaf-Awst. Gwenwynig.

Cegid *Conium maculatum* Hemlock Taldra hyd at 2m
Planhigyn eilflwydd nodedig sy'n wenwynig iawn ac a welir ar ochrau ffyrdd mewn mannau llaith. Dosbarthiad eang. Dail wedi'u rhannu fel plu hyd at bedair gwaith yn ddeilios mân. Marciau porffor ar y goes. Wmbelau o flodau gwyn i'w gweld Mehefin-Gorffennaf.

Llysiau'r angel *Angelica sylvestris* Wild angelica Taldra hyd at 2m
Planhigyn lluosflwydd cadarn sy'n tyfu ar weirgloddiau ac mewn coetiroedd llaith. Dosbarthiad eang. Coes borffor, wag. Dail isaf wedi'u rhannu fel plu ddwywaith neu dair; y dail uchaf yn llai ond y bôn yn ffurfio gwain. Wmbelau o flodau gwyn, 15cm ar draws, Gorffennaf-Medi.

Gwreiddiriog *Pimpinella saxifraga* Burnet-saxifrage Taldra hyd at 70cm
Planhigyn lluosflwydd sy'n gyffredin mewn rhai mannau ar laswelltir calchaidd; dosbarthiad eang ac eithrio gogledd orllewin yr Alban. Y dail isaf fel wedi'u rhannu fel plu â deilios llyfngrwn. Wmbelau llac o flodau gwyn i'w gweld Mehefin-Medi.

Ffenigl *Foeniculum vulgare* Fennel Taldra hyd at 2m
Planhigyn lluosflwydd nodedig llwydwyrdd â dail pluog wedi'u ffurfio o ddeilios main fel edau. Dosbarthiad eang ond yn bennaf ar arfordir Cymru, Lloegr ac Iwerddon. Mae'n hoffi glaswellt a thir wedi'i droi. Wmbelau agored o flodau melyn, Gorffennaf-Hydref.

Llysiau'r gymalwst *Aegopodium podagraria* Ground-elder Taldra hyd at 1m
Chwyn niweidiol ar dir tyfu cnydau, llaith. Wedi'i gyflwyno o bosib ond wedi ymsefydlu yn y rhan fwyaf o Ynysoedd Prydain ac Iwerddon. Mae dail y bôn yn deirdalen ddwywaith ar siâp triongl. Wmbelau cryno o flodau gwyn i'w gweld Mehefin-Awst.

Llwfach yr Alban *Ligusticum scoticum* Scots lovage Taldra hyd at 80cm
Planhigyn lluosflwydd a welir yn bennaf ar laswelltir sefydlog ar arfordir yr Alban a gogledd Iwerddon. Mae'r dail gwyrdd, gloyw yn deirdalen ddwywaith ac iddynt ddeilios hirgrwn. Wmbelau o flodau gwyn a'r pen yn wastad ar goesau cochlyd, Mehefin-Awst.

Pannas gwyllt *Pastinaca sativa* Wild parsnip Taldra hyd at 1m
Planhigyn lluosflwydd, melfedaidd a welir yn bennaf ar laswelltir sych calchaidd. Eithaf cyffredin yn ne Prydain ond prin neu absennol o fannau eraill. Deilios hirgrwn, llabedog yn ffurfio dail wedi'u rhannu fel plu. Wmbelau heb fractau o flodau melynaidd, Mehefin-Medi.

Corn carw'r môr *Crithmum maritimum* Rock samphire Taldra hyd at 40cm
Planhigyn lluosflwydd, llwydwyrdd, nodweddiadol o gynefinoedd creigiog a thraethau graean bras sefydlog o amgylch arfordir de a gorllewin Prydain. Y dail wedi'u rhannu'n llabedau cul, noddlawn. Wmbelau o flodau melynwyrdd i'w gweld Mehefin-Medi.

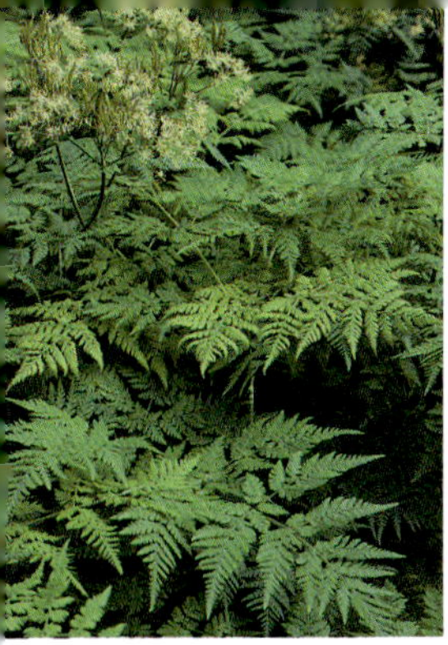
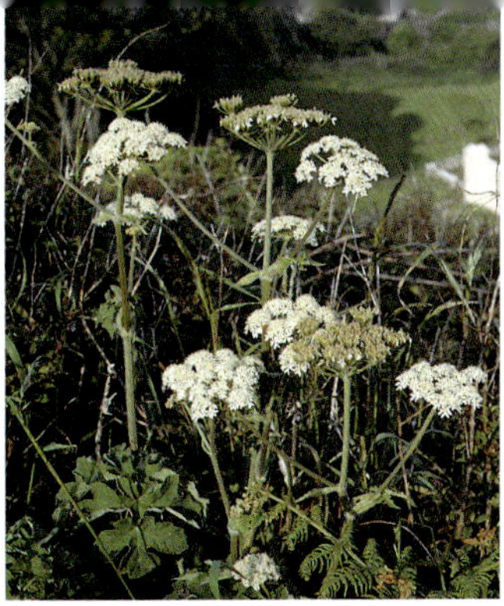
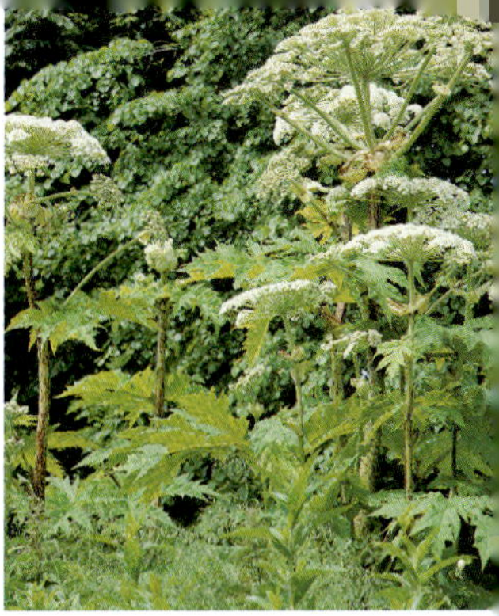
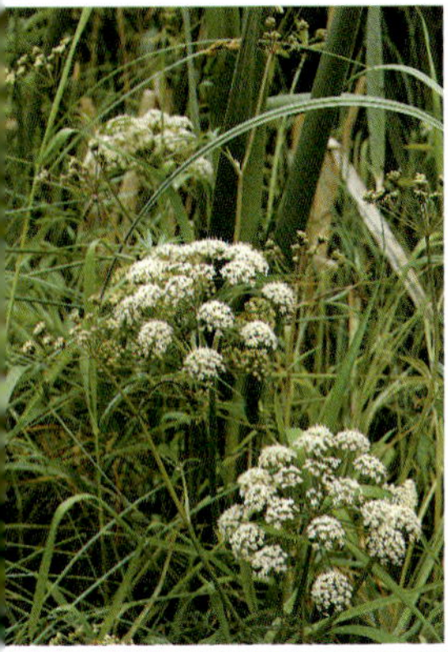
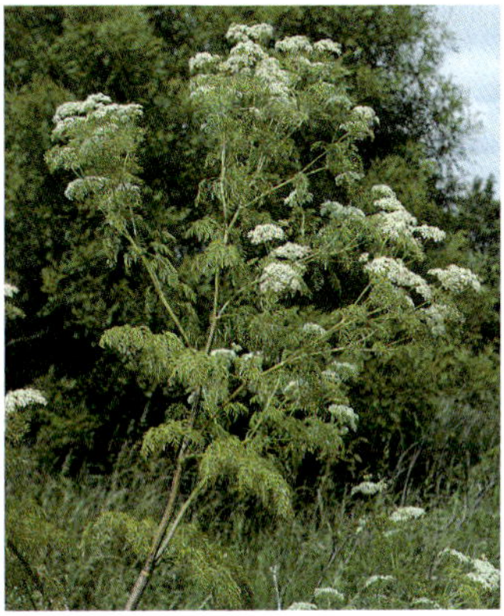
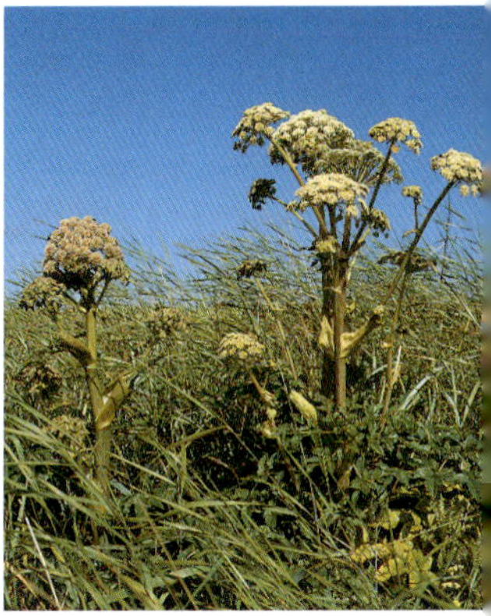
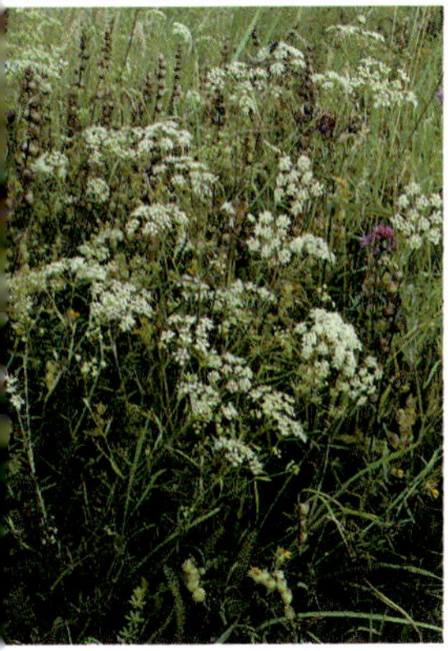
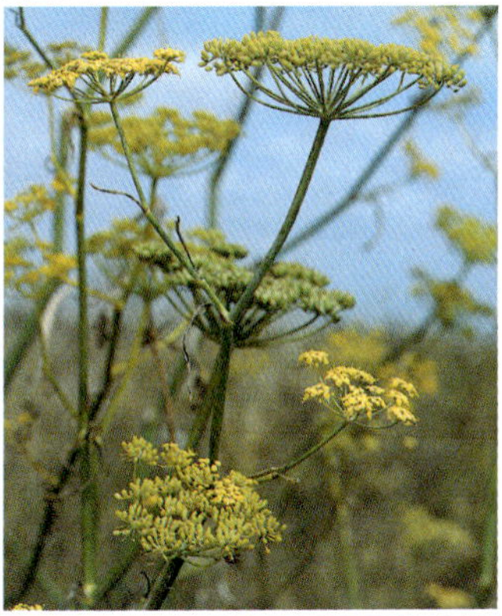
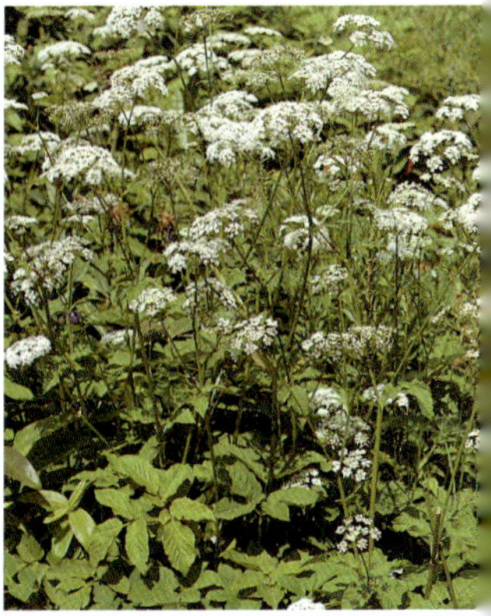
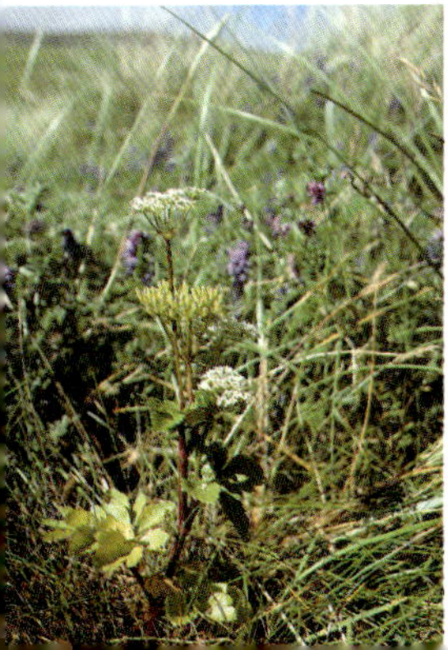
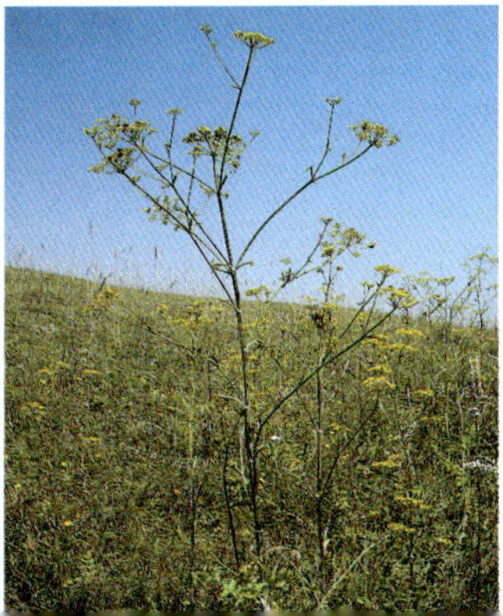
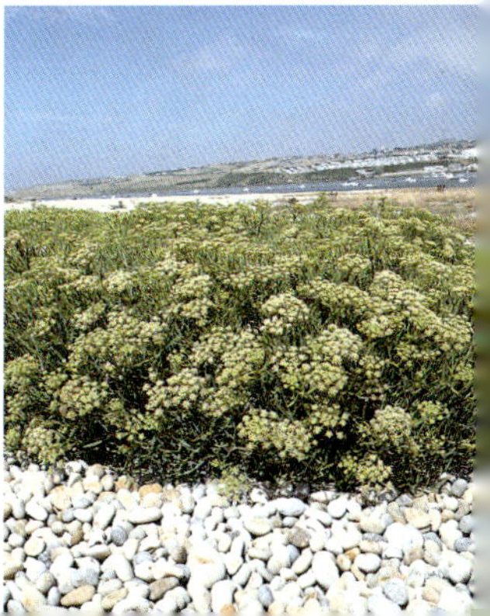

Blodau Gwyllt

Cegid y Dŵr   *Oenanthe crocata*   Hemlock water-dropwort   Taldra hyd at 1.25m
Planhigyn lluosflwydd, nodedig, gwenwynig a geir mewn gweirgloddiau llaith a ffosydd trwy Brydain. Dail wedi'u rhannu fel plu 2-4 o weithiau ar goes wrymiog, wag. Wmbelau cromennog o flodau gwyn i'w gweld Mehefin-Awst; mae ganddynt fractau uchaf ac isaf.

Cegid pibellaidd   *Oenanthe fistulosa*   Tubular water-dropwort   Taldra hyd at 50cm
Planhigyn lluosflwydd sy'n tyfu mewn corsydd ac ar dir llaith ym mhobman ond sy'n gyffredin yn ne a dwyrain Lloegr yn unig. Coesau gwag yn ymddangos yn chwyddedig. Mae gan y dail goesynnau chwyddedig; deilios y rhai isaf yn hirgrwn, a'r rhai uchaf yn diwbaidd. Wmbelau o flodau gwyn i'w gweld Gorffennaf-Medi.

Geuberllys   *Aethusa cynapium*   Fool's parsley   Taldra hyd at 50cm
Planhigyn unflwydd cain a welir mewn gerddi a mannau eraill lle mae'r pridd wedi'i droi. Cyffredin yn ne Lloegr ond prin neu absennol o bob man arall. Dail wedi'u rhannu ddwywaith fel plu, ar siâp triongl. Wmbelau o flodau gwyn â bractau uchaf hir; Mehefin-Awst.

Ffenigl yr hwch   *Silaum silaus*   Pepper-saxifrage   Taldra hyd at 1m
Planhigyn lluosflwydd eiddil. Cyffredin yn Lloegr ond prin neu absennol o bob man arall. Mae'r dail wedi'u rhannu 2-4 gwaith fel plu, gyda deilios cul, pigfain. Mae gan yr wmbelau o flodau melynaidd fractau uchaf; gwelir Gorffennaf-Medi. Ffrwythau siâp ŵy.

Moron y maes   *Daucus carota*   Wild carrot   Taldra hyd at 75cm
Planhigyn lluosflwydd, blewog i'w weld ym mhobman ar laswellt garw. Mwyaf cyffredin ar arfordiroedd. Dail wedi'u rhannu 2-3 gwaith fel plu; deilios cul. Wmbelau trwchus; blagur pinc; blodyn gwyn; blodyn canol yn goch; i'w gweld Mehefin-Medi. Wmbelau ceugrwm yn y ffrwythau.

Seleri gwyllt   *Apium graveolens*   Wild celery   Taldra hyd at 1m
Planhigyn lluosflwydd ag aroglau seleri cryf. Ffafrio glaswelltir garw, hallt yr arfordir yn bennaf; absennol o'r Alban ac ar ei fwyaf cyffredin yn Ne Lloegr. Dail wedi'u rhannu fel plu 1-2 waith. Wmbelau o flodau gwyrddwyn tua 40-60mm ar draws ym Mehefin-Awst.

Dyfrforon swp-flodeuog
Apium nodiflorum   Fool's water-cress   Taldra hyd at 20cm
Planhigyn lluosflwydd ymlusgol y ffosydd a'r pantiau gwlyb. Dosbarthiad eang ond fwyaf cyffredin yn y de ac yn absennol o'r gogledd pell. Deilios danheddog yn ffurfio'r dail gloyw; eithaf tebyg i ferwr dŵr. Wmbelau llac o flodau gwyn Gorffennaf-Awst.

Briallu   *Primula vulgaris*   Primrose   Taldra hyd at 20cm
Planhigyn lluosflwydd cyfarwydd mewn coedydd, gwrychoedd a chaeau cysgodol. Cyffredin ym mhobman. Dail hirgrwn, pigfain hyd at 12cm o hyd, yn ffurfio rosét. Mae'r blodau unigol, 20-30mm ar draws, ar goesau hir blewog; i'w gweld Chwefror-Mai.

Briallu Mair   *Primula veris*   Cowslip   Taldra hyd at 25cm
Planhigyn lluosflwydd sy'n gyffredin mewn rhai mannau ar laswelltir heb ei drin, yn aml ar bridd calchaidd. Dosbarthiad eang ond prin yn yr Alban. Dail crychiog, blewog yn ffurfio rosét gwaelodol. Pennau o 10-30 o flodau orenfelyn, siâp cloch ar goesynnau; Ebrill-Mai.

Briallu Mair di-sawr   *Primula elatior*   Oxlip   Taldra hyd at 20cm
Planhigyn coedlan lluosflwydd deniadol, cyffredin yn East Anglia yn unig . Tebyg i friallu ond mae'r rosét gwaelodol yn cynnwys dail hirgrwn ar goesynnau hir. 10- 20 o flodau, bob un yn 15-25mm ar draws, ar un ochr â'u pennau'n plygu. I'w gweld Mawrth-Mai.

Briallu blodiog   *Primula farinosa*   Bird's-eye primrose   Taldra hyd at 12cm
Planhigyn lluosflwydd hyfryd a welir yn unig ar laswelltir calchaidd yng ngogledd Lloegr. Dail siâp llwy, blodiog ar ochr isaf y ddeilen, yn ffurfio rosét gwaelodol. Clystyrau o flodau pinc, bob un yn 8-10mm ar draws, ar goesynnau tal, blodiog; Mehefin-Gorffennaf.

Trewyn   *Lysimachia vulgaris*   Yellow loosestrife   Taldra hyd at 1m
Planhigyn lluosflwydd blewog, meddal sy'n tyfu ar dir llaith fel ffeniau a glannau afonydd. Dosbarthiad eang, ar wahân i'r gogledd pell. Ceir dail hirgrwn mewn sidelli o 3-4 ar goesau unionsyth. Clystyrau o flodau melyn, Gorffennaf-Awst.

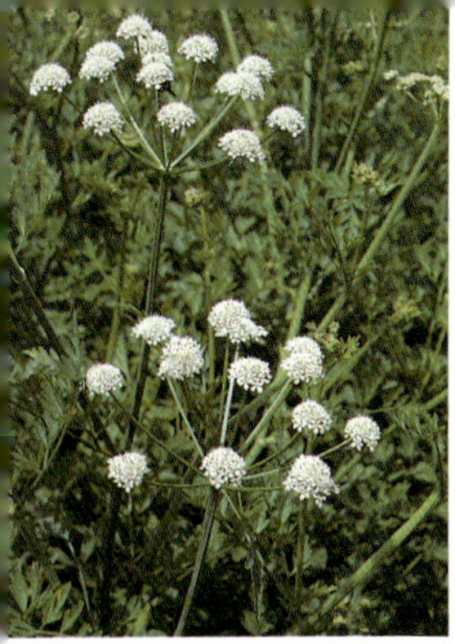
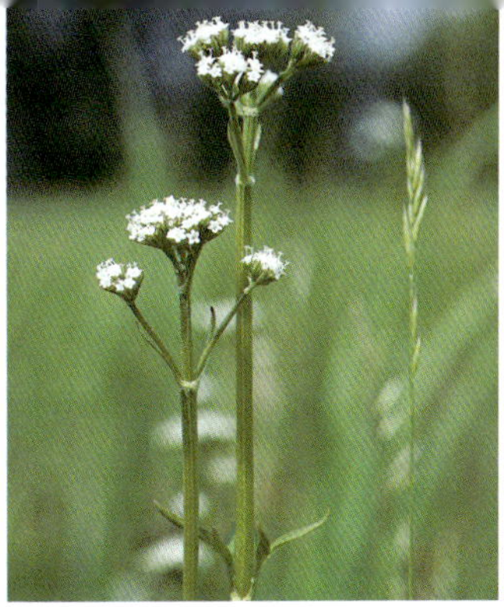
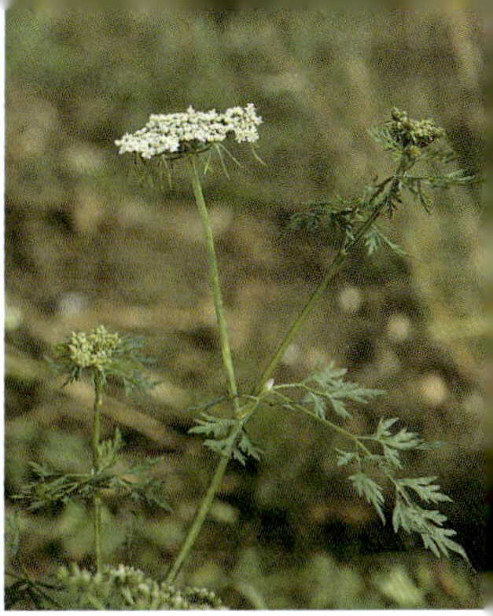
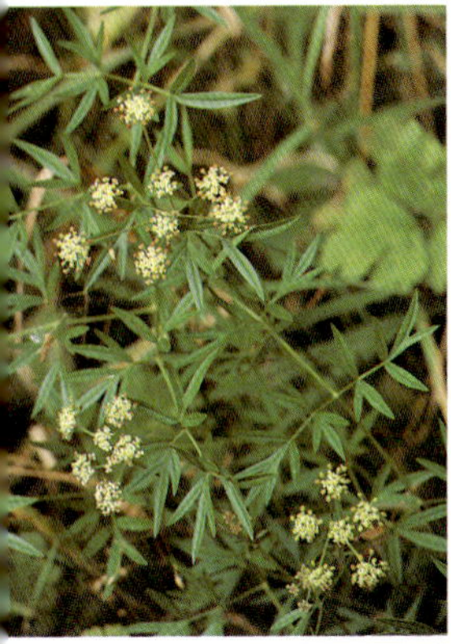
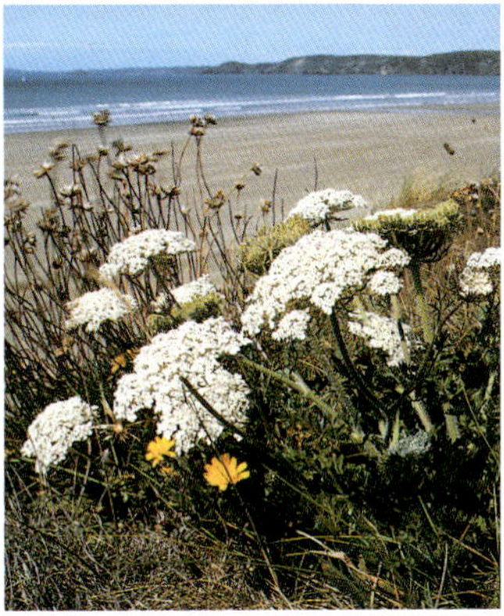
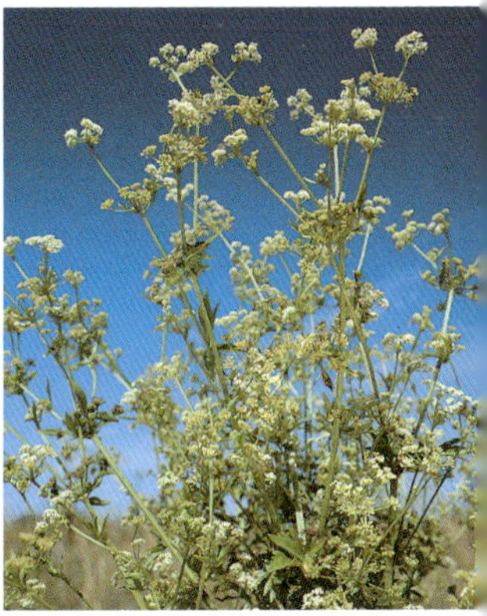
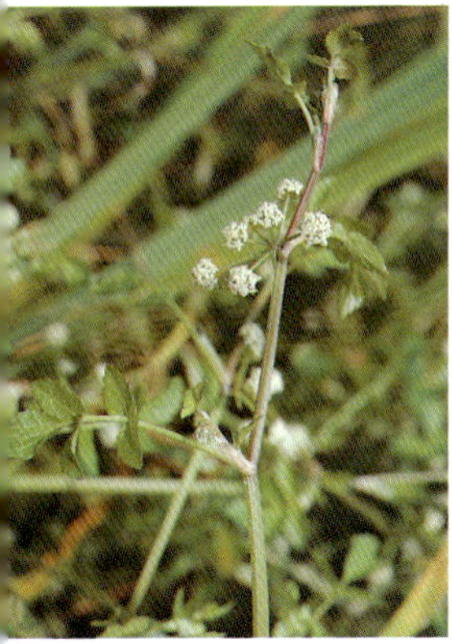
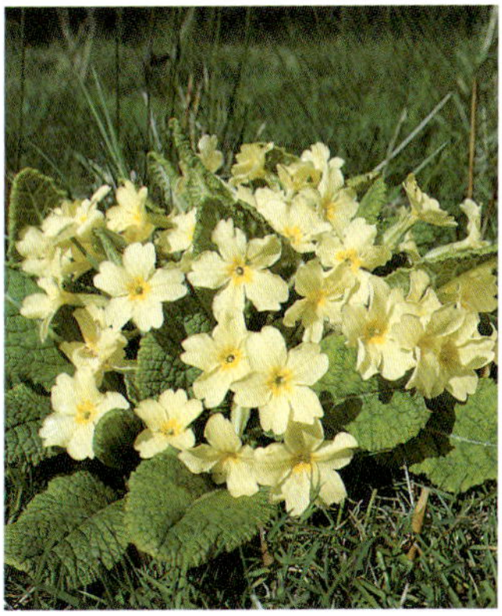
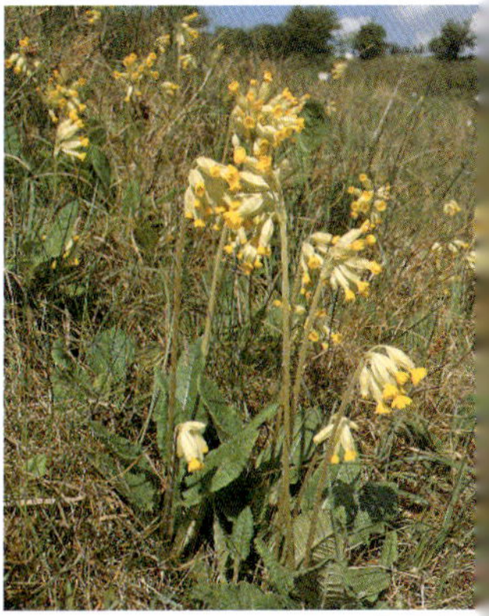
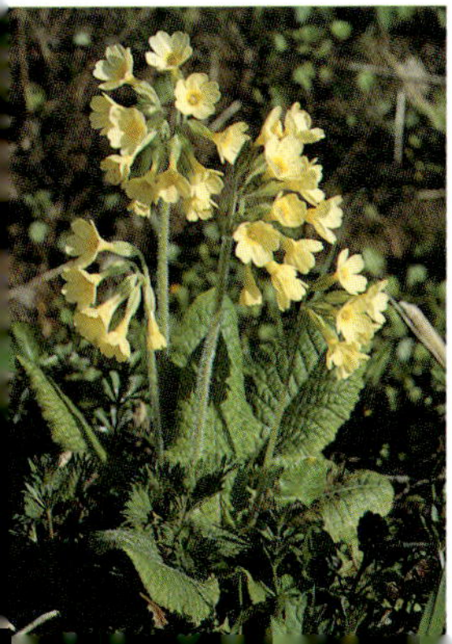
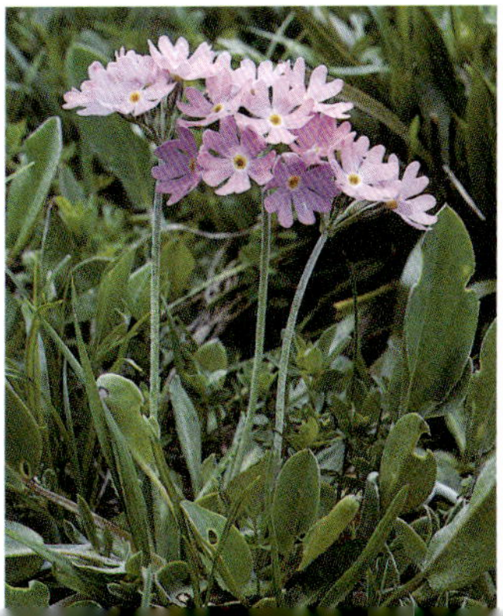
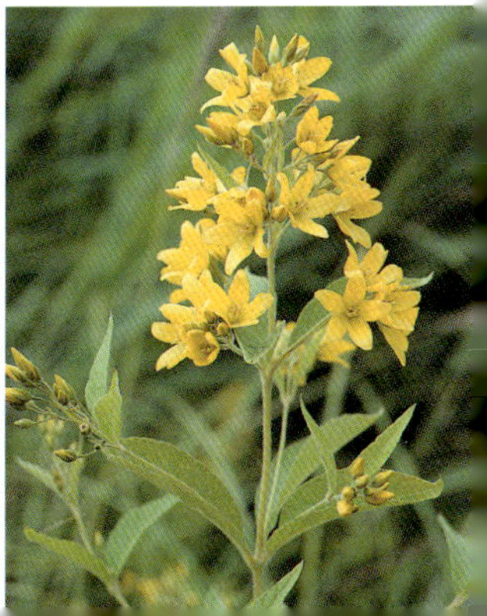

Blodau Gwyllt

Siani lusg *Lysimachia nummularia* Creeping Jenny Ymgripiol
Planhigyn lluosflwydd, isel, di-flew a welir ar dir glaswelltog, llaith. Dail crwn neu siâp calon mewn parau cyfochrog. Blodau melyn, siâp cloch, 15-25mm ar draws, ar goesynnau; Mehefin-Awst.

Gwlyddyn melyn Mair *Lysimachia nemorum* Yellow pimpernel Ymgripiol
Planhigyn lluosflwydd, bytholwyrdd, di-flew, tebyg i'r Siani lusg ond yn fwy eiddil. Dail hirgrwn neu siâp calon mewn parau gyferbyn â'i gilydd ar goesau ymgripiol. Blodau melyn, serennog, 10-15mm ar draws, ar goesynnau eiddil; Mai-Awst.

Glas yr heli *Glaux maritima* Sea milkwort Taldra hyd at 10cm
Planhigyn lluosflwydd, ymgripiol a welir fel rheol ar ymylon uchaf morfeydd heli ac ar forgloddiau. Cyffredin ar yr arfordir. Dail noddlawn mewn parau gyferbyn â'i gilydd ar goesau ymgripiol. Pum sepal pinc i'r blodau; Mai-Medi.

Pluddail y dŵr *Hottonia palustris* Water violet Planhigyn y dŵr
Planhigyn lluosflwydd, eiddil a welir mewn dŵr sy'n llonydd neu'n llifo'n araf. Fe'i gwelir mewn rhannau o dde a dwyrain Lloegr ond mae'n brin neu'n absennol o bobman arall. Dail pluog wedi'u rhannu'n llabedau cul sy'n arnofio ar wyneb y dŵr neu yn y dŵr. Blodau lliw lelog, 20-25mm ar draws, i'w gweld ar goesau planhigyn ifanc; Mai-Mehefin.

Llysiau'r cryman *Anagallis arvensis* Scarlet pimpernel Llorweddol
Planhigyn unflwydd, di-flew a welir ar dir tyfu cnydau ledled y wlad ond mae'n brin yn yr Alban. Dail hirgrwn, digoesyn mewn parau gyferbyn â'i gilydd ar goesau sy'n llusgo. Blodau ar goesynnau eiddil i'w gweld Mai-Medi. Coch fel rheol, ond glas ambell dro.

Gwlyddyn Mair y gors *Anagallis tenella* Bog pimpernel Ymgripiol
Planhigyn lluosflwydd eiddil ar dir llaith, fel corsydd neu laciau twyni tywod, yn bennaf ar bridd asidig. Dail crwn, ar goesynnau byr, mewn parau gyferbyn â'i gilydd ar goesau sy'n llusgo. Blodau pinc siâp twmffat ar goesynnau unionsyth, eiddil; Mehefin-Awst.

Gwerddig *Trientalis europaea* Chickweed wintergreen Taldra hyd at 20cm
Planhigyn lluosflwydd ymledol. Fe'i gwelir mewn coedwigoedd conifferaidd, aeddfed yn yr Alban yn bennaf ac mae'n brin yng ngogledd Lloegr; i'w weld ambell waith ar y gweunydd. Dail hirgrwn yn bennaf mewn sidell ar ben y goes. Un neu ddau flodyn hirgoes, gwyn, 7-petal i'w gweld Mehefin-Gorffennaf.

Grug *Calluna vulgaris* Ling Taldra hyd at 50cm
Llwyn isel, trwchus a geir mewn pridd asidig ar weundir a rhos. Fe'i gwelir ledled Prydain ac yn helaeth mewn rhai mannau. Mae'r dail byr, cul mewn pedair rhes ar hyd y goes. Blodau bach pinc, 4-5mm o hyd, i'w gweld Gorffennaf-Hydref.

Grug y mêl *Erica cinerea* Bell heather Taldra hyd at 50cm
Llwyn isel, di-flew a welir ar bridd sych, asidig ar weundir a rhos ledled Prydain ond fwyaf cyffredin yn y gogledd a'r gorllewin. Dail cul mewn sidelli o dair ar goesau gwydn. Blodau porfforgoch siâp cloch, 5-6mm o hyd, mewn grwpiau ar hyd y coesau, Mehefin-Medi.

Grug croesddail *Erica tetralix* Cross-leaved heath Taldra hyd at 30cm
Llwyn isel llwydwyrdd, melfedaidd, hoff o bridd llaith, asidig. Fe'i ceir yn aml ar ymylon corsiog gweundir a rhos. Fe'i ceir ledled y wlad; cyffredin mewn mannau. Dail cul mewn sidelli o bedair ar hyd y goes. Blodau pinc, 6-7mm o hyd, mewn clystyrau ar y pen, Mehefin-Hydref.

Grug Cernyw *Erica vagans* Cornish heath Taldra hyd at 80cm
Llwyn isel nodedig ar rostiroedd sych. Cyffredin mewn rhannau o dde orllewin Lloegr, fel Penrhyn y Lizard, a de-orllewin Iwerddon. Pedair neu bump o ddail cul, gwyrdd tywyll gyda'i gilydd. Blodau pinc neu liw lelog mewn clystyrau deiliog yn is na phen y goes; Gorffennaf-Medi.

Llus *Vaccinium myrtillus* Bilberry Taldra hyd at 75cm
Llwyn llydanddail welir ar weundir, rhos a choetir agored ar bridd asidig ledled y wlad ond fwyaf cyffredin yn yr Alban. Dail hirgrwn, gwyrdd llachar ar goesau gwyrdd 3-onglog. Blodau gwyrddbinc, Ebrill-Mehefin, yn aeddfedu'n ffrwythau bwytadwy, porffor.

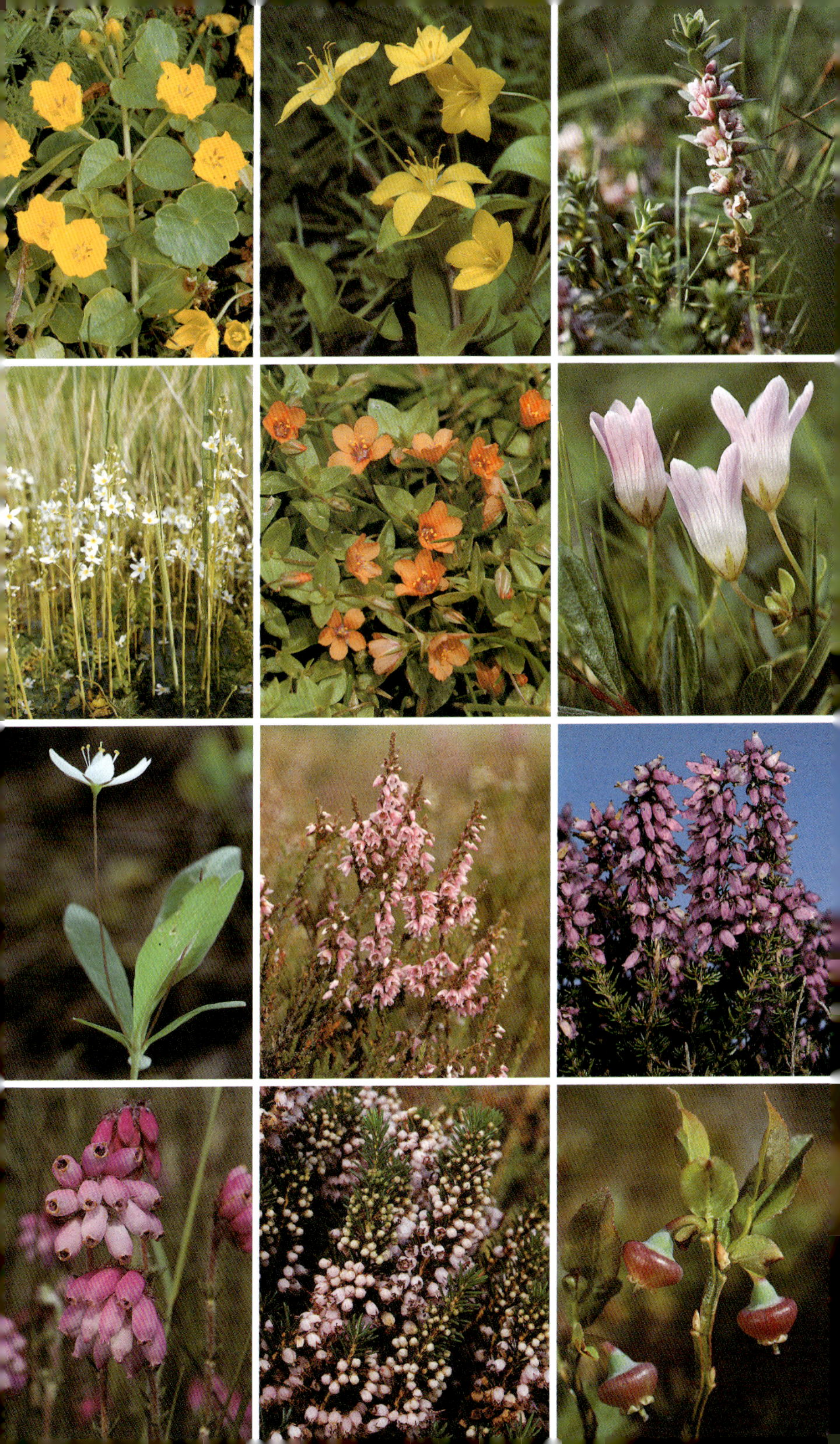

Blodau Gwyllt

Llus coch *Vaccinium vitis-idaea* Cowberry Taldra hyd at 20m
Llwyn bach, bytholwyrdd welir ar bridd asidig gweundir a choedydd. Cyffredin yng ngogledd Lloegr a'r Alban yn unig. Dail hirgrwn, gwyrdd tywyll yn teimlo fel lledr. Blodau pinc, siâp cloch, 5-6mm o hyd; Mai-Gorffennaf. Aeron coch yn aeddfedu yn yr hydref.

Llugaeron *Vaccinium oxycoccos* Cranberry Taldra hyd at 12cm
Llwyn bytholwyrdd, ymgripiol mewn corsydd. Cyffredin yng ngogledd Cymru, gogledd Lloegr a dwyrain Iwerddon yn unig. Dail gwyrdd tywyll â'r ymylon wedi'u rowlio i mewn ar goesau sy'n llusgo. Blodau pinc, petalau atblyg a brigerau ymwthiol; Mai-Gorffennaf. Ffrwyth coch.

Creiglus *Empetrum nigrum* Crowberry Taldra hyd at 10cm
Llwyn tebyg i'r grug yn ffurfio mat ar weunydd yr ucheldir; cyffredin yng ngogledd Prydain yn unig. Dail gwyrdd tywyll â'r ymylon wedi'u rowlio i mewn ar goesau cochlyd. Blodau pinc, 6 petal, Ebrill-Mehefin. Aeron duon yn aeddfedu ddiwedd yr haf.

Glesyn y gaeaf bach *Pyrola minor* Common wintergreen Taldra hyd at 20cm
Planhigyn lluosflwydd bytholwyrdd mewn coedydd a gweunydd, yn aml ar bridd calchaidd. Cyffredin mewn rhannau o ogledd Lloegr, yr Alban a gogledd Iwerddon yn unig. Dail hirgrwn, danheddog ar goesynnau'n ffurfio rosét. Blodau gwyn, crwn, 5-6mm ar draws; Mehefin-Awst.

Glesyn y gaeaf deilgrwn
Pyrola rotundifolia Round-leaved wintergreen Taldra hyd at 15cm
Planhigyn lluosflwydd ar dir llaith calchaidd fel ffeniau a llaciau twyni tywod. Blodau gwyn, siâp clychau, 8-12mm ar draws mewn sbigynnau syth; Mai-Awst. Colofnig siâp S ymwthiol.

Cytwf *Monotropa hypopitys* Yellow bird's-nest Taldra hyd at 10cm
Planhigyn od a geir mewn coedydd ffawydd a chonwydd a llaciau twyni tywod mewn rhai mannau. Lliw melyn hufennog oherwydd diffyg cloroffyl. Daw ei faeth o lwydni ar ddail yn y pridd. Mae ei ddail fel cen a'i flodau mewn sbigyn sy'n plygu'i ben; Mehefin-Medi.

Clustog Fair *Armeria maritima* Thrift Taldra hyd at 20cm
Planhigyn lluosflwydd arfordirol sy'n ffurfio clustogau; yn aml yn gorchuddio llethrau'r clogwyni. Dosbarthiad eang; cyffredin mewn rhai mannau. Dail gwyrdd tywyll, hir, cul. Pennau amgrwn, trwchus o flodau pinc ar goesynnau 10-20cm o hyd; Ebrill-Gorffennaf yn bennaf.

Lafant y môr *Limonium vulgare* Common sea-lavender Taldra hyd at 30cm
Planhigyn lluosflwydd a welir ar forfeydd heli lledled arfordir Cymru a Lloegr; ar ei fwyaf cyffredin yn y de. Dail siâp llwy ar goesynnau. Blodau pinc/lliw lelog ar bennau canghennog, pen gwastad fel bwâu; Gorffennaf-Medi.

Ffa'r gors *Menyanthes trifoliata* Bogbean Taldra hyd at 15cm
Planhigyn a welir mewn dŵr bas a phridd llaith, mawnog mewn corsydd a mignenni; cyffredin mewn rhai mannau. Dail y planhigyn ifanc yn deirdalen ac yn debyg i ddail ffa. Clystyrau o flodau gwyn/pinc, siâp seren a'r ochrau'n eddïog; Mawrth-Mehefin.

Lili'r dŵr eddïog *Nymphoides peltata* Fringed water-lily Arnofiol
Planhigyn a welir mewn dŵr sy'n llonydd neu'n llifo'n araf. Cyffredin mewn rhai mannau yn ne Lloegr ac wedi ymgartrefu mewn mannau eraill. Dail arnofiol crwn neu siâp aren yn 3-8cm ar draws. Pum petal eddïog 30-35mm ar draws gan y blodau; Mehefin-Medi.

Perfagl fach *Vinca minor* Lesser periwinkle Taldra hyd at 20cm
Planhigyn lluosflwydd sy'n ymlusgo mewn coedydd a gwrychoedd. I'w weld lledled Prydain. Efallai'n gynhenid yn ne Lloegr ond wedi dianc i'r gwyllt ym mhobman arall. Dail bytholwyrdd, hirgrwn. fel lledr. Blodau 5 llabed yn las/porffor, 25-30mm ar draws; Chwefror-Mai.

Ysgol Jacob *Polemonium caeruleum* Jacob's-ladder Taldra hyd at 80cm
Planhigyn lluosflwydd unionsyth a welir ar lethrau creigiog ac mewn coetiroedd agored calchaidd. Cynhenid mewn rhannau o ogledd Lloegr ac wedi ymgartrefu yn y gwyllt mewn mannau eraill. Dail wedi'u rhannu fel plu yn 6-12 pâr o ddeilios cul. Blodau glas/porffor, 20-30mm ar draws, mewn sbigynnau; Mehefin-Awst.

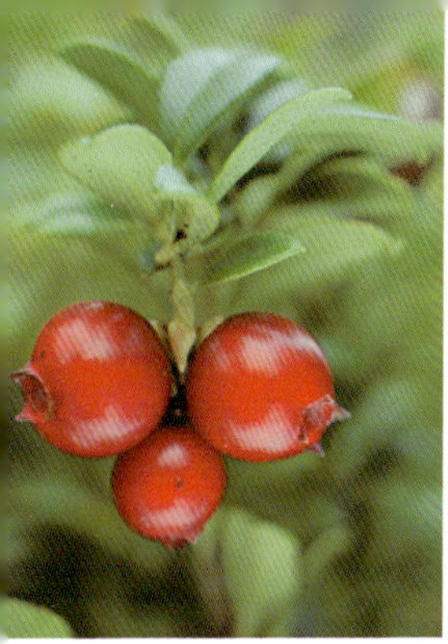
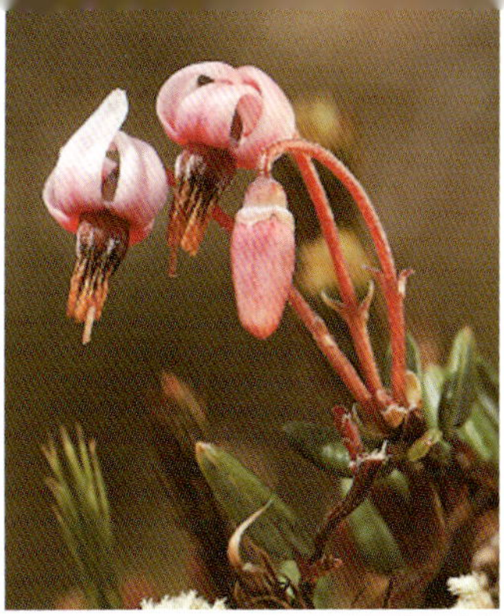
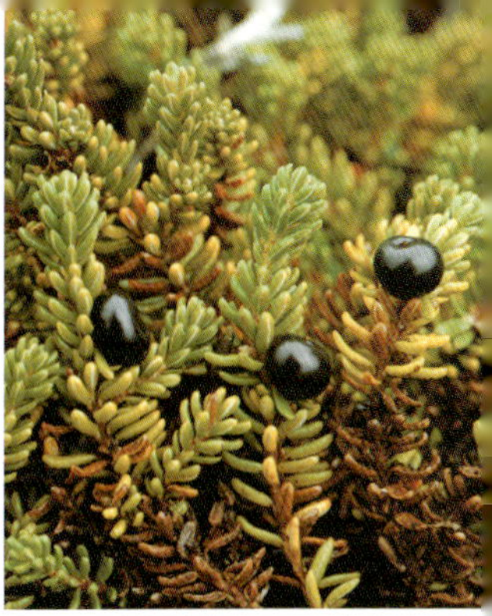
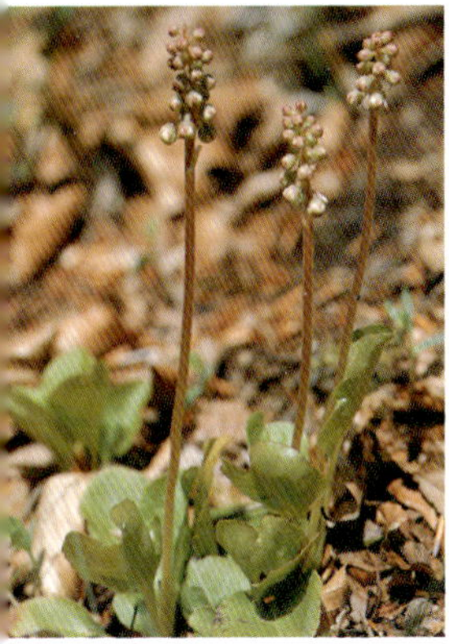
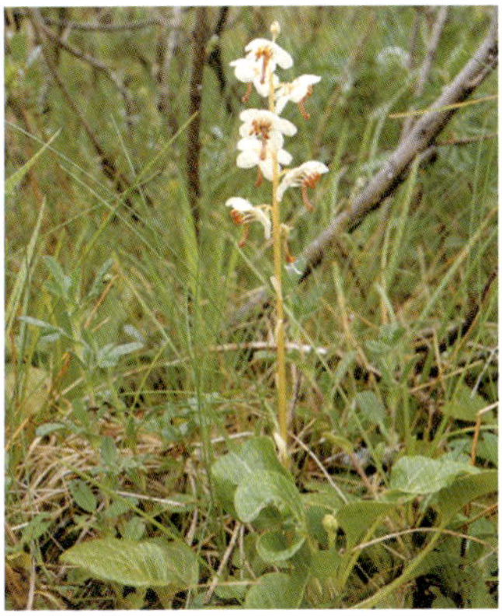
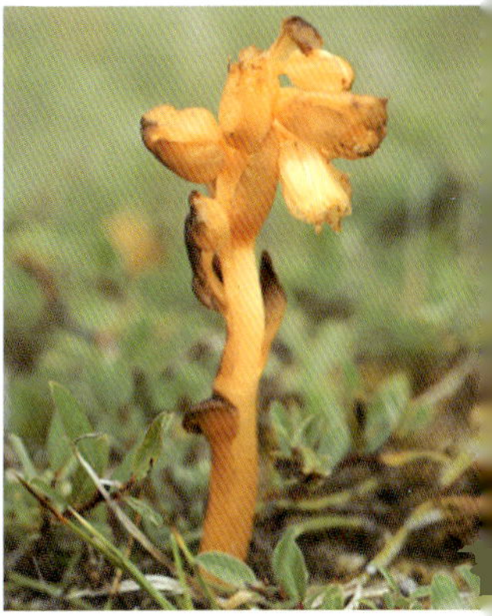
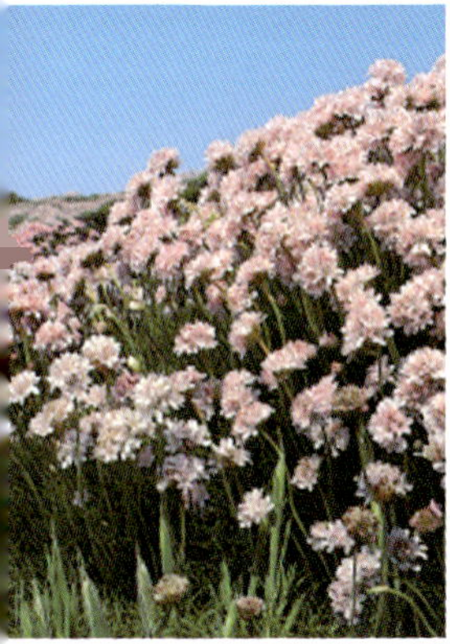
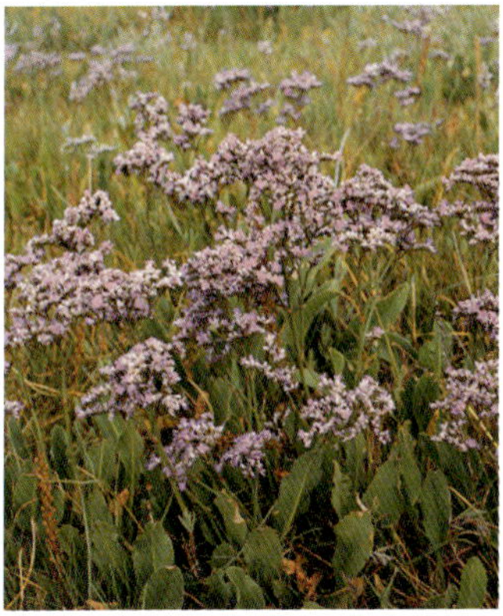
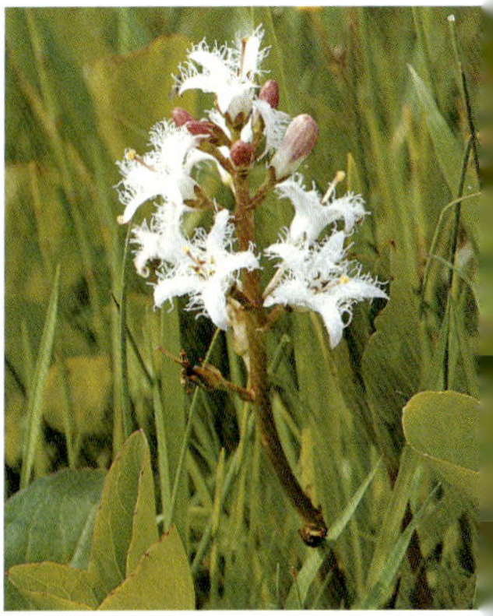
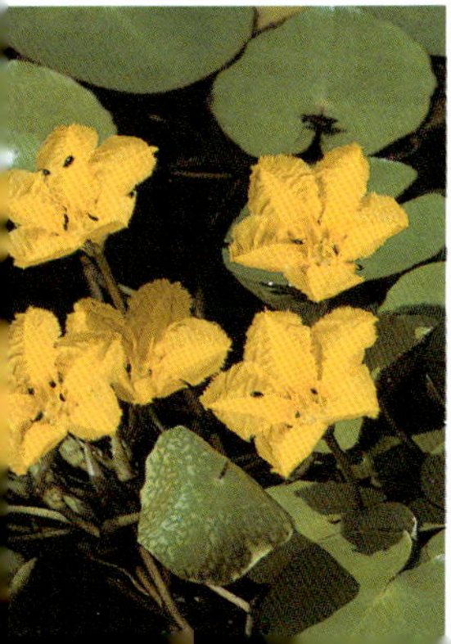
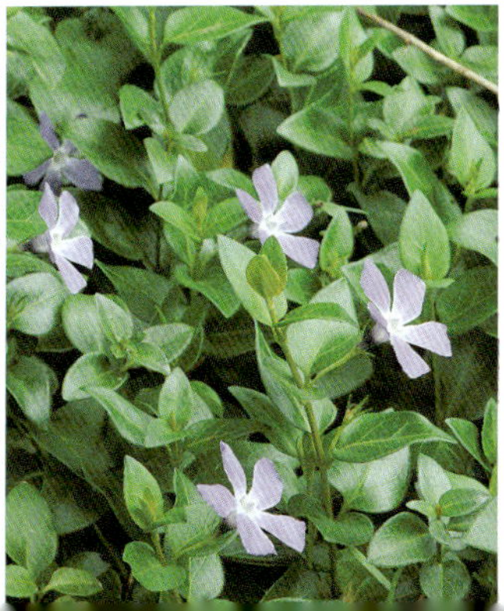
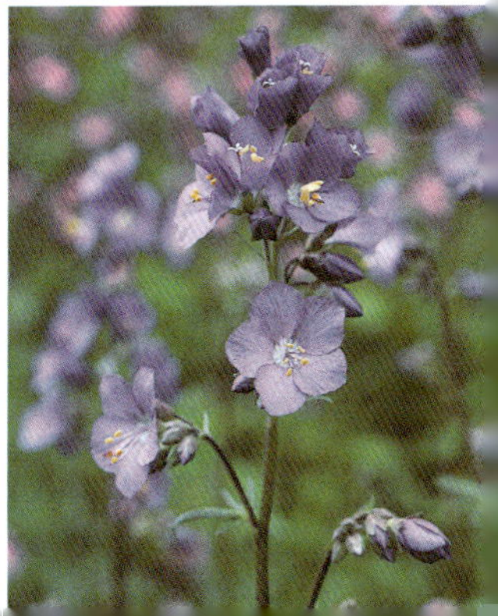

Blodau Gwyllt

Y GANRHI GOCH *Centaurium erythraea* Common centaury   Taldra hyd at 25cm
Planhigyn unflwydd, a welir mewn mannau glaswelltog, sych, yn arbennig twyni tywod yng ngogledd Prydain. Dail hirgrwn mewn rosét yn y bôn a dail mewn parau gyferbyn â'i gilydd ar y coesyn. Clystyrau o flodau 5 petal i'w gweld Mehefin-Medi.

Y GANRHI GOCH FACH
Centaurium pulchellum Lesser centaury   Taldra hyd at 15cm
Planhigyn unflwydd eiddil, yn debyg i'r ganrhi goch ond heb rosét o ddail yn y bôn. Hoff o fannau llaith, glaswelltog. Fe'i gwelir ar yr arfordir yn bennaf yng Nghymru a Lloegr. Clystyrau o flodau pinc tywyll, 5-8mm ar draws; Mehefin-Medi.

Y GANRHI FELEN *Blackstonia perfoliata* Yellow-wort   Taldra hyd at 30cm
Planhigyn unflwydd llwydwyrdd, unionsyth a welir ar laswelltiroedd calchaidd. Cyffredin mewn rhannau o Gymru, canolbarth a de Lloegr a gorllewin Iwerddon. Y dail yn ffurfio rosét yn y bôn, mewn parau gyferbyn â'i gilydd ar y goes ac yn ymdoddi i'w gilydd wrth fôn y dail o amgylch y goes. 6-8 petal ar y blodau; Mehefin-Hydref.

CRWYNLLYS Y GORS *Gentiana pneumonanthe* Marsh gentian   Taldra hyd at 30cm
Planhigyn lluosflwydd prin a welir mewn corsydd a rhostiroedd gwlyb ar bridd asidig. Ambell i safle yng Nghymru a Lloegr. Dail cul mewn parau gyferbyn â'i gilydd ar y goes. Clystyrau o flodau siâp trwmped, glas llachar, pob un yn 25-45mm ar draws; Gorffennaf-Hydref.

CRWYNLLYS Y GWANWYN *Gentiana verna* Spring gentian   Taldra hyd at 7cm
Planhigyn lluosflwydd prin a welir ar laswelltir calchaidd yn Upper Teesdale a'r Burren, gorllewin Iwerddon. Dail hirgrwn yn ffurfio rosét yn y bôn ac mewn parau gyferbyn â'i gilydd ar y goes. Blodau glas llachar, unigol, 1-2cm o hyd, â phum llabed; Mai-Mehefin.

CRWYNLLYS YR HYDREF *Gentianella amarella* Autumn gentian   Taldra hyd at 25cm
Planhigyn eilflwydd ar laswelltir sych, calchaidd a thwyni tywod. I'w weld ledled y wlad; cyffredin mewn rhai mannau. Dail yn ffurfio rosét yn y bôn yn y flwyddyn gyntaf ac yn gwywo cyn i'r coesyn blodeuol ymddangos yn yr ail flwyddyn. Clystyrau o flodau porffor, 4 neu 5 llabedog; i'w gweld Gorffennaf-Hydref.

CRWYNLLYS Y MAES *Gentianella campestris* Field gentian   Taldra hyd at 10cm
Planhigyn eilflwydd tebyg i grwynllys y gors ond mae'r blodau'n las a 4 llabed. Hoff o laswelltir ar bridd niwtral neu asidig. Cyffredin mewn rhai mannau yng ngogledd Lloegr a'r Alban ond prin neu absennol o bobman arall. Clystyrau o flodau Gorffennaf-Hydref.

TAGLYS Y PERTHI *Calystegia sepium* Hedge bindweed   Dringo, hyd at 2-3m
Planhigyn lluosflwydd yn troelli o amgylch planhigion eraill i'w helpu i ledaenu. Hoff o wrychoedd, perthi ac ymylon coetiroedd. Cyffredin yn y de ond prin yn y gogledd. Dail siâp saeth hyd at 12cm o hyd. Blodau gwyn, 30-40mm ar draws; Mehefin-Medi.

CWLWM Y CYTHRAUL
Convolvulus arvensis Field bindweed   Dringo neu ymgripio, hyd at 2-3m
Planhigyn lluosflwydd a welir ledled Prydain ac yn gyffredin ar dir wedi'i droi. Mae'n troelli o amgylch planhigion eraill i'w helpu i ledaenu. Dail 20-50mm o hyd, siâp saeth ar goesynnau hir. Blodau gwyn â rhesen binc, 15-30mm ar draws; Mehefin-Medi.

TAGLYS ARFOR *Calystegia soldanella* Sea bindweed   Ymgripiol
Planhigyn lluosflwydd a welir ar dwyni tywod ledled Prydain; cyffredin ar y mwyafrif o arfordiroedd ac eithrio dwyrain Lloegr a'r Alban lle mae'n brin neu'n absennol. Dail siâp aren ar goesynnau hir. Blodau pinc â rhes wen, 40-50mm ar draws, Mehefin-Awst.

LLINDAG *Cuscuta epithymum* Common dodder   Dringo
Planhigyn parasitig, di-ddail, heb gloroffyl sy'n tynnu'i faeth o'r planhigion y mae'n byw arnynt gan gynnwys grug, meillion a phlanhigion llysieuol eraill. Clystyrau o flodau pinc, 7-10mm ar draws ar goesynnau coch sy'n troelli; Gorffennaf-Medi.

MANDON LAS YR ŶD *Sherardia arvensis* Field madder   Ymgripiol
Planhigyn unflwydd, blewog ar dir âr a thir wedi'i droi. I'w weld ledled Prydain; eithaf cyffredin yn y de ond prinnach i'r gogledd. Dail cul, hirgrwn mewn sidelli o 4-6 ar hyd y goes. Pennau o flodau pinc, bob un yn 3-5mm ar draws, i'w gweld Mai-Medi.

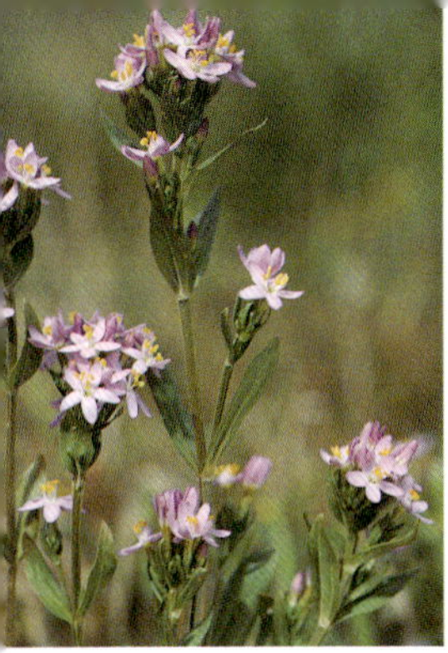
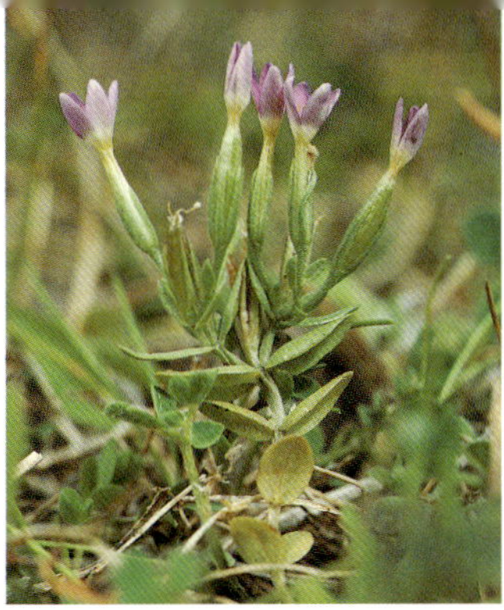
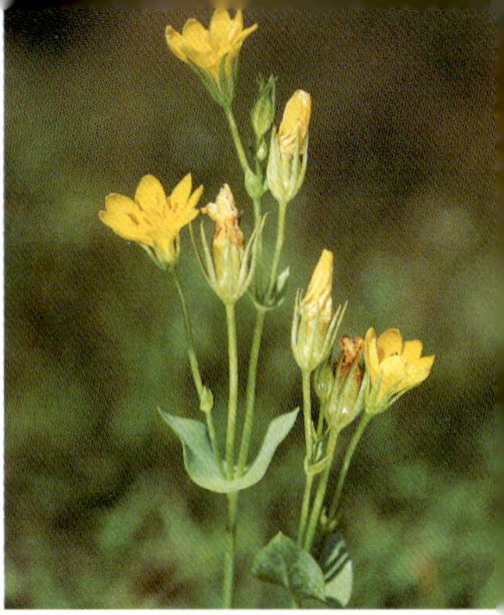
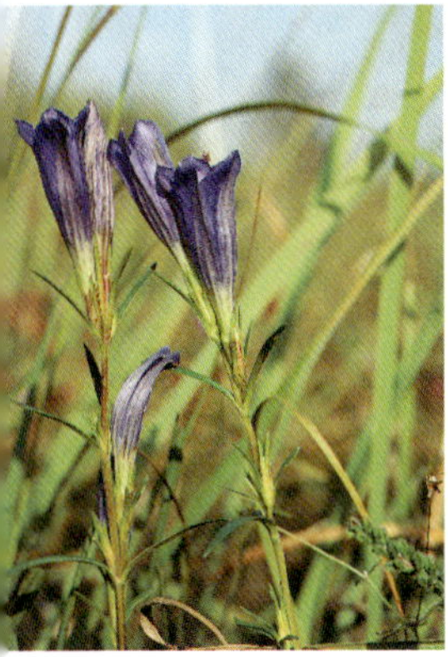
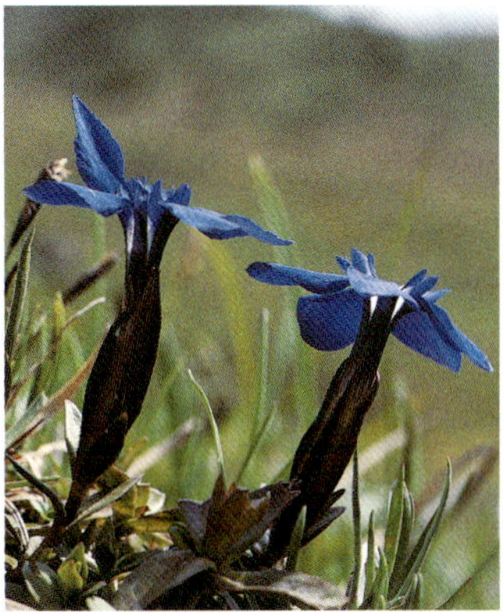
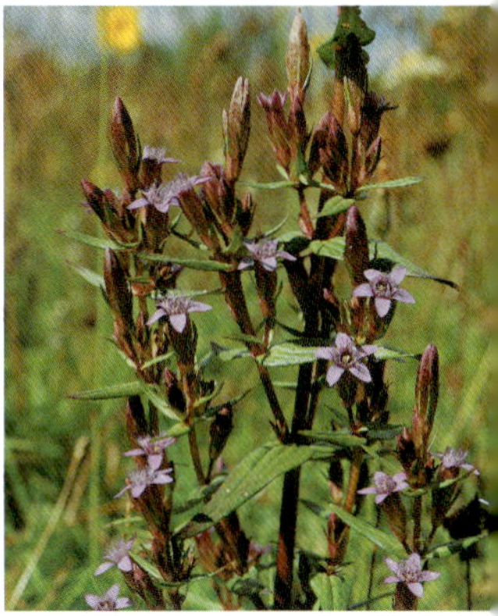
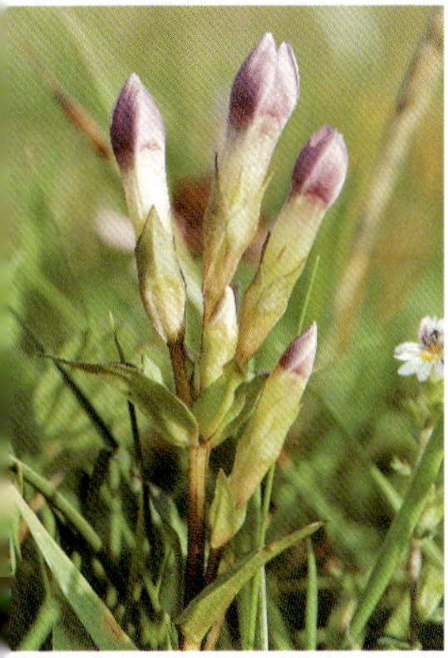
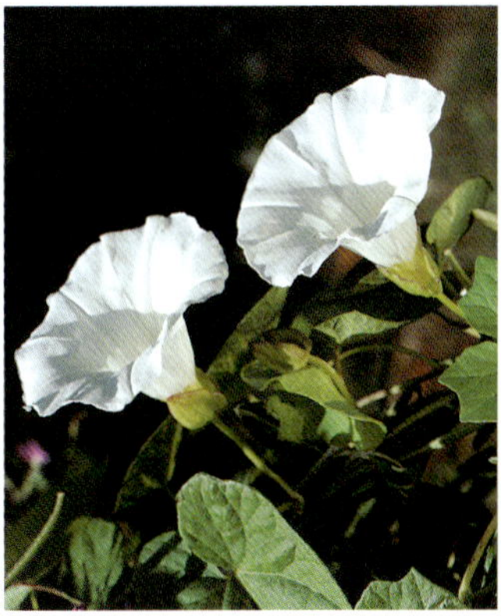
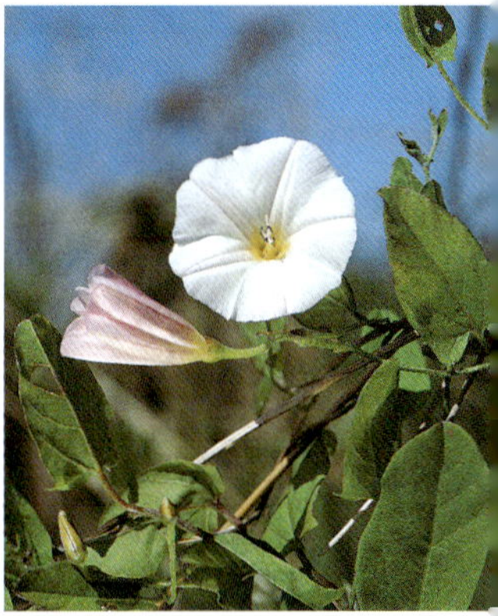
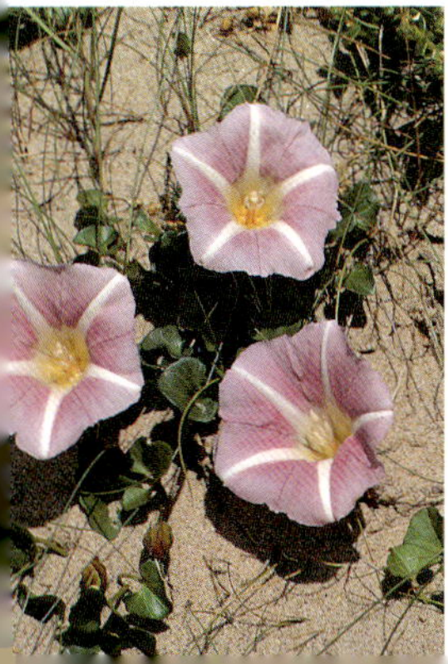
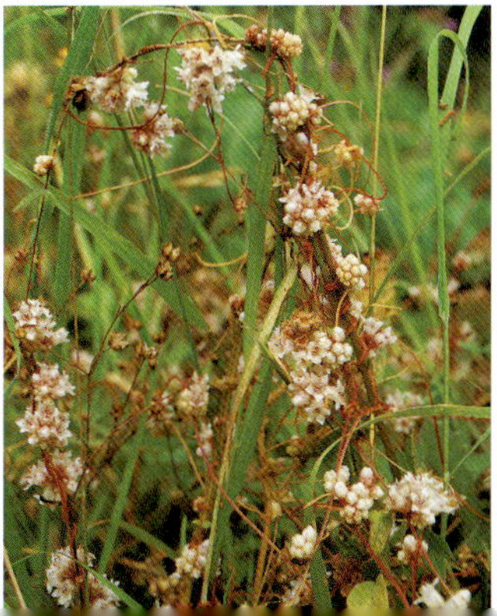
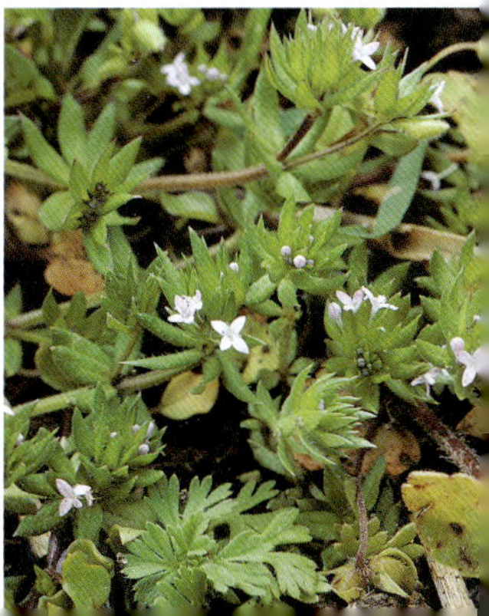

Blodau Gwyllt

Mandon Fach *Asperula cynanchica* Squinancywort Taldra hyd at 15cm
Planhigyn lluosflwydd, llorweddol fel rheol ar laswelltir sych, yn bennaf ar bridd calchaidd. Cyffredin mewn rhai mannau yn ne Lloegr yn unig. Dail cul mewn sidelli o bedair ar goesau 4-onglog. Clystyrau trwchus o flodau pinc, 4 petal, 3-4mm ar draws, Mehefin-Medi.

Briwydd Bêr *Galium odoratum* Sweet woodruff Taldra hyd at 25cm
Planhigyn lluosflwydd, di-flew, unionsyth a welir mewn coetiroedd cysgodol, yn bennaf ar dir basig; arogl gwair arno. Cyffredin ledled Prydain. Dail siâp gwaywffon mewn sidelli o 6-8 ar goesau sgwâr; pigau ar ochrau'r dail. Clystyrau o flodau 4 llabed; Mai-Mehefin.

Briwydd Felen *Galium verum* Lady's bedstraw Taldra hyd at 30cm
Planhigyn lluosflwydd canghennog a welir ar laswelltir sych. Cyffredin ledled Prydain. Dail cul ar goesau 4-onglog. Eu hymylon wedi'u rholio mewn sidelli o 8-12 ac yn duo pan fyddant yn sych. Yr unig friwydd sydd â blodau melyn; clystyrau trwchus Mehefin-Medi.

Briwydd y Clawdd
Galium mollugo Hedge-bedstraw Yn sgrafangu, taldra hyd at 1.5m
Planhigyn lluosflwydd cyffredin ledled Prydain ac eithrio'r gogledd pell. Hoff o wrychoedd a phrysgoed. Coesau llyfn, sgwâr; dail hirgrwn ag un wythïen a blaenau pigfain, mewn sidelli o 6-8. Clystyrau o flodau 4 llabed i'w gweld Mehefin-Medi.

Llau'r Offeiriad *Galium aparine* Common cleavers Taldra hyd at 1.5m
Planhigyn unflwydd ymledol ar dir wedi'i droi. Cyffredin ledled Prydain. Pigau sy'n pwyntio at yn ôl yn dal y planhigyn wrth iddo wthio trwy lystyfiant. Dail mewn sidelli o 6-8. Blodau pitw, gwyn i'w gweld Mai-Medi. Blew bachog ar y ffrwythau.

Briwydd y Gors *Galium palustre* Common marsh-bedstraw Taldra hyd at 60cm
Planhigyn ymledol, braidd yn eiddil ar dir llaith, glaswelltog. Cyffredin ledled Prydain. Dail cul mewn sidelli o 4-6, heb ddraenen ar y blaen. Clystyrau agored o flodau gwyn, pob un yn 3-4mm ar draws, i'w gweld Mehefin-Awst.

Llysiau'r Groes *Cruciata laevipes* Crosswort Taldra hyd at 50cm
Planhigyn lluosflwydd deniadol a welir ar lwybrau'r goedwig, gwrychoedd, cloddiau ac ochrau ffyrdd, yn bennaf ar bridd calchaidd. I'w weld ledled Prydain ac yn fwyaf cyffredin yng ngogledd a dwyrain Lloegr. Dail hirgrwn, blewog mewn sidelli amlwg o bedair. Clystyrau o flodau melyn i'w gweld Ebrill-Mehefin.

Tafod y Fuwch *Borago officinalis* Borage Taldra hyd at 30cm
Planhigyn sy'n tyfu'n gyffredin mewn gerddi ac wedi dianc i'r gwyllt, yn aml ar dir wedi'i droi. Mae blew ar y planhigyn i gyd. Coesynnau ar y dail isaf, y rhai uchaf yn gafael am y goes. Blodau 5 petal, 20-25mm ar draws; i'w gweld Ebrill-Medi.

Llysiau'r Gwrid y Tir Âr *Anchusa arvensis* Bugloss Taldra hyd at 50cm
Planhigyn unflwydd brasflewog ar dir wedi'i droi, tir tywodlyd yn aml. I'w weld ledled Prydain; cyffredin mewn rhannau o ddwyrain Lloegr. Ochrau tonnog gan y dail cul; y rhai isaf ar goesyn, y rhai uchaf yn gafael am y goes. Tusw o flodau glas, 5-6mm ar draws, Mai-Medi.

Llysiau'r Llymarch *Mertensia maritima* Oyster plant Llorweddol
Planhigyn lluosflwydd ar draethau graean bras. Prin yng ngogledd Lloegr; i'w weld yn amlach yn yr Alban. Dail gwyrddlas, noddlawn, hirgrwn ar goesau cochlyd. Clystyrau o flodau pinc, yn troi'n borffor-las, deiliog ar goesynnau hir, Mehefin-Awst.

Cyfardwf Rwsia *Symphytum x uplandicum* Russian comfrey Taldra hyd at 1m
Croesiad ffrwythlon wedi ymsefydlu yn y gwyllt; cyffredin mewn gwrychoedd, glaswelltac ar ochrau ffyrdd. Mymryn o adain ar y coesau. Dail hirgrwn, meddal-flewog, y rhai uchaf yn ffurfio adenydd i lawr y goes. Blodau porffor-las mewn clystyrau crwm, Mai-Awst.

Cyfardwf *Symphytum officinalis* Common comfrey Taldra hyd at 1m
Planhigyn lluosflwydd, blewog ar dir llaith, yn aml ger afonydd. I'w gael trwy Brydain; cyffredin yn ne a chanolbarth Lloegr yn unig. Adenydd amlwg ar y goes. Dail hirgrwn, blewog; y rhai uchaf yn gafael am y goes. Blodau porffor-binc neu hufen mewn clystyrau crwm, Mai-Mehefin.

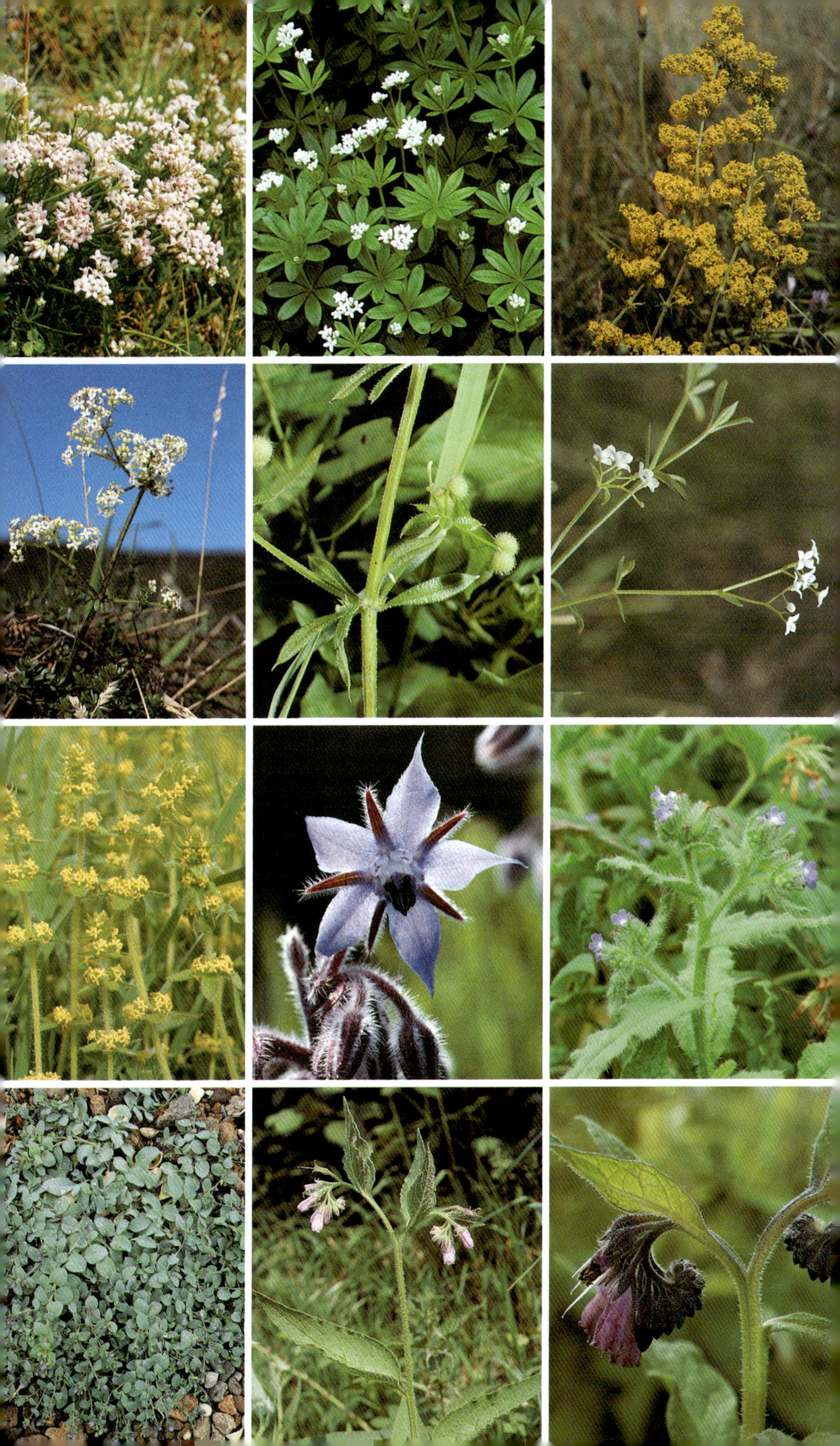

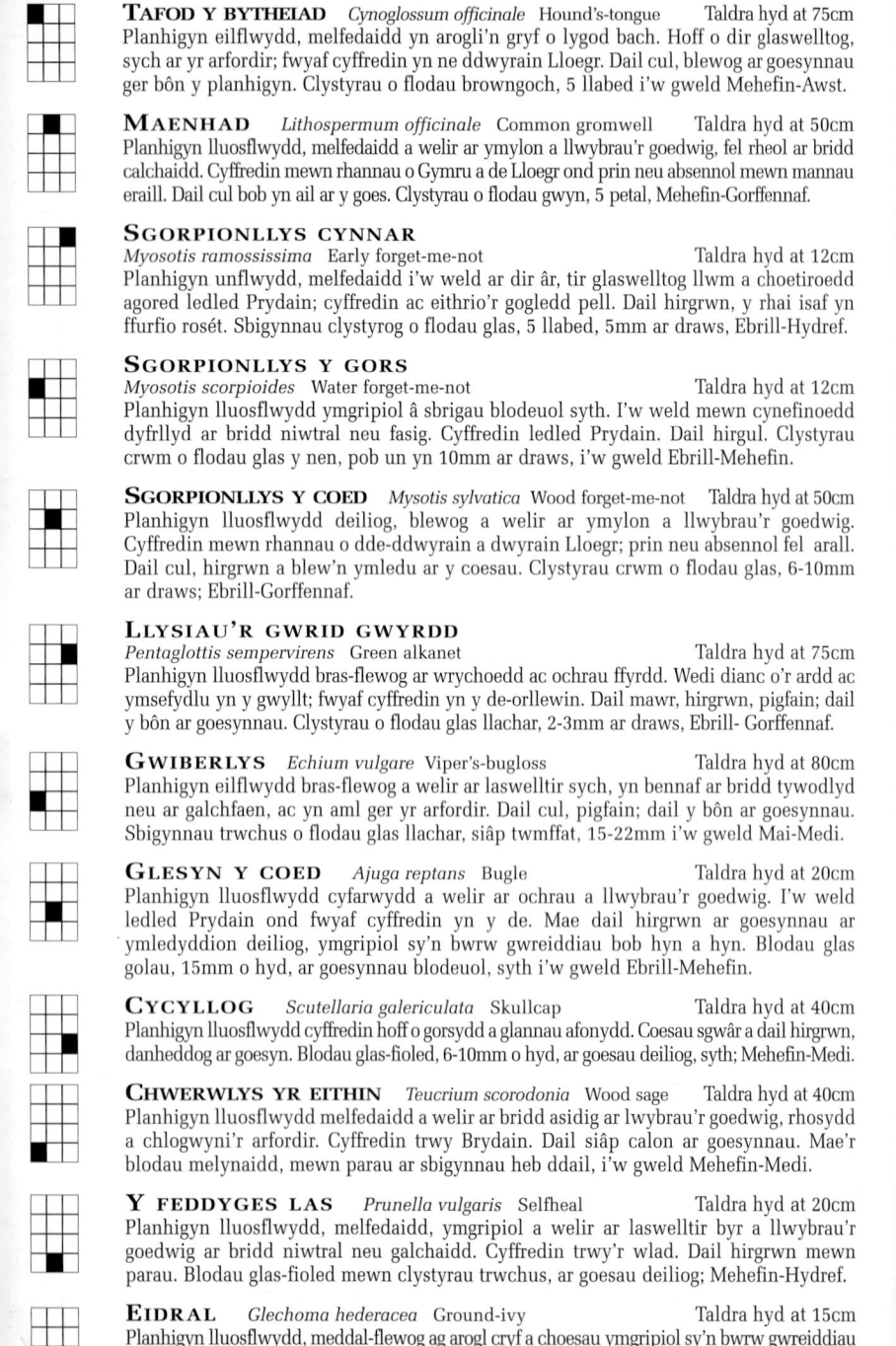

Blodau Gwyllt

Tafod y Bytheiad   *Cynoglossum officinale*   Hound's-tongue   Taldra hyd at 75cm
Planhigyn eilflwydd, melfedaidd yn arogli'n gryf o lygod bach. Hoff o dir glaswelltog, sych ar yr arfordir; fwyaf cyffredin yn ne ddwyrain Lloegr. Dail cul, blewog ar goesynnau ger bôn y planhigyn. Clystyrau o flodau browngoch, 5 llabed i'w gweld Mehefin-Awst.

Maenhad   *Lithospermum officinale*   Common gromwell   Taldra hyd at 50cm
Planhigyn lluosflwydd, melfedaidd a welir ar ymylon a llwybrau'r goedwig, fel rheol ar bridd calchaidd. Cyffredin mewn rhannau o Gymru a de Lloegr ond prin neu absennol mewn mannau eraill. Dail cul bob yn ail ar y goes. Clystyrau o flodau gwyn, 5 petal, Mehefin-Gorffennaf.

Sgorpionllys Cynnar
Myosotis ramossissima   Early forget-me-not   Taldra hyd at 12cm
Planhigyn unflwydd, melfedaidd i'w weld ar dir âr, tir glaswelltog llwm a choetiroedd agored ledled Prydain; cyffredin ac eithrio'r gogledd pell. Dail hirgrwn, y rhai isaf yn ffurfio rosét. Sbigynnau clystyrog o flodau glas, 5 llabed, 5mm ar draws, Ebrill-Hydref.

Sgorpionllys y Gors
Myosotis scorpioides   Water forget-me-not   Taldra hyd at 12cm
Planhigyn lluosflwydd ymgripiol â sbrigau blodeuol syth. I'w weld mewn cynefinoedd dyfrllyd ar bridd niwtral neu fasig. Cyffredin ledled Prydain. Dail hirgul. Clystyrau crwm o flodau glas y nen, pob un yn 10mm ar draws, i'w gweld Ebrill-Mehefin.

Sgorpionllys y Coed   *Mysotis sylvatica*   Wood forget-me-not   Taldra hyd at 50cm
Planhigyn lluosflwydd deiliog, blewog a welir ar ymylon a llwybrau'r goedwig. Cyffredin mewn rhannau o dde-ddwyrain a dwyrain Lloegr; prin neu absennol fel arall. Dail cul, hirgrwn a blew'n ymledu ar y coesau. Clystyrau crwm o flodau glas, 6-10mm ar draws; Ebrill-Gorffennaf.

Llysiau'r Gwrid Gwyrdd
Pentaglottis sempervirens   Green alkanet   Taldra hyd at 75cm
Planhigyn lluosflwydd bras-flewog ar wrychoedd ac ochrau ffyrdd. Wedi dianc o'r ardd ac ymsefydlu yn y gwyllt; fwyaf cyffredin yn y de-orllewin. Dail mawr, hirgrwn, pigfain; dail y bôn ar goesynnau. Clystyrau o flodau glas llachar, 2-3mm ar draws, Ebrill- Gorffennaf.

Gwiberlys   *Echium vulgare*   Viper's-bugloss   Taldra hyd at 80cm
Planhigyn eilflwydd bras-flewog a welir ar laswelltir sych, yn bennaf ar bridd tywodlyd neu ar galchfaen, ac yn aml ger yr arfordir. Dail cul, pigfain; dail y bôn ar goesynnau. Sbigynnau trwchus o flodau glas llachar, siâp twmffat, 15-22mm i'w weld Mai-Medi.

Glesyn y Coed   *Ajuga reptans*   Bugle   Taldra hyd at 20cm
Planhigyn lluosflwydd cyfarwydd a welir ar ochrau a llwybrau'r goedwig. I'w weld ledled Prydain ond fwyaf cyffredin yn y de. Mae dail hirgrwn ar goesynnau ar ymledyddion deiliog, ymgripiol sy'n bwrw gwreiddiau bob hyn a hyn. Blodau glas golau, 15mm o hyd, ar goesynnau blodeuol, syth i'w gweld Ebrill-Mehefin.

Cycyllog   *Scutellaria galericulata*   Skullcap   Taldra hyd at 40cm
Planhigyn lluosflwydd cyffredin hoff o gorsydd a glannau afonydd. Coesau sgwâr a dail hirgrwn, danheddog ar goesyn. Blodau glas-fioled, 6-10mm o hyd, ar goesau deiliog, syth; Mehefin-Medi.

Chwerwlys yr Eithin   *Teucrium scorodonia*   Wood sage   Taldra hyd at 40cm
Planhigyn lluosflwydd melfedaidd a welir ar bridd asidig ar lwybrau'r goedwig, rhosydd a chlogwyni'r arfordir. Cyffredin trwy Brydain. Dail siâp calon ar goesynnau. Mae'r blodau melynaidd, mewn parau ar sbigynnau heb ddail, i'w gweld Mehefin-Medi.

Y Feddyges Las   *Prunella vulgaris*   Selfheal   Taldra hyd at 20cm
Planhigyn lluosflwydd, melfedaidd, ymgripiol a welir ar laswelltir byr a llwybrau'r goedwig ar bridd niwtral neu galchaidd. Cyffredin trwy'r wlad. Dail hirgrwn mewn parau. Blodau glas-fioled mewn clystyrau trwchus, ar goesau deiliog; Mehefin-Hydref.

Eidral   *Glechoma hederacea*   Ground-ivy   Taldra hyd at 15cm
Planhigyn lluosflwydd, meddal-flewog ag arogl cryf a choesau ymgripiol sy'n bwrw gwreiddiau bob hyn a hyn. Fe'i gwelir yn gyffredin trwy Brydain mewn coetiroedd, gwrychoedd a glaswelltir. Dail siâp aren ar goesynnau. Blodau fioled mewn sidelli o 2-4; Mawrth-Mehefin.

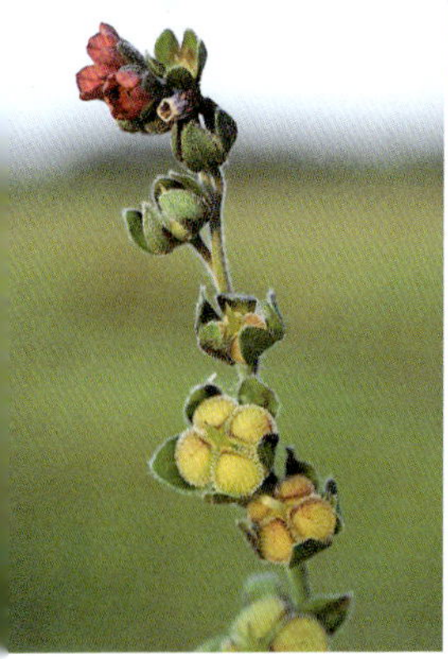
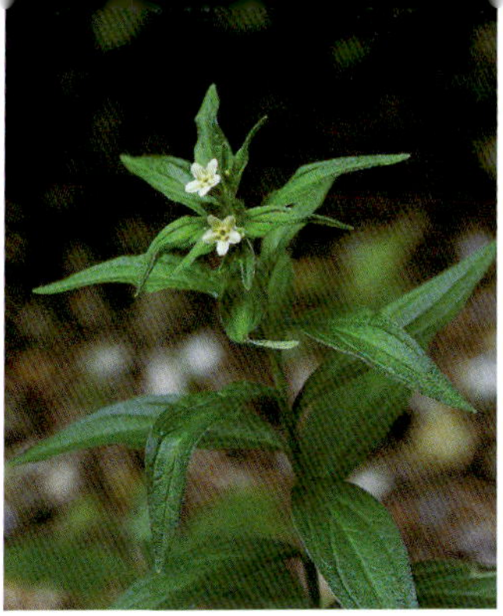
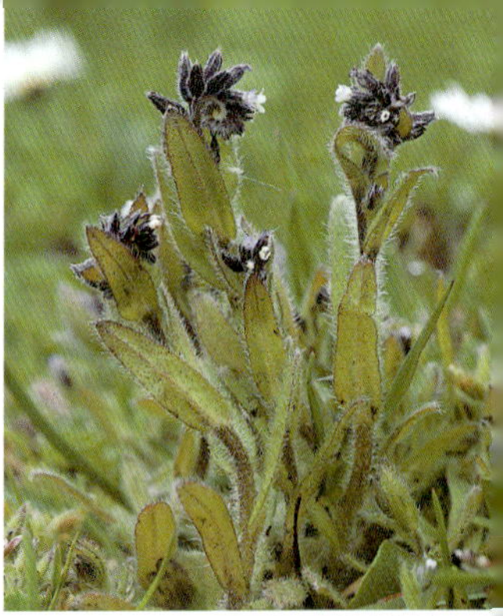
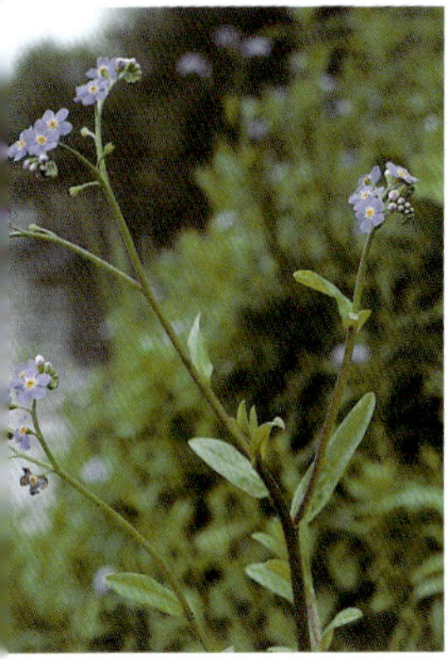
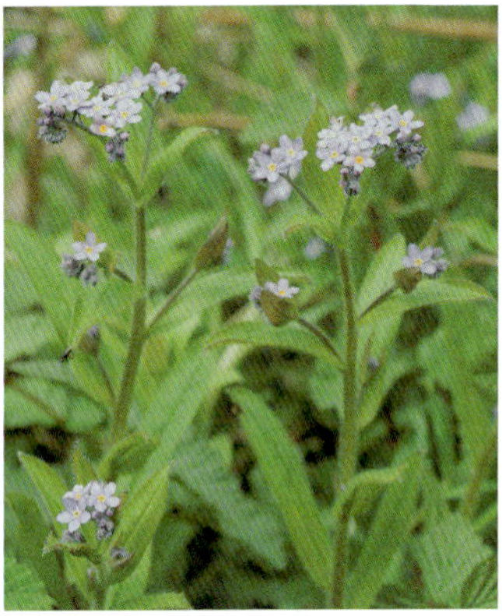
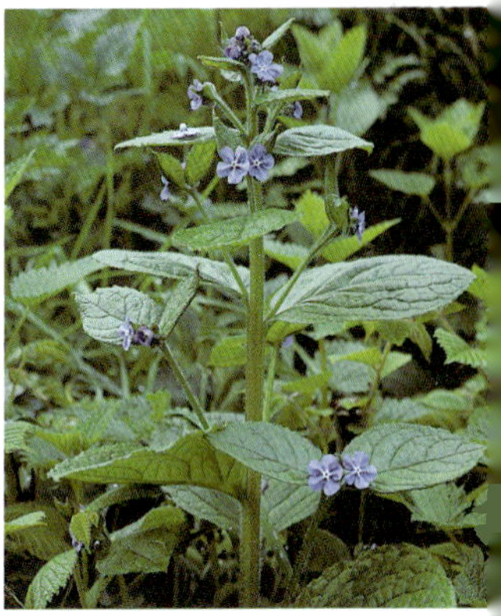
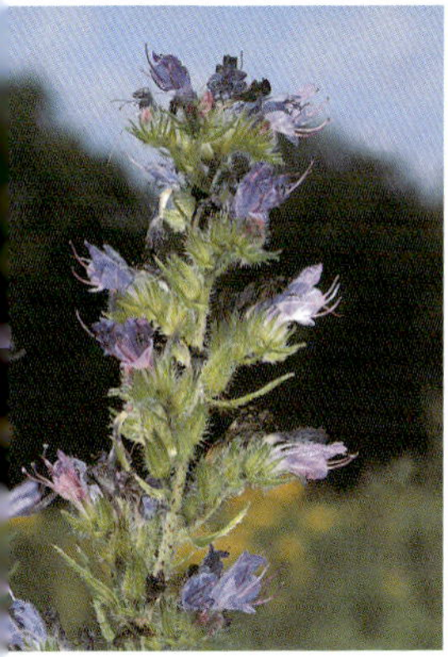
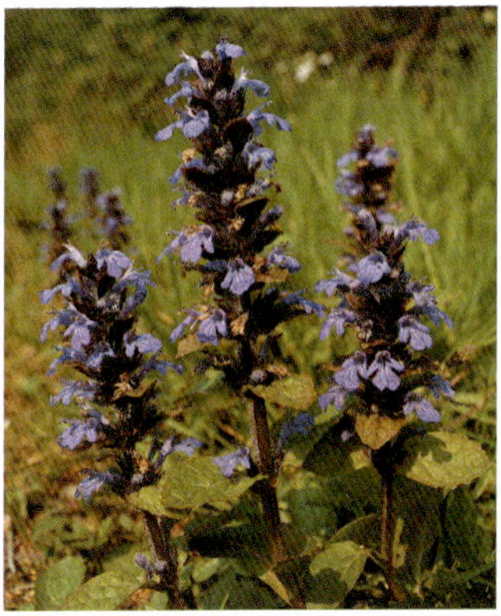
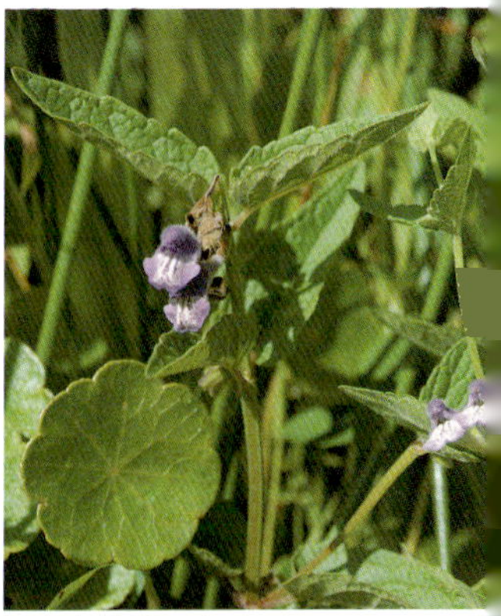
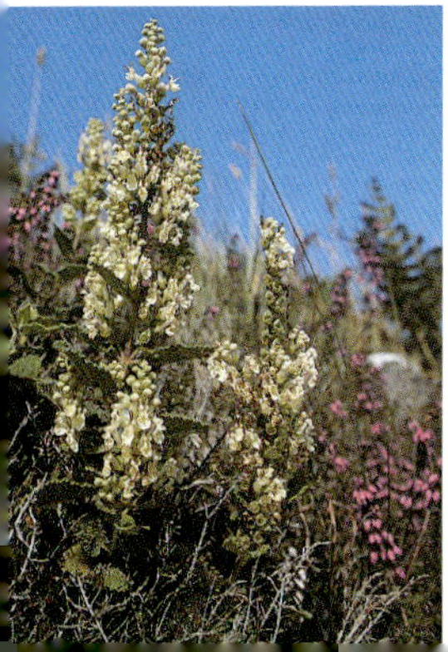
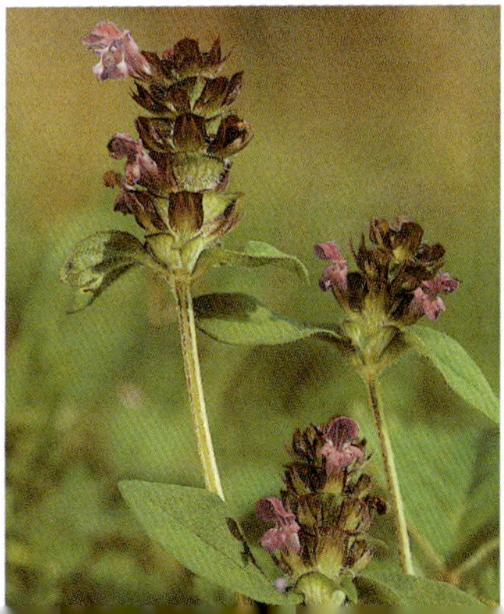
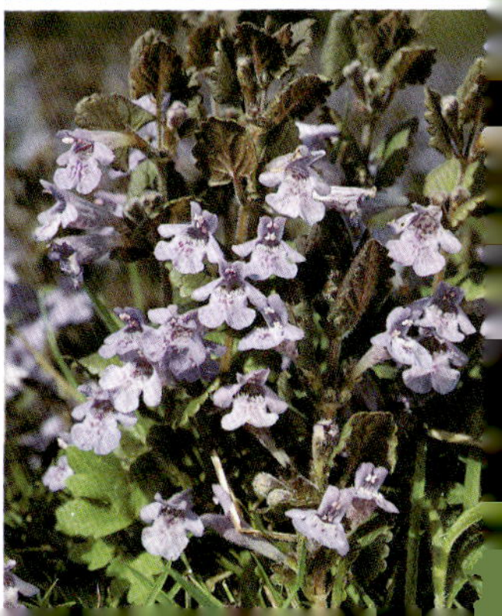

Blodau Gwyllt

Marddanhadlen Wen *Lamium album* White dead-nettle Taldra hyd at 40m
Planhigyn lluosflwydd â choesau melfedaidd a welir ar ochrau ffyrdd ac ar dir wedi'i droi. Cyffredin trwy Brydain ac eithrio'r gogledd pell. Dail siâp calon tebyg i ddanadl poethion ond heb flew sy'n llosgi. Blodau gwyn, 20-25mm o hyd, mewn sidelli; Mawrth-Tachwedd.

Marddanhadlen Goch
Lamium purpureum Red dead-nettle Taldra hyd at 30cm
Planhigyn unflwydd melfedaidd, canghennog a welir ar dir wedi'i droi a thir tyfu cnydau. Cyffredin trwy Brydain. Dail siâp calon, danheddog, ar goesynnau. Blodau porffor-binc, 10-17mm o hyd, mewn sidelli ar goesau unionsyth; Mawrth-Hydref.

Marddanhadlen Goch Ddeilgron
Lamium amplexicaule Henbit dead-nettle Taldra hyd at 20cm
Planhigyn unflwydd sy'n aml yn ymlusgo. Fe'i ceir ar dir tyfu cnydau a thir wedi'i droi ledled Prydain ond yn fwyaf cyffredin yn y de. Tebyg i'r farddanhadlen goch ond heb goesynnau ar y dail crwn, ac maent yn cydio yn y goes mewn parau. Blodau porffor-binc; Mawrth-Tachwedd.

Y Benboeth *Galeopsis tetrahit* Common Hemp-nettle Taldra hyd at 50cm
Planhigyn unflwydd â choesynnau blewog a welir ar dir âr a thir wedi'i droi. Cyffredin trwy Brydain. Dail hirgrwn, danheddog ar goesynnau. Mae chwydd yn y goes wrth nod y ddeilen. Blodau pinc ar sidelli. Gwelir Gorffennaf-Medi. Tiwbiau sepal yn parhau.

Y Benboeth Amryliw
Galeopsis speciosa Large-flowered hemp-nettle Taldra hyd at 50cm
Planhigyn unflwydd garw, blewog a welir ar dir âr, tir mawnoglyd gan amlaf, trwy Brydain ond fwyaf cyffredin yn y gogledd. Dail hirgrwn, danheddog ar goesynnau. Mae chwydd yn y goes wrth nod y ddeilen. Blodau mawr melynaidd â phorffor ar y wefus isaf; Gorffennaf-Medi.

Y Wenynog *Melittis melissophyllum* Bastard balm Taldra hyd at 60cm
Planhigyn lluosflwydd blewog ag aroglau cryf sy'n tyfu ar lwybrau coedwigoedd ac yng nghysgod gwrychoedd. Lleol ac eithaf prin yn ne Lloegr. Dail hirgrwn, danheddog ar goesyn. Blodau gwyn neu liw porffor-binc, weithiau'r ddau liw; 25-40mm o hyd; Mai-Gorffennaf.

Marddanhadlen Felen
Lamiastrum galeobdolon Yellow archangel Taldra hyd at 45cm
Planhigyn lluosflwydd blewog a welir ar lwybrau coedwigoedd ac mewn gwrychoedd, yn bennaf ar bridd basig. Cyffredin mewn rhai mannau yng Nghymru a Lloegr ond prin neu absennol ym mhobman arall. Dail tebyg i ddanadl poethion, danheddog a hirgrwn. Blodau melyn ar sidelli ar hyd y coesau sy'n blodeuo. Gwelir Mai-Mehefin.

Marddanhadlen Ddu *Ballota nigra* Black horehound Taldra hyd at 50cm
Planhigyn lluosflwydd drewllyd ar dir wedi'i drin neu ymyl ffyrdd. Cyffredin yn Lloegr a Chymru. Dail hirgrwn/siâp calon ar goesynnau. Sidelli blodau pinc/porffor; Mehefin-Medi.

Cribau San Ffraid *Stachys officinalis* Betony Taldra hyd at 50cm
Planhigyn lluosflwydd y glaswelltir a'r coed agored; hoff o bridd tywodlyd neu galchaidd. Cyffredin yng Nghymru a Lloegr; prin neu absennol fel arall. Dail isaf siâp calon ar goesyn; yn gulach i fyny'r goes. Sbigynnau trwchus o flodau cochlyd-porffor; Mehefin-Medi.

Briwlys y Gwrych *Stachys sylvatica* Hedge woundwort Taldra hyd at 75cm
Planhigyn lluosflwydd garw, blewog sy'n drewi. Cyffredin mewn gwrychoedd ym mhobman. Dail siâp calon, danheddog â choesynnau hir. Gwelir sbigynnau o flodau Mehefin-Hydref; lliw cochlyd-porffor a marciau gwyn ar y wefus isaf.

Briwlys y Gors *Stachys palustris* Marsh woundwort Taldra hyd at 1m
Planhigyn cyffredin lluosflwydd diaroglo ar dir llaith fel corsydd a ffosydd. Dail hirgul, heb goesynnau gan amlaf. Sbigynnau o flodau porffor-binc â marciau gwyn; Mehefin-Medi.

Brenhinllys *Calamintha sylvatica* Common calamint Taldra hyd at 50cm
Planhigyn lluosflwydd blewog, canghennog yn arogli o fintys. Cyffredin mewn rhai mannau ar laswellt sych, gan amlaf ar bridd calchaidd yn ne Lloegr, Cymru a de Iwerddon. Dail crwn â choesynnau hir. Sidelli o flodau pinc-lelog yng ngheseiliau'r dail; Mehefin-Medi.

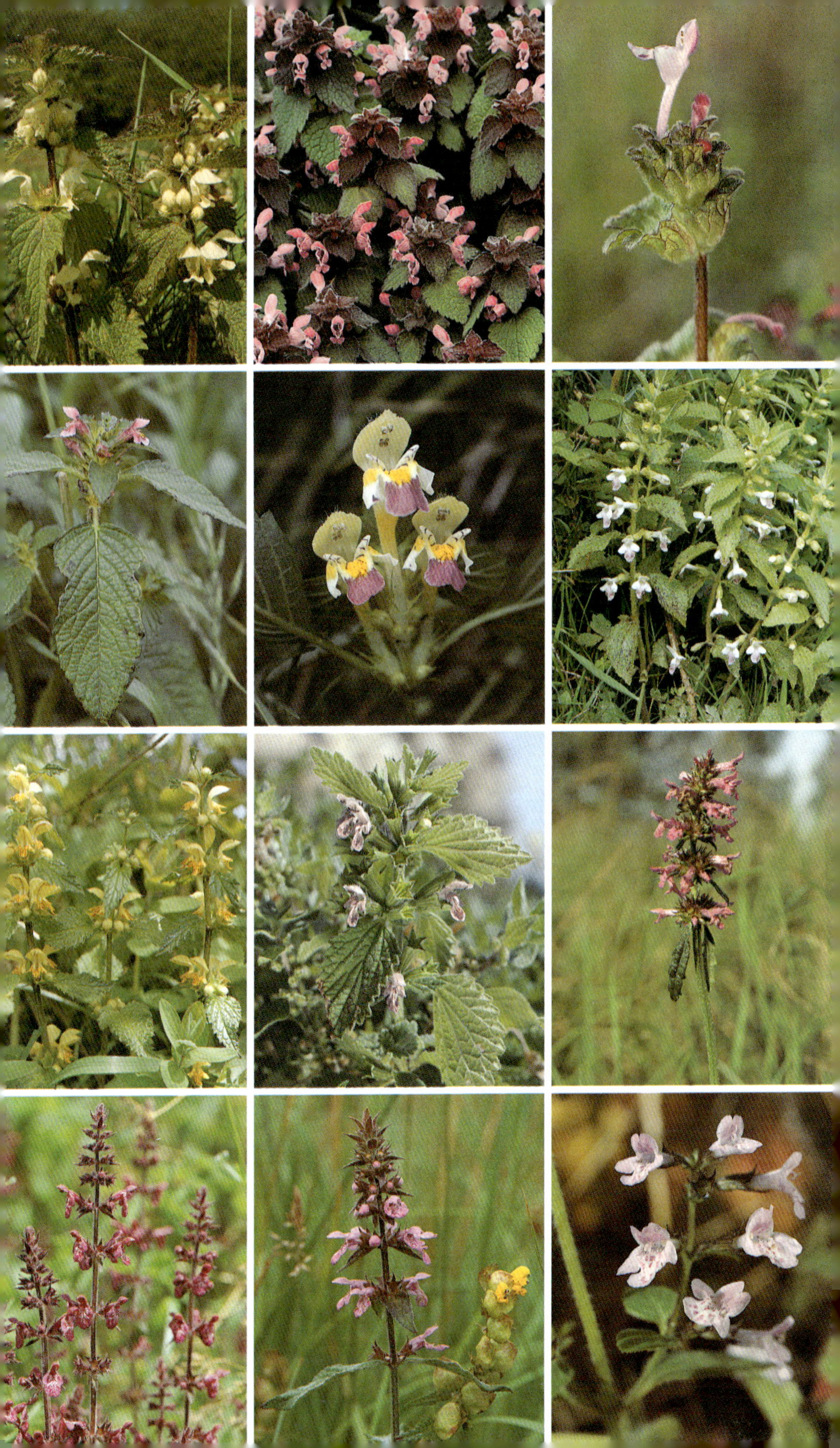

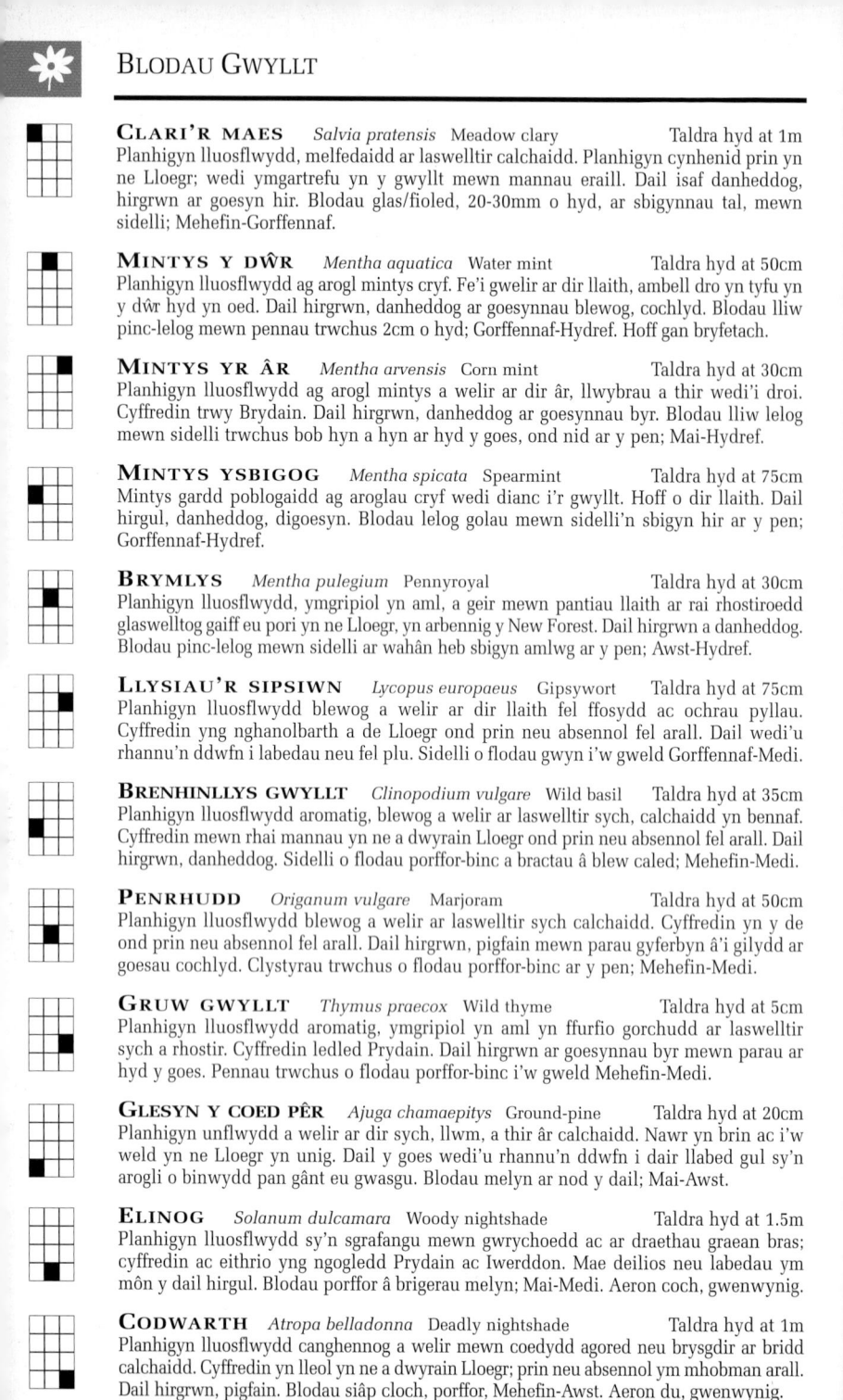

Blodau Gwyllt

Clari'r Maes   *Salvia pratensis*   Meadow clary   Taldra hyd at 1m
Planhigyn lluosflwydd, melfedaidd ar laswelltir calchaidd. Planhigyn cynhenid prin yn ne Lloegr; wedi ymgartrefu yn y gwyllt mewn mannau eraill. Dail isaf danheddog, hirgrwn ar goesyn hir. Blodau glas/fioled, 20-30mm o hyd, ar sbigynnau tal, mewn sidelli; Mehefin-Gorffennaf.

Mintys y Dŵr   *Mentha aquatica*   Water mint   Taldra hyd at 50cm
Planhigyn lluosflwydd ag arogl mintys cryf. Fe'i gwelir ar dir llaith, ambell dro yn tyfu yn y dŵr hyd yn oed. Dail hirgrwn, danheddog ar goesynnau blewog, cochlyd. Blodau lliw pinc-lelog mewn pennau trwchus 2cm o hyd; Gorffennaf-Hydref. Hoff gan bryfetach.

Mintys yr Âr   *Mentha arvensis*   Corn mint   Taldra hyd at 30cm
Planhigyn lluosflwydd ag arogl mintys a welir ar dir âr, llwybrau a thir wedi'i droi. Cyffredin trwy Brydain. Dail hirgrwn, danheddog ar goesynnau byr. Blodau lliw lelog mewn sidelli trwchus bob hyn a hyn ar hyd y goes, ond nid ar y pen; Mai-Hydref.

Mintys Ysbigog   *Mentha spicata*   Spearmint   Taldra hyd at 75cm
Mintys gardd poblogaidd ag aroglau cryf wedi dianc i'r gwyllt. Hoff o dir llaith. Dail hirgul, danheddog, digoesyn. Blodau lelog golau mewn sidelli'n sbigyn hir ar y pen; Gorffennaf-Hydref.

Brymlys   *Mentha pulegium*   Pennyroyal   Taldra hyd at 30cm
Planhigyn lluosflwydd, ymgripiol yn aml, a geir mewn pantiau llaith ar rai rhostiroedd glaswelltog gaiff eu pori yn ne Lloegr, yn arbennig y New Forest. Dail hirgrwn a danheddog. Blodau pinc-lelog mewn sidelli ar wahân heb sbigyn amlwg ar y pen; Awst-Hydref.

Llysiau'r Sipsiwn   *Lycopus europaeus*   Gipsywort   Taldra hyd at 75cm
Planhigyn lluosflwydd blewog a welir ar dir llaith fel ffosydd ac ochrau pyllau. Cyffredin yng nghanolbarth a de Lloegr ond prin neu absennol fel arall. Dail wedi'u rhannu'n ddwfn i labedau neu fel plu. Sidelli o flodau gwyn i'w gweld Gorffennaf-Medi.

Brenhinllys Gwyllt   *Clinopodium vulgare*   Wild basil   Taldra hyd at 35cm
Planhigyn lluosflwydd aromatig, blewog a welir ar laswelltir sych, calchaidd yn bennaf. Cyffredin mewn rhai mannau yn ne a dwyrain Lloegr ond prin neu absennol fel arall. Dail hirgrwn, danheddog. Sidelli o flodau porffor-binc a bractau â blew caled; Mehefin-Medi.

Penrhudd   *Origanum vulgare*   Marjoram   Taldra hyd at 50cm
Planhigyn lluosflwydd blewog a welir ar laswelltir sych calchaidd. Cyffredin yn y de ond prin neu absennol fel arall. Dail hirgrwn, pigfain mewn parau gyferbyn â'i gilydd ar goesau cochlyd. Clystyrau trwchus o flodau porffor-binc ar y pen; Mehefin-Medi.

Gruw Gwyllt   *Thymus praecox*   Wild thyme   Taldra hyd at 5cm
Planhigyn lluosflwydd aromatig, ymgripiol yn aml yn ffurfio gorchudd ar laswelltir sych a rhostir. Cyffredin ledled Prydain. Dail hirgrwn ar goesynnau byr mewn parau ar hyd y goes. Pennau trwchus o flodau porffor-binc i'w gweld Mehefin-Medi.

Glesyn y Coed Pêr   *Ajuga chamaepitys*   Ground-pine   Taldra hyd at 20cm
Planhigyn unflwydd a welir ar dir sych, llwm, a thir âr calchaidd. Nawr yn brin ac i'w weld yn ne Lloegr yn unig. Dail y goes wedi'u rhannu'n ddwfn i dair llabed gul sy'n arogli o binwydd pan gânt eu gwasgu. Blodau melyn ar nod y dail; Mai-Awst.

Elinog   *Solanum dulcamara*   Woody nightshade   Taldra hyd at 1.5m
Planhigyn lluosflwydd sy'n sgrafangu mewn gwrychoedd ac ar draethau graean bras; cyffredin ac eithrio yng ngogledd Prydain ac Iwerddon. Mae deilios neu labedau ym môn y dail hirgul. Blodau porffor â brigerau melyn; Mai-Medi. Aeron coch, gwenwynig.

Codwarth   *Atropa belladonna*   Deadly nightshade   Taldra hyd at 1m
Planhigyn lluosflwydd canghennog a welir mewn coedydd agored neu brysgdir ar bridd calchaidd. Cyffredin yn lleol yn ne a dwyrain Lloegr; prin neu absennol ym mhobman arall. Dail hirgrwn, pigfain. Blodau siâp cloch, porffor, Mehefin-Awst. Aeron du, gwenwynig.

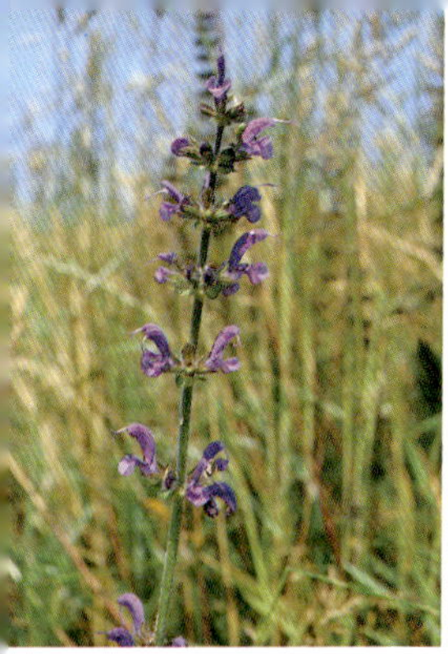
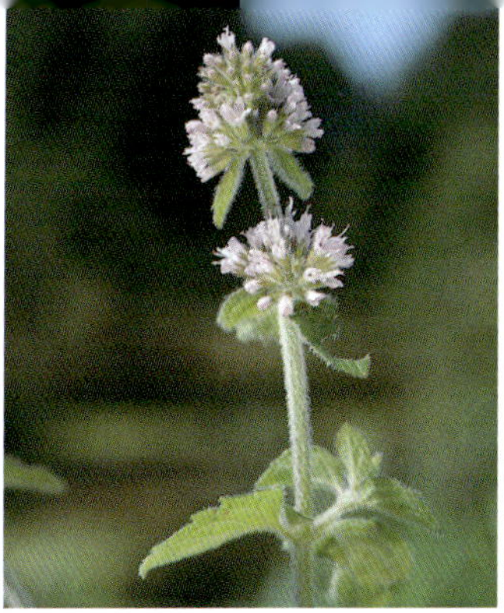
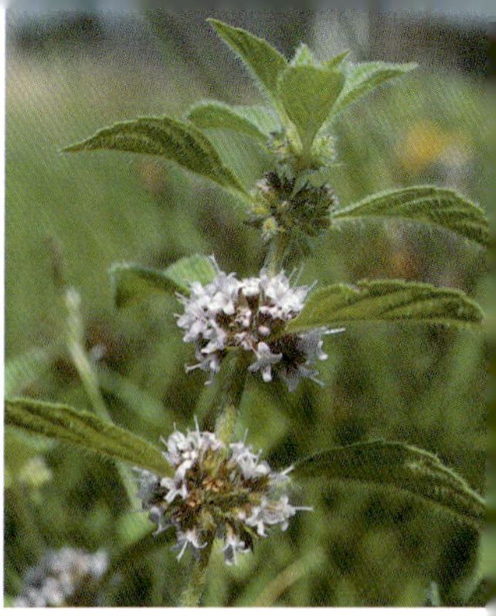
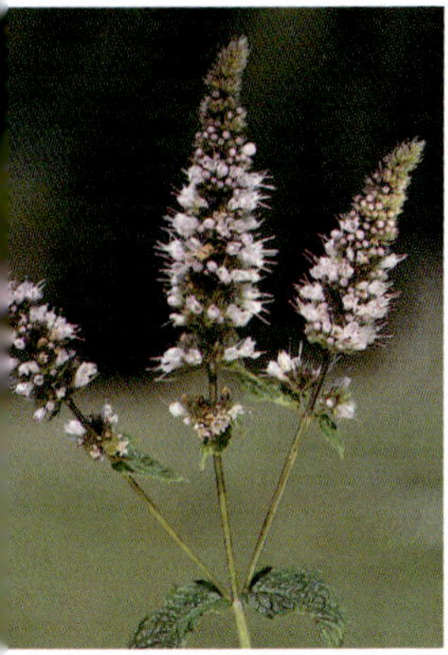
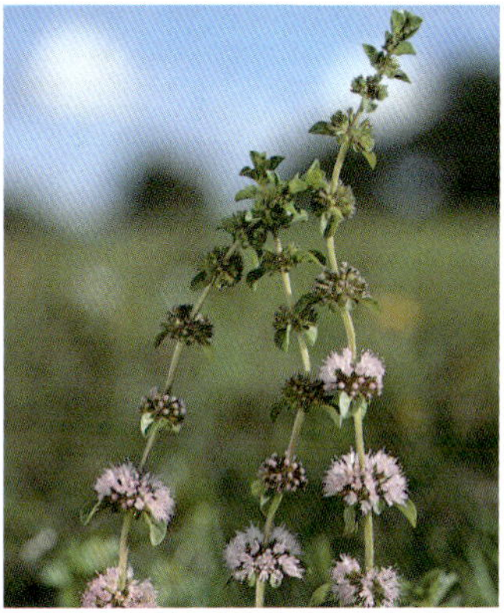
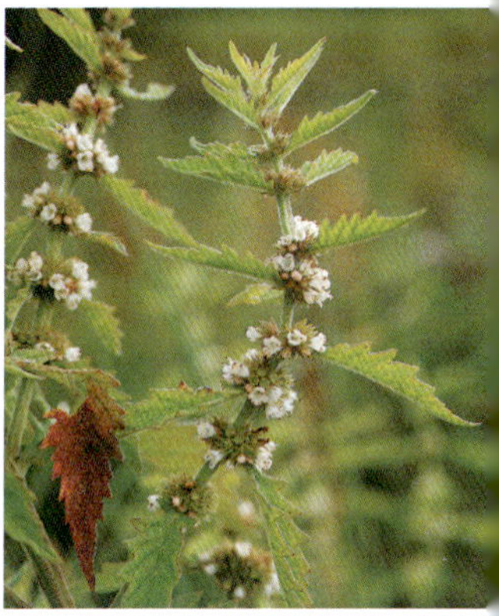
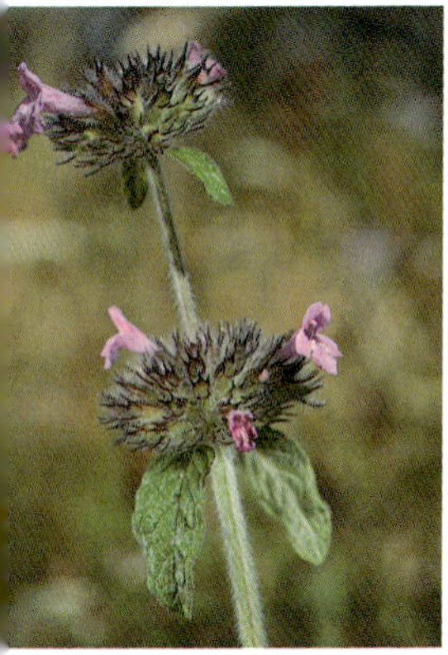
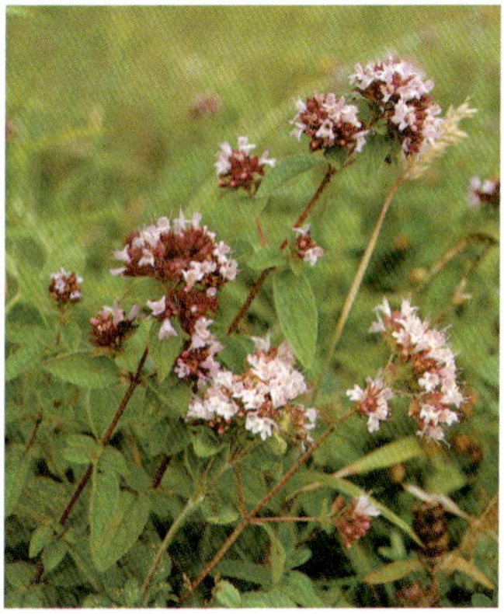
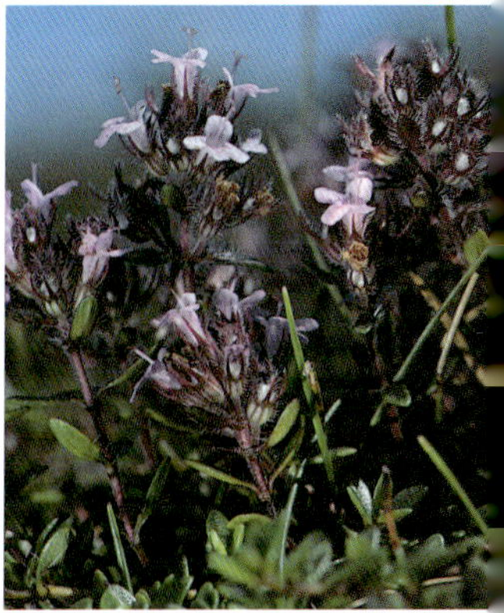
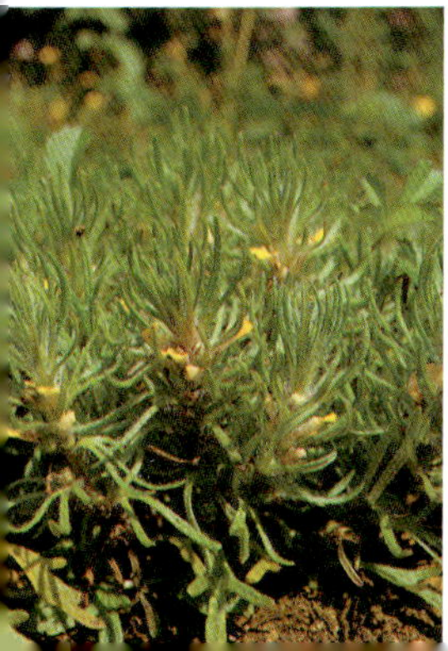
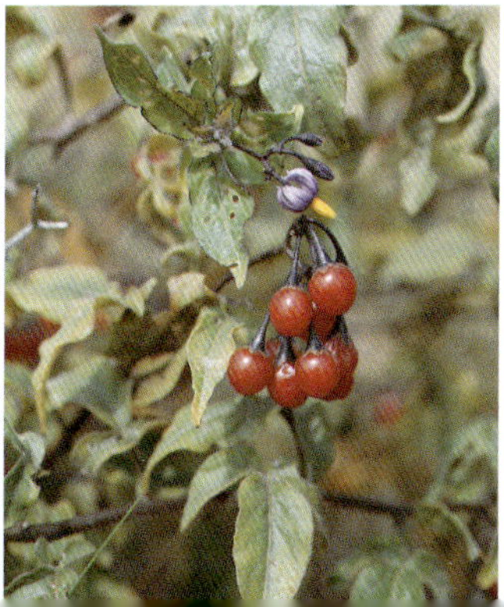
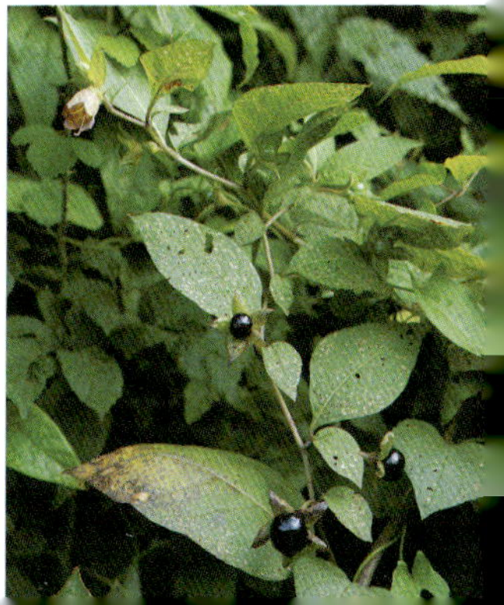

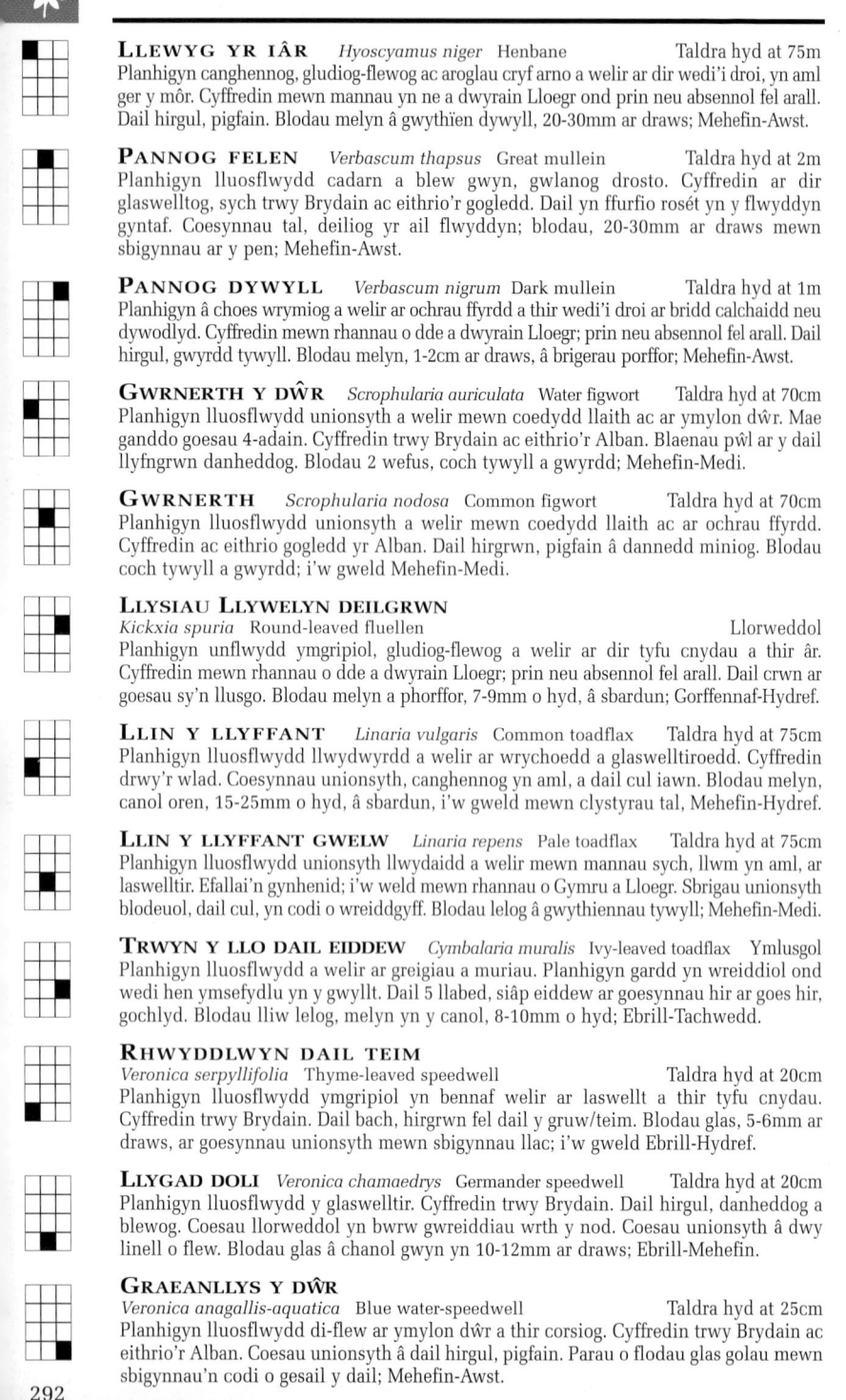

Blodau Gwyllt

Llewyg yr Iâr *Hyoscyamus niger* Henbane Taldra hyd at 75m
Planhigyn canghennog, gludiog-flewog ac aroglau cryf arno a welir ar dir wedi'i droi, yn aml ger y môr. Cyffredin mewn mannau yn ne a dwyrain Lloegr ond prin neu absennol fel arall. Dail hirgul, pigfain. Blodau melyn â gwythïen dywyll, 20-30mm ar draws; Mehefin-Awst.

Pannog Felen *Verbascum thapsus* Great mullein Taldra hyd at 2m
Planhigyn lluosflwydd cadarn a blew gwyn, gwlanog drosto. Cyffredin ar dir glaswelltog, sych trwy Brydain ac eithrio'r gogledd. Dail yn ffurfio rosét yn y flwyddyn gyntaf. Coesynnau tal, deiliog yr ail flwyddyn; blodau, 20-30mm ar draws mewn sbigynnau ar y pen; Mehefin-Awst.

Pannog Dywyll *Verbascum nigrum* Dark mullein Taldra hyd at 1m
Planhigyn â choes wrymiog a welir ar ochrau ffyrdd a thir wedi'i droi ar bridd calchaidd neu dywodlyd. Cyffredin mewn rhannau o dde a dwyrain Lloegr; prin neu absennol fel arall. Dail hirgul, gwyrdd tywyll. Blodau melyn, 1-2cm ar draws, â brigerau porffor; Mehefin-Awst.

Gwrnerth y Dŵr *Scrophularia auriculata* Water figwort Taldra hyd at 70cm
Planhigyn lluosflwydd unionsyth a welir mewn coedydd llaith ac ar ymylon dŵr. Mae ganddo goesau 4-adain. Cyffredin trwy Brydain ac eithrio'r Alban. Blaenau pŵl ar y dail llyfngrwn danheddog. Blodau 2 wefus, coch tywyll a gwyrdd; Mehefin-Medi.

Gwrnerth *Scrophularia nodosa* Common figwort Taldra hyd at 70cm
Planhigyn lluosflwydd unionsyth a welir mewn coedydd llaith ac ar ochrau ffyrdd. Cyffredin ac eithrio gogledd yr Alban. Dail hirgrwn, pigfain â dannedd miniog. Blodau coch tywyll a gwyrdd; i'w gweld Mehefin-Medi.

Llysiau Llywelyn deilgrwn
Kickxia spuria Round-leaved fluellen Llorweddol
Planhigyn unflwydd ymgripiol, gludiog-flewog a welir ar dir tyfu cnydau a thir âr. Cyffredin mewn rhannau o dde a dwyrain Lloegr; prin neu absennol fel arall. Dail crwn ar goesau sy'n llusgo. Blodau melyn a phorffor, 7-9mm o hyd, â sbardun; Gorffennaf-Hydref.

Llin y Llyffant *Linaria vulgaris* Common toadflax Taldra hyd at 75cm
Planhigyn lluosflwydd llwydwyrdd a welir ar wrychoedd a glaswelltiroedd. Cyffredin drwy'r wlad. Coesynnau unionsyth, canghennog yn aml, a dail cul iawn. Blodau melyn, canol oren, 15-25mm o hyd, â sbardun, i'w gweld mewn clystyrau tal, Mehefin-Hydref.

Llin y Llyffant Gwelw *Linaria repens* Pale toadflax Taldra hyd at 75cm
Planhigyn lluosflwydd unionsyth llwydaidd a welir mewn mannau sych, llwm yn aml, ar laswelltir. Efallai'n gynhenid; i'w weld mewn rhannau o Gymru a Lloegr. Sbrigau unionsyth blodeuol, dail cul, yn codi o wreiddgyff. Blodau lelog â gwythiennau tywyll; Mehefin-Medi.

Trwyn y Llo Dail Eiddew *Cymbalaria muralis* Ivy-leaved toadflax Ymlusgol
Planhigyn lluosflwydd a welir ar greigiau a muriau. Planhigyn gardd yn wreiddiol ond wedi hen ymsefydlu yn y gwyllt. Dail 5 llabed, siâp eiddew ar goesynnau hir ar goes hir, gochlyd. Blodau lliw lelog, melyn yn y canol, 8-10mm o hyd; Ebrill-Tachwedd.

Rhwyddlwyn Dail Teim
Veronica serpyllifolia Thyme-leaved speedwell Taldra hyd at 20cm
Planhigyn lluosflwydd ymgripiol yn bennaf welir ar laswellt a thir tyfu cnydau. Cyffredin trwy Brydain. Dail bach, hirgrwn fel dail y gruw/teim. Blodau glas, 5-6mm ar draws, ar goesynnau unionsyth mewn sbigynnau llac; i'w gweld Ebrill-Hydref.

Llygad Doli *Veronica chamaedrys* Germander speedwell Taldra hyd at 20cm
Planhigyn lluosflwydd y glaswelltir. Cyffredin trwy Brydain. Dail hirgul, danheddog a blewog. Coesau llorweddol yn bwrw gwreiddiau wrth y nod. Coesau unionsyth â dwy linell o flew. Blodau glas â chanol gwyn yn 10-12mm ar draws; Ebrill-Mehefin.

Graeanllys y Dŵr
Veronica anagallis-aquatica Blue water-speedwell Taldra hyd at 25cm
Planhigyn lluosflwydd di-flew ar ymylon dŵr a thir corsiog. Cyffredin trwy Brydain ac eithrio'r Alban. Coesau unionsyth â dail hirgul, pigfain. Parau o flodau glas golau mewn sbigynnau'n codi o gesail y dail; Mehefin-Awst.

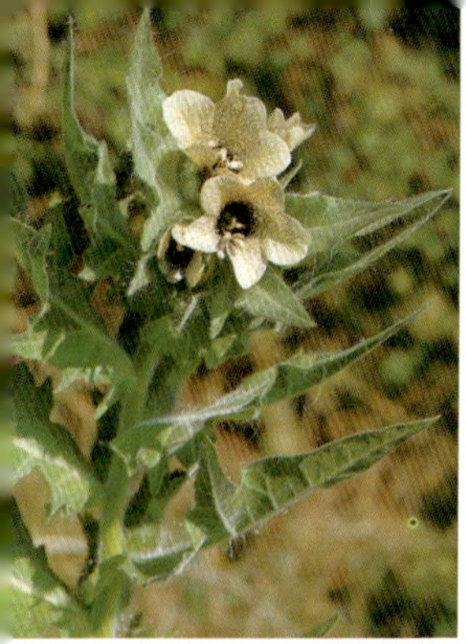
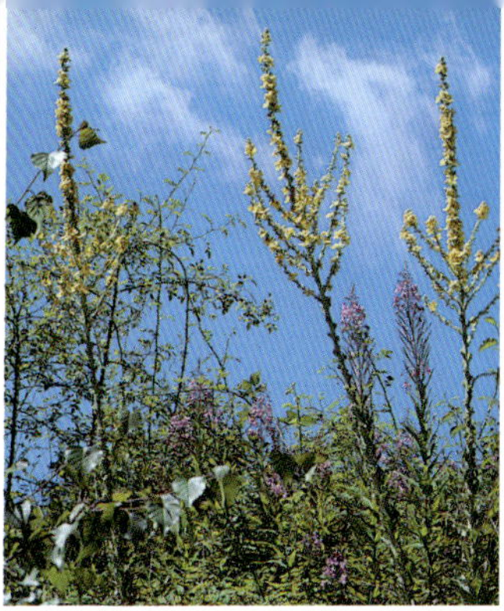
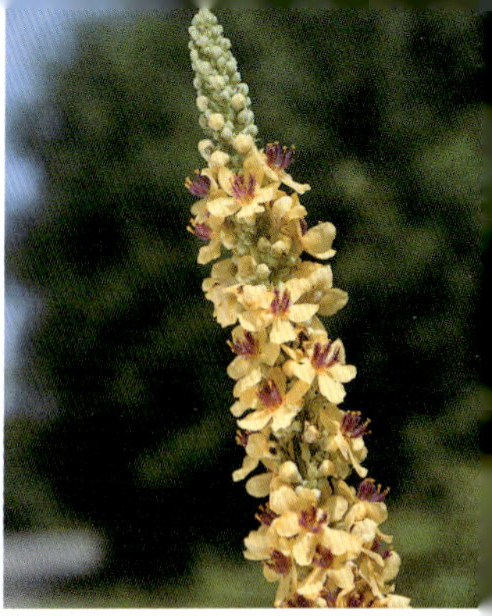
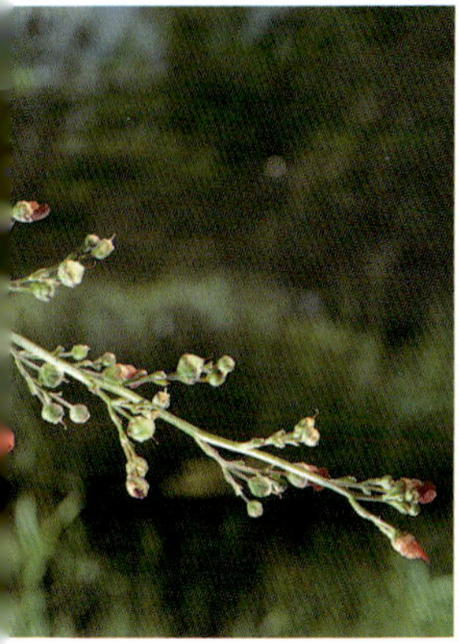
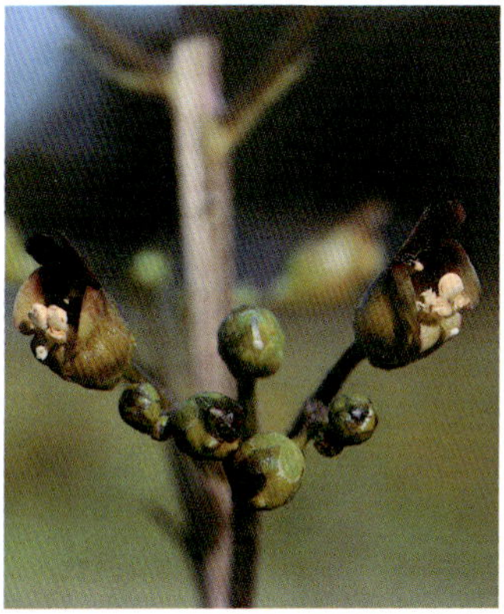
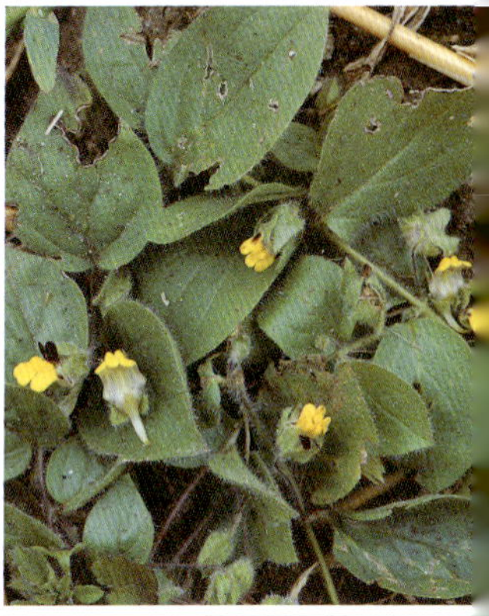
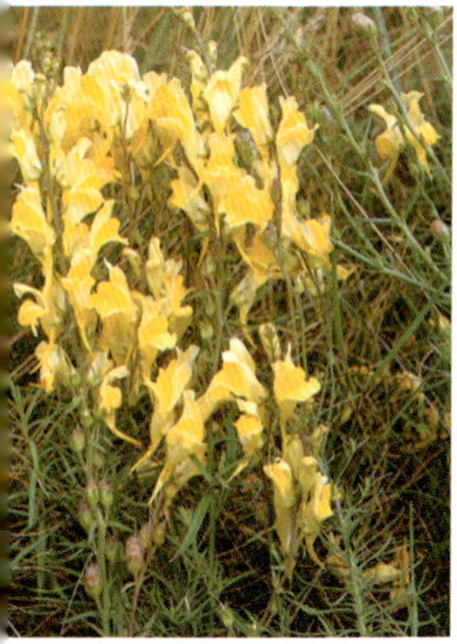
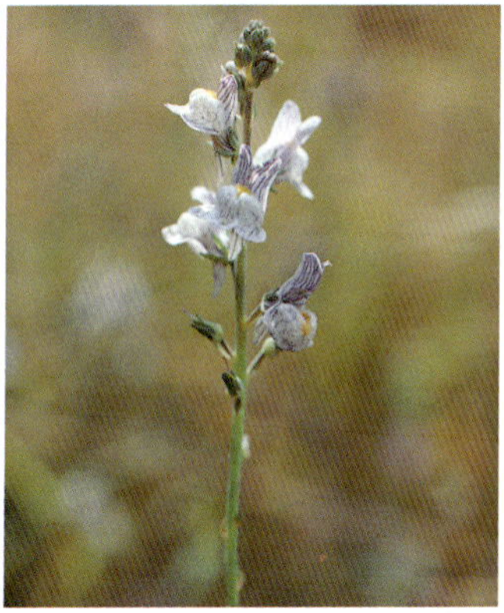
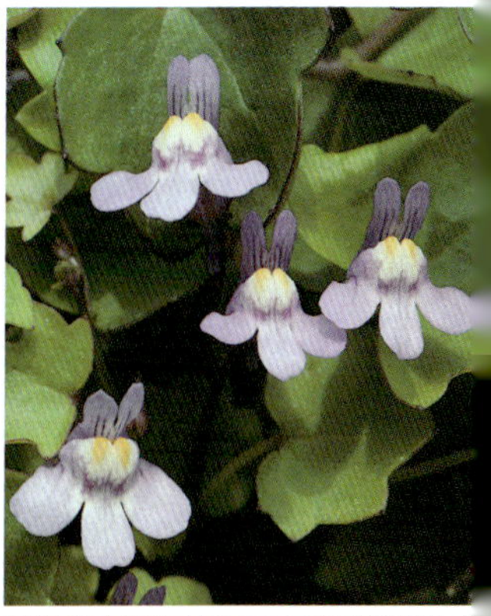
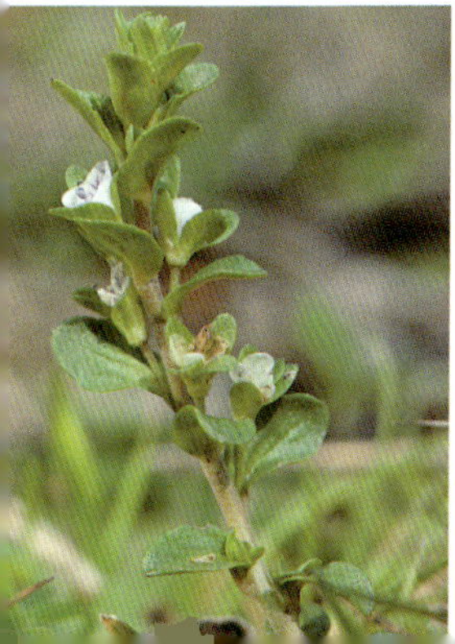
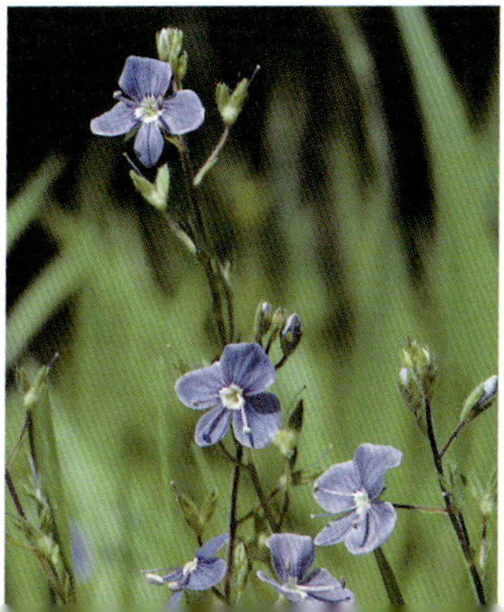
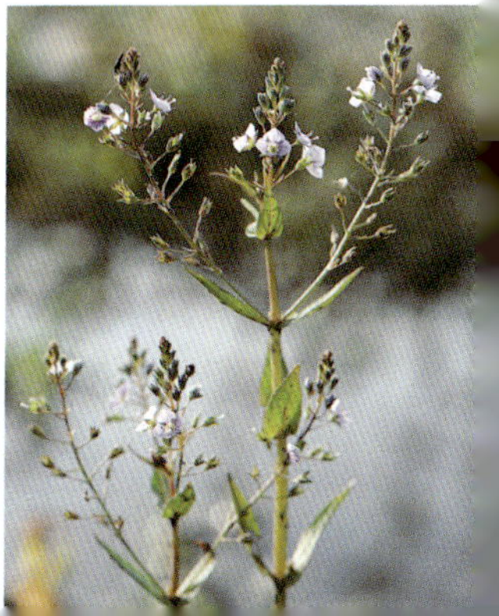

Blodau Gwyllt

Rhwyddlwyn meddygol
Veronica officinalis Heath speedwell   Taldra hyd at 10cm
Planhigyn lluosflwydd sy'n ffurfio gorchudd ar laswelltir a llwybrau'r goedwig. Eithaf cyffredin trwy Brydain. Coesau llorweddol, blewog yn bwrw gwreiddiau wrth y nod. Sbigynnau unionsyth o flodau glas golau/lliw lelog, 6-8mm ar draws, Mai-Awst.

Rhwyddlwyn y maes
Veronica persica Common field-speedwell   Llorweddol
Planhigyn unflwydd blewog, blerdwf ar dir âr a thir tyfu cnydau. Ni chredir ei fod yn gynhenid ond mae'n gyffredin trwy Brydain erbyn hyn. Parau o ddail hirgrwn, danheddog gwyrdd golau ar goesau cochlyd. Blodau glas unigol, 8-12mm ar draws, i'w gweld trwy'r flwyddyn.

Llysiau Taliesin   *Veronica beccabunga* Brooklime   Taldra hyd at 30cm
Planhigyn lluosflwydd, di-flew a welir mewn dŵr bas a phridd llaith. Cyffredin trwy Brydain. Dail hirgrwn, noddlawn ar goesynnau byr. Coesau'n ymgripio ac wedyn yn unionsyth. Blodau glas, 7-8mm ar draws, mewn parau yng nghesail y dail, Mai-Medi.

Blodyn mwnci   *Mimulus guttatus* Monkeyflower   Taldra hyd at 50cm
Planhigyn lluosflwydd ar dir llaith, yn aml ger nentydd ac afonydd. Wedi'i gyflwyno o ogledd America ac ymgartrefu yn y gwyllt mewn sawl man. Dail hirgrwn mewn parau gyferbyn â'i gilydd. Blodau melyn, hardd, 25-45mm ar draws, â sbotiau coch ar y gwddf; Mehefin-Medi.

Bysedd y cŵn   *Digitalis purpurea* Foxglove   Taldra hyd at 1.5m
Planhigyn eilflwydd neu luosflwydd tal, llwydaidd a welir mewn coedydd ac ar rostiroedd a chlogwyni'r arfordir. Dail hirgul, melfedaidd, 20-30cm o hyd, yn ffurfio rosét yn y flwyddyn gyntaf. Yn yr ail flwyddyn, mae sbigynnau tal yn codi â rhes o flodau porffor-binc tiwbaidd, 40-50mm o hyd; Mehefin-Medi.

Gorudd   *Odontites verna* Red bartsia   Taldra hyd at 40cm
Planhigyn unflwydd melfedaidd, ymledol, canghennog, yn aml â gwawr goch, a welir ar dir wedi'i droi, lonydd trol ac ochrau ffyrdd. Cyffredin trwy Brydain. Dail danheddog, cul mewn parau gyferbyn â'i gilydd. Sbigynnau o flodau porffor-binc, 8-10mm o hyd, Mehefin-Medi.

Gorudd melyn   *Parentucellia viscosa* Yellow bartsia   Taldra hyd at 40cm
Planhigyn unflwydd gludiog-flewog heb ganghennau a welir ar laswelltiroedd llaith, yn bennaf ger y môr, yn aml yn llaciau'r twyni tywod yn lleol yn ne orllewin Prydain a gorllewin Iwerddon. Dail di-goes, gwaywffurf. Blodau melyn llachar, 15-25mm o hyd; Mehefin-Hydref.

Glinogai   *Melampyrum pratense* Common cow-wheat   Taldra hyd at 35cm
Planhigyn unflwydd ymledol ar lwybrau coedydd a rhostiroedd glaswelltog, yn bennaf ar dir asidig. Gwelir ledled Prydain; cyffredin mewn rhai mannau. Dail cul, sgleiniog mewn parau gyferbyn â'i gilydd. Parau o flodau melyn, 10-18mm o hyd, yn codi o gesail y dail; Mai-Medi.

Effros   *Euphrasia officinalis* Eyebright   Taldra hyd at 25cm
Planhigyn unflwydd canghennog, amrywiol, lled-barasitig ar wreiddiau planhigion eraill. Cyffredin trwy Brydain ar dir llwm, glaswelltog. Dail hirgrwn â dannedd main; yn aml yn borffor. Blodau gwyn, gwythiennau porffor, 3-10mm o hyd; Mai-Medi.

Cribell felen   *Rhinanthus minor* Yellow-rattle   Taldra hyd at 45cm
Planhigyn unflwydd lled-barasitig a welir ar weirgloddiau a thwyni sydd heb eu troi. Cyffredin trwy Brydain. Sbotiau duon yn aml ar y coesau. Dail hirgul â dannedd llyfngrwn. Blodau melyn, 10-20mm o hyd, mewn sbigynnau deiliog ar y pen, Mai-Medi.

Melog y cŵn   *Pedicularis sylvatica* Lousewort   Taldra hyd at 20cm
Planhigyn lluosflwydd canghennog, ymledol a welir ar weundiroedd a rhosydd llaith. Cyffredin trwy Brydain ar gynefinoedd addas. Dail pluog wedi'u rhannu'n ddeilios danheddog. Blodau pinc, 20-25mm o hyd, â 2 ddant ar y wefus uchaf; Ebrill-Gorffennaf.

Melog y waun   *Pedicularis palustris* Marsh lousewort   Taldra hyd at 50cm
Planhigyn unflwydd canghennog, di-flew a welir ar weundiroedd a rhosydd corsiog. Cyffredin trwy Brydain ac eithrio dwyrain Lloegr. Dail pluog wedi'u rhannu'n ddwfn yn llabedau danheddog. Sbigau deiliog o flodau pinc/porffor, 20-25mm o hyd; Mai-Medi.

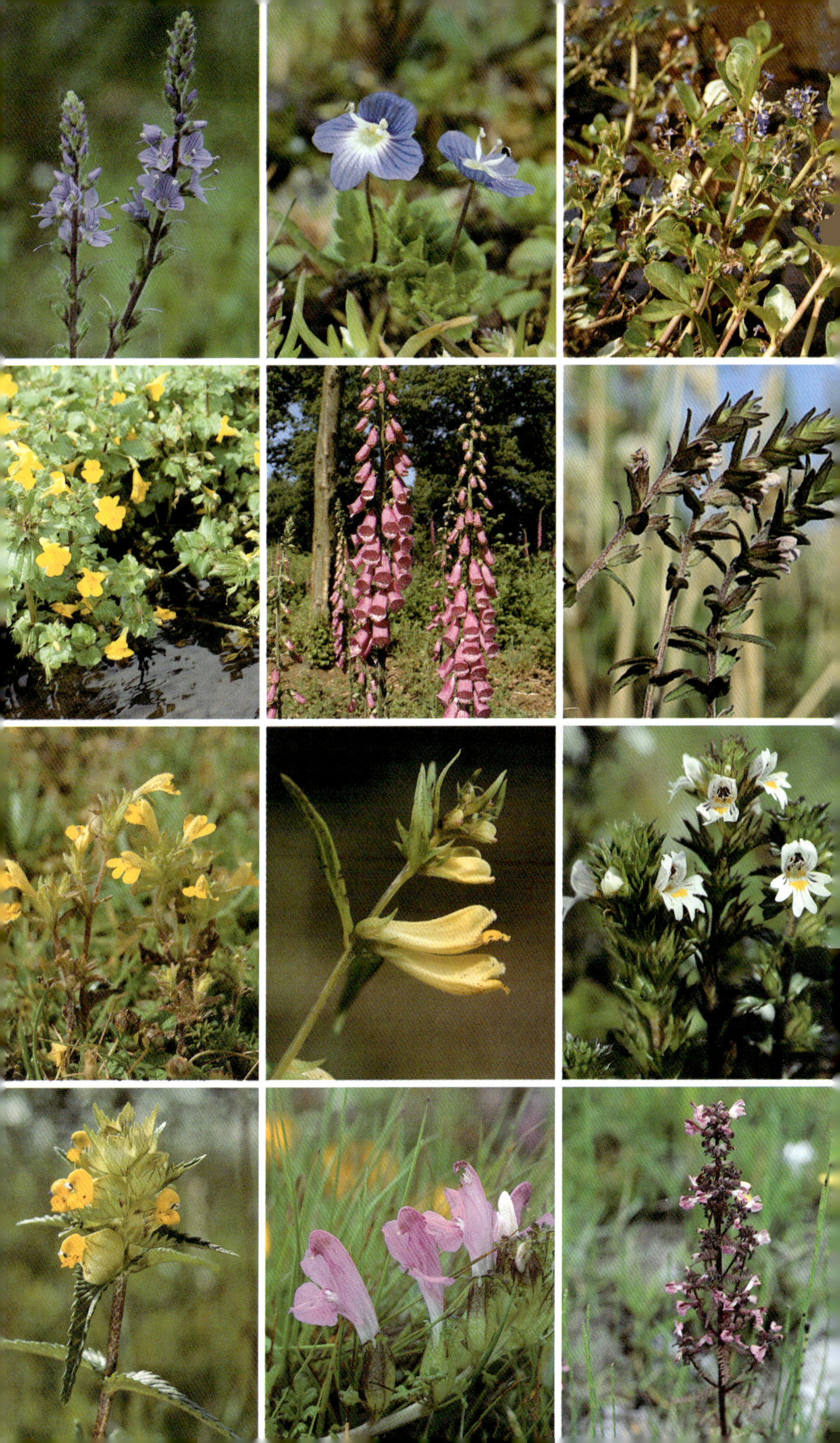

Blodau Gwyllt

Deintlys *Lathraea squamaria* Toothwort Taldra hyd at 25cm
Planhigyn cwbl barasitig sy'n tyfu ar wreiddiau coed, yn arbennig y gollen. I'w weld mewn rhai mannau ledled Prydain ac eithrio gogledd yr Alban a gorllewin Iwerddon. Cen gwynbinc yw'r dail ar goes lelog. Blodau lelog tiwbaidd, mewn sbigyn un ochrog; Ebrill-Mai.

Gorfanhadlen *Orobanche minor* Common broomrape Taldra hyd at 40cm
Planhigyn unflwydd parasitig sy'n tyfu ar wreiddiau meillion a phlanhigion llysieuol eraill. Cyffredin mewn rhannau o ganolbarth a de Lloegr, Cymru a de Iwerddon. Dim cloroffyl; y dail yn ddim ond cen brown. Blodau melynbinc â gwythiennau porffor; Mehefin-Medi.

Gorfanhadlen y bengaled
Orobanche elatior Knapweed broomrape Taldra hyd at 70cm
Planhigyn parasitig nodedig ar wreiddiau, yn bennaf ar y bengaled. Fe'i ceir mewn rhannau o dde a dwyrain Lloegr, yn bennaf ar bridd calchaidd. Coes gadarn, felynaidd a dail brown fel cen. Blodau melyn/brown mewn sbigynnau tal, trwchus; Mehefin-Gorffennaf.

Gorfanhadlen teim *Orobanche alba* Thyme broomrape Taldra hyd at 25cm
Planhigyn parasitig ar wreiddiau'r gruw/teim a phlanhigion tebyg; yn edrych yn gochlyd. I'w gael mewn ychydig o leoedd ar laswelltir arfordirol Cernyw, gorllewin yr Alban a gorllewin Iwerddon. Dail fel cen. Blodau peraroglus mewn sbigynnau llac; Mai-Awst.

Cloc y dref *Adoxa moschatellina* Moschatel Taldra hyd at 10cm
Planhigyn lluosflwydd hyfryd a welir mewn coetiroedd a mannau cysgodol. Cyffredin mewn rhannau bach o Brydain, yn arbennig yn y de. Dail y bôn ar goesyn hir, yn dair-llabedog ddwywaith, ac yn gorchuddio'r ddaear. Dail y goes yn dair-llabedog mewn parau gyferbyn â'i gilydd. Pen o bum blodyn ar goesyn i'w weld Ebrill-Mai.

Triaglog coch *Centranthus ruber* Red valerian Taldra hyd at 75cm
Planhigyn lluosflwydd llwydwyrdd ar greigiau, daear doredig a waliau. Cyffredin mewn rhannau o dde-orllewin Prydain; prin neu absennol fel arall. Dail hirgul, diddannedd mewn parau gyferbyn â'i gilydd. Blodau pinc, coch ac weithiau wyn mewn clystyrau ar y pen, Mai-Medi.

Gwylaeth yr oen *Valerianella locusta* Common cornsalad Taldra hyd at 30cm
Planhigyn unflwydd canghennog mewn mannau sych, llwm ar wellt a thwyni tywod. I'w gael trwy Brydain ond yn gyffredin mewn rhai mannau'n unig. Dail isaf siâp llwy; dail uchaf hirgul. Blodau lliw lelog golau mewn clystyrau pen gwastad a bractau deiliog oddi tanynt; Ebrill-Awst.

Blodyn deuben *Linnaea borealis* Twinflower Taldra hyd at 7cm
Planhigyn lluosflwydd eiddil, ymgripiol a geir mewn coedwigoedd pîn yn yr Alban. Prin; mewn rhai mannau'n unig. Dail crwn neu hirgrwn mewn parau gyferbyn â'i gilydd ar goesau gwydn sy'n aml fel mat. Parau o flodau pinc, siâp cloch ar goesynnau eiddil, Mehefin-Awst.

Tafod y gors *Pinguicula vulgaris* Common butterwort Taldra hyd at 15cm
Planhigyn lluosflwydd pryfysol mewn corsydd ac ar dir llaith; rosét o ddail melynwyrdd, gludiog sy'n dal a threulio pryfetach. I'w weld trwy Brydain; eithaf cyffredin yn Iwerddon a gogledd orllewin Prydain; prin mewn mannau eraill. Blodau fioled, 10-15mm o hyd, â sbardun; Mai-Awst.

Llydan y ffordd *Plantago major* Greater plantain Taldra hyd at 20cm
Planhigyn lluosflwydd sy'n aros ar lawntiau a thir glaswelltog sydd wedi'i droi. Cyffredin trwy'r wlad. Dail llydan, hirgrwn, hyd at 25cm o hyd, â 3-9 o wythiennau, sy'n ffurfio rosét yn y bôn. Blodau mewn sbigynnau hir ar goesyn, Mehefin-Hydref.

Llyriad corn carw *Plantago coronopus* Buck's-horn plantain Taldra hyd at 15cm
Planhigyn lluosflwydd llwydwyrdd, melfedaidd ar dir wedi'i droi a mannau creigiog, yn bennaf ger y môr. Cyffredin o amgylch arfordir Prydain ac Iwerddon. Dail wedi'u rhannu'n ddwfn fel plu i ffurfio rosét. Pennau blodeuog ar goesynnau; Mai-Hydref.

Llyriad arfor *Plantago maritima* Sea plantain Taldra hyd at 15cm
Planhigyn arfordirol a all oddef ewyn y môr ac ambell drochfa. Cyffredin ar arfordir Prydain ac Iwerddon. Dail fel strap yn ffurfio rosét. Pennau blodeuog ar goesynnau hir; Mehefin-Medi.

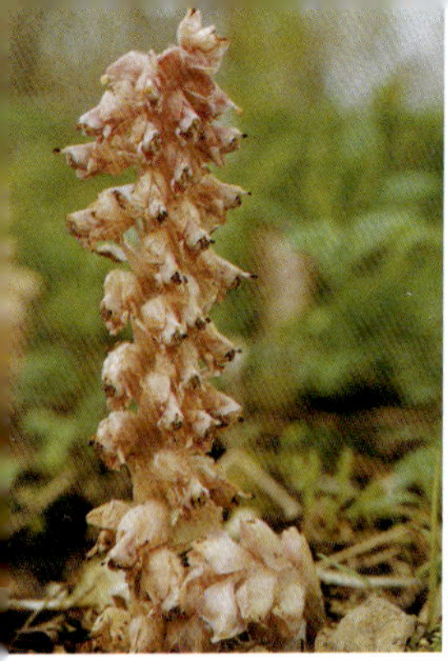
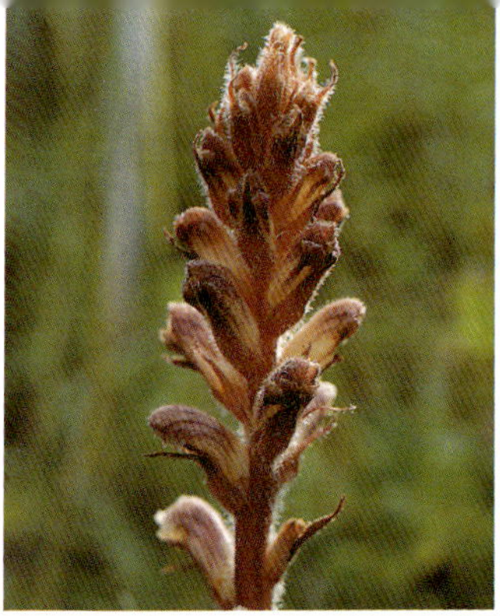
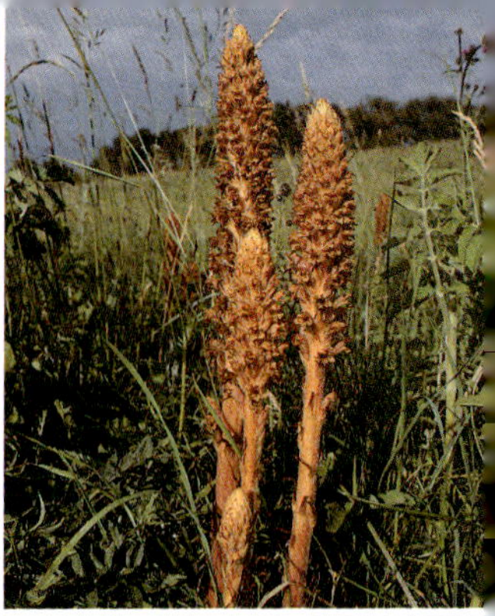
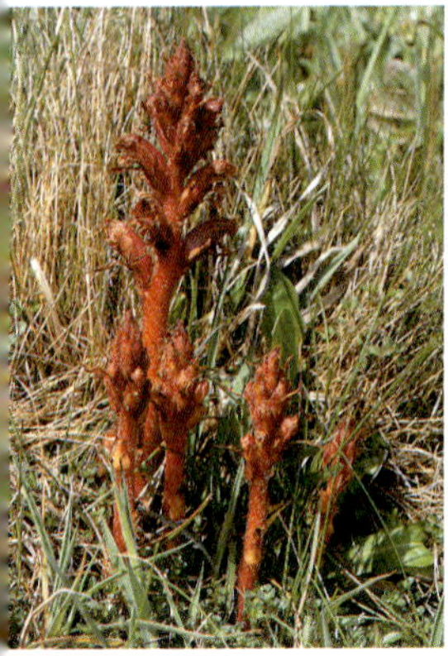
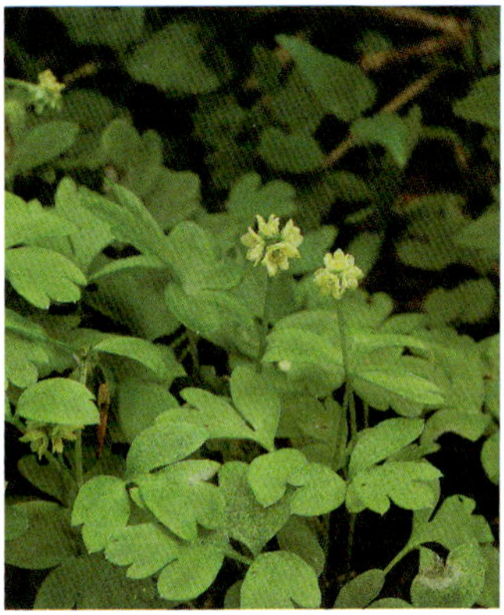
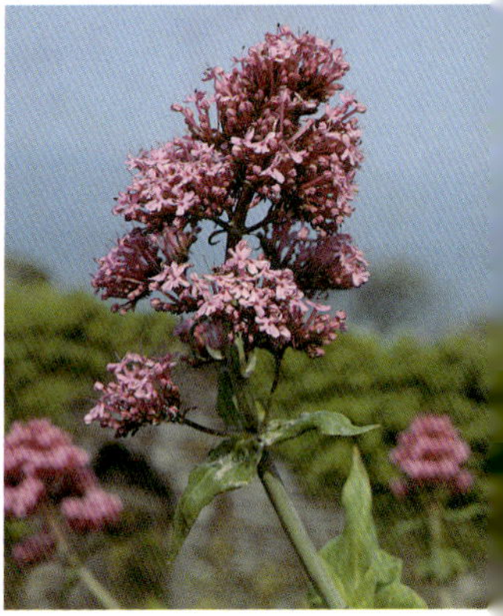
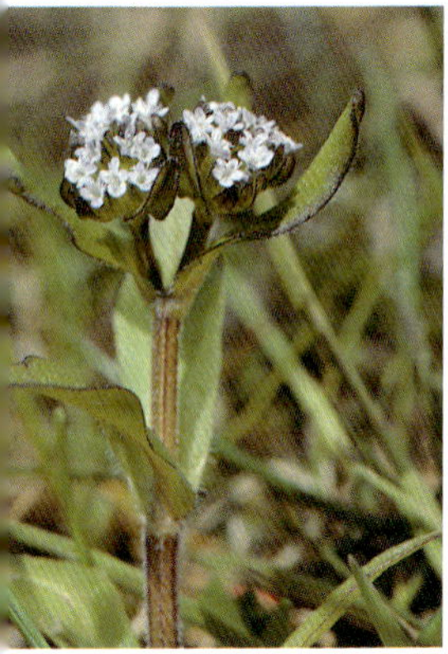
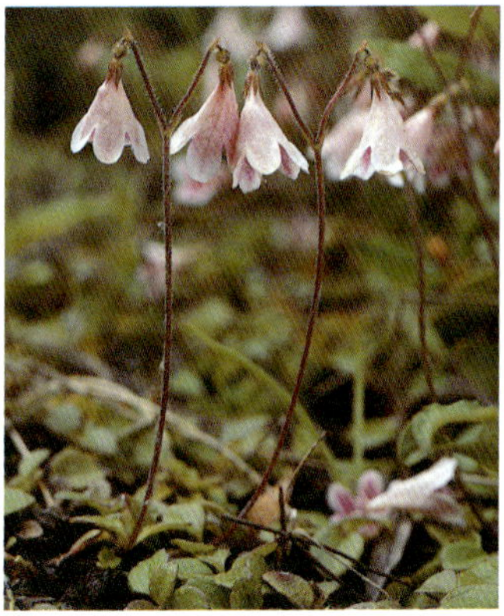
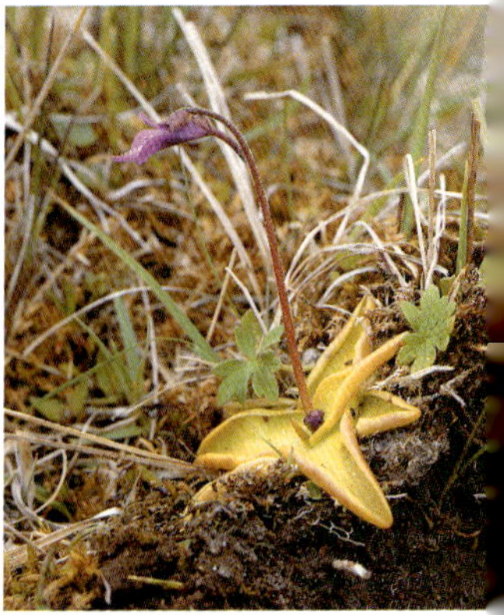
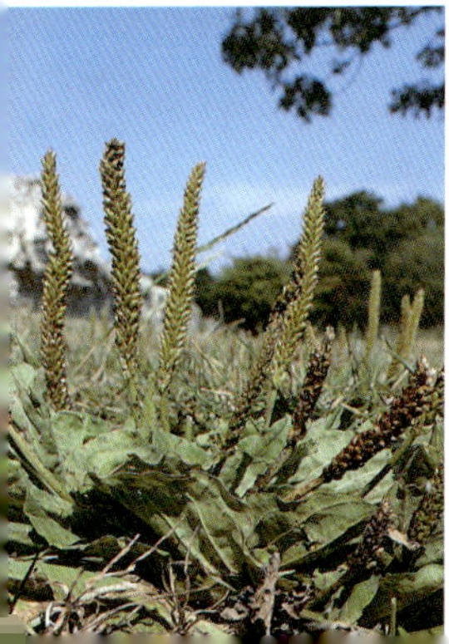
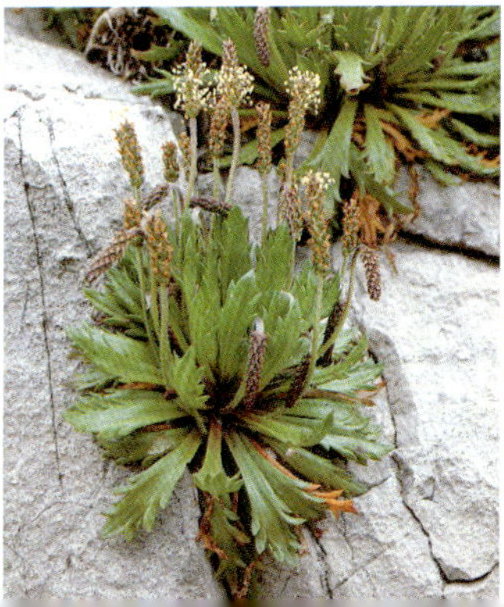
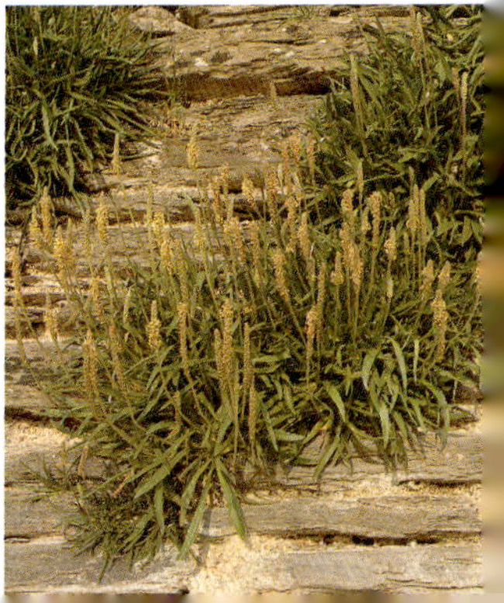

Blodau Gwyllt

Llyriad yr Ais *Plantago lanceolata* Ribwort plantain Taldra hyd at 15cm
Planhigyn lluosflwydd a welir ar laswelltir wedi'i droi, tir tyfu cnydau a lonydd trol. Cyffredin trwy Brydain. Dail siâp gwaywffon, hyd at 20cm o hyd, yn ffurfio rosét ymledol yn y bôn. Pennau blodau hirgrwn, cryno ar goesynnau rhychog, Ebrill-Hydref.

Beistonnell Ferllyn *Littorella uniflora* Shoreweed Ymgripiol
Planhigyn lluosflwydd dyfrol, di-flew, yn aml yn tyfu ar lannau pyllau a llynnoedd sy'n sychu. I'w weld drwy ogledd a gorllewin Prydain ond mewn ambell fan yn unig yn y de. Dail cul, noddlawn yn ffurfio rosét yn y bôn. Blodau pitw â phetalau bach iawn; Mehefin-Awst.

Saethbennig y Morfa *Triglochin maritima* Sea arrowgrass Taldra hyd at 50cm
Planhigyn lluosflwydd cudynnog fel y llyriad a welir ar forfeydd heli. Cyffredin trwy Brydain. Dail hir, cul heb wythiennau. Blodau 3-petal, 2-3mm ar draws, ar sbigyn hir, cul sydd ar goesyn hir; Mai-Medi.

Clafrllys Bach *Scabiosa columbaria* Small scabious Taldra hyd at 65cm
Planhigyn lluosflwydd canghennog ar laswelltir calchaidd. Cyffredin mewn rhai mannau yn unig yn Lloegr a Chymru. Dail y bôn wedi'u rhannu fel plu i ffurfio rosét. Dail y goes wedi'u rhannu'n llabedau cul. Pennau o flodau glas/fioled, 20-30mm ar draws; Mehefin-Medi.

Clafrllys y Maes *Knautia arvensis* Field scabious Taldra hyd at 75cm
Planhigyn eilflwydd neu luosflwydd cadarn, blewog ar laswelltir sych. Cyffredin trwy Brydain ac eithrio gogledd yr Alban. Dail y bôn yn llabedog, siâp llwy ar ffurf rosét; y rhai ar y goes heb fod mor rhanedig. Pennau o flodau glas-fioled, 30-40mm ar draws; Mehefin-Hydref.

Tamaid y Cythraul *Succisa pratensis* Devil's-bit scabious Taldra hyd at 75cm
Planhigyn lluosflwydd ar laswelltir llaith, llwybrau'r goedwig a chorsydd. Cyffredin trwy Brydain. Dail y bôn ar siâp llwy; y rhai ar y goes yn gul. Blodau glas-borffor mewn pennau crwn, 15-25mm ar draws; Mehefin-Hydref.

Cribau'r Pannwr Gwyllt *Dipsacus fullonum* Teasel Taldra hyd at 2m
Planhigyn eilflwydd ar laswelltir llaith a phridd trwm, yn aml wedi'i droi. Mae'n cynhyrchu rosét o ddail pigog yn y flwyddyn gyntaf. Yn yr ail flwyddyn pennau conigol o flodau porffor ar goesau tal, onglog, pigog; Gorffennaf-Awst. Y pennau marw'n aros ar y planhigyn.

Cribau'r Pannwr Bach *Dipsacus pilosus* Small teasel Taldra hyd at 1.25m
Planhigyn canghennog ar ddaear laith ac mewn mannau cysgodol ar ambell safle yng Nghymru a Lloegr. Dail hirgrwn ar goesynnau hir yn y bôn yn ffurfio rosét. Weithiau mae dwy labed ym môn dail hirgrwn y goes. Blodau gwyn mewn pennau crwn; Gorffennaf-Medi.

Cyrnogyn Pengrwn
Phyteuma tenerum Round-headed rampion Taldra hyd at 50cm
Planhigyn lluosflwydd ar laswelltir sych calchaidd mewn rhai mannau yn unig ar fryniau calch de Lloegr. Dail hirgrwn yn y bôn ond dail cul a heb goesynnau ar y goes. Blodau glas-fioled mewn pennau crwn, blêr, 10-25mm ar draws; Mehefin-Awst.

Clefryn *Jasione montana* Sheep's-bit Taldra hyd at 30cm
Planhigyn eilflwydd sy'n ymledu ar dir glaswelltog, sych, asidig. Fwyaf cyffredin ger y môr. I'w weld mewn rhai mannau trwy Brydain. Dail y bôn ag ymylon tonnog, blewog, ar ffurf rosét; dail y goes yn gul. Pennau crwn o flodau glas, 30-35mm ar draws; Mai-Medi.

Clych yr Eos *Campanula rotundifolia* Harebell Taldra hyd at 40cm
Planhigyn lluosflwydd hardd a welir ar dir glaswelltog, sych, calchaidd a phridd asidig. I'w weld trwy Brydain, yn gyffredin ar y cyfan. Dail llyfngrwn y bôn yn gwywo'n fuan; dail cul ar y goes. Clystyrau o flodau glas sy'n plygu'u pen, 15mm o hyd; Gorffennaf-Hydref.

Clychlys Clystyrog
Campanula glomerata Clustered bellflower Taldra hyd at 25cm
Planhigyn lluosflwydd melfedaidd ar dir calchaidd. Cyffredin mewn rhannau o dde a dwyrain Lloegr; prin neu absennol fel arall. Dail y bôn ar siâp calon â choesynnau hir; dail y goes yn gulach ac yn cydio ynddi. Clystyrau o flodau glas-fioled, 15-20mm o hyd; Mehefin-Hydref.

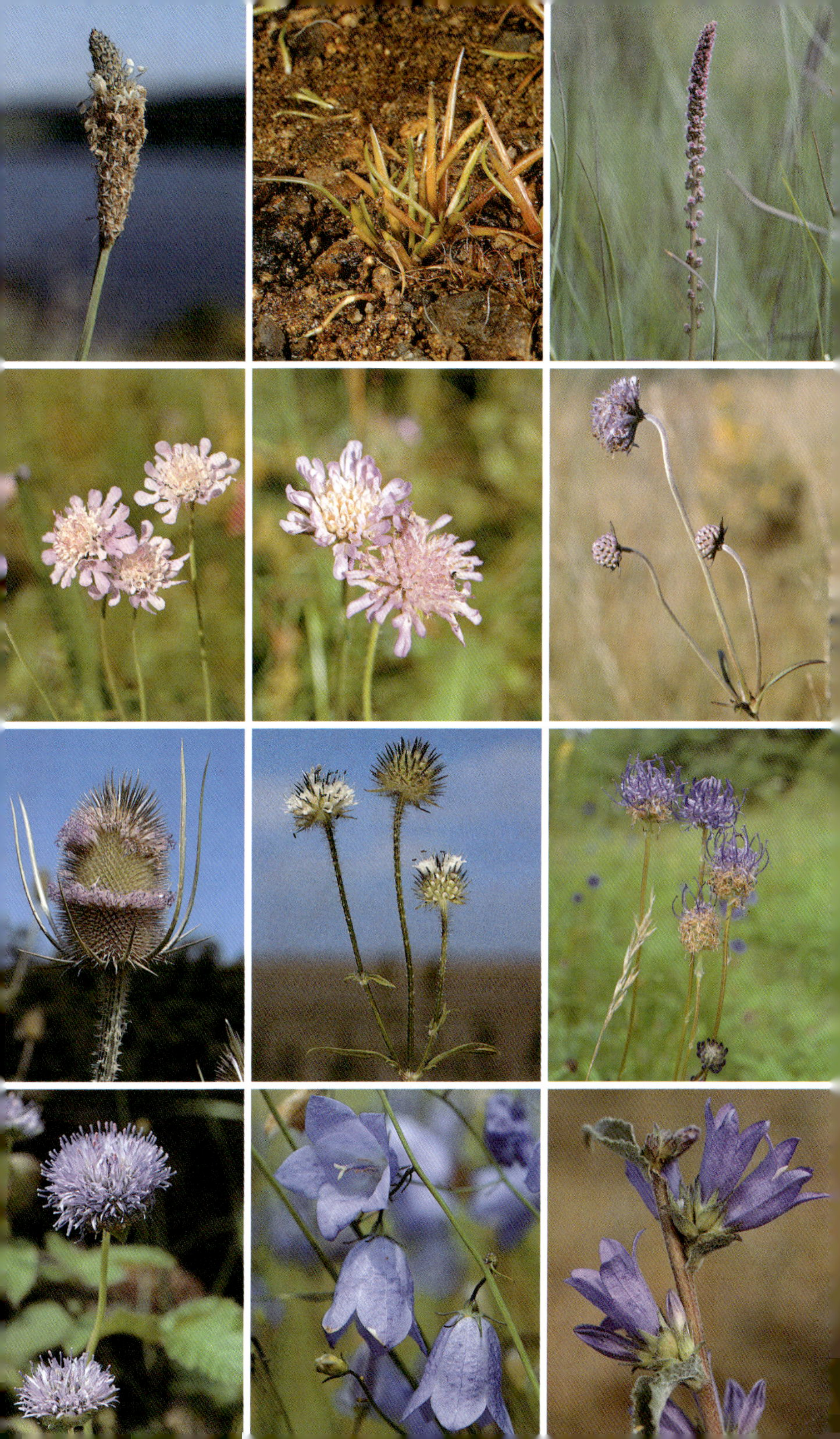

Blodau Gwyllt

Clychlys dail danadl
Campanula trachelium Nettle-leaved bellflower — Taldra hyd at 75m
Planhigyn lluosflwydd, bras-flewog. Cyffredin yng ngwrychoedd a choetiroedd agored ambell ran o dde a dwyrain Lloegr yn unig. Dail siâp calon ar goesyn yn y bôn; dail hirgrwn, danheddog y goes fel danadl. Sbigynnau deiliog o flodau glas-fioled, 30-40mm o hyd; Gorffenaf-Awst.

Clychlys dail eiddew
Wahlenbergia hederacea Ivy-leaved bellflower — Ymgripiol
Planhigyn lluosflwydd ymlusgol ar dir llaith, cysgodol ar weundir a rhos. Cyffredin mewn rhai mannau yn ne orllewin Lloegr a Chymru; prin neu absennol fel arall. Dail siâp eiddew ar goesau hir. Blodau glas golau, 5-10mm o hyd, ar goesynnau hir; Gorffennaf-Awst.

Bidoglys y dŵr
Lobelia dortmanna Water lobelia — Dyfrol
Planhigyn lluosflwydd geir mewn dŵr clir, asidig yn llynnoedd yr ucheldir sydd â graean ar eu gwaelod. Cyffredin mewn rhai mannau yng ngogledd Cymru, gogledd Lloegr, yr Alban a gogledd Iwerddon. Dail cul, noddlawn yn ffurfio rosét yn y bôn ar wely'r llyn. Blodau lliw lelog ar goesynnau planhigyn ifanc, Mehefin-Awst.

Bidoglys chwerw
Lobelia urens Heath lobelia — Taldra hyd at 50cm
Planhigyn lluosflwydd eiddil, di-flew ar rostir glaswelltog a llwybrau coedwig a bridd asidig. Prin, i'w weld mewn rhai mannau'n unig yn ne Lloegr. Dail gwyrdd tywyll, hirgrwn wrth y bôn; dail y goes yn gulach. Blodau glas-borffor mewn pennau rhydd; Gorffennaf-Medi.

Byddon chwerw
Eupatorium cannabinum Hemp agrimony — Taldra hyd at 1.5m
Planhigyn lluosflwydd tal ar laswelltir llaith ac mewn corsydd. Cyffredin yng Nghymru, Lloegr ac Iwerddon; prin yn yr Alban. Dail teirdalen mewn parau gyferbyn â'i gilydd ar y goes. Pennau o flodau pinc pŵl yn ffurfio fflurgeinciau ar y pen; Gorffennaf-Medi.

Eurwialen
Solidago virgaurea Goldenrod — Taldra hyd at 75cm
Planhigyn lluosflwydd amrywiol mewn coed, ar laswellt ac ymhlith creigiau. I'w weld trwy Brydain; cyffredin mewn mannau. Dail y bôn siâp llwy ar goesynnau; dail y goes yn gulach a di-goes. Pennau blodau 5-10mm ar draws, mewn sbigynnau canghennog; Mehefin-Medi.

Eurwialen Canada
Solidago canadensis Canadian goldenrod — Taldra hyd at 1m
Planhigyn gardd cyfarwydd, lluosflwydd a welir trwy Brydain; wedi ymgartrefu yn y gwyllt, gan amlaf ar dir llaith ar fin y ffordd. Dail hirgrwn, danheddog, 3-gwythiennog. Pennau'r blodau mewn clystyrau canghennog o sbrigau unochrog sy'n crymu'n llwythog; Gorffennaf-Hydref.

Llygad y dydd
Bellis perennis Daisy — Taldra hyd at 10cm
Planhigyn lluosflwydd cyfarwydd ar lawntiau â gwair byr. Cyffredin trwy Brydain. Dail siâp llwy yn ffurfio rosét ymledol; coesynnau'n codi o'r canol, pob un â phen blodyn unigol, 15-25mm ar draws; blodigau'n cynnwys disg melyn a rheiddennau gwyn.

Amranwen ddi-sawr
Matricaria perforata Scentless mayweed — Taldra hyd at 75cm
Planhigyn lluosflwydd di-sawr, di-flew welir ar dir wedi'i droi a thir tyfu cnydau. Cyffredin trwy Brydain. Dail wedi'u rhannu'n fân ac yn bluog. Clystyrau o bennau blodau fel llygad y dydd, 20-40mm ar draws, ar goesynnau hir i'w gweld Ebrill-Hydref.

Camri
Chamaemelum nobile Chamomile — Taldra hyd at 25cm
Planhigyn lluosflwydd ymgripiol, aromatig ar dir glaswelltog, tywodlyd sy'n cael ei bori. Cyfyngedig i rai mannau yn ne Lloegr a de Cymru. Dail wedi'u rhannu'n fân ac yn bluog. Pennau blodau fel llygad y dydd, 18-24mm ar draws, i'w gweld Mehefin-Awst.

Chwyn afal pîn
Chamomilla suaveolens Pineappleweed — Taldra hyd at 12cm
Planhigyn lluosflwydd gwyrdd llachar ar dir wedi'i droi, llwybrau a lonydd trol; arogl pîn afal cryf pan gaiff ei falu'n fân. Y dail wedi'u rhannu'n fân ac yn bluog. Pennau'r blodau'n llyfn hirgrwn ac wedi'u ffurfio o flodigau disg gwyrddfelyn yn unig; Mai-Tachwedd.

Seren y morfa
Aster tripolium Sea aster — Taldra hyd at 75cm
Planhigyn lluosflwydd y morfeydd heli a chlogwyni'r arfordir. Cyffredin ar rannau o arfordir Prydain ac Iwerddon. Dail cul, noddlawn. Clystyrau o flodau, 10-20mm ar draws, wedi'u ffurfio o flodigau disg melyn a rheiddennau glas; Gorffennaf-Medi.

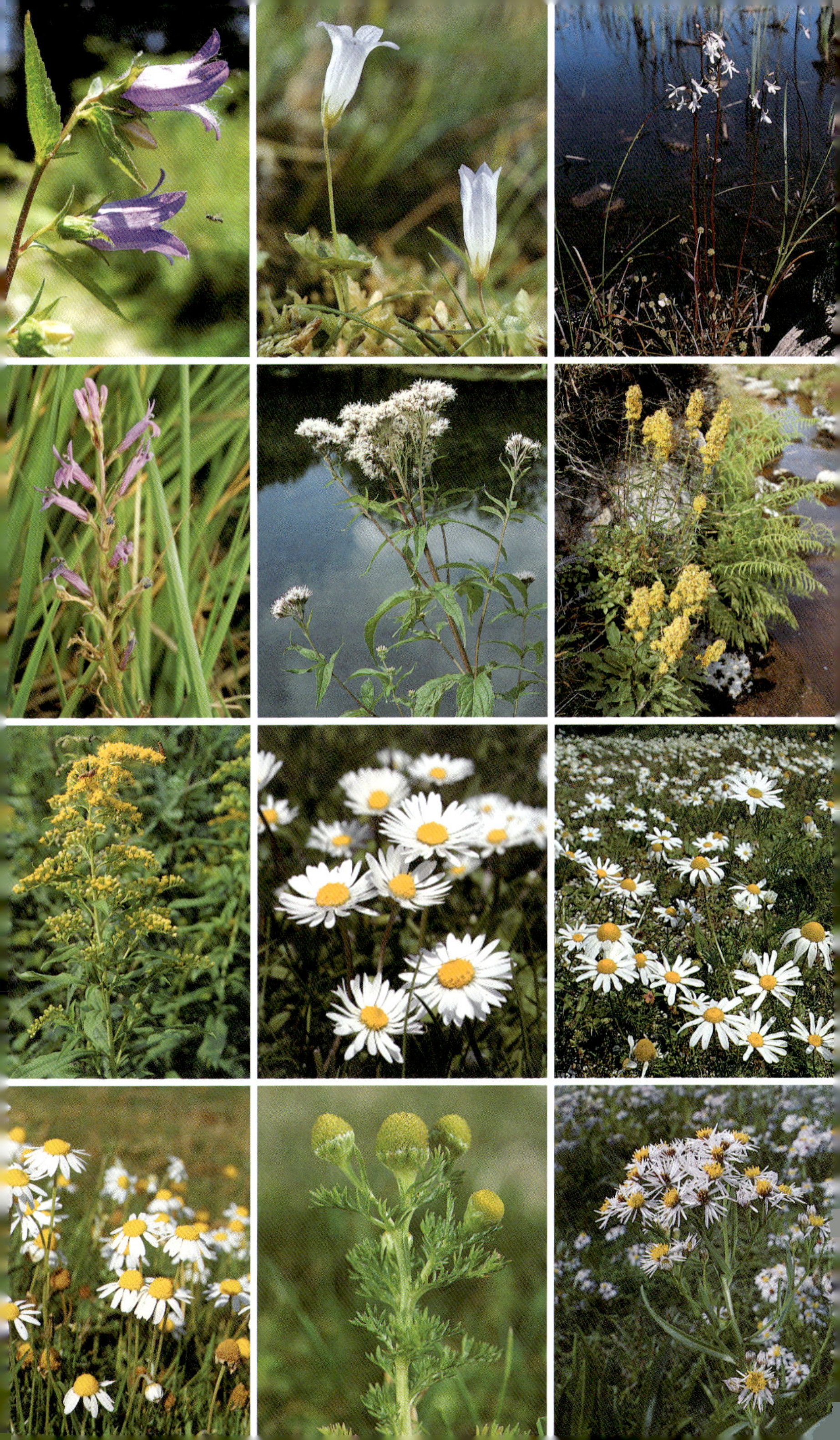

Blodau Gwyllt

Amrhydlwyd glas   *Erigeron acer*   Blue fleabane   Taldra hyd at 30m
Planhigyn unflwydd neu eilflwydd mewn mannau glaswelltog, sych trwy Brydain. Cyffredin yn Lloegr a Chymru'n unig. Coesau cochlyd, blewog. Dail y bôn yn siâp llwy ac ar goesyn; dail cul, digoesyn ar y goes. Clystyrau o bennau blodau, 12-18mm ar draws; Mehefin-Awst.

Edafeddog y gors   *Gnaphalium uliginosum*   Marsh cudweed   Taldra hyd at 20cm
Planhigyn blynyddol glaswyrdd, gwlanog, canghennog sy'n tyfu ar dir llaith wedi'i droi ac ar lwybrau trol. Cyffredin trwy Brydain. Dail cul, hyd at 40cm o hyd. Blodau'n cynnwys blodigyn disg melyn a bractau brown â dail o'u cwmpas; Gorffennaf-Hydref.

Edafeddog lwyd   *Filago vulgaris*   Common cudweed   Taldra hyd at 25cm
Planhigyn blynyddol unionsyth, gwlanog yn tyfu ar laswellt sych, yn aml yn dywodlyd. Cyffredin mewn rhai mannau yn ne Lloegr a de Cymru ond prin neu absennol fel arall. Gan amlaf yn ganghennog ger y brig. Dail cul. Clystyrau crwn o 20-35 o bennau blodau; Gorffennaf-Awst.

Edafeddog fach   *Logfia minima*   Small cudweed   Taldra hyd at 20cm
Planhigyn blynyddol eiddil, gwlanog ar rosydd glaswelltog ar briddoedd tywodlyd, asidig. I'w weld mewn rhai mannau yng Nghymru a Lloegr; prin neu absennol fel arall. Dail gwaywffurf, 10mm o hyd. Clystyrau o bennau blodau conigol neu siâp ŵy, 3-4mm o hyd; Gorffennaf-Medi.

Meddyg y bugail   *Inula conyza*   Ploughman's-spikenard   Taldra hyd at 1m
Planhigyn lluosflwydd ar laswellt sych calchaidd. Cyffredin mewn rhai mannau yng Nghymru a Lloegr yn unig. Coesau coch, blewog. Dail hirgrwn isaf yn debyg i ddail bysedd y cŵn; dail y coesau'n gulach. Pennau blodau melyn di-reidden yn glystyrau; Gorffennaf-Medi.

Cedowydd suddlon   *Inula crithmoides*   Golden samphire   Taldra hyd at 75cm
Planhigyn lluosflwydd cudynnog ar forfeydd heli, traethau graean bras a chlogwyni'r môr. Cyffredin ar arfordiroedd de orllewin Lloegr ac Iwerddon. Coesau unionsyth a dail gwyrdd llachar, cul, noddlawn. Pennau clystyrog i'r blodau, 15-30mm ar draws; Gorffennaf-Medi.

Cedowydd   *Pulicaria dysenterica*   Common fleabane   Taldra hyd at 50cm
Planhigyn lluosflwydd, gwlanog ar weirgloddiau llaith ac mewn ffosydd, yn bennaf ar briddoedd trwm. Cyffredin yng nghanolbarth a de Prydain ac Iwerddon. Mae'r dail o amgylch y bôn yn gwywo'n gyflym; dail y coesau ar siâp calon ac yn gafael yn dynn yn y goes. Pennau'r blodau 15-30mm ar draws; i'w weld Gorffennaf-Medi.

Milddail   *Achillea millefolium*   Yarrow   Taldra hyd at 50cm
Planhigyn lluosflwydd ag arogl cryf yn tyfu ger y ffordd. Cyffredin trwy Brydain. Dail gwyrdd tywyll wedi'u rhannu'n fân ac yn bluog. Clystyrau pen gwastad o bennau blodau, 4-6mm ar draws, yn cynnwys blodigau disg melynaidd a rheiddennau gwyn-binc; Mehefin-Tachwedd.

Ystrewlys   *Achillea ptarmica*   Sneezewort   Taldra hyd at 60cm
Planhigyn lluosflwydd unionsyth melfedaidd ar dir llaith mewn coedlannau a chaeau. Cyffredin trwy Brydain. Dail cul danheddog, Clystyrau agored o bennau blodau, 1-2cm ar draws, yn cynnwys blodigau o ddisg melynaidd a rheiddennau gwyn; Gorffennaf-Medi.

Melyn yr ŷd   *Chrysanthemum segetum*   Corn marigold   Taldra hyd at 50cm
Planhigyn unflwydd, di-flew ar dir tyfu cnydau, yn bennaf ar bridd asidig, tywodlyd. Cyffredin trwy Brydain ond ei ddosbarthiad a'i niferoedd yn llai nag y bu. Dail cul yn llabedau dwfn. Blodau melyn llachar, 30-60mm ar draws; Mehefin-Hydref.

Tansi   *Tanacetum vulgare*   Tansy   Taldra hyd at 75cm
Planhigyn lluosflwydd aromatig, melfedaidd yn tyfu ger y ffordd ac ar dir wedi'i droi. Cyffredin trwy Brydain. Dail wedi'u rhannu fel plu yn llabedau dwfn. Pennau blodau melyn, 7-12mm ar draws, yn glystyrau pen gwastad hyd at 12cm ar draws; Gorffennaf-Hydref.

Y wermod wen   *Tanacetum parthenium*   Feverfew   Taldra hyd at 50cm
Planhigyn lluosflwydd aromatig, melfedaidd yn tyfu ar dir wedi'i droi ac ar waliau. Wedi'i gyflwyno ond wedi ymgartrefu yn y gwyllt mewn sawl lle. Dail melynaidd wedi'u rhannu fel plu. Blodau tebyg i lygaid y dydd, 1-2cm ar draws, yn cynnwys blodigau disg melyn a rheiddennau gwyn; Gorffennaf-Awst.

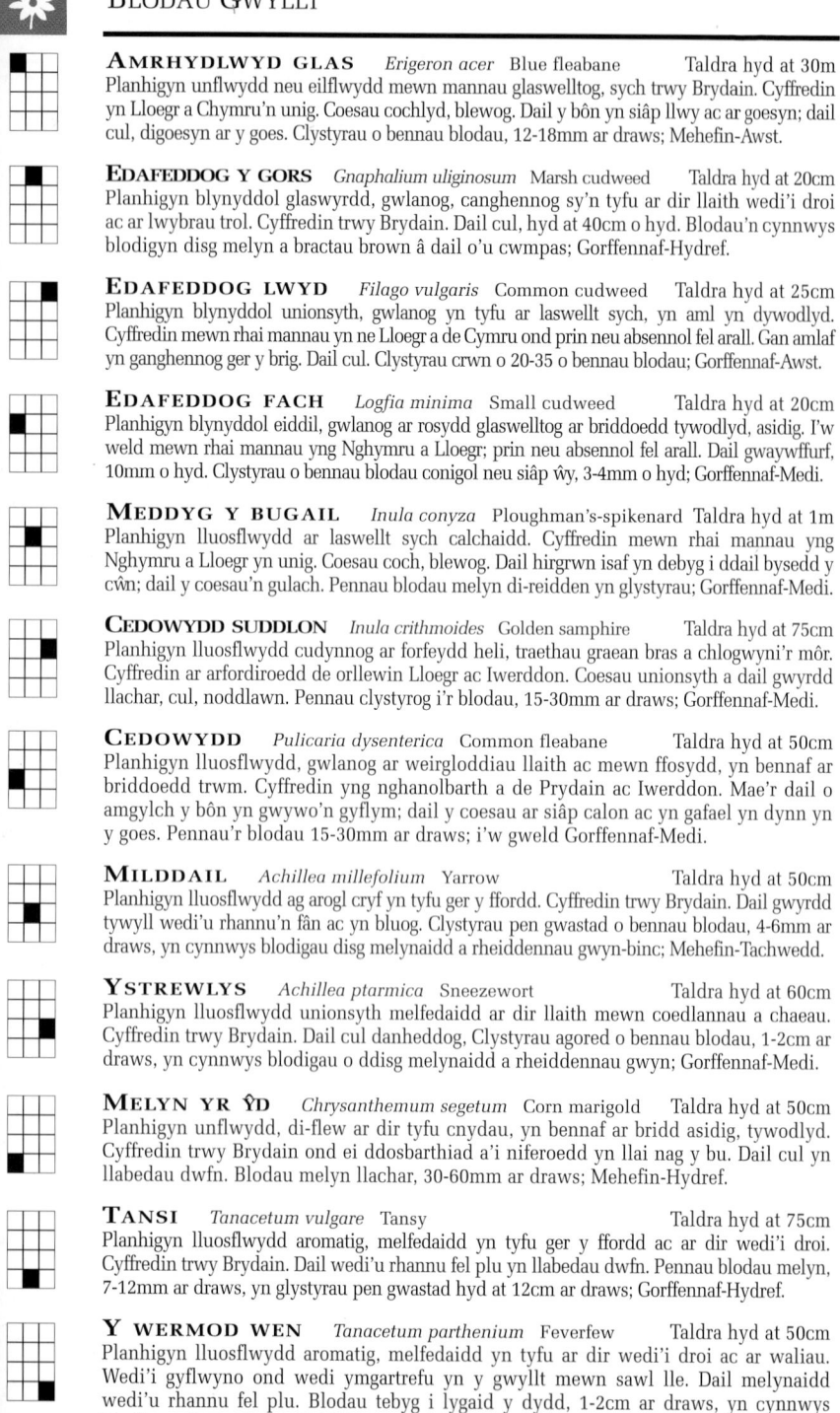

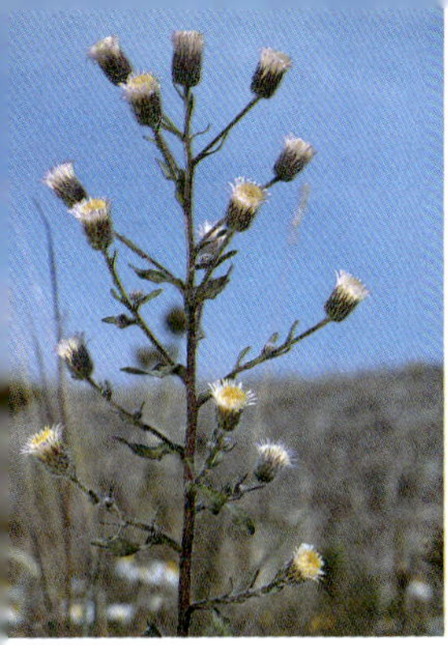
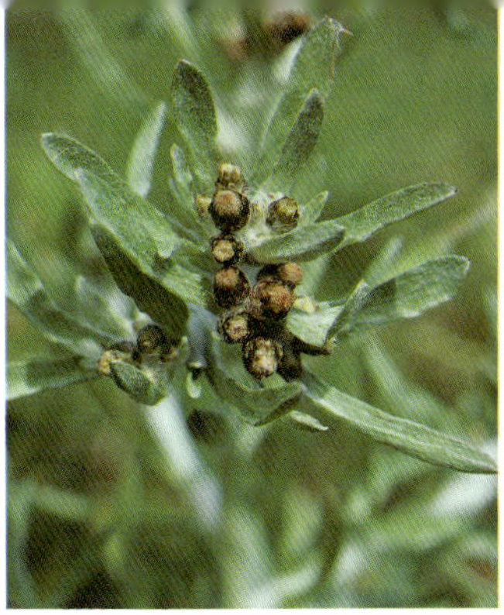
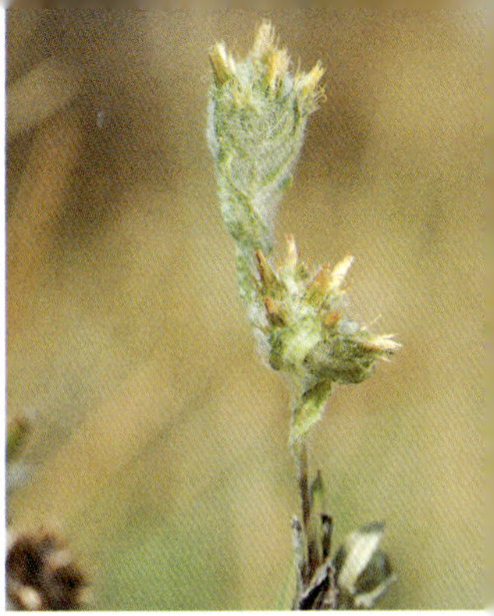
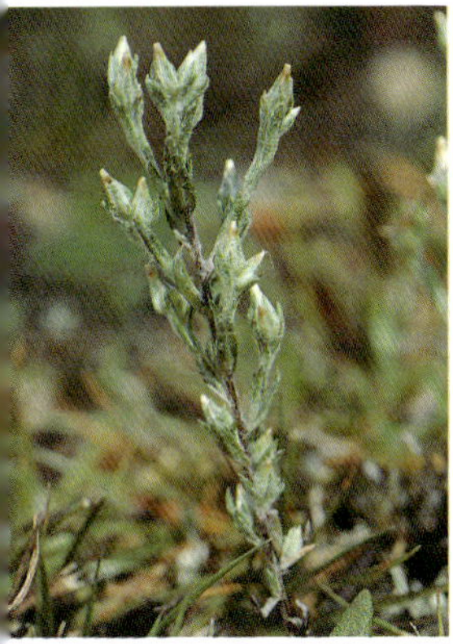
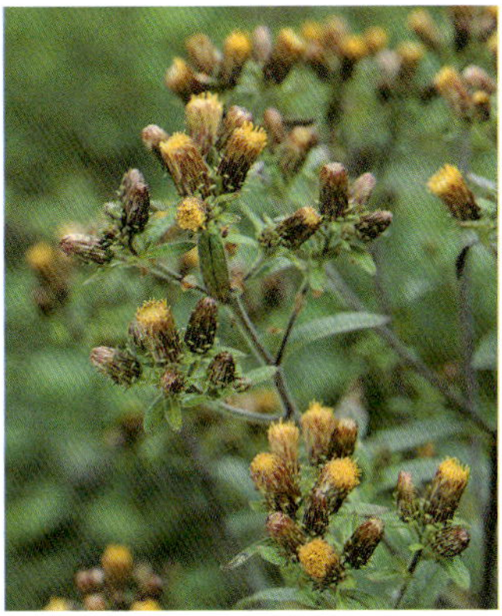
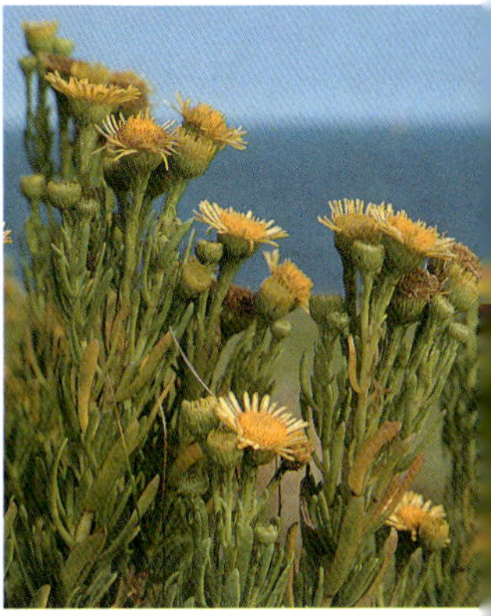
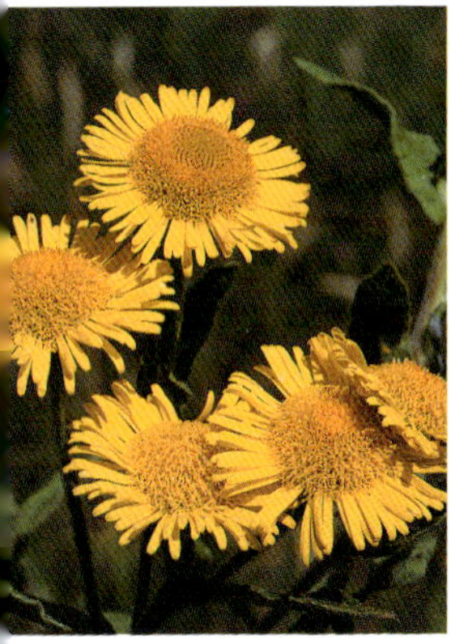
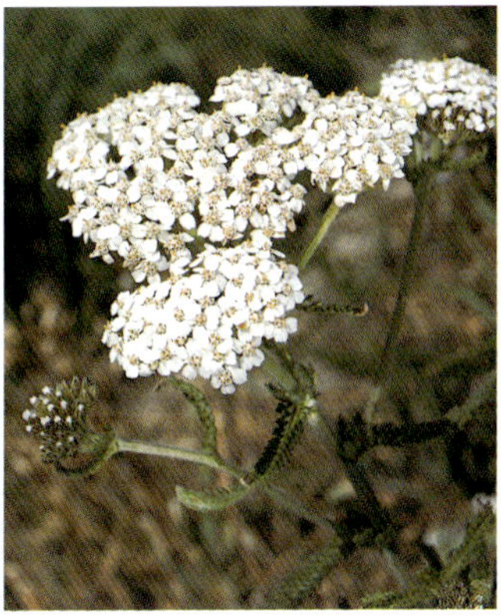
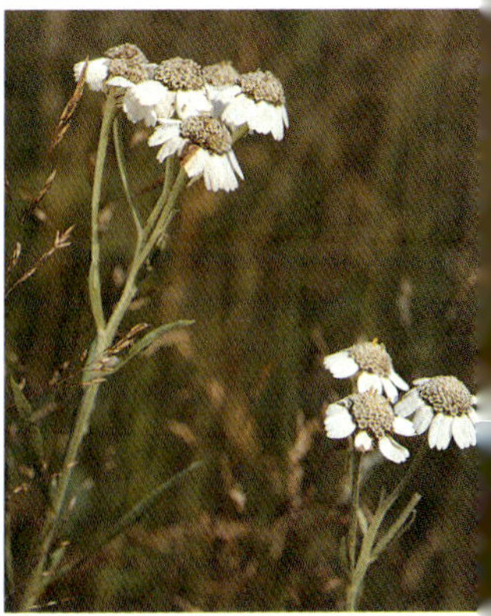
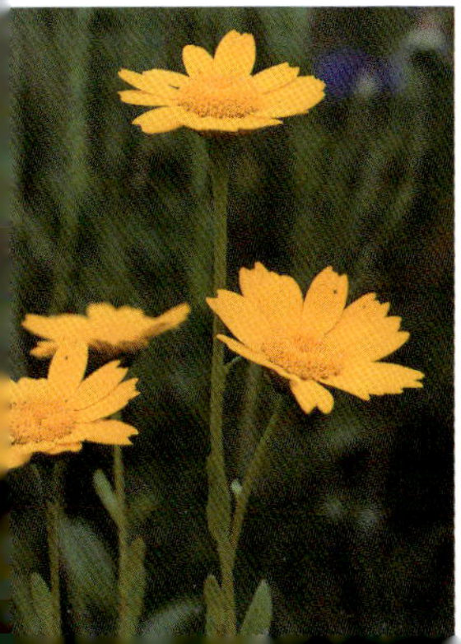
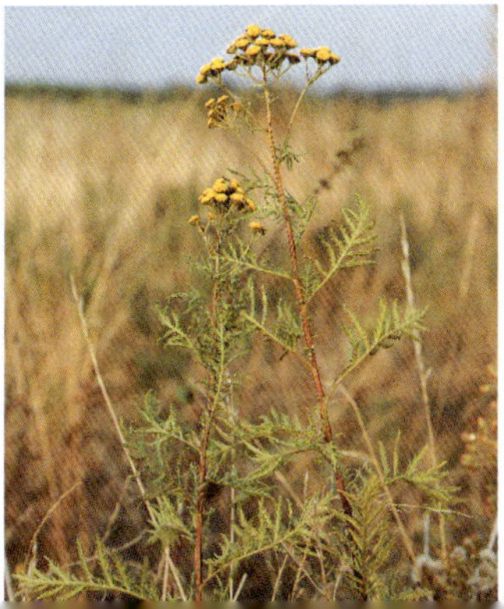
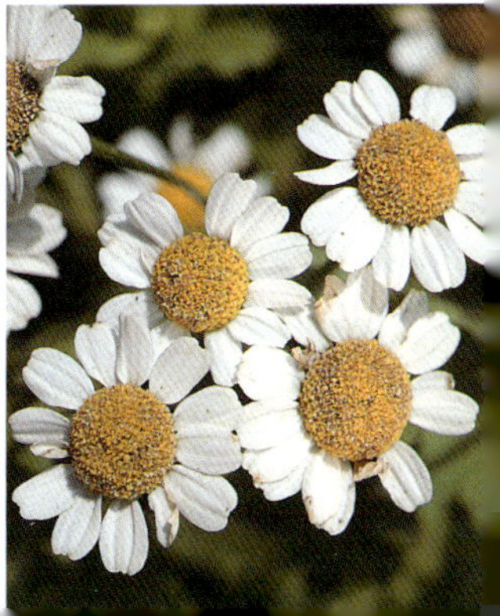

Blodau Gwyllt

Llygad llo mawr *Leucanthemum vulgare* Oxeye daisy Taldra hyd at 60m
Planhigyn lluosflwydd a welir ar weirgloddiau sych, glaswelltog, a thir wedi'i droi. Cyffredin trwy Brydain. Dail siâp llwy, danheddog yn y bôn yn ffurfio rosét; dail llai, â llabedau fel plu ar y goes. Pennau blodau unigol, 3-5cm ar draws; Mai-Medi.

Alan mawr *Petasites hybridus* Butterbur Taldra hyd at 50cm
Planhigyn lluosflwydd welir ar ddaear laith, yn aml ar lan afon. Cyffredin trwy Brydain ar wahân i ogledd yr Alban. Sbigynnau blodeuog cadarn i'w gweld Mawrth-Mai, cyn deilio, a phennau blodau cochbinc. Dail siâp calon, hyd at 1m ar draws, i'w gweld yn yr haf.

Alan pêr *Petasites fragrans* Winter heliotrope Taldra hyd at 20cm
Planhigyn lluosflwydd sy'n tyfu ar wrychoedd llaith neu gysgodol. Wedi'i gyflwyno ond wedi ymgartrefu yn y gwyllt mewn llawer man. Dail crwn, 20cm ar draws, yn bresennol drwy'r flwyddyn. Coesau'n blodeuo Rhagfyr-Mawrth â phennau blodau pinc/lliw lelog, persawrus.

Y feidiog lwyd *Artemisia vulgaris* Mugwort Taldra hyd at 1.25m
Planhigyn lluosflwydd aromatig ar ymyl y ffordd neu ar dir diffaith. Cyffredin trwy Brydain. Coesau cochlyd. Dail fel plu, gwyrdd tywyll uwchben ond arian melfedaidd dan y ddeilen. Pennau blodau bach, cochlyd ar sbigynnau canghennog; Gorffennaf-Medi.

Y wermod lwyd *Artemisia absinthium* Wormwood Taldra hyd at 80cm
Planhigyn lluosflwydd aromatig iawn sy'n tyfu ar laswelltir arfordirol wedi'i droi ac ar ymyl y ffordd. Cyffredin mewn rhai mannau yng Nghymru a Lloegr yn unig. Dail fel plu, arian-flewog ar y ddwy ochr. Pennau blodau melynaidd yn crymu rywfaint; Gorffennaf-Medi.

Wermod y môr *Artemisia maritima* Sea wormwood Taldra hyd at 65cm
Planhigyn aromatig lluosflwydd sy'n tyfu ar forfeydd heli a morgloddiau. Cyffredin yn lleol ar arfordiroedd de a dwyrain Prydain; prin neu absennol ym mhobman arall. Coesau coediog, melfedaidd wyn. Dail wedi'u rhannu fel plu, melfedaidd ar y ddwy ochr. Pennau blodau melyn mewn sbigynnau deiliog i'w gweld Awst-Hydref.

Carn yr ebol *Tussilago farfara* Colt's-foot Taldra hyd at 15cm
Planhigyn lluosflwydd ymlusgol a welir ar dir llwm, yn aml wedi'i droi. Cyffredin trwy Brydain. Blodau melyn ar goesau cennog i'w gweld Chwefror-Ebrill cyn y dail crwn neu siâp calon, tua 10-20cm ar draws.

Llysiau'r gingroen *Senecio jacobaea* Common ragwort Taldra hyd at 1m
Planhigyn eilflwydd neu luosflwydd gwenwynig ar laswellt sy'n cael ei bori neu ymylon ffyrdd. Cyffredin trwy Brydain. Dail wedi'u rhannu fel plu; llabed pŵl ar y pen. Clystyrau gwastad o bennau blodau melyn, 15-25mm ar draws; Mehefin-Tachwedd.

Creulys *Senecio vulgaris* Groundsel Taldra hyd at 40cm
Chwyn unflwydd ar dir wedi'i drin a'i droi. Cyffredin iawn trwy Brydain. Dail â llabedau fel plu; y rhai isaf ar goesynnau, a'r rhai uchaf yn gafael yn dynn yn y goes. Clystyrau agored o bennau blodau bach di-reidden i'w gweld bron drwy'r flwyddyn.

Creulys Rhydychen *Senecio squalidus* Oxford ragwort Taldra hyd at 50cm
Planhigyn blynyddol neu luosflwydd canghennog ar dir diffaith, ymylon ffyrdd neu draciau rheilffyrdd. Wedi ymgartrefu yn y gwyllt. Dail â llabedau fel plu; llabed bigfain ar y pen. Clystyrau agored o bennau blodau melyn llachar, pob un yn 15-20mm ar draws; Ebrill-Tachwedd.

Chweinllys y maes *Senecio integrifolius* Field fleawort Taldra hyd at 65cm
Planhigyn lluosflwydd eithaf eiddil ar borfa galchaidd. Dail hirgrwn, danheddog yn y bôn sy'n ffurfio rosét; dail y goes yn anaml, yn gul ac yn gafael yn y goes. Pennau blodau orenfelyn, 15-25mm ar draws, ar glystyrau prin eu blodau; Mai-Gorffennaf.

Cyngaf mawr *Arctium lappa* Greater burdock Taldra hyd at 1m
Planhigyn eilflwydd canghennog mewn coedydd, prysgdir ac ar ymylon ffyrdd. Cyffredin mewn rhai mannau yng Nghymru a Lloegr; prin neu absennol fel arall. Dail mawr, melfedaidd, siâp calon. Clystyrau agored o bennau blodau siâp ŵy, 3-4cm ar draws; Gorffennaf-Medi.

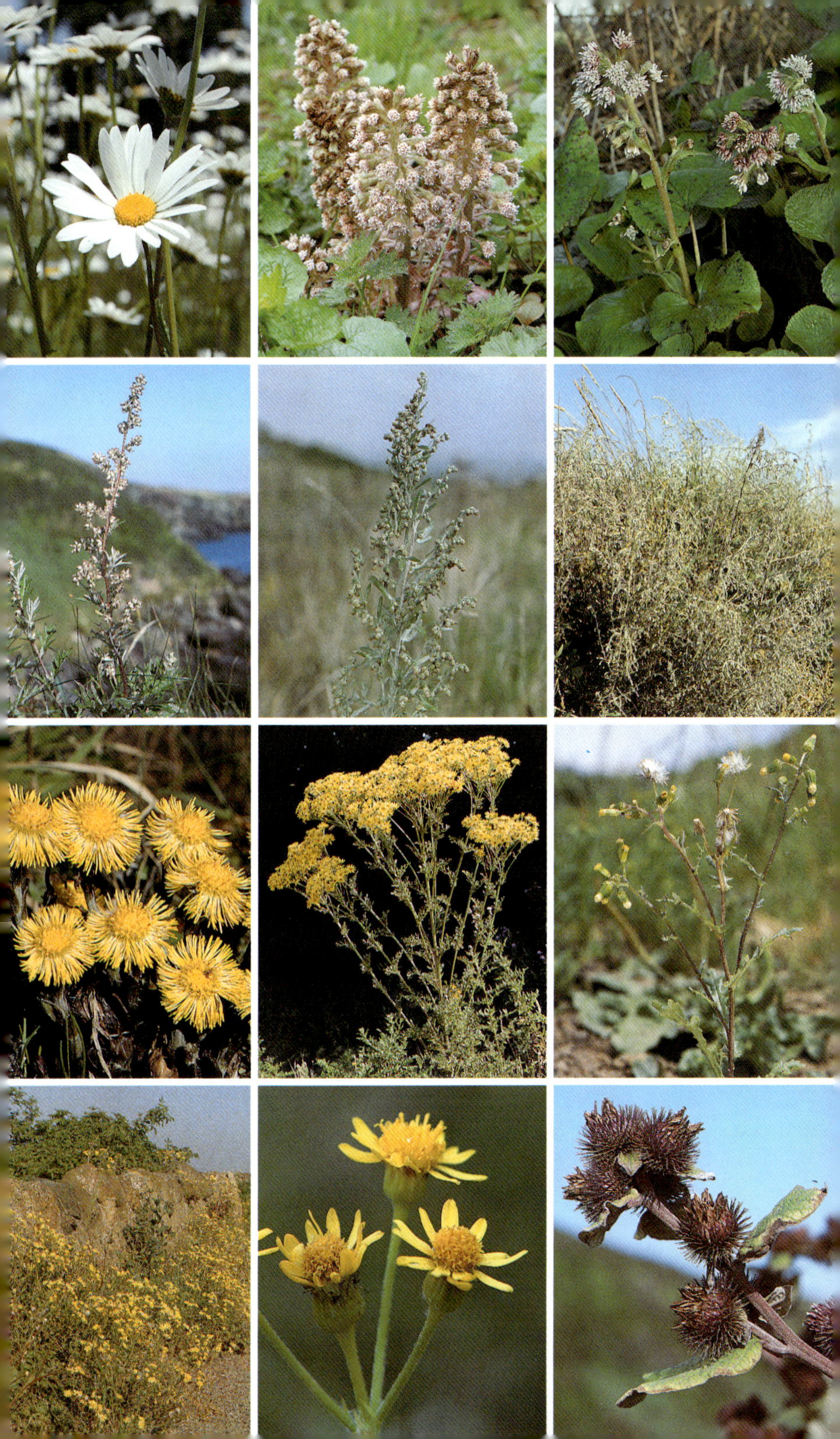

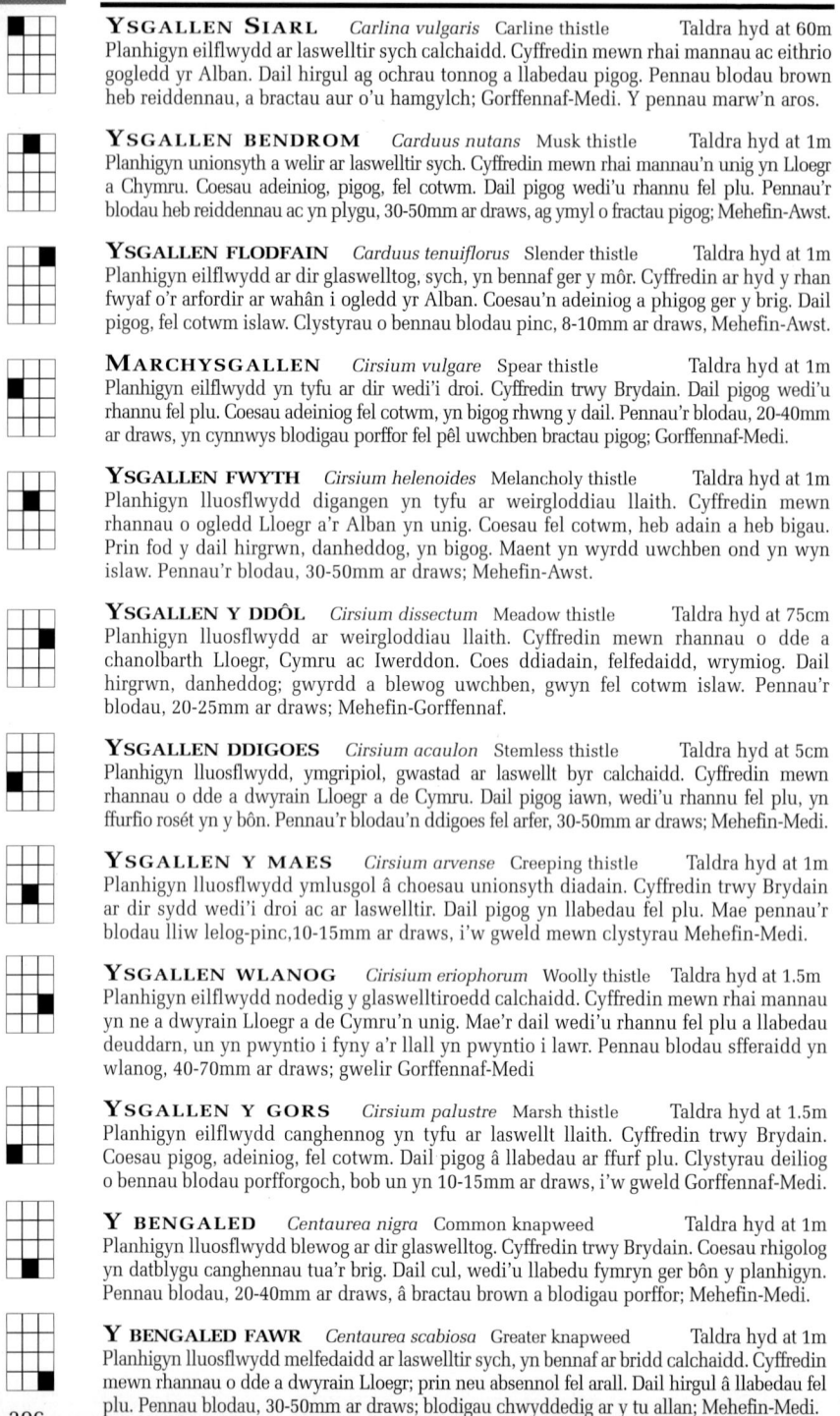

Blodau Gwyllt

Ysgallen Siarl   *Carlina vulgaris*   Carline thistle   Taldra hyd at 60m
Planhigyn eilflwydd ar laswelltir sych calchaidd. Cyffredin mewn rhai mannau ac eithrio gogledd yr Alban. Dail hirgul ag ochrau tonnog a llabedau pigog. Pennau blodau brown heb reiddennau, a bractau aur o'u hamgylch; Gorffennaf-Medi. Y pennau marw'n aros.

Ysgallen bendrom   *Carduus nutans*   Musk thistle   Taldra hyd at 1m
Planhigyn unionsyth a welir ar laswelltir sych. Cyffredin mewn rhai mannau'n unig yn Lloegr a Chymru. Coesau adeiniog, pigog, fel cotwm. Dail pigog wedi'u rhannu fel plu. Pennau'r blodau heb reiddennau ac yn plygu, 30-50mm ar draws, ag ymyl o fractau pigog; Mehefin-Awst.

Ysgallen flodfain   *Carduus tenuiflorus*   Slender thistle   Taldra hyd at 1m
Planhigyn eilflwydd ar dir glaswelltog, sych, yn bennaf ger y môr. Cyffredin ar hyd y rhan fwyaf o'r arfordir ar wahân i ogledd yr Alban. Coesau'n adeiniog a phigog ger y brig. Dail pigog, fel cotwm islaw. Clystyrau o bennau blodau pinc, 8-10mm ar draws, Mehefin-Awst.

Marchysgallen   *Cirsium vulgare*   Spear thistle   Taldra hyd at 1m
Planhigyn eilflwydd yn tyfu ar dir wedi'i droi. Cyffredin trwy Brydain. Dail pigog wedi'u rhannu fel plu. Coesau adeiniog fel cotwm, yn bigog rhwng y dail. Pennau'r blodau, 20-40mm ar draws, yn cynnwys blodigau porffor fel pêl uwchben bractau pigog; Gorffennaf-Medi.

Ysgallen fwyth   *Cirsium helenoides*   Melancholy thistle   Taldra hyd at 1m
Planhigyn lluosflwydd digangen yn tyfu ar weirgloddiau llaith. Cyffredin mewn rhannau o ogledd Lloegr a'r Alban yn unig. Coesau fel cotwm, heb adain a heb bigau. Prin fod y dail hirgrwn, danheddog, yn bigog. Maent yn wyrdd uwchben ond yn wyn islaw. Pennau'r blodau, 30-50mm ar draws; Mehefin-Awst.

Ysgallen y ddôl   *Cirsium dissectum*   Meadow thistle   Taldra hyd at 75cm
Planhigyn lluosflwydd ar weirgloddiau llaith. Cyffredin mewn rhannau o dde a chanolbarth Lloegr, Cymru ac Iwerddon. Coes ddiadain, felfedaidd, wrymiog. Dail hirgrwn, danheddog; gwyrdd a blewog uwchben, gwyn fel cotwm islaw. Pennau blodau, 20-25mm ar draws; Mehefin-Gorffennaf.

Ysgallen ddigoes   *Cirsium acaulon*   Stemless thistle   Taldra hyd at 5cm
Planhigyn lluosflwydd, ymgripiol, gwastad ar laswellt byr calchaidd. Cyffredin mewn rhannau o dde a dwyrain Lloegr a de Cymru. Dail pigog iawn, wedi'u rhannu fel plu, yn ffurfio rosét yn y bôn. Pennau'r blodau'n ddigoes fel arfer, 30-50mm ar draws; Mehefin-Medi.

Ysgallen y maes   *Cirsium arvense*   Creeping thistle   Taldra hyd at 1m
Planhigyn lluosflwydd ymlusgol â choesau unionsyth diadain. Cyffredin trwy Brydain ar dir sydd wedi'i droi ac ar laswelltir. Dail pigog yn llabedau fel plu. Mae pennau'r blodau lliw lelog-pinc, 10-15mm ar draws, i'w gweld mewn clystyrau Mehefin-Medi.

Ysgallen wlanog   *Cirisium eriophorum*   Woolly thistle   Taldra hyd at 1.5m
Planhigyn eilflwydd nodedig y glaswelltiroedd calchaidd. Cyffredin mewn rhai mannau yn ne a dwyrain Lloegr a de Cymru'n unig. Mae'r dail wedi'u rhannu fel plu a llabedau deuddarn, un yn pwyntio i fyny a'r llall yn pwyntio i lawr. Pennau blodau sfferaidd yn wlanog, 40-70mm ar draws; gwelir Gorffennaf-Medi

Ysgallen y gors   *Cirsium palustre*   Marsh thistle   Taldra hyd at 1.5m
Planhigyn eilflwydd canghennog yn tyfu ar laswellt llaith. Cyffredin trwy Brydain. Coesau pigog, adeiniog, fel cotwm. Dail pigog â llabedau ar ffurf plu. Clystyrau deiliog o bennau blodau porfforgoch, bob un yn 10-15mm ar draws, i'w gweld Gorffennaf-Medi.

Y Bengaled   *Centaurea nigra*   Common knapweed   Taldra hyd at 1m
Planhigyn lluosflwydd blewog ar dir glaswelltog. Cyffredin trwy Brydain. Coesau rhigolog yn datblygu canghennau tua'r brig. Dail cul, wedi'u llabedu fymryn ger bôn y planhigyn. Pennau blodau, 20-40mm ar draws, â bractau brown a blodigau porffor; Mehefin-Medi.

Y Bengaled fawr   *Centaurea scabiosa*   Greater knapweed   Taldra hyd at 1m
Planhigyn lluosflwydd melfedaidd ar laswelltir sych, yn bennaf ar bridd calchaidd. Cyffredin mewn rhannau o dde a dwyrain Lloegr; prin neu absennol fel arall. Dail hirgul â llabedau fel plu. Pennau blodau, 30-50mm ar draws; blodigau chwyddedig ar y tu allan; Mehefin-Medi.

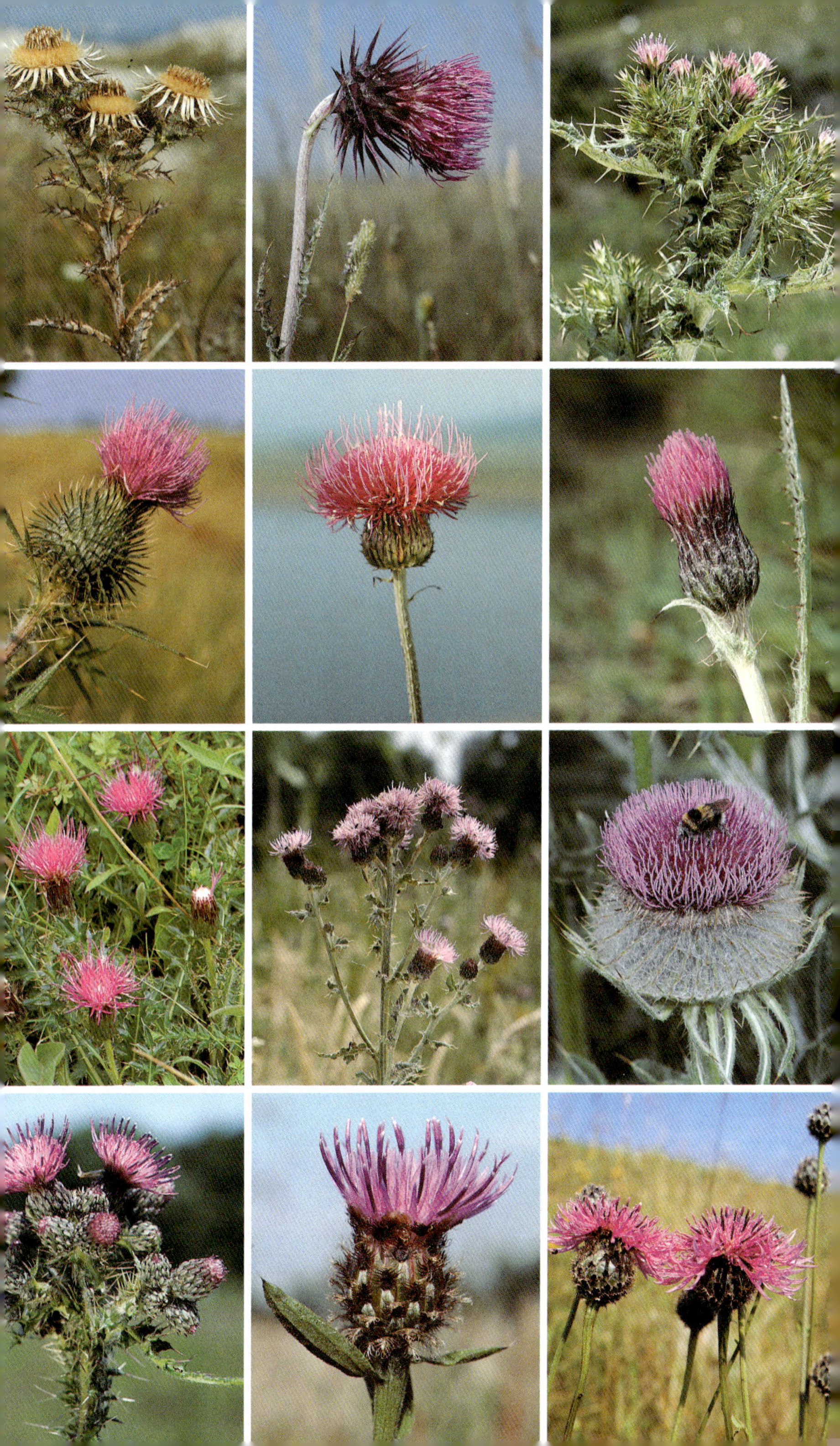

Blodau Gwyllt

Dant y Pysgodyn *Serratula tinctoria* Saw-wort Taldra hyd at 75cm
Planhigyn lluosflwydd eiddil, heb bigau, yn tyfu ar gaeau llaith a llwybrau'r coed. Cyffredin yn ne orllewin Lloegr yn unig. Rhai dail heb eu rhannu, eraill yn llabedau dwfn; yr ymylon bob amser â dannedd llif. Clystyrau agored o bennau blodau, 15-20mm o hyd; Gorffennaf-Hydref.

Ysgellog *Cichorium intybus* Chicory Taldra hyd at 1m
Planhigyn lluosflwydd canghennog yn tyfu ar dir llwm, glaswelltog ac ar ymylon ffyrdd, yn aml ar bridd calchaidd. Cyffredin mewn rhannau o dde Lloegr yn unig. Dail isaf llabedog ar goesynnau; dail uchaf yn gul ac yn gafael yn y goes. Pennau blodau glas y nen, 30-40mm ar draws, Mehefin-Medi.

Barf yr Afr *Tragopogon pratensis* Goat's-beard Taldra hyd at 60cm
Planhigyn lluosflwydd ar laswellt. Cyffredin mewn rhannau o Gymru a Lloegr. Dail cul yn gafael yn y goes neu'n gweinio yn y bôn. Pennau blodau, 30-40mm ar draws, â bractau ar yr ymylon, yn cau ar ddyddiau cymylog ac erbyn hanner dydd; Mai-Awst. 'Cloc' mawr gwyn yw'r ffrwyth.

Llaethysgallen Lefn
Sonchus oleraceus Smooth Sow-thistle Taldra hyd at 1m
Planhigyn unflwydd yn tyfu ar dir wedi'i droi a thir tyfu cnydau. Cyffredin ar dir isel. Daw sudd llaethog o goesau wedi'u torri. Dail fel plu ag ymylon danheddog a llabedau pigfain yn y bôn. Pennau blodau melyn gwan, 20-25mm ar draws, mewn clystyrau; Mai-Hydref.

Llaethysgallen y Tir Âr
Sonchus arvensis Perennial sow-thistle Taldra hyd at 2m
Planhigyn lluosflwydd ar dir wedi'i droi a thir glaswelltog, llaith. Cyffredin trwy Brydain. Dail llwydwyrdd â llabedau a bonion crwn sy'n gafael yn y goes. Pennau blodau melyn, 40-50mm ar draws, mewn clystyrau canghennog Gorffennaf-Medi

Dant y Llew *Taraxacum officinale* Common dandelion Taldra hyd at 35cm
Planhigyn lluosflwydd yn cynnwys nifer fawr o 'ficrorywogaethau'. Dail llabedog, siâp llwy yn ffurfio rosét yn y bôn. Pennau blodau 30-60mm ar draws, ar goes wag sy'n gollwng sudd llaethog os caiff ei thorri; Mawrth-Hydref. Y 'cloc' gwyn adnabyddus yw'r ffrwyth.

Clust y Llygoden *Hieraceum pilosella* Mouse-ear hawkweed Taldra hyd at 25cm
Planhigyn ymledol lluosflwydd yn tyfu ar dir glaswelltog sych. Cyffredin trwy Brydain. Dail siâp llwy, gwyrdd a blewog uwchben, gwyn a melfedaidd islaw; yn ffurfio rosét yn y bôn. Pennau blodau unigol, 20-30mm ar draws, yn felyn gwelw â rhesi coch islaw; Mai-Hydref.

Tafod y Llew Gwrychog *Picris echioides* Bristly oxtongue Taldra hyd at 80cm
Planhigyn lluosflwydd canghennog, blewog ar dir sych wedi'i droi. Cyffredin yn ne Lloegr yn unig. Dail cul â smotiau gwelw yn gafael yn y goes, wedi'u gorchuddio â blew sy'n chwyddedig yn y bôn. Pennau blodau melyn gwelw, 20-25mm ar draws, mewn clystyrau; Mehefin-Hydref.

Tafod y Llew *Picris hieracioides* Hawkweed oxtongue Taldra hyd at 70cm
Planhigyn lluosflwydd â choesau blewog yn tyfu ar laswellt garw, yn aml ger y môr. Cyffredin yn ne ddwyrain Lloegr yn unig. Tebyg i dafod y llew gwrychog ond y dail yn gulach, danheddog â blew nad yw'n chwyddedig. Pennau'r blodau 20-25mm ar draws; Mehefin-Hydref.

Peradyl Garw *Leontodon hispidus* Rough hawkbit Taldra hyd at 35cm
Planhigyn lluosflwydd garw-flewog ar laswelltir sych, calchaidd yn bennaf. Cyffredin yma a thraw ym Mhrydain ac eithrio gogledd yr Alban. Dail blewog, llabedau tonnog yn ffurfio rosét yn y bôn. Un blodyn, 25-40mm ar draws, ar ben coes heb ddail na changen; Mehefin-Hydref.

Melynydd *Hypochoeris radicata* Common cat's-ear Taldra hyd at 50cm
Planhigyn lluosflwydd y glaswelltir sych. Cyffredin trwy Brydain. Dail gwaywffurf, blewog ag ymylon llabedog yn ffurfio rosét yn y bôn. Pennau blodau, 25-30mm ar draws, ar goesau canghennog sydd ag ychydig o fractau â phorffor ar y blaen; Mehefin-Medi.

Melynydd Moel *Hypochoeris glabra* Smooth cat's-ear Taldra hyd at 20cm
Planhigyn lluosflwydd y glaswelltir sych, yn bennaf ar dir tywodlyd. Cyffredin yn ne a dwyrain Lloegr yn unig; prin neu absennol fel arall. Dail gwaywffurf, sgleiniog, fel rheol yn ddi-flew; yn ffurfio rosét yn y bôn. Pennau blodau, 10-15mm ar draws, Mehefin-Hydref.

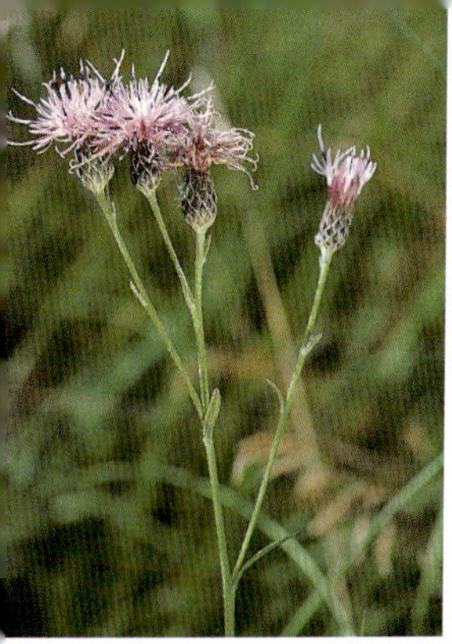
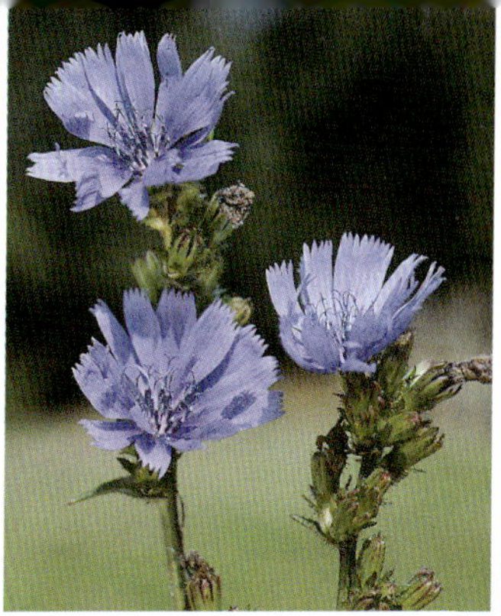
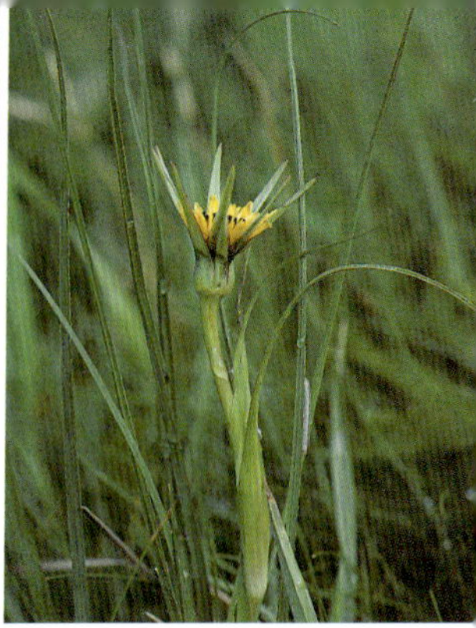
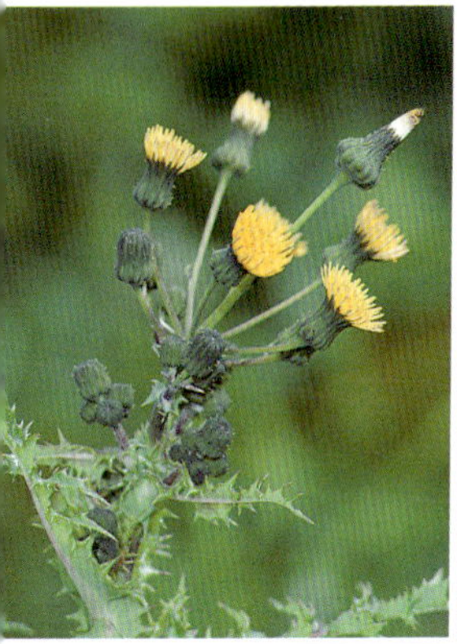
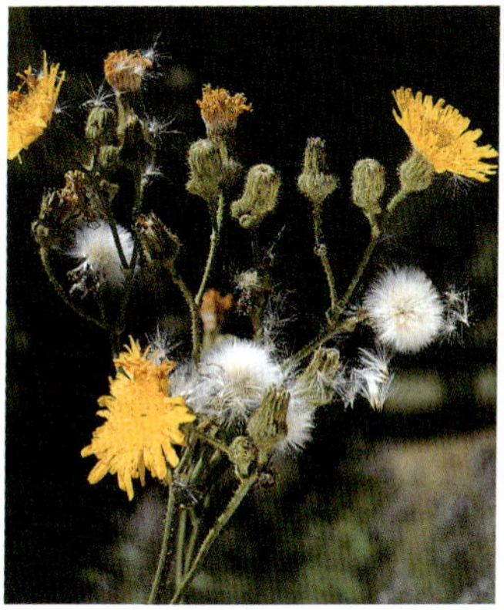
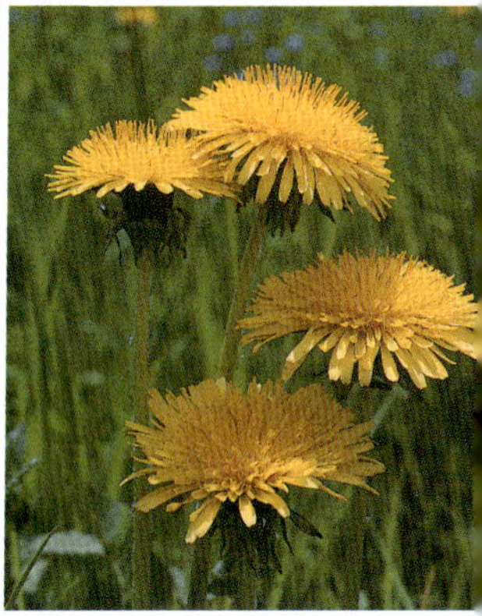
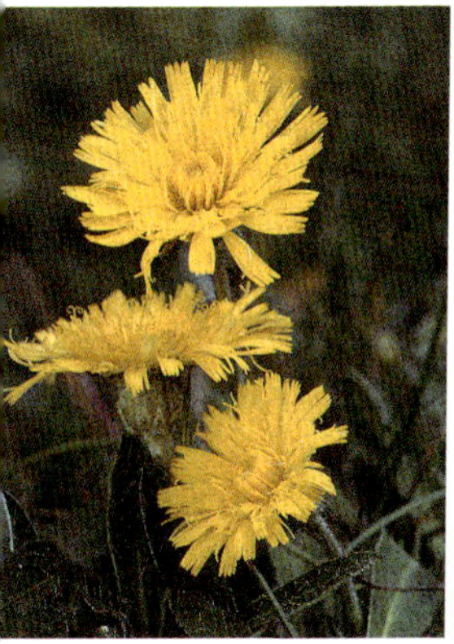
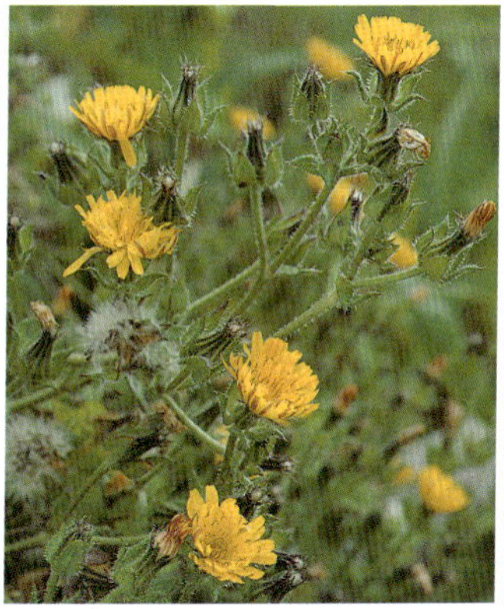
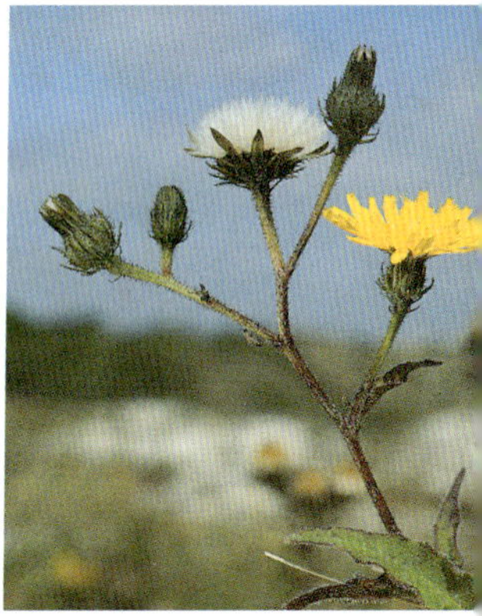
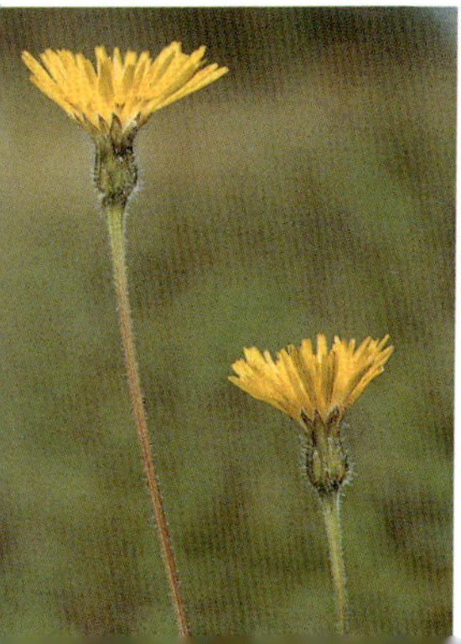
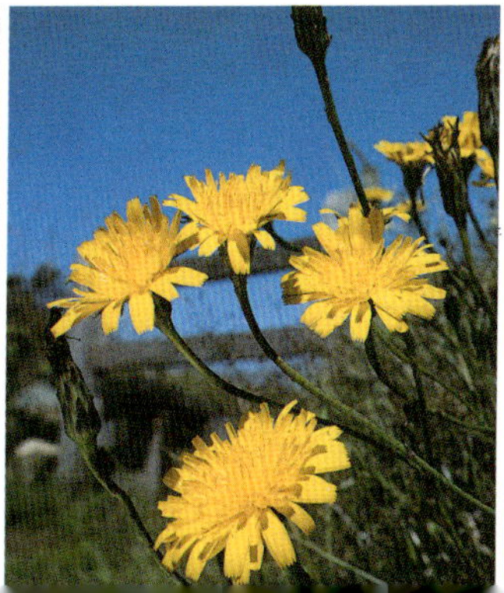
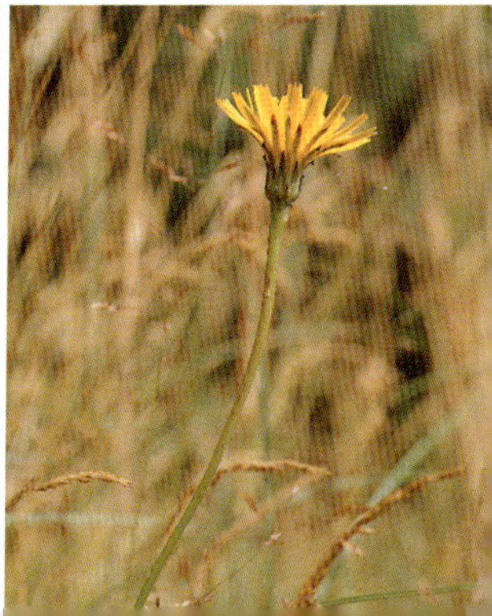

Blodau Gwyllt

Gwlachlys llyfn *Crepis capillaris* Smooth hawk's-beard Taldra hyd at 1m
Planhigyn unflwydd neu eilflwydd di-flew ar dir glaswelltog, sych. Cyffredin ar dir isel. Y dail isaf llabedog yn ffurfio rosét; dail siâp saeth yn cydio yn y goes. Pennau'r blodau, 15-25mm ar draws, mewn clystyrau canghennog i'w gweld Mai-Gorffennaf.

Llyriad y dŵr *Alisma plantago-aquatica* Common water-plantain Taldra hyd at 1m
Planhigyn lluosflwydd ar ymylon ac ym masddwr pyllau dŵr a llynnoedd. Cyffredin trwy Brydain ar wahân i ogledd yr Alban a de orllewin Lloegr. Dail hirgrwn, ar goesynnau hir â gwythiennau cyfochrog. Blodau lliw lelog golau, 10mm ar draws, ar sidelli canghennog; Mehefin-Medi.

Saethlys *Sagittaria sagittifolia* Arrowhead Taldra hyd at 80cm
Planhigyn lluosflwydd a welir mewn dŵr llonydd neu ddŵr sy'n llifo'n araf. Cyffredin yn ne Prydain; prin neu absennol ym mhobman arall. Dail ifanc siâp saeth, dail hirgrwn yn arnofio a rhai culach o dan y dŵr. Blodau tri petal, 20mm ar draws; Gorffennaf-Awst.

Brwynen flodeuog *Butomus umbellatus* Flowering rush Taldra hyd at 1m
Planhigyn lluosflwydd hardd a welir ymysg llystyfiant ar ymylon dŵr sy'n llifo'n araf. Dail tebyg i frwyn yn dair onglog, yn hir iawn ac yn codi o fôn y planhigyn. Clystyrau o flodau pinc, pob un yn 25-30mm ar draws, ar goesau tal; Gorffennaf-Awst.

Milwr y dŵr *Stratiotes aloides* Water-soldier Dyfrol
Planhigyn dyfrol rhyfedd, sydd o dan ddŵr y rhan fwyaf o'r flwyddyn ond yn codi i'r wyneb yn ystod misoedd yr haf i flodeuo. Rosét o ddail 30-40cm o hyd, hir, cul ag ymylon pigog. Blodau gwyn, unigol 3 petal i'w gweld Mehefin-Awst.

Lili'r dyffrynnoedd *Convallaria majalis* Lily-of-the-Valley Taldra hyd at 20cm
Planhigyn lluosflwydd, ymgripiol a welir mewn coetiroedd sych, yn bennaf ar briddoedd calchaidd. Cyffredin mewn rhai mannau yng Nghymru a Lloegr; weithiau wedi lledaenu o erddi. Dail hirgrwn mewn parau. Blodau gwyn, heb ddail, yn plygu eu pen, mewn sbigynnau ar un ochr, Mai-Mehefin.

Britheg *Fritillaria meleagris* Snake's-head fritillary Taldra hyd at 30cm
Planhigyn lluosflwydd ar lifddolydd sydd heb eu trin. Cyffredin mewn rhannau o dde Lloegr yn unig. Dail llwydwyrdd, cul tebyg i laswellt. Blodau siâp cloch sy'n nodio ar goesau main Ebrill-Mai; lliw'n amrywio, fel arfer yn borffor-binc â marciau tywyll brith.

Llafn y bladur *Narthecium ossifragum* Bog Asphodel Taldra hyd at 20cm
Planhigyn lluosflwydd, cudynnog ar weunydd a rhosydd corslyd. Cyffredin mewn rhai mannau ar dir mawnoglyd; absennol o'r rhan fwyaf o ganolbarth a dwyrain Lloegr. Dail cul fel rhai'r gellysgen mewn ffan wastad. Sbigynnau o flodau rhwng Mehefin-Awst; ffrwyth yn troi'n oren.

Seren Fethlehem felen *Gagea lutea* Yellow Star-of-Bethlehem Taldra hyd at 15cm
Planhigyn lluosflwydd mewn coedlannau llaith, yn aml ar bridd calchaidd. Bron wedi'i gyfyngu i ddwyrain Lloegr. Un ddeilen gul â blaen cycyllog yn dod o'r bôn. Coesau heb ddail, â bractau fel dwy ddeilen, â chlystyrau o flodau 20mm ar draws, ar eu pen; Ebrill-Mai.

Tiwlip gwyllt *Tulipa sylvestris* Wild tulip Taldra hyd at 40cm
Planhigyn lluosflwydd y glaswelltir; wedi ei gyflwyno ac ymgartrefu yn y gwyllt, yn bennaf yn ne Lloegr. Dail cul, llwydwyrdd hyd at 25cm o hyd. Un blodyn gan amlaf; 30-40mm ar draws pan fo'r petalau wedi agor ac ymestyn; Mai-Mehefin.

Craf y geifr *Allium ursinum* Ramsons Taldra hyd at 35cm
Planhigyn lluosflwydd ag aroglau garlleg cryf. Yn aml yn ffurfio gorchudd eang mewn coedlannau llaith, yn bennaf ar bridd calchaidd. Dail hirgrwn i gyd yn codi o'r bôn. Coesau heb ddail â chlystyrau o hyd at 20 o flodau gwyn; Ebrill-Mai.

Nionyn gwyllt *Allium vineale* Crow garlic Taldra hyd at 50cm
Planhigyn lluosflwydd ar laswelltir sych ac ymylon ffyrdd. Gweddol gyffredin yn ne Prydain ond prin ymhellach i'r gogledd. Dail llwydwyrdd, cul a gwag; anodd ei weld pan na fydd yn ei flodau. Pennau crwn, ychydig o flodau, bract fel papur; Mehefin-Gorffennaf.

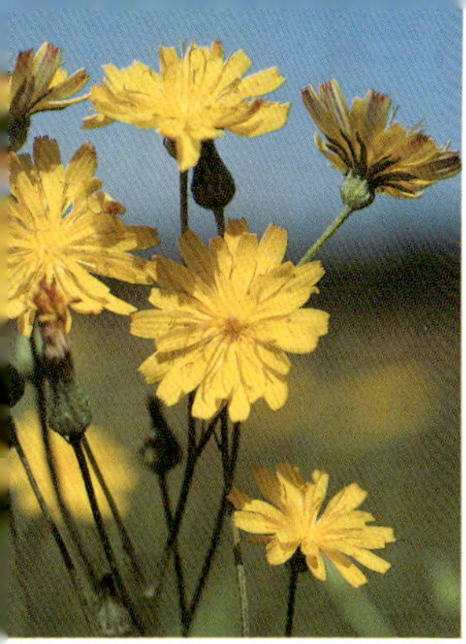
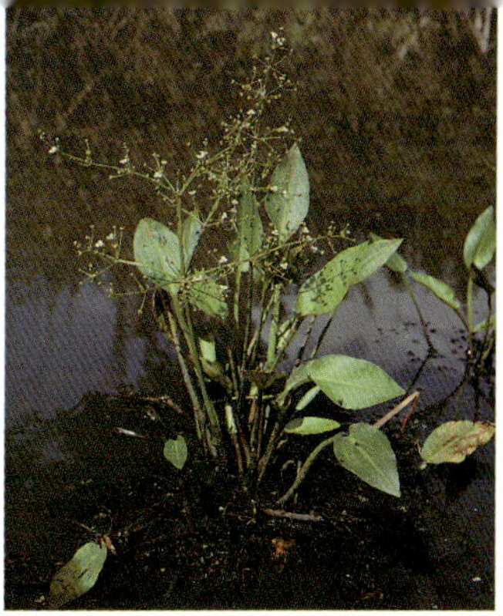
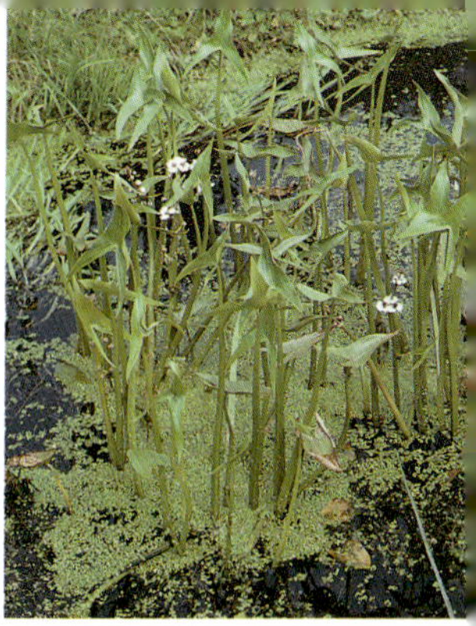
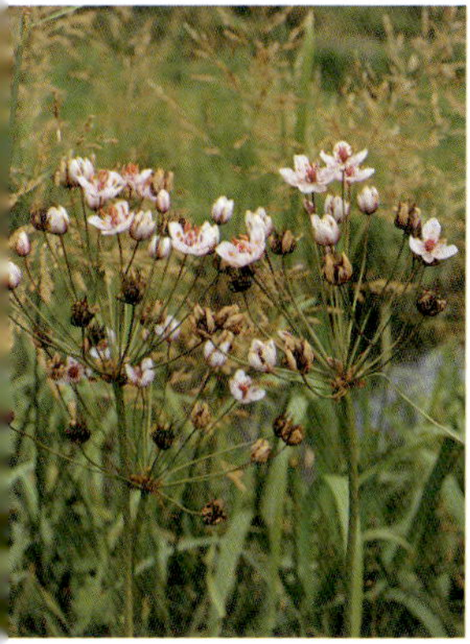
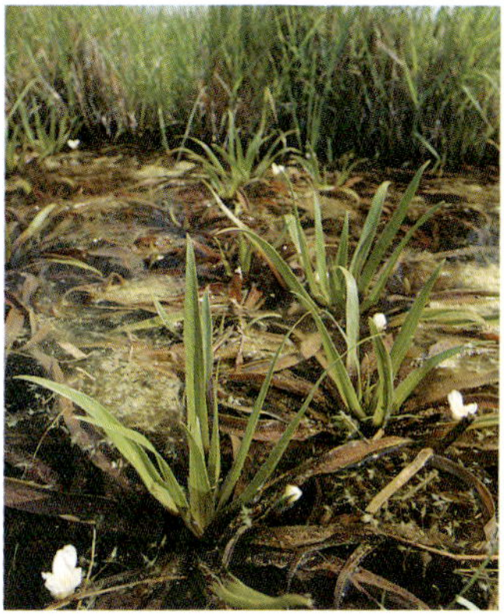
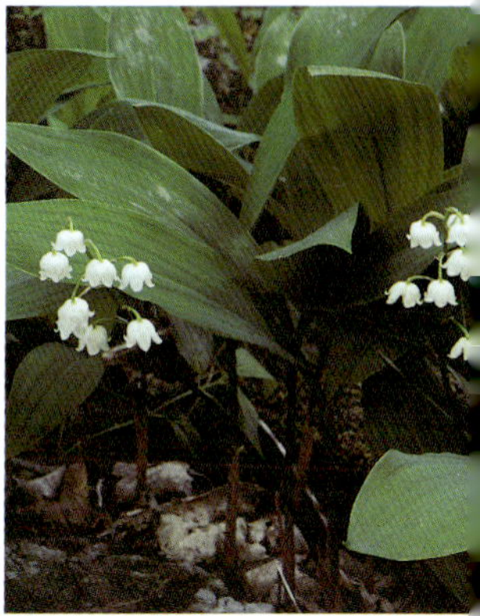
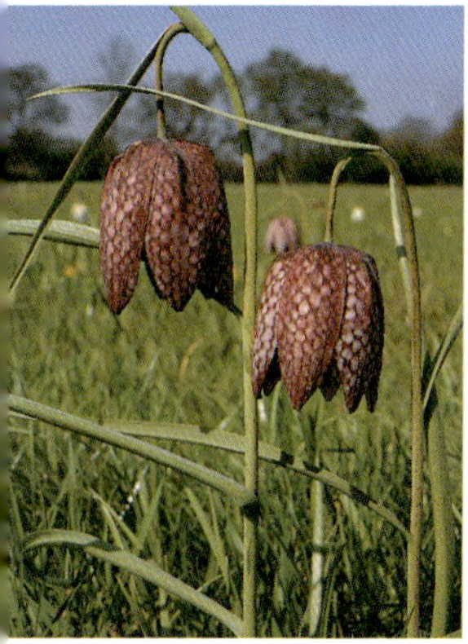
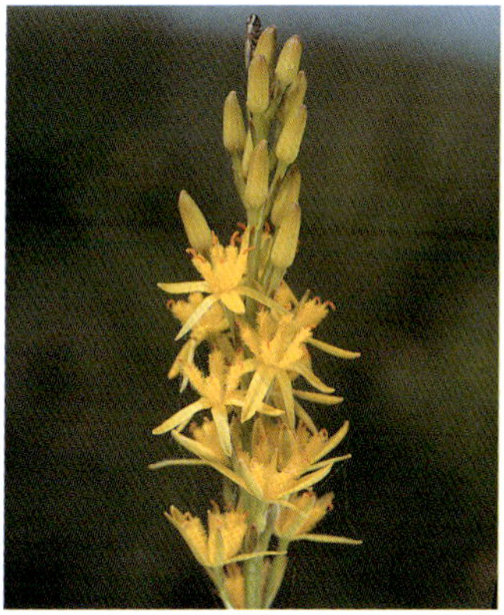
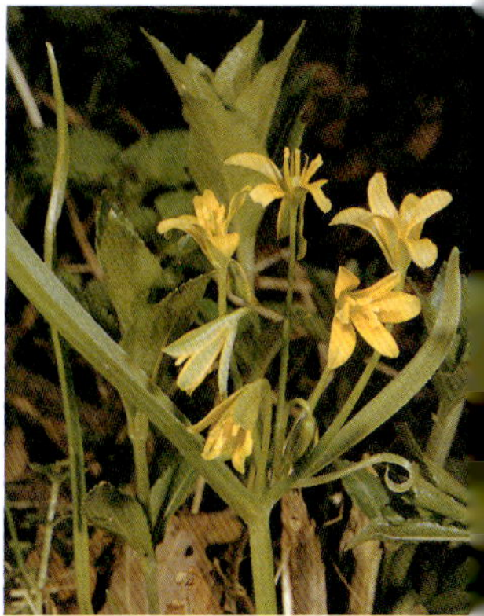
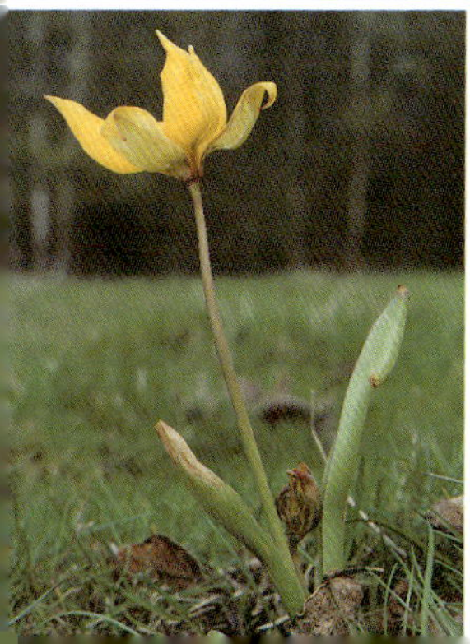
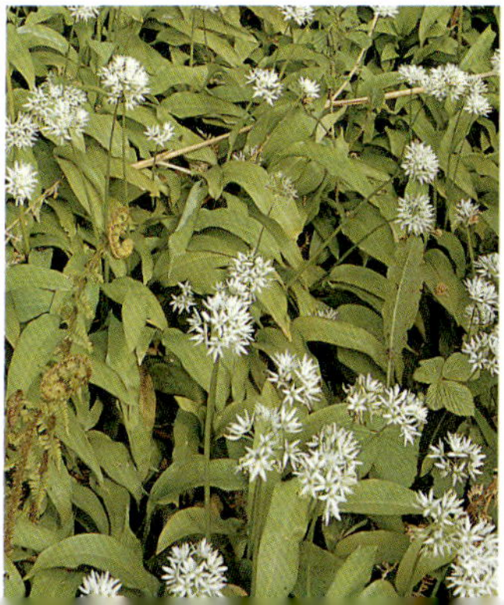
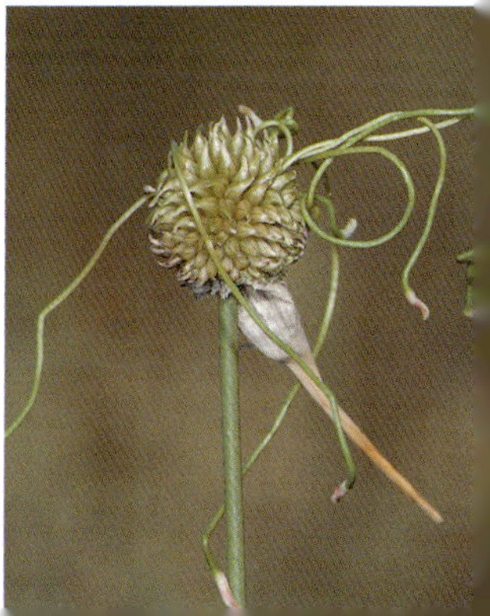

Blodau Gwyllt

Clychau'r Gog *Hyacinthoides non-scripta* Bluebell Taldra hyd at 50cm
Planhigyn lluosflwydd cyfarwydd sy'n tyfu o fwlb. Mae'n aml yn gorchuddio llawr y goedlan os yw'r cynefin yn addas; hefyd ar glogwyni'r arfordir. Cyffredin trwy Brydain. Dail cul a'r cyfan yn y bôn. Blodau siâp cloch mewn sbigynnau un ochrog; Ebrill-Mehefin.

Seren y Gwanwyn *Scilla verna* Spring Squill Taldra hyd at 5cm
Planhigyn lluosflwydd cryno ar laswelltir sych ger y môr. Cyffredin ar arfordir gorllewin Prydain a dwyrain Iwerddon. 4-6 deilen wydn, gyrliog i'w gweld yn y gwanwyn. Y blodau yn dilyn ar goesyn byr, Ebrill-Mehefin. Lliw lelog-glas, 10-15mm ar draws.

Llysiau Solomon
Polygonatum multiflorum Common Solomon's-seal Taldra hyd at 60cm
Planhigyn lluosflwydd a welir mewn coetiroedd sych, yn aml ar bridd calchaidd. Fe'i ceir yn bennaf yn ne Lloegr; cyffredin mewn ambell fan yno. Dail hirgrwn, bob yn ail ar goesau bwaog ac 1-3 clwstwr o flodau siâp cloch yn crogi ym Mai-Mehefin. Yr aeron yn ddu.

Saffrwm y Ddôl *Colchicum autumnale* Meadow Saffron Taldra hyd at 10cm
Planhigyn lluosflwydd yn tyfu o fwlb. Fe'i ceir ar weirgloddiau a llwybrau glaswelltog y goedwig mewn rhannau o ganolbarth Lloegr; prin neu absennol fel arall. Dail hirgrwn i'w gweld yn y gwanwyn; wedi marw erbyn yr haf. Blodau porffor-binc ar goesau gwelw; Awst-Hydref.

Cwlwm Cariad *Paris quadrifolia* Herb-paris Taldra hyd at 35cm
Planhigyn lluosflwydd mewn coetiroedd llaith, yn aml ar bridd basig. Fe'i gwelir trwy Brydain; cyffredin yng nghanolbarth a de Lloegr yn unig. Pedair deilen hirgrwn ar goes unionsyth; blodyn ar y pen â phetalau a sepalau cul ac ofari tywyll; Mai-Mehefin. Aeron du.

Seren Fethlehem *Ornithogalum umbellatum* Star-of-Bethlehem Taldra hyd at 25cm
Planhigyn lluosflwydd yn tyfu o fwlb. Fe'i gwelir ar laswelltir sych. Cynhenid, efallai, mewn rhannau o dde-ddwyrain Lloegr ac wedi hen ymgartrefu yn y gwyllt mewn mannau eraill. Dail cul a llinell wen amlwg i lawr y canol. Blodau gwyn, serennog, 30-40mm ar draws, mewn clystyrau agored; Mai-Mehefin.

Seren Fethlehem Hirfain
Ornithogalum pyrenaicum Bath Asparagus Taldra hyd at 80cm
Planhigyn lluosflwydd unionsyth mewn coetiroedd agored yn ardal Caerfaddon yn unig. Dail cul, llwydwyrdd yn y bôn yn gwywo'n fuan. Sbigynnau tal o flodau gwyrddwyn â'r pen yn gwyro, Mai-Gorffennaf.

Celynnen Fair *Ruscus aculeatus* Butcher's-broom Taldra hyd at 1m
Llwyn lluosflwydd, canghennog, bytholwyrdd mewn coedydd cysgodol, yn aml ar bridd calchaidd. Dail bach iawn ond y canghennau'n wastad ac yn ffurfio tyfiant hirgrwn tebyg i ddail; gwelir blodau unigol ar wyneb y rhain, Ionawr-Ebrill. Aeron coch.

Cennin Pedr Gwyllt *Narcissus pseudonarcissus* Wild Daffodil Taldra hyd at 50cm
Planhigyn lluosflwydd yn tyfu o fwlb mewn coetiroedd agored a gweirgloddiau. Cyffredin mewn rhannau o Gymru a Lloegr, yn aml yn ffynnu ar ôl prysgoedio. Dail llwydwyrdd, cul a'r cyfan yn y bôn. Blodau cyfarwydd y cennin Pedr, 15-25cm ar draws; Mawrth-Ebrill.

Eirlys *Galanthus nivalis* Snowdrop Taldra hyd at 25cm
Planhigyn cyfarwydd y gwanwyn. Efallai'n gynhenid i goetiroedd llaith de Prydain ond hefyd wedi hen ymgartrefu yn y gwyllt. Dail cul, llwydwyrdd a'r cyfan yn y bôn. Blodyn unigol, gwyn, 15-25cm o hyd, sy'n plygu'i ben ar goesyn unionsyth; Ionawr-Mawrth.

Gellesgen *Iris pseudacorus* Yellow Iris Taldra hyd at 1m
Planhigyn lluosflwydd cadarn, cyfarwydd ar ymylon pyllau, mewn corsydd ac ar lannau afonydd. Cyffredin trwy Brydain. Dail llwydwyrdd siâp cleddyf, yn aml yn grychog. Clystyrau o 2-3 blodyn melyn, pob un hyd at 10cm ar draws; Mai-Awst.

Gellesgen Ddrewllyd *Iris foetidissima* Stinking Iris Taldra hyd at 60cm
Planhigyn lluosflwydd cudynnog mewn prysgdir a choedydd, yn aml ar bridd calchaidd. Cyffredin mewn rhai mannau yn unig yn ne Lloegr a de Cymru. Dail gwyrdd tywyll, drewllyd, siâp cleddyf. Blodau porffor, 70-80mm ar draws, Mai-Gorffennaf. Hadau oren llachar.

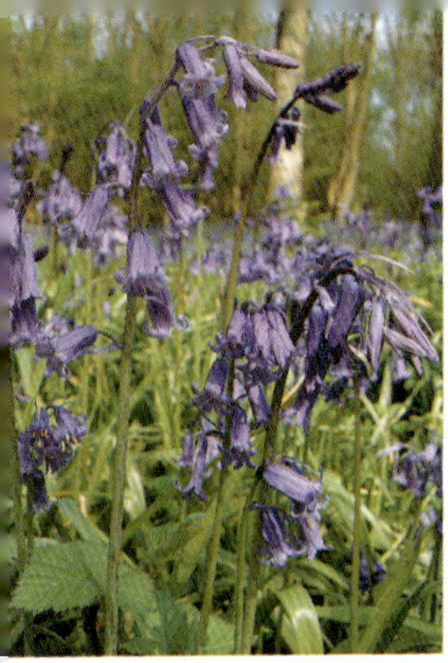
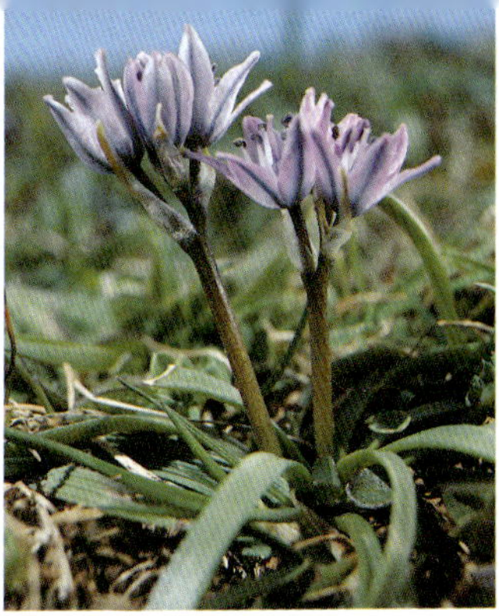
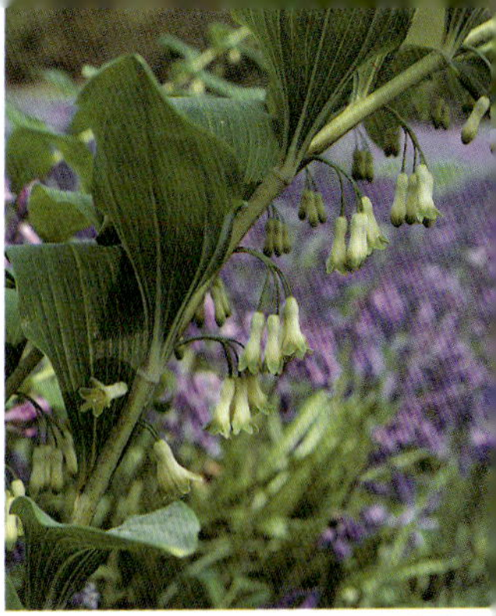
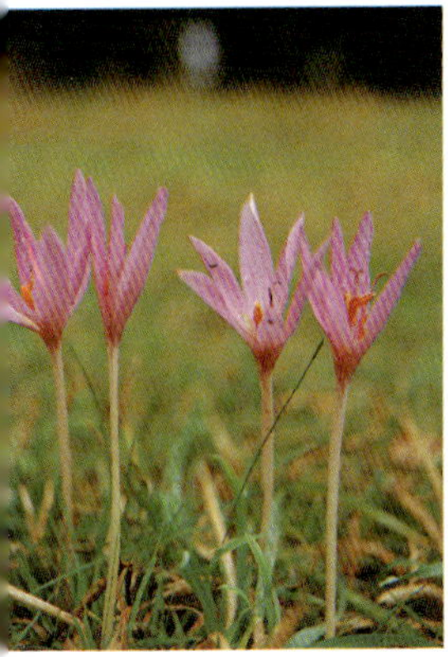
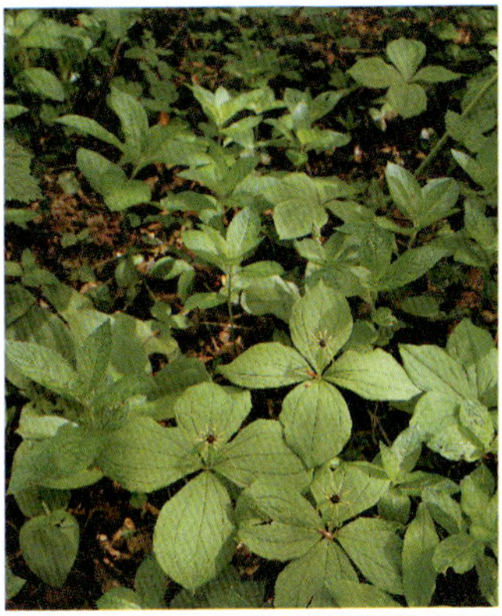
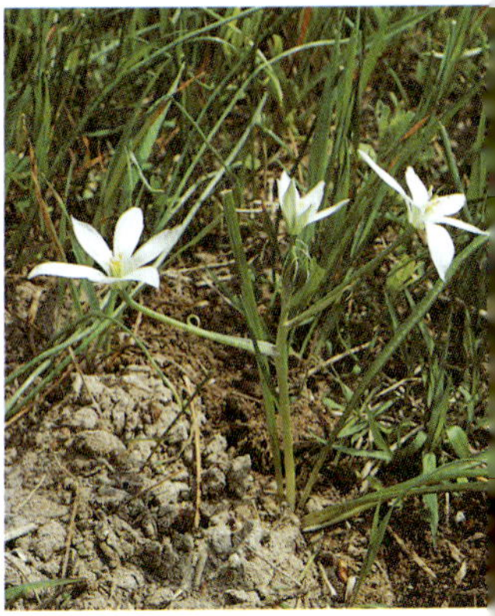
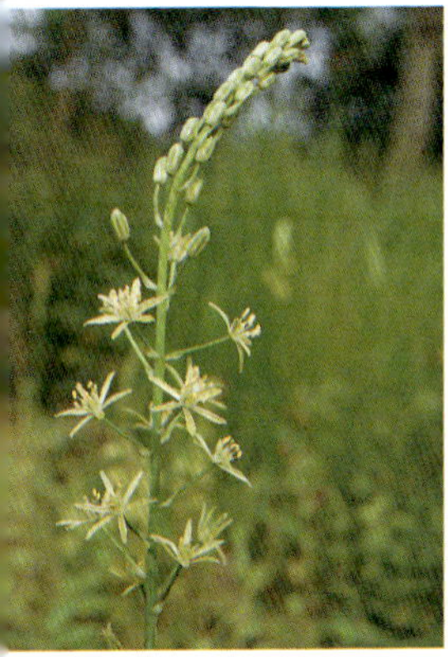
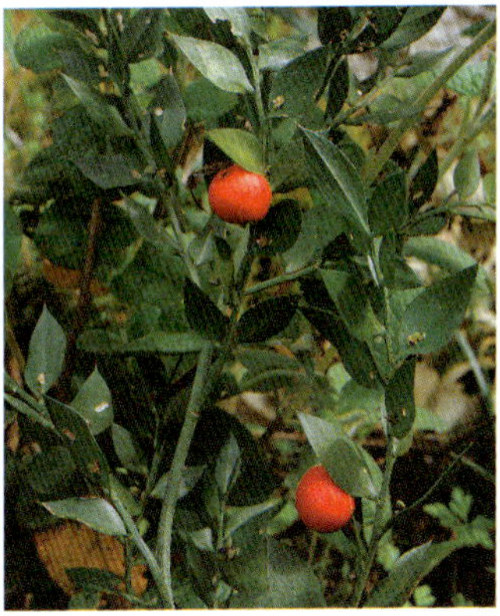
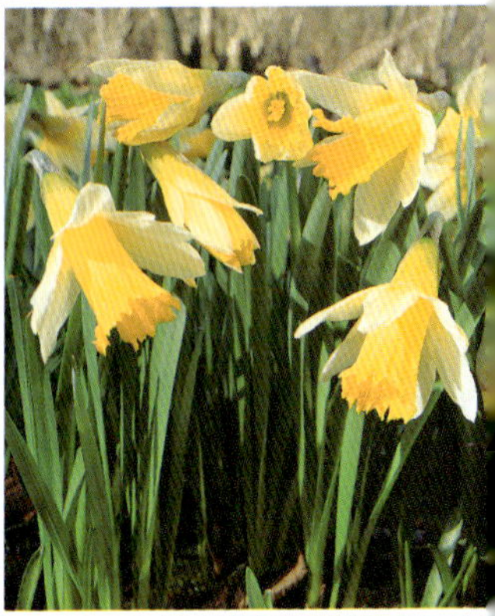
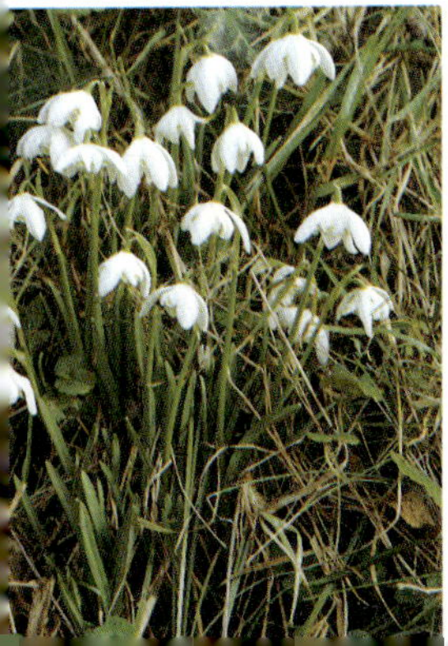
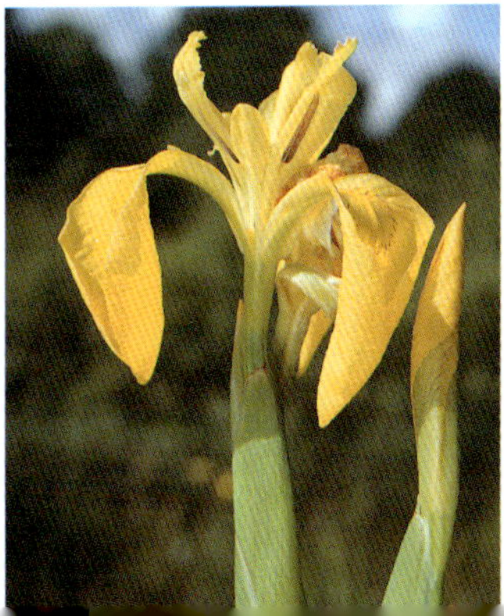
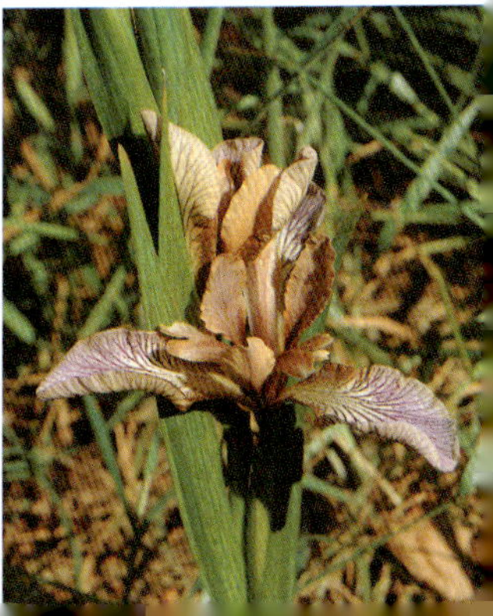

Blodau Gwyllt

Blodyn y Cleddyf *Gladiolus illyricus* Wild gladiolus   Taldra hyd at 80m
Planhigyn lluosflwydd mewn coedydd agored a rhosydd yn y New Forest yn unig, cyffredin mewn ambell fan yno, yn aml o dan redyn ungoes. Anodd gweld y dail llwydwyrdd, cul, sydd fel gwair, pan nad ydynt yn eu blodau. 3-8 o flodau porffor-binc, 30-40mm ar draws, mewn sbigynnau, Mehefin-Gorffennaf.

Pidyn y Gog *Arum maculatum* Lords-and-ladies   Taldra hyd at 50cm
Planhigyn lluosflwydd mewn coedydd a gwrychoedd. Cyffredin mewn rhannau o dde Prydain a de Iwerddon; prinnach i'r gogledd. Dail cul, gloyw siâp saeth, â smotiau porffor weithiau. Blodyn â sbadics porffor fel pastwn, â fflurwain fel cwfl o'i gwmpas; Ebrill-Mai. Aeron coch.

Tegeirian y Wenynen *Ophrys apifera* Bee orchid   Taldra hyd at 30cm
Cyffredin mewn rhai mannau ar laswelltir sych, calchaidd yn bennaf, yn Lloegr, Cymru a de Iwerddon; prin neu absennol i'r gogledd. Dail yn ffurfio rosét yn y bôn; dwy ddeilen fel gwain yn uwch ar y goes. Blodau, 12mm ar draws, sepalau pinc, petalau uchaf gwyrdd, petal isaf chwyddedig, cochddu â marciau melyn, fel cacwn. Mewn sbigynnau, Mehefin-Gorffennaf.

Tegeirian y Clêr *Ophrys insectifera* Fly orchid   Taldra hyd at 40cm
Planhigyn eiddil, diddorol ar laswelltir sych, coetir agored a phrysgdir ar bridd calchaidd. Cyffredin mewn rhannau o Gymru a Lloegr, prin yn Iwerddon, absennol o'r Alban. Dail hirgul, sgleiniog yn ffurfio rosét yn y bôn ac i fyny'r goes. Blodau tebyg i bryfyn; sepalau gwyrdd, petalau uchaf, cul, brown yn debyg i deimlyddion; petal isaf estynedig â dwy labed ar yr ochr, yn ddugoch â darn glas metelaidd. Blodau mewn sbigynnau agored, Mai-Mehefin.

Tegeirian Coch y Gwanwyn
Orchis mascula Early-purple orchid   Taldra hyd at 40cm
I'w weld trwy Brydain; cyffredin mewn rhai mannau mewn coed, prysgoed a glaswellt. Hoff o bridd niwtral neu asidig. Rosetiau o ddail gwyrdd tywyll, sgleiniog â marciau tywyll, o Ionawr ymlaen; coesyn y blodyn yn codi o'r fan hon yn nes ymlaen yn y gwanwyn. Blodau porffor-binc mewn sbigynnau tal, Ebrill-Mehefin; gwefus isaf 3 llabedog, 8-12mm o hyd, â sbardun hir.

Tegeirian y Waun *Orchis morio* Green-winged orchid   Taldra hyd at 40cm
Planhigyn cyffredin mewn rhai mannau ar laswelltir heb ei droi, yn ne Cymru, canolbarth a de Lloegr, ac Iwerddon. Dail gwyrdd sgleiniog, heb farciau yn ffurfio rosét yn y bôn ac yn gweinio'r goes flodeuog. Blodau mewn sbigyn cryno, Ebrill-Mehefin, yn amrywio o borffor-binc i bron yn wyn. Y petalau uchaf yn arbennig â gwythiennau tywyll ac, yn aml, mae'r lliw gwyrdd yn lledaenu ar y petal; mae gan y wefus ddarn canol golau a dotiau coch.

Tegeirian Llosg *Orchis ustulata* Burnt orchid   Taldra hyd at 15cm
Planhigyn prin; cyffredin mewn rhai mannau'n unig ar dwyni calchaidd de Lloegr. Dail hirgrwn, pŵl yn ffurfio rosét yn y bôn ac yn gweinio'r goes flodeuog. Blodau, ym Mai-Mehefin, mewn sbigynnau silindraidd, cryno; cochddu yn eu blagur, ond gwyn ar ôl agor fel blaen sigarét wedi llosgi. Wrth edrych yn ofalus, mae gan y blodau gwfl cochddu a sbotiau coch ar wefus wen.

Tegeirian Ysblennydd *Orchis purpurea* Lady orchid   Taldra hyd at 75cm
Tegeirian trawiadol a welir mewn coed a phrysgdir, yn bennaf ar dir calchaidd. Cyffredin ar rai safleoedd yng Nghaint a phrin iawn mewn mannau eraill yn ne Lloegr. Dail hirgrwn, llydan yn ffurfio rosét yn y bôn ac yn wain lac am y goes flodeuog. Mae'r sbigyn blodeuol, 10-15cm o daldra, yn silindraidd a'r blodau'n agor o'r gwaelod. Wrth edrych yn ofalus, mae gan y blodau gwfl coch tywyll a sbotiau coch ar wefus binc; i'w weld Ebrill-Mehefin.

Caineirian *Listera ovata* Common twayblade   Taldra hyd at 50cm
Tegeirian nodedig a welir mewn coetiroedd ac ar laswelltir ar nifer o wahanol fathau o bridd. Fe'i gwelir trwy Brydain ac mae'n weddol gyffredin. Pâr o ddail llydan, hirgul i'w gweld yn y bôn ymhell cyn i'r coesyn blodeuol ymddangos o fis Mawrth ymlaen. Blodau melynwyrdd mewn sbigyn llac, Mai-Mehefin; y wefus isaf yn ddwfn fforchog.

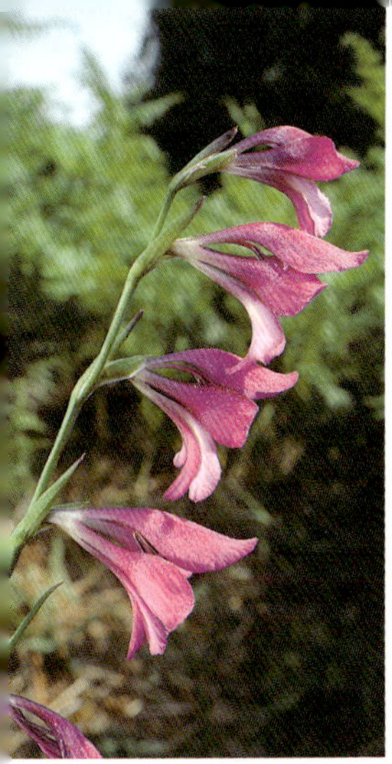
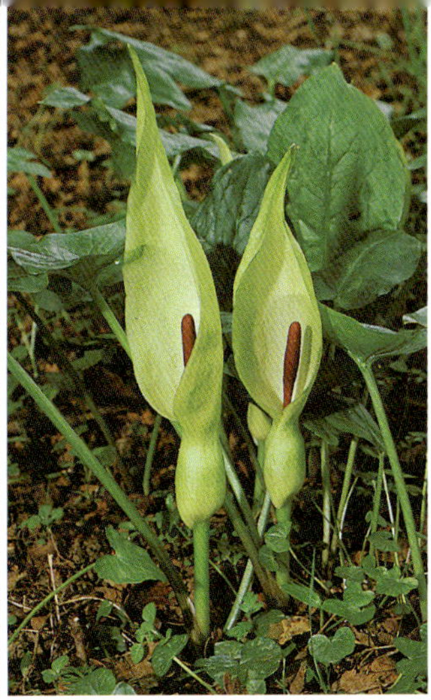
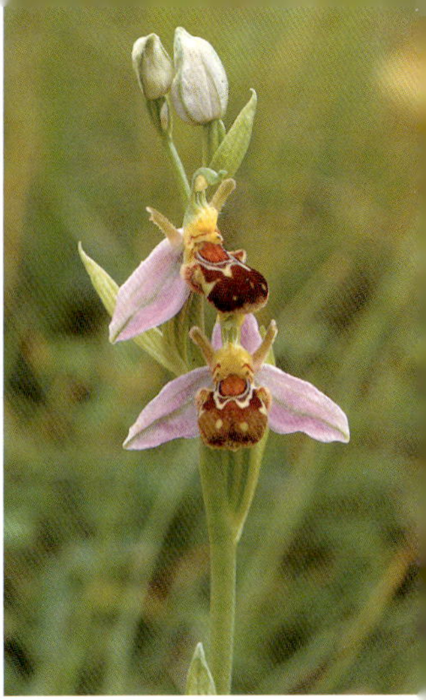
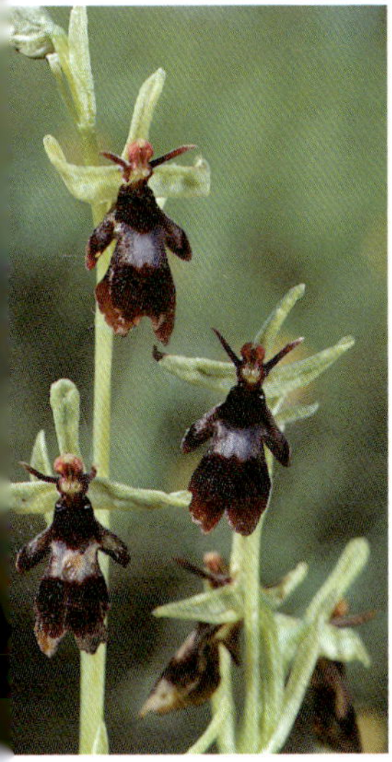
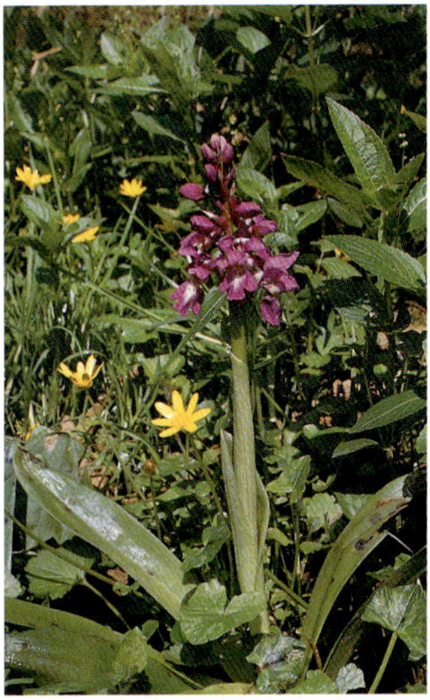
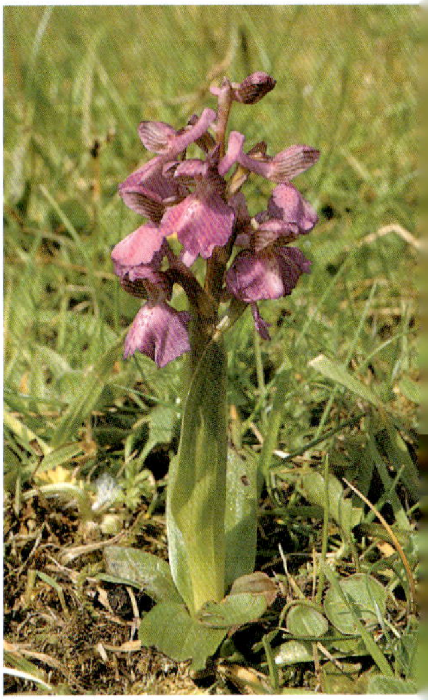
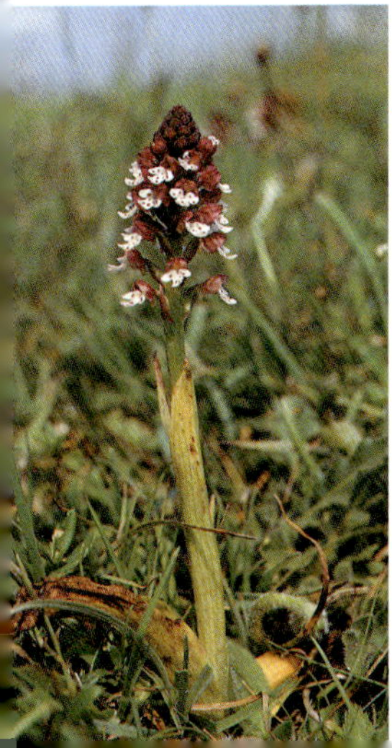
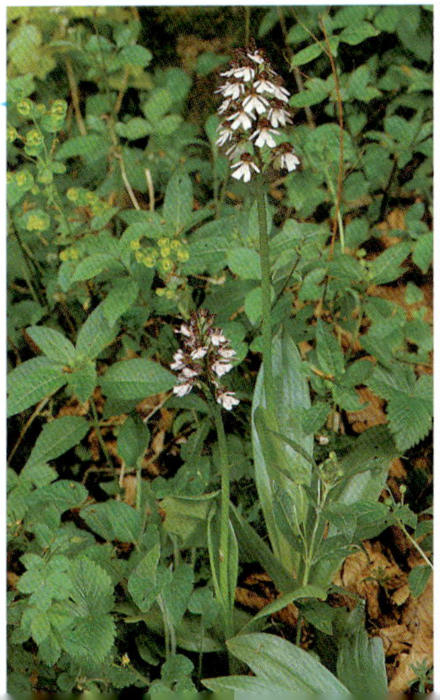
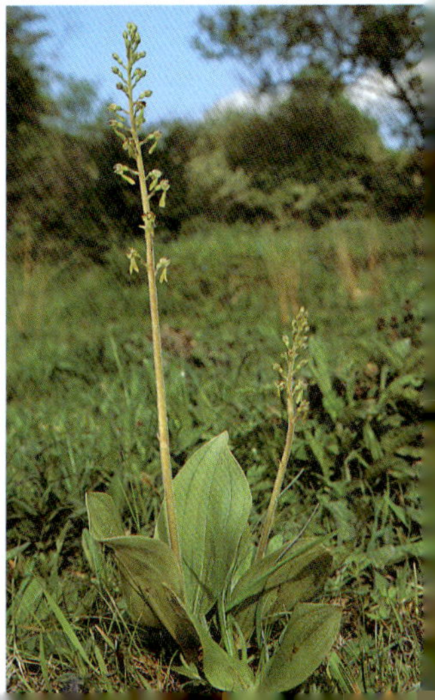

Blodau Gwyllt

Tegeirian y Gŵr *Aceras anthropophorum* Man orchid Taldra 25cm
Tegeirian prin a welir mewn rhai mannau'n unig ar laswelltir calchaidd a phrysgdir. Cyfyngedig i dde-ddwyrain a dwyrain Lloegr. Dail hirgul, gwyrdd ir, yn ffurfio rosét yn y bôn ac yn gweinio rhan isaf y goes flodeuol. Mae'r blodau anarferol yn edrych yn debyg i ddyn â chwfl gwyrdd amlwg, wedi'i ffurfio o sepalau a'r petalau uchaf, a gwefus isaf estynedig, felen, 4 llabed. Blodau mewn sbigynnau tal, Mai-Mehefin.

Tegeirian Bera *Anacamptis pyramidalis* Pyramidal orchid Taldra hyd at 30cm
Tegeirian hardd ar laswelltir sych calchaidd a thwyni tywod sefydlog. Cyffredin mewn rhannau o Gymru, Lloegr ac Iwerddon; fwyaf cyffredin yn ne-ddwyrain Lloegr. Dail llwydwyrdd, gwaywffurf, fel arfer yn unionsyth, yn lled-weinio'r goes flodeuol. Blodau pinc tywyll, gwefus dair-llabed a sbardun hir; mewn pennau conigol neu gromennog, trwchus, Mehefin-Awst.

Tegeirian Pêr *Gymnadenia conopsea* Fragrant orchid Taldra hyd at 40cm
Tegeirian cadarn a welir ar laswelltir sych a llaith, yn bennaf ar bridd calchaidd. Cyffredin mewn rhai mannau ond yn fwyaf cyffredin yn y de a'r de ddwyrain. Dail byr wrth fôn y planhigyn ac ychydig o ddail cul iawn ar y goes. Y blodau peraroglus yn binc fel rheol er y gall y planhigion amrywio o borffor i bron yn wyn; ceir gwefus dair-llabed a sbardun hir. Blodau mewn sbigynnau tal, hyd at 15cm o hyd; Mehefin-Gorffennaf.

Tegeirian y Broga *Coeloglossum viride* Frog orchid Taldra hyd at 20cm
Tegeirian byr a chryno fel rheol a welir ar laswelltir y garreg galch, ambell dro ar yr ucheldir. Cyffredin trwy Brydain. Dail llydan, hirgrwn yn ffurfio rosét yn y bôn a dail culach yn lled-weinio rhan isaf y goes. Y sepalau a'r petalau uchaf yn ffurfio cwfl gwyrdd; y wefus yn 6-8mm o hyd ac yn felynfrown. Blodau mewn sbigynnau agored i'w gweld Mehefin-Awst.

Tegeirian Brych *Dactylorhiza fuchsii* Common spotted-orchid Taldra hyd at 60cm
Tegeirian cadarn a chyfarwydd a welir ar laswelltir, llwybrau'r goedwig ac ochrau'r ffyrdd, yn bennaf ar bridd calchaidd neu niwtral. Mae sbotiau tywyll ar y dail gwyrdd, sgleiniog sy'n edrych fel rosét ymhell cyn i'r goes flodeuol ymddangos; dail culach yn gweinio rhan isaf y goes. Lliw'r blodau'n amrywio o binc golau i borffor-binc ond â marciau tywyll a sbotiau ar y wefus; mae'r wefus yn 10mm ar draws ac iddi dair llabed o'r un maint. Mae'r blodau mewn sbigynnau tal, Mehefin-Awst.

Tegeirian Brych y Rhos
Dactylorhiza maculata Heath spotted-orchid Taldra hyd at 50cm
Gall edrych yn debyg i'r tegeirian brych ond mae'n gyfyngedig i bridd llaith, asidig ar y cyfan ar weundir a rhos. Dail siâp gwaywffon â marciau tywyll. Y rhai yn y bôn yw'r mwyaf a'r lletaf; dail culach yn gweinio hanner isaf y goes. Y blodau fel rheol yn welw iawn, bron yn wyn, ond bod arnynt farciau a sbotiau tywyllach; y wefus isaf dair-labedog yn llydan. Yn wahanol i'r tegeirian brych, mae'r llabed ganol yn llai na'r ddwy ar yr ochrau. Blodau mewn sbigynnau agored, Mai-Awst.

Tegeirian y Gors Cynnar
Dactylorhiza incarnata Early marsh-orchid Taldra hyd at 60cm
Tegeirian y gweirgloddiau llaith, yn aml ar bridd calchaidd ond hefyd ar dir asidig. Dail melynwyrdd, cul, gwaywffurf heb farciau. Blodau pinc fel lliw croen fel rheol ond gallant amrywio o wyn i borffor. Gwefus tair-llabed y blodyn yn atgyrchu ar y llinell ganol. Blodau mewn sbigynnau agored, Mai-Mehefin.

Tegeirian y Gors Deheuol
Dactylorhiza praetermissa Southern marsh-orchid Taldra hyd at 70cm
Tegeirian cadarn a welir ar lifddolydd, ffeniau a llaciau gwlyb twyni tywod, yn bennaf ar bridd calchaidd. Fe'i gwelir trwy Brydain ond mae'n gyffredin yn ne Cymru a de a chanolbarth Lloegr yn unig. Dail gwyrdd tywyll, sgleiniog, heb farciau, yn debyg i waywffon; y rhai mwyaf i'w gweld wrth fôn y planhigyn, dail culach yn lled-weinio'r goes. Blodau mewn sbigynnau tal, Mai-Mehefin; porffor-binc â gwefus lydan, dair-llabed. Yng ngogledd Prydain, cafodd ei disodli gan degeirian y gors gogleddol (*D. purpurella*).

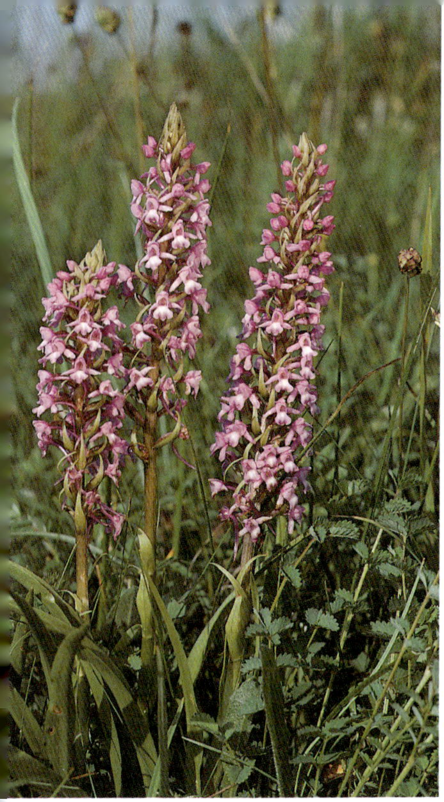
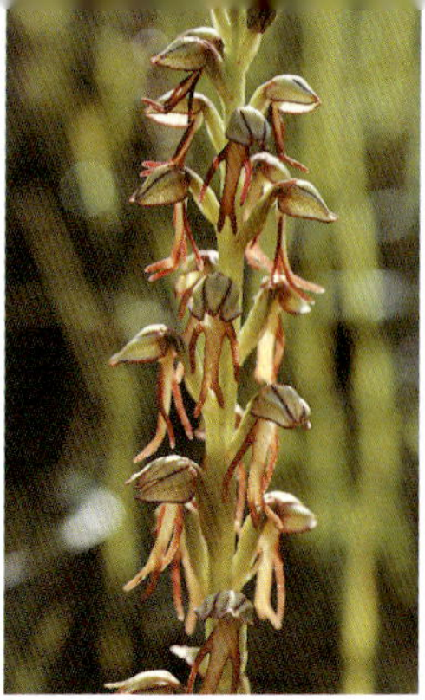
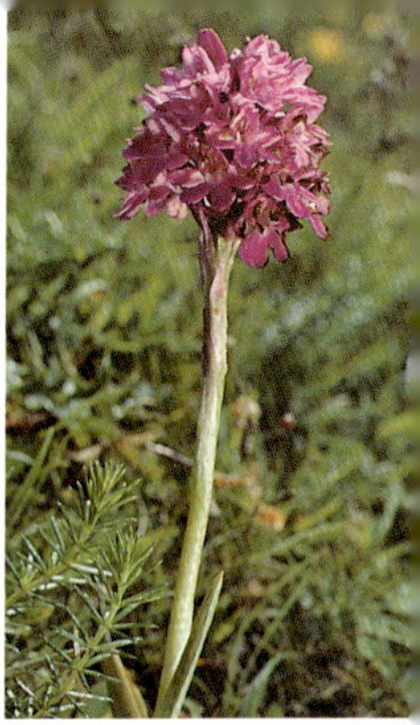
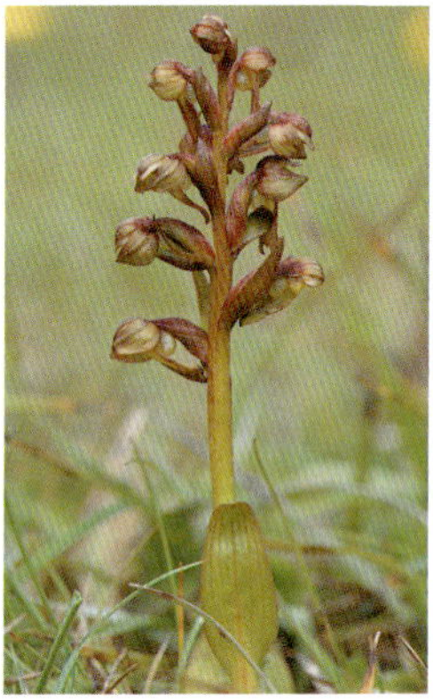
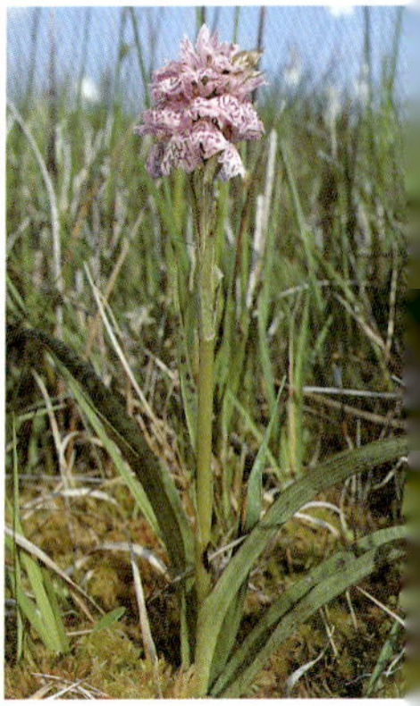
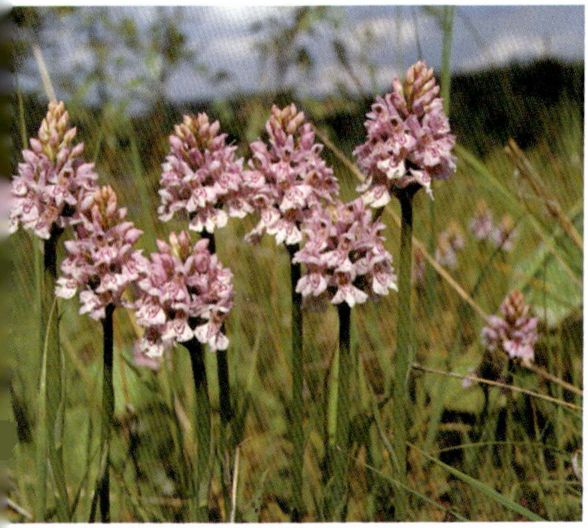
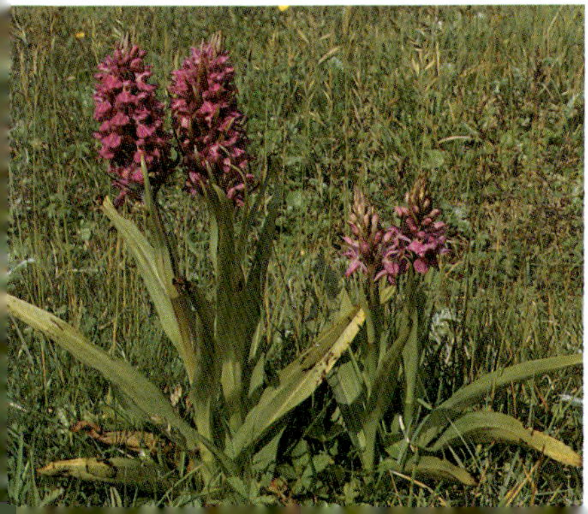
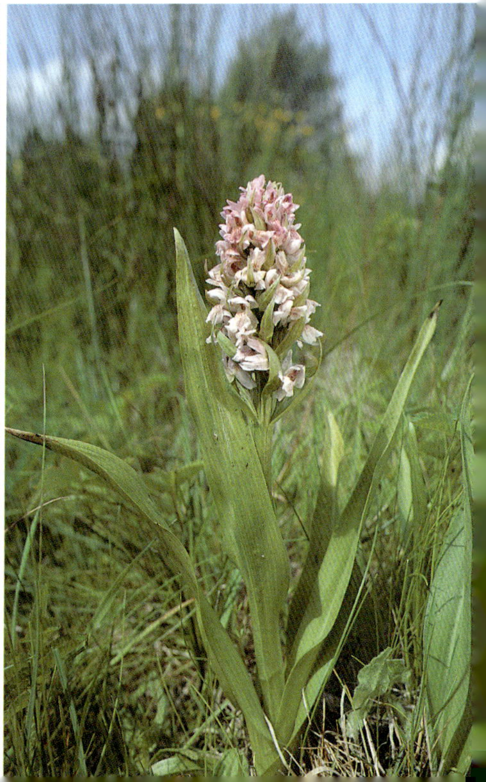

Blodau Gwyllt

Tegeirian llydanwyrdd
Platanthera chlorantha Greater butterfly-orchid   Taldra hyd at 50m
I'w weld mewn coed, prysgdir a glaswelltir digyffro, yn bennaf ar galchfaen. Cyffredin mewn rhai ardaloedd. Un pâr o ddail mawr, hirgrwn wrth y bôn a rhai dail bach ar y coesyn. Mae gan y blodau gwyrddwyn wefus hir, gul, sbardun hir a chodau paill sy'n ffurfio V ben ucha'n isaf; mewn sbigynnau agored, Mehefin-Gorffennaf.

Tegeirian llydanwyrdd bach
Platanthera bifolia Lesser butterfly-orchid   Taldra hyd at 40cm.
Hoff o laswelltir, rhosydd a choedydd digyffro. Cyffredin mewn rhai mannau. Un pâr o ddail llydan, hirgrwn wrth y bôn a rhai llai fel cen ar y coesyn. Blodau gwyrddwyn â gwefus hir, gul, sbardun hir a chodau paill cyfochrog; mewn sbigynnau agored, Mai-Gorffennaf.

Y galdrist wen   *Cephalanthera damasonium*   White helleborine   Taldra hyd at 50cm
Tegeirian hardd, cyffredin mewn rhannau o dde Lloegr, mewn coedydd a phrysgoed ar dir calchaidd, yn aml dan goed ffawydd. Dail llydan, hirgrwn wrth fôn y planhigyn a rhai llai yn dringo'r goes. Blodau hufennog, 15-20mm o hyd, pob un â bract deiliog; mewn sbigynnau ar y pen, Mai-Gorffennaf. Ni fydd y blodau'n agor yn gyfangwbl.

Y galdrist gulddail
Cephalanthera longifolia Sword-leaved helleborine   Taldra hyd at 50cm
Fe'i ceir ar rai safleoedd mewn coedydd a phrysgdir ar bridd calchaidd; yn ne Lloegr yn bennaf. Tebyg i'r galdrist wen ar un olwg ond mae'r dail yn hir a chul, a'r mwyaf yn y bôn. Mae gan bob blodyn gwyn, glân fract deiliog, hyd at 20mm o hyd; mewn sbigynnau; Mai-Mehefin.

Caldrist y gors   *Epipactis palustris*   Marsh helleborine   Taldra hyd at 50cm
Planhigyn hardd ar gorsydd, ffeniau a llaciau twyni. Cyffredin mewn rhannau o dde Cymru, de Lloegr a de Iwerddon; prin neu absennol fel arall. Dail hirgrwn, llydan tua'r bôn; llai a chulach wrth ddringo'r goes. Y goes a choesynnau'r blodau'n gochlyd. Blodau â sepalau cochlyd a gwefus eddïog, welw; Gorffennaf-Awst.

Y galdrist lydanddail
Epipactis helleborine Broad-leaved helleborine   Taldra hyd at 75cm
Tegeirian â gwawr borffor yn glystyrau mewn coed a phrysgdir. Cyffredin mewn rhai mannau trwy Brydain ac eithrio gogledd yr Alban. Coesau melfedaidd a dail fwy neu lai'n hirgrwn, gwythiennau amlwg. Sbigynnau tal, llac o flodau gwyrdd a gwawr borffor; Gorffennaf-Awst.

Troellig yr hydref
Spiranthes spiralis Autumn lady's-tresses   Taldra hyd at 15cm
Tegeirian bach, hyfryd a welir ar laswellt sych. Cyffredin mewn rhannau o Gymru, de Lloegr a de Iwerddon. Rosét o ddail hirgrwn i'w gweld yn gynnar yn yr haf; yn gwywo cyn i'r coesau blodeuol ymddangos. Blodau gwyn, pitw mewn troell i fyny'r goes.

Tegeirian nyth aderyn   *Neottia nidis-avis*   Bird's-nest orchid   Taldra hyd at 35cm
Ffwng parasitig, brown sydd heb gloroffyl. Fe'i gwelir mewn coetiroedd lle na fydd dim yn aflonyddu arno yn aml dan goed ffawydd. Fe'i gwelir trwy Brydain ac eithrio gogledd yr Alban; cyffredin yn ne Lloegr yn unig. Blodau, â chwfl a gwefus 2 labed, i'w gweld Mai-Gorffennaf.

Tegeirian y fadfall   *Himantoglossum hircinum*   Lizard orchid   Taldra hyd at 1m
Tegeirian trawiadol ar laswelltir ac mewn prysgdir; drewi o eifr. Prin iawn; cyfyngedig i ambell fan yn ne a dwyrain Lloegr. Dail hirgrwn y bôn yn gwywo'n fuan. Gwefus hir, ddirdro ar flodau llwydwyrdd â marciau cochlyd; mewn sbigynnau tal, urddasol, Mai-Gorffennaf.

Tegeirian mân-flodeuog   *Herminium monorchis*   Musk orchid   Taldra hyd at 15cm
Tegeirian cain a welir ar laswelltir sych calchaidd. Cyffredin mewn rhai mannau yn Lloegr yn unig. Dail hirgrwn wrth y bôn ond yn llai ac yn debycach i fract yn uwch i fyny'r goes. Blodau melynwyrdd â llabedau cul i'r wefus; mewn sbigynnau agored, Mehefin-Gorffennaf.

Tegeirian bach y gors   *Hammarbya paludosa*   Bog-orchid   Taldra hyd at 8cm
Tegeirian cain, melynwyrdd a geir ynghanol mwsoglau mewn corsydd arnofiol yn y rhan fwyaf o'r Alban, ond mewn rhai mannau yn unig yng Nghymru a de Lloegr; mwyaf cyffredin o bosibl yn y New Forest. Dail bach, hirgrwn yn y bôn. Blodau melynaidd, Gorffennaf-Medi.

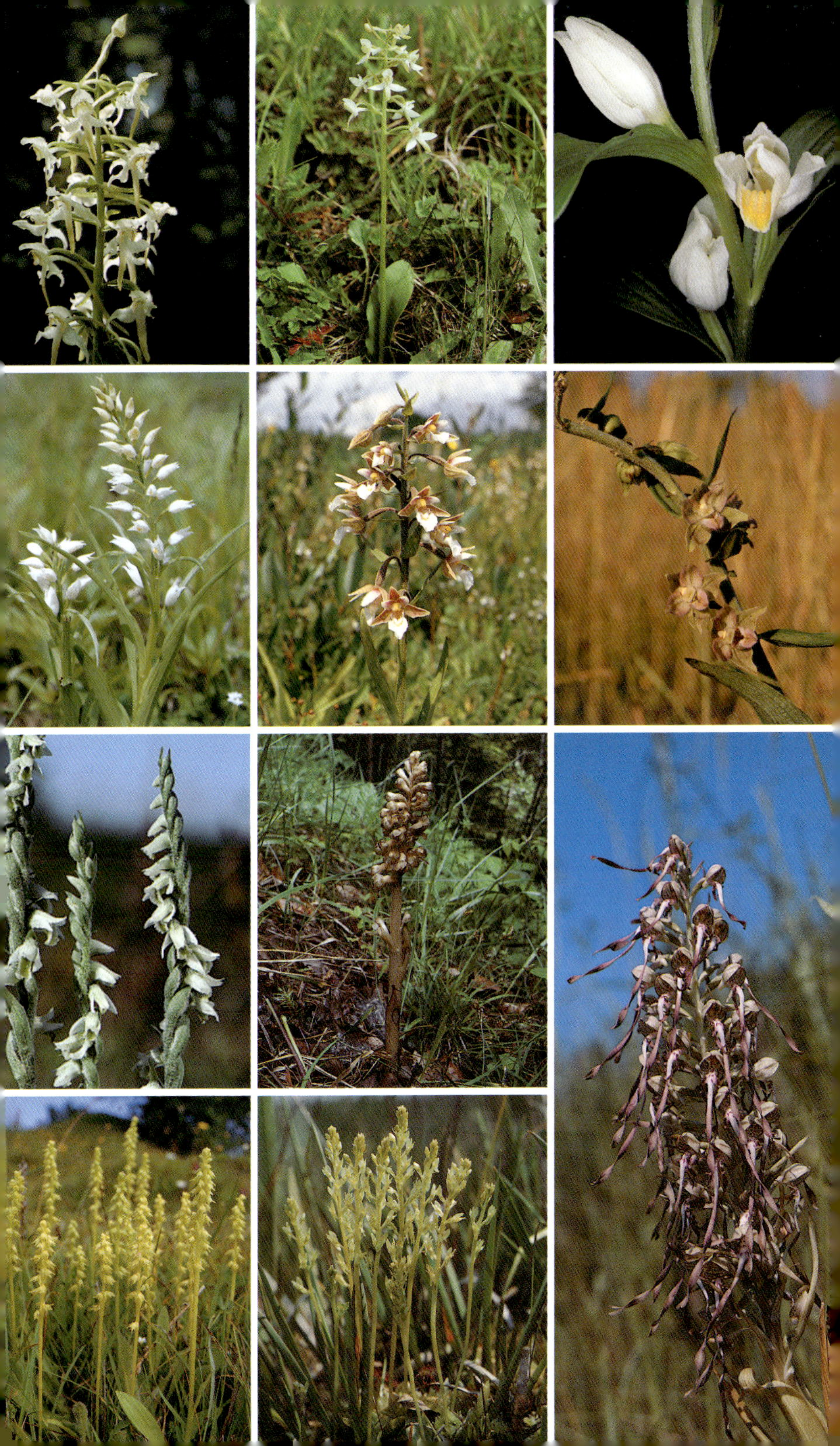

Planhigion Dŵr a Marchrawn

Myrdd-ddail Troellennog
Myriophyllum aquaticum   Whorled water-milfoil   Dyfrol
Planhigyn dŵr croyw, sydd i'w weld ar dir isel. Mae'n hoffi dŵr llonydd, llynnoedd, ffosydd a chamlesi. Sidelli o ddail, wedi'u rhannu bedair gwaith fel pluen ar goesau dan y dŵr. Coesynnau'r blodau'n codi uwchlaw'r dŵr; blodau pitw, Mehefin-Gorffennaf.

Ffugalaw Canada   *Elodea canadensis*   Canadian pondweed   Dyfrol
Planhigyn dŵr croyw, wedi'i gyflwyno o ogledd America ond wedi hen ymgartrefu mewn pyllau, llynnoedd a chamlesi trwy Brydain. Dail cul digoes yn plygu'n ôl, mewn sidelli o dair ar goesynnau braidd yn frau, dan wyneb y dŵr. Blodau pitw nad ydynt i'w gweld yn aml.

Rhawn y Gaseg   *Hippuris vulgaris*   Mare's-tail   Dyfrol
Planhigyn dŵr croyw sydd i'w weld trwy Brydain. Mae'n hoffi pyllau a llynnoedd ond yn osgoi dyfroedd asid. Mae'r rhan sydd dan y dŵr yn cynhyrchu coesau ifanc, unionsyth sydd â dail mewn sidelli o 6-12; tebyg i farchrawn. Blodau bach iawn.

Chwysigenddail Mawr   *Utricularia vulgaris*   Greater bladderwort   Dyfrol
Planhigyn dŵr croyw diddorol; i'w weld trwy Brydain ond yn fwyaf cyffredin yn nwyrain Lloegr mewn dyfroedd llonydd. Dail wedi'u rhannu'n fân ar goesynnau hir dan wyneb y dŵr ac iddynt chwysigod bach, siâp fflasg sy'n dal anifeiliaid di-asgwrn-cefn pitw. Blodau melyn ar goesau sy'n codi uwchlaw'r dŵr; Gorffennaf-Awst.

Llinad y Dŵr   *Lemna minor*   Common duckweed   Dyfrol
Planhigyn lluosflwydd dŵr croyw, arnofiol sy'n ffurfio gorchudd ar wyneb pyllau a llynnoedd addas. Fe'i gwelir trwy Brydain ac mae'n gyffredin mewn rhai mannau. Thalws fel deilen, hyd at 5mm ar draws, ag un gwreiddyn yn hongian. Atgenhedlu drwy ymrannu.

Dyfrllys Llydanddail   *Potamogeton natans*   Broad-leaved pondweed   Dyfrol
Planhigyn dŵr croyw sydd i'w weld trwy Brydain ac yn gyffredin mewn dŵr llonydd neu ddŵr sy'n llifo'n araf. Y dail arnofiol yn wyrdd tywyll, fwy neu lai'n hirgrwn, 10-12cm o hyd ac ar goesynnau hir. Sbigynnau blodau fel llyriad uwchlaw'r dŵr, Mai-Medi.

Dyfrllys y Gors   *Potamogeton polygonifolius*   Bog pondweed   Dyfrol
Planhigyn dŵr croyw sy'n gyffredin trwy Brydain, yn hoffi pyllau corsiog a dyfroedd asid. Dail hirgrwn arnofiol a rhai dan y dŵr; weithiau'n ffurfio gorchudd trwchus dros wyneb cynefinoedd addas. Sbigynnau blodau uwchlaw'r dŵr, Mai-Hydref.

Marchrawn y Dŵr   *Equisetum fluviatile*   Water horsetail   Taldra hyd at 1m
Fe'i gwelir mewn corsydd ac ar ymylon pyllau a llynnoedd trwy Brydain ac Iwerddon; cyffredin mewn rhai mannau. Coesau tal, heb ganghennau yn gymalog a main gyda sidelli o ganghennau cul, cymalog. Sborau tebyg i gonau ar ben rhai o'r coesau.

Marchrawn yr Ardir   *Equisetum arvense*   Field horsetail   Taldra hyd at 75cm
Y marchrawn mwyaf cyffredin. Gwelir clystyrau ymledol ar dir sych, glaswelltog a thir anial. Cynhyrchu blagur anffrwythlon sydd â choesau gwrymiog; canghennau heb eu rhannu mewn sidelli ar y coesau. Coesau ffrwythlon i'w gweld ddechrau'r gwanwyn; yn aeddfedu ym Mai.

Marchrawn y Coed   *Equisetum sylvaticum*   Wood horsetail   Taldra hyd at 50cm
Marchrawn cain mewn coetir cysgodol a rhostir. Fe'i gwelir trwy Brydain ond mae fwyaf cyffredin yn y gogledd. Coesau anffrwythlon tebyg i flaenau conwydd, â sidelli o ganghennau eiddil sydd eu hunain yn ganghennog. Coesau ffrwythlon yn aeddfedu ym Mai.

Rhedyn y Dŵr   *Azolla filiculoides*   Water fern   Dyfrol
Rhedyn sy'n arnofio ar y dŵr. Wedi'i gyflwyno o ogledd America ac wedi ymsefydlu yn y gwyllt ar ddyfroedd llonydd yn ne Lloegr. Gwreiddiau fel edau yn hongian islaw'r ffrond.

Llysiau'r Afu Arnofiol   *Riccia fluitans*   Floating liverwort   Dyfrol
Llysiau'r afu cynhenid sy'n arnofio ar y dŵr ac a welir mewn dyfroedd llonydd mewn ffosydd a chamlesi. Ambell dro yn ffurfio gorchudd trwchus mewn cynefinoedd addas. Mae'r ffrondiau'n gul ag iddyn siambrau aer mewnol bob hyn a hyn, er mwyn gofalu fod y planhigyn yn codi i'r wyneb.

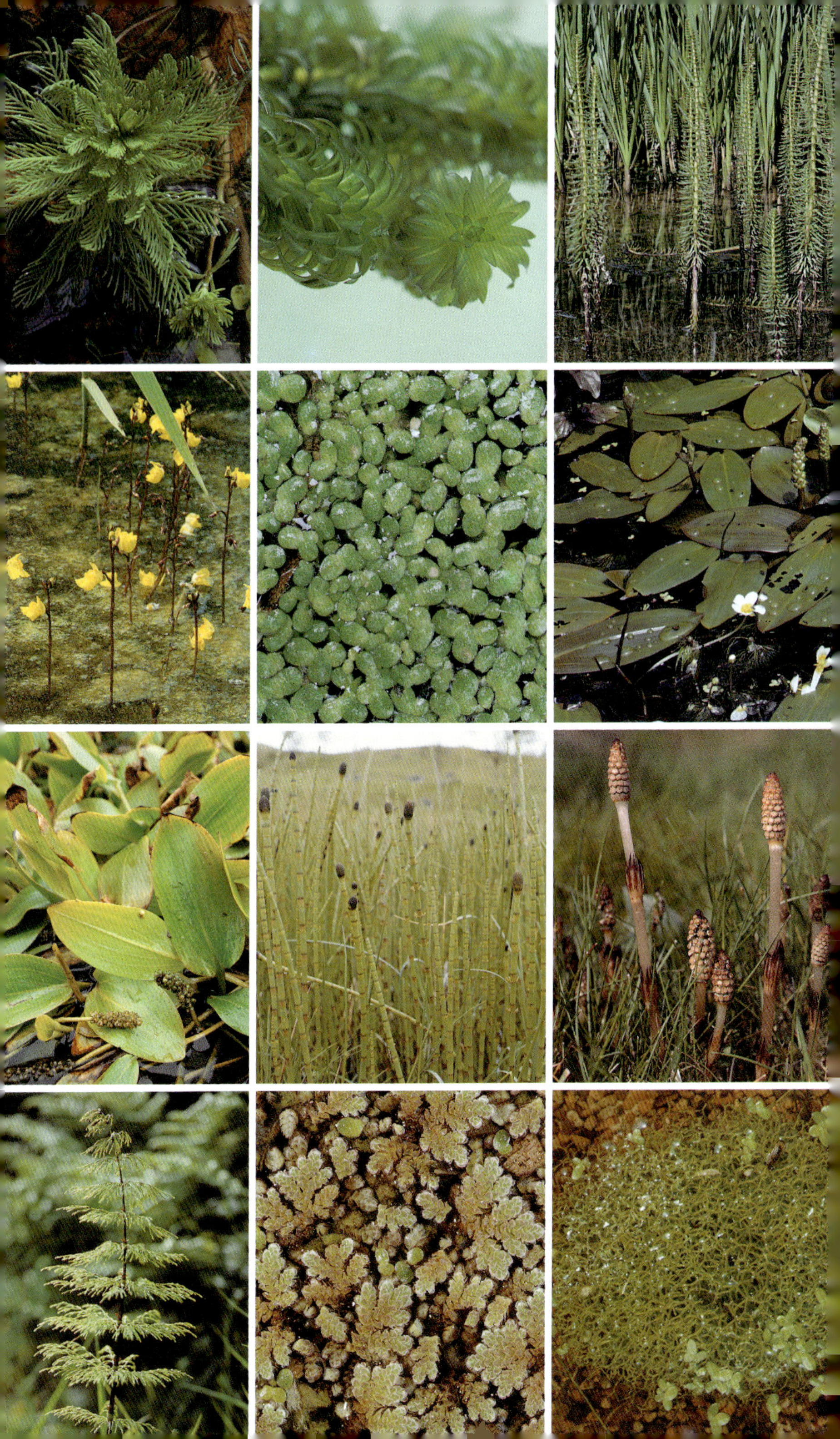

Glaswellt, Brwyn a Hesg

Brwynen lem   *Juncus acutus*   Sharp rush   Taldra hyd at 1.5m
Brwynen a welir ar dir tywodlyd, gan gynnwys llaciau twyni, ger arfordir Prydain ac Iwerddon; prin yn y mewndir. Dail hir, cul, tal sydd â phigyn llym ar y blaen. Clystyrau o flodau browngoch hefyd â phigyn llym ar y blaen, Mehefin-Gorffennaf.

Brwynen y llyffant du   *Juncus bufonis*   Toad rush   Taldra hyd at 40cm
Planhigyn unflwydd cudynnog a welir ar dir llwm, llaith gan gynnwys ffosydd ar hyd lonydd, ac ymylon pyllau. Cyffredin trwy Brydain. Dail cul yn codi o fôn y planhigyn. Blodau mewn clystyrau canghennog, Mai-Gorffennaf.

Brwynen galed   *Juncus inflexus*   Hard rush   Taldra hyd at 1m
Planhigyn lluosflwydd a welir ar dir llaith. Fe'i gwelir trwy Brydain ac mae'n gyffredin mewn rhai mannau yn Lloegr, Cymru a'r Alban. Coesau llwydwyrdd, gwrymiog, heb ddail. Blodau brown mewn clwstwr llac, Mai-Gorffennaf; bract hir, pigfain ar y blaen.

Brwynen bellennaidd   *Juncus conglomeratus*   Compact rush   Taldra hyd at 1m
Planhigyn lluosflwydd a welir ar laswelltir llaith, tir pori yn aml, yn bennaf ar bridd asid. Cyffredin trwy Brydain; prin yn Iwerddon. Blodau brown mewn clystyrau crwn ar goesau gwrymiog, Mai-Gorffennaf; bract hir ar y blaen yn edrych fel rhan o'r coesyn.

Brwynen Gerard   *Juncus gerardii*   Saltmarsh rush   Taldra hyd at 50cm
Brwynen a welir yn aml ar forfeydd heli o amgylch Prydain ac Iwerddon, yn aml yn gorchuddio ardal eang. Dail gwyrdd tywyll yn codi o fôn y planhigyn ac ar y coesau. Blodau mewn clystyrau llac a bractiau byr ar bob ochr.

Brwynen babwyr   *Juncus effusus*   Soft rush   Taldra hyd at 1.5m
Planhigyn lluosflwydd a geir ar laswelltir sydd wedi'i orbori, yn bennaf ar bridd asid. Fe'i gwelir trwy Brydain; cyffredin mewn rhai mannau. Coesau gwyrdd, llyfn. Blodau brown gwelw mewn clystyrau crwn, llac a bract cul ar y pen; gwelir Mai-Gorffennaf.

Milfyw   *Luzula campestris*   Field wood-rush   Taldra hyd at 25cm
Planhigyn lluosflwydd cudynnog a dail fel glaswellt â blew hir gwyn, eddïog o amgylch yr ymylon. Fe'i ceir trwy Brydain ac mae'n gyffredin mewn rhai mannau ar laswellt byr, yn arbennig pridd calchaidd. Clystyrau o bennau blodau crwn, melynfrown i'w gweld Ebrill-Mai.

Coedfrwynen fawr   *Luzula sylvatica*   Great wood-rush   Taldra hyd at 75cm
Planhigyn lluosflwydd cudynnog yn glystyrau mewn coetiroedd llaith. Fe'i ceir trwy Brydain ond mae fwyaf cyffredin yng ngogledd a gorllewin Prydain ac Iwerddon. Dail fel glaswellt â blew hir gwyn, eddïog ar yr ymylon. Clystyrau canghennog o flodau cochfrown, Ebrill-Mehefin.

Ysbigfrwynen   *Eleocharis palustris*   Common spike-rush   Taldra hyd at 50cm
Planhigyn lluosflwydd ymgripiol mewn corsydd ac ar ymylon pyllau. Fe'i ceir trwy Brydain; cyffredin mewn rhai mannau. Coesau gwyrdd, di-ddail yn codi mewn cudynnau; ar y pen mae sbigynnau brown, siâp ŵy'n dal y blodau, Mai-Gorffennaf. Ffrwythau melynfrown.

Ysbigfrwynen y morfa   *Scirpus maritimus*   Sea club-rush   Taldra hyd at 1.25m
Planhigyn lluosflwydd ymgripiol ar ymylon dŵr hallt ger y môr. Coesau garw'n drionglog ar ôl eu torri; clystyrau o sbigynnau brown ar y pen; bractiau fel dail bob ochr. Dail garw fel cilbren.

Clwbfrwynen arnofiol   *Eleogiton fluitans*   Floating club-rush   Dyfrol
Fe'i gwelir trwy Brydain; cyffredin mewn ambell fan mewn dŵr llonydd neu ddŵr sy'n llifo'n araf ac fel arfer yn asidig. Coesau a dail cul yn ffurfio gorchudd dryslyd sy'n arnofio neu o dan wyneb y dŵr. Sbigynnau gwelw, siâp ŵy ar goesynnau sy'n codi uwchlaw'r dŵr; Mai-Gorffennaf.

Corsfrwynen ddu   *Schoenus nigricans*   Black bog-rush   Taldra hyd at 50cm
Planhigyn lluosflwydd a welir mewn corsydd, llaciau twyni a mignenni, fel rheol ar bridd sy'n gyfoethog mewn basau. Fwyaf cyffredin yng ngogledd a gorllewin Prydain. Dail hir, gwyrdd yn codi o fôn y coesau. Sbigynnau du o bennau blodau â bract hir ar bob ochr.

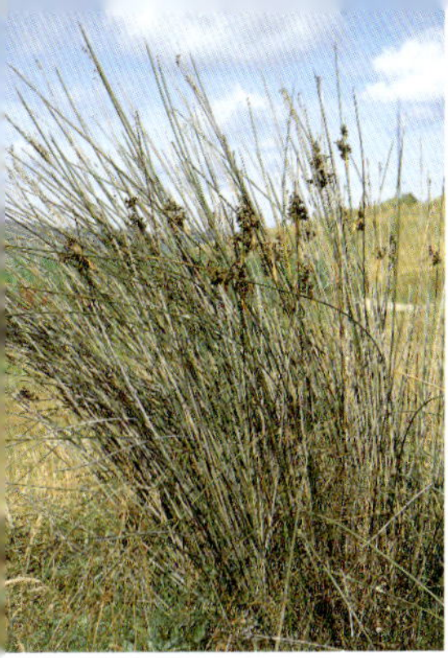
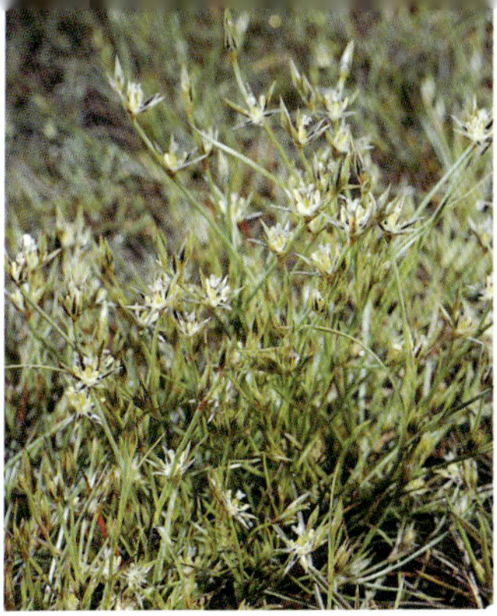
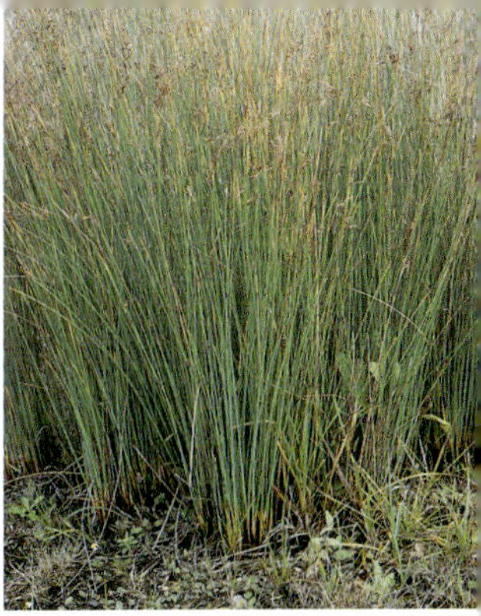
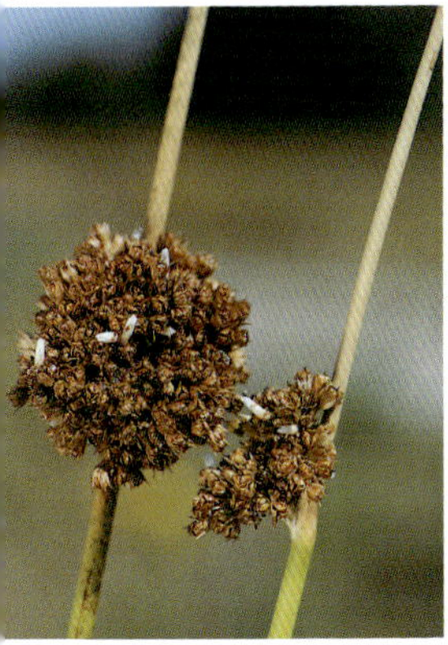
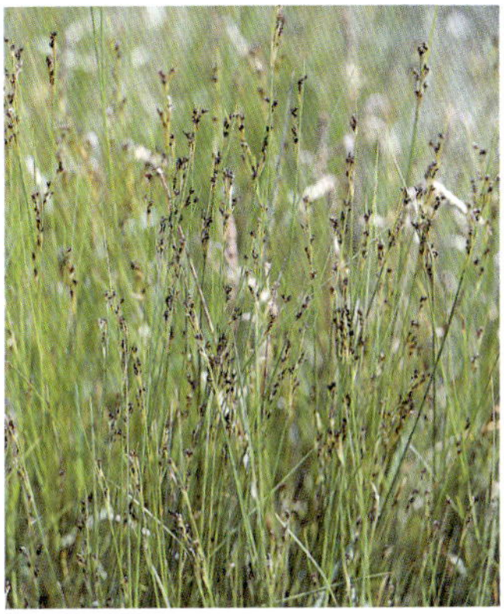
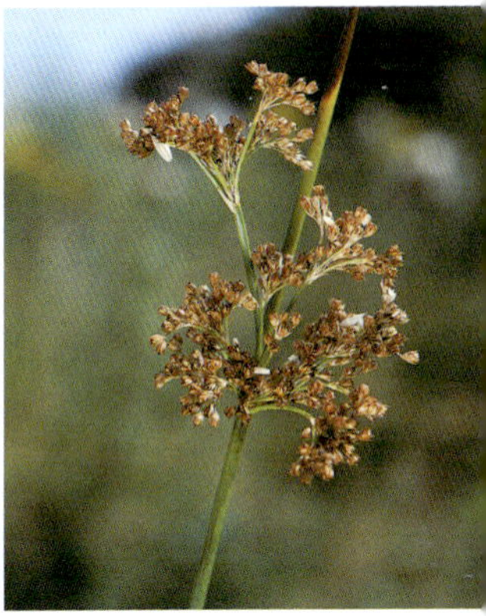
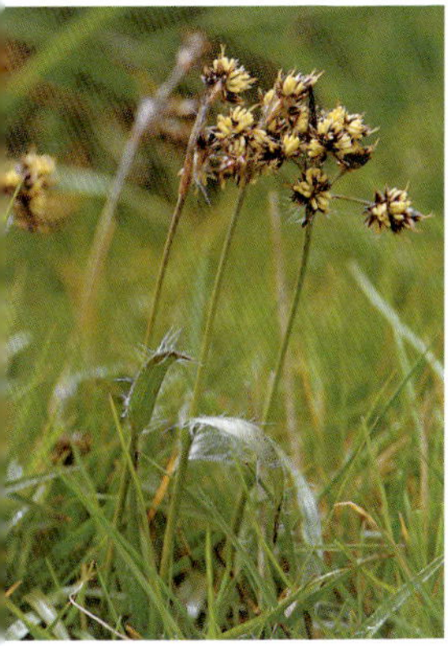
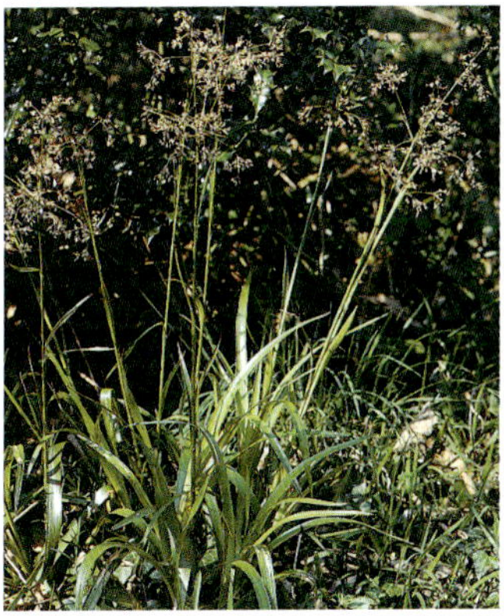
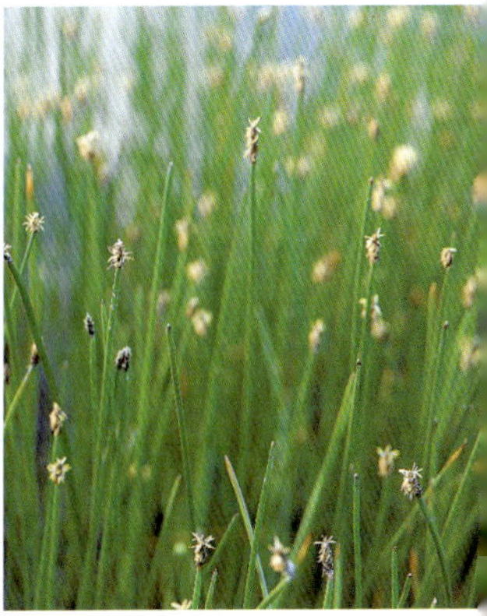
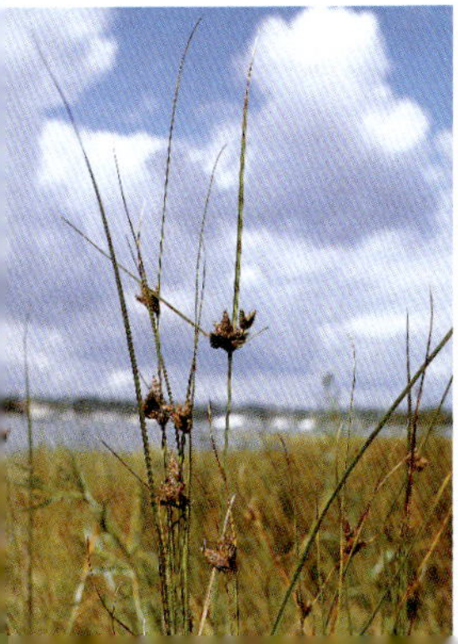
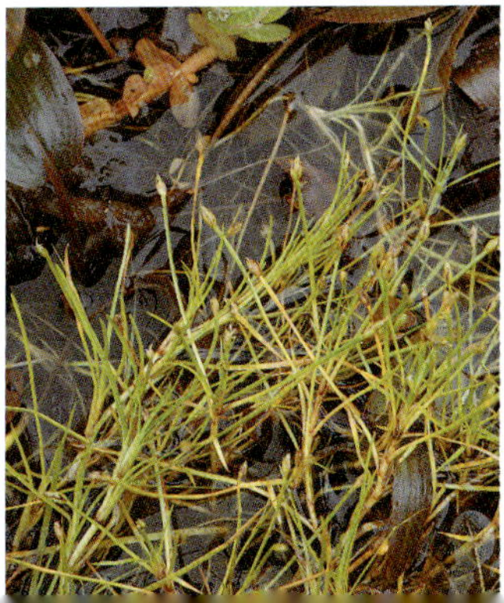
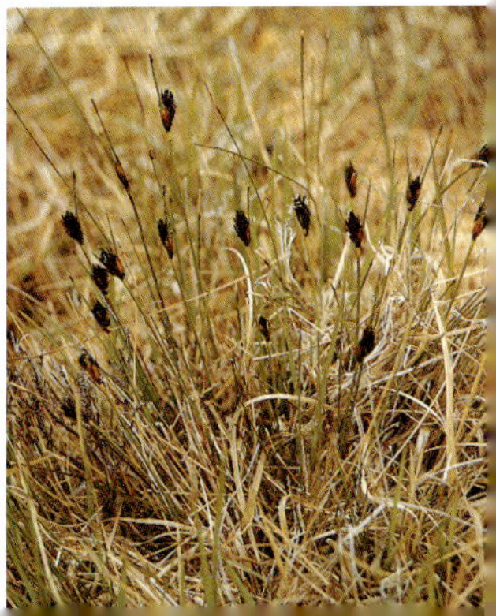

Glaswellt, Brwyn a Hesg

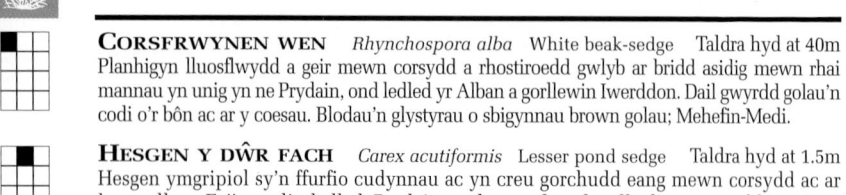

Corsfrwynen wen   *Rhynchospora alba*   White beak-sedge   Taldra hyd at 40m
Planhigyn lluosflwydd a geir mewn corsydd a rhostiroedd gwlyb ar bridd asidig mewn rhai mannau yn unig yn ne Prydain, ond ledled yr Alban a gorllewin Iwerddon. Dail gwyrdd golau'n codi o'r bôn ac ar y coesau. Blodau'n glystyrau o sbigynnau brown golau; Mehefin-Medi.

Hesgen y dŵr fach   *Carex acutiformis*   Lesser pond sedge   Taldra hyd at 1.5m
Hesgen ymgripiol sy'n ffurfio cudynnau ac yn creu gorchudd eang mewn corsydd ac ar lan pyllau. Fe'i gwelir ledled Prydain ond mae fwyaf cyffredin yn ne-ddwyrain a chanolbarth Lloegr. Dail hir, llwydlas, garw. Y blodau'n 2-3 sbigyn gwrywaidd uwchben 3-4 sbigyn benywaidd.

Hesgen y tywod   *Carex arenaria*   Sand sedge   Taldra hyd at 35cm
Planhigyn ymgripiol a welir ar dwyni tywod. Mae'n gyffredin ar y rhan fwyaf o'r arfordir. Gellir dilyn trywydd y coesynnau tanddaearol drwy weld lle mae'r egin yn ymddangos. Dail gwyrdd a'r fflurgainc yn sbigynnau brown golau; Mai-Mehefin.

Hesgen felen gyffredin
Carex demissa   Common yellow yedge   Taldra hyd at 40cm
Planhigyn cudynnog a welir ar dir llaith, asidig fel rheol ledled Prydain. Mae fwyaf cyffredin yn y gogledd a'r gorllewin. Dail cul, crwm, hwy na'r coesau. Sbigynnau gwrywaidd ar goesynnau ar y brig, uwchben clystyrau bach o sbigynnau benywaidd yw'r fflurgainc.

Hesgen lwydlas y calch   *Carex flacca*   Glaucous sedge   Taldra hyd at 50cm
Hesgen gyffredin ar laswelltir, ar bridd calchaidd. Fe'i gwelir ledled Prydain, cyffredin mewn rhai mannau. Dail gwyrdd golau, anystwyth. Y fflurgainc ar goesynnau tair-ochrog; 1-3 sbigyn gwrywaidd brown uwchben 2-5 o sbigynnau benywaidd; Ebrill-Mai.

Hesgen gyffredin   *Carex nigra*   Common sedge   Taldra hyd at 50cm
Hesgen ymgripiol, amrywiol ar laswelltir llaith a chorsydd. Cyffredin trwy Brydain. Dail hir, cul i'w gweld mewn cudynnau. Coesau tair-ochrog, garw yn hwy na'r dail. 1-2 sbigyn tenau, gwrywaidd ac 1-4 sbigyn benywaidd â glwmau du yw'r fflurgainc.

Hesgen dywysennog groesadeiniog
Carex otrubae   False fox sedge   Taldra hyd at 80cm
Hesgen gudynnog a welir ar dir llaith. Cyffredin mewn rhai mannau yn ne Lloegr, yn bennaf ar bridd trwm. Dail anhyblyg, unionsyth, 5-10mm o led. Coesau cadarn, garw, tair-ochrog. Pen trwchus o sbigynnau gwyrddfrown a bract hir yw'r fflurgainc.

Hesgen rafunog fawr   *Carex paniculata*   Greater tussock sedge   Taldra hyd at 1m
Planhigyn nodedig welir ar gorsydd a ffeniau. Mae'n hawdd ei adnabod trwy'r flwyddyn wrth y twmpathau mawr a ffurfir ganddo. Fe'i gwelir ledled Prydain ac mae'n weddol gyffredin yn y de. Dail hir, cul a sbigynnau brown golau yw'r fflurgainc.

Hesgen bendrom   *Carex pendula*   Pendulous sedge   Taldra hyd at 1.5m
Hesgen sy'n ffurfio clystyrau mewn coetiroedd llaith ar bridd trwm. Cyffredin mewn rhannau o dde a dwyrain Lloegr. Dail hir, melynaidd hyd at 20mm o led. 1-2 sbigyn gwrywaidd uwchben 4-5 sbigyn benywaidd hir sy'n hongian ar goesau tal, tair-ochrog sy'n aml yn fwaog.

Hesgen y coed   *Carex sylvatica*   Wood sedge   Taldra hyd at 50cm
Hesgen gudynnog a welir mewn coetiroedd llaith trwy Brydain; mae leiaf cyffredin yn y gogledd. Dail gwyrdd golau, 3-6mm ar draws, yn aml yn hongian. Un sbigyn gwrywaidd ar y pen a 3-5 o sbigynnau benywaidd eiddil, ar goesynnau hir yw'r fflurgainc.

Hesgen bengron   *Carex pilulifera*   Pill sedge   Taldra hyd at 25cm
Hesgen gudynnog a welir ar rostir a glaswelltir sych asidig trwy Brydain; lled gyffredin yn y gogledd a'r gorllewin; mewn rhai mannau'n unig fel arall. Dail melynwyrdd, cul, gwydn. Pen blodyn ag un sbigyn gwrywaidd uwchben clwstwr o sbigynnau benywaidd siâp ŵy â bract isaf hir.

Corsfrwynen lem   *Cladium mariscus*   Great fen sedge   Taldra hyd at 2.5m
Planhigyn mawreddog, weithiau'n glystyrau trwchus mewn ffeniau ac ar lan llynnoedd. Cyffredin mewn rhannau o East Anglia a gogledd-orllewin Iwerddon yn unig. Dail hir ag ymylon fel llif, yn aml wedi'u plygu ar ongl. Pen y blodyn yn glystyrau o sbigynnau brown.

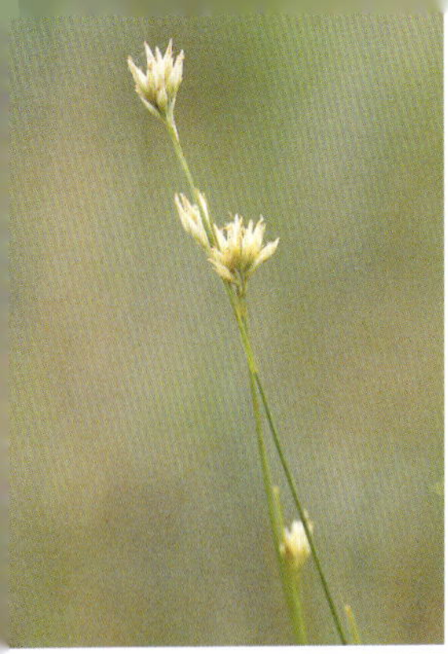
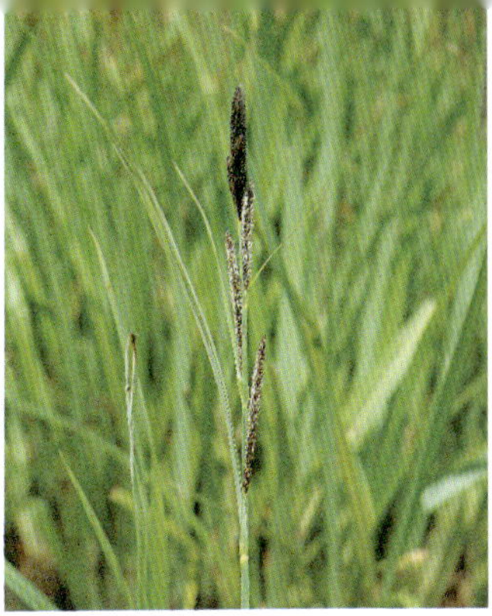
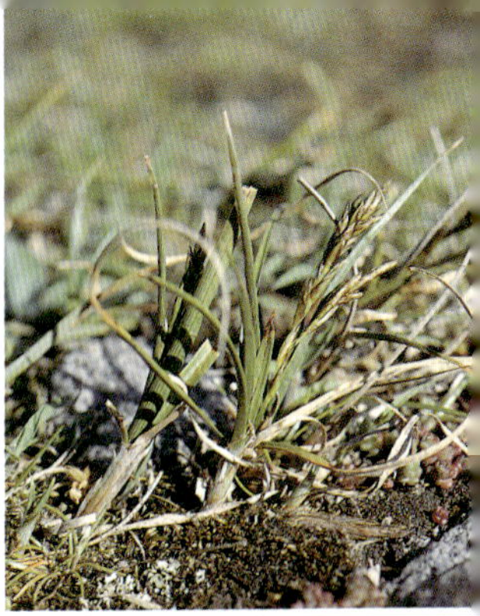
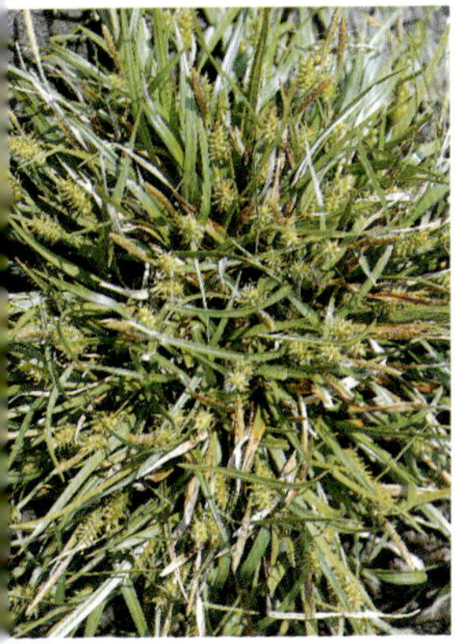
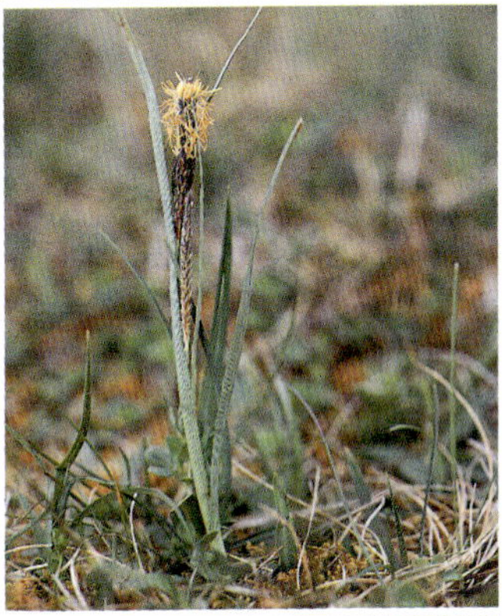
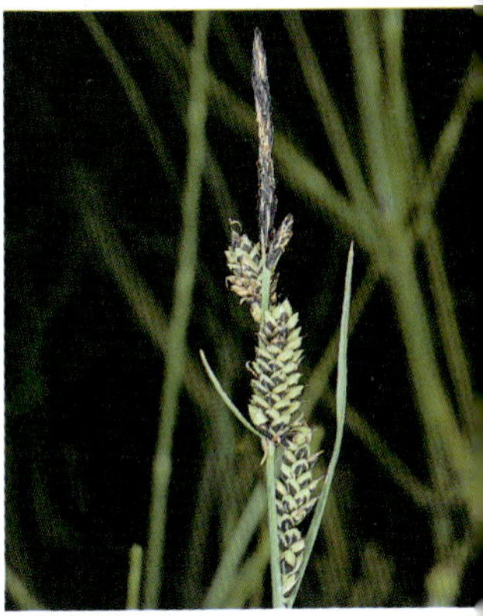
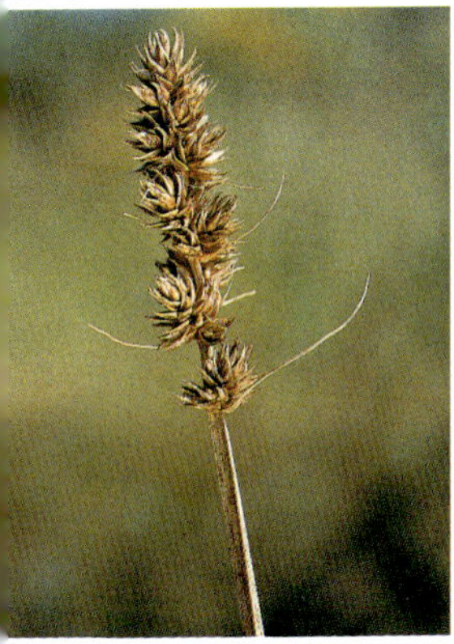
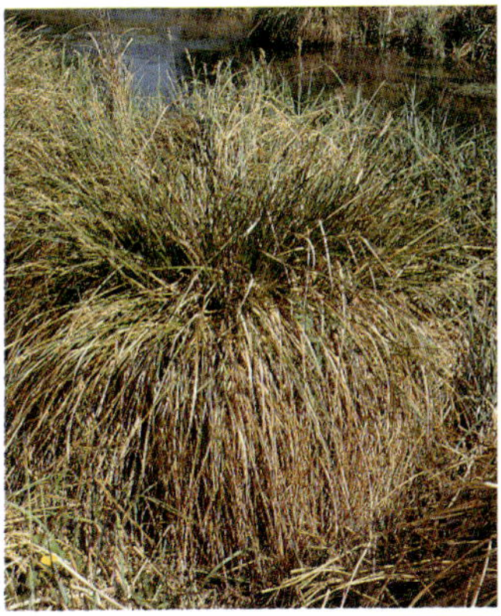
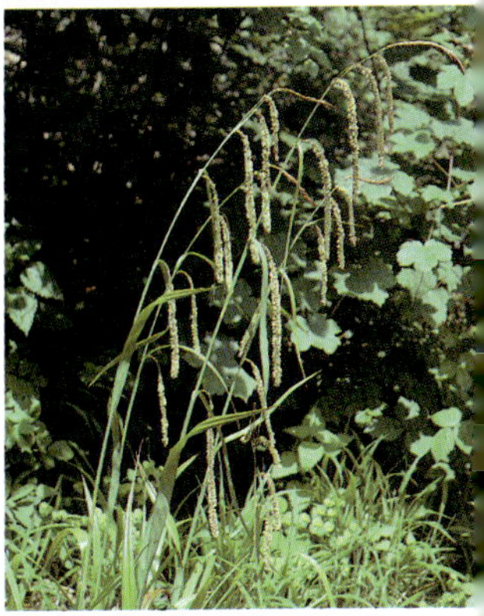
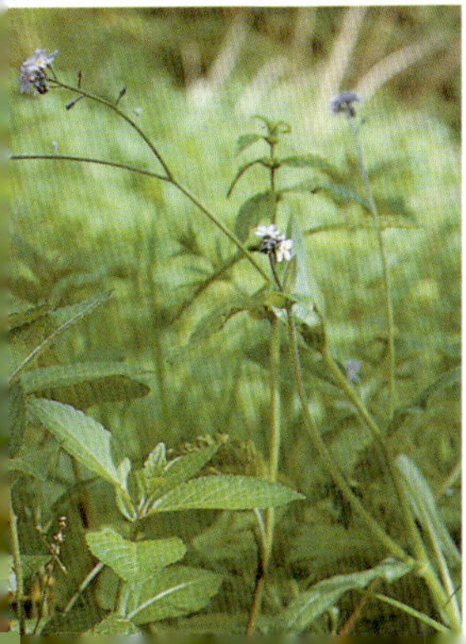
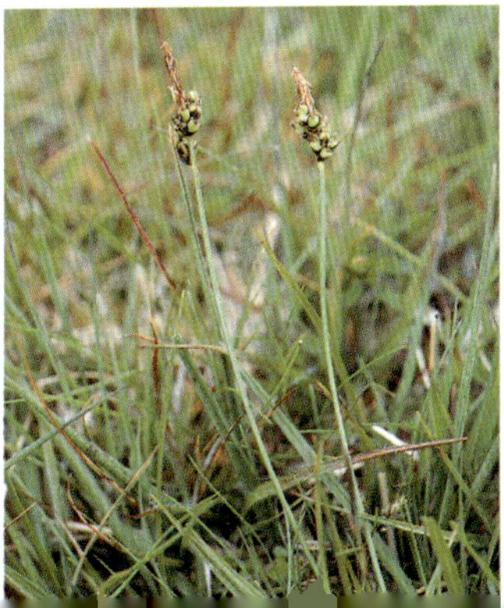
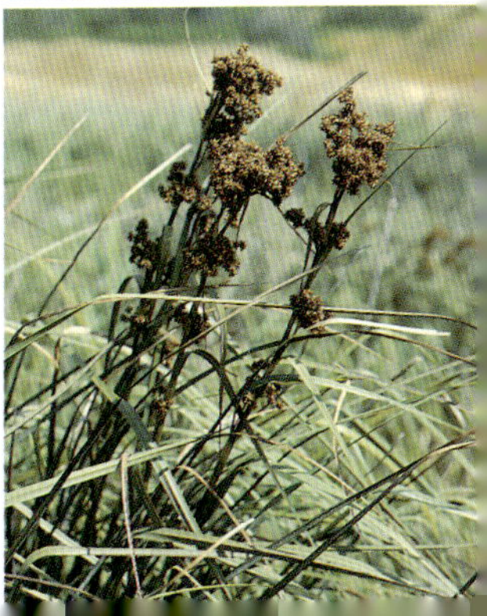

Glaswellt, Brwyn a Hesg

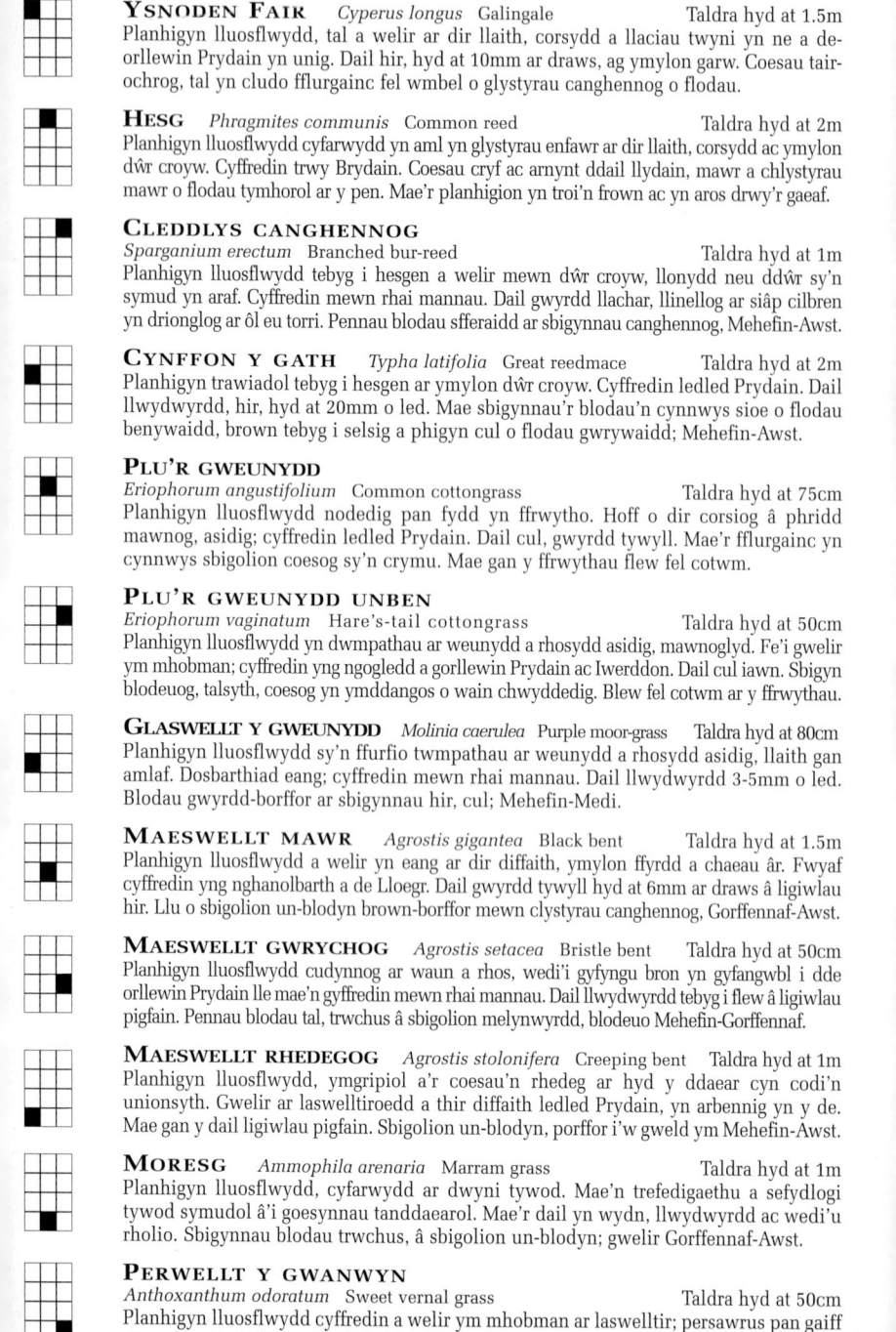

Ysnoden Fair *Cyperus longus* Galingale Taldra hyd at 1.5m
Planhigyn lluosflwydd, tal a welir ar dir llaith, corsydd a llaciau twyni yn ne a deorllewin Prydain yn unig. Dail hir, hyd at 10mm ar draws, ag ymylon garw. Coesau tairochrog, tal yn cludo fflurgainc fel wmbel o glystyrau canghennog o flodau.

Hesg *Phragmites communis* Common reed Taldra hyd at 2m
Planhigyn lluosflwydd cyfarwydd yn aml yn glystyrau enfawr ar dir llaith, corsydd ac ymylon dŵr croyw. Cyffredin trwy Brydain. Coesau cryf ac arnynt ddail llydain, mawr a chlystyrau mawr o flodau tymhorol ar y pen. Mae'r planhigion yn troi'n frown ac yn aros drwy'r gaeaf.

Cleddlys canghennog
Sparganium erectum Branched bur-reed Taldra hyd at 1m
Planhigyn lluosflwydd tebyg i hesgen a welir mewn dŵr croyw, llonydd neu ddŵr sy'n symud yn araf. Cyffredin mewn rhai mannau. Dail gwyrdd llachar, llinellog ar siâp cilbren yn drionglog ar ôl eu torri. Pennau blodau sfferaidd ar sbigynnau canghennog, Mehefin-Awst.

Cynffon y Gath *Typha latifolia* Great reedmace Taldra hyd at 2m
Planhigyn trawiadol tebyg i hesgen ar ymylon dŵr croyw. Cyffredin ledled Prydain. Dail llwydwyrdd, hir, hyd at 20mm o led. Mae sbigynnau'r blodau'n cynnwys sioe o flodau benywaidd, brown tebyg i selsig a phigyn cul o flodau gwrywaidd; Mehefin-Awst.

Plu'r gweunydd
Eriophorum angustifolium Common cottongrass Taldra hyd at 75cm
Planhigyn lluosflwydd nodedig pan fydd yn ffrwytho. Hoff o dir corsiog â phridd mawnog, asidig; cyffredin ledled Prydain. Dail cul, gwyrdd tywyll. Mae'r fflurgainc yn cynnwys sbigolion coesog sy'n crymu. Mae gan y ffrwythau flew fel cotwm.

Plu'r gweunydd unben
Eriophorum vaginatum Hare's-tail cottongrass Taldra hyd at 50cm
Planhigyn lluosflwydd yn dwmpathau ar weunydd a rhosydd asidig, mawnoglyd. Fe'i gwelir ym mhobman; cyffredin yng ngogledd a gorllewin Prydain ac Iwerddon. Dail cul iawn. Sbigyn blodeuog, talsyth, coesog yn ymddangos o wain chwyddedig. Blew fel cotwm ar y ffrwythau.

Glaswellt y gweunydd *Molinia caerulea* Purple moor-grass Taldra hyd at 80cm
Planhigyn lluosflwydd sy'n ffurfio twmpathau ar weunydd a rhosydd asidig, llaith gan amlaf. Dosbarthiad eang; cyffredin mewn rhai mannau. Dail llwydwyrdd 3-5mm o led. Blodau gwyrdd-borffor ar sbigynnau hir, cul; Mehefin-Medi.

Maeswellt mawr *Agrostis gigantea* Black bent Taldra hyd at 1.5m
Planhigyn lluosflwydd a welir yn eang ar dir diffaith, ymylon ffyrdd a chaeau âr. Fwyaf cyffredin yng nghanolbarth a de Lloegr. Dail gwyrdd tywyll hyd at 6mm ar draws â ligiwlau hir. Llu o sbigolion un-blodyn brown-borffor mewn clystyrau canghennog, Gorffennaf-Awst.

Maeswellt gwrychog *Agrostis setacea* Bristle bent Taldra hyd at 50cm
Planhigyn lluosflwydd cudynnog ar waun a rhos, wedi'i gyfyngu bron yn gyfangwbl i dde orllewin Prydain lle mae'n gyffredin mewn rhai mannau. Dail llwydwyrdd tebyg i flew â ligiwlau pigfain. Pennau blodau tal, trwchus â sbigolion melynwyrdd, blodeuo Mehefin-Gorffennaf.

Maeswellt rhedegog *Agrostis stolonifera* Creeping bent Taldra hyd at 1m
Planhigyn lluosflwydd, ymgripiol a'r coesau'n rhedeg ar hyd y ddaear cyn codi'n unionsyth. Gwelir ar laswelltiroedd a thir diffaith ledled Prydain, yn arbennig yn y de. Mae gan y dail ligiwlau pigfain. Sbigolion un-blodyn, porffor i'w gweld ym Mehefin-Awst.

Moresg *Ammophila arenaria* Marram grass Taldra hyd at 1m
Planhigyn lluosflwydd, cyfarwydd ar dwyni tywod. Mae'n trefedigaethu a sefydlogi tywod symudol â'i goesynnau tanddaearol. Mae'r dail yn wydn, llwydwyrdd ac wedi'u rholio. Sbigynnau blodau trwchus, â sbigolion un-blodyn; gwelir Gorffennaf-Awst.

Perwellt y gwanwyn
Anthoxanthum odoratum Sweet vernal grass Taldra hyd at 50cm
Planhigyn lluosflwydd cyffredin a welir ym mhobman ar laswelltir; persawrus pan gaiff ei sychu. Dail fflat, eithaf llydan. Mae'r fflurgainc yn cynnwys clwstwr cymharol drwchus o sbigolion tebyg i sbigynnau sy'n blodeuo Ebrill-Gorffennaf.

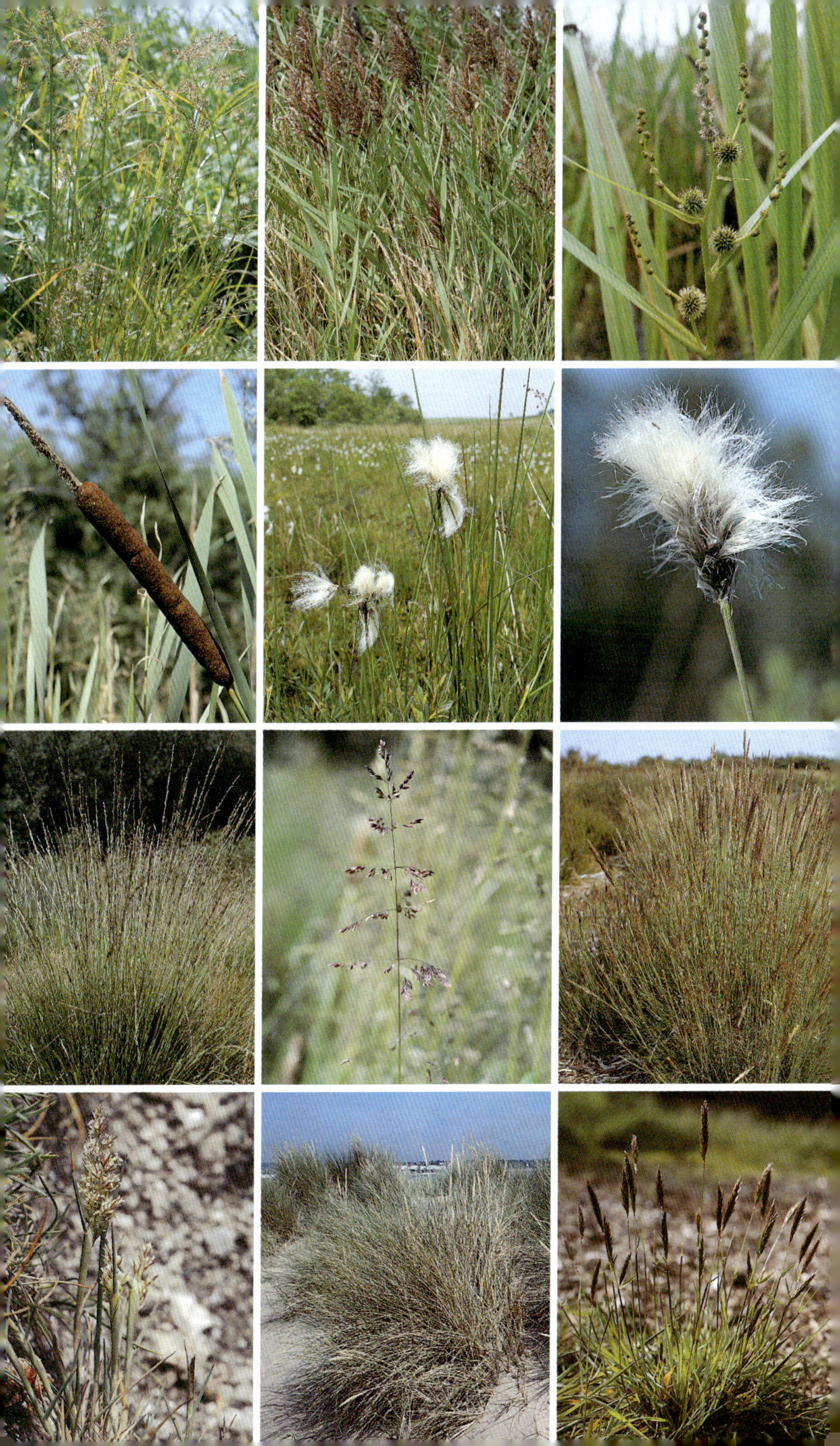

Glaswellt, Brwyn a Hesg

Ceirchwellt Tal *Arrhenatherum elatius* False oat-grass Taldra hyd at 1.5m
Planhigyn lluosflwydd, tal a welir ar dir glaswelltog wedi'i droi, ymylon ffyrdd a lleiniau ym mhobman ar wahân i'r ucheldir. Dail hir, llydan â ligiwl pŵl. Mae'r fflurgainc agored yn cynnwys nifer o sbigolion dau-flodyn, ac mae gan un elfen flodeuol gol hir; gwelir Mai-Medi.

Ceirch Gwyllt *Avena fatua* Wild oat Taldra hyd at 1m
Chwynnyn blynyddol trawiadol sy'n tyfu ymhlith cnydau tir âr ac ar dir diffaith. Eithaf cyffredin ymhob man. Dail gwyrdd tywyll, llydan, fflat. Mae'r fflurgainc yn sioe agored o sbigolion coesog sy'n hongian; mae'r glwmau o gwmpas y rhain ac mae gan bob un gol hir; blodeuo Mehefin-Awst.

Crydwellt *Briza media* Quaking grass Taldra hyd at 40cm
Planhigyn trawiadol yn ei flodau. Mae'n hoffi glaswelltir calchaidd, ac yn gyffredin mewn rhai mannau yng Nghymru a Lloegr. Mae'r dail gwyrdd golau'n ffurfio cydynnau rhydd. Mae'r fflurgainc o flodau ar goesynnau main, gwydn i'w gweld Mehefin-Medi; mae'n cynnwys sbigolion sy'n siglo ac yn debyg i hopys neu gôn wedi'i fflatio.

Troed y Ceiliog *Dactylis glomerata* Cocksfoot Taldra hyd at 1m
Planhigyn lluosflwydd, cudynnog sy'n ffurfio twmpathau ar dir glaswelltog ac ar lwybrau'r goedwig. I'w weld ym mhobman ac yn gyffredin iawn yn y mwyafrif o leoedd. Dail garw wedi'u rholio fymryn tuag at i fewn ar yr ymylon. Haws i'w hadnabod pan fydd yn blodeuo, Mai-Gorffennaf. Mae gan y fflurgainc bennau blodau crwn, coesog, porffor, sy'n lledu. Mae rywbeth yn debyg i droed aderyn.

Brigwellt Garw *Deschampsia caespitosa* Tufted hair-grass Taldra hyd at 1.5m
Planhigyn lluosflwydd, cudynnog yn creu clystyrau ar dir glaswelltog llaith, llwybrau'r goedwig a chorsydd. Dosbarthiad eang; cyffredin mewn rhai mannau. Dail gwyrdd tywyll, gwydn a chul ag ymylon garw. Gwelir y fflurgeinciau ar goesynnau tal, Mehefin-Gorffennaf, ac yn cynnwys clystyrau sy'n ymledu o sbigolion dau-flodyn arian-borffor.

Brigwellt Main *Deschampsia flexuosa* Wavy hair-grass Taldra hyd at 1m
Planhigyn lluosflwydd, cudynnog yn tyfu ar dir sych ar waun a rhos, gan amlaf ar bridd asidig, ledled Prydain; cyffredin mewn rhai mannau; prin yn Iwerddon. Dail tebyg i flew wedi'u rholio i fewn. Fflurgainc â chlystyrau agored o sbigolion porffor, Mehefin-Gorffennaf.

Clymwellt *Elymus arenarius* Lyme grass Taldra hyd at 1.5m
Planhigyn lluosflwydd glaslwyd ar dwyni tywod a thraethau tywodlyd. Cyffredin ar arfordir dwyrain Prydain ac mewn rhai mannau ar yr arfordiroedd eraill. Dail hyd at 15mm ar draws; ymylon wedi'u rholio i fewn. Sbigolion llwydwyrdd mewn sbigynnau tal, Mehefin-Awst.

Peiswellt Coch *Festuca rubra* Red Fescue Taldra hyd at 50cm
Glaswellt sy'n ffurfio twmpathau mewn mannau glaswelltog. Gwelir ym mhobman, yn aml yn gyffredin iawn. Dail gwyrdd tywyll cul, gwydn ac anhyblyg. Mae'r fflurgainc yn cynnwys sbigolion 7-10mm o hyd sydd fel rheol yn gochlyd; blodeuo Mai-Gorffennaf.

Peiswellt Bywhiliog *Festuca vivipara* Viviparous Fescue Taldra hyd at 40cm
Planhigyn cudynnog a welir mewn mannau glaswelltog ar rosydd a mynyddoedd. Cyffredin yn unig yn yr Alban. Dail gwyrdd tebyg i edau. Yn hytrach na blodau, mae'r coesynnau'n cynhyrchu planhigion bach sy'n datblygu dail ac yn syrthio i sefydlu ar dir newydd.

Melyswellt Arnofiol *Glyceria fluitans* Floating Sweet-grass Arnofiol
Glaswellt dyfrol dŵr croyw llonydd neu ddŵr croyw sy'n llifo'n araf yn yr iseldir. Gwelir ef mewn rhai mannau ledled Prydain. Dail llydan, gwyrdd a welir fel rheol ar wyneb y dŵr. Mae'r fflurgainc ifanc yn cynnwys sioe o sbigolion cul, Mai-Awst.

Melyswellt y Gamlas *Glyceria maxima* Reed Sweet-grass Taldra hyd at 2m
Planhigyn nodedig y basddwr a'r tir corsiog; yn aml yn ffurfio clytiau mawr. Cyffredin mewn rhai mannau yn ne-ddwyrain Lloegr. Dail gwyrdd llachar, hir 20mm ar draws. Fflurgainc fawr, ganghennog iawn ac arni sbigolion cul; gwelir Mehefin-Awst.

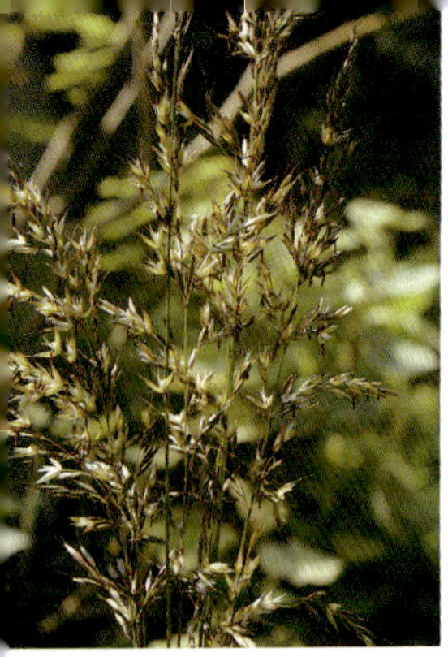
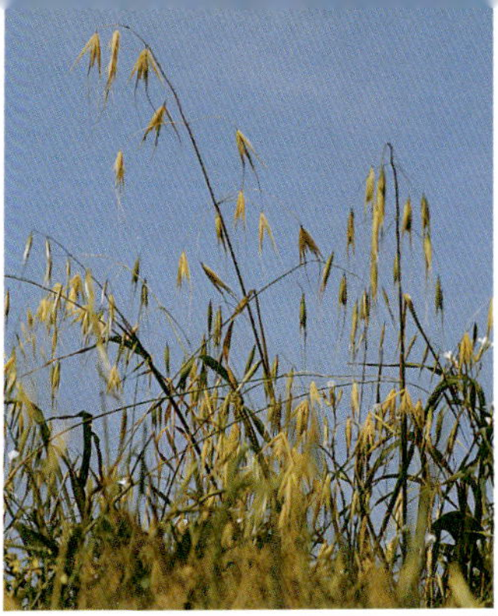
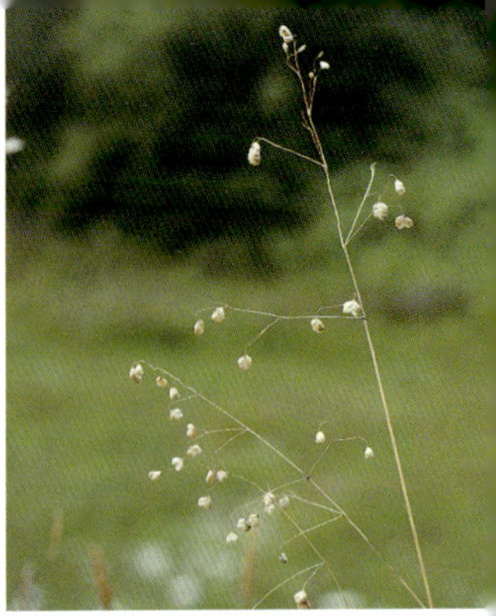
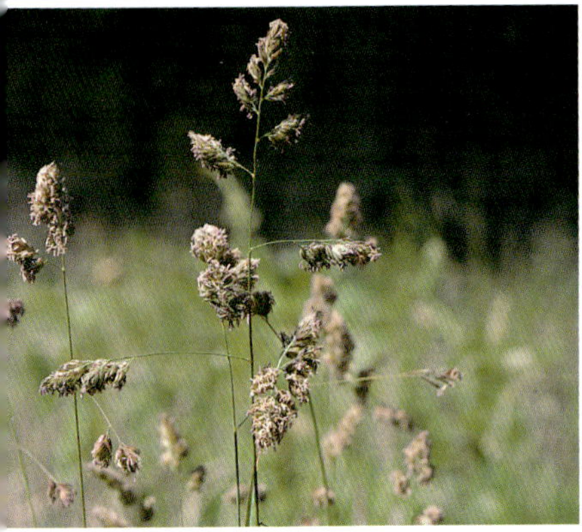
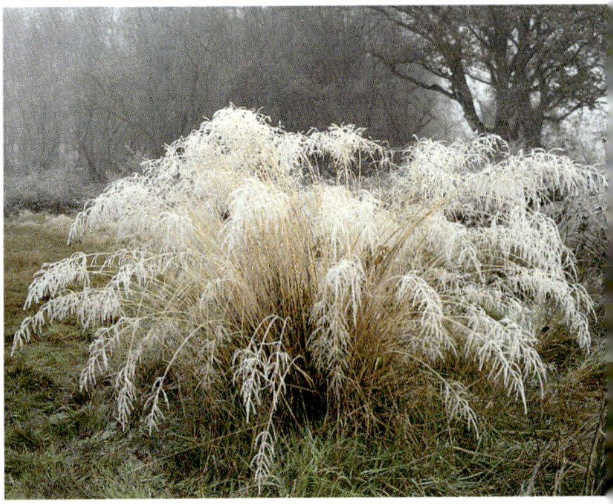
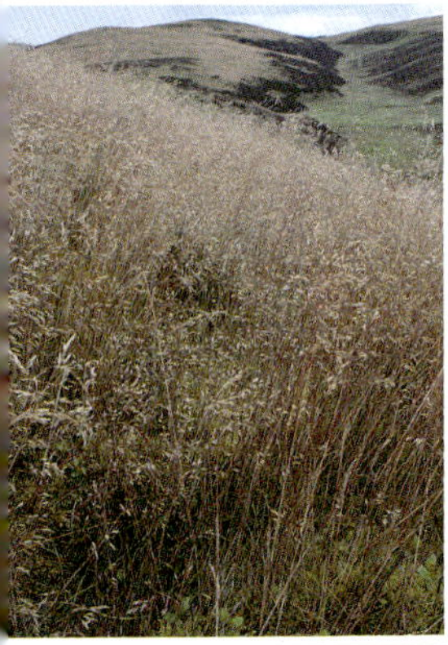
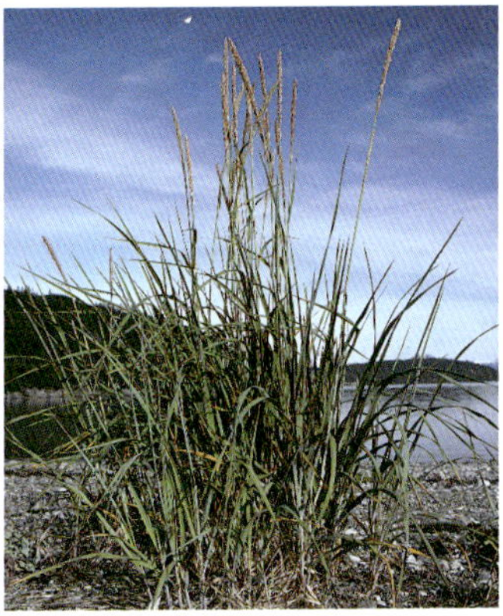
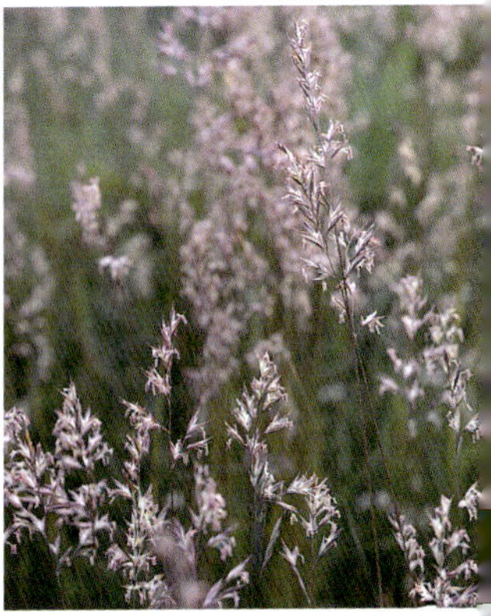
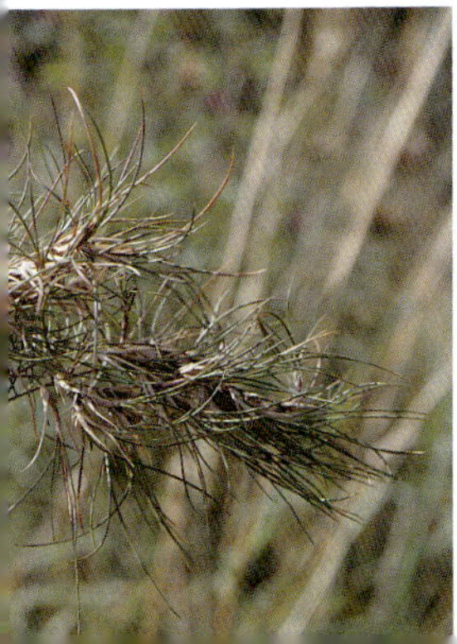
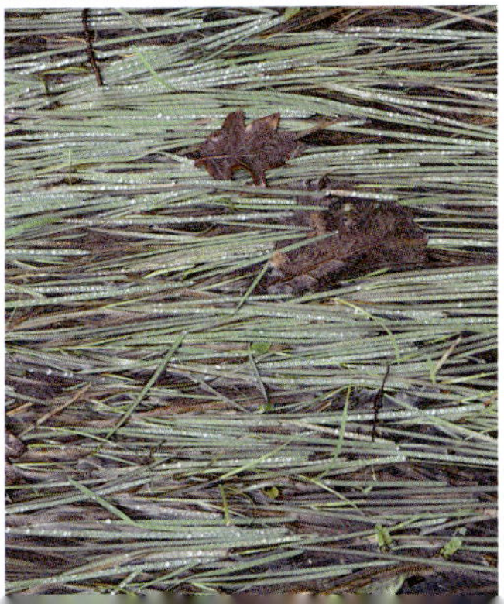
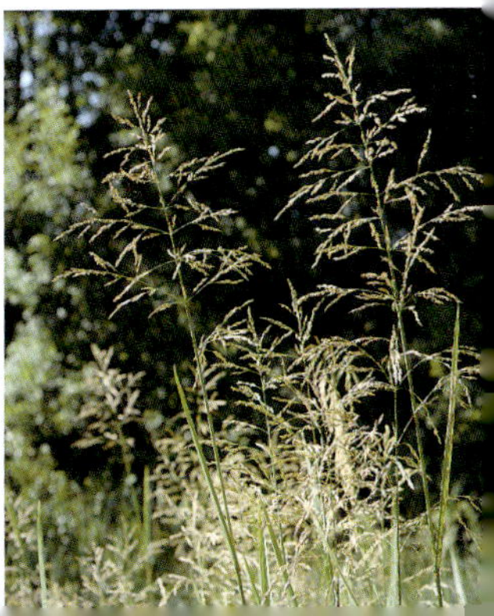

Glaswellt, Brwyn a Hesg

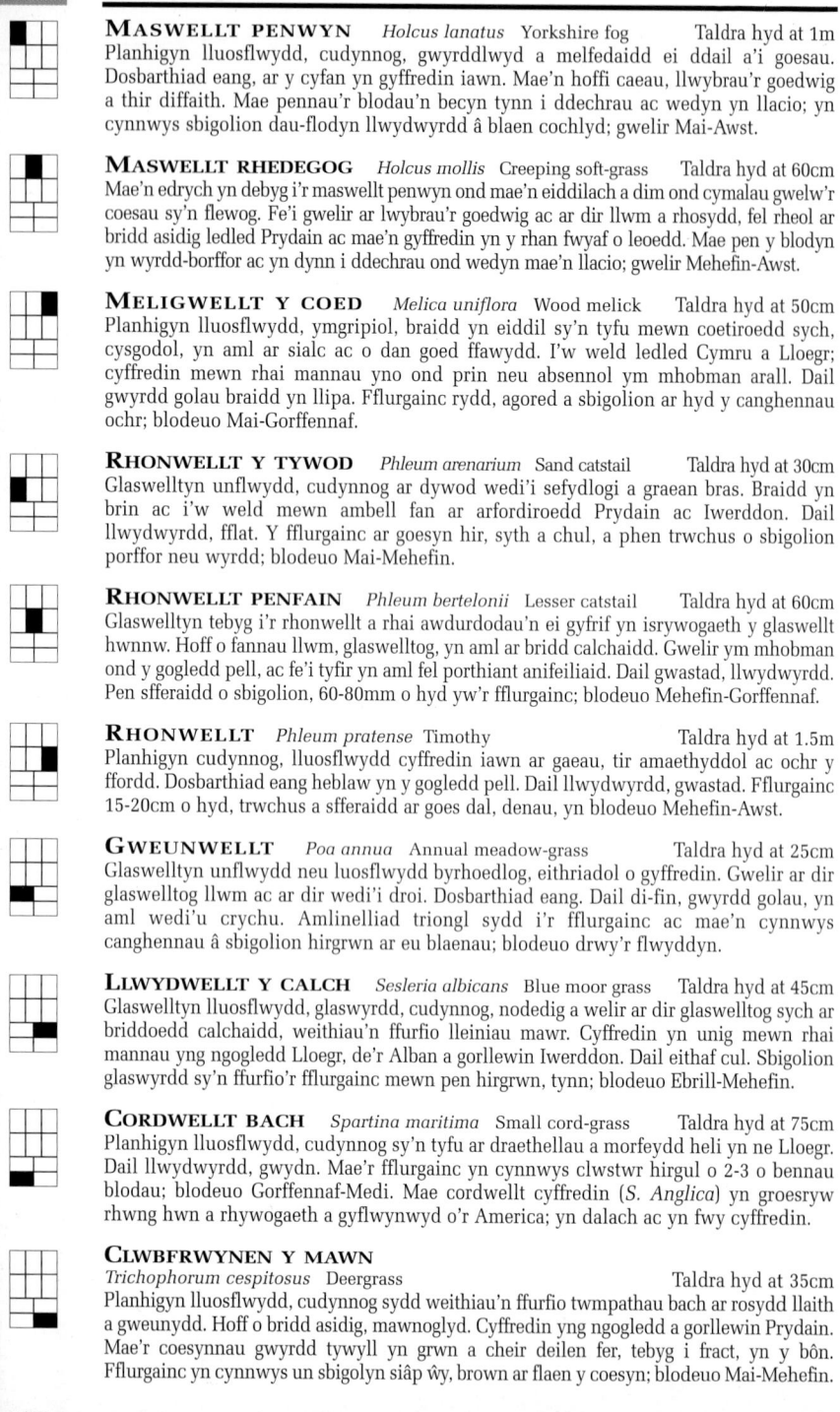

Maswellt penwyn *Holcus lanatus* Yorkshire fog Taldra hyd at 1m
Planhigyn lluosflwydd, cudynnog, gwyrddlwyd a melfedaidd ei ddail a'i goesau. Dosbarthiad eang, ar y cyfan yn gyffredin iawn. Mae'n hoffi caeau, llwybrau'r goedwig a thir diffaith. Mae pennau'r blodau'n becyn tynn i ddechrau ac wedyn yn llacio; yn cynnwys sbigolion dau-flodyn llwydwyrdd â blaen cochlyd; gwelir Mai-Awst.

Maswellt rhedegog *Holcus mollis* Creeping soft-grass Taldra hyd at 60cm
Mae'n edrych yn debyg i'r maswellt penwyn ond mae'n eiddilach a dim ond cymalau gwelw'r coesau sy'n flewog. Fe'i gwelir ar lwybrau'r goedwig ac ar dir llwm a rhosydd, fel rheol ar bridd asidig ledled Prydain ac mae'n gyffredin yn y rhan fwyaf o leoedd. Mae pen y blodyn yn wyrdd-borffor ac yn dynn i ddechrau ond wedyn mae'n llacio; gwelir Mehefin-Awst.

Meligwellt y coed *Melica uniflora* Wood melick Taldra hyd at 50cm
Planhigyn lluosflwydd, ymgripiol, braidd yn eiddil sy'n tyfu mewn coetiroedd sych, cysgodol, yn aml ar sialc ac o dan goed ffawydd. I'w weld ledled Cymru a Lloegr; cyffredin mewn rhai mannau yno ond prin neu absennol ym mhobman arall. Dail gwyrdd golau braidd yn llipa. Fflurgainc rydd, agored a sbigolion ar hyd y canghennau ochr; blodeuo Mai-Gorffennaf.

Rhonwellt y tywod *Phleum arenarium* Sand catstail Taldra hyd at 30cm
Glaswelltyn unflwydd, cudynnog ar dywod wedi'i sefydlogi a graean bras. Braidd yn brin ac i'w weld mewn ambell fan ar arfordiroedd Prydain ac Iwerddon. Dail llwydwyrdd, fflat. Y fflurgainc ar goesyn hir, syth a chul, a phen trwchus o sbigolion porffor neu wyrdd; blodeuo Mai-Mehefin.

Rhonwellt penfain *Phleum bertelonii* Lesser catstail Taldra hyd at 60cm
Glaswelltyn tebyg i'r rhonwellt a rhai awdurdodau'n ei gyfrif yn isrywogaeth y glaswellt hwnnw. Hoff o fannau llwm, glaswelltog, yn aml ar bridd calchaidd. Gwelir ym mhobman ond y gogledd pell, ac fe'i tyfir yn aml fel porthiant anifeiliaid. Dail gwastad, llwydwyrdd. Pen sfferaidd o sbigolion, 60-80mm o hyd yw'r fflurgainc; blodeuo Mehefin-Gorffennaf.

Rhonwellt *Phleum pratense* Timothy Taldra hyd at 1.5m
Planhigyn cudynnog, lluosflwydd cyffredin iawn ar gaeau, tir amaethyddol ac ochr y ffordd. Dosbarthiad eang heblaw yn y gogledd pell. Dail llwydwyrdd, gwastad. Fflurgainc 15-20cm o hyd, trwchus a sfferaidd ar goes dal, denau, yn blodeuo Mehefin-Awst.

Gweunwellt *Poa annua* Annual meadow-grass Taldra hyd at 25cm
Glaswelltyn unflwydd neu luosflwydd byrhoedlog, eithriadol o gyffredin. Gwelir ar dir glaswelltog llwm ac ar dir wedi'i droi. Dosbarthiad eang. Dail di-fin, gwyrdd golau, yn aml wedi'u crychu. Amlinelliad triongl sydd i'r fflurgainc ac mae'n cynnwys canghennau â sbigolion hirgrwn ar eu blaenau; blodeuo drwy'r flwyddyn.

Llwydwellt y calch *Sesleria albicans* Blue moor grass Taldra hyd at 45cm
Glaswelltyn lluosflwydd, glaswyrdd, cudynnog, nodedig a welir ar dir glaswelltog sych a briddoedd calchaidd, weithiau'n ffurfio lleiniau mawr. Cyffredin yn unig mewn rhai mannau yng ngogledd Lloegr, de'r Alban a gorllewin Iwerddon. Dail eithaf cul. Sbigolion glaswyrdd sy'n ffurfio'r fflurgainc mewn pen hirgrwn, tynn; blodeuo Ebrill-Mehefin.

Cordwellt bach *Spartina maritima* Small cord-grass Taldra hyd at 75cm
Planhigyn lluosflwydd, cudynnog sy'n tyfu ar draethellau a morfeydd heli yn ne Lloegr. Dail llwydwyrdd, gwydn. Mae'r fflurgainc yn cynnwys clwstwr hirgul o 2-3 o bennau blodau; blodeuo Gorffennaf-Medi. Mae cordwellt cyffredin (*S. Anglica*) yn groesryw rhwng hwn a rhywogaeth a gyflwynwyd o'r America; yn dalach ac yn fwy cyffredin.

Clwbfrwynen y mawn
Trichophorum cespitosus Deergrass Taldra hyd at 35cm
Planhigyn lluosflwydd, cudynnog sydd weithiau'n ffurfio twmpathau bach ar rosydd llaith a gweunydd. Hoff o bridd asidig, mawnoglyd. Cyffredin yng ngogledd a gorllewin Prydain. Mae'r coesynnau gwyrdd tywyll yn grwn a cheir deilen fer, tebyg i fract, yn y bôn. Fflurgainc yn cynnwys un sbigolyn siâp ŵy, brown ar flaen y coesyn; blodeuo Mai-Mehefin.

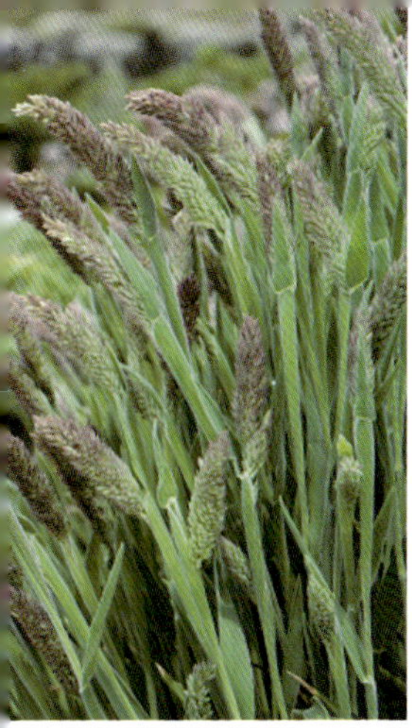
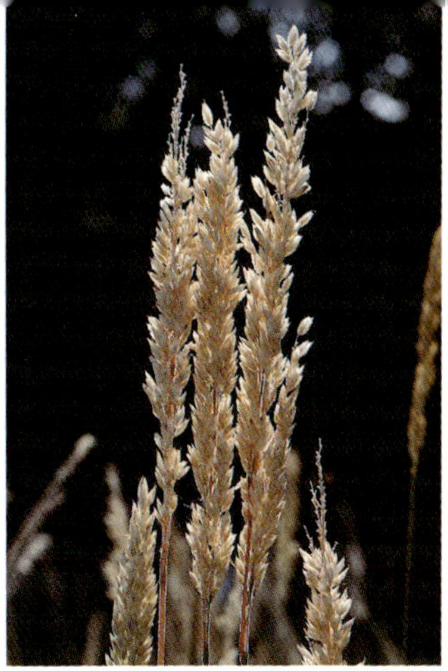
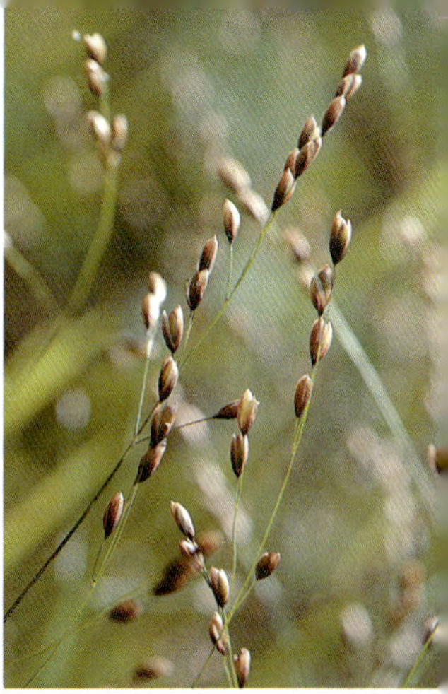
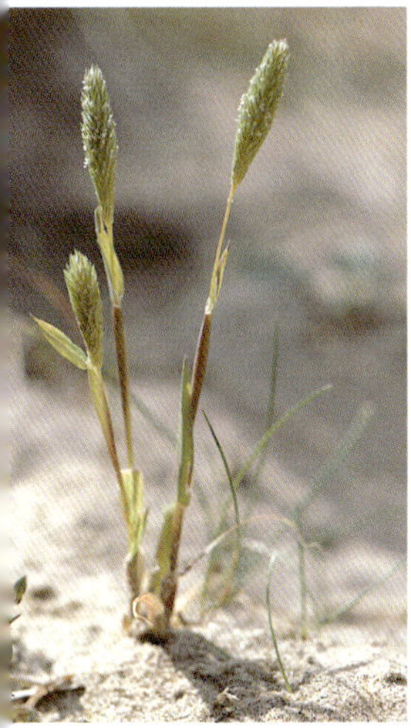
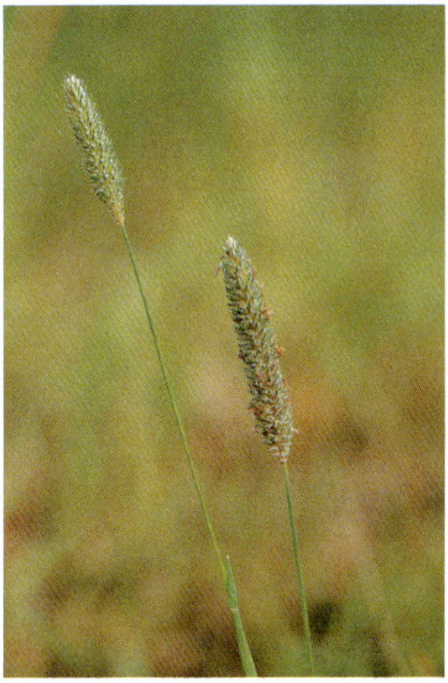
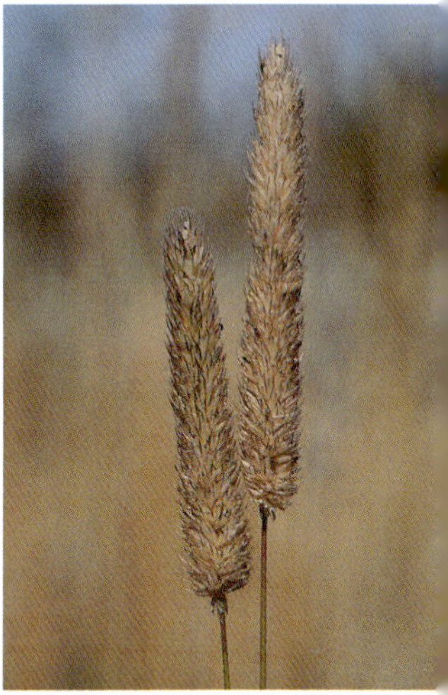
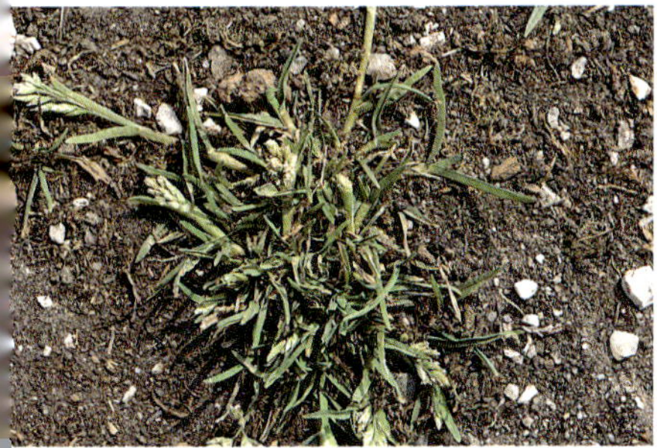
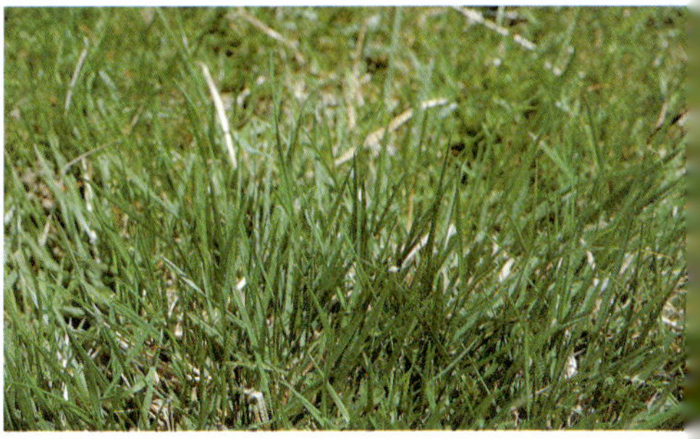
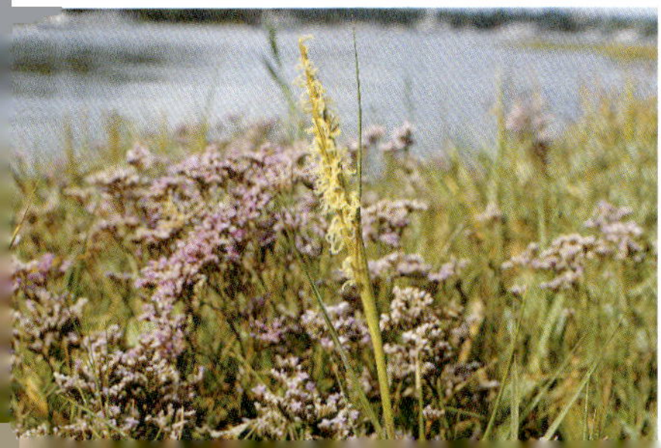
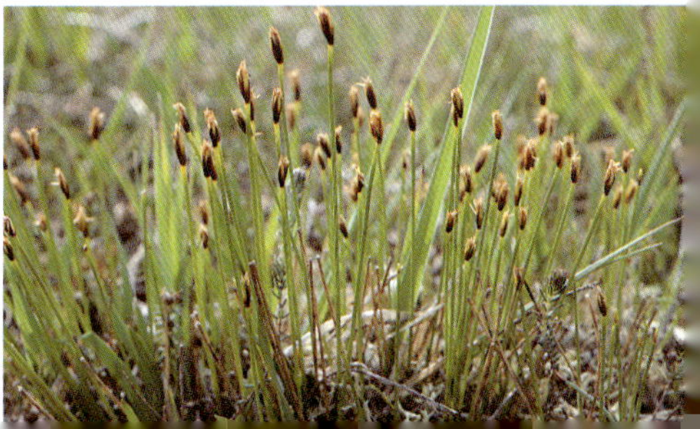

Planhigion is • Rhedyn

Rhedyn ungoes *Pteridium aquilinum* Bracken   Taldra hyd at 2m neu fwy
Y rhedyn mwyaf cyffredin; mae'n gorchuddio llawr coedwigoedd a llechweddau. Hoff o bridd sych, asidig. Ffrondiau cywasgedig â'r blaen yn cyrlio yn y gwanwyn. Ffrondiau aeddfed yn wyrdd, wedi'u rhannu fel pluen deirgwaith; sborangia ar ymylon y ddeilen.

Ffiolredyn brau *Cystopteris fragilis* Brittle bladder fern   Ffrond hyd at 40cm
Rhedynen eiddil yn tyfu mewn twmpathau sy'n codi o agennau mewn creigiau a waliau cerrig, yn aml ar bridd calchaidd. Cyffredin mewn rhannau o ogledd orllewin Lloegr a gogledd orllewin yr Alban. Dail fel plu 2-3 gwaith. Gwelir Ebrill-Hydref. Sborangiwm crwn.

Marchredyn llydan *Dryopteris dilitata* Broad buckler fern   Ffrond hyd at 1m
Rhedynen gref a welir ledled Prydain ac Iwerddon. Hoff o goedydd llaith, rhosydd a llethrau mynyddoedd, fel rheol ar bridd asidig. Ffrondiau gwyrdd tywyll wedi'u rhannu fel pluen deirgwaith. Mae cen, sy'n dywyll yn eu canol, ar y coesynnau; Ebrill-Tachwedd.

Marchredyn pêr *Dryopteris aemula* Hay-scented fern   Ffrond hyd at 50cm
Planhigyn cyffredin yn ne orllewin Lloegr, gorllewin yr Alban a gorllewin Iwerddon yn unig. Hoff o lethrau a dyffrynnoedd sy'n wynebu'r gorllewin. Mae aroglau gwair ar y ffrondiau gwyrdd ffres pan gânt eu gwasgu; arhosant yn wyrdd drwy'r gaeaf; wedi'u rhannu fel pluen deirgwaith â chen brown golau ar y coesyn.

Marchredyn cyffredin *Dryopteris filix-mas* Male fern   Ffrond hyd at 1.25m
Rhedynen sy'n ffurfio twmpathau mawr mewn coetiroedd ac ar gloddiau. Mae'r ffrondiau'n wyrdd trwy'r gaeaf; ar y cyfan maent yn hirgrwn, wedi'u rhannu fel pluen ddwy waith â chen brown golau ar y coesyn. Mae'r sborangiwm yn grwn; Awst-Hydref.

Marchredyn euraid *Dryopteris affinis* Scaly male fern   Ffrond hyd at 1m
Planhigyn sydd i'w weld yn gyffredin mewn rhai mannau yng ngogledd a gorllewin Prydain ac Iwerddon. Hoff o goetiroedd cysgodol, fel arfer ar bridd asidig. Nid yw'r ffrondiau'n para dros y gaeaf. Cen orenfrown ar y coesynnau; mae ymylon llabedau'r ffrondiau llai yn edrych fel pe baent wedi'u torri'n dwt â siswrn.

Gwibredyn *Blechnum spicant* Hard fern   Ffrond hyd at 60cm
Rhedynen nodedig sy'n tyfu mewn coetiroedd a rhosydd cysgodol ar briddoedd asidig; fe'i gwelir mewn rhai mannau ledled Prydain. Ffrondiau gwyrdd llachar anffrwythlon sy'n gaeafu. Maent wedi'u rhannu fel pluen unwaith ac yn ffurfio twmpathau sy'n lledaenu. Ffrondiau ffrwythlon unionsyth â llabedau cul iawn.

Tafod yr hydd *Phyllitis scolopendrium* Hartstongue   Ffrond hyd at 60cm
Rhedynen fytholwyrdd coetiroedd llaith a chloddiau. Eithaf cyffredin ledled Prydain; fwyaf cyffredin yng ngorllewin Prydain ac Iwerddon. Ffrondiau gwyrdd, ffres heb eu rhannu'n edrych fel strap ac yn ffurfio clystyrau. Rhesi o sborangia brown tywyll ar ochr isaf y ffrondiau.

Rhedyn Mair *Athyrium filix-femina* Lady fern   Ffrond hyd at 1.5m
Rhedynen fawr, eithaf eiddil, yn ffurfio clystyrau mawr mewn coetiroedd llaith, ar gloddiau a llethrau. Eithaf cyffredin ledled Prydain. Ffrondiau gwyrdd golau wedi'u rhannu fel pluen ddwywaith. Mae'r sborangiwm crwm yn aeddfedu yn yr hydref.

Rhedyn persli *Cryptogramma crispa* Parsley fern   Ffrond hyd at 25cm
Rhedynen tebyg i bersli sy'n tyfu ymhlith creigiau ar lethrau mynyddoedd, yn bennaf ar greigiau asidig. Prin ar y cyfan ond cyffredin mewn rhai mannau yn Eryri ac Ardal y Llynnoedd. Ffrondiau gwyrdd golau yn ffurfio twmpathau clystyrog; cen ar fôn y coesynnau.

Llawredyn cyffredin *Polypodium vulgare* Common polypody   Ffrond hyd at 50cm
Rhedynen a geir mewn ceunentydd cysgodol, llaith a chloddiau mewn coetiroedd a dyffrynnoedd, yn bennaf ar bridd asidig. Fe'i gwelir ym mhobman ond yn fwyaf cyffredin yng ngorllewin Prydain ac Iwerddon. Mae'r ffrondiau gwyrdd tywyll, sydd fel lledr, wedi'u rhannu unwaith fel pluen ar goesynnau eiddil. I'w gweld ym Mai a dros y gaeaf.

Duegredyn cefngoch *Ceterach officinarum* Rustyback   Ffrond hyd at 20cm
Rhedynen nodedig ar waliau cerrig a chreigiau. Fe'i ceir ledled Prydain; cyffredin yn ne orllewin Lloegr, gorllewin Cymru ac Iwerddon. Ffrondiau gwyrdd tywyll wedi'u rhannu fel pluen yn llabedau crwn ac yn ffurfio twmpathau cudynnog; cen brown rhydlyd dros ochr isaf y ffrond.

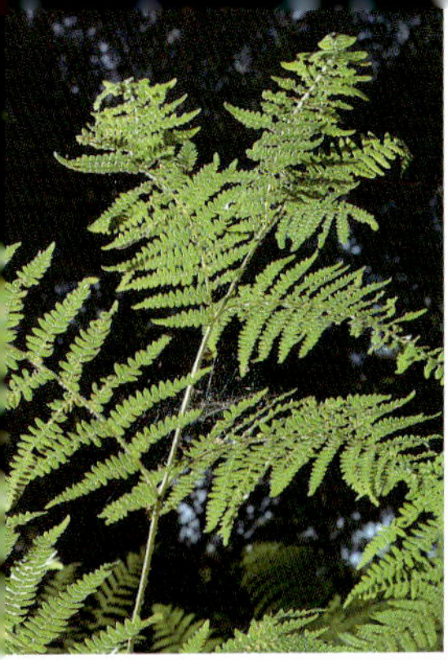
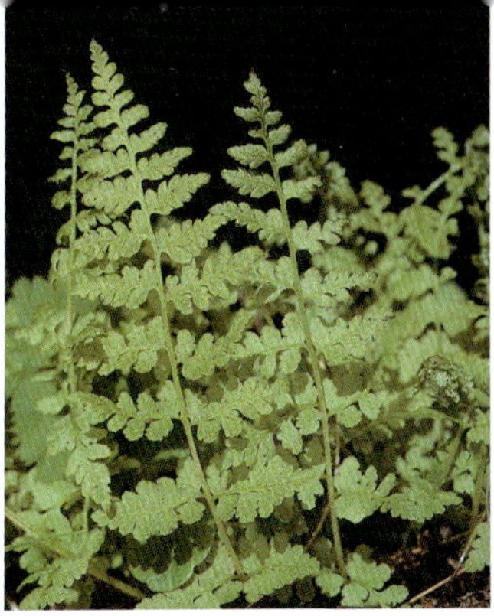
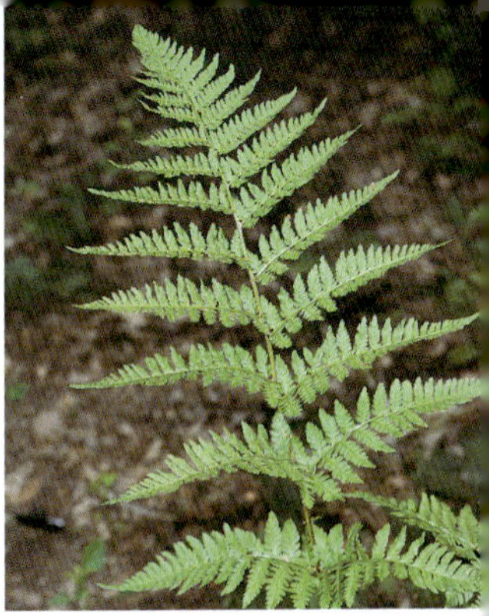
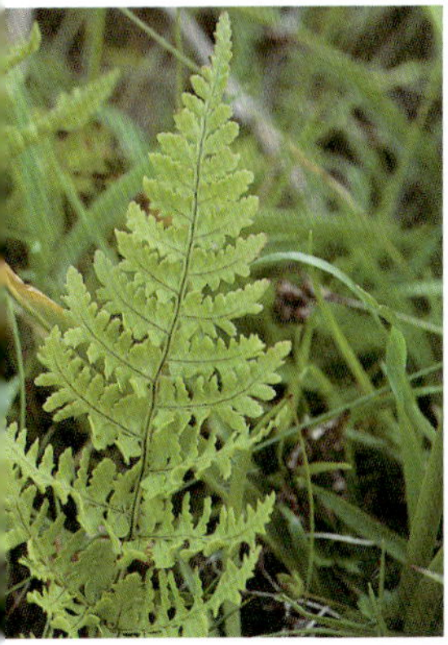
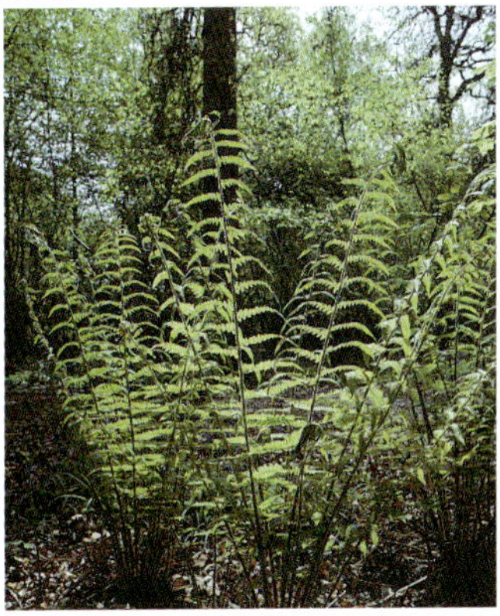
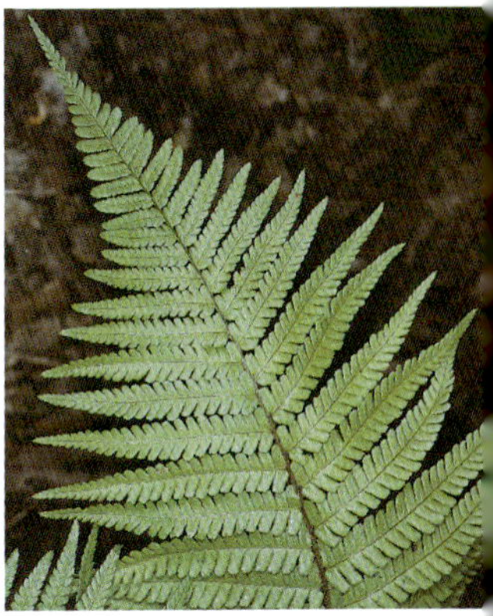
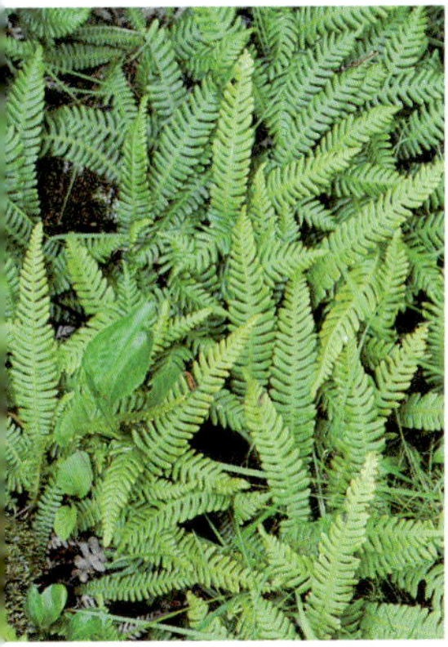
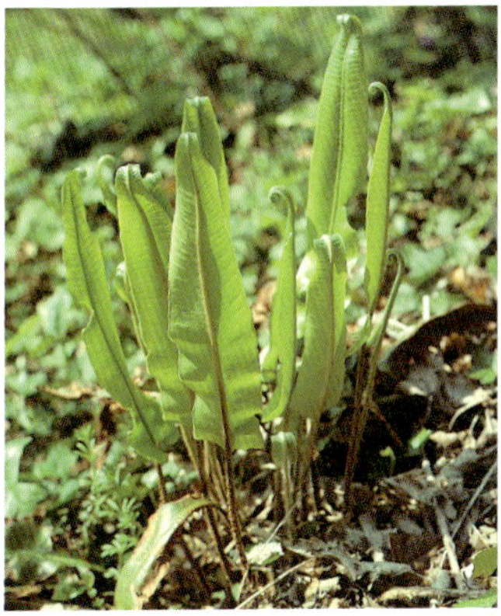
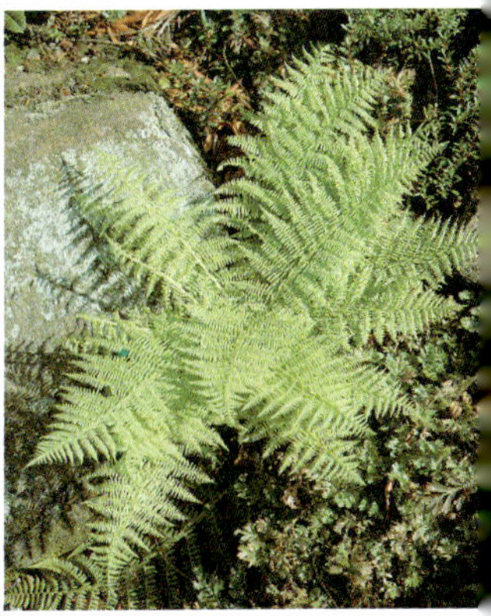
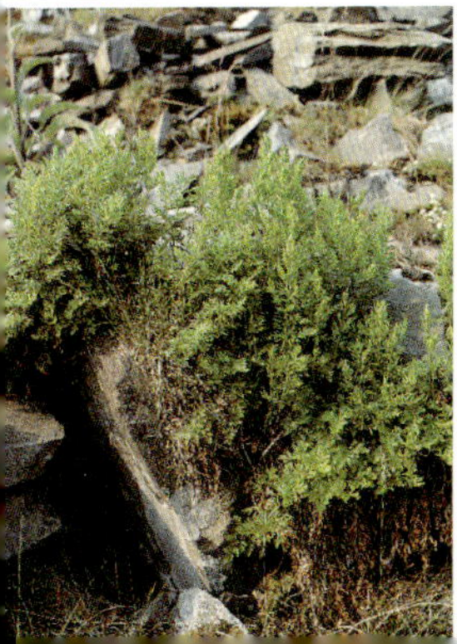
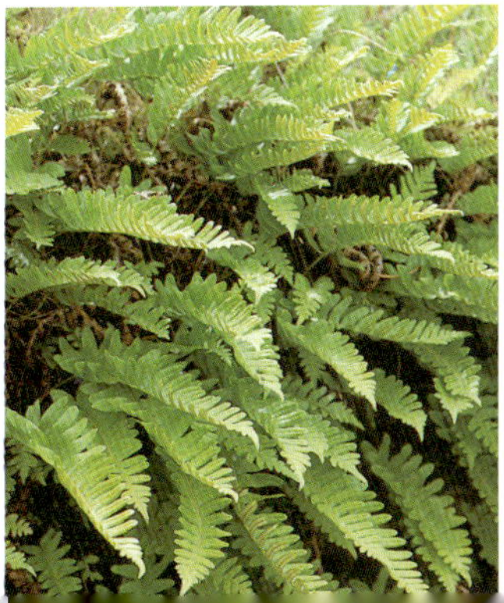
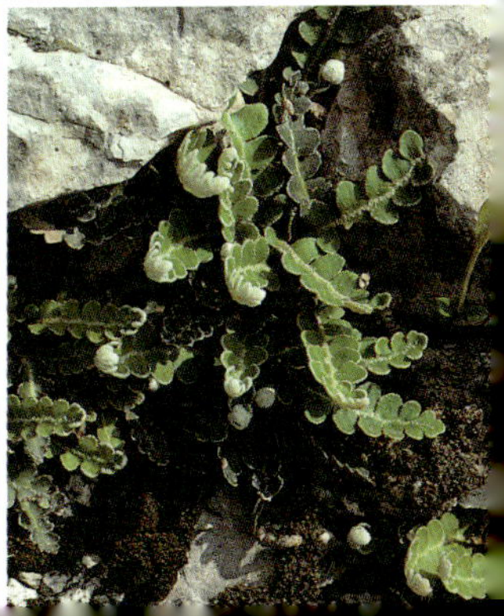

Planhigion Is • Rhedyn a Mwsoglau

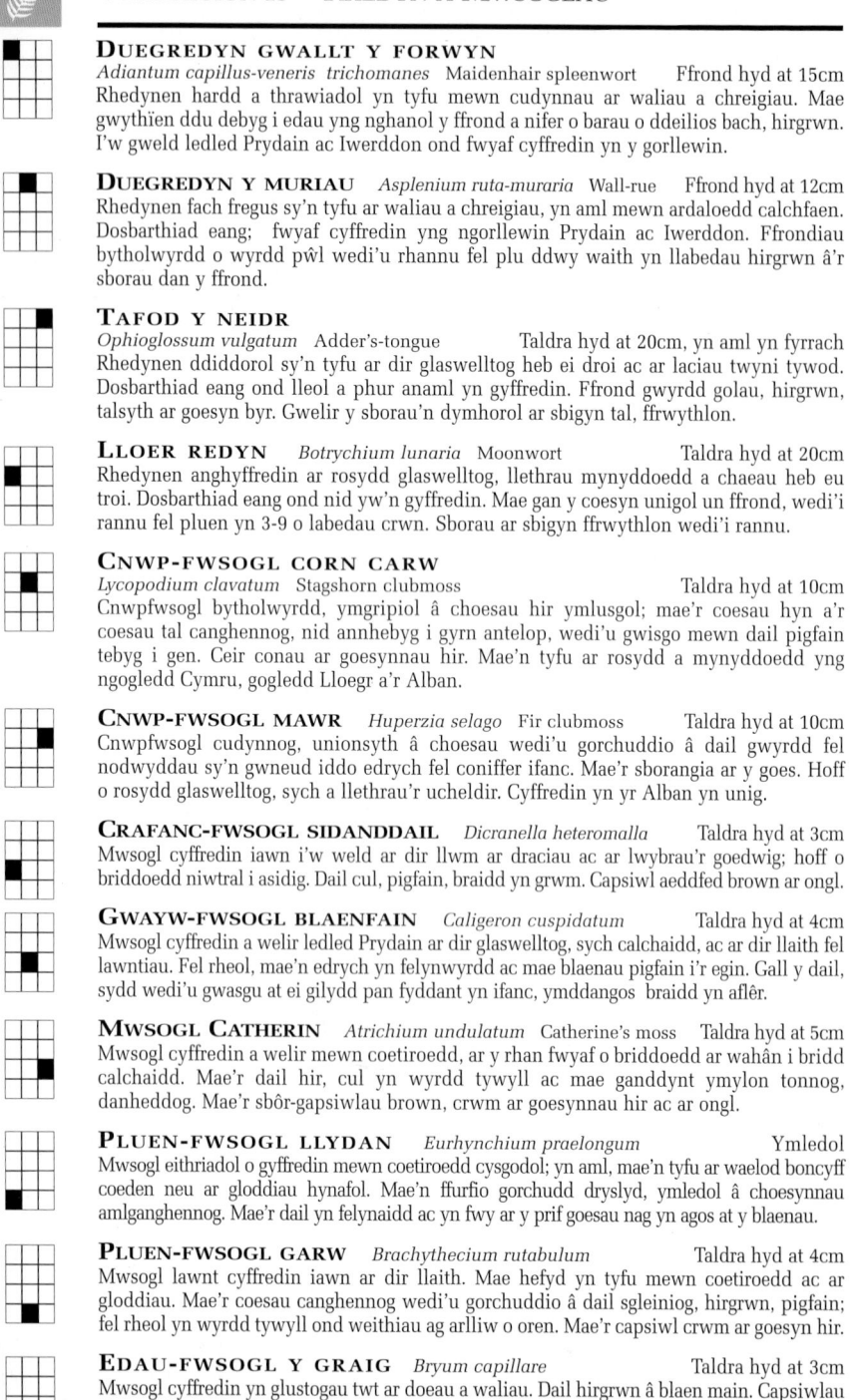

Duegredyn gwallt y forwyn
Adiantum capillus-veneris trichomanes Maidenhair spleenwort Ffrond hyd at 15cm
Rhedynen hardd a thrawiadol yn tyfu mewn cudynnau ar waliau a chreigiau. Mae gwythïen ddu debyg i edau yng nghanol y ffrond a nifer o barau o ddeilios bach, hirgrwn. I'w gweld ledled Prydain ac Iwerddon ond fwyaf cyffredin yn y gorllewin.

Duegredyn y muriau
Asplenium ruta-muraria Wall-rue Ffrond hyd at 12cm
Rhedynen fach fregus sy'n tyfu ar waliau a chreigiau, yn aml mewn ardaloedd calchfaen. Dosbarthiad eang; fwyaf cyffredin yng ngorllewin Prydain ac Iwerddon. Ffrondiau bytholwyrdd o wyrdd pŵl wedi'u rhannu fel plu ddwy waith yn llabedau hirgrwn â'r sborau dan y ffrond.

Tafod y neidr
Ophioglossum vulgatum Adder's-tongue Taldra hyd at 20cm, yn aml yn fyrrach
Rhedynen ddiddorol sy'n tyfu ar dir glaswelltog heb ei droi ac ar laciau twyni tywod. Dosbarthiad eang ond lleol a phur anaml yn gyffredin. Ffrond gwyrdd golau, hirgrwn, talsyth ar goesyn byr. Gwelir y sborau'n dymhorol ar sbigyn tal, ffrwythlon.

Lloer redyn
Botrychium lunaria Moonwort Taldra hyd at 20cm
Rhedynen anghyffredin ar rosydd glaswelltog, llethrau mynyddoedd a chaeau heb eu troi. Dosbarthiad eang ond nid yw'n gyffredin. Mae gan y coesyn unigol un ffrond, wedi'i rannu fel pluen yn 3-9 o labedau crwn. Sborau ar sbigyn ffrwythlon wedi'i rannu.

Cnwp-fwsogl corn carw
Lycopodium clavatum Stagshorn clubmoss Taldra hyd at 10cm
Cnwpfwsogl bytholwyrdd, ymgripiol â choesau hir ymlusgol; mae'r coesau hyn a'r coesau tal canghennog, nid annhebyg i gyrn antelop, wedi'u gwisgo mewn dail pigfain tebyg i gen. Ceir conau ar goesynnau hir. Mae'n tyfu ar rosydd a mynyddoedd yng ngogledd Cymru, gogledd Lloegr a'r Alban.

Cnwp-fwsogl mawr
Huperzia selago Fir clubmoss Taldra hyd at 10cm
Cnwpfwsogl cudynnog, unionsyth â choesau wedi'u gorchuddio â dail gwyrdd fel nodwyddau sy'n gwneud iddo edrych fel coniffer ifanc. Mae'r sborangia ar y goes. Hoff o rosydd glaswelltog, sych a llethrau'r ucheldir. Cyffredin yn yr Alban yn unig.

Crafanc-fwsogl sidanddail
Dicranella heteromalla Taldra hyd at 3cm
Mwsogl cyffredin iawn i'w weld ar dir llwm ar draciau ac ar lwybrau'r goedwig; hoff o briddoedd niwtral i asidig. Dail cul, pigfain, braidd yn grwm. Capsiwl aeddfed brown ar ongl.

Gwayw-fwsogl blaenfain
Caligeron cuspidatum Taldra hyd at 4cm
Mwsogl cyffredin a welir ledled Prydain ar dir glaswelltog, sych calchaidd, ac ar dir laith fel lawntiau. Fel rheol, mae'n edrych yn felynwyrdd ac mae blaenau pigfain i'r egin. Gall y dail, sydd wedi'u gwasgu at ei gilydd pan fyddant yn ifanc, ymddangos braidd yn aflêr.

Mwsogl Catherin
Atrichium undulatum Catherine's moss Taldra hyd at 5cm
Mwsogl cyffredin a welir mewn coetiroedd, ar y rhan fwyaf o briddoedd ar wahân i bridd calchaidd. Mae'r dail hir, cul yn wyrdd tywyll ac mae ganddynt ymylon tonnog, danheddog. Mae'r sbôr-gapsiwlau brown, crwm ar goesynnau hir ac ar ongl.

Pluen-fwsogl llydan
Eurhynchium praelongum Ymledol
Mwsogl eithriadol o gyffredin mewn coetiroedd cysgodol; yn aml, mae'n tyfu ar waelod boncyff coeden neu ar gloddiau hynafol. Mae'n ffurfio gorchudd dryslyd, ymledol â choesynnau amlganghennog. Mae'r dail yn felynaidd ac yn fwy ar y prif goesau nag yn agos at y blaenau.

Pluen-fwsogl garw
Brachythecium rutabulum Taldra hyd at 4cm
Mwsogl lawnt cyffredin iawn ar dir llaith. Mae hefyd yn tyfu mewn coetiroedd ac ar gloddiau. Mae'r coesau canghennog wedi'u gorchuddio â dail sgleiniog, hirgrwn, pigfain; fel rheol yn wyrdd tywyll ond weithiau ag arlliw o oren. Mae'r capsiwl crwm ar goesyn hir.

Edau-fwsogl y graig
Bryum capillare Taldra hyd at 3cm
Mwsogl cyffredin yn glustogau twt ar doeau a waliau. Dail hirgrwn â blaen main. Capsiwlau sborau siâp ŵy'n plygu'u pennau ar goesynnau hir. Capsiwlau gwyrdd yn aeddfedu'n frown.

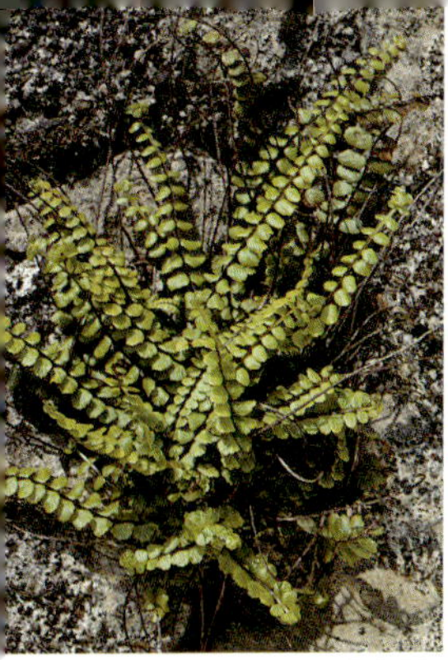
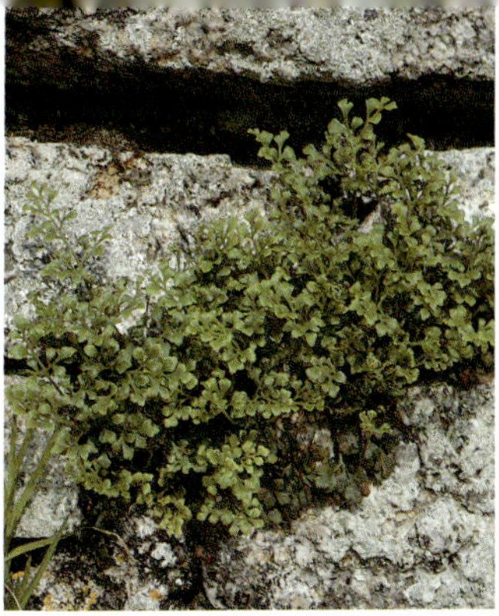
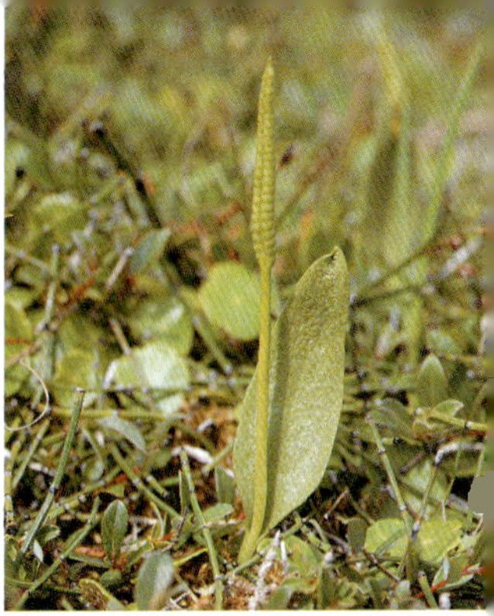
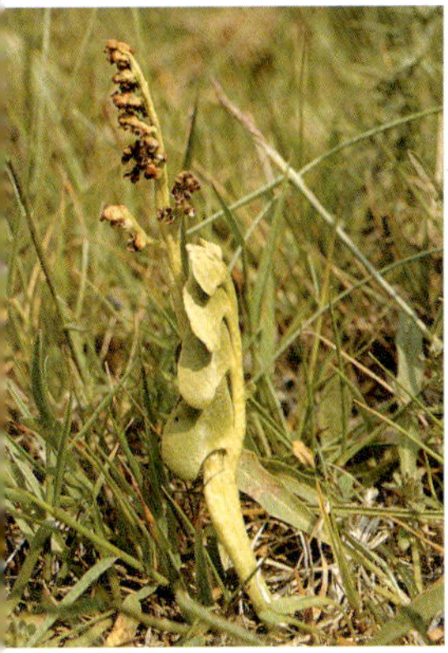
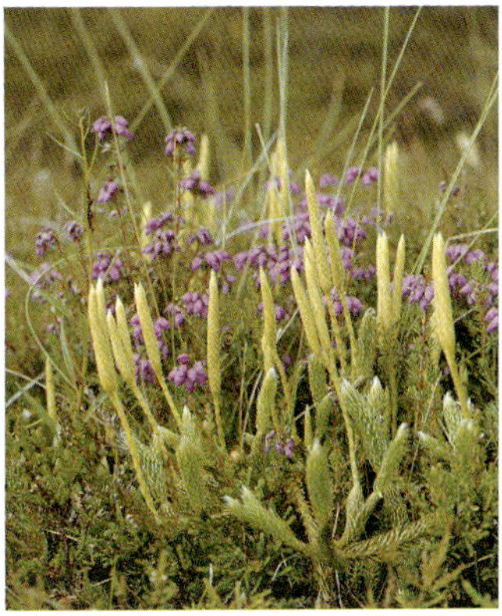
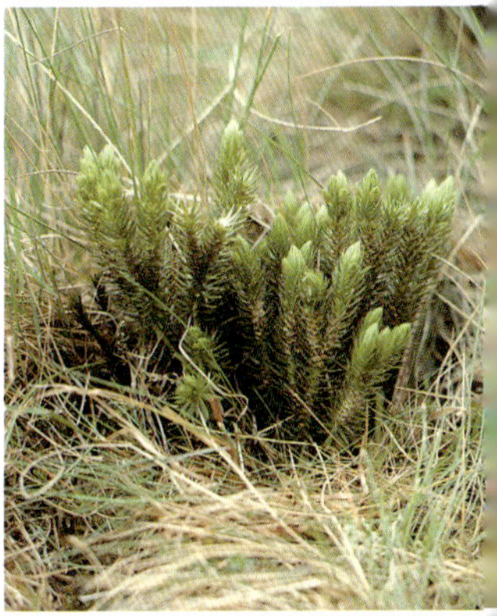
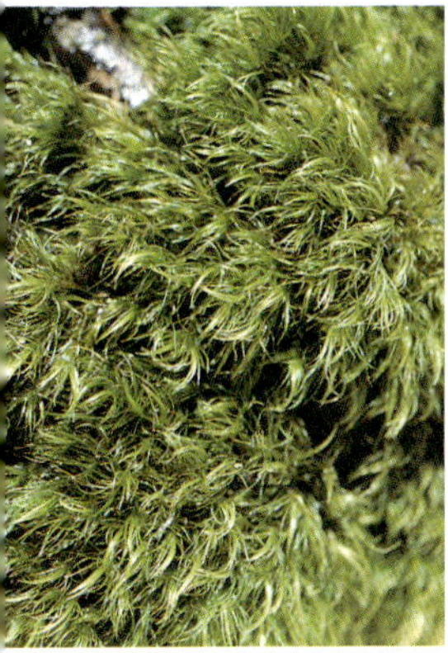
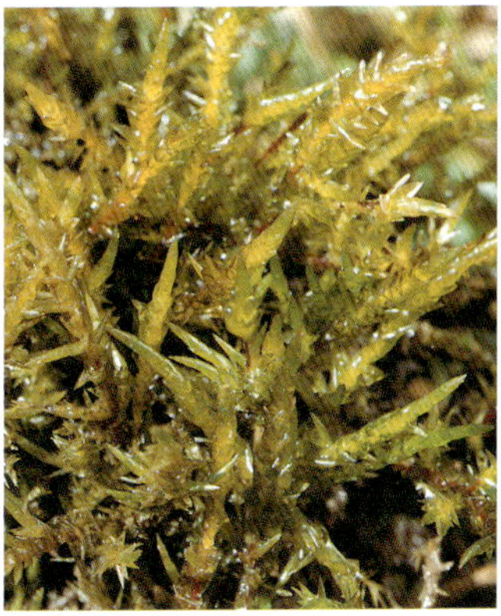
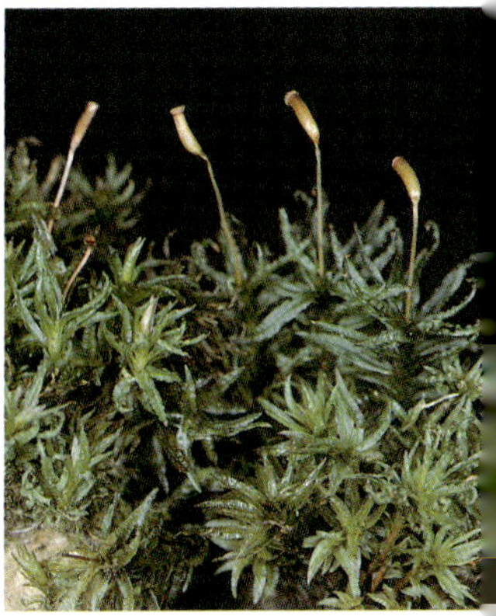
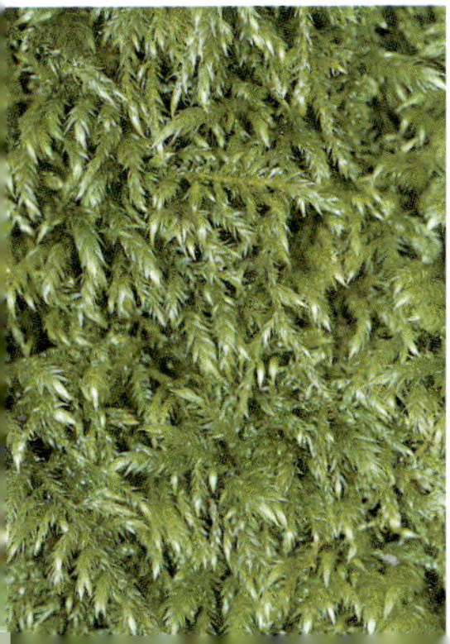
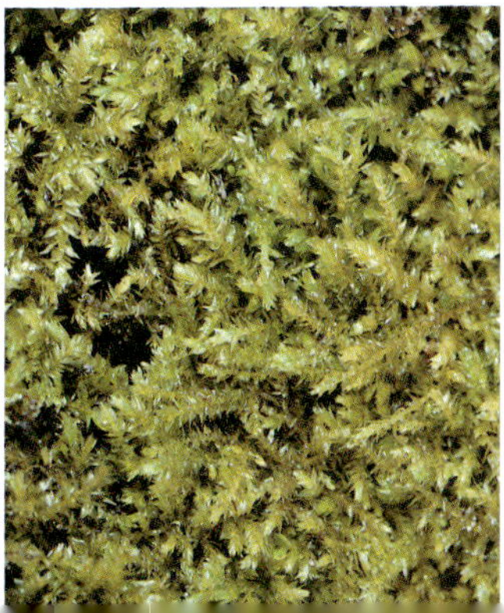
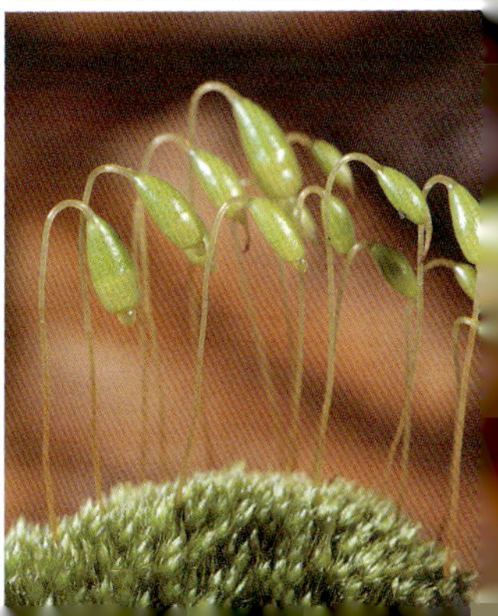

Planhigion Is • Mwsoglau

Rhedyn-fwsogl dail ywen *Fissidens taxifolius* Taldra hyd at 2cm
Mwsogl eang ei ddosbarthiad sy'n weddol gyffredin mewn mannau llaith, cysgodol. Mae'n ffurfio sypiau braidd yn ddryslyd ac ymledol. Dail hirgrwn, pigfain fwy neu lai ar yr un gwastad â'r coesynnau, sy'n gwneud i'r blagur edrych fel coed yw. Mae capsiwlau'r sborau'n gul ac ar goesynnau sy'n codi o fôn y planhigyn.

Clustog arian *Grimmia pulvinata* Taldra hyd at 3cm
Mwsogl trawiadol, eang ei ddosbarthiad sy'n gyffredin yn arbennig mewn ardaloedd calchfaen. Mae'n ffurfio clustogau cryno ar waliau a thoeau. Dail cul, llwydwyrdd; gall y blaenau llwyd roi gwawr arian i'r glustog gyfan, yn arbennig mewn tywydd sych.

Pluen-fwsogl melyngoch *Homalothecium sericeum* Taldra hyd at 2cm
Mwsogl cyffredin, eang ei ddosbarthiad. Mae'n tyfu mewn gwahanol leoedd fel hen waliau brics a cherrig ac wrth waelod boncyffion. Mae'r coesau amlganghennog yn ffurfio mat. Maent wedi'u gorchuddio â dail blaen-main, sy'n edrych braidd yn sgleiniog. Ar dywydd sych, mae'r coesau'n cyrlio a throi'n frown.

Pluen-fwsogl cypreswydd *Hypnum cupressiforme* Ymledol
Mwsogl eang ei ddosbarthiad ac eithriadol o gyffredin. Mae'n ffurfio clystyrau fflat neu orchudd ar waelod boncyffion ond mae hefyd i'w weld ar waliau ac ar feini mawr. Gorchuddir y coesau â dail crwm, hirgrwn, pigfain sy'n gorgyffwrdd. Mae capsiwl y sborau ar goesyn byr.

Clustog y coed *Leucobryum glaucum* White fork moss Taldra hyd at 4cm
Mwsogl trawiadol iawn sy'n tyfu mewn coetiroedd ac ar rosydd llaith. Mae'n aml yn ffurfio clustogau mawr ar y llawr, sydd, yn anffodus yn hawdd i'w symud o'u lle. Mae'r dail yn gul a llwydwyrdd ond yn troi bron iawn yn wyn yn ystod tywydd sych. Gall samplau mawr o'r clustogau erydu tua'r canol, gan ddatguddio rhannau hŷn, marw.

Mwsogl pen seren *Polytrichum commune* Taldra hyd at 20cm
Mwsogl cymharol fawr, unionsyth sy'n tyfu ar rostiroedd ac mewn coetiroedd llaith, yn bennaf ar bridd asidig. Mae'r dail cul fel nodwyddau pigfain yn cael eu dal bron ar ongl sgwâr i'r coesau, gan wneud i'r planhigyn edrych fel cnwpfwsogl. Capsiwlau sborau ar siâp blwch yn frown pan fyddant yn aeddfed ac ar goesynnau tal, eiddil.

Mwsogl gwlanog
Rhacomitrum lanuginosum Woolly hair moss Taldra hyd at 2cm
Mwsogl pwysig - y trechaf mewn rhai mannau ar gopaon y mynyddoedd. Pan na sethrir ef dan draed mae'n blanhigyn ymledol sydd weithiau'n creu carpedi dwfn dros ardaloedd mawr. Coesau canghennog hir, wedi'u gorchuddio â dail cul, llwydwyrdd â blaenau gwyn fel blew. Anaml y cynhyrchir capsiwlau sborau.

Migwyn *Sphagnum recurvum* Bog moss Taldra hyd at 5cm
Un o nifer o rywogaethau'r migwyn sy'n perthyn yn agos, ac yn anodd gwahaniaethu rhyngddynt; mae'r mwyafrif yn hoffi tir gwlyb, mawnoglyd. Gwelir y rhywogaeth hon ar rannau gwlypaf corsydd y rhostiroedd. Gellir weithiau ei hadnabod o bell oherwydd lliw gwyrdd, ffres y dail. Mae blaenau'r dail yn plygu nôl pan fyddant yn sych.

Pluen-fwsogl y coed *Thuidium tamariscinum* Ymledol
Mwsogl nodedig iawn sydd â'u ffrondiau gwyrdd, ffres wedi'u rhannu fel plu dair gwaith, ar yr un gwastad, gan wneud iddynt edrych yn bluog neu fel rhedyn. Mae'r prif goesau'n dywyll. I'w weld fel rheol mewn coetiroedd, lle mae'n tyfu ynghanol canghennau a dail sydd wedi syrthio, ac ar gloddiau cysgodol. Cyffredin yn y rhan fwyaf o fannau.

Troellog y muriau *Tortula muralis* Taldra hyd at 1cm
Mwsogl eang ei ddosbarthiad ac yn aml yn arbennig o gyffredin. Mae'n tyfu ar hen waliau brics ac ar greigiau lle mae'n ffurfio clustogau isel, ymledol. Dail hirgrwn â phigyn main ar y blaen. Mae'r capsiwlau sborau'n gul, unionsyth ac ar goesynnau hir, main; maent yn felyn pan fyddant yn ifanc ond yn aeddfedu'n frown.

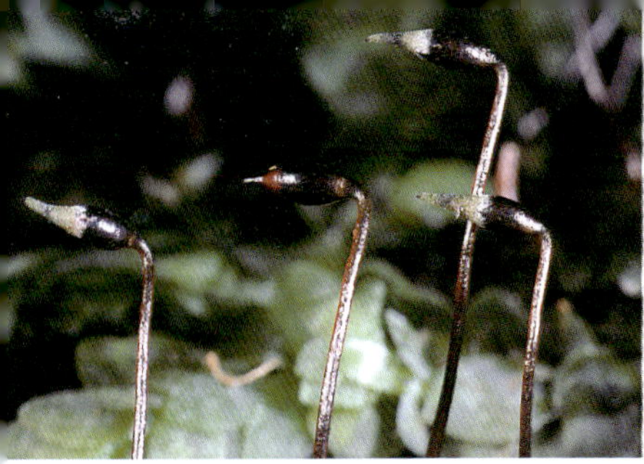
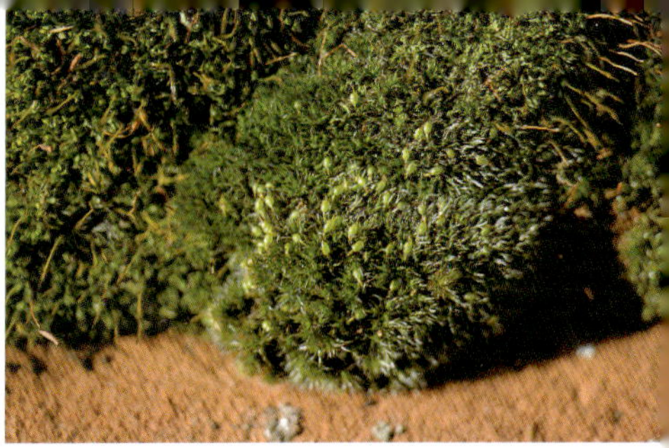
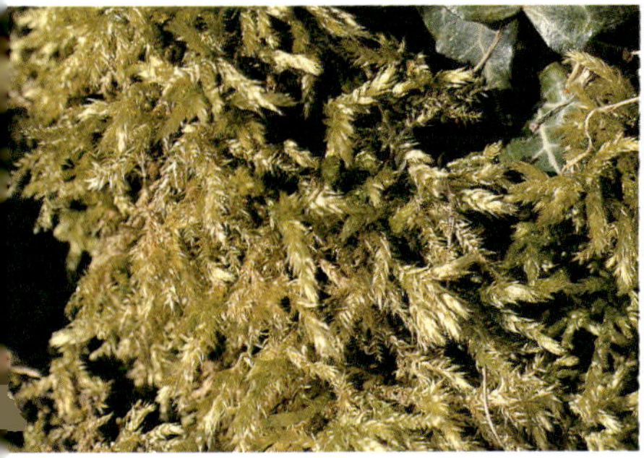
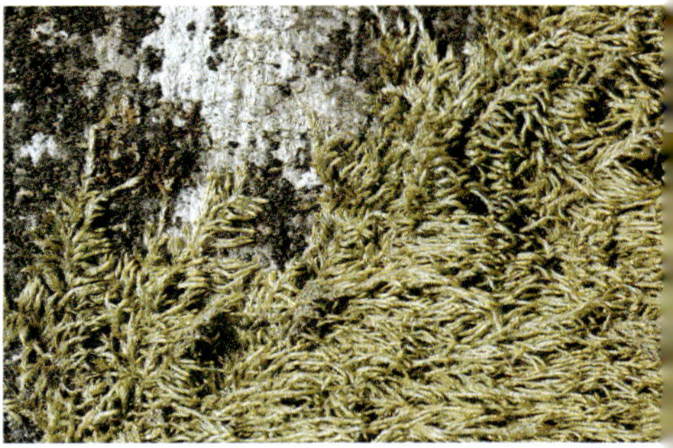
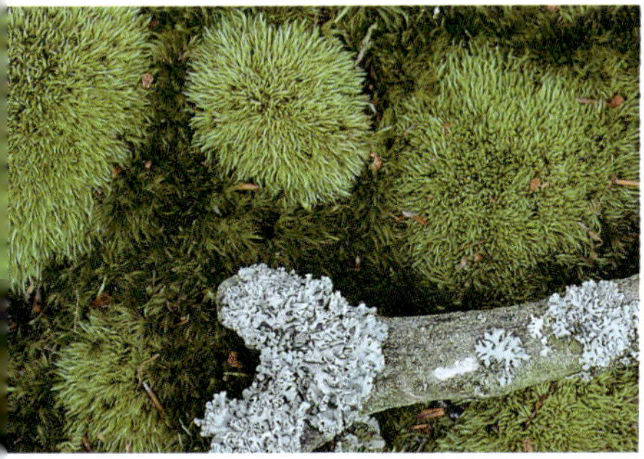
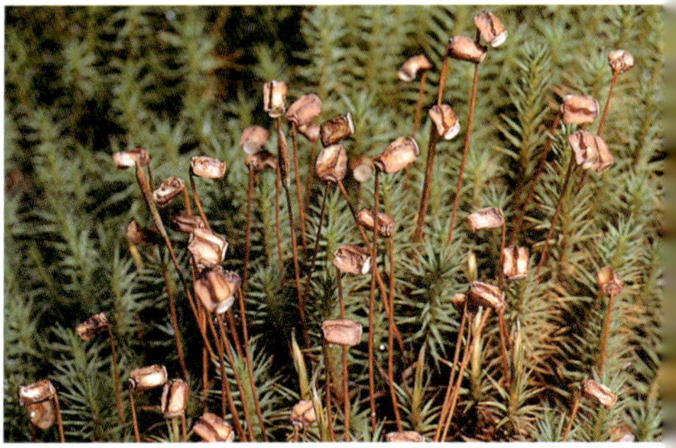
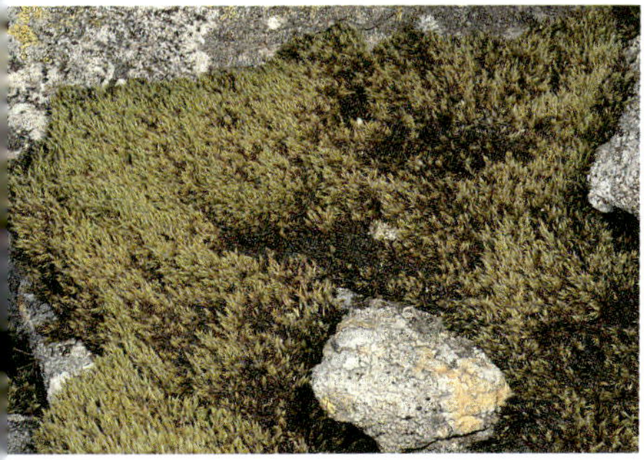
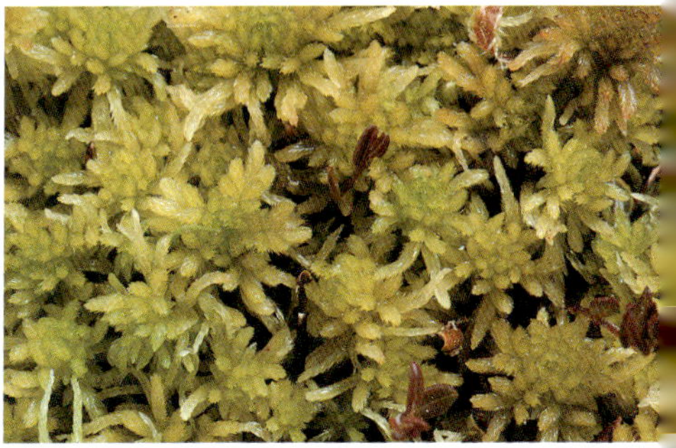
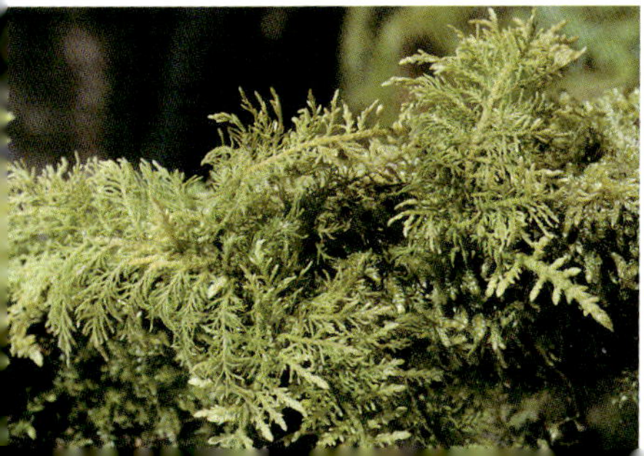
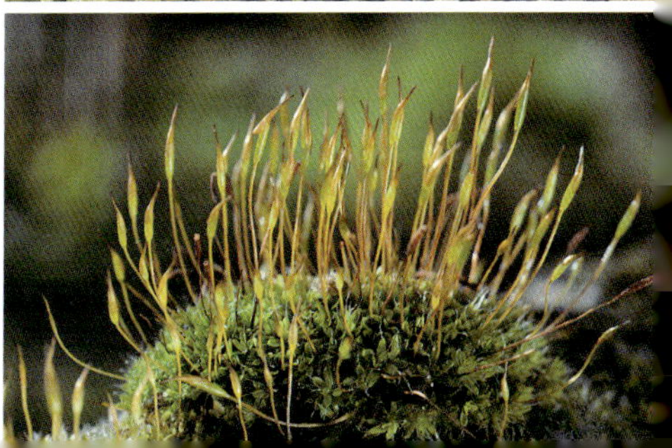

Planhigion Is • Llysiau'r afu a Chennau

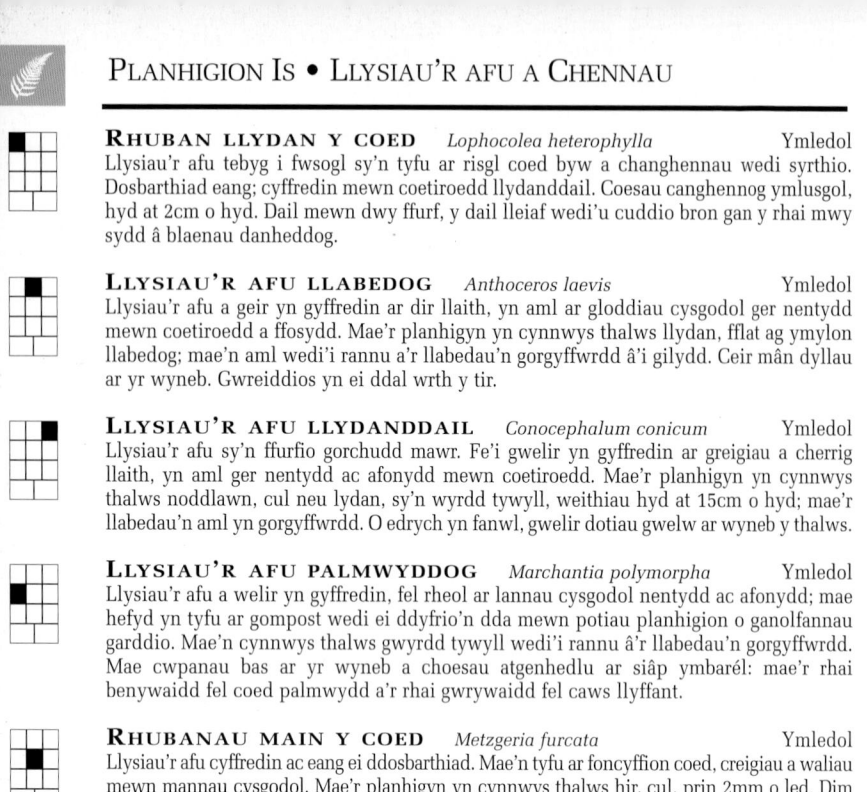

Rhuban llydan y coed   *Lophocolea heterophylla*   Ymledol
Llysiau'r afu tebyg i fwsogl sy'n tyfu ar risgl coed byw a changhennau wedi syrthio. Dosbarthiad eang; cyffredin mewn coetiroedd llydanddail. Coesau canghennog ymlusgol, hyd at 2cm o hyd. Dail mewn dwy ffurf, y dail lleiaf wedi'u cuddio bron gan y rhai mwy sydd â blaenau danheddog.

Llysiau'r afu llabedog   *Anthoceros laevis*   Ymledol
Llysiau'r afu a geir yn gyffredin ar dir llaith, yn aml ar gloddiau cysgodol ger nentydd mewn coetiroedd a ffosydd. Mae'r planhigyn yn cynnwys thalws llydan, fflat ag ymylon llabedog; mae'n aml wedi'i rannu a'r llabedau'n gorgyffwrdd â'i gilydd. Ceir mân dyllau ar yr wyneb. Gwreiddios yn ei ddal wrth y tir.

Llysiau'r afu llydanddail   *Conocephalum conicum*   Ymledol
Llysiau'r afu sy'n ffurfio gorchudd mawr. Fe'i gwelir yn gyffredin ar greigiau a cherrig llaith, yn aml ger nentydd ac afonydd mewn coetiroedd. Mae'r planhigyn yn cynnwys thalws noddlawn, cul neu lydan, sy'n wyrdd tywyll, weithiau hyd at 15cm o hyd; mae'r llabedau'n aml yn gorgyffwrdd. O edrych yn fanwl, gwelir dotiau gwelw ar wyneb y thalws.

Llysiau'r afu palmwyddog   *Marchantia polymorpha*   Ymledol
Llysiau'r afu a welir yn gyffredin, fel rheol ar lannau cysgodol nentydd ac afonydd; mae hefyd yn tyfu ar gompost wedi ei ddyfrio'n dda mewn potiau planhigion o ganolfannau garddio. Mae'n cynnwys thalws gwyrdd tywyll wedi'i rannu a'r llabedau'n gorgyffwrdd. Mae cwpanau bas ar yr wyneb a choesau atgenhedlu ar siâp ymbarél: mae'r rhai benywaidd fel coed palmwydd a'r rhai gwrywaidd fel caws llyffant.

Rhubanau main y coed   *Metzgeria furcata*   Ymledol
Llysiau'r afu cyffredin ac eang ei ddosbarthiad. Mae'n tyfu ar foncyffion coed, creigiau a waliau mewn mannau cysgodol. Mae'r planhigyn yn cynnwys thalws hir, cul, prin 2mm o led. Dim ond un gell o drwch, ar wahân i'r wythïen ganol sy'n dewach ac yn debyg i wymon bychan.

Llysiau'r afu plethog   *Plagiochila asplenioides*   Ymledol
Llysiau'r afu eiddil, deiliog sy'n tyfu ar gloddiau llaith, cysgodol; mae'n weddol gyffredin ltrwy Brydain. Mae'r dail mewn dwy res sy'n gorgyffwrdd ar goesyn eithaf trwchus; mae'r planhigyn yn debyg i fersiwn bychan o dduegredynen gwallt y forwyn.

Llysiau'r afu llyfn   *Pellia epiphylla*   Ymledol
Llysiau'r afu cyfarwydd sy'n ffurfio clwt ar gloddiau llaith, cysgodol ym aml ger nentydd. Cyffredin trwy Brydain. Mae gan y thalws llydan, canghennog, fflat, wythïen ganol drwchus. Capsiwlau crwn, du sgleiniog ar goesynnau gwyrddion yn ymddangos yn y gwanwyn.

Cen melyn arfor   *Caloplaca marina*   Crawennol
Cen oren llachar sy'n ffurfio clytiau afreolaidd hyd at 50mm ar draws ar greigiau o gwmpas y llinell benllanw ar y traeth. Mae'n gallu goddef diferion y don a throchiad byr yn heli'r môr. I'w weld ar arfordiroedd Prydain ac Iwerddon; fwyaf cyffredin yn y gorllewin.

Cen pen matsien   *Cladonia floerkeana*   Ymledol
Cen cyfarwydd ar dir llwm mawnoglyd gwaun a rhos. Dosbarthiad eang; cyffredin mewn rhai mannau. Mae'n ffurfio clwt cramennog o gen llwydwyn. O'r cen, mae coesau cennog, gronynnog yn codi, ac arnynt ffurfiau coch llachar, sy'n cynhyrchu sborau.

Cen clustog y rhos   *Cladonia impexa*   Ymledol
Cen cyffredin ar waun a rhos. Mae'n cynnwys rhwydwaith ddryslyd o goesau canghennog, gwag sydd weithiau'n ffurfio clustogau trwchus neu orchudd os na chaiff ei sathru dan draed. Gwelir y rhain yn tyfu ymhlith coesau planhigion fel y grug.

Cen llabed ysgyfaint   *Lobaria pulmonaria*   Ymledol
Cen mawr llabedog sy'n tyfu mewn coetiroedd lle mae llawer o law ac ychydig o lygredd; i'w weld amlaf ar arfordiroedd de-orllewin a gorllewin Prydain. Mae'n tyfu ar risgl coed ac yn ffurfio llenni ymledol, pantiog. Fe'i gelwir hefyd yn glustiau'r derw neu gallodr y derw.

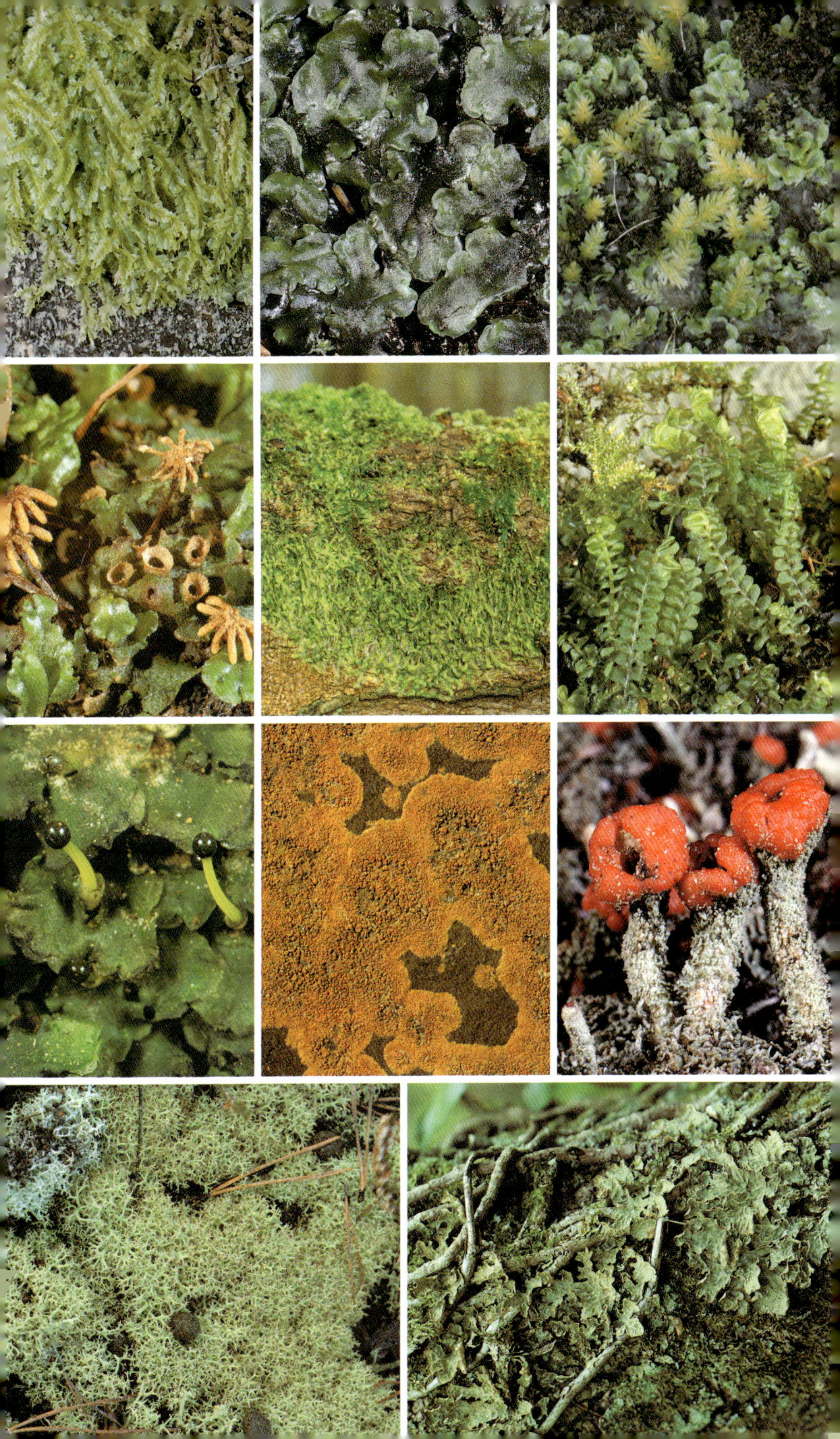

Planhigion Is • Cennau

Cen creithiog *Graphis scripta* Hyd at 15mm o led
Cen nodedig, cramennog a welir ar risgl coed llydanddail fel y gollen a'r onnen. Mae'n ffurfio clwt crwn, afreolaidd glaslwyd neu wyrddlwyd. Dros yr wyneb mae agennau ar ffurf llinellau neu sgribls du sy'n cynhyrchu sborau.

Cen swigennog *Hypogymnia physodes* Hyd at 25mm o led
Cen cyffredin sydd i'w weld yn y rhan fwyaf o Brydain ac Iwerddon. Mae'n aml yn tyfu ar frigau a changhennau ond hefyd ar greigiau a waliau. Er ei fod yn amlganghennog, mae'n ffurfio clwt cramennog crwn afreolaidd sy'n llyfn a llwyd ar yr ochr uchaf.

Cen smotiau duon *Lecanora atra* Black shields Ymledol
Cen sy'n ffurfio clwt cramennog ar feini mawr a chreigiau ar draethau ychydig uwchben y llinell benllanw; nid yw'n syndod ei fod yn gallu goddef diferion y don. Mae hefyd yn tyfu ar waliau ymhellach i fewn o'r môr. Mae'r wyneb yn gnapiog a llwyd a'r cyrff sy'n cynhyrchu sborau yn grwn a du ac iddynt ymylon llwyd golau.

Cen llygadog *Ochrolechia parella* Crab's-eye lichen Ymledol
Cen sy'n creu clytiau cramennog ar waliau a chreigiau; yn bennaf yn yr ucheldir ac yng ngorllewin Prydain. Mae'r wyneb yn llwydaidd ag ymyl gwelw. Mae'r clystyrau o gyrff crwn sy'n cynhyrchu sborau yn debyg i lygaid crancod.

Fflurgen rhychog *Parmelia caperata* Ymledol
Cen cramennog sy'n tyfu ar risgl coed aeddfed. Er ei fod yn eang ei ddosbarthiad, mae'n fwyaf cyffredin yn y rhannau hynny o dde Prydain sy'n weddol rhydd o lygredd awyr. Mae'r clytiau llwydwyrdd yn cynnwys llabedau crwn sy'n aml yn gorgyffwrdd; ar yr wyneb, ceir disgiau brown, pen gwastad, sy'n cynhyrchu sborau.

Cen dulas y calch *Placynthium nigrum* Ymledol
Cen sy'n cynhyrchu clytiau cramennog ar galchfaen a choncrit sydd wedi hindreulio. Mae'r wyneb yn ddu a gronynnog, ac yn aml wedi'i hollti mewn mannau. Mae'r lliw a'i siâp afreolaidd yn gwneud iddo edrych ar un olwg yn debyg i sblash o baent du. Fe'i ceir trwy Brydain ac mae'n gyffredin mewn rhai mannau.

Ifori'r môr *Ramalina siliquosa* Sea ivory Twffiau hyd at 3cm o hyd
Cen cudynnog canghennog a welir ar greigiau arfordirol a waliau cerrig. Mae'n tyfu ymhell uwchben y llinell benllanw ond mae'n dal i oddef diferion y don. Fe'i gwelir ar y rhan fwyaf o arfordiroedd ond yn arbennig yng ngorllewin Prydain. Ceir ffurfiau tebyg i ddisgiau sy'n cynhyrchu sborau ar y canghennau llwyd fflat.

Cen mapiau *Rhizocarpon geographicum* Map lichen Ymledol
Mae'r enw Saesneg yn briodol iawn ar gyfer y cen cramennog hwn sydd i'w weld ar greigiau yn yr ucheldir a'r mynyddoedd. Mae ffurfiau du sy'n cynhyrchu sborau fel pe baent wedi'u hysgythru ar yr wyneb melynaidd. Pan fo dau ddarn cyfagos yn cyfarfod, ceir llinell ddu rhyngddynt, gan greu darlun tebyg i fap. Mae'n edrych hyd yn oed yn debycach i fap os bydd y ddeuddarn o gen yn cydio wrth fath arall o gen o liw gwahanol.

Cen oren y cerrig *Xanthoria parietina* Yellow scales Ymledol
Mwy na thebyg y mwyaf cyfarwydd ac yn sicr y mwyaf lliwgar o gen yr arfordir sy'n creu clytiau orenfelyn ar greigiau, waliau a bricwaith ger y môr. Mae wyneb y gramen yn cynnwys cen deiliog, cul sydd braidd yn grychiog. Mae cen oren y cerrig i'w weld ledled arfordiroedd Prydain ac Iwerddon.

Cen du arfor *Verrucaria maura* Ymledol
Cen cramennog sy'n tyfu ar greigiau ac ar raean bras sefydlog o amgylch arfordiroedd Prydain ac Iwerddon. Fe'i gwelir yn aml yn uwch ar y traeth na'r gragen long a gall oddef ambell drochiad yn nŵr y môr yn ogystal â diferion y don. Mae'r wyneb yn ddu fel huddygl ac wedi'i orchuddio â rhwydwaith cynnil o agennau. Mae'n adlewyrchiad trist ar ein dyddiau ni ond weithiau fe'i camgymerir am olew.

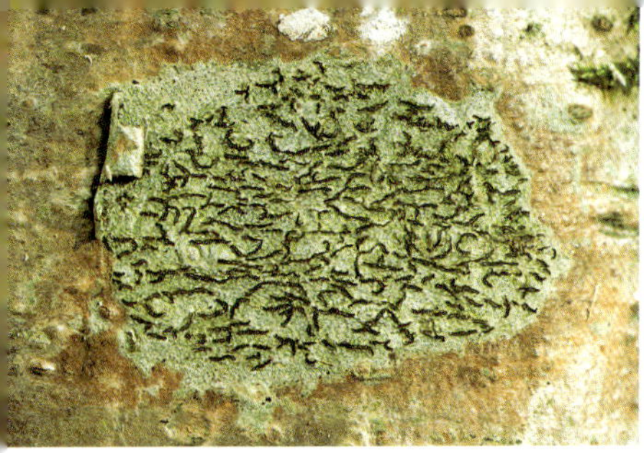
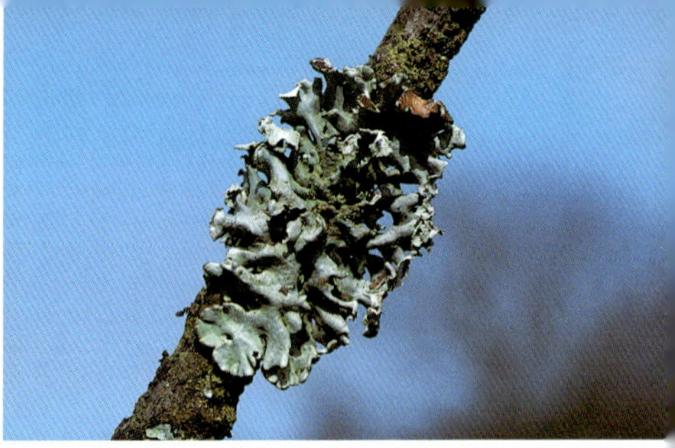
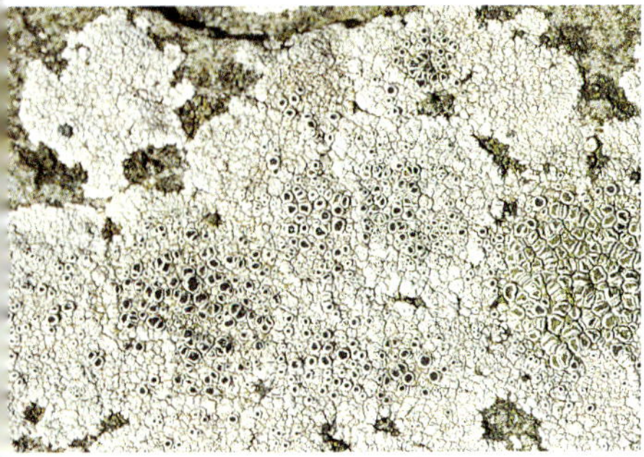
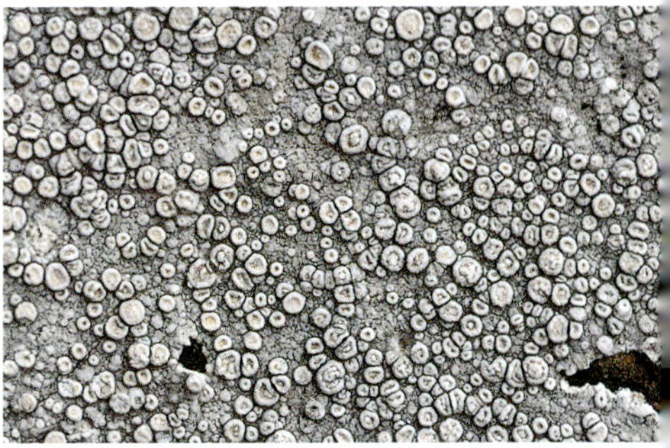
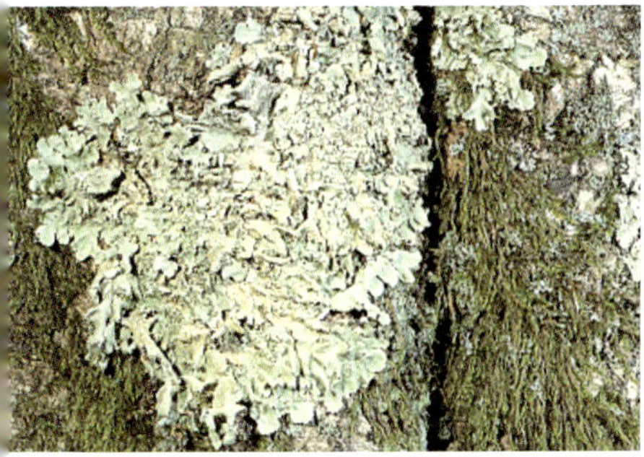
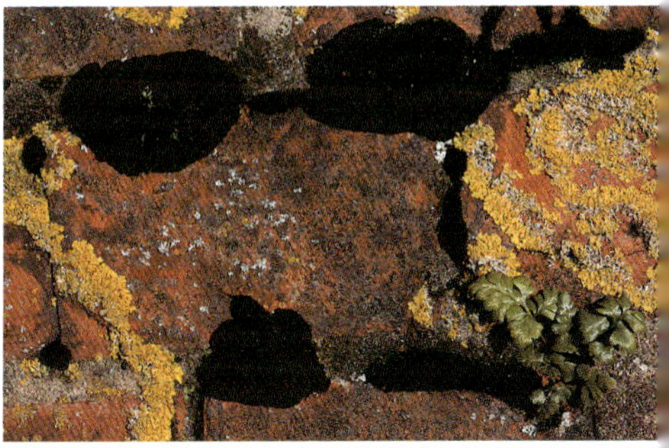
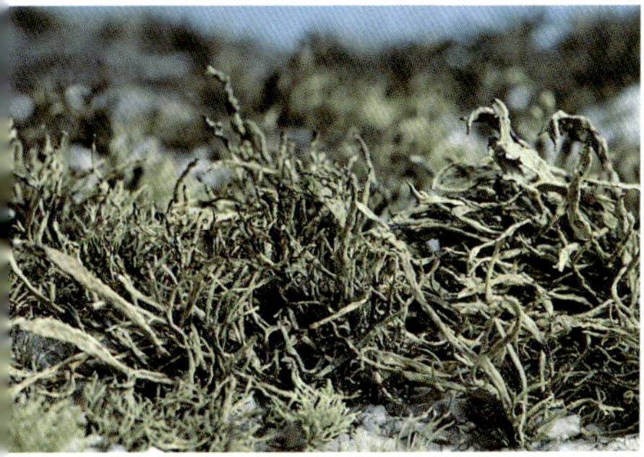
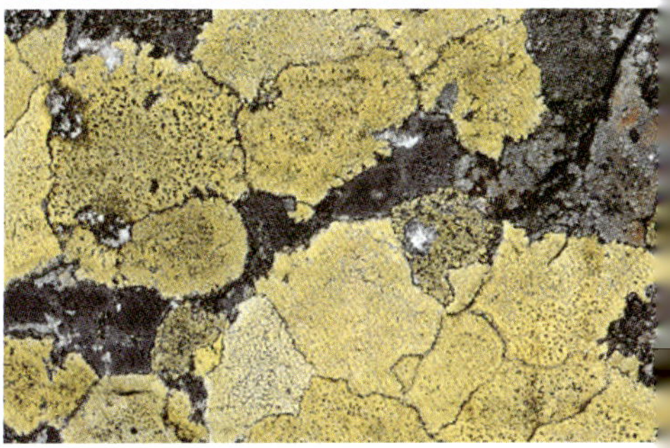
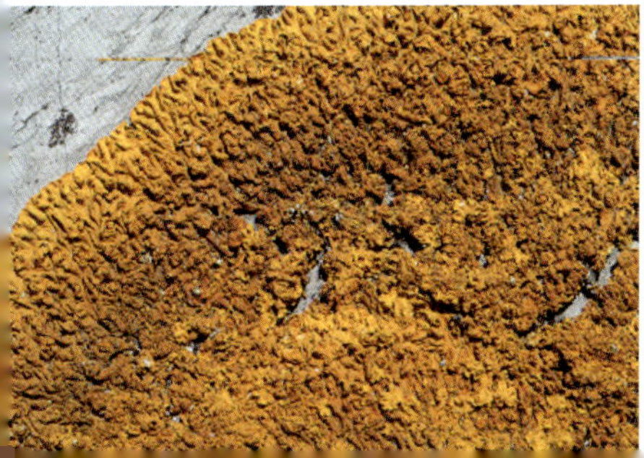
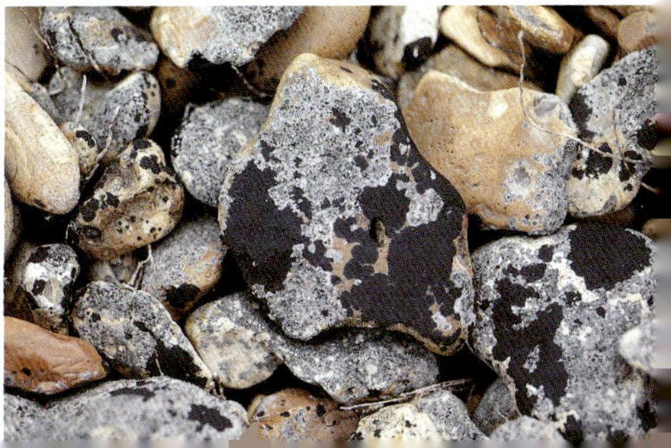

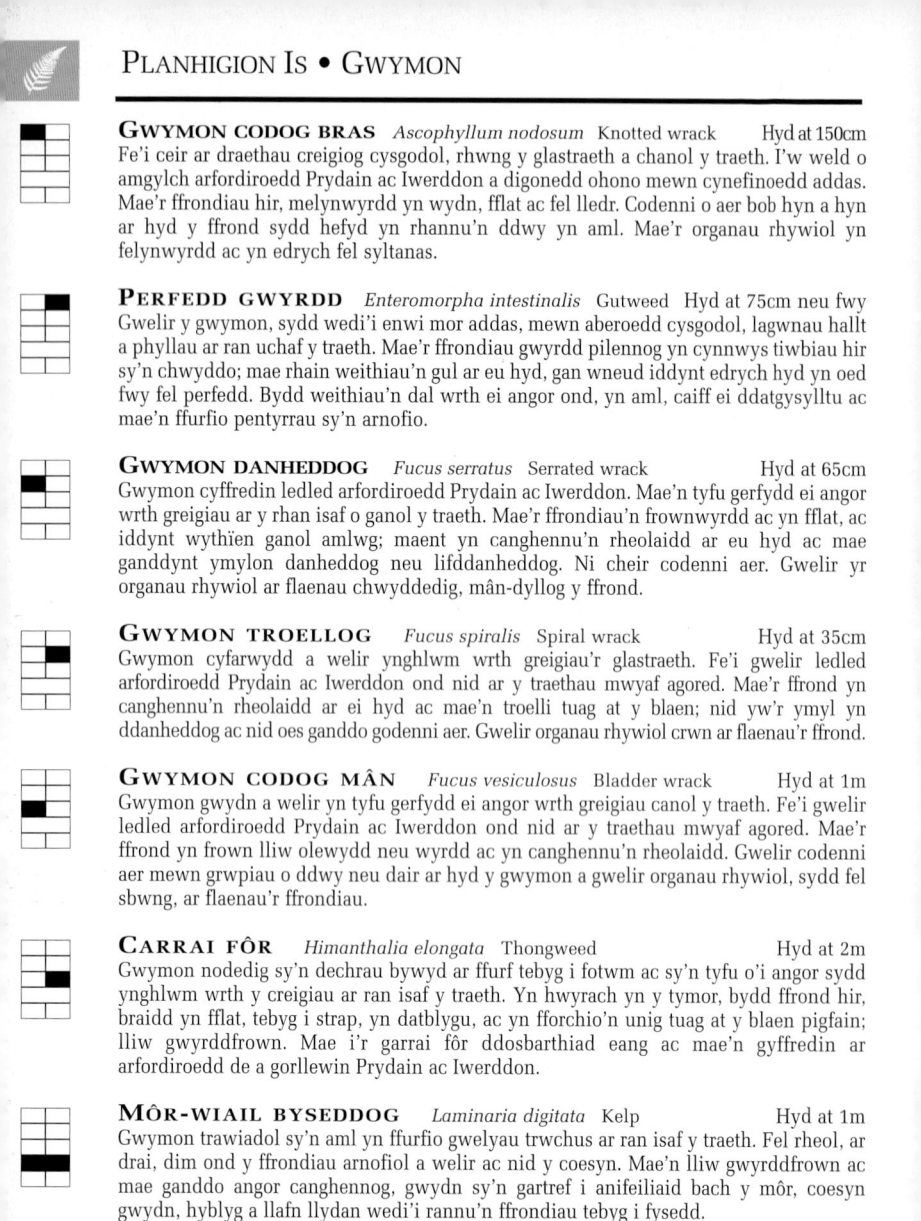

Planhigion Is • Gwymon

Gwymon Codog Bras *Ascophyllum nodosum* Knotted wrack   Hyd at 150cm
Fe'i ceir ar draethau creigiog cysgodol, rhwng y glastraeth a chanol y traeth. I'w weld o amgylch arfordiroedd Prydain ac Iwerddon a digonedd ohono mewn cynefinoedd addas. Mae'r ffrondiau hir, melynwyrdd yn wydn, fflat ac fel lledr. Codenni o aer bob hyn a hyn ar hyd y ffrond sydd hefyd yn rhannu'n ddwy yn aml. Mae'r organau rhywiol yn felynwyrdd ac yn edrych fel syltanas.

Perfedd Gwyrdd *Enteromorpha intestinalis* Gutweed   Hyd at 75cm neu fwy
Gwelir y gwymon, sydd wedi'i enwi mor addas, mewn aberoedd cysgodol, lagwnau hallt a phyllau ar ran uchaf y traeth. Mae'r ffrondiau gwyrdd pilennog yn cynnwys tiwbiau hir sy'n chwyddo; mae rhain weithiau'n gul ar eu hyd, gan wneud iddynt edrych hyd yn oed fwy fel perfedd. Bydd weithiau'n dal wrth ei angor ond, yn aml, caiff ei ddatgysylltu ac mae'n ffurfio pentyrrau sy'n arnofio.

Gwymon Danheddog *Fucus serratus* Serrated wrack   Hyd at 65cm
Gwymon cyffredin ledled arfordiroedd Prydain ac Iwerddon. Mae'n tyfu gerfydd ei angor wrth greigiau ar y rhan isaf o ganol y traeth. Mae'r ffrondiau'n frownwyrdd ac yn fflat, ac iddynt wythïen ganol amlwg; maent yn canghennu'n rheolaidd ar eu hyd ac mae ganddynt ymylon danheddog neu lifddanheddog. Ni cheir codenni aer. Gwelir yr organau rhywiol ar flaenau chwyddedig, mân-dyllog y ffrond.

Gwymon Troellog *Fucus spiralis* Spiral wrack   Hyd at 35cm
Gwymon cyfarwydd a welir ynghlwm wrth greigiau'r glastraeth. Fe'i gwelir ledled arfordiroedd Prydain ac Iwerddon ond nid ar y traethau mwyaf agored. Mae'r ffrond yn canghennu'n rheolaidd ar ei hyd ac mae'n troelli tuag at y blaen; nid yw'r ymyl yn ddanheddog ac nid oes ganddo godenni aer. Gwelir organau rhywiol crwn ar flaenau'r ffrond.

Gwymon Codog Mân *Fucus vesiculosus* Bladder wrack   Hyd at 1m
Gwymon gwydn a welir yn tyfu gerfydd ei angor wrth greigiau canol y traeth. Fe'i gwelir ledled arfordiroedd Prydain ac Iwerddon ond nid ar y traethau mwyaf agored. Mae'r ffrond yn frown lliw olewydd neu wyrdd ac yn canghennu'n rheolaidd. Gwelir codenni aer mewn grwpiau o ddwy neu dair ar hyd y gwymon a gwelir organau rhywiol, sydd fel sbwng, ar flaenau'r ffrondiau.

Carrai Fôr *Himanthalia elongata* Thongweed   Hyd at 2m
Gwymon nodedig sy'n dechrau bywyd ar ffurf tebyg i fotwm ac sy'n tyfu o'i angor sydd ynghlwm wrth y creigiau ar ran isaf y traeth. Yn hwyrach yn y tymor, bydd ffrond hir, braidd yn fflat, tebyg i strap, yn datblygu, ac yn fforchio'n unig tuag at y blaen pigfain; lliw gwyrddfrown. Mae i'r garrai fôr ddosbarthiad eang ac mae'n gyffredin ar arfordiroedd de a gorllewin Prydain ac Iwerddon.

Môr-wiail Byseddog *Laminaria digitata* Kelp   Hyd at 1m
Gwymon trawiadol sy'n aml yn ffurfio gwelyau trwchus ar ran isaf y traeth. Fel rheol, ar drai, dim ond y ffrondiau arnofiol a welir ac nid y coesyn. Mae'n lliw gwyrddfrown ac mae ganddo angor canghennog, gwydn sy'n gartref i anifeiliaid bach y môr, coesyn gwydn, hyblyg a llafn llydan wedi'i rannu'n ffrondiau tebyg i fysedd.

Gwymon Rhychog *Pelvetia canaliculata* Channelled wrack   Hyd at 15cm
Gwymon trawiadol sy'n ffurfio llain ar y glastraeth ar arfordiroedd creigiog. Mae'r ffrondiau'n lliw gwyrddfrown ac yn aml ganghennog. Mae'r ymylon sydd wedi'u rholio at i mewn yn gymorth i ddal dŵr pan fo'r gwymon yn agored i'r awyr am gyfnodau hir adeg llanw isel. Nid oes gan y gwymon rhychog goden aer; mae'r organau rhywiol ar flaenau'r ffrond. Mae iddo ddosbarthiad eang ac mae'n gyffredin fel rheol.

Letys y Môr *Ulva lactuca* Sea-lettuce   Hyd at 40cm
Gwymon cain gwyrdd a philennog a welir yn tyfu wedi'i angori wrth greigiau ar draethau cysgodol; mae'n aml yn ffynnu mewn pyllau glan môr, ar rannau uchaf a chanol y traeth, hyd yn oed os yw wedi'i ddatgysylltu o'i angor. Mae'n anodd penderfynu beth yw union siâp y gwymon am ei fod yn edrych mor garpiog. Mae'n gallu goddef dŵr lled hallt.

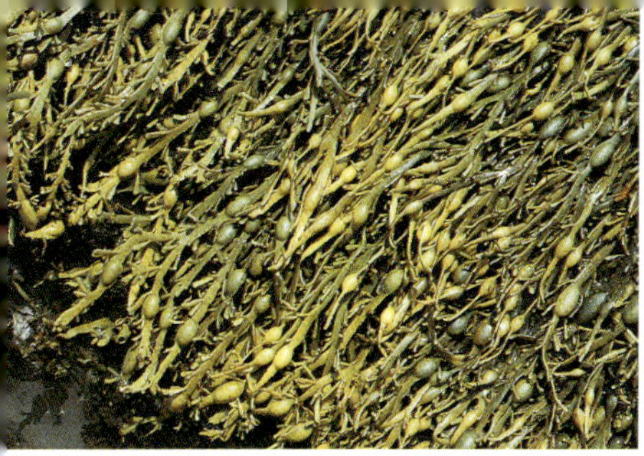
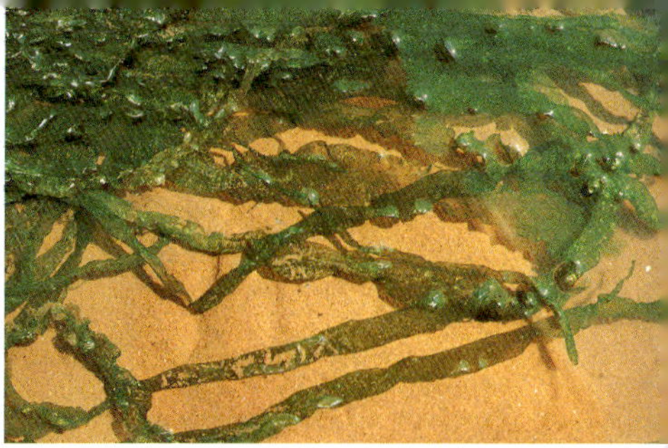
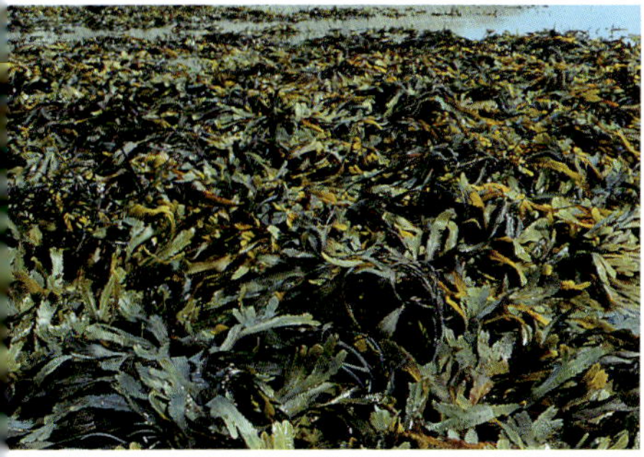
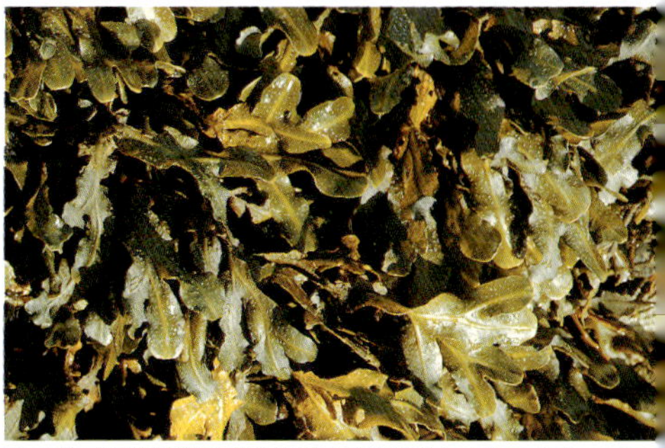
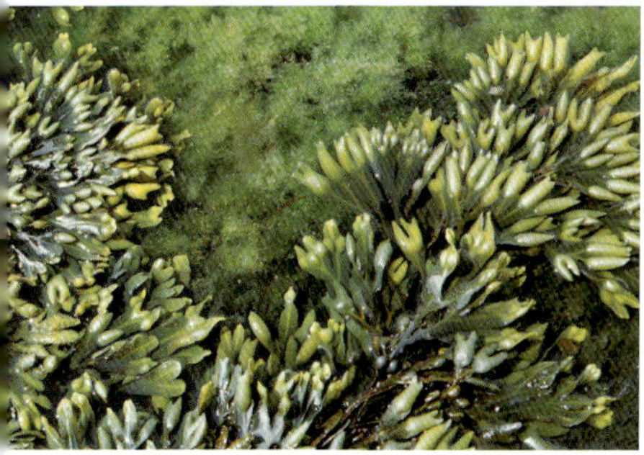
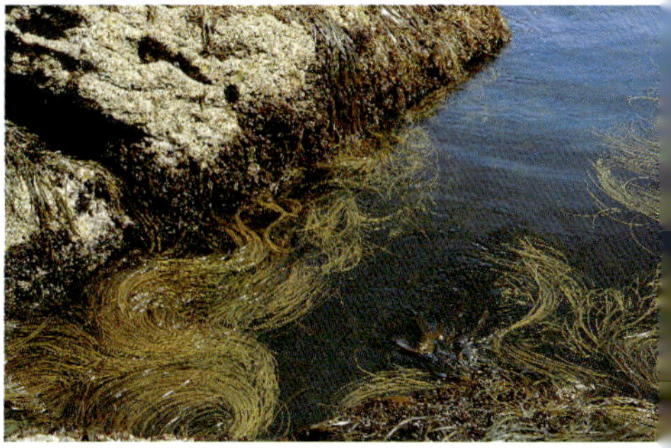
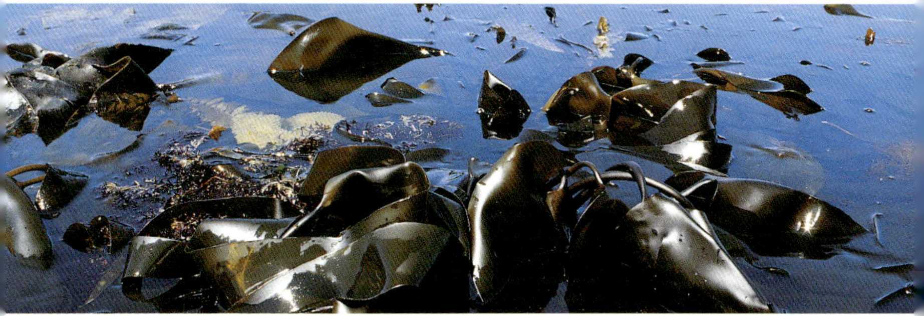
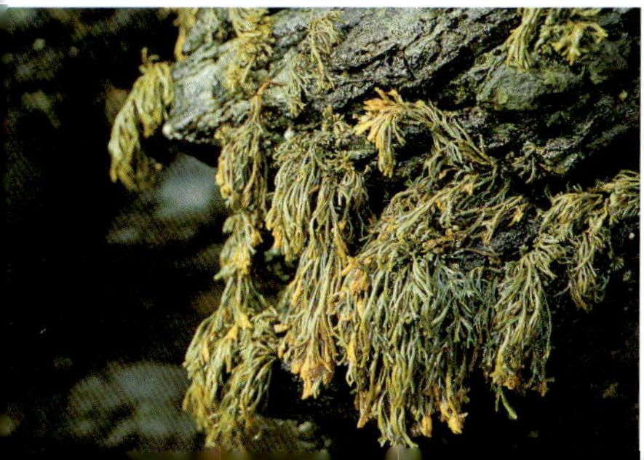
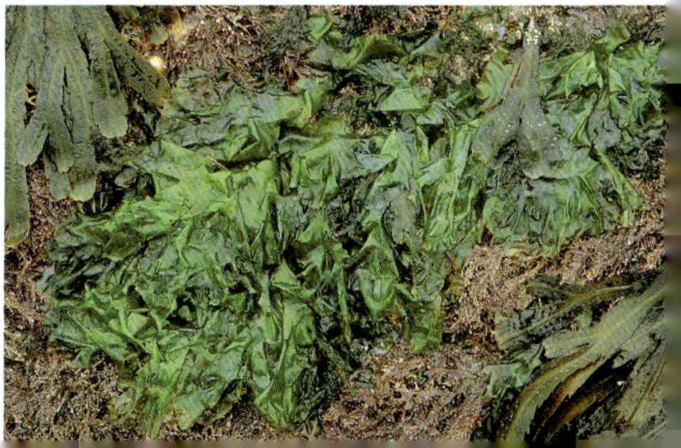

Ffyngau

CROEN OREN   *Aleuria aurantia*   Orange peel fungus   Hyd at 8cm ar draws
Ffwng hawdd ei adnabod wrth ei siâp soser a'i wyneb llyfn, oren llachar. Oddi tano, mae'n llwyd-oren ei liw ac yn llai llyfn. Tyfa ar ddaear foel neu lwybrau coedwig rhwng Medi a Thachwedd. Ffwng cyffredin.

COESYN RHYCHOG GWYN   *Helvella crispa*   White helvella   Taldra uchaf 15cm
Ffwng od yr olwg â chap di-siâp fel plastig wedi meddalu. Mae'r cap gwyn-hufen yn oleuach na'r goes lwydwyn rychog. Fe'i gwelir ar ochr llwybrau a ffyrdd yn yr hydref.

CYRN GWYN   *Xylaria hypoxylon*   Candle snuff fungus   Taldra uchaf 5cm
Ffwng cyffredin mewn coed collddail. Mae'r coesau, siâp cyrn carw, yn tyfu ar goed marw; mae'n wyn ar y dechrau ond yn troi'n ddu wrth aeddfedu. Fe'i gwelir trwy'r flwyddyn, fel rheol mewn clwstwr ar hen foncyff.

PELI DUON/CACENNI Y BRENIN ALFRED
Daldinia concentrica   King Alfred's cakes   Hyd at 5cm ar draws
Mae'n ffurfio peli du, caled ar risgl coed collddail sy'n marw, yn enwedig ynn. Mae'n fregus iawn. Ffwng cyffredin iawn sydd i'w weld trwy'r flwyddyn.

DAFADEN GOCH   *Nectria cinnabarina*   Coral-spot fungus   Hyd at 2mm ar draws
Ffwng bach, hawdd ei adnabod. Gwelir clystyrau o beli bach oren-goch ar risgl brigau a changhennau coed collddail. Mae'n gyffredin iawn ac i'w weld trwy'r flwyddyn.

YSGWYDD Y FEDWEN   *Piptoporus betulinus*   Birch polypore   Hyd at 20cm ar draws
Ffwng ysgwydd cyfarwydd sydd i'w weld ar foncyffion coed bedw yn unig. Mae'n siâp hanner cylch a gall fod hyd at 4cm o drwch. Brown golau yw lliw'r wyneb ond oddi tano mae'n wyn â miloedd o dyllau bychan. Ffwng cyffredin sydd i'w weld trwy'r flwyddyn.

YSGWYDD AMRYLIW
Coriolus versicolor   Many-zoned polypore   Hyd at 7cm ar draws
Ffwng ysgwydd cyffredin iawn sy'n tyfu ar foncyffion a brigau coed collddail marw. Tyfa mewn siâp hanner cylch, y naill ar ben y llall, â bandiau o liwiau amryliw ar yr wyneb. Fe'i gwelir trwy'r flwyddyn. Enw arall arno yw ysgwydd cynffon twrci.

SIANTREL   *Cantharellus cibarius*   Chanterelle   Taldra uchaf 10cm
Ffwng cyfarwydd a blasus sy'n arogli o fricyll. Mae'r cap melyn yn grwn ar y dechrau ond yn troi'n siâp twmffat wrth aeddfedu. Ceir rhychau'n rhedeg i lawr y goes fer. Ffwng cyffredin mewn coedwigoedd.

YSGWYDD YR HELYGEN
Daedaleopsis confragosa   Blushing bracket   Hyd at 18cm ar draws
Ffwng ysgwydd cyffredin ar goed helyg a bedw. Ceir cylchoedd brown a hufen ar wyneb y cap a thyllau bach gwyn oddi tano. Bydd y rhain yn cochi pan gânt eu gwasgu ac yn tywyllu wrth aeddfedu. Fe'i gwelir rhwng Medi a Thachwedd.

CYFRWY CENNOG   *Polyporus squamosus*   Dryad's saddle   Hyd at 50cm ar draws
Ffwng mawr sy'n tyfu mewn pentyrrau ar goed collddail, yn enwedig ynn a llwyfenni. Mae wyneb y cap lliw hufen wedi ei orchuddio â chennau brown; oddi tano, mae'n wyn â thyllau mawr. Fe'i gwelir rhwng Mehefin a Medi.

CARN Y FEDWEN   *Fomes fomentarius*   Hoof fungus   Hyd at 30cm ar draws
Ffwng cadarn sy'n hynod debyg i garn ceffyl. Mae'n tyfu ar goed bedw ac i'w weld yn ucheldir yr Alban yn unig. Ceir llinellau tywyll yn croesi'r wyneb llwyd. Fe'i gwelir trwy'r flwyddyn.

YSGWYDD FLEWOG   *Stereum hirsutum*   Hairy stereum   Hyd at 4cm ar draws
Ffurfia bentyrrau o ysgwyddau cadarn, tonnog, tuag 1mm o drwch. Fel rheol, mae'n lliw orenfelyn oddi tano, ond gall amrywio'n fawr. Mae'r wyneb uchaf yn llwyd ac yn flewog. Fe'i gwelir trwy'r flwyddyn ar goed marw.

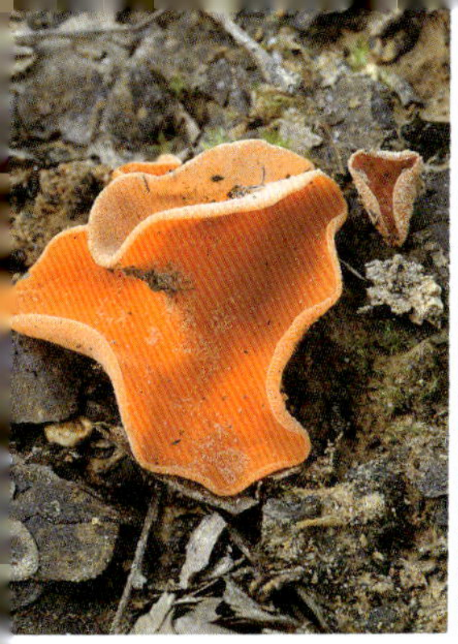
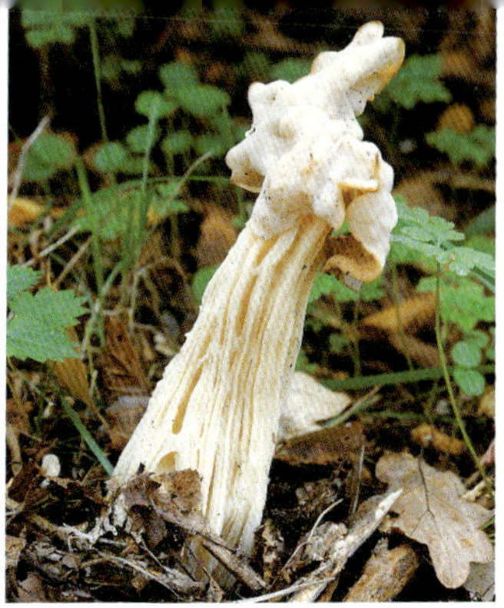
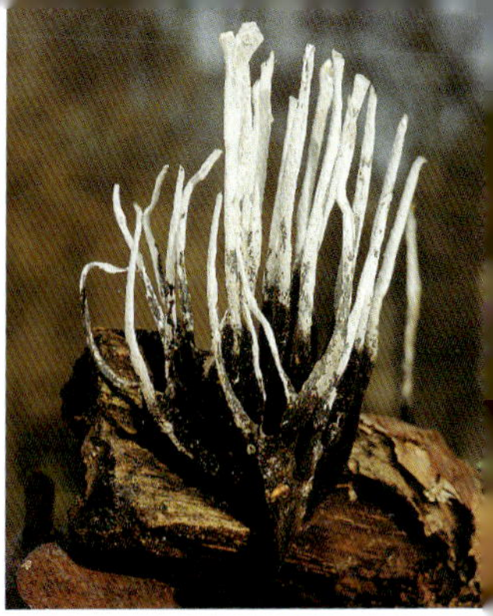
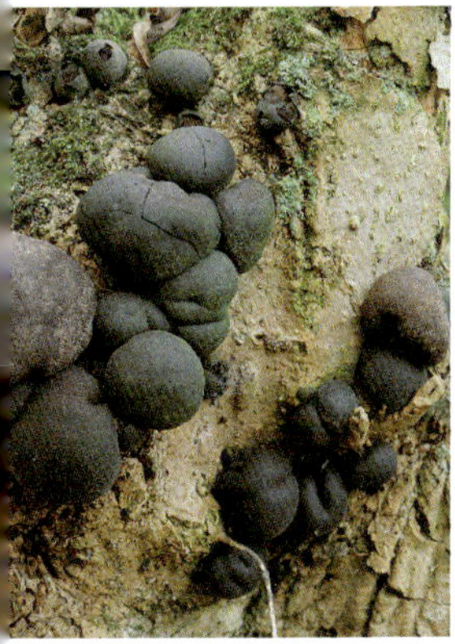
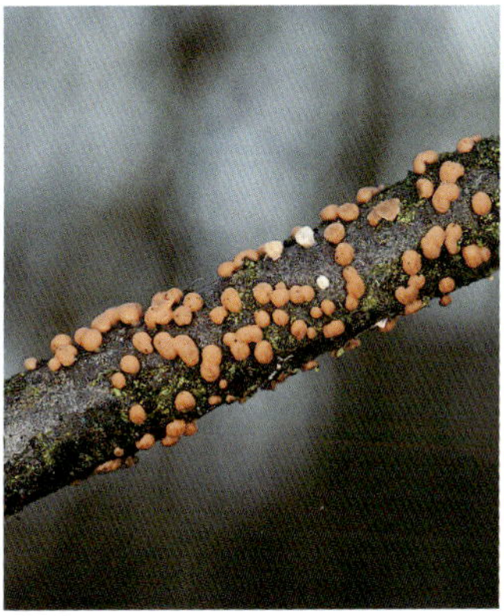
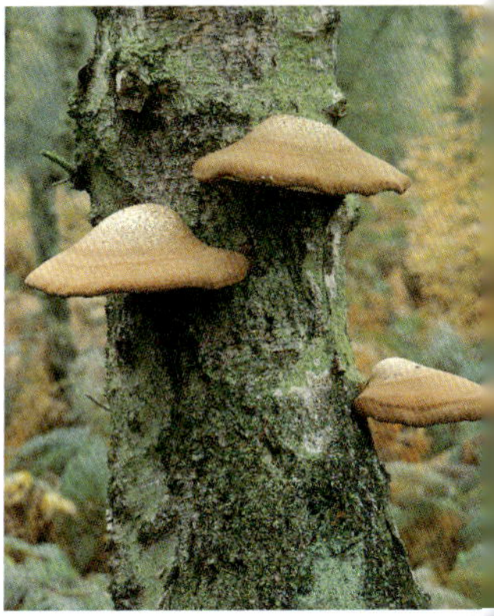
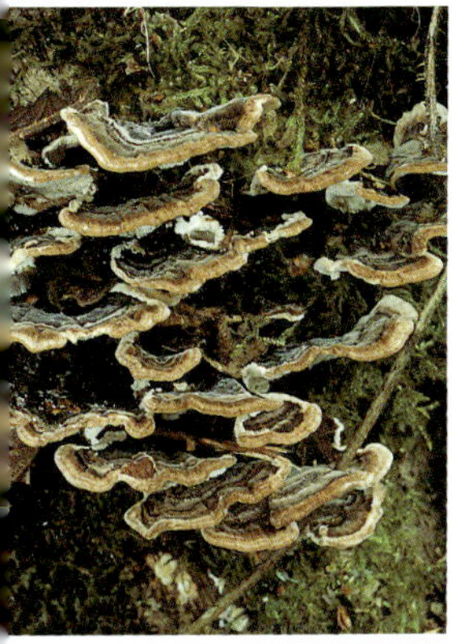
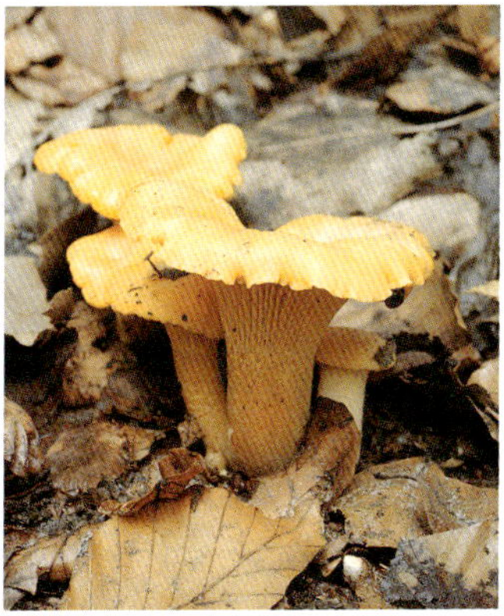
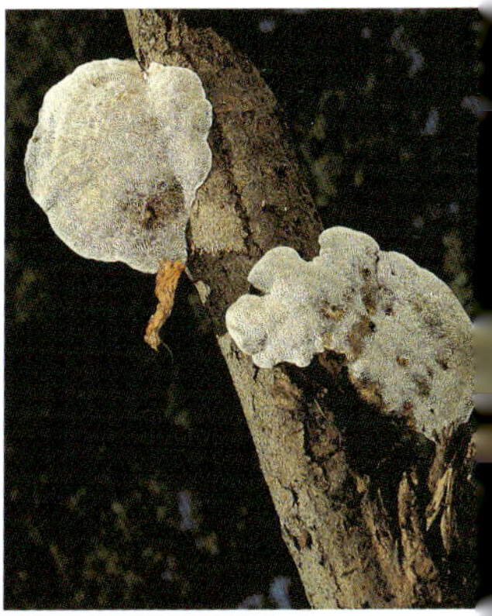
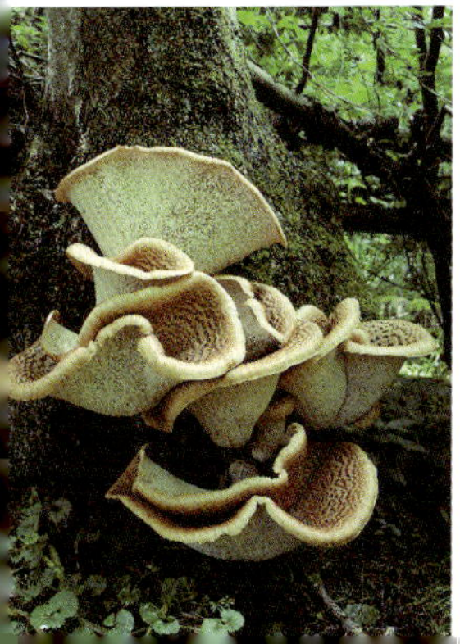
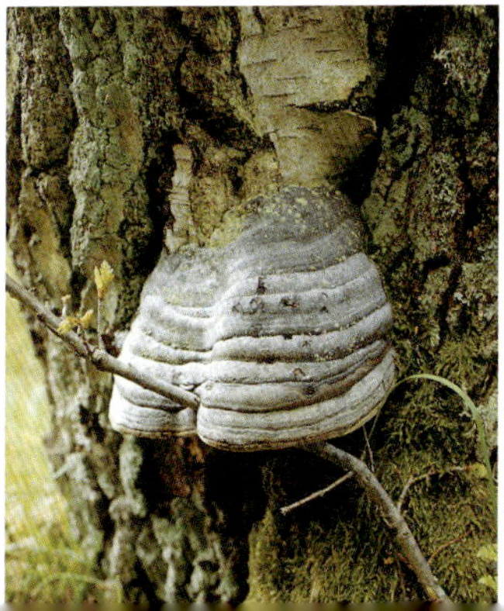
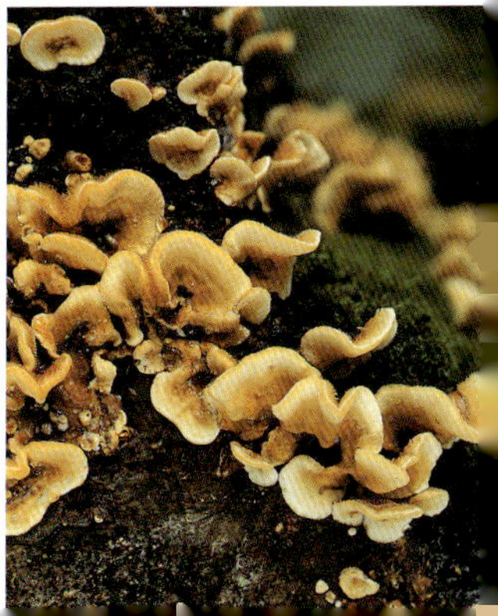

Ffyngau

Ysgwydd feddal *Crepidotus variabilis* Hyd at 3cm ar draws
Ffwng cyffredin mewn coedwigoedd. Mae'n ffurfio ysgwyddau meddal siâp arennau ar frigau sydd wedi cwympo. Mae'r wyneb uchaf yn hufen golau a blewog a cheir tagellau hufen-binc oddi tano.

Wystrysen y coed
Pleurotus ostreatus Oyster fungus Hyd at 13cm ar draws
Ffwng blasus tu hwnt sy'n tyfu ar goed collddail, yn enwedig ffawydd. Mae'r wyneb uchaf yn llwyd ac yn llyfn ond ceir tagellau gwyn oddi tano. Cyffredin yn yr hydref.

Ffwng melog *Armillaria mellea* Honey fungus Taldra uchaf 15cm
Ffwng cyffredin mewn coedwigoedd, yn byw ar hen foncyffion ond hefyd ar goed byw, gan eu lladd weithiau. Mae'r cap brown, crwm yn gennog a'r tagellau'n lliw hufen golau. Ceir cylch am y goes. Fe'i gwelir yn yr hydref.

Coes las y coed *Lepista nuda* Wood blewit Taldra uchaf 8cm
Ffwng blasus sydd i'w weld mewn coedwigoedd collddail a pherthi. Mae'r cap llyfn yn lliw porffor golau. Mae fel côn i ddechrau ond yn troi'n fwy gwastad wrth aeddfedu. Lelog-borffor yw lliw'r tagellau a cheir llinellau lelog ar y goes. Cyffredin yn yr hydref.

Cap niwl *Clitocybe nebularis* Clouded agaric Taldra uchaf 12cm
Ffwng cyffredin iawn mewn coedwigoedd collddail yn Hydref a Tachwedd. Mae'r cap yn llwydlas yn y canol ac yn goleuo tua'r ymylon. Mae'n grwm ar y dechrau ac yn troi'n fwy gwastad wrth aeddfedu. Hufen yw lliw'r tagellau ac mae'r goes yn lletach wrth y bôn.

Y twyllwr *Laccaria laccata* The deceiver Taldra uchaf 8cm
Ffwng cyffredin, amrywiol yr olwg, sydd i'w weld rhwng Gorffennaf a Hydref ymysg y dail ar lawr coetiroedd collddail a bythwyrdd. Mae'r cap a'r goes fel rheol yn gochfrown. Pinc yw lliw y tagellau a cheir troadau yn y goes wydn.

Twyllwr piws *Laccaria amethystea* Amethyst deceiver Taldra uchaf 9cm
Ffwng hardd, piws, sy'n byw ymysg y dail cwympedig ar lawr coed collddail. Mae'r cap yn gromennog ar y dechrau ond yn troi'n anghyson o wastad wrth aeddfedu. Mae'r tagellau'n bell oddi wrth ei gilydd a cheir blew gwyn ym môn y goes droellog. Ffwng cyffredin.

Coes wydn seimlyd *Collybia butyracea* Greasy tough-shank Taldra uchaf 8cm
Hawdd ei adnabod wrth y cap seimlyd. Ffwng cyffredin mewn coed collddail a bythwyrdd. Gwyn yw lliw'r tagellau a'r cnawd. Ceir chwydd ym môn y goes wydn, frown golau. Fe'i gwelir yn yr hydref.

Madarch cylch *Marasmius oreades* Fairy-ring champignon Taldra uchaf 8cm
Ffwng sy'n tyfu mewn cylchoedd ar lawntiau a chaeau gwair. Fel rheol, mae'r cap a'r goes yn frown golau ond gall fod yn dywyllach; tagellau a chnawd gwyn. Cyffredin iawn yn yr hydref.

Cap porslen *Oudemansiella mucida* Porcelain fungus Hyd at 7cm ar draws
Ffwng gwyn, llysnafeddog, lled dryloyw sy'n tyfu ar ganghennau marw coed collddail, yn enwedig ffawydd. Gall hyd y goes wen, denau amrywio'n fawr. Mae'r tagellau'n bell oddi wrth ei gilydd. Ffwng cyffredin sydd i'w weld rhwng Medi a Thachwedd.

Amanita'r gwybed *Amanita muscaria* Fly agaric Taldra uchaf 20cm
Ffwng gwenwynig cyfarwydd a chyffredin sydd wastad yn gysylltiedig â choed bedw ac sydd i'w weld ar rostiroedd a choedwigoedd cymysg. Ceir smotiau gwyn ar y cap coch. Gwyn yw'r tagellau a cheir cylch am y goes wen. Mae'n tyfu mewn grwpiau rhwng Awst a Thachwedd.

Cap marwol ffug *Amanita citrina* False death cap Taldra uchaf 8cm
Ffwng cyffredin mewn coed collddail, yn enwedig ffawydd. Cap gwyn neu felyn golau, yn aml â gweddillion carpiog y llen a wisgai pan oedd yn ifanc. Gwyn yw'r tagellau a'r cnawd. Mae arno aroglau tatws amrwd. Ceir cylch am y goes a chwydd amlwg yn y bôn.

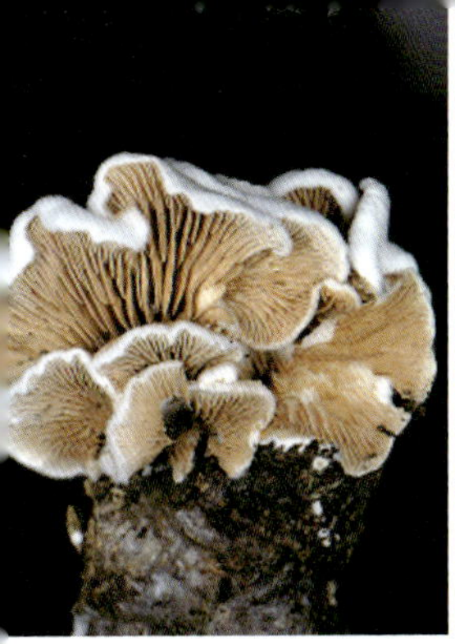
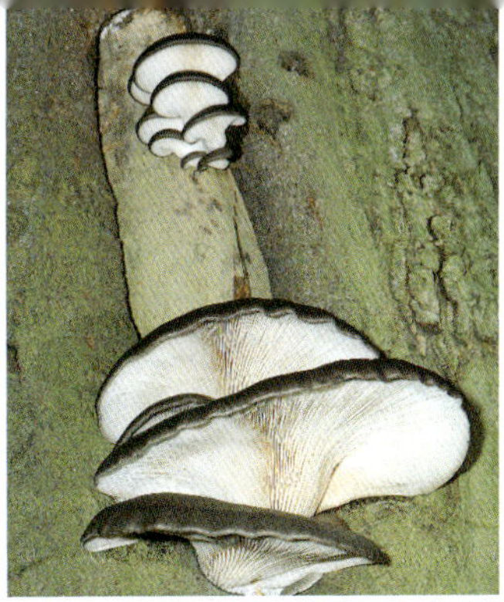
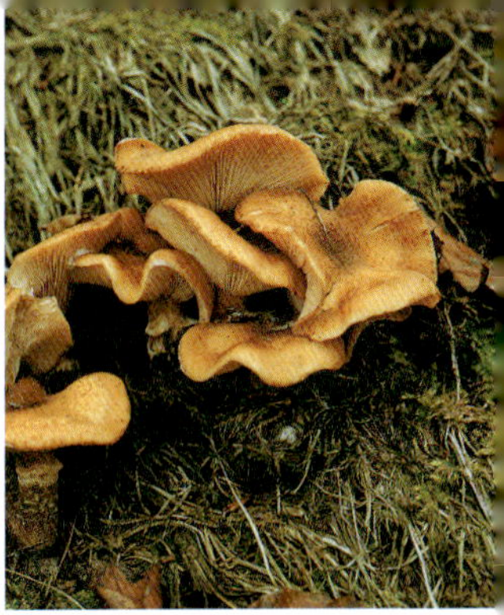
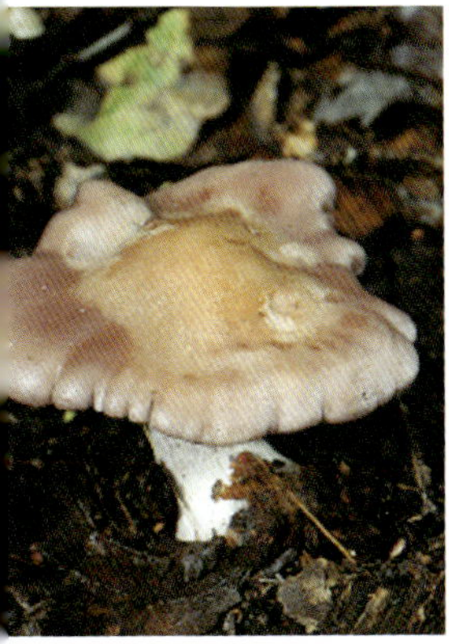
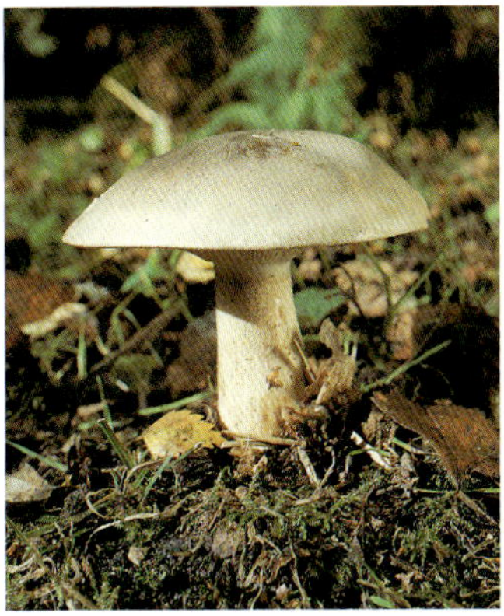
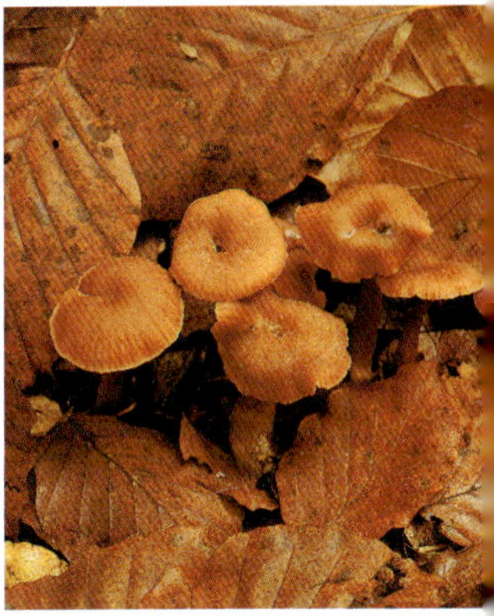
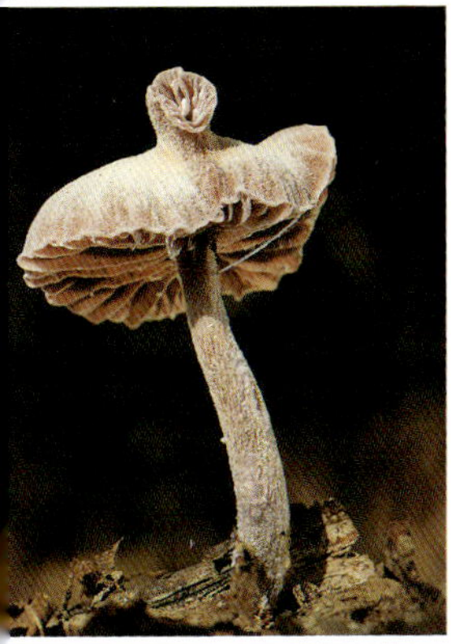
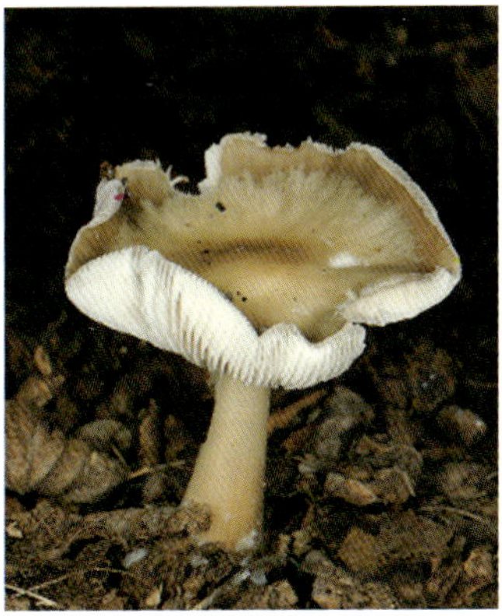
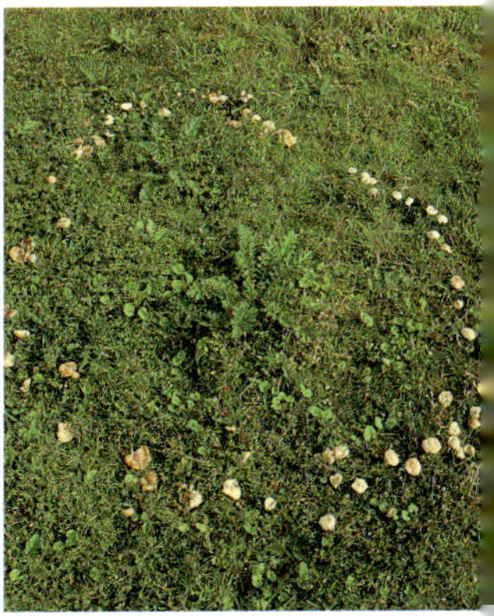
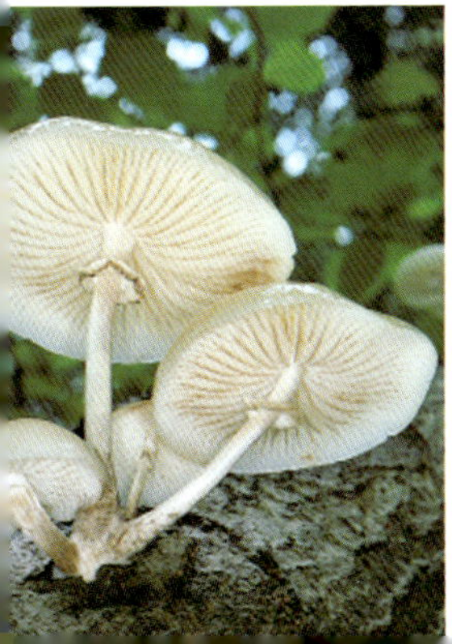
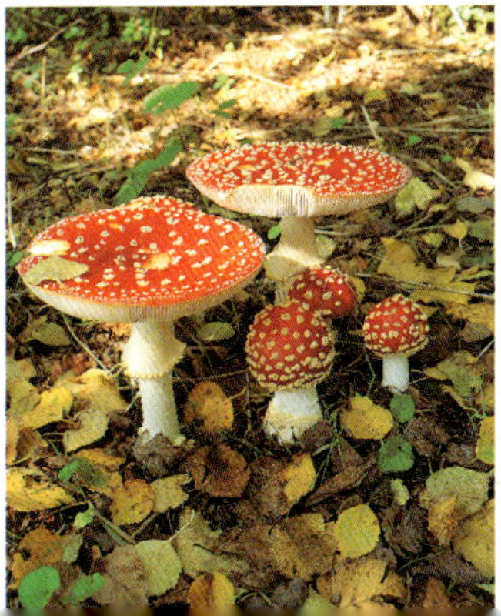
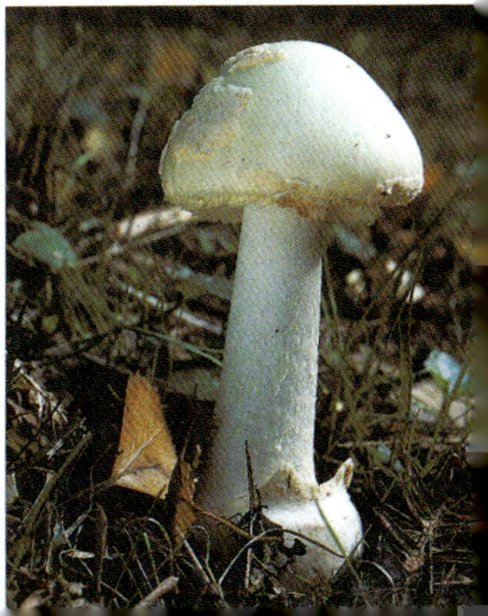

Ffyngau

Griset Gwinau *Amanita fulva* Tawny grisette Taldra uchaf 12cm
Ffwng cyfarwydd yn yr hydref o dan goed collddail, yn enwedig goed derw. Weithiau, ceir llinellau tywyll ar ymylon y cap brown. Tagellau a chnawd gwyn. Nid oes cylch ar y goes dal.

Cap Marwol *Amanita phalloides* Death cap Taldra uchaf 10cm
Ffwng gwenwynig iawn a welir rhwng Medi a Thachwedd mewn coed collddail, fel rheol o dan goed ffawydd neu dderw. Arogl gorfelys. Gwyn yw'r tagellau a'r cnawd a'r cap yn wyrdd golau. Ceir cylch am y goes wen a sach arbennig o'r enw folfa o gwmpas y bôn.

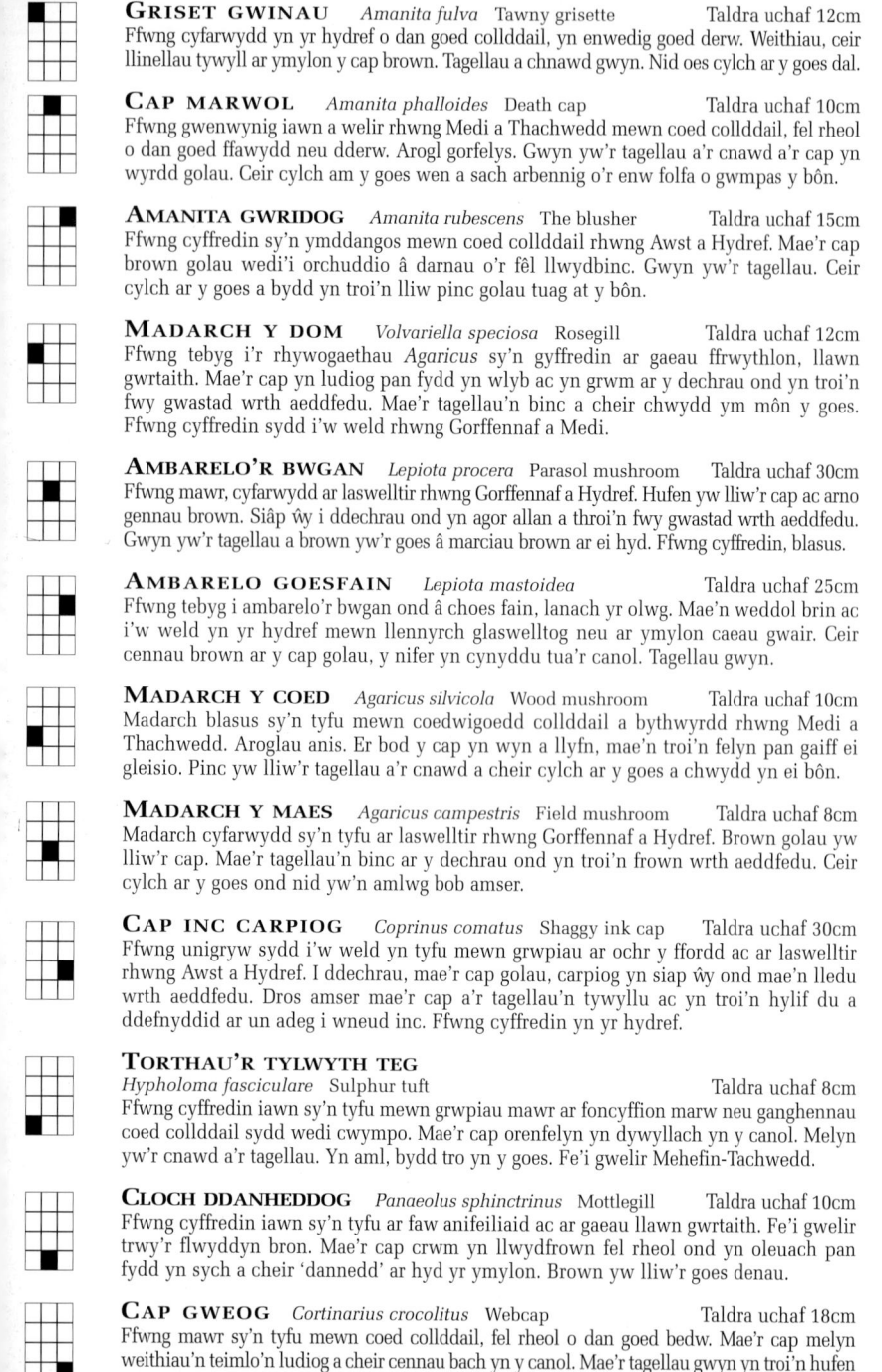

Amanita Gwridog *Amanita rubescens* The blusher Taldra uchaf 15cm
Ffwng cyffredin sy'n ymddangos mewn coed collddail rhwng Awst a Hydref. Mae'r cap brown golau wedi'i orchuddio â darnau o'r fêl llwydbinc. Gwyn yw'r tagellau. Ceir cylch ar y goes a bydd yn troi'n lliw pinc golau tuag at y bôn.

Madarch y Dom *Volvariella speciosa* Rosegill Taldra uchaf 12cm
Ffwng tebyg i'r rhywogaethau *Agaricus* sy'n gyffredin ar gaeau ffrwythlon, llawn gwrtaith. Mae'r cap yn ludiog pan fydd yn wlyb ac yn grwm ar y dechrau ond yn troi'n fwy gwastad wrth aeddfedu. Mae'r tagellau'n binc a cheir chwydd ym môn y goes. Ffwng cyffredin sydd i'w weld rhwng Gorffennaf a Medi.

Ambarelo'r Bwgan *Lepiota procera* Parasol mushroom Taldra uchaf 30cm
Ffwng mawr, cyfarwydd ar laswelltir rhwng Gorffennaf a Hydref. Hufen yw lliw'r cap ac arno gennau brown. Siâp ŵy i ddechrau ond yn agor allan a throi'n fwy gwastad wrth aeddfedu. Gwyn yw'r tagellau a brown yw'r goes â marciau brown ar ei hyd. Ffwng cyffredin, blasus.

Ambarelo Goesfain *Lepiota mastoidea* Taldra uchaf 25cm
Ffwng tebyg i ambarelo'r bwgan ond â choes fain, lanach yr olwg. Mae'n weddol brin ac i'w weld yn yr hydref mewn llennyrch glaswelltog neu ar ymylon caeau gwair. Ceir cennau brown ar y cap golau, y nifer yn cynyddu tua'r canol. Tagellau gwyn.

Madarch y Coed *Agaricus silvicola* Wood mushroom Taldra uchaf 10cm
Madarch blasus sy'n tyfu mewn coedwigoedd collddail a bythwyrdd rhwng Medi a Thachwedd. Aroglau anis. Er bod y cap yn wyn a llyfn, mae'n troi'n felyn pan gaiff ei gleisio. Pinc yw lliw'r tagellau a'r cnawd a cheir cylch ar y goes a chwydd yn ei bôn.

Madarch y Maes *Agaricus campestris* Field mushroom Taldra uchaf 8cm
Madarch cyfarwydd sy'n tyfu ar laswelltir rhwng Gorffennaf a Hydref. Brown golau yw lliw'r cap. Mae'r tagellau'n binc ar y dechrau ond yn troi'n frown wrth aeddfedu. Ceir cylch ar y goes ond nid yw'n amlwg bob amser.

Cap Inc Carpiog *Coprinus comatus* Shaggy ink cap Taldra uchaf 30cm
Ffwng unigryw sydd i'w weld yn tyfu mewn grwpiau ar ochr y ffordd ac ar laswelltir rhwng Awst a Hydref. I ddechrau, mae'r cap golau, carpiog yn siap ŵy ond mae'n lledu wrth aeddfedu. Dros amser mae'r cap a'r tagellau'n tywyllu ac yn troi'n hylif du a ddefnyddid ar un adeg i wneud inc. Ffwng cyffredin yn yr hydref.

Torthau'r Tylwyth Teg
Hypholoma fasciculare Sulphur tuft Taldra uchaf 8cm
Ffwng cyffredin iawn sy'n tyfu mewn grwpiau mawr ar foncyffion marw neu ganghennau coed collddail sydd wedi cwympo. Mae'r cap orenfelyn yn dywyllach yn y canol. Melyn yw'r cnawd a'r tagellau. Yn aml, bydd tro yn y goes. Fe'i gwelir Mehefin-Tachwedd.

Cloch Ddanheddog *Panaeolus sphinctrinus* Mottlegill Taldra uchaf 10cm
Ffwng cyffredin iawn sy'n tyfu ar faw anifeiliaid ac ar gaeau llawn gwrtaith. Fe'i gwelir trwy'r flwyddyn bron. Mae'r cap crwm yn llwydfrown fel rheol ond yn oleuach pan fydd yn sych a cheir 'dannedd' ar hyd yr ymylon. Brown yw lliw'r goes denau.

Cap Gweog *Cortinarius crocolitus* Webcap Taldra uchaf 18cm
Ffwng mawr sy'n tyfu mewn coed collddail, fel rheol o dan goed bedw. Mae'r cap melyn weithiau'n teimlo'n ludiog a cheir cennau bach yn y canol. Mae'r tagellau gwyn yn troi'n hufen wrth aeddfedu. Mae'r goes gadarn yn felyn â chwydd yn y bon. Fe'i gwelir Awst-Hydref.

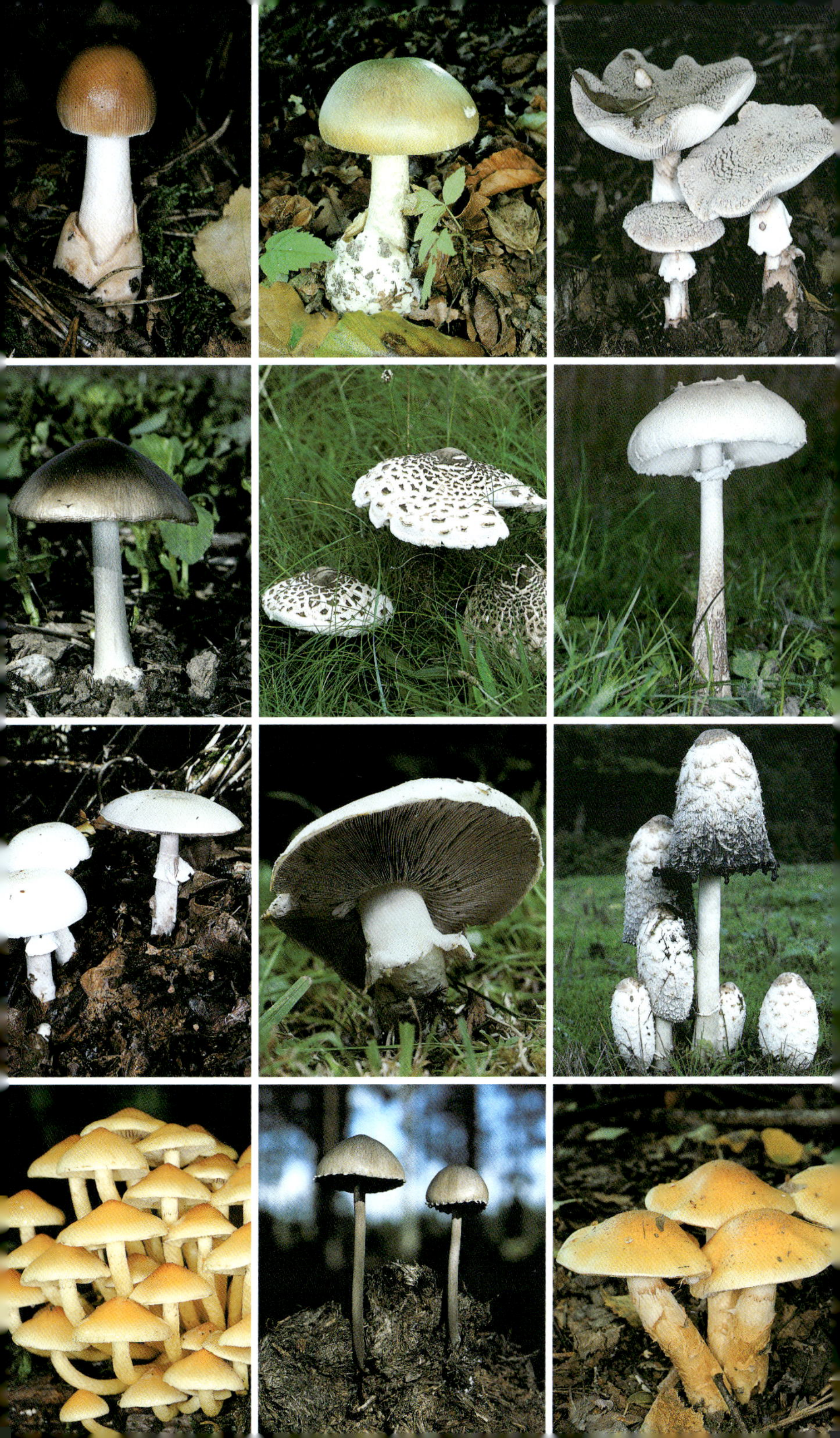

Ffyngau

Cap Tyllog Bwytadwy   *Boletus edulis*   Cep   Taldra uchaf 25cm
Ffwng blasus iawn a welir rhwng Awst a Thachwedd mewn coed collddail, fel rheol o dan goed derw neu ffawydd. Ceir chwyddau di-rif ar y cap brown. Oddi tano, mae'n wyn ar y dechrau ond yn troi'n lliw hufen neu felyn. Mae'r goes yn drwchus iawn. Ffwng cyffredin a ffefryn gan gogyddion.

Cap Tyllog Craciau Coch
Boletus chrysenteron   Red-cracked boletus   Taldra uchaf 10cm
Ffwng unigryw sy'n gyffredin mewn coed collddail rhwng Awst a Thachwedd. Ar y dechrau, mae'r cap yn frown golau ond, ar ôl peth amser, bydd yn cracio yn enwedig o amgylch yr ymylon, i ddangos cnawd coch. Mae'n felyn-hufen oddi tano ac mae'n goes yn goch.

Cap Tyllog Gwinau Cleisiog   *Boletus badius*   Bay boletus   Taldra uchaf 15cm
Ffwng cyffredin rhwng Medi a Thachwedd. Mae'n tyfu mewn coed collddail a choed bythwyrdd. Gall lliw'r cap amrywio o frown i frown-hufen. Er ei fod yn felyn oddi tano, mae'n cleisio'n laswyrdd. Mae'r cnawd gwyn yn troi'n las pan gaiff ei dorri. Yn aml, bydd y goes yn tewhau tua'r bôn.

Cap Tyllog Melyngoch y Bedw
Leccinum versipelle   Orange birch bolete   Taldra uchaf 25cm
Ffwng mawr sy'n gysylltiedig â choed bedw ac i'w weld rhwng Awst a Thachwedd. Mae'r cap crwm yn orenfrown ei liw ac, oddi tano, mae'n llwydwyn. Er mai gwyn yw'r cnawd, bydd yn troi'n ddu pan gaiff ei dorri. Mae'r goes yn wyn a chennau tywyll arni.

Cap Gludiog   *Suillus variegatus*   Velvet bolete   Taldra uchaf 12cm
Ffwng cyffredin rhwng Medi a Thachwedd sy'n tyfu mewn coed bythwyrdd yn unig. Mae'r cap brown yn gromennog ar y dechrau ond yn troi'n fwy gwastad wrth aeddfedu. Mae'n gennog ac yn ludiog pan fydd yn wlyb. Melyn yw'r goes. O dan y cap, mae'n frown tywyll.

Cap Brau Melyn   *Russula ochroleuca*   Common yellow russula   Taldra uchaf 10cm
Ffwng cyffredin, lliwgar yng nghoedwigoedd collddail iseldir Prydain. Mae'r cap yn felyn ac yn gromennog ar y dechrau ond yn troi'n fwy gwastad dros amser. Gwyn yw'r tagellau a'r cnawd, ac mae'r goes wen yn hollol syth. Bydd yn ymddangos rhwng Medi a Thachwedd.

Cap Brau Melyn y Bedw   *Russula claroflava*   Yellow swamp russula   Taldra uchaf 9cm
Ffwng cyffredin iawn sy'n tyfu ar dir gwlyb mewn coedwigoedd collddail, yn enwedig bedw. Mae'r cap yn felyn ac yn llyfn ond, weithiau, ceir rhychau ar hyd yr ymylon. Gwyn yw'r tagellau, y cnawd a'r goes. Fe'i gwelir rhwng Awst a Thachwedd.

Cap Brau Llygatddu   *Russula atropurpurea*   Blackish-purple russula   Taldra uchaf 9cm
Ffwng cyffredin mewn coed collddail, yn bennaf o dan goed derw neu ffawydd. Fel rheol, mae'r cap yn ddu yn y canol a phorfforgoch ar yr ymylon. Gwyn yw'r tagellau, y goes a'r cnawd. Fe'i gwelir rhwng Medi a Thachwedd.

Cap Brau Cyfoglyd   *Russula emetica*   The sickener   Taldra uchaf 8cm
Ffwng lliwgar, gwenwynig sy'n tyfu mewn coed bythwyrdd. Mae'n gyffredin iawn ac yn ymddangos rhwng Medi a Thachwedd. Coch yw'r cap ac er ei fod yn grwm ar y dechrau, mae'n troi'n fwy gwastad dros amser. Mae'r tagellau'n lliw hufenwyn a'r cnawd a'r goes yn wyn.

Cap Brau Drewllyd   *Russula foetans*   Fetid russula   Taldra uchaf 14cm
Ffwng cyffredin sy'n tyfu mewn coed collddail a bythwyrdd rhwng Awst a Thachwedd. Mae'r cap melyn-budr yn ludiog a drewllyd pan fydd yn ifanc. Yn aml, bydd darnau yn glynu at y cap. Hufen yw lliw'r tagellau brith. Mae'r goes yn gadarn. Ffwng drewllyd iawn.

Cap Brau Gwridog   *Russula rosea*   Rose russula   Taldra uchaf 7cm
Ffwng hardd sy'n tyfu mewn coed collddail rhwng Medi a Thachwedd. Mae'r cap yn binc golau, a llinellau ar hyd yr ymyl. Hufenwyn yw'r tagellau a gwyn yw'r cnawd a'r goes. Ffwng cyffredin.

Cap Brau Dulas   *Russula cyanoxantha*   Charcoal burner   Taldra uchaf 9cm
Ffwng amrywiol iawn. Fel rheol mae ganddo gap llwydbiws, yn aml a marciau du a phorfforgoch arno. Tyfa mewn coed collddail ac mae'n ymddangos rhwng Gorffennaf a Thachwedd. Mae'r tagellau gwyn yn teimlo'n seimlyd. Gwyn yw'r goes. Ffwng cyffredin.

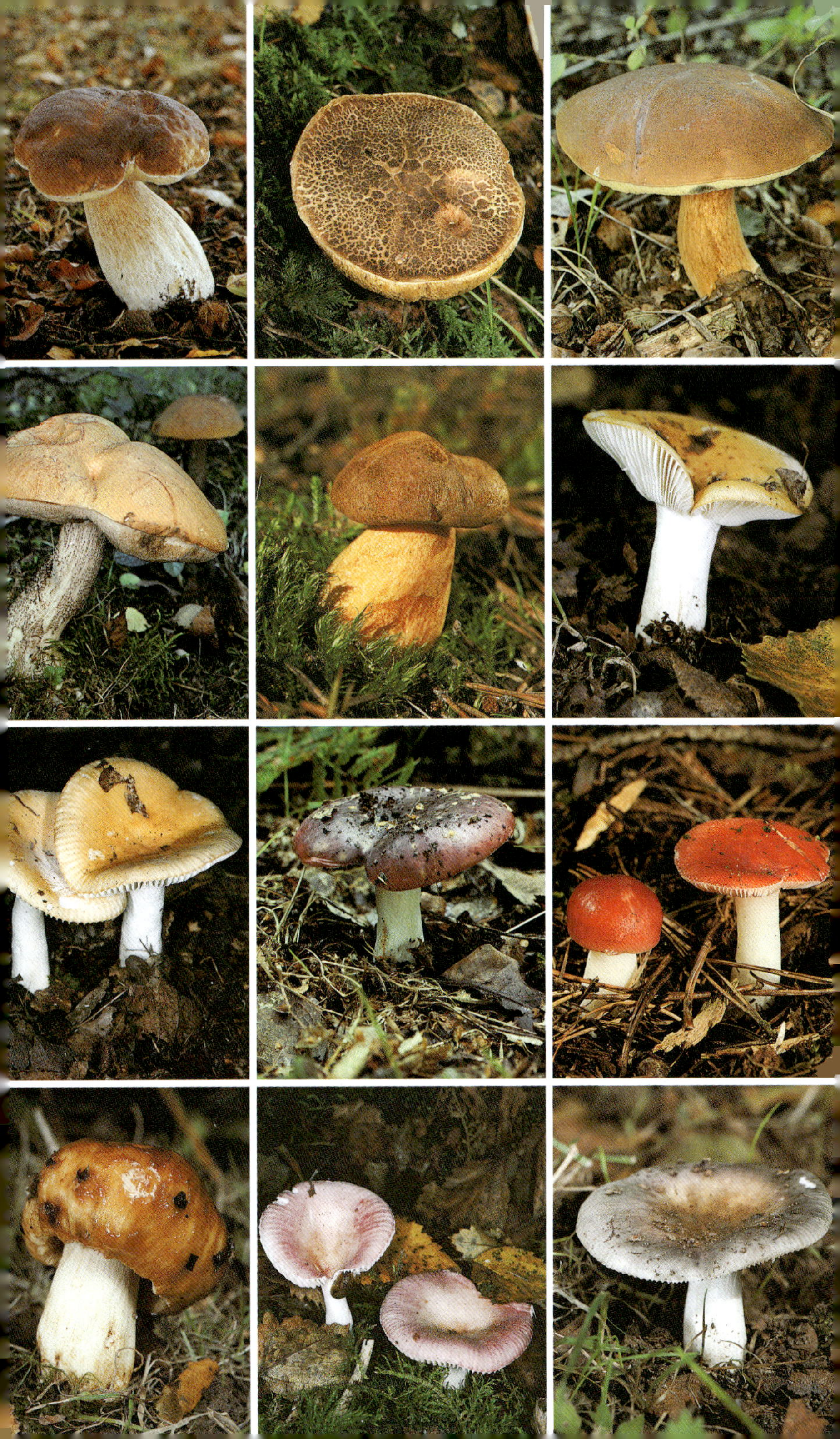

FFYNGAU

MADARCH MEWNDRO *Paxillus involutus* Brown roll-rim Taldra uchaf 12cm
Ffwng cyffredin mewn coed collddail; yn aml yn gysylltiedig â choed bedw. Mae'r cap orenfrown neu frown budr yn wastad i ddechrau ond yn troi'n siâp twmffat â'r ymylon yn troi i mewn. Mae'r tagellau brown yn llifo i lawr y goes frown. Fe'i gwelir rhwng Medi a Thachwedd.

CAP CWYR DUOL *Hygrocybe nigrescens* Blackening wax-cap Taldra uchaf 5cm
Ffwng cyffredin a welir ar laswelltir Awst-Hydref. Mae'r cap ifanc conigol yn troi'n gromennog dros amser. Mae lliw'r cap yn troi o oren-goch i ddu. Mae'r tagellau a'r goes yn orenfelyn.

CAP LLAETH GWLANOG *Lactarius tomentosus* Woolly milk-cap Taldra uchaf 8cm
Ceir cylchoedd tywyll a blew mân ar y cap oren. Ffwng cyffredin iawn mewn coed collddail, yn bennaf o dan goed bedw. Gwyn yw'r tagellau a bydd 'llaeth' gwyn yn llifo pan gaiff ei dorri. Cyffredin trwy'r hydref.

CAP LLAETH TANLLYD *Lactarius pyrogalus* Fiery milk-cap Taldra uchaf 6cm
Ffwng cyffredin trwy'r hydref o dan goed cyll, yn enwedig lle cânt eu bôn-docio. Mae'r cap brown golau'n grwn i ddechrau ond yn troi'n siâp twmffat wrth aeddfedu. Tagellau melyn golau a choes frown golau. Bydd 'llaeth' chwerw, poeth yn llifo ohono pan gaiff ei dorri.

PIDYN DREWLLYD *Phallus impudicus* Stinkhorn Taldra uchaf 15cm
Ffwng unigryw sy'n tyfu mewn coed collddail a choed bythwyrdd rhwng Mai a Thachwedd. I ddechrau, mae'n ymddangos fel ŵy meddal, gwyn tua 50-60mm ar draws, ac o hwn daw'r corff hadol. Mae blaen y pidyn wedi ei orchuddio â mwcws drewllyd, llawn sborau, sy'n denu pryfed. Y pryfed sy'n lledaenu'r sborau. Ffwng cyffredin.

CODEN FWG/SNISYN Y BWGAN
Lycoperdon perlatum Common puffball/Devil's tobacco pouch Taldra uchaf 7cm
Bydd grwpiau o godau mwg llwydwyn i'w gweld rhwng Medi a Thachwedd yn tyfu o bren marw wedi ei gladdu yn y pridd. Pan gaiff ei wasgu daw 'cwmwl' o fwg tywyll o sborau ohono. Ffwng cyffredin yn yr hydref.

SEREN DDAEAR GYFFREDIN
Geastrum triplex Common earth star Hyd at 10cm ar draws
Ffwng unigryw sy'n tyfu mewn coedwigoedd rhwng Medi a Thachwedd. I ddechrau, mae'r corff hadol yn debyg i nionyn ond, ymhen ychydig, bydd y croen allanol yn agor yn 4-7 darn ac yn plygu nôl a chodi'r goden sborau ganolog oddi ar y ddaear. Bydd y sborau'n cael eu lledaenu trwy'r twll yn y canol. Ffwng eithaf prin.

YMENYN Y WRACH *Exidia glandulosa* Witches' butter Hyd at 4cm ar draws
Mae'r cyrff hadol yn lympiau du, meddal sy'n tyfu fel ymennydd ar frigau coed collddail, yn enwedig derw. Ffwng cyffredin sydd i'w weld trwy gydol y flwyddyn.

YMENYN YR EITHIN *Tremella mesenterica* Yellow brain fungus Hyd at 8cm ar draws
Ffwng hawdd ei adnabod, yn rhannol gan ei fod yn ymddangos yn y gaeaf, rhwng Rhagfyr a Mawrth. Mae'r cyrff hadol yn debyg i ymennydd jeli melyn-oren llachar, ac yn tyfu ar ganghennau coed collddail ac eithin. Ffwng cyffredin.

FFWNG CLUST *Hirneola auricula-judae* Jew's ear Hyd at 5cm ar draws
Tebyg i glust dynol. Fe'i gwelir mewn clystyrau ar ganghennau coed collddail a llwyni, yn enwedig yr ysgawen. Mae'r corff hadol yn gochfrown a llinellau fel gwythiennau yn rhedeg ar ei hyd. Ffwng cyffredin yn y gaeaf.

CYRN MELYN *Calocera viscosa* Yellow stagshorn fungus Taldra uchaf 7cm
Ffwng hawdd ei adnabod gan ei fod yn debyg i gyrn carw melyn-oren llachar. Mae'r lliw'n tywyllu ymhen amser. Mae'n gyffredin iawn mewn coed bythwyrdd lle bydd yn tyfu ar foncyffion marw. Fe'i gwelir rhwng Hydref a Thachwedd.

FFWNG CWREL *Ramaria stricta* Coral fungus Taldra uchaf 7cm
Ffwng talsyth â changhennau di-rif. Brown golau yw'r lliw a blaen y canghennau'n fwy golau. Tyfa ar foncyffion marw mewn coed collddail a bythwyrdd. Fe'i gwelir rhwng Medi a Thachwedd, ond nid yw'n gyffredin.

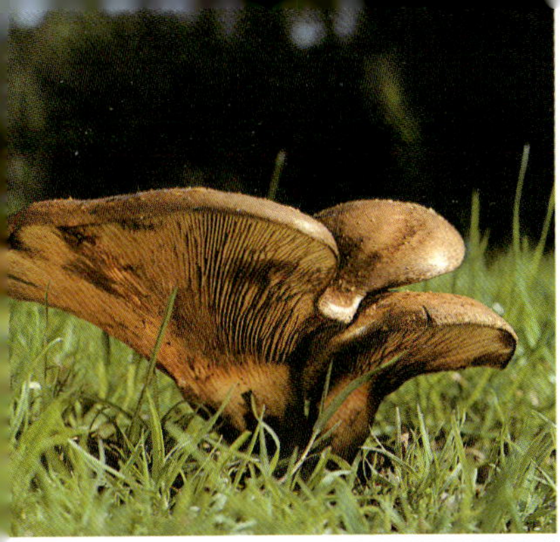
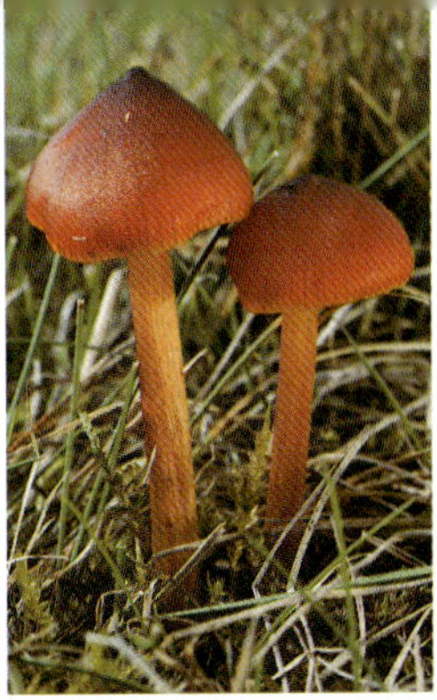
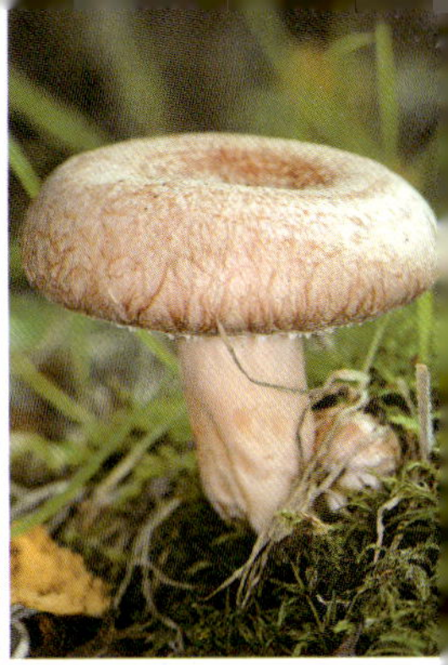
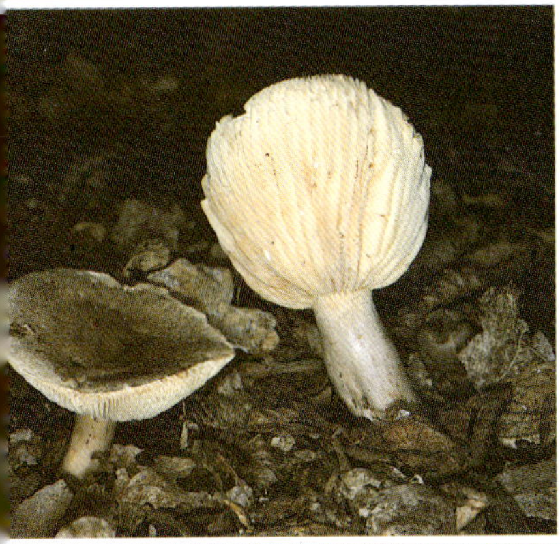
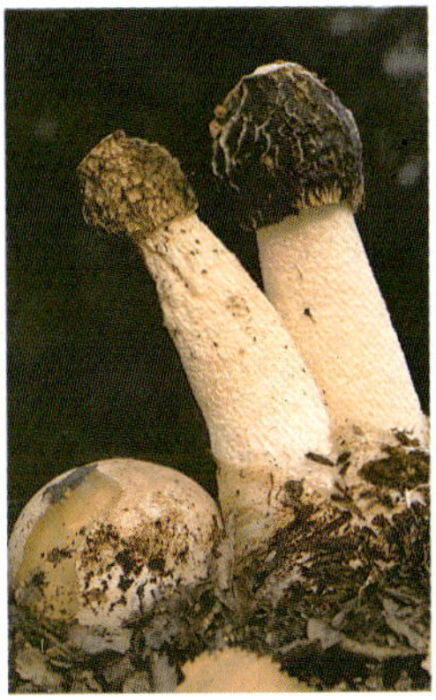
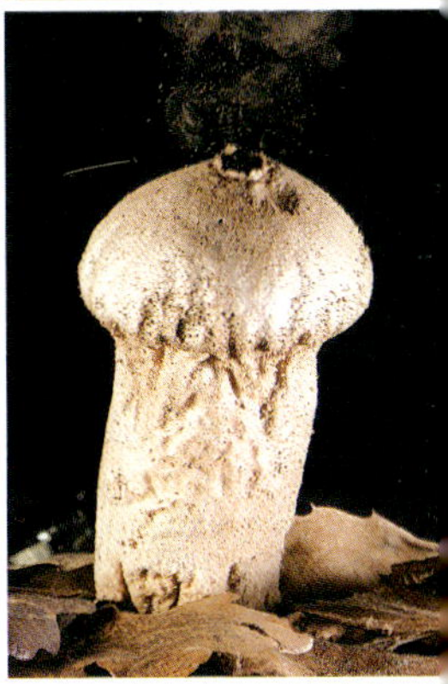
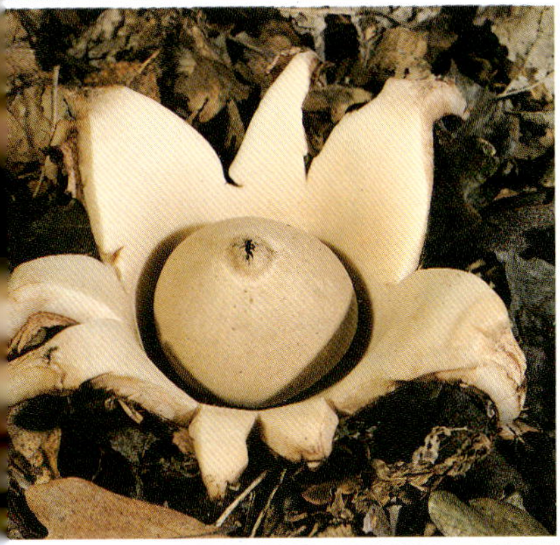
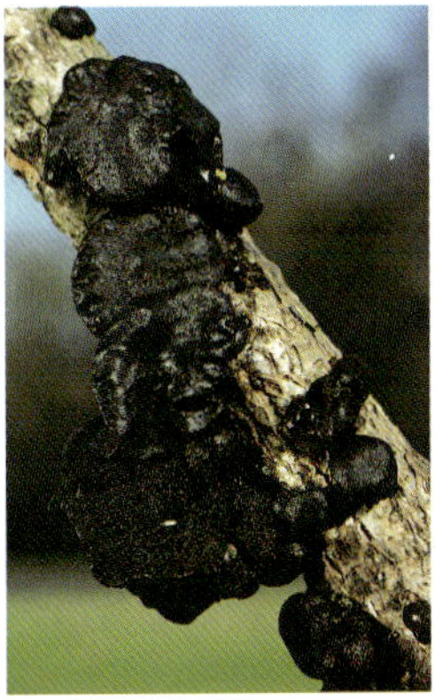
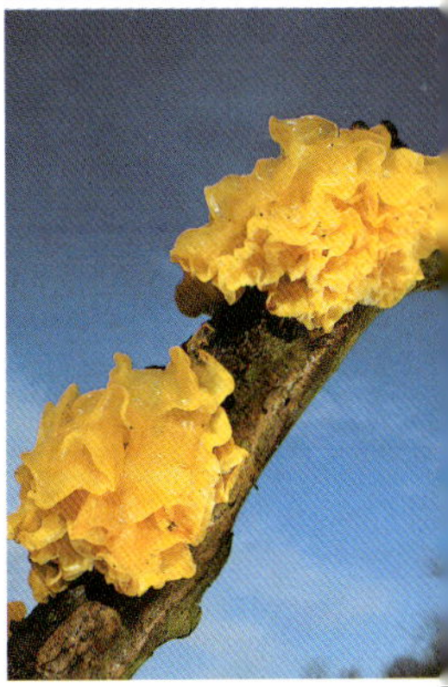
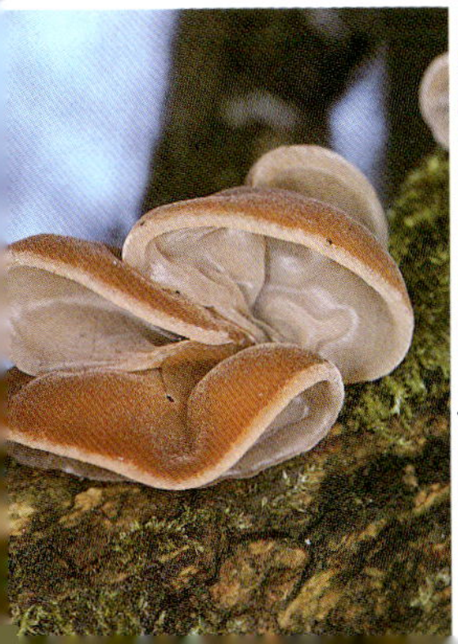
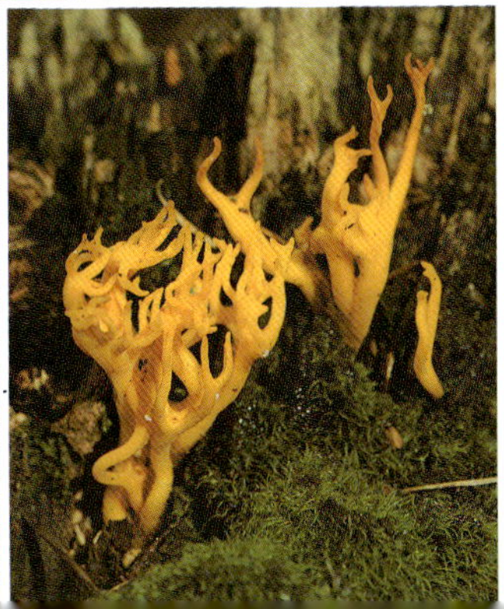
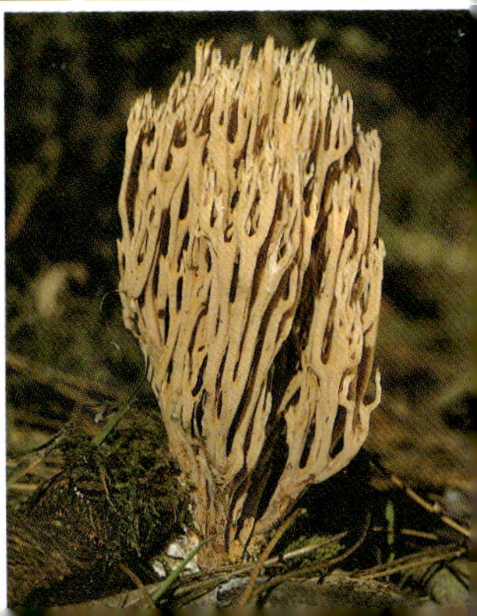

Rhestr Termau

Abdomen = rhan ôl corff trychfil; mae'n aml yn gylchrannog
Adarn mudol = adar sy'n treulio'r haf a'r gaeaf mewn ardaloedd gwahanol
Aeron = ffrwythau noddlawn sy'n cynnwys nifer o hadau
Annelid = math o lyngyryn
Anther = ffurfiant yn y blodyn sy'n cynnwys y paill, ac sydd ar flaen rhan wrywaidd y blodyn, y briger

Blodigau disg = blodau bach a geir ynghanol y fflurgainc yn nheulu llygad y dydd
Blodigau rheidded = blodigau bach a welir ar ymylon fflurgainc blodau teulu llygad y dydd
Blodigyn = blodyn bach
Bract = ffurfiant fel deilen fach neu gen bach a geir o dan y blodyn
Briger = rhan wrywaidd y planhigyn
Bwlb = ffurfiant tanddaearol, noddlawn a geir mewn rhai planhigion sy'n cynnwys bôn y dail a blagur y flwyddyn ddilynol
Bylbyn = ffurfiant bach tebyg i fwlb
Bytholwyrdd = planhigyn sy'n cadw'i ddail trwy gydol y flwyddyn

Capsiwl hadau = ffurfiant lle mae'r had yn datblygu mewn planhigion blodeuol a sboraun datblygu mewn mwsoglau a llysiau'r afu.
Cesail y dail = yr ongl lle mae wyneb y ddeilen yn cyfarfod â choesyn neu stem planhigyn
Cledrog = deilen wedi'i rhannu'n llabedau sy'n edrych fwy neu lai fel cledr llaw
Cloresgyll = adenydd blaen caled chwilod
Cloroffyl = lliw gwyrdd a geir ym meinwe planhigion. Mae'n hanfodol ar gyfer ffotosynthesis
Colofnig = y rhan fenywaidd o ffurfiant atgenhedlu'r planhigyn

Cragen ddeuddarn = molysg sydd â dwy ran i'w gragen
Croesiad = planhigion a geir wrth groesi gwahanol rywogaethau

Dail wedi'u rhannu fel plu = dail sy'n cynnwys mwy na thair deiliosen wedi'u trefnu'n barau o boptu'r coesyn
Deiliosen = darn bychan, ar wahân o'r ddeilen

Fflurgainc = cyfuniad o flodyn, y bractau a'r coesyn blodeuol
Fflurwain = bract mawr sy'n diogelu'r sbadics yn nheulu pidyn y gog
Ffrond = ffurfiant tebyg i ddeilen a geir mewn rhai o'r planhigion mwyaf cyntefig
Ffrwyth = hadau a'r meinweoedd sydd o'u hamgylch

Gwreiddgyff = coes neu stem sydd dan y ddaear

Haemoglobin = pigment coch mewn gwaed sy'n amsugno ocsigen

Isrywogaeth = israniad o rywogaeth; gall yr aelodau fridio gyda'i gilydd ond pur anaml y gwnânt oherwydd eu bod ar wahân i'w gilydd yn ddaearyddol

Larfa = cyfnod yng nghylch oes rhai trychfilod cyn iddynt gyrraedd llawn dwf. Mae'r larfa fel rheol yn feddal.

Lindysyn = larfa glöyn byw neu wyfyn

Llydanddail = planhigyn coediog sy'n bwrw ei ddail yn y gaeaf

Nod = y rhan o'r goes neu'r stem ble mae'r dail yn tyfu
Nymff = cyfnod yng nghylch oes rhai trychfilod, pycs yn enwedig,

pan fydd ganddynt rai nodweddion yn gyffredin â'r trychfilod llawn dwf

Paill = gronynnau bach iawn a gynhyrchir gan yr antherau. Mae'n cynnwys celloedd gwrywaidd y planhigyn

Parasit = organeb sy'n byw ar neu y tu mewn i organeb arall gan gael ei holl faeth ohoni

Piwpa = cyfnod yng nghylch oes trychfilyn sy'n dod rhwng y larfa a'r trychfilyn llawn dwf; fe'i gelwir hefyd yn chwiler neu grysalis

Planhigyn eilflwydd = planhigyn sy'n cymryd dwy flynedd i gwblhau ei gylch bywyd

Planhigyn lluosflwydd = planhigyn sy'n byw am fwy na dwy flynedd

Planhigyn unflwydd = planhigyn sy'n byw am un tymor tyfu yn unig

Parasit = organeb sy'n byw mewn neu ar organeb arall, gan ddibynnu'n llwyr arno am ei faeth

Petal = y rhes fewnol o ffurfiannau, sy'n aml yn lliwgar, sy'n amgylchynu rhan atgenhedlu'r blodyn

Pryfysol = organeb sy'n bwyta pryfetach

Rosét = dail yn ymledu allan yn rheiddiol o'r bôn fel rheol

Rhywogaeth = uned ddosbarthu sy'n diffinio anifeiliaid a phlanhigion sy'n gallu bridio â'i gilydd a chynhyrchu epil hyfyw

Sbadics = sbigyn unionsyth o flodigau a geir yn nheulu pidyn y gog

Sbigyn(nau) = fflurgainc syml, heb ganghennau

Sbôr = ffurf atgenhedlol, pitw sy'n gwasgaru ac yn gallu tyfu i fod yn organeb newydd

Sepal = y rhes allanol o ffurfiannau sy'n amgylchynu rhan atgenhedlu'r blodyn

Stigma = y rhan o'r golofnig (rhan fenywaidd y blodyn) sy'n derbyn y paill

Stipwl = ffurfiant fel deilen neu gen wrth fôn coesyn y ddeilen

Teimlyddion = pâr main o organau teimlo ar ben trychfilyn

Teirdalen = deilen sydd wedi'i rhannu'n dair rhan

Tendril = deilen sydd wedi'i haddasu neu ffurfiant o'r goes sy'n cynorthwyo'r planhigyn i ddringo. Mae'n eiddil fel rheol.

Tragws = tyfiant blaen main yng nghlustiau rhai mathau o ystlumod

Thoracs = rhan ganol corff trychfilyn

Wmbel = fflurgainc fel ymbarél

Wyddodydd = darn wrth gynffon rhai trychfilod benywaidd a ddefnyddir i ddodwy wyau

Ymledydd = coes neu stem ymgripiol a welir uwchlaw'r ddaear a gall fwrw gwreiddiau wrth y nod neu'r blaen.

Llyfrau eraill o ddiddordeb

LLYFR ADAR IOLO WILLIAMS –
Cymru ac Ewrop
addasiad Cymreig arbennig gan Iolo Williams

• Disgrifiad o bob aderyn sy'n magu yn Ewrop neu sy'n ymweld yn gyson
• Cynifer â 430 rhywogaeth yn cynnwys darluniau lliw manwl o'r adar yn sefyll ac yn hedfan
• Hyd at 12 llun lliw llawn o bob rhywogaeth er mwyn adnabod eu priodoleddau
• Symbolau cip sydyn sy'n crynhoi nodweddion a chynefinoedd yr adar
• Mynegai lliw i'r teuluoedd adar
• Y cydymaith perffaith wrth fynd am dro ac wrth wylio adar

Maint poced, clawr caled, 272 tudalen
Rhif rhyngwladol: 978-1-84527-148-0;
pris: £12.50; Gwasg Carreg Gwalch

BLODAU GWYLLT
Cymru ac Ynysoedd Prydain
addasiad Cymraeg Bethan Wyn Jones

• Cymorth i adnabod ac enwi blodau gwyllt ac i ddysgu mwy amdanyn nhw
• Yn cynnwys 240 o flodau mwyaf cyffredin Cymru ac Ewrop
• Ffeil Ffeithiau yn cyflwyno gwybodaeth yn gryno a didrafferth
• Cynefin y blodau a'r misoedd y meant yn blodeuo
• Llun lliw o bob blodyn
Maint poced, clawr plastig, 256 tudalen
Rhif rhyngwladol: 978-1-84527-084-1;
pris £12.50; Gwasg Carreg Gwalch

Y WIWER GOCH
addasiad Bethan Wyn Jones

Er ei bod yn brin bellach, mae'r wiwer goch yn un o'n hoff greaduriaid o hyd. Ar un adeg bu ganddi diriogaeth helaeth drwy wledydd Prydain ond bellach mae wedi'i chyfyngu i'r Alban, gogledd Lloegr a phocedi o boblogaeth ar Ynys Môn, coedwig Clocaenog a'r canolbarth yng Nghymru. Yn y gyfrol hon cawn hanes y rhywogaeth yn y gwledydd hyn gan awgrymu pam fod cymaint o newid wedi dod i'w rhan o safbwynt cynefin a nifer. Gyda lluniau lliw gwych gan Niall Benvie, yn yr addasiad hwn cawn fanylion gan Bethan Wyn Jones am yr ymdrech a wneir yma yng Nghymru i sicrhau ei pharhad a'i ffyniant yn sgil y bygythiad mae'n ei wynebu ers i'r wiwer lwyd gael ei chyflwyno i'w thiriogaeth.

Maint 250 mm x 225 mm, 48 tudalen
Rhif rhyngwladol: 978-0-86381-968-1;
pris £5.95; Gwasg Carreg Gwalch

RHAGOR O ENWAU ADAR
Dewi E. Lewis
Llyfrau Llafar Gwlad – 66

Cyw esgob, brân brecwast, cog Cwm Nant yr Eira – dyma ddim ond tri o rai cannoedd o enwau llafar gwlad newydd sydd wedi'u hychwanegu i'r argraffiad newydd o'r gyfrol hon. Enwau lleol ydynt ar y pâl, ydfran a'r gylfinir. Fe nodir yma hefyd yr ardaloedd hynny lle cofnodwyd yr enwau penodol hyn ledled Cymru. Mae yma restr hwylus o amrywiadau tafodieithol a lleol ynghyd â'r enwau safonol yn y Gymraeg, Lladin a Saesneg. Casgliad gwerthfawr i bob adarwr a ieithgi!

Maint: A5; 80 tudalen
Rhif rhyngwladol: 978-1-84527-070-4;
£4.95; Gwasg Carreg Gwalch

Mynegai Cymraeg

abwyd y tywod, 220
adain ddeifiog, 164
adain sidan, 182
aderyn drycin manaw, 60
aderyn drycin y graig, 60
aderyn du, 118
aderyn y bwn, 62
aderyn y to, 126
aethnen, 226
afal derw, 188
afalau surion, 230
alan mawr, 304
alan pêr, 304
alarch Bewick, 64
alarch ddof, 64
alarch y gogledd, 64
alaw, 248
alyswm pêr, 252
amanita gwridog, 348
amanita'r gwybed, 346
ambarelo goesfain, 348
ambarelo'r bwgan, 348
amlaethai cyffredin, 268
amranwen ddi-sawr, 300
amrhydlwyd glas, 302
anemoni gleiniog, 220
anemoni nadreddog, 220
anemoni pengrwn, 220
argws brown, 150
arianllys, 246
arianllys bach, 248

bachadain raeanog, 162
bachadain y cen, 162
banadl, 260
barcud coch, 74
barf yr afr, 308
barf yr hen ŵr, 234
bedwen arian, 226
bedwen lwyd, 226
beistonnell ferllyn, 298
bele, 50
benboeth, y 288
benboeth amryliw, y 288
bengaled, y 306
bengaled fawr, y 306
berdysen, 216
berdysen penbwl, 212
berdysyn gwisgi, 212
berdysyn yr afon, 212
berwr chwerw blewog, 250

berwr melyn y gors, 250
berwr y dŵr, 250
berwr y fagwyr, 252
berwr y gaeaf, 250
beryn chwerw, 250
betys arfor, 238
bidog, y 210
bidog blodiog, 160
bidog llwyd, 160
bidog y poplys, 160
bidoglys chwerw, 300
bidoglys y dŵr, 300
bili bigog, 140
blaen brigyn, 156
blaen brown, 156
bleidd-dag y gaeaf, 244
bliwlys, 268
blodyn deuben, 296
blodyn llefrith, 250
blodyn menyn, 244
blodyn menyn blewog, 246
blodyn menyn bondew, 246
blodyn menyn ymlusgol, 244
blodyn menyn yr ŷd, 246
blodyn mwnci, 294
blodyn neidr, 242
blodyn taranau, 242
blodyn y cleddyf, 314
blodyn y gwynt, 248
blodyn y Pasg, 248
bloneg y ddaear, 234
bod Montagu, 76
bod tinwen, 76
bod y gwerni, 76
boda mêl, 74
bonet nain, 248
botwm crys, 240
brân dyddyn, 128
brân goesgoch, 128
brân lwyd, 128
bras Ffrainc, 122
bras melyn, 122
bras y cyrs, 122
bras yr eira, 122
bras yr ŷd, 122
brenhinllys, 288
brenhinllys gwyllt, 290
brenigen resen las, 208
brenigen wystrys, 208
brenigen yr afon, 206
bresychen wyllt, 250
breuwydden, 232
brial y gors, 245
briallu, 276
briallu blodiog, 276

briallu Mair, 276
briallu Mair di-sawr, 276
brigwellt garw, 328
brigwellt main, 328
brith y cyrens, 164
britheg, 310
britheg arian, 144
britheg berlog, 144
britheg berlog fach, 144
britheg frown, 144
britheg Glanville, 144
britheg werdd, 144
britheg y gors, 144
britheg y waun, 144
brithribin brown, 148
brithribin du, 148
brithribin gwyrdd, 148
brithribin porffor, 148
brithribin W wen, 148
brithyll, 134
brithyll Mair pum-barf, 138
briweg y cerrig, 245
briwlys y gors, 288
briwlys y gwrych, 288
briwydd bêr, 284
briwydd felen, 284
briwydd y clawdd, 284
briwydd y gors, 284
broga, 132
broga'r gors, 132
bronfraith, 118
bronwen, 50
bronwen y dŵr, 110
brwynen babwyr, 322
brwynen bellennaidd, 322
brwynen flodeuog, 310
brwynen galed, 322
brwynen Gerard, 322
brwynen lem, 322
brwynen y llyffant du, 322
brych y coed, 118
brych y gro, 182
brychan arian, 164
brychan gwyrdd, 164
brychan y gaeaf, 166
brymlys, 290
buladd, 274
bulwg yr ŷd, 244
buwch goch, 220
buwch goch 14-smotyn, 196
buwch goch 7 smotyn, 196
buwch goch lygeidiog, 196
bwch y danas, 54
bwncath, 74
bwrned, 256

bwrned mawr, 256
bwrned pum smotyn, 152
byddon chwerw, 300
bysedd y cŵn, 294

cacenni y Brenin Alfred, 344
cacynen dingoch, 190
cacynen gyffredin, 190
cacynen gynffon ruddem, 188
cadno, 50
caineirian, 314
caldrist y gors, 318
cambig, 80
camri, 300
canclwm, y 236
canclwm Japan, 236
canewin, 245
cangen las, 134
canwraidd y dŵr, 236
canwraidd y mynydd, 236
cap brau cyfoglyd, 350
cap brau drewllyd, 350
cap brau dulas, 350
cap brau gwridog, 350
cap brau llygatddu, 350
cap brau melyn, 350
cap brau melyn y bedw, 350
cap cwyr duol, 352
cap gludiog, 350
cap gweog, 128, 348
cap inc carpiog, 348
cap llaeth gwlanog, 352
cap llaeth tanllyd, 352
cap marwol ffug, 346
cap marwol, 348
cap niwl, 346
cap porslen, 346
cap tyllog bwytadwy, 350
cap tyllog craciau coch, 350
cap tyllog gwinau cleisiog, 350
cap tyllog melyngoch y bedw, 350
cardwenynen gyffredin, 190
carfil bach, 98
carlwm, 50
carn y fedwen, 344
carn yr ebol, 304
carpiog gwar melyn, 164
carpiog porffor, 164
carpiog y derw, 164
carpiog y gors, 244
carpiog y gwyddfid, 164
carrai fôr, 342
carw coch, 54
carw mwntjac, 54
carw sica, 54

castanwydden bêr, 228
castanwydden y meirch, 228
cath wyllt, 50
cathan yr helyg, 152
cathwyfyn, 152
cedowydd suddlon, 302
cedowydd, 302
cegid, 274
cegid pibellaidd, 276
cegid y dŵr, 276
ceiliog rhedyn, 170
ceiliog y coed, 78
ceirch gwyllt, 328
ceirchwellt tal, 328
celyn y môr, 272
celynnen, 230
celynnen Fair, 312
cen clustog y rhos, 338
cen creithiog 340
cen du arfor, 340
cen dulas y calch, 340
cen llabed ysgyfaint, 338
cen llygadog, 340
cen mapiau, 340
cen melyn arfor, 338
cen melyn y graig, 340
cen pen matsien, 338
cen smotiau duon, 340
cen swigennog, 340
cennin Pedr gwyllt, 312
cerddinen, 230
cerddinen wen, 230
cerddinen wyllt, 230
cerpyn, 136
cigfran, 128
cigydd cefngoch, 110
cigydd mawr, 110
cimwch, 214
cimwch yr afon, 212
clafrllys bach, 298
clafrllys y maes, 298
clari'r maes, 290
cleddlys canghennog, 326
clefryn, 298
cloc y dref, 296
cloch ddanheddog, 348
clochdar y cerrig, 116
clust y llygoden gulddail, 242
clust y llygoden llydanddail, 242
clust y llygoden, 308
clust yr arth, 272
clust yr ewig, 270
clustog arian, 336
clustog Fair, 280
clustog y coed, 336

clwbfrwynen arnofiol, 322
clwbfrwynen y mawn, 330
clych yr eos, 298
clychau'r gog, 312
clychlys clystyrog, 298
clychlys dail danadl, 300
clychlys dail eiddew, 300
clymwellt, 328
cnau'r ddaear, 272
cnocell fraith fwyaf, 104
cnocell fraith leiaf, 104
cnocell werdd, 104
cnwp-fwsogl corn carw, 334
cnwp-fwsogl mawr, 334
coch dan-aden, 118
coch y berllan, 124
cocosen, 210
cocosen y gwylanod, 208
cocosen yr afon, 206
cocrotsien de Lloegr, 178
codwarth, 290
codywasg y maes, 252
coeden cnau Ffrengig, 228
coeden fwg, 352
coeden geirios du, 230
coeden geirios yr adar, 230
coeden lawrgeirios, 232
coedfrwynen fawr, 322
coegfritheg, 144
coegylfinir, 88
coes las y coed, 346
coes wydn seimlyd, 346
coesyn rhychog gwyn, 344
cog, 100
cogwrn y lafwr, 208
collen, 228
colomen wyllt, 100
colomen y graig, 100
copor bach, 148
copyn bol gwyrdd, 198
copyn cranc bychan, 200
copyn cranc, 200
copyn estynnol, 200
copyn gwe pwrs, 198
copyn hela, 200
copyn hirgoes, 200
copyn sebra, 200
copyn y blaidd, 200
copyn y dŵr, 198
copyn y gors, 198
copyn y groes, 198
copyn y gwrachod, 198
copyn y tŷ, 200
copyn y wal, 198
copyn yr ardd 4-smotyn, 198

copyn yr ogof, 200
cordwellt bach, 330
coreithin, 260
corgimwch, 216
corgwyros, 272
corhedydd y coed, 108
corhedydd y graig, 108
corhedydd y waun, 108
corhwyaden, 68
corn carw'r môr, 274
cornchwiglen, 80
cor-rosyn cyffredin, 270
corsfrwynen ddu, 322
corsfrwynen lem, 324
corsfrwynen wen, 324
corswennol ddu, 96
corwlyddyn gorweddol, 242
cracheithin, 260
crachen Awstralia, 216
crachen fôr, 216
crachen y gogledd, 216
craf y geifr, 310
crafanc-fwsogl sidanaidd, 334
crafanc y frân y dŵr, 246
crafanc y frân y llyn, 246
crafanc y frân y nant, 246
crafanc y frân y rhostir, 246
crafanc yr arth ddrewllyd, 244
crafanc yr arth werdd, 244
crafanc yr eryr, 246
cragen dyllu, 210
cragen Fair, 208
cragen foch fwyaf, 210
cragen las, 210
cranc coch, 214
cranc gwyrdd, 214
cranc heglog, 214
cranc llygatgoch, 214
cranc meddal, 214
cranc meudwy, 214
cranc mygydog, 214
cranc porslen blewog, 214
crec yr eithin, 116
creiglus, 280
creithieg bêr, 274
creulys, 304
creulys Rhydychen, 304
crëyr bach, 62
crëyr glas, 62
cribau San Ffraid, 288
cribau'r pannwr bach, 298
cribau'r pannwr gwyllt, 298
cribell felen, 294
criciedyn hirgorn brith, 172
criciedyn hirgorn gwyrdd mawr, 172

criciedyn hirgorn llwyd, 172
criciedyn hirgorn Roesel, 172
criciedyn hirgorn tywyll, 172
criciedyn hirgorn y dderwen, 172
criciedyn hirgorn y gors, 172
criciedyn penfain adain fer, 172
criciedyn penfain adain hir, 172
criciedyn y coed, 170
criciedyn y maes, 170
croen oren, 344
cronnell, 244
crothell dri phigyn, 136
crothell naw pigyn, 136
crwbach arian y bedw, 156
crwbach gwelw, 156
crwbach haearn, 156
crwbach llygeidiog, 156
crwbach mawr, 156
crwbach y masarn, 156
crwynllys y gors, 282
crwynllys y gwanwyn, 282
crwynllys y maes, 282
crwynllys yr hydref, 282
crydwellt, 328
crynwr Gothig, 160
cudyll bach, 76
cudyll coch, 76
cwcwll y llaethysgall, 160
cwlwm cariad, 158, 312
cwlwm y coed, 234
cwlwm y cythraul, 282
cwningen, 48
cwtiad aur, 82
cwtiad llwyd, 82
cwtiad torchog lleiaf, 82
cwtiad torchog, 82
cwtiad y traeth, 88
cwtiar, 80
cwyd ei gwt, 192
cwyrosyn, 234
cychwr bolwyn, 180
cychwr cefnwyn, 180
cycyllog, 286
cyfardwf, 284
cyfardwf rwsia, 284
cyffylog, 90
cyfrwy cennog, 344
cyllell fôr, 210
cynffon gwennol, 166
cynffon sbonc, 168
cynffon sidan, 110
cynffon y gath, 326
cyngaf mawr, 304
cypreswydden Lawson, 224
cypreswydden Leyland, 224

cyrn gwyn, 344
cyrn melyn, 352
cyrnogyn pengrwn, 298
cytwf, 280

chwannen y dŵr, 212
chwannen y traeth, 216
chweinllys y maes, 304
chwerwlys yr eithin, 286
chwilen bicwn, 196
chwilen blymio, 192
chwilen blymio arian, 192
chwilen blymio fawr, 192
chwilen ddu, 192
chwilen deigr werdd, 192
chwilen gladdu ddu, 192
chwilen gladdu goch a du, 192
chwilen glec, 194
chwilen goesdew, 194
chwilen gorniog, 192
chwilen gorniog fechan, 192
chwilen grwban, 196
chwilen hirgorn ddu a melyn, 196
chwilen hirgorn flewog, 196
chwilen olew, 194
chwilen rosod, 194
chwilen sowldiwr, 194
chwilen y gwaedlif, 196
chwilen uncorn, 192
chwilen wenyn, 194
chwilen y bwm, 194
chwilen y mintys, 196
chwilen y poplys, 196
chwilen ysgarlad, 194
chwimwyfyn rhithiol, 152
chwistrell fôr serennog, 222
chwiwell, 68
chwydden geirios, 188
chwydden goronog, 188
chwyn afal pîn, 300
chwyrnwr llwyd, 140
chwysigenddail mawr, 320

dad-ddeiliwr, y 166
dafaden goch, 344
dafad-frathwr, 172
dail ceiniog y gors, 272
dail cwlwm yr asgwrn, 266
dail tafol, 238
dail y Beiblau, 268
dalen arian, 258
danadl poethion, 236
dant y llew, 308
dant y pysgodyn, 308
darsen, 136

dart calon a saeth, 158
deilen gron, 245
deintlys, 296
delor y cnau, 122
derig, 256
derwen mes coesynnog, 228
derwen mes digoes, 228
dinboeth, y 236
dinodd unflwydd, 242
dolffin cyffredin, 56
dolffin trwyn potel, 56
draenen ddu, 232
draenen wen, 232
draenog, 46
draenog môr, 222
draenogiad, 138
draenogyn dŵr croyw, 136
dringwr bach, 122
drudwen, 110
dryw, 110
dryw eurben, 114
duegredyn cefngoch, 332
duegredyn gwallt y forwyn, 334
duegredyn y muriau, 334
dulys, 272
dwrgi, 50
dyfrforon swp-flodeuog, 276
dyfrgi, 50
dyfrllys llydanddail, 320
dyfrllys y gors, 320

edafeddog fach, 302
edafeddog lwyd, 302
edafeddog y gors, 302
edau-fwsogl y graig, 334
effros, 294
efwr, 274
efwr enfawr, 274
eglyn cyferbynddail, 256
ehedydd, 108
ehedydd y coed, 108
ehedydd y traeth, 108
eiddew, 234
eidral, 286
eilun briweg, 240
eirin Mair, 232
eirlys, 312
eithin, 260
eithin mân, 260
elinog, 290
emrallt blotiog, 164
emrallt mawr, 164
eog, 134
eos, 118
ermin gwyn, 158

ermin meinweog, 158
erwain, 256
eryr euraid, 74
ethiop, yr 160
eurinllys meinsyth, 268
eurinllys trydwll, 268
eurinllys y gors, 268
eurinllys ymdaenol, 268
eurwialen, 300
eurwialen Canada, 300
ewin mochyn, 208

feddyges las, y 286
feidiog lwyd, y 304
fioled bêr, 270
fioled gyffredin, 270
fioled y gors, 270

ffa'r gors, 280
ffacbys, 260
ffacbys blewog, 262
ffacbys llyfn, 260
ffacbys pedol, 262
ffacbys y cloddiau, 260
ffacbys y coed, 260
ffawydden, 228
ffeiriad du, 196
ffenigl, 274
ffenigl yr hwch, 276
ffesant, 78
ffiolredyn brau, 332
fflurgen rhychog, 340
ffugalaw Canada, 320
ffugwenynen, 186
ffug-sgorpionau, 218
ffwlbart, 50
ffwng clust, 352
ffwng cwrel, 352
ffwng melog, 346
ffynidwydden douglas, 224

gafr wyllt, 54
galdrist gulddail, y 318
galdrist lydanddail, y 318
galdrist wen, y 318
ganrhi felen, y 282
ganrhi goch, y 282
ganrhi goch fach, y 282
ganwraidd goesgoch, y 236
garlleg y berth, 252
gelen y pysgod, 218
gellesgen, 312
gellesgen ddrewllyd, 312
gellyg, 230
gem bres loyw, 162

gem fforch arian, 162
gem fforch aur hardd, 162
geuberllys, 276
gïach, 90
gïach bach, 90
glas y dorlan, 104
glas yr heli, 278
glaswellt y gweunydd, 326
glesyn adonis, 148
glesyn bach, 148
glesyn cyffredin, 148
glesyn serennog, 148
glesyn y celyn, 148
glesyn y coed, 286
glesyn y coed pêr, 290
glesyn y gaeaf bach, 280
glesyn y gaeaf deilgrwn, 280
glesyn y sialc, 148
glinogai, 294
glöyn cynffon gwennol, 142
glöyn llwydfelyn, 142
gludlys arfor, 242
gludlys codrwth, 242
gludlys gogwyddol, 244
gludlys gwyn, 244
gludlys mwsoglyd, 242
glymog ddu, y 236
glymog droellennog, y 242
godog, y 262
goesgoch, y 266
gold y gors, 244
golfan y mynydd, 126
gorfanhadlen, 296
gorfanhadlen teim, 296
gorfanhadlen y bengaled, 296
gorthyfail, 272
gorudd, 294
gorudd melyn, 294
graeanllys y dŵr, 292
griset gwinau, 348
grogedau, y 256
grug, 278
grug cernyw, 278
grug croesddail, 278
grug y mêl, 278
grugiar, 78
grugiar ddu, 78
grugiar yr Alban, 78
gruw gwyllt, 290
gwahadden, 46
gwalch glas, 74
gwalch Marth, 74
gwalch y pysgod, 74
gwalchwyfyn bach yr helyglys, 154
gwalchwyfyn gwenynaidd ymyl lydan,

154
gwalchwyfyn hofran, 154
gwalchwyfyn llygeidiog, 154
gwalchwyfyn y pinwydd, 154
gwalchwyfyn y pisgwydd, 154
gwalchwyfyn y poplys, 154
gwalchwyfyn yr helyglys, 154
gwalchwyfyn yr yswydd, 154
gwas neidr brown, 174
gwas neidr clwbgwt, 176
gwas neidr eurdorchog, 174
gwas neidr gwyrdd blewog, 176
gwas neidr llachar, 174
gwaswyfyn, 152
gwayw-fwsogl blaenfain, 334
gweirlöyn bach y mynydd 146
gweirlöyn bach y waun, 146
gweirlöyn brych, 146
gweirlöyn cleisiog, 146
gweirlöyn llwyd, 146
gweirlöyn mawr y waun, 146
gweirlöyn y clawdd, 146
gweirlöyn y ddôl, 146
gweirlöyn y glaw, 146
gweirlöyn y perthi, 146
gweirlöyn yr Alban, 146
gwelchyn, 222
gwenci, 50
gwennol, 106
gwennol ddu, 106
gwennol y bondo, 106
gwennol y glennydd, 106
gwensgod oren, 160
gwenynbryf, 184
gwenynen dorri dail, 188
gwenynen feirch gyffredin, 190
gwenynen feirch yr Almaen, 190
gwenynen fêl, 190
gwenynen gribog, 190
gwerddig, 278
gwernen, 228
gweunwellt, 330
gwiber, 130
gwiberlys, 286
gwibiwr arian, 150
gwibiwr bach, 150
gwibiwr bach cornddu, 150
gwibiwr brith, 150
gwibiwr Lulworth, 150
gwibiwr llwyd, 150
gwibiwr mawr, 150
gwibiwr y llennyrch, 150
gwibredyn, 332
gwichiad, 208
gwichiad y cŵn, 210

gwichiad y gwymon, 208
gwiddonyn llychlyd, 196
gwiddonyn y gollen, 196
gwifwrnwydden y gors, 234
gwifwrnwydden, 234
gwiwer goch, 48
gwiwer lwyd, 48
gwlachlys llyfn, 310
gwlithen fannog, 202
gwlithen fawr ddu, 202
gwlithen felen fach, 202
gwlithen felen fawr, 202
gwlithen fôr, 210
gwlithen gragennog, 202
gwlithen gyffredin yr ardd, 202
gwlithen lwyd fawr, 202
gwlithen lwyd resog, 202
gwlithen rwyllog, 202
gwlithen y goeden, 202
gwlithlys, 245
gwlithlys hirddail, 245
gwlydd y dom, 240
gwlyddyn Mair y gors, 278
gwlyddyn melyn Mair, 278
gwrachen eurben, 138
gwrachen fach, 212
gwrachen farfog, 136
gwrachen farfog, 170
gwrachen gron, 212
gwrachen ludw, 212
gwrachen ludw gyffredin, 212
gwrachen y dŵr, 212
gwrachen y traeth, 216
gwreiddiriog, 274
gwrnerth y dŵr, 292
gwrnerth, 292
gwyach fach, 58
gwyach fawr gopog, 58
gwyach gorniog, 58
gwyach yddfddu, 58
gwyach yddfgoch, 58
gwybedog brith, 116
gwybedog mannog, 116
gwybedyn di-frath, 184
gwybedyn Mai, 168
gwybedyn Mai bychan, 168
gwybedyn Sant Marc, 184
gŵydd Canada, 64
gŵydd dalcenwyn, 66
gŵydd ddu, 64
gŵydd droedbinc, 66
gŵydd wyllt, 66
gŵydd wyran, 64
gŵydd y llafur, 66
gwyddfid, 234

gwyfyn brith, 166
gwyfyn dillad, 152
gwyfyn llenni crychlyd, 160
gwyfyn oren, 166
gwyfyn perlog, 152
gwyfyn sbectolog, 162
gwyfyn wensgot, 160
gwyfyn y banadl, 158
gwylaeth yr oen, 296
gwylan benddu, 92
gwylan fechan, 92
gwylan gefnddu fwyaf, 94
gwylan gefnddu leiaf, 94
gwylan goesddu, 92
gwylan Môr y Canoldir, 92
gwylan y gogledd, 94
gwylan y gweunydd, 92
gwylan y penwaig, 94
gwylog, 98
gwylog du, 98
gwymon codog bras, 342
gwymon codog mân, 342
gwymon danheddog, 342
gwymon rhychog, 342
gwymon troellog, 342
gwyn bach, 142
gwyn blaen oren, 142
gwyn gwythiennau gwyrddion, 142
gwyn mawr, 142
gwyn y coed, 142
gwyniad môr, 138
gwyran, 64, 216
gwyrdd godre pinc, 162
gwyrdd mawr, 162
gylfinbraff, 126
gylfingroes, 126
gylfinir, 88
gynffon las, y 234

hebog tramor, 76
hebog yr ehedydd, 76
hegydd arfor, 252
heidra, 218
heliwr, yr 200
helygen bêr, 226
helygen ddeilgron, 226
helygen Fair, 228
helygen frau, 226
helygen lwyd, 226
helygen wen, 226
helygen wiail, 226
helygen wylofus, 226
helyglys America, 270
helyglys hardd, 270
helyglys pêr, 270

helyglys y gors, 270
helys pigog, 240
helys unflwydd, 240
hen wrach, 162
hesg, 326
hesgen bendrom, 324
hesgen bengron, 324
hesgen dywysennog groesadeiniog, 324
hesgen felen gyffredin, 324
hesgen gyffredin, 324
hesgen lwydlas y calch, 324
hesgen rafunog fawr, 324
hesgen y coed, 324
hesgen y dŵr fach, 324
hesgen y tywod, 324
hocysen, 268
hocysen fwsg, 268
hocysen y morfa, 268
hocyswydden, 268
hopys, 234
hugan, 60
hutan y mynydd, 82
hwyaden addfain, 68
hwyaden benddu, 70
hwyaden bengoch, 70
hwyaden ddanheddog, 72
hwyaden frongoch, 72
hwyaden fwythblu, 70
hwyaden goch, 72
hwyaden gopog, 70
hwyaden gribog, 68
hwyaden gynffon-hir, 72
hwyaden lostfain, 68
hwyaden lwyd, 68
hwyaden lydanbig, 68
hwyaden lygad aur, 70
hwyaden wyllt, 68
hwyaden yr eithin, 66
hyrddyn llwyd gweflog, 138

iâr ddŵr, 80
iâr fôr, 140
iâr fôr lysnafeddog, 140
ifori'r môr, 340
iorwg, 234
isadain felen amryliw, 158
isadain felen fawr, 158
iwrch, 54

jac y baglau, 184
jac y neidiwr, 268
jac-y-do, 128
ji-binc, 124

lafant y môr, 280

lemon môr, 210
letys y môr, 342
lili'r dŵr eddïog, 280
lili'r dŵr felen, 248
lili'r dyffrynnoedd, 310
lwgwn, 220

llabed, 152

llaethlys bach, 266
llaethlys Iwerddon, 266
llaethlys y coed, 266
llaethlys y môr, 266
llaethlys yr ysgyfarnog, 266
llaethwyg rhuddlas, 260
llaethysgallen lefn, 308
llaethysgallen y tir âr, 308
llafn y bladur, 310
llafnlys bach, 246
llafnlys mawr, 246
llarwydden Ewrop, 224
llau'r offeiriad, 284
llaw farw, 222
llawredyn cyffredin, 332
lleden chwithig, 140
lleden fwd, 140
lleian wen, 72
lleuen gapsid, 178
llewyg yr iâr, 292
llifbryf mawr y goedwig, 188
llifbryf y fedwen, 188
llin y llyffant, 292
llin y llyffant gwelw, 292
llin y tylwyth teg, 264
llinad y dŵr, 320
llindag, 282
llinesg y dŵr, 240
llinos, 126
llinos bengoch leiaf, 126
llinos werdd, 124
lloer redyn, 334
llugaeron, 280
llurs, 98
llus, 278
llus coch, 280
llwfach yr Alban, 274
llwybig, 62
llwyd y ffawydd, 152
llwyd y gwrych, 110
llwydfron, 114
llwydfron fach, 114
llwydwellt y calch, 330
llwyfen Lloegr, 228
llwyfen lydanddail, 228
llwyfwyfyn lloerol, 160

llwylys cyffredin, 252
llwynog, 50
llydan y ffordd, 296
llydandroed gyddfgoch, 90
llydandroed llwyd, 90
llyffant dafadennog, 132
llyffant melyn, 132
llyffant môr, 140
llyffant y gors, 132
llyffant y gwair coch a du, 180
llyffant y gwair cyffredin, 180
llyffant y gwair rhododendron, 180
llyffant y twyni, 132
llyfrothen, 140
llyfrothen benddu, 140
llyfrothen dŵr croyw, 136
llŷg gyffredin, 46
llŷg leiaf, 46
llŷg y dŵr, 46
llygad doli, 292
llygad Ebrill, 246
llygad llo mawr, 304
llygad maharen, 208
llygad y dydd, 300
llygoden bengron goch, 46
llygoden bengron y dŵr, 46
llygoden bengron y gwair, 46
llygoden fach, 48
llygoden fronfelen, 48
llygoden Ffrengig, 48
llygoden ffyrnig, 48
llygoden warfelen, 48
llygoden y coed, 48
llygoden yr ŷd, 48
llygwyn llwydwyn, 240
llygwyn y tywod, 238
llyngyren fflat, 218
llyriad arfor, 296
llyriad corn carw, 296
llyriad y dŵr, 310
llyriad yr ais, 298
llyrlys cyffredin, 240
llysiau Llywelyn deilgrwn, 292
llysiau Solomon, 312
llysiau Steffan, 272
llysiau Taliesin, 294
llysiau'r afu arnofiol, 320
llysiau'r afu llabedog, 338
llysiau'r afu llydanddail, 338
llysiau'r afu llyfn, 338
llysiau'r afu palmwyddog, 338
llysiau'r afu plethog, 338
llysiau'r angel, 274
llysiau'r bystwn cynnar, 252
llysiau'r cryman, 278

llysiau'r dryw, 256
llysiau'r gingroen, 304
llysiau'r groes, 284
llysiau'r gwrda, 238
llysiau'r gwrid gwyrdd, 286
llysiau'r gwrid y tir âr, 284
llysiau'r gymalwst, 274
llysiau'r llymarch, 284
llysiau'r milwr coch, 272
llysiau'r neidr, 236
llysiau'r sipsiwn, 290
llysiau'r wennol, 248
llysleuen ddu, 180
llysleuen y rhosod, 180
llysywen, 134
llysywen bendoll y nant, 134
llysywen bendoll yr afon, 134
llysywen fôr, 138

madarch cylch, 346
madarch mewndro, 352
madarch y coed, 348
madarch y dom, 348
madarch y maes, 348
madfall, 130
madfall ddŵr gyffredin, 132
madfall ddŵr balfog, 132
madfall ddŵr gribog, 132
madfall y tywod, 130
maenhad, 286
maeswellt gwrychog, 326
maeswellt mawr, 326
maeswellt rhedegog, 326
magïen, 194
maglys du, 264
maglys rhuddlas, 264
malwen ambr, 204
malwen blethen, 204
malwen bwlin, 204
malwen ddŵr dywyll, 206
malwen ddŵr fawr, 206
malwen ddŵr grwydrol, 206
malwen fefus, 204
malwen garlleg, 204
malwen gorn-maharen fwyaf, 206
malwen gorn-maharen, 206
malwen gron, 204
malwen Rufeinig, 204
malwen wefus frown, 204
malwen wefus wen, 204
malwen y perthi, 204
malwen y selar, 204
malwen yr ardd, 204
mandon fach, 284
mandon las yr ŷd, 282

mantell borffor, 144
mantell dramor, 142
mantell Fair, 256
mantell garpiog, 144
mantell goch, 142
mantell paun, 142
mantell wen, 144
mapgoll, 258
mapgoll glan y dŵr, 258
marblen goed, 188
marchrawn y coed, 320
marchrawn y dŵr, 320
marchrawn yr ardir, 320
marchredyn cyffredin, 332
marchredyn euraid, 332
marchredyn llydan, 332
marchredyn pêr, 332
marchysgallen, 306
marddanhadlen ddu, 288
marddanhadlen felen, 288
marddanhadlen goch, 288
marddanhadlen goch ddeilgron, 288
marddanhadlen wen, 288
masarnen, 230
masarnen fach, 230
maswellt penwyn, 330
maswellt rhedegog, 330
medelwyr, 218
meddyg y bugail, 302
mefus gwyllt, 258
meillionen arw, 264
meillionen gedennog, 264
meillionen goch, 264
meillionen hopysaidd, 264
meillionen wen, 264
melengu, 245
melengu wyllt ddi-sawr, 245
meligwellt y coed, 330
melog y cŵn, 294
melog y waun, 294
melyn brych, 166
melyn y drain, 166
melyn y rhafnwydd, 142
melyn yr hwyr, 272
melyn yr ŷd, 302
melynog y waun, 260
melynydd, 308
melynydd moel, 308
melyswellt arnofiol, 328
melyswellt y gamlas, 328
merywen, 224
migwyn, 336
milddail, 302
milfyw, 322
milwr y dŵr, 310

367

minc, 50
mintys y dŵr, 290
mintys yr âr, 290
mintys ysbigog, 290
misglen yr alarch, 206
mochyn daear, 50
môr ddanhadlen, 220
moresg, 326
morfil pigfain, 56
morgath styds, 138
morgi, 138
morgrugyn coch, 190
morgrugyn du yr ardd, 190
morgrugyn y coed, 190
môr-hwyaden ddu, 70
môr-hwyaden y gogledd, 70
morlas, 138
morlo cyffredin, 56
morlo llwyd, 56
môr-lyngyren, 220
moron y maes, 276
morwennol bigddu, 96
morwennol fechan, 96
morwennol gyffredin, 96
morwennol wridog, 96
morwennol y gogledd, 96
môr-wiail byseddog, 342
morwlithen glustiog, 210
mosgito, 184
mulfran, 60
mulfran werdd, 60
mursen fawr dywyll, 176
mursen fawr goch, 176
mursen fawr wych, 176
mursen gynffon las, 176
mursen las gyffredin, 176
mwg y ddaear cyffredin, 248
mwg y ddaear dringol, 248
mwsogl Catherin, 334
mwsogl gwlanog, 336
mwsogl pen seren, 336
mwstard du, 250
mwstard gwyllt, 250
mwyalchen y mynydd, 118
mwyar duon, 258
mwyar y Berwyn, 258
mwydyn, 218
myrdd-ddail troellennog, 320

neidr ddefaid, 130
neidr filtroed gron, 218
neidr filtroed wastad, 218
neidr filtroed y coed, 218
neidr gantroed, 218
neidr gantroed hir, 218

neidr lefn, 130
neidr y gwair, 130
nico, 124
nionyn gwyllt, 310
nymff gwybedyn Mai, 168

octopws cyffredin, 208
oestrwydden, 228
ofergaru, 270
offion melyn, 188
ôl-adain goch, 162
ôl-adain wellt, 160
olbrain, 252
olbrain bach, 252
onnen, 230

pabi coch, 248
pabi corniog melyn, 248
pabi Cymreig, 248
pâl, 98
paladr trwyddo eiddilddail, 272
paladr y wal, 236
pannas gwyllt, 274
pannog dywyll, 292
pannog felen, 292
pathew, 46
pathew tew, 46
paunlyngyren, 220
pedryn drycin, 60
peiswellt bywhiliog, 328
peiswellt coch, 328
peli duon, 344
peli pinc, 162
pengam, 104
penhwyad, 134
penigan y forwyn, 244
penlletwad, 136
penrhudd, 290
peradyl garw, 308
perfagl fach, 180
perfedd gwyrdd, 342
perwellt y gwanwyn, 326
petrisen, 78
petrisen goesgoch, 78
pibell fôr fawr, 138
pibydd bach, 84
pibydd cambig, 84
pibydd coesgoch, 86
pibydd coesgoch mannog, 86
pibydd coeswerdd, 86
pibydd du, 84
pibydd gwyrdd, 86
pibydd Temminck, 84
pibydd torchog, 88
pibydd y dorlan, 86

pibydd y graean, 86
pibydd y mawn, 84
pibydd y tywod, 84
pibydd yr aber, 84
picellwr boliog, 174
picellwr cyffredin, 174
picellwr rhuddgoch, 174
picwnen, 190
picwnen goch, 190
picwnen-dyllu'r maes, 190
picwnen-dyllu'r tywod, 190
pidyn drewllyd, 352
pidyn y gog, 314
pig y crëyr, 264
pig yr aran, 266
pig yr aran larpiog, 266
pig yr aran loywddail, 266
pig yr aran ruddgoch, 266
pig yr aran y coed, 266
pig yr aran y weirglodd, 264
pila gwyrdd, 124
pilcodyn, 136
pinc y mynydd, 124
pincas robin, 188
pinwydden Corsica, 224
pinwydden yr Alban, 224
pioden, 128
pioden y môr, 80
pisgwydden, 232
pisgwydden dail bach, 232
piswydden, 232
planwydden Llundain, 230
plu'r gweunydd, 326
plu'r gweunydd unben, 326
plucen felen, 262
pluddail y dŵr, 278
pluen-fwsogl cypreswydd, 336
pluen-fwsogl garw, 334
pluen-fwsogl llydan, 334
pluen-fwsogl melyngoch, 336
pluen-fwsogl y coed, 336
pluwyfyn gwyn, 152
poplysen ddu groesryw, 226
poplysen wen, 226
porpin pinc, 238
porpin y gwanwyn, 238
pren bocs, 232
pren y ddannoedd, 245
pryf bychan y tai, 186
pryf cacwn, 184
pryf cerrig, 168
pryf clustiog, 178
pryf cnawd, 186
pryf genwair, 218
pryf gïach, 186

pryf glas, 186
pryf gwellt, 182
pryf gwyrdd, 186
pryf gyddfog, 182
pryf hofran cacynaidd, 186
pryf hofran, 186
pryf ichnewmon, 188
pryf llofrudd, 184
pryf llwyd, 184
pryf llwyd mawr, 184
pryf llwyd patrymog, 184
pryf pric y dŵr, 180
pryf sgorpion, 182
pryf soser, 180
pryf teiliwr, 184
pryf teiliwr mawr, 184
pryf tŷ, 186
pryf y tail, 186
pryfed genwair y dŵr, 218
pumnalen y gors, 258
pumnalen ymlusgol, 258
pupur y fagwyr, 245
pupurlys y maes, 252
pwrs y bugail, 252
pwtyn bysedd y cŵn, 164
pys llygod, 260
pysgodyn rhudd, 136

robin goch, 116
roced y berth, 250

rhafnwydden, 232
rhafnwydden y môr, 232
rhawn y gaseg, 320
rhedwr y moelydd, 90
rhedyn-fwsogl dail ywen, 336
rhedyn Mair, 332
rhedyn persli, 332
rhedyn ungoes, 332
rhedyn y dŵr, 320
rhegen y dŵr, 80
rhegen yr ŷd, 80
rhiain y dŵr, 180
rhisglyn brith, 166
rhisglyn brych, 166
rhisglyn y derw, 166
rhithwybedyn, 184
rhododendron gwyllt, 232
rhonwellt, 330
rhonwellt penfain, 330
rhonwellt y tywod, 330
rhostog gynffonddu, 88
rhostog gynffonfraith, 88
rhosyn bwrned, 258
rhosyn gwyllt, 258

rhosyn gwyllt gwyn, 258
rhuban llydan y coed, 338
rhubanau main y coed, 338
rhuddygl arfor, 250
rhufell, 136
rhwyddlwyn dail teim, 292
rhwyddlwyn meddygol, 294
rhwyddlwyn y maes, 294

saethbennig y morfa, 298
saethlys, 310
saffrwm y ddôl, 312
sbonciwr gwrychog y traeth, 168
sboncyn daear, 172
sboncyn daear cyffredin, 172
sboncyn y dail cribog, 180
sbriwsen hemlog y gorllewin, 224
sbriwsen Norwy, 224
sbriwsen sitca, 224
sbwng briwsion, 222
seleri gwyllt, 276
senagrion cyffredin, 176
seren bigog, 222
seren ddaear gyffredin, 352
seren Fethlehem, 312
seren Fethlehem felen, 310
seren Fethlehem hirfain, 312
seren fôr, 222
seren frau, 222
seren glustog, 222
seren y gwanwyn, 312
seren y morfa, 300
serenllys bach, 240
sgimiwr llinell ddu, 174
sgiwen fawr, 94
sgiwen yr Arctig, 94
sgorpion dŵr, 180
sgorpionllys cynnar, 286
sgorpionllys y coed, 286
sgorpionllys y gors, 286
sgrech y coed, 128
siani garpiog, 220
siani lusg, 278
siantrel, 344
siff-saff, 112
siglen felen, 108
siglen fraith, 108
siglen lwyd, 108
siobyn, 156
siobyn cynffon felen, 156
siobyn gwelw, 156
sioncyn adain resog, 170
sioncyn brith, 170, 190
sioncyn du bolgoch, 170
sioncyn gwair cyffredin, 170

sioncyn gwyrdd cyffredin, 170
sioncyn mawr y fignen, 170
sioncyn y calchdir, 170
sioncyn y ddôl, 170
sioncyn y gors bychan, 170
sioncyn y rhos, 170
slefren gwmpawd, 220
slefren gylchog, 220
snisyn y bwgan, 352
socan eira, 118
soser fach y dderwen, 188
sugnwr Cernyw, 140
suran y cŵn, 238
suran y coed, 264
suran yr ŷd, 238
swrcod, 162

tafod y bytheiad, 286
tafod y fuwch, 284
tafod y gors, 296
tafod y llew, 308
tafod y llew gwrychog, 308
tafod y neidr, 334
tafod yr hydd, 332
tafol crych, 236
tafol y coed, 238
tafol y dŵr, 238
tagaradr, 262
taglys arfor, 282
taglys y perthi, 282
tamaid y cythraul, 298
tân bach diniwed, 194
tansi, 302
tant ffigwr wyth deg, 164
tarianbryf brith, 178
tarianbryf eirin tagu, 178
tarianbryf gwyrdd, 178
tarianbryf y ddraenen wen, 178
tarianbryf y goedwig, 178
taten fôr, 222
tegeirian bach y gors, 318
tegeirian bera, 316
tegeirian brych y rhos, 316
tegeirian brych, 316
tegeirian coch y gwanwyn, 314
tegeirian llosg, 314
tegeirian llydanwyrdd, 318
tegeirian llydanwyrdd bach, 318
tegeirian mân-flodeuog, 318
tegeirian nyth aderyn, 318
tegeirian pêr, 316
tegeirian y broga, 316
tegeirian y clêr, 314
tegeirian y fadfall, 318
tegeirian y gŵr, 316

tegeirian y gors cynnar, 316
tegeirian y gors deheuol, 316
tegeirian y gors gogleddol, 316
tegeirian y waun, 314
tegeirian y wenynen, 314
tegeirian ysblennydd, 314
teigr cochddu, 158
teigr y benfelen, 158
teigr yr ardd, 158
telor Cetti, 112
telor Dartford, 114
telor penddu, 114
telor y coed, 112
telor y cyrs, 112
telor y gwerni, 112
telor yr ardd, 114
telor yr helyg, 112
telor yr hesg, 112
tingoch, 116
tingoch du, 116
tinwen y garn, 116
titw barfog, 120
titw copog, 120
titw cynffon-hir, 120
titw mawr, 120
titw penddu, 120
titw tomos las, 120
titw'r helyg, 120
titw'r wern, 120
tiwblyngyren dorchog, 220
tiwlip gwyllt, 310
top môr danheddog, 208
torgoch, 134
tormaen llydandroed, 256
tormaen melyn y mynydd, 256
tormaen porffor, 256
tormaen serennog, 245
tormaen y gweunydd, 245
torthau'r tylwyth teg, 348
tresgl y moch, 258
trewyn, 276
triagl arfog, 250
triaglog coch, 296
trilliw, 270
trilliw bach, 142
trilliw'r mynydd, 270
trochydd gyddfddu, 58
trochydd gyddfgoch, 58
troed y ceiliog, 328
troed y cyw talsyth, 272
troed y dryw, 256
troed yr aderyn, 264
troed yr ŵydd coch, 238
troed yr ŵydd gwyn, 238
troed yr iâr, 262

troed yr iâr fwyaf, 262
troedwas cyffredin, 158
troedwas gwridog, 158
troellig arfor bach, 242
troellig arfor y clogwyn, 242
troellig yr hydref, 318
troellig yr ŷd, 242
troellog y muriau, 336
troellwr bach, 112
troellwr mawr, 100
trwyn y llo dail eiddew, 292
turtur, 100
turtur dorchog, 100
tusw'r cyll, 160
twb y dail, 136
twrch daear, 46
twyllwr, y 346
twyllwr piws, 346
tylluan fach, 102
tylluan frech, 102
tylluan glustiog, 102
tylluan gorniog, 102
tylluan wen, 102
tywodlys arfor, 240
tywodlys dail teim, 240
tywodlys y gwanwyn, 240

uchelwydd, 236

wenynog, y 288
wermod lwyd, y 304
wermod wen, y 302
wermod y môr, 304
wydro resog, yr 262
wydro wen, yr 262
wystrysen, 210
wystrysen y coed, 346

ydfran, 128
ymenyn y wrach, 352
ymenyn yr eithin, 352
ymerawdwr, (gwyfyn) 154
ymerawdwr, yr (gwas y neidr) 174
ysbigfrwynen, 322
ysbigfrwynen y morfa, 322
ysgallen bendrom, 306
ysgallen ddigoes, 306
ysgallen flodfain, 306
ysgallen fwyth, 306
ysgallen Siarl, 306
ysgallen wlanog, 306
ysgallen y ddôl, 306
ysgallen y gors, 306
ysgallen y maes, 306
ysgawen, 234

ysgedd arfor, 252
ysgellog, 308
ysgol Jacob, 280
ysguthan, 100
ysgwydd amryliw, 344
ysgwydd feddal, 346
ysgwydd flewog, 344
ysgwydd y fedwen, 344
ysgwydd yr helygen, 344
ysgyfarnog, 48
ysgyfarnog fynydd, 48
ysnoden Fair, 326
ystlum adain-lydan, 52
ystlum hirglust, 52
ystlum lleiaf, 52
ystlum mawr, 52
ystlum Natterer, 52
ystlum pedol lleiaf, 52
ystlum pedol mwyaf, 52
ystlum y dŵr, 52
ystrewlys, 302
yswydden (prifet), 234
ytbys arfor, 262
ytbys melyn, 262
ytbys y ddôl, 262
ywen, 224

Mynegai Saesneg

aconite, winter, 244
adder, 130
adderstongue, 334
admiral, white, 144
agaric, clouded, 346
    fly, 346
agrimony, 256
    hemp, 300
alder, 228
aldder-buckthorn, 232
alexanders, 272
alison, sweet, 252
alkanet, green, 286
anemone, wood (flower), 248
angelica, wild, 274
angle shades (moth), 160
ant, black garden, 190
    red, 190
    wood, 190
aphid, black bean, 180
    rose, 180
apple, crab, 230
archangel, yellow, 288
argus, brown, 150
    Scotch, 146
arrowgrass, sea, 298
arrowhead, 310
ascidian, star, 222
ash, 230
asparagus, Bath, 312
aspen, 226
asphodel, bog, 310
aster, sea, 300
auk, little, 98
avens, mountain, 256
    water, 258
    wood, 258
avocet, 80

Babington's orache, 238
badger, 50
balm, bastard, 288
balsam, Himalayan, 268
barnacle, acorn, 216
bartsia, red, 294
    yellow, 294
basil, wild, 290
bass, 138
Bass Rock, 60
bastard balm, 288
bat, Daubenton's, 51
    greater horseshoe, 51
    lesser horseshoe, 51
    long-eared, 52
    Natterer's, 52
    noctule, 52
    pipistrelle, 52
    serotine, 51
beauty, brindled, 166
    mottled, 166
    oak, 166
bedstraw, common marsh-, 284
    hedge-, 284

lady's, 284
bee, buff-tailed bumble, 190
    honey, 190
    leaf-cutter, 188
    red-tailed bumble, 190
bee beetle, 194
bee-fly, 184
beech, 228
beetles, 192-7
bellflower, clustered, 298
    ivy-leaved, 300
    nettle-leaved, 300
bent, black, 326
    bristle, 326
    creeping, 326
betony, 288
bilberry, 278
bindweed, black-, 236
    field, 282
    hedge, 282
    sea, 282
birch, downy, 226
    silver, 226
bird's-foot, 264
bird's-foot-trefoil, common, 262
    greater, 262
bird's-nest, yellow, 280
birds, 58-129
bistort, 236
    Alpine, 236
    amphibious, 236
bithynia, common, 206
bitter-cress, hairy, 250
bittern, 62
bittersweet, 290
black shields, 340
black-bindweed, 236
blackbird, 118
blackcap, 232
bladderwort, greater, 320
Blakeney Point, 56
blenny, common, 140
blewit, wood, 346
bloodworm, 184
bloody-nosed beetle, 196
blue damselfly, common, 176
blue, adonis, 148
    chalkhill, 148
    common, 148
    holly, 148
    silver-studded, 148
    small, 148
blue-tailed damselfly, 176
bluebell, 312
bluebottle, 186
blusher, the, 348
blushing bracket, 344
bog-rush, black, 322
bogbean, 280
bolete, bay, 350
    orange birch, 350
    red-cracking, 350
borage, 284
box, 232
bracken, 332

bracket, blushing, 344
bramble, 258
brambling, 124
Bridgwater Bay, 66
birght-eye, brown-line, 160
brimstone (butterfly), 142
brimstone moth, 166
brindled beauty (moth), 166
bristletail, 168
brittle-star, common, 222
brooklime, 294
broom, 260
broom moth, 158
broomrape, common, 296
    knapweed, 296
    thyme, 296
brown, meadow, 146
    wall, 146
bryony, black, 234
    white, 234
buckthorn, 232
    alder-, 232
    sea-, 232
buddleia, 234
buff-tip, 156
bugle, 286
bugloss, 284
    viper's, 286
bugs, 178-81
bulin, common, 204
bullfinch, 124
bullhead, 136
bumble bee, buff-tailed, 190
    red-tailed, 190
bunting, cirl, 122
    corn, 122
    reed, 122
snow, 122
burdock, greater, 304
burnet, 5-spot, 152
    great, 256
    salad, 256
burnet-saxifrage, 274
burnished brass, 162
bur-reed, branched, 326
bush-cricket, bog, 172
    dark, 172
    great green, 172
    grey, 172
    oak, 172
    Roesel's, 172
    speckled, 172
butcher's broom, 312
butter cap, 346
butterbur, 304
buttercup, bulbous, 246
    celery-leaved, 246
    corn, 246
    creeping, 244
    hairy, 246
    meadow, 244
butterfish, 140
butterflies, 142-51
butterwort, common, 296
buzzard, 74

373

honey, 74

cabbage, wild, 250
caddisfly, 182
Caerlaverock WWT Reserve, 64
calamint, common, 288
campion, bladder, 242
    moss, 242
    red, 242
    sea, 242
    white, 244
candytuft, wild, 250
capercaillie, 78
carder-bee, common, 190
Cardiff Bay, 56
carp, 136
carpet (moth), green, 164
    silver ground, 164
carrot, 276
cat's-ear, common, 308
    smooth, 308
catchfly, Nottingham, 244
catstail, lesser, 330
    sand, 330
celandine, greater, 248
    lesser, 246
celery, wild, 276
centaury, common, 282
    lesser, 282
cep, 350
chafer, rose, 194
chaffinch, 124
chamomile, 300
champignon, fairy-ring, 346
chanterelle, 344
char, 134
charcoal burner, 350
charlock, 250
charr, Arctic, 134
chaser, borad-bodied, 174
cherry, bird, 230
    wild, 230
chestnut, horse-, 228
    sweet, 228
chickweed, common, 240
    water, 240
chicory, 308
chiffchaff, 112
chocolate-tip, 156
chough, 128
chub, 136
cicely, sweet, 274
cinnabar, the, 158
cinquefoil, creeping, 258
    marsh, 258
clary, meadow, 290
cleavers, common, 284
cleg-fly, 184
click beetle, 194
cloudberry, 258
clover, hare's-foot, 264
    red, 264
    rough, 264
    white, 264
club-rush, floating, 322

    sea, 322
club-tailed dragonfly, 176
clubmoss, fir, 334
    stagshorn, 334
cockchafer, 194
cockle, common, 210
cockroach, dusky, 178
cocksfoot, 328
coenagrion, common, 176
colt's-foot, 304
columbine, 248
comfrey, common, 284
    Russian, 284
comma, 144
conehead, long-winged, 172
    short-winged, 172
coot, 80
copper, small, 148
coral-necklace, 242
cord-grass, small, 330
cormorant, 60
corncockle, 244
corncrake, 80
cornel, dwarf, 272
corydalis, climbing, 248
cotton-grass, common, 326
    hare's-tail, 326
Countryside Code, 136
cow-wheat, common, 294
cowbane, 274
cowberry, 280
cowrie, common, 208
cowslip, 276
crab, broad-clawd porcelain, 214
    edible, 214
    hermit, 214
    masked, 214
    shore, 214
    spider, 214
    velvet swimming, 214
cranberry, 280
crane's-bill, bloody, 266
    cut-leaved, 266
    dove's-foot, 266
    meadow, 264
    shining, 266
    wood, 266
crayfish, freshwater, 212
creeping jenny, 278
cress, lesser swine-, 252
    swine-, 252
    thale, 252
cricket, dark bush, field, 170
    wood, 170
crossbill, common, 126
crosswort, 284
crow, carrion, 128
    hooded, 128
crowberry, 280
crustaceans, 212-17
cuckoo, 100
cuckooflower, 250
cudweed, common, 302
    marsh, 302
    small, 302

curlew, 88
cushion-star, 222
    mossy, 240
cypress, leyland, 224

dace, 136
daddy-long-legs (insect), 184
daddy-long-legs (spider), 200
daffodil, wild, 312
dagger (moth), grey, 160
daisy, 300
    oxeye, 304
damselflies, 176
damselfly, blue, 176
    blue-tailed, 176
    large red, 176
dandelion, common, 308
darter, common, 174
    ruddy, 174
dead man's fingers, 222
dead-nettle, henbit, 288
    red, 288
    white, 288
death cap, 348
    false, 346
deceiver, amethyst, 346
    the, 346
deer, fallow, 54
    muntjac, 54
    red, 54
    roe, 54
    sika, 54
deergrass, 330
demoiselle, banded, 176
    beautiful, 176
    common, 176
devil's coach-horse, 192
dipper, 110
diver-black-throated, 58
    red-throated, 58
diving beetle, great, 192
dock, broad-leaved, 238
    curled, 236
    water, 238
    wood, 238
dodder, common, 282
dog's mercury, 266
dog-rose, 258
dog-violet, common, 270
dogfish, lesser spotted, 138
dogwood, 234
dolphin, bottle-nosed, 56
    common, 56
dormouse, 46
    edible, 46
dotterel, 82
Douglas-fir, 224
dove, collared, 100
    rock, 100
    stock, 100
    turtle, 100
dragonflies, 174-7
drone-fly, 186
dropwort, 256
dryad's saddle, 344

duck, long-tailed, 72
    Mandarin, 68
    ruddy, 72
    tufted, 70
duckweed, common, 320
dung-fly, yellow, 186
dunlin, 84
dunnock, 110
Durlston Head, 56
Dyer's greenweed, 260

eagle, golden, 74
earth-star, common, 352
earthworm, common, 218
earwig, common, 178
eel, 134
    conger, 138
egret, little, 62
eider, duck, 70
elder, 234
    ground-, 274
Elegug Stacks, 98
elm, English, 228
    wych, 228
emerald, blotched, 164
    downy, 176
    large, 164
emperor, purple, 144
emperor dragonfly, 174
emperor moth, 154
enchanter's-nightshade, 272
ermine (moth), white, 158
Exe estuary, 80
eyebright, 294

false death cap, 346
Farne Islands, 56, 96
fat hen, 238
fennel, 274
fern, brittle, bladder, 332
    broad buckler, 332
    hard, 332
    hay-scented, 332
    lady, 332
    male, 332
    parsley, 332
    scaly male, 332
    water, 320
fescue, red, 328
    viviparous, 328
feverfew, 302
field mushroom, 348
fieldfare, 118
figure of eighty (moth), 164
figwort, common, 292
    water, 292
fir, Douglas, 224
Firth of Forth, 96
fish, freshwater, 134-7
    saltwater, 138-41
flax, fairy, 264
fleabane, blue, 302
    common, 302
fleawort, field, 304
flesh-fly, 186

flies, true, 184-7
flounder, 140
fluellen, round-leaved, 292
fly, alder, 182
    bee-, 184
    caddis, 182
    cleg-, 184
    drone-, 186
    flesh-, 186
    scorpion, 182
    snake, 182
    snipe-, 186
    St Mark's, 184
flycatcher, pied, 116
    spotted, 116
footman, common, 158
    rosy, 158
forest bug, 178
forget-me-not, early, 286
    wood, 286
fox, 50
foxglove, 294
foxglove pug (moth), 164
fritillary, dark green, 144
    Duke of Burgundy, 144
    glanville, 144
    heath, 144
    high brown, 144
    marsh, 144
    pearl-bordered, 144
    silver washed, 144
    small pearl-bordered, 144
fritillary, snake's-head (flower), 310
frog, common, 132
    marsh, 132
froghopper, common, 180
fulmar, 60
fumitory, common, 248
fungi, 344-53
fungus, candle snuff, 344
    coral-spot, 344
    ear, 352
    honey, 346
    hoof, 344
    orange peel, 344
    oyster, 346
    porcellain, 346
    yellow brain, 352
    yellow stagshorn, 352

gadwall, 68
galingale, 326
gall, cherry, 188
    knopper, 188
    marble, 188
    spangle, 188
gannet, 60
garden tiger, 158
garganey, 68
garlic, crow, 310
gatekeeper, 146
gentian, autumn, 282
    field, 282
    marsh, 282
    spring, 282

ghost moth, 152
gipsywort, 290
gladiolus, wild, 314
glasswort, 208, 240
globeflower, 244
glow-worm, 194
goat, feral, 54
goat's beard, 308
goby, rock, 140
godwit, bar-tailed, 88
    black-tailed, 88
goldcrest, 114
golden Y(moth), beautiful, 162
golden-ringed dragonfly, 174
golden-saxifrage, opposite-leaved 256
goldeneye, 70
goldenrod, 300
    Canadian, 300
goldfinch, 124
good king henry, 238
goosander, 72
goose, barnacle, 64
    bean, 66
    brent, 64
    Canada, 64
    greylag, 66
    pink-footed, 66
    white-fronted, 66
gooseberry, 232
goosefoot, red, 238
gorse, common, 260
    dwarf, 260
    western, 260
goshawk, 74
grass, annual meadow-, 330
    blue moor, 330
    creeping soft-, 330
    false oat-, 328
    floating sweet-, 328
    lyme, 328
    marram, 326
    quaking, 328
    reed sweet-, 328
    small cord-, 330
    sweet vernal, 326
    tufted hair-, 328
    Yorkshire fog, 330
grass-of-Parnassus, 254
grasshopper, common field, 170
    common green, 170
    heath, 170
    large marsh, 170
    meadow, 170
    mottled, 170
    rufous, 170
    stripe-winged, 170
    woodland, 170
grayling, 134, 146
greasy touch shank, 346
grebe, black-necked, 58
    great crested, 58
    little, 58
    red-necked, 58
    Slavonian, 58
greenbottle, 186

greenfinch, 124
greenfly, 180
greenshank, 86
greenweed, Dyer's, 260
grey dagger (moth), 160
grisette, tawny, 348
gromwell, common, 286
ground-elder, 274
ground-ivy, 286
ground-pine, 290
groundhopper, Cepero's, 172
    common, 172
groundsel, 304
grouse, black, 78
    red, 78
gudgeon, 136
guelder-rose, 234
guillemot, 98
    black, 98, 140
gull, black-headed, 92
    common, 92
    glaucous, 94
    great black-backed, 94
    herring, 94
    lesser black-backed, 94
    little, 92
    Mediterranean, 92
gurnard, grey, 140
gutweed, 342

hair-grass, tufted, 328
    wavy, 328
hairstreak, black, 148
    brown, 148
    green, 148
    purple, 148
    white-letter, 148
hairy stereum, 344
hare, brown, 48
    mountain, 48
hare-s-ear, slender, 272
harebell, 298
harrier, hen, 76
    marsh, 76
    Montagu's, 76
hartstongue, 332
harvestmen, 218
hawfinch, 126
hawk's-beard, smooth, 310
hawkbit, rough, 308
hawker, brown, 174
    southern, 174
hawkmoth, broad-bordered bee, 154
    elephant, 154
    eyed, 154
    hummingbird, 154
    lime, 154
    pine, 154
    poplar, 154
    privet, 154
    small elephant, 154
hawkweed, mouse-ear, 308
hawthorn, 232
hazel, 228
heart and dart (moth), 158

heath, Cornish, 278
    cross-leaved, 278
    large, 146
    small, 146
heather, bell, 278
Hebrew character (moth), 160
hedge-parsley, upright, 272
hedgehog, 46
heliotrope, winter, 304
hellebore, green, 244
    stinking, 244
helleborine, broad-leaved, 318
    marsh, 318
    sword-leaved, 318
    white, 318
helvella, white, 344
hemlock, 274
hemlock-spruce, western, 224
hemp-nettle, common, 288
    large-flowered, 288
henbane, 292
herald (moth), the, 162
herb robert, 266
herb-paris, 312
Hermaness, 98
heron, grey, 62
hobby, 76
hogweed, 274
    giant, 274
holly, 230
    sea-, 272
honeysuckle, 234
hooktip, beautiful, 162
    pebble, 162
hop, 234
horehound, black, 288
hornbeam, 228
horned-poppy, yellow, 248
hornet, 190
horse-chestnut, 228
    horse-fly, 184
horsetail, field, 320
    water, 320
    wood, 320
hound's-tongue, 286
house moth, brown, 152
house-fly, common, 186
    lesser, 186

ink cap, shaggy, 348
insects, 142-97
iris, stinking, 312
    yellow, 312
Isle of Man, 128
ivory, sea, 340
ivy, 234
    ground-, 286

jackdaw, 128
Jacob's-ladder, 280
jay, 128
jellyfish, common, 220
juniper, 224

kale, sea-, 252

kelp, 208, 342
kestrel, 76
king alfred's cake, 344
kingfisher, 104
kite, red, 74
kittiwake, 92
knapweed, common, 306
    greater, 306
knawel, annual, 242
knot, 84
knotgrass, 236
knotweed, Japanese, 236

lacewing, 182
lackey (moth), the, 152
lady's-mantle, 256
lady's-tresses, autumn, 318
ladybird, 14-spot, 196
    7-spot, 196
    eyed, 196
lamprey, brook, 134
    river, 134
lappet moth, 152
lapwing, 80
larch, European, 224
lark, shore, 108
lasher, father, 140
laurel, cherry, 232
    spurge, 270
laver spire shell, 208
Lea Valley, 62
leafhopper, rhododendron, 180
leatherjacket, 184
leech, fish, 218
Leighton Moss Reserve, 62
lichen, crab's-eye, 340
    map, 340
lichens, 338-41
lilac beauty, 164
lily-of-the-valley, 310
lime, common, 232
    small-leaved, 232
limpet, blue-rayed, 208
    common, 208
    river, 206
    slipper, 208
ling, 278
linnet, 126
liverwort, floating, 320
liverworts, 320, 338
lizard, common, 130
    sand, 130
loach, stone, 136
lobelia, heath, 300
    water, 300
lobster, common, 214
lobster moth, 152
Loch Garten Reserve, 74
loosestrife, purple-, 272
    yellow, 276
lord-and-ladies, 314
louse, freshwater, 212
lousewort, 294
    marsh, 294
lovage, Scots, 274

lucerne, 264
lugworm, 220
lumpsucker, 140
Lundy Island, 54

madder, field, 282
maggot, rat-tailed, 186
magpie, 128
magpie (moth), the, 164
mallard, 68
mallow, common, 268
    marsh, 268
    musk, 268
    tree, 268
mammals, 46-57
maple, field, 230
maple prominent, 156
mare's-tail, 320
marigold, corn, 302
    marsh, 244
marjoram, 290
marsh-bedstraw, common, 284
marten, pine, 50
martin, house, 106
    sand, 106
mayfly, 168
    nymph, 168
mayweed, scentless, 300
meadow-grass, annual, 330
meadow-rue, coomon, 246
    lesser, 248
meadowsweet, 256
medick, black, 264
melick, wood, 330
melilot, ribbed, 262
    white, 262
merganser, red-breasted, 72
merlin, 76
mermaid's purse, 138
mezereon, 268
midge, phantom, 184
mignonette, wild, 254
milfoil, water-, 320
milk-cap, woolly, 352
milk-vetch, purple, 260
milkwort, common, 268
    sea, 278
miller (moth), the, 160
miller's thumb, 136
millipede, flat-backed, 218
    pill, 218
mink, American, 50
minnow, 136
Minsmere Reserve, 80
mint, corn, 290
    water, 290
mint leaf beetle, 196
mistletoe, 236
mole, 46
molluscs, 202-11
monkeyflower, 294
moonwort, 334
moor-grass, purple, 326
moorhen, 80
moschatel, 296

378

moss, bog, 336
    Catherine's, 334
    white fork, 336
    woolly hair, 336
mother of pearl (moth), 152
mother-of-pearl, in shell, 210
mother shipton (moth), 162
moths, 152-67
mottled beauty (moth), 166
mottled umber (moth), 166
mouse, harvest, 48
    house, 48
    wood, 48
    yellow-necked, 48
mouse-ear, common, 242
    sticky, 242
mugwort, 304
Mull of Kintyre, 56
mullein, dark, 292
    great, 292
mullet, thick-lipped grey, 138
mushroom, field, 348
    parasol, 348
    wood, 348
muslin moth, 158
mussel, common, 210
    pea, 206
    swan, 206
mustard, black, 250
    garlic, 252
    hedge, 250
    treacle, 250
myrtle, bog, 228

navelwort, 254
nettle, common, 236
New Forest, 130, 198, 212
newt, great crested, 132
    palmate, 132
    smooth, 132
nightingale, 118
nightjar, 100
nightshade, deadly, 290
    enchanter's-, 272
    woody, 290
Noss, 98
Nottingham catchfly, 244
nut-tree tussock (moth), 160
nuthatch, 122

oak, English, 228
    galls, 188
    sessile, 228
    Turkey, 188
oak apple, 188
oak beauty (moth), 166
oarweed, 342
oat, wild, 328
oat-grass, false, 328
octopus, common, 208
old lady (moth), 160
old man's beard, 234
ophion, yellow, 188
orange moth, 166
orange tip butterfly, 142

orchid, bee, 314
    bird's-nest, 318
    bog-, 318
    burnt, 314
    common spotted-, 316
    early marsh-, 316
    early-purple, 314
    fly, 314
    fragrant, 316
    frog, 316
    greater butterfly-, 318
    green-winged, 314
    heath spotted-, 316
    lady, 314
    lesser butterfly-, 318
    lizard, 318
    man, 316
    musk, 318
    northern marsh-, 316
    pyramidal, 316
oriole, golden, 110
Orkney, 58, 94
orpine, 254
osier, 226
osprey, 74
otter, 50
ouzel, ring, 118
owl, barn, 102
    little, 102
    long-eared, 102
    short-eared, 102
    tawny, 102
oxlip, 276
oxtongue, bristly, 308
    hawkweed 308
oyster, common, 210
oyster plant, 284
oystercatcher, 80

painted lady, 142
pale prominent, 156
pale tussock, 156
pansy, field, 270
    mountain, 270
    wild, 270
Papaver rhoeas, 248
parasol mushroom, 348
parsley, cow, 272
    fool's, 276
    upright hedge-, 272
parlsey-piert, 256
parsnip, wild, 274
partridge, grey, 78
    red-legged, 78
pasqueflower, 248
pea, sea, 262
peach blossom (moth), 162
peacock (butterfly), 142
pear, wild, 230
pearlwort, procumbent, 242
pebble prominent, 156
pellitory-of-the-wall, 236
penny-cress, field, 242
pennyroyal, 290
pennywort, marsh, 272

379

pepper-saxifrage, 276
peppered moth, 166
pepperwort, field, 252
peppery furrow shell, 208
perch, 136
peregrine, 76
periwinkle, edible, 208
　　　　　flat, 208
periwinkle, lesser (flower), 280
petty whin, 260
phalarope, grey, 90
　　　　　red-necked, 90
pheasant, 78
piddock, common, 210
pigeon, feral, 100
pignut, 272
pike, 134
pimpernel, bog, 278
　　　　　scarlet, 278
　　　　　yellow, 278
pine, Corsican, 224
　　　Scots, 224
pineappleweed, 300
pinion, lunar-spotted, 160
pink, maiden, 244
pintail, 68
pipefish, greater, 138
pipit, meadow, 108
　　　rock, 108
　　　tree, 108
plane, London, 230
plantain, buck's-horn, 296
　　　　　greater, 296
　　　　　ribwort, 298
　　　　　sea, 296
ploughman's-spikenard, 302
plover, golden, 82
　　　　grey, 82
　　　　little ringed, 82
　　　　ringed, 82
plume moth, white, 152
pochard, 70
polecat, 50
pollack, 138
polypody, common, 332
polypore, birch, 344
　　　　　many-zoned, 344
pond skater, 180
pondweed, bog, 320
　　　　　broad-leaved, 320
　　　　　Canadian, 320
poplar, hybrid black, 226
　　　　white, 226
poplar grey (moth), 160
poplar leaf beetle, 196
poppy, common, 248
　　　Welsh, 248
　　　yellow horned-, 248
prawn, common, 216
primrose, 276
　　　　bird's-eye, 276
privet, 234
prominent, great, 156
　　　　　iron, 156
　　　　　lesser swallow, 156

maple, 156
　pale, 156
　pebble, 156
ptarmigan, 78
puffball, common, 352
puffin, 98
purbeck, 150
purslane, pink, 238
　　　　　sea, 240
puss moth, 152

rabbit, 48
radish, sea, 250
ragged robin, 244
ragworm, 220
ragwort, common, 304
　　　　Oxford, 304
rail, water, 80
rampion, round-headed, 298
ramshorn, great, 206
ramsons, 310
rat, brown, 48
raven, 128
ray, thornback, 138
razorbill, 98
razorshell, pod, 210
redpoll, 126
redshank (flower), 236
redstart, 116
　　　　black, 116
redwing, 118
reed, branched bur-, 326
　　　common, 326
reedmace, great, 326
reptiles, 130-3
restharrow, common, 262
ringlet, 146
　　　mountain, 146
roach, 136
robin, 116
robin, ragged, 244
robin's pincushion, 188
rock-rose, common, 270
rocket, sea, 252
rockling, five-bearded, 138
roll-rim, brown, 352
rook, 128
rose, burnet, 258
　　　dog-, 258
　　　field, 258
rose-root, 254
rowan, 230
ruby tiger, 158
rudd, 136
ruff, 88
rush, black bog-, 322
　　　common spike-, 322
　　　compact, 322
　　　field wood-, 322
　　　floating club-, 322
　　　flowering, 310
　　　great wood-, 322
　　　hard, 322
　　　saltmarsh, 322
　　　sea club-, 322

sharp, 322
soft, 322
toad, 322
russula, blackish-purple, 350
bright yellow, 350
common yellow, 350
rose, 350
stinking, 350
rustyback, 332

saffron, meadow, 312
sage, wood, 286
sainfoin, 262
St Abb's Head, 98
St John's-wort, marsh, 268
perforate, 268
slender, 268
trailing, 268
St Kilda, 60
sallow, 226
sallow kitten (moth), 152
salmon, Atlantic, 134
saltwort, prickly, 240
samphire, golden, 302
rock, 274
sand-hopper, 216
sanderling, 84
sandpiper, common, 86
curlew, 84
green, 86
purple, 84
wood, 86
sandwort, sea, 240
spring, 240
thyme-leaved, 240
sanicle, 272
saucer bug, 180
saw-wort, 308
sawfly, birch, 188
saxifrage, meadow, 254
mossy, 256
opposite-leaved golden-, 256
pepper-, 276
purple, 256
starry, 254
yellow, 256
scabious, devil's-bit, 298
small, 298
scales, yellow, 340
scalloped oak (moth), 164
scaup, 70
scorched wing, 164
scorpion, water, 180
scorpions, false, 218
scoter, common, 70
velvet, 70
Scots lovage, 274
scurvygrass, common, 252
sea beet, 238
sea-blite, annual, 240
sea-buckthorn, 232
sea-hare, 210
sea-holly, 272
sea-kale, 252
sea-lavender, common, 280

sea-lemon, 210
sea-lettuce, 342
sea-slater, 216
sea slugs, 210
sea-snail, common, 140
sea-spurrey, lesser, 242
rock, 242
sea-urchin, common, 222
seal, common, 56
grey, 56
seashore, spp, 138-41, 208-11, 214-17, 220-3
seaweeds, 342
sedge, common, 324
common yellow, 324
false fox, 324
glaucous, 324
great fen, 324
greater tussock, 324
lesser pond, 324
pendulous, 324
pill, 324
sand, 324
white beak-, 324
wood, 324
selfheal, 286
shag, 60
shaggy ink cap, 348
shark (moth), the, 160
shearwater, Manx, 60
sheep's-bit, 298
shelduck, 66
shepherd's-purse, 252
shield bug, green 178
hawthorn, 178
pied, 178
shoreweed, 298
shoveler, 68
shrew, common, 46
pygmy, 46
water, 46
shrike, great grey, 110
red-backed, 110
shrimp, common, 216
fairy, 212
freshwater, 212
silver beetle, great, 192
silver lines (moth), green, 162
scarce, 162
silver Y (moth), 162
silverweeed, 258
siskin, 124
skater, pond, 180
skimmer, black-lined, 174
skipper, chequered, 150
dingy, 150
Essex, 150
grizzled, 150
large, 150
Lulworth, 150
silver-spotted, 150
small, 150
Skomer Island, 60, 98
skua, Arctic, 94
great, 94
skullcap, 286

skylark, 108
Slimbridge WWT Reserve, 64, 66, 72
sloe bug, 178
slug, ashy-grey, 202
    common garden, 202
    dusky, 202
    large red, 202
    lemon, 202
    leopard, 202
    netted, 202
    shelled, 202
    tree, 202
    yellow, 202
smew, 72
snail, amber, 204
    brown-lipped, 204
    cellar, 204
    copse, 204
    garlic, 204
    great pond, 206
    plaited, 204
    Roman, 204
    rounded, 204
    strawberry, 204
    wandering, 206
    white-lipped, 204
    grass, 130
    smooth, 130
snake's-head fritillary (flower), 310
sneezewort, 302
Snetisham reserve, 84
snipe, 90
    jack, 90
snipe-fly, 186
snowdrop, 312
soft-grass, creeping, 330
sole, 140
Solomon's-seal, common, 312
Solway Firth, 64
sorrel, common, 238
    sheep's, 238
    wood, 264
sow-thistle, perennial, 308
    smooth, 308
sparrow, house, 126
    tree, 126
sparrowhawk, 74
spearmint, 290
spearwort, greater, 246
    lesser, 246
speckled yellow (butterfly), 166
spectacle (moth), the, 162
speedwell, bluw water-, 292
    common field-, 294
    germander, 292
    heath, 294
    thyme-leaved, 292
spider, daddy-long-legs, 200
    garden, 198
    house, 200
    purse-web, 198
    swamp, 198
    water, 198
    zebra, 200
spike-rush, common, 322

spindle-tree, 232
spleenwort, maidenhair, 334
sponge, breadcrumb, 222
spoonbill, 62
spring beauty, 238
springtail, 168
spruce, Norway, 224
    sitka, 224
    western hemlock-, 224
spurge, Irish, 266
    petty, 266
    sea, 266
    sun, 266
    wood, 266
spurrey, corn, 242
squill, spring, 312
squinancywort, 284
squirrel, grey, 48
    red, 48
stag beetle, 192
    lesser, 192
stagshorn fungus, yellow, 352
star, cushion-, 222
star-of-Bethlehem 312
    spiked, 312
    yellow, 310
starfish, common, 222
    spiny, 222
starling, 110
statutory bodied, 10
stereum, hairy, 344
stick, insect, water, 180
stickleback, nine-spined, 136
    three-spined, 136
stinkhorn, 352
stint, little, 84
    Temminck's, 84
stitchwort, greater, 240
    lesser, 240
stoat, 50
stone-curlew, 90
stonechat, 116
stonecrop, biting, 254
    English, 254
stoneflies, 168
stork's-bill, common, 264
storm-petrel, European, 60
strawberry, wild, 258
Studland Heath, 62
sucker, Cornish, 140
sulphur tuft, 348
sundew, oblong-leaved, 254
    round-leaved, 254
swallow, 106
swallowtail, 142
swallowtailed moth, 166
swan, Bewick's, 64
    mute, 64
    whooper, 64
sweet chestnut, 228
sweet-grass, floating, 328
    reed, 328
swift, 106
swine-cress, 252
    lesser, 252

sycamore, 230

tansy, 302
tare, hairy, 262
    smooth, 260
tawny grisette, 348
teal, 68
teasel, 298
    small, 298
tern, Arctic, 96
    black, 96
    common, 96
    little, 96
    roseate, 96
    sandwich, 96
thistle, carline, 306
    creeping, 306
    marsh, 306
    meadow, 306
    melancholy, 306
    musk, 306
    slender, 306
    stemless, 306
    woolly, 306
thongweed, 342
thorn, canary-shouldered, 164
    purple, 164
Thorney Island, 62
thrift, 280
thrush, mistle, 118
    song, 118
thyme, 290
tiger (moth), garden, 158
    ruby, 158
tiger beetle, green, 192
timothy, 330
tit, bearded, 120
    blue, 120
    coal, 120
    crested, 120
    great, 120
    long-tailed, 120
    marsh, 120
    willow, 120
toad, common, 1323
    natterjack, 132
toadflax, common, 292
    ivy-leaved, 292
toothwort, 296
topshell, toothed, 208
torgoch, 134
tormentil, 258
tortoise beetle, 196
tortoiseshell, small, 142
trees, conifer, 224
    deciduous, 226-35
treecreeper, 122
trefoil, common bird's-foot-, 262
    greater bird's-foot-, 262
    hop, 264
triops, 212
trout, 134
true lover's knot (moth), 158
tulip, wild, 310
turnstone, 88

tussock, pale, 156
tutsan, 268
twayblade, common, 314
twinflower, 296

umber, mottled, 166
underwing, broad-bordered yellow, 158
    large yellow, 158
    red, 162
    straw, 160
urchin, heart, 222
    sea-, 222

valerian, red, 296
vapourer, the, 156
vetch, bush, 260
    common, 260
    horsehoe, 262
    kidney, 262
    purple milk-, 260
    tufted, 260
    wood, 260
vetchling, meadow, 262
    yellow, 262
violet, common dog-, 270
    marsh, 270
    sweet, 270
    water, 278
viper's-bugloss, 286
Virginia Water, 68
vole, bank, 46
    short-tailed, 46
    water, 46

wagtail, grey, 108
    pied, 108
    yellow, 108
wainscot, common, 160
wall-rue, 334
walnut, common, 228
warbler, cetti's, 112
    Dartford, 114
    garden, 114
    grasshopper, 112
    marsh, 112
    reed, 112
    sedge, 112
    willow, 112
    wood, 112
wartbiter, 172
Wash, The, 84
wasp, common, 190
    field digger, 190
    German, 190
    giant wood, 188
    ruby-tailed, 188
    sand digger, 190
wasp beetle, 196
water boatman, 180
    lesser, 180
water-cress, 250
    fool's, 276
water-crowfoot, chalk stream, 246
    common, 246
    pond, 246

round-leaved, 246
water-dropwort, hemlock, 276
    tubular, 276
water-flea, 212
water-lily, fringed, 280
    white, 248
    yellow, 248
water-milfoil, 320
water-pepper, 236
water-plantain, common, 310
water scorpion, 180
water-soldier, 310
wax-cap, blackening, 352
waxwing, 110
wayfaring-tree, 234
weasel, 50
weevil, hazel, 196
weld, 254
Welney Wildfowl Refuge, 64
whale, minke, 56
wheatear, 116
whelk, common, 210
    dog, 210
whimbrel, 88
whin, petty, 260
whinchat, 116
white, green-veined, 142
    large, 142
    marbled, 146
    small, 142
    wood, 142
white ermine (moth), 158
whitebeam, 230
whitethroat, 114
    lesser, 114
whiting, 138
whitlowgrass, common, 252
wigeon, 68
wild service tree, 230
wildcat, 50
willow, bay, 226
    crack, 226
    grey, 226
    weeping, 226
    white, 226
willowherb, American, 270
    great, 270
    marsh, 270
    rosebay, 270
winter moth, 166
winter-cress, common, 250
wintergreen, chickweed, 278
    common, 280
    round-leaved, 280
witches' butter, 352
Woburn Park, 54
wood, speckled, 146
wood mushroom, 348
wood-rush, field, 322
    great, 322
woodcock, 90
woodlark, 108
woodlouse, common, 212
    pill, 212
woodpecker, great spotted, 104
    green, 104
    lesser spotted, 104
woodpigeon, 100
woodruff, sweet, 284
worm, ghost, 184
    peacock, 220
    slow, 130
wormwood, 304
    sea, 304
wort, saw-, 308
    yellow', 282
woundwort, hedge, 288
    marsh, 288
    bladder, 342
    channelled, 342
    egg, 342
    knotted, 342
    serrated, 342
    spiral, 342
wrasse, corkwing, 138
wren, 110
wryneck, 104

yarrow, 302
yellow (butterfly), clouded, 142
yellow-rattle, 294
yellow-tail (moth), 156
yellowcress, marsh, 250
yellowhammer, 122
yew, 224
Yorkshire fog (grass), 330